ESTATÍSTICA APLICADA

S532e Sharpe, Norean R.
          Estatística aplicada : administração, economia e negócios / Norean R. Sharpe, Richard D. De Veaux, Paul F. Velleman ; tradução: Lori Viali, Dr. – Porto Alegre : Bookman, 2011.
          871 p. : il. color. ; 28 cm + 1 DVD

          ISBN 978-85-7780-860-1

          1. Estatística. I. De Veaux, Richard D. II. Velleman, Paul F. III. Título.

                                                            CDU 311

Catalogação na publicação: Ana Paula M. Magnus – CRB 10/2052

Norean R. **Sharpe** ▲ Richard D. **De Veaux** ▲ Paul F. **Velleman**
Babson College   Williams College   Cornell University

ESTATÍSTICA APLICADA
ADMINISTRAÇÃO, ECONOMIA E NEGÓCIOS

Tradução:
Lori Viali, Dr.
Prof. Titular da Faculdade de Matemática da PUC-RS
Prof. Adjunto do Instituto de Matemática da UFRGS

2011

Obra originalmente publicada sob o título
Business Statistics, 1st Edition
ISBN 9780321426598

Tradução autorizada a partir do original em língua inglesa da obra intitulada Business Statistics, 1ª Edição, autoria de Norean Sharpe; Richard De Veaux; Paul Velleman, publicado por Pearson Education, Inc., sob o selo de Addison-Wesley, Copyright © 2010. Todos os direitos reservados. Este livro não poderá ser reproduzido nem em parte nem na íntegra, nem ter partes ou sua íntegra armazenados em qualquer meio, seja mecânico ou eletrônico, inclusive fotoreprografação, sem permissão da Pearson Education, Inc.

A edição em língua portuguesa desta obra é publicada por Bookman Companhia Editora Ltda, uma divisão da Artmed Editora SA, Copyright © 2011.

Capa: *Rogério Grilho (arte sobre capa original)*

Preparação de originais: *Renata Ramisch*

Leitura final: *Ronald Saraiva de Menezes*

Editora Sênior: *Arysinha Jacques Affonso*

Editora responsável por esta obra: *Júlia Angst Coelho*

Projeto e editoração: *Techbooks*

Reservados todos os direitos de publicação, em língua portuguesa, à
ARTMED® EDITORA S.A.
(BOOKMAN® COMPANHIA EDITORA é uma divisão da ARTMED® EDITORA S. A.)
Av. Jerônimo de Ornelas, 670 – Santana
90040-340 – Porto Alegre – RS
Fone: (51) 3027-7000   Fax: (51) 3027-7070

É proibida a duplicação ou reprodução deste volume, no todo ou em parte, sob quaisquer
formas ou por quaisquer meios (eletrônico, mecânico, gravação, fotocópia, distribuição na Web
e outros), sem permissão expressa da Editora.

Unidade São Paulo
Av. Embaixador Macedo Soares, 10.735 – Pavilhão 5 – Cond. Espace Center
Vila Anastácio – 05095-035 – São Paulo – SP
Fone: (11) 3665-1100   Fax: (11) 3667-1333

SAC 0800 703-3444

IMPRESSO NO BRASIL
PRINTED IN BRAZIL

Conheça os autores

Como pesquisadora de problemas estatísticos aplicados à administração e professora de uma escola de negócios, **Norean Radke Sharpe** (Ph.D. pela Virginia University) entende os desafios e as necessidades específicas dos alunos da área. Ela é professora de estatística e pesquisa operacional do Babson College, onde também atua como chefe do Departamento de Matemática e Ciências. Antes de pertencer ao Babson, ela lecionou estatística e matemática aplicada por vários anos no Bowdoin College e realizou pesquisas na Yale University. Norean é coautora de *A Casebook for Business Statistics: Laboratories for Decision Making* (Casos de Estatística Aplicada: Laboratórios para a Tomada de Decisões) e autora de mais de 30 artigos, principalmente nas áreas de educação estatística e mulheres na ciência. É editora associada da CAUSE (*Consortium for the Advancement of Undergraduate Statistics Education* – Consórcio para o Avanço da Educação Estatística na Graduação) e do periódico *Cases in Business, Industry, and Government Statistics* (Casos Estatísticos no Comércio, Indústria e Governo). Sua pesquisa está centrada na previsão de negócios e educação estatística. Ela é, também, cofundadora da DOME, uma fundação sem fins lucrativos que trabalha para aumentar a diversidade e o alcance da matemática e engenharia para a área metropolitana de Boston. Ela tem dois filhos.

Richard D. De Veaux (Ph.D. pela Stanford University) é um educador, consultor e palestrante internacionalmente conhecido. Dick lecionou estatística em uma escola de administração (Wharton), em uma faculdade de engenharia (Princeton) e em uma faculdade de humanidades (Williams). Enquanto esteve em Princeton, ele obteve o prêmio Lifetime pela dedicação e excelência como professor. Desde 1994, ele é professor de estatística no Williams College. Dick é graduado em engenharia civil e matemática pela Princeton University e em estatística e educação em dança por Stanford, onde estudou com Persi Diaconis. Sua pesquisa está voltada à análise de grandes conjuntos de dados e mineração de dados nas ciências e na indústria. Dick ganhou os prêmios Wilcoxon e Shewell da Sociedade Americana de Qualidade e é sócio da ASA (*American Statistical Association* – Associação Americana de Estatística). Ele é bem conhecido na indústria, tendo sido consultor de empresas entre as 500 mais da *Fortune*, tais como American Express, Hewlett-Packard, Alcoa, DuPont, Pillsbury, General Electric e Chemical Bank. Ele foi nomeado "Estatístico do Ano" em 2008 pela seção de Boston da Associação Americana de Estatística por suas contribuições ao ensino, pesquisa e consultoria. Em seu tempo livre, ele é um ávido ciclista e nadador. Ele é, também, o fundador e baixista do grupo vocal "Diminished Faculty" e é um solista frequente em vários coros e orquestras locais. Dick tem quatro filhos.

Paul F. Velleman (Ph.D. pela Princeton University) tem uma reputação internacional por uma educação estatística inovadora. Ele projetou o pacote de *software* Data Desk® e é autor e projetista do premiado *software* multimídia ActivStats®, pelo qual ele recebeu a medalha EDUCOM pelo uso inovador do computador no ensino de estatística e o prêmio ICTCM pela inovação no uso da tecnologia no ensino universitário de matemática. Ele é o fundador e principal executivo da empresa Data Description (www.datadesk.com), que é a distribuidora dos dois programas. Ele desenvolveu, também, o *site* DASL (*Data and Story Library*) (www.dasl.datadesk.com), que fornece dados para o ensino de estatística. Paul é coautor (com David Hoaglin) do livro *ABCs of Exploratory Data Analysis* (ABC da Análise Exploratória de Dados). Ele leciona estatística na Cornell University, na faculdade de Relações Industriais e do Trabalho, desde 1975. Sua pesquisa está centrada, frequentemente, nos gráficos estatísticos e métodos de análise de dados. Paul é membro da Associação Americana de Estatística e da Associação Americana para o Avanço da Ciência e é barítono do quarteto *a capella Alchemy*. A experiência de Paul como professor, empreendedor e líder comercial fornece uma perspectiva única ao livro.

Dick De Veaux e Paul Velleman são autores de livros de sucesso para os mercados do início da graduação e do ensino médio, em conjunto com Dave Bock, que inclui *Intro Stats*, terceira edição (Pearson, 2009), *Stats: Modeling the World*, terceira edição (Pearson, 2010) e *Stats: Data and Models*, segunda edição (Pearson, 2008).

*Para o meu marido Peter, pelo seu estímulo e apoio,
e para meus filhos, Katrina e PJ, cujas naturezas inquisitivas e
exploratórias continuam a me impressionar e espantar.*
—Norean

Aos meus pais.
—Dick

*Ao meu pai, que me ensinou sobre a ética nos negócios, pelo
seu constante exemplo de empresário e pai.*
—Paul

Prefácio

Nós escrevemos um livro para estudantes de negócios que responde a questão simples: "Como eu posso tomar melhores decisões?". Como empreendedores e consultores, sabemos que a estatística é essencial para sobreviver e ter sucesso no ambiente competitivo atual. Como educadores, temos visto uma dissociação entre a forma que a estatística é ensinada a estudantes de administração e negócios e a forma que ela é utilizada na tomada de decisões. Em *Estatística Aplicada*, tentamos preencher a lacuna entre teoria e prática pela apresentação de métodos estatísticos que sejam tanto relevantes quanto interessantes para os estudantes.

Os dados que fornecem uma decisão de negócios têm uma história para contar, e o papel da estatística é nos ajudar a ouvir essa história claramente. Como outros livros didáticos, *Estatística Aplicada* ensina como calcular ou testar uma estatística em particular e destaca definições e fórmulas. Mas, diferentemente de outros livros didáticos, *Estatística Aplicada* também ensina o "porquê" e insiste que os resultados sejam relatados no contexto das decisões de negócios. Os estudantes ficarão sabendo como pensar estatisticamente para tomar melhores decisões nos negócios e como comunicar efetivamente aos outros a análise que levou a tal decisão.

Estatística Aplicada foi escrito com o entendimento de que hoje a estatística é praticada com tecnologia. Essa percepção serve de base para tudo, desde a nossa escolha do formato das equações (favorecendo formatos intuitivos sobre os algorítmicos) ao nosso uso intensivo de dados reais. Porém, acima de tudo, compreender o valor da tecnologia nos permite focar no ensino do pensamento estatístico, ao invés de nos cálculos. As questões que motivam cada uma das nossas centenas de exemplos não são "como você encontra a resposta", mas "como você pensa sobre a resposta e como isso ajuda a tomar decisões melhores?".

Nosso foco no pensamento estatístico mantém os capítulos do livro como um conjunto. Um curso introdutório de estatística para os negócios cobre um número impressionante de termos novos, conceitos e métodos. Contudo, eles têm um núcleo central: como podemos entender melhor o mundo e decidir melhor pela compreensão do que os dados nos têm a dizer. A partir dessa perspectiva, os estudantes podem ver que as várias formas de realizar inferências a partir dos dados são várias aplicações dos mesmos conceitos básicos.

Nosso objetivo: leia este livro!

O melhor livro do mundo terá pouco valor se os estudantes não o lerem. Aqui estão alguns fatores que tornam *Estatística Aplicada* mais acessível:

◆ **Legibilidade**. Você verá imediatamente que esse livro não é como outros textos estatísticos. Esforçamo-nos para manter um estilo conversacional e introduzimos pequenos casos para manter o interesse. Nos testes de aula, os professores relatam com surpresa que os estudantes estão voluntariamente lendo além daquilo que foi proposto. Os estudantes nos escrevem (para surpresa deles) que estão, de fato, apreciando o livro.

◆ **Foco nas suposições e condições**. Mais que qualquer outro livro didático, *Estatística Aplicada* enfatiza a necessidade de verificar as hipóteses ou suposições na utilização dos procedimentos estatísticos. Reiteramos esse foco ao longo dos exemplos e dos exercícios. Fazemos todo o esforço para fornecer aos estudantes modelos que reforcem a prática de verificar as suposições e condições, ao invés de ir imediatamente para os cálculos de um problema real.

◆ **Ênfase em explorar e representar graficamente os dados.** Nossa consistente ênfase na importância da representação gráfica dos dados fica evidente a partir do primeiro capítulo, para entender os dados dos capítulos com modelagem complexa até o final. Os exemplos sempre incluem a representação dos dados e frequentemente ilustram o valor de examinar visualmente os dados, e os exercícios reforçam essa prática. Quando representamos os dados, somos capazes de perceber estruturas, ou padrões, que, de outro modo, não veríamos. Esses padrões, muitas vezes, levantam novas questões e dirigem a nossa análise estatística e o processo de análise dos casos. Enfatizar os gráficos ao longo de todo o livro ajuda o estudante a ver que as estruturas simples que procuramos quando desenhamos ilustram os conceitos que utilizamos nas nossas análises mais sofisticadas.

◆ **Consistência**. Trabalhamos arduamente para evitar a armadilha do "faça o que eu digo, mas não o que eu faço". Tendo ensinado a importância de representar graficamente os dados e verificar as suposições e condições, nós tomamos cuidado de seguir esse modelo ao longo do livro. (Verifique os exercícios nos capítulos de regressão múltipla ou séries temporais e você ainda nos encontrará solicitando e mostrando os gráficos e verificando o que foi introduzido nos capítulos anteriores.) Essa consistência ajuda a reforçar esse princípio fundamental.

Abrangência

Os tópicos cobertos em um curso de estatística para os negócios são geralmente consistentes e comandados pelas necessidades dos nossos estudantes nos seus estudos e nas suas futuras profissões. Mas a *ordem* desses tópicos e as ênfases colocadas em cada um não estão bem determinadas. Em *Estatística Aplicada*, você poderá encontrar algum tópico antes ou depois do que você esperava. Embora tenhamos escrito muitos capítulos especificamente para que possam ser lecionados de diferentes maneiras, nós o encorajamos a seguir a ordem que escolhemos.

Nós nos guiamos na ordem dos tópicos pelo princípio fundamental que esse deve ser um curso coerente, no qual conceitos e métodos se juntam para fornecer ao estudante um novo entendimento de como o raciocínio com dados pode revelar verdades novas e importantes. Tentamos assegurar que cada novo tópico se adapte a uma estrutura crescente de entendimento que, esperamos, seja elaborada pelo estudante. Por exemplo, ensinamos conceitos de inferência com proporções antes do que com médias. Os estudantes apresentam uma grande experiência com proporções vendo-as nas eleições e na publicidade. Iniciando com proporções, podemos ensinar inferência com o modelo Normal e então introduzir a inferência para médias com a distribuição t de Student.

Introduzimos os conceitos de associação, correlação e regressão logo em *Estatística Aplicada*. Nossa experiência de aula mostra que iniciar os estudantes nessas ideias fundamentais cedo cria uma motivação logo no início do curso. Mais adiante no semestre, quando discutirmos inferência, os estudantes irão lembrar o que eles aprenderam e acharão natural e relativamente fácil construir sobre os conceitos fundamentais que eles experimentaram explorando dados com esses métodos.

Em um curso introdutório, a ênfase relativa colocada nos tópicos requer um planejamento do professor. Cursos introdutórios de estatística nos negócios frequentemente têm um tempo limitado, assim, pode ser difícil tratar de tópicos importantes como regressão múltipla e construção de modelos com tempo suficiente para tratá-los adequadamente. Transferimos a discussão sobre risco e probabilidade para mais tarde na sequência dos tópicos, de modo que os estudantes podem ver as aplicações práticas antes e ter tempo para uma ênfase adequada nessas habilidades essenciais. Fomos orientados, nas nossas escolhas sobre o que enfatizar, pelo relatório[1] GAISE (*Guidelines for Assesment and Instruction in Statistics Education*), ou Orientações para Avaliação e Instrução na Educação Estatística, que foi feito após extensivos estudos sobre como os estudantes melhor aprendem estatística. Essas recomendações, agora oficialmente adotadas e recomendadas pela Associação Americana de Estatística, encoraja, (entre outras sugestões detalhadas) que a educação estatística deve:

1. Enfatizar a literácia estatística e desenvolver o pensamento estatístico;
2. Utilizar dados reais;
3. Enfatizar a compreensão conceitual, em vez de mero conhecimento dos procedimentos;
4. Estimular a aprendizagem ativa;
5. Utilizar a tecnologia para desenvolver a compreensão conceitual e a análise de dados;
6. Tornar a avaliação uma parte do processo de aprendizagem.

Nesse aspecto, esse livro é totalmente moderno.

Mas para ser efetivo, um curso deve se adequar confortavelmente com as preferências dos professores. Existem vários caminhos igualmente efetivos para a utilização desse material, dependendo da ênfase que um professor, em particular, queira dar. Descrevemos algumas alternativas que podem ser trabalhadas confortavelmente com este material.

Plano de ensino flexível. Em *Estatística Aplicada,* escolhemos seguir as orientações do GAISE e as sugestões dos educadores mais inovadores da educação estatística. Esses especialistas concordam que é melhor expor os estudantes a dados reais mais cedo e mais frequentemente no curso e enfatizar interpretações reais de análises o tempo todo. Em virtude de estarmos plenamente cientes do desafio que os professores de estatística enfrentam em lecionar o básico em um limitado período de tempo – muitas vezes, em um curso de um único semestre –, criamos duas alternativas para a sequência tradicional de *Estatística Aplicada*.

1. Colocamos uma seção introdutória (exploratória e não baseada na inferência) no início do texto (Capítulos 7 e 8).
2. Colocamos a discussão detalhada dos conceitos probabilísticos e de tomada de decisões (Capítulos 21 e 22) mais no final do texto. Entendemos que essa ordem pode não se adequar a todas as necessidades, assim, fizemos esses capítulos tão modulares quanto possível – eles podem ser mudados e cobertos em diferentes pontos do curso.

Aqui estão algumas opções de sequenciamento.

Ênfase nos dados e cobertura inicial da regressão (com ênfase adicional em probabilidade). Trabalhar com o Capítulo 21 antes do Capítulo 9 permite que o pro-

---

[1] http://www.amstat.org/education/gaise/

fessor possa utilizar o modelo Binomial na explicação da distribuição amostral da proporção. Note que isso irá introduzir o modelo Normal teoricamente, cálculos utilizando a tabela da Normal estão no Capítulo 9.

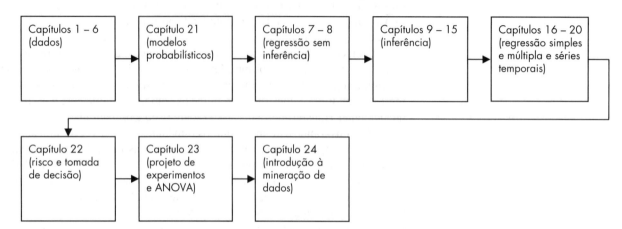

Para essa abordagem em um curso de um semestre, recomendamos os Capítulos 1 – 6, Capítulo 21 (modelos probabilísticos), Capítulos 7 – 8 (regressão sem inferência), Capítulos 9 – 15 e Capítulos 16 – 17 (regressão com inferência). O Capítulo 21 pode também ser visto após o Capítulo 8, logo após os capítulos de inferência, em vez de diretamente após o Capítulo 6.

Ênfase na probabilidade com cobertura posterior da regressão. Para enfatizar a probabilidade e tratar a regressão mais adiante no curso, os Capítulos 21 e 22 podem ser vistos após os Capítulos 1 – 6. Uma sequência possível é:

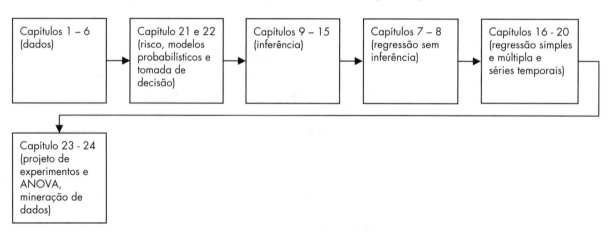

Para essa abordagem em um curso de um semestre, recomendamos os Capítulos 1 – 6, Capítulo 21 (modelos probabilísticos), Capítulos 9 – 15, Capítulos 7 – 8 (regressão sem inferência) e Capítulos 16 – 17 (regressão com inferência).

Ênfase nos dados e cobertura inicial da regressão sem ênfase na probabilidade. Essa é a nossa sequência padrão. Para cobri-la em um curso de um semestre, recomendamos a seguinte sequência.

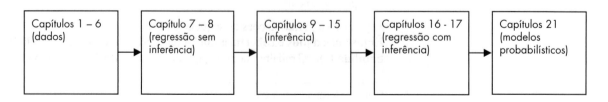

Características

Um livro didático não consiste apenas em palavras em uma página. Ele é um conjunto de características que devem ser vistas juntas para formar uma visão abrangente. As características de *Estatística Aplicada* fornecem um contexto real para os conceitos, auxiliam os estudantes a aplicar esses conceitos, promovem a resolução de problemas e integram a tecnologia – todas auxiliando os estudantes a entender e ver o contexto amplo da estatística nos negócios.

Exemplos motivadores. Cada capítulo inicia com um exemplo motivador, frequentemente tomado das experiências dos autores com consultoria. Essas empresas – tais como Amazon.com, Sillow.com, Keen inc. e Whole Food Market – melhoram e ilustram a história de cada capítulo e mostram aos estudantes como e por que o pensamento estatístico é vital na moderna tomada de decisões nos negócios.

Exemplos orientados passo a passo. A habilidade de comunicar claramente os resultados estatísticos é crucial para que a estatística contribua para a tomada de decisões nos negócios. Com essa finalidade, alguns exemplos em cada capítulo são apresentados como Exemplos Orientados. Uma boa solução é modelada na coluna direita, enquanto comentários aparecem na coluna esquerda. A análise global segue o nosso modelo inovador: **planejar, fazer, relatar**. Esse modelo inicia cada análise com uma questão clara sobre uma decisão e finaliza com um relatório que responde a questão dada. Para enfatizar o aspecto da decisão de cada exemplo, apresentamos o passo **relatar** como um memorando comercial que resume os resultados no contexto do exemplo e coloca uma recomendação informando se os dados dão suporte à decisão. Além disso, sempre que possível, incluímos as limitações da análise ou modelos no memorando de conclusão.

Projetos de estudo de pequenos casos. Cada capítulo inclui um ou mais projetos de estudo de pequenos casos que utilizam dados reais e solicitam que os estudantes investiguem a questão ou tomem uma decisão. Os estudantes definem os objetivos, planejam o processo, completam a análise e relatam a conclusão. Os dados para os projetos de estudo de pequenos casos estão disponíveis no DVD e no *site*, formatados para vários tecnologias.

O que pode dar errado? Cada capítulo contém uma seção inovadora, denominada *O que pode dar errado?*, que destaca os erros estatísticos mais comuns e as interpretações equivocadas que as pessoas têm sobre estatística. O erro mais comum para um novo usuário da estatística envolve o mau uso de um método, não um cálculo errado de uma estatística. Muitos dos erros que são discutidos foram fruto da experiência dos autores no contexto dos negócios, ao invés de apenas situações didáticas. Um dos nossos objetivos é munir os estudantes com os recursos para detectar erros estatísticos e possibilitar a prática em detectar interpretações errôneas da estatística, intencionais ou não. Nesse espírito, alguns dos nossos exercícios testam o entendimento de tais erros.

À mão. Relembramos regularmente os estudantes que a estatística diz respeito a entender o mundo e tomar decisões com dados. Resultados que não fazem sentido estão provavelmente errados, não importa o quão cuidadosos tenham sido os cálculos. Erros são frequentemente fáceis de perceber com um pouco de raciocínio, assim, solicitamos que os estudantes parem para uma confrontação com a realidade antes da interpretação dos resultados.

Alerta de notação. Por todo o livro, enfatizamos a importância de uma comunicação clara. Uma notação adequada é parte do vocabulário estatístico, mas ela pode ser intimidadora. Estudantes que sabem que álgebra n pode representar qualquer variável podem ficar surpresos em aprender que, em estatística, n é sempre e somente o tamanho da amostra. Estatísticos atribuíram muitas letras e símbolos a significados específicos (b, e, n, p, q, r, s, t e z, junto com muitas letras gregas, todas com uma representação específica). Os estudantes podem aprender mais efetivamente quando eles têm uma ideia clara sobre os significados de letras e símbolos que os estatísticos utilizam.

Teste rápido. Para ajudar os estudantes a verificarem sua compreensão sobre o material que leram, colocamos questões em pontos ao longo dos capítulos. Essas questões são uma checagem rápida; muitas envolvem poucos cálculos. As respostas estão no final do conjunto de exercícios em cada capítulo e, assim, os estudantes podem facilmente se testar para se assegurar de que entenderam as ideias básicas. As questões podem, também, ser usadas para motivar discussões em aula.

QUADRO DA MATEMÁTICA

Quadro da matemática. Em muitos capítulos, apresentamos o suporte matemático dos métodos e conceitos estatísticos. Estudantes diferentes aprendem de formas diferentes, e mesmo o próprio estudante pode entender o material por mais de uma maneira. Colocando essas demonstrações, derivações e justificações separadas da narrativa, permitimos que o estudante continue a seguir o desenvolvimento lógico do tópico à mão e disponibilizando, também, os fundamentos matemáticos para um entendimento mais profundo.

O que aprendemos? Esses resumos de final de capítulo destacam os novos conceitos, definem os novos termos introduzidos no capítulo e listam as habilidades que o estudante deve ter adquirido. Estudantes podem pensar neles como guias de estudo. Se eles entendem os conceitos no resumo, sabem os termos e têm as habilidades, então provavelmente estarão prontos para ser avaliados.

ÉTICA EM AÇÃO

Ética em ação. Os estudantes muitas vezes ficam surpresos ao ver que a estatística não é apenas colocar números em fórmulas. Muitas análises estatísticas requerem uma boa quantidade de julgamentos. A melhor orientação para esses julgamentos é que nós fazemos uma tentativa honesta e ética para aprender a verdade. Qualquer coisa menos do que isso pode levar a decisões pobres e mesmo perigosas. Nossas etiquetas de *Ética em Ação*, em cada capítulo, ilustram alguns de nossos julgamentos necessários na análise estatística, identificam erros possíveis, conectam os assuntos às orientações éticas da Associação Estatística Americana e, então, propõe abordagens alternativas totalmente éticas e estatísticas.

Exercícios. Trabalhamos bastante para nos assegurar que os exercícios contêm questões relevantes, modernas e reais. Muitos vêm de notícias de jornais, alguns de artigos de pesquisa recentes. Sempre que possível, os dados estão no disco e no *site* (sempre em vários formatos) de modo a permitir que os estudantes possam ir além na exploração. Os exercícios marcados com um ❶ indicam que os dados são fornecidos. Algumas vezes, em virtude do tamanho do conjunto de dados, eles estão disponíveis apenas eletronicamente. Ao longo do texto, nós pareamos os exercícios de modo que cada um com numeração ímpar (com resposta ao final do livro) seja seguido por um com número par sobre o mesmo assunto. Os exercícios são aproximadamente ordenados dentro de cada capítulo, tanto por tópicos quanto pelo nível de dificuldade.

Fontes de dados. Muitos dos dados utilizados nos exemplos e exercícios são de fontes reais e nós listamos muitas dessas fontes nessa edição. Sempre que possível, incluímos referências das bases de dados da Internet utilizadas, frequentemente na forma de *links* (URLs). Como os usuários da Internet (e assim, nossos estudantes) sabem bem, *links* podem ficar desatualizados com o passar do tempo. Para minimizar o impacto dessas alterações, apontamos para o mais alto na árvore do endereço (*link*) quando isso for prático. Além disso, os próprios dados muitas vezes mudam à medida que valores mais recentes se tornem disponíveis. Os dados que nós utilizamos estão normalmente no DVD (em inglês) incluso no livro e no *site* que o acompanha, http://wps.aw.com/aw_sharpe_business_1/.* Se você procurar os dados – ou

---

* N. de R.: Este conteúdo é de responsabilidade da editora original, podendo ser retirado do ar sem aviso prévio ou por ocasião de novas edições. Conteúdo em inglês.

uma versão atualizada dos dados – na Internet, tentamos direcioná-lo para um bom ponto de partida.

Vídeos no DVD com legendas em inglês. Os vídeos, com participação dos autores do livro, ajudam os estudantes a rever os pontos principais de cada capítulo, e os vídeos conceito (Vídeos de Compreensão de Negócios) têm como foco os conceitos estatísticos como eles aparecem na realidade. As apresentações são caracterizadas pelo mesmo estilo amigável, com ênfase no pensamento crítico, assim como o livro. O formato de DVD torna fácil e conveniente assistir aos vídeos a partir de um computador, em casa ou na universidade. Os vídeos estão disponíveis com legendas (em inglês).

Ajuda Tecnológica. No comércio, a estatística é praticada com computadores, mas não com uma única plataforma de *software*. Ao invés de enfatizar um programa estatístico em particular, no final de cada capítulo, resumimos os que os estudantes podem encontrar nos pacotes mais comuns, muitas vezes com saídas (resultados) comentadas. Nós, então, oferecemos um guia específico para os pacotes mais comuns (Excel 2007 e 2003, Minitab, SPSS, JMP e DataDesk) para auxiliar os estudantes a iniciarem com o *software* de sua escolha.

xvi Prefácio

Suplementos

Suplementos do estudante*

Business Statistics, edição do estudante para venda (ISBN-13: 978-0-321-42659-8; ISBN-10: 0-321-42659-2)

Student's Solutions Manual, por Linda Dawson, University of Washington, fornece soluções detalhadas e elaboradas para os exercícios de números ímpares. (ISBN-13: 978-0-321-50691-7; ISBN-10: 0-321-50691-X)

Excel Manual, por Jim Zimmer, Chattanooga State University (ISBN-13: 978-0-321-57135-9; ISBN-10: 0-321-57135-5)

Minitab Manual, por Robert H. Carver, Stonehill College (ISBN-13: 978-0-321-57059-8; ISBN-10: 0-321-57059-6)

SPSS Manual, por Rita Akin, Westminster College (ISBN-13: 978-0-321-57136-6; ISBN-10: 0-321-57136-3)

Suplementos do professor (em inglês)

Estatística Aplicada oferece os seguintes recursos para professores (em inglês, disponíveis em www.bookman.com.br, mediante cadastro):

Questões de aprendizagem ativa – Preparadas em PowerPoint®, essas questões são formuladas para uso com sistemas de respostas de aula. Várias questões de múltipla escolha estão disponíveis para cada capítulo do livro, permitindo que os professores avaliem rapidamente o domínio do material de aula. As questões de aprendizagem ativa estão disponíveis para ser baixadas do MyStatLab® e do catálogo *on-line* da Pearson Educação.

Imagens – Arquivos com as imagens do texto (tabelas, figuras, exercícios) em formato TIF e GIF.

Instructor's Guide – O Manual do Professor do livro.

Instructor's Solutions Manual – Contém soluções detalhadas para todos os exercícios.

Eslaides (Lecture Slides) – Fornece esquemas para serem utilizados na elaboração de aulas, apresentando definições, conceitos-chaves e figuras do livro.

Test Bank – por Rose Sebastianelli, University of Scranton, inclui testes de conhecimentos dos capítulos e testes por níveis.

Recursos tecnológicos (em inglês)

Um DVD acompanha cada cópia original do livro *Estatística Aplicada*. O DVD contém vários materiais de suporte, incluindo:

◆ **Dados** para os exercícios marcados com um **T** estão disponíveis também no *site*, formatados para DataDesk, Excel, JMP,

MINITAB, SPSS, e como arquivos de texto apropriados para estes e virtualmente qualquer outro *software* estatístico.

◆ **DDXL**, um suplemento completo de capacidades gráficas e estatísticas adiciona ao Excel, entre outras capacidades, o diagrama de caixa e bigodes, diagramas de dispersão, diagramas de probabilidades normais e procedimentos de inferência estatística não disponíveis no pacote "ferramentas de análise" do Excel.

◆ **Vídeos**, com legendas opcionais que apresentam os autores do livro revisando os principais pontos de cada capítulo e **vídeos com *insight* de negócios** focados em conceitos estatísticos como eles ocorrem na realidade. O formato do DVD torna fácil e conveniente assistir ao vídeo num computador (que possua *software* para reprodução de DVDs) em casa ou no *campus*. Os vídeos podem também ser baixados para iPods® a partir do MyStatLab*.

ActivStats® para estatística aplicada (Mac e PC).* O programa multimídia, ganhador de prêmios, ActivStats fornece suporte ao aprendizado capítulo por capítulo com o livro. Ele complementa o livro com vídeos de histórias reais, exemplos resolvidos, exposições animadas de cada um dos principais tópicos estatísticos e com recursos para realizar simulações, visualizar inferências e aprender a utilização de pacotes estatísticos. O ActivStats inclui 15 pequenos clipes de vídeo; 183 atividades animadas e pequenos programas de ensino, 260 conjuntos de dados; gráficos interativos, simulações, ferramentas de visualização e muito mais. O ActivStats (Mac e PC) está disponível em uma única versão para os *softwares* Data Desk, Excel, JMP, MINITAB e SPSS. (ISBN-13: 978-0-321-57719-1; ISBN-10: 0-321-57719-1).

*MathXL® para Estatística** é um poderoso sistema tutorial de tarefas para casa *on-line* e de avaliação que acompanha os livros da Pearson de estatística. Com MathXL, os professores podem criar, editar e passar testes e tarefas para casa *on-line* utilizando exercícios gerados algoritmicamente e correlacionados aos objetivos do livro didático. Ele também pode criar e atribuir seus próprios exercícios *on-line* e importar testes do TestGen para uma maior flexibilidade. Todo o trabalho dos alunos é registrado na ata de graus *on-line* do MathXL. Os estudantes podem realizar testes de capítulos no MathXL e receber planos de estudo personalizados, baseados nos resultados que obtiveram no teste. O plano de estudo faz um diagnóstico dos problemas e conecta o estudante diretamente a exercícios tutoriais dos objetivos não alcançados para estudarem e serem novamente testados. Os estudantes podem também acessar animações suplementares diretamente dos exercícios selecionados. O MathXL para estatística está disponível para adotantes qualificados. Para maiores informações, visite o nosso *site*, em www.mathxl.com ou contate um representante de vendas.

MyStatLab™* – parte da família de produtos do MyMathLab® - é um curso *on-line* específico para o livro, facilmente customizável, que integra instrução multimídia interativa com os conteúdos do livro. O MyStatLab fornece a você os recursos necessários para disponibilizar todo ou parte do seu cursos *on-line*, tanto para alunos situados em um laboratório ou trabalhando em casa:

◆ **Tutorial interativo de exercícios:** um conjunto compreensivo de exercícios correlacionados ao livro e aos seus obje-

---

* Recurso(s) disponível(eis) para venda no *site* do livro original (http://wps.aw.com/aw_sharpe_business_1/). Sua comercialização pode ser interrompida sem aviso prévio.

tivos que são gerados algoritmicamente para uma prática e habilidade ilimitadas. Muitos exercícios são de resposta livre e fornecem soluções dirigidas, problemas, exemplos e auxílios de aprendizagem para uma ajuda extra no local que for necessário.

◆ **Plano de estudos personalizados:** quando os estudantes completam um teste ou problema no MyStatLab, o programa gera um plano de estudo personalizado para cada estudante que indica que tópicos devem ser retomados e conecta o estudante diretamente a um tutorial de exercícios dos tópicos que ele precisa estudar e ser novamente testado.

◆ **Recursos multimídia de aprendizagem:** os estudantes podem utilizar recursos *on-line*, tais como aulas em vídeo, animações e um livro multimídia completo, para auxiliá-los a independentemente melhorar seus entendimentos e desempenhos.

◆ **Recursos estatísticos:** o MyStatLab inclui recursos estatísticos incorporados, incluindo o *software* estatístico denominado de StatCrunch. Os estudantes também têm acesso a animações estatísticas e *applets* que ilustram ideias básicas do curso. Para aqueles que utilizam tecnologia no seu curso, um manual de tecnologia em pdf está incluído.

◆ **Gerenciador de avaliações:** um gerenciador de avaliações fácil de utilizar permite que os professores criem deveres de casa, problemas e testes *on-line* que são automaticamente avaliados e correlacionados diretamente ao livro didático. As tarefas podem ser criadas utilizando um mix de questões do banco de exercícios do MyStatLab, criadas pelo professor ou ainda utilizando testes do TestGen.

◆ **Caderno de notas:** especificamente projetado para matemática e estatística, o caderno de notas do MyStatLab mantém registro automático dos resultados dos estudantes e fornece controle sobre como é calculada a nota final. Você pode também adicionar notas *off-line* (papel e lápis) ao caderno de notas.

◆ **Construtor de exercícios matemáticos:** você pode utilizar o construtor de exercícios matemáticos MathXL para criar exercícios estáticos e algorítmicos para suas tarefas *on-line*. Uma biblioteca de exercícios exemplo fornece um ponto de partida fácil para criar questões e você pode, também, criar novas questões a partir do zero.

◆ **Centro tutor Pearson (www.pearsontutorservices.com):** o acesso está automaticamente incluído com o MyStatLab. O Centro Tutor é composto por matemáticos e professores qualificados que fornecem tutoria específica sobre o livro texto para estudantes via telefone 0800, fax e *e-mail* e por sessões interativas via Internet.

O MyStatLab é operado por CourseCompass™, pelo ambiente *on-line* de ensino-aprendizagem Pearson Educação e por MathXL® nosso sistema de avaliação e tutorial para tarefas de casa. O MyStatLab está disponível para adotantes qualificados. Para mais informações, visite nosso *site* em www.mystatla.com ou contate um representante de vendas da Pearson.

O **StatCrunch*** é um recurso *on-line* poderoso que fornece um ambiente interativo para praticar estatística. Você pode utilizar o StatCrunch tanto para análise numérica quanto gráfica de dados, tirando vantagem dos gráficos interativos que podem auxiliar você a ver a conexão entre objetos selecionados em um gráfico e os dados subjacentes. No MyStatLab, os conjuntos de dados dos seu livro didático estão pré-carregados no StatCrunch. O StatCrunch está também disponível como um recurso do tarefas para casa e a prática de exercícios no MyStatLab e no MathXL para estatística. Também disponível no Statcrunch.com, um *software* com base na rede que permite ao estudante realizar análises estatísticas complexas de uma maneira simples.

---

* Recurso(s) disponível(eis) para venda no *site* do livro original (http://wps.aw.com/aw_sharpe_business_1/). Sua comercialização pode ser interrompida sem aviso prévio.

Agradecimentos

Muitas pessoas contribuíram com esse livro desde o primeiro dia de sua concepção até a sua publicação. *Estatística Aplicada* nunca teria visto a luz do dia sem a assistência da incrível equipe da Pearson. Nossa editora chefe, Deirdre Lynch, foi fundamental no suporte, desenvolvimento e realização do livro desde o primeiro dia. Sara Oliver Gordus, editora associada, e Chere Bemelmans, editora de projetos sênior, nos mantiveram no trabalho tanto quanto foi humanamente possível. Peggy McMahon, supervisora de produção sênior, e Laura Hakala, gerente de projetos sênior na Pre-PressPMG, realizaram milagres para conseguir fazer o livro ficar pronto. Estamos em débito com elas. Christina Lepre, editora assistente; Dana Jones, assistente editorial; Alex Gay, gerente de *marketing*; Kathleen DeChavez, associada de *marketing;* e Dona Kenly, gerente de desenvolvimento de mercado sênior, foram essenciais no gerenciamento de todo o trabalho de bastidores que precisou ser feito. Christine Stavrou, produtora de mídia, juntou o excelente pacote de mídias para o livro. Barbara Atkinson, projetista sênior, e Geri Davis são responsáveis pela aparência maravilhosa do livro. Evelyn Beaton, gerente de produção, e Ginny Michaud, comprador de produção sênior fizeram milagres para que o livro e o DVD chegassem às suas mãos e Greg Tobin, presidente, forneceu o apoio bem-humorado ao longo de todos os aspectos do projeto.

Agradecimentos especiais vão para a Pre-PressPMG, editoração eletrônica, pelo maravilhoso trabalho que fizeram nesse livro, em particular, a Laura Hakala, a gerente de projeto, por sua atenção especial aos detalhes.

Também queremos agradecer a nossos preciosos revisores, cuja monumental tarefa foi a de garantir que nós disséssemos o que estávamos pensando dizer: Eugene Allevato, Woodbury University; Dave Bregenzer, Utah State University; Ann Cannon, Cornell College; Joan Donohue, University of South Carolina; David Doorn, University of Minnesota, Duluth; David Hudgins, University of Oklahoma, Norman; John Lawrence, California State University, Fullerton; Joe Kupresanin, Cecil College; Monnie McGee, Southern Methodist University; Jackie Miller, The Ohio State University; Doug Morris, University of New Hampshire; Michael Polomsky, Cleveland State University; Gary Smith, Florida State University; Joe Sullivan, Mississippi State University; Dirk Tempelaar, Maastricht University; William Warde, Oklahoma State University e Jim Zimmer, Chattanooga State University.

Queremos agradecer as seguintes pessoas que se juntaram a nós durante um fim de semana para discutir educação em estatística aplicada aos negócios, novas tendências, tecnologia e ética nos negócios. Essas pessoas fizeram valiosas contribuições ao *Estatística Aplicada*:

Dr. Taiwo Amoo, CUNY Brooklyn
Dave Bregenzer, Utah State University
Joan Donohue, University of South Carolina
Soheila Fardanesh, Towson University
Chun Jin, Central Connecticut State University
Brad McDonald, Northern Illinois University
Amy Luginbuhl Phelps, Duquesne University
Michael Polomsky, Cleveland State University
Robert Potter, University of Central Florida
Rose Sebastianelli, University of Scranton
Debra Stiver, University of Nevada, Reno
Minghe Sun, University of Texas - San Antonio
Mary Whiteside, University of Texas - Arlington

Também agredecemos àqueles que forneceram *feedback* por meio de grupos focais, testes de aula e críticas:

Alabama: Nancy Freeman, Shelton State Community College; Rich Kern, Montgomery County Community College; Robert Kitahara, Troy University; Tammy Prater, Alabama State University **Arizona:** Kathyrn Kozak, Coconino Community College; Robert Meeks, Pima Community College; Philip J. Mizzi, Arizona State University; Yvonne Sandoval, Pima Community College; Alex Sugiyama, University of Arizona **Califórnia:** Eugene Allevato, Woodbury University; Randy Anderson, California State University, Fresno; Paul Baum, California State University, Northridge; Giorgio Canarella, California State University, Los Angeles; Natasa Christodoulidou, California State University, Dominguez Hills; Abe Feinberg, California State University, Northridge; Bob Hopfe, California State University, Sacramento; John Lawrence, California State University, Fullerton; Elaine McDonald-Newman, Sonoma State University; Khosrow Moshirvaziri, California State University; Sunil Sapra, California State University, Los Angeles; Carlton Scott, University of California, Irvine; Yeung-Nan Shieh, San Jose State University; Dr. Rafael Solis, California State University, Fresno; T. J. Tabara, Golden Gate University; Dawit Zerom, California State University, Fullerton **Canadá:** Jianan Peng, Acadia University; Brian E. Smith, McGill University **Colorado:** Sally Hay, Western State College; Rutilio Martinez, University of Northern Colorado; Gerald Morris, Metropolitan State College of Denver; Charles Trinkel, DeVry University, Colorado **Connecticut:** Judith Mills, Southern Connecticut State University; William Pan, University of New Haven; Frank Bensics, Central Connecticut State University; Lori Fuller, Tunxis Community College; Chun Jin, Central Connecticut State University; Jason Molitierno, Sacred Heart University **Flórida:** David Afshartous, University of Miami; Dipankar Basu, Miami University; Ali Choudhry, Florida International University; Nirmal Devi, Embry Riddle Aeronautical University; Dr. Chris Johnson, University of North Florida; Robert Potter, University of Central Florida; Gary Smith, Florida State University; Roman Wong, Barry University **Geórgia:** Dr. Michael Deis, Clayton University; Swarna Dutt, State University of West Georgia; John Grout, Berry College; Michael Parzen, Emory University; Barbara Price, Georgia Southern University **Idaho:** Craig Johnson, Brigham Young University; Teri Peterson, Idaho State University; Dan Petrak, Des Moines Area Community College **Illinois:** Lori Bell, Blackburn College; Jim Choi, DePaul University; David Gordon, Illinois Valley Community College; John Kriz, Joliet Junior College; Constantine Loucopoulos, Northeastern Illinois University; Brad McDonald, Northern Illinois University; Ozgur Orhangazi, Roosevelt University **Indiana:** H. Lane David, Indiana University South Bend; Ting Liu, Ball State University; Constance McLaren, Indiana State University; Dr. Ceyhun Ozgur, Valparaiso University; Hedayeh Samavati, Indiana University, Purdue; Mary Ann Shifflet, University of Southern Indiana; Cliff Stone, Ball State University; Sandra Strasser, Valparaiso University **Iowa:** Ann Cannon, Cornell College; Timothy McDaniel, Buena Vista University; Dan Petrack, Des Moines Area Community College; Mount Vernon, Iowa; Osnat Stramer, University of Iowa; Bulent Uyar, University of Northern Iowa; Blake Whitten, University of Iowa **Kansas:** John E. Boyer, Jr., Kansas State University **Louisiana:** Zhiwei Zhu, University of Louisiana at Lafayette **Maastricht, Paises Baixos** Dirk Tempelaar, Maastricht University **Maryland:** John F. Beyers, University of Maryland University College; Deborah Collins, Anne Arundel Community College; Frederick W. Derrick, Loyola College in Maryland; Soheila Fardanesh, Towson University; Dr. Jeffery Michael, Towson University; Dr. Timothy Sullivan, Towson University **Massachusetts:** Elaine Allen, Babson College; Paul D. Berger, Bentley College; Scott Callan, Bentley College; Ken Callow, Bay Path College; Robert H. Carver, Stonehill College; Richard Cleary, Bentley College; Ismael Dambolena, Babson College; Steve Erikson, Babson College; Elizabeth Haran, Salem State College; David Kopcso, Babson College; Supriya Lahiri, University of Massachusetts, Lowell; John MacKenzie,

Babson College; Dennis Mathaisel, Babson College; Abdul Momen, Framingham State University; Ken Parker, Babson College; John Saber, Babson College; Ahmad Saranjam, Bridgewater State College; Daniel G. Shimshak, University of Massachusetts, Boston; Erl Sorensen, Bentley College; Denise Sakai Troxell, Babson College; Janet M. Wagner, University of Massachusetts, Boston; Elizabeth Wark, Worcester State College; Fred Wiseman, Northeastern University **Michigan:** Sheng-Kai Chang, Wayne State University, **Minnesota:** Daniel G. Brick, University of St. Thomas; Dr. David J. Doorn, University of Minnesota Duluth; Howard Kittleson, Riverland Community College; Craig Miller, Normandale Community College **Mississippi:** Dal Didia, Jackson State University; J. H. Sullivan, Mississippi State University; Wenbin Tang, The University of Mississippi **Missouri:** Emily Ross, University of Missouri, St. Louis **Nevada:** Debra K. Stiver, University of Nevada, Reno; Grace Thomson, Nevada State College **New Hampshire:** Parama Chaudhury, Dartmouth College; Doug Morris, University of New Hampshire **Nova Jersey:** Kunle Adamson, DeVry University; Dov Chelst, DeVry University—New Jersey; Leonard Presby, William Paterson University; Subarna Samanta, The College of New Jersey **Nova York:** Dr. Taiwo Amoo, City University of Nova York, Brooklyn; Bernard Dickman, Hofstra University; Mark Marino, Niagara University **Carolina do Norte:** Margaret Capen, East Carolina University; Warren Gulko, University of North Carolina, Wilmington; Geetha Vaidyanathan, University of North Carolina **Ohio:** David Booth, Kent State University, Main *Campus*; Arlene Eisenman, Kent State University; Michael Herdlick, Tiffin University; Joe Nowakowski, Muskingum College; Jayprakash Patankar, The University of Akron; Michael Polomsky, Cleveland State University; Anirudh Ruhil, Ohio University; Bonnie Schroeder, Ohio State University; Gwen Terwilliger, University of Toledo; Yan Yu, University of Cincinnati **Oklahoma:** Anne M. Davey, Northeastern State University; Damian Whalen, St. Gregory's University; David Hudgins, University of Oklahoma—Norman; Dr. William D. Warde, Oklahoma State University—Main *Campus* **Oregon:** Jodi Fasteen, Portland State University **Pensilvânia:** Dr. Deborah Gougeon, University of Scranton; Rose Sebastianelli, University of Scranton; Jack Yurkiewicz, Pace University; Rita Akin, Westminster College; H. David Chen, Rosemont College; Laurel Chiappetta, University of Pittsburgh; Burt Holland, Temple University; Ronald K Klimberg, Saint Joseph's University; Amy Luginbuhl Phelps, Duquesne University; Sherryl May, University of Pittsburg—KGSB; Dr. Bruce McCullough, Drexel University; Tracy Miller, Grove City College; Heather O'Neill, Ursinus College; Tom Short, Indiana University of Pennsylvania; Keith Wargo, Philadelphia Biblical University **Rhode Island:** Paul Boyd, Johnson & Wales University; Jeffrey Jarrett, University of Rhode Island **Carolina do Sul:** Karie Barbour, Lander University; Joan Donohue, University of South Carolina; Woodrow Hughes, Jr., Converse College; Willis Lewis, Lander University; M. Patterson, Midwestern State University; Kathryn A. Szabat, LaSalle University **Tennessee:** Ferdinand DiFurio, Tennessee Technical University; Farhad Raiszadeh, University of Tennessee - Chattanooga; Scott J. Seipel, Middle Tennessee State University; Han Wu, Austin Peay State University; Jim Zimmer, Chattanooga State University **Texas:** Raphael Azuaje, Sul Ross State University; Mark Eakin, University of Texas - Arlington; Betsy Greenberg, University of Texas - Austin; Daniel Friesen, Midwestern State University; Erin Hodgess, University of Houston—Downtown; Joyce Keller, St. Edward's University; Gary Kelley, West Texas A&M University; Monnie McGee, Southern Methodist University; John M. Miller, Sam Houston State University; Carolyn H. Monroe, Baylor University; Ranga Ramasesh, Texas Christian University; Plamen Simeonov, University of Houston—Downtown; Lynne Stokes, Southern Methodist University; Minghe Sun, University of Texas - San Antonio; Rajesh Tahiliani. University of Texas—El Paso; Mary Whiteside, University of Texas—Arlington; Stuart Warnock, Tarleton State University **Utah:** Dave Bregenzer, Utah State University; Camille Fairbourn, Utah State University **Virgínia:** Sidhartha R. Das, George Mason University; Quinton J. Nottingham, Virginia Polytechnic & State University; Ping Wang, James Madison

University **Washington:** Nancy Birch, Eastern Washington University; Mike Cicero, Highline Community College; Fred DeKay, Seattle University; Stergios Fotopoulous, Washington State University; Teresa Ling, Seattle University **Virgínia Ocidental:** Clifford Hawley, West Virginia University **Wisconsin:** Nancy Burnett University of Wisconsin—Oshkosh; Thomas Groleau, Carthage College; Patricia Ann Mullins, University of Wisconsin, Madison.

Finalmente agradecemos às nossas famílias. Foi um longo projeto e ele precisou de muitas noites e fins de semana. Nossas famílias se sacrificaram de modo que pudéssemos escrever o livro que tínhamos imaginado.

Norean Sharpe
Richard De Veaux
Paul Velleman

Da Sala de Aula...

Fornecendo um Contexto Real de Negócios

Abertura dos capítulos

Cada capítulo abre com um exemplo interessante de negócios. Histórias de empresas como Amazon.com, Home Depot e KEEN Inc. aumentam e ilustram a mensagem de cada capítulo, mostrando aos estudantes como e por que o pensamento estatístico é vital para a tomada de decisão moderna nos negócios. Analisamos os dados desses exemplos ao longo do capítulo.

Exemplos no texto

Exemplos reais de negócios motivam a discussão, geralmente retornando à empresa do início do capítulo.

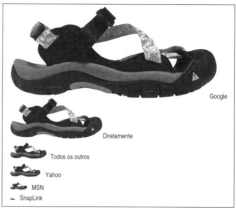

Figura 4.2 Embora o comprimento de cada sandália corresponda ao valor correto, a impressão que temos é errada porque percebemos a área total da sandália. Na verdade, somente um pouco mais do que 50% de todos os visitantes usaram o Google para chegar ao site.

um pouco mais que o dobro de visitas originadas por pesquisas no Google do que as visitas que vieram diretamente. Os gráficos de coluna tornam comparações deste tipo fáceis e naturais.

...Para a Sala da Diretoria

Aplicando os Conceitos

Planejar, fazer, relatar

Existem três passos simples para trabalhar direito com a estatística: planejar, fazer e relatar.

Conduzimos o estudante pelo processo de tomada de decisão nos negócios com dados. O primeiro passo é planejar como lidar com um problema, o segundo é fazer os cálculos e o terceiro é relatar os resultados e as conclusões. Em cada capítulo, nós aplicamos os novos conceitos aprendidos em *Exemplos Orientados*. Os exemplos são estruturados para refletir a forma de abordagem dos estatísticos e a solução do problema. Os exemplos passo a passo mostram aos estudantes como produzir o tipo de solução e relatórios que os clientes esperam encontrar.

PLANEJAR primeiro. Saiba para onde você está indo e por quê. Definir e entender claramente os objetivos irá lhe poupar muito trabalho. O que você sabe? O que você espera aprender? As suposições e condições estão satisfeitas?

FAZER é a mecânica dos cálculos estatísticos. Isso é o que a maioria das pessoas pensa que é a estatística. Mas os cálculos não contam toda a história.

RELATAR o que você aprendeu. Até você ter explicado os seus resultados no contexto da questão de negócios no seu plano, o trabalho não está feito. Apresentamos a etapa do relatório como um memorando para enfatizar o aspecto decisivo de cada exemplo.

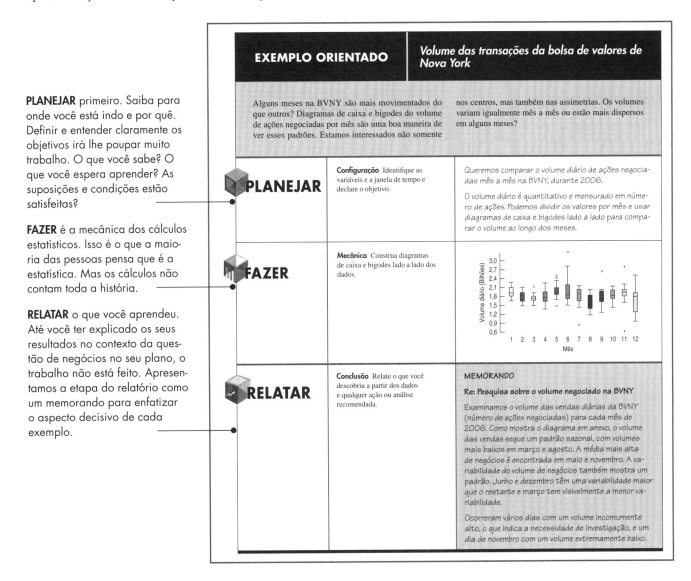

Promovendo o Entendimento

O que pode dar errado?

O erro mais comum para os novatos em análise estatística geralmente envolve o mau uso de um método, não o cálculo incorreto de uma estatística. Explicitamos esses erros com a seção "o que pode dar errado?", encontrada no final dos capítulos. Nosso objetivo é fornecer ao estudante os requisitos necessários para detectar erros estatísticos e oferecer condições de perceber a má utilização da estatística.

Quadro da Matemática

O suporte matemático dos conceitos e métodos estatísticos é colocado separado para evitar a interrupção da explicação do tópico sendo discutido. Utilizamos esse recurso para aumentar a compreensão dos estudantes da base matemática, mas esses quadros poderão ser pulados pelos estudantes com pouca inclinação pela matemática.

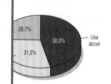

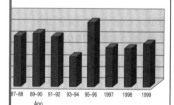

À mão

Embora nós encorajemos o uso da tecnologia para realizar os cálculos estatísticos, também reconhecemos os benefícios de saber como calcular manualmente. Os quadros *à mão* explicam fórmulas e auxiliam os estudantes com os cálculos do exemplo trabalhado.

Verificando a Compreensão

Teste rápido

Uma vez ou duas por capítulo, o "Teste rápido", solicita aos alunos para parar e pensar sobre o que eles leram. Essas questões são projetadas para verificar a compreensão dos estudantes e envolvem poucos cálculos. As respostas são fornecidas no final de cada capítulo, de modo que os estudantes podem facilmente verificar o trabalho.

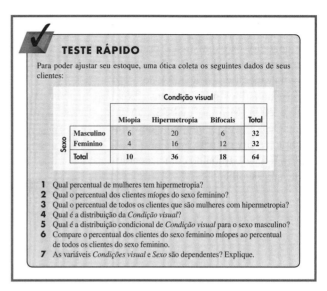

TESTE RÁPIDO

Para poder ajustar seu estoque, uma ótica coleta os seguintes dados de seus clientes:

		Condição visual			
		Miopia	Hipermetropia	Bifocais	Total
Sexo	Masculino	6	20	6	32
	Feminino	4	16	12	32
	Total	10	36	18	64

1 Qual percentual de mulheres tem hipermetropia?
2 Qual o percentual dos clientes míopes do sexo feminino?
3 Qual o percentual de todos os clientes que são mulheres com hipermetropia?
4 Qual é a distribuição da *Condição visual*?
5 Qual é a distribuição condicional de *Condição visual* para o sexo masculino?
6 Compare o percentual dos clientes do sexo feminino míopes ao percentual de todos os clientes do sexo feminino.
7 As variáveis *Condições visual* e *Sexo* são dependentes? Explique.

O QUE APRENDEMOS?

Resumos de final de capítulo destacam os conceitos introduzidos, definem novos termos e listam as habilidades apresentadas no capítulo. Se os estudantes entenderam todas as partes, eles provavelmente estarão prontos para a prova.

O que aprendemos?

Aprendemos que podemos resumir dados categóricos contando o número de casos em cada categoria, algumas vezes expressando a distribuição resultante como percentuais. Podemos exibir a distribuição num diagrama de colunas ou num de *pizza*. Quando queremos ver como duas variáveis categóricas estão relacionadas, colocamos as estimativas (e/ou percentuais) numa tabela de dupla entrada, chamada de tabela de contingência.

- Observamos a distribuição marginal de cada variável (encontrada nas margens da tabela).
- Também observamos a distribuição de uma variável dentro de cada categoria da outra variável.
- Podemos exibir estas distribuições condicionais e marginais usando diagramas de coluna ou de *pizza*.
- Se as distribuições de uma variável condicional são (aproximadamente) as mesmas para cada categoria da outra, as variáveis são independentes.

Termos

Diagrama de colunas (diagrama de colunas de frequência relativa) — Um diagrama que representa a f vel categórica como uma coluna

Diagrama de *pizza* — Os diagramas de *pizza* mostram fatia de um círculo cuja área co

Distribuição — A distribuição de uma variável
- todos os valores possíveis de
- a frequência relativa de cada

Distribuição condicional — A distribuição de uma variável menor de indivíduos.

Distribuição marginal — Numa tabela de contingência, pendente da outra. As frequênc (geralmente a coluna das direita

Paradoxo de Simpson — Um fenômeno que surge quand pos e estas médias do grupo par

Percentual da coluna — A proporção de cada coluna co

Percentual da linha — A proporção de cada linha conti

Percentual total — A proporção do total contido n

Princípio da Área — Um princípio que ajuda a interpretar a informação estatística com distorção, insistindo que, numa apresentação estatística, cada valor dos dados seja representado pela mesma área.

Tabela de contingência — Uma tabela de contingência apresenta frequências e, algumas vezes, percentuais de indivíduos de categoriais de duas ou mais variáveis. A tabela categoriza os indivíduos em todas as variáveis ao mesmo tempo, para revelar possíveis padrões em uma variável que pode ser contingente na categoria da outra.

Habilidades

PLANEJAR
- Reconhecer quando uma variável é categórica e escolher a apresentação adequada para ela.
- Entender como examinar a associação entre variáveis categóricas, comparando percentuais condicionais e marginais.

FAZER
- Resumir a distribuição de uma variável categórica com uma tabela de frequência.
- Apresentar a distribuição de uma variável categórica com um diagrama de colunas ou diagramas de *pizza*.
- Construir e examinar uma tabela de contingência.
- Construir e examinar as apresentações das distribuições condicionais de uma variável para dois ou mais grupos.

RELATAR
- Descrever a distribuição de uma variável categórica em termos de seus valores possíveis e frequências relativas.
- Descrever quaisquer anomalias ou características extraordinárias reveladas pela representação de uma variável.
- Descrever e discutir padrões encontrados numa tabela de contingência e apresentações associadas de distribuições condicionais.

Integrando Tecnologia

Auxílio Tecnológico

Nos negócios, a estatística é praticada com computadores. Nós oferecemos um guia específico para vários dos *softwares* estatísticos mais comuns (Excel 2007 e 2003, Minitab®, SPSS®, JMP® e DataDesk®), frequentemente com um exemplo resolvido para auxiliar o estudante a iniciar o trabalho com a tecnologia de sua escolha.

Ajuda tecnológica: intervalos de confiança para proporções

Intervalos de confiança para proporções são tão fáceis e naturais que muitos pacotes estatísticos não oferecem comandos especiais para eles. A maioria dos programas estatísticos quer os "dados brutos" para cálculos. Para proporções, os dados brutos são o *status* de "sucesso" e "fracasso" para cada caso. Normalmente, são dados como 1 ou 0, mas podem ser categorias de nomes como "sim" ou "não". Muitas vezes, sabemos apenas a proporção do sucesso, $\hat{p}$, e a contagem total, n. Os pacotes de computador geralmente não lidam facilmente com dados resumidos como esse, mas as rotinas estatísticas encontradas em muitas calculadoras gráficas permitem criar intervalos de confiança a partir de resumos dos dados – em geral, basta fornecer o número de sucessos e o tamanho da amostra.

Em alguns programas, você pode reconstruir variáveis de 0s e 1s com as proporções dadas. No entanto, mesmo quando você tem (ou pode reconstruir) os valores dos dados brutos, talvez não consiga a margem de erro *exata*, a partir de um pacote de computador, como conseguiria trabalhando manualmente. O motivo é que alguns pacotes fazem aproximações ou usam outros métodos. O resultado é muito próximo, mas não exatamente o mesmo. Felizmente, estatística significa nunca ter de afirmar que você está certo, portanto, resultados aproximados são bons o suficiente.

Excel

Métodos de inferência para proporções não fazem parte do pacote "análise de dados" padrão da planilha Excel.

Comentários

Para dados resumidos, faça os cálculos em qualquer célula e o avalie. Os intervalos de confiança para uma proporção estão disponíveis no suplemento DDXL. Selecione o intervalo dos dados contendo a variável. Escolha **Confidence Intervals (Intervalos de Confiança)** do menu **DDXL**. Escolha **1 Var Prop Interval** do menu, indique a variável e clique em **OK**.

Minitab

Escolha **Basic Statistics** do menu **Stat.**
- Escolha **1 Proportion** do submenu **Basic Statistics**.
- Se os dados forem nomes de categoria de uma variável, atribua a variável na "lista de variáveis" para a lista **Samples in columns.** Se você tiver dados resumidos, clique em **Summarized Data** e preencha o número de tentativas e números de sucessos.
- Clique na tecla **Options** e especifique os detalhes restantes.

- Se tiver uma amostra grande, selecione **Use test and Interval based on normal distribution.** Clique em **OK.**

Comentários

Quando trabalhamos com variáveis categóricas, o MINITAB trata a última categoria como a categoria "sucesso". Você pode especificar como as categorias devem ser tratadas.

SPSS

O SPSS não encontra intervalos de confiança para proporções.

JMP

Para uma variável **categórica**, a plataforma **Distribution** inclui testes e intervalos para proporções. Para dados resumidos, coloque os nomes das categorias em uma variável e as frequências em uma variável ao lado. Designe que a coluna das frequências faça o **papel** das **frequências**. Então, use a plataforma **Distribution**.

Comentário

O JMP utiliza métodos para fazer inferência com proporções levemente diferentes dos discutidos neste livro. É provável que suas respostas sejam um pouco diferentes, especialmente para amostras pequenas.

Comentários

Para dados resumidos, abra um bloco de notas a fim de calcular o desvio padrão e a margem de erro digitando os cálculos. Utilize o **z-interval for individual** μs.

Projetos de estudo de pequenos casos

*Economia de combustível

Com o aumento constante no preço da gasolina, os motoristas e as fábricas de automóveis estão motivados a diminuir o consumo de combustível dos carros. Informações recentes fornecidas pelo governo dos Estados Unidos propõem algumas maneiras simples de fazer isso (veja www.fueleconomy.gov): evitar a aceleração rápida, evitar dirigir acima de 100 Km/h, reduzir o tempo que o carro fica em marcha lenta e reduzir o peso do veículo. Um peso extra de 100 libras pode aumentar o consumo de combustível em mais de 2%. Um executivo de *marketing* está estudando a relação entre o consumo de combustível dos carros (mensurado em milhas por galão) e seu peso, a fim de projetar uma campanha para um novo carro compacto. No conjunto de dados **ch07_MCSP_Fuel_Efficiency** você irá encontrar os dados das variáveis abaixo.

- Modelo do carro
- Tamanho do motor (L)
- Cilindros
- PSPF (Preço Sugerido Pelo Fabricante em $)
- Consumo na cidade (mpg)
- Consumo na autoestrada (mpg)
- Peso (libras)
- Tipo e país do fabricante

Descreva a relação entre Peso, PSPF e Tamanho do Motor com a eficiência do combustível (na cidade e autoestrada) em um relatório escrito. Certifique-se de transformar as variáveis, se necessário.

Projetos de Estudo de Pequenos Casos

Cada capítulo inclui um ou mais *projetos de estudo de pequenos casos,* que utilizam dados reais e solicitam ao estudante que investigue a questão e tome uma decisão. Os estudantes definem os objetivos, planejam o processo, completam a análise e relatam suas conclusões. Os dados para os *projetos de estudo de pequenos casos* estão disponíveis no DVD e no *site,* formatados para várias tecnologias.

Resolvendo Problemas

Exercícios

Trabalhamos duro para garantir que os exercícios contenham questões modernas e relevantes. Os exercícios geralmente começam com uma aplicação direta das ideias do capítulo e então lidam com grandes problemas. Muitos dividem o problema em várias partes para auxiliar o estudante na lógica de uma análise completa. Finalmente, existem exercícios que solicitam que o estudante sintetize e incorpore suas próprias ideias mais livremente. Exercícios marcados com um **T** estão disponíveis no DVD e no *site*, formatados para várias tecnologias.

EXERCÍCIOS

40. Fazendo economia de combustível em 2007. Em 2006, um estudo do Consumer Reports descobriu que 37% dos respondentes de todo o país pensavam em trocar seu carro atual por outro com maior economia de combustível. Eis as classificações de potência anunciadas e o consumo de gasolina esperada para vários veículos em 2007 (www.kbb.com/KBB/ReviewsAndRating).

Veículo	Potência	Consumo de combustível na estrada (mpg)
Audi A4	200	32
BMW 328	230	30
Buick Lacrosse	200	30
Chevy Cobalt	148	32
Chevy TrailBlazer	291	22
Ford Expedition	300	20
GMC Yukon	295	21
Honda Civic	140	40
Honda Accord	166	34
Hyundai Elantra	138	36
Lexus IS 350	306	28
Lincoln Navigator	300	18
Mazda Tribute	212	25
Toyota Camry	158	34
Volkswagen Beetle	150	30

a) Faça um diagrama de dispersão para esses dados.
b) Descreva a direção, forma e força da relação.
c) Encontre a correlação entre a potência e o consumo (em mpg).
d) Escreva algumas frases relatando o que o gráfico informa sobre a economia de combustível.

T 41. Venda de pizzas. Eis um diagrama de dispersão das vendas semanais (em libras) para cada quarta semana de uma marca de *pizza* congelada *versus* o preço unitário da *pizza* para uma amostra de lojas na área de Dallas.

T 42. Custos da habitação. A preocupação com uma possível "bolha no custo da habitação" tem levado muitos economistas a examinar os seus custos. O Office of Federal Housing Enterprise Oversight (www.ofheo.gov) coleta dados de vários aspectos dos custos da habitação em todos os Estados Unidos. Eis um diagrama de dispersão do *Índice do Custo da Habitação* versus a *Renda Mediana Familiar* para cada um dos 50 estados. A correlação é 0,65.

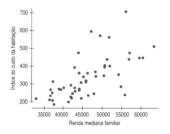

a) Descreva a relação entre o *Índice do Custo da Habitação* e a *Renda Mediana Familiar* por estado.
b) Se padronizarmos as duas variáveis, qual seria o coeficiente de correlação entre as variáveis padronizadas?
c) Se tivéssemos mensurado a *Renda Mediana Familiar* em milhares de dólares, em vez de dólares, como isso mudaria a correlação?
d) Washington, DC, tem um *Índice do Custo da Habitação* de 548 e uma renda mediana de aproximadamente $45000. Se incluíssemos DC no conjunto de dados, como isso afetaria o coeficiente de correlação?
e) Esses dados fornecem provas de que aumentar a renda mediana num estado aumenta o *Índice do Custo da Habitação* como consequência? Explique.

T 43. Fundos Mútuos. Eis um diagrama de dispersão mostrando a associação entre o dinheiro arrecadado nos fundos mútuos (o fundo arrecada em milhões de $) e um tipo específico de retorno de mercado (Índice Wilshire) para cada mês de 1990 a 2002.

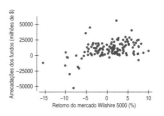

a) É apropriado calcular a correlação? Explique.
b) Identifique o valor atípico maior no diagrama de dispersão. Encontre e discuta a correlação após eliminar esse valor atípico.

ÉTICA EM AÇÃO

Beth Tully é proprietária do Zennas's Café, uma cafeteria independente, localizada numa pequena cidade do meio-oeste norte-americano. Desde sua abertura, em 2002, a empresa tem crescido de forma constante – hoje, ela distribui sua marca de café a vários restaurantes e mercados regionais. Beth opera uma microtorrefadora de café que oferece uma classe especial de café arábico, reconhecido por alguns como o melhor da região. Além de fornecer café da mais alta qualidade, Beth também quer que o seu negócio seja socialmente responsável. Para tanto, ela paga preços justos aos cultivadores de cafés e doa fundos para causas beneficentes no Panamá, na Costa Rica e na Guatemala. Além disso, incentiva seus colaboradores a se envolverem na comunidade local.

Recentemente, uma famosa cadeia multinacional de cafeterias anunciou planos de colocar lojas na área do Zenna's. Essa cadeia é uma das únicas a oferecer produtos com Certificado de Livre Comércio, e seu trabalho está voltado ao respeito e à justiça social da comunidade global. Consequentemente, Beth pensou que poderia ser uma boa ideia comunicar ao público os esforços de responsabilidade social da Zenna's, mas com ênfase no seu comprometimento com a comunidade local. Três meses atrás, ela começou a coletar dados do número de horas semanais de voluntariado doado pelos seus colaboradores. Ela tem um total de 12 funcionários, dos quais 10 trabalham em turno integral. A maioria tem doado menos de duas horas semanais de trabalho voluntário, mas Beth notou que um colaborador, que trabalha meio turno, dedicou mais de 20 horas semanais. Ela descobriu que seus funcionários coletivamente fazem uma média de 15 horas mensais (com uma mediana de 8 horas) de trabalho voluntário. Beth planejou apresentar o número médio e acreditava que a maioria das pessoas ficaria impressionada com o nível de comprometimento da Zenna's com a comunidade local.

QUESTÃO ÉTICA O valor atípico nos dados afeta a média numa direção que beneficia Beth Tully e o Zenna's Café (relacionado ao Item C, ASA Ethical Guidelines).

SOLUÇÃO ÉTICA Os dados da Beth são altamente assimétricos. Existe um valor atípico (do empregado de meio turno) que puxa o número médio de horas de voluntariado para cima. Relatar a média seria equivocado. Além disso, pode haver justificativas para eliminar o valor, uma vez que ele pertence ao empregado de meio turno (10 em 12 empregados são de tempo integral). Seria mais ético para a Beth: (1) apresentar o valor médio, mas discutir o valor atípico; (2) relatar a média somente dos empregados de tempo integral ou (3) relatar a mediana, em vez da média.

Ética em ação

Nossas vinhetas éticas em cada capítulo ilustram alguns julgamentos necessários na análise estatística, identificação de possíveis erros, conexão com o Guia de Ética da ASA (*American Statistical Association*) e então propõem alternativas estatísticas e éticas.

Sumário

PARTE I **Explorando e Coletando Dados** 43

Capítulo 1 **Estatística e Variação** 45
Então, o que é estatística? • Como este livro irá ajudar?

Capítulo 2 **Dados** 51
2.1 O que *são* dados? • **2.2** Tipos de variáveis • **2.3** Onde, como e quando
Projetos de estudo de pequenos casos: Banco Credit Card 64

Capítulo 3 **Levantamentos e Amostragem** 67
3.1 Três ideias da amostragem • **3.2** Censo – faz sentido? • **3.3** Populações e parâmetros • **3.4** Amostra Aleatória Simples (AAS) • **3.5** Outros projetos amostrais • **3.6** Definindo a população • **3.7** A amostragem válida
Projetos de estudo de pequenos casos: Pesquisa de mercado 88
A GfK Roper relata levantamento de dados mundial 88

Capítulo 4 **Apresentando e Descrevendo Dados Categóricos** 93
4.1 As três regras da análise de dados • **4.2** Tabelas de frequência • **4.3** Gráficos • **4.4** Tabelas de contingência
Projetos de estudo de pequenos casos: Calçados KEEN 115

Capítulo 5 **Aleatoriedade e Probabilidade** **125**

5.1 Fenômenos aleatórios e probabilidade • **5.2** A inexistente lei das médias • **5.3** Tipos diferentes de probabilidade • **5.4** Regras de probabilidade • **5.5** Probabilidades conjuntas e tabelas de contingência • **5.6** Probabilidade condicional • **5.7** Construindo tabelas de contingência

Projetos de estudo de pequenos casos: Segmentação do mercado   143

Capítulo 6 **Apresentando e Descrevendo Dados Quantitativos** **151**

6.1 Apresentando distribuições • **6.2** Forma • **6.3** Centro • **6.4** Dispersão da distribuição • **6.5** Forma, centro e dispersão – um resumo • **6.6** Resumo dos cinco números e os diagramas de caixa e bigodes • **6.7** Comparando grupos • **6.8** Identificando os valores atípicos (*outliers*) • **6.9** Padronização • **6.10** Diagramas de séries temporais • ***6.11** Transformando dados assimétricos

Projetos de estudo de pequenos casos: Taxa de ocupação de hotel   183

Valor e crescimento do retorno acionário   183

PARTE II Entendendo Dados e Distribuições 197

CAPÍTULO 7 **Diagramas de Dispersão, Associação e Correlação** **199**

7.1 Analisando os diagramas de dispersão • **7.2** Atribuindo papéis a variáveis nos diagramas de dispersão • **7.3** Entendendo a correlação • ***7.4** Linearizando diagramas de dispersão • **7.5** Variáveis ocultas e causação

Projetos de estudo de pequenos casos: *Economia de combustível   221

A economia dos Estados Unidos e os preços das ações da Home Depot   222

CAPÍTULO 8 **Regressão Linear** **233**

8.1 O modelo linear • **8.2** A correlação e a linha • **8.3** Regressão para média • **8.4** Verificando o modelo • **8.5** Aprendendo mais com os resíduos • **8.6** Variação no modelo e o R^2 • **8.7** Verificação da realidade: a regressão é razoável?

Projetos de estudo de pequenos casos: Custo de vida   253

Fundos mútuos   253

Capítulo 9 **Distribuições Amostrais e o Modelo Normal** **263**

9.1 Modelando a distribuição das proporções amostrais • **9.2** Simulações • **9.3** A distribuição Normal • **9.4** Prática com cálculos da distribuição Normal • **9.5** A distribuição amostral das proporções • **9.6** Suposições e condições • **9.7** O teorema central do limite – o teorema fundamental da estatística • **9.8** A distribuição amostral da média • **9.9** Tamanho da amostra – lei dos retornos decrescentes • **9.10** Como funcionam os modelos de distribuição amostral

Projetos de estudo de pequenos casos: Simulações imobiliárias   287

---

*Indica um tópico opcional

Sumário **31**

Capítulo 10 **Intervalos de Confiança para Proporções** **295**

10.1 Intervalos de confiança • **10.2** Margem de erro: certeza *versus* precisão • **10.3** Valores críticos • **10.4** Suposições e condições • *10.5** Um intervalo de confiança para amostras pequenas • **10.6** Escolhendo o tamanho da amostra

Projetos de estudo de pequenos casos: Investimento 312

Previsão da demanda 312

Capítulo 11 **Testando Hipóteses sobre Proporções** **319**

11.1 Hipóteses • **11.2** Um julgamento como um teste de hipóteses • **11.3** Valores-P • **11.4** A lógica do teste de hipóteses • **11.5** Hipótese alternativa • **11.6** Níveis alfa e significância • **11.7** Valores críticos • **11.8** Intervalos de confiança e testes de hipóteses • **11.9** Dois tipos de erros • *11.10** Poder

Projetos de estudo de pequenos casos: Produção de metal 345

Programa de lealdade 345

Capítulo 12 **Intervalos de Confiança e Testes de Hipóteses para Médias** **353**

12.1 A distribuição amostral da média • **12.2** Um intervalo de confiança para médias • **12.3** Suposições e condições • **12.4** Precauções na interpretação dos intervalos de confiança • **12.5** Teste t de uma amostra • **12.6** O tamanho da amostra • *12.7** Graus de liberdade – por que $n - 1$?

Projetos de estudo de pequenos casos: Setor imobiliário 373

Perfil de doadores 373

Capítulo 13 **Comparando Duas Médias** **383**

13.1 Testando as diferenças entre duas médias • **13.2** O teste t de duas amostras • **13.3** Suposições e condições • **13.4** Um intervalo de confiança para a diferença entre duas médias • **13.5** O teste t combinado • *13.6** Teste rápido de Tukey

Projetos de estudo de pequenos casos: Setor imobiliário 405

Capítulo 14 **Amostras Pareadas e Blocos** **415**

14.1 Dados pareados • **14.2** Suposições e condições • **14.3** O teste t pareado • **14.4** Como funciona o teste t pareado

Projetos de estudo de pequenos casos: Teste de sabor (coleta e análise de dados) 429

Padrões dos gastos do consumidor (análise de dados) 429

Capítulo 15 **Inferência para Frequências: Testes Qui-Quadrado** **441**

15.1 Testes de aderência • **15.2** Interpretando os valores do qui-quadrado • **15.3** Examinando os resíduos • **15.4** O teste qui-quadrado de homogeneidade • **15.5** Comparando duas proporções • **15.6** O teste qui-quadrado de independência

Projetos de estudo de pequenos casos: Seguro Saúde 464

Programa de fidelidade 464

PARTE III   Explorando Relações entre Variáveis   475

Capítulo 16   Inferência para a Regressão   477

16.1 A população e a amostra • **16.2** Suposições e condições • **16.3** O erro padrão da inclinação • **16.4** Um teste para a inclinação da regressão • **16.5** Um teste de hipótese para a correlação • **16.6** Erro padrão para os valores previstos • **16.7** Usando intervalos de previsão e de confiança

Projetos de estudo de pequenos casos: *Pizza* congelada   501

Aquecimento global?   501

Capítulo 17   Entendendo os Resíduos   513

17.1 Examinando resíduos de grupos • **17.2** Extrapolações e previsões • **17.3** Observações incomuns e extraordinárias • **17.4** Trabalhando com resumos de valores • **17.5** Autocorrelação • **17.6** Linearidade • **17.7** Transformando os dados • **17.8** A escada dos poderes

Projetos de estudo de pequenos casos: Produto Interno Bruto   537

Fontes de Energia   538

Capítulo 18   Regressão Múltipla   549

18.1 O modelo de regressão múltipla • **18.2** Interpretando os coeficientes da regressão múltipla • **18.3** Suposições e condições para um modelo de regressão múltipla • **18.4** Testando o modelo de regressão múltipla • **18.5** O R^2 ajustado e a estatística F • ***18.6** O modelo de regressão logístico

Projetos de estudo de pequenos casos: Sucesso no golfe   576

Capítulo 19   Construindo Modelos de Regressão Múltipla   587

19.1 Variáveis indicadoras (ou auxiliares) • **19.2** Ajustando para diferentes inclinações – termos de interação • **19.3** Diagnósticos na regressão múltipla • **19.4** Construindo modelos de regressão • **19.5** Colinearidade • **19.6** Termos quadráticos

Projetos de estudo de pequenos casos   617

Capítulo 20   Análise de Séries Temporais   629

20.1 O que é uma série temporal? • **20.2** Componentes de uma série temporal • **20.3** Métodos de suavização (alisamento) • **20.4** Método das médias móveis • **20.5** Médias móveis ponderadas • **20.6** Método de alisamento exponencial • **20.7** Resumindo o erro de previsão • **20.8** Modelos autorregressivos • **20.9** Passeios aleatórios • **20.10** Regressão múltipla – modelos básicos • **20.11** Modelos aditivo e multiplicativo • **20.12** As componentes cíclica e irregular • **20.13** Prevendo com modelos baseados na regressão • **20.14** Escolhendo um modelo de previsão das séries temporais • **20.15** Interpretando modelos de séries temporais: os dados da Whole Foods revisitados

Projetos de estudo de pequenos casos: A corporação Intel   664

Tiffany & Co.   664

Sumário **33**

PARTE IV Construindo Modelos para a Tomada de Decisões 677

Capítulo 21 Variáveis Aleatórias e Modelos Probabilísticos 679

21.1 Valor esperado de uma variável aleatória • **21.2** O desvio padrão de uma variável aleatória • **21.3** Propriedades do valor esperado e da variância • **21.4** Modelos probabilísticos discretos • **21.5** Variáveis aleatórias contínuas

Projetos de estudo de pequenos casos 708

Capítulo 22 Tomada de Decisão e Risco 715

22.1 Ações, estados da natureza e resultados • **22.2** Tabelas de resultado e árvores de decisão • **22.3** Minimizando perdas e maximizando ganhos • **22.4** O valor esperado de uma ação • **22.5** Valor esperado com a informação perfeita • **22.6** Decisões tomadas com informação amostral • **22.7** Estimando a variação • **22.8** Sensibilidade • **22.9** Simulação • **22.10** Árvore de probabilidades • *22.11** Revertendo a condicionalidade: a regra de Bayes • **22.12** Decisões mais complexas

Projetos de estudo de pequenos casos: Texaco-Pennzoil 733

Serviços de seguros, revisitado 734

Capítulo 23 Análise e Projeto de Experimentos e Estudos Observacionais 739

23.1 Estudos observacionais • **23.2** Experimentos comparativos e aleatorizados • **23.3** Os quatro princípios do projeto experimental • **23.4** Delineamentos experimentais • **23.5** Experimentos cegos e placebos • **23.6** Variáveis ocultas e de confusão • **23.7** Analisando o delineamento em um fator – a análise de variância de um fator • **23.8** Suposições e condições para a ANOVA • *23.9** Comparações múltiplas • **23.10** ANOVA em dados observacionais • **23.11** Análise de delineamentos multifatores

Projetos de estudo de pequenos casos: Um experimento multifator 776

Capítulo 24 Introdução à Mineração de Dados 786

24.1 *Marketing* direto • **24.2** Os dados • **24.3** Os objetivos da mineração de dados • **24.4** Mitos da mineração de dados • **24.5** Mineração de dados bem-sucedida • **24.6** Problemas da mineração de dados • **24.7** Algoritmos de mineração de dados • **24.8** O processo de mineração de dados • **24.9** Resumo

Apêndices

A Respostas 803

B Agradecimentos pelas fotografias 839

C Tabelas e fórmulas selecionadas 843

D Índice 859

Índice de Aplicações

ET = Exemplos no Texto; EQ = Exemplos nos Quadros; EO = Exemplo Orientado; EEA = Ética em Ação; E = Exercícios; TR = Teste Rápido; P = Projeto

Administração

Administração de dados (ET) 52, 58–59
Administração de estoques (E) 438–439
Administração de hotel (P) 183; (EQ) 593
Consultoria (E) 145
Estilos de administração (E) 474
Gerenciamento de empregados (ET) 110
Gerente de estoques (EEA) 287
Gerente de produção (E) 351
Gerente de produto (EEA) 461–462; (P) 501
Gerente de projeto (E) 91–92
Gerente de restaurante (TR) 461–462
Gerente de varejo (EEA) 461–462
Gerente de vendas (E) 254–255, 507, 781
Gestor de nível médio (E) 292, 780–781; (EEA) 403–404; (TR) 461–462
Promovendo administradores (P) 143, 347, 429; (E) 148, 259, 507, 778, 781

Agricultura

Avicultores (E) 293, 429
Cafeicultores (EEA) 176
Carne e gado (E) 376–377, 582–583
Equipamentos de jardim (E) 736–737
Fruticultores (E) 547
Indústria da pesca da lagosta (E) 545–546, 548, 581–582, 622–623, 626–627
Madeireira (E) 66, 547
Mercados agrícolas (E) 711
Pecuária (E) 433
Plantio (E) 295, 351
Seca e perda agrícolas (E) 430
Transporte agrícola (EEA) 84; (E) 92

Bancário

Agências coletas (E) 381
Associação Nacional dos bancos de Maryland (ET) 265–266
Ativo disponível (E) 666
Avaliação de riscos (ET) 125–126
Banco mundial (E) 194, 255
Bancos de investimento (E) 735
Bancos de reserva federais (E) 144; (P) 221
Caixas (E) 779
Certificados de depósito bancário (CDB) (P) 706–709
Clientes de cartão de crédito (EO) 163–164, 335–337, 390–396, 422–425; (E) 257, 318, 377, 381, 472, 712; (ET) 265–267, 277, 308, 386–387, 519–520, 740–741; (EQ) 309; (TR) 335, 339; (P) 429

Cooperativas de crédito (EEA) 311
Crédito *subprime* (ET) 59, 126
Custos dos cartões de crédito (EO) 163–164, 335–337, 422–425; (E) 184, 257, 319, 377, 511–512; (ET) 266, 519–520; (P) 429
Dívidas de cartão de crédito (TR) 335, 339; (E) 381, 413–414
Empresas de cartão de crédito (ET) 59, 126, 265–267, 308, 385–387, 519–520, 739–741, 786–788; (P) 63–64; (EO) 163–164, 335–337, 390–396; (E) 257, 318–319, 353, 377, 381; (EQ) 309; (TR) 335, 339
Empréstimos (E) 295
Hipoteca (E) 65–66, 222, 224–225; (EO) 278–279
Ofertas de cartão de crédito (ET) 59, 126–127, 132, 308, 386–387, 519–520, 742–743, 749, 759–761; (P) 63–64; (EO) 209–210, 335–337, 390–396, 746–747, 763–767; (EQ) 309; (E) 319, 353
Taxa anual de juros (P) 706–709; (ET) 749
Taxas de juros (E) 144, 222, 224–225, 542–543, 670, 675; (P) 222, 706–709; (ET) 211, 265, 745
Terminal bancário (ET) 385

Ciência

Aerodinâmica (ET) 72–73
Alimentos geneticamente modificados (ET) 46
Amostras de solo (E) 90
Anormalidades químicas e congênitas (E) 350
Bombardeamento de nuvens (E) 430
Clonagem (E) 316
Contaminantes e peixes (E) 92, 382
Empresas de biotecnologia (E) 316
Escala de depressão de Hamilton (E) 225–226
Experimentos psicológicos (EQ) 748; (E) 777
Exploração do espaço (E) 91
Hormônios BST (E) 433
Indústria química (E) 316
Ligas de metal (ET) 477
Taxas de germinação e datas de florescimento (E) 64–65, 295
Temperaturas (ET) 58–59, 769; (E) 433
Testando alimentos e água (E) 90, 410–412, 503
Testes de QI (ET) 215; (E) 290–291, 777
Unidades de medidas (ET) 55–56, 58–59, 527–528; (E) 91
Verbas para pesquisa (EEA) 61

Comércio (Geral)

Atraindo novos negócios (E) 382–383
Bases de dados empresariais (ET) 57–59, 298
Chefe executivo (E) 149–150, 192, 226, 292, 377, 472; (ET) 172–173, 192, 200, 360–361
Consultor externo (ET) 109
Crescimento do emprego (E) 474, 508
Criação de empresas (E) 64–65, 187–188, 194, 319, 351, 735; (EEA) 248
Cuidados com idosos (EEA) 496
Empresas da *Forbes* 540 (EQ) 528–529
Empresas da *Fortune* 540 (ET) 172, 360–361, 739; (E) 377, 505
Facilidade de fazer negócios (E) 194
Franquias (EEA) 248, 496; (EQ) 593
Habilidades empreendedoras (E) 472
Licitações (E) 710, 738
Melhores lugares para se trabalhar (ET) 167–170; (E) 474, 508
Mulheres liderando negócios (E) 116, 122–123, 317, 351
Negócios internacionais (ET) 68; (P) 88; (E) 89, 115–116, 123–124, 145, 316
Pequenos negócios (ET) 52, 715–716; (E) 117–120, 147, 184, 317, 378, 433, 439–440, 472–473, 710, 736–737; (EEA) 176; (E) 541–542, 579–580, 623
Pesquisa e desenvolvimento (ET) 51–52; (E) 119–120; (TR) 422
Planejamento comercial (ET) 51, 337
Planejamento dos recursos da empresa (E) 412–413, 474–475
Relatórios de casos empresariais e advogados (ET) 47; (EO) 273
Segredos comerciais (ET) 477
Setores da indústria (E) 473
Terceirização (E) 473

Comida/Bebida

Aditivos para alimentos (E) 429
Álcool (E) 194
Bananas (E) 666
Biscoitos (E) 380
Bolo de chocolate (ET) 215
Cachorros-quentes (E) 408
Café (E) 669
Cafeterias e praças de alimentação (ET) 167; (E) 377; (TR) 394–395, 400–401
Casquinhas de sorvete (E) 222
Cereais (EO) 272–274; (EQ) 387–389; (E) 409, 621–622, 777, 783–784; (ET) 514–517, 702

36 Índice de Aplicações

Comida de animais de estimação (E) 122–124

Comida irradiada (E) 316

Comida orgânica (E) 63–65, 408–412; (EEA) 84, 341–342

Comida rápida (E) 64–65, 90, 470–471, 586; (P) 88, 253; (ET) 592–595

Consumo e estocagem de alimentos (EO) 106; (E) 194; (TR) 394–395, 400–401

Frutos do mar (E) 90, 223, 260, 382, 470; (EEA) 534–535

Iogurte (E) 381, 410, 440, 783

Laranjas (E) 547

Leite (E) 295, 350, 433; (TR) 394–395

Maçãs (E) 295

Molhos (E) 92

Nozes (E) 467

Opiniões sobre comida (P) 88; (ET) 99–105; (EO) 106–107; (TR) 461–462; (E) 470–471

Ovos (E) 293, 429

Pipoca (E) 380

Pizza (E) 187, 229, 254, 257, 413–414, 618–620; (P) 501; (ET) 524–527

Preços dos alimentos (E) 666, 669

Refrigerantes (E) 115

Tomates (E) 295

Tortas (EQ) 155

Vinho (E) 64–65, 184–186, 189–190, 226, 579, 777–778; (EEA) 613

Consumidores

Base de dados de consumidores (ET) 46, 52–59, 94, 126–127, 787–793; (P) 63–64, 347; (E) 64–65, 90, 292–293; (TR) 104–105

Categorizando consumidores (ET) 56–59, 72–73, 743; (E) 122–123, 192–193, 230, 380, 470–472, 779; (P) 143; (EEA) 242–243, 311

Clientes de restaurante (TR) 73–74

Gastos do consumidor (EO) 209–210, 390–396; (E) 257, 353; (ET) 277, 394–395; (P) 466

Grupos de consumidores (E) 351, 381–382, 413–414

Índice de confiança do consumidor (CCI) (P) 221–222; (ET) 298; (E) 350

Índice de preços ao consumidor (CPI) (E) 581, 583, 619, 669–670

Lealdade do consumidor (ET) 46, 514; (P) 347, 466

Percepção dos consumidores sobre um produto (E) 436, 470–472; (ET) 588–592

Pesquisa de consumidores (ET) 52, 56–57, 80; (E) 149, 380, 435; (EEA) 425; (P) 429

Satisfação do consumidor (EEA) 61, 287, 613; (ET) 201; (E) 315, 350, 618, 713

Segurança do consumidor (ET) 48–49

Serviço ao consumidor (ET) 52; (EEA) 61, 82; (E) 92, 439–440

Taxas de ocupação hoteleira (P) 183

Contabilidade

Ativos de empresas, lucro e receita (ET) 46, 51, 57–58, 199, 234, 266, 386, 529–532, 588; (E) 116, 118–120, 122, 193–194, 228, 257, 438–440, 505, 509, 510, 581, 583, 619, 666, 710; (EQ) 593

Auditoria e devolução de taxas (E) 146, 318, 383, 409, 471–472, 780

Cadastro de compras (ET) 53, 54–56, 234; (E) 91, 192–193, 295

Contabilidade (ET) 54; (E) 91, 348, 350

Contabilidade legal e práticas de prestação de contas (E) 471–472

Corte de gastos (E) 470, 473

CPAs (E) 146, 383

Custos (ET) 54, 58–59; (E) 541–542

Custos administrativos e de treinamento (E) 119–120, 408–409, 471–472

Falência (E) 439–440

Lucros por ação (E) 411–412

Orçamentos (E) 295, 378

Políticas e custos de TI (E) 471–472

Processos de acordos financeiros (E) 412–413

Relatório anual (E) 116–118

Controle de qualidade

Avaliação e classificação de produtos (E) 64–65, 191, 348, 410–411, 618–620, 738; (EO) 419–421; (ET) 588

Confiabilidade de produtos (E) 469, 738; (ET) 588

Defeitos de um produto (TR) 133; (E) 144, 189, 316, 319, 348, 351, 467, 710, 712; (ET) 215; (P) 347

Devolução de produtos (E) 712

Garantia de um produto (E) 738

Inspeção alimentar e segurança (ET) 72–73, 90; (E) 90, 92, 147–148, 293–295, 315, 382; (EO) 106–107

Inspeção e teste de produtos (E) 147, 316, 350–351, 379–383, 410, 434–436, 438–440, 467, 508–509, 713–714, 777–781, 783–785; (ET) 356–357, 587, 726–727; (EEA) 425; (P) 776

Pedidos de conserto (E) 710

Testes de sabor (ET) 417–418, 748; (EO) 419–421; (P) 429; (E) 618–620, 777–778

Vida útil de um produto (TR) 160; (E) 292–293

Demografia

Departamento do Centro Americano (ET) 59, 72–73, 167, 788; (JC) 73–74, 160, 361, 367 (E) 122–124, 259, 292–293,

351, 379, 438–439, 468; (P) 537–538; (EIA) 613

Estado civil (ET) 167; (E) 230, 471, 538, 542–543

Expectativa de vida (ET) 213–214; (E) 225, 228, 547, 584–586, 621

Idade (ET) 167, 458, 460–462; (E) 228, 259, 380, 470, 474, 538, 542–543; (TR) 367; (EO) 459–460

População (TR) 532–533; (P) 537–538

Raça/Afiliação étnica (ET) 167; (E) 292–293, 468, 472–473

Renda (E) 122, 228–229, 256, 584–586, 667–668; (JC) 160; (IE) 367, 795; (P) 537–538

Taxas de assassinatos (E) 584–586

Taxas de nscimento e morte (E) 261, 411–412, 503

Utilizando a demografia na análise de negócios (ET) 594–595, 788, 794–795; (P) 617–618; (EEA) 800–801

Distribuição e gerenciamento de operações

Acompanhamento (ET) 46, 56–58; (E) 125; (EQ) 284

Construção (E) 781

Custos de manutenção (E) 351

Descontos por volume de compras (E) 123–124

Despacho (E) 228, 738; (EQ) 284; (EEA) 287, 461–462; (EO) 683–684, 699–701; (ET) 698

Despesas gerais (E) 117–118

Distribuição de produtos (E) 115–116, 123–124, 315, 348, 412–413; (EEA) 287

Distribuição internacional (E) 123–124

Empacotamento (EO) 272–274, 699–701; (EEA) 287; (ET) 698; (E) 712

Engarrafamento (ET) 416

Estoques (E) 147, 223, 474–475; (ET) 234; (EO) 683–684

Filas (E) 90–91, 779; (EQ) 160; (EEA) 371; (ET) 588; (TR) 687–688

Pedidos pendentes de vendas (E) 117–118

Produtividade e eficiência (E) 117–118, 781–783

Reembolso postal (E) 64–65, 123–124

Serviço de entregas e horários (E) 125, 348, 412–413, 474–475; (EEA) 287

Sistemas de armazenagem e recuperação (E) 782–783

E-Comércio

Internet e globalização (E) 511

Negócios *on-line* (ET) 51–53, 55–58, 93–94, 326; (E) 147, 150, 192–193, 224, 256, 315, 348, 351, 379–380,

410–412, 470, 502, 666, 780; (EEA) 311, 461–462

Pesquisa de mecanismos de busca (ET) 95–99; (P) 115

Planejamento de *sites*, gerenciamento e vendas (E) 146, 348, 738, 777; (ET) 326, 331

Registro de visitas a *sites* (ET) 94–99, 704; (P) 115; (E) 709, 714, 777

Segurança de transações *on-line* (E) 147, 472, 779–780; (EEA) 461–462

Site de mostra de produtos (ET) 94–97

Sites de ofertas especiais (ET) 56–57; (EEA) 341–342; (P) 347

Vendas pela Internet (E) 467, 472, 502, 674–675, 780

Economia

Birô de Análise Econômica Americano (E) 475; (EEA) 613

Custo de vida (P) 253, 259–260; (E) 508

Gastos de consumo pessoal (EEA) 613

Índice de Desenvolvimento Humano (E) 539, 547–548

Índice dos principais indicadores econômicos (P) 221–222; (EQ) 211

Média do Dow Jones Industrial (ET) 158, 211, 321–324, 445–446; (E) 227–228; (EO) 447, 449

Organização para a Cooperação e Desenvolvimento Econômico (E) 579–580, 623, 625–626

Previsão (E) 144, 438–439; (ET) 298

Produto Interno Bruto (E) 187, 228, 255–256, 258, 475, 539, 546–548, 579–580, 618–619, 623, 625–626; (P) 537–538; (EEA) 613; (ET) 654

Taxa de crescimento de países (E) 187, 475

Taxas de inflação (E) 64–65, 228, 471, 670

Visões econômicas (E) 117–119, 316–317, 349–350; (ET) 298–301, 303, 309

Educação

Aprimoramento da Educação Infantil (ET) 46

Avaliações de cursos (ET) 56–57; (E) 436

Avaliações nacionais programas de educação (E) 413–414

Centro Nacional para a Educação Estatística (E) 350–351

Classificação das escolas de negócios (E) 258

Cornell University (ET) 175

Currículos tradicionais (E) 408–410

Cursos superiores (E) 292, 780

Departamento de educação estatal (E) 64–65

Dificuldades de aprendizagem (EEA) 61; (E) 64–65

Educação *on-line* (EEA) 403–404

Escolha da instituição educacional e data de nascimento (E) 468–469

Estatísticas das notas (ET) 450

Exames de entrada (TR) 284

Formandos e taxas de diplomação (E) 186, 319, 584–586; (ET) 456–457

GPA (E) 64–65, 258–259; (ET) 239–240

Habilidade de leitura e nível (ET) 213

Ingressos, Universidades (E) 64–65, 120–121, 125, 258–259, 506; (EQ) 110

Instituição educacional Babson (E) 116, 122–123, 317

Matrículas na educação superior (TR) 489

Mensalidades acadêmicas (ET) 175; (E) 184, 194, 227, 256, 583

Mestrados (E) 64–65, 120–121, 258, 348, 351

Níveis de educação (E) 122, 467, 777–778, 780

Notas de provas (E) 64–65, 190–191, 258–259, 290–291, 318, 410, 413–414, 506–507, 509, 778; (ET) 269–271; (TR) 284

Ofertas de emprego antes da graduação universitária (E) 351

Pesquisa acadêmica e dados (E) 467

Programas escolares de verão (E) 435

Projeto de matemática Core Plus (E) 408–409

Registros de escolas públicas (E) 64–65

Taxas de escolaridade e analfabetismo (E) 228, 258, 584–586

Taxas de evasão do Ensino Médio (E) 351

Taxas de retenção (E) 318

Tendências de frequências no ensino elementar (E) 350

University at California Berkeley (EQ) 110; (E) 125

Vida social na universidade (TR) 461–462

Energia

Aquecimento de casas (ET) 594–595; (EO) 603–607

Baterias (E) 381–382, 505–506, 710

Consumo e preços do gás (E) 184, 186–187, 189, 194, 376, 380, 410, 467, 669–670, 673–675; (P) 221; (ET) 517

Departamento de energia americano (E) 194

Economia de combustível (E) 64–65, 91, 189, 222, 225, 228–229, 254, 292, 380–381, 413–414, 435, 467, 505, 507, 509, 542, 778, 785; (TR) 160; (P) 221; (ET) 386, 526–529

Energia e ambiente (E) 145

Energia eólica (E) 384, 431–432; (ET) 522–525; (P) 538

Energia verde e combustíveis biológicos (E) 411–412

Fontes renováveis de energia (P) 538

Organização dos Países Exportadores de Petróleo (OPEP) (E) 508, 675

Petróleo (E) 63–64, 117–118, 225, 228, 230–231, 508, 674–675, 736; (ET) 201, 517–519

Uso da energia (P) 314; (E) 509–511

Esportes

Atletismo (E) 262–263

Beisebol (E) 66, 89, 144, 186, 230, 254, 410–412, 415, 430, 436, 508–509, 619–620; (ET) 129, 158, 332–334; (EO) 329–331; (TR) 687–688

Ciclismo (E) 147, 665, 711, 737–738; (ET) 528–529

Corrida (E) 414; (ET) 528–529

Esquiar (E) 380, 665; (ET) 610, 612

Exercitar-se (geral) (E) 380, 411–413, 434–435

Futebol americano (E) 230, 254, 506; (ET) 307

Golfe (E) 187–188, 379, 414–415; (P) 576

Hóquei (E) 186

Indianápolis 500 (E) 65–66

Jogos Olímpicos (E) 117–118, 262–263, 380, 414, 777; (ET) 610–612

Kentucky Derby (E) 65–66, 190, 223

Maratonas (E) 432–434

Nadar (E) 414, 711, 777

NASCAR (E) 711

Pesca (E) 710

Tênis (E) 713

Ética

Corrupção corporativa (EO) 304–306; (TR) 306; (E) 315, 471–472

Declarações falsas (E) 380, 433

Discriminação com funcionários (E) 125, 468, 473, 780–781; (EEA) 572, 769

Discriminação na moradia (E) 90, 473

Ética nos negócios (E) 317, 351, 439–440

Pesquisas enganosas (ET) 175; (EEA) 61, 425

Pirataria na Internet (E) 123–124

Tendenciosidades nas pesquisas e levantamentos de dados empresariais (ET) 48–49, 80–82; (EEA) 84, 111; (E) 89–92

Trabalho escravo (ET) 83

Finanças e investimentos

401(k) Planos (E) 63–64, 148

Ações *Blue Chip* (E) 292, 737

Ações sustentáveis (E) 411–412

Administrador de portfólio (ET) 151; (P) 253; (E) 351, 409–410

Aluno investidor (E) 295, 349

Análise e estratégia de investimentos (P) 183, 253, 314; (E) 192, 228, 316, 471; (EO) 278–279

38 Índice de Aplicações

Anuidades (E) 471
Avaliando riscos (E) 116, 349, 471; (ET) 125–126, 308
Bolsa de Londres (ET) 356
Bolsa de mercadorias (ET) 443–444
Bolsa de Nova York (ET) 161–162, 164–165, 167, 169–171, 444; (EO) 165–166
Capitalização do mercado (E) 510
Companhia de investimentos (ET) 46, 55–56; (E) 65–66, 185, 190, 192, 195, 229, 256, 290–295, 348, 381, 409–410, 415, 503, 507, 509, 581, 675, 737; (P) 253, 706–709; (EQ) 637; (EEA) 660–662
Corretor diário (E) 256
Corretoras (EEA) 61; (E) 467, 471
Desempenho do mercado (E) 256
Empresas públicas *vs.* privadas (ET) 356; (EQ) 593
Gerenciamento de finanças pessoais (EEA) 311
Índice S&P 500 (ET) 211–212
Índice Wilshire (E) 229, 507, 581
Investimentos de capital (E) 117–118
Investimentos internacionais (E) 293
Médias móveis (EQ) 637–643; (E) 665–668
Modelos de negócios (ET) 444–447, 451; (EO) 447–449; (E) 467
Moeda (ET) 55–56; (E) 91, 227, 291, 315, 713; (TR) 208
NASDAQ (ET) 444, 634
Planejamento financeiro (E) 65–66; (EQ) 245; (P) 253
Preços do diamante (E) 224
Preços do ouro (ET) 131
Preços e mercado de ações (ET) 55–56, 128–129, 131, 200–201, 203–204, 211, 298, 322–323, 634–636, 638–642; (E) 65–66, 118–120, 144, 291–292, 295, 348, 351, 665–667; (TR) 130, 208, 422; (EO) 211; (P) 221–222, 314, 664
Retorno de ações (P) 183, 253; (E) 190, 192, 195, 229, 256, 290–293, 351, 381, 410, 415, 474–475, 507, 581, 780; (EEA) 248; (ET) 444
Setor do mercado (ET) 529–531
Títulos (ET) 321; (E) 471
Valor e crescimento de ações (P) 183, 706–709; (E) 293, 381, 409–410
Volatilidade de ações (ET) 151–152, 161, 167, 169–172; (E) 293
Wall Street (ET) 444
Wells Fargo/Índice de pequenos negócios Gallup (E) 117–118

Gerenciamento de recursos humanos, pessoal

Absenteísmo e presenças (E) 226, 255, 430
Avaliação de empregados (TR) 422
Classificação etária (ET) 58–59; (E) 292, 295

Dados de recursos humanos (E) 89, 91–92, 145, 226, 290, 473; (TR) 237, 239, 244
Demissões (ET) 81; (E) 117–118
Desempenho no trabalho (ET) 83, 110
Empregados atletas (E) 432–433
Entrevistas de emprego (E) 709
Folha de pagamento (ET) 234
Pais trabalhadores (E) 122
Produtividade do trabalhador (ET) 203–204; (E) 429, 432–433, 781–782
Promoções (E) 712
Recolocação (E) 149–150
Recrutamento e contratação (E) 92, 117–118, 317, 319; (ET) 456–457, 514
Satisfação no trabalho (E) 91–92, 292, 314, 411–413, 435, 474, 712; (ET) 203–204
Teste de candidatos a emprego (E) 290–291, 410–411
Tipo de trabalho (E) 255, 539
Trabalhadores da linha de produção (E) 410–411
Trabalhadores de turno integral *vs.* tempo parcial (E) 117–118
Treinamento (E) 780
Treinamentos eficientes de pessoal (E) 438–439
Turnos (E) 781–782
Tutoria (E) 472

Governo, trabalho e lei

Acordos de comércio internacionais (E) 319
Administração da aviação federal (E) 64–65
Administração de Alimentos e Remédios Americana (*FDA - Food and Drug Administration*) (E) 225; (EEA) 534–535
AFL-CIO (E) 580
Agência Americana de estatísticas do trabalho (E) 430, 506, 576–577, 667–668, 778, 781
Agências governamentais (ET) 59; (E) 540
Atos do congresso (E) 63–64
Câmara municipal (E) 316
Colonização (P) 732–734
Comisão de valores mobiliários americana (*U.S. Securities and Exchange Commission*) (P) 253; (ET) 443
Departamento americano de comércio (ET) 456
Departamento americano do trabalho (E) 122
Desemprego (ET) 46, 211, 298; (E) 64–65, 189, 194–195, 256–257, 504, 510–511, 581, 674–675; (P) 222; (TR) 489
Escritório Federal de Vigilância dos regulamentos das empresas habitacionais (*Office of Federal Housing Enterprise Oversight*) (E) 229

Impacto das decisões políticas (ET) 48–49
Imposto de renda (E) 146, 318, 383
Lei de Sarbanes Oxley (SOX) de 2002 (E) 471–472
Leis do Direito ao Trabalho (E) 583
Nações Unidas (E) 504, 509–511, 539, 778
Organização das Nações Unidas para a Agricultura e a Alimentação (FAO) (E) 194
Previdência social (E) 379
Processo judicial (ET) 324–326, 332, 337–338; (EQ) 326; (E) 351
Produtividade e custo do trabalho (E) 506
Proteção de trabalhadores de condições perigosas (E) 778
Salário mínimo (E) 122
Serviço americano de pesca e vida selvagem (E) 90
Sindicatos (E) 625; (EEA) 769
Taxa de participação da força de trabalho (E) 430
Taxas de imigração (E) 471
Transação de crédito justa e acurada (ET) 126
União Europeia (ET) 59

Imóveis

Aluguéis (P) 253; (E) 473
Análise comparativa de mercado (E) 188, 317–318, 434–435
Autorização de construção (P) 222
Compradores de imóveis (ET) 82, 158, 549, 565–566
Construção de novas residências (ET) 200–201, 203–207; (E) 227, 256–257, 438–439
Estoque de residências e tempo no mercado (E) 259, 348; (EO) 567–570
Execução de hipoteca (EO) 278–279; (E) 377–378, 409, 471
Índice de Preços da Construção da Standard and Poor's / Case-Schiller (E) 194
Indústria da construção civil (E) 227, 229, 384, 415; (TR) 361; (EEA) 731–732
LMS (E) 192
Projeto de desenvolvimento habitacional (EEA) 731–732
Proprietário de imóvel (E) 351
Residências multifamiliares (E) 119–120
Site de pesquisa imobiliária Zillow.com (ET) 549–550; (EO) 558
Sites imobiliários (EO) 247; (ET) 549–550
Valores de imóveis (E) 295, 377–378, 415, 434–435, 504–505; (ET) 549–550; (EO) 558
Vendas de casas e preços (E) 118–120, 145, 148–150, 188, 191, 194, 222, 226, 256, 317–318, 384, 434–435, 502–503, 544, 579–580, 712; (ET) 136–137, 549–556, 562–565, 571,

594–595, 602–603, 607–609; (EO) 245–247; 558–561, 567–570, 603–607; (P) 289–290, 375, 407; (EQ) 608
Vendas de imóveis (E) 119–120
Vendas de terras agrícolas (E) 119–120

Jogos

Cartas (ET) 130; (E) 146–147
Cassinos (E) 146–147, 317, 383, 711
Dados (ET) 280–281; (E) 467, 712
Giros (E) 144
Jogos de azar (E) 317, 383; (P) 501
Jogos de computador (E) 471, 541
Loteria (E) 64–65, 144, 468, 710; (EQ) 130; (ET) 131
Loto (ET) 129
Palavras cruzadas (E) 429
Possibilidades de ganhar (ET) 70–71; (E) 146, 383, 468
Quebra-cabeça (EO) 76–78
Roleta (E) 144

Levantamentos de dados e pesquisas de opinião

Levantamento de dados de empresas (E) 89, 292, 314–315, 318, 469–470, 474–475
Levantamento de dados de estudantes (ET) 46, 56–57, 60, 74–75; (E) 65–66, 149, 317, 469–470; (EO) 76–78; (TR) 422, 461–462
Levantamento de dados por telefone (E) 64–65, 89–92, 145–146, 149, 319, 349, 351–353; (ET) 67–71, 81–83, 130, 308; (EO) 133, 304–306; (TR) 704
Levantamento de dados via correio (ET) 81–82, 308; (E) 90, 191–192, 317; (EO) 133; (EQ) 308
Levantamentos de opinião pública (ET) 67–68, 72–73, 75–76, 79, 99–105, 297–298; (E) 90, 92, 117–119, 122, 145–148, 315–316, 474; (EO) 106–107, 304–306; (EQ) 308; (TR) 422
Pesquisas de mercado (ET) 68–73, 75–76, 82–83, 99–100, 104–105; (EO) 76–77, 106–107, 133; (P) 88; (E) 89–91, 119–120, 122–124, 145–146, 295, 314, 349, 737
Pesquisas de opinião de consumidores (ET) 68, 73–75, 79–83, 297; (TR) 73–74, 139, 276; (TR) 76–77; (EEA) 84, 461–462; (P) 88, 143, 429; (E) 89–91, 147–148, 316, 319, 351, 470, 472, 712, 779; (EO) 460
Pesquisas de opinião por Internet e e-mail (ET) 58–59, 81–82; (E) 65–66, 89, 147, 315–317, 319, 779; (TR) 73–74; (P) 88; (EO) 133; (EEA) 311, 461–462
Pesquisas eleitorais de jornais (E) 90, 295, 319

Pesquisas eleitorais do Gallup (ET) 59, 67–68, 297–298; (E) 64–65, 89–90, 122, 145, 316–319, 349–350, 507, 669; (EO) 304–306; (TR) 306; (P) 314
Pesquisas internacionais de opinião (ET) 297, 451–453, 458; (E) 316–317, 470–471; (EO) 454–455

Manufatura

Empresas e firmas de manufatura (E) 474–475, 781–782
Fabricante de produtos de higiene bucal (EEA) 217; (E) 438–439
Fabricante de utensílios de mesa e cozinha (ET) 477–478
Fabricantes de brinquedos (E) 116–118, 123–124, 144
Fabricantes de objetos de cerâmica (E) 223
Fabricantes de pneus (E) 144, 293, 381, 435–436
Fabricantes de produtos eletrônicos (ET) 698; (EO) 699–701
Indústria farmacêutica (E) 147–148, 293, 349
Manufatura de computadores e de chips de computador (E) 191, 351, 712
Manufatura de equipamentos (E) 351, 579
Metalúrgicas (P) 347; (ET) 477–478; (EO) 488
Moldagem por injeção (E) 780
Montadora de automóveis (E) 149, 315, 348, 467, 469–470, 778; (P) 221
Produção em linha de montagem (EQ) 593
Produtores de câmeras (E) 738
Registro de produtos (ET) 73–74, 80; (E) 315
Tempo de produção (P) 222

Marketing

Avaliação de produtos (EEA) 111
Custos de marketing (E) 119–120
Demanda de mercado (EO) 76–78; (E) 90, 119–120, 147–148, 222, 295, 380; (ET) 298, 307–308; (P) 183, 314
Determinando preços (E) 380
Estratégias de marketing (E) 147–148, 293, 709; (ET) 458, 516, 742–745; (EO) 746–747
Fatia de mercado (E) 115–116
Grupos focais (P) 429
Mala Direta (EQ) 308, 309; (ET) 308, 742, 759–761, 786–787; (E) 316; (P) 347; (EO) 746–747, 763–767; (EEA) 800–801
Marketing de novos produtos (EO) 133–135; (ET) 308; (E) 348, 351, 380, 410
Marketing internacional (E) 89, 115–119, 123–124, 147–148; (ET) 99–105, 109; (EO) 106–107, 133–135
Marketing on-line (E) 711–712; (ET) 742

Pesquisa de mercado (ET) 68–73, 75–76, 99–101, 103–104, 297, 742; (P) 88, 429; (E) 89–90, 117–119, 123–124, 145–146, 295, 314, 349–351, 376, 379–380, 412–413; (EO) 106–107, 390–395; (EEA) 461–462
Pesquisando novos pontos de venda (E) 63–65, 74–76, 189, 257–259; (TR) 276
Pesquisando tendências de compras (ET) 46, 56–57, 73–74, 94, 136, 307–308, 395–397, 401–402, 741; (TR) 139, 276; (P) 143; (E) 148, 257–259, 295, 410–412; (EO) 397–401
Programas de fidelidade com base na rede (P) 466
Relações públicas (E) 351
Slogans de marketing (E) 415

Meio ambiente

Agência de proteção ambiental (E) 64–65, 90–91, 225, 292, 382, 512; (EEA) 534–535
Aquecimento global (E) 64–65, 90, 260–261, 410–411; (P) 501
Causas ambientais de doenças (E) 411–412
Chuva ácida (E) 410–411
Controle da poluição (E) 147, 319, 348, 351, 382–383, 579, 783
Efeito estufa (E) 260–261, 501
Emissão de carbono dos carros (E) 225
Emissões das centrais elétricas (E) 436
Furacões (E) 193, 410–411, 540
Grupos ambientais (E) 316
Lixo tóxico (E) 90; (EQ) 693–694
Níveis atmosféricos de dióxido de carbono (E) 260–261, 436, 501–502
Níveis de ozônio (E) 190, 512
El Niño (E) 260–261; (P) 501
Padrões de emissões e limpeza do ar (E) 319, 351, 436, 439–440
Previsões do tempo de longo prazo (E) 144
Projetos de conservação (EEA) 84
Rios e o ambiente (E) 64–65; (EEA) 84
Sustentabilidade ambiental (E) 509–510

Mídia e Entretenimento

Aluguel de DVD (E) 711
Applied Statistics (E) 415
British Medical Journal (E) 430, 469
Business Week (ET) 51, 172, 444; (E) 63–64, 115, 184
Cartum (ET) 79, 83, 110, 302, 519, 521–522, 680, 688–689
Chance (E) 64–65, 415, 473
Chicago Tribune (ET) 67
CNN (EEA) 217; (ET) 297; (E) 315

40 Índice de Aplicações

Consumer Reports (E) 64–65, 229, 381, 408, 469, 503, 505–506, 508
Cosmopolitan (EQ) 454
Erros em relatórios de mídia (ET) 67–68
Filmes (E) 120–124, 502–503, 539–540, 671–672, 711; (EQ) 693–694
Financial Times (ET) 45; (E) 63–64, 666
Fortune (E) 63–64, 115, 474, 508; (ET) 67–68, 167; (P) 732–733
Jornais (ET) 45; (E) 63–64, 115–116, 119–120, 184; (P) 253; (EEA) 534–535
Journal of Applied Psychology (E) 412–413
Journal of the Academy of Business Education (E) 436
Lancet (E) 470
Medical Science in Sports and Exercise (E) 434
Parques temáticos (E) 65–66, 90–91
Periódicos (ET) 51; (E) 63–65, 89, 115, 125, 184, 315, 351; (EQ) 454
Science (E) 64–65, 125; (P) 501
Sports Illustrated (EQ) 454
Teatro e Broadway (E) 66, 120–121, 577–579, 625
Televisão (ET) 80, 82, 213–214; (E) 90, 317, 349, 379
The American Statistician (E) 415
The Economist (EQ) 454
The Wall Street Journal (E) 63–64, 115–116, 184
Time (E) 349
USA Today (ET) 297
Variety (E) 577
WebZine (E) 351

Nomes de empresas

Amazon.com (ET) 51–53, 56–58
American Express (ET) 385
Apple (E) 189, 688–689
Arby (E) 64–65
AT&T (EQ) 55–56
Audi (E) 229
Bank of America (ET) 266, 385; (E) 510
Best Buy (ET) 233–238, 242–244
BMW (E) 229, 259
Bolliger & Mabillard Consulting Engineers, Inc. (B&M) (ET) 587–588
Buick (E) 224, 229
Burger King (E) 586; (ET) 592–595; (EQ) 593
Cadbury Schweppes (E) 115–116
Capital One (ET) 739–740
Carrefour (ET) 199
Chevy (E) 229, 413–414
Coca-Cola (E) 115–116; (ET) 415–417; (P) 429
Cypress (TR) 208
Data Description (ET) 715–717, 719–721, 723–724
Deliberately Different (EEA) 461–462
Desert Inn Resort (E) 144

Diners Club (ET) 385 eBay (E) 712
Enron Corporation (ET) 151–152, 157–159, 171–172; (EQ) 155; (EO) 304
Expedia.com (ET) 549
Fair Isaac Corporation (ET) 125–126
Fidelity (E) 293–295
Fisher-Price (E) 116–118
Forbes (E) 193–194; (EQ) 528–529
Ford (ET) 81; (E) 224, 229, 413–414
Frito-Lay (ET) 416
Future Shop (ET) 233
Geek Squad (ET) 233
General Electric (ET) 200, 321
GfK Roper (ET) 68–69, 72–73, 99–100, 104–105, 451, 453; (P) 88; (E) 89, 117–119, 147–148, 316–317, 470–471; (EO) 106–107, 460
GMC (E) 229
Google (ET) 94–99, 167, 688–690; (P) 115; (E) 118–120, 474, 667
Guinness & Co. (ET) 355–357; (EQ) 693–694
Hershey (E) 116
Holes-R-Us (E) 192–193
Home Illusions (EEA) 287
Honda (E) 224, 229
Hostess (ET) 72–73, 81
Hyundai (E) 229
IBM (E) 291
Infoplease (E) 63–64
Intel (TR) 208; (ET) 634–636, 638–642; (P) 664
J.Crew (TR) 643; (E) 674–675
Jeep (E) 149
KEEN (ET) 93–98; (P) 115
Kellogg's (ET) 513–514
Kelly's BlueBook (E) 149, 254
Kraft Foods, Inc. (P) 501
L.L. Bean (E) 64–65
Lexus (E) 229
Lincoln (E) 229
Lycos (E) 89
M&M/Mars (E) 116, 146, 349, 467, 779–780; (EO) 133–135
MacInTouch (E) 189
Mattel (E) 116–118
Mazda (E) 229
Mellon Financial Corporation (E) 666
Mercer Human Resource Consulting (P) 253
Metropolitan Life (MetLife) (ET) 679–680
Microsoft (ET) 95–99, 688–689; (E) 116, 184
Nabisco (E) 380
Nambé Mills, Inc. (ET) 477–478, 490–491; (EO) 486–488
National Beverage (E) 115–116
Nature's Plenty Inc. (EEA) 425
Nestlé (E) 116
Netflix (E) 711
Nissan (E) 225
NutraSweet (ET) 417

PepsiCo (E) 115–116, 145; (ET) 415–417; (P) 429
Pew Research (ET) 130; (E) 146, 317, 474, 779
Pillsbury (EQ) 593
Pontiac (E) 224
Pop's Popcorn (E) 380
Quicken Loans (E) 474
Roper Worldwide (TR) 704
Royal Crown Cola (ET) 416
Saab (E) 254
SAC Capital (ET) 443–444
Sara Lee Corp. (E) 666
Sistema médico Alpine (EEA) 572
Sistemas Cisco (E) 116
SLIX Wax (E) 380
Snaplink (ET) 95–99
Starbucks (ET) 58–59, 168–170
Sunkist Growers (E) 115–116
Suzuki (E) 584
Target Corp. (E) 666
Texaco-Pennzoil (P) 732–734
The Home Depot (ET) 199–200, 203–207, 648, 650–652; (P) 221–222; (E) 227, 256–257, 544; (EO) 644–647, 655–658
Tiffany & Co. (P) 664–665
Toyota (E) 224–225, 229, 504, 666–667
UPS (ET) 46
Vinhedos Adair (E) 184–186
Visa (ET) 385–386
Volkswagen (E) 229
Wal-Mart (ET) 199; (E) 260, 439–440, 581, 583, 619, 671–672
WebEx Communications (E) 116
Wegmans Food Markets (E) 474
Whole Foods Market (ET) 629–633, 648–655, 659; (EQ) 649
WinCo Foods (E) 439–440
Wrigley (E) 116; (ET) 168–170
Yahoo (ET) 95–99; (E) 667
Zenna's Cafe (EEA) 176

Pessoas famosas

Bernoulli, Daniel (ET) 688–689
Cohen, Steven A. (ET) 443–444
Descartes, René (ET) 202
Fisher, Sir Ronald (ET) 331
Galton, Sir Francis (EQ) 240–241
Gates, Bill (ET) 157
Gauss, Carl Friedrich (EQ) 236
Gosset, William S. (ET) 356–359
Gretzky, Wayne (E) 186
Howe, Gordie (E) 186
Kellogg, John Harvey e Will Keith (ET) 513
Laplace, Pierre-Simon (EQ, ET) 281
Martinez, Pedro (E) 619–620
McGwire, Mark (E) 186
Obama, Michelle (TR) 643
Patrick, Deval (E) 317
Roosevelt, Franklin D. (ET) 297
Schulze, Richard (ET) 233
Street, Picabo (ET) 610, 612

Tukey, John W. (EQ) 162; (ET) 401–402
Tully, Beth (EEA) 176
Twain, Mark (ET) 444
Williams, Venus e Serena (E) 713

Política e cultura popular

Animais de estimação (E) 122–124, 381–382; (ET) 741; (TR) 741, 743, 749, 756
Atitudes e aparência (ET) 451–453, 458, 460–462; (EO) 454–455, 459–460
Candidatos (EQ) 326
Cosméticos (E) 147–148; (ET) 458
Disponibilidade para uma mulher presidente (E) 318, 507, 669
Eleições de 2008 (E) 351
Índice de aprovação do governo (E) 319
Moda (ET) 93, 96–97; (P) 143; (E) 192–193, 470–472
Montanhas-russas em parques temáticos (ET) 587–591, 595–600
Parque de diversões (E) 91; (ET) 159
Partidos políticos (E) 712; (EEA) 800–801
Pesquisas eleitorais (E) 64–65, 315, 317, 507; (ET) 67–68, 70–71, 80–81, 297–298; (E) 90
Religião (E) 90
Tatuagens (E) 121
Titanic, naufrágio do (E) 468, 473, 738
Truman *vs.* Dewey (ET) 67–68, 80–81

Produtos farmacêuticos, medicina e saúde

Admissão e alta de hospitais (E) 123–124; (ET) 156, 158
Adolescentes e comportamentos de risco (ET) 108; (E) 316, 349
AIDS (ET) 46
Angiograma (E) 379
Antidepressivos (E) 225
Aparelho auditivo (E) 779
Áreas de fumantes e de não fumantes (E) 295, 538
Aspirina (TR) 326
Beber e dirigir (E) 90
Cafeína (E) 435, 440
Câncer (E) 116, 470; (ET) 216
Centro de prevenção e controle de doenças (ET) 108; (E) 116, 538
Centro Nacional de Estatísticas de Saúde (E) 261
Colesterol (E) 147–148, 293; (EEA) 425
Compostos de ervas (E) 64–65, 410–411
Cuidados com a pele (ET) 451, 453
Custo de medicamentos no Canadá (E) 436–438
Custos de ortodontista (E) 709
Daltonismo (E) 543
Doença cardíaca (E) 116, 379–380; (ET) 156, 158
Doenças da gengiva (EEA) 217

Doenças respiratórias (E) 116
Efeito placebo (E) 225; (ET) 748–749
Efeitos colaterais de medicamentos (E) 712
Empresas farmacêuticas (E) 254, 317, 348, 541
Entradas em prontos-socorros (E) 430–431
Equipamentos e testes médicos (E) 295, 379–380; (ET) 337; (TR) 554; (EEA) 572
Ganho de peso entre novos universitários (E) 437–438
Genética e diabetes juvenil (E) 295
Hepatite C (E) 121
Medicina alternativa (E) 89
Morte acidental (E) 116
Níveis de mercúrio em peixes (EEA) 534–535
Níveis de saúde e educação (E) 777–778
Número de médicos (ET) 213–214
Organização Mundial de Saúde (ET) 59
Peixe e os benefícios à saúde (E) 470
Percentual de gordura corporal (E) 541; (TR) 554
Pesquisa de Saúde Pública (ET) 741
Pressão arterial (E) 116, 147–148, 541; (EQ) 211
Roncar (E) 149
Rótulos dos alimentos (ET) 514–516, 592–593; (EEA) 534–535; (E) 586, 621–622
Site de saúde da *HybridLife* (ET) 94
Suco de amora e infecções do trato urinário (E) 469
Tipo de sangue (E) 146, 712–713; (EO) 692–693; (ET) 701–702
Tratamentos e testes de remédios (ET) 46, 386; (EQ) 211; (TR) 326; (E) 349, 410–411
Vitaminas (ET) 46; (E) 317

Publicidade

Anúncios (E) 149, 314, 348, 351, 353, 412–414, 429, 579; (ET) 307, 416
Branding (E) 412–414; (ET) 415, 514, 748, 759–761; (EO) 763–767
Cupons (EEA) 341–342; (ET) 745, 750, 752–753, 757–758
Produtos grátis (ET) 328, 368, 750, 752–753, 757–758; (E) 381
Propaganda internacional (E) 148
Jingles (ET) 416
Reclamações de produtos (TR) 160; (E) 292, 295, 380–382, 414–415, 435–436, 438–439, 467, 469–470, 777; (EQ) 387–389
Imagem sexual na publicidade (E) 429, 437–438
Público-alvo (E) 148–149, 257–258, 319, 349, 383, 410–412, 469–470, 672–

673, 712, 777–778; (TR) 361; (ET) 416, 748; (EEA) 800–801
Verdade na publicidade (E) 351, 433
Propaganda nos negócios (ET) 46, 55–56, 201, 297; (E) 63–64, 118–120, 122–124, 149, 258, 412–413, 439–440, 507, 544, 579, 735–736; (EO) 133; (EEA) 217, 613; (EQ) 326

Salários e benefícios

Aumentos e bônus (ET) 55–56; (E) 65–66, 780–781
Benefícios dos empregados (E) 63–64, 148, 151–152, 350
Compensação do trabalhador (E) 315
Creche (ET) 167; (E) 315
Espaço de estacionamento reservado (TR) 461–462
Indenização por demissão (ET) 200
Pensões (ET) 680
Programas de aconselhamento e treinamento (EEA) 496
Salário horário (E) 507, 781
Salários (E) 117–118, 167, 222, 255, 576–578, 580–581, 778; (ET) 450, 570; (EEA) 572, 769
Serviços não médicos e de companhia (EEA) 496

Seguros

Acompanhamento de demanda de seguros (E) 222, 224; (P) 733–735
Agência nacional de crimes de seguro (E) 224
Base de dados de companhias de seguro (TR) 60, 66; (E) 123–124; (EQ) 332
Companhias de seguro *on-line* (E) 431–432
Custos do seguro (E) 116; (EQ) 332; (ET) 365, 682–688
Lucros de seguro (E) 188, 257, 710; (EO) 362–363, 365–366; (ET) 364–365, 367, 685
Representantes de vendas para companhias de seguros (EO) 362–363, 365–366; (EQ) 364; (ET) 364–365, 367
Seguro contra furacões (E) 713
Seguro de automóveis e garantias (E) 145, 224, 316, 467
Seguro de incêndio (E) 144
Seguro de propriedades (TR) 60; (EO) 362–363, 365–366
Seguro de viagem (EO) 725–726; (P) 733–735
Seguro de vida (E) 547, 621; (ET) 679–683, 685–688
Seguro saúde (E) 89, 92, 123–124, 148, 318, 320; (P) 466; (TR) 554
Seguro saúde norte-americano (E) 350

42 Índice de Aplicações

Serviços industriais e assuntos sociais

Arrecadação de recursos (E) 230, 292–293, 353

Associação americana de pessoas aposentadas (E) 319, 353

Associação Americana do Coração (ET) 514

Bombeiros (ET) 216

Caridade (EEA) 176; (E) 191–192, 319, 353, 381; (ET) 338; (P) 375–376

Cruz Vermelha Americana (E) 146, 713; (EO) 692–693; (ET) 701–702

Empresas de serviço (E) 474–475

Grupos de interesse (EEA) 403–404

Livre comércio (EEA) 176

Organizações filantrópicas e sem fins lucrativos (ET) 59, 70–71, 93–94, 200, 786–787; (E) 191–192, 230, 292–293, 319, 351, 381; (EQ) 308; (P) 375–376, 617–618; (EO) 692–693

Polícia (E) 292, 314–316, 383, 468, 576–578

Veteranos Paralíticos da América (ET) 70–71, 786–787; (P) 617–618

Voluntariado (EEA) 176

Tecnologia

Acesso à Internet (E) 90–91, 120–121, 317–318, 413–414, 779

Administrando planilhas (TH) 63

Assistente de dados pessoais (PDA) (ET) 726–727; (E) 735

Baixando filmes e músicas (E) 316, 319; (ET) 368

CDs (ET) 56–58; (P) 253; (E) 319

Computação com *mainframe* (ET) 234

Computadores (EQ) 55–56; (ET) 70–71, 74–75; (TH) 87, 113–114; (E) 89, 91, 117–118, 146, 382, 511, 738; (EO) 683–684

Conferência na rede (E) 116

Correio eletrônico (E) 146, 316, 711–712

Diários ou *blogs on-line* (E) 474

DVDs (E) 512; (ET) 715–716

Equipamento eletrônico pessoal (ET) 726–727

Flash Drives (ET) 110

Impacto da Internet e da tecnologia na vida diária (E) 474

Impressoras a jato de tinta (E) 508

Largura de banda (E) 382

Manual de utilização do produto (ET) 75–76; (E) 350

Música digital (ET) 56–57; (E) 318

Prevendo necessidades computacionais (EQ) 234; (ET) 234–239, 242–244

Produtos multimídia (ET) 715–716

Software (ET) 55–56, 61, 353, 368; (E) 89, 118–119, 382, 710; (EEA) 111

Suporte ao usuário (E) 709; (ET) 718, 723–724

Suporte técnico (ET) 233, 715–721, 730

Tecnologia da informação (E) 146, 348, 408, 470, 473; (P) 733–735; (ET) 740

Telas LCD (E) 712–713

Telecomunicações (E) 145; (ET) 717

Telefones celulares (ET) 82, 328; (E) 91, 149, 222, 292, 315, 380, 382, 539, 548, 714, 778

Tocadores de MP3 e iPods (E) 91, 189, 315, 351; (TR) 133, 160; (ET) 726–727

Transporte

Administração Nacional da Segurança do Transporte Rodoviário (E) 784–785

Birô de estatísticas de transporte americano (E) 378–379

Carros (E) 64–66, 149, 185, 222, 225, 228, 254, 259, 292, 315, 349, 413–414, 469–470, 504–505, 509, 710, 778, 784–785; (TR) 160; (ET) 514, 602–603, 609; (EQ) 654; (EEA) 800–801

Departamento de transporte americano (E) 187, 228, 351, 378

Departamento de veículos automotores (E) 439–440

Motos (E) 66, 584, 623–625

Preços das passagens de ônibus e metrô (P) 253

Trânsito e estacionamento (E) 377–378, 383, 618–621, 712

Viagem aérea (E) 64–65, 92, 144, 231, 348, 351, 378–379, 439–440, 540, 544, 624, 672–674, 713, 735–737; (TR) 76–77; (ET) 82, 108, 266; (P) 347, 466; (EEA) 613

Viagem e turismo (EEA) 613; (E) 671–675, 709

Viagens de casa para o trabalho e vice-versa (E) 710

Vendas e varejo

Amizade e vendas (ET) 395–397, 401–402; (EO) 397–401

Cadeia de lojas de computadores (TR) 237, 239

Café (E) 89, 223, 467; (EEA) 176; (P) 253; (TR) 276

Centro de compras (ET) 74–75, 79, 82–83; (TR) 276

Comparando vendas de várias lojas (E) 409

Compradores frequentes (E) 470–472

Custos das vendas e crescimento (ET) 57–59; (E) 119–120

Empacotamento e vendas (E) 224

Fechamento (E) 712

Gastos sazonais (EO) 422–425; (P) 429; (E) 511–512, 668, 670–672; (ET) 632–633, 649–652

Indicadores nacionais e vendas (E) 64–65

Índice Americano de vendas a varejo e alimentos (E) 581–583

Loja de artigos domésticos (EEA) 461–462

Loja de departamentos (E) 122–124, 470–472; (P) 143

Loja de eletrônicos (ET) 233–234

Loja de roupas (E) 226, 256, 379

Loja de vídeo (ET) 79

Lojas de música (ET) 750, 752–753, 755–758

Lojas de vendas de livros (E) 224, 467, 470

Mercadoria (E) 123–124

Número de lojas (ET) 234–238, 242–244

Ótica (TR) 104–105

Política lojista (EEA) 287

Preço ao consumidor (ET) 478–479, 481, 490–491, 494–495; (EO) 486–488; (P) 501; (TR) 532–533; (E) 546, 548

Representante de vendas (E) 467; (EEA) 572

Vendas anuais (ET) 57–58; (E) 256, 544, 665

Vendas da American Girl (E) 116–118

Vendas de condicionadores de ar (E) 222

Vendas de brinquedos (E) 116–118, 123–124

Vendas de calendários do *campus* (E) 119–120

Vendas de camisetas (E) 222

Vendas de ingressos (E) 430

Vendas de mercearias (E) 63–65, 123–124, 188–189, 257–259, 295, 316, 408–410, 438–439, 710; (EEA) 84, 341–342

Vendas de papel (ET) 110

Vendas de produtos novos (ET) 386

Vendas e localização na prateleira (ET) 46, 516; (E) 410, 783–784

Vendas internacionais (E) 123–124; (TR) 532–533

Vendas mensais (TR) 237, 239, 244; (E) 665–666

Vendas no atacado e varejo (E) 91, 256–257

Vendas ocasionadas por furacões (ET) 233

Vendas por catálogo (E) 64–65, 315, 379; (EEA) 461–462; (TR) 643; (ET) 750, 752–753

Vendas previstas e realizadas (E) 65–66–66; (EEA) 572

Vendas promocionais (E) 63–64, 145, 349; (ET) 136, 277, 386–387, 394–395; (EO) 390–396

Vendas regionais (E) 226, 254; (EQ) 446

Vendas secretas (E) 144

Vendas semanais (E) 64–66, 408, 413–414, 438–439; (ET) 524–527

Vendas trimestrais e previsões (ET) 46, 630, 634, 648–655; (E) 64–65, 256–257, 665–666, 668, 670–672, 674–675; (EO) 644–647, 655–658; (EQ) 649; (P) 664–665

PARTE I

Explorando e Coletando Dados

Estatística e Variação

Dados

Levantamentos e Amostragem

Apresentando e Descrevendo Dados Categóricos

Aleatoriedade e Probabilidade

Apresentando e Descrevendo Dados Quantitativos

Estatística e Variação

Observe uma página do *site* do *Financial Times*, como esta mostrada aqui. Ela está repleta de "estatísticas". É óbvio que quem escreve o *Financial Times* acha que todas essas informações são importantes, mas isso é estatística? Sim e não. Esta página pode conter muitos fatos, mas, como veremos, o assunto é muito mais importante e rico do que apenas planilhas e tabelas.

Você poderia se perguntar: "Por que devo aprender estatística? Afinal, não pretendo fazer esse tipo de trabalho. Na verdade, vou contratar pessoas para realizar essas tarefas." Tudo bem, mas as decisões que você toma com base em dados são importantes demais para serem delegadas. Você vai querer ser capaz de interpretar os dados que o rodeiam e chegar às suas próprias conclusões – e vai descobrir que estudar estatística é muito mais importante e prazeroso do que pensa.

Então, o que é estatística?

"É característica de uma pessoa inteligente ser inspirada pela estatística."

— George Bernard Shaw

P: O que é estatística?

R: A estatística é uma forma de raciocínio, aliada a uma coleção de ferramentas e métodos, projetada para nos ajudar a entender o mundo.

P: O que são estatísticas?

R: Estatísticas (plural) são quantidades calculadas a partir dos dados.

P: E o que é um dado?

R: Você quis dizer: "O que são dados?"

P: Sim, o que são dados?

R: Dados são valores acompanhados de seu contexto.

Parece que a todo o momento alguém está coletando dados sobre nós: a cada compra que fazemos no mercado, a cada clique de mouse quando navegamos na Internet. A United Parcel Services (UPS) rastreia cada pacote que envia de um lugar para outro ao redor do mundo e armazena esses registros em um banco de dados gigante. É possível acessar parte dele ao enviar ou receber um pacote pela UPS. O banco de dados tem aproximadamente 17 *terabytes* – quase o mesmo tamanho de um banco de dados que contivesse todos os livros da Biblioteca do Congresso Americano (mas, suspeitamos, não tão interessante). O que alguém espera fazer com todos esses dados?

A estatística nos ajuda a compreender nosso mundo complexo. Os estatísticos avaliam os riscos de alimentos geneticamente modificados ou de uma nova droga sob avaliação da Food and Drug Administration (FDA). Eles preveem os números de casos de AIDS por regiões do país ou a quantidade de clientes que provavelmente responderiam a uma promoção em um supermercado. Os estatísticos também ajudam cientistas, sociólogos e líderes empresariais a entender como o desemprego está relacionado a controles ambientais, a verificar se uma boa educação primária afeta o desempenho escolar futuro das crianças e se a vitamina C realmente previne doenças. Sempre que você tiver dados e quiser entender o mundo, você precisará de estatística.

Se quisermos analisar as percepções dos estudantes sobre a ética nos negócios (uma questão que abordaremos em capítulos posteriores), devemos fazer um levantamento da opinião de cada estudante universitário nos Estados Unidos – ou até mesmo no mundo? Isso não seria prático nem econômico. O que devemos fazer então? Desistir e abandonar a pesquisa? Talvez devêssemos obter respostas de grupos de estudantes menores e representativos. A estatística nos ajuda a transformar os dados que temos à mão em uma ampla compreensão do mundo. Discutiremos amostragem e suas características no Capítulo 3, e o tema da indução do específico para o geral será visto ao longo de todo o livro. Esperamos que este texto o capacite a tirar conclusões a partir dos dados e tomar decisões de negócios válidas em reposta a questões como:

◆ Estudantes universitários de diferentes partes do mundo percebem a ética nos negócios de forma diferente?

◆ Qual é o efeito da publicidade nas vendas?

◆ Fundos mútuos agressivos e de "alto crescimento" realmente têm retornos maiores do que fundos mais conservadores?

◆ Existe um ciclo sazonal na renda e nos lucros da sua empresa?

◆ Qual é a relação entre a localização na prateleira e a venda de sucrilhos?

◆ Quão confiáveis são as previsões trimestrais para a sua empresa?

◆ Existem características comuns entre seus consumidores e por que eles escolhem os produtos da sua empresa? E, mais importante, essas características são as mesmas entre aqueles consumidores que não são seus clientes?

Nossa habilidade em responder perguntas como essas e tirar conclusões dos dados dependem, em grande parte, da nossa habilidade de entender a *variação*. Talvez este não seja o termo que você esperava ver aqui, mas ele é a essência da estatística. A chave para aprender a partir dos dados é entender a variação que está à nossa volta.

Os dados variam. As pessoas são diferentes. O mesmo acontece com as condições econômicas mês a mês. Não podemos ver tudo nem mensurar tudo. Mesmo o que mensuramos, o fazemos de maneira imperfeita. Assim, os dados que acabamos analisando e nos quais baseamos nossas decisões fornecem, na melhor das hipóteses, um quadro imperfeito do mundo. A variação é o ponto principal da estatística, e entendê-la é o grande desafio da disciplina.

Como este livro irá ajudar?

Esta é uma pergunta válida. Provavelmente, este livro não será o que você espera. Ele enfatiza os gráficos e a compreensão em vez de cálculos e fórmulas. Em lugar de encaixar números em fórmulas, você irá aprender o processo de desenvolvimento do modelo e entender tanto as limitações dos dados que analisa quanto dos métodos que usa. Cada capítulo utiliza dados e cenários reais de negócios, a fim de que você compreenda como aplicar os dados para tomar decisões.

Gráficos

Feche seus olhos e abra o livro aleatoriamente. Há um gráfico ou uma tabela na página? Faça isso novamente, digamos, dez vezes. Você deve ter se deparado com dados exibidos de várias maneiras, mesmo no final do livro e nos exercícios. Os gráficos e as tabelas o ajudam a entender o que os dados estão dizendo. Assim, cada história e cada conjunto de dados, bem como cada nova técnica estatística, virão apoiados em gráficos que facilitam a compreensão dos métodos e dados.

O processo

Para ajudá-lo a usar a estatística a fim de tomar decisões de negócios, nós o conduziremos ao longo de todo o processo de pensar sobre o problema, encontrar e mostrar resultados e contar aos outros suas descobertas. As três etapas para aplicar corretamente a estatística aos negócios são **planejar**, **fazer** e **relatar**.

Planeje primeiro. Saiba aonde quer ir e por quê. Definir e entender claramente os objetivos irá economizar muito trabalho.

A maioria dos alunos pensa que a estatística tem a ver basicamente com o **fazer**. Realizar cálculos estatísticos e exibir gráficos é crucial, mas os cálculos geralmente são a parte menos importante do processo. Na verdade, com frequência são os recursos tecnológicos que fazem os cálculos – nós nos concentramos em interpretar os resultados.

Relate o que aprendeu. Até que você tenha explicado seus resultados de modo que outra pessoa entenda, seu trabalho não acabou.

Exemplos orientados

"Primeiro obtenha seus dados, depois você pode manipulá-los como quiser (os fatos são teimosos, mas as estatísticas são mais flexíveis)."
— Mark Twain

Cada capítulo aplica os novos conceitos apresentados em exemplos resolvidos, chamados de **Exemplos Orientados.** Estes exemplos mostram como você deve abordar e solucionar problemas usando o sistema de planejar, fazer, relatar. Eles ilustram como planejar uma análise, quais técnicas devem ser usadas e como relatar os resultados. Estes exemplos passo a passo mostram de que modo produzir o tipo de solução e de relatos de estudo de caso que instrutores, administradores e, mais importante, clientes esperam ver. Uma solução modelo é apresentada na coluna à direita e notas introdutórias e discussões, na coluna da esquerda.

TESTE RÁPIDO

Às vezes, você irá encontrar ao longo do capítulo seções chamadas de **Teste Rápido**, que apresentam algumas perguntas a serem respondidas sem muitos cálculos. Utilize-as para verificar se você entendeu as ideias básicas do capítulo. As respostas estão localizadas após os exercícios finais do capítulo.

Ética em ação

A estatística geralmente exige julgamento, e as decisões baseadas em análises estatísticas podem ter impacto sobre a saúde das pessoas e até mesmo sobre suas vidas. Decisões governamentais podem afetar decisões políticas sobre como as pessoas são tratadas. Na ciência e na indústria, a interpretação dos dados pode influenciar a segurança do consumidor e do meio ambiente. Nos negócios, a interpretação incorreta dos dados pode levar a decisões desastrosas. O princípio central que orienta o julgamento estatístico é a busca ética de uma verdadeira compreensão do mundo real. Em todas as esferas da sociedade, é extremamente importante que a análise estatística dos dados seja feita de maneira ética e imparcial. Dar vazão a preconceitos, coletar dados de forma desonesta ou deliberar tendenciosamente pode ser prejudicial para os negócios e para a sociedade.

Em vários pontos ao longo do livro, você irá encontrar seções denominadas **Ética em Ação**, que apresentam um problema ético. Pense sobre a situação e como você a abordaria. Em seguida, leia o resumo e a solução para o caso que acompanham o relato. Relacionamos os assuntos éticos às normas que a Associação Americana de Estatística desenvolveu.[1] Esses casos podem ser bons tópicos para discussão. Apresentamos uma solução, mas você pode criar outras.

O que pode dar errado?

Um dos desafios interessantes da estatística é que, diferentemente de alguns cursos de matemática e ciências, pode haver mais que uma resposta correta. Por esse motivo, dois estatísticos podem testemunhar honestamente em lados opostos em um caso judicial. É também por essa razão que alguns julgam poder provar qualquer coisa usando a estatística. Porém, isso não é verdade. As pessoas cometem erros usando a estatística e, às vezes, usam-na de modo inadequado para enganar outros. É possível evitar a maioria dos erros; e não estamos falando de aritmética. Os erros geralmente envolvem o uso de um método em uma situação errada ou a interpretação equivocada dos resultados. Assim, cada capítulo apresenta uma seção chamada de **O Que Pode Dar Errado?**, que o auxilia a evitar alguns dos erros mais comuns que presenciamos ao longo de anos de experiência em consultoria e ensino.

Projetos de estudo de pequenos casos

"Muitos cientistas têm somente uma compreensão limitada das técnicas estatísticas que utilizam. Eles as empregam como um chef amador utiliza um livro de receitas, acreditando que a receita irá funcionar, mas sem entender o porquê. Uma atitude mais profissional poderá resultar em menos tortas estatísticas embatumadas."
— The Economist, *3 de Junho de 2004.*
"Sloppy stats shame science".

No final de cada capítulo, você irá encontrar um ou dois problemas ampliados que utilizam dados reais e solicitam que você investigue uma questão ou tome uma decisão. Esses estudos de pequenos casos testam sua habilidade de lidar com um problema sem uma solução definida (e, portanto, mais realista). Você terá de definir o objetivo, planejar o processo, completar a análise e relatar a sua conclusão – uma boa oportunidade para aplicar o modelo fornecido pelos **Exemplos Orientados.** Esses problemas são ideais para praticar o relato por escrito de suas conclusões, a fim de refinar suas habilidades de comunicar resultados estatísticos. Os conjuntos de dados para estes estudos de casos estão localizados no DVD que acompanha o livro.

---

[1] http://www.amstat.org/profession/index.cfm?fuseaction=ethicalstatistics

Diversos assuntos são apresentados nas notas da margem, como histórias e citações. Por exemplo:

"Computadores são inúteis. Eles fornecem apenas respostas."

— Pablo Picasso

Apesar de Picasso subestimar o valor de um bom *software* de estatística, ele sabia que criar uma solução requer muito mais do que apenas *fazer* – significa que você também deve *planejar* e *relatar*!

Auxílio da tecnologia: usando o computador

Embora todas as fórmulas necessárias para entender os cálculos sejam apresentadas, você irá usar, na maioria das vezes, uma calculadora ou o computador para executar os cálculos de um problema de estatística. A maneira mais fácil de fazer esses cálculos com o computador é utilizando um pacote estatístico. Vários tipos de pacotes podem ser usados. Embora apresentem alguns detalhes diferentes, todos funcionam com as mesmas informações básicas e chegam aos mesmos resultados. Em vez de adotar um pacote para este livro, apresentamos a informação geral e apontamos os recursos comuns que você deve observar. Também fornecemos uma tabela de instruções para iniciá-lo em cinco pacotes: Excel, Minitab, SPSS, JMP e Data Desk.

> Ao longo do texto, faremos interrupções para discutir um assunto secundário interessante ou importante, que irão aparecer em destaque em quadros como este.[2]

O que aprendemos?

No final de cada capítulo, um breve resumo dos conceitos importantes é apresentado em uma seção denominada **O Que Aprendemos?**. Essa seção inclui uma lista de **Termos** e um resumo das **Habilidades** importantes que você adquiriu no capítulo. Você não será capaz de aprender o assunto com esses resumos, mas poderá usá-los para verificar seu conhecimento sobre as ideias importantes do capítulo. Se tiver adquirido as habilidades, compreendido os termos e entendido os conceitos, você deve estar bem preparado e apto para usar a estatística!

Exercícios

Atenção: ninguém aprende estatística apenas lendo ou escutando. A única maneira de aprender é fazendo. Assim, no final de cada capítulo (exceto deste), você encontrará **Exercícios** projetados para ajudá-lo a aprender a usar a estatística que acabou de ler. Alguns exercícios estão marcados com um ❶ vermelho. Você encontrará os dados para esses exercícios no *site* do livro, www.aw-bc.com/sharpe, ou no DVD que acompanha a obra, podendo, assim, usar a tecnologia à medida que faz os exercícios.

Os exercícios foram agrupados por assunto; portanto, se você tiver dificuldade na execução de um exercício, encontrará um problema semelhante antes ou depois dele. As respostas para os exercícios ímpares estão localizadas no final do livro, mas são somente "respostas", não soluções completas. Qual é a diferença? As respostas são esboços das soluções completas. Para a maioria dos problemas, sua solução deve seguir o modelo dos **Exemplos Orientados**. Se os seus cálculos conferem com as partes numéricas da resposta e seu argumento contém os elementos mostrados nela, você está no caminho certo. Sua solução completa deve explicar o contexto, mostrar seu raciocínio e relatar suas conclusões. Não se preocupe se os seus números não são iguais aos da resposta até a última casa decimal. A estatística é mais que cálculo, é também raciocinar corretamente – assim, preste mais atenção na interpretação do resultado do que em descobrir qual é o dígito na terceira casa decimal.

---

[2] Ou em uma nota de rodapé.

*Seções e capítulos opcionais

Algumas seções e capítulos deste livro estão marcados com um asterisco (*). Eles são opcionais, ou seja, o restante do texto não depende deles diretamente. Esperamos que você os leia da mesma forma, assim como leu esta seção.

Começando

É importante avisá-lo: você não vai entender a matéria se ler apenas as frases destacadas e os sumários. Este livro é diferente. Não basta memorizar definições e aprender equações. Ele é mais profundo do que isso, muito mais interessante, mas...

Você tem de ler o livro!

Dados

Amazon.com

A Amazon.com foi inaugurada em julho de 1995, já autodenominada "a maior livraria do mundo", com um plano de negócios incomum: a empresa não pretendia ter lucro por quatro ou cinco anos. Embora alguns acionistas tenham reclamado quando a bolha de euforia do ponto.com estourou, a Amazon continuou crescendo de modo lento e estável, tornando-se lucrativa pela primeira vez em 2002. Desde então, a empresa tem permanecido rentável e em crescimento. Em 2004, a Amazon tinha mais de 41 milhões de clientes ativos em mais de 200 países e alcançara o 74° lugar no *ranking* de marcas mais valiosas da *Business Week*. A seleção de mercadorias aumentou e hoje inclui quase tudo que se possa imaginar, de colares de $400 mil, queijo de iaque do Tibete, ao maior livro do mundo. Em 2006, os lucros foram de $190 milhões – mesmo após um investimento de $662 milhões em pesquisa e desenvolvimento.

A Amazon P&D está constantemente monitorando e desenvolvendo seu *site* para melhor servir seus clientes e maximizar seu desempenho em vendas. Antes de aplicar mudanças ao *site*, ela realiza experiências coletando dados e analisando o que funciona melhor. Como

Ronny Kohavi, ex-diretor de Mineração de Dados e Personalização, afirmou: "Os dados vencem a intuição. Em vez de usarmos nossa intuição, fazemos experiências ao vivo no *site* e deixamos que nossos clientes nos digam o que funciona melhor."

A Amazon.com recentemente declarou que "muitas das decisões importantes da empresa podem ser tomadas com dados. Existe uma resposta certa e uma errada, uma resposta melhor e uma pior, e a matemática nos mostra qual é qual. Esses são nossos tipos favoritos de decisões".[1] Apesar de preferirmos que a empresa se refira a esses métodos como estatística em vez de matemática, fica evidente que a análise de dados, a previsão e a inferência estatística são a parte mais importante das ferramentas de tomada de decisão da Amazon.com.

"Os dados são reis na Amazon. O fluxo de cliques e os dados de compra são as joias da coroa na empresa. Eles ajudam a construir características para personalizar a experiência de navegação no site.

— Rony Kahavei, Ex-Diretor de Mineração de Dados e Personalização da Amazon.com.

Muitos anos atrás, lojas em pequenas cidades conheciam seus clientes pessoalmente. Se você entrasse na loja de brinquedos, o proprietário falaria da nova ponte que havia chegado para o seu conjunto de trem Lionel. O alfaiate sabia o tamanho da roupa do seu pai e a cabeleireira sabia como sua mãe gostava do cabelo. Ainda hoje temos lojas como essas, mas cada vez mais estamos propensos a comprar em grandes lojas, por telefone ou na Internet. Mesmo assim, quando você liga para um número 0800 a fim de comprar tênis novos, os representantes do serviço ao consumidor podem chamá-lo pelo seu primeiro nome e perguntar sobre as meias que você comprou seis meses atrás. Ou a empresa pode enviar um *e-mail* em junho oferecendo novas tocas para corridas no inverno. Essa empresa tem milhões de clientes e você ligou sem se identificar. Como o representante de vendas sabe quem você é, onde mora e o que comprou?

As respostas para todas essas perguntas são dados. Coletar dados de clientes, transações e vendas permite que as empresas rastreiem o estoque e saibam o que seus clientes preferem. Esses dados podem ajudá-las a prever o que seus clientes poderão comprar no futuro e, assim, saber qual item devem estocar. A loja pode usar suas descobertas sobre os dados para melhorar o serviço ao consumidor, imitando o tipo de atenção pessoal que o comprador tinha 50 anos atrás.

2.1 O que *são* dados?

Você deve achar que sabe essa resposta instintivamente. Pense sobre essa questão por um minuto. O que *exatamente* queremos dizer com "dados"? Eles devem ser números? A quantia da sua última compra em dólares são dados numéricos, mas alguns relatam nomes ou outras marcas. Os nomes no banco de dados da Amazon.com são dados, mas não são numéricos.

Alguns dados têm valores que parecem ser numéricos, mas são somente numerais servindo como rótulos. Isso pode ser confuso. Por exemplo, o ASIN (Amazon Stan-

As cinco questões:

QUEM?

O QUÊ?

QUANDO?

ONDE?

POR QUÊ?

---
[1] Relatório Anual de 2005 da Amazon.com.

Capítulo 2 – Dados **53**

dard Item Number – Número Padronizado do Item da Amazon) de um livro pode ter um valor numérico como 978-0321426592, mas é somente outro *nome* para o livro *Business Statistics* (*Estatística Aplicada*).

Valores de dados, seja qual for seu tipo, são inúteis sem um contexto. Jornalistas sabem que o lide de uma boa matéria deve responder as seguintes "cinco perguntas": *quem, o quê, quando, onde* e (se possível) *por quê*. Geralmente acrescentamos *como* à lista também. As respostas a essas perguntas podem fornecer um **contexto** para os valores dos dados. As respostas às duas primeiras perguntas são essenciais. Se você não for capaz de responder *quem* e *o quê*, é porque não tem dados e, portanto, não possui qualquer informação útil.

Eis um exemplo de alguns dados que a Amazon pode coletar:

Tabela 2.1 Um exemplo de dados sem contexto. É impossível afirmar qualquer coisa sobre o que estes valores podem significar sem saber seu contexto

10675489	B000001OAA	10,99	Chris G.	902	Boston	15,98	Kansas	Illinois
Samuel P.	Orange County	10783489	12837593	N	B000068ZVQ	Bad Blood	Nashville	Katherine H.
Canada	Garbage	16,99	Ohio	N	Chicago	N	11,99	Masssachusetts
B000002BK9	312	Monique D.	Y	413	B00000I5Y6	440	15783947	Let Go

Tente adivinhar o que eles representam. Por que é tão difícil? Porque esses dados não têm contexto. Podemos esclarecer o significado se acrescentarmos o contexto de *quem* e *o quê* e organizarmos os valores em uma **tabela de dados** como a que segue.

Tabela 2.2 Um exemplo de uma tabela de dados. Os nomes das variáveis estão na linha de cima. Normalmente, os *quem* da tabela são encontrados à esquerda da coluna

Número do Pedido de Compra	Nome	Enviar para Estado/País	Preço	Código de Área	Compra Anterior de CD	Presente?	ASIN	Artista
10675489	Katherine H.	Ohio	10,99	440	Nashville	N	B0000015Y6	Kansas
10783489	Samuel P.	Illinois	16,99	312	Orange County	S	B000002BK9	Boston
12837593	Chris G.	Massachusetts	15,98	413	Bad Blood	N	B000068ZVQ	Chicago
1578397	Monique D.	Canada	11,99	902	Let Go	N	B000001OAA	Garbage

Agora podemos ver que esses são quatro registros de compras, relacionados a pedidos de compras de CD da Amazon. A coluna dos títulos diz *o que* foi registrado e as linhas nos dizem *quem*, mas tenha cuidado. Analise todas as variáveis para ver sobre *quem* elas são. Mesmo se pessoas estão envolvidas, elas podem não ser o *quem* dos dados. Por exemplo, o *quem* aqui são os pedidos de compra (não as pessoas que fizeram as compras), porque cada linha refere-se a diferentes pedidos, mas não necessariamente a uma *pessoa* diferente. O *quem* da tabela geralmente está localizado na última coluna da esquerda. As outras perguntas podem ter de vir do administrador da base de dados da empresa.[2]

Em geral, as linhas das tabelas de dados correspondem a **casos** individuais sobre *quem* (ou o quê, se eles não forem pessoas), que registram algumas características. Esses casos recebem nomes diferentes dependendo da situação. Indivíduos que respondem a um levantamento são denominados **respondentes.** As pessoas envolvidas nas experiências são **sujeitos** ou (na tentativa de confirmar a importância do seu papel no experimento) **participantes** – animais, plantas, *sites* e outros sujeitos inanimados são normalmente chamados de **unidades experimentais**. Em um banco de dados, as linhas são chamadas de **registros**; neste exemplo, registro de compras. Talvez o termo mais genérico seja **casos**. Na tabela, os casos são as ordens individuais de compra de CDs.

---

[2] Na gestão de base de dados, esse tipo de informação é chamado de "metadados", ou seja, dados sobre dados.

Às vezes, os valores de dados são referidos como *observações*, sem esclarecer o *quem*. Você deve conhecer o *quem* dos dados para saber o que os dados dizem. As *características* registradas sobre cada indivíduo ou caso são chamadas de **variáveis.** Elas geralmente correspondem às colunas da tabela de dados e devem ter um nome que identifique *o quê* foi mensurado.

Um termo geral para uma tabela de dados como esta é **planilha**, nome que vem dos livros de registro de contabilidade de informação financeira. Os dados normalmente ficavam espalhados nas páginas de um caderno de contabilidade, o livro usado por um contador para manter os registros das despesas e fontes de renda. Para o contador, as colunas eram os tipos de despesas e de receitas e os casos eram as transações, em geral faturas ou recibos. Com o advento do computador, o uso de programas de planilhas tornou-se uma prática comum, transformando esses programas nas aplicações de maior sucesso na indústria da informática. Geralmente, é fácil passar uma tabela de dados de um programa de planilha para um aplicativo projetado para análises gráficas e estatísticas: basta transferir diretamente ou copiar a tabela e colá-la no programa estatístico.

Embora as tabelas e planilhas sejam ótimas para conjuntos de dados relativamente pequenos, elas são trabalhosas para os conjuntos mais complexos que as empresas têm de gerenciar diariamente. Várias outras estruturas são usadas para estocar dados. A mais comum é o banco de dados relacional. Em um **banco de dados relacional**, duas ou mais tabelas são vinculadas para que a informação possa ser compartilhada. Cada tabela é uma *relação,* porque se refere a um conjunto específico de casos com informações sobre cada um deles para todas (ou quase todas) as variáveis ("campos", na terminologia de banco de dados). Por exemplo, uma tabela de clientes, juntamente com a informação demográfica de cada um deles, é uma relação. Uma tabela com informações sobre uma coleção diferente de casos é uma relação diferente. Por exemplo, uma tabela de todos os itens vendidos por uma empresa, incluindo informações sobre o preço, estoque e histórico, também é uma relação (veja a Tabela 2.3 para um exemplo). Finalmente, as transações diárias podem ser mantidas em um terceiro banco de dados em que cada compra de um item por um cliente é listada como um caso. Em

Tabela 2.3 Uma base de dados relacional mostra todas as informações relevantes para três relações separadas, unidas por consumidores e número de produtos

Clientes

Número do cliente	Nome	Cidade	Estado	Código postal	Cliente desde	Membro gold?
473859	R. De Veaux	Williamstown	MA	01267	2007	Não
127389	N. Sharpe	Wellesley	MA	02481	2000	Sim
335682	P. Velleman	Ithaca	NY	14580	2003	Não

Itens

Identidade do produto	Nome	Preço	Atualmente em estoque?
SC5662	Sliver Cane	43,50	Sim
TH2839	Top Hat	29,99	Não
RS3883	Red Sequined Shoes	35,00	Sim

Transações

Número da transação	Data	Número do cliente	Identidade do produto	Quantidade	Método de envio	Frete grátis?
T23478923	15/9/08	473859	SC5662	1	UPS 2° dia	N
T234789234	15/9/08	473859	TH2839	1	UPS 2° dia	N
T63928934	20/10/08	335473	TH2839	3	UPS Ground	N
T72348299	22/12/08	127389	RS3883	1	Fed Ex Ovnt	S

um banco de dados relacional, essas três relações podem ser ligadas. Por exemplo, você pode procurar por um cliente para ver o que ele comprou ou procurar por um item para ver os clientes que o compraram.

Em estatística, todas as análises são executadas em uma única tabela de dados. No entanto, geralmente os dados precisam ser recuperados de um banco de dados relacional. Recuperar dados desses bancos normalmente requer habilidade com aquele *software*. Ao longo do livro, vamos assumir que todos os dados foram baixados para uma tabela de dados ou planilha com as variáveis listadas como colunas e os casos, como linhas.

> É sábio ser cauteloso. O *o quê* e *por quê* dos códigos de área não são tão simples quanto parecem à primeira vista. Quando os códigos de área começaram a ser utilizados, a AT&T ainda era o fornecedor de todos os equipamentos telefônicos, e os telefones tinham discos.
>
>
>
> Para reduzir o desgaste e o atrito do disco, os códigos de área com os dígitos mais baixos (para os quais o disco teria de girar menos) foram designados às regiões mais populosas – aquelas com mais números de telefones e, portanto, com os códigos de área mais prováveis de serem discados. Para a cidade de Nova York foi designado 212, para Chicago, 312 e para Los Angeles, 213. A área rural de Nova York recebeu o número 607, Joliet, 815 e San Diego, 619. Por esse motivo, o valor numérico de uma área poderia ser usado para estimar a população de sua região. Desde o advento dos telefones com teclas, os códigos de área se tornaram apenas categorias.

2.2 Tipos de variáveis

As variáveis desempenham diferentes papéis, e conhecer o *tipo* da variável é crucial para saber o que fazer com ela e o que ela pode informar. Quando a variável define categorias e responde perguntas sobre como os casos se encaixam nessas categorias, ela é chamada de **variável categórica**.[3] Quando a variável tem valores numéricos mensurados com *unidades* e mostra a quantidade do que é mensurado, ela é denominada **variável quantitativa.** Às vezes, uma variável pode ser classificada como categórica ou quantitativa de acordo com a situação – essa classificação depende mais daquilo que queremos extrair da variável do que de uma qualidade intrínseca da mesma. É a pergunta que fazemos sobre a variável (o *por quê* da nossa análise) que modela como pensamos sobre ela e de que modo a tratamos.

Respostas descritivas a perguntas são geralmente categorias. Por exemplo, as respostas às perguntas "Em que tipo de fundo mútuo você investe?" ou "Que tipo de propaganda sua empresa usa?" geram valores categóricos. Um caso especial importante de variáveis categóricas é aquele que tem somente duas respostas possíveis (em geral "sim" ou "não"), que surgem naturalmente de perguntas como "Você investe no mercado de ações?" ou "Você faz compras *on-line* neste *site*?".

Cuidado: se você tratar uma variável como quantitativa, esteja certo de que os valores têm unidades e mensuram uma quantidade de algo. Por exemplo, códigos de área são números, mas eles são utilizados para mensurar algo? 610 é o dobro de 305? É claro que é, mas esta não é a questão. Não interessa que Allentown, PA (código de área 610) seja o dobro de Key West, FL (305). Os valores numéricos dos códigos de área são completamente arbitrários (bem, nem tanto – veja o quadro lateral). Os números designados para os códigos de área são códigos que *categorizam* o número do telefone em uma área geográfica. Portanto, o código de área é tratado como uma variável categórica.

Para variáveis quantitativas, as **unidades** nos informam como cada valor foi mensurado. Ainda mais importante, unidades como o iene, cúbitos, quilates, angstroms, nanossegundo, milhas por hora ou graus Celsius nos mostram a escala da medida. As unidades nos dizem o quanto de algo temos ou a distância entre dois valores. Sem as unidades, os valores de uma variável mensurada não têm significado. Não

> Uma tradição que persiste em alguns lugares é nomear as variáveis com abreviações cifradas, escritas com letras maiúsculas. Essa prática remete à década de 1960, quando os primeiros programas estatísticos de computador eram controlados com instruções perfuradas em cartões. O primeiro equipamento de perfurar cartões utilizava somente letras maiúsculas, e os primeiros programas estatísticos limitavam os nomes das variáveis a seis ou oito caracteres; portanto, as variáveis eram chamadas de termos como PRSRF3. Programas modernos não têm tais restrições, assim, não há razão para escolher nomes de variáveis que você não usaria em uma frase comum.

---
[3] Elas também são chamadas de variáveis *qualitativas*.

faz grande diferença ter um aumento de 5.000 ao ano se você não sabe se será pago em euros, dólares, ienes ou coroas estonianas. As unidades são parte essencial de uma variável quantitativa.

Às vezes, o tipo de variável está claro. Algumas variáveis podem responder perguntas *somente* sobre categorias. Se os valores de uma variável são palavras em vez de números, é provável que ela seja categórica. No entanto, algumas variáveis podem responder ambos os tipos de perguntas. Por exemplo, a Amazon poderia perguntar a sua *Idade* em anos. Essa informação parece quantitativa, e seria se eles quisessem saber a média da idade dos clientes que visitam o *site* após as 3 horas da manhã. Mas suponha que eles queiram decidir qual CD lhe oferecer em oferta especial – um do Raffi, Blink182, Carly Simon ou Mantovani – e precisem ter certeza de que têm os suprimentos adequados à mão para satisfazer a demanda. Assim, pensar na sua idade como uma das categorias criança, adolescente, adulto ou sênior poderia ser mais útil. Se não estiver claro se a variável deve ser tratada como categórica ou quantitativa, pense sobre *por quê* você a está observando e o que você quer que ela informe.

Um questionário típico de avaliação de um curso pergunta:

"Quão valioso você acha que este curso será para você?"

1 = Sem valor;   2 = De pouco valor;   3 = De valor moderado   4 = Muito valioso.

Essa variável é categórica ou quantitativa? Novamente, observe o *por quê*. Uma professora pode simplesmente contar o número de alunos que deu cada resposta para o seu curso, tratando o *Valor Educacional* como uma variável categórica. Quando quiser analisar se o curso está melhorando, ela pode tratar as respostas como a quantia do valor percebido – isto é, tratando a variável como quantitativa. Mas quais são as unidades? Existe certamente uma *ordem* de percepção de valores: números altos indicam uma percepção mais alta de valores. Um curso que tem uma média de 3,5 é mais valioso do que um com média 2,0, mas devemos ter cuidado em tratar o *Valor Educacional* como puramente quantitativo. Para tratá-lo como quantitativo, a professora terá de definir que tem "unidades de valor educacional" ou uma construção arbitrária similar. Por não haver unidades naturais, ela precisa ter cuidado.

Tabela 2.4 Alguns exemplos de variáveis categóricas

Pergunta	Categorias ou respostas
Você investe no mercado de ações?	..... Sim .... Não
Que tipo de propaganda você utiliza?	..... Jornais ..... Internet ..... Mala direta
Qual é o seu ano na faculdade?	..... Calouro ..... 2º ano ......3º ano ..... Formando
Eu recomendaria este curso para outro aluno.	..... Discordo fortemente ..... Discordo ..... Concordo ..... Concordo fortemente
Qual é o seu grau de satisfação com este produto?	..... Muito insatisfeito ..... Insatisfeito ..... Satisfeito ..... Muito satisfeito

Contagem

Na estatística, costumamos contar as coisas. Quando a Amazon considera uma oferta especial com frete grátis para seus clientes, ela primeiro deve analisar como as compras foram enviadas em um passado recente. A empresa deve começar contando o número de compras enviadas em cada categoria: transporte terrestre, D + 1 aéreo, D + 2 aéreo e aéreo noturno. A contagem é uma maneira natural de resumir a variável categórica *Método de Envio*. Isto quer dizer que *sempre* que vemos contagens (frequências) a variável associada é categórica? Na verdade, não.

Também utilizamos contagens para *mensurar* a quantidade de coisas. Quantas músicas estão no seu MP3? Quantas disciplinas você está cursando neste semestre? Para mensurar essas quantidades, nós, logicamen-

Tabela 2.5 Resumo da variável categórica *Método de Envio* que mostra contagens (frequências) ou o número de casos em cada categoria

Método de envio	Número de compras
Terrestre	20345
D + 2	7890
Noturno	5432

te, contamos. As variáveis (*Músicas*, *Disciplinas*) são quantitativas, e suas unidades são o "número de" ou, genericamente, apenas "contagens".

Portanto, usamos contagens de duas maneiras diferentes. Quando temos uma variável categórica, contamos os casos em cada categoria para resumir o que a variável nos informa. As contagens em si não são os dados, mas algo que usamos para resumir os dados. Por exemplo, a Amazon conta o número de compras em cada categoria da variável categórica *Método de Envio*.

Outras vezes, nosso foco é a quantia de algo, a qual mensuramos pela contagem. A Amazon pode rastrear o aumento do número de clientes adolescentes para prever a venda de CDs. *Adolescente* era uma categoria quando observamos a variável categórica *Idade*. Agora, porém, *Idade* é uma variável quantitativa cuja quantia é mensurada contando o número de clientes, como mostra a Tabela 2.6.

Tabela 2.6 Resumo da variável quantitativa *Clientes Adolescentes*, que mostra a frequência de compras desses clientes em cada mês do ano

Mês	Número de clientes adolescentes
Janeiro	123456
Fevereiro	234567
Março	345678
Abril	456789
Maio	...
...	...

Identificadores

Qual é o número da sua identidade estudantil? Ele pode até ser numérico, mas será uma variável quantitativa? Não, pois não tem unidades. Ela é categórica? Sim, mas um tipo especial. Observe quantas categorias existem e quantos indivíduos há em cada categoria. Existem exatamente tantas categorias quantos indivíduos e somente um indivíduo em cada categoria. Embora seja fácil contar os totais para cada categoria, não é muito interessante. Esta é uma **variável identificadora**. A Amazon quer saber quem você é quando você se loga novamente e não quer confundi-lo com outro cliente; para tanto, a empresa designa um identificador único para você.

Variáveis identificadoras não nos informam algo útil sobre as categorias, pois sabemos que existe exatamente um indivíduo em cada uma delas. Entretanto, elas são cruciais nesta era de grandes conjuntos de dados, porque, ao identificar os casos de modo único, elas tornam possível combinar dados de diferentes fontes, manter a confidencialidade e fornecer identificadores únicos. Muitos bancos de dados de empresas são, de fato, banco de dados relacionais. O identificador é crucial para conectar uma tabela de dados a outra em um banco de dados relacional. Os identificadores na Tabela 2.3 (p.54) são *Número do Cliente*, *Identidade do Produto* e *Número da Transação*. Variáveis como *Número de Rastreamento da UPS*, *Número do Seguro Social* e *ASIN* da Amazon são outros exemplos de identificadores.

Você irá querer reconhecer quando uma variável está cumprindo a função de identificador para que não fique tentado a analisá-la. Saber que a média do número ASIN da Amazon aumentou 10% de 2007 a 2008 não informa nada além do que a análise de qualquer variável categórica como quantitativa informaria.

Tenha cuidado para não ser inflexível na sua classificação de variáveis. As variáveis podem desempenhar diferentes papéis, dependendo da pergunta que fazemos a elas, e classificar variáveis com rigidez pode ser enganoso. Por exemplo, nos seus relatórios anuais, a Amazon consulta os seus bancos de dados e analisa as variáveis *Vendas* e

Anos. Quando os analistas perguntam quantos livros a Amazon vendeu em 2005, qual é o papel que *Ano* desempenha? Existe somente uma linha para 2005, e *Ano* a identifica; portanto, ela desempenha a função de variável identificadora. No seu papel de identificadora, você pode combinar outros dados da Amazon ou da economia em geral para o mesmo ano. Todavia, os analistas também rastreiam o aumento das vendas ao longo do tempo. Neste papel, *Ano* mensura o tempo. Agora ela está sendo tratada como uma variável quantitativa com unidades de anos. A diferença está no *por quê* da nossa pergunta.

Outros tipos de dados

Variáveis categóricas utilizadas apenas para nomear categorias podem ser chamadas de **variáveis nominais**. Às vezes, queremos saber apenas a ordem dos valores de uma variável. Por exemplo, talvez queiramos pegar o primeiro, o último ou o valor do meio. Nesses casos, podemos dizer que nossa variável tem valores **ordinais**. Os valores podem ser ordenados individualmente (por exemplo, a ordem dos empregados com base no número de dias que eles trabalharam para a empresa) ou ordenados por classes (por exemplo, calouro, 2° ano, 3° ano, formando). Entretanto, a ordenação sempre depende do nosso objetivo. As categorias infantil, jovem, adolescente, adulto e sênior são ordinais? Se você estiver ordenando por idade, sim. No entanto, se estiver ordenando (como a Amazon pode estar) pelo volume de compras, é provável que tanto adolescente quanto adulto estejam no topo do grupo.

Algumas pessoas diferenciam as variáveis quantitativas de acordo com seus valores mensurados terem ou não um valor definido para zero. Essa é uma distinção técnica que geralmente não precisaremos fazer. (Por exemplo, não é correto dizer que uma temperatura de 80° F é duas vezes mais quente do que 40^oF porque 0° é um valor arbitrário. Na escala Celsius, essas temperaturas são $26,6^o$C e $4,44^o$C – uma razão de 6.) O termo *escala intervalar* às vezes é aplicado a dados como esses, e o termo *escala de razão* é aplicado a medições para as quais tais razões sejam adequadas.

Dados transversais e de séries temporais

A variável quantitativa *Clientes Adolescentes,* na Tabela 2.6, é um exemplo de **série temporal,** porque a mesma variável é mensurada em intervalos regulares ao longo do tempo. Séries temporais são comuns nos negócios. Os pontos comuns de mensuração são meses, trimestres ou anos, mas praticamente qualquer intervalo de tempo é possível. As variáveis coletadas ao longo do tempo apresentam desafios especiais para a análise estatística, e o Capítulo 20 as discute em mais detalhes. Em contraposição, a maioria dos métodos deste livro é mais adequada a **dados transversais**, em que muitas variáveis são mensuradas no mesmo ponto do tempo.

Por exemplo, se coletássemos dados de resultados de vendas, número de clientes e despesas do mês passado para toda Starbucks (mais de 13000 locais em 2007), estes seriam dados transversais. Se expandíssemos nosso processo de coleta de dados para incluir o resultado das vendas e as despesas de cada dia, ao longo de um período de vários meses, teríamos uma série temporal para vendas e despesas. Devido ao uso de diferentes métodos para analisar esses diferentes tipos de dados, é importante ser capaz de identificar tanto os conjuntos de dados de séries temporais quanto os transversais.

2.3 Onde, como e quando

Para analisar os dados, é necessário saber *quem, o que* e *por quê*. Sem essas três respostas, não temos o suficiente para começar. É claro, sempre queremos saber mais. Quanto mais soubermos, mais iremos entender. Se possível, gostaríamos de saber o *quando* e o *onde* dos dados também. Valores registrados em 1803 podem significar algo diferente de valores similares registrados ano passado. Os valores mensurados na Tanzânia podem diferir em significado de mensurações similares feitas no México.

Como os dados são coletados pode fazer a diferença entre *insight* e bobagem. Como veremos mais tarde, os dados originados de pesquisas voluntárias na Internet são quase sempre inúteis. Em uma pesquisa recente na Internet, 84% dos participantes responderam "não" à pergunta de se quem já tem um financiamento imobiliário poderia fazer outro. Embora seja verdade que 84% dos 23418 respondentes disseram não, é perigoso assumir que esse grupo é representativo de qualquer grupo maior. O Capítulo 3 discute métodos adequados para coletar dados por levantamentos e enquetes, de modo que você possa fazer inferências para conjuntos maiores a partir dos dados que tem em mãos.

Você pode coletar dados executando um experimento no qual manipula ativamente variáveis (chamadas de fatores) para analisar o que acontece. A maioria da correspondência não solicitada de oferta de cartões de créditos que você recebe trata-se, na verdade, de experimentos feitos por grupos de *marketing* dessas empresas. O Capítulo 23 discute tanto o projeto quanto a análise de experimentos como esses.

Às vezes, a resposta a uma pergunta pode ser encontrada em dados que alguém ou, mais comumente, alguma organização já tenha coletado. Empresas, organizações sem fins lucrativos e agências governamentais coletam uma vasta quantidade de dados, e é cada vez mais fácil acessá-los via Internet, embora algumas empresas cobrem uma taxa de acesso ou *download* de seus dados. O governo dos EUA, por intermédio de suas agências, coleta informações sobre praticamente todo aspecto da vida americana, tanto social quanto econômica (veja, por exemplo, www.census.gov), como a União Européia faz na Europa (veja ec.europa.eu/eurostat). Organizações internacionais como a Organização Mundial da Saúde (www.who.org) e agências de pesquisa como a Gallup (www.gallup.com) também oferecem dados sobre uma variedade de tópicos.

Há um mundo de dados na Internet

Hoje, a Internet é uma das fontes mais ricas de dados. Com um pouco de prática, você pode aprender a encontrar informações sobre quase qualquer assunto. Muitos dos conjuntos de dados que usamos neste livro foram encontrados dessa maneira. Como fonte de dados, a Internet apresenta vantagens e desvantagens. Uma das vantagens é a atualidade constante dos dados. A desvantagem é que as referências a endereços na Internet podem ficar rapidamente desatualizadas à medida que os *sites* evoluem, mudam de local e desaparecem.

Nossa solução para esse desafio é oferecer o melhor dispositivo possível para ajudá-lo a procurar dados onde quer que eles possam estar. Geralmente indicamos um *site*; às vezes, sugerimos termos de procura e oferecemos outra orientação.

Um aviso, entretanto: dados encontrados em *sites* da Internet podem não estar formatados da melhor maneira para uso com pacotes estatísticos. Mesmo que uma tabela de dados esteja em um formato padrão, a tentativa de copiar os dados pode deixá-los dispostos em uma única coluna. Utilize sua planilha ou seu *software* estatístico preferido para reformatar os dados em variáveis. Talvez seja necessário remover os pontos dos números grandes e símbolos extras, como indicadores monetários ($, ¥, £, €); poucos pacotes estatísticos os reconhecem.

Ao longo de todo o livro, sempre que introduzirmos dados, apresentaremos uma nota lateral listando as cinco perguntas dos dados. Esse é um hábito que recomendamos. O primeiro passo de qualquer análise é saber por que você está examinando os dados (o que você quer saber), a quem cada linha da tabela se refere e o que as variáveis (as colunas da tabela) registram. Estes são o *por quê*, o *quem* e o *o quê*. Identificá-los é a parte chave da etapa *planejar* de qualquer análise. Tenha certeza de saber as três respostas antes de analisar os dados.

TESTE RÁPIDO

Uma companhia de seguros especializada em seguro de propriedade comercial tem um banco de dados separado para as apólices que envolvem igrejas e escolas. Eis uma pequena amostra desse banco de dados.

Número da apólice	Carência	Prêmio líquido da propriedade ($)	Prêmio líquido da dívida ($)	Valor total da propriedade ($1000)	Idade mediana do código postal	Escola?	Terreno	Cobertura
4000174699	1	3107	503	1036	42	Falso	AL580	Geral
8000571997	2	1036	261	748	30	Falso	PA192	Específica
8000623296	1	438	353	344	35	Falso	ID60	Geral
3000495296	1	582	339	270	43	Verd.	NC340	Geral
5000291199	4	993	357	218	31	Falso	OK590	Geral
8000470297	2	433	622	108	41	Falso	NV140	Geral
1000042399	4	2461	1016	1544	44	Verd.	NJ20	Geral
4000554596	0	7340	1782	5121	42	Falso	FL530	Geral
3000260397	0	1458	261	1037	40	Falso	NC560	Geral
8000333297	2	392	351	177	40	Falso	OR190	Geral
4000174699	1	3107	503	1036		Falso	AL580	Geral

1 Liste o máximo das cinco perguntas que você puder para esse conjunto de dados.
2 Classifique cada variável como categórica ou quantitativa (ou ambas); se quantitativa, identifique as unidades.

O QUE PODE DAR ERRADO?

- **Não rotule uma variável como categórica ou quantitativa sem pensar sobre os dados e o que eles representam.** A mesma variável pode, às vezes, assumir diferentes papéis.

- **Não presuma que uma variável seja quantitativa só porque seus valores são números.** As categorias são, às vezes, representadas por números. Não pense que apenas por serem números elas têm significado quantitativo. Analise o contexto.

- **Seja cético sempre.** Uma razão para analisar dados é descobrir a verdade. Mesmo quando você sabe o contexto dos dados, a verdade pode acabar sendo um pouco (ou até mesmo muito) diferente. O contexto influencia sua interpretação dos dados; portanto, aqueles que querem influenciar o que você pensa podem alterar o contexto. Uma pesquisa que parece ser sobre todos os alunos pode, na verdade, relatar apenas as opiniões dos que visitaram um *site* para fãs. A pergunta respondida pode ter sido formulada de maneira a influenciar as respostas.

ÉTICA EM AÇÃO

Sarah Potterman, doutoranda em psicologia educacional, está pesquisando a eficácia de várias intervenções recomendadas para ajudar crianças com deficiências de aprendizado a melhorar suas habilidades de leitura. Entre as abordagens examinadas está um sistema interativo de *software* que utiliza sons analógicos. Sarah contatou a empresa que desenvolveu esse *software*, a RSPT Inc., a fim de obter o sistema de graça para uso em sua pesquisa. A RSPT Inc. mostrou interesse em ter seu produto comparado com outras estratégias de intervenção e estava muito confiante de que sua abordagem seria a mais eficaz. Além de fornecer o *software* de graça, a empresa também generosamente se ofereceu para financiar a pesquisa de Sarah com uma bolsa para cobrir a coleta e análise dos dados.

PROBLEMA ÉTICO *A pesquisadora e a empresa devem cuidar para que a fonte do financiamento não tenha um interesse pessoal no resultado da pesquisa (relacionado no Item H das recomendações éticas da ASA –American Statistical Association).*

SOLUÇÃO ÉTICA *A RSPT Inc. não deve pressionar Sarah Potterman a obter um resultado específico. Ambas as partes devem concordar por escrito, antes de a pesquisa começar, que os resultados podem ser publicados mesmo se mostrarem que o sistema de* software *interativo da RSPT não é o mais eficaz.*

Jim Hopler é gerente de operações em um escritório local de uma respeitada firma de corretagem. Com uma competição crescente tanto de corretores mais baratos quanto de corretores *on-line*, a firma de Jim decidiu redirecionar sua atenção para a realização de um serviço excepcional aos seus clientes por meio de seus funcionários, quase todos corretores. Em específico, a empresa quer destacar os excelentes serviços de consultoria fornecidos pelos seus corretores. Os resultados da pesquisa com os clientes sobre a consultoria recebida dos corretores no escritório local reve-

lou que 20% a classifica como ruim, 5% como abaixo da média, 15% como mediana, 10% como acima da média e 50% como excelente. Com aprovação da empresa, Jim e sua equipe realizaram várias mudanças com o intuito de fornecer o melhor serviço de consultoria no escritório local. O seu objetivo era aumentar a percentagem de clientes que consideravam seus serviços de consultoria excelentes. As pesquisas conduzidas depois de implementadas as mudanças mostraram os seguintes resultados: 5% ruim, 5% abaixo da média, 20% na média, 40% acima da média e 30% excelente. Ao discutir esses resultados, a equipe expressou preocupação com o fato de a percentagem de clientes que considerava seus serviços excelentes ter caído de 50% para 30%. Um membro da equipe sugeriu uma maneira alternativa de resumir os dados. Codificando as categorias em uma escala de 1 = ruim para 5 = excelente e calculando a média, eles descobriram que a avaliação média aumentou de 3,65 para 3,85 depois da implementação das mudanças. Jim ficou satisfeito ao ver que as mudanças foram bem-sucedidas no aprimoramento do nível dos serviços de consultoria oferecidos no escritório local. No seu relatório oficial, ele incluiu somente a avaliação média da pesquisa dos clientes.

PROBLEMA ÉTICO *Obtendo a média, Jim é capaz de mostrar a melhoria de satisfação do cliente. Entretanto, seu objetivo era aumentar a percentagem da avaliação excelente. Jim redefiniu seu estudo após o resultado a fim de apoiar uma posição (relacionado ao Item A das recomendações éticas da ASA – American Statistical Association).*

SOLUÇÃO ÉTICA *Jim deveria relatar as percentagens para cada categoria avaliada. Ele também poderia relatar a média. Jim deveria incluir no seu relatório uma discussão sobre o que esses dois modos de ver os dados mostram e por que eles parecem diferir. Ele também poderia explorar com os participantes da pesquisa as diferenças percebidas entre "acima da média" e "excelente".*

O que aprendemos?

Aprendemos que os dados são informações em um contexto.

- Estas cinco perguntas ajudam a definir o contexto: *quem, o quê, por quê, onde, quando*.
- Precisamos saber pelo menos o *quem, o quê* e *por quê* para sermos capazes de afirmar algo útil com base nos dados. O *quem* são os casos. O *o quê* são as *variáveis*. Uma variável fornece informações sobre cada um dos casos. O *por quê* nos ajuda a decidir de que maneira tratar as variáveis.

Tratamos as variáveis de duas maneiras básicas, como *categóricas* ou *quantitativas*.

- As variáveis categóricas identificam a categoria para cada caso. Normalmente, pensamos sobre as contagens dos casos que caem em cada categoria. (Uma exceção é uma variável identificadora, que apenas nomeia cada caso.)
- As variáveis quantitativas registram mensurações ou quantidades de algo; elas devem ter *unidades*.
- Às vezes, tratamos as variáveis como categóricas ou quantitativas dependendo do que queremos aprender com elas – ou seja, algumas variáveis não podem ser classificadas rigidamente como um tipo ou outro. Isso mostra que em estatística nem sempre tudo é preto no branco.

Termos

Banco de dados relacional
Banco de dados que armazena e recupera informação. Dentro do banco de dados, as informações são mantidas em tabelas de dados que podem estar "relacionadas" entre si.

Caso
Indivíduo sobre quem ou o qual temos os dados.

Contexto
Em condições ideais, o contexto informa *quem* foi mensurado, *o que* foi mensurado, *como* os dados foram coletados, *onde* os dados foram coletados e *quando* e *por quê* o estudo foi desenvolvido.

Dados
Informações sistematicamente registradas, sejam números ou rótulos, juntamente com o seu contexto.

Dados transversais
Dados retirados de situações que variam ao longo do tempo, mas mensurados em um único período, são chamados de transversais de séries temporais.

Participante
Unidade experimental humana, também chamada de sujeito.

Planilha
Software projetado para contabilidade, geralmente usado para armazenar e gerenciar tabelas de dados. O Excel é um exemplo comum de planilha.

Registro
Informação sobre um indivíduo em um banco de dados.

Respondente
Aquele que responde ou reage a uma pesquisa.

Sujeito
Unidade experimental humana, também chamada de participante.

Séries temporais
Dados mensurados ao longo do tempo. Geralmente, os intervalos de tempo são igualmente espaçados (por exemplo, cada semana, cada trimestre ou cada ano).

Tabela de dados
Disposição de dados em que cada linha representa um caso e cada coluna representa uma variável.

Unidade experimental	Indivíduo em um estudo para o qual ou para quem os valores dos dados são registrados. Unidades experimentais humanas são geralmente chamadas de sujeitos ou participantes.
Unidades	Quantidade adotada como um padrão de mensuração, como dólares, horas ou gramas.
Variável categórica	Variável que nomeia categorias (com letras ou números).
Variável identificadora	Variável categórica que registra um único valor para cada caso, utilizada para nomeá-lo ou identificá-lo.
Variável nominal	O termo "nominal" pode ser aplicado a dados cujos valores são usados somente para nomear categorias.
Variável ordinal	O termo "ordinal" pode ser aplicado a dados para os quais algum tipo de ordem está disponível, mas não para valores mensurados.
Variável quantitativa	Variável cujos números são valores de quantidades mensuradas com unidades.
Variável	Uma variável tem informações sobre a mesma característica para muitos casos.

Habilidades

- Ser capaz de identificar o *quem*, o *o quê*, o *quando*, o *onde*, o *por quê* e o *como* dos dados ou reconhecer quando parte dessa informação não foi fornecida.
- Ser capaz de identificar os casos e as variáveis em qualquer conjunto de casos.
- Saber como tratar uma variável categórica ou quantitativa, dependendo do seu uso.
- Para qualquer variável quantitativa, ser capaz de identificar as unidades nas quais a variável foi mensurada (ou notar que elas não foram fornecidas).

- Ter certeza de descrever a variável em termos dos seus *quem*, *o quê*, *quando*, *onde*, *por quê* e *como* (e estar preparado para apontar quando essa informação não é fornecida).

Ajuda tecnológica

Na maioria das vezes, trabalhamos com estatística usando um programa ou pacote projetado para esse propósito. Existem diversos pacotes estatísticos, mas eles fazem basicamente o mesmo. Se você souber o que o computador precisa conhecer para fazer o que você quer e o que ele deve mostrar em troca, pode descobrir os detalhes específicos da maioria dos pacotes com facilidade.

Por exemplo, para colocar seus dados em um pacote estatístico, você precisa informar ao computador:

- Onde encontrar os dados. Isso geralmente envolve conduzir o computador a um arquivo armazenado no disco rígido ou a dados em um banco de dados. Ou pode apenas significar que você copiou os dados de uma planilha ou de um *site* na Internet e eles estão, no momento, na área de transferência. Geralmente, os dados devem estar na forma de uma tabela de dados. A maioria dos pacotes estatísticos utiliza o caractere de *tabulação* como o *delimitador* que separa os elementos de uma tabela de dados e o caractere de *retorno* (*enter*) com o delimitador que marca o final de um caso.

- Onde colocar os dados (em geral, isso é feito automaticamente).

- Como nomear as variáveis. Algumas tabelas de dados colocam os nomes das variáveis na primeira linha dos dados e, geralmente, os pacotes estatísticos pegam os nomes da primeira linha automaticamente.

Projetos de estudo de pequenos casos

Banco Credit Card

Como todas as empresas de cartão de crédito e débito, a Credit Card lucra com cada transação dos proprietários de cartão. Portanto, sua receita está diretamente ligada ao uso do cartão. Para aumentar os gastos dos clientes no cartão, a empresa envia diversas ofertas aos titulares, e os pesquisadores de mercado analisam os resultados para ver quais ofertas geram os maiores aumentos na quantia média cobrada.

No seu DVD (no arquivo **ch02_MCSP_Credit_Card_Bank**) há uma pequena parte de um banco de dados como o utilizado pelos pesquisadores. Para cada cliente, ele contém inúmeras variáveis em uma planilha.

Examine os dados no arquivo dos dados. Liste o máximo das cinco perguntas possível para esses dados e classifique cada variável como categórica ou quantitativa. Se quantitativa, identifique as unidades envolvidas.

EXERCÍCIOS

Para cada descrição de dados nos Exercícios 1 a 26, identifique as cinco perguntas, nomeie as variáveis, especifique para cada variável se o seu uso indica que ela deva ser tratada como categórica ou quantitativa e, para toda variável quantitativa, identifique as unidades nas quais ela foi mensurada (ou anote que elas não foram fornecidas).

1. Notícias. Encontre um artigo de jornal ou revista em que dados são relatados (por exemplo, veja o *The Wall Street Journal*, *Financial Times*, *Business Week* e *Fortune*). Para os dados discutidos no artigo, responda as perguntas acima. Anexe uma cópia do artigo ao seu relatório.

2. Investimentos. Nos EUA, os planos 401(k) permitem que empregados utilizem parte de seu salário bruto para investimentos como fundos mútuos. Uma empresa, preocupada com o que acreditava ser uma baixa participação dos empregados no seu plano 401(k), reuniu uma amostra de outras 30 empresas com planos similares e solicitou suas taxas de participação nos seus 401(k).

3. Vazamento de óleo. Após grandes quantidades de óleo de petroleiros terem vazado no oceano, o Congresso promulgou, em 1990, a Lei da Poluição por Petróleo, a qual exige que todos os petroleiros tenham cascos mais grossos. Melhorias no projeto estrutural de petroleiros foram propostas desde então, com o objetivo de reduzir a probabilidade de um vazamento de óleo e diminuir o escoamento caso ocorra uma perfuração no casco. A Infoplease (www.infoplease.com) relata o dia, a quantidade vazada e a causa da perfuração dos 50 maiores vazamentos de óleo recentes de petroleiros e cargueiros.

4. Vendas. Uma grande empresa dos EUA está interessada em analisar como várias atividades promocionais estão relacionadas a vendas domésticas. Os analistas decidiram mensurar o dinheiro gasto mensalmente em diferentes formas de publicidade (milhares de $) e as vendas (milhões de $) resultantes durante um período de três anos (2004-2006).

5. Mercearia. Uma mercearia especializada em vender comida orgânica decidiu abrir uma nova loja. Para determinar a melhor localização nos Estados Unidos para a nova loja, os pesquisadores decidiram examinar os dados das lojas existentes, incluindo as vendas semanais ($), a população da cidade (milhares), a idade média dos habitantes da cidade, a renda média dos habitantes da cidade ($) e se a loja vende vinho e cerveja.

6. Vendas II. A empresa no Exercício 4 também está interessada no impacto de indicadores nacionais nas suas vendas. Ela decidiu obter mensurações para taxas de desemprego (%) e taxa de inflação (%) numa base trimestral, a fim de comparar com as vendas trimestrais ($ milhões) sobre o mesmo período de tempo (2004-2006).

7. Cardápio do Arby's. Uma relação publicada pela rede de restaurantes Arby's fornece, para cada sanduíche que vende, o tipo de carne no sanduíche, o número de calorias e o peso das porções. Os dados podem ser usados para determinar o valor nutritivo dos diferentes sanduíches.

8. Seleção para MBA. Uma faculdade no nordeste dos Estados Unidos está preocupada com uma recente queda no número de estudantes do sexo feminino no seu programa de MBA. Ela decidiu coletar dados da secretaria de ingresso referentes a cada requerente incluindo: sexo, idade, se foram aceitos ou não, se frequentaram ou não e a razão para não frequentar (se eles não frequentaram). A faculdade espera encontrar fatores comuns entre os alunos do sexo feminino que foram aceitos, mas decidiram não frequentar o curso.

9. Clima. Em um estudo publicado no periódico *Science*, uma equipe de pesquisa relata que as plantas no sul da Inglaterra estão florescendo mais cedo na primavera. Registros das primeiras datas de floração para 385 espécies em um período de 47 anos indicam que a floração avançou em média 15 dias por década, uma indicação do aquecimento do clima de acordo com os autores.

10. Seleção para MBA II. Em Londres, um curso de MBA internacionalmente reconhecido também quer verificar o GPA dos estudantes do MBA e comparar o desempenho no MBA, a fim de padronizar os escores do teste em um período de cinco anos (2000-2005).

11. Escolas. Um Departamento de Educação Estadual exige que todas as delegacias de ensino tenham os registros de todos os alunos, incluindo idade, raça ou afiliação étnica, faltas, série em curso, escores de teste padronizado em interpretação de texto e matemática e qualquer deficiência ou necessidades especiais que o aluno possa ter.

12. Empresa farmacêutica. Os cientistas de uma empresa farmacêutica conduziram um experimento a fim de estudar a eficácia de um composto de ervas para tratar um resfriado comum. Eles expuseram os voluntários a um vírus do resfriado e depois forneceram a eles o composto de ervas ou uma solução de açúcar como placebo. Vários dias depois, eles avaliaram a condição de cada paciente usando uma escala de resfriado rigorosa, variando de 0 a 5. Eles não encontraram evidências do benefício do composto.

13. Empresa iniciante. Uma empresa recém-criada está construindo um banco de dados com informações sobre clientes e vendas. Para cada cliente, ela registra o nome, o número da identidade, a região do país (1 = Leste, 2 = Sul, 3 = Meio-Oeste, 4 = Oeste), a data da última compra, a quantia da compra e o item comprado.

14. Carros. Uma pesquisa sobre carros estacionados em um estacionamento de executivos e funcionários de uma grande empresa registrou o modelo, o país de origem, o tipo do veículo (carro, van, minivan, etc.) e a idade.

15. Vinhedos. Com o intuito de fornecer informações úteis para vinicultores, analistas compilaram estes dados sobre vinhedos: tamanho (acres), idade, estado, variedades de uvas cultivadas, preço médio da caixa, vendas brutas e percentagem de lucro.

16. Meio ambiente. Como pesquisa para uma aula de ecologia, alunos de uma faculdade ao norte de Nova York coletaram dados anuais sobre riachos, a fim de estudar o impacto no meio ambiente. Eles registraram diversas variáveis biológicas, químicas e físicas, incluindo o nome do riacho, o substrato do leito (calcário, xisto ou mista), a acidez da água (pH), a temperatura (^{o}C) e o BCI (medida numérica da diversidade biológica).

17. Pesquisa Gallup. A Gallup conduziu uma pesquisa representativa por telefone com 1180 eleitores. Entre os resultados relatados estavam a região do eleitor (Nordeste, Sul, etc.), a idade, a filiação política, se o respondente possuía ações na bolsa de valores e sua atitude (numa escala de 1 a 5) em relação aos sindicatos.

18. FAA. A Federal Aviation Admnistration (FAA – Administração Federal de Aviação) monitora companhias aéreas e serviços ao consumidor. Para cada voo, a empresa aérea deve relatar o tipo de aeronave, o número de passageiros, se os voos decolaram ou pousaram no horário ou não e qualquer problema mecânico.

19. EPA. A Environmental Protection Agency (EPA – Agência de Proteção Ambiental) controla a economia de combustível dos automóveis. Entre os dados que os analistas da EPA coletam dos fabricantes estão o nome (Ford, Toyota, etc.), o tipo do veículo (carro, minivan, etc.), o peso, a potência e o gasto do combustível (mpg) na cidade e na autoestrada.

20. Consumer Reports. Em 2002, a *Consumer Reports* publicou um artigo avaliando geladeiras. Ela listou 41 modelos, fornecendo marca, custo, tamanho (*cu ft*), tipo (como duplex), custo anual estimado de energia, avaliação geral (bom, excelente, etc) e histórico de consertos para aquela marca (a percentagem que precisou de reparos ao longo dos últimos cinco anos).

21. Loto. Um estudo nos Estados Unidos sobre jogos da Loto patrocinados pelos estados (*Chance*, Inverno de 1998) listou os nomes dos estados e se o estado tinha ou não a loteria. Para os estados que tinham, o estudo indicou a quantidade de números da loteria, o número de jogos necessários para vencer e a probabilidade de ter um bilhete vencedor.

22. L. L. Bean. A L. L. Bean é uma grande loja dos EUA que depende bastante das suas vendas por catálogo. Ela coleta dados internamente e rastreia o número de catálogos enviados pelo correio e as vendas (milhares de $) nas quatro semanas seguintes a cada postagem. A empresa está interessada em saber mais sobre a relação (caso exista) entre a periodicidade e o espaço dos seus catálogos e suas vendas.

23. Mercado de ações. Uma pesquisa *on-line* com estudantes de uma grande turma de estatística de um MBA, em uma faculdade de economia no nordeste dos Estados Unidos, solicitou que eles relatassem o total de seus investimentos particulares no mercado de ações ($), o número total de diferentes ações que possuiam à época e o nome de cada fundo mútuo no qual investiram. Os dados foram usados no total para exemplos em sala de aula.

24. Parques temáticos. Em 2008, um estudo sobre potencial para o desenvolvimento de parques temáticos em várias localizações por toda a Europa coletou as seguintes informações: o país onde está localizado o local proposto, o custo estimado para a obtenção do local (em euros), o tamanho da população numa distância de 1 hora de carro do local, o tamanho do terreno (em hectares), o transporte público em um raio de cinco minutos do local. Os dados serão apresentados aos futuros incorporadores.

25. Indy. A pista de 2,5 milhas de Indianápolis tem recebido uma corrida no Memorial Day quase todos os anos desde 1911. Já durante a primeira corrida houve controvérsias. Ralph Mulford recebeu a primeira bandeirada e deu mais três voltas extras, só para ter certeza de que havia completado as 500 milhas. Quando terminou, outro piloto, Ray Harroun, estava recebendo o troféu de vencedor e os protestos de Mulford foram ignorados. Harroun fez uma média de 74,6 mph nas 500 milhas. Aqui estão os dados das primeiras e de três recentes corridas de 500 milhas de Indianápolis.

Ano	Campeão	Carro	Tempo (h)	Velocidade (mph)	Número do carro
1911	Ray Harroun	Marmon Modelo 32	6,7022	74,602	32
1912	Joe Dawson	National	6,3517	78,719	8
1913	Jules Goux	Peugot	6,5848	75,933	16
...	...	...	...	...	...
...	...	...	...	...	...
2005	Dan Wheldon	Dallara/Honda	3,1725	157,603	26
2006	Sam Hornish Jr.	Dallara/Honda	3,1830	157,085	6
2007	Dario Frachitti	Dallara/Honda	2,7343	151,774	27

correr uma corrida tão longa no início da estação (sempre em maio, exceto a de 1901, que aconteceu em abril). A tabela a seguir mostra os dados para algumas das primeiras e algumas das mais recentes corridas.

Quando você organiza dados em uma planilha, é importante dispô-los em uma tabela de dados. Para cada um dos exemplos nos Exercícios 27 a 30, mostre como você iria dispor esses dados. Indique o título das colunas e o que seria inserido em cada linha.

27. Hipotecas. Para um estudo do desempenho do empréstimo com garantia hipotecária: a quantia do empréstimo e o nome do mutuário.

28. Desempenho do funcionário. Dados coletados para determinar o bônus baseado no desempenho: identidade do funcionário, média do fechamento do contrato (em $), avaliação do supervisor (1 – 10), anos na empresa.

29. Desempenho da empresa. Dados coletados para um planejamento financeiro: vendas semanais, semana (número da semana do ano), vendas previstas pelo plano do último ano, diferença entre vendas previstas e vendas realizadas.

26. Kentucky Derby. O Kentucky Derby é uma corrida de cavalos que acontece todos os anos desde 1875, em Churchill Downs, Louisville, Kentucky. A corrida começou com uma distância de 1,5 milhas, mas em 1896 foi encurtada para 1,25 milhas, porque os especialistas acharam que cavalos com três anos não deveriam

Data	Vencedor	Margem (comprimento)	Jockey	Prêmio ($)	Duração (min:seg)	Condição da pista
17/05/1875	Aristides	2	O. Lewis	2850	2:37.75	Rápida
15/05/1876	Vagrant	2	B. Swim	2950	2:38.25	Rápida
22/051877	Baden-Baden	2	W. Walker	3300	2:38.00	Rápida
21/05/1878	Day Star	1	J. Carter	4050	2:37.25	Empoeirada
20/05/1879	Lord Murphy	1	C. Shauer	3550	2:37.00	Rápida
...						
05/05/2001	Monarchos	43/4	J. Chavez	812000	1:59.97	Rápida
04/05/2002	War Emblem	4	V. Espinoza	1875000	2:01.13	Rápida
03/05/2003	Funny Cide	13/4	J. Santos	800200	2:01.19	Rápida
01/05/2004	Smarty Jones	23/4	S. Elliot	854800	2:04.06	Enlameada

30. Desempenho de shows. Dados coletados sobre investimentos em shows da Broadway: número de investidores, total investido, nome do show, lucro/perda após um ano.

Para os exemplos 31 a 34 a seguir, indique se os dados são transversais ou séries temporais.

31. Vendas de carros. Número de carros vendidos por vendedor em uma concessionária de carros em setembro.

32. Vendas de motocicletas. Número de motocicletas vendidas em uma concessionária em cada mês de 2008.

33. Transversais. Média do diâmetro de árvores levadas a uma serraria em cada semana do ano.

34. Séries. Comparecimentos ao terceiro jogo da World Series, registrando a idade de cada torcedor.

RESPOSTAS DO TESTE RÁPIDO

1. Quem – apólices das igrejas e escolas.
   O quê – número da apólice, carência, prêmio líquido da propriedade ($), prêmio líquido da dívida ($), valor total da propriedade ($000), idade média do código postal, escola?, território, cobertura.
   Como – registros da empresa
   Quando – não determinado

2. Número da apólice: identificadora (categórica)
   Carência: quantitativa
   Prêmio líquido da propriedade: quantitativa ($)
   Prêmio líquido da dívida: quantitativa ($)
   Valor total da propriedade: quantitativa ($)
   Escola?: categórica (verdadeiro/falso)
   Território: categórica
   Cobertura: categórica

Levantamentos e Amostragem

A pesquisa de opinião pública de Roper

Pesquisas de opinião pública são um fenômeno relativamente recente. Em 1948, como resultado de enquetes telefônicas com eleitores potenciais, todas as grandes organizações – Gallup, Roper e Crossley – previram, ao longo dos meses do verão ao outono, que Thomas Dewey derrotaria Harry Truman na eleição presidencial de novembro. Em outubro, os resultados pareciam tão óbvios que a revista *Fortune* declarou: "Devido às evidências esmagadoras, a *Fortune* e o Sr. Rope planejam não fornecer mais relatórios detalhados sobre mudança de opinião para a próxima campanha eleitoral ...".

Harry Truman, é claro, acabou vencendo a eleição de 1948, e a foto do então presidente, cedo na manhã seguinte à eleição, segurando o *Chicago Tribune* (impresso na noite anterior) com a manchete declarando Dewey vencedor virou lenda.

A confiança do público nas pesquisas de opinião despencou após a eleição, mas Elmo Roper defendeu os pesquisadores de opinião pública. Roper era o diretor e fundador de uma das primeiras empresas de pesquisa de mercado, a Cherington, Wood e Roper, e diretor da *Fortune Survey*, primeira pesquisa a utilizar técnicas de amostragem científica. Ele argumentou que, em vez de abandonar os levantamentos de opinião, os gerentes deveriam aprender com os erros das enquetes de 1948 e aprimorar a pesquisa de mercado. Sua admissão dos equívocos cometidos naqueles levantamentos ajudou a restaurar a confiança na pesquisa como uma ferramenta de negócios.

Durante o restante de sua carreira, Roper dividiu esforços entre dois projetos: pesquisa comercial e opinião pública. Ele instituiu o Roper Center for Public Opinion Research, na Williams College, como um lugar para guardar arquivos de opinião pública, convencendo os colegas líderes das empresas de pesquisa Gallup e Crossley a participarem também. Hoje localizado na Universidade de Connecticut, o Roper Center é um dos principais arquivos de dados de ciências sociais do mundo. A iniciativa de pesquisa de mercado de Roper começou como Roper Research Associates e mais tarde se tornou a Roper Organization, adquirida em 2005 pela GfK. Fundada na Alemanha em 1934 como *Gesellschaft für Konsumforschung* (literalmente "Sociedade para a Pesquisa de Mercado"), a GfK agora significa "crescimento para conhecimento". Ela é a quarta maior organização de pesquisa de mercado do mundo, com mais de 130 empresas em 70 países e mais de 7700 funcionários.

A GfK Roper Consulting conduz um estudo anual e global para examinar as informações culturais, econômicas e sociais que possam ser cruciais para empresas que querem fazer negócios globalmente. Essas empresas usam as informações como auxílio para decisões de *marketing* e publicidade em diferentes mercados mundiais.

Como os pesquisadores da GfK Roper Consulting sabem que as respostas obtidas refletem atitudes verdadeiras dos consumidores? Afinal, eles não fazem perguntas a todos, mas tampouco querem limitar suas conclusões apenas às pessoas entrevistadas. Generalizar a partir dos dados à mão para um universo mais amplo é algo que pesquisadores, investidores e entrevistadores fazem todos os dias. Para fazê-lo com sabedoria, eles precisam de três ideias fundamentais.

3.1 Três ideias da amostragem

Ideia 1: Examinar uma parte do todo

A primeira ideia é colher uma amostra. Queremos saber sobre toda a população de indivíduos, mas examinar todos é geralmente impraticável, ou mesmo impossível. Assim, definimos a análise de um grupo menor de indivíduos – uma amostra – selecionado da população. O mundo todo é a população em que os pesquisadores da Roper estão interessados, mas não é prático, econômico ou plausível coletar dados de toda a população. Assim, eles examinam uma amostra selecionada da população.

Você coleta amostras de uma população maior todos os dias. Por exemplo, se quiser saber o gosto da sopa de vegetais que irá cozinhar para o jantar esta noite, você enche uma colher de sopa e a experimenta. É claro que você não vai comer toda a panela. Você confia que o gosto de uma colher irá *representar* o sabor da quantidade inteira de sopa. O objetivo de experimentar é que uma amostra pequena, se selecionada adequadamente, pode representar toda a população.

A pesquisa de opinião pública da GfK Roper Reports® Worldwide é um exemplo de um levantamento **amostral**, projetado para fazer perguntas a um pequeno grupo de pessoas na esperança de aprender algo sobre toda a população. Provavelmente, você nunca foi selecionado a participar de uma pesquisa nacional de opinião pública. Isso é verdadeiro para a maioria das pessoas. Portanto, como os pesquisadores podem afirmar que uma amostra é representativa de toda a população? Pesquisadores profissionais, como os que atuam na Roper, trabalham muito para assegurar que o "sabor" – a amostra que eles coletam – represente corretamente a população. Se não forem cuidadosos, a amostra pode produzir informações equivocadas sobre a população.

A seleção de uma amostra que represente corretamente a população é mais difícil do que parece. Pesquisas eleitorais e de opinião pública muitas vezes fracassam porque a amostra revela-se incapaz de representar parte da população. A maneira como a amostra é extraída pode negligenciar subgrupos que são difíceis de encontrar. Por exemplo, uma pesquisa por telefone pode não obter respostas de pessoas com identificador de chamada e pode favorecer outros grupos, como os aposentados ou pessoas que raramente saem de casa, em geral por motivo de doença, que provavelmente estarão mais próximas do telefone quando o entrevistador ligar. Amostras que superestimam ou subestimam algumas características da população são chamadas de tendenciosas. Quando uma amostra é **tendenciosa**, suas medidas características diferem das características correspondentes na população representada. As conclusões baseadas em amostras tendenciosas são falhas. Em geral, não há como remover a tendenciosidade após a extração da amostra e nenhuma informação útil pode ser retirada dela.

Quais são as técnicas básicas para garantir que a amostra seja representativa? Para tornar a amostra tão representativa quanto possível, você pode ficar tentado a selecionar cuidadosamente os indivíduos incluídos na amostra. Porém, a melhor estratégia é fazer algo bem diferente: devemos selecionar os indivíduos para a amostra *ao acaso*.

Ideia 2: Aleatorizar

Pense no exemplo de provar a sopa. Imagine que você adicionou sal à panela. Se você tirar uma prova da parte de cima antes de mexer, terá uma percepção equivocada de que toda a panela está salgada. Se você tirar uma prova do fundo da panela, também terá uma ideia equivocada de que toda panela está sem sal. Ao mexer a sopa, porém, você *randomiza* a quantidade de sal por toda a panela, tornando cada prova mais característica da sensação de salgado em toda a panela. A randomização deliberada é uma das grandes ferramentas da estatística.

A randomização pode protegê-lo de fatores que você não conhece, bem como daqueles que você sabe que constam nos dados. Suponha que, enquanto você não estiver olhando, um amigo adicione algumas ervilhas à sopa. As ervilhas mergulham

---

> **As cinco perguntas e a amostragem**
>
> A população em que estamos interessados é geralmente determinada pelo *por quê* do nosso estudo. Os participantes ou casos da amostra que extraímos serão o *quem*, o *quando*, e o *como* extraímos a amostra pode depender de aspectos práticos.

para o fundo da panela, misturando-se com os outros vegetais. Se você não randomiza a sopa, mexendo-a, a colherada que você provou do alto da panela não terá ervilhas. Mexendo as ervilhas como o sal, você *também* randomiza as ervilhas por toda a panela, fazendo sua amostra ter o sabor de toda a panela *mesmo não sabendo que as ervilhas estavam lá*. Portanto, a randomização nos protege fornecendo uma amostra representativa, mesmo para efeitos dos quais não temos conhecimento.

Como "mexemos" as pessoas na nossa pesquisa? Selecionamo-nas aleatoriamente. A randomização nos protege das influências de *todas* as características da nossa população, certificando que *na média* a amostra se parece com o restante da população.

Todos julgamos saber o que significa algo ser aleatório. Lançar dados, girar uma roleta, embaralhar as cartas, tudo isso produz resultados aleatórios. Qual é o aspecto mais importante da aleatoriedade desses jogos? A aleatoriedade os torna imparciais.

Dois fatores tornam a **aleatorização** imparcial. Primeiro, ninguém pode adivinhar o resultado antes que ele aconteça. Segundo, quando buscamos a imparcialidade, geralmente um conjunto de resultados subjacente será igualmente provável (embora em muitos jogos algumas combinações de resultados sejam mais prováveis que outras). Logo veremos como usar a aleatoriedade para assegurar que a amostra que extraímos é representativa da população que queremos estudar.

Valores verdadeiramente aleatórios são difíceis de conseguir. Os computadores são uma maneira popular de gerar números aleatórios. Embora eles geralmente façam um trabalho melhor do que os humanos, os computadores não podem gerar números verdadeiramente aleatórios. Os computadores seguem programas. Ligue um computador em um mesmo lugar, mantendo o resto igual, e ele seguirá sempre o mesmo caminho. Portanto, os números gerados por um programa de computador não são verdadeiramente aleatórios. Tecnicamente, números "aleatórios" gerados por computador são "*pseudoaleatórios*". Felizmente, valores pseudoaleatórios são bons o suficiente para a maioria dos objetivos, porque são quase indistinguíveis de números aleatórios verdadeiros.

Existem maneiras de gerar números aleatórios que são tanto igualmente prováveis quanto verdadeiramente aleatórios. Se você quiser selecionar ao acaso sujeitos para um levantamento a partir de uma lista de respondentes em potencial, pode conseguir tantos números aleatórios quantos quiser *on-line*, de uma fonte como www.random.org, estabelecer uma correspondência entre eles e sua lista, ordenar os números mantendo suas relações com as identidades dos respondentes e iniciar do topo da lista ordenada, selecionando a quantidade de respondentes que precisa, agora ao acaso.

◆ **Por que não comparar a amostra à população?** Em vez de aleatorizar, podemos tentar planejar nossa amostra para incluir cada característica possível e relevante: nível de rendimento, idade, filiação política, estado civil, número de filhos, local da residência, etc. É claro que não conseguimos pensar em tudo aquilo que pode ser importante. Mesmo que pudéssemos, não seríamos capazes de comparar nossa amostra à população para todas essas características.

Com que precisão uma amostra representa a população de onde foi selecionada? Eis um exemplo usando o banco de dados do Paralyzed Veterans of America (Veteranos Paraplégicos da América), uma organização filantrópica com uma lista de doadores de aproximadamente 3,5 milhões de pessoas. Extraímos duas amostras ao acaso, cada uma com 8.000 indivíduos da população. A Tabela 3.1 mostra como as médias e as proporções se equiparam em sete variáveis.

Note que as duas amostras ficam muito próximas em cada categoria. Isso mostra como a randomização mesclou a população. Não pré-selecionamos as amostras para essas variáveis, mas a randomização aproximou muito os resultados. Podemos assumir logicamente que, visto que as duas amostras não diferem muito uma da outra, elas não diferem muito do resto da população também.

Mesmo se o levantamento de dados tiver múltiplas amostras aleatórias, as amostras irão diferir umas das outras e, consequentemente, o mesmo ocorrerá com as respostas. As diferenças entre amostras são chamadas de **erro amostral,** embora nenhum erro tenha ocorrido.

Tabela 3.1 Médias e proporções para sete variáveis de duas amostras do tamanho de 8 000 dos dados do Paralyzed Veterans of America. O fato de o resumo das duas amostras ser tão similar nos dá confiança de que qualquer amostra seria representativa de toda a população

	Idade (anos)	Brancos (%)	Mulheres (%)	Nº de crianças	Faixa de renda (1-7)	Faixa de saúde (1-7)	Possui casa? (% Sim)
Amostra 1	61,4	85,12	56,2	1,54	3,91	5,29	71,36
Amostra 2	61,2	84,44	56,4	1,51	3,88	5,33	72,30

Ideia 3: O tamanho da amostra é o que interessa

Você não deve ter ficado surpreso com a ideia de que uma amostra pode representar o todo. A noção de colher uma amostra aleatoriamente também é fácil de entender quando você para e pensa sobre isso. Porém, a terceira ideia importante da amostragem geralmente surpreende as pessoas: o *tamanho da amostra* determina o que podemos concluir dos dados *independentemente do tamanho da população*. Muitas pessoas acham que precisamos de uma grande percentagem ou *fração* da população, mas, na verdade, o que interessa é o tamanho da amostra. O tamanho da *população* não é significativo.[1] Uma amostra aleatória de 100 alunos em uma faculdade representa o corpo discente tão bem quanto uma amostra de 100 eleitores representa todo o eleitorado dos Estados Unidos. Essa talvez seja a ideia mais surpreendente da amostragem.

Para entender como isso funciona, vamos retornar, pela última vez, à nossa panela de sopa. Se você estiver cozinhando para um banquete em vez de para apenas algumas pessoas, sua panela será maior, mas você não precisará de uma colher maior para sentir o sabor da sopa. O mesmo tamanho de colher de sopa provavelmente será suficiente para tomar a decisão sobre toda a panela, não importando o seu tamanho. Que *fração* amostral você coleta da população não interessa. É o *tamanho da amostra* que importa. Essa ideia é muito importante para qualquer plano amostral, porque determina o equilíbrio entre quão bem a amostragem pode mensurar a população e o custo desse levantamento de dados.

Que tamanho de amostra você precisa? Depende do que você está estimando, mas uma amostra muito pequena não será representativa da população. Para ter uma ideia do que realmente está dentro da sopa, você precisa de uma prova grande o suficiente para ser uma amostra *representativa* da panela, incluindo, digamos, uma variedade de vegetais. Para um levantamento de dados que busca encontrar a proporção da população que se enquadra em uma categoria, você irá precisar de pelo menos várias centenas de voluntários.[2]

◆ **O que os profissionais fazem?** Como as empresas de pesquisa de opinião pública e de pesquisa de mercado fazem seu trabalho? O método mais comum de pesquisa de opinião pública atualmente é contatar os respondentes pelo telefone. Os computadores geram números telefônicos aleatórios para centrais telefônicas reconhecidas por incluir clientes residenciais; assim, os pesquisadores podem contatar pessoas com números de telefones não listados. Quem atende ao telefone será convidado a responder a pesquisa – se for qualificado (por exemplo, geralmente apenas adultos são entrevistados e o respondente deve morar no local do telefone chamado). Se quem está respondendo não é qualificado, o entrevistador pedirá por uma alternativa adequada. Ao conduzir uma entrevista, os pesquisadores geralmente listam respostas possíveis (como nomes de produtos) em uma ordem alea-

---

[1] Bem, isso não é totalmente verdadeiro. Se uma amostra é maior que 10% de toda a população, ela *pode* ser significativa. Ela não é significativa quando, como de costume, nossa amostra for uma fração muito pequena de uma população.

[2] O Capítulo 9 apresenta os detalhes dessa afirmação e mostra como decidir qual é o tamanho da amostra necessário.

tória, para evitar tendenciosidade que poderá favorecer, por exemplo, o primeiro nome da lista.

Esses métodos funcionam? O Pew Research Center for the People and Press (Centro de Pesquisa Pew para o Povo e para a Impresa), relatando uma pesquisa, afirma o seguinte:

Durante cinco dias de entrevistas, os entrevistadores são capazes de fazer algum tipo de contato com a maioria das residências (76%), e não houve declínio nessa taxa de contato ao longo dos últimos sete anos. Porém, devido à falta de tempo, ao ceticismo e às recusas diretas, as entrevistas são completadas em apenas 38% das residências contatadas usando os procedimentos padrões de pesquisa de opinião pública.

No entanto, estudos indicam que aqueles que foram realmente amostrados podem oferecer um retrato preciso das populações maiores das quais as residências pesquisadas foram extraídas.

3.2 Censo – faz sentido?

Por que se importar com a determinação do tamanho exato da amostra? Se você planeja abrir uma loja em uma nova comunidade, por que extrair uma amostra dos moradores para conhecer seus interesses e necessidades? Não seria melhor incluir todos e a "amostra" ser toda a população? Essa amostra especial é chamada de **censo**. Embora um censo possa fornecer a melhor informação possível sobre a população, existem várias razões pelas quais ele talvez não possa.

Em primeiro lugar, pode ser difícil completar um censo. Sempre há algumas pessoas difíceis de serem localizadas e mensuradas. Você realmente precisa contatar quem está em férias quando coleta seus dados? E os que não têm telefone ou endereço para correspondência? O custo para a localização desses poucos casos pode exceder muito o orçamento. Um censo também pode ser impraticável. O gerente de controle de qualidade da Hostess® Twinkies®* não quer fazer um censo em *todos* os Twinkies na linha de produção para determinar sua qualidade. Fora o fato de que ninguém conseguiria comer tantos Twinkies, o objetivo da pesquisa seria anulado: não sobraria produto algum para ser vendido.

Em segundo lugar, a população que estamos estudando pode mudar. Por exemplo, em qualquer população humana, bebês nascem, pessoas viajam e outras morrem durante o censo. Notícias e campanhas publicitárias podem causar mudanças bruscas nas opiniões e preferências. Uma amostra pesquisada em um pequeno intervalo de tempo pode gerar informações mais precisas.

Finalmente, fazer um censo talvez seja enfadonho. Um censo geralmente requer uma equipe de entrevistadores e/ou cooperação da população. Por tentar contar todos, o Censo dos EUA acaba superestimando o número de estudantes universitários. Muitos são incluídos pelas suas famílias e também por relatórios preenchidos pelas universidades. Esse tipo de erro, contar a menos ou a mais, pode ser encontrado em todo o Censo dos EUA.

3.3 Populações e parâmetros

O Relatório Mundial GfK Roper mostra que 60,5% da população acima de 50 anos se preocupa com a qualidade da comida, mas somente 43,7% dos adolescentes têm a mesma preocupação. O que essa afirmação significa? É certo que os entrevistadores

---

* N. de T.: Um dos mais populares bolinhos para lanche dos Estados Unidos.

da Roper não fizeram um censo. Portanto, eles provavelmente não podem saber *exatamente* qual é a percentagem dos adolescentes que se preocupa com a qualidade da comida. Assim, o que 43,7% significa?

Para generalizar a partir de uma amostra para o universo mais amplo, precisamos de um modelo de realidade. Tal modelo não precisa ser perfeito. Um modelo de um aeroplano em um túnel de vento pode informar aos engenheiros o que eles precisam saber sobre aerodinâmica, embora ele não inclua cada rebite do avião real. Modelos de dados nos fornecem resumos dos quais podemos aprender mesmo que não se ajustem precisamente a cada ponto dos dados. É importante lembrar que eles são somente modelos da realidade e não a própria realidade. No entanto, sem modelos, o que podemos aprender sobre o universo mais amplo é limitado a somente o que podemos dizer dos dados que temos à mão.

Modelos utilizam a matemática para representar a realidade. Chamamos os números-chave nesses modelos de **parâmetros.** Todos os tipos de modelos têm parâmetros, assim, às vezes um parâmetro utilizado em um modelo para uma população é denominado (redundantemente) **parâmetro populacional.**

Porém, não vamos esquecer os dados. Utilizamos os dados para tentar estimar valores dos parâmetros da população. Todo resumo encontrado a partir dos dados é uma **estatística.** Essas estatísticas que estimam os parâmetros da população são interessantes. Às vezes – principalmente quando comparamos estatísticas com os parâmetros que elas estimam – usamos o termo **estatística amostral.**

Extraímos amostras porque não podemos trabalhar com toda a população. Esperamos que as estatísticas que calculamos a partir da amostra estimem precisamente os parâmetros correspondentes. Uma amostra que faz isso é dita ser **representativa.**

> Qualquer quantidade que calculamos a partir dos dados poderia ser chamada de "estatística". Na prática, no entanto, normalmente obtemos uma estatística a partir de uma amostra e a usamos para estimar um parâmetro da população.

> Parâmetros populacionais não são apenas desconhecidos – geralmente eles são *incognoscíveis*. Precisamos nos conformar com as estatísticas amostrais.

TESTE RÁPIDO

1 Várias afirmações são feitas sobre os levantamentos de dados. Por que cada uma das seguintes afirmações não está correta?

a) É sempre melhor fazer um censo do que extrair uma amostra.

b) Parar os clientes quando eles estão saindo de um restaurante é uma ótima maneira de amostrar opiniões sobre a qualidade da comida.

c) Extraímos uma amostra de 100 dos 300 alunos de uma escola. Para conseguir o mesmo nível de precisão para uma cidade de 30 000 moradores, precisamos de uma amostra de 1 000.

d) Uma pesquisa de opinião pública feita num *site* popular (www.statsisfun.or) conseguiu 12 357 respostas. A maioria dos respondentes disse que gosta de estatística. Com um tamanho de amostra tão grande, podemos ter certeza de que a maioria dos americanos pensa da mesma maneira.

e) A verdadeira percentagem de todos os americanos que gostam de estatística é chamada de uma "estatística da população".

3.4 Amostra Aleatória Simples (AAS)

Como você selecionaria uma amostra representativa? Parece justo dizer que cada indivíduo na população deveria ter uma chance igual de ser selecionado, mas isso não é suficiente. Existem várias maneiras de dar a todos uma chance igual, mas que mesmo assim não resultaria em uma amostra representativa. Considere, por exemplo, um fabricante que coleta uma amostra dos clientes extraindo dados, ao acaso, de fichas de registro de produtos, metade delas enviadas pelo correio e metade de registros *on-line*. Ele joga uma moeda. Se der cara, extrai 100 retornos de correspondência, se der co-

74 Parte 1 – Explorando e Coletando Dados

roa, 100 retornos eletrônicos. Cada cliente tem uma chance igual de ser selecionado, mas se os clientes conhecedores de tecnologia são diferentes, as amostras dificilmente serão representativas.

Precisamos de algo melhor. Suponha que insistamos que cada *amostra* possível, do tamanho que queremos extrair, tenha uma chance igual de ser selecionada. Isso assegura que situações como a de uma amostra em que todos sejam conhecedores de tecnologia (ou não) não seja provável de ocorrer e ainda garante que cada pessoa tenha a mesma chance de ser selecionada. Com esse método, cada *combinação* de indivíduos tem também uma chance igual de ser selecionada. Uma amostra extraída dessa maneira é chamada de **amostra aleatória simples**, geralmente abreviada de **AAS**. Uma AAS é o padrão contra o qual mensuramos outros métodos de amostragem e o método de amostragem no qual a teoria do trabalho com dados amostrais está baseada.

Para selecionarmos uma amostra ao acaso, primeiro precisamos definir o **plano amostral**, uma lista de indivíduos da qual a amostra será extraída. Por exemplo, para extrair uma amostra aleatória de clientes regulares, uma loja pode colher uma amostra da sua lista de todos os "compradores frequentes". Na definição do plano amostral, precisamos lidar com os detalhes da definição de uma população. Antigos compradores frequentes que se mudaram serão incluídos? E aqueles que ainda moram na área, mas que não compram há um ano? As respostas a essas perguntas podem depender do objetivo do levantamento dos dados.

Uma vez que temos um plano amostral, a maneira mais fácil de escolher uma AAS é utilizar números aleatórios. Designamos um número sequencial para cada indivíduo no plano amostral. Depois, extraímos números ao acaso a fim de identificar aqueles que devem ser amostrados. Vejamos um exemplo:

> Queremos selecionar 5 estudantes de 80 inscritos em uma turma de Estatística Aplicada. Começamos numerando os estudantes de 00 a 79. Agora pegamos uma sequência de dígitos ao acaso de uma tabela (como a tabela no final deste livro), de um programa de computador (muitos pacotes estatísticos e planilhas podem gerar números ao acaso) ou da Internet (um *site* como www.random.org). Por exemplo, podemos ter 051662930577482. Agrupando esses números aleatórios em grupos de dois dígitos, teremos 05,16, 62, 93, 05, 77 e 48. Ignoramos 93 porque, no nosso plano amostral, ninguém tem um número tão alto. E, para evitar escolher a mesma pessoa duas vezes, também omitimos o segundo número 05. Assim, nossa amostra aleatória simples irá consistir nos seguintes estudantes: 05, 16, 62, 77 e 48.

Geralmente, o plano amostral é tão grande que seria estranho pesquisar a listagem para localizar cada indivíduo selecionado aleatoriamente. Um método alternativo é gerar números para vários dígitos seguidos, designando um para cada membro do plano amostral. Depois, *ordene* os números aleatórios, *carregando* consigo as identidades dos indivíduos no plano amostral (planilhas e programas estatísticos normalmente fazem isso). Agora você pode escolher uma mostra aleatória de qualquer tamanho que quiser do topo da lista selecionada.

Amostras extraídas ao acaso diferem, em geral, umas das outras. Cada extração de números aleatórios seleciona pessoas *diferentes* da nossa amostra. Essas diferenças levam a valores distintos para as variáveis que mensuramos. Podemos chamar essas diferenças de amostra para amostra de uma variação amostral. Surpreendentemente, a variação amostral não é um problema, é uma oportunidade. Se amostras diferentes de uma população variam pouco uma da outra, é provável que a população subjacente abrigue pouca variação. Se as amostras apresentam muita variação amostral, a população subjacente provavelmente varia muito. Nos próximos capítulos, dedicaremos mais tempo e atenção ao trabalho com a variação amostral, a fim de entendermos melhor o que estamos tentando mensurar.

Erro amostral *versus* Tendenciosidade

Anteriormente neste capítulo, chamamos a variabilidade amostral de *erro amostral*, fazendo parecer que é um tipo de engano. Não é. Sabemos que amostras variam, assim, "erros amostrais" são esperados. O que devemos nos esforçar para evitar é a *tendenciosidade*. Tendenciosidade significa que o nosso método de amostragem distorce nossa visão da população. É claro que a tendenciosidade produz erros. Ainda pior, introduz erros que não podemos corrigir com análises posteriores.

3.5 Outros projetos amostrais

A amostragem aleatória simples não é a única maneira imparcial de fazer uma amostragem. Projetos mais complicados podem economizar tempo ou dinheiro ou evitar problemas na amostragem. Todos os projetos estatísticos de amostragem têm em comum a ideia de que o acaso, em vez da escolha humana, é usado para selecionar uma amostra.

Amostragem estratificada

Projetos utilizados para extrair amostras de grandes populações – especialmente populações que ficam em grandes áreas – são, geralmente, mais complicados do que a amostragem aleatória simples. Às vezes, dividimos a população em grupos homogêneos, chamados de **extratos**, e usamos a amostragem aleatória simples dentro de cada extrato, combinando os resultados ao final. Isso é chamado de **amostragem aleatória estratificada**.

Por que estratificar? Suponha que queremos fazer um levantamento de dados da opinião dos compradores sobre uma loja âncora potencial em um grande *shopping* suburbano. A população de compradores é 60% de mulheres e 40% de homens, e suspeitamos que homens e mulheres têm opiniões distintas quanto à escolha de lojas âncora. Se usarmos a amostragem aleatória simples para selecionar 100 pessoas para o levantamento, poderíamos terminar com 70 homens e 30 mulheres ou 35 homens e 65 mulheres. Nossa estimativa resultante da atratividade de uma nova loja âncora poderia variar muito. Para auxiliar na redução da variação da amostragem, podemos forçar um equilíbrio representativo, selecionando 40 homens ao acaso e 60 mulheres ao acaso. Isso garantiria que as proporções entre homens e mulheres dentro da nossa amostra sejam compatíveis com as proporções da população, e tornaria tais amostras mais precisas na representação da opinião da população.

Você pode imaginar que estratificar por raça, renda, idade e outras características pode ser útil, dependendo do objetivo do levantamento de dados. Quando utilizamos um método amostral que usa estratos, as amostras são muito parecidas entre si, assim, as estatísticas calculadas para os valores amostrados irão variar menos de uma amostra para outra. Essa variação amostral reduzida é a principal vantagem da estratificação.

Amostragem por conglomerados e multiestágio

Às vezes, dividir a amostra em um estrato homogêneo não é prático, e mesmo uma amostragem aleatória simples pode ser difícil. Por exemplo, suponha que queremos avaliar o nível de leitura de um manual de instrução de um produto, baseado no comprimento das frases. A amostragem aleatória simples poderia ser inadequada; teríamos que numerar cada frase e então encontrar, por exemplo, a 576ª frase ou a 2 482ª frase e assim por diante. Não parece muito divertido, não é?

Poderíamos simplificar nossa tarefa selecionando algumas *páginas* ao acaso e, então, contando os comprimentos das frases dessas páginas. Isso é mais fácil que selecionar frases individuais e funciona se acreditarmos que as frases sejam razoavelmente similares umas às outras em termos de nível de leitura. Separar a população em partes ou **conglomerados,** em que cada um representa a população, pode tornar a amostragem mais prática. Selecionamos um ou alguns conglomerados ao acaso e fazemos um censo dentro de cada um deles. Esse projeto de amostra é chamado **amostragem por conglomerados.** Se cada conglomerado representa a população

> **Estrato ou aglomerado?**
> Criamos estratos dividindo a população em grupos de indivíduos semelhantes, de modo que cada estrato é diferente dos demais (por exemplo, frequentemente estratificamos por idade, raça ou sexo). Por outro lado, criamos conglomerados semelhantes, cada um representando a variedade de indivíduos vistos na população.

de maneira fidedigna, a amostragem por conglomerados irá gerar uma amostra imparcial.

Qual é a diferença entre a amostragem por conglomerados e a amostragem estratificada? Estratificamos para assegurar que nossa amostra represente diferentes grupos da população e amostramos aleatoriamente dentro de cada estrato. Isso reduz a variação entre as amostras. Estratos são homogêneos, mas diferem uns dos outros. Em contrapartida, conglomerados são mais ou menos parecidos, cada um é heterogêneo e semelhante a toda a população. Utilizamos conglomerados para economizar gastos ou até mesmo para tornar o estudo prático.

Às vezes, usamos vários métodos de amostragem em conjunto. Na tentativa de avaliar o nível de leitura do nosso manual de instrução, pode nos preocupar o fato de que as instruções "iniciais rápidas" sejam fáceis de ler, mas o capítulo "descobrindo defeitos" seja mais difícil. Nesse caso, devemos evitar amostras selecionadas em maior quantidade de qualquer um dos capítulos. Para garantir um sortimento imparcial de seções, podemos escolher aleatoriamente uma seção de cada capítulo do manual. Depois, selecionamos aleatoriamente algumas páginas de cada uma dessas seções. Se, no final, tivermos frases demais, podemos selecionar algumas delas ao acaso de cada uma das páginas escolhidas. Portanto, qual é a nossa estratégia amostral? Primeiro, estratificamos o manual por capítulos, depois, escolhemos aleatoriamente uma seção para representar cada estrato. Dentro de cada seção selecionada, escolhemos páginas como conglomerados. Finalmente, consideramos uma AAS das frases dentro de cada conglomerado. Esquemas de amostragem que combinam vários métodos são chamados de **amostras multiestágios.** Muitos levantamentos de dados conduzidos por organizações de pesquisa de opinião pública e empresas de pesquisas de mercado usam uma combinação de amostragem por conglomerado e estratificada, bem como a amostragem aleatória simples.

Amostras sistemáticas

Às vezes, extraímos uma amostra selecionando indivíduos sistematicamente. Por exemplo, uma **amostra sistemática** pode selecionar cada décima pessoa de uma lista de empregados que está em ordem alfabética. Para termos certeza de que nossa amostra é aleatória, ainda precisamos começar a seleção sistemática com um indivíduo selecionado aleatoriamente – não necessariamente a primeira pessoa da lista. Quando não existe razão para acreditar que a ordem da lista possa estar associada de qualquer modo às respostas mensuradas, a amostragem sistemática é capaz de fornecer uma amostra representativa. Ela pode ser muito mais econômica que a amostragem aleatória verdadeira. Quando você usar tal plano amostra, deve justificar a suposição de que o método sistemático não está associado a nenhuma das variáveis mensuradas.

Pense novamente no exemplo da amostragem do nível de leitura. Suponha que escolhemos uma seção do manual ao acaso, depois três páginas ao acaso daquela seção e agora queremos selecionar uma amostra de 10 frases das 73 frases encontradas nessas páginas. Em vez de numerar cada frase a fim de selecionar uma simples amostra aleatória, seria mais fácil coletar uma amostra sistematicamente. Um cálculo rápido mostra que 73/10 = 7,3, portanto, podemos conseguir nossa amostra selecionando cada sétima frase da página. Mas onde começar? Ao acaso, é claro. Consideramos 10 x 7 = 70 das frases, assim, jogamos as três extras no grupo inicial e escolhemos uma frase ao acaso das primeiras 10. Então, selecionamos cada sétima frase depois daquela e registramos o seu comprimento.

Capítulo 3 – Levantamentos e Amostragem   **77**

TESTE RÁPIDO

2 Precisamos fazer um levantamento de uma amostra aleatória de 300 passageiros de um voo de São Francisco para Tóquio. Nomeie cada método amostral descrito abaixo.

a) Selecione cada décimo passageiro que está embarcando no avião.

b) Da lista de embarque, escolha aleatoriamente cinco pessoas voando na primeira classe e 25 dos outros passageiros.

c) Gere aleatoriamente 30 números de lugares e faça um levantamento dos passageiros que os ocupam.

d) Selecione aleatoriamente uma posição da poltrona (janela direita, centro à direita, corredor à direita, etc.) e faça um levantamento de todos os passageiros sentados nesses lugares.

EXEMPLO ORIENTADO | *Pesquisa da demanda de mercado*

 Em um curso de uma faculdade de Economia dos Estados Unidos, os estudantes formam equipes de negócios, propõem um novo produto e usam um capital inicial para começar um negócio de vendas do produto no *campus*.

Antes de comprometer fundos no negócio, cada equipe deve completar a seguinte tarefa: conduzir um levantamento de dados a fim de determinar a demanda do mercado potencial no *campus* para o produto que está propondo vender. Suponha que o produto da sua equipe é um quebra-cabeça de 500 peças do mapa do *campus* da faculdade. Projete uma pesquisa de mercado e discuta as questões importantes a serem consideradas.

PLANEJAR

Início Declare as metas e objetivos do levantamento dos dados (as cinco perguntas).

População e parâmetros Identifique a população a ser estudada e o plano amostral associado. O *o quê* identifica os parâmetros de interesse e as variáveis mensuradas. O *quem* é a amostra das pessoas que extraímos.

Nossa equipe projetou um estudo para descobrir a probabilidade dos estudantes comprarem nosso produto proposto – um quebra-cabeça de 500 peças do mapa do campus da faculdade.

A população estudada serão os alunos da faculdade. Obtemos uma lista de todos os alunos atualmente inscritos para usar como um plano amostral. O parâmetro de interesse é a proporção dos alunos dispostos a comprar esse produto. Também coletaremos algumas informações demográficas sobre os respondentes.

continua...

continuação

	Plano amostral Especifique o método amostral e o tamanho da amostra, *n*. Especifique como a amostra foi, de fato, extraída. Qual é o plano amostral? A descrição deve, se possível, ser completa o suficiente para permitir a alguém repetir o procedimento, extraindo outra amostra da mesma população da mesma maneira. Uma boa descrição do procedimento é essencial, mesmo que ele jamais possa ser repetido. A pergunta que você faz é importante; portanto, faça a pergunta com clareza. Tenha certeza de que a pergunta é útil para ajudá-lo com o objetivo geral do levantamento dos dados.	Selecionaremos uma amostra aleatória simples dos estudantes. Decidimos não estratificar por sexo ou turma, porque achamos que os alunos são mais ou menos parecidos no seu provável interesse pelo nosso produto. Perguntaremos aos alunos que contatarmos: *Você monta quebra-cabeças para se divertir?* Depois mostraremos um protótipo de um quebra-cabeça e perguntaremos: *Se este quebra-cabeça fosse vendido a $10, você o compraria?* Também registraremos o sexo e a turma do respondente.
	**Prática da amostragem** Especifique *quando*, *onde* e *como* a amostragem será executada. Especifique qualquer outro detalhe do seu levantamento de dados, por exemplo, como os respondentes foram contatados, qualquer incentivo oferecido a eles para convencê-los a responder, como os que não responderam foram tratados, assim por diante.	A pesquisa será aplicada em meados do segundo semestre, durante o mês de outubro. Teremos uma lista principal de alunos inscritos que iremos aleatorizar, pareando com números aleatórios de www.random.org e selecionando os números aleatórios associados aos nomes. Iremos contatar os alunos selecionados por telefone ou por e-mail e combinar de encontrá-los. Se um estudante não quiser participar, o próximo nome da lista aleatória será o substituto, até que uma amostra de 200 participantes seja obtida. Iremos nos encontrar com os alunos numa sala determinada para esse propósito, a fim de que cada um veja o quebra-cabeça em iguais condições.
	**Resumo e conclusão** Este relatório deve incluir a discussão de todos os elementos necessários para projetar o estudo. É uma boa prática discutir qualquer circunstância especial ou outros assuntos que possam exigir atenção.	**MEMORANDO:** **Re: Planos do Levantamento de Dados** Os planos da nossa equipe para o levantamento de dados para o mercado do quebra-cabeça determinam uma amostra aleatória simples dos alunos. Em virtude de os respondentes precisarem ver o quebra-cabeça, será necessário um encontro com os participantes. Providenciamos uma sala para isso. Também coletaremos informações demográficas para que possamos determinar se, de fato, existe uma diferença no nível de interesse entre turmas ou entre homens e mulheres.

3.6 Definindo a população

O *quem* de um levantamento de dados pode se referir a diferentes grupos, e a ambiguidade resultante pode revelar muito sobre o sucesso de um estudo. Para começar, você deve pensar sobre a população de interesse. Geralmente, este não é um grupo bem-definido. Por exemplo, quem é, exatamente, um "comprador" do *shopping*: somente os casais apressados carregando compras ou também quem está comendo na praça de alimentação? E os adolescentes que estão do lado de fora da loja de vídeo do *shopping*, carregando suas compras ou apenas conversando ou ambos? Mesmo quando a população é evidente, ela pode não ser um grupo prático para estudo. Por exemplo, as pesquisas eleitorais querem obter uma amostra de todos aqueles que irão votar na próxima eleição – uma população particularmente difícil de identificar em lugar onde o voto não é obrigatório.

Em segundo lugar, você deve especificar o plano amostral. Normalmente, o plano amostral não é o grupo sobre o qual você *realmente* quer saber algo e, às vezes, é muito menor. O plano amostral limita o que o seu levantamento de dados pode encontrar.

Então, aí está sua amostra-alvo. Esses são os indivíduos dos quais você *pretende* mensurar as respostas. Você provavelmente não conseguirá respostas de todos. ("Eu sei que está na hora do jantar, mas tenho certeza de que você não se importará em responder algumas perguntas. Só irá levar uns 20 minutos. Ah, você está ocupado?") A não resposta é um problema em muitos levantamentos de dados.

Finalmente, há a sua amostra. Indivíduos dos quais você *realmente* consegue dados e pode tirar conclusões. Infelizmente, eles podem não ser representativos nem do plano amostral nem da população.

A cada etapa, o grupo que podemos estudar pode ficar cada vez mais restrito. O *quem* continua mudando e cada restrição pode introduzir tendenciosidade. Um estudo cuidadoso deveria lidar com a pergunta de quão bem cada grupo representa a população de interesse. Uma das principais vantagens da amostragem aleatória simples é que ela nunca perde seu senso de quem é *quem*. O *quem* na AAS é a população de interesse da qual extraímos uma amostra representativa. Isso nem sempre é verdadeiro para outros tipos de amostras.

Quando pessoas (ou comitês!) decidem sobre um levantamento de dados, elas geralmente não pensam nas perguntas importantes sobre quem são os *quem* do estudo e se eles são os indivíduos cujas respostas seriam interessantes ou teriam consequências significativas para os negócios. Essa é uma etapa-chave na execução de um levantamento de dados e não deve ser negligenciada.

> A população é determinada pelo *por quê* do estudo. Infelizmente, a amostra é apenas aqueles que podemos contatar para obter respostas – o *quem* do estudo. Essa diferença poderia minar até mesmo um estudo bem projetado.

CALVIN E HOBBES © 1993 Watterson. Reimpresso com a permissão do Sindicato Universal da Imprensa. Todos os direitos reservados.

3.7 A amostragem válida

Não é suficiente extrair uma amostra e começar a fazer perguntas. Você precisa estar confiante de que seu levantamento de dados pode gerar as informações que precisa sobre a população na qual está interessado. Queremos um *levantamento de dados válido*.

Para assegurar um levantamento de dados válido, você precisa fazer quatro perguntas:

- ◆ O que quero saber?
- ◆ Quem são os respondentes certos?
- ◆ Quais são as perguntas corretas?
- ◆ O que será feito com os resultados?

Essas perguntas podem parecer óbvias, mas existem várias armadilhas específicas a serem evitadas:

Saiba o que você quer saber. Frequentemente, tomadores de decisão decidem executar um levantamento de dados sem ter uma ideia clara do que querem saber. Antes de executar um levantamento de dados, você deve ter certeza do que quer saber e de quem você quer saber isso. Sem essa informação, não é possível julgar se existe um levantamento de dados válido. O *instrumento* do levantamento de dados – o próprio questionário – pode ser uma fonte de erros. Talvez o erro mais comum seja fazer perguntas desnecessárias. Quanto mais longa a pesquisa, menos pessoas irão completá-la, levando a muitas não respostas. Para cada pergunta do seu levantamento de dados, você deveria perguntar a si mesmo se realmente quer saber isso e o que faria com as respostas se as tivesse. Se não tiver um bom uso para a resposta, não pergunte.

Use o plano amostral correto. Um levantamento de dados válido obtém respostas de respondentes adequados. Tenha certeza de ter um plano amostral apropriado. Você identificou a população de interesse e colheu as amostras de forma adequada? Uma empresa, procurando expandir sua base, pode fazer um levantamento de dados dos clientes que retornaram os cartões de registro de garantia – afinal, esse é um plano amostral prontamente disponível –, mas se a empresa quer saber como tornar seu produto mais atraente, precisa fazer um levantamento dos dados dos clientes que rejeitaram seu produto em favor do produto do concorrente. Essa é a população que pode dizer à empresa o que seu produto precisa para conquistar uma fatia maior do mercado. Os erros nas pesquisas de opinião pública da eleição de 1948 ocorreram, provavelmente, devido ao uso de amostras por telefone em uma época em que os telefones não eram acessíveis aos menos afortunados – as pessoas que provavelmente votariam em Truman.

É igualmente importante ter certeza de que seus respondentes realmente conhecem a informação que você deseja descobrir. Seus clientes podem não saber muito sobre os produtos concorrentes; portanto, pedir a eles que comparem seu produto com os outros pode não gerar uma informação útil.

Faça perguntas específicas ao invés de gerais. É melhor ser específico. "Você geralmente lembra de comerciais de TV?" não será tão útil quanto "Quantos comerciais de TV veiculados na noite passada você consegue lembrar?" ou, melhor ainda, "Por favor, descreva todos os comerciais de TV da noite passada que você consegue lembrar".

Tenha cuidado com as tendenciosidades. Mesmo com o plano amostral correto, você deve ter cuidado com a tendenciosidade na sua amostra. Se os clientes que compram os itens mais caros são menos propensos a responder ao seu levantamento de dados, isso pode levar a **não respostas tendenciosas**. Embora você não possa esperar que todos os levantamentos de dados enviados pelo correio retornem, se os sujeitos que não respondem têm características comuns, sua amostra não representará a população que você espera conhecer. Os levantamentos de dados nos quais os respondentes são voluntários, como os levantamentos de dados *on-line*, sofrem de **resposta tendenciosa voluntária.** Os sujeitos com as opiniões mais extremadas de qualquer lado de uma questão estão mais propensos a responder do que aqueles que não se importam com o assunto.

Tenha cuidado com o estilo da pergunta. As perguntas devem ser formuladas com cuidado. Um respondente pode não entender a pergunta – ou pode não entender a pergunta da maneira como o pesquisador pretendia. Por exemplo, em "Alguém na sua família possui uma caminhonete Ford?", o termo "família" é vago. Ele inclui somente os cônjuges e filhos ou parentes e primos em segundo grau contam também? Uma pergunta como "Seu Twinkie estava fresco?" pode ser interpretado de maneira diversa por pessoas diferentes.

Tenha cuidado com a fraseologia da resposta. Os respondentes também podem fornecer respostas imprecisas, principalmente quando as perguntas são política ou sociologicamente delicadas. Isso também se aplica quando a pergunta não leva em conta todas as respostas possíveis, como verdadeiro ou falso ou questão de múltipla escolha para a qual pode haver outras respostas. Ou o respondente pode não saber a resposta correta para a pergunta feita no levantamento. Em 1948, havia quatro candidatos principais à presidência dos Estados Unidos,[3] mas talvez alguns respondentes não se lembrassem de todos. Um levantamento de dados que perguntasse apenas "Em quem você planeja votar?" poderia falhar em representar os candidatos menos conhecidos. E uma que só perguntasse "O que você pensa de Wallace?" poderia gerar resultados imprecisos de eleitores que não soubessem quem ele era. Respostas imprecisas (intencionais ou não intencionais) são chamadas de **erros de mensuração.** Uma maneira de reduzir os erros de mensuração é fornecer uma faixa de respostas possíveis. Mas tenha certeza de formulá-las em termos neutros.

A melhor maneira de proteger um levantamento de dados de erros de mensuração é executar um teste piloto. Em um **teste piloto**, uma pequena amostra é extraída do plano amostral e um esboço do instrumento do levantamento de dados é administrado. Um teste piloto pode apontar falhas no instrumento. Por exemplo, durante o corte de funcionários em uma das nossas faculdades, um pesquisador fez um levantamento com os membros da faculdade para perguntar como eles se sentiam com a redução do pessoal de suporte. A escala variava de "É uma boa ideia" a "Estou muito infeliz". Felizmente, o estudo piloto mostrou que todos estavam infelizes ou pior. A escala foi redirecionada para de "infeliz" a "pronto para me demitir".

O QUE PODE DAR ERRADO OU COMO EXTRAIR UMA PÉSSIMA AMOSTRA

Projetos amostrais ruins geram dados sem valor. Muitas das formas mais convenientes de se coletar uma amostra podem ser tendenciosas – e não existe maneira de corrigir a tendenciosidade de uma má amostra. Portanto, é prudente prestar atenção ao projeto da amostra e ter cuidado com os relatórios baseados em amostras ruins.

Amostra de resposta voluntária

Um dos métodos amostrais mais comuns e perigosos é a amostra de resposta voluntária. Em uma **amostra de resposta voluntária**, um grande grupo de voluntários é convidado a responder e todos os que responderem são contados. Esse método é usado por programas de rádio e televisão com participação dos ouvintes, votação em *reality shows*, pesquisa de opinião pela Internet e cartas escritas aos membros

---

[3] Harry Truman, Thomas Dewey, Strom Thurmond e Henry Wallace.

do Congresso. Amostras de respostas voluntárias são quase sempre tendenciosas, assim, as conclusões extraídas delas são quase sempre erradas.

É difícil definir o plano amostral de um estudo de resposta voluntária. Na prática, os planos são grupos como usuários da Internet que frequentam um *site* em particular ou espectadores de um determinado programa de TV. No entanto, esses planos amostrais não correspondem à população que você provavelmente está interessado.

Mesmo que o plano amostral seja de interesse, amostras da resposta voluntária são sempre tendenciosas em relação àqueles com opiniões firmes ou àqueles que estão fortemente motivados e, especialmente, àqueles com opiniões firmes negativas. É provável que uma pesquisa sobre a experiência de viajantes que usaram o aeroporto local atraia mais quem esperou muito, teve o voo cancelado e as bagagens extraviadas do que daqueles cujos voos estavam no horário e viajaram tranquilos. A resposta voluntária tendenciosa resultante invalida o levantamento de dados.

Amostragem de conveniência

Outro método amostral que não funciona é a amostragem de conveniência. Como o nome sugere, na **amostragem de conveniência** simplesmente incluímos os sujeitos que nos são convenientes. Infelizmente, esse grupo pode não ser representativo da população. Um levantamento de dados com 437 compradores potenciais de casas no condado de Orange, na Califórnia, descobriu, entre outras coisas, que

> Todos menos 2% dos compradores têm pelo menos um computador em casa e 62% têm dois ou mais. Daqueles que possuem computador, 99% estão conectados à Internet (Jennifer Hieger, "Portrait of Homebuyer Household: 2 Kids and a PC", *Orange County Register*, Julho de 2001).

Ainda neste artigo, ficamos sabendo que o levantamento de dados foi conduzido via Internet. Essa foi uma maneira conveniente de coletar dados e certamente mais fácil do que extrair uma amostra aleatória simples, mas talvez construtores de casas não devam concluir deste estudo que *toda* família tem um computador e conexão com a Internet.

Muitos levantamentos de dados conduzidos em *shoppings* sofrem do mesmo problema. Quem visita o *shopping* não é, necessariamente, um grupo representativo da população que estamos interessados. Compradores de *shoppings* tendem a ser mais ricos e incluem uma percentagem maior de adolescentes e aposentados do que a população de forma geral. Para piorar, entrevistadores que fazem levantamentos dos dados tendem a selecionar indivíduos que parecem "não oferecer perigo" ou fáceis de entrevistar.

A amostragem de conveniência não é um problema apenas para os iniciantes. Na verdade, esse tipo de amostragem é um problema comum no mundo dos negócios. Quando uma empresa quer descobrir o que as pessoas pensam sobre seus produtos e serviços, ela pode se voltar para as pessoas que são mais fáceis de colher uma amostra: seus próprios clientes. No entanto, a empresa nunca saberá como aqueles que *não* compram seus produtos se sentem em relação a eles.

Plano amostral ruim?

Uma AAS de um plano amostral incompleto introduz tendenciosidade porque os indivíduos incluídos podem diferir daqueles que não estão incluídos no plano. Será mais fácil extrair uma amostra de trabalhadores de um único local, mas se a empresa tem muitos locais e eles diferem na satisfação, treinamento ou descrição do trabalho dos empregados, a amostra resultante pode ser tendenciosa. Existe uma séria preocupação entre profissionais de pesquisa de opinião pública de que o aumento do número de pessoas que podem ser alcançadas somente por telefone celular possa influenciar o levantamento de dados e as pesquisas de opinião que são baseadas em telefonemas para fixos.

Você usa a Internet?

Clique aqui◯ se sim.

Clique aqui◯ se não.

Levantamentos de dados por conveniência via Internet são quase sempre inúteis. Por se tratarem de levantamentos de dados com respostas voluntárias, não têm qualquer plano amostral bem definido (todos aqueles que usam a Internet e acessam o *site*?) e, portanto, não apresentam qualquer informação útil. Não utilize tal recurso.

Falta de cobertura

Muitos projetos de levantamentos de dados **não têm cobertura**, isto é, uma parte da população não é amostrada ou tem uma representação na amostra menor do que tem na população. A não cobertura pode surgir por várias razões, mas é sempre uma fonte potencial de tendenciosidade. Quem usa a secretária eletrônica para fazer a triagem das ligações (e está, portanto, menos disponível para chamadas cegas dos pesquisadores de mercado) é diferente de outros clientes nas suas preferências de compras?

O QUE *Mais* PODE DAR ERRADO?

- **Não respondentes.** Nenhum levantamento de dados consegue respostas de todos. O problema é que aqueles que não respondem podem diferir daqueles que respondem. E se eles diferem apenas em relação às variáveis que nos interessam, a falta de respostas irá tornar o resultado tendencioso. Em vez de enviar muitos levantamentos para os quais a taxa de respostas será baixa, geralmente é melhor projetar um levantamento menor e aleatorizado para o qual você tem os recursos, a fim de assegurar uma taxa alta de respostas.
- **Levantamentos longos e maçantes.** Levantamentos muito longos têm maiores chances de serem rejeitados, o que reduz a taxa de resposta e influencia os resultados. Mantenha-os curtos.
- **Resposta tendenciosa.** Resposta tendenciosa inclui a tendência dos respondentes de adaptar suas respostas para agradar o entrevistador e as consequências de uma redação tendenciosa das perguntas.

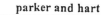

Pseudopesquisas de opinião pública, mascaradas como levantamento de dados, apresentam um lado do assunto antes de fazer uma pergunta. Por exemplo, uma pergunta como

> O fato de a loja que acabou de abrir no *shopping* vender, em sua maioria, mercadorias feitas em fábricas estrangeiras que exploram os empregados influenciaria a sua decisão de comprar lá em vez de na loja do centro, que vende produtos fabricados nos Estados Unidos?

é elaborada não para conseguir informação, mas para difundir uma má impressão em relação à nova loja.

Como pensar sobre tendenciosidade

- **Procure por tendenciosidades em qualquer levantamento de dados.** Se você projetar sozinho um levantamento de dados, peça para alguém ajudá-lo a procurar tendenciosidades que podem não ser óbvias para você. Faça isso *antes* de coletar os dados. Não existe maneira de consertar uma amostra tendenciosa ou um levantamento de dados que faz perguntas tendenciosas.

    Uma amostra maior para um estudo tendencioso apenas fornece um estudo inútil maior. Uma amostra realmente grande fornece um estudo inútil realmente grande.

- **Gaste seu tempo e seus recursos reduzindo a tendenciosidade.** Nenhum outro uso dos recursos é tão vantajoso quanto a redução da tendenciosidade.

- **Se puder, faça um pré-teste ou um teste piloto do seu levantamento de dados.** Administre uma prévia do levantamento de dados da forma que pretende usá-lo para uma pequena amostra extraída da população que deseja amostrar. Procure equívocos, interpretação errônea, confusão ou outras tendenciosidades possíveis. Depois, faça um novo projeto para o seu instrumento de levantamento de dados.

- **Sempre faça um relatório detalhado do seu método amostral.** Desse modo, outras pessoas poderão detectar tendenciosidades onde você não espera encontrá-las.

ÉTICA EM AÇÃO

O Lackawax River Group quer solicitar fundos do estado para continuar sua restauração e conservação do Lackawax, um rio que vem sendo poluído há muitos anos por emissão de resíduos industriais e agrícolas. Embora tenham conseguido ganhar apoio significativo para sua causa por intermédio de educação e envolvimento da comunidade, o comitê executivo agora está interessado em apresentar ao estado evidências mais convincentes. Eles decidiram fazer um levantamento com os residentes locais quanto às suas atitudes em relação à proposta de expansão do projeto de restauração e conservação do rio. Com tempo e dinheiro limitados (a data limite para a solicitação de fundos se aproximava), o comitê executivo ficou contente quando um de seus membros, Harry Greentree, se voluntariou para assumir o projeto. Harry era proprietário de uma loja local de comida orgânica e concordou em coletar uma amostra de seus compradores entrevistados durante o período de uma semana. A única preocupação do comitê era de que os compradores deveriam ser selecionados de maneira sistemática – por exemplo, entrevistando cada quinto comprador que entrasse na loja. Harry aceitou a solicitação e estava ansioso em ajudar o Lackawax River Group.

PROBLEMA ÉTICO *Introdução de tendenciosidade nos resultados (mesmo que não intencional). Podemos esperar que consumidores de comida orgânica sejam mais preocupados com o meio ambiente do que a população em geral (relacionado ao item C da ASA Ethical Guidelines).*

SOLUÇÃO ÉTICA *Harry está utilizando uma amostra de conveniência da qual os resultados não podem ser generalizados. Se o Lackawax River Group não pode melhorar seu esquema de amostragem e o projeto do levantamento de dados (por exemplo, por falta de conhecimento ou tempo), o grupo deve discutir abertamente a fragilidade de seu método amostral ao revelar os detalhes do seu estudo. Quando relatarem os resultados, eles devem observar que suas descobertas provêm de uma amostra de conveniência e incluir uma ressalva apropriada.*

O que aprendemos?

Aprendemos que uma amostra representativa pode nos dar uma compreensão clara e importante sobre as populações. É o tamanho da amostra – e não sua fração da população maior – que determina a precisão da estatística que ela gera.

Conhecemos várias maneiras de extrair amostras, todas baseadas no poder da aleatoriedade para torná-las representativas da população de interesse:

- Uma amostra aleatória simples (AAS) é o nosso padrão. Cada grupo possível de n indivíduos tem uma chance igual de ser a nossa amostra. Isso é o que a torna *simples*.

- Amostras estratificadas podem reduzir a variabilidade amostral identificando subgrupos homogêneos e, então, tirando uma amostra de cada um de forma aleatória.

- Amostras agrupadas selecionadas aleatoriamente entre subgrupos heterogêneos que são similares a toda a população tornam nossa tarefa de amostragem mais fácil de administrar.

- Amostras sistemáticas podem funcionar em algumas situações e são, geralmente, o método amostral menos caro. Ainda assim, devemos iniciá-lo aleatoriamente.

- Amostras multiestágio combinam vários métodos amostrais.

Aprendemos que a tendenciosidade pode destruir nossa habilidade de ter conhecimentos específicos da nossa amostra:

- A tendenciosidade de não respostas pode surgir quando indivíduos amostrados não podem ou não querem responder.

- A tendenciosidade das respostas surge quando as respostas dos entrevistados podem ser afetadas por influências externas, como a formulação da pergunta ou o comportamento do entrevistador.

Aprendemos que a tendenciosidade também pode surgir de métodos amostrais ruins:

- Amostras de respostas voluntárias são quase sempre tendenciosas e devem ser evitadas e suspeitas.

- Amostras de conveniência são provavelmente falhas por razões similares.

- Mesmo com um projeto racional, os quadros amostrais podem não ser representativos. A falta de cobertura ocorre quando os indivíduos de um subgrupo de uma população são selecionados com menos frequência do que deveriam.

Finalmente, aprendemos a procurar por tendenciosidade em qualquer levantamento de dados e a relatar nossos métodos para que outras pessoas possam avaliar a imparcialidade e a precisão dos nossos resultados.

Termos

Aglomerado

Subconjunto representativo da população selecionada por razões de conveniência, custo ou viabilidade.

Aleatorização

Defesa contra a tendenciosidade no processo de seleção da amostra em que, para cada indivíduo, é dada uma chance de seleção imparcial e aleatória.

Amostra aleatória estratificada

Projeto amostral no qual a população é dividida em várias subpopulações homogêneas ou estratos. Amostras aleatórias são, então, extraídas de cada estrato.

Amostra aleatória simples (AAS)	Amostra na qual cada conjunto de n elementos da população tem uma chance igual de ser selecionado.
Amostra de resposta voluntária	Amostra na qual um grande grupo de indivíduos é convidado a responder e decidir individualmente se participa ou não. As amostras de resposta voluntária geralmente não têm valor.
Amostragem aglomerada	Projeto de amostragem em cujos grupos ou aglomerados representantes da população são escolhidos ao acaso. Em seguida é feito um censo de cada um.
Amostragem por conveniência	Amostra que consiste em indivíduos que estão convenientemente disponíveis.
Amostragem sistemática	Amostra extraída selecionando-se indivíduos sistematicamente de um quadro amostral.
Amostra multiestágio	Esquemas de amostragem que combinam vários métodos amostrais.
Amostra representativa	Amostra da qual estatísticas calculadas com precisão refletem os parâmetros correspondentes da população.
Amostra	Subconjunto da população examinado com o objetivo de saber algo sobre a população.
Censo	Tentativa de coletar dados de toda a população de interesse.
Estatística, amostra estatística	Valor calculado para os dados amostrados, principalmente um que corresponda a – e, portanto, estime – um parâmetro da população. Às vezes, é usado o termo "estatística amostral", geralmente para fazer um paralelo com o termo correspondente "parâmetro da população".
Estrato	Subconjuntos de uma população que são homogêneos internamente, mas podem diferir uns dos outros.
Levantamento amostral	Estudo que faz perguntas de uma amostra extraída de uma população na esperança de conhecer algo sobre toda a população.
Não resposta tendenciosa	Tendenciosidade introduzida a uma amostra quando uma grande fração dos amostrados deixem de responder.
Parâmetro	Atributo de valor numérico de um modelo para uma população. Raramente esperamos saber o valor de um parâmetro, mas queremos estimá-lo a partir dos dados amostrados.
Parâmetro da população	Atributo de valor numérico de um modelo para uma população.
Plano amostral	Lista de indivíduos da qual uma amostra é extraída. Os indivíduos da população de interesse que não estão no quadro amostral não podem ser incluídos em qualquer amostra.
População	Todo o grupo de indivíduos ou casos sobre os quais queremos saber.
Resposta tendenciosa voluntária	Tendenciosidade introduzida a uma amostra quando os indivíduos podem escolher se participam ou não da amostra.
Sem cobertura	Esquema que confere tendenciosidade à amostra por conceder a uma parte da população menos representatividade do que ela de fato tem.
Tamanho da amostra	Número de indivíduos numa amostra.
Tendenciosidade da resposta	Qualquer fator no levantamento de dados que influencie as respostas.
Tendenciosidade	Qualquer falha sistemática de um método amostral para representar sua população.
Teste piloto	Pequeno teste aplicado em um estudo para verificar se os seus métodos são seguros.
Variabilidade amostral (ou erro amostral)	Tendência natural de amostras extraídas aleatoriamente de diferirem umas das outras. Às vezes chamada de *erro amostral*.

Habilidades

- Conhecer os conceitos básicos e a terminologia da amostragem.
- Ser capaz de reconhecer os parâmetros da população nas descrições da população e das amostras.
- Entender o valor da aleatoriedade como uma defesa contra a tendenciosidade.
- Entender o valor da amostragem para estimar os parâmetros populacionais a partir de estatísticas calculadas em amostras representativas extraídas da população.
- Entender que o tamanho da amostra (não a fração da população) determina a precisão das estimativas.

- Saber como extrair uma amostra aleatória simples de uma lista principal de uma população usando um computador ou uma tabela de números aleatórios.

- Saber o que relatar sobre uma amostra como parte de seu relatório de uma análise estatística.
- Ter certeza de relatar possíveis fontes de tendenciosidade nos métodos amostrais. Reconhecer respostas voluntárias e não respostas como fonte de tendenciosidade num levantamento de dados amostral.

Ajuda tecnológica: amostragem aleatória

Números pseudoaleatórios gerados por computador geralmente são bons o suficiente para extrair amostras aleatórias. Todavia, há poucos motivos para não usar valores verdadeiramente aleatórios disponíveis na Internet. Eis uma maneira conveniente de extrair uma AAS de um tamanho específico usando um quadro amostral baseado no computador. O quadro amostral pode ser uma lista de nomes ou de números identificados e organizados, por exemplo, como uma coluna numa planilha, programa estatístico ou banco de dados:

1. Gere números aleatórios de dígitos suficientes para que cada um exceda o tamanho da lista do quadro amostral por vários dígitos. Isso dificulta a duplicação.

2. Designe os números aleatórios arbitrariamente aos indivíduos da lista do quadro amostral. Por exemplo, coloque-os numa coluna próxima.

3. Ordene a lista de números aleatórios, *carregando* com elas a lista do quadro amostral.

4. Agora os primeiros valores *n* na coluna do quadro amostral são uma AAS dos valores *n* de todo o quadro amostral.

Projetos de estudo de pequenos casos

Pesquisa de mercado

Você faz parte de uma equipe de *marketing* que precisa conduzir uma pesquisa sobre o potencial de um novo produto. Sua equipe decide enviar por *e-mail* um levantamento de dados interativo a uma amostra aleatória de consumidores. Elabore um breve questionário com a informação que você precisa sobre o novo produto. Selecione uma amostra de 200 clientes usando uma AAS do plano amostral. Discuta como você irá coletar os dados e como as respostas irão ajudá-lo na pesquisa de mercado.

A GfK Roper relata levantamento de dados mundial

A GfK Roper Consulting conduz pesquisas de mercado para empresas multinacionais que querem entender atitudes em diferentes países, com o intuito de comercializar e fazer propagandas mais eficazes para diferentes culturas. Todos os anos, a Roper conduz uma pesquisa de opinião pública mundial que faz centenas de perguntas a diferentes pessoas em aproximadamente 30 países. Os entrevistados respondem a uma variedade de perguntas sobre comida. Algumas das perguntas são do tipo sim/não (concordo/discordo): por favor, responda se você concorda ou discorda de cada uma destas afirmações sobre a sua aparência: (Concordo = 1; Discordo = 2; Não sei = 9).

A sua aparência afeta como você se sente.

Estou muito interessada nos avanços de novos cuidados para a pele.

Pessoas que não se importam com a sua aparência não se importam consigo mesmas.

Outras perguntas são feitas numa escala de 5 pontos. (Por favor, responda se você discorda ou concorda das seguintes afirmações, usando a seguinte escala: Discordo totalmente = 1; Discordo em parte = 2; Não discordo nem concordo = 3; Concordo em parte = 4; Concordo totalmente = 5; Não sei = 9).

Exemplos de tais perguntas incluem:

Eu leio os rótulos cuidadosamente para saber sobre os ingredientes, quantidade de gordura e/ou calorias.

Eu tento evitar comer *fast food*.

e

Quando se trata de comida, estou sempre buscando algo novo.

Pense em projetar um levantamento de dados numa escala global:

- Qual é a população de interesse?
- Por que pode ser difícil selecionar uma AAS deste quadro amostral?
- Quais são algumas fontes potenciais de tendenciosidade?
- Por que pode ser difícil garantir um número representativo de homens e mulheres em todos os grupos de idade em alguns países?
- O que pode ser um plano amostral aceitável?

Capítulo 3 – Levantamentos e Amostragem   **89**

EXERCÍCIOS

1. Roper. Como foi discutido neste capítulo, a GfK Roper Consulting conduz levantamentos de dados de consumidores globais para ajudar empresas multinacionais a entender as diferentes atitudes de consumidores de todo o mundo. Na Índia, os pesquisadores entrevistaram 1000 pessoas entre 13 e 65 anos. Sua amostra é projetada para que consigam 500 pessoas do sexo masculino e 500 do sexo feminino (www.gfkamerica.com).

a) Eles estão usando uma amostra aleatória simples? Como você sabe?

b) Que tipo de projeto você acha que eles estão usando?

2. Levantamento de dados de uma cafeteria. Para um projeto de aula, um grupo de estudantes de Administração decidiu fazer um levantamento de dados com o corpo discente, a fim de avaliar se uma nova cafeteria para estudantes teria sucesso. Sua amostra de 200 pessoas continha 50 calouros, 50 alunos do primeiro ano, 50 alunos do segundo ano e 50 formandos.

a) Você acha que o grupo estava usando AAS? Por quê?

b) Que tipo de projeto amostral você acha que eles usaram?

3. Licença de *software*. O *site* www.gamefaqs.com perguntou para seus visitantes, na forma de enquete do dia: "*Você sempre lê o contrato de licença quando instala um* software *ou jogo?*". Dos 98.574 respondentes, 63,47% disseram que nunca leem o contrato – um fato importante para os fabricantes de *software*.

a) Que tipo de amostra foi esta?

b) Quanta confiança você teria em usar 63,47% como uma estimativa da fração da população que não lê o contrato de licença de *software*?

4. Drogas no beisebol. A Liga Nacional de Beisebol, respondendo às preocupações sobre sua "marca", testa os jogadores para ver se estão usando drogas que melhoram o desempenho. Funcionários selecionam um time ao acaso, e a equipe que conduz os testes aparece sem aviso prévio para testar 40 jogadores do time. Cada dia de teste pode ser considerado um estudo do uso de drogas na Liga Nacional de Beisebol.

a) Que tipo de amostra é esta?

b) Esta escolha é adequada?

5. Gallup. No seu *site* (www.galluppoll.com), o Instituo Gallup publica resultados de um novo levantamento de dados todos os dias. No final de cada pesquisa, uma afirmação inclui uma explicação como esta:

Os resultados são baseados em entrevistas por telefone com uma amostra nacional de 1008 adultos com 18 anos ou mais, conduzida em 2 de abril de 2007. ... Além do erro amostral, a formulação das perguntas e as dificuldades possíveis na condução do levantamento podem introduzir erro ou tendenciosidade nos resultados de pesquisas de opinião pública.

a) Para este levantamento de dados, identifique a população de interesse.

b) O Gallup faz seus levantamentos de dados com números de telefones gerados ao acaso de um programa de computador. Qual é o plano amostral?

c) Com quais problemas, se existirem, você estaria preocupado quando da comparação do plano amostral com a população?

6. Definindo o levantamento de dados. No seu *site* (www.gallupworldpoll.com), o Instituto Gallup relata os resultados dos seus levantamentos de dados conduzidos em vários lugares do mundo. No final de um destes relatórios, eles descrevem seus métodos, incluindo explicações como as que seguem:

Os resultados são baseados em entrevistas pessoais com amostras nacionais aleatoriamente selecionadas de aproximadamente 1000 adultos, com 15 anos ou mais, que têm residência fixa em cada um dos países da África Subsaariana pesquisados. Esses países incluem Angola (áreas onde se espera que as minas terrestres estejam incluídas), Benin, Botsuana, Burkina Faso, Camarões, Etiópia, Gana, Quênia, Madagascar (as áreas onde os entrevistadores tiveram de caminhar mais de 20 quilômetros foram excluídas), Mali, Moçambique, Níger, Nigéria, Senegal, Serra Leoa, África do Sul, Tanzânia, Togo, Uganda (a área de atividade do Exército de Resistência Lord foi excluída do levantamento de dados), Zâmbia e Zimbábue... Em todos os países, com exceção de Angola, Madagascar e Uganda, a amostra é representativa de toda a população.

a) O Gallup está interessado na África Subsaariana. Que tipo de projeto de levantamento de dados eles estão usando?

b) Alguns dos países pesquisados têm uma população grande (a população estimada de Nigéria é de 130 milhões de pessoas). Alguns são bem pequenos (a população estimada de Togo é 5,4 milhões). Todavia, o Gallup amostrou 1000 adultos em cada país. Como isso afeta a precisão das suas estimativas para esses países?

7-16. *Detalhes do levantamento de dados.* Para as seguintes informações sobre estudos estatísticos, identifique os seguintes itens (se possível). Se você não conseguir, confesse – isso geralmente acontece quando lemos sobre um levantamento de dados.

a) A população

b) Os parâmetros da população de interesse

c) O plano amostral

d) A amostra

e) O método amostral, inclusive se a aleatorização foi empregada ou não

f) Qualquer fonte potencial de tendenciosidade que você possa detectar e qualquer problema que veja na generalização da população de interesse

7. Diretores de RH. Uma revista de negócios enviou pelo correio um questionário para todos os diretores de recursos humanos das empresas da *Fortune* 500 e recebeu resposta de 23% deles. Aqueles que responderam relataram que não acham que tais levantamentos de dados perturbam seu dia de trabalho.

8. Seguro saúde. Uma pergunta no *site* da Lycos queria saber dos visitantes se eles achavam que os empregadores deveriam pagar pelo seguro saúde dos empregados.

9. Medicina alternativa. A Consumers Union perguntou para todos os assinantes se eles tinham usado tratamentos médicos alternativos e, em caso positivo, se tinham se beneficiado deles. Para quase todos os tratamentos, aproximadamente 20% daqueles que responderam relataram curas ou melhorias substanciais nas suas condições.

10. Aquecimento global. A pesquisa de opinião pública da Gallup entrevistou 1007 adultos dos Estados Unidos, aleatoriamente selecionados, com 18 anos ou mais, de 23 a 25 de março de 2007. A empresa relatou que, ao questionar quando (se acontecessem) os efeitos do aquecimento global começariam a acontecer, 60% dos respondentes disseram que os efeitos já começaram. Somente 11% acharam que eles nunca irão acontecer.

11. No bar. Os pesquisadores esperaram do lado de fora de um bar selecionado aleatoriamente de uma lista de estabelecimentos. Eles paravam cada 10ª pessoa que saía do bar e perguntavam se beber e dirigir era um problema sério.

12. Pesquisa eleitoral. Esperando saber quais assuntos poderiam repercutir nos eleitores nas próximas eleições, o diretor de campanha de um candidato a prefeito selecionou uma quadra de cada um dos distritos eleitorais da cidade. Os membros da equipe foram até lá e entrevistaram todos os moradores que conseguiram encontrar.

13. Lixo tóxico. A Agência de Proteção ao Meio Ambiente coletou amostras de solo em 16 lugares próximos a um antigo aterro sanitário industrial e examinou cada uma em busca de evidências de materiais químicos tóxicos. Eles não encontraram níveis elevados de substâncias prejudiciais.

14. Discriminação de moradia. Inspetores enviaram "inquilinos" treinados de várias raças e origens étnicas e de ambos os sexos para indagar sobre o aluguel de apartamentos aleatórios anunciados. Eles procuram por evidências de que os proprietários negariam acesso ilegalmente com base em raça, sexo ou origem étnica.

15. Controle de qualidade. Uma empresa que empacota lanches realiza o controle de qualidade selecionando aleatoriamente 10 caixas da produção total diária e pesando os sacos. Depois, eles abrem um saco de cada caixa e inspecionam o conteúdo.

16. Leite contaminado. Inspetores de laticínios visitam várias fazendas sem aviso prévio e extraem amostras do leite para testar se está contaminado. Se o leite apresentar sujeira, antibióticos ou outras substâncias estranhas, será destruído e a fazenda será considerada contaminada até a execução de novos testes.

17. Pesquisa de tendência de opinião pública. Uma emissora de TV local conduziu uma "pesquisa de tendência de opinião pública", a fim de prever o vencedor das próximas eleições para prefeito. Os espectadores do jornal da tarde foram convidados a votar por telefone e os resultados seriam anunciados no último jornal da noite. Com base nos telefonemas, a estação de TV previu que Amabo iria vencer a eleição com 52% dos votos. Eles estavam errados: Amabo perdeu, tendo 46% dos votos. Você acha que a previsão errada da estação deve-se mais provavelmente à tendenciosidade ou ao erro amostral? Explique.

18. Pesquisa de opinião pública do jornal. Antes da eleição para prefeito discutida no Exercício 17, o jornal também conduziu uma pesquisa de opinião pública. Ele entrevistou uma amostra aleatória de eleitores registrados, classificados por afiliação política, idade,

sexo e área de residência. Essa pesquisa de opinião pública previu que Amabo venceria a eleição com 52% dos votos. O jornal estava errado: Amabo perdeu, tendo 46% dos votos. Você acha que a previsão errada do jornal deve-se mais provavelmente à tendenciosidade ou ao erro amostral? Explique.

19. Pesquisa de mercado da empresa de TV a cabo. Uma empresa local de TV a cabo, Pacific TV, com consumidores em 15 cidades, está pensando em oferecer um serviço de Internet rápida. Antes de criar o novo serviço, eles querem saber se os clientes pagariam os $50 por mês que planejam cobrar. Um estagiário preparou vários planos alternativos para avaliar a demanda de clientes. Para cada um, indique que tipo de estratégia amostral está envolvida e quais (se houver) tendenciosidades podem resultar.
a) Coloque um grande anúncio no jornal solicitando que as pessoas deem suas opiniões no *site* da PTV.
b) Selecione uma das cidades aleatoriamente e contate cada assinante da TV a cabo por telefone.
c) Envie um levantamento de dados para cada cliente e solicite que eles o preencham e o devolvam.
d) Selecione aleatoriamente 20 clientes de cada cidade. Envie para eles um levantamento de dados e siga adiante com um telefonema, caso eles não retornem o levantamento dentro de uma semana.

20. Pesquisa de mercado da empresa de TV a cabo, parte 2. Quatro novas estratégias amostrais foram propostas para ajudar a PTV a determinar se é provável que um número suficiente de assinantes de TV a cabo compre o serviço de Internet rápida. Para cada uma, indique qual estratégia amostral está envolvida e qual (se houver alguma) tendenciosidade pode resultar.
a) Execute uma pesquisa de opinião pública no jornal da TV local, pedindo às pessoas que disquem um de dois números de telefone para indicar se estariam interessadas.
b) Organize uma reunião em cada uma das 15 cidades e registre as opiniões expressas por aqueles que participaram da reunião.
c) Selecione aleatoriamente uma rua em cada cidade e contate cada casa daquela rua.
d) Examine os registros dos clientes da empresa e selecione cada 40° assinante. Envie alguns empregados a essas residências para entrevistar as pessoas escolhidas.

21. Igrejas. Para sua aula de *marketing*, você quer executar um levantamento de dados de uma amostra de todos os membros da Igreja Católica na sua cidade, a fim de avaliar o mercado para um DVD sobre a visita do Papa aos Estados Unidos. Uma lista de igrejas mostra 17 Igrejas Católicas dentro dos limites da cidade. Em vez de tentar obter uma lista dos membros de todas essas igrejas, você decide escolher três igrejas ao acaso. Para essas igrejas, você solicitará uma lista de todos os membros atuais e irá contatar 100 membros ao acaso.
a) Que tipo de projeto você usou?
b) O que poderia dar errado com o projeto que você propôs?

22. Pescaria nos Grandes Lagos. O U.S. Fish and Wildlife Service (Serviço de Pesca e Vida Selvagem dos EUA) planeja estudar a indústria da pesca na Baía de Saginaw. Para tanto, eles decidiram selecionar aleatoriamente cinco barcos de pesca ao final de um dia de pescaria escolhido ao acaso e contar o número e o tipo de todos os peixes nesses barcos.
a) Que tipo de projeto eles usaram?

b) O que poderia dar errado com o projeto proposto?

23. Brinquedos do parque de diversão. Um parque de diversões inaugurou uma nova montanha-russa. Ela é tão popular que as pessoas esperam mais de 3 horas para dar uma volta de 2 minutos. Preocupados em como os clientes (que pagaram caro para entrar no parque e andar nos brinquedos) se sentem sobre isso, a empresa fez um levantamento de dados com cada 10ª pessoa na fila para a montanha-russa, começando por um indivíduo selecionado aleatoriamente.

a) Que tipo de amostra é esta?

b) É provável que seja representativa?

c) Qual é o plano amostral?

24. Parquinho de diversão. Algumas pessoas têm reclamado que o parquinho de diversões das crianças numa praça municipal é muito pequeno e precisa ser consertado. Os administradores do parque decidiram fazer um levantamento de dados com os moradores da cidade a fim de ver se eles achavam que o parque deveria ser reconstruído. Eles entregaram questionários aos pais que levam as crianças ao parque. Descreva possíveis tendenciosidades nessa amostra.

25. Formulação do levantamento de dados. O estagiário que está projetando o estudo para o serviço de Internet rápida dos exercícios 19 e 20 propôs algumas perguntas que podem ser usadas no levantamento.

Pergunta 1. Se a PTV oferecesse uma Internet rápida e moderna por $50 por mês, você assinaria esse serviço?

Pergunta 2. Você acharia $50 por mês – menos que o custo de um cappuccino *por dia – um preço justo pelo serviço de Internet rápida?*

a) Você acha que as perguntas foram bem formuladas? Justifique.

b) Qual pergunta tem a formulação mais neutra? Explique.

26. Mais palavras. Aqui estão mais perguntas propostas para o levantamento de dados.

Pergunta 3: Você acha que o acesso à Internet pela conexão lenta, por linha discada, reduz seu prazer com os serviços Web?

Pergunta 4: Dada a importância crescente do acesso à Internet rápida para a educação de seus filhos, você assinaria esse serviço se ele fosse oferecido?

a) Você acha que as perguntas foram bem formuladas? Justifique.

b) Proponha uma pergunta com uma formulação mais neutra.

27. Outro brinquedo. O levantamento de dados dos clientes esperando na fila para a montanha-russa no Exercício 23 pergunta se eles acham que vale a pena esperar tanto tempo pelo passeio e se eles gostariam que o parque de diversões instalasse mais montanhas-russas. Que tendenciosidades podem causar problemas para esse levantamento de dados?

28. Tendenciosidade do parquinho de diversões. O levantamento de dados descrito no Exercício 24 perguntou: *muitas pessoas acham que este parque é muito pequeno e precisa de reparos. Você acha que o parque precisa ser aumentado e consertado, mesmo que isso resulte no aumento da entrada?*

Descreva de que duas maneiras esta pergunta poderia levar a uma resposta tendenciosa.

29. Perguntas (possivelmente) tendenciosas. Procure possíveis tendenciosidades em cada uma das seguintes perguntas. Se você achar que a pergunta é tendenciosa, indique de que maneira e proponha uma pergunta melhor.

a) *As empresas que poluem o meio ambiente deveriam ser forçadas a pagar o custo da limpeza?*

b) *Uma empresa deveria impor normas de vestimenta rígidas?*

30. Mais perguntas possivelmente tendenciosas. Verifique cada uma das seguintes perguntas por possíveis tendenciosidades. Se você achar que a pergunta é tendenciosa, indique como e proponha uma pergunta melhor.

a) *Você acha que o preço ou a qualidade é mais importante na seleção de um MP3?*

b) *Dada a tradição humana de grandes explorações, você é a favor de financiamentos contínuos para voos espaciais?*

31. *Levantamento de dados por telefone.* Sempre que fazemos um levantamento de dados, precisamos ter cuidado para evitar a não cobertura. Suponha que planejamos selecionar 500 nomes da lista telefônica da cidade, ligar para suas casas entre 12h e 16h e entrevistar quem atender o telefone, antecipando contatos com pelo menos 200 pessoas.

a) Por que é difícil uma amostra aleatória simples nesta pesquisa?

b) Descreva uma estratégia amostral mais conveniente, mas ainda aleatória.

c) Que tipos de lares provavelmente serão incluídos na amostra final de opinião? Quem será excluído?

d) Suponha que, ao contrário, continuamos ligando para cada número, talvez de manhã ou à noite, até um adulto ser contatado e entrevistado. De que forma isso irá aprimorar o projeto amostral?

e) Máquinas de discagem digital ao acaso podem gerar as chamadas telefônicas automaticamente. Como isso iria aprimorar nosso projeto? Alguém ainda é excluído?

32. Levantamento de dados por telefone celular. Que tal extrair uma amostra aleatória somente por telefone celular? Discuta as vantagens e as desvantagens de tal método amostral comparado com o levantamento de dados com números de telefone fixo gerados aleatoriamente. Você acha que essas vantagens e desvantagens mudaram ao longo do tempo? Como você acha que elas irão mudar no futuro?

33. Troco. Quanto troco você tem neste momento?
Vá em frente, conte.

a) Quanto troco você tem?

b) Suponha que você conte seus trocados a cada dia, durante uma semana, enquanto vai almoçar e calcule a média dos resultados. Que parâmetros essa média estimaria?

c) Suponha que você peça a 10 amigos para calcular a média de troco *deles* a cada dia, durante uma semana, e que você calcule a média destas mensurações. Qual é a população agora? Que parâmetros essa média estimaria?

d) Você acha que essas 10 quantidades médias de troco são prováveis de serem representativas da população quanto à quantidade de troco na sua turma? Na sua faculdade? No país? Justifique.

34. Economia de combustível. Ocasionalmente, quando encho o tanque do meu carro, calculo quantas milhas por galão meu auto-

móvel faz. Escrevi esses resultados depois de encher o tanque seis vezes, alguns meses atrás. No geral, parece que meu carro anda 28,8 milhas por galão.
a) Qual foi a estatística que calculei?
b) Qual é o parâmetro que estou tentando estimar?
c) De que modo meus resultados podem ser tendenciosos?
d) Quando a Enviroment Protection Agency (EPA – Agência de Proteção ao Meio Ambiente) verifica um carro como o meu para prever sua economia de combustível, que parâmetro ela está tentando estimar?

35. Contabilidade. Entre auditorias trimestrais, uma empresa gosta de verificar seus procedimentos de contabilidade para tratar de qualquer problema antes que ele se agrave. A equipe de contabilidade executa aproximadamente 120 pedidos de pagamentos por dia. No dia seguinte, o supervisor checa novamente 10 das transações para ter certeza de que elas foram processadas corretamente.
a) Proponha uma estratégia amostral para o supervisor.
b) Como você modificaria a estratégia se a empresa faz vendas no atacado e varejo, necessitando de diferentes procedimentos de escrituração contábil?

36. Trabalhadores felizes? Uma empresa de manufatura emprega 14 gerentes de projetos, 48 chefes de seção e 377 operários. Num esforço para manter-se informada sobre qualquer fonte possível de descontentamento dos empregados, a gerência quer conduzir entrevistas de satisfação no trabalho com uma amostra aleatória simples dos empregados a cada mês.
a) Você vê perigo de tendenciosidade no plano da empresa? Explique.
b) Como você selecionaria uma amostra aleatória simples?
c) Por que você acha que uma amostra aleatória simples pode não fornecer a opinião representativa que a empresa procura?
d) Proponha uma estratégia de amostragem melhor.
e) Estão listados abaixo os sobrenomes dos gerentes do projeto. Utilize números aleatórios para selecionar duas pessoas para serem entrevistadas. Explique seu método cuidadosamente.

Barrett	Bowman	Chen
DeLara	DeRoss	Grigorov
Maceli	Mulvaney	Pagliarulo
Rosica	Smithson	Tadros
Williams	Yamamoto	

37. Controle de qualidade. A Sammy's Salsa, uma pequena empresa local, produz 20 caixas de molho picante por dia. Cada caixa contém 12 vidros e está carimbada com um código indicando a data e o número do lote. Para manter a regularidade, no final de cada dia Sammy seleciona três vidros do molho, pesa o conteúdo e prova o produto. Ajude Sammy a selecionar os vidros da amostra. As caixas de hoje estão codificadas de 07N61 a 07N80.
a) Explique detalhadamente sua estratégia amostral.
b) Mostre como usar números aleatórios para escolher três vidros para o teste.
d) Você usou uma amostra aleatória simples? Explique.

38. Qualidade do peixe. Preocupados com os relatos de descoloração de escamas de peixes capturados num rio próximo a uma empresa química recém-implantada, os cientistas instalaram uma base às margens de um parque público. Ao longo de uma semana, eles pediram aos pescadores que trouxessem todo peixe capturado à base para uma breve inspeção. No fim da semana, os cientistas afirmaram que 18% dos 234 peixes submetidos à inspeção apresentaram descoloração. Os pesquisadores podem estimar a proporção de peixes do rio que têm as escamas descoloridas com essa informação?

39. Métodos de amostragem. Considere cada uma destas situações. Você acha que o método amostral proposto é adequado? Explique.
a) Queremos saber qual é a percentagem de médicos locais que aceitam pacientes da Medicaid. Telefonamos para 50 consultórios médicos, aleatoriamente selecionados, das listas das Páginas Amarelas local.
b) Queremos saber qual é a percentagem de empresas locais que antecipam a contratação de mais empregados para o próximo mês. Selecionamos aleatoriamente uma página nas Páginas Amarelas e telefonamos para cada empresa listada.

40. Mais métodos de amostragem. Considere cada uma destas situações. Você acha que o método amostral proposto é adequado? Explique.
a) Queremos saber se os líderes empresariais da comunidade apoiam o desenvolvimento de uma "incubadora" num terreno vago, nos limites da cidade. Passamos um dia telefonando para as empresas locais do guia telefônico para perguntar se eles assinariam a petição.
b) Queremos saber se os passageiros do aeroporto local estão satisfeitos com a comida oferecida. Vamos ao aeroporto num dia movimentado e entrevistamos cada 10ª pessoa na fila da área de alimentação.

RESPOSTAS DO TESTE RÁPIDO

1
a) É difícil contatar todos os membros de uma população e talvez leve tanto tempo que as circunstâncias mudem, afetando as respostas. Uma amostra bem projetada é, geralmente, a melhor escolha.
b) Esta amostra provavelmente é tendenciosa. As pessoas que não gostam da comida do restaurante podem escolher não comer lá.
c) Não, somente o tamanho da amostra interessa, não a fração de toda a população.
d) Os estudantes que frequentam esse *site* podem estar mais interessados em estatística do que a população geral dos estudantes de estatística. Uma amostra maior não pode compensar a tendenciosidade.
e) É o "parâmetro" da população. A "estatística" descreve amostras.

2
a) sistemático
b) estratificado
c) simples
d) aglomerado

Apresentando e Descrevendo Dados Categóricos

Keen Inc.

A Keen Inc. foi fundada para criar uma sandália projetada para uma variedade de atividades na água. A sandália se popularizou rapidamente, devido a sua exclusiva e patenteada proteção para os dedos – um amortecedor preto para proteger os dedos quando ela é usada em aventuras em rios e trilhas. Hoje a marca KEEN oferece mais de 100 produtos para atividades ao ar livre, inspirados em calçados de estilo informal.

Poucas empresas experimentaram o tipo de crescimento que a KEEN teve em menos de quatro anos. Surpreendentemente, ela conquistou este crescimento com relativamente pouca propaganda e vendendo, principalmente, para lojas especializadas em calçados e atividades ao ar livre, além de lojas *on-line*.

Após o desastroso *tsunami* de 2004, a KEEN cortou seu orçamento publicitário quase que completamente e doou mais de $1 milhão para ajudar as vítimas e fundar a Fundação KEEN para apoiar causas ambientais e sociais. Os projetos filantrópicos e comunitários desempenham um papel importante nos valores da marca KEEN. Na realidade, o *site* da KEEN tem três seções: 1. Hybridlife (vida híbrida), uma seção dedicada a consumidores que têm um estilo de vida equilibrado e ao ar livre. 2. Mostruário dos Produtos, um *site* apresentando os produtos que levam a marca KEEN, e 3. a Fundação KEEN, um esforço filantrópico dedicado à conservação do meio ambiente e a movimentos sociais envolvendo a vida ao ar livre.

Quem	Visitas ao *site* dos calçados KEEN.
O Quê	Ferramenta de busca que leva a KEEN.
Quando	Setembro de 2006.
Onde	Por todo o mundo.
Como	Dados compilados via *Google® Analytics* do *site* da KEEN.
Por quê	Para entender o uso do *site* pelos consumidores e como eles chegaram lá.

Os calçados KEEN, como a maioria das empresas, coleta dados das visitas ao seu *site*. Cada visita ao *site* e cada ação subsequente que o visitante toma (trocar de página, entrar com dados, etc.) é registrada num arquivo chamado de *usage* ou *access weblog*. Estes logs contêm muitas informações potencialmente valiosas, mas elas não são fáceis de usar. Aqui está uma linha de um log:

245.240.221.71 - - [03/Jan/2007:15:20:06-0800]" GET http://www.keenfootwear.com/pdp_page.cfm?productID=148" 200 8788 "http://www.google. com/" "Mozilla/3.0 WebTV/1.2 (compatible; MSIE 2.0)"

A não ser que a empresa tenha os recursos analíticos para lidar com estes arquivos, ela precisa contar com terceiros para resumir os dados. A KEEN, como muitas outras pequenas e médias empresas, usa o *Google Analytics* para coletar e resumir seus dados dos logs.

Imagine uma tabela inteira de dados como os acima, em que uma linha corresponde a uma visita. Em setembro de 2006, o *site* da KEEN teve 93173 visitas, o que corresponderia a uma tabela com 93173 linhas. O problema com um arquivo como este – e, na verdade, mesmo com tabelas de dados – é que não conseguimos enxergar o que está acontecendo. E enxergar é exatamente o que queremos fazer. Nós precisamos de maneiras para mostrar os dados, para que possamos enxergar padrões, relacionamentos, tendências e exceções.

4.1 As três regras da análise de dados

Existem três coisas que você sempre deve fazer com os dados:

1. **Faça uma figura.** A exibição dos seus dados irá revelar coisas que você provavelmente não verá numa tabela numérica. Além disso, irá ajudá-lo a *planejar* sua abordagem para a análise e pensar claramente sobre os padrões e relacionamentos que podem estar escondidos nos seus dados.

2. **Faça uma figura.** Uma exibição bem projetada irá *executar* muito do trabalho da análise dos seus dados. Ela pode mostrar características importantes e padrões. Uma figura irá também revelar coisas que você não espera ver: valores extraordinários (possivelmente errados) de dados ou padrões inesperados.
3. **Faça uma figura.** A melhor maneira de *relatar* aos outros o que você encontra nos seus dados é uma figura muito bem escolhida.

Essas são as três regras da análise de dados. Atualmente, a tecnologia torna simples a representação gráfica dos dados. Por isso, não há motivos para não seguir as três regras. Abaixo são apresentadas algumas imagens que apresentam vários aspectos dos acessos a um dos *sites* dos autores.

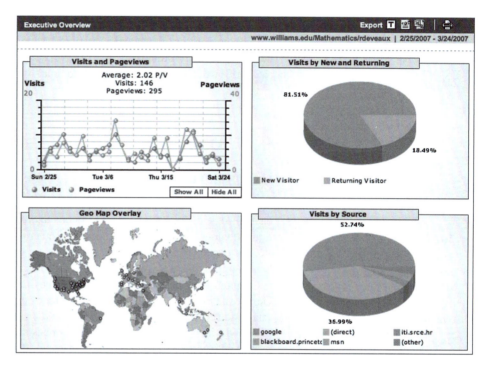

Figura 4.1 Parte da saída do *Google Analytics* (www.google.com) para o período de 25 de fevereiro a 24 de março de 2007, mostrando o tráfego do *site*.

Algumas imagens transmitem informações melhor que outras. Neste capítulo, discutiremos alguns princípios gerais para apresentar informações honestamente.

Tabela 4.1 Uma tabela de frequências da Ferramenta de Busca usada pelos visitantes do *site* dos calçados KEEN

Ferramenta de Busca	Visitas
Google	50629
Diretamente	22173
Yahoo	7272
MSN	3166
SnapLink	946
Todos os Outros	8987
Total	**93167**

4.2 Tabelas de frequência

Para se fazer uma figura dos dados, o primeiro passo é agrupá-los. Agrupamos coisas que parecem iguais para que possamos ver como os casos estão distribuídos nas diferentes categorias. Para dados categóricos, agrupar é fácil, desde que possamos contar o número de casos correspondentes a cada categoria.

Para os dados da Web, uma maneira de iniciar poderia ser agrupar todas as visitas que utilizaram a mesma ferramenta de busca. Os calçados KEEN poderão usar esta informação na decisão de onde anunciar no futuro. Portanto, eles podem contar quantas visitas o *site* da KEEN recebeu de cada mecanismo de busca. Todos os agrupamentos podem ser organizados em uma **tabela de frequências** (Tabela 4.1) que registra os totais e os nomes das categorias. ("Diretamente" indica que a visita resultou da digitação direta da URL na barra de endereços do navegador e não de uma pesquisa em ferramentas de busca.)

Tabela 4.2 Uma tabela de frequência relativa para os mesmos dados

Ferramenta de Busca	Visitas (%)
Google	54,34
Diretamente	23,80
Yahoo	7,80
MSN	3,40
SnapLink	1,02
Todos os Outros	9,65
Total	**100,00**

100,01%?

Se você somar com cuidado as percentagens na Tabela 4.2, irá notar que o total é de 100,01%. É claro que o total real deve ser 100,00%.

A discrepância se deve ao arredondamento das percentagens individuais. Você poderá ver isto em tabelas de percentagens, algumas vezes com notas de rodapé explicativas.

Os nomes das categorias rotulam cada linha na tabela de frequência. Para *Ferramentas de Busca* eles são "Google", "Diretamente", "Yahoo" e assim por diante. Mesmo com milhares de casos, uma variável que não tem muitas categorias produz uma tabela de frequência fácil de ler. Uma tabela de frequência com dúzias ou centenas de categorias seria mais difícil de ser lida. Observe o rótulo da última linha da tabela – "Todos os Outros". Quando o número de categorias se torna muito grande, geralmente agrupamos, os valores da variável em "Outros". Decidir por este agrupamento é uma questão de julgamento, mas é uma boa ideia ter menos categorias do que aproximadamente uma dúzia.

As frequências são úteis, mas algumas vezes queremos saber a fração ou a **proporção** dos dados em cada categoria; assim, dividimos as frequências pelo número total de casos. Normalmente, apresentamos as frequências como proporções ou **percentagens**. Uma **tabela de frequência relativa** (Tabela 4.2) exibe as *percentagens*, ao invés das frequências dos valores em cada categoria. Ambos os tipos de tabelas exibem como os casos estão distribuídos entre as categorias. Desta maneira, elas descrevem a **distribuição** de uma variável categórica, porque dão nome às possíveis categorias e dizem a frequência de cada uma.

4.3 Gráficos

O princípio da área

Agora que temos uma tabela de frequências, estamos prontos para seguir as três regras da análise de dados e fazer uma figura dos dados. Entretanto, não podemos fazer uma figura qualquer; uma figura ruim pode distorcer nosso entendimento ao invés de ajudá-lo. Por exemplo, na próxima página temos um gráfico das frequências da Tabela 4.1. Qual a impressão que você tem das frequências relativas das visitas de cada fonte?

Embora seja verdade que a maioria das pessoas visitou o *site* da KEEN utilizando o Google, na Figura 4.2* parece que quase todos o fizeram. Isto não parece certo. O que está errado? O comprimento das sandálias *realmente* está compatível com os totais da tabela. Todavia, nossos olhos tendem a ficar mais impressionados pela *área* (ou talvez até mesmo pelo *volume*) do que por outros aspectos de cada imagem da sandália, e é este aspecto da imagem que nós observamos. Como aproximadamente duas vezes mais pessoas vieram a partir do Google do que aquelas que digitaram a URL diretamente, a sandália representando o número de visitantes vindos do Google é aproximadamente duas vezes mais comprida que a sandália abaixo dela, mas ela ocupa quatro vezes mais área. Como você pode ver pela tabela de frequências, esta não é a impressão correta a ser passada.

A melhor exibição dos dados observa um princípio fundamental de representação gráfica, chamado de **princípio da área**, que diz que a área ocupada por uma parte do gráfico deveria corresponder à magnitude do valor que ela representa.

Diagramas de colunas

A Figura 4.3 nos mostra um gráfico que obedece ao princípio da área. Não é visualmente tão interessante quanto o das sandálias, mas ele realmente dá uma impressão visual mais *precisa* da distribuição. A altura de cada coluna mostra a frequência de sua categoria. As colunas são da mesma largura, por isso suas alturas determinam suas áreas e as áreas são proporcionais às frequências em cada classe. Agora é fácil ver que mais da metade das visitas ao *site* vieram de lugares diferentes do Google – não a impressão que as sandálias na Figura 4.2 nos transmitem. Podemos ver, também, que houve

---

* N. de T.: O autor não faz distinção entre colunas verticais e horizontais (barras). O usual no Brasil é denominarmos o primeiro de diagrama de colunas e o segundo (colunas horizontais) de diagrama de barras.

Figura 4.2 Embora o comprimento de cada sandália corresponda ao valor correto, a impressão que temos é errada porque percebemos a área total da sandália. Na verdade, somente um pouco mais do que 50% de todos os visitantes usaram o Google para chegar ao *site*.

um pouco mais que o dobro de visitas originadas por pesquisas no Google do que as visitas que vieram diretamente. Os gráficos de coluna tornam comparações deste tipo fáceis e naturais.

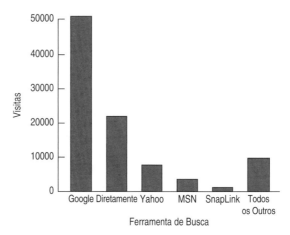

Figura 4.3 Visitas ao *site* dos calçados KEEN por escolha da ferramenta de busca. Com o princípio de área satisfeito, a distribuição verdadeira está clara.

Um **diagrama de colunas** exibe a distribuição de uma variável categórica, mostrando as frequências para cada categoria próxima das outras para uma comparação fácil. Os gráficos de colunas devem ter pequenos espaços entre as colunas, para indicar que elas são isoladas e que podem ser reorganizadas em outra ordem. As colunas estão alinhadas ao longo de uma base comum.

Os gráficos de colunas são geralmente desenhados em colunas verticais, mas algumas vezes eles são representados como colunas horizontais, como este[1].

Se quisermos chamar atenção para a *proporção* relativa das visitas de cada *Ferramenta de Busca*, podemos substituir as frequências e usar o **diagrama de colunas de frequências relativas**, como o que está exibido na Figura 4.4.

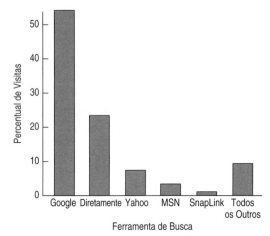

Figura 4.4 O diagrama de colunas de frequências relativas tem a mesma forma do diagrama de colunas (Figura 4.3), mas mostra a proporção das visitas em cada categoria ao invés das frequências.

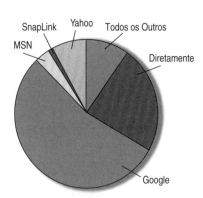

Figura 4.5 Número de visitas por Ferramenta de busca

Diagramas de *pizza*

Outra exibição comum que mostra como todo um grupo se divide em várias categorias é o diagrama de *pizza*. Os **diagramas de *pizzas*** mostram todo o grupo de casos como um círculo. Eles cortam o círculo em pedaços cujo tamanho é proporcional à fração do todo em cada categoria.

Os diagramas de *pizza* dão uma rápida visualização de como todo o grupo está repartido em pequenos grupos. Por estarmos acostumados a cortar as *pizzas* em dois, quatro ou oito pedaços, os diagramas de *pizza* são bons para visualizar frequências relativas próximas a ½, ¼ ou ⅛. Por exemplo, na Figura 4.5, você pode ver facilmente que o pedaço representando o Google é levemente maior que a metade do total. Infelizmente, outras comparações são difíceis de fazer com diagramas de *pizza*. Houve mais visitas do Yahoo ou de Todos os Outros? É difícil dizer, uma vez que os dois pedaços parecem iguais. Comparações como estas são normalmente mais fáceis num diagrama de colunas. (Compare com a Figura 4.4.)

◆ **Pense antes de desenhar.** Nossa primeira regra da análise de dados é *Faça uma figura*. Mas que tipo de figura? Nós não temos muitas opções, ainda. Existe muito

---

[1] O Excel se refere a isso como diagrama de barras.

mais na estatística do que diagramas de *pizza* e diagramas de coluna, e saber quando usar cada tipo de exibição que iremos discutir é o primeiro passo na análise de dados. Esta decisão depende, em parte, no tipo de dados que você tem e o que você deseja comunicar.

Precisamos sempre verificar se os dados são apropriados para o método ou análise que escolhermos. Antes de fazer um diagrama de colunas ou um diagrama de *pizza*, sempre verifique a **Condição dos Dados Categóricos:** que os dados sejam frequências ou percentagens de indivíduos em categorias.

Se você deseja fazer um diagrama de *pizza* ou um diagrama de colunas de frequências relativas, precisará se assegurar de que as categorias não estejam sobrepostas, para que nenhum indivíduo seja contado em duas categorias. Se as categorias se sobrepuserem, é enganoso fazer um diagrama de *pizza*, uma vez que as percentagens não vão totalizar 100%. Para os dados da *Ferramenta de Busca*, qualquer tipo de representação é apropriado, porque as categorias não se sobrepõe – cada visita provêm de uma única fonte.

Ao longo do curso, você verá que trabalhar corretamente com a estatística significa selecionar os métodos apropriados. Isto significa que você deve pensar sobre a situação a ser trabalhada. Um primeiro passo importante é verificar se o tipo de análise que você planeja é apropriada. Nossa Condição de Dados Categóricos é apenas a primeira das muitas verificações desse tipo.

4.4 Tabelas de contingência

No Capítulo 3, vimos como a GfK Roper Consulting coletou informações sobre as atitudes dos consumidores em relação a saúde, comida e medicamentos. A fim de comercializar efetivamente produtos alimentícios em diferentes culturas, é essencial saber a opinião das pessoas de diferentes culturas sobre a sua comida. Uma pergunta do levantamento de dados da Roper era se elas concordavam com a seguinte afirmação: "Eu tenho uma forte preferência por produtos regionais e tradicionais e pratos da minha região de procedência." Aqui está uma tabela de frequências (Tabela 4.3) das respostas obtidas.

> **Quem** Respondentes nos Relatórios do Levantamento de Dados Mundial da Roper.
>
> **O Quê** Respostas às perguntas relacionadas à percepção sobre comida e saúde
>
> **Quando** 2º semestre de 2005; publicado em 2006
>
> **Onde** Por todo o mundo
>
> **Como** Dados coletados por GfK Roper Consulting usando um projeto multiestágio
>
> **Por quê** Para entender as diferenças culturais na percepção dos produtos alimentícios e de saúde que compramos e como eles afetam nossa saúde.

Tabela 4.3 Uma tabela combinada de frequência e frequência relativa para as respostas (de todos os cinco países representados: China, França, Índia, Reino Unido e Estados Unidos) para a afirmação "Eu tenho forte preferência por produtos regionais e tradicionais e pratos da minha região de procedência"

Respostas à pergunta de preferência de comida regional	Frequência	Frequência relativa
Concorda totalmente	2346	30,51%
Concorda em parte	2217	28,83%
Não concorda nem discorda	1738	22,60%
Discorda em parte	811	10,55%
Discorda totalmente	498	6,48%
Não sabe	80	1,04%
Total	**7690**	**100,00%**

O diagrama de *pizza* (Figura 4.6) mostra claramente que mais da metade de todos os respondentes concordam (totalmente ou em parte) com a afirmação.

Figura 4.6 Está claro, a partir do diagrama de *pizza*, que a maioria dos respondentes se identifica com a sua comida regional.

Contudo, se quisermos direcionar nossa comercialização de forma específica para cada país, não seria melhor saber como as opiniões variam de país para país?

Para descobrir isso, precisamos observar as duas variáveis categóricas *Preferência Regional* e *País* juntas, o que fazemos dispondo os dados numa tabela de dupla entrada. A Tabela 4.4 é uma tabela de dupla entrada da *Preferência Regional* por *País*. Como a tabela mostra como os indivíduos estão distribuídos ao longo de cada variável, ela é chamada de uma **tabela de contingência.**

Tabela 4.4 Tabela de contingência da *Preferência Regional* e *País*. A linha inferior "Total" são os valores que estavam na Tabela 4.3

		Preferência Regional						
		Concorda totalmente	Concorda em parte	Não concorda nem discorda	Discorda em parte	Discorda totalmente	Não sabe	Total
País	China	518	576	251	117	33	7	**1502**
	França	347	475	400	208	94	15	**1539**
	Índia	960	282	129	65	95	4	**1535**
	Reino Unido	214	407	504	229	175	28	**1557**
	Estados Unidos	307	477	454	192	101	26	**1557**
	Total	**2 346**	**2 217**	**1 738**	**811**	**498**	**80**	**7690**

As margens de uma tabela de contingência dão os totais. No caso da Tabela 4.4, eles são mostrados tanto na coluna da direita (em negrito), quanto na linha inferior (também em negrito). Os totais da linha inferior da tabela mostram a distribuição da frequência da variável *Preferência Regional*. Os totais da coluna da direita da tabela mostram a distribuição da frequência da variável *País*. Quando apresentada desta maneira, nas margens de uma tabela de contingência, a distribuição da frequências de cada uma das variáveis é chamada de **distribuição marginal**.

Cada **célula** de uma tabela de contingência (qualquer intersecção de uma linha e coluna da tabela) dá a frequência para a combinação dos valores das duas variáveis. Se você percorrer a linha referente a Reino Unido na Tabela 4.4, poderá ver que 504 pessoas não concordam nem discordam. Olhando para baixo, na coluna Concorda totalmente,

Capítulo 4 – Apresentando e Descrevendo Dados Categóricos **101**

você pode ver que o número maior de respostas naquela coluna (960) é da Índia. Os ingleses são menos propensos a concordar com a afirmação do que os indianos ou chineses? Perguntas como esta são naturalmente mais indicadas usando-se percentagens.

Sabemos que 960 pessoas da Índia concordam totalmente com a afirmação. Poderíamos exibir este número como um percentual, mas como um percentual de quê? O número total de pessoas do levantamento de dados? (960 é 12,5% do total.) O número de indianos do levantamento de dados? (960 é 62,5% do total.) O número de pessoas que concordam totalmente? (960 é 40,9% do total da coluna.) Todas estas são possibilidades, e são potencialmente úteis ou interessantes. Você provavelmente vai acabar calculando (ou deixar sua tecnologia calcular) muitos percentuais. Muitos dos programas estatísticos oferecem a escolha de **percentual total geral, percentual das linhas** ou **percentual das colunas** para tabelas de contingência. Infelizmente, eles geralmente colocam todos juntos com vários números em cada célula da tabela. A tabela resultante (Tabela 4.5) contém muita informação, mas é difícil de ser entendida.

Tabela 4.5 Outra tabela de contingência da *Preferência Regional* e *País*. Desta vez, vemos não somente as frequências para cada combinação de duas variáveis, mas também os percentuais que estas frequências representam. Para cada frequência, existem três escolhas de percentual: pela linha, pela coluna e pelo total da tabela. Provavelmente há informações demais aqui para esta tabela ser útil

		Preferência Regional						
		Concorda totalmente	Concorda em parte	Não concorda e nem discorda	Discorda em parte	Discorda totalmente	Não sabe	Total
Pais	**China**	518	576	251	117	33	7	**1502**
	%/linha	34,49	38,35	16,71	7,79	2,20	0,47	**100,00**
	%/coluna	22,08	25,98	14,44	14,43	6,63	8,75	**19,53**
	%/total	6,74	7,49	3,26	1,52	0,43	0,09	**19,53**
	França	347	475	400	208	94	15	**1539**
	%/linha	22,55	30,86	25,99	13,52	6,11	0,97	**100,00**
	%/coluna	14,79	21,43	23,01	25,65	18,88	18,75	**20,01**
	%/total	4,51	6,18	5,20	2,70	1,22	0,20	**20,01**
	Índia	960	282	129	65	95	4	**1535**
	%/linha	62,54	18,37	8,40	4,23	6,19	0,26	**100,00**
	%/coluna	40,92	12,72	7,42	8,01	10,08	5,00	**19,96**
	%/total	12,48	3,67	1,68	0,845	1,24	0,05	**19,96**
	Reino Unido	214	407	504	229	175	28	**1557**
	%/linha	13,74	26,14	32,37	14,71	11,24	1,80	**100,00**
	%/coluna	9,12	18,36	29,00	28,24	35,14	35,00	**20,24**
	%/total	2,78	5,29	6,55	2,98	2,28	0,36	**20,24**
	Estados Unidos	307	477	454	192	101	26	**1557**
	%/linha	19,72	30,64	29,16	12,33	6,49	1,67	**100,00**
	%/coluna	13,09	21,52	26,12	23,67	20,28	32,50	**20,24**
	%/total	3,99	6,20	5,90	2,50	1,31	0,34	**20,24**
	Total	**2 346**	**2 217**	**1 738**	**811**	**498**	**80**	**7690**
	%/linha	**30,51**	**28,83**	**22,60**	**10,55**	**6,48**	**1,04**	**100,00**
	%/coluna	**100,00**	**100,00**	**100,00**	**100,00**	**100,00**	**100,00**	**100,00**
	%/total	**30,51**	**28,83**	**22,60**	**10,55**	**6,48**	**1,04**	**100,00**

102 Parte 1 – Explorando e Coletando Dados

Para simplificar a tabela, vamos inicialmente eliminar os valores correspondentes aos percentuais do total.

Tabela 4.6 Uma tabela de contingência da *Preferência Regional* e *País* mostrando somente o total dos percentuais

País	Preferência Regional						
	Concorda totalmente	Concorda em parte	Não concorda e nem discorda	Discorda em parte	Discorda totalmente	Não sabe	Total
China	6,74	7,49	3,26	1,52	0,43	0,09	**19,53**
França	4,51	6,18	5,20	2,70	1,22	0,20	**20,01**
Índia	12,48	3,67	1,68	0,85	1,24	0,05	**19,96**
Reino Unido	2,78	5,29	6,55	2,98	2,28	0,36	**20,25**
Estados Unidos	3,99	6,20	5,90	2,50	1,31	0,34	**20,25**
Total	**30,51**	**28,83**	**22,60**	**10,55**	**6,48**	**1,04**	**100,00**

Estes percentuais nos dizem qual o percentual de *todos* os respondentes que pertencem a cada combinação da categoria de coluna e linha. Por exemplo, vemos que 3,99% dos respondentes eram norte-americanos que concordaram totalmente com a pergunta, o que é um pouco mais que o percentual de indianos que concordaram em parte. Este fato é útil? Isto é realmente o que queremos saber?

Percentual de quê? As palavras podem ser enganosas quando falamos sobre percentuais. Se for perguntado "Que percentual daqueles que responderam 'Eu não sei' são indianos?" Está bem claro que você deveria examinar somente a coluna *Não sabe*. A própria pergunta parece restringir o *quem* na pergunta àquela coluna, portanto, você deveria olhar para o número daqueles, em cada país, entre as 80 pessoas que responderam "Eu não sei". Você deverá encontrar isto na coluna dos percentuais e a resposta será 4 entre 80 ou 5,00%.

Mas se for perguntado "Qual o percentual era de indianos que responderam 'Eu não sei'?", você tem uma pergunta diferente. Tenha cuidado: a pergunta realmente significa "que percentual de toda amostra era da Índia e respondeu "Eu não sei?". Portanto, o *quem* são todos os respondentes. O denominador deve ser 7690 e a resposta é o percentual da tabela 4/7690 = 0,05%.

Finalmente, se for perguntado "Qual o percentual de indianos que respondeu 'Eu não sei?', você tem uma terceira pergunta. Agora o *quem* são os indianos. Assim, o denominador é 1535 indianos e a resposta é a linha do percentual 4/1535 = 0,26%.

> Sempre pergunte "percentual do quê". Isso irá ajudar na definição do *quem* e irá ajudá-lo a decidir se você quer os percentuais da linha, da coluna ou do total.

Distribuições condicionais

As perguntas mais interessantes são contingentes de algo. Gostaríamos de saber, por exemplo, qual o percentual *de indianos* que concordaram totalmente com a afirmação e como isto se compara ao percentual *de britânicos* que também concordaram. Da mesma forma, podemos perguntar se a chance de concordar com a afirmação depende do *País* do respondente. Podemos olhar para esta pergunta de duas maneiras.

Em primeiro lugar, poderíamos perguntar como a distribuição da *Preferência Regional* muda conforme o *País*. Para fazer isso, olhamos para a linha dos percentuais.

Tabela 4.7 A distribuição condicional da *Preferência Regional* condicionada a dois valores de *País*: Índia e Reino Unido. Esta tabela mostra a linha dos percentuais

		\multicolumn{7}{c}{Preferência Regional}
		Concorda totalmente	Concorda em parte	Não concorda e nem discorda	Discorda em parte	Discorda totalmente	Não sabe	Total
País	Índia	960	282	129	65	95	4	1 535
		62,54	18,37	8,40	4,23	6,19	0,26	100
	Reino Unido	214	407	504	229	175	28	1 557
		13,74	26,14	32,37	14,71	11,24	1,80	100

Examinando cada linha separadamente, vemos a distribuição da *Preferência Regional* sob a condição de estar no *País* selecionado. A soma dos percentuais em cada linha é de 100%, e dividimos pelas respostas à pergunta. Na verdade, podemos restringir temporariamente o *quem* primeiro para os indianos e olhar como as suas respostas estão distribuídas. Uma distribuição como esta é chamada de **distribuição condicional**, porque mostra a distribuição de uma variável apenas para aqueles casos que satisfazem uma condição em outra. Podemos comparar as duas distribuições condicionais com diagramas de *pizza* (Figura 4.7). Nós também podemos, é claro, mudar a direção da pergunta. Podemos olhar para a distribuição de *Países* para cada categoria da *Preferência Regional*. Para fazer isto, olhamos para a coluna dos percentuais.

Vendo como os percentuais mudam em cada linha, com certeza parece que a distribuição das respostas à pergunta é diferente em cada *País*. Para tornar as diferen-

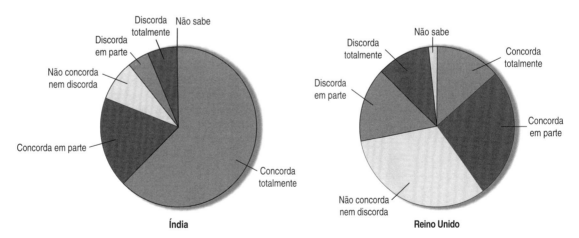

Figura 4.7 Diagramas de *pizza* das distribuições condicionais de *Preferência de Comida Regional* de interesse para Índia e Reino Unido. O percentual de pessoas que concordam é maior na Índia que no Reino Unido.

ças mais vívidas, podemos exibir também as distribuições condicionais. A Figura 4.8 mostra um exemplo de diagrama de colunas lado a lado, exibindo as respostas para as perguntas para Índia e Reino Unido.

Na Figura 4.8, está claro que os indianos têm uma preferência mais forte pela sua própria culinária que os ingleses pela sua. Para as empresas de alimentação, incluindo os clientes da GfK Roper, isto significa que os indianos são menos propensos a aceitar um produto alimentício que eles acham que seja estrangeiro. Por outro lado, os britânicos têm maior aceitação para os alimentos "estrangeiros". Esta poderia ser uma informação inestimável para a comercialização de produtos.

As variáveis podem ser associadas de muitas maneiras em diferentes graus. A melhor maneira de dizer se duas variáveis estão associadas é perguntar se elas *não* estão.[2] Numa tabela de contingência, quando a distribuição de uma variável é a mesma para todas as categorias da outra, dizemos que as variáveis são **independentes**. Isto nos diz que não existe associação entre estas variáveis. Veremos uma maneira de verificar a independência mais adiante no livro. Neste momento, iremos apenas comparar as distribuições.

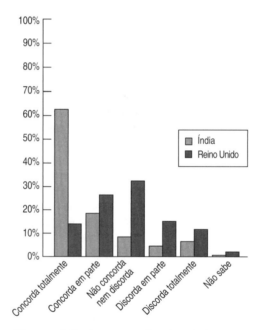

Figura 4.8 Diagramas de coluna lado a lado mostrando a distribuição condicional da *Preferência de Comida Regional* para Índia e Reino Unido. É mais fácil comparar os percentuais dos países com diagramas de coluna lado a lado do que com diagramas de *pizza*.

---

[2] Este tipo de raciocínio "inverso" aparece com uma frequência surpreendente nas ciências e na estatística.

TESTE RÁPIDO

Para poder ajustar seu estoque, uma ótica coleta os seguintes dados de seus clientes:

		Condição visual			
		Miopia	Hipermetropia	Bifocais	Total
Sexo	Masculino	6	20	6	32
	Feminino	4	16	12	32
	Total	10	36	18	64

1. Qual percentual de mulheres tem hipermetropia?
2. Qual o percentual dos clientes míopes do sexo feminino?
3. Qual o percentual de todos os clientes que são mulheres com hipermetropia?
4. Qual é a distribuição da *Condição visual*?
5. Qual é a distribuição condicional de *Condição visual* para o sexo masculino?
6. Compare o percentual dos clientes do sexo feminino míopes ao percentual de todos os clientes do sexo feminino.
7. As variáveis *Condições visual* e *Sexo* são dependentes? Explique.

Diagramas de colunas segmentados

Podemos exibir as informações do levantamento de dados da Roper dividindo as colunas, ao invés dos círculos, como é feito com os diagramas de *pizza*. O **diagrama de colunas segmentado** resultante trata cada coluna como o "todo" e a divide proporcionalmente em segmentos correspondentes ao percentual em cada grupo. Podemos ver que as distribuições das respostas à pergunta são muito diferentes nos dois países, indicando, novamente, que a *Preferência Regional* não é dependente da variável *País*.

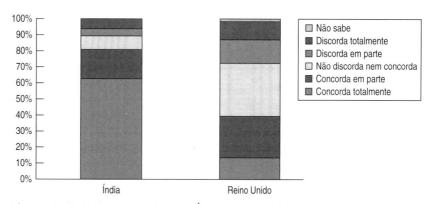

Figura 4.9 Embora os totais para a Índia e Reino Unido sejam diferentes, as colunas são da mesma altura, porque convertemos os números em percentuais. Compare esta representação com os diagramas de coluna lado a lado dos mesmos dados vistos na Figura 4.7.

EXEMPLO ORIENTADO | *Segurança alimentar*

O armazenamento e a segurança alimentar são grandes problemas para as companhias multinacionais de alimentos. Um cliente quer saber se pessoas de todas as faixas etárias têm o mesmo grau de preocupação. Portanto, a consultoria GfK Roper perguntou a 1500 pessoas, em cinco países, se elas concordam com a seguinte afirmação: "Eu me preocupo com a segurança da comida que compro." Queremos verificar de que forma a preocupação do cliente com a segurança alimentar está relacionada à sua idade.

PLANEJAR

Organização
- Declarar os objetivos e metas do estudo.
- Identificar e definir as variáveis.
- Determinar um prazo para o processo de coleta de dados.

O cliente quer examinar a distribuição das respostas à pergunta sobre segurança alimentar e ver se elas estão relacionadas à idade do respondente. A consultoria GfK Roper coletou dados sobre esta pergunta no segundo semestre de 2005 para o seu relatório mundial de 2006. Iremos usar os dados desse estudo.

A variável é segurança alimentar. As respostas estão em categorias não sobrepostas de concordância, variando deste Concorda Totalmente até Discorda Totalmente (e Não Sabe). Havia, originalmente, 12 faixas etárias que foram combinadas em apenas cinco:

Adolescente	13-19
Jovem	20-29
Adulto	30-39
Meia-idade	40-49
Maduro	50 ou mais

Ambas as variáveis, segurança alimentar e idade, são categóricas ordinais. Para examinar quaisquer diferenças entre as faixas etárias, é apropriado criar uma tabela de contingência e um diagrama de colunas lado a lado. Aqui está uma tabela de contingência da "segurança alimentar" versus "idade".

FAZER

Mecânica Para um grande conjunto de dados, nós nos baseamos na tecnologia para construir as tabelas e representar os dados.

		Segurança alimentar					
		Concorda totalmente	Concorda em parte	Não concorda e nem discorda	Discorda em parte	Discorda totalmente	Não sabe	Total
Idade	Adolescente	16,19	27,50	24,32	19,30	10,58	2,12	100%
	Jovem	20,55	32,68	23,81	14,94	6,98	1,04	100%
	Adulto	22,24	34,89	23,28	12,26	6,75	0,59	100%
	Meia-idade	24,79	35,31	22,02	12,43	5,06	0,39	100%
	Maduro	26,60	33,85	21,21	11,89	5,82	0,63	100%

continua...

continuação

	Um diagrama de colunas lado a lado é útil para comparar vários grupos.	Um diagrama de colunas lado a lado mostra a percentagem de cada resposta à pergunta para cada grupo etário. 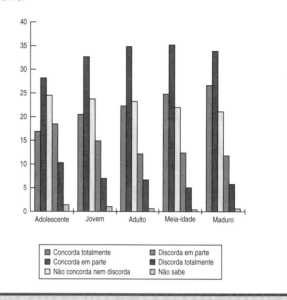
	**Resumo e Conclusões** Resuma os diagramas e as análises em um contexto. Faça recomendações, se possível, e discuta análises posteriores que sejam necessárias.	MEMORANDO: Re: Preocupação com a segurança dos alimentos conforme a idade Nossa análise dos relatórios do levantamento de dados mundial de 2006, da GfK Roper™, mostra um padrão de preocupação sobre a segurança alimentar que geralmente aumenta do mais jovem ao mais velho. Até agora, a nossa análise não considerou se este padrão é consistente por todos os países. Se for do interesse do seu grupo, poderíamos executar uma análise similar para cada um dos países. As tabelas e gráficos anexos fornecem suporte para estas conclusões.

 O QUE PODE DAR ERRADO?

- **Não viole o princípio da área.** Este é, provavelmente, o erro mais comum na exibição gráfica. As violações do princípio da área são geralmente feitas pela apresentação artística. Aqui, por exemplo, estão duas versões do mesmo diagrama de *pizza* para os dados de *Preferência Regional*.

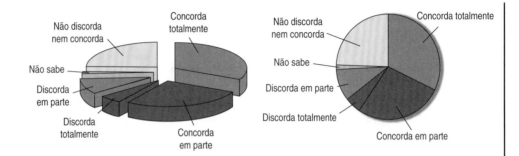

O diagrama à esquerda parece interessante, não acham? Porém, mostrar o diagrama tridimensional explodido viola o princípio da área e torna muito mais difícil comparar frações do todo constituídas para cada categoria da resposta – a característica principal que um diagrama de *pizza* deve mostrar.

- **Seja honesto.** Aqui está um diagrama de *pizza* que exibe dados percentuais de alunos do Ensino Médio envolvidos com comportamentos perigosos especificados, conforme relato do Centro de Controle de Doenças. O que está errado neste gráfico?

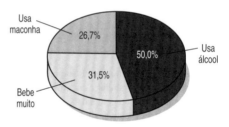

Tente somar os percentuais, ou observe a fatia dos 50%. Ela está correta? Então pense: estes percentuais são de que? Existe um "todo" que foi fatiado? Num diagrama de *pizza*, a proporção exibida por cada fatia da *pizza* tem que somar 100%, e cada indivíduo deve estar dentro de somente uma categoria. É claro que exibir a *pizza* explodida torna ainda mais difícil detectar o erro.

Aqui está outro exemplo: este diagrama de colunas mostra o número de passageiros de companhias aéreas examinados pelo raio X de segurança.

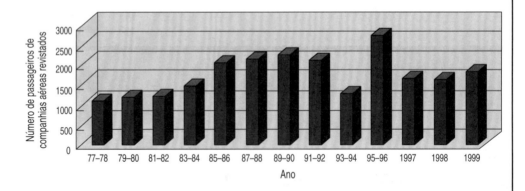

Parece que as coisas não mudaram muito nos anos finais do século XX – até você ler os rótulos das colunas e ver que as últimas três colunas representam um único ano, enquanto todas as outras são *pares* de anos. A falsa profundidade torna ainda mais difícil a visualização do problema.

- **Não confunda os percentuais.** Muitos percentuais baseados numa distribuição condicional e conjunta parecem similares, mas são diferentes:
  - O percentual de franceses que responderam "concordo totalmente": isto é 347/1539 ou 22,5%.
  - O percentual daqueles que responderam "não sei" e que são franceses: isto é 15/80 ou 18,75%.
  - O percentual daqueles que eram franceses *e* responderam "concordo totalmente": isto é 347/7690 ou 4,5%.

Pais	Preferência Regional						
	Concorda totalmente	Concorda em parte	Não concorda nem discorda	Discorda em parte	Discorda totalmente	Não sabe	Total
China	518	576	251	117	33	7	1502
França	347	475	400	208	94	15	1539
Índia	960	282	129	65	95	4	1535
Reino Unido	214	407	504	229	175	28	1557
Estados Unidos	307	477	454	192	101	26	1557
Total	2346	2217	1738	811	498	80	7690

Em cada exemplo, preste atenção à expressão que faz restrição a um grupo menor (aqueles que são franceses e que responderam "não sei", e todos os respondentes, respectivamente) antes de encontrar um percentual. Isto restringe o *quem* do problema e o denominador associado ao percentual. Sua discussão dos resultados deve deixar claras estas diferenças.

- **Não esqueça de observar as variáveis separadamente também**. Quando você fizer uma tabela de contingência ou exibe uma distribuição condicional, certifique-se também de examinar as distribuições marginais. É importante saber quantos casos estão em cada categoria.

- **Certifique-se de usar indivíduos suficientes.** Quando você utiliza percentuais, tenha cuidado de verificar se eles estão baseados em um número suficiente de indivíduos (ou casos). Cuide para não fazer um relatório como este:

Constatamos que 66,7% das empresas pesquisadas melhoraram seu desempenho contratando consultores externos. A outra empresa faliu.

- **Não exagere seu caso**. A independência é um conceito importante, mas é raro duas variáveis serem *totalmente* independentes. Nós não podemos concluir que uma variável não tem qualquer efeito sobre outra. Geralmente, tudo o que sabemos é que pouco efeito foi observado no nosso estudo. Outros estudos de outros grupos, sob outras circunstâncias, poderiam encontrar resultados diferentes.

- **Não use percentuais parciais ou inapropriados**. Algumas vezes, os percentuais podem ser enganosos; em outras, podem simplesmente não fazer sentido. Tenha cuidado para não combinar percentagens inapropriadamente quando encontrar percentuais entre categorias diferentes. A próxima seção fornece um exemplo.

Um exemplo famoso do Paradoxo de Simpson surgiu durante uma investigação dos índices de admissão de homens e mulheres nos cursos de pós-graduação da Universidade da Califórnia, em Berkeley. Conforme foi relatado em um artigo da *Science*, aproximadamente 45% das requisições masculinas foram aceitas, mas somente 30% das solicitações femininas tiveram êxito. O resultado parecia um caso claro de discriminação. Contudo, quando os resultados foram divididos entre as faculdades (engenharia, direito, medicina, etc.), percebeu-se que em cada curso as mulheres eram admitidas em taxas próximas, ou em alguns casos, bem superiores, às dos homens. Como isto é possível? Um grande número de mulheres solicita admissão em cursos com taxas de ingresso bastante baixas (direito e medicina, por exemplo, admitem menos de 10%). Já os homens requerem ingresso para engenharia e ciências. Estes cursos têm taxas de ingresso superiores a 50%. Quando o total de requerentes é combinado e os percentuais calculados, as mulheres apresentam uma taxa *global* muito mais baixa, mas estas probabilidades combinadas, na verdade, não fazem sentido.

O Paradoxo de Simpson

Aqui está um exemplo mostrando que percentuais combinados entre diferentes valores ou grupos podem fornecer resultados absurdos. Suponha que existam dois representantes de vendas, Peter e Katrina. Peter argumenta que ele é o melhor vendedor, uma vez que conseguiu fechar 83% das suas últimas 120 possibilidades comparado com os 78% de Katrina. Porém, vamos observar os dados mais atentamente. Aqui (Tabela 4.8) estão os resultados para cada uma das suas últimas 120 comunicações de vendas, dividas pelo produto que estavam vendendo.

Tabela 4.8 Observe os percentuais dentro de cada categoria de *Produto*. Quem tem uma taxa melhor de sucesso no fechamento das vendas de papel? Quem tem uma taxa melhor de sucesso no fechamento das vendas de *Flash Drives*? Quem tem a melhor performance no total?

	Produto		
Representante de Vendas	**Papel para impressora**	**USB *Flash Drive***	**Total**
Peter	90 em 100	10 em 20	100 em 120
	90%	50%	83%
Katrina	19 em 20	75 em 100	94 em 120
	95%	75%	78%

Observe as vendas dos dois produtos separadamente. Para as vendas de papel para impressora, Katrina teve uma taxa de sucesso de 95% e Peter teve somente uma taxa de 90%. Quando vendia *flash drives*, Katrina fechou suas vendas 75% do tempo, mas Peter somente 50%. Portanto, Peter tem a performance "total" melhor, mas Katrina é melhor vendendo cada produto. Como isto é possível?

Este problema é conhecido como o **Paradoxo de Simpson**, em homenagem ao estatístico que o descreveu em 1960. Embora ele seja raro, já houve alguns casos bem registrados dele. Como podemos ver no exemplo, o problema resulta da forma inadequada da combinação dos percentuais de grupos diferentes. Katrina se concentra na venda de *flash drives*, que é mais difícil, assim seu percentual *total* é fortemente influenciado por sua média de *flash drives*. Peter vende mais papel para impressora, o que parece ser mais fácil de vender. Com seus diferentes padrões de venda, tirar um percentual geral é equivocado. O gerente deles deveria ter cuidado de não concluir impulsivamente que Peter é o melhor vendedor.

A lição do Paradoxo de Simpson é ter certeza de combinar medidas semelhantes com indivíduos semelhantes. Seja especialmente cuidadoso ao combinar níveis diferentes de uma segunda variável. É geralmente melhor comparar percentuais *dentro* de cada nível, ao invés de comparar entre os níveis.

ÉTICA EM AÇÃO

Lyle Erhardt trabalha para um importante fornecedor do *software* ARC (Administração do Relacionamentos com Clientes) há três anos. Ele foi recentemente comunicado da publicação de um estudo que examinava os fatores relacionados à implementação, com sucesso, de projetos de ARC entre empresas na indústria de serviços financeiros. Lyle leu a pesquisa com interesse e ficou animado em ver que o *software* ARC da sua empresa estava incluído. Entre os resultados, havia tabelas relatando o número de projetos que tiveram sucesso, baseados no tipo de implementação de ARC (Operacional *versus* Analítico) para cada um dos produtos ARC líderes em 2006.

Lyle rapidamente encontrou os resultados da sua empresa e do seu principal concorrente. Ele resumiu os resultados em uma tabela como segue:

	Sua Empresa	Principal Concorrente
Operacional	16 sucessos em 20	68 sucessos em 80
Analítico	90 sucessos em100	19 sucessos em 20

No princípio, ele ficou um pouco desapontado, especialmente porque a maioria dos seus clientes estava interessada em ARC Operacional. Ele tinha esperanças de ser capaz de difundir as descobertas deste relatório entre o pessoal de vendas, para que eles pudessem se referir a ele quando visitassem clientes em potencial. Depois de pensar um pouco, ele se deu conta de que poderia combinar os resultados. A taxa total de sucesso de sua empresa era de 106 em 120 (acima de 88%), maior que seu principal concorrente. Agora, Lyle estava feliz de ter encontrado e lido o relatório.

QUESTÃO ÉTICA *Lyle, intencionalmente ou não, se beneficiou do Paradoxo de Simpson. Combinando os percentuais, ele pode apresentar as descobertas de uma maneira favorável à sua empresa (relacionado ao item A,* ASA Ethical Guidelines*).*

SOLUÇÃO ÉTICA *Lyle não deveria combinar os percentuais, porque os resultados são enganosos. Se ele decidir distribuir a informação para seu pessoal de vendas, deve fazê-lo sem combinar os percentuais.*

O que aprendemos?

Aprendemos que podemos resumir dados categóricos contando o número de casos em cada categoria, algumas vezes expressando a distribuição resultante como percentuais. Podemos exibir a distribuição num diagrama de colunas ou num de *pizza*. Quando queremos ver como duas variáveis categóricas estão relacionadas, colocamos as estimativas (e/ou percentuais) numa tabela de dupla entrada, chamada de tabela de contingência.

- Observamos a distribuição marginal de cada variável (encontrada nas margens da tabela).
- Também observamos a distribuição de uma variável dentro de cada categoria da outra variável.
- Podemos exibir estas distribuições condicionais e marginais usando diagramas de coluna ou de *pizza*.
- Se as distribuições de uma variável condicional são (aproximadamente) as mesmas para cada categoria da outra, as variáveis são independentes.

Termos

Diagrama de colunas (diagrama de colunas de frequência relativa)	Um diagrama que representa a frequência (ou percentual) de cada categoria de uma variável categórica como uma coluna, permitindo comparações visuais fáceis entre categorias.

Diagrama de *pizza*	Os diagramas de *pizza* mostram como um "todo" se divide em categorias, mostrando uma fatia de um círculo cuja área corresponde à proporção em cada categoria.
Distribuição	A distribuição de uma variável é uma lista de: • todos os valores possíveis de uma variável • a frequência relativa de cada valor
Distribuição condicional	A distribuição de uma variável, restringindo o *quem*, para considerar somente um grupo menor de indivíduos.
Distribuição marginal	Numa tabela de contingência, a distribuição de cada variável isoladamente, isto é, independente da outra. As frequências *ou p*ercentuais são os totais encontrados nas margens (geralmente a coluna das direita ou a linha inferior) da tabela.
Paradoxo de Simpson	Um fenômeno que surge quando médias ou percentuais são tomados entre diferentes grupos e estas médias do grupo parecem contradizer as médias totais.
Percentual da coluna	A proporção de cada coluna contida em uma célula de uma tabela de frequência.
Percentual da linha	A proporção de cada linha contida numa célula de uma tabela de frequência.
Percentual total	A proporção do total contido numa célula de uma tabela de frequência.
Princípio da Área	Um princípio que ajuda a interpretar a informação estatística com distorção, insistindo que, numa apresentação estatística, cada valor dos dados seja representado pela mesma área.
Tabela de contingência	Uma tabela de contingência apresenta frequências e, algumas vezes, percentuais de indivíduos de categoriais de duas ou mais variáveis. A tabela categoriza os indivíduos em todas as variáveis ao mesmo tempo, para revelar possíveis padrões em uma variável que pode ser contingente na categoria da outra.
Variáveis independentes	Variáveis nas quais a distribuição condicional de uma variável é a mesma para cada categoria da outra.
Tabela de frequência (tabela de frequência relativa)	Uma tabela que lista as categorias de uma variável categórica e fornece o número (ou percentual) das observações para cada categoria. O percentual da linha é a proporção de cada linha contida na célula de uma tabela de frequência, enquanto o percentual da coluna é a proporção de cada coluna contida na célula de uma tabela de frequência.

Habilidades

- Reconhecer quando uma variável é categórica e escolher a apresentação adequada para ela.
- Entender como examinar a associação entre variáveis categóricas, comparando percentuais condicionais e marginais.

- Resumir a distribuição de uma variável categórica com uma tabela de frequência.
- Apresentar a distribuição de uma variável categórica com um diagrama de colunas ou diagramas de *pizza*.
- Construir e examinar uma tabela de contingência.
- Construir e examinar as apresentações das distribuições condicionais de uma variável para dois ou mais grupos.

- Descrever a distribuição de uma variável categórica em termos de seus valores possíveis e frequências relativas.
- Descrever quaisquer anomalias ou características extraordinárias reveladas pela representação de uma variável.
- Descrever e discutir padrões encontrados numa tabela de contingência e apresentações associadas de distribuições condicionais.

Ajuda tecnológica: apresentando dados categóricos no computador

Embora cada pacote faça um diagrama de colunas ligeiramente diferente, todos têm características similares:

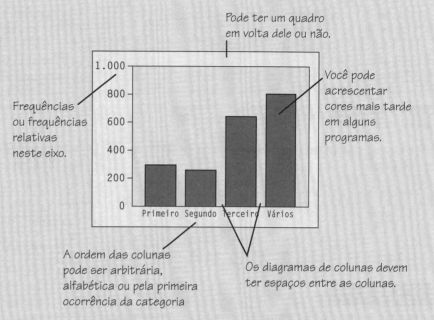

Algumas vezes, a frequência ou a percentagem é impressa acima ou no topo de cada coluna para dar uma informação adicional. Você pode descobrir que seu pacote estatístico classifica os nomes das categorias em ordens inoportunas por padrão. Por exemplo, muitos pacotes classificam categorias em ordem alfabética ou pela ordem que as categorias são vistas no conjunto de dados. Muitas vezes, nenhuma destas é a melhor escolha.

Excel

Em primeiro lugar, construa uma tabela de frequências. No menu **Dados**, escolha **Relatório de tabelas** e **gráficos dinâmicos**.

Quando a janela de *Layout* aparecer, arraste sua variável para a área denominada "Solte campos de linhas aqui" (caso deseje uma tabela por linhas); em seguida, arraste sua variável novamente para a área denominada "Solte itens de dados aqui". Isto diz para o Excel contar as ocorrências em cada categoria.

Uma vez construída a distribuição de frequências, você pode construir um diagrama de colunas ou um diagrama de *pizza*. Para isso:

Clique sobre a distribuição de frequências.

Clique no ícone com a figura de um diagrama de colunas no menu "Gráfico dinâmico". O Excel cria um diagrama de colunas.

Para mudar para um diagrama de *pizza*, clique com o botão direito sobre o diagrama de colunas e, no menu flutuante que aparecer, clique em "Tipo de gráfico". Escolha, então, o diagrama de *pizza* desejado ou mesmo outro, se for adequado para os dados que estão sendo apresentados.

Comentários

O Excel usa o "Relatório de tabelas e gráfico e dinâmicos" para especificar os nomes das categorias e encontrar as frequências dentro de cada categoria. Se você já tem esta informação, pode ir direto para o "Assistente de gráfico".

Parte 1 – Explorando e Coletando Dados

Excel 2007

Para fazer um diagrama de colunas:

- Selecione a variável que você quer representar graficamente da planilha Excel.
- Clique no ícone **Coluna** no painel que você obtém clicando no item de menu **Inserir**
- Selecione o tipo de diagrama desejado na lista de opções suspensa.

Para mudar do diagrama de colunas para o diagrama de *pizza*:

- Clique sobre o gráfico com o botão direito do mouse e escolha, do menu suspenso que abrir, **Alterar tipo de gráfico...**. A caixa de diálogo **Alterar tipo de gráfico** se abrirá.
- Selecione o tipo de diagrama de *pizza* desejado.
- Clique na tecla **OK**. O Excel irá transformar o seu diagrama de colunas em um diagrama de *pizza*.

Minitab

Para fazer um diagrama de colunas, escolha o **Bar Chart** do menu **Graph**.

Então, selecione um gráfico Simples (Simple), Aglomerado (Cluster) ou Empilhado (Stack) das opções e clique em **OK**. Para fazer um diagrama de colunas **Simples** (Simple), entre com o nome da variável que será representada graficamente na caixa de diálogo. Para obter um diagrama de frequência relativa, clique em **Chart Options** (Opções de gráficos) e escolha **Show Y as Percent** (Mostrar Y como Percentual)

Na caixa de diálogo **Chart** (Gráfico), entre com o nome da variável que você quer representar no painel denominado "**Categorical Variables**" (Variáveis Categóricas). Clique em **OK**.

SPSS

Para fazer um diagrama de colunas, abra o **Chart Builder** (Construtor de gráficos) do menu **Graphs** (Gráficos).

Clique no painel **Gallery** (Galeria).

Escolha **Bar Chart** (Diagrama de colunas), da lista de tipos de diagramas.

Arraste o diagrama de colunas apropriado para a tela.

Arraste a variável categórica para a zona do eixo X.

Clique em **OK**.

Comentários

Um caminho similar faz um diagrama de *pizza* escolhendo **Pie Charts** (Diagramas de *pizza*), da lista dos tipos de diagramas.

Data Desk

Para fazer um diagrama de colunas ou um diagrama de *pizza*, selecione a variável desejada. No menu **Plot** (Desenhar), escolha **Bar Chart** (Diagrama de colunas) ou **Pie Chart** (Diagrama de *pizza*).

Para construir uma tabela de frequências, no menu **Calc** (Calcular) escolha **Frequency Table** (Tabela de frequências).

Comentários

Estes comandos tratam os dados como categóricos, mesmo que eles sejam numéricos. Se você selecionar uma variável quantitativa por engano, irá ver uma mensagem de erro avisando a existência de muitas categorias.

JMP

O JMP faz, ao mesmo tempo, um diagrama de colunas e uma tabela de frequências. No menu **Analyze** (Analisar), escolha **Distribution** (Distribuição).

Na caixa de diálogo **Distribution** (Distribuição), arraste o nome da variável para a janela de variáveis vazia, ao lado do nome "Y, Columns (Colunas, Y)"; clique no **OK**.

Para fazer um diagrama de *pizza*, escolha **Chart** (Diagrama), do menu **Graph** (Gráfico).

Na caixa de diálogo **Chart** (Diagrama), selecione o nome da variável da lista **Columns** (Colunas), clique no botão chamado de "**Statistics** (Estatística)" e selecione "N" do menu suspenso.

Clique em "**Categories, X, Levels** (Categorias, X, Níveis)" para atribuir o mesmo nome da variável ao eixo X.

Sob **Options** (Opções), clique no **segundo** botão – chamado de "**Bar Chart** (Diagrama de Coluna)" – e selecione "Pie (*Pizza*)" do menu suspenso.

Projetos de estudo de pequenos casos

Calçados KEEN

Mais dados que os Calçados KEEN receberam do *Google Analytics* estão no arquivo **ch04_MCSP_KEEN**. Abra o arquivo de dados usando um pacote estatístico e encontre os dados em *Country of Origin* (País de Origem), *Top Keywords* (Palavras-chave Principais), *On-line Retailers* (Varejistas *On-line*), *User Statistics* (Estatísticas do Usuário) e *Page Visits* (Visitas a Páginas). Crie tabelas de frequências, diagramas de colunas e diagramas de *pizza* usando o seu *software*. O que a KEEN pode querer saber sobre seu tráfego na rede? Quais dessas tabelas e diagramas é mais útil para tratar da pergunta sobre onde eles deveriam fazer propaganda e como deveriam posicionar seus produtos? Escreva um relatório do caso resumindo sua análise e resultados.

EXERCÍCIOS

1. Gráficos na imprensa. Encontre um diagrama de colunas de dados categóricos de uma publicação de negócios (por exemplo, *Business Week*, *Fortune*, *The Wall Street Journal*, *Revista Exame*, *Valor Econômico*, etc.).
a) O gráfico está claramente identificado?
b) Ele viola o princípio da área?
c) O artigo anexo informa sobre as cinco questões da variável?
d) Você acha que o artigo interpreta corretamente os dados? Explique.

2. Gráficos na imprensa, parte 2. Encontre um diagrama de *pizza* de dados categóricos de uma publicação de negócios (por exemplo, *Business Week*, *Fortune*, *The Wall Street Journal*, *Revista Exame*, *Valor Econômico*, etc.).
a) O gráfico está claramente identificado?
b) Ele viola o princípio da área?
c) O artigo anexo informa sobre as cinco questões da variável?
d) Você acha que o artigo interpreta corretamente os dados? Explique.

3. Tabelas na imprensa. Encontre uma tabela de frequência de dados categóricos de uma publicação de negócios (por exemplo, *Business Week*, *Fortune*, *The Wall Street Journal*, *Revista Exame*, *Valor Econômico*, etc.).
a) Ela está claramente identificada?
b) Ela exibe as frequências ou percentuais?
c) O artigo anexo informa sobre as cinco questões da variável?
d) Você acha que o artigo interpreta corretamente os dados? Explique.

4. Tabelas na imprensa, parte 2. Encontre uma tabela de contingência de dados categóricos de uma publicação de negócios (por exemplo, *Business Week*, *Fortune*, *The Wall Street Journal*, *Revista Exame*, *Valor Econômico*, etc.).
a) Ela está claramente identificada?
b) Ele exibe as frequências ou percentuais?
c) O artigo anexo informa sobre as cinco questões da variável?
d) Você acha que o artigo interpreta corretamente os dados? Explique.

5. Participação no mercado norte-americano. Um artigo no *Wall Street Journal* (16 de março de 2007) relatou a participação no mercado norte-americano dos principais vendedores de bebidas gasosas em 2006, resumido no seguinte diagrama de *pizza*.

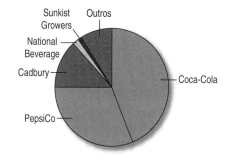

a) Esse é um diagrama apropriado para estes dados? Explique.
b) Qual empresa tem a maior participação de mercado?

6. Participação no mercado mundial. O artigo do *Wall Street Journal* descrito no Exercício 5 também indicou a participação no mercado mundial para os principais distribuidores de chocolates e guloseimas. O seguinte diagrama de colunas exibe os valores:

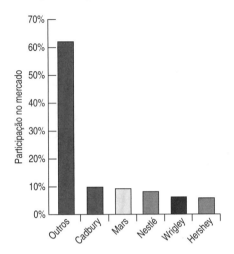

a) Esse é um diagrama apropriado para estes dados? Explique.
b) Qual empresa tem a maior participação no mercado de doces?

7. Participação no mercado, novamente. Aqui está um diagrama de colunas dos dados do Exercício 5.

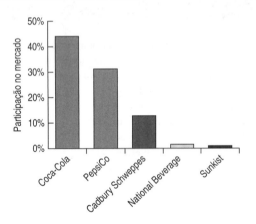

a) Comparado ao diagrama de *pizza* do Exercício 5, qual é o melhor para exibir as participações relativas no mercado? Explique.
b) O que está faltando nesse diagrama que pode torná-lo enganoso?

8. Participação no mercado mundial, novamente. Aqui está um diagrama de *pizza* dos dados do Exercício 6.

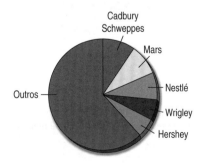

a) Qual é a melhor apresentação destes dados para comparar a participação no mercado destas empresas? Explique.
b) É a Cadbury Schweppers ou a Mars que detém a maior participação no mercado?

9. Companhia de seguros. Uma companhia de seguros está atualizando seus pagamentos e sua estrutura de custos para as suas políticas de seguros. Seu interesse particular é a análise de risco para clientes que estão atualmente tomando medicação para o coração ou pressão alta. Os Centros para o Controle de Doenças listam as causas de morte nos Estados Unidos durante um ano, como sendo:

Causa da Morte	Percentagem
Doenças Cardíacas	30,3
Câncer	23,0
Doenças circulatórias e derrame	8,4
Doenças respiratórias	7,9
Acidentes	4,1

a) É razoável concluir que as doenças cardíacas ou respiratórias foram a causa de aproximadamente 38% das mortes nos EUA durante este ano?
b) Qual o percentual de mortes que ocorreram por causas não listadas aqui?
c) Crie uma apresentação apropriada para estes dados.

10. Crescimento da receita. Um estudo de 2005 feito pelo Babson College e o The Commonwealth Institute fez um levantamento das principais mulheres que lideravam empresas no estado de Massachusetts, nos anos de 2003 e 2004. O estudo relatou os seguintes resultados para participantes constantes com uma taxa de resposta de 9%.

Aumento da receita de 2003-2004	
Declínio	7%
Declínio moderado	9%
Estado estacionário	10%
Crescimento modesto	18%
Crescimento	54%

a) Descreva a distribuição das empresas em relação ao crescimento da receita.
b) É razoável concluir que 72% de todas as mulheres que conduziam negócios nos EUA relataram algum nível de crescimento da receita? Explique.

11. Conferência na rede. Em março de 2007, a Cisco Systems Inc. anunciou planos para comprar a WebEx Communications, Inc. por $3,2 bilhões, demonstrando sua confiança no futuro das conferências virtuais. Os líderes na participação do mercado entre os vendedores na área de conferências virtuais em 2006 são, como segue: WebEx 58,4% e Microsoft 26,3%. Crie uma apresentação gráfica apropriada para esta informação e escreva uma frase ou duas que possa aparecer num artigo de jornal sobre a participação no mercado.

12. Mattel. No seu relatório anual de 2006, a Mattel Inc. divulgou que seu mercado de vendas doméstico estava dividido da seguinte forma: 44,1% à marca Mattel para Meninas e Meninos, 43,0% à marca Fisher-Price e o restante dos aproximadamente $3,5 milhões da receita eram atribuídos à sua marca American Girl. Crie uma apresentação gráfica apropriada para esta informação e escreva uma ou duas frases que possam aparecer num artigo de jornal sobre o desdobramento da receita da empresa.

13. Produtividade de pequenos negócios. O Índice de Pequenos Negócios da Wells Fargo/Gallup perguntou a 592 proprietários de pequenos negócios, em março de 2004, que medidas eles tinham tomado no ano anterior para aumentar a produtividade. Eles constataram que 60% dos proprietários de pequenos negócios tinham atualizado seus computadores, 52% tinham feito outros investimentos importantes (não computador), 37% tinham contratado funcionários para meio expediente, ao invés de tempo integral, 24% não tinham substituído funcionários que haviam se demitido por vontade própria, 15% tinham demitido funcionários e 10% tinham diminuído o salário dos funcionários.
a) O que você observou dos percentuais listados? Como isto pode acontecer?
b) Faça um diagrama de colunas para exibir os resultados e o nomeie com clareza.
c) Um diagrama de *pizza* seria uma maneira efetiva de comunicar estaa informações? Por quê?
d) Escreva duas frases sobre as medidas tomadas por pequenos negócios para aumentar sua produtividade.

14. Contratação nos pequenos negócios. Em 2004, O Índice de Pequenos Negócios da Wells Fargo/Gallup constatou que 86% dos 592 proprietários de pequenos negócios que eles entrevistaram disseram que sua produtividade do ano anterior tinha permanecido a mesma ou aumentado, e a maioria tinha substituído os ganhos da produtividade por trabalho. (Veja Exercício 13). Como pergunta subsequente, o levantamento de dados deu a eles uma lista de possíveis saídas econômicas e perguntou se isto faria com que eles contratatassem mais funcionários. Aqui estão os percentuais dos proprietários dizendo que "certamente ou provavelmente contratariam mais funcionários" para cada cenário: um aumento substancial nas vendas – 79%, um grande acúmulo nos pedidos de vendas – 71%, uma melhoria geral na economia – 57%, um ganho na produtividade – 50%, uma redução geral nos custos – 43% e funcionários mais qualificados disponíveis – 39%.
a) O que você observou sobre os percentuais listados?
b) Faça um diagrama de colunas para apresentar os resultados e os nomeie com clareza.
c) Um diagrama de *pizza* seria uma maneira efetiva de comunicar estas informações? Por quê?
d) Escreva algumas frases sobre as respostas dos proprietários de pequenos negócios sobre a contratação de funcionários dados os cenários listados.

15. Perigo ambiental. Dados do International Tanker Owners Pollution Federation Limited (www.itopf.com) indicam a causa do vazamento de 312 acidentes com grandes petroleiros, de 1974 a 2006. Aqui estão os diagramas. Escreva um breve relatório interpretando o que mostram esses gráficos. Um diagrama de *pizza* é uma representação apropriada para estes dados? Por quê?

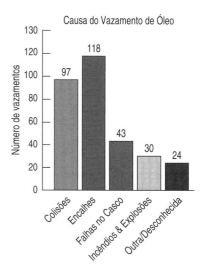

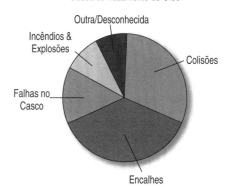

16. Olimpíadas de Inverno. Vinte e seis países ganharam medalhas nas Olimpíadas de Inverno de 2006. A tabela a seguir lista os países, junto com o número total de medalhas que cada um ganhou.

País	Medalhas	País	Medalhas
Alemanha	29	Finlândia	9
Estados Unidos	25	República Checa	4
Canadá	24	Estônia	3
Áustria	23	Croácia	3
Rússia	22	Austrália	2
Noruega	19	Polônia	2
Suécia	14	Ucrânia	2
Suíça	14	Japão	1
Coreia do Sul	11	Bielo-Rússia	1
Itália	11	Bulgária	1
China	11	Grã-Bretanha	1
França	9	Eslováquia	1
Holanda	9	Letônia	1

a) Tente fazer uma apresentação destes dados. Que problemas você encontra?
b) Você pode encontrar uma maneira de organizar os dados para que o gráfico tenha mais sucesso?

17. Importância da saúde. A GfK Roper Reports Worldwide fez um levantamento de dados em 2004 no qual perguntava às pessoas: "Qual a importância de ter saúde para você?". O percentual daquelas que responderam que a importância estava acima da média foi: 71,9% na China, 59,6% na França, 76,1% na Índia, 45,5% no Reino Unido e 45,3% nos Estados Unidos. Foram aproximadamente 1500 respondentes por país. Um relatório mostrou o seguinte diagrama de colunas para estes percentuais.

a) Quanto é maior o percentual daqueles que disseram que ter saúde era importante na Índia do que nos EUA?
b) Esta é a impressão dada pelo diagrama? Explique.
c) Como você melhoraria esta apresentação?
d) Faça uma apresentação apropriada para estes percentuais.

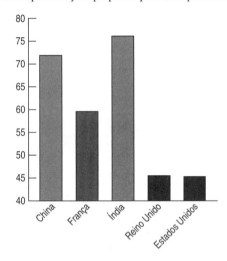

e) Escreva algumas frases descrevendo o que você aprendeu sobre atitudes em relação a ter saúde.

18. A importância do poder. No mesmo levantamento de dados discutido no Exercício 17, a GfK Roper Consulting também perguntou: "Para você, qual é a importância de ter controle sobre as pessoas e recursos?". O percentual de quem respondeu que a importância estava acima da média está apresentado (em %) na seguinte tabela.

China	49,1%
França	44,1%
Índia	74,2%
Reino Unido	27,8%
EUA	36,0%

Aqui está um diagrama de *pizza* para os dados:

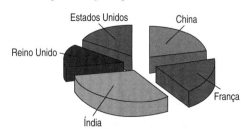

a) Liste os erros que você vê nesta apresentação.
b) Faça uma apresentação apropriada para esses percentuais.

c) Escreva algumas frases descrevendo o que você aprendeu sobre atitudes na obtenção de poder.

19. Finanças do Google. A Google Inc. obtém seus rendimentos de três fontes principais: da renda da publicidade do seus *sites*; da publicidade de milhares de *sites* terceirizados, que engloba a Google Network; e de licenciamento e rendas diversas. A tabela a seguir mostra o percentual de todas as rendas derivadas destas fontes para o período de 2002 a 2006.

a) Estes são percentuais por linhas ou colunas?
b) Faça uma apresentação apropriada para estes dados.
c) Escreva um breve resumo destas informações.

		Ano				
		2002	2003	2004	2005	2006
Fonte de Renda	Google *sites*	70%	54%	50%	55%	60%
	Google network *sites*	24%	43%	49%	44%	30%
	Licenciamento e outras rendas	6%	1%	1%	1%	1%

20. Preços de imóveis. Um estudo de uma amostra de 1057 casas no Estado de Nova York relata os seguintes percentuais de casas classificadas em diferentes categorias de Preço e Tamanho.

		Preço			
		Baixo	Moderadamente baixo	Moderadamente alto	Alto
Tamanho	Pequena	61,5%	35,2%	5,2%	2,4%
	Moderadamente pequena	30,4%	45,3%	26,4%	4,7%
	Moderadamente grande	5,4%	17,6%	47,6%	21,7%
	Grande	2,7%	1,9%	20,8%	71,2%

a) Estes são percentuais por colunas, linhas ou total? Como você sabe?
b) Qual percentual das casas com preço mais alto era menor?
c) Desta tabela, você pode determinar qual o percentual de todas as casas que estavam na categoria de preço baixo?
d) Entre as casas de preço baixo, qual o percentual de pequenas ou moderadamente pequenas?
e) Escreva algumas frases descrevendo a associação entre *Preço* e *Tamanho*.

21. Desempenho de ações. A tabela a seguir exibe informações sobre as ações de 40 empresas norte-americanas, envolvendo sua alteração em 15 de março de 2007, comparada com sua alteração das 52 semanas anteriores.

Capítulo 4 – Apresentando e Descrevendo Dados Categóricos **119**

| Em 15 de março 07 | Durante as 52 semanas anteriores | |
	Mudança Positiva	Mudança Negativa
Mudança Positiva	14	9
Mudança Negativa	11	6

a) Qual o percentual das empresas que apresentaram uma alteração positiva no preço das suas ações durante as 52 semanas anteriores?

b) Qual o percentual das empresas que apresentaram uma alteração positiva no preço das suas ações durante ambos os períodos de tempo?

c) Qual o percentual das empresas que apresentaram uma alteração negativa no preço de suas ações durante ambos os períodos de tempo?

d) Qual o percentual das empresas que apresentaram uma alteração positiva no preço de suas ações durante um período e uma alteração negativa no outro?

e) Entre as empresas que tiveram uma alteração positiva no preço das suas ações durante o dia anterior, qual o percentual que apresentou também uma alteração positiva durante o ano anterior?

f) Entre as empresas com uma alteração negativa nos preços de suas ações no dia anterior, qual o percentual que também apresentou uma alteração positiva durante o ano anterior?

g) Qual a relação, se existir alguma, que você vê entre o desempenho de uma ação num único dia e o seu desempenho nas 52 semanas anteriores?

22. Produto novo. Uma empresa fundada e gerenciada por estudantes de administração está vendendo calendários do *campus*. Os estudantes realizaram uma pesquisa de mercado com vários componentes do *campus* para determinar o potencial de venda e identificar quais os segmentos do mercado que deveriam ser o alvo. (Eles deveriam fazer propaganda na Revista dos Alunos e/ou no jornal local?) A tabela a seguir mostra os resultados da pesquisa de mercado.

| Grupo do Campus | Probabilidade de Compra | | | |
	Improvável	Moderadamente provável	Muito provável	Total
Estudantes	197	388	320	905
Professores/ Funcionários	103	137	98	338
Alunos graduados	20	18	18	56
Residentes da Cidade	13	58	45	116
Total	333	601	481	1 415

a) Que percentual de todos os respondentes é de alunos graduados?

b) Que percentual dos respondentes é provável que compre o calendário?

c) Que percentual de respondentes que muito provavelmente comprarão o calendário é de alunos graduados?

d) Dos alunos graduados, qual o percentual que muito provavelmente comprarão o calendário?

e) Qual é a distribuição marginal dos grupos do *campus*?

f) Qual é a distribuição condicional dos componentes do *campus* dentre aqueles que muito provavelmente de comprarão o calendário?

g) Este estudo apresenta alguma evidência que esta empresa deva focar a venda em alguns grupos específicos do *campus*?

23. Imóveis. O *Wall Street Journal* relatou, em março de 2007, que o mercado de imóveis em Nashville, Tennessee, diminuiu levemente de 2006 para 2007. Os dados de suporte estão resumidos na seguinte tabela.

| Ano | Tipos de Venda | | | | |
	Condomínios	Fazenda/ Terra	Residencial	Multi-familiar	Total
2006	266	177	2 119	48	2610
2007	341	190	2 006	38	2575
Total	607	367	4 125	86	5185

a) Que percentual das vendas de fevereiro de 2006 correspondeu a condomínios? E em fevereiro de 2007?

b) Qual percentual das vendas de fevereiro de 2006 correspondeu a multi-familiar? E em fevereiro de 2007?

c) No geral, qual foi a mudança do percentual nas vendas de imóveis em Nashville, Tennessee, de fevereiro de 2006 para fevereiro de 2007?

24. Finanças do Google, parte 2. A Google Inc. divide seu custo total e encargos em cinco categorias: custo das receitas; pesquisa e desenvolvimento; vendas e *marketing*; administração geral; e diversos. Veja a seguinte tabela:

Custo e encargos	2002 (em $)	2003 (em $)	2004 (em $)	2005 (em $)	2006 (em $)
Custos das receitas	$132.575	$634.411	$1.468.967	$2.577.088	$4.225.027
Pesquisa e desenvolvimento	$40.494	$229.605	$385.164	$599.510	$1.228.589
Vendas e *marketing*	$48.783	$164.935	$295.749	$468.152	$849.518
Administração geral	$31.190	$94.519	$188.151	$386.532	$751.787
Diversos	$0	$0	$201.000	$90.000	$0
Total de custos e encargos	$253.042	$1.123.470	$2.539.031	$4.121.282	$7.054.921

a) Qual o percentual de todos os custos e despesas que correspondeu ao custo das receitas em 2005? Em 2006?

b) Qual o percentual de todos os custos e despesas que foi devido a pesquisa e desenvolvimento em 2005? Em 2006?

120 Parte 1 – Explorando e Coletando Dados

c) Os custos administrativos gerais cresceram como um percentual de todos os custos e encargos durante este período de tempo?

25. Avaliação de filmes. O sistema de classificação de filmes é um sistema voluntário, operado conjuntamente pela Motion Picture Association of America (MPAA – Associação dos Produtores Cinematográficos da América) e a National Association of Theatre Owners (NATO – Associação Nacional dos Proprietários de Cinemas). As classificações são dadas por uma comissão de pais, membros da Classification and Ratings Administration (CARA – Administração da Classificação e Avaliações). A comissão foi criada em resposta aos clamores dos pais, nos anos 1960, por algum tipo de regulamentação do conteúdo de filmes e as primeiras avaliações foram introduzidas em 1968. Aqui estão as informações sobre as avaliações de 120 filmes que entraram em cartaz em 2003, também classificados quanto ao gênero.

		Avaliações				
		Livre	Censura 12 anos	Censura 14 anos	Censura 18 anos	Total
Gênero	Ação/ Aventura	4	5	17	9	**35**
	Comédia	2	12	20	4	**38**
	Drama	0	3	8	17	**28**
	Suspense/ Terror	0	0	11	8	**19**
	Total	**6**	**20**	**56**	**38**	**120**

a) Encontre a distribuição condicional (em percentual) das avaliações dos filmes de ação/aventura.
b) Encontre a distribuição condicional (em percentual) das avaliações dos filmes de suspense/terror.
c) Crie um gráfico comparando as avaliações para os quatro gêneros.
d) O *Gênero* e as *Avaliações* são variáveis independentes? Escreva um breve sumário sobre os que estes dados mostram sobre as avaliações dos filmes e a relação com o gênero do filme.

26. Acesso *wireless*. A Pew Internet and American Life Project tem acesso à Internet desde 1990. Aqui está um desdobramento da renda de 798 usuários da Internet pesquisados em dezembro de 2006, perguntando se eles haviam se conectado à Internet usando ou não um dispositivo *wireless*.

		Usuários *wireless*	Outros usuários da Internet	Total
Renda	Abaixo de $30 mil	34	128	**162**
	$30 mil-$50 mil	31	133	**164**
	$50 mil-$75 mil	44	72	**116**
	Acima de $75 mil	83	111	**194**
	Não sabe/ recusou-se	51	111	**162**
	Total	**243**	**555**	**798**

a) Encontre a distribuição condicional (em percentual) da distribuição de renda para os usuários de *wireless*.
b) Encontre a distribuição condicional (em percentual) da distribuição de renda para não usuários de *wireless*.
c) Crie um gráfico das distribuições de renda dos dois grupos.
d) Você vê diferenças entre as distribuições condicionais? Escreva um breve resumo sobre o que estes dados mostram sobre o uso de *wireless* e sua relação com a renda.

27. MBAs. Um levantamento de dados dos estudantes que ingressaram no MBA de universidade norte-americana classificou-os por país de origem conforme tabela.

		Programa de MBA		
		MBA de 2 anos	MBA noturno	Total
Origem	Ásia/Pacífico	31	33	**64**
	Europa	5	0	**05**
	América Latina	20	1	**21**
	Oriente Médio/África	5	5	**10**
	América do Norte	103	65	**168**
	Total	**164**	**104**	**268**

a) Qual o percentual de todos os estudantes de MBA que são da América do Norte?
b) Qual o percentual de estudantes de MBA de dois anos que são da América do Norte?
c) Qual o percentual de estudantes de MBA noturno que são da América do Norte?
d) Qual é a distribuição marginal da origem dos estudantes?
e) Obtenha a coluna dos percentuais e mostre as distribuições condicionais da origem dos estudantes por tipo de programa de MBA.
f) Você acha que a origem do estudante é independente do programa de MBA? Explique.

28. MBA, parte 2. A mesma universidade do Exercício 27 relatou os seguintes dados sobre o gênero dos estudantes dos seus dois programas de MBA.

		Tipo		
		MBA de 2 anos	MBA noturno	Total
Sexo	Homens	116	66	**182**
	Mulheres	48	38	**86**
	Total	**164**	**104**	**268**

a) Qual o percentual de todos os alunos do MBA que são mulheres?
b) Qual o percentual de alunos do MBA de dois anos que são mulheres?
c) Qual o percentual de alunos do MBA noturno que são mulheres?
d) Você vê indícios de uma associação entre o *Tipo* de programa de MBA e o percentual de estudantes mulheres? Neste caso, por que você acha que isto pode ser verdadeiro?

Capítulo 4 – Apresentando e Descrevendo Dados Categóricos **121**

T **29. Principal produção de filmes.** A tabela seguinte mostra a classificação da Motion Picture Association of America (MPA – Associação Cinematográfica da América) (www.mpaa.org), de acordo com a renda bruta dos 20 principais filmes norte-americanos entre os anos de 1996 a 2005. (Os dados mostram o número dos filmes.)

		Avaliações			
	Livre	Censura 12 anos	Censura 14 anos	Censura 18 anos	Total
2005	1	4	13	2	20
2004	1	6	10	3	20
2003	1	3	11	5	20
2002	1	6	13	0	20
2001	2	4	10	4	20
2000	0	3	12	5	20
1999	2	3	7	8	20
1998	3	3	9	5	20
1997	1	4	8	7	20
1996	2	4	5	9	20
Total	14	40	98	48	200

(Ano)

a) Que percentual de todos os filmes tem censura livre?
b) Que percentual de todos os filmes de 2005 tinham censura livre?
c) Que percentual de todos os filmes que tinham censura livre entrou em cartaz em 1999?
d) Que percentual de todos os filmes produzidos em 2000, ou mais tarde, tinham censura livre?
e) Que percentual de todos os filmes produzidos de 1996 a 1999 tinham censura livre?
f) Compare as distribuições condicionais das avaliações dos filmes produzidos em 2000 ou após com aqueles produzidos de 1996 a 1999. Escreva algumas frases resumindo o que você vê.

T **30. Idas aos cinemas.** A seguinte tabela mostra os dados de frequentadores de cinema, coletados pela Motion Picture Association of America, durante o período de 2002 a 2006. Os números são em milhões de frequentadores de cinemas.

	Idade dos clientes						
	12 a 24	25 a 29	30 a 39	40 a 49	50 a 59	60 e acima	Total
2006	485	136	246	219	124	124	1334
2005	489	135	194	216	125	122	1281
2004	567	132	265	236	145	132	1477
2003	567	124	269	193	152	118	1423
2002	551	158	237	211	119	130	1406
Total	2659	685	1211	1075	665	626	6921

(Ano)

a) Que percentual de frequentadores, durante o período considerado, foi de pessoas com as idades entre 12 e 24?
b) Que percentual de frequentadores de 2003 foi de pessoas com idades entre 12 e 24?

c) Que percentual de ingressos foi comprado por pessoas com idades entre 12 e 24, em 2006?
d) Que percentual de frequentadores, em 2006, foi de pessoas com 60 anos ou mais?
e) Que percentual de frequentadores foi de pessoas com 60 anos ou mais, em 2002?
f) Compare as distribuições das faixas etárias ao longo dos anos. Escreva algumas frases resumindo o que você vê.

31. Tatuagens. Um estudo feito pelo Centro Médico da University of Texas Southwestern examinou 626 pessoas para ver se existia um risco elevado de contágio pela hepatite C associado a ter uma tatuagem. Se o sujeito tinha uma tatuagem, os pesquisadores perguntavam se ela tinha sido feita num estabelecimento comercial de tatuagens ou em outro lugar. Escreva uma breve descrição da associação entre tatuagem e hepatite C, incluindo uma apresentação gráfica apropriada.

	Tatuagem feita em um estabelecimento comercial	Tatuagem feita noutro lugar	Sem tatuagem
Com hepatite C	17	8	18
Sem hepatite C	35	53	495

32. Pais que trabalham. Em julho de 1991, e novamente em abril de 2001, uma pesquisa de opinião pública do Gallup perguntou a amostras aleatórias de 1015 adultos a opinião sobre pais que trabalham. A tabela seguinte resume as respostas a esta pergunta: *"Considerando as necessidades de pais e filhos, qual das seguintes você vê como a família ideal na sociedade atual?"*. Baseado nestes resultados, você acha que houve uma mudança nas atitudes das pessoas durante os dez anos da realização das pesquisas de opinião pública? Explique.

		Ano	
		1991	2001
	Ambos trabalham turno integral	142	131
	Um trabalha turno integral/outro meio turno	274	244
(Resposta)	**Um trabalha/outro trabalha em casa**	152	173
	Um trabalha/outro fica em casa com os filhos	396	416
	Sem opinião	51	51

33. Crescimento da renda, última. O estudo finalizado em 2005 e descrito no Exercício 10 também informou sobre os níveis de educação de mulheres executivas. A coluna dos percentuais para a educação de um CEO, para cada nível de renda, está resumida na próxima tabela. (Os rendimentos estão em milhões de dólares.)

122 Parte 1 – Explorando e Coletando Dados

	Nivel educacional e rendimento na empresa		
	< $10 ganhos	De 10-a $ 49,999 ganhos	≥ $ 50 ganhos
% com somente Ensino Médio	8%	4%	8%
% com Faculdade, mas não pós--graduação	48%	42%	33%
% com pós--graduação	44%	5%	59%
Total	**100%**	**100%**	**100%**

a) Que percentual de executivas na categoria mais alta de renda tem somente o Ensino Médio?
b) Da tabela, você pode determinar qual percentual das executivas tinham pós-graduação? Explique.
c) Entre as executivas com rendimentos mais baixos, que percentual tem educação além do Ensino Médio?
d) Escreva algumas frases descrevendo a associação entre *renda* e *educação*.

T 34. Trabalhadores com salário mínimo. O Departamento do Trabalho dos Estados Unidos (www.bls.gov) coleta dados sobre número de trabalhadores que estão empregados e recebem um salário mínimo ou menos. Aqui está uma tabela de contingência de idade e sexo dos 2 013 000 trabalhadores que, em 2006, estavam empregados recebendo $5,15 (o salário mínimo) ou menos por hora.

Idade	Homens	Mulheres
16 - 24	14,7%	28,3%
25 - 34	6,1%	27,5%
35 - 44	3,3%	6,2%
45 - 54	2,0%	5,5%
55 - 64	1,5%	2,0%
65 ou mais	0,7%	2,1%

a) Qual o percentual de mulheres com idade entre 16 – 24 anos?
b) Usando gráficos, compare as distribuições etárias dos homens e das mulheres que trabalhavam pelo salário mínimo ou menos. Escreva duas frases resumindo o que você vê.

35. Frequentadores de cinema e etnia. A Motion Picture Association of America estuda a etnia dos frequentadores de cinema, para entender as mudanças na faixa demográfica dos frequentadores ao longo do tempo. Aqui estão os números de frequentadores (em milhões) classificados em Hispânicos, Afro-americanos ou Caucasianos, para os anos de 2002 a 2006.

		Ano				
		2002	2003	2004	2005	2006	Total
Etnia	Hispânico	21	23	25	25	26	120
	Afro--americano	21	20	22	21	20	104
	Caucasiano	118	127	127	113	120	605
	Total	**160**	**170**	**174**	**159**	**166**	**829**

a) Encontre a distribuição marginal da *etnia* dos frequentadores de cinema.
b) Encontre a distribuição condicional da *etnia* para o ano de 2006.
c) Compare a distribuição condicional da *etnia* para todos os cinco anos, utilizando um diagrama de colunas segmentado.
d) Considerando todos os respondentes, faça uma breve descrição da associação entre *Ano* e *Etnia*.

36. Loja de departamentos. Uma loja de departamentos está planejando sua próxima campanha publicitária. Como publicações diferentes são lidas por diferentes segmentos do mercado, eles gostariam de saber se deveriam ter como objetivo faixas específicas de idade. Os resultados da pesquisa de mercado estão resumidos na próxima tabela, por *idade* e *frequência de compras* na loja.

		Idade			
	Compras	Abaixo dos 30	30 - 49	50 e acima	Total
Frequência	Baixa	27	37	31	95
	Moderada	48	91	93	232
	Alta	23	51	73	147
	Total	**98**	**179**	**197**	**474**

a) Encontre a distribuição marginal da *frequência de compras*.
b) Encontre a distribuição condicional de *frequência de compras* dentro de cada faixa etária.
c) Compare estas distribuições utilizando um diagrama de colunas segmentado.
d) Faça uma breve descrição da associação entre *idade* e *frequência das compras* entre estes respondentes.
e) Isso prova que os consumidores com idade de 50 anos ou acima têm maior probabilidade de comprar nesta loja de departamentos? Explique.

37. Centro comercial de mulheres. Um estudo conduzido em 2002 pelo Babson College e pela Association of Women's Centers fez um levantamento de dados nos centros comerciais femininos, nos Estados Unidos. Os dados mostrando a localização de centros consagrados (com pelo menos 5 anos) e menos consagrados estão resumidos na seguinte tabela.

	Localização	
	Urbano	Não urbano
Menos consagrados	74%	26%
Consagrados	80%	20%

a) Estes percentuais foram calculados por colunas, por linhas ou pelo total da tabela?
b) Use gráficos para comparar os percentuais dos centros comerciais femininos, por localização.

38. Propaganda. Uma empresa que distribui uma variedade de alimentos para animais está planejando sua próxima campanha publicitária. Como diferentes publicações são lidas por diferentes segmentos do mercado, eles gostariam de saber como a posse de animais de estimação está distribuída pelos diferentes segmentos de renda. O U.S. Census Bureau (Departamento de Censo Norte-americano) relata o número de lares com vários tipos de animais de estimação. Mais especificamente, eles mantêm um relatório dos cachorros, gatos, pássaros e cavalos.

DISTRIBUIÇÃO DE RENDA DE LARES COM ANIMAIS DE ESTIMAÇÃO (EM PERCENTUAL)

Em $	Cachorro	Gato	Pássaro	Cavalo
Abaixo de 12500	14	15	16	9
12500 a 24999	20	20	21	21
25000 a 39999	24	23	24	25
40000 a 59999	22	22	21	22
60000 e acima	20	20	18	23
Total	100	100	100	100

(Renda indicado na lateral esquerda)

a) Você acha que a distribuição de renda dos lares que possuem diferentes animais seria aproximadamente a mesma? Por quê?
b) A tabela mostra os percentuais dos níveis de renda para cada tipo de animal. Estes percentuais foram calculados por linha, por coluna ou pelo total da tabela?
c) Os dados sustentam que a empresa de alimentos para animais de estimação não deveria ter como objetivo segmentos específicos do mercado, baseados nos rendimentos das famílias? Explique.

39. Venda mundial de brinquedos. Por todo o mundo, os brinquedos são vendidos por meio de diferentes canais. Por exemplo, em algumas partes do mundo, eles são vendidos principalmente em grandes cadeias de lojas de brinquedos, enquanto em outros países, as lojas de departamentos vendem mais brinquedos. A próxima tabela mostra os percentuais, por região de distribuição de brinquedos, vendidos por meio de vários canais na Europa e na América do Norte, em 2003, coletado pelo International Council of Toy Industries (Conselho Internacional das Indústrias de Brinquedos) (www.toy-icti.org).

a) Estas são percentagens calculadas por linha, por coluna ou pelo total da tabela?
b) Você pode dizer qual o percentual de brinquedos vendidos pelo correio na Europa e na América do Norte são vendidos na Europa? Por quê?
c) Use gráficos das vendas de brinquedos para comparar a distribuição por canal entre Europa e América do Norte.
d) Resuma a distribuição das vendas de brinquedos por canal em algumas frases. Quais são as grandes diferenças entre estes dois continentes?

40. Pirataria na Internet. O *download* ilegal de filmes protegidos por direitos autorais é um problema internacional, com uma estima-tiva de ter causado perdas à indústria do cinema acima dos $18 bilhões, em 2005. O pirata típico, em todo o mundo, é uma pessoa do sexo masculino, entre 16 e 24 anos, morando numa área urbana, de acordo com um estudo feito pela firma de consultoria de estratégia internacional LEK (www.mpaa.org/researchStatistics.asp). A tabela seguinte compara a distribuição de idade do pirata norte-americano com o resto do mundo.

	Idade			
	16-24	25-29	30-39	Acima de 40
Estados Unidos	71	11	7	11
Resto do Mundo	58	15	18	9

(Região indicado na lateral esquerda)

a) Estas são percentagens obtidas por linhas, por colunas ou pelo total da tabela?
b) Você pode dizer qual o percentual de piratas em todo o mundo que estão na faixa etária dos 16 aos 24 anos?
c) Use um gráfico para comparar a distribuição etária dos piratas norte-americanos à distribuição do resto do mundo.
d) Resuma a distribuição de *faixa etária* por *região* em algumas frases. Quais são as maiores diferenças entre estas duas regiões?

41. Companhia de seguros, parte 2. Uma companhia de seguros que fornece seguro médico está preocupada com dados recentes. Eles suspeitam que seus pacientes que fizeram cirurgias em grandes hospitais têm sua liberação retardada por várias razões – o que resulta no aumento dos custos médicos para a empresa. Os dados recentes para a área dos hospitais e para dois tipos de cirurgia (complicada e simples) são mostrados na próxima tabela.

	Liberação retardada	
	Hospital grande	Hospital pequeno
Cirurgia complicada	120 de 800	10 de 50
Cirurgia simples	10 de 200	20 de 250

(Procedimento indicado na lateral esquerda)

a) Em termos gerais, qual o percentual de pacientes que tiveram a liberação retardada?
b) Os percentuais são diferentes para cirurgias complicadas e cirurgias simples?
c) Em termos gerais, quais foram as taxas de liberação retardada em cada hospital?

	Canal					
	Lojas	Lojas Especializadas	Lojas de departamentos	Grandes lojas de descontos & hipermercados	Correio	Outro
América do Norte	9%	25%	3%	51%	4%	8%
Europa	13%	36%	7%	24%	5%	15%

(Local indicado na lateral esquerda)

d) Quais foram as taxas de liberação retardada em cada hospital, por tipo de cirurgia?
e) A companhia de seguros está considerando aconselhar seus clientes a utilizar hospitais grandes para cirurgia, a fim de evitar complicações pós-cirúrgicas. Você acha que eles deveriam fazer isso?
f) Explique, com suas próprias palavras, por que esta confusão acontece.

42. Serviço de entrega. Uma empresa tem de decidir qual dentre dois serviços de entrega irá contratar. Durante um recente período de teste, ela enviou vários pacotes com cada serviço e registrou a frequência com que estas entregas não chegaram no tempo previsto. Aqui estão os dados.

Serviço de entrega	Tipo de serviço	Entregas realizadas	Pacotes atrasados
Pack Rats	Regular	400	12
	Noturna	100	16
Boxes R Us	Regular	100	2
	Noturna	400	28

a) Compare o percentual geral dos dois serviços quanto às entregas atrasadas.
b) Baseado nos resultados do item *a*, a empresa decidiu contratar a Pack Rats. Você concorda que eles entregam no tempo previsto mais vezes?
c) Os resultados aqui são um exemplo de qual fenômeno?

43. Admissão de pós-graduandos. Um artigo de 1975, na revista *Science*, examinou o processo de admissão aos cursos de pós-graduação em Berkeley, com o intuito de encontrar evidências de preconceito relativo ao sexo. A tabela seguinte mostra o número de candidatos aceitos em cada um dos quatro programas de pós-graduação.

Programa	Homens aceitos (dos candidatos)	Mulheres aceitas (das candidatas)
1	511 de 825	89 de 108
2	352 de 560	17 de 25
3	137 de 407	132 de 375
4	22 de 373	24 de 341
Total	1022 de 2165	262 de 849

a) Que percentual do total de candidatos foi admitido?
b) No geral, o maior percentual de admissões foi de homens ou de mulheres?
c) Compare os percentuais de homens e mulheres admitidos em cada programa.
d) Qual das comparações anteriores você considera a mais válida? Por quê?

44. Paradoxo de Simpson. Desenvolva sua própria tabela de dados que seja um exemplo nos negócios do Paradoxo de Simpson. Explique o conflito entre as conclusões feitas pelas distribuições condicionais e marginais.

RESPOSTAS DO TESTE RÁPIDO

1 50,0%

2 40,0%

3 25,0%

4 15,6% míopes, 56,3% hipermetropes, 28,1% necessitam bifocais

5 18,8% míopes, 62,5% hipermetropes, 18,8% necessitam bifocais

6 40% dos clientes míopes são mulheres, enquanto 50% dos clientes são mulheres.

7 Visto que os clientes míopes parecem ter menor probabilidade de ser mulheres, parece que eles podem não ser independentes. (Mas os números são baixos.)

Aleatoriedade e Probabilidade

Relatórios de crédito e a Fair Issac Corporation

Talvez você nunca tenha ouvido falar da Fair Isaac Corporation, mas provavelmente ela conhece você. Toda vez que você solicita um empréstimo, um cartão de crédito ou até mesmo um emprego, sua "classificação" de crédito é usada para determinar se você é de baixo risco. Como a classificação de crédito mais empregada é a FICO® (Fair Issacs Corporation), é bastante provável que ela esteja envolvida na decisão. A FICO foi fundada em 1956, com base na ideia de que dados, se utilizados com inteligência, podem melhorar a tomada de decisão nos negócios. Hoje, a Fair Isaac declara que seus serviços fornecem informações para mais de 180 bilhões de decisões de negócios por ano a empresas do mundo inteiro.

Sua classificação de crédito é um número entre 350 e 850, que resume o "valor" do seu crédito. É um raio X do risco de lhe conceder crédito hoje, com base no seu histórico e comportamento prévios. Avaliadores de todo o tipo de empréstimo usam os registros de crédito para prever o seu comportamento – por exemplo, a probabilidade de você pagar suas contas em dia ou de ser inadimplente. Os avaliadores de empréstimo utilizam os registros para determinar a concessão ou não do crédito e o custo do crédito oferecido. Não existem limites estabelecidos, mas normalmente registros acima de 750 são considerados excelentes e, portanto, recebem as melhores taxas. Uma solicitação com um valor abaixo de 620, em geral, é considerada de alto risco. Quem tem um registro muito baixo pode ter sua solicitação de crédito negada imediatamente ou receber somente empréstimos *subprime*, com juros mais altos.

É importante que você seja capaz de verificar as informações em que a sua avaliação de crédito está fundamentada, mas até pouco tempo atrás isso não era possível. A partir de 2000, no entanto, uma lei na Califórnia concedeu aos requisitantes de crédito imobiliário o direito de ver seus registros de crédito. Hoje, a indústria do crédito está mais aberta para fornecer aos consumidores acesso aos seus registros, e o governo dos Estados Unidos, por meio do Ato de Transação de Crédito Justo e Preciso (Fair and Accurate Credit Transaction Act – FACTA), agora garante acesso a sua avaliação de crédito sem custo algum, pelo menos uma vez ao ano.[1]

As empresas precisam gerenciar riscos para sobreviver, mas, naturalmente, o risco é incerto. Um banco não pode saber com certeza se você pagará seu financiamento imobiliário em dia – ou se de fato pagará. O que eles podem fazer com eventos imprevisíveis? Primeiro, há o fato de que, embora resultados individuais não consigam ser antecipados com certeza, fenômenos aleatórios podem, a longo prazo, estabelecer padrões uniformes e previsíveis. Essa é a propriedade dos eventos aleatórios que torna a estatística algo prático.

5.1 Fenômenos aleatórios e probabilidade

Quando um cliente liga para o número 0800 de uma empresa de cartão de crédito, primeiro ele precisa digitar o número do cartão, antes de ser direcionado a um operador. Quando a conexão é feita, os registros de compra daquele cartão e a informação demográfica do cliente são recuperados e exibidos na tela do operador. Se o índice FICO do cliente for alto o suficiente, o operador poderá induzir a "compra" de outro serviço – talvez um novo cartão *platinum* para clientes com um registro de crédito de, pelo menos, 750.

É claro que a empresa não sabe quais clientes irão ligar. As chamadas telefônicas são um exemplo de um fenômeno aleatório. Não podemos prever os resultados individuais de **fenômenos aleatórios**, mas talvez consigamos entender as características do seu comportamento a longo prazo. Não sabemos se o *próximo* telefonema estará

---

[1] Entretanto, a avaliação apresentada é "didática", com o intuito de mostrar aos consumidores como funciona o registro. É necessário pagar uma "taxa módica" para ver a avaliação FICO.

qualificado a receber um cartão *platinum*, mas, à medida que as ligações entram no centro de chamadas, a empresa descobrirá que, dentre aqueles que ligam, o percentual dos qualificados para o cartão *platinum* e aptos para a aquisição de outro serviço terá um padrão como o mostrado no gráfico da Figura 5.1.

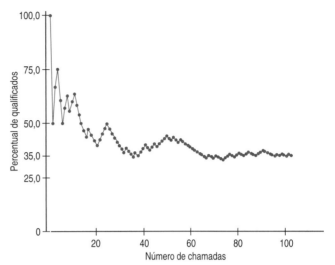

Figura 5.1 Percentual de clientes de cartão de crédito que se qualificam para o cartão *platinum*.

À medida que as chamadas chegam à central de atendimento, a empresa pode registrar se cada cliente que telefona é qualificado. O primeiro que ligou hoje era qualificado. Em seguida, as próximas cinco qualificações de pessoas que telefonaram foram não, sim, sim, não e não. Ao representar graficamente o percentual dos qualificados em relação ao número de telefonemas, o gráfico inicia em 100%, porque a primeira pessoa que ligou era qualificada (1 de 1, ou 100%). O próximo não se qualificou, portanto o percentual acumulado caiu para 50% (1 em 2). O terceiro se qualificou (2 em 3, ou 67%), depois sim novamente (3 em 4, ou 75%), não duas vezes seguidas (3 em 5, ou 60%, e 3 em 6, ou 50%), e assim por diante (Tabela 5.1). A cada telefonema recebido, o dado novo é uma fração menor da experiência acumulada – ou seja, o gráfico se estabiliza a longo prazo. À medida que isso ocorre, parece que a fração dos clientes qualificados gira em torno de 35%.

Tabela 5.1 Dados das primeiras seis pessoas que telefonaram mostrando o seu índice FICO, se eles se qualificaram para a oferta do cartão *platinum* e um percentual variável do número de pessoas que se qualificaram

Telefonema	Registro FICO	Qualificado?	% Qualificado
1	750	Sim	100
2	640	Não	50
3	765	Sim	66,7
4	780	Sim	75
5	680	Não	60
6	630	Não	50
...	...	...	...

Um **fenômeno** consiste em **repetições**. Cada repetição tem um **resultado**. Os resultados combinados produzem os **eventos**.

É importante definir os termos ao falar sobre comportamento a longo prazo. Para qualquer fenômeno aleatório, cada tentativa ou **repetição** gera um **resultado**. Para a central de atendimento, cada chamada é uma repetição. Algo acontece em cada repetição; chamamos esse acontecimento de resultado. Aqui, o resultado é se a pessoa que

128   Parte 1 – Explorando e Coletando Dados

> **A probabilidade** de um evento é sua frequência a longo prazo. Uma frequência relativa é uma fração; podemos escrevê-la como uma fração, 35/100, como um decimal, 0,35 ou como um percentual, 35%.

telefonou é ou não qualificada. Usamos o termo mais geral **evento** para nos referirmos aos resultados ou combinações de resultados. Por exemplo, suponha que classificamos as pessoas que telefonaram em seis categorias de risco e numeramos esses resultados de 1 a 6 (num valor crescente de crédito). Os três resultados 4, 5 e 6 poderiam constituir a ocorrência "a pessoa que telefona está pelo menos classificada na categoria 4".

Às vezes, nos referimos à coleção de *todos os resultados possíveis*, evento especial que denominaremos **espaço amostral**. Representamos o espaço amostral por **S**; às vezes, a letra grega Ω é utilizada. Independentemente do símbolo utilizado, o espaço amostral será o conjunto que contém todos os resultados possíveis de um fenômeno. Para os telefonemas, se representarmos Q = qualificado e N = não qualificado, o espaço amostral é simples: **S** = {Q, N}. Se observarmos dois telefonemas em conjunto, o espaço amostral terá quatro resultados possíveis: **S** = {QQ, QN, NQ, NN}. Se estivermos interessados em pelo menos uma pessoa qualificada entre as duas ligações, estaremos interessados no evento (chame-o de **A**) composto de três resultados QQ, QN e NQ, e escrevemos **A** = {QQ, QN, NQ}.

Embora não sejamos capazes de prever um resultado em *específico*, como qual telefonema representa um aumento no potencial de vendas, podemos dizer muito sobre um comportamento a longo prazo. Olhe novamente para a Figura 5.1. Se alguém perguntar a probabilidade de que uma ligação ao acaso seja de um cliente qualificado, você poderá afirmar que a probabilidade é de 35%, porque, a longo prazo, o percentual das pessoas que telefonaram e são qualificadas é de aproximadamente 35% – isso é exatamente o que entendemos por **probabilidade**.

Parece muito simples, mas os fenômenos aleatórios sempre se comportam tão bem? Não poderia acontecer de a frequência das pessoas qualificadas nunca se estabilizar, mas apenas subir e descer entre dois números? Talvez ela oscile em torno dos 45% por um tempo e depois baixe para os 25% e, então, suba e desça para sempre. É mais simples entender o que acontece com uma série de repetições de um fenômeno se as tentativas individuais forem independentes. Em linhas gerais, **independência** significa que o resultado de uma tentativa não influencia ou muda o resultado de outra. Lembre que, no Capítulo 4, afirmamos que duas variáveis são *independentes* se o valor de uma variável categórica não influencia o valor de outra variável categórica. (Verificamos a independência comparando distribuições de frequência relativa ao longo das variáveis.) Não há razão para pensar que, se uma pessoa que telefona é qualificada, ela influencia a qualificação de outra pessoa que telefona; portanto, essas são tentativas independentes. Veremos uma definição de independência mais formal posteriormente no capítulo.

> **Lei dos Grandes Números**
>
> *A frequência relativa a longo prazo* de eventos repetidos ou independentes irá produzir a *frequência relativa verdadeira* (probabilidade) do evento à medida que o número de repetições aumenta.

Felizmente, para eventos independentes, podemos empregar um princípio chamado **Lei dos Grandes Números (LGN)**. Esse princípio afirma que, se os eventos são independentes, então, à medida que o número de chamadas aumenta ao longo dos dias ou meses ou anos, a frequência relativa a longo prazo dos telefonemas qualificados fica cada vez mais próxima de um valor único. Isso fornece a garantia que precisamos e torna a probabilidade um conceito útil.

Visto que a LGN garante que frequências relativas se estabilizam a longo prazo, sabemos que o valor que chamamos de probabilidade é legítimo e o número em torno do qual ela estabiliza é chamado de probabilidade daquele evento. Para a central de chamadas, podemos escrever P(qualificado) = 0,35. Por se basear na observação repetida do resultado do evento, essa definição geralmente é chamada de **probabilidade empírica.**

5.2 A inexistente lei das médias

A Lei dos Grandes Números diz que a frequência relativa de um evento aleatório se estabiliza em torno de um único número a longo prazo. Porém, geralmente ela é confundida com uma "lei das médias", talvez porque o conceito de "longo prazo" seja difícil de entender. Muitas pessoas acreditam, por exemplo, que um resultado de um evento aleatório

"Errando? Não, não estou errando. Só não estou acertando."
— Yogi Berra

Você pode pensar que é óbvio a frequência repetida de um evento estabilizar-se a longo prazo em torno de um valor único. O descobridor da Lei dos Grandes Números pensou da mesma forma. Ele enunciou o fato assim: *"Mesmo o mais estúpido dos homens está convencido de que quanto mais observações forem feitas, menor é o perigo de o resultado se desviar do objetivo."*
— Jacob Bernoulli, 1713.

"Além disso, com o tempo, se o ingênuo apostador de roleta continuar jogando, o histórico ruim (resultados) tenderá a alcançá-lo."
— Nassim Nicholas Talem em *Fooled by randomness* (Enganado pela aleatoriedade)

que não ocorreu em muitas tentativas "está" para ocorrer. A estratégia original "as piores da Dow Jones" (*dogs of the Dow*) recomendava a aquisição das 10 ações com o pior resultado, dentre as 30 que formam o índice Industrial Médio da Dow Jones, acreditando que elas com certeza iriam melhorar o seu desempenho no ano seguinte. Afinal, sabemos que, a longo prazo, a frequência relativa irá se estabilizar na probabilidade desse resultado, certo? Errado. Na verdade, Louis Rukeseyer – antigo apresentador do *Wall Street Week* – afirmou que a estratégia *dogs of the Dow* "não funciona como o esperado".

Na verdade, sabemos pouco sobre o comportamento dos eventos aleatórios a curto prazo. O fato de que estamos vendo eventos aleatórios independentes torna cada resultado individual impossível de prever. As frequências relativas se estabilizam *somente* a longo prazo. E, de acordo com a LGN, o longo prazo é realmente longo (infinitamente longo, na verdade). O "Grande" no nome da lei significa *infinitamente* grande. As sequências de eventos aleatórios não compensam a curto prazo e não precisam fazer isso para voltar à correta probabilidade a longo prazo. Qualquer desvio a curto prazo será sobreposto a longo prazo. Se a probabilidade de um resultado não muda e os eventos são independentes, a probabilidade de qualquer resultado em outra tentativa será sempre o que era, não interessando o que aconteceu em outras tentativas.

Muitos confundem A Lei dos Grandes Números com a chamada Lei das Médias, a qual afirmaria que as coisas devem se equilibrar a curto prazo. Embora a Lei das Médias não exista, alguns falam dela como se ela existisse. Se um bom rebatedor no beisebol errar as últimas seis jogadas, ele irá acertar a próxima? Se o mercado de ações esteve em baixa nas três últimas seções, ele irá aumentar hoje? Não. Não é assim que um fenômeno aleatório funciona. Não existe Lei das Médias a curto prazo, nem a "Lei dos Pequenos Números". Uma crença nesta "lei" pode levar a decisões administrativas lamentáveis.

O Keno e a Lei das Médias. É claro, às vezes um desvio aparente daquilo que esperamos significa que as probabilidades *não* são o que esperamos. Se você conseguir 10 caras consecutivas, talvez a moeda tenha caras nos dois lados!

O Keno é um jogo de cassino simples, no qual números de 1 a 80 são escolhidos. Presume-se que os números, como na maioria dos jogos da loteria, são igualmente prováveis. Os pagamentos são feitos dependendo de quantos desses números você acertou no seu cartão. Um grupo de alunos da pós-graduação do departamento de Estatística decidiu fazer uma viagem de estudos a Reno. Eles (*muito discretamente*) anotaram o resultado dos jogos durante dois dias e depois retornaram para testar se os números eram, de fato, igualmente prováveis. Foi verificado que alguns números são mais prováveis de ocorrer do que outros. Em vez de apostar na Lei das Médias e colocar seu dinheiro nos números que estavam "previstos", os estudantes colocaram sua fé na LGN – e todo o seu (e dos amigos) dinheiro nos números que haviam saído antes. Depois de terem embolsado mais de $50000, eles foram escoltados para fora do prédio e convidados a não entrar naquele cassino novamente. Não por acaso, hoje o chefe daquele grupo trabalha em *Wall Street*.

Você acabou de jogar uma moeda honesta e deu cara seis vezes seguidas. A moeda te "deve" algumas coroas? Suponha que você gaste aquela moeda e sua amiga a receba como troco. Quando ela começar a jogar a moeda devemos esperar uma sucessão de coroas? É claro que não. Cada arremesso é um novo evento. A moeda não pode "lembrar" o que fez anteriormente, assim ela não "deve" um resultado no futuro. Para ver como isso funciona na prática, simulamos 100000 arremessos de uma moeda honesta num computador. Nos nossos 100000 arremessos, houve 2981 sequências de pelo menos cinco caras. A "Lei das Médias" sugere que o próximo arremesso após uma sucessão de cinco caras deva dar mais coroas para equilibrar os resultados. Na verdade, os próximos lançamentos deram cara mais frequentemente do que coroa: 1550 vezes para 1431 vezes. Isto é, 51,9% caras. Você pode testar a mesma situação facilmente.

TESTE RÁPIDO

1. Foi mostrado que o mercado de ações flutua aleatoriamente. Entretanto, alguns investidores acreditam que devem comprar ações logo em seguida a um dia de baixa no mercado, porque ele com certeza subirá novamente. Explique por que esse argumento está errado.

5.3 Tipos diferentes de probabilidade
Probabilidade (teórica) baseada no modelo

Discutimos a *probabilidade empírica* – a frequência relativa da ocorrência de um evento como a probabilidade desse evento. Existem outras maneiras de definir a probabilidade. A probabilidade foi muito estudada, inicialmente, por um grupo de matemáticos franceses interessados em jogos de azar. Em vez de fazer experiências com jogos e perder dinheiro, eles desenvolveram modelos matemáticos de probabilidade. Para simplificar (como fazemos sempre quando construímos modelos), eles começaram analisando jogos nos quais os diversos resultados eram igualmente prováveis. Felizmente, muitos jogos de azar são assim. Qualquer uma das 52 cartas é igualmente provável de ser a próxima em um baralho bem embaralhado. Cada face de um dado tem a mesma probabilidade de aparecer (ou pelo menos, deveria).

Quando os resultados são igualmente prováveis, a probabilidade é fácil de calcular – é apenas 1 dividido pelo número dos possíveis resultados. Assim, a possibilidade de aparecer 3 em um dado honesto é de uma em seis, que escrevemos como 1/6. A probabilidade de escolher o ás de espadas de um baralho bem embaralhado é de 1/52.

Também é simples encontrar probabilidades para eventos compostos de vários resultados igualmente prováveis. Basta contar todos os resultados que o evento contém. A probabilidade do evento é o número de resultados no evento dividido pelo número total de possíveis resultados.

Por exemplo, a Pew Research[2] relata que dos 10189 números de telefones gerados aleatoriamente chamados para um levantamento de dados, os resultados iniciais das chamadas foram:

> Podemos escrever:
> $$P(A) = \frac{\text{números de resultados em } \mathbf{A}}{\text{total de resultados}}$$
> e chamar isso de **probabilidade (teórica)** do evento.

Resultado	Número de chamadas
Não respondeu	311
Ocupado	61
Secretária eletrônica	1336
Retornos	189
Outros não contatos	893
Números contatados	7400

Os números de telefone foram gerados aleatoriamente, portanto, cada um foi igualmente provável. Para encontrar a probabilidade de um contato, simplesmente dividimos o número de contatos pelo número de chamadas: 7400/10189 = 0,7263.

Porém, não se deixe levar pela ideia de que eventos aleatórios são sempre igualmente prováveis. A chance de ganhar na loteria – especialmente em loterias com grandes prêmios – é pequena. No entanto, as pessoas continuam comprando bilhetes.

> Em uma tentativa de entender por que, um entrevistador perguntou a alguém que havia acabado de comprar um bilhete da loteria: "Que chance você acha que tem de ganhar?". A resposta foi: "Aproximadamente 50%". O entrevistador, aturdido, perguntou: "Como você chegou a essa conclusão?". O apostador respondeu: "Bom, do meu ponto de vista ou eu ganho ou não!". A moral da história é que os eventos nem sempre são igualmente prováveis.

---

[2] www.pewinternet.org/pdfs/PIP_Digital_Footprints.pdf.

Capítulo 5 – Aleatoriedade e Probabilidade **131**

Probabilidade pessoal

Qual é a probabilidade de que o ouro seja vendido por mais de $1000 a onça no final do próximo ano? Talvez você seja capaz de propor um número razoável. É claro, não importa quão confiante você se sinta sobre sua previsão, sua probabilidade deve estar entre 0 e 1. Como você propôs essa probabilidade? Definimos a probabilidade de duas maneiras: 1) em termos da frequência relativa – a fração das vezes – que um evento ocorre a longo prazo ou 2) como o número de resultados no evento dividido pelo número total dos resultados. Nenhuma das situações se aplica à nossa estimativa das chances da venda do ouro por mais de $1000.

Utilizamos a *linguagem* da probabilidade na fala do dia a dia para expressar o grau de incerteza sem baseá-la em frequências relativas de longo prazo. Sua estimativa pessoal de um evento expressa sua incerteza sobre o resultado. Essa incerteza pode estar relacionada ao seu conhecimento do mercado de *commodities*, mas não pode ser baseada num comportamento a longo prazo. Chamamos esse tipo de probabilidade de subjetiva ou **pessoal.**

Embora probabilidades pessoais possam estar fundamentadas na experiência, elas não são baseadas em frequências relativas a longo prazo ou em eventos igualmente prováveis. Como as duas outras probabilidades que definimos, elas precisam satisfazer as mesmas regras, tanto da probabilidade empírica quanto da teórica, que discutiremos na próxima seção.

5.4 Regras de probabilidade

Para algumas pessoas, a expressão "50/50" significa algo vago, como "eu não sei" ou "seja o que for". Porém, quando discutimos probabilidades, 50/50 tem o significado preciso de que dois resultados são *igualmente prováveis*. Falar vagamente sobre probabilidades pode causar problemas, por isso é prudente desenvolver algumas regras formais sobre como a probabilidade funciona. Essas regras se aplicam a qualquer tipo de probabilidade, seja ela empírica, teórica ou pessoal.

Regra 1. Se a probabilidade de um evento é 0, ele não pode ocorrer; da mesma forma, se a probabilidade for 1, ele *sempre* ocorrerá. Mesmo se você pensar que um evento é muito improvável, sua probabilidade não poderá ser negativa, e mesmo se você tiver certeza que ele acontecerá, sua probabilidade não poderá ser maior que 1. Assim, temos:

> **A probabilidade é um número entre 0 e 1.**
> **Para qualquer evento A, $0 \leq P(A) \leq 1$.**

Regra 2. Se um fenômeno aleatório tem somente um resultado possível, ele não é muito interessante (ou muito aleatório). Portanto, precisamos distribuir as probabilidades entre todos os resultados que um experimento possa ter. Como podemos fazer para que isso faça sentido? Por exemplo, considere o comportamento de certa ação da bolsa de valores. Os resultados diários possíveis podem ser:

A: O preço da ação sobe.
B: O preço da ação desce.
C: O preço da ação permanece o mesmo.

Quando atribuímos probabilidades a esses resultados, devemos ter certeza de distribuir toda a probabilidade disponível. Algo sempre ocorre, portanto, a probabilidade de *algo* acontecer é um. Isso é chamado de **Regra da Determinação da Probabilidade:**

> **A probabilidade do conjunto de todos os resultados possíveis deve ser 1,**
> $$P(S) = 1$$

! ● ALERTA DE NOTAÇÃO

Geralmente, representamos os eventos com letras maiúsculas (como **A** e **B**); assim, $P(\mathbf{A})$ significa "a probabilidade do evento **A**".

"O beisebol é 90% mental. A outra parte é física".

— *Yogi Berra*

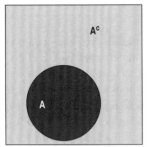

O conjunto **A** e seu complemento **A**^{C}. Juntos, eles formam o espaço amostra **S**.

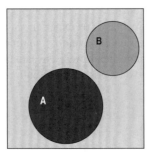

Dois conjuntos disjuntos, **A** e **B**.

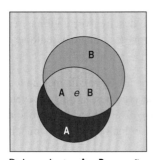

Dois conjuntos **A** e **B** que não são disjuntos. O evento (**A** e **B**) e sua interseção.

• ALERTA DE NOTAÇÃO:

Você pode ver o evento (**A** ou **B**) escrito como (**A** ∪ **B**). O símbolo ∪ significa "união" e representa os resultados no evento **A** ou no evento **B**. Da mesma forma, o símbolo ∩ significa intersecção e representa os resultados que estão em *ambos* os eventos, **A** e **B**. Você pode ver o evento (**A** e **B**) escrito como (**A** ∩ **B**).

em que *S* representa o conjunto de todas as possibilidades e é chamado de **espaço amostral**.

Regra 3. Suponha que a probabilidade de você chegar no horário na aula seja de 0,8. Qual é a probabilidade de você não chegar no horário na aula? Sim, é de 0,2. O conjunto de resultados que *não* estão no evento **A** é chamado de "complemento" de **A** e é representado por **A**^{C}. Isso nos leva à **Regra do Complemento**:

> **A probabilidade de que um evento ocorra é de 1 menos a probabilidade de que ele não ocorra.**
>
> $P(A) = 1 - P(A^C)$

Regra 4. Se uma pessoa que telefona se qualifica ou não para um cartão *platinum* é um resultado aleatório. Suponha que a probabilidade de se qualificar seja de 0,35. Qual é a chance de que as duas próximas pessoas que telefonam se qualifiquem? A **Regra da Multiplicação** diz que, para encontrar a probabilidade de dois eventos independentes ocorrerem, devemos multiplicar as probabilidades individuais:

> **Dados dois eventos independentes A e B, a probabilidade de que ambos, A *e* B, ocorram é o produto das probabilidades dos dois eventos.**
>
> $P(A \text{ e } B) = P(A) \times (B)$, desde que A e B sejam independentes.

Portanto, se **A** = { cliente 1 se qualifica } e **B** = { cliente 2 se qualifica }, a probabilidade de que ambos se qualifiquem é:

$$0,35 \times 0,35 = 0,1225$$

É claro que, para calcular essa probabilidade, supomos que os dois eventos são independentes. Expandiremos a regra da multiplicação para ser mais geral posteriormente no capítulo.

Regra 5. Suponha que a operadora central de cartões tenha mais opções. Ela pode **A)** oferecer uma oferta especial de viagem, **B)** oferecer um cartão *platinum* ou **C)** decidir mandar informação sobre um novo cartão familiar. Se ela pode oferecer uma e somente uma dessas opções, esses resultados são **disjuntos** (ou **mutuamente exclusivos**). Para avaliar se dois eventos são disjuntos, analisamos seus componentes e verificamos se eles têm resultados em comum. Por exemplo, se a operadora pode escolher oferecer a viagem e também enviar a informação do cartão familiar, eles não seriam disjuntos. A **Regra da Adição** permite adicionar as probabilidades dos eventos disjuntos para conseguir a probabilidade de que um ou outro dos eventos ocorra:

$$P(A \text{ ou } B) = P(A) + P(B)$$

Portanto, a probabilidade de uma pessoa receber a oferta do cartão *platinum ou* receber a informação do cartão familiar é a soma das duas probabilidades, desde que os eventos sejam disjuntos.

Regra 6. Suponha que você queira saber a probabilidade de cada uma das próximas pessoas que ligarem estarem qualificadas para um cartão *platinum*. Sabemos que $P(A) = P(B) = 0,35$, mas $P(A \text{ ou } B)$ não é simplesmente a soma de $P(A) + P(B)$, porque os eventos **A** e **B** não são disjuntos nesse caso. Ambos os clientes poderiam se qualificar. Portanto, precisamos de uma nova regra de probabilidade.

Não podemos simplesmente somar as probabilidades **A** e **B**, porque isso seria contar o resultado de *ambos* os clientes se qualificarem duas vezes. Portanto, se iniciar-

TESTE RÁPIDO

2. Os tocadores de MP3 têm alto índice de falhas para um produto de consumo, especialmente os modelos que contêm *drives* de disco, em oposição aos que têm menos capacidade de armazenamento, mas não têm *drive*. O pior índice de falha para todos os modelos de iPod foi o *Click Wheel* de 40GB (conforme relatado pela MacInTouch.com), que alcançou 30%. Se uma loja vende esse modelo e as falhas são independentes:

a) Qual é a probabilidade de que o próximo a ser vendido falhe?

b) Qual é a probabilidade de que os próximos dois a serem vendidos falhem?

c) Qual é a probabilidade de que o primeiro produto a falhar da loja seja o terceiro a ser vendido?

d) Qual é a probabilidade de que a loja terá pelo menos um produto com falha entre os próximos cinco que forem vendidos?

---

mos somando as duas probabilidades, poderíamos compensar subtraindo a probabilidade daquele resultado. Em outras palavras,

P(Cliente A *ou* cliente B se qualifica) = P(Cliente A se qualifica) + P(cliente B se qualifica) − P(Ambos se qualificam)
= 0,35 + 0,35 − 0,35x0,35 (desde que os eventos sejam independentes).
= 0,35 + 0,35 − 0,1225
= 0,5775

Constatamos que esse método funciona em geral. Somamos as probabilidades de dois eventos e, então, subtraímos a probabilidade da sua intersecção. Essa é a **Regra Geral da Adição**, que não exige que os eventos sejam disjuntos:

$$P(\mathbf{A} \text{ ou } \mathbf{B}) = P(\mathbf{A}) + P(\mathbf{B}) - P(\mathbf{A} \text{ e } \mathbf{B})$$

EXEMPLO ORIENTADO — *Pesquisa de mercado moderna da M&M's*

Em 1941, quando os chocolates M&M's® foram introduzidos para os soldados norte-americanos na Segunda Guerra Mundial, havia seis cores: marrom, amarelo, laranja, vermelho, verde e violeta. A Mars®, empresa que fabrica os M&M's, tem utilizado a introdução de uma nova cor como um evento de *marketing* e propaganda várias vezes desde então. Em 1980, o chocolate passou a ser vendido internacionalmente, acrescentando 16 países aos seus mercados. Em 1995, a empresa conduziu um levantamento de dados ao redor do mundo a fim de escolher uma nova cor. Mais de 10 milhões de pessoas votaram em adicionar o azul. A empresa fez com que as luzes do edifício Empire State, em Nova York, brilhassem na cor azul para anunciar a adição. Em 2002, a Internet foi usada para ajudar na escolha de uma nova cor. Crianças de mais de 200 países foram convidadas a responder via Internet, telefone ou correio. Milhões de eleitores escolheram entre púrpura, cor-de-rosa e verde-azulado. O vencedor global foi púrpura e, por um breve período, os M&Ms púrpura podiam ser encontrados nos pacotes por todo o mundo (embora, em 2008, as cores fossem marrom, amarelo, vermelho, azul, laranja e verde). Nos Estados Unidos, 42% daqueles que votaram escolheram púrpura, 37% preferiram verde-azulado e somente 19% optaram por cor-de-rosa. No Japão, no entanto, os percentuais foram 38% cor-de-rosa, 36% verde-azulado e somente 16% púrpura. Vamos usar os percentuais do Japão para fazer algumas perguntas.

1. Qual é a probabilidade de um respondente japonês, selecionado ao acaso do levantamento de dados da M&M's, preferir cor-de-rosa ou verde-azulado?
2. Se escolhermos dois respondentes ao acaso, qual é a probabilidade de que *ambos* tenham escolhido púrpura?
3. Se escolhermos três respondentes ao acaso, qual é a probabilidade de *pelo menos um* preferir púrpura?

continua...

continuação

 **PLANEJAR**	**Configuração** A probabilidade de um evento é a sua frequência relativa a longo prazo. Isso pode ser determinado de várias maneiras: analisando as várias réplicas de um evento, deduzindo-as de eventos igualmente prováveis ou usando outras informações. Aqui, sabemos as frequências relativas das três respostas. Assegure-se de que as probabilidades são legítimas. Aqui, elas não são. Pode ter ocorrido um erro ou os outros eleitores terem escolhido uma cor diferente das três dadas. Uma verificação dos outros países mostrou um déficit similar, assim, provavelmente, estamos vendo aqueles que não têm preferência ou escreveram outra cor.	*O site da M&M's relatou as proporções dos votos japoneses por cor. Isso fornece a probabilidade de selecionar um eleitor que preferiu cada uma das três cores:* *P(cor-de-rosa) = 0,38* *P(verde-azulado) = 0,36* *P(púrpura) = 0,16* *Cada uma está entre 0 e 1, mas isso não soma 1. Os 10% dos eleitores remanescentes não devem ter expressado uma preferência ou devem ter escrito outra cor. Eles serão classificados juntos em "outros", e acrescentaremos P(outros) = 0,10.* *Com essa adição, temos uma atribuição de probabilidades legítima.*

Questão 1. Qual é a probabilidade de um respondente japonês, selecionado ao acaso do levantamento de dados da M&M's, preferir cor-de-rosa ou verde-azulado?

 **PLANEJAR**	**Configuração** Decida quais regras usar e verifique as condições que elas exigem.	*Os eventos "cor-de-rosa" e "verde-azulado" são resultados individuais (um respondente não pode escolher ambas as cores), portanto, eles são disjuntos. Podemos aplicar a Regra Geral da Adição.*
 **FAZER**	**Mecânica** Mostre seu trabalho.	*P(cor-de-rosa ou verde-azulado) = P(cor-de-rosa) + P(verde-azulado) − P(cor-de-rosa e verde-azulado)* $$= 0,38 + 0,36 - 0 = 0,74$$ *A probabilidade de que tanto cor-de-rosa quanto verde-azulado sejam escolhidas é zero, visto que os respondentes estavam limitados a uma escolha.*
 **RELATAR**	**Conclusão** Interprete seus resultados no contexto apropriado.	*A probabilidade de que o respondente tenha dito cor-de-rosa ou verde-azulado é de 0,74.*

Questão 2. Se escolhermos dois respondentes ao acaso, qual é a probabilidade de que ambos tenham escolhido a cor púrpura?

 **PLANEJAR**	**Configuração** A palavra "ambos" indica que queremos $P(\mathbf{A} \text{ e } \mathbf{B})$, ou seja, precisamos da Regra da Multiplicação. Verifique a condição necessária.	**Independência** *É improvável que a escolha feita por um respondente afete a escolha de outro; portanto, os eventos parecem ser independentes. Podemos usar a Regra da Multiplicação.*

continua...

continuação

FAZER	**Mecânica** Mostre seu trabalho. Para que ambos os respondentes escolham púrpura, cada um tem de escolher púrpura.	P(ambos púrpura) = $= P$(primeiro respondente escolhe púrpura e o segundo respondente escolhe púrpura) $= P$(primeiro respondente escolhe púrpura)$\times$ P(segundo respondente escolhe púrpura) $= 0{,}16 \times 0{,}16 = 0{,}0256$.
RELATAR	**Conclusão** Interprete seus resultados num contexto apropriado.	A probabilidade de que ambos os respondentes escolham púrpura é de $0{,}0256$.

Questão 3. Se escolhermos três respondentes ao acaso, qual é a probabilidade de que pelo menos um prefira a cor púrpura?

PLANEJAR	**Configuração** A expressão "pelo menos um" geralmente assinala uma questão que pode ser mais bem respondida observando-se o complemento – essa é a abordagem adequada aqui. O complemento de "pelo menos um preferiu púrpura" é "nenhum deles preferiu púrpura." Verifique as condições.	P(pelo menos um escolheu púrpura) $\quad = P(\{$ninguém escolheu púrpura$\}^{C})$ $\quad = 1 - P$(ninguém escolheu púrpura). **Independência.** Esses são eventos independentes, porque são escolhas de três respondentes aleatórios. Podemos usar a Regra da Multiplicação.
FAZER	**Mecânica** Calculamos P(ninguém escolheu púrpura) usando a Regra da Multiplicação. Em seguida, podemos utilizar a Regra do Complemento para obter as probabilidades desejadas.	P(ninguém escolheu púrpura) $\quad = P$(primeiro não escolheu púrpura) $\quad\quad \times P$(segundo escolheu não púrpura) $\quad\quad \times P$(terceiro não escolheu púrpura) $\quad = P$(ninguém escolheu púrpura)^{3} = P(não púrpura) $= 1 - P$(púrpura) $\quad\quad = 1 - 0{,}16 = 0{,}84$. Assim, P(ninguém escolheu púrpura) $\quad = (0{,}84)^{3} = 0{,}5927$. Portanto, a probabilidade procurada é: P(pelo menos um escolheu púrpura) $\quad = 1 - P$(ninguém escolheu púrpura) $\quad = 1 - 0{,}5927 = 0{,}4073$.
RELATAR	**Conclusão** Interprete seus resultados no contexto apropriado.	Existe uma probabilidade de aproximadamente $40{,}73\%$ de que pelo menos um dos respondentes tenha escolhido púrpura.

5.5 Probabilidades conjuntas e tabelas de contingência

Como parte da Promoção Escolha Seu Prêmio, uma cadeia de lojas convidou os clientes a escolherem qual de três prêmios eles gostariam de ganhar (devendo fornecer o nome, endereço, telefone e *e-mail*). Em uma das lojas, as respostas puderam ser colocadas na Tabela de contingência 5.2.

Tabela 5.2 Distribuição da preferência pelo prêmio de 478 clientes

		\multicolumn{3}{c}{Preferência pelo prêmio}	
		MP3	Máquina fotográfica	Bicicleta	Total
Sexo	Homem	117	50	60	227
	Mulher	130	91	30	251
	Total	247	141	90	478

> Uma **probabilidade marginal** utiliza uma frequência marginal (tanto o total das linhas quanto o das colunas) para calcular a probabilidade.

Se o vencedor for escolhido ao acaso a partir desses clientes, a probabilidade de uma mulher ser selecionada é apenas a frequência relativa correspondente (desde que seja igualmente provável a seleção de qualquer um dos 478 clientes). Existem 251 mulheres de um total de 478 clientes entrevistados, resultando em uma probabilidade de:

$$P(\text{mulher}) = 251/478 = 0{,}525$$

Isso é chamado de **probabilidade marginal**, porque ela depende somente dos totais encontrados nas margens da tabela. O mesmo método funciona para eventos mais complicados. Por exemplo, qual é a probabilidade de selecionar uma mulher cuja preferência do prêmio tenha sido uma máquina fotográfica? Bem, 91 mulheres indicaram a máquina fotográfica como sua preferência, portanto, a probabilidade é:

$$P(\text{mulher } e \text{ máquina fotográfica}) = 91/478 = 0{,}190$$

Probabilidades como essas são chamadas de **probabilidades conjuntas**, porque fornecem a probabilidade de dois eventos ocorrerem juntos.

A probabilidade de selecionar um cliente cujo prêmio preferido tenha sido uma bicicleta é:

$$P(\text{bicicleta}) = 90/478 = 0{,}188$$

Como nosso espaço da amostra são os 478 clientes, podemos identificar as frequências relativas como probabilidades. E se nos é dada a informação de que o cliente selecionado é uma mulher? Isso mudaria a probabilidade de que o prêmio preferido do cliente selecionado tenha sido uma bicicleta? Pode apostar que sim! Os diagramas de *pizza* mostram que as mulheres têm menor probabilidade de dizer que o prêmio preferido é uma bicicleta do que os homens. Quando restringimos nosso foco às mulheres, analisamos somente a linha das mulheres da tabela, a qual fornece a distribuição condicional da preferência dos prêmios, dado que o cliente seja "mulher". Das 251 mulheres, somente 31 delas disseram que o prêmio preferido seria uma bicicleta. Escrevemos a probabilidade de um cliente selecionado querer uma bicicleta, *dado* que tenhamos selecionado uma mulher, como:

$$P(\text{bicicleta} \mid \text{mulher}) = 30/251 = 0{,}120$$

Para os homens, determinamos a distribuição condicional de prêmios preferidos, dado que o cliente seja "homem", analisando a linha superior da tabela. Lá, de 227 homens, 60 disseram que seu prêmio preferido era uma bicicleta. Assim, $P(\text{homem}/\text{bicicleta}) = 60/227 = 0{,}264$, mais que o dobro da probabilidade das mulheres (veja a Figura 5.1).

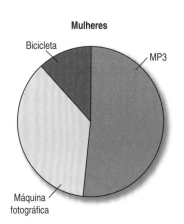
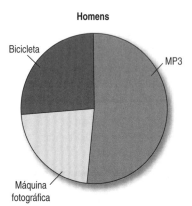

Figura 5.1 Distribuições condicionais da preferência do prêmio para *Mulheres* e *Homens*

5.6 Probabilidade condicional

Em geral, quando queremos a probabilidade de um evento de uma distribuição *condicional*, escrevemos $P(\mathbf{B}|\mathbf{A})$ e falamos "a probabilidade de **B** *dado* **A**". Uma probabilidade que leva em conta uma *condição* dada é chamada de **probabilidade condicional**.

Vejamos o que foi feito. Trabalhamos com as frequências, mas poderíamos trabalhar com as probabilidades também. Havia 30 mulheres que selecionaram uma bicicleta como prêmio e havia 251 clientes mulheres. Assim, encontramos a probabilidade de 30/251. Para encontrar a probabilidade do evento **B** *dado* o evento **A**, restringimos nossa atenção aos resultados em **A**. Depois, procuramos em que fração *desses* resultados **B** também ocorreu. Precisamente, escrevemos:

$$P(\mathbf{B}|\mathbf{A}) = \frac{P(\mathbf{A}\ e\ \mathbf{B})}{P(\mathbf{A})}$$

> ⚠ **ALERTA DE NOTAÇÃO:**
>
> $P(\mathbf{B}|\mathbf{A})$ é a probabilidade condicional de **B** *dado* **A**.

Podemos usar a fórmula diretamente com as probabilidades derivadas da tabela de contingência (Tabela 5.2) para encontrar:

$$P(\text{bicicleta}|\text{mulher}) = \frac{P(\text{bicicleta } e \text{ mulher})}{P(\text{mulher})} = \frac{30/478}{251/478} = \frac{0,063}{0,525} = 0,120 \text{ como antes.}$$

A fórmula para a probabilidade condicional requer uma restrição. Ela funciona somente quando o evento dado tem uma probabilidade maior que 0. A fórmula não funciona se $P(\mathbf{A})$ for 0, porque isso significaria que foi "dado" o fato de que **A** ocorreu, embora a probabilidade de **A** fosse 0, o que seria uma contradição.

Regra 7. Você se lembra da Regra da Multiplicação para a probabilidade **A** *e* **B**? Ela afirmava que:

$$P(\mathbf{A} \text{ e } \mathbf{B}) = P(\mathbf{A}) \text{ x } P(\mathbf{B})$$

quando **A** e **B** são independentes. Agora podemos escrever uma regra mais geral, que não requer independência. Na verdade, já a escrevemos. Só precisamos reorganizar um pouco a equação.

A equação, na definição da probabilidade condicional, contém a probabilidade de **A** *e* **B**. Reorganizando a equação, obtém-se a **Regra Geral da Multiplicação** para eventos compostos que não requerem que os eventos sejam independentes.

$$P(\mathbf{A} \text{ e } \mathbf{B}) = P(\mathbf{A}) \times P(\mathbf{B}|\mathbf{A})$$

A probabilidade de que dois eventos, **A** e **B,** ocorram é a probabilidade de que o evento **A** ocorra, multiplicada pela probabilidade de que o evento **B** *também* ocorra – isto é, pela probabilidade de que o evento **B** ocorra, dado que o evento **A** ocorra.

É claro que não importa qual evento chamamos de **A** e qual denominamos **B**. Poderíamos declarar o enunciado de outra maneira. É igualmente verdadeiro que:

$$P(\mathbf{A} \text{ e } \mathbf{B}) = P(\mathbf{B}) \times P(\mathbf{A}|\mathbf{B})$$

Vamos retornar à questão sobre o significado da independência entre eventos. Afirmamos informalmente, no Capítulo 4, que independência significa que a ocorrência de um evento não influencia a probabilidade do outro. Com nossa nova notação para probabilidades condicionais, podemos escrever uma definição formal. Os eventos **A** e **B** são **independentes** sempre que:

$$P(\mathbf{B}|\mathbf{A}) = P(\mathbf{B})$$

138 Parte 1 – Explorando e Coletando Dados

> A definição e o significado de independência são um conceito-chave deste capítulo.

Agora podemos ver que a Regra da Multiplicação para eventos independentes é apenas um caso especial da Regra Geral da Multiplicação. A regra geral diz que:

$$P(\textbf{A } e \textbf{ B}) = P(\textbf{A}) \times P(\textbf{B|A})$$

sejam os eventos são independentes ou não. Porém, quando os eventos **A** e **B** são independentes, podemos escrever $P(\textbf{B})$ para $P(\textbf{B|A})$ e voltamos para nossa regra simples:

$$P(\textbf{A } e \textbf{ B}) = P(\textbf{A}) \times P(\textbf{B})$$

Alguns utilizam essa afirmação como a definição de eventos independentes, mas consideramos a outra definição mais intuitiva. De qualquer maneira, a ideia é que as probabilidades de eventos independentes não mudam quando você descobre que um deles ocorreu.

Usando nosso exemplo anterior, a probabilidade do evento *escolher uma bicicleta* é independente do sexo do cliente? Precisamos verificar se:

$$P(\text{bicicleta}|\text{homem}) = \frac{P(\text{bicicleta } e \text{ homem})}{P(\text{homem})} = \frac{0{,}126}{0{,}475} = 0{,}265$$

é o mesmo que $P(\text{bicicleta}) = 0{,}189$.

Como essas probabilidades não são iguais, podemos dizer que a preferência do prêmio *não* é independente do sexo do cliente. Sempre que pelo menos uma das probabilidades conjuntas na tabela *não* for igual ao produto das probabilidades marginais, afirmamos que as variáveis não são independentes.

◆ **Independência *vs* Disjunção.** Eventos disjuntos são independentes? Ambos os conceitos parecem ter ideias similares de separação e distinção, mas, na verdade, eventos disjuntos *não* podem ser independentes.[3] Vejamos por quê. Considere os dois eventos disjuntos {você tirou A nessa disciplina} e {você tirou B nessa disciplina}. Eles são disjuntos porque não têm resultados em comum. Suponha que você sabe que *tirou* um A na disciplina. Agora, qual é a probabilidade de que você tenha tirado um B? Já que você não pode tirar as duas notas, ela deve ser 0.

Pense no que isso significa. Saber que o primeiro evento (tirar um A) ocorreu muda sua probabilidade para o segundo evento (para zero). Portanto, esses eventos não são independentes.

Eventos mutuamente exclusivos não podem ser independentes. Eles não têm resultados em comum, assim, saber que um ocorreu significa que o outro não ocorreu. É um erro comum tratar eventos disjuntos como se eles fossem independentes e aplicar a Regra da Multiplicação para eventos independentes. Não cometa esse erro.

5.7 Construindo tabelas de contingência

Às vezes, probabilidades são dadas sem uma tabela de contingência. Em geral, é possível construir uma tabela simples que corresponda às probabilidades.

Um levantamento de dados do setor imobiliário no estado de Nova York classificou as casas em duas categorias de preço (Baixo – menos de \$175000 e Alto – acima de \$175000). Também foi observado se as casas tinham pelo menos dois banheiros ou não (Verdadeiro ou Falso). Somos informados de que 56% das casas tinham pelo menos dois banheiros, 62% das casas tinham preço Baixo e 22% das casas tinham as duas

---

[3] Tecnicamente, dois eventos disjuntos *podem* ser independentes, mas somente se a probabilidade de um dos eventos for 0. Para finalidades práticas, podemos ignorar esse caso, já que não vamos coletar dados sobre o que não tem possibilidade de acontecer.

coisas. Essas informações são suficientes para preencher a tabela. Transformando os percentuais em probabilidades, temos:

		Pelo menos dois banheiros		
		Verdadeiro	Falso	Total
Preço	Baixo	0,22		0,62
	Alto			
	Total	0,56		1,00

As probabilidades 0,56 e 0,62 são probabilidades marginais, portanto, elas são dispostas nas margens. E os 22% das casas que tinham preços baixos e também pelo menos dois banheiros? É uma probabilidade conjunta, portanto, pertence ao interior da tabela.

Como as células da tabela mostram eventos disjuntos, o total das probabilidades está sempre nas margens, seja ao longo das linhas ou descendo nas colunas.

		Pelo menos dois banheiros		
		Verdadeiro	Falso	Total
Preço	Baixo	0,22	0,40	0,62
	Alto	0,34	0,04	0,38
	Total	0,56	0,44	1,00

Agora, encontrar qualquer outra probabilidade é simples. Por exemplo, qual é a probabilidade de que uma casa de preço alto tenha pelo menos dois banheiros?

P(pelo menos dois banheiros | preço alto)
= P(pelo menos 2 banheiros e preço alto) / P(preço alto)
= 0,34/0,38 = 0,895 ou 89,5%.

TESTE RÁPIDO

3 Suponha que um supermercado esteja conduzindo um levantamento de dados para descobrir o período e o dia mais movimentados para os compradores. Foi perguntado aos respondentes do levantamento de dados 1) se eles faziam compras na loja num dia da semana ou no fim de semana e 2) se eles faziam compras na loja antes ou depois das cinco horas da tarde. O levantamento de dados revelou que:

- 48% dos compradores visitavam a loja antes das 5 horas da tarde.
- 27% dos compradores visitavam a loja num dia da semana (Segunda – Sexta)
- 7% dos compradores visitavam a loja antes das 5 horas da tarde num dia de semana.

a) Faça uma tabela de contingência para as variáveis *hora do dia* e *dia da semana*.

b) Qual é a probabilidade de que um comprador, selecionado aleatoriamente, que faz compras antes das 5 horas da tarde também faça compras num dia de semana?

c) A hora e o dia da semana são eventos disjuntos?

d) A hora e o dia da semana são eventos independentes?

O QUE PODE DAR ERRADO?

- **Cuidado com as probabilidades que não somam 1.** Para termos uma distribuição legítima de probabilidade, a soma das probabilidades de todos os resultados possíveis deve totalizar 1. Se a soma for menor que 1, talvez você precise adicionar outra categoria ("outros") e designar a probabilidade restante àquele resultado. Se a soma for maior que 1, verifique se os resultados são disjuntos. Se eles não forem, você não pode atribuir probabilidades somando as frequências relativas.

- **Não some as probabilidades dos eventos se eles não forem disjuntos.** Os eventos devem ser disjuntos para se usar a Regra da Adição. A probabilidade de alguém ter menos de 80 anos *ou* ser uma mulher não é a probabilidade de alguém ter menos de 80 anos *mais* a probabilidade de ser mulher. Essa soma pode ser maior que 1.

- **Não multiplique as probabilidades dos eventos se eles não forem independentes.** A probabilidade de selecionar ao acaso um cliente que tenha mais de 70 anos *e* seja aposentado não é a probabilidade do cliente ter mais de 70 anos *vezes* a probabilidade do cliente ser aposentado. Saber que o cliente tem mais de 70 anos muda a probabilidade de ele ser aposentado. Você não pode multiplicar essas probabilidades. A multiplicação das probabilidades dos eventos que não são independentes é um dos erros mais comuns ao se lidar com probabilidades.

- **Não confunda disjunção com independência.** Eventos disjuntos *não podem* ser independentes. Se **A** = { você vai ser promovido } e **B** { você não vai ser promovido }, **A** e **B** são disjuntos. Eles são independentes? Se você descobrir que **A** é verdadeiro, a probabilidade de **B** muda? Claro que sim! Portanto, eles não são independentes.

O que aprendemos?

Aprendemos que a probabilidade é baseada em frequências relativas a longo prazo e que a Lei dos Grandes Números refere-se somente a comportamentos a longo prazo. Como "a longo prazo" significa muito tempo, devemos ter o cuidado de não interpretar mal a Lei dos Grandes Números como a Lei das Médias. Mesmo quando observamos uma sequência de caras, não devemos esperar mais coroas em lançamentos subsequentes da moeda.

Também aprendemos algumas regras básicas para combinar as probabilidades dos resultados a fim de encontrar probabilidades de eventos mais complexos. Elas incluem:

1. A probabilidade para qualquer evento está entre 0 e 1.
2. A probabilidade do espaço amostral, **S**; o conjunto de todos os resultados possíveis = 1
3. A Regra do Complemento
4. A Regra da Multiplicação para eventos independentes
5. A Regra Geral da Adição
6. A Regra Geral da Multiplicação

Termos

Disjuntos (ou **Eventos Mutuamente Exclusivos**) Dois eventos são disjuntos se eles não compartilham resultados em comum. Se **A** e **B** são disjuntos, então saber que **A** ocorre indica que **B** não pode ocorrer. Eventos disjuntos são também chamados de "mutuamente exclusivos".

Capítulo 5 – Aleatoriedade e Probabilidade **141**

Espaço Amostral	Coleção de todos os valores possíveis de um experimento. O espaço amostral tem probabilidade igual a 1.
Evento	Uma coleção de resultados. Geralmente, identificamos eventos para que possamos acrescentar probabilidades a eles. Indicamos os eventos com letras maiúsculas, em negrito, como **A**, **B** ou **C**.
Fenômeno Aleatório	Um fenômeno é aleatório se sabemos quais resultados podem acontecer, mas não quais valores em particular irão acontecer.
Independência (usada formalmente)	Os eventos **A** e **B** são independentes quando $P(\mathbf{B}|\mathbf{A}) = P(\mathbf{B})$.
Independência (usada informalmente)	Dois eventos são *independentes* se o fato de um evento ocorrer não mudar a probabilidade de o outro ocorrer.
Lei dos Grandes Números (LGN)	A Lei dos Grandes Números declara que *a frequência relativa a longo prazo* de eventos repetidos e independentes se estabiliza na *probabilidade real do evento*, à medida que o número de tentativas aumenta.
Probabilidade	A probabilidade de um evento é um número entre 0 e 1, que representa a possibilidade da ocorrência do evento. Uma probabilidade pode ser derivada de um modelo (como resultados igualmente prováveis), das frequências relativas a longo prazo da ocorrência do evento ou de graus subjetivos de crença. Escrevemos $P(\mathbf{A})$ para a probabilidade do evento **A**.

Probabilidade Condicional

$$P(\mathbf{B}|\mathbf{A}) = \frac{P(\mathbf{A}\ e\ \mathbf{B})}{P(\mathbf{A})}$$

$P(\mathbf{A}|\mathbf{B})$ é lido como "a probabilidade de **B** *dado* **A**".

Probabilidades conjuntas	Probabilidade de que dois eventos ocorram.
Probabilidade Empírica	Quando a probabilidade vem da frequência relativa de longo prazo da ocorrência do evento, ela é uma probabilidade empírica.
Probabilidade marginal	Numa tabela de probabilidade conjunta, uma probabilidade marginal é a distribuição da probabilidade de cada variável separadamente, geralmente encontrada na coluna mais à direita ou na linha inferior de uma tabela.
Probabilidade Pessoal	Quando a probabilidade é subjetiva e representa uma crença pessoal, ela é chamada de probabilidade pessoal.
Probabilidade teórica	Quando a probabilidade vem de um modelo matemático (como, mas não limitado a, resultados igualmente prováveis), ela é chamada de probabilidade teórica.

Regra da Adição Se **A** e **B** são eventos disjuntos, então a probabilidade de **A** ou **B** é

$$P(\mathbf{A}\ ou\ \mathbf{B}) = P(\mathbf{A}) + P(\mathbf{B})$$

Regra da Atribuição de Probabilidade A probabilidade de todo o espaço amostral deve ser 1: $P(S) = 1$.

Regra da Multiplicação Se **A** e **B** são eventos independentes, então a probabilidade de **A** *e* **B** é:

$$P(\mathbf{A}\ e\ \mathbf{B}) = P(\mathbf{A}) \times P(\mathbf{B})$$

Regra do Complemento A probabilidade de um evento ocorrer é 1 menos a probabilidade de ele não ocorrer.

$$P(\mathbf{A}) = 1 - P(\mathbf{A}^{C})$$

Regra Geral da Adição Para quaisquer dois eventos, **A** e **B**, a probabilidade de **A** *ou* **B** é

$$P(\mathbf{A}\ ou\ \mathbf{B}) = P(\mathbf{A}) + P(\mathbf{B}) - P(\mathbf{A}\ e\ \mathbf{B})$$

Regra Geral da Multiplicação Para quaisquer dois eventos, **A** e **B**, a probabilidade de **A** e **B** é

$$P(\mathbf{A}\ e\ \mathbf{B}) = P(\mathbf{A}) \times P(\mathbf{B}|\mathbf{A})$$

Resultado O resultado de uma tentativa é o valor mensurado, observado ou relatado para uma ocorrência individual daquela tentativa.

Tentativa Uma ocorrência única ou realização de um fenômeno aleatório.

Habilidades

- Ser capaz de entender que os fenômenos aleatórios são imprevisíveis a curto prazo, mas mostram regularidade a longo prazo.
- Saber como reconhecer resultados aleatórios numa situação real.
- Saber que a frequência relativa de um resultado de um fenômeno aleatório se estabiliza à medida que reunimos mais resultados aleatórios. Ser capaz de enunciar a Lei dos Grandes Números.
- Saber as definições básicas e regras da probabilidade.
- Ser capaz de reconhecer quando os eventos são disjuntos e quando os eventos são independentes. Entender a diferença e saber que eventos disjuntos não podem ser independentes.

- Ser capaz de usar os fatos sobre probabilidade para determinar se uma atribuição de probabilidades é legítima. Cada probabilidade deve ser um número entre 0 e 1 e a soma das probabilidades atribuídas a todos os resultados possíveis deve ser 1.
- Saber como e quando aplicar a Regra Geral da Adição. Saber quando os eventos são disjuntos.
- Saber como e quando aplicar a Regra Geral da Multiplicação. Ser capaz de usar a Regra da Multiplicação a fim de encontrar probabilidades para combinações de eventos independentes e não independentes.
- Saber como usar a Regra do Complemento para simplificar o cálculo das probabilidades. Reconhecer que as probabilidades de "pelo menos" talvez possam ser simplificadas dessa maneira.

- Ser capaz de usar afirmações sobre probabilidade na descrição de um fenômeno aleatório. Você irá precisar dessa habilidade em breve para fazer afirmações sobre inferência estatística.
- Saber e ser capaz de usar corretamente os termos "espaço amostral", "eventos disjuntos" e "eventos independentes".
- Ser capaz de fazer uma afirmação sobre uma probabilidade condicional que torne claro como a condição afeta a probabilidade.
- Evitar fazer afirmações que assumam independência dos eventos quando não existe evidência clara de que eles de fato são independentes.

Projetos de estudo de pequenos casos

Segmentação do mercado

Os dados do "Estudo da Moda Feminina de Chicago"[4] foram coletados usando-se um levantamento de dados autoadministrado de uma amostra de lares da grande região metropolitana de Chicago. A gerente de *marketing* da loja de departamentos X quer saber a importância da qualidade para suas clientes. Um consultor relatou que, com base em pesquisas anteriores, 30% de todos os consumidores do país estão mais interessados em quantidade do que em qualidade. A gerente de *marketing* suspeita que os clientes da sua loja sejam diferentes e que clientes de idades distintas também possam ter opiniões diversas. Usando probabilidades condicionais, probabilidades marginais e probabilidades conjuntas construídas a partir dos dados do arquivo **ch05_MCSP_Market_Segmentation**[5], escreva um relatório para a gerente sobre o que você encontrou.

Tenha em mente: a gerente pode estar mais interessada na opinião dos clientes "frequentes" do que na daqueles que nunca ou dificilmente fazem compras na sua loja. Esses clientes "frequentes" contribuem com uma quantia desproporcional do lucro da loja. Lembre-se disso ao fazer sua análise e escrever seu relatório.

Variável e pergunta	Categorias
Idade *Em qual das seguintes categorias etárias você se enquadra?*	18 – 24 anos 25 – 34 35 – 44 45 – 55 55 – 65 65 ou mais
Frequência *Com que frequência você compra roupas femininas na (loja de departamentos X)?*	Nunca – quase nunca 1 – 2 vezes ao ano 3 – 4 vezes ao ano 5 vezes ou mais
Qualidade *Pela mesma quantia de dinheiro, prefiro comprar, em geral, um bom item em vez de vários com preços e qualidade mais baixos.*	1. Discordo totalmente 2. Discordo de modo geral 3. Discordo em parte 4. Concordo em parte 5. Concordo de modo geral 6. Concordo totalmente

---

[4] *Market Segmentation Exercise,* originalmente preparado por K. Matsuno, D. Kopcso e D.Tigert, Babson College em 1997 (Babson Case Series n. 133-C97A-U)

[5] Para uma versão com as categorias codificadas como inteiros, veja **ch05_MCSP_Market_Segmentation_Coded**.

EXERCÍCIOS

1. O que isto significa? Parte 1. Responda as seguintes questões:

a) Um cassino alega que sua roleta é verdadeiramente aleatória. O que essa alegação significa?

b) Um repórter do *Market Place* diz existir uma chance de 50% de que o Federal Reserve Bank irá baixar as taxas de juros em um quarto de ponto percentual na sua próxima reunião. Qual é o significado dessa frase?

2. O que isto significa? Parte 2. Responda as seguintes questões:

a) Após um outono excepcionalmente seco, um locutor de rádio afirma: "Cuidado! Pagaremos por esses dias ensolarados no inverno." Explique o que ele está tentando dizer e comente sobre a validade do seu raciocínio.

b) Um batedor de beisebol que não conseguiu uma boa tacada sete vezes consecutivas faz um *home run* e vence o jogo. Mais tarde, ao falar com os repórteres, ele relata que estava muito confiante naquela última tentativa, porque sabia estar "pronto para uma tacada". Comente seu raciocínio.

3. Segurança de companhias aéreas. Embora as companhias aéreas tenham excelentes registros de segurança, nas semanas que se seguem a um acidente aéreo, elas geralmente enfrentam uma queda no número de passageiros, provavelmente porque as pessoas estão com medo de se arriscar a voar.

a) Um agente de viagens sugere que, visto que a lei das médias torna altamente improvável a ocorrência de duas quedas dentro de poucas semanas, voar após uma queda é a época mais segura. O que você acha?

b) Se a indústria aérea orgulhosamente anunciasse que atingiu um novo recorde em termos de período mais longo de voos seguros, você relutaria em voar? As empresas aéreas estariam mais propensas a vivenciar uma queda?

4. Previsões econômicas. Um informativo de investimentos faz previsões gerais sobre a economia para ajudar seus clientes a tomar decisões de investimentos seguras.

a) Recentemente, o informativo relatou que, devido ao mercado acionário ter vivenciado uma alta nos últimos três meses seguidos, ele estava "pronto para uma correção", e aconselhou seus clientes a reduzir suas ações. Que "lei" foi aplicada? Comente.

b) O informativo aconselhou a compra de uma ação que estava em baixa nos últimos quatro períodos, já que ela estava claramente "pronta para se recuperar". Que "lei" foi aplicada? Comente.

5. Seguro contra incêndio. As companhias de seguro coletam pagamentos anuais de proprietários de casas em troca da reconstrução das casas que pegarem fogo.

a) Por que você deveria estar relutante em aceitar um pagamento de $300 do seu vizinho para refazer a casa dele se ela se incendiasse no próximo ano?

b) Por que a companhia de seguros pode fazer essa oferta?

6. Jogo de cassino. Recentemente, a companhia Internacional da Tecnologia do Jogo emitiu o seguinte comunicado à imprensa:

(LAS VEGAS, Nevada) *Cyntia Jay estava esfuziante quando entrou na sala de conferência do Desert Inn Resort em Las Vegas hoje, e com razão. Ontem à noite, a garçonete de 37 anos ganhou o maior prêmio do mundo de um caça-níqueis – $34959,58 – numa máquina Megabucks. Ela afirmou que havia jogado $27 quando ganhou o prêmio. A Nevada Megabucks produziu 49 grandes ganhadores em seus 14 anos de história. O maior prêmio possível é $7 milhões, o qual pode ser ganho com uma aposta de 3 moedas de $1 ($3).*

a) Como o Desert Inn pode bancar prêmios de milhões de dólares com uma aposta de $3?

b) Por que a empresa emitiu o comunicado à imprensa? A maioria das empresas não escolheria esconder uma perda tão grande?

7. Empresa de brinquedos. Uma empresa fabrica um jogo de roleta e precisa decidir quais as probabilidades envolvidas no brinquedo. Uma seta de plástico gira no dial e para em uma cor que determina o que acontece a seguir. Conhecer essas probabilidades ajudará a determinar a facilidade ou dificuldade de uma pessoa vencer o jogo e ajudará a determinar quanto tempo um jogo típico irá durar. É possível fazer as atribuições de probabilidades a seguir? Explique.

Probabilidades de ...				
	Vermelho	**Amarelo**	**Verde**	**Azul**
a)	0,25	0,25	0,25	0,25
b)	0,10	0,20	0,30	0,40
c)	0,20	0,30	0,40	0,50
d)	0	0	1,00	0
e)	0,10	0,20	1,20	−1,50

8. Descontos de loja. Muitas lojas realizam "descontos secretos": os compradores recebem cartões que determinam o tamanho do desconto que podem conseguir, mas o percentual é revelado somente ao raspar uma faixa preta, após a compra ter sido totalizada no caixa. A loja é obrigada a revelar (nas letras miúdas) a distribuição dos descontos disponíveis. Cada uma das probabilidades a seguir é uma atribuição plausível? Explique.

Probabilidades de...				
	desc. 10%	**desc. 20%**	**desc. 30%**	**desc. 50%**
a)	0,20	0,20	0,20	0,20
b)	0,50	0,30	0,20	0,10
c)	0,80	0,10	0,05	0,05
d)	0,75	0,25	0,25	−0,25
e)	1,00	0	0	0

9. Controle de qualidade. Um fabricante de pneus recentemente anunciou um *recall,* porque 2% dos pneus vendidos estavam com defeito. Se você acabou de comprar um jogo de quatro pneus desse fabricante, qual é a probabilidade de que pelo menos um dos seus novos pneus tenha o defeito?

10. Promoção da Pepsi. Para uma promoção de vendas, o fabricante coloca os símbolos dos prêmios embaixo das tampinhas de 10% de todas as garrafas da Pepsi. Se você comprar um pacote com seis garrafas de Pepsi, qual é a probabilidade de que você ganhe algum prêmio?

11. Garantia de carro. No desenvolvimento de sua política de garantia, uma empresa de automóveis estima que durante o período de um ano, 17% dos seus carros precisarão de reparos uma vez, 7% precisarão de reparos duas vezes e 4% precisarão de três ou mais reparos. Se você comprar um carro novo desse fabricante, qual é a probabilidade de que seu carro precise de:
a) Nenhum reparo?
b) Não mais que um reparo?
c) Alguns reparos?

12. Equipe de consultoria. Você trabalha para uma grande empresa global de gerenciamento de consultoria. De todos os analistas, 55% não têm experiência na indústria de telecomunicação, 32% têm experiência limitada (menos de cinco anos) e o restante tem muita experiência (cinco anos ou mais). Num projeto recente, você e outros dois analistas foram escolhidos, ao acaso, para formar uma equipe. Constatou-se que parte do projeto envolve telecomunicações. Qual é a probabilidade de que o primeiro membro da equipe que você encontra tenha:
a) Muita experiência em telecomunicações?
b) Alguma experiência em telecomunicações?
c) Apenas uma experiência limitada em telecomunicações?

13. Garantia de carro, parte 2. Considere novamente as taxas de reparos dos carros descritas no Exercício 11. Se você comprar dois carros novos, qual é a probabilidade de que:
a) Nenhum deles precise de reparo?
b) Ambos precisem de reparos?
c) Pelo menos um dos carros precise de reparos?

14. Equipe de consultoria, parte 2. Você foi designado a fazer parte de uma equipe de três analistas de uma empresa global de consultoria de gerenciamento, como foi descrito no Exercício 12. Qual é a probabilidade de que:
a) Os dois membros da equipe não tenham experiência em telecomunicações?
b) Os dois membros da equipe tenham alguma experiência em telecomunicações?
c) Pelo menos um membro da equipe tenha muita experiência em telecomunicações?

15. Garantia de carro, novamente. Você utilizou a Regra da Multiplicação para calcular as possibilidades de reparos para os seus carros no Exercício 11.
a) O que deve ser verdadeiro sobre seus carros para tornar aquela abordagem válida?
b) Você acha essa suposição lógica? Explique.

16. Projeto final da equipe de consultoria. Você usou a Regra da Multiplicação para calcular as probabilidades sobre a experiência em telecomunicações dos seus membros de equipe de consultoria do Exercício 12.
a) O que deve ser verdadeiro sobre os grupos para que torne aquela abordagem válida?
b) Essa suposição é lógica? Explique.

17. Imóveis. Anúncios de bens imóveis sugerem que 64% das casas à venda têm garagens, 21% têm piscinas e 17% têm ambas as características. Qual é a probabilidade de que uma casa à venda tenha:
a) Uma piscina ou uma garagem?
b) Nem piscina, nem garagem?
c) Uma piscina, mas nenhuma garagem?

18. Dados de recursos humanos. Dados sobre empregos numa grande empresa revelam que 72% dos empregados são casados, 44% têm graduação universitária e metade dos que têm graduação universitária são casados. Qual é a probabilidade de que um empregado escolhido ao acaso seja:
a) Solteiro com graduação universitária?
b) Casado, mas sem graduação universitária?
c) Casado ou com graduação universitária?

19. Pesquisa de mercado sobre energia. Uma pesquisa do Gallup, realizada em março de 2007, perguntou a 1005 adultos norte-americanos se deve ser dada alta prioridade ao aumento de produção de energia doméstica ou à proteção ao meio ambiente. Eis os resultados.

Resposta	Número
Aumentar a produção	342
Proteger o meio ambiente	583
Igualmente importante	50
Sem opinião	30
Total	**1005**

Se selecionarmos uma pessoa ao acaso de uma amostra de 1005 adultos:
a) Qual é a probabilidade de que a pessoa tenha respondido "Aumentar a produção"?
b) Qual é a probabilidade de que a pessoa tenha respondido "Igualmente importante" ou "Sem opinião"?

20. Mais pesquisa de mercado sobre energia. O Exercício 19 mostra os resultados do levantamento de dados do Gallup sobre energia. Suponha que tenhamos selecionado três pessoas ao acaso dessa amostra.
a) Qual é a probabilidade de que os três tenham respondido "Proteger o meio ambiente"?
b) Qual é a probabilidade de que ninguém tenha respondido "Igualmente importante"?
c) Que suposições você fez para calcular essas probabilidades?
d) Explique por que você acha que essa suposição é razoável.

21. Taxas de contato de *telemarketing*. Empresas de pesquisa de mercado geralmente contatam seus respondentes por amostragem aleatória de números telefônicos. Embora os entrevistadores atualmente atinjam 76% de domicílios selecionados dos Estados Unidos, o percentual dos contatados que concordam em cooperar com o levantamento de dados caiu. Suponha que o percentual dos que concordam em cooperar com a pesquisa de *telemarketing* seja agora de 38%. Presume-se que cada domicílio seja independente dos demais.

a) Qual é a probabilidade de que o próximo domicílio da lista seja contatado, mas se recuse a cooperar?

b) Qual é a probabilidade do contato com um domicílio fracassar, ou seja, que ele seja contatado, mas que não concorde em ser entrevistado?

c) Mostre outra maneira de calcular a probabilidade do item b.

22. Taxas de contato de *telemarketing*, parte 2. De acordo com a Pew Research, a taxa de contato (a probabilidade de contatar um domicílio selecionado) em 1997 era de 69% e em 2003, de 76%. Entretanto, a taxa de cooperação (a probabilidade de alguém do domicílio contatado concordar em ser entrevistado) era de 58% em 1997 e caiu para 38% em 2003.

a) Qual é a probabilidade (em 2003) de obter uma entrevista com o próximo domicílio da lista? (Para obter uma entrevista, um entrevistador deve ter sucesso em contatar o domicílio e receber consentimento para a entrevista).

b) Era mais provável obter uma entrevista de um domicílio aleatoriamente selecionado em 1997 ou em 2003?

23. Informação sobre o produto da Mars. A empresa Mars afirmou que, antes de introduzir a cor púrpura, o amarelo constituía 20% dos seus chocolates M&M's, o vermelho, outros 20% e o laranja, o azul e o verde, 10% cada um. O restante era marrom.

a) Se você escolher um M&M's ao acaso de um pacote sem púrpura, qual é a probabilidade de ele ser:

   i) Marrom?

   ii) Amarelo ou laranja?

   iv) Não verde?

   v) Listrado?

b) Assumindo que você tenha um suprimento infinito de M&M's com a distribuição de cores antiga, se você escolher três M&M's sucessivamente, qual é a probabilidade de que:

   i) Todos sejam marrons?

   ii) O terceiro retirado seja o primeiro vermelho?

   iii) Nenhum seja amarelo?

   iv) Pelo menos um seja verde?

24. Cruz Vermelha Americana. A Cruz Vermelha Americana precisa identificar seu suprimento e sua demanda para os vários tipos de sangue. Eles estimam que aproximadamente 45% da população dos Estados Unidos têm sangue Tipo O, 40% Tipo A, 11% Tipo B e o restante o Tipo AB.

a) Se alguém se voluntaria para doar sangue, qual é a probabilidade de que este doador:

   i) Tenha Tipo AB?

   ii) Tenha Tipo A ou Tipo B?

   iii) Não seja do Tipo O?

b) Entre quatro doadores em potencial, qual é a probabilidade de que:

   i) Todos sejam Tipo O?

   ii) Nenhum tenha sangue do Tipo AB?

   iii) Nem todos sejam do Tipo A?

   iv) Pelo menos um seja do Tipo B?

25. Mais informação sobre o produto da Mars. No exercício 23, você calculou as probabilidades de conseguir várias cores dos M&M's.

a) Se você retirar um M&M's, os eventos de conseguir um vermelho e um laranja são disjuntos ou independentes ou nenhum dos dois?

b) Se você retirar dois M&M's, um após o outro, os eventos de conseguir um vermelho primeiro e um vermelho na segunda vez são disjuntos ou independentes ou nenhum dos dois?

c) Os eventos disjuntos podem ser independentes? Explique.

26. Cruz Vermelha Americana, parte 2. No Exercício 24, você calculou probabilidades envolvendo vários tipos de sangue.

a) Se você examinar um doador, os eventos ser doador de sangue do Tipo A e do Tipo B são disjuntos ou independentes ou nenhum dos dois? Explique sua resposta.

b) Se você examinar dois doadores, os eventos de que o primeiro doador tenha sangue do Tipo A e o segundo, do Tipo B são disjuntos ou independentes ou nenhum dos dois?

c) Eventos disjuntos podem ser independentes? Explique.

27. Tributarista. Um recente estudo dos auditores da Receita Federal mostrou que, para contribuintes com propriedades que valem menos de $5 milhões, aproximadamente 1 em 7 de todas as declarações com devolução de impostos caem na malha fina, mas essa probabilidade aumenta para 50% para quem tem propriedades acima de $5 milhões. Suponha que um tributarista tenha três clientes com direito a devolução do imposto de renda, com propriedades acima de $5 milhões. Quais são as probabilidades de que:

a) Todos os três tenham caído na malha fina?

b) Nenhum tenha caído na malha fina?

c) Pelo menos um tenha caído na malha fina?

d) Que suposições foram feitas para calcular essas probabilidades?

28. Cassinos. Calcular as chances de um jogador ganhar ou perder em cada jogo é crucial para a previsão financeira de um cassino. Um caça-níqueis padrão tem três engrenagens que giram independentemente. Cada uma tem 10 símbolos igualmente prováveis: 4 barras, 3 limões, 2 cerejas e um sino. Se você jogar uma vez, qual é a probabilidade de que você obtenha:

a) 3 limões?

b) Nenhum símbolo de frutas?

c) 3 sinos (prêmio maior)?

d) Nenhum sino?

e) Pelo menos uma barra (perda automática)?

29. Tecnologia da informação. Uma empresa recentemente substituiu seu servidor de *e-mail* porque o servidor anterior sofria uma interrupção em aproximadamente 15% dos dias de trabalho útil. Para avaliar a gravidade da situação, calcule a probabilidade de numa semana com 5 dias úteis ocorrer uma interrupção no serviço de *e-mail*:

a) Na segunda-feira e novamente na terça-feira

b) Pela primeira vez na quinta-feira

c) Todos os dias

d) Pelo menos uma vez durante a semana

Capítulo 5 – Aleatoriedade e Probabilidade **147**

30. Tecnologia da informação, parte 2. Numa empresa de médio porte de *Web design* e manutenção, 57% dos computadores são PCs, 29% são Macs e o restante são máquinas Unix. Assumindo que os usuários de cada uma das máquinas tenham a mesma probabilidade de ligar para o serviço de ajuda tecnológica, qual é a probabilidade de que das próximas três chamadas:

a) Todas sejam de usuários de Macs?

b) Nenhuma seja de usuário de PCs?

c) Pelo menos uma seja de um usuário de máquina Unix?

d) Todas sejam de usuários de máquinas Unix?

31. Cassinos, parte 2. Além de caça-níqueis, os cassinos devem entender as probabilidades envolvidas nos jogos de cartas. Suponha que você está jogando numa mesa de vinte e um e o crupiê embaralha as cartas. A primeira carta mostrada é vermelha. O mesmo acontece com a segunda e a terceira cartas. Você está surpreso em ver cinco cartas vermelhas sucessivas e pensa: "a próxima terá de ser preta!".

a) Você está correto em pensar que existe uma probabilidade maior de que a próxima carta seja preta em vez de vermelha? Explique.

b) Isso é um exemplo da Lei dos Grandes Números? Explique.

32. Estoque. Um carregamento de bicicletas acabou de chegar na *The Spoke*, uma pequena loja de bicicletas, e todas as caixas foram colocadas na peça dos fundos. A proprietária pede ao seu assistente para começar a trazer as caixas. O assistente vê 20 caixas iguais e começa a trazê-las para dentro da loja, aleatoriamente. A proprietária sabe que fez um pedido de 10 bicicletas para mulheres e 10 bicicletas para homens, assim, ficou surpresa ao descobrir que todas as seis primeiras eram bicicletas de mulheres. Quando a sétima caixa foi trazida, ela pensou: "esta deve ser uma bicicleta para homens".

a) Ela está correta em pensar que existe uma alta probabilidade de que a próxima caixa contenha uma bicicleta para homens? Explique.

b) Isso é um exemplo da Lei dos Grandes Números? Explique.

33. Levantamento de dados internacional sobre comida. O levantamento de dados da *GfK Roper Worldwide* de 2005 perguntou aos consumidores em cinco países se eles concordavam com a afirmação: "Estou preocupado com a segurança da comida que consumo". Estas são as respostas classificadas por idade dos respondentes:

		Concorda	Não concorda nem discorda	Discorda	Não sabe/ Não respondeu	Total
Idade	13 – 19	661	368	452	32	1513
	20 – 29	816	365	336	16	1533
	30 – 39	871	355	290	9	1525
	40 – 49	914	335	266	6	1521
	50+	966	339	283	10	1598
	Total	4228	1762	1627	73	7690

Se selecionarmos uma pessoa ao acaso dessa amostra:

a) Qual é a probabilidade de que ela tenha concordado com a afirmação?

b) Qual é a probabilidade de que ela tenha menos de 50 anos?

c) Qual é a probabilidade de que ela tenha menos de 50 anos *e* tenha concordado com a afirmação?

d) Qual é a probabilidade de que a pessoa tenha menos do que 50 anos *ou* concorda com a afirmação?

34. Comercialização de cosméticos. Um levantamento de dados da *GfK Roper Worldwide* perguntou aos consumidores em cinco países se eles concordavam com a afirmação: "Sigo uma rotina de cuidado com a pele todos os dias."

		Resposta			
		Concorda	**Discorda**	**Não sabe**	**Total**
País	China	361	988	153	1502
	França	695	763	81	1539
	Índia	828	689	18	1535
	R.U.	597	898	62	1557
	EUA	668	841	48	1557
	Total	3149	4179	362	7690

Se selecionarmos uma pessoa ao acaso dessa amostra:

a) Qual é a probabilidade de que ela tenha concordado com a afirmação?

b) Qual é a probabilidade de que ela seja da China?

c) Qual é a probabilidade de que ela seja da China *e* tenha concordado com a afirmação?

d) Qual é a probabilidade de que a pessoa seja da China *ou* tenha concordado com a afirmação?

35. *E-commerce*. Suponha que um negócio *on-line* organiza um levantamento de dados por *e-mail* para descobrir se compradores *on-line* estão preocupados com a segurança das transações de negócios na Web. Dos 42 indivíduos que responderam, 24 estão preocupados e 18 não estão preocupados. Oito daqueles preocupados com a segurança são homens e 6 daqueles que não estão preocupados são homens. Se um respondente for selecionado ao acaso, encontre cada uma das seguintes probabilidades condicionais:

a) O respondente é homem, dado que não está preocupado com a segurança.

b) O respondente não está preocupado com a segurança, dado que é uma mulher.

c) O respondente é mulher, dado que está preocupado com a segurança.

36. Inspeção veícular. Vinte por cento dos carros que são inspecionados têm o sistema de controle de poluição defeituoso. O custo do reparo do sistema de controle da poluição excede $100 em aproximadamente 40% das vezes. Quando um motorista leva seu carro para a inspeção, qual é a probabilidade de que ele pagará mais de $100 para reparar o sistema de controle da poluição?

37. Empresa farmacêutica. Uma empresa farmacêutica dos Estados Unidos está considerando produzir e comercializar uma pílula que irá ajudar no controle da pressão e do colesterol. A empresa está interessada em conhecer a demanda para tal produto. As probabili-

148 Parte 1 – Explorando e Coletando Dados

dades conjuntas de que um homem adulto norte-americano tenha pressão alta e/ou colesterol alto são mostradas na tabela.

		Pressão alta	
		Alta	OK
Colesterol	**Alto**	0,11	0,21
	OK	0,16	0,52

a) Qual é a probabilidade de que um homem adulto norte-americano tenha os dois problemas de saúde?
b) Qual é a probabilidade de que um homem adulto norte-americano tenha pressão alta?
c) Qual é a probabilidade de que um homem adulto norte-americano com pressão alta tenha também o colesterol alto?
d) Qual é a probabilidade de que um homem adulto norte-americano tenha pressão alta, se sabemos que ele tem colesterol alto?

38. Transferência internacional. Uma loja de departamentos europeia está desenvolvendo uma campanha de propaganda para sua nova loja nos Estados Unidos, e seus gerentes de *marketing* precisam conhecer melhor seu mercado-alvo. Com base nas respostas do levantamento de dados, uma tabela de probabilidades conjuntas de que uma pessoa adulta, classificada por idade, faça compras na nova loja norte-americana é mostrada a seguir:

		Loja		
		Sim	Não	Total
Idade	**< 20**	0,26	0,04	0,30
	20 – 40	0,24	0,10	0,34
	> 40	0,12	0,24	0,36
	Total	**0,62**	**0,38**	**1,00**

a) Qual é a probabilidade de que um respondente do levantamento de dados irá comprar na loja norte-americana?
b) Qual é a probabilidade de que um respondente do levantamento de dados irá comprar na loja, dado que ele tem menos de 20 anos?
c) Qual é a probabilidade de que um respondente do levantamento de dados que tem mais de 40 anos compre na loja?
d) Qual é a probabilidade de que um respondente do levantamento de dados tenha menos de 20 anos ou compre na loja?

39. Empresa farmacêutica, novamente. Dada a tabela de probabilidades compilada para os gerentes de *marketing* no Exercício 37, as variáveis pressão alta e colesterol alto são independentes? Explique.

		Pressão	
		Alta	OK
Colesterol	**Alto**	0,11	0,21
	OK	0,16	0,52

40. Transferência internacional, novamente. Dada a tabela de probabilidades compiladas para uma cadeia de loja de departamentos do Exercício 38, as variáveis idade e fazer compras na loja de departamentos são independentes? Explique.

41. Levantamento de dados internacional sobre comida, parte 2. Olhe novamente as informações do levantamento de dados da *GfK Worldwide* sobre atitudes em relação à comida do Exercício 33.
a) Se selecionarmos um respondente ao acaso, qual é a probabilidade de escolhermos uma pessoa entre 13 e 19 anos que tenha concordado com a afirmação?
b) Entre aqueles com idade de 13 a 19 anos, qual é a probabilidade de que a pessoa tenha respondido "Concordo"?
c) Qual é a probabilidade de que a pessoa que concordou tenha idade entre 13 e 19 anos?
d) Se a pessoa "Discordou", qual é a probabilidade de que ela tenha pelo menos 50 anos?
e) Qual é a probabilidade de que uma pessoa com idade de 50 anos ou mais tenha discordado?
f) As variáveis resposta à pergunta e idade são independentes?

42. Comercialização de cosméticos, parte 2. Olhe novamente os dados da *GfK Roper Worldwide* sobre cuidados com a pele do Exercício 34.
a) Se selecionarmos um respondente ao acaso, qual é a probabilidade de escolhermos uma pessoa dos Estados Unidos que tenha concordado com a afirmação?
b) Entre os americanos, qual é a probabilidade de que a pessoa tenha respondido "Concordo"?
c) Qual é a probabilidade de uma pessoa que concordou ser norte-americana?
d) Se a pessoa respondeu "Discordo", qual é a probabilidade de que ela seja norte-americana?
e) Qual é a probabilidade de que um norte-americano discorde?
f) As variáveis respostas à pergunta e nacionalidade são independentes?

43. Bens imóveis, parte 2. No levantamento de dados sobre imóveis descrito no Exercício 17, das casas à venda, 64% têm garagens, 21% têm piscinas e 17% têm ambos.
a) Qual é a probabilidade de que uma casa à venda tenha uma garagem, mas não uma piscina?
b) Se a casa à venda tem uma garagem, qual é a probabilidade de que também tenha uma piscina?
c) Ter uma garagem e ter uma piscina são eventos independentes? Explique.
d) Ter uma garagem e ter uma piscina são eventos mutuamente exclusivos? Explique.

44. Benefícios dos empregados. Cinquenta e seis por cento de todos os trabalhadores norte-americanos têm um plano de aposentadoria, 68% têm seguro saúde e 49% têm ambos os benefícios. Se selecionarmos um trabalhador ao acaso:
a) Qual é a probabilidade de que ele não tenha um plano de saúde nem um plano de aposentadoria?
b) Qual é a probabilidade de que o trabalhador tenha seguro saúde se ele tem um plano de aposentadoria?
c) Ter seguro saúde e plano de aposentadoria são independentes? Explique.
d) Ter os dois benefícios é mutuamente exclusivo? Explique.

45. *Telemarketing*. Os vendedores continuam tentando conquistar consumidores ligando para números de linhas fixas. De acordo com estimativas de um levantamento de dados nacional de 2003, com base em entrevistas diretas em 16677 lares, aproximadamente 58,2% de todos os adultos dos Estados Unidos têm tanto uma linha fixa nas suas residências quanto um telefone celular, 2,8% têm somente serviços de telefonia celular, mas não telefone fixo, e 1,6% não têm serviço telefônico.

a) As agências de levantamento de dados não irão ligar para números de telefones celulares, porque os clientes não querem pagar por tais telefonemas. Que proporções de lares norte-americanos podem ser atingidos com uma chamada para telefones fixos?

b) Ter um telefone celular e um telefone fixo são independentes? Explique.

46. Ronco. De acordo com a *British United Provident Association* (BUPA – Associação Britânica de Previdência Unida), o maior serviço de saúde da Grã-Bretanha, o ronco pode ser uma indicação de apneia do sono e pode causar doenças crônicas se não for tratado. Nos Estados Unidos, a Fundação Nacional do Sono relata que 3,6% dos 995 adultos que participaram do levantamento de dados roncam. Dos respondentes, 81,5% tinham mais de 30 anos e 32% tinham mais de 30 anos e roncavam.

a) Qual é o percentual dos respondentes que tinha 30 ou menos anos e não roncava?

b) O ronco é independente da idade? Explique.

47. Venda de carros. Uma campanha publicitária de um grande fabricante de carros é direcionada a um grupo demográfico mais velho. Você está surpreso e decide conduzir um levantamento de dados próprio e rápido. Um levantamento de dados aleatório de carros parados no estacionamento dos estudantes e funcionários da sua universidade classificou as marcas por país de origem, como visto na tabela. O país é independente do tipo de motorista?

		Motorista	
		Estudante	Funcionário
Origem	**Americano**	107	105
	Europeu	33	12
	Asiático	55	47

48. Venda de lareiras. Um levantamento em 1056 casas de Saratoga Springs, na área de Nova York, encontrou a seguinte relação entre preço (em milhares de $) e a presença de uma lareira na casa, em 2006. O preço da casa é independente de se possuir uma lareira?

		Lareira	
		Não	Sim
Preço da casa	**Baixo – Menos de $112**	198	66
	Baixo Inferior ($112 a $152)	133	131
	Baixo Superior ($152 a $207)	65	199
	Alto – Acima de $207	31	233

49. Carros usados. Uma estudante de administração em busca de um carro usado para comprar coloca um anúncio num *site*, dizendo que quer um Jeep usado entre $18000 e $20000. Do *site Kelly Blue-book.com*, ela viu que existem 149 carros que se enquadram na descrição num raio de 50 quilômetros da sua casa. Se assumirmos que essas são pessoas que irão ligar para ela e que farão isso de forma igualmente provável, então:

a) Qual é a probabilidade de que a primeira ligação seja do proprietário de um Jeep Liberty?

b) Qual é a probabilidade de que o primeiro a ligar seja o proprietário de um Jeep Liberty que custa entre $18000 e $18999?

c) Se o primeiro a ligar oferecer a ela um Jeep Liberty, qual é a probabilidade de que o carro custe menos de $19000?

d) Suponha que ela decida ignorar as ligações de donos de carros cujos custos são $\geq$ $19000. Qual é a probabilidade de que a primeira ligação que ela atenda seja correspondente à oferta de um Jeep Liberty?

		Preço		
	Marca	**$18000-$18999**	**$19000-$19999**	**Total**
Carro	**Commander**	3	6	9
	Compass	6	1	7
	Grand Cherokee	33	33	66
	Liberty	17	6	23
	Wrangler	33	11	44
	Total	92	57	149

50. Realocação de executivo. O diretor executivo de uma empresa de médio porte tem de ser transferido para outra parte do país. Para facilitar o processo, a empresa contratou uma agência de realocação, a fim de ajudar na compra de uma casa. O diretor executivo tem 5 filhos e, portanto, especificou que a casa deve ter pelo menos 5 quartos, mas não colocou outra restrição à procura. A agência de realocação restringiu a procura às casas da tabela e selecionou uma casa para exibir ao diretor executivo e à sua família na visita ao novo lugar. A agência não sabe, mas a família tem preferência por uma casa ao estilo arquitetônico Cape Cod com lareira. Se a agência selecionou a casa ao acaso, sem levar isso em consideração, então:

		Lareira?		
		Não	Sim	Total
Tipo de casa	**Cape Cod**	7	2	9
	Colonial	8	14	22
	Outra	6	5	11
	Total	21	21	42

a) Qual é a probabilidade de que a casa selecionada seja uma Cape Cod?
b) Qual é a probabilidade de que a casa seja uma Colonial com lareira?
c) Se a casa for uma Cape Cod, qual é a probabilidade de que tenha uma lareira?
d) Qual é a probabilidade de que a casa selecionada seja a que a família quer?

RESPOSTAS DO TESTE RÁPIDO

1 A probabilidade de subir no próximo dia não é afetada pelo resultado do dia anterior.

2
a) 0,30
b) 0,30.0,30 = 0,09
c) $(1 - 0,30)^2 \cdot 0,30 = 0,147$
d) $1 - (1 - 0,30)^5 = 0,832$

3 a)

	Dia da semana		
Antes das cinco	Sim	Não	Total
Sim	0,07	0,41	0,48
Não	0,20	0,32	0,52
Total	0,27	0,73	1,00

b) $P(\text{DS}|\text{AC}) = P(\text{DS e AC})/P(\text{AC}) = 0,07/0,48 = 0,146$

c) Não, os compradores podem fazer ambos (e 7% fazem).

d) Para serem independentes, precisamos ter $P(\text{AC}|\text{DS}) = P(\text{AC})$. $P(\text{BF}|\text{DS}) = 0,259$ mas $P(\text{AC}) = 0,48$. Eles não são independentes.

Apresentando e Descrevendo Dados Quantitativos

A Enron Corporation

A Enron Corporation já foi uma das maiores corporações do mundo. De empresa interestadual fornecedora de gás, em 1985, ela cresceu de forma constante nos anos 1990, se diversificando em quase todas as formas de transação de energia e, consequentemente, dominando o mercado. Suas ações acompanharam esse crescimento espetacular. Em 1985, os papéis da Enron eram vendidos por aproximadamente $5 a ação, mas, no final de 2000, fecharam a $89,75, após 52 semanas de alta. Nessa época, o capital acionário da empresa valia mais de $6 bilhões. Menos de um ano depois, cada ação valia menos de $0,25, tendo perdido mais de 99% do seu valor.

Muitos empregados que haviam tirado vantagem de generosos planos de compras de ações perderam seus pacotes de aposentadoria no valor de centenas de milhares de dólares. Gerentes de portfólio normalmente examinam o preço das ações (ou a mudança nos preços) ao longo do tempo para determinar sua volatilidade e ajudar a decidir quais ações comprar ou vender. Havia sinais de alerta nos dados?

Para aprender mais sobre o comportamento e a volatilidade das ações da Enron, vamos começar analisando a Tabela 6.1, que fornece as mudanças mensais no preço das ações (em dólares) para os últimos cinco anos que levaram ao fracasso da empresa.

Tabela 6.1 Mudança mensal do preço das ações em dólares da Enron para o período de janeiro de 1997 a dezembro de 2001

	Jan	Fev	Mar	Abril	Maio	Jun	Jul	Ago	Set	Out	Nov	Dez
1997	−$1,44	−0,75	−0,69	−0,88	0,12	0,75	0,81	−1,75	0,69	−0,22	−0,16	0,34
1998	0,78	0,62	2,44	−0,28	2,22	−0,50	2,06	−0,88	−4,50	4,12	1,16	−0,50
1999	3,28	3,34	−1,22	0,47	5,62	−1,59	4,31	1,47	−0,72	−0,38	−3,25	0,03
2000	5,72	21,06	4,50	4,56	−1,25	−1,19	−3,12	8,00	9,31	1,12	−3,19	−17,75
2001	14,38	−1,08	−10,11	−12,11	5,84	−9,37	−4,74	−2,69	−10,61	−5,85	−17,16	−11,59

> **Quem** Meses
> **O quê** Mudanças mensais no preço em dólares das ações da Enron
> **Quando** 1997 a 2002
> **Onde** Bolsa de Valores de Nova York
> **Por quê** Para examinar a volatilidade da ação da Enron

É difícil descobrir algo em tabelas como essa. Você pode ter uma ideia geral de quanto a ação mudou mês a mês – geralmente menos de $10 em qualquer direção – mas apenas isso.

6.1 Apresentando distribuições

Em vez disso, vamos seguir a primeira regra da análise de dados e criar uma figura. Que tipo de figura devemos fazer? Não pode ser um diagrama de barras ou um diagrama de *pizza*. Eles servem somente para variáveis categóricas, e a mudança do preço da ação da Enron é uma variável *quantitativa*, cujas unidades são medidas em dólares.

Histogramas

Aqui estão as mudanças mensais dos preços das ações da Enron exibidas num histograma.

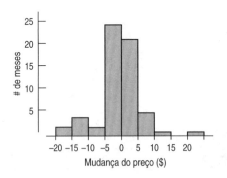

Figura 6.1 Mudanças mensais no preço das ações da Enron. O histograma exibe a distribuição das alterações do preço, mostrando para cada "classe" de mudanças o número de meses em que elas ocorreram.

Como um diagrama de colunas, um **histograma** organiza a contagem das classes como a altura das colunas. Nesse histograma de mudanças mensais de preço, cada classe tem uma amplitude de $5, portanto, por exemplo, a altura da segunda coluna mais alta indica que houve 20 mudanças mensais de preço entre $0 e $5. Dessa maneira, o histograma exibe toda a distribuição das mudanças de preço. Diferentemente do diagrama de colunas, que coloca espaços entre as colunas para separar as categorias, não há espaços entre as colunas de um histograma, *a não ser que* realmente existam tais espaços nos próprios dados. Os espaços indicam uma região onde não existem valores, como o espaço entre $15 e $20 na Figura 6.1. É um detalhe importante, tome cuidado com ele.

Para as variáveis categóricas, cada categoria tem sua própria coluna. Assim é mais fácil, pois não há escolha, exceto talvez combinar categorias para facilitar a apresentação. Entretanto, para variáveis quantitativas, temos de escolher como distribuir todos os valores possíveis em classes. Quando temos classes com amplitudes iguais, o historiograma é capaz de contar o número de casos que se encaixam dentro de cada classe, representando as contagens (frequências) como colunas e os valores das classes como base dessas colunas. Dessa forma, é possível exibir a distribuição de imediato.

◆ **Como os histogramas funcionam?** Se você for fazer um histograma à mão ou no Excel, deve tomar algumas decisões sobre as classes. Em primeiro lugar, precisa determinar a largura das classes. A escolha da classe é importante, porque algumas características da distribuição podem parecer mais óbvias em diferentes escolhas de largura das classes. Em muitos pacotes estatísticos, é possível variar de modo fácil e interativo a largura da classe, para ter certeza de que uma característica aparentemente importante não seja somente consequência da escolha de uma largura específica da classe.

Em seguida, você precisa decidir onde colocar os pontos finais das classes (pacotes estatísticos e calculadoras gráficas fazem essas escolhas automaticamente). As classes são normalmente iguais em largura e, em geral, têm tamanhos múltiplos de cinco ou dez. Mas onde colocar um valor de exatamente $5, se uma classe tem um intervalo que varia de $0 a $5, e a próxima classe tem um intervalo que varia de $5 a $10? A regra padrão para alocar um valor que cai exatamente no limite de uma classe é colocá-lo na próxima classe mais alta. Assim, você colocaria um mês com a mudança de $5 dentro da classe de tamanho de $5 a $10, em vez de colocar dentro da de $0 a $5.

A partir do histograma, podemos ver quais os meses que normalmente têm mudanças próximas de $0. Também vemos que, embora elas variem, a maioria das mudanças mensais de preço é menor que $5 em qualquer direção. Somente em alguns poucos meses as mudanças foram maiores que $10 em qualquer direção. Parece haver tantas mudanças positivas quantas negativas nos preços – indicando que a ação subiu tanto quanto desceu.

A distribuição corresponde ao que você esperava? Geralmente, é uma boa prática imaginar como a distribuição vai ficar antes de fazer a apresentação. Desse modo, é menos provável que você cometa erros, tanto na sua apresentação quanto com os próprios dados.

Se o seu foco é o padrão geral de como os valores estão distribuídos, em vez de as frequências, pode ser útil fazer um histograma de frequências relativas, substituindo as frequências do eixo vertical pelo percentual do total de dados representando a altura de cada classe. A forma do histograma é exatamente a mesma; somente os rótulos serão diferentes. Um **histograma de frequências relativas** é fiel ao princípio da área, exibindo o *percentual* de casos em cada classe, em vez das frequências.

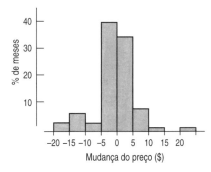

Figura 6.2 Um histograma de frequências relativas é igual ao histograma de frequências, exceto que o eixo y mostra agora o percentual de meses em cada classe.

Apresentação em caule e folhas

Os histogramas fornecem um resumo de fácil compreensão da distribuição de uma variável quantitativa, mas não mostram os dados individualmente. As **apresentações em caule e folhas** são como histogramas, mas também apresentam os valores individualmente. Elas são fáceis de fazer à mão para conjuntos de dados que não sejam muito grandes, representando, assim, uma ótima maneira de analisar um pequeno grupo de valores rapidamente.[1] Eis uma apresentação em caule e folhas para os dados dos três primeiros anos das mudanças de preços das ações da Enron, junto com um histograma dos mesmos dados.

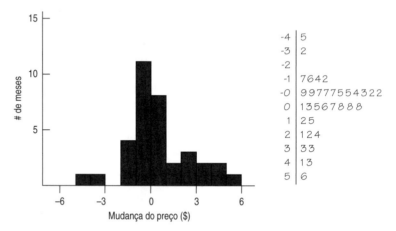

Figura 6.3 Os primeiros 36 meses das mudanças mensais dos preços das ações da Enron, exibidos por um histograma (à esquerda) e uma disposição em caule e folhas (à direita). As apresentações em caule e folhas, em geral, são feitas à mão, assim, é melhor usá-las para pequenos conjuntos de dados. Para conjunto de dados maiores, usamos um histograma.

◆ **Como funcionam os diagramas de caule e folhas?** As apresentações em caule e folhas usam parte de cada número (chamado de caule) para representar as classes. Para fazer as "barras", elas usam o próximo dígito do número. Por exemplo, se tivermos uma mudança mensal de preço de $21, poderíamos escrever 2 | 1, onde 2 serve como caule e 1 como folha. Para exibir as mudanças 21, 22, 24, 33 e 33 juntas, escreveríamos:

$$2 | 1\ 2\ 4$$
$$3 | 3\ 3$$

Geralmente, colocamos os números mais altos no topo, mas as duas formas são comuns. Apresentar os números altos no topo é natural, mas colocar os números mais altos embaixo mantém a direção do histograma da mesma maneira que quando você inclina sua cabeça para olhá-lo – de outra forma o histograma parece estar invertido.

Quando fizer uma apresentação de caule e folhas manualmente, verifique se você atribuiu a cada dígito a mesma largura, a fim de satisfazer o princípio da área. (Isso pode levar a alguns 1s gordos e 8s magros, mas mantém a honestidade da apresentação.)

Existem valores positivos e negativos nas alterações dos preços. Os valores de $0,3 e $0,5 estão exibidos como as folhas "3" e "5" no caule "0". Porém, os valores de –$0,3 e –$0,5 devem ser traçados abaixo do zero. Assim, a exibição em caule e folhas tem um caule de "-0" para apresentar esses valores – novamente com as folhas "3" e "5". Pode

---

[1] Os autores gostam de fazer exibições caule e folhas sempre que dados são apresentados (sem uma exibição adequada) em reuniões de comitês e grupos de trabalho. O entendimento de uma rápida olhada à distribuição é bem valioso.

parecer um pouco estranho ver dois caules zero, um rotulado de "-0". Porém, se você analisar melhor, verá que é uma maneira inteligente de tratar valores negativos.

Diferentemente da maioria dos diagramas discutidos neste livro, os diagramas de caule e folhas são ótimas construções a lápis e papel. Eles são adequados para reduzir quantidades de dados – digamos, entre 10 e algumas centenas de valores. Para conjuntos grandes de dados, os histogramas são mais adequados.

No Capítulo 4, você aprendeu a conferir a Condição de Dados Categóricos antes de fazer um diagrama de *pizza* ou um diagrama de colunas. Agora, em contraposição, antes de fazer um diagrama de caule e folhas ou um histograma, é preciso verificar a **Condição dos Dados Quantitativos**: os dados são valores de uma variável quantitativa cujas unidades são conhecidas.

Embora um diagrama de colunas e um histograma pareçam similares, eles não representam as mesmas coisas. Você não pode exibir dados categóricos num histograma ou dados quantitativos num diagrama de colunas. Sempre verifique a condição que confirma o tipo de dados que você tem antes de fazer o seu diagrama.

6.2 Forma

Uma vez apresentada a distribuição num histograma ou num diagrama de caule e folhas, o que você pode afirmar sobre ela? Quando você descreve uma distribuição, deve prestar atenção a três coisas: sua forma, seu centro e sua dispersão.

Descrevemos a **forma** de uma distribuição em termos de suas modas, sua simetria e do fato de haver ou não lacunas ou valores externos.

Moda

O histograma tem uma única corcunda central (ou pico) ou várias corcundas separadas? Essas corcundas são chamadas de **moda**.[2] Formalmente, a moda é o valor único mais frequente, mas é raro usarmos o termo dessa maneira. Às vezes, definimos a moda como o valor da variável no centro dessa corcunda. As mudanças no preço das ações da Enron têm uma única moda, justo abaixo de $0 (Figura 6.1, p. 152). Geralmente, usamos a moda para descrever a forma da distribuição. Uma distribuição cujo histograma tem uma corcunda principal, como a das mudanças dos preços das ações da Enron, é chamada de **unimodal**; as distribuições cujos histogramas têm duas corcundas são **bimodais**; e aquelas com três ou mais são chamadas de **multimodais***. Por exemplo, veja uma distribuição bimodal.

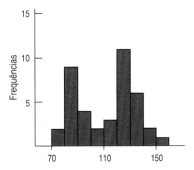

Figura 6.4 Uma distribuição bimodal tem duas modas aparentes.

> A **moda** é normalmente definida como o valor único que aparece com maior frequência. Essa definição é adequada para variáveis categóricas, porque precisamos apenas contar o número de casos de cada categoria. Para variáveis quantitativas, o significado de moda é ambíguo. Por exemplo, qual é a moda para os dados da Enron? Nenhuma mudança de preço ocorreu mais de duas vezes, mas dois meses têm uma queda de $0,50. Essa deveria ser a moda? Provavelmente não. Para dados quantitativos, faz mais sentido usar a palavra moda num sentido mais geral do "pico do histograma" do que como um único valor que representa todos os dados.

> Você ouviu falar da expressão torta *à la mode*. Existe uma conexão entre a torta e a moda de uma distribuição? Na verdade, existe! A moda de uma distribuição é um valor popular, próximo do qual muitos dos valores de dados se aglomeram. E *à la mode* significa "ao estilo" – e não "com sorvete". Acontece que esta era a forma *popular* de degustar tortas na Paris de 1900.

---

[2] Tecnicamente, a moda é o valor no eixo *x* do histograma abaixo do pico mais alto, mas, informalmente, em geral, nos referimos ao pico ou corcunda como uma moda.

* N. de R. T.: A rigor, a moda é apenas aquele valor que tem a maior frequência (ponto mais alto do gráfico), mas os autores estão utilizando valores ou picos com frequências menores também como sendo valores modais. Na verdade, uma distribuição teria de ter dois ou mais picos de mesma altura para ser bimodal (ou multimodal).

Um histograma bimodal é geralmente uma indicação de que existem dois grupos nos dados. É recomendável investigar quando tal situação ocorrer.

Uma distribuição cujo histograma não parece ter uma moda e na qual todas as colunas são aproximadamente da mesma altura é chamada de **uniforme**.

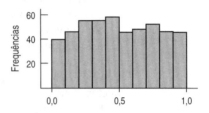

Figura 6.5 Numa distribuição uniforme, as colunas são aproximadamente da mesma altura. O histograma parece não ter uma moda.

Simetria

Se você dobrasse o histograma ao meio, ao longo de uma linha vertical, suas extremidades iriam quase coincidir, como na Figura 6.6, ou ter mais valores num lado, como no histograma da Figura 6.7? Uma distribuição é **simétrica** se as metades de cada lado do centro parecem, ao menos aproximadamente, imagens num espelho.

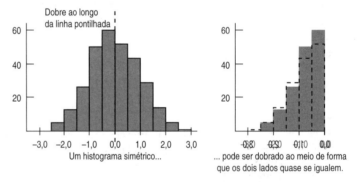

Figura 6.6 Um histograma simétrico pode ser dobrado ao meio de forma que os dois lados quase se igualem.

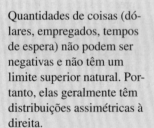

Quantidades de coisas (dólares, empregados, tempos de espera) não podem ser negativas e não têm um limite superior natural. Portanto, elas geralmente têm distribuições assimétricas à direita.

As extremidades (geralmente) mais baixas de uma distribuição são chamadas de **caudas**. Se uma cauda se alonga mais que a outra, a distribuição é dita **assimétrica** para o lado da cauda maior.

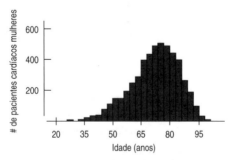 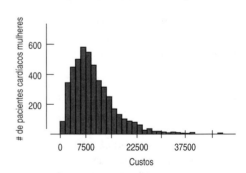

Figura 6.7 Dois histogramas inclinados mostrando a idade (à esquerda) e os custos hospitalares (à direita) para todas as pacientes mulheres que tiveram ataque cardíaco no estado de Nova York, em um ano. O histograma da Idade (em laranja) está repuxado para a esquerda, enquanto o histograma dos Custos (em laranja-claro) está repuxado para a direita.

Valores atípicos

Alguma das características parece se destacar? Geralmente, tais características indicam algo interessante ou instigante sobre os dados. Você sempre deve destacar qualquer discrepância ou **valores atípicos** que se afastem do corpo da distribuição. Por exemplo, se você estiver estudando a riqueza pessoal dos norte-americanos e Bill Gates está na sua amostra, ele seria um valor atípico. Devido a sua riqueza ser obviamente atípica, você deveria apontá-la como uma característica especial.

Os valores atípicos podem afetar quase todo o método que discutimos neste livro, portanto, sempre devemos observá-los cuidadosamente. Um valor atípico pode ser a parte mais informativa dos seus dados ou pode ser somente um erro. De qualquer modo, você não deve jogá-lo fora sem interpretá-lo. Trate-o de forma especial e discuta-o ao relatar suas conclusões sobre os dados (ou encontre o erro e conserte-o, se você conseguir). Logo aprenderemos uma regra prática para decidir se e quando um valor pode ser considerado atípico e alguns conselhos para o que fazer ao encontrá-lo.

◆ **Usando o seu discernimento.** O modo como você caracteriza uma distribuição, em geral, é uma avaliação pessoal. O espaço que você vê no histograma revela que você tem dois subgrupos ou ele desaparecerá se você mudar levemente a largura da classe? As informações no extremo do histograma são de fato pouco comuns ou são apenas as maiores no final de uma cauda longa? Essas são questões de julgamento a respeito das quais pessoas diferentes podem legitimamente discordar. Não existe um cálculo automático ou uma regra prática que decida por você. Entender seus dados e como eles foram obtidos pode ajudar. O que deve guiar suas decisões é um desejo honesto de entender o que está acontecendo nos dados.

Analisar um histograma variando as larguras das classes pode ajudar a ver de que forma algumas características são persistentes. Se o número de observações em cada classe é pequeno o suficiente para que, ao mover dois valores para a próxima classe, a sua avaliação de quantas modas existem mude, tenha cuidado. Sempre reflita sobre os dados, de onde eles vieram e que tipo de questões você espera responder a partir deles.

6.3 Centro

Examine novamente as mudanças de preço da Enron, na Figura 6.1 (p. 152). Se você tiver de escolher um número para descrever uma mudança *típica* de preço, qual escolheria? Quando um histograma é unimodal e simétrico, a maioria das pessoas aponta para o centro da distribuição, onde o histograma atinge o ponto máximo. A mudança típica do preço está em torno de $0.

Se quisermos ser mais precisos e *calcular* um número, podemos calcular *a média* dos dados. No exemplo da Enron, a mudança média dos preços é – $0,37, aproximadamente o que poderíamos esperar do histograma. Você já sabe como calcular a média dos valores, porém, esse é um bom lugar para introduzir a notação que iremos usar ao longo do livro. Denominaremos uma variável genérica de y, usaremos a letra maiúscula grega sigma, Σ, para representar uma "soma" (sigma é "S" em grego) e escreveremos:[3]

$$\bar{y} = \frac{Total}{n} = \frac{\Sigma y}{n}.$$

> **! ALERTA DE NOTAÇÃO:**
>
> Uma barra sobre qualquer símbolo indica a média daquela quantidade.

---

[3] Você também pode ver a variável chamada x e a equação escrita $\bar{x} = \dfrac{Total}{n} = \dfrac{\Sigma x}{n}$.

De acordo com essa fórmula, somamos todos os valores da variável, y, e dividimos essa soma (*Total* ou Σy) pelo número de valores dos dados, n. Chamamos esse valor de **média** de y.

Embora a média seja um resumo natural para distribuições unimodais e simétricas, ela pode ser enganosa para dados assimétricos ou para distribuições com espaços ou valores atípicos. Por exemplo, a Figura 6.7 mostrou um histograma dos custos totais para permanência no hospital de pacientes femininas que sofreram ataque cardíaco no período de um ano, no estado de Nova York. O valor da média é $10260,70. Localize esse valor no histograma. Ele não parece um pouco alto para representar um custo típico? Na verdade, aproximadamente dois terços dos custos são mais baixos que esse valor. Nesse caso, talvez seja melhor usar a **mediana** – o valor que divide o histograma em duas áreas *iguais*. Encontramos a mediana começando a contar dos finais dos dados até atingir o valor médio. Portanto, a mediana é resistente; ela não é afetada por observações incomuns ou pela forma da distribuição. Devido à sua resistência a esses efeitos, a mediana é muito usada para variáveis como custo ou renda, que são provavelmente assimétricas. Para as pacientes femininas que sofreram ataque cardíaco, o custo mediano é de $8,619, o que parece um valor mais adequado.

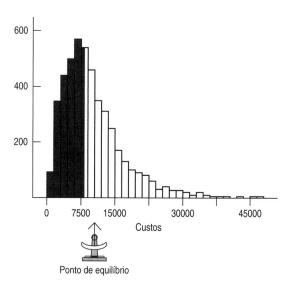

Figura 6.8 A mediana divide a área do histograma ao meio no ponto $8619. Devido à distribuição ser assimétrica à direita, a média $10260 é mais alta que a mediana. Os pontos à direita puxaram a média na sua direção, longe da mediana.

Encontrando a mediana manualmente

Encontrar a mediana de um grupo de n números é fácil, desde que você lembre de ordenar os valores primeiro. Se n for ímpar, a mediana é o valor do meio. Contando a partir dos finais, encontramos esse valor na posição (n + 1)/2.

Quando n for par, existem dois valores do meio. Assim, nesse caso, a mediana é a média dos dois valores nas posições n/2 e (n/2) + 1.

Veja dois exemplos:

Suponha que o grupo tenha os valores 14,1; 3,2; 25,3; 2,8; –17,5; 13,9 e 45,8. Primeiro ordenamos os valores: –17,5; 2,8; 3,2; 13,9; 14,1; 25,3 e 45,8. Visto que existem 7 valores, a mediana é o valor na posição (7 + 1)/2 = 4, contando do início ou do fim: 13,9.

Suponha que temos o mesmo grupo com outro valor em 35,7. Então, os valores ordenados são –17,5; 2,8; 3,.2; 13,9; 14,1; 23,3; 35,7 e 45,8. A mediana é a média dos valores nas posições 8/2 = 4 e (8/2) + 1 = 5. Portanto, a mediana é (13,9 + 14,1)/2 = 14,0.

Faz alguma diferença se escolhermos a média ou a mediana? A mudança média do preço das ações da Enron é de –$0,37. Como a distribuição das mudanças dos preços é aproximadamente simétrica, esperamos que a média e a mediana sejam aproximadas. Na verdade, calculamos a mediana como sendo –$0,25. No entanto, para variáveis com distribuições assimétricas, a história é bem diferente. Para uma distribuição assimétrica como os custos do hospital da Figura 6.7, a média é maior que a mediana: $10260 comparada com $8619. A diferença se deve à forma geral das distribuições.

A média é o ponto no qual o histograma se equilibra. Assim como uma criança que se afasta do centro

Uma maneira fácil de encontrar os quartis é primeiro encontrar a mediana dos dados ordenados (se n for ímpar, inclua a mediana em cada metade). Depois, basta encontrar a mediana de cada uma dessas metades e usá-las como quartis. Embora os quartis sejam fáceis de encontrar, há pelo menos seis regras para encontrá-los. As regras fornecem os mesmos valores quando temos muitos dados. Mas quando n for pequeno, elas podem diferir. Se sua calculadora, pacote estatístico ou colega achar um valor levemente diferente, não se preocupe. Em geral, o valor exato não é importante.

da gangorra, uma barra do histograma longe do centro tem mais influência, puxando a média em sua direção. É difícil argumentar que uma medida que foi deslocada por uns poucos valores atípicos ou por uma cauda longa é um representante do centro da distribuição. Por esse motivo, a mediana, em geral, é uma escolha melhor para dados assimétricos.

Entretanto, quando a distribuição for unimodal e simétrica, a média oferece melhores oportunidades para se calcular quantidades úteis e tirar conclusões mais interessantes. Ela será a medida que resume um conjunto de dados com a qual mais trabalharemos no livro.

6.4 Dispersão da distribuição

Sabemos que a mudança típica dos preços das ações da Enron é aproximadamente \$0, mas conhecer somente o valor da média ou da mediana nada nos informa sobre a toda a distribuição. Uma ação cuja mudança de preço não fica longe de \$0 não é muito interessante. Quanto mais os dados variam, menos informação uma medida de centro pode nos dar. Também precisamos saber qual é a dispersão dos dados.

Uma medida simples da dispersão é o **intervalo**, definido como a diferença entre os extremos:

$$\text{Intervalo} = max - min$$

Para os dados da Enron, o intervalo é \$21,06 – (-\$17,75) = \$38,81. Observe que o intervalo é um *único número* que descreve a dispersão dos dados, não um intervalo de valores – como você pode pensar do seu uso na linguagem comum. Se existirem observações incomuns nos dados, o intervalo não é resistente e será influenciado por elas. Concentrar-se no centro dos dados evita esse problema. Os **quartis** são os valores que dividem ao meio os 50% dos dados. Um quarto dos dados está abaixo do quartil mais baixo, Q1, e um quarto dos dados está acima do quartil superior, Q3. O **intervalo interquartílico (IIQ)** resume a dispersão, focando na metade central dos dados. Ele é definido como a diferença entre os dois quartis:

$$\text{IIQ} = Q3 - Q1$$

Para os dados da Enron, existem 30 valores em ambos os lados da mediana. Após ordenar os dados, calculamos a média dos valores $15°$ e $16°$ para encontrar Q1 = –\$1,68. Calculamos a média dos valores $45°$ e $46°$ para encontrar Q3 = \$2,14. Assim, IIQ = Q3 – Q1 = \$2,14 – (– \$1,68) = \$3,82.

O IIQ geralmente é uma medida razoável da dispersão, mas como ele usa somente os dois quartis dos dados, ignora muito da informação sobre como os valores individuais variam.

Uma medida da dispersão mais poderosa – e que usaremos com maior frequência – é o desvio padrão, que, como veremos, leva em conta a distância que cada valor está da média. Como a média, o desvio padrão é mais adequado para dados simétricos e pode ser influenciado pelos valores atípicos.

Como o nome sugere, o desvio padrão usa os *desvios* de cada valor dos dados em relação à média. Se tentarmos calcular a média desses desvios, as diferenças positivas e negativas irão se cancelar entre si, fornecendo um valor médio igual a 0 – não muito útil. Em vez disso, elevamos ao quadrado cada desvio. A média dos desvios ao *quadrado* é chamada de **variância** e é representada por s^2:

$$s^2 = \frac{\sum (y - \bar{y})^2}{n - 1}.$$

Por que os bancos preferem uma fila única que abastece vários caixas do que filas separadas para cada caixa? O tempo de espera médio é o mesmo. No entanto, a previsão do tempo de espera é menos variável numa fila única, e as pessoas preferem essa consistência.

TESTE RÁPIDO

Pensando sobre variação

1. A Agência Americana do Censo apresenta a renda familiar mediana no seu resumo dos dados do censo. Por que você acha que eles usam a mediana em vez da média? Quais seriam as desvantagens de divulgar a média?
2. Você comprou um carro novo que deve gerar uma economia de 31 milhas por galão. É claro que essa milhagem irá "variar". Se você tiver de estimá-la, esperaria que o IIQ da milhagem da gasolina obtida por todos os carros como o seu seria de 30 mpg, 3 mpg ou 0,3 mpg? Por quê?
3. Uma empresa que vende um novo tocador MP3 anuncia que o aparelho tem uma vida útil média de 5 anos. Se você controlasse a qualidade da fábrica, iria preferir que o desvio padrão do tempo de vida útil dos aparelhos produzidos fosse de 2 anos ou 2 meses? Por quê?

A variância tem um importante papel na estatística, mas como uma medida da dispersão, ela tem um problema. Quaisquer que sejam as unidades dos dados originais, a variância está em unidades *quadradas*. Queremos que as medidas da dispersão tenham as mesmas unidades dos dados, assim, geralmente tiramos a raiz quadrada da variância. Isso nos dá o **desvio padrão.**

$$s = \sqrt{\frac{\sum(y - \bar{y})^2}{n - 1}}.$$

Para as mudanças dos preços da ação da Enron, $s = \$6,29$.

Encontrando o desvio padrão manualmente

Para encontrar o desvio padrão, comece com a média, $\bar{y}$. Depois encontre os desvios subtraindo $\bar{y}$ de cada valor: $(y - \bar{y})$. Eleve ao quadrado cada desvio: $(y - \bar{y})^2$.

Você está quase lá. Basta somar isso e dividir por $n - 1$. Agora você tem a variância, s^2. Para encontrar o desvio padrão, s, extraia a raiz quadrada.

Suponha que o conjunto de valores seja: 4, 3, 10, 12, 8, 9 e 3.

A média é $\bar{y} = 7$. Portanto, encontre os desvios subtraindo 7 de cada valor.

Valores originais	Desvios	Desvios ao quadrado
4	4 − 7 = −3	(−3)² = 9
3	3 − 7 = −4	(−4)² = 16
10	10 − 7 = 3	9
12	12 − 7 = 5	25
8	8 − 7 = 1	1
9	9 − 7 = 2	14
3	3 − 7 = −4	16

Some os desvios ao quadrado:
9 + 16 + 9 + 25 + 1 + 4 + 16 = 80
Agora, divida por $n - 1$: 80/6 = 13,33
Finalmente, tire a raiz quadrada: $s = \sqrt{13,33} = 3,65$.

6.5 Forma, centro e dispersão – um resumo

O que você deve relatar sobre uma variável quantitativa? Relate a forma da sua distribuição e inclua um centro e uma dispersão. Mas qual medida do centro e qual medida da dispersão? As diretrizes são muito fáceis.

- Se a distribuição for assimétrica, destaque esse fato e apresente a mediana e o IIQ. Você também pode incluir a média e o desvio padrão, explicando por que a média e a mediana diferem. O fato de que a média e a mediana não concordam é um sinal de assimetria da distribuição. Um histograma irá ajudá-lo a destacar isso.

- Se a forma for unimodal e simétrica, apresente a média e o desvio padrão e possivelmente a mediana e o IIQ também. Para dados unimodais simétricos, o IIQ, em geral, é um pouco maior que o desvio padrão. Se isso não for verdade para o seu conjunto de dados, verifique novamente se a distribuição não é assimétrica ou multimodal e se não tem valores atípicos.

Capítulo 6 – Apresentando e Descrevendo Dados Quantitativos 161

- Se tiver múltiplas modas, tente entender por quê. Se você consegue identificar uma razão para a existência de modas separadas, talvez seja recomendável dividir os dados em grupos separados.
- Se tiver observações claramente incomuns, aponte-as. Se você estiver apresentando a média e o desvio padrão, calcule-os e apresente-os com e sem os valores atípicos. As diferenças podem ser reveladoras.
- Sempre apresente a mediana com o IIQ e a média com o desvio padrão. Não é prático apresentar um valor sem o outro. Apresentar um valor central sem a dispersão pode levá-lo a pensar que sabe mais sobre dispersão do que realmente sabe. Apresentar somente a dispersão omite informações importantes.

6.6 Resumo dos cinco números e os diagramas de caixa e bigodes

O volume das ações comercializadas na Bolsa de Valores de Nova York (BVNY) é importante para os investidores, analistas de pesquisa e responsáveis por decisões. Ele pode prever a volatilidade do mercado e tem sido usado em modelos para prever as flutuações de preço. Quantas ações são normalmente comercializadas num dia na BVNY? Uma boa maneira de resumir a distribuição com apenas poucos valores é com o resumo dos cinco números. **O resumo dos cinco números** de uma distribuição apresenta sua mediana, seus quartis e seus extremos (máximo e mínimo). Por exemplo, o resumo de cinco números do volume da BVNY durante todo o ano de 2006 se parece com (em bilhões de ações):

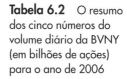

Tabela 6.2 O resumo dos cinco números do volume diário da BVNY (em bilhões de ações) para o ano de 2006

Max	3,287
Q3	1,972
Mediana	1,824
Q1	1,675
Min	0,616

O resumo dos cinco números fornece uma boa visão geral da distribuição. Por exemplo, em virtude dos quartis comporem a metade central dos dados, podemos ver que, na metade dos dias, o volume de negócios estava entre 1,675 e 1,972 bilhões de ações. Também conseguimos ver os extremos de mais de 3 bilhões de ações na parte superior e acima de meio milhão de ações na parte inferior. Esses dias foram extraordinários por algum motivo ou foram apenas os dias mais movimentados e os dias mais calmos? Para responder essa pergunta, teremos de trabalhar um pouco mais com o resumo.

Uma vez tendo o resumo dos cinco números de uma variável (quantitativa), podemos exibir essa informação num **diagrama de caixa e bigodes**. Para fazer um diagrama de caixa e bigodes de volumes diários, siga estes passos:

1. Desenhe um eixo vertical englobando toda a extensão dos dados.
2. Desenhe linhas horizontais curtas nos quartis mais baixo e mais alto e na mediana. Então, conecte-os com linhas verticais para formar uma caixa. A largura não é importante, a não ser que você planeje mostrar mais de um grupo.
3. Agora, erga (mas não mostre no desenho final) "cercas" em torno da parte principal dos dados, colocando o limite superior a 1,5 IIQ acima do quartil superior e a

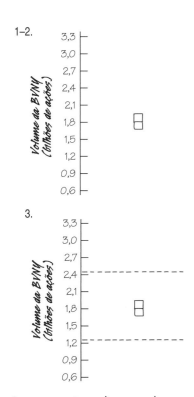

Como construir um diagrama de caixa e bigodes

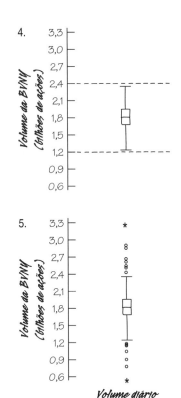

cerca inferior 1,5 IIQ abaixo do quartil mais baixo. Para os dados do volume das ações da BVNY, calcule:

Cerca superior = $Q3 + 1,5 \times IIQ = 1,97 + 1,5 \times 0,29 = 2,405$ bilhões de ações

e

Cerca inferior = $Q1 - 1,5 \times IIQ = 1,68 - 1,5 \times 0,29 = 1,245$ bilhões de ações

4. Deixe crescer os "bigodes". Desenhe linhas a partir de cada lado (superior e inferior) da caixa, para cima e para baixo, até *os valores mais extremos encontrados dentro das cercas*. Se um valor dos dados ficar fora de uma das cercas, *não* o conecte com um bigode.
5. Finalmente, adicione qualquer valor atípico, exibindo os valores dos dados que estão além das cercas com símbolos especiais. Aqui, temos 15 desses valores (geralmente usamos um símbolo para os valores atípicos que estão a menos de 3 IIQs além dos quartis e um símbolo diferente para "valores atípicos que estão mais longe" – valores dos dados maiores de 3 IIQs além dos quartis).

Agora que você desenhou o diagrama de caixa e bigodes, vamos resumir o que ele mostra. O centro de um diagrama de caixa e bigode é (notadamente) uma caixa que mostra a metade central dos dados entre os quartis. A altura da caixa é igual ao IIQ. Se a mediana está colocada aproximadamente entre os quartis, então a parte central dos dados é aproximadamente simétrica. Se ela não estiver centrada, a distribuição é assimétrica. Os bigodes mostram assimetria se não forem aproximadamente do mesmo comprimento. Qualquer valor atípico é exibido individualmente, a fim de mantê-lo fora do julgamento da assimetria e para que receba atenção especial. Ele pode ser um erro ou o caso mais interessante dos seus dados.

> O famoso estatístico John W. Tukey, criador do diagrama de caixa e bigodes, foi perguntado (por um dos autores) por que a regra de decisão para um valor atípico utiliza 1,5 IIQ além de cada quartil. Ele respondeu dizendo que 1 IIQ seria muito pequeno e 2 IIQs seria muito grande.

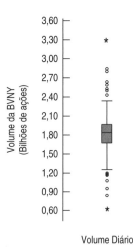

Figura 6.9 Diagrama de caixa e bigodes do volume diário das ações comercializadas na BVNY, em 2006.

O diagrama de caixa e bigodes para o volume da BVNY mostra a parte central dos dias – aqueles com um volume médio entre 1,676 e 1,970 bilhões de ações – como o diagrama central. Analisando a forma do diagrama, parece que a parte central da distribuição do volume é aproximadamente simétrica e o comprimento similar dos dois bigodes mostra que as partes de fora da distribuição também são aproximadamente simétricas. Também vemos vários dias com volumes altos e baixos. Os diagramas de caixa e bigodes são bons para a exibição dos valores atípicos. Percebemos também dois valores atípicos extremos, um em cada lado. Esses dias extremos podem merecer mais atenção (quando e por que eles ocorreram?)

Capítulo 6 – Apresentando e Descrevendo Dados Quantitativos **163**

| EXEMPLO ORIENTADO | *Clientes do banco Credit Card* |

A fim de conhecerem as necessidades de clientes específicos, as empresas geralmente segmentam seus clientes em grupos com necessidades similares ou padrões de gasto. Um grande banco de cartão de crédito queria ver o quanto um grupo particular de titulares de cartão de crédito debitava por mês nos seus cartões, para entender o crescimento potencial do uso do seu cartão. O dado para cada consumidor foi a quantia que ele gastou com o cartão de crédito num período de três meses, em 2008. Os diagramas de caixa e bigodes são especialmente úteis para uma variável quando combinados com um histograma e resumos numéricos. Vamos resumir o gasto desse segmento.

PLANEJAR

Configuração Identifique a variável, o intervalo de tempo dos dados e o objetivo da análise.

Queremos resumir os gastos médios mensais (em dólares) feitos por 500 titulares de cartão, de um segmento de mercado de interesse, durante um período de três meses, em 2008. Os dados são quantitativos, assim, utilizaremos histogramas e diagramas de caixa e bigodes, bem como resumos numéricos.

FAZER

VERIFICAÇÃO DA REALIDADE ➤

Mecânica Selecione uma apresentação adequada para a natureza dos dados e o que você quer saber sobre eles.

É sempre recomendável pensar sobre o que você espera ver e verificar se o histograma está próximo do esperado. Os dados são o que você esperava dos débitos mensais dos clientes em seus cartões? Um valor típico é algumas centenas de dólares. Isso parece ser o valor aproximado.

Observe que os valores atípicos são geralmente mais fáceis de ver nos diagramas de caixa e bigodes do que nos histogramas, mas o histograma fornece mais detalhes sobre a forma da distribuição. Esse programa de computador não amontoa os valores atípicos no diagrama de caixa e bigodes, facilitando a sua visualização.

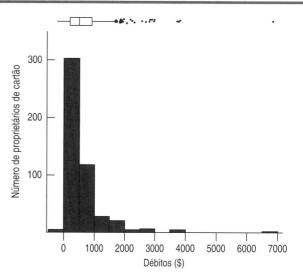

Ambos os gráficos mostram a distribuição altamente assimétrica à direita, com vários valores atípicos e um valor atípico extremo, próximo a $7000.

continua...

continuação

		Resumo dos débitos mensais Clientes — 500 Média — 544,749 Mediana — 370,65 Desvio padrão — 661,244 IIQ — 624,125 Q1 — 114,54 Q3 — 738,665 A média é muito maior que a mediana. Os dados não têm uma distribuição simétrica.
RELATAR	**Interpretação** Descreva a forma, o centro e a dispersão da distribuição. Certifique-se de relatar a simetria, o número de modas e qualquer espaço ou valor atípico. **Recomendação** Relate a conclusão e qualquer ação ou análise recomendada.	**MEMORANDO** **Re: Relatório do gasto do segmento** A distribuição dos gastos para esse segmento durante o período de tempo indicado é unimodal e assimétrica à direita. Por essa razão, recomendamos resumir os dados utilizando a mediana e o intervalo interquartílico (IIQ). A quantia média gasta foi de $370,65. Metade dos proprietários de cartão de crédito gastou entre $114,54 e $378,67. Além disso, existem vários gastos atípicos altos, com um valor extremo em $6745. Também existem alguns valores negativos. Suspeitamos que sejam pessoas que tiveram mais devoluções do que gastos num mês, mas sugerimos que esses valores sejam verificados, pois podem ser erros. Análises futuras devem analisar se os gastos durante esses três meses de 2008 foram similares aos gastos no restante do ano. Também gostaríamos de investigar se existe um padrão sazonal e, em caso positivo, se ele pode ser explicado pelas nossas campanhas publicitárias ou por outros fatores.

6.7 Comparando grupos

Como vimos anteriormente, o volume da BVNY pode variar muito no dia a dia. No entanto, se retrocedermos um pouco, seremos capazes de encontrar padrões que nos ajudarão a entender, modelar ou prever o volume. Podemos estar interessados não somente nos valores diários individuais, mas também nos padrões do volume quando agrupamos os dias em períodos de tempo como semanas, meses ou estações. Tais comparações da distribuição podem revelar padrões, diferenças e tendências.

Vamos começar com uma "visão geral". Vamos dividir o ano em metades: janeiro a junho e julho até dezembro. Na próxima página, temos os histogramas do volume da BVNY para 2006.

Os centros e as dispersões não são tão diferentes, mas a forma parece ser levemente assimétrica à direita na primeira metade, enquanto a segunda metade do ano parece ter assimetria à esquerda, com mais dias na parte mais baixa. Existem vários valores atípicos evidentes no lado mais alto, em ambos os gráficos.

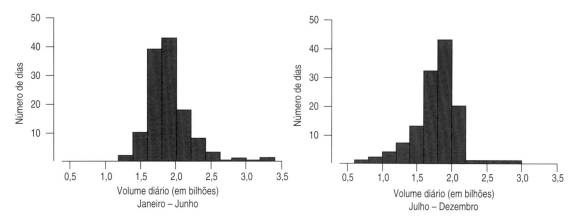

Figura 6.10 Volume diário da BVNY, dividido em metades do ano. Como essas duas distribuições diferem?

Os histogramas ajudam a comparar dois grupos, mas se quisermos comparar o volume ao longo de quatro semestres? Ou doze meses? Os histogramas são melhores para a exibição de uma ou duas distribuições. Quando comparamos vários grupos, os diagramas de caixa e bigodes funcionam melhor. Eles oferecem um balanço ideal de informação e simplicidade, escondendo os detalhes ao exibir um resumo geral da informação. Também podemos desenhá-los lado a lado, facilitando a comparação de múltiplos grupos ou categorias.

Quando colocamos diagramas de caixa e bigodes lado a lado, podemos ver facilmente qual grupo tem a média mais alta, qual grupo tem o IIQ maior, onde o centro dos 50% dos dados está localizado, e qual tem o maior intervalo geral. Também podemos ter uma ideia geral da simetria de onde as medianas estão centradas dentro de suas caixas e se os bigodes se estendem aproximadamente pela mesma distância em ambos os lados das caixas. Igualmente importante, podemos ver além desses valores atípicos ao fazer essas comparações, pois eles foram exibidos separadamente. Podemos também procurar por tendências nas medianas e nos IIQs.

EXEMPLO ORIENTADO	**Volume das transações da bolsa de valores de Nova York**
Alguns meses na BVNY são mais movimentados do que outros? Diagramas de caixa e bigodes do volume de ações negociadas por mês são uma boa maneira de ver esses padrões. Estamos interessados não somente	nos centros, mas também nas assimetrias. Os volumes variam igualmente mês a mês ou estão mais dispersos em alguns meses?

 **PLANEJAR** | **Configuração** Identifique as variáveis e a janela de tempo e declare o objetivo. | *Queremos comparar o volume diário de ações negociadas mês a mês na BVNY, durante 2006.*

O volume diário é quantitativo e mensurado em número de ações. Podemos dividir os valores por mês e usar diagramas de caixa e bigodes lado a lado para comparar o volume ao longo dos meses.

continua...

continuação

FAZER	**Mecânica** Construa diagramas de caixa e bigodes lado a lado dos dados.	*(diagrama de caixa e bigodes: Volume diário (Bilhões) no eixo vertical de 0,6 a 3,0; Mês de 1 a 12 no eixo horizontal)*
RELATAR	**Conclusão** Relate o que você descobriu a partir dos dados e qualquer ação ou análise recomendada.	**MEMORANDO** **Re: Pesquisa sobre o volume negociado na BVNY** Examinamos o volume das vendas diárias da BVNY (número de ações negociadas) para cada mês de 2006. Como mostra o diagrama em anexo, o volume das vendas segue um padrão sazonal, com volumes mais baixos em março e agosto. A média mais alta de negócios é encontrada em maio e novembro. A variabilidade do volume de negócios também mostra um padrão. Junho e dezembro têm uma variabilidade maior que o restante e março tem visivelmente a menor variabilidade. Ocorreram vários dias com um volume incomumente alto, o que indica a necessidade de investigação, e um dia de novembro com um volume extremamente baixo.

6.8 Identificando os valores atípicos (*outliers*)

Quando analisamos o volume anual de negócios nos diagramas de caixa e bigodes, existiam 15 valores atípicos. Agora, quando agrupamos os dias mensalmente, os diagramas de caixa e bigodes exibiram poucos dias como sendo atípicos e identificaram dias diferentes como tais. Essa mudança ocorreu porque nossa regra de determinação de um valor atípico nos diagramas de caixa e bigodes depende dos quartis dos dados que estão sendo exibidos. Assim, dias que pareciam comuns quando dispostos em relação aos dados do ano inteiro podem se destacar como valores atípicos quando os dados são exibidos mensalmente e *vice versa*. O dia de alto volume de negócios de março certamente não irá se sobressair em maio ou junho, mas para março, ele foi excelente, e o dia com baixo volume em novembro se destaca agora. O que devemos fazer com esses valores atípicos?

Os casos que se destacam do resto dos dados merecem nossa atenção. Os diagramas de caixa e bigodes têm uma regra para denominar casos extremos e exibi-los como valores atípicos, mas é somente uma regra prática – não uma definição. A regra não diz o que fazer com eles.

Portanto, o que *devemos* fazer com os valores atípicos? Primeiro temos de tentar entendê-los no contexto dos dados. Analise novamente o diagrama de caixa e bigodes do Exemplo Orientado. O diagrama de caixa e bigodes para novembro (mês 11) mostra um corpo de dados bem simétrico, com um dia de baixo volume e um dia de alto volume de negócios claramente separados dos outros dias. Esse intervalo tão grande sugere que o volume é realmente bem diferente.

Depois de identificar os prováveis valores atípicos, você sempre deve investigá-los. Alguns valores atípicos são implausíveis e podem ser simplesmente erros. Um ponto decimal pode ter sido colocado no lugar errado e dígitos podem ter sido transpostos, repetidos ou omitidos. As unidades também podem estar erradas. Se você visse o número 2 como a quantidade de ações negociadas na BVNY em um determinado dia, saberia que algo estava errado. Talvez, na verdade fossem 2 bilhões de ações, mas você deve verificar para ter certeza. Às vezes, um número foi transcrito de modo errado, talvez copiado de um valor adjacente da planilha original dos dados. Se você consegue identificar o erro, deve corrigi-lo.

Muitos valores atípicos não estão errados; são apenas diferentes. Em geral, o esforço para entender esses casos é recompensado. Você pode aprender mais com os casos extraordinários do que com o resumo do conjunto geral dos dados.

E o dia de baixo volume de negócios de novembro? Foi o dia 24 de novembro de 2006, a sexta-feira após o Dia de Ação de Graças, um dia em que provavelmente os negociantes devem ter preferido ficar em casa.

O dia de alto volume de negócios, 15 de setembro, foi um "dia de tripla feitiçaria", em que durante a última hora de negociações, contratos futuros e de opções expiravam. Tais dias geralmente produzem altos volumes de negociações e de flutuações dos preços.

> **Viúvos com 14 anos?**
> Uma atenção especial para os valores atípicos pode, geralmente, revelar problemas na coleta e no gerenciamento dos dados. Ao analisar os dados do censo de 1950, dois pesquisadores, Ansley Coale e Fred Stephan, notaram que o número de viúvos com 14 anos aumentou de 85 em 1940 para 1600 em 1950. O número de meninos de 14 anos divorciados também aumentou, de 85 para 1240. Estranhamente, o número de adolescentes viúvos e divorciados *diminuiu* para cada grupo após 14, de 15 a 19. Quando Coale e Stephen perceberam também um aumento grande no número de jovens norte-americanos descendentes de índios no nordeste dos Estados Unidos, eles começaram a procurar por problemas nos dados. Os dados do censo de 1950 foram registrados em cartões de computador. (*Para uma figura de um cartão de computador, veja a pág. 55.*) Os cartões são difíceis de ler e propensos a erros. Verificou-se que os dados perfurados foram deslocados, por engano, uma coluna para a direita em centenas de cartões. Como cada coluna significava algo diferente, a transferência transformou viúvos com 43 anos em viúvos com 14 anos, divorciados com 42 anos em 14 anos, e crianças filhas de pais brancos em descendentes de índios americanos. Nem todos os valores atípicos têm uma história tão pitoresca (ou famosa), mas sempre vale a pena investigá-los. E, como nesse caso, a explicação, em geral, é surpreendente. (COALE, A., STEPHAN, F. "The case of the Indians and the teen-age widows. *Journal of the American Statistical Association*". n. 57, june 1962, p. 338-47).

6.9 Padronização

Os dados que comparamos em grupos, nas seções anteriores, eram todos da mesma variável. Foi fácil comparar o volume da BVNY em julho ao volume da BVNY em dezembro, porque os dados tinham as mesmas unidades. Às vezes, entretanto, queremos comparar variáveis bem diferentes – maçãs com laranjas, por assim dizer. Por exemplo, o Instituto Great Place to Work mensura mais de 50 aspectos de empresas e publica na *Fortune Magazine* um *ranking* dos melhores lugares para se trabalhar. Em 2007, o topo foi conquistado pela Google.

Qual foi o segredo do sucesso da Google? Foi a comida de graça oferecida a todos os empregados? Talvez a creche no local de trabalho? E os salários – eles são melhores que os das outras empresas? Eles eram melhores em todas as 50 variáveis? Provavelmente não, mas a maneira de combinar e equilibrar todos esses diferentes aspectos para se conseguir um único número não é evidente. As variáveis nem mesmo têm as mesmas unidades; por exemplo, o salário médio é em dólares, as percepções geralmente são mensuradas numa escala de sete pontos e diversas medidas são em percentuais.

168 Parte 1 – Explorando e Coletando Dados

O truque para comparar valores diferentes é padronizá-los. Em vez de trabalhar com valores originais, perguntamos: "Que distância este valor está da média?". Então – e isto é o principal – avaliamos essa distância com o desvio padrão. O resultado é o valor padronizado que registra quantos desvios padrão cada valor está acima ou abaixo da média geral. O desvio padrão fornece uma régua, baseada na variabilidade subjacente de todos os valores, com a qual podemos comparar valores que, de outra forma, teriam pouco em comum.

Os estatísticos fazem isso sempre. Repetidas vezes durante esse curso (e em qualquer curso de estatística que você fizer), perguntas como "Que distância este valor está da média?" ou "Quão diferente são estes dois valores?" serão respondidas mensurando-do a distância ou diferença em desvios padrão.

Para ver como a padronização funciona, iremos nos concentrar em apenas duas das 50 variáveis que o Instituto Great Place do Work coletou: o número de *Novos Empregos* criados durante o ano e o *Salário Médio* dos empregados relatados para duas empresas. Iremos escolher duas empresas que estão na parte de baixo da lista para mostrar como a padronização funciona: Starbucks e Wrigley Company (a empresa que produz a goma de mascar Wrigley, entre outras coisas).[4]

Quando comparamos duas variáveis, é sempre recomendável começar com uma figura. Aqui usaremos um diagrama de caule e folhas (Figura 6.11), para que possamos ver as distâncias individuais, destacando a Starbucks em laranja e a Wrigley em laranja-claro. O número médio de empregos criados para todas as empresas foi de 305,8. Com mais de 2000 empregos, a Starbucks está bem acima da média, como podemos ver no diagrama de caule e folhas. A Wrigley, com apenas 16 empregos (arredondado para 0 no caule e folhas), está próxima do centro. Por outro lado, a média salarial da Wrigley era de $56350 (arredondado para 6) comparada à média da Starbucks de $44790 (representado como 4); portanto, embora ambas estejam abaixo da média, a Wrigley está mais próxima do centro (veja a margem).

Variável	Média	DP
Novos empregos	305,8	1508,0
Média salarial	$73229,42	$34055,24

Novos empregos

```
 4 |
 3 | 67
 2 | 25
 1 | 01234567
 0 | 111111122222233333344455566666677778888
-0 | 65444332110000
-1 | 1
-2 |
-3 | 3
-4 |
-5 |
-6 |
-7 |
-8 |
-9 | 1
```

3/6 representa 3600

Salário médio

```
 2 | 5
 2 |
 2 |
 1 |
 1 |
 1 | 45
 1 | 222
 1 | 000001
 0 | 88889999999999
 0 | 66666666666777777777
 0 | 44444444455555555555
 0 | 3
 0 | 1
```

2/5 representa 250000

Figura 6.11 Diagramas de caule e folhas do número de novos empregos criados e a média salarial para colaboradores assalariados das 100 melhores empresas para se trabalhar, em 2005, da revista *Fortune*. A Starbucks (em laranja) criou mais empregos, mas a Wrigley (em laranja-claro) se saiu melhor na média salarial. Qual empresa se saiu melhor para as duas variáveis combinadas?

Quando comparamos escores de variáveis diferentes, nosso olho naturalmente verifica quão distante do centro de cada distribuição está o valor. Ajustamo-nos naturalmente para o fato de essas variáveis terem escalas muito diferentes. A Starbucks se

---

[4] Os dados que analisamos aqui são, na verdade, de 2005, o último ano de que temos dados, e o ano em que o Supermercado Wegman era a empresa número um para se trabalhar.

Capítulo 6 – Apresentando e Descrevendo Dados Quantitativos **169**

saiu melhor em *Novos Empregos* e a Wrigley se saiu melhor em *Salário Médio*. Para quantificar *quanto melhor* cada uma se saiu e combinar os dois escores, perguntamos a quantos desvios padrão cada uma delas está das médias da variável.

Para descobrir quantos desvios padrão um valor está da média, encontramos:

$$z = \frac{y - \bar{y}}{s}.$$

Chamamos o resultado de **valor padronizado** e o representamos com a letra z. Em geral, simplesmente o chamamos de **escore-z**.

Um escore-z de 2,0 indica que um valor dos dados está dois desvios padrão acima da média. Os valores dos dados abaixo da média têm escores-z negativos, assim, um escore-z de –0,84 significa que o valor dos dados está a 0,84 desvios padrão *abaixo* da média.

Tabela 6.3   Para cada variável, o escore-z de cada observação é encontrado subtraindo-se a média do valor e dividindo a diferença pelo desvio padrão. Adicionando os dois escores-z, vemos que, embora a Starbucks tenha uma média salarial mais baixa que a Wrigley, isso é compensado pelo número de novos empregos que a cafeteria gerou

	Novos empregos	Média salarial
Média (todas as empresas) **DP**	305,9 1507,97	$73299,42 $34055,25
Starbucks **Escore-z**	2193 **1,25** = (2193 – 305,9)/1507,97	$44790 **–0,84** = (44790 – 73299,42)/34055,25
Wringley **Escore-z**	16 **–0,19** = (16 – 305,9)/1507,97	$56351 **–0,50** = (56351 – 73299,42)/34055,25
Escore-z total **Starbucks** **Wringley**	**1,25 – 0,84 = 0,41** **–0,19 – 0,50 = –0,69**	

A Starbucks ofereceu mais empregos que a Wrigley, mas a Wrigley tinha uma média salarial mais alta. O escore-z para os *Novos Empregos* da Starbucks (2193 – 305,9)/1507,97 = 1,25 é 1,44 mais alto que o da Wringley, –0,19 (veja a Tabela 6.3 para detalhes). Em comparação, o escore-z da Wringley para a *Média Salarial* de 0,50 é somente 0,34 melhor que o –0,84 da Starbucks. Assim, em termos de padronização de escores, o desempenho do *Novos Empregos* da Starbucks domina a *Média Salarial* da Wringley.

Esse é o resultado que queríamos? Somar os escores-z nem sempre faz sentido ou fornece a resposta que queremos. Talvez devêssemos colocar mais peso no salário do que no número dos novos empregos criados. Nosso escore-z combinado acrescentou as duas variáveis igualmente, mas poderíamos pesar as variáveis de maneira diferente. Para determinar a melhor empresa para trabalhar, o Instituto Great Places to Work teve de combinar o escore de 50 variáveis diferentes em uma classificação, uma tarefa mais bem realizada com escores padronizados. Usando o desvio padrão como uma régua para medir a distância estatística da média, comparamos valores que são mensurados em variáveis diferentes, com escalas diferentes, com unidades diferentes ou para populações diferentes.

> **Padronizar em escores-z**
> - Desloca a média para 0.
> - Altera o desvio padrão para 1.
> - Não muda a forma.
> - Remove as unidades.

6.10   Diagramas de séries temporais

O volume da BVNY é registrado diariamente. Anteriormente, agrupamos os dias em meses e metades dos anos, mas poderíamos simplesmente olhar para o volume dia a dia. Sempre que tivermos dados de séries temporais, é recomendável procurar por padrões organizando os dados de acordo com o tempo. A Figura 6.12 mostra o *volume diário* ordenado no tempo para 2006.

A exibição de valores em contraposição ao tempo às vezes é chamada de **gráfico de séries temporais**. Esse diagrama reflete o padrão que vimos quando organizamos o volume diário por mês, mas sem as divisões arbitrárias entre meses, podemos ver períodos de relativa calma contrastados com períodos de grande atividade. Podemos ver também que o volume se torna mais variável e aumenta durante certas partes do ano.

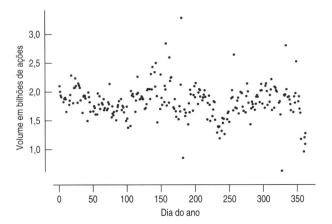

Figura 6.12 Um diagrama de séries temporais do volume diário, mostrando o padrão geral e as mudanças na variação.

Os diagramas de séries temporais mostram uma grande variação de ponto a ponto, como mostra a Figura 6.12, e você geralmente vê os diagramas de séries temporais desenhados com todos os pontos conectados, especialmente em publicações financeiras.

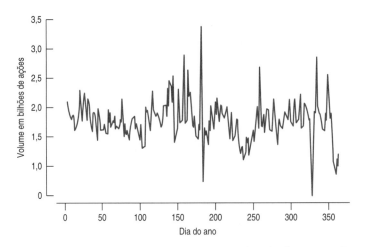

Figura 6.13 O volume diário da Figura 6.12, desenhado conectando-se todos os pontos. Às vezes, isso nos ajuda a ver o padrão subjacente.

Às vezes, é melhor tentar aplainar a variabilidade ponto a ponto. Afinal, geralmente queremos ver além dessa variação para entender toda a tendência subjacente e pensar sobre como os valores variam em volta da tendência – a versão das séries temporais do centro e da dispersão. Existem várias maneiras de os computadores executarem um traçado suave por meio de um diagrama de séries temporais. Alguns seguem saliências locais, outros enfatizam tendências de longos períodos. Alguns fornecem uma equação que dá um valor típico para qualquer ponto dado, outros apenas oferecem um traçado suave.

Um traçado suave pode destacar padrões de longo prazo e nos ajudar a vê-los por meio de variação mais local. Aqui estão os volumes diários das Figuras 6.12 e 6.13, com uma típica função de suavização, disponível em muitos programas estatísticos.[5] Com o

---
[5] Discutiremos as maneiras mais comuns de suavizar os dados no Capítulo 20.

traçado suave, é um pouco mais fácil ver um padrão. O traço ajuda nosso olho a seguir a tendência principal e nos alerta para pontos que não se encaixam no padrão geral.

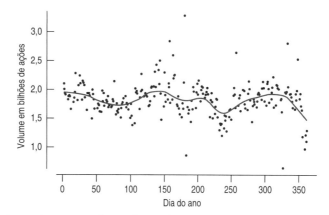

Figura 6.14 Os volumes diários da Figura 6.12 com um traçado suave, adicionado para ajudar o seu olho a ver o padrão de longo período.

É tentador buscar estender o que vemos num diagrama de tempo para o futuro. Às vezes, isso faz sentido. O volume da BVNY deve seguir alguns padrões regulares ao longo do ano. Provavelmente, é seguro prever um volume maior em dias de "tripla feitiçaria" e menos atividade na semana entre o Natal e o Ano Novo. Mas certamente não iríamos prever um recorde a cada dia 30 de junho.

Outros padrões são mais arriscados de serem previstos. Se um preço de uma ação tem subido, quanto tempo ela vai continuar subindo? Nenhuma ação subiu de valor indefinidamente e nenhum analista de ações é capaz de prever consistentemente quando o valor de uma ação irá mudar. Os preços das ações, índices de desemprego e outras medidas econômicas, sociais e psicológicas são mais difíceis de prever do que quantidades físicas. O trajeto que uma bola irá seguir quando jogada de certa altura a uma dada velocidade e direção é bem compreendido. O trajeto que as taxas de juros irão tomar é muito menos claro.

A não ser que tenhamos razões (não estatísticas) fortes para fazer o contrário, devemos resistir à tentação de pensar que cada tendência que vemos irá continuar indefinidamente. Os modelos estatísticos sempre influenciam aqueles que os usam a pensar além dos dados. Mais adiante neste livro, dedicaremos uma atenção especial a entender quando, como e o quanto é justificável ter essa atitude.

Vamos retornar aos dados da Enron que vimos no início do capítulo. As mudanças no preço da ação são uma série temporal de janeiro de 1997 a dezembro de 2001, com frequência mensal. O histograma (Figura 6.1, p. 152) mostrou uma distribuição simétrica, possivelmente unimodal, para a maior parte concentrada entre –$5 e +$5, com um segundo grupo próximo a –$15. O diagrama de séries temporais mostra uma história diferente.

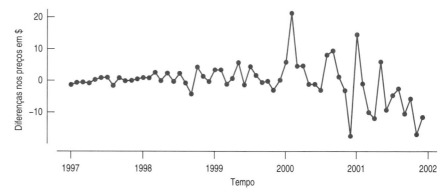

Figura 6.15 Um diagrama de séries temporais das mudanças de preço das ações da Enron mostra o aumento da volatilidade que começou no início de 2000.

O diagrama de séries temporais mostra que as mudanças dos preços foram relativamente pequenas de 1997 à metade de 1998, depois aumentaram para um novo nível no início de 2000, quando os preços se tornaram bem voláteis. Curiosamente, a maioria dos analistas de ações não ficou preocupada com essa volatilidade até algum ponto do tempo em 2001, quando a maior parte das mudanças se tornou negativa. Talvez eles não estivessem olhando para o mesmo diagrama de séries temporais.

O histograma falha em resumir bem essa distribuição por causa da mudança das séries ao longo do tempo. Quando uma série temporal é **estacionária**[6] (sem uma forte tendência ou mudança na variabilidade), um histograma pode fornecer um resumo útil, especialmente em conjunção com um diagrama de séries temporais. Entretanto, quando as séries temporais não são estacionárias, é improvável que um histograma capture muito do interesse. Assim, um diagrama de séries temporais é uma apresentação gráfica melhor de ser utilizada para descrever o comportamento dos dados.

*6.11 Transformando dados assimétricos

Quando uma distribuição é assimétrica, pode ser difícil resumir os dados com um valor de centro e outro de dispersão e decidir se os valores mais extremos são atípicos ou apenas parte de uma cauda mais longa. Como podemos dizer algo útil sobre tais dados? O segredo é aplicar uma função simples a cada valor dos dados. Uma função que pode mudar a forma da distribuição é a função logarítmica. Vamos examinar um exemplo num conjunto de dados bastante assimétrico.

Em 1980, um CEO médio ganhava 42 vezes o salário de um trabalhador médio. Nas duas décadas que se seguiram, o rendimento dos CEO decolou quando comparado ao de um trabalhador médio; em 2000, esse múltiplo pulou para 525.[7] Como se parece a distribuição das 500 empresas da revista *Fortune*? A Figura 6.16 mostra um histograma dos pagamentos de 2005.

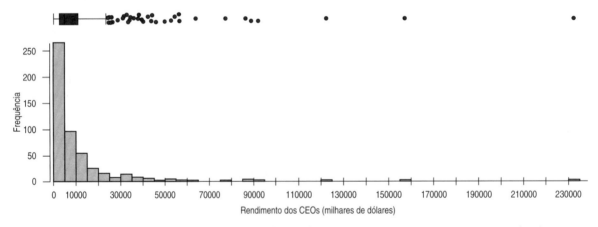

Figura 6.16 O rendimento total para os CEOs (em $000) das 500 maiores empresas é assimétrico e inclui alguns valores extraordinariamente altos.

Esses valores estão registrados em *milhares* de dólares. O diagrama de caixa e bigodes indica que alguns dos 500 CEOs receberam pagamentos extremamente altos. A primeira classe do histograma, contendo cerca de metade dos CEOs, cobre a faixa de $0 a $5000000. A razão pela qual o histograma parece deixar tanta área vazia é que as

---
[6] Às vezes, separamos as propriedades e dizemos que a série é estacionária em relação à média (se não houver tendência) ou estacionária em relação à variância (se a dispersão não mudar), mas, a não ser que se diga o contrário, iremos assumir que *todas as propriedades estatísticas* de uma série estacionária são constantes ao longo do tempo.

[7] Fontes: United for a Fair Economy, *Business Week* annual CEO pay surveys, Bureau of Labor Statistics, "Average Weekly Earnings of Production Workers, Total Private Sector." Series ID: EEU00500004.

maiores observações até agora são da parte principal dos dados, como podemos ver a partir do diagrama de caixa e bigodes. Tanto o histograma quanto o diagrama de caixa e bigodes deixam claro que essa distribuição é *bastante* assimétrica à direita.

O rendimento total dos CEOs consiste em seus salários base, bônus e pagamentos extras, geralmente na forma de ações ou opções de ações. Os dados que somam diversas variáveis, como os dados do rendimento, podem facilmente ter distribuições assimétricas. Geralmente, é recomendável separar as variáveis componentes e examiná-las individualmente, mas não temos essas informação para os CEOs.

Distribuições assimétricas são complicadas de resumir. É difícil saber o que queremos dizer por "centro" de uma distribuição assimétrica, assim, não é óbvio qual valor deve ser usado para resumir a distribuição. O que você afirmaria ser um rendimento total típico de um CEO? O valor médio é $10307000, enquanto a mediana é "somente" $4700000. Cada um indica algo diferente sobre como os dados estão distribuídos.

Uma maneira de tornar uma distribuição assimétrica simétrica (ou quase) é **transformar** os dados, aplicando uma simples função para todos os valores dos dados. As variáveis com uma distribuição assimétrica à direita se beneficiam se forem transformadas por logaritmos ou raízes quadradas. Aquelas assimétricas à esquerda podem ser transformadas pela elevação ao quadrado dos dados. Não importa qual base é utilizada para a função logaritmo.

◆ **Lidando com logaritmos** Você provavelmente não encontra logaritmos todos os dias. Neste livro, eles são usados para fazer os dados se comportarem melhor, tornando as suposições do modelo mais lógicas. Logaritmos de base 10 são mais fáceis de entender, mas logaritmos naturais também são muito usados (qualquer um está bom). Você pode pensar em logaritmos de base 10 como aproximadamente um dígito a menos que os dígitos que você precisa para escrever o número. Portanto, 100, que é o menor número que requer 3 dígitos, tem um $\log_{10}$ de 2. E 1000 tem um $\log_{10}$ de 3. O $\log_{10}$ de 500 está entre 2 e 3, mas você precisa de uma calculadora para verificar que ele é aproximadamente 2,7. Todos os salários de "6 dígitos" têm $\log_{10}$ entre 5 e 6. Os logaritmos são incrivelmente úteis para transformar dados assimétricos em simétricos. Felizmente, com a tecnologia, refazer um histograma ou outra apresentação dos dados é tão fácil quanto apertar um botão.

O histograma dos logaritmos do total dos rendimentos dos CEOs na Figura 6.17 é muito mais simétrico, assim, podemos ver que um *logaritmo do rendimento* típico está entre 6,0 e 7,0, o que significa que ele está entre $1 milhão e $10 milhões. Para ser mais preciso, o valor da média do $\log_{10}$ é 6,73 enquanto a mediana é 6,67 (isto é, $5370317 e $4677351, respectivamente). Observe que quase todos os valores estão entre 6,0 e 8,0 – em outras palavras, entre $1000000 e $100000000 por ano. Transformações de logaritmos são comuns e, devido aos computadores e calculadoras estarem disponíveis para fazer os cálculos, você deve considerar a transformação como uma ferramenta útil sempre que tiver dados assimétricos.

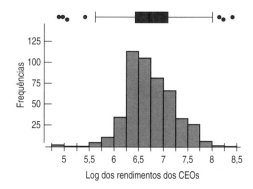

Figura 6.17 O emprego de logaritmos torna o histograma do rendimento total do CEOs quase simétrico.

O QUE PODE DAR ERRADO?

Uma apresentação dos dados deve contar uma história sobre eles. Para fazer isso, ela deve falar numa linguagem clara, tornando evidente qual variável está sendo exibida, o que os eixos mostram e quais são os valores dos dados. E ela deve ser consistente nessas decisões.

A tarefa de resumir uma variável quantitativa requer que sigamos um conjunto de regras. Devemos ter cuidado com certas características dos dados que tornam perigoso o resumo deles com números. Veja alguns conselhos:

- **Não faça um histograma de uma variável categórica.** O fato de uma variável conter números não significa que ela é quantitativa. Aqui está um histograma dos números de apólices de seguros de alguns trabalhadores. Ele não é muito informativo, porque os números das apólices são categóricos. Um histograma ou uma representação de caule e folhas de uma variável categórica não faz sentido. Um diagrama de colunas ou de *pizza* são opções melhores.

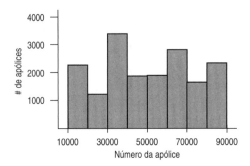

Figura 6.18 Não é adequado exibir dados categóricos, como o número das apólices, com um histograma.

- **Escolha uma escala adequada para os dados.** Os programas de computador geralmente escolhem bem a largura das classes do histograma. Geralmente, existe uma maneira fácil de ajustar a largura, às vezes de forma interativa. Aqui está o histograma da mudança de preço das ações da Enron com duas outras escolhas para o tamanho da classe.

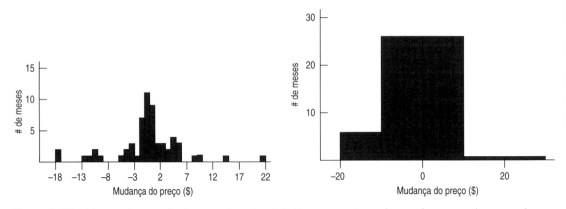

Figura 6.19 Alterar a largura da classe muda o visual do histograma. As mudanças dos preços das ações da Enron ficam bem diferentes com estas duas escolhas

- **Evite escalas inconsistentes.** As partes da representação devem ser mutuamente consistentes – não mude completamente as escalas no meio ou represente duas variáveis com diferentes escalas no mesmo diagrama. Quando comparar dois grupos, tenha certeza de fazê-lo utilizando a mesma escala.

- **Rotule claramente.** As variáveis devem ser identificadas claramente e os eixos devem ser rotulados, para que o leitor saiba o que o diagrama exibe.

Veja um exemplo excelente de um diagrama que saiu errado. Ele ilustra um artigo sobre o aumento dos custos da anuidade universitária. Ele usa um diagrama de séries temporais, mas fornece uma impressão equivocada. Primeiro, pense sobre a história que está sendo contada por esta representação. Depois, tente entender o que deu errado.

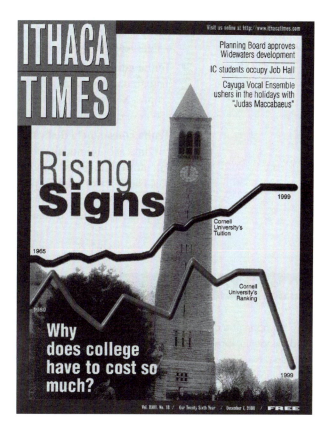

O que está errado? Praticamente tudo.

- As escalas horizontais são inconsistentes. Ambas as linhas mostram tendências ao longo do tempo, mas para quais anos? A sequência do custo da anuidade começa em 1965, mas os *rankings* estão representados desde 1989. Colocá-los na mesma escala (invisível) faz parecer que eles são para os mesmos anos.
- O eixo vertical não está rotulado. Isso esconde o fato de que ele está usando duas escalas diferentes. Ele representa dólares (custo da anuidade) ou uma classificação (a da Cornell University)?

Esta apresentação transgride três regras. E é muito pior que isso. Ela transgride uma regra que nem nos preocupamos em mencionar. As duas escalas inconsistentes para o eixo vertical não apontam para a mesma direção! A linha para a classificação da Cornell mostra que ela "caiu" do 15° para o 6° lugar no posicionamento acadêmico. A maioria de nós acha que isso é um progresso, mas esta não é a mensagem desse gráfico.

- **Faça uma verificação da realidade.** Não deixe o computador (ou calculadora) pensar por você. Tenha certeza de que as estatísticas calculadas fazem sentido. Por exemplo, a média parece estar no centro do histograma? Pense sobre a dispersão. Um IIQ de 20 quilômetros por litro evidentemente estaria errado para um carro familiar. E nenhuma dispersão medida pode ser negativa. O desvio padrão pode ter o valor de 0, mas somente num caso incomum em que todos os valores dos dados sejam iguais ao mesmo número. Se você visualizar um IIQ ou um desvio padrão igual a 0, provavelmente é um sinal de que algo está errado com os dados.

- **Não calcule resumos numéricos de uma variável categórica.** A média do código postal ou o desvio padrão dos números da carteira de identidade não tem significado. Se a variável for categórica, você deveria, ao contrário, determinar os resumos como percentuais. É fácil cometer esse erro quando você deixa a tecnologia fazer os cálculos por você. Afinal, o computador não se importa com o significado dos números.

- **Tenha cuidado com modas múltiplas.** Se as distribuições – como vistas num histograma, por exemplo – têm múltiplas modas, considere separar os dados em grupos. Se você não conseguir separar os dados de uma maneira significativa, não deve determinar o centro e a dispersão da variável.

- **Tenha consciência dos valores atípicos.** Se os dados apresentam valores atípicos, mas são unimodais, considere manter os valores atípicos fora dos próximos cálculos e relatá-los individualmente. Se conseguir encontrar uma razão simples para o valor atípico (por exemplo, um erro de transcrição dos dados), deve removê-lo ou corrigi-lo. Se você não conseguir fazer isso, escolha a mediana e o IIQ para representar o centro e a dispersão dos dados.

ÉTICA EM AÇÃO

Beth Tully é proprietária do Zennas's Café, uma cafeteria independente, localizada numa pequena cidade do meio-oeste norte-americano. Desde sua abertura, em 2002, a empresa tem crescido de forma constante – hoje, ela distribui sua marca de café a vários restaurantes e mercados regionais. Beth opera uma microtorrefadora de café que oferece uma classe especial de café arábico, reconhecido por alguns como o melhor da região. Além de fornecer café da mais alta qualidade, Beth também quer que o seu negócio seja socialmente responsável. Para tanto, ela paga preços justos aos cultivadores de cafés e doa fundos para causas beneficentes no Panamá, na Costa Rica e na Guatemala. Além disso, incentiva seus colaboradores a se envolverem na comunidade local.

Recentemente, uma famosa cadeia multinacional de cafeterias anunciou planos de colocar lojas na área do Zenna's. Essa cadeia é uma das únicas a oferecer produtos com Certificado de Livre Comércio, e seu trabalho está voltado ao respeito e à justiça social da comunidade global. Consequentemente, Beth pensou que poderia ser uma boa ideia comunicar ao público os esforços de responsabilidade social da Zenna's, mas com ênfase no seu comprometimento com a comunidade local. Três meses atrás, ela começou a coletar dados do número de horas semanais de voluntariado doado pelos seus colaboradores. Ela tem um total de 12 funcionários, dos quais 10 trabalham em turno integral. A maioria tem doado menos de duas horas semanais de trabalho voluntário, mas Beth notou que um colaborador, que trabalha meio turno, dedicou mais de 20 horas semanais. Ela descobriu que seus funcionários coletivamente fazem uma média de 15 horas mensais (com uma mediana de 8 horas) de trabalho voluntário. Beth planejou apresentar o número médio e acreditava que a maioria das pessoas ficaria impressionada com o nível de comprometimento da Zenna's com a comunidade local.

QUESTÃO ÉTICA *O valor atípico nos dados afeta a média numa direção que beneficia Beth Tully e o Zenna's Café (relacionado ao Item C, ASA Ethical Guidelines).*

SOLUÇÃO ÉTICA *Os dados da Beth são altamente assimétricos. Existe um valor atípico (do empregado de meio turno) que puxa o número médio de horas de voluntariado para cima. Relatar a média seria equivocado. Além disso, pode haver justificativas para eliminar o valor, uma vez que ele pertence ao empregado de meio turno (10 em 12 empregados são de tempo integral). Seria mais ético para a Beth: (1) apresentar o valor médio, mas discutir o valor atípico; (2) relatar a média somente dos empregados de tempo integral ou (3) relatar a mediana, em vez da média.*

Capítulo 6 – Apresentando e Descrevendo Dados Quantitativos   **177**

O que aprendemos?

Aprendemos a apresentar e resumir dados quantitativos, para nos ajudar a ver a história que os dados contam.

- Podemos exibir a distribuição de dados quantitativos com um histograma ou um diagrama de caule e folhas.
- Relatamos o que vemos sobre a distribuição falando sobre a forma, o centro, a dispersão, os valores atípicos e muitas características incomuns.

Aprendemos a resumir distribuições de variáveis quantitativas numericamente.

- Medidas de centro de uma distribuição incluem a mediana e a média.
- Medidas da dispersão incluem o intervalo, o IIQ e o desvio padrão.
- Iremos determinar a mediana e o IIQ quando a distribuição for assimétrica. Se for simétrica, a distribuição pode ser resumida com a média e o desvio padrão (e possivelmente com a mediana e o IIQ). Sempre apresente a mediana com o IIQ e a média com o desvio padrão.

Aprendemos a pensar sobre o tipo de variável que estamos resumindo.

- Todos os métodos deste capítulo assumem que os dados sejam quantitativos.
- A Condição Quantitativa dos Dados serve como uma verificação de que os dados são quantitativos. Uma boa maneira de ter certeza é conhecer as unidades de mensuração.

Aprendemos o valor de comparar grupos e procurar padrões entre grupos e ao longo do tempo.

- Vimos que diagramas de caixa e bigodes são muito eficazes para comparar grupos graficamente.
- Quando comparamos grupos, discutimos sua forma, seu centro, suas dispersões e suas características incomuns.

Compreendemos a importância de identificar e investigar valores atípicos e vimos que, quando agrupamos dados de maneiras diferentes, permitimos que casos diferentes emerjam como possíveis valores atípicos.

- Representamos dados que foram mensurados ao longo do tempo em relação a um eixo de tempo e procuramos por tendências visualmente e com um suavizador (alisador) de dados.

Aprendemos o poder da padronização dos dados.

- A padronização usa o desvio padrão como uma régua para mensurar a distância da média, criando escores-z.
- Usando os escores-z, podemos comparar maçãs e laranjas – valores de distribuições diferentes ou valores com base em unidades diferentes.
- Um escore-z pode identificar valores incomuns ou surpreendentes entre os dados.

Termos

Assimetria Uma distribuição é assimétrica se uma cauda se estende mais que a outra.

Bimodal Distribuições com duas modas.

Cauda As caudas de uma distribuição são as partes que normalmente diminuem em cada lado.

Centro Meio da distribuição, em geral resumido numericamente pela média ou pela mediana.

Desvio padrão Medida da dispersão calculada como $s = \sqrt{\dfrac{\sum (y - \bar{y})^2}{n - 1}}$.

Diagrama de caixa e bigodes Um diagrama de caixa e bigodes apresenta o resumo dos cinco números. Ele é um retângulo central, com bigodes que se estendem a valores não atípico. Os diagramas de caixa e bigodes são particularmente eficazes na comparação de grupos.

Diagrama de séries temporais Exibe dados que mudam ao longo do tempo. Geralmente, valores sucessivos são conectados com linhas para mostrar as tendências mais claramente.

Distribuição A distribuição de uma variável fornece:

- os valores possíveis da variável
- a frequência ou a frequência relativa de cada valor

Dispersão Descrição de quão firmemente aglomerada a distribuição está em torno do seu centro. As medidas da dispersão incluem o IIQ e o desvio padrão.

Escore-z Valor padronizado que diz a quantos desvios padrão um valor está da média; os escores-z têm uma média igual a 0 e um desvio padrão igual a 1.

Estacionário As séries temporais são ditas estacionárias se suas propriedades estatísticas não mudam ao longo do tempo.

Forma Aparência visual da distribuição. Para descrever a forma, procure:

- modas únicas *versus* múltiplas
- simetria *versus* assimetria

Histograma (histograma de frequência relativa) Um histograma usa colunas adjacentes para mostrar a distribuição dos valores de uma variável quantitativa. Cada coluna representa a frequência (ou frequência relativa) dos valores que pertencem a uma classe (ou intervalo).

Intervalo (ou amplitude) Diferença entre os valores mais alto e mais baixo de um conjunto de dados: Intervalo = max − min.

Intervalo interquartílico (IIQ) A diferença entre o primeiro e o terceiro quartis. IIQ = Q3 − Q1.

Mediana Valor do meio, com metade dos dados acima dele e metade abaixo dele.

Moda Pico ou ponto alto local na forma da distribuição de uma variável. A posição aparente das modas pode mudar à medida que a escala de um histograma é modificada.

Multimodal Distribuições com mais de duas modas.

Média Medida do centro calculada como $\Sigma y/n$.

Quartil O quartil mais baixo (Q1) é o valor com um quarto dos dados abaixo dele. O quartil mais alto (Q3) tem um quarto dos dados acima dele. A mediana e os quartis dividem os dados em quatro partes iguais.

Representação de caule e folhas	Uma apresentação de caule e folha apresenta uma variável quantitativa de uma maneira que esboça a distribuição dos dados. Ela é mais bem descrita em detalhes por um exemplo.
Resumo dos cinco números	O resumo dos cinco números para uma variável consiste: • no valor mínimo e no máximo • nos quartis Q1 e Q3 • na mediana
Simétrico	Uma distribuição é simétrica se as duas metades se assemelham como imagens espelhadas uma da outra.
Transformar	Transformamos os dados tomando o logaritmo, a raiz quadrada, o inverso ou fazendo outras operações matemáticas sobre todos os valores do conjunto dos dados.
Uniforme	Uma distribuição que é quase nivelada é denominada uniforme.
Unimodal	Que tem uma única moda. Termo útil para descrever a forma de um histograma quando ele geralmente tem a forma de uma elevação.
Valores atípicos (*outliers*)	Valores extremos que não parecem pertencer ao restante dos dados. Eles podem ser valores incomuns, que merecem investigações adicionais, ou apenas erros; não há uma maneira óbvia de saber.
Valor padronizado	Padronizamos um valor de uma variável subtraindo a média e dividindo pelo desvio padrão da variável. O resultado, denominado escore-z, não tem unidades.
Variância	Desvio padrão elevado ao quadrado.

Habilidades

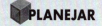

- Ser capaz de identificar a representação adequada para qualquer variável quantitativa.
- Ser capaz de selecionar uma medida adequada do centro e uma medida adequada da dispersão para uma variável com base nas informações sobre sua distribuição.
- Conhecer as propriedades básicas da mediana: a mediana divide os dados em partes iguais; metade abaixo e metade acima dela.
- Conhecer as propriedades básicas da média: a média é o ponto no qual o histograma se equilibra.
- Saber que o desvio padrão resume como estão espalhados os dados em volta da média.
- Saber que a padronização usa o desvio padrão como uma régua.

- Saber como apresentar a distribuição de uma variável quantitativa com um diagrama de caule e folha ou um histograma.
- Saber como fazer um diagrama de séries temporais dos dados que são coletados em intervalos regulares de tempo.
- Saber como calcular a média e a mediana de um conjunto de dados e saber quando cada uma dessas medidas é adequada.
- Saber como calcular o desvio padrão e IIQ de um conjunto de dados e saber quando cada um é apropriado.
- Saber como calcular o resumo dos cinco números de uma variável.
- Saber como construir um diagrama de caixa e bigodes manualmente a partir do resumo dos cinco números.
- Saber como calcular o escore-z de uma observação.

RELATAR

- Ser capaz de descrever e comparar as distribuições de variáveis quantitativas em termos de sua forma, seu centro e sua dispersão.
- Ser capaz de discutir qualquer valor atípico nos dados, observando como eles derivam do padrão geral dos dados.
- Ser capaz de descrever medidas que resumem os dados em uma frase. Em particular, saber que as medidas comuns de centro e dispersão têm as mesmas unidades da variável que elas representam e que elas devem ser descritas nessas unidades.
- Ser capaz de comparar dois ou mais grupos pela comparação dos seus diagramas de caixa e bigodes.
- Ser capaz de discutir padrões num diagrama de séries temporais em termos de tendências gerais e quaisquer mudanças na dispersão da distribuição ao longo do tempo.

Ajuda tecnológica: exibindo e resumindo variáveis quantitativas

Quase qualquer programa que apresenta dados é capaz de fazer um histograma, mas alguns farão um trabalho melhor determinando onde as colunas devem começar e como o intervalo entre os dados deve ser dividido em classes (veja a figura na próxima página).

Muitos pacotes estatísticos oferecem uma coleção pré-pronta de medidas resumos. O resultado pode se parecer com este:

```
Variável: Peso
N = 234
Média = 143,3         Mediana: 139
Desvio Padrão = 11,1  IIQ = 14
```

Alternativamente, um pacote pode fazer uma tabela de diversas variáveis e das medidas resumo de cada uma.

```
                             Desvio
Variável  N    Média  Mediana  padrão  IQR
Peso      234  143,3  139      11,1    14
Altura    234  68,3   68,1     4,3     5
Escore    234  86     88       9       5
```

Geralmente, é fácil ler os resultados e identificar cada resumo calculado. Você deve ser capaz de ler o resumo estatístico produzido por qualquer pacote de computador.

Os pacotes, em geral, fornecem mais resumos estatísticos do que você precisa. Alguns deles, é claro, podem não ser adequados quando os dados são assimétricos ou têm valores atípicos. É sua responsabilidade verificar um histograma ou uma exibição de caule e folha e decidir qual resumo estatístico usar.

É comum os pacotes apresentarem os valores das medidas estatísticas com muitas casas decimais de "precisão". É raro encontrar dados que tenham tal precisão nas medidas originais. A habilidade de calcular para seis ou sete dígitos além da vírgula não significa que esses dígitos tenham algum significado. Geralmente, é recomendável arredondar esses valores, permitindo talvez um dígito a mais de precisão do que foi fornecido nos dados originais.

Apresentações e resumos de variáveis quantitativas estão entre as coisas mais simples que você pode fazer com a maioria dos pacotes estatísticos.

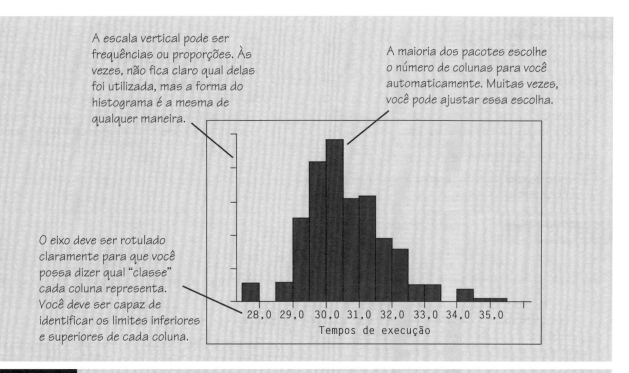

A escala vertical pode ser frequências ou proporções. Às vezes, não fica claro qual delas foi utilizada, mas a forma do histograma é a mesma de qualquer maneira.

A maioria dos pacotes escolhe o número de colunas para você automaticamente. Muitas vezes, você pode ajustar essa escolha.

O eixo deve ser rotulado claramente para que você possa dizer qual "classe" cada coluna representa. Você deve ser capaz de identificar os limites inferiores e superiores de cada coluna.

Excel

Para calcular resumos, clique numa célula vazia. Digite o sinal de igual e escolha **Média** da lista de exibição das funções que aparece à esquerda da caixa de edição de texto. Entre com o conjunto de dados na caixa que diz **Num1**. Clique em **OK**. Para calcular o desvio padrão diretamente de uma coluna de dados, use o **DESVPAD** da lista de exibição de funções da mesma maneira.

O Excel não pode fazer histogramas, diagramas de caixa e bigodes ou diagramas de pontos sem um suplemento adicional. Para fazer um histograma, um diagrama de caixa e bigodes ou um diagrama de pontos utilizando o suplemento DDXL do DVD, selecione o intervalo de dados que você quer representar graficamente. Inclua o nome da variável, se for sua primeira coluna dos dados. Depois escolha **Charts and Plots** do menu **DDXL**. Da caixa de diálogos que abrir, escolha **Dotplot**, **Boxplot** ou **Histogram**. Indique a variável arrastando-a para a área das Variáveis Quantitativas, desmarque a *First row is variable names* se na primeira linha não houver um nome e clique em **OK**.

Comentários

O suplemento de Análise de Dados do Excel oferece algo chamado de histograma, mas ele não é um histograma estatisticamente apropriado. A função do Excel DESVPAD não deve ser usada para conjuntos de dados maiores que 100000 valores ou para listas com mais de alguns milhares de valores. Ela é adequada para conjunto de dados menores.

Excel 2007

No Excel 2007 existe outra maneira de encontrar estatísticas padrão. Por exemplo, para calcular a média:

- Clique numa célula vazia.
- Vá ao painel de Fórmulas na faixa de opções. Clique na seta suspensa próxima a **Autosoma** e escolha **Média**.
- Entre com o conjunto de dados na fórmula exibida na caixa vazia que você selecionou anteriormente.
- Pressione **Enter**. Isso calcula a média para os valores naquele conjunto.

Para calcular o desvio padrão:

- Clique numa célula vazia.
- Vá ao painel de Fórmulas na faixa de opções. Clique na seta suspensa próxima a **Autosoma** e escolha **Mais funções...**.
- Na janela de diálogo que se abre, selecione **DESVPAD** da lista das funções e clique em **OK**. Uma nova caixa de diálogo se abre. Entre um conjunto de dados no próximo campo e clique em **OK**.

O Excel 2007 calcula o desvio padrão para os valores daquele conjunto e o coloca na célula especificada da planilha.

Minitab

Para fazer um histograma:

- Escolha **Histogram** do menu **Graph.**
- Selecione **Simple** para o tipo de gráfico e clique em **OK**.
- Entre com o nome da variável quantitativa que você quer exibir na caixa **Graph variables**. Clique em **OK**.

Para fazer um diagrama de caixa e bigodes:

- Escolha **Boxplot** do menu **Graph** e especifique o formato dos seus dados.

Para calcular resumos estatísticos:

- Escolha **Basics statistics** do menu **Start**. Do submenu **Basics Statistics**, escolha **Display Descriptive Statistics.**
- Atribua as variáveis da lista para a caixa de variáveis. O MINITAB faz uma tabela com as estatísticas descritivas dos dados.

SPSS

Para fazer um histograma ou um diagrama de caixa e bigodes no SPSS, abra o **Chart Builder** do menu **Graphs**.

- Clique no painel **Gallery**.
- Escolha **Histogram** ou **Boxplot** da lista dos tipos de gráficos.
- Arraste o ícone do diagrama que você quer para o Painel do Chart Builder (Construtor de Gráficos).
- Arraste uma variável de escala para a zona do eixo y.
- Clique em **OK.**

Para construir diagramas de caixa e bigodes lado a lado, arraste a variável categórica para a zona do eixo x e clique em **OK.**

Para calcular resumos estatísticos:

- Escolha **Explore** do submenu **Desciptive Statistics** do menu **Analyze**. Na caixa de diálogo **Explore**, atribua uma ou mais variáveis da lista fonte para a lista dependente e clique em **OK.**

JMP

Para fazer um histograma e obter resumos estatísticos:

- Escolha **Distribution** do menu **Analyze.**
- No diálogo **Distribution,** arraste o nome da variável que você deseja analisar para uma janela vazia ao lado do rótulo "**Y, Columns**".
- Clique em **OK**. O JMP calcula os resumos estatísticos padrão junto com as exibições das variáveis.

Para fazer diagramas de caixa e bigodes:

- Escolha **Fit y by x**. Designe uma variável de resposta contínua para **Y, Response** e uma variável de grupo nominal mantendo o nome dos grupos para **X, Factor** e clique em **OK**. O JMP irá oferecer (entre outras coisas) diagramas de pontos dos dados. Clique no triângulo vermelho e, sob **Display Options**, selecione **Boxplots**.

  Observação: Se as variáveis não forem do tipo adequado, as opções de exibição podem não oferecer o diagrama de caixa e bigodes.

Data Desk

Para fazer um histograma:

- Selecione a variável a ser exibida.
- No menu **Plot**, escolha **Histogram**.

Para fazer diagramas de caixa e bigodes:

- Se os dados estiverem em variáveis separadas, selecione as variáveis e escolha **Boxplot side by side** do menu **Plot**.
- Se os dados forem de uma variável quantitativa única e uma segunda variável tendo nomes de grupos, selecione a variável quantitativa como *Y* e a variável de grupo como *X*. Então, escolha **Boxplot side by side** do menu **Plot**.

Para calcular resumos:

- No menu **Calc**, abra o submenu **Summaries**. **Options** oferece tabelas separadas, uma tabela unificada e outros formatos.

Projetos de estudo de pequenos casos

Taxa de ocupação de hotel

Muitos empreendimentos da indústria hoteleira experimentam fortes flutuações sazonais na demanda. Para ter sucesso nesse mercado, é importante antecipar tais flutuações e entender os padrões da demanda. O arquivo **ch06_MCSP_Occupancy_Rates** contém dados mensais da *taxa de ocupação hoteleira* (em % de capacidade) para Honolulu, Havaí, de janeiro de 2000 a dezembro de 2004.

Examine os dados e prepare um relatório para o gerente de uma cadeia de hotéis de Honolulu, nos padrões de *Hotel Occupancy* (Ocupação do Hotel) durante esse período. Inclua resumos numéricos e representações gráficas e resuma os padrões que você vê. Discuta todas as características incomuns dos dados e explique-os se puder, incluindo uma discussão sobre se o gerente deveria levar em consideração essas características para planos futuros.

Valor e crescimento do retorno acionário

Os investidores no mercado de ações podem escolher o quanto eles querem ser agressivos com os seus investimentos. Para ajudar os investidores, as ações são classificadas como ações de "crescimento" ou "valor". Ações de crescimento são geralmente parte de empresas altamente qualificadas, que têm demonstrado um desempenho consistente e espera-se que continuem bem. As ações de valor, por outro lado, são ações cujos preços parecem baixos comparados com o seu valor inerente (como avaliado pelas regras do preço proporcional). Os gerentes investem nisso esperando que seu preço baixo seja simplesmente uma reação exagerada a acontecimentos negativos recentes.[8]

No conjunto de dados **ch06_MCP_Returns**[9] estão os retornos mensais de 2500 ações classificadas como de Crescimento e Valor para o período de janeiro de 1975 a junho de 1975. Examine as distribuições dos dois tipos de ações e discuta as vantagens e desvantagens de cada uma. Está claro qual tipo de ação oferece o melhor investimento? Discuta brevemente.

---

[8] O estatístico cínico poderá dizer que o gerente que investe em fundos de ações de crescimento coloca sua fé na inferência, enquanto aquele que investe em ações de valor coloca sua fé na Lei das Médias.

[9] Fonte: O *Independence International Associates, Inc.* mantém uma família de indicadores internacionais de 22 mercados acionários. As ações de valor contábil mais alto são selecionadas uma a uma do topo da lista. A metade mais alta dessas ações se torna as constituintes do "índice de valor" e as restantes, do "índice de crescimento".

EXERCÍCIOS

1. Estatística nos negócios. Encontre um histograma que mostre a distribuição de uma variável numa publicação de negócios (por exemplo, *The Wall Street Journal, Business Week*, etc).
a) O artigo identifica as cinco perguntas?
b) Discuta se a representação é adequada para os dados.
c) Discuta o que a representação revela sobre a variável e sua distribuição.
d) O artigo descreve e interpreta os dados de forma precisa? Explique.

2. Estatística nos negócios, parte 2. Encontre um gráfico, que não seja um histograma, que mostre a distribuição de uma variável quantitativa numa publicação de negócios (por exemplo, *The Wall Street Journal, Business Week*, etc).
a) O artigo identifica as cinco perguntas?
b) Discuta se a representação é adequada para os dados.
c) Discuta o que a representação revela sobre a variável e sua distribuição

3. Custo de dois anos de faculdade. O histograma mostra a distribuição dos valores médios cobrados por cada uma das cinquenta faculdades estaduais dos Estados Unidos nos dois anos acadêmicos de 2007 a 2008. Forneça uma breve discrição dessa distribuição (forma, centro, dispersão, características incomuns).

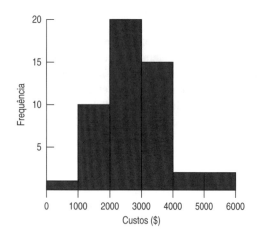

4. Preço da gasolina. O *site* MSN auto (www.autos.msn.com) fornece os preços de gasolina em postos em todos os Estados Unidos. O histograma mostra o preço da gasolina regular (em $/galão) para 57 postos na área de Los Angeles na semana antes do Natal de 2007. Descreva a forma dessa distribuição (forma, centro, dispersão, características incomuns).

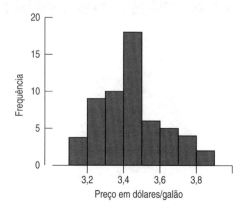

5. Débitos no cartão de crédito. O histograma mostra os débitos de dezembro (em $) para 500 clientes de um segmento do mercado de uma empresa de cartão de crédito (os valores negativos indicam os clientes que receberam mais créditos do que débitos durante o mês).
a) Escreva uma breve descrição da distribuição (forma, centro, dispersão, características incomuns).
b) Você esperaria que a média e a mediana fossem maiores? Explique.
c) Qual seria o resumo mais adequado do centro, a média ou a mediana? Explique.

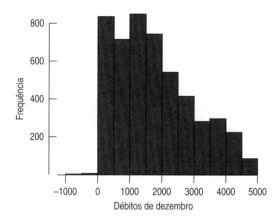

6. Vinhedos. Os vinhedos Adair são uma propriedade de 10 acres em New Paltz, Nova York. O estabelecimento vinícola está abrigado num celeiro holandês histórico de 200 anos, com a adega no primeiro andar e a sala de degustação e presentes no segundo andar. Por ser uma empresa relativamente pequena e considerando uma expansão, a Adair está curiosa para saber como seu tamanho se compara ao dos outros vinhedos. O histograma mostra os tamanhos (em acres) de 36 vinhedos do estado de Nova York.
a) Faça uma breve descrição da distribuição (forma, centro, dispersão, características incomuns).

b) Você esperaria que a média ou a mediana fosse maior? Explique.
c) Qual seria um resumo mais adequado do centro, a média ou a mediana? Explique.

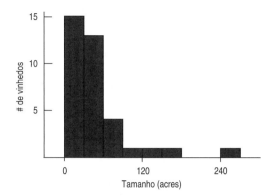

7. Fundos mútuos. O histograma exibe o retorno de doze meses (em percentuais) para um conjunto de fundos mútuos em 2007. Faça um breve resumo desse histograma (forma, centro, dispersão, características incomuns).

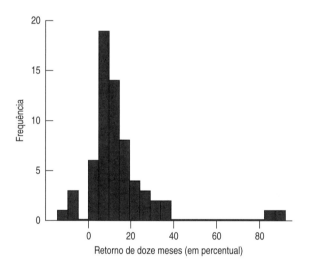

8. Descontos para carros. Um pesquisador, interessado na diferença de gênero em negociações, coleta dados sobre os preços que homens e mulheres pagam por seus carros. Aqui está um histograma dos descontos (a quantia em $ abaixo do preço de tabela) que homens e mulheres receberam em uma revenda de carros nas suas últimas 100 transações (54 homens e 46 mulheres). Faça um breve resumo dessa distribuição (forma, centro, dispersão, características incomuns). Ao que você creditaria pela forma dessa distribuição em particular?

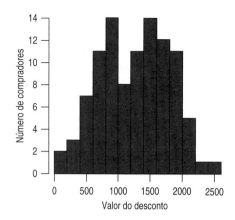

9. Fundos mútuos, parte 2. Use o conjunto de dados do Exercício 7 para responder as seguintes perguntas:
a) Encontre o resumo dos cinco números para esses dados.
b) Encontre as medidas adequadas de centro e dispersão para esses dados.
c) Crie um diagrama de caixa e bigodes para esses dados.
d) O que você pode perceber se existir algo no histograma que não está claro no diagrama de caixa e bigodes?

10. Desconto para carros, parte 2. Use o conjunto de dados do Exercício 8 para responder as seguintes perguntas.
a) Encontre o resumo dos cinco números para esses dados.
b) Crie um diagrama de caixa e bigodes para esses dados.
c) O que você pode perceber se existir algo no histograma do Exercício 8 que não está claro no diagrama de caixa e bigodes?

11. Vinhedos, parte 2. Aqui estão os resumos estatísticos para os tamanhos (em acres) dos vinhedos do estado de Nova York do Exercício 6.

Variável	N	Média	Desvio padrão	Mínimo	Q1	Mediana	Q3	Máximo
Acres	36	46,50	47,76	6	18,50	33,50	55	250

a) Você descreveria essa distribuição como simétrica ou assimétrica?
b) Existem valores atípicos? Explique.
c) Usando esses dados, trace um diagrama de caixa e bigodes. Que informações adicionais você precisaria para completar esse diagrama?

12. Graduação. Um levantamento de dados de uma importante universidade perguntou qual o percentual de calouros que geralmente se gradua "a tempo" em quatro anos. Use o resumo estatístico fornecido na tabela para responder essas perguntas.

	% a tempo
Contagem	48
Média	68,35
Mediana	69,90
Desv. padr.	10,20
Min	43,20
Max	87,40
Intervalo	44,20
250 percentil	59,15
750 percentil	74,75

a) Você descreveria essa distribuição como simétrica ou assimétrica?
b) Existem alguns valores atípicos? Explique
c) Crie um diagrama de caixa e bigodes para esses dados.

T 13. Vinhedos, novamente. O conjunto de dados fornecido contém os dados dos Exercícios 6 e 11. Crie um diagrama de caule e folhas dos tamanhos dos vinhedos em acres. Aponte quaisquer características incomuns dos dados que você possa ver na representação por caule e folhas.

T 14. Preços da gasolina, novamente. O conjunto de dados fornecido contém os dados do Exercício 4 sobre o preço da gasolina para 57 postos na área de Los Angeles em dezembro de 2007. Arredonde os dados para o centavo mais próximo (por exemplo, 3,459 é 3,46) e crie um diagrama de caule e folhas dos dados arredondados. Aponte quaisquer características incomuns dos dados que você possa ver a partir dessa representação.

15. Hóquei. Durante suas 20 temporadas na Liga Nacional de Hóquei, Wayne Gretzky marcou 50% mais pontos que qualquer outro jogador de hóquei profissional. Ele conseguiu essa façanha incrível jogando 280 jogos a menos que Gordie Howe, o recordista anterior. Aqui estão os números de partidas dos quais Gretzky participou em cada temporada:

79, 80, 80, 80, 74, 80, 80, 79, 64, 78, 73, 78, 74, 45, 81, 48, 80, 82, 82, 70

a) Crie um diagrama de caule e folhas.
b) Trace um diagrama de caixa e bigodes.
c) Descreva brevemente essa distribuição.
d) Quais características incomuns você vê nessa distribuição? O que poderia explicar isso?

16. Beisebol. Na sua carreira de 17 anos na Liga Principal de Beisebol, Mark McGwire marcou 583 *home runs*,* ficando em 8° lugar na lista de *home runs* de todos os tempos (até 2008). Aqui estão os números de *home runs* que McGwire marcou a cada ano de 1986 até 2001.

3, 49, 32, 33, 39, 22, 42, 9, 9, 39, 52, 34, 24, 70, 65, 32, 29

a) Crie um diagrama de caule e folhas.
b) Trace um diagrama de caixa e bigodes.

c) Descreva brevemente essa distribuição.
d) Quais características incomuns você vê nessa distribuição? O que poderia explicar isso?

17. Gretzky retorna. Observe mais uma vez os dados das partidas de hóquei jogadas a cada temporada por Wayne Gretzky, vistos no Exercício 15.
a) Você usaria a média ou a mediana para resumir o centro dessa distribuição? Por quê?
b) Sem calcular a média, você esperaria que ela fosse mais baixa ou mais alta que a mediana? Explique.
c) Um estudante fez um histograma dos dados do Exercício 15, reproduzido a seguir. Comente.

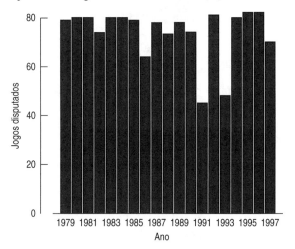

18. McGwire, novamente. Analise mais uma vez os dados de *home runs* marcados por Mark McGwire durante seus 17 anos de carreira, vistos no Exercício 16.
a) Você usaria a média ou a mediana para resumir o centro dessa distribuição? Por quê?
b) Sem encontrar a média, você esperaria que ela fosse mais baixa ou mais alta que a mediana? Explique.
c) Um estudante fez um histograma dos dados do Exercício 16, reproduzido a seguir. Comente.

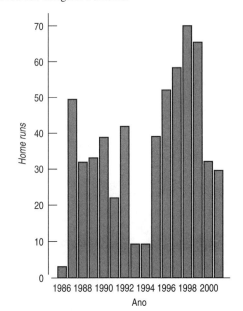

---

* N. de T.: Quando o jogador consegue rebater para fora do campo.

Capítulo 6 – Apresentando e Descrevendo Dados Quantitativos **187**

T 19. Preços das *pizzas*. Os preços semanais de uma marca de *pizza* congelada durante um período de três anos em Dallas, Texas, são fornecidos no arquivo de dados. Use os preços para responder as seguintes perguntas.

a) Encontre o resumo dos cinco números para esses dados.
b) Encontre o intervalo e o IIQ para esses dados.
c) Crie um diagrama de caixa e bigodes para esses dados.
d) Descreva essa distribuição.
e) Descreva qualquer observação incomum.

T 20. Preços das *pizzas*, parte 2. Os preços semanais de uma marca de *pizza* congelada durante um período de três anos em Chicago são fornecidos no arquivo de dados. Use os dados dos preços para responder as seguintes perguntas.

a) Encontre o resumo dos cinco números para esses dados.
b) Encontre o intervalo e o IIQ para esses dados.
c) Crie um diagrama de caixa e bigodes para esses dados.
d) Descreva a forma (centro e dispersão) dessa distribuição.
e) Descreva qualquer observação incomum.

T 21. Uso da gasolina. O Departamento de Transportes dos Estados Unidos coleta dados da quantia de gasolina vendida em cada estado e no Distrito de Colúmbia. Os dados a seguir mostram o consumo *per capita* (galões usados por pessoa) em 2005. Escreva um relatório do uso da gasolina por estado no ano de 2005, certificando-se de incluir representações gráficas apropriadas e resumos estatísticos.

Estado	Uso de gasolina	Estado	Uso de gasolina
Alabama	556,91	Montana	486,15
Alaska	398,99	Nebraska	439,46
Arizona	487,52	Nevada	484,26
Arkansas	491,85	New Hampshire	521,45
Califórnia	434,11	Nova Jersey	481,79
Colorado	448,33	Novo México	482,33
Connecticut	441,39	Nova York	283,73
Delaware	514,78	Carolina do Norte	491,07
Distrito de Colúmbia	209,47	Dakota do Norte	513,16
Flórida	485,73	Ohio	434,65
Geórgia	560,90	Oklahoma	501,12
Havaí	352,02	Óregon	415,67
Idaho	414,17	Pensilvânia	402,85
Illinois	392,13	Rhode Island	341,67
Indiana	497,35	Carolina do Sul	570,24
Iowa	509,13	Dakota do Sul	498,36
Kansas	399,72	Tennessee	509,77
Kentucky	511,30	Texas	505,39
Louisiana	489,84	Utah	409,93
Maine	531,77	Vermont	537,94
Maryland	471,52	Virgínia	518,06
Massachusetts	427,52	Washington	423,32
Michigan	470,89	Virgínia Ocidental	444,22
Minnesota	504,03	Wisconsin	440,45
Mississippi	539,39	Wyoming	589,18
Missouri	530,72		

T 22. Crescimento do PIB. Estabelecida em Paris em 1961, a Organização para Desenvolvimento e Cooperação Econômica (ODCE – www.oced.org) coleta informações sobre muitos aspectos sociais e econômicos dos países de todo o mundo. Veja as taxas de crescimento dos produtos internos brutos (PIB) de 30 países industrializados (em percentuais) em 2005. Escreva um breve relatório sobre as taxas de crescimento do PIB desses países em 2005, certificando-se de incluir representações gráficas apropriadas e resumos estatísticos.

País	Taxa de crescimento
Turquia	0,074
República Tcheca	0,061
Eslováquia	0,061
Islândia	0,055
Irlanda	0,055
Hungria	0,041
Coreia do Sul	0,040
Luxemburgo	0,040
Grécia	0,037
Polônia	0,034
Espanha	0,034
Dinamarca	0,032
EUA	0,032
México	0,030
Canadá	0,029
Finlândia	0,029
Suécia	0,027
Japão	0,026
Austrália	0,025
Nova Zelândia	0,023
Noruega	0,023
Áustria	0,020
Suíça	0,019
Reino Unido	0,019
Bélgica	0,015
Holanda	0,015
França	0,012
Alemanha	0,009
Portugal	0,004
Itália	0,000

23. Empresa nova. Uma empresa recém-criada planeja construir um novo campo de golfe. Por questões de *marketing*, a empresa quer promover o novo campo de golfe como um dos campos mais difíceis do estado de Vermont. Uma medida da dificuldade do campo de golfe é o seu comprimento: a distância total (em jardas) de um pequeno monte de terra até um buraco para todos os 18 buracos. Aqui estão os histogramas e resumos estatísticos para o comprimento de todos os campos de golfe em Vermont.

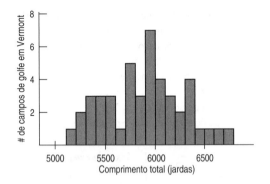

N	45
Média	5892,91 jardas
Desv. padr.	386,59
Min	5185
Q1	5585,75
Mediana	5928
Q3	6131
Max	6796

a) Qual é o intervalo dos comprimentos?
b) Entre quais comprimentos está o centro de 50% desses campos?
c) Qual resumo estatístico você usaria para descrever esses dados?
d) Faça uma breve descrição desses dados (forma, centro e dispersão).

24. Imóveis. Uma agente imobiliária fez um levantamento de dados do tamanho de casas em 20 códigos postais próximos, com o objetivo de comparar com uma nova propriedade que quer colocar no mercado. Ela sabe que o tamanho da área habitável de uma casa é um importante fator no preço e gostaria de comercializar essa casa como sendo a maior da região. Aqui está um histograma e um resumo estatístico para os tamanhos de todas as casas da área.

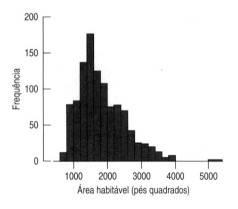

Contagem	1057
Média	1819,498 pés quadrados
Desv. padr.	662,9414
Min	672
Q1	1342
Mediana	1675
Q3	2223
Max	5228
Não obtida	0

a) Qual é o intervalo da área habitável?
b) Entre quais tamanhos o valor central de 50% das casas está?
c) Que medidas estatísticas você usaria para descrever esses dados?
d) Dê uma breve descrição desses dados (forma, centro e dispersão).

❶ 25. Venda de alimentos. As vendas (em $) para uma semana foram coletadas em 18 estabelecimentos de uma cadeia de lojas de alimentos no nordeste dos Estados Unidos. As lojas e as cidades onde elas estão localizadas variam em tamanho.
a) Faça uma representação adequada das vendas a partir dos dados fornecidos.
b) Resuma o valor central para as vendas dessa semana com a mediana e a média. Por que eles diferem?
c) Dado o que você sabe da distribuição, qual dessas medidas resume melhor as vendas das lojas? Por quê?
d) Resuma a dispersão da distribuição das vendas com o desvio padrão e um IIQ.
e) Dado o que você sabe sobre a distribuição, quais dessas medidas resume melhor as vendas das lojas?
f) Se removêssemos os valores atípicos dos dados, como você esperaria que a média, mediana, o desvio padrão e o IIQ mudassem?

❶ 26. Lucros dos seguros. As companhias de seguro não sabem se a política que escreveram é lucrativa até que a política mature (expire). Para ver o seu recente desempenho, um analista examinou as políticas vencidas e investigou o lucro líquido da companhia (em $).
a) Faça uma representação apropriada dos lucros com os dados fornecidos.
b) Resuma o valor central para os lucros com a mediana e a média. Por que elas diferem?
c) Dado o que você sabe sobre a distribuição, quais dessas medidas podem resumir melhor os lucros da companhia? Por quê?
d) Resuma a dispersão da distribuição do lucro com um desvio padrão e com um IIQ.
e) Dado o que você sabe sobre a distribuição, quais dessas medidas podem resumir melhor os lucros da companhia? Por quê?
f) Se removêssemos os valores atípicos dos dados, como você esperaria que a média, mediana, o desvio padrão e o IIQ mudassem?

27. Falhas nos iPods. A MacInTouch (www.macintouch.com/reliability/ipodfailures.htm) fez um levantamento de dados com leitores sobre a confiabilidade dos seus iPods. Dos 8926 iPods da pesquisa, 7510 não apresentavam problemas, enquanto os outros 1416 tinham falhas. A partir dos dados no DVD, calcule a taxa de falha para cada um dos 17 modelos de iPod. Produza uma representação gráfica adequada das taxas de falhas e descreva brevemente a distribuição.

28. Desemprego. O conjunto de dados fornecido contém as taxas de desemprego de 2008 para 23 países desenvolvidos (www.oecd.org). Faça uma representação gráfica apropriada e descreva brevemente a distribuição das taxas de desemprego.

29. Vendas. Aqui estão diagramas de caixa e bigodes das vendas semanais (em $), por um período de dois anos, de uma loja de alimentos regional, com duas localizações. A localização #1 é uma área metropolitana conhecida como residencial, onde os compradores vão a pé até a loja. A localização #2 é uma área suburbana, onde os compradores vão de carro à loja. Assuma que as duas cidades têm populações similares e que as duas lojas têm o mesmo tamanho. Escreva um breve relatório discutindo o que esses dados mostram.

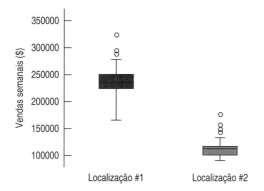

30. Vendas, parte 2. Reveja as distribuições das vendas semanais para as lojas regionais do Exercício 29. A seguir, estão diagramas de caixa e bigodes das vendas semanais dessa mesma cadeia de lojas de alimentos para três lojas de tamanho similar, localizadas em dois estados diferentes: Massachusetts (MA) e Connecticuct (CT). Compare a distribuição das vendas dos dois estados e descreva-as num relatório.

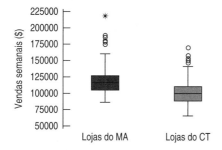

31. Preços da gasolina, parte 2. Aqui estão diagramas de caixa e bigodes dos preços semanais da gasolina num posto de serviços no meio-oeste dos Estados Unidos (preços em $ por galão).

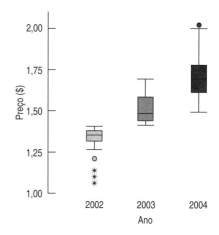

a) Compare a distribuição dos preços durante os três anos.
b) Em qual ano os preços estavam menos estáveis (mais voláteis)? Explique.

32. Economia de combustível. As fábricas de automóveis norte-americanas estão cada vez mais motivadas para melhorar a eficiência do consumo de combustível dos automóveis que elas produzem. Sabe-se que o consumo de combustível é afetado por muitas características do carro. Descreva o que esses diagramas de caixa e bigodes indicam sobre o relacionamento entre o número de cilindros do motor de um carro e a economia de combustível desse carro (mpg).

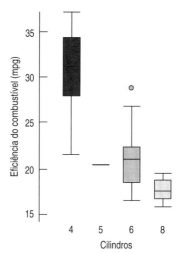

33. Preços dos vinhos. Os diagramas de caixa e bigodes exibem preços (em dólares) das caixas de vinho produzidos em vinhedos em três dos Finger Lakes, no estado de Nova York.

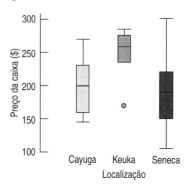

a) Qual região lacustre produz o vinho mais caro?
b) Qual região lacustre produz o vinho mais barato?
c) Em qual região os vinhos são geralmente mais caros?
d) Escreva algumas frases descrevendo esses preços.

34. Ozônio. Os níveis de ozônio (em partes por bilhão, ppb) foram registrados em locais de Nova Jersey, mensalmente, entre 1926 e 1971. Aqui estão diagramas de caixa e bigodes para cada mês (ao longo dos 46 anos), alinhados por ordem (janeiro = 1).

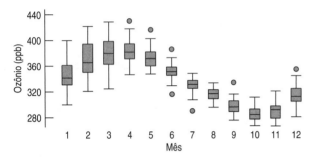

a) Em qual mês foi registrado o nível mais alto de ozônio?
b) Qual mês tem o maior IIQ?
c) Qual mês tem o menor intervalo?
d) Escreva uma breve comparação dos níveis de ozônio em janeiro e junho.
e) Escreva um relatório sobre os padrões anuais que você é capaz de perceber nos níveis de ozônio.

35. Velocidade das corridas de cavalo. Que velocidade os cavalos atingem? Os vencedores do Kentucky Derby excedem 30 milhas por hora, como mostra o gráfico. Esse gráfico mostra o percentual dos vencedores do Kentucky Derby que correram *menos* que uma determinada velocidade. Observe que poucos venceram correndo menos de 33 milhas por hora, mas aproximadamente 95% dos cavalos vencedores correram menos de 37 milhas por hora. (Um gráfico de frequência acumulada como este é chamado de **ogiva**.)

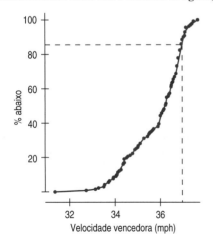

Velocidade vencedora (mph)
a) Estime a mediana da velocidade vencedora.
b) Estime os quartis.
c) Estime o intervalo e o IIQ.
d) Crie um diagrama de caixa e bigodes para essas velocidades.
e) Escreva algumas frases sobre a velocidade dos vencedores do Kentucky Derby.

36. Fundos mútuos, parte 3. Aqui está uma ogiva da distribuição dos retornos mensais de fundos mútuos agressivos (ou de alto crescimento) por um período de 22 anos, de 1975 a 1999. (Lembre, do Exercício 35, que uma ogiva, ou um gráfico de frequência relativa acumulada, mostra o percentual de casos num certo valor ou abaixo dele. Portanto, esse gráfico sempre começa em 0% e termina em 100%.)

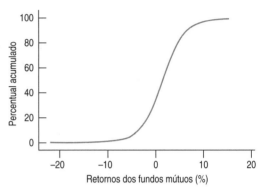

a) Estime a mediana.
b) Estime os quartis.
c) Estime o intervalo e o IIQ.
d) Crie um diagrama de caixa e bigodes desses retornos.

37. Escore dos testes. Três turmas de estatística fizeram o mesmo teste. Aqui estão os histogramas dos escores para cada turma.

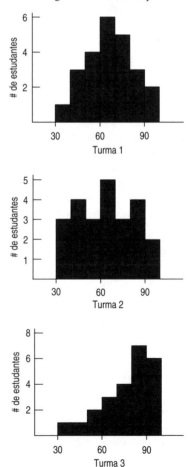

a) Qual turma teve o escore médio mais alto?
b) Qual turma teve o escore mediano mais alto?
c) Para qual turma a média e a mediana mais diferem? Qual é a mais alta? Por quê?
d) Qual turma teve o menor desvio padrão?
e) Qual turma teve o menor IIQ?

38. Escores do teste, novamente. Olhe novamente o histograma dos escores do teste para as três turmas de estatística do Exercício 37.
a) No geral, qual turma você acha que teve o melhor desempenho no teste? Por quê?
b) Como você descreveria a forma de cada distribuição?
c) Relacione cada turma com o diagrama de caixa e bigodes correspondente.

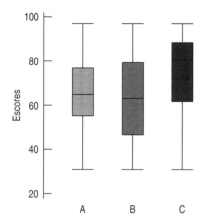

39. Controle de qualidade. Os engenheiros de uma fábrica de produção de computadores testaram dois métodos para comparar a precisão na perfuração de placas de PC. Eles testaram quão rápido poderiam preparar a furadeira operando 10 placas em duas velocidades diferentes. Para avaliar os resultados, eles mediram a distância (em polegadas) do centro do alvo na placa até o centro do furo. Os dados e o resumo estatístico estão mostrados na tabela.

	Rápido	Lento
	0,000101	0,000098
	0,000102	0,000096
	0,000100	0,000097
	0,000102	0,000095
	0,000101	0,000094
	0,000103	0,000098
	0,000104	0,000096
	0,000102	0,975600
	0,000102	0,000097
	0,000100	0,000096
Média	0,000102	0,097647
Desvio padrão	0,000001	0,308481

Escreva um relatório resumindo os resultados do experimento. Inclua representações visuais e verbais das distribuições e faça uma recomendação aos engenheiros, se o maior interesse deles for a precisão do método.

40. Vendas de lareiras. Um agente imobiliário observou que as casas com lareiras geralmente alcançam um bônus no mercado e quer avaliar a diferença nos preços de venda de 60 casas que vendeu recentemente. Os dados e resumo estão mostrados na tabela.

	Sem lareira	Com lareira
	142212	134865
	206512	118007
	50709	138297
	108794	129470
	68353	309808
	123266	157946
	80248	173723
	135708	140510
	122221	151917
	128440	235105000
	221925	259999
	65325	211517
	87588	102068
	88207	115659
	148246	145583
	205073	116289
	185323	238792
	71904	310696
	199684	139079
	81762	109578
	45004	89893
	62105	132311
	79893	131411
	88770	158863
	115312	130490
	118952	178767
		82556
		122221
		84291
		206,512
		105,363
		103,508
		157,513
		103,861
Média	116597,54	7061657,74
Mediana	112053	136581

Escreva um relatório resumindo os resultados da investigação. Inclua representações visuais e verbais adequadas das distribuições e faça uma recomendação ao agente sobre o prêmio médio que uma lareira vale no mercado.

41. Base de dados de cliente. Uma organização filantrópica tem uma base de dados de milhões de doadores que pode contatar pelo correio a fim de arrecadar dinheiro para caridade. Uma das variáveis no banco de dados, *Título*, contém o título da pessoa ou pessoas impresso no início do endereço. Os mais comuns são Sr., Srta. e Sra., mas há também Embaixador, Sua Majestade Imperial e Cardeal, para listar alguns. No total, há mais de 100 títulos diferentes, cada um com um código numérico correspondente. Eis alguns deles.

Código	Título
000	Sr.
001	Sra.
1002	Srta. ou Sra.
003	Srta.
004	Dr.
005	Madame
006	Sargento
009	Rabino
010	Professor
126	Príncipe
127	Princesa
128	Chefe
129	Barão
130	Xeque
131	Príncipe ou Princesa
132	Sua Majestade Imperial
135	M. ET MME.
210	Professor
...	...

Um estagiário, solicitado a analisar os esforços para a arrecadação de fundos para a organização, apresentou este resumo estatístico para a variável Título.

Média	54,41
Desv. padr.	95762
Mediana	1
IIQ	2
N	94649

a) O que a média de 54,41 significa?
b) Quais são as razões típicas que causam as medidas do centro e da dispersão serem diferentes dessas da tabela?
c) É por isso que elas são tão diferentes?

42. CEOs. Um código listado corresponde ao ramo da empresa de cada CEO. Aqui estão alguns códigos e ramos aos quais eles correspondem.

Ramo	Código do ramo	Ramo	Código do ramo
Serviços financeiros	1	Energia	12
Comida/Bebida/Cigarros	2	Bens de capital	14
Saúde	3	Computadores/Comunicações	16
Seguros	4	Entretenimento/Informação	17
Varejo	6		
Produtos florestais	9	Bens de consumo não duráveis	18
Aeroespacial/Defesa	11	Utilidades elétricas	19

Foi determinado a um analista de investimento recém-contratado um exame dos ramos e dos rendimentos dos CEOs. Para começar a análise, ele produz o seguinte histograma dos códigos dos ramos.

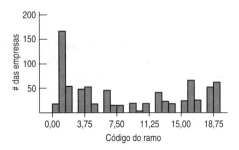

a) O que pode causar os espaços em branco vistos no histograma?
b) Que conselho você daria para o analista sobre a adequabilidade desse diagrama?

T 43. Tipos de fundos mútuos. Os 64 fundos mútuos do Exercício 7 estão classificados em três tipos: Grandes Fundos de Capitalização Domésticos Americanos, Pequenos/Médios Fundos de Capitalização Domésticos Americanos e Fundos Internacionais. Compare o retorno de três meses dos três tipos de fundos, utilizando uma apresentação adequada, e escreva um breve resumo das diferenças.

T 44. Desconto de carros, parte 3. Os descontos negociados pelos compradores de carro no Exercício 8 estão classificados se o comprador era Homem (código = 0) ou Mulher (código = 1). Compare os descontos de Homens *versus* Mulheres usando uma apresentação adequada, e escreva um breve resumo das diferenças.

45. Casas à venda. Para cada casa na lista múltipla de serviços (LMS) é atribuído um número de identificação. Um agente imobiliário recém-contratado decidiu examinar os números da LMS numa amostra aleatória recente de casas à venda por uma imobiliária nas cidades vizinhas. Para começar a análise, o agente produz o seguinte histograma dos números de identificação.

a) O que pode causar a distribuição vista no histograma?
b) Que conselho você daria ao analista sobre a adequabilidade dessa representação?

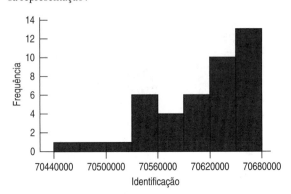

46. Código postal. A Holes-R-Us, empresa de Internet que vende joias para *piercing*, mantém registros das suas vendas. Numa recente reunião de vendas, um dos colaboradores apresentou o seguinte histograma e resumo estatístico dos códigos postais dos últimos 500 clientes, a fim de entender de onde as vendas estão vindo. Comente a utilidade e adequabilidade dessa apresentação.

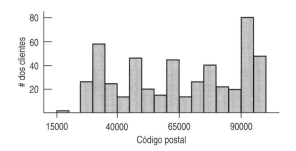

47. Tempestade. Fazer seguro para residência contra furacões tem se tornado muito difícil desde que o furacão Katrina causou um recorde em perdas de propriedades. Muitas empresas têm recusado a renovação dos seguros ou a criação de novos. O conjunto de dados fornecido contém o número total de furacões para cada década de 1851 a 2000 (do Centro Nacional de Furacões). Alguns cientistas afirmam que houve um aumento no número de furacões nos anos recentes.
a) Crie um histograma desses dados.
b) Descreva a distribuição.
c) Crie um diagrama de séries temporais para esses dados.
d) Discuta o diagrama de séries temporais. Esse gráfico sustenta a afirmação desses cientistas, pelo menos até o ano de 2000?

48. Furacões, parte 2. Usando o conjunto de dados dos furacões, examine o número dos principais furacões (categoria 3, 4 ou 5) para cada década de 1851 a 2000.
a) Crie um histograma para esses dados.
b) Descreva o histograma.
c) Crie um diagrama de tempo para esses dados.
d) Discuta o diagrama de tempo. Esse gráfico sustenta a afirmação dos cientistas de que o número dos furacões tem aumentado (pelo menos até o ano de 2000)?

49. Estudo da produtividade. O Centro Nacional para a Produtividade publica informações sobre a eficiência dos trabalhadores. Num relatório recente, o seguinte gráfico mostrou um rápido crescimento da produtividade. Que perguntas você tem sobre isso?

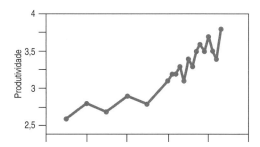

50. Estudo da produtividade revisitado. Um segundo relatório do Centro Nacional para a Produtividade analisou o relacionamento entre produtividade e salários. Comente sobre o gráfico que eles usaram.

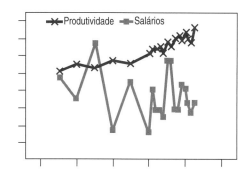

51. Ativos. Eis um histograma dos ativos (em milhões de dólares) de 79 empresas escolhidas da lista da *Forbes* das principais corporações norte-americanas.

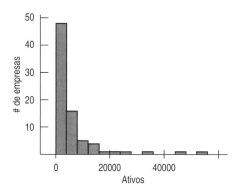

a) Que aspecto desse histograma torna difícil resumir ou discutir o centro e a dispersão?
b) O que você faria com esses dados se quisesse entendê-los melhor?

52. Ativos, novamente. Eis os mesmos dados que você viu no Exercício 51, depois de transformados pela raiz quadrada dos ativos e pelo logaritmo dos ativos.

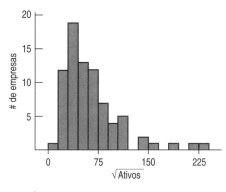

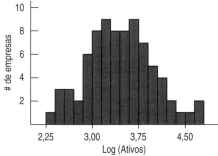

a) Qual transformação você prefere? Por quê?
b) Na transformação pela raiz quadrada, o que o valor 50 indica realmente sobre os ativos da empresa?

53. Imóveis, parte 2. As 1057 casas descritas no Exercício 24 têm um preço médio de $167900, com um desvio padrão de $77158. A média da área de convivência é de 1819 pés quadrados, com um desvio padrão de 663 pés quadrados. O que é mais incomum naquele mercado: uma casa vendida por $400000 ou uma casa que tenha 4000 pés quadrados de área de convivência? Explique.

T 54. Custos. O conjunto de dados fornecido contém o custo médio para faculdades e universidades particulares de quatro anos, assim como os custos médios de 2007 a 2008 para cada estado visto no Exercício 3. O valor médio cobrado por uma faculdade pública, para dois anos, era de $2763, com um desvio padrão de $988. Para quatro anos nas faculdades privadas, a média era de $21259, com um desvio padrão de $6241. O que seria mais incomum: um estado cujo custo médio de uma faculdade pública de dois anos é $700 ou um estado cujo custo médio de uma faculdade de quatros anos é $10000? Explique.

T 55. Consumo de alimentos. A Organização das Nações Unidas para a Agricultura e a Alimentação (FAOSTAT – Food and Agriculture Organization of the United Nations) coleta informações sobre a produção e o consumo de mais de 200 alimentos e produtos agrícolas para 200 países ao redor do mundo. Aqui estão duas tabelas, uma para o consumo de carne (*per capita* em kg por ano) e uma para o consumo de álcool (*per capita* em galões por ano). Os Estados Unidos lideram no consumo de carne, com 267,30 libras, enquanto a Irlanda é o maior consumidor de álcool, com 55,80 galões.

Usando o escore-*z*, encontre qual país é o maior consumidor tanto de álcool quanto de carne.

País	Álcool	Carne	País	Álcool	Carne
Austrália	29,56	242,22	Luxemburgo	34,32	197,34
Áustria	40,46	242,22	México	13,52	126,50
Bélgica	34,32	197,34	Holanda	23,87	201,08
Canadá	26,62	219,56	Nova Zelândia	25,22	228,58
República Tcheca	43,81	166,98	Noruega	17,58	129,80
			Polônia	20,70	155,10
Dinamarca	40,59	256,96	Portugal	33,02	194,92
Finlândia	25,01	146,08	Eslováquia	26,49	121,88
França	24,88	225,28	Coreia do Sul	17,60	93,06
Alemanha	37,44	182,82	Espanha	28,05	259,82
Grécia	17,68	201,30	Suécia	20,07	155,32
Hungria	29,25	179,52	Suíça	25,32	159,72
Islândia	15,94	178,20	Turquia	3,28	42,68
Irlanda	55,80	194,26	Reino Unido	30,32	171,16
Itália	21,68	200,64	Estados Unidos	26,36	267,30
Japão	14,59	93,28			

56. Banco Mundial. O Banco Mundial, por meio do seu projeto *Doing Business* (www.doingbusiness.org), classifica aproximadamente 200 economias de acordo com a facilidade em se fazer negócios. Uma das suas classificações mensura a facilidade de começar um negócio e é composta (em parte) das seguintes variáveis: número de procedimentos iniciais requeridos, média do tempo para iniciar (em dias) e o custo médio inicial (em % da renda *per capita*). A próxima tabela fornece a média e os desvios padrão dessas variáveis para 95 economias.

	Procedimentos (#)	Tempo (Dias)	Custo (%)
Média	7,9	27,9	14,2
Desvio padrão	2,9	19,6	12,9

Aqui estão os dados para os três países.

	Procedimentos (#)	Tempo (Dias)	Custo (%)
Espanha	10	47	15,1
Guatemala	11	26	47,3
Fiji	8	46	25,3

a) Use o escore-*z* para combinar as três medidas.
b) Qual país tem o melhor ambiente de negócios após combinar as três medidas? Tenha cuidado – uma classificação baixa indica um ambiente melhor para começar um negócio.

T 57. Preços da gasolina. O conjunto de dados fornecido contém o preço de varejo para a gasolina comum nos Estados Unidos (centavos/galão), de 22 de agosto de 1990 a 28 de maio de 2007, de uma amostra nacional de postos de gasolina obtida do Departamento de Energia dos Estados Unidos.
a) Crie um histograma dos dados e descreva a distribuição.
b) Crie um diagrama de série temporal para os dados e descreva a tendência.
c) Qual representação gráfica parece mais adequada para esses dados? Explique.

T 58. Preços das casas. O Standard and Poor's Case-Schiller® Home Price Index mensura o mercado de casas residenciais de 20 regiões metropolitanas em todos os Estados Unidos. O índice nacional é um composto de 20 regiões e pode ser encontrado no conjunto de dados fornecido.
a) Crie um histograma dos dados e descreva a distribuição.
b) Crie um diagrama de séries temporais para os dados e descreva a tendência.
c) Qual representação gráfica parece mais adequada para esses dados? Explique.

59. Taxa de desemprego. O histograma mostra o índice mensal de desemprego dos Estados Unidos de junho de 1995 a junho de 2004.

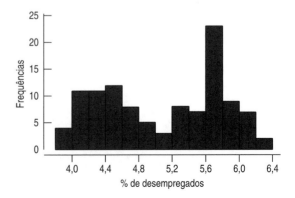

Aqui está o diagrama de séries temporais para os mesmos dados.

a) Quais características dos dados você pode ver no histograma que não estão claras no diagrama de séries temporais?
b) Quais características dos dados você pode ver no diagrama de séries temporais que não estão claras no histograma?
c) Qual representação gráfica parece ser mais adequada para esses dados? Explique.
d) Faça uma breve descrição das taxas de desemprego ao longo desse período nos Estados Unidos.

60. Desempenho dos fundos mútuos. O histograma a seguir exibe os retornos mensais para um grupo de fundos mútuos considerados agressivos (ou de alto crescimento) em um período de 22 anos, variando de 1975 a 1997.

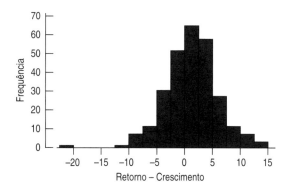

Aqui está um o diagrama de séries temporais para os mesmos dados.

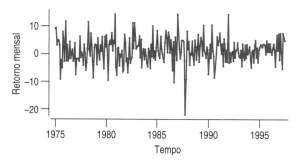

a) Quais características dos dados você pode ver no histograma que não estão claras no diagrama de séries temporais?
b) Quais características dos dados você pode ver no diagrama de séries temporais que não estão claras no histograma?
c) Qual representação gráfica parece ser mais adequada para esses dados? Explique.

RESPOSTAS DO TESTE RÁPIDO

1 Os rendimentos são provavelmente assimétricos à direita, tornando a mediana uma medida mais adequada do centro. A média será influenciada pelo final alto dos rendimentos familiares e não reflete o rendimento típico familiar assim como a mediana o faz. Ela dará a impressão de que o rendimento típico é mais alto do que de fato é.

2 Um IIQ de 30 mpg significaria que somente 50% dos carros conseguem a milhagem da gasolina num intervalo de tamanho de 30 mpg. A economia do combustível não varia tanto, 3 mpg é razoável. Parece plausível que 50% dos carros estarão aproximadamente entre 3 mpg de cada um. Um IIQ de 0,3 mpg significaria que a milhagem da gasolina da metade dos carros varia pouco da estimativa. É improvável que carros, motoristas e condições de tráfego sejam tão consistentes.

3 Preferimos um desvio padrão de 2 meses. Criar um produto consistente é importante para a qualidade. Os clientes querem ter certeza de que o tocador de MP3 dure pelo menos cinco anos, e um desvio padrão de dois anos significaria que o tempo de duração seria altamente variável.

PARTE II

Entendendo Dados e Distribuições

Diagramas de Dispersão, Associação e Correlação

Regressão Linear

Distribuições Amostrais e o Modelo Normal

Intervalos de Confiança para Proporções

Testando Hipóteses sobre Proporções

Intervalos de Confiança e Testes de Hipóteses para Médias

Comparando Duas Médias

Amostras Pareadas e Blocos

Inferência para Frequências: Testes Qui-Quadrado

Diagramas de Dispersão, Associação e Correlação

Home Depot

A Handy Dan era uma rede de lojas de materiais de construção e decoração de sucesso nos anos 1970, graças, em parte, aos esforços de dois dos seus executivos, Bernie Marcus e Arthur Blank. Entretanto, num dia de primavera, em 1978, após uma discussão com seu chefe, os dois foram demitidos. Em vez de desanimar, eles formaram a MB Associates. A ideia era abrir uma rede de lojas de materiais de construção e decoração no estilo de um armazém. Após levantar algum capital para investimento, a dupla conseguiu inaugurar três lojas no primeiro ano, contratando 200 vendedores e gerando $7 milhões em vendas. Eles trocaram o nome das lojas para Home Depot. Cinco anos depois, Bernie e Arthur tinham 10 vezes mais lojas, 20 vezes mais vendedores e 60 vezes mais vendas. O crescimento extraordinário continuou nos anos 1980 e 1990. A Home Depot atingiu o marco de $30, $40, $50 e $60 bilhões em vendas mais rapidamente do que qualquer outro varejista na história. Em 2005, ela era a segunda maior loja varejista nos Estados Unidos, atrás somente da Wal-Mart, e a terceira maior loja varejista do mundo, atrás da Wal-Mart e do gigante supermercado francês Carrefour.

Em 2000, Bernie e Arthur se aposentaram para desempenhar atividades filantrópicas. Robert (Bob) L. Nardelli, que trabalhou quase 30 anos na General Electric, onde se tornou presidente e CEO da GE Power Systems, se tornou diretor, presidente e CEO da Home Depot. Depois da posse de Nardelli, a empresa continuou a crescer, quase dobrando novamente nesses cinco anos, mas o preço da ação definhou. Em setembro de 2006, Nardelli foi reeleito como presidente na reunião anual dos acionistas, mas aproximadamente um terço dos acionistas retirou seu apoio, mencionando seu desapontamento com o preço da ação e questionando seus rendimentos, que, num período de mais de cinco anos, totalizou $123,7 milhões. Nardelli abruptamente anunciou sua retirada, em 3 de janeiro de 2007 – com uma indenização estimada em mais de $200 milhões –, afirmando ter sido uma "decisão mútua". Frank Blake, que se juntou à Home Depot em 2002 como vice-presidente executivo, tornou-se o CEO após a saída de Nardelli.

Quem	Trimestres econômicos
O quê	*Novas Residências* sazonalmente ajustadas por trimestres nos Estados Unidos
Unidades	Milhares de unidades
Quando	1995 – 2005
Onde	Estados Unidos
Por quê	Para examinar as tendências na construção de residências

Durante a década de 1995 a 2005, a Home Depot vivenciou um crescimento extraordinário. Naturalmente, a empresa está interessada nas tendências do mercado de construções de casas. Qual tem sido a tendência neste ramo? Eis um diagrama mostrando o número de *Novas Residências* (sazonalmente ajustadas por trimestres, em milhares de unidades) por *Trimestres* para aquela década. Se tivesse de resumir a tendência das novas residências nessa década, o que você diria?

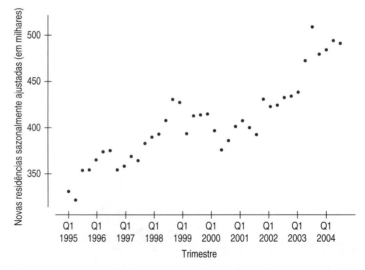

Figura 7.1 Novas residências sazonalmente ajustadas por trimestres (em milhares), de 1995 a 2005.

Evidentemente, as novas residências cresceram entre 1995 e 2005, começando abaixo de 350000 por trimestre e terminando próximo de 500000. O diagrama mostra um crescimento estável de 1995 até o final de 1999, época em que começa a decrescer, e novamente um crescimento a partir de 2001.

Esse diagrama de séries temporais é um exemplo de um tipo mais geral de representação gráfica, chamado de diagrama de dispersão. **Um diagrama de dispersão, que representa uma variável quantitativa em relação a outra, pode ser uma apresentação eficiente para os dados.** Sempre que você quiser entender o relacionamento entre duas variáveis quantitativas, deve fazer um diagrama de dispersão. Ao analisar o diagrama de dispersão, você consegue ver padrões, tendências, relacionamentos e até mesmo valores incomuns ocasionais, que diferem dos outros. Os diagramas de dispersão são a melhor maneira de começar a observação da relação entre duas variáveis *quantitativas*.

As relações entre variáveis estão geralmente no núcleo do que gostaríamos de aprender sobre os dados.

◆ A confiança do consumidor está relacionada aos preços do petróleo?
◆ O que acontece com a satisfação do consumidor à medida que as vendas aumentam?
◆ Um aumento de dinheiro gasto com propaganda está relacionado às vendas?
◆ Qual é a relação entre as vendas de ações e seus preços?

Perguntas como essas relacionam duas variáveis quantitativas e perguntam se existe uma associação entre elas. Os diagramas de dispersão são a maneira ideal de ilustrar tais associações.

Quem	Cidades nos Estados Unidos
O quê	Custo do Congestionamento por pessoa e período de pico na *Velocidade na Autoestrada*
Unidades	Custo do Congestionamento por pessoa ($ por pessoa por ano); período de pico *Velocidade na Autoestrada* (mph)
Quando	2000
Onde	Em todos os Estados Unidos
Por quê	Para examinar a relação entre o congestionamento em autoestradas e seu impacto na sociedade e nos negócios

7.1 Analisando os diagramas de dispersão

O Instituto de Transporte do Texas, que estuda a mobilidade fornecida pelo sistema nacional de transporte, publica um relatório anual do congestionamento de tráfego e seus custos para a sociedade e a economia. A Figura 7.2 mostra um diagrama de dispersão do *Custo do Congestionamento* anual por pessoa em atrasos no trânsito (em dólares), em 65 cidades nos Estados Unidos, *versus* Período de Pico na *Velocidade na Autoestrada* (mph).

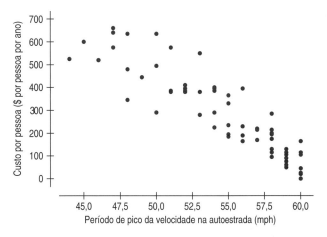

Figura 7.2 Custo do congestionamento por pessoa ($ por ano) de atrasos no trânsito *versus* o período de pico na velocidade na autoestrada (mph), para 65 cidades dos Estados Unidos.

Todos observam os diagramas de dispersão, mas, se perguntados, muitos julgariam difícil dizer o que observar num diagrama de dispersão. O que *você* vê? Tente descrever o diagrama de dispersão do *Custo do Congestionamento* versus *Velocidade na Autoestrada*.

> Procure pela **Direção**: qual é o sinal – positivo, negativo ou nenhum deles?

Talvez você diga que a **direção** da associação é importante. À medida que o pico da velocidade na autoestrada sobe, o custo do congestionamento desce. Um padrão que vai do canto superior esquerdo ao canto inferior direito é chamado de **negativo**. Um padrão que vai na outra direção é chamado de **positivo**.

O segundo aspecto a ser procurado no diagrama de dispersão é sua **forma**. Se existe uma relação linear, ela irá aparecer como uma nuvem ou um agrupamento de pontos estendido geralmente numa forma consistente e reta. Por exemplo, o diagrama de dispersão do congestionamento do tráfego tem uma forma **linear** subjacente, embora alguns pontos se desviem dela.

Os diagramas de dispersão podem revelar diferentes tipos de padrões. Muitas vezes eles não serão lineares, mas padrões de linhas retas são mais comuns e mais úteis para a estatística.

> Procure pela **Forma**: linear, curva, algo exótica ou mesmo sem padrão?

Se a relação não for linear, mas uma curva suave sempre crescente ou decrescente, em geral, podemos encontrar maneiras de linearizá-la. Porém, se ela é uma curva aguda que sobe e desce, por exemplo, então você precisará de métodos mais avançados.

A terceira característica a ser observada num diagrama de dispersão é a **força** da relação.

Num extremo, os pontos parecem estar bem aglomerados num único bloco (retos, curvados ou se curvando por todos os lados)? Ou os pontos parecem ser tão variáveis e espalhados, que dificilmente podemos perceber qualquer tendência ou

> Procure por **Força**: quanta dispersão?

padrão? O diagrama do congestionamento do tráfego mostra dispersão moderada ao redor de uma forma geralmente linear. Isso indica que existe uma relação moderadamente linear entre custo e velocidade.

> Procure por **Características Incomuns**: existem observações incomuns ou subgrupos?

Finalmente, sempre procure pelo inesperado. Geralmente, a descoberta mais interessante num diagrama de dispersão é algo que você nunca pensou em procurar. Um exemplo de tal surpresa é uma observação incomum, ou **atípica**, fora do padrão geral do diagrama de dispersão. Tal ponto é quase sempre interessante e merece uma atenção especial. Você pode ver grupos inteiros ou subgrupos que se afastam ou mostram uma tendência numa direção diferente do resto do diagrama. Isso deve levantar questões sobre por que eles são diferentes. Talvez seja um sinal de que você deve separar os dados em subgrupos, em vez de observá-los todos juntos.

7.2 Atribuindo papéis a variáveis nos diagramas de dispersão

Os diagramas de dispersão foram umas das primeiras representações da matemática moderna. A ideia de utilizar dois eixos em ângulos retos para definir uma área onde exibir valores surgiu com René Descartes (1596 – 1650), e a área que ele definiu dessa maneira é chamada de *Plano Cartesiano,* em sua homenagem.

Os dois eixos que Descartes especificou caracterizam o diagrama de dispersão. O eixo vertical, por convenção, é chamado de eixo *y* e o eixo horizontal é chamado de

Descartes foi um filósofo, famoso por sua afirmação *cogito ergo sum*: penso, logo existo.

eixo *x*. Esses termos são padrão. Se alguém se referir ao eixo *y*, você pode ter certeza de que o eixo é vertical; o mesmo vale para o eixo *x*, horizontal.[1]

Para fazer um diagrama de dispersão de duas variáveis quantitativas, atribua uma ao eixo *y* e a outra ao eixo *x*. Como com qualquer gráfico, certifique-se de rotular os eixos claramente e indique as escalas dos eixos com números. Os diagramas de dispersão exibem variáveis *quantitativas*. Cada variável tem unidades e elas devem aparecer na representação – em geral, próximas de cada eixo. Cada ponto é colocado num diagrama de dispersão numa posição que corresponda aos valores dessas duas variáveis. Sua localização horizontal é especificada pelo seu valor *x* e sua localização vertical, pela variável de valor *y*. Juntas, elas são conhecidas como *coordenadas* e escritas como (*x*, *y*).

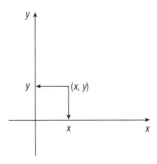

Os diagramas de dispersão feitos por programas de computador (como os dois que vimos neste capítulo), em geral, não mostram – e normalmente não deveriam mostrar – a *origem*, o ponto $x = 0$, $y = 0$, onde os eixos se encontram. Se as duas variáveis têm valores próximos ou em ambos os lados de zero, então a origem será parte da exibição. Se os valores estão longe de zero, não há motivos para incluir a origem. De fato, é melhor focar a parte do plano cartesiano que contém os dados. No nosso exemplo sobre autoestradas, nenhuma das velocidades estava próxima de 0 mph, portanto, o computador traçou o diagrama de dispersão na Figura 7.2 com eixos que não se cruzam.

Qual variável deve ir no eixo *x* e qual deve ir no eixo *y*? O que queremos saber a partir da relação pode nos indicar como fazer o gráfico. Geralmente, temos perguntas como estas:

◆ A satisfação dos empregados da Home Depot está relacionada com a produtividade?

◆ O aumento das vendas na Home Depot terá reflexos no preço das ações?

◆ Que outros fatores econômicos, além da construção de novas residências, estão relacionados às vendas da Home Depot?

Em todos esses exemplos, uma variável tem o papel de **explanatória** ou **variável previsora**, enquanto a outra tem o papel de **variável resposta**. Colocamos a variável explanatória no eixo *x* e a variável resposta no eixo *y*. Portanto, ao criar um diagrama de dispersão, escolha cuidadosamente quais variáveis atribuir a cada eixo.

Os papéis que escolhemos para as variáveis estão mais relacionados a como *pensamos* sobre elas do que com as variáveis propriamente ditas. Só porque a variável está no eixo *x* não significa necessariamente que ela explique ou preveja *algo*, e a variável no eixo *y* pode não ser uma resposta. Traçamos o *Custo do Congestionamento por pessoa* versus o pico da *Velocidade na Autoestrada*, pensando que, quanto mais lento for o tráfego, mais ele custa, devido aos atrasos. Mas, talvez *gastando-se* $500 por pessoa em melhorias na autoestrada, a velocidade irá aumentar. Se estivermos examinando esta opção, podemos escolher traçar o *Custo do Congestionamento por pessoa* como uma variável explanatória e a *Velocidade na Autoestrada* como a resposta.

• **ALERTA DE NOTAÇÃO:**

As letras *x* e *y* não servem apenas para rotular os eixos de um diagrama de dispersão. Em estatística, a designação de variáveis para os eixos *x* e *y* (e a escolha da notação para elas em fórmulas) geralmente fornece informações sobre seus papéis como previsora ou resposta.

---
[1] Os eixos são também chamados de "ordenada" e "abscissa" – mas nunca lembramos qual é qual, porque os estatísticos geralmente não usam esses termos. Na estatística (e em todos os programas estatísticos), os eixos, em geral, são chamados de "*x*" (abscissa) e "*y*" (ordenada) e são rotulados com os nomes das variáveis correspondentes.

Quem	Trimestres econômicos
O quê	Vendas trimestrais da Home Depot e *Novas Residências* trimestrais (não ajustadas) dos Estados Unidos.
Unidades	Vendas ($bilhões) e *Novas Residências* (milhares)
Quando	Maio de 1995 – Junho 2004
Onde	Estados Unidos
Por quê	Para examinar a associação entre vendas e novas residências.

As variáveis *x* e *y* são, às vezes, referidas como variáveis **independente** e **dependente**, respectivamente. A ideia é que a variável *y depende* da variável *x* e a variável *x* age *independentemente* para fazer *y* responder. Essas designações, entretanto, entram em conflito com outros usos dos mesmos termos em estatística. Assim, usaremos "variável explanatória" ou "previsora" e "variável resposta" quando discutimos papéis, mas geralmente iremos nos referir apenas a *variável x* e *variável y*.

7.3 Entendendo a correlação

Em geral, uma economia forte é acompanhada de grande consumo por parte da população. Será que isso também se aplica à indústria de materiais de construção e decoração? Durante o período de 1995 a 2005, novas residências, sazonalmente ajustadas, aumentaram drasticamente (Figura 7.1, p. 200). Vamos examinar um diagrama de dispersão dos dados não ajustados para ver se existe uma associação entre o crescimento de *Novas Residências* e *Vendas* da Home Depot. Não deve ser surpresa descobrir que existe uma relação positiva entre os dois. Como você deve suspeitar, quanto maior o número de casas construídas, mais altas são as vendas da Home Depot.

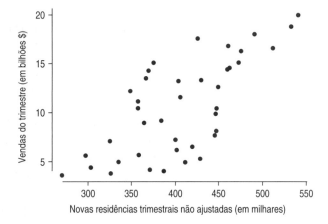

Figura 7.3 As vendas trimestrais da Home Depot ($ bilhões) e novas residências (milhares) nos Estados Unidos de 1995 a 2004.

Existe uma associação positiva evidente, e o diagrama de dispersão parece razoavelmente linear, mas quão forte é a associação? Se você tivesse de dar um número (digamos, entre 0 e 1) para a força da relação, qual seria? Sua medida não deveria depender da escolha das unidades para as variáveis. Afinal, se as vendas tivessem sido registradas em euros, em vez de dólares, ou novas residências em milhões de unidades, em vez de milhares, o diagrama de dispersão seria o mesmo. A direção, a forma e a força não irão mudar, portanto, nossa medida da força da associação também não deveria.

Visto que as unidades não importam, por que não removê-las? Para tanto, podemos padronizar ambas as variáveis, tornando as coordenadas de cada ponto em um par de escores – *z*, z_x e z_y. No Capítulo 6, vimos que, para padronizar valores, subtraímos a média de cada variável e dividimos pelo seu desvio padrão:

$$(z_x, z_y) = \left(\frac{x - \bar{x}}{s_x}, \frac{y - \bar{y}}{s_y} \right).$$

O diagrama de dispersão resultante parece quase o mesmo (caso você não leia as legendas dos eixos).

Capítulo 7 – Diagramas de Dispersão, Associação e Correlação **205**

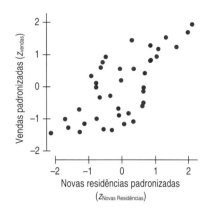

Figura 7.4 Vendas trimestrais padronizadas (z_{vendas}) *versus* novas residências padronizadas ($z_{Novas\ Residências}$).

Como a padronização torna as médias de ambas variáveis 0, o centro do novo diagrama de dispersão agora é a origem, e as escalas em ambos os eixos são unidades de desvio padrão.

Mas espere. Os dois gráficos não são *exatamente* iguais. Você consegue ver a diferença? Primeiro, o padrão linear subjacente é mais evidente no gráfico padronizado. Isso ocorre porque a padronização torna as escalas dos eixos iguais. É natural tornar o comprimento de um desvio padrão o mesmo vertical e horizontalmente. Quando trabalhamos nas unidades originais, tínhamos liberdade para deixar o gráfico alto e estreito

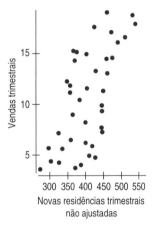

ou baixo e largo

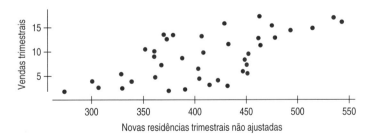

conforme nossa vontade. Normalmente, fazemos o eixo *x* mais longo que o eixo *y* por razões estéticas,[2] mas escalas iguais são uma maneira neutra de desenhar diagramas de dispersão e fornecem uma impressão mais precisa da força da associação.

---

[2] A escolha estética para a razão entre os dois eixos está relacionada à razão áurea dos antigos gregos.

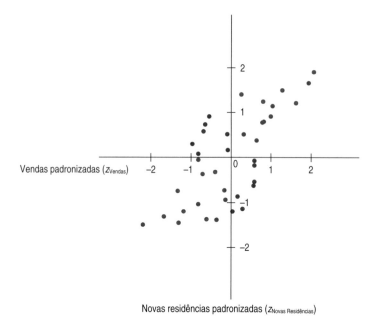

Figura 7.5 Nesse gráfico de dispersão dos escores-z, os pontos são coloridos pela forma como afetam a associação: laranja para positivo e cinza para negativo.

Visto que padronizar as variáveis não muda a força da associação, podemos trabalhar com os escores-z para entender como mensurar a força. Quais pontos no diagrama de dispersão dos escores-z (Figura 7.5) dão a impressão de uma associação positiva? Numa associação positiva, y tende a aumentar à medida que x aumenta. Portanto, os pontos na parte superior direita e na parte inferior esquerda da Figura 7.5 reforçam a relação positiva. Para esses pontos, z_x e z_y têm o mesmo sinal. Se os multiplicássemos, o produto, $z_x z_y$, seria positivo. Pontos longe da origem (que fazem a associação parecer mais negativa) têm um produto mais negativo.

Pontos com escores-z de zero em ambas as variáveis não influem, porque $z_x z_y = 0$. Esses pontos seriam encontrados nos eixos da Figura 7.5. Para transformar esses produtos em uma medida da força da associação, podemos simplesmente somar os produtos de $z_x z_y$ para cada ponto no diagrama de dispersão.

$$\sum z_x z_y$$

Isso resume a direção *e* a força da associação para todos os pontos. Se a maioria dos pontos estiver no quadrante onde os escores-z têm os mesmos sinais, a soma será positiva. Se a maioria estiver nos quadrantes onde os escores-z têm sinais opostos, ela será negativa.

Entretanto, quanto mais dados tivermos, maior o *tamanho* dessa soma. Para ajustar isso, dividimos a soma por $n - 1$.[3] Essa razão é chamada de **coeficiente de correlação**.

$$r = \frac{\sum z_x z_y}{n - 1}.$$

Para as *Vendas Trimestrais* da Home Depot e *Novas Residências*, o coeficiente de correlação é 0,70.

---

[3] Sim, o mesmo $n - 1$ que usamos para calcular o desvio padrão, que explicaremos nos próximos capítulos.

Existem fórmulas alternativas para o coeficiente de correlação em termos das variáveis x e y. Eis as duas mais comuns:

$$r = \frac{\sum (x - \bar{x})(y - \bar{y})}{\sqrt{\sum (x - \bar{x})^2 \sum (y - \bar{y})^2}} = \frac{\sum (x - \bar{x})(y - \bar{y})}{(n - 1)s_x s_y}.$$

Essas fórmulas talvez funcionem bem para calcular a correlação manualmente, mas a forma usando escores-z é melhor para entender o que a correlação significa. Se você quiser aprender como mudar da fórmula usando os escores-z para as outras duas fórmulas, leia o Quadro da Matemática.

! ALERTA DE NOTAÇÃO:

A letra r sempre é usada para o coeficiente de correlação, portanto, você não pode aplicá-la de outra forma em estatística. Sempre que você vir um "r", com certeza trata-se de uma correlação.

QUADRO DA MATEMÁTICA

Padronizar as variáveis facilita o nosso entendimento da expressão para a correlação.

$$r = \frac{\sum z_x z_y}{n - 1}$$

Às vezes, no entanto, você verá outras fórmulas. Lembrar como a padronização funciona nos ajuda a transitar de uma fórmula para outra.

Visto que:

$$z_x = \frac{x - \bar{x}}{s_x}$$

e

$$z_y = \frac{y - \bar{y}}{s_y},$$

podemos substituir esses valores na expressão para a correlação acima e teremos:

$$r = \left(\frac{1}{n - 1} \right) \sum z_x z_y = \left(\frac{1}{n - 1} \right) \sum \frac{(x - \bar{x})}{s_x} \frac{(y - \bar{y})}{s_y} = \sum \frac{(x - \bar{x})(y - \bar{y})}{(n - 1)s_x s_y}.$$

Esta é uma versão. E como já conhecemos a fórmula para o desvio padrão

$$s_y = \sqrt{\frac{\sum (y - \bar{y})^2}{n - 1}},$$

podemos usar a substituição para escrever:

$$r = \left(\frac{1}{n - 1} \right) \sum \frac{(x - \bar{x})}{s_x} \frac{(y - \bar{y})}{s_y}$$

$$= \left(\frac{1}{n - 1} \right) \frac{\sum (x - \bar{x})(y - \bar{y})}{\sqrt{\dfrac{\sum (x - \bar{x})^2}{n - 1}} \sqrt{\dfrac{\sum (y - \bar{y})^2}{n - 1}}}$$

$$= \left(\frac{1}{n - 1} \right) \frac{\sum (x - \bar{x})(y - \bar{y})}{\left(\dfrac{1}{n - 1} \right) \sqrt{\sum (x - \bar{x})^2} \sqrt{\sum (y - \bar{y})^2}}$$

$$= \frac{\sum (x - \bar{x})(y - \bar{y})}{\sqrt{\sum (x - \bar{x})^2 \sum (y - \bar{y})^2}}.$$

Esta é a outra versão comum. Se alguma vez você tiver de calcular a correlação manualmente, é mais fácil começar com uma dessas. Mas se você quer lembrar como a correlação funciona, fique com a primeira fórmula do quadro matemático.

> **Encontrando o coeficiente de correlação manualmente**
>
> Para encontrar o coeficiente de correlação manualmente, usaremos uma fórmula em unidades originais, em vez de escores-z. Isso economizará o trabalho de padronizar cada valor dos dados antes. Comece com o resumo estatístico para ambas as variáveis: $\bar{x}$, $\bar{y}$, s_x e s_y. Depois, encontre os desvios como fizemos para o desvio padrão, mas agora em x e y: $(x - \bar{x})$ e $(y - \bar{y})$. Para cada par de dados, multiplique estes desvios: $(x - \bar{x}) \times (y - \bar{y})$. Some o produto para todos os pares de dados. Por fim, divida a soma pelo produto de $(n - 1) \times s_x \times s_y$, a fim de encontrar o coeficiente de correlação. Lá vamos nós.
>
> Suponha que os pares dos dados sejam:
>
> | x | 6 | 10 | 14 | 19 | 21 |
> |---|---|----|----|----|----|
> | y | 5 | 3 | 7 | 8 | 12 |
>
> Então $\bar{x} = 14$, $\bar{y} = 7$, $s_x = 6{,}20$ e $s_y = 3{,}39$.
>
> | Desvios em x | Desvios em y | Produto |
> |---|---|---|
> | 6 − 14 = −8 | 5 − 7 = −2 | −8 × −2 = 16 |
> | 10 − 14 = −4 | 3 − 7 = −4 | 16 |
> | 14 − 14 = 0 | 7 − 7 = 0 | 0 |
> | 19 − 14 = 5 | 8 − 1 = 1 | 5 |
> | 21 − 14 = 7 | 12 − 7 = 5 | 35 |
>
> Some os produtos: 16 + 16 + 0 + 5 + 35 = 72
> Finalmente, dividimos por $(n - 1) \times s_x \times s_y = (5 - 1) \times 6{,}20 \times 3{,}39 = 84{,}07$
> A razão é o coeficiente de correlação:
>
> $$r = 72/84{,}07 = 0{,}856.$$

Condições da correlação

A **correlação** mensura a força da associação *linear* entre duas variáveis *quantitativas*. Antes de usar a correlação, você deve verificar três *condições*:

◆ **Condição de variáveis quantitativas:** A correlação se aplica somente às variáveis quantitativas. Não use a correlação com dados categóricos mascarados como quantitativos. Certifique-se de que você conheça as unidades das variáveis e o que elas mensuram.

◆ **Condição de linearidade:** Claro, é possível *calcular* o coeficiente de correlação para qualquer par de variáveis. No entanto, a correlação mensura somente a força da associação *linear* e será enganosa se a relação não for linear o suficiente. O que é "linear o suficiente"? Essa pergunta pode parecer muito informal para uma condição estatística, mas é importante. Não podemos verificar se um relacionamento é linear ou não. Poucas relações entre variáveis são perfeitamente lineares, mesmo em teoria, e diagramas de dispersão de dados reais nunca o são. Quão não linear um diagrama de dispersão deve ser para falhar na condição? Você deve considerar essa questão. Você acha que a relação subjacente é curva? Se for, então resumir sua força com a correlação será um equívoco.

◆ **Condição do valor atípico:** Observações incomuns podem distorcer a correlação, fazendo que uma pequena correlação pareça grande ou, por outro lado, escondendo uma correlação grande. Podem até mesmo dar a uma associação positiva um coeficiente de correlação negativo (ou vice versa). Quando você tiver um valor atípico, em geral, é recomendável relatar a correlação com e sem o ponto.

É fácil verificar cada uma dessas condições com um diagrama de dispersão. Muitas correlações são relatadas sem o suporte de dados ou de um gráfico. Você também deve pensar sobre as condições. Seja cauteloso ao interpretar (ou ao aceitar interpretações de outros sobre) a correlação quando não pode verificar as condições por si próprio.

TESTE RÁPIDO

O preço trimestral das ações das empresas de semicondutores Cypress e Intel tem uma correlação de 0,86 para os anos de 1992 a 2002.

1. Antes de tirar conclusões a partir da correlação, o que você gostaria de ver? Por quê?
2. Se o seu colega de trabalho coletar os mesmos preços em euros, como isso irá mudar a correlação? Você terá de saber a taxa de câmbio entre euros e dólares americanos para tirar conclusões?
3. Se você padronizar os preços das duas ações, como isso irá afetar a correlação?
4. Em geral, se, num dado dia, o preço da Intel for relativamente baixo, é provável que o preço da Cypress também seja relativamente baixo?
5. Se, num dado dia, o preço da ação da Intel for alto, o preço da ação da Cypress também será alto?

EXEMPLO ORIENTADO — *Gastos do consumidor*

Uma grande empresa de cartões de crédito envia um incentivo para os seus melhores clientes na esperança de que eles utilizem mais seus cartões. Ela quer saber com que frequência pode oferecer o incentivo. As ofertas frequentes irão resultar em aumentos frequentes no uso do cartão de crédito? Para examinar essa questão, um analista tomou uma amostra aleatória de 184 clientes do seu segmento de uso mais alto e investigou os débitos durantes dois meses em que os incentivos foram oferecidos.

PLANEJAR

Configuração: Declare seu objetivo. Identifique as variáveis quantitativas a serem examinadas. Relate o espaço de tempo no qual os dados foram coletados e defina cada variável (utilize as cinco perguntas).

Nosso objetivo é investigar a associação entre a quantia que os clientes gastaram nos dois meses em que receberam o incentivo. Os clientes foram selecionados aleatoriamente dentre o segmento com a mais alta utilização do cartão. As variáveis mensuradas são o total de gastos nos cartões de crédito (em $) durante os dois meses de interesse.

✓ **Condição da variável quantitativa:** Ambas as variáveis são quantitativas. Ambos os gastos são mensurados em dólares.

Faça o diagrama de dispersão e rotule claramente os eixos para determinar a escala e as unidades.

Visto que temos duas variáveis quantitativas mensuradas na mesma situação, podemos fazer um diagrama de dispersão.

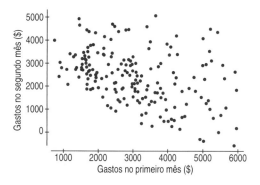

Verifique as condições.

✓ **Condição de linearidade:** O diagrama de dispersão é linear o suficiente.

✓ **Condição do valor atípico:** Não existem valores atípicos óbvios.

FAZER

Mecânica: Uma vez que as condições foram satisfeitas, calcule a correlação utilizando a tecnologia.

O valor da correlação é −0,391

O coeficiente de correlação negativo confirma a impressão do diagrama de dispersão.

continua...

continuação

**RELATAR**

Conclusão: Descreva a direção, a forma e a força do gráfico, juntamente com qualquer ponto ou característica incomum. Tenha certeza de declarar sua interpretação num contexto apropriado.

> **MEMORANDO:**
>
> Re: Gastos com o cartão de crédito
>
> Examinamos alguns dos dados do programa de incentivo. Em particular, analisamos os gastos efetuados nos dois primeiros meses do programa. Observamos que havia uma associação negativa entre os débitos no segundo mês e os débitos no primeiro mês. A correlação era de 0,391, que é apenas moderadamente forte e indica uma variação substancial.
>
> Concluímos que, embora o padrão observado seja negativo, esses dados não permitem encontrar a causa desse comportamento. É provável que alguns clientes tenham sido estimulados pela oferta a aumentar seus gastos no primeiro mês, mas depois retornaram ao antigo padrão de gastos. É possível que outros clientes não tenham mudado de comportamento até o segundo mês do programa, aumentando seus gastos a partir daí. Sem informações sobre o padrão de gastos dos clientes antes do programa de incentivo será difícil deduzir mais conclusões.
>
> Sugerimos uma pesquisa adicional e, além disso, que a próxima tentativa envolva um período maior de tempo, a fim de determinar se os padrões observados persistem.

Propriedades da correlação

Visto que a correlação é muito utilizada como uma medida de associação, é recomendável lembrar algumas das suas propriedades básicas. Eis uma lista útil de fatos sobre o coeficiente de correlação:

- **O sinal de um coeficiente de correlação fornece a direção da associação.**

- **A correlação é sempre um número entre –1 e +1.** A correlação *pode* ser exatamente igual a –1, 0 ou +1, mas cuidado. Esses valores são incomuns em dados reais, porque significam que todos os pontos dos dados caem *exatamente* sobre uma linha reta.

- **A correlação trata *x* e *y* simetricamente.** A correlação entre *x* e *y* é a mesma correlação entre *y* e *x*.

- **A correlação não tem unidades.** Esse fato é importante quando as unidades dos dados são um tanto vagas (satisfação do cliente, eficiência do trabalhador, produtividade e assim por diante).

- **A correlação não é afetada por mudanças no centro ou escala de ambas as variáveis.** Mudar as unidades ou a base das variáveis não afeta o coeficiente de correlação, porque a correlação depende somente dos escores-*z*.

- **A correlação mensura a força da associação *linear* entre duas variáveis.** As variáveis podem estar fortemente associadas, mas ainda ter uma pequena correlação se a associação não for linear.

- **A correlação é sensível às observações incomuns.** Um único valor atípico pode transformar uma correlação pequena em uma grande e vice-versa.

Capítulo 7 – Diagramas de Dispersão, Associação e Correlação **211**

> **Quão forte é forte?** Tenha cuidado ao usar os termos "fraco", "moderado" ou "forte", pois não há consenso sobre o que esses termos significam exatamente. Uma mesma correlação pode ser forte em um contexto e fraca noutro. É empolgante descobrir uma correlação de 0,7 entre um índice econômico e os preços de ações, mas uma correlação de "somente" 0,7 entre um tratamento com uma droga e a pressão alta seria percebida como um fracasso por uma empresa farmacêutica. Usar termos gerais como "fraco", "moderado" ou "forte" para descrever uma associação linear pode ser útil, mas tenha certeza de relatar a correlação e mostrar um diagrama de dispersão para que os outros possam fazer seus próprios julgamentos.

Tabelas de correlação

Às vezes, você verá as correlações entre cada par de variáveis de um conjunto de dados organizadas em uma tabela. As linhas e colunas da tabela nomeiam as variáveis e as células apresentam as correlações entre cada par de variáveis.

Tabela 7.1 Correlação para outras variáveis mensuradas mensalmente durante o período de 1995 a 2005. Preço final = preço da ação da Home Depot ao final de cada mês; Taxa de juros = taxa de juros preferencial e mais comum do banco; e Taxa de desemprego em percentual

	Preço final	Taxa de juros	Taxa de desemprego
Preço final	1,000		
Taxa de juros	−0,214	1,000	
Taxa de desemprego	−0,445	−0,679	1,000

As tabelas de correlação são compactas e fornecem muita informação resumida apenas num rápido olhar. Elas podem ser uma maneira eficiente de começar a analisar um grande conjunto de dados. As células diagonais da tabela de correlação sempre mostram correlações de exatamente 1,000, e a metade superior da tabela é simetricamente igual à metade inferior (você sabe por quê?), por isso, tradicionalmente apenas a metade inferior é exibida. Uma tabela como esta pode ser conveniente, mas certifique-se de que existem linearidade e observações atípicas, caso contrário, as correlações na tabela podem ser enganosas ou insignificantes. É possível ter certeza, observando a Tabela 7.1, de que as variáveis são linearmente associadas? As tabelas de correlação normalmente são produzidas por pacotes de *software* estatísticos. Felizmente, esses pacotes, em geral, oferecem maneiras simples de criar todos os diagramas de dispersão que você precisa observar.[4]

*7.4 Linearizando diagramas de dispersão

Depois do Índice Dow Jones, o S&P 500 é o índice mais observado das ações dos Estados Unidos. Desde sua introdução, em 1957, o índice S&P, composto por grandes empresas controladas publicamente, tem experimentado um período de crescimento extraordinário. Em 2 de janeiro de 1957, o S&P 500 manteve-se em 46,2 e alcançou um patamar de 1527,46 em 24 de março de 2000 (veja a Figura 7.6).

Caso você ouvisse que a correlação entre o *Tempo* e o *Índice S&P 500* é de 0,76, pode pensar que houve uma associação linear forte. No entanto, o diagrama de séries temporais dos dados mostra uma conclusão diferente. O crescimento foi relativamente modesto até meados de 1980, quando o índice começou crescer numa taxa mais rápida, atingindo seu pico em março de 2000. (É interessante ver, também, que o "*crash*" de 1987 agora aparece como um minúsculo desvio no crescimento geral.)

---

[4] Uma tabela de dispersão organizada igual à tabela de correlação às vezes é chamada de *diagrama de dispersão matricial,* ou DDM, e é facilmente criada usando um pacote estatístico.

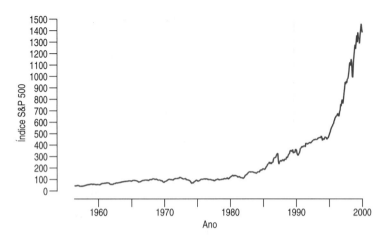

Figura 7.6 O diagrama de séries temporais do Índice S&P 500 mostra um relacionamento curvilíneo.

Lembre-se de que a correlação mensura somente a força de uma associação "linear". No diagrama de séries temporais do Índice S&P 500, está claro que o Índice não está aumentando linearmente. E se analisarmos o *logaritmo* do *S&P 500* ao longo do *Tempo*?

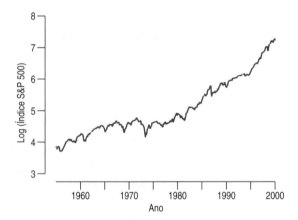

Figura 7.7 Transformar o S&P 500 com o logaritmo ajuda a linearizar o gráfico. Agora, a correlação é uma medida mais apropriada da associação.

Esse gráfico parece mais linear, portanto, a correlação agora é uma medida mais apropriada da associação. Outra vantagem desse gráfico é que os períodos de crescimentos diferentes estão claros. O que parecia ser um período de baixo crescimento no início dos anos 1960 agora é revelado como um período de crescimento normal – algo que estava escondido no gráfico original, devido ao crescimento enorme que ocorreu mais tarde. O período de 1970 a 1980, que sofreu desemprego e inflação altos, mostra pouco crescimento. Finalmente, o mercado pujante, que durou do início de 1980 até seu pico, em março de 2000, mostra um crescimento quase estável na escala logarítmica. O "*crash*" de 1987 parece ainda menos significativo quando visto no contexto desta extraordinária sequência de 20 anos. Índices como o S&P 500 geralmente são traçados numa escala logarítmica para facilitar a visualização do que está acontecendo.

Transformações simples como a do logaritmo, raiz quadrada ou recíproca podem, às vezes, linearizar a forma de um diagrama de dispersão. Os próximos capítulos irão discutir formas simples de reorganizar os dados.

7.5 Variáveis ocultas e causação

Um pesquisador da educação encontra uma forte associação entre a altura e a habilidade de leitura nos estudantes de escola primária em um levantamento de dados feito em todo o país. As crianças mais altas tendem a atingir escores mais altos em leitura. Isso significa que a altura dos estudantes é a *causa* dos seus escores altos? Independentemente de quão forte seja a correlação entre duas variáveis, não existe uma maneira simples de mostrar, a partir dos dados observados, que uma variável causa a outra. Uma correlação alta apenas aumenta a tentação de pensar e dizer que a variável *x causa* a variável *y*. Para ter certeza, vamos repetir.

Não importa quão forte seja a associação, não importa quão alto seja o valor de *r*, não importa quão linear a forma: não há maneira de concluir *exclusivamente* a partir de uma alta correlação que uma variável causa a outra. Sempre existe a possibilidade de que uma terceira variável – uma **variável oculta** – esteja afetando ambas as variáveis observadas. No exemplo do escore da leitura, talvez você já tenha adivinhado que a variável oculta é a idade da criança. As crianças mais velhas tendem a ser mais altas e ter maior habilidade de leitura. Entretanto, mesmo quando a variável oculta não for tão óbvia, resista à tentação de achar que uma correlação alta implica causa. Eis outro exemplo.

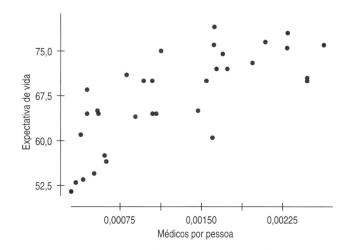

Figura 7.8 A expectativa de vida e número de médicos por pessoa em 34 países mostra um relacionamento linear forte e positivo, com uma correlação de 0,74.

O diagrama de dispersão mostra a *expectativa de vida* (média de homens e mulheres, em anos) para cada um dos 34 países do mundo *versus* o número de *médicos por pessoa* em cada país. A associação forte e positiva (*r* = 0,74) parece confirmar nossa expectativa de que mais *Médicos por Pessoa* melhoram os cuidados de saúde, refletindo em vidas mais longas e *Expectativa de Vida* maior. Talvez devêssemos enviar mais médicos a países em desenvolvimento para aumentar sua expectativa de vida.

Se aumentarmos o número de médicos, a expectativa de vida irá aumentar? Isto é, aumentar o número de médicos irá *causar* maior expectativa de vida? Poderia haver outra explicação para a associação? Veja outro diagrama de dispersão. A *Expectativa de Vida* ainda é a resposta, mas, desta vez, a variável previsora não é o número de médicos, mas o número de *Televisões por Pessoa* em cada país (veja Figura 7.9). A associação positiva neste diagrama de dispersão parece ainda mais *forte* que a associação do gráfico anterior. Se quisermos calcular a correlação, devemos linearizar o gráfico primeiro; no entanto, mesmo a partir deste gráfico, fica claro que as expectativas de vida altas estão associadas a mais televisões por pessoa. Devemos concluir que aumentar o número de televisores aumenta a expectativa de vida? Se sim, deveríamos

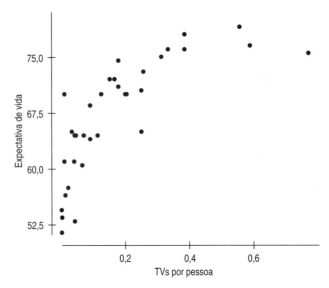

Figura 7.9 Expectativa de vida e número de televisores por pessoa mostra uma relação forte e positiva (embora claramente não linear).

enviar televisões, em vez de médicos, aos países em desenvolvimento. Essa associação com a expectativa de vida não somente é mais forte, mas televisores são mais baratos que médicos. O que está errado com este raciocínio? Talvez tenhamos nos apressado ao concluir que os médicos causam uma maior expectativa de vida. Talvez exista uma variável oculta aqui. Os países com altos padrões de vida têm expectativas de vida mais longas e mais médicos. Os altos padrões de vida poderiam causar mudanças nas outras variáveis? Se sim, então melhorar os padrões de vida poderia prolongar vidas, aumentar o número de médicos e aumentar o número de televisores. Deste exemplo, é possível perceber como é fácil cair numa armadilha de causalidade erroneamente inferida a partir de uma correlação. Pelo que sabemos, os médicos (ou televisores) *realmente* aumentam a expectativa de vida. Mas não podemos afirmar isso a partir de dados como esses, mesmo que quiséssemos. Resista à tentação de concluir, a partir de uma correlação, que *x* causa *y*, independentemente de quão óbvia essa conclusão lhe pareça.

O QUE PODE DAR ERRADO?

- **Não diga "correlação" quando você quer dizer "associação".** Quantas vezes você ouviu a palavra "correlação"? São grandes as chances de que em várias dessas situações o termo tenha sido usado equivocadamente. Trata-se de um dos termos estatísticos mais mal empregados – dada a quantidade de vezes que a estatística é mal empregada, isso significa muito. Um dos problemas é que muitas pessoas usam o termo *correlação* quando deveriam utilizar o termo mais geral *associação*. A associação é um termo deliberadamente vago, empregado para descrever a relação entre duas variáveis.
  A correlação é um termo preciso, usado para descrever a força e a direção de uma relação linear entre duas variáveis quantitativas.
- **Não correlacione variáveis categóricas.** Verifique a condição de variáveis quantitativas. Não faz sentido calcular a correlação para variáveis categóricas.
- **Tenha certeza de que a associação é linear.** Nem todas as associações entre variáveis quantitativas são lineares. A correlação pode deixar escapar até mesmo uma forte associação não linear. Uma empresa, preocupada com o fato de os consumidores usarem fornos com controle de temperatura imperfeitos, execu-

tou uma série de experimentos[5] para avaliar o efeito da temperatura na qualidade dos seus *brownies** congelados e desidratados. A empresa quer julgar a qualidade da sensibilidade dos *brownies* à variação das temperaturas do forno em torno da temperatura recomendada de 325 °F.** O laboratório relatou uma correlação de –0,05 entre os escores fornecidos por uma equipe de degustadores treinados e a temperatura, e relataram ao gerente que não existe uma relação. Antes de imprimir instruções na caixa informando aos clientes para não se preocupar com a temperatura, um estagiário perspicaz pediu para ver o diagrama de dispersão.

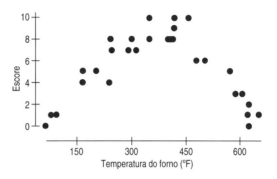

Figura 7.10 A relação entre o escore do sabor do *brownie* e a temperatura do forno é forte, mas não linear.

O gráfico, de fato, mostra uma associação forte – mas não linear. Não esqueça de verificar a Condição de Linearidade.

- **Tenha cuidado com os valores atípicos.** Você não pode interpretar um coeficiente de correlação com segurança sem verificar as observações atípicas. Veja um exemplo. A relação entre o QI e o tamanho do sapato de comediantes mostra uma correlação surpreendentemente forte e positiva de 0,50. Para verificar as suposições, analisamos o diagrama de dispersão.

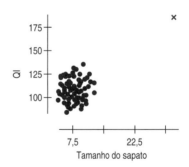

Figura 7.11 QI vs. tamanho do sapato.

- Deste "estudo", o que podemos afirmar sobre a relação entre as duas variáveis? A correlação é de 0,50. Mas a quem *realmente* pertence aquele ponto no lado superior direito? O valor atípico é *Bozo*, o Palhaço, famoso por seus sapatos grandes e amplamente reconhecido como um comediante "genial". Sem Bozo, a correlação está próxima de zero.

(continua)

---

[5] Experimentos projetados para avaliar o impacto de variáveis ambientais fora do controle da empresa na qualidade dos produtos foram defendidos pelo especialista japonês em qualidade Dr. Genichi Taguchi, a partir dos anos 1980, nos Estados Unidos.

* N. de T.: Bolo ou biscoito de chocolate recheado com nozes.

** N. de T.: Para obter a temperatura em graus celsius, basta usar a transformação: $^0C = \frac{5}{9}(^\circ F - 32)$.

Mesmo uma única observação incomum pode dominar o valor da correlação. É por esse motivo que você precisa verificar a Condição de Valores Atípicos.

- **Não confunda correlação com causa.** É grande a tentação de explicar uma correlação forte afirmando que a variável previsora *causou* a resposta à mudança. Nós humanos somos assim; temos a tendência de ver causas e efeitos em tudo. Só porque duas variáveis estão relacionadas não significa que uma *causa* a outra.

> **O câncer causa o fumo?** Mesmo que a correlação entre duas variáveis se deva a um relacionamento causal, a própria correlação não pode indicar o que causa o quê.
>
> Sir Ronald Aylmer Fisher (1890 – 1962) foi um dos maiores estatísticos do século XX. Fisher testemunhou perante um tribunal, pago pelas empresas de cigarro, que um relacionamento causal pode ter por base a correlação entre o fumo e o câncer.
>
> "É possível, então, que o câncer de pulmão ... seja uma das causas de fumar cigarros? Eu não acho que possa ser excluída ... a condição pré-câncer envolve leve quantidade de inflamação crônica ...
>
> Uma pequena irritação ... é comumente acompanhada pelo ato de acender um cigarro, compensando, assim, uma das pequenas mazelas da vida. E ... não é improvável que seja associada a fumar com mais frequência."
>
> Ironicamente, a prova de que o fumo é a causa de muitos cânceres veio de experimentos conduzidos seguindo os princípios do projeto experimental e da análise que Fisher desenvolveu.

Os diagramas de dispersão e os coeficientes de correlação *nunca* provam causa. Em parte, essa é a razão pela qual, por exemplo, os Estados Unidos tenham levado tanto tempo para colocar advertências de saúde nos cigarros. Embora houvesse muitas evidências de que o aumento do fumo estava *associado* a elevados níveis de câncer no pulmão, foram necessários anos de pesquisa para obter evidências de que o fumo realmente *causa* câncer. (As empresas de tabaco utilizaram esse fato a seu favor.)

- **Cuidado com as variáveis ocultas.** Um diagrama de dispersão dos danos (em dólares) causados a uma casa pelo fogo mostraria uma forte correlação com o número de bombeiros na cena. É óbvio que os danos não causam bombeiros. E os bombeiros realmente causam danos, borrifando água por tudo e cavando buracos, mas isso significa que não devemos chamar o corpo de bombeiros? É claro que não. Existe uma variável subjacente que leva a mais danos e mais bombeiros – o tamanho do incêndio. Uma variável que está escondida atrás da relação e a determina por simultaneamente afetar as outras duas variáveis é chamada de **variável oculta**. Em geral, você pode menosprezar reclamações feitas sobre os dados encontrando uma variável oculta.

Capítulo 7 – Diagramas de Dispersão, Associação e Correlação **217**

ÉTICA EM AÇÃO

Uma agência de publicidade contratada por um conhecido fabricante de produtos de higiene dental (escovas de dente elétricas, irrigadores orais, etc.) juntou uma equipe criativa a fim de desenvolver ideias para uma nova campanha de publicidade. Trisha Simes foi escolhida para liderar o grupo, porque já havia trabalhado com o cliente anteriormente. Na primeira reunião, Trisha comunicou à equipe o desejo do cliente de se diferenciar dos seus concorrentes, mas sem focar sua mensagem nos benefícios estéticos de um bom cuidado dentário. Enquanto buscavam ideias, um membro da equipe, Brad Jonns, lembrou de uma recente transmissão da CNN que relatava a "correlação" entre o uso do fio dental nos dentes e a redução do risco de doença cardíaca. Percebendo o potencial de promover os benefícios à saúde de um cuidado dental adequado, a equipe concordou em investir na ideia. Na reunião seguinte, vários membros da equipe comentaram a sua surpresa em ter descoberto diversos artigos médicos, científicos e lei-

gos que afirmavam que a boa higiene dental resultava em boa saúde. Um dos membros relatou que havia encontrado artigos que ligavam doenças na gengiva não somente a ataques cardíacos e derrames, mas à diabetes e até mesmo ao câncer. Enquanto Trisha tentava decifrar por que os concorrentes não tinham tirado proveito dessas pesquisas, sua equipe, animada, já havia começado a focar e projetar a campanha ao redor dessa mensagem.

PROBLEMA ÉTICO *A correlação não implica causa. A possibilidade de variáveis ocultas não é explorada. Por exemplo, é provável que quem tem mais cuidado consigo tenha menos risco de doenças cardíacas e também use o fio dental regularmente (relacionado ao Item C da ASA Ethical Guidelines).*

SOLUÇÃO ÉTICA *Eviete deduzir causa e efeito a partir de resultados da correlação.*

O que aprendemos?

Nos capítulos anteriores, aprendemos a ouvir a história contada pelos dados de uma única variável. Neste capítulo, voltamos nossa atenção à história mais complicada (e mais interessante) que podemos descobrir a partir da associação entre duas variáveis quantitativas.

Aprendemos a começar nossa investigação observando um diagrama de dispersão. Estamos interessados na *direção* da associação, na *forma* que ela toma e na sua *força*.

Aprendemos que, embora nem todo o relacionamento seja linear, quando o diagrama de dispersão for linear o suficiente, o *coeficiente de correlação* é um resumo numérico útil.

- O sinal da correlação indica a direção da associação.
- A magnitude da correlação revela a *força* da associação linear. Associações fortes têm correlações próximas a +1 ou −1 e associações muito fracas têm correlações próximas a zero.
- A correlação não tem unidades, portanto, deslocar ou mudar a escala dos dados, padronizar ou até mesmo trocar as variáveis entre si não tem efeito no valor do coeficiente de correlação.

Aprendemos que, para usar a correlação, é preciso verificar certas condições a fim de que a análise seja válida.
- Antes de encontrar ou falar sobre a correlação, sempre devemos verificar a Condição de Linearidade.
- E, como sempre, devemos tomar cuidado com as observações incomuns!

Finalmente, aprendemos a não cometer o erro de assumir que uma correlação alta ou uma associação forte é indício de uma relação de causa e efeito. Devemos tomar cuidado com as variáveis ocultas!

Termos

Associação
- **Direção:** Uma direção ou associação positiva significa que, em geral, à medida que uma variável aumenta, a outra também aumenta. Quando o crescimento de uma variável geralmente corresponde à diminuição da outra, a associação é negativa.
- **Forma:** A forma que mais nos interessa é a linear, mas você deve descrever outros padrões que percebe nos diagramas de dispersão.
- **Força:** Um diagrama de dispersão exibirá uma forte associação se existir pouca dispersão em torno da relação subjacente.

Coeficiente de correlação — Medida numérica da direção e força de uma associação linear.

$$r = \frac{\sum z_x z_y}{n-1}$$

Diagrama de dispersão — Gráfico que mostra a relação entre duas variáveis quantitativas mensuradas nos mesmos casos.

Valor atípico — Ponto que não se encaixa no padrão geral visto no diagrama de dispersão.

Variável explanatória ou independente (variável x) — Variável que determina, explica, prevê ou é de alguma forma responsável pela variável y.

Variável oculta — Variável diferente de x e y que simultaneamente afeta ambas as variáveis, sendo responsável pela correlação entre as duas.

Variável resposta ou dependente (variável y) — Variável que o diagrama de dispersão deve explicar ou prever.

Habilidades

- Reconhecer quando o interesse no padrão de uma possível relação entre duas variáveis quantitativas sugere um diagrama de dispersão.
- Ser capaz de identificar os papéis e colocar a variável resposta no eixo y e a variável explanatória no eixo x.
- Saber as condições para a existência da correlação e como verificá-las.
- Saber que as correlações estão entre -1 e $+1$ e que cada extremo indica uma associação linear perfeita.
- Entender de que maneira a magnitude da correlação reflete a força de uma associação linear como é vista num diagrama de dispersão.
- Saber que a correlação não tem unidades.
- Saber que o coeficiente de correlação não muda com a mudança do centro ou da escala de uma ou ambas as variáveis.
- Entender que causalidade não pode ser demonstrada por um diagrama de dispersão ou pela correlação.

- Ser capaz de fazer um diagrama de dispersão manualmente (para um pequeno conjunto de dados) ou com tecnologia.
- Saber como calcular a correlação entre duas variáveis.
- Saber como ler uma tabela de correlações produzida por um programa estatístico.

- Ser capaz de descrever a direção, a forma e a força de um diagrama de dispersão.
- Estar preparado para identificar e descrever pontos que se desviam do padrão geral.
- Ser capaz de usar a correlação como parte da descrição de um diagrama de dispersão.

Capítulo 7 – Diagramas de Dispersão, Associação e Correlação **219**

- Estar alerta a interpretações errôneas da correlação.
- Entender que encontrar uma correlação entre duas variáveis não indica uma relação causal entre elas. Ter cuidado acerca dos perigos de sugerir relacionamentos causais na descrição de correlações.

Ajuda tecnológica: diagramas de dispersão e correlação

Os pacotes estatísticos, em geral, ajudam a verificar se a correlação em um diagrama de dispersão é apropriada. Alguns pacotes facilitam o trabalho mais que outros.

Muitos pacotes permitem modificar ou melhorar um diagrama de dispersão, alterando as legendas dos eixos, a numeração dos eixos, os símbolos do gráfico ou as cores usadas. Algumas opções, como a escolha das cores e dos símbolos, podem ser usadas para exibir informações adicionais no diagrama de dispersão.

Excel

Para fazer um diagrama de dispersão com o "Assistente de Gráfico" do Excel:

- Clique no ícone **Assistente de Gráfico** na barra do menu. O Excel abre a caixa de diálogo "Assistente de gráfico".
- Verifique se o painel **Tipos Padrão** está selecionado e escolha **Dispersão (XY)** entre as opções oferecidas.
- Escolha o primeiro modelo (Dispersão – compara pares de valores) das cinco opções disponíveis e clique em **Avançar.**
- Se ele já não estiver selecionado, clique no painel **Intervalo de Dados** e entre com o intervalo dos dados no espaço disponível.
- Por convenção, sempre representamos as variáveis em colunas. O **Assistente de Gráfico** se refere às variáveis como **Séries.** Verifique se a opção **Coluna** está selecionada.
- O Excel insere a coluna da esquerda daquelas que você selecionou no eixo x do diagrama de dispersão. Se a coluna que você deseja ver no eixo x não é a coluna da esquerda na sua planilha, clique no painel **Séries** e edite a especificação dos eixos individualmente.
- Clique na tecla **Avançar.** A caixa de diálogo **Opções de Gráficos** (verifique na faixa azul superior da janela) aparece.
- Selecione o painel **Título,** se ele já não estiver ativo. Aqui, você especifica o título do diagrama e os nomes das variáveis que serão exibidas nos eixos.
- Digite o título do diagrama na caixa de edição **Título do Gráfico**.
- Digite o nome da variável x na caixa de edição **Eixo dos Valores (X)**. Observe que você deve nomear as colunas corretamente. Nomear outra variável não irá alterar o gráfico, apenas irá apresentar a legenda errada.
- Digite o nome da variável y na caixa de edição **Eixo dos Valores (Y)**.
- Clique na tecla **Avançar** para abrir a caixa de diálogo do local do gráfico.

- Selecione a opção de **Como Nova Planilha**.
- Clique no botão **Concluir.**

Geralmente, o diagrama de dispersão irá requerer uma mudança de escala. Por padrão, o Excel inclui a origem no diagrama mesmo quando os dados estão longe do zero. Você pode ajustar as escalas dos eixos. Para mudar a escala do eixo de um diagrama no Excel:

- Clique duas vezes no eixo. Uma caixa de diálogo **Formatar Eixo** aparece.
- Se o painel **Escala** não estiver ativo, selecione-o.
- Entre com os novos valores para o mínimo ou o máximo nos espaços fornecidos. Você pode arrastar a caixa de diálogo sobre o diagrama de dispersão para servir como um esquadro e ajudá-lo na leitura dos valores máximos e mínimos dos eixos.
- Clique no botão **OK** para ver o diagrama de dispersão na nova escala.
- Siga os mesmos passos para alterar a escala do outro eixo.

Calcule a correlação no Excel com a função **CORREL** do menu suspenso do procedimento **Inserir Função**. Escolha a categoria "Estatística" e em seguida procure "**CORREL**" na lista do painel que abrir.

Na caixa de diálogo que aparece, entre com o intervalo das células, colocando uma variável em cada espaço fornecido. Não se preocupe com a ordem, pois ela é indiferente para o cálculo do coeficiente de correlação.

Para fazer um diagrama de dispersão usando o suplemento DDXL, selecione as duas variáveis a serem exibidas. Elas devem estar no formato colunas. Se a primeira linha tiver o título das colunas (nome da variável), inclua-a. Do menu do DDXL, escolha **Charts and Plots.** Do menu da caixa de diálogo da função, escolha **Scatterplot.** Arraste a variável x para área **X-Axis Variable** e a variável y para a área **Y-Axis Variable.** Se você tiver uma coluna que nomeie cada caso, arraste-a para a área **Label Variable.** Clique em **OK.**

Parte II – Entendendo Dados e Distribuições

Excel 2007

Para fazer um diagrama de dispersão no Excel 2007:

- Selecione a coluna dos dados para usar no diagrama de dispersão. Você pode selecionar mais que uma coluna segurando a tecla CTRL (*Control*) enquanto clica.
- No item de menu (painel) **Inserir**, clique no ícone **Dispersão** e selecione o gráfico **Dispersão Somente com Marcadores** das opções apresentadas (é o diagrama localizado no canto superior esquerdo).

Para tornar o gráfico mais útil para a análise dos dados, ajuste a apresentação da seguinte forma:

- Selecione o gráfico e clique no painel **Layout** da aba **Ferramentas de Gráfico**. Em seguida, clique no ícone **Linhas de Grade** e escolha a opção **Linhas de Grade Horizontais Principais** entre as duas que aparecem.
- Em **Linhas de Grade Horizontais Principais,** selecione **Nenhuma.** Isso irá remover as linhas de grade do diagrama de dispersão. Você também pode explorar o item **Mais Opções** do **Linhas de Grade.**
- Para mudar a escala dos eixos, clique sobre os números de cada eixo do gráfico e, em seguida, clique em **Formatar Seleção** no painel *Layout,* da aba **Ferramentas de Gráfico**.
- Selecione a opção **Fixo,** em vez da opção Automático e digite os valores Mínimo e Máximo que você julga mais adequados para o diagrama de dispersão. Você pode obter esse mesmo menu após clicar sobre os eixos com o botão direito do mouse, e então escolher a opção **Formatar Eixo** do menu flutuante que aparece.

O Excel 2007 automaticamente coloca a coluna da esquerda das duas colunas que você seleciona no eixo x e a coluna da direita no eixo y. Você pode trocá-las, se quiser. Para trocar as variáveis *X* e *Y*:

- Clique no gráfico para ter acesso à aba **Ferramentas de Gráfico**.
- Clique em **Selecionar Dados** do painel **Design**.
- Em **Entradas de Legenda (Série)**, clique em **Editar.**
- Marque e delete tudo na caixa de entrada **Valores de X da Série** e selecione novos dados da planilha (tenha cuidado ao selecionar a coluna para não selecionar inadvertidamente o título da coluna, o que não funcionaria aqui).
- Faça o mesmo com a caixa de entrada **Valores de Y da Série**.
- Pressione **OK** para fechar a caixa de diálogo **Editar**, depois pressione **OK** novamente para fechar a caixa de diálogo **Fonte de Dados.**

Para fazer um diagrama de dispersão usando o suplemento DDXL, selecione as duas variáveis a serem exibidas. Elas devem ser colunas. Se a primeira linha tem nome das colunas, inclua-a. Do menu do DDXL, escolha **Charts and Plots.** Do menu das funções do diálogo, escolha **Scatterplot.** Arraste a variável x na área **X-Axis Variable** e a variável y na área **Y-Axis Variable.** Se você tiver uma coluna que nomeie cada caso, arraste-a para a área **Label Variable.** Clique em **OK.**

Minitab

Para fazer um diagrama de dispersão, escolha **Scatterplot** do menu **Graph.** Escolha "**Simple**" para o tipo de gráfico. Clique em **OK.** Entre com os nomes das variáveis para a variável Y e a variável X na tabela. Clique em **OK.**

Para calcular o coeficiente de correlação, escolha **Basics Statistics** do menu **Stat.** Do submenu **Basic Statistics**, escolha **Correlation.** Especifique os nomes de pelo menos duas variáveis quantitativas na caixa "**Variables**". Clique em **OK** para calcular a tabela da correlação.

SPSS

Para fazer um diagrama de dispersão no SPSS, clique no item de menu **Graphs**. Depois:

- Clique no submenu **Scatter/Dot....**
- Escolha **Simple Scatter** dos tipos de gráficos e clique em **Define**.
- Transfira a variável que você quer como variável resposta para o espaço denominado **Y Axis**.
- Transfira a variável que você quer como variável previsora para o espaço denominado **X Axis**.
- Clique em **OK.**

Para calcular o coeficiente de correlação, escolha **Correlate** do menu **Analyze.** Do submenu **Correlate**, escolha **Bivariate.** Na caixa de diálogo **Bivariate Correlations**, use a tecla da seta para mover as variáveis para o painel denominado **Variables.** Certifique-se de que a opção **Pearson** está selecionada no campo **Correlations Coeficients.** Clique em **OK.**

JMP

Para criar um diagrama de dispersão e calcular a correlação, escolha **Fit Y by X** do menu **Analyze.** Na caixa de diálogo Fit Y by X, arraste a variável Y para a caixa "**Y, Response**" e arraste a variável X para a caixa "**X, Factor**". Clique em **OK.** Uma vez que o JMP fez o diagrama de dispersão, clique no triângulo vermelho próximo ao título do gráfico para abrir um menu de opções. Selecione **Density Ellipse** e selecione 0,95. O JMP desenha uma elipse em torno dos dados e revê o painel **Correlations.** Clique no triângulo azul próximo a **Correlation** para mostrar uma tabela contendo o coeficiente de correlação.

Data Desk

Para fazer um diagrama de dispersão de duas variáveis, selecione uma variável como Y e a outra como X e escolha **Scatterplot** do menu **Plot.** Depois, encontre o coeficiente de correlação selecionando **Correlation** do menu do diagrama de dispersão **HyperView**.

Alternativamente, selecione as duas variáveis e escolha **Pearson Product-Moment** do submenu **Correlations** do menu **Calc.**

Comentários

Preferimos que você observe primeiro o diagrama de dispersão e depois encontre a correlação. Mas se você encontrou a correlação primeiro, clique no valor da correlação para abrir um menu suspenso, que oferece uma opção para criar um diagrama de dispersão.

Projetos de estudo de pequenos casos

*Economia de combustível

Com o aumento constante no preço da gasolina, os motoristas e as fábricas de automóveis estão motivados a diminuir o consumo de combustível dos carros. Informações recentes fornecidas pelo governo dos Estados Unidos propõem algumas maneiras simples de fazer isso (veja www.fueleconomy.gov): evitar a aceleração rápida, evitar dirigir acima de 100 Km/h, reduzir o tempo que o carro fica em marcha lenta e reduzir o peso do veículo. Um peso extra de 100 libras pode aumentar o consumo de combustível em mais de 2%. Um executivo de *marketing* está estudando a relação entre o consumo de combustível dos carros (mensurado em milhas por galão) e seu peso, a fim de projetar uma campanha para um novo carro compacto. No conjunto de dados **ch07_MCSP_Fuel_Efficiency** você irá encontrar os dados das variáveis abaixo.

- Modelo do carro
- Tamanho do motor (L)
- Cilindros
- PSPF (Preço Sugerido Pelo Fabricante em $)
- Consumo na cidade (mpg)
- Consumo na autoestrada (mpg)
- Peso (libras)
- Tipo e país do fabricante

Descreva a relação entre Peso, PSPF e Tamanho do Motor com a eficiência do combustível (na cidade e autoestrada) em um relatório escrito. Certifique-se de transformar as variáveis, se necessário.

A economia dos Estados Unidos e os preços das ações da Home Depot

O arquivo **ch07_MCSP_Home_Depor** contém variáveis econômicas e dados do mercado de ações para a Home Depot, Inc. Os economistas, investidores e executivos de corporações usam medidas econômicas norte-americanas para avaliar o impacto das pressões inflacionárias e das flutuações da taxa de desemprego no mercado de ações. A inflação normalmente é acompanhada por intermédio das taxas de juros. Embora existam inúmeros tipos de taxa de juros, aqui incluimos os valores mensais da taxa de empréstimo principal dos bancos, em que a taxa é anunciada pela maioria dos 25 principais (baseado em avaliações) bancos comerciais segurados dos Estados Unidos. A taxa principal de juros geralmente é usada por bancos para avaliar empréstimos de negócios a curto prazo. Além disso, fornecemos as taxas de juros de seis meses para os Certificados de Depósitos (CDs), as taxas de desemprego (ajustadas sazonalmente) e a taxa das letras do Tesouro. Investigue a relação entre o *Preço de Fechamento* (*Closing Price*) para as ações da Home Depot e as seguintes variáveis de 2006 a 2008:[6]

- Taxa de Desemprego (%)
- Taxa Preferencial de Juros Bancários (Taxa de Juros em %)
- Taxa dos CDs (%)
- Taxa das letras do Tesouro (%)

Descreva a relação de cada uma dessas variáveis com o *Preço de Fechamento* (*Closing Price*) da Home Depot num relatório escrito. Certifique-se de usar os diagramas de dispersão e as tabelas de correlação na sua análise e de transformar as variáveis, se necessário.

EXERCÍCIOS

1. Associação. Suponha que você deva coletar dados para cada par de variáveis abaixo. Você quer fazer um diagrama de dispersão. Qual variável você usaria como variável explanatória e qual como variável resposta? Por quê? O que você esperaria ver no diagrama de dispersão? Discuta sua provável direção e forma.
a) Contas de telefone celular: número de mensagens, custo.
b) Automóveis: consumo de combustível (mpg), volume das vendas (número de carros).
c) Para cada semana: vendas de casquinhas de sorvetes, vendas de condicionadores de ar.
d) Produto: Preço ($), demanda (número vendido por dia).

2. Associação, parte 2. Suponha que você deva coletar dados para cada par de variáveis. Você quer fazer um diagrama de dispersão. Qual variável você usaria como a variável explanatória e qual como a variável resposta? Por quê? O que você esperaria ver no diagrama de dispersão? Discuta a direção e forma provável de cada diagrama.
a) Camisetas numa loja: preço unitário, número vendido.
b) Imóveis: preço da casa, tamanho da casa (metros quadrados).
c) Economia: taxas de juros, número de requisições de empréstimos para compra da casa própria.
d) Empregados: salário, anos de experiência.

3. Diagramas de dispersão. Qual dos diagramas de dispersão exibe:
a) Pouca ou nenhuma associação?
b) Uma associação negativa?
c) Uma associação linear?

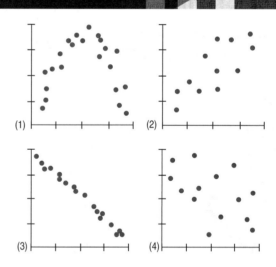

d) Uma associação moderadamente forte?
e) Uma associação muito forte?

4. Diagramas de dispersão, parte 2. Qual dos diagramas de dispersão da próxima página exibe:
a) Pouca ou nenhuma associação?
b) Uma associação negativa?
c) Uma associação linear?
d) Uma associação moderadamente forte?
e) Uma associação muito forte?

---

[6] Fontes: Taxa de desemprego – Agência de Estatísticas do Trabalho Americana. Veja página do desemprego em www.bls.gov/cps/home.htm#data. Taxa de juros – Banco Central Americano (Federal Reserve). Veja www.federalreserve.gov/releases/H15/update/. Preços das ações da Home Depot no *site* HD/Investor Relations. Veja ir.homedepot.com/quote.cfm.

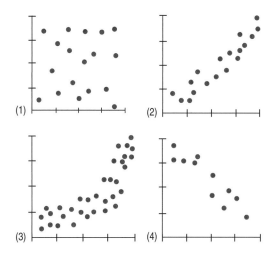

5. Kentucky Derby, 2007. O cavalo mais rápido da história do Kentucky Derby foi Secretariat, em 1973. O diagrama de dispersão mostra as velocidades (em milhas por hora) dos cavalos vencedores em cada ano.

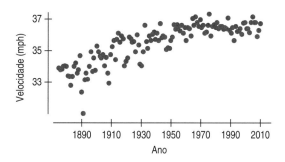

O que você vê? Na maioria dos eventos esportivos, os desempenhos têm melhorado e continuam a melhorar, portanto, antecipamos uma direção positiva. Mas e a forma? O desempenho aumentou na mesma taxa nos últimos 125 anos?

6. Armadilhas para lagosta. Em muitas partes do mundo, a pesca da lagosta é um grande negócio. O gráfico mostra o crescimento do número de armadilhas para lagostas (legais) no estado de Maine, Estados Unidos, desde 1940.

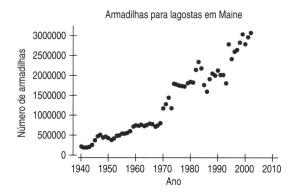

a) O que você vê? Embora esperássemos uma tendência positiva, o que você pode dizer sobre a forma?

b) Você percebe o impacto da introdução das armadilhas de telas e de equipamentos eletrônicos nos barcos de lagosta no início dos anos 70? Qual efeito, se algum, isso pareceu ter?

7. Produção. Uma fábrica de cerâmica pode queimar oito lotes grandes de cerâmica por dia. Às vezes, algumas peças quebram durante o processo. Para entender melhor o problema, a fábrica registra o número das peças quebradas em cada lote ao longo de três dias e cria o diagrama de dispersão mostrado a seguir.

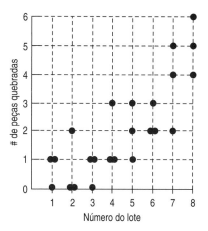

a) Faça um histograma mostrando a distribuição do número de peças quebradas nos 24 lotes de cerâmica examinados.
b) Descreva a distribuição mostrada no histograma. Que característica do problema é mais aparente no histograma do que no diagrama de dispersão?
c) Que aspecto do problema da fábrica é mais aparente no diagrama de dispersão?

8. Vendas de café. Os proprietários de uma nova cafeteria acompanharam as vendas dos primeiros 20 dias e exibiram os dados num diagrama de dispersão (por dia)

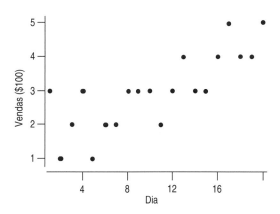

a) Faça um histograma das vendas diárias desde que a loja iniciou suas atividades comerciais.
b) Apresente um fato que seja óbvio no diagrama de dispersão, mas não no histograma.
c) Apresente um fato que seja óbvio no histograma, mas não no diagrama de dispersão.

9. Associando. Veja vários diagramas de dispersão. As correlações calculadas são de –0,923, -0,487, 0,006 e 0,777. Atribua a cada diagrama uma das correlações.

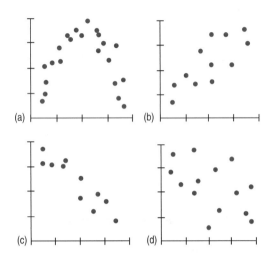

10. Associando, parte 2. Eis vários diagramas de dispersão. As correlações calculadas são de -0,977, –0,021, 0,736 e 0,951. Associe uma correlação a cada um dos diagramas.

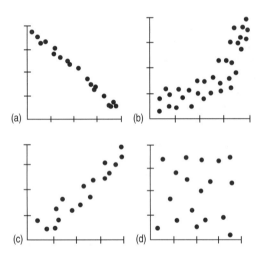

11. Empacotamento. Um CEO anuncia na reunião anual dos acionistas que a nova embalagem transparente para o produto mais importante da empresa foi um sucesso. Ele afirma: "Existe uma forte correlação entre a embalagem e as vendas". Critique essa afirmação do ponto de vista estatístico.

12. Seguros. As companhias de seguros mantém históricos de reclamações para que possam avaliar riscos e determinar as taxas de forma apropriada. O National Insurance Crime Bureau relata que os Honda Accords, Honda Civics e Toyota Camrys são os carros mais roubados, enquanto os Ford Tauruses, Pontiac Vibes e Buick LeSabres são os menos roubados. É razoável afirmar que existe uma correlação entre o tipo de carro que você tem e o risco de ele ser roubado?

13. Vendas de livros. Um analista considera a correlação entre a venda de livros (número de livros) numa livraria de uma faculdade e o dia do ano (1 = 1º de janeiro, ..., 365 = 31 de dezembro). O que você pode esperar da correlação entre as *Vendas de Livros* e o *Número do Dia*? Você acha que existe uma associação entre essas variáveis? Explique.

14. Vendas pela Internet. Um artigo em uma revista de negócios relatou que o comércio pela Internet explodiu recentemente, praticamente dobrando a cada três anos. Ele declarou que existia uma alta correlação entre as vendas feitas pela Internet e o *Ano*. Esse é um resumo apropriado? Explique.

T 15. Preços dos diamantes. O preço de um diamante depende da sua cor, corte, limpidez e peso em quilates. Aqui estão dados de um vendedor de diamantes de qualidade (portanto, presumimos bons cortes) para diamantes de melhores cores (D) e alta limpidez (VS1).

Quilate	Preço	Quilate	Preço
0,33	1079	0,62	3116
0,33	1079	0,63	3165
0,39	1030	0,64	2600
0,40	1150	0,70	3080
0,41	1110	0,70	3390
0,42	1210	0,71	3440
0,42	1210	0,71	3530
0,46	1570	0,71	4481
0,47	2113	0,72	4562
0,48	2147	0,75	5069
0,51	1770	0,80	5847
0,56	1720	0,83	4930
0,61	2500		

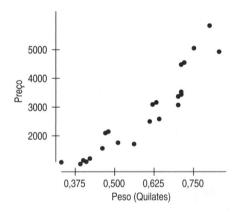

a) As suposições e condições estão satisfeitas para determinar a correlação?
b) O coeficiente de correlação é 0,937. Usando essa informação, descreva a relação.

T 16. Taxas de juros e empréstimos. Desde 1980, a média dos juros dos empréstimos tem flutuado de um valor tão baixo quanto 6% a um tão alto quanto 14%. Existe um relacionamento entre a quantidade de dinheiro emprestado e a taxa de juros oferecida? Aqui está um diagrama de dispersão do *Total de Hipotecas* nos Estados Unidos (em milhões de dólares de 2005) versus *Taxa de Juros* em vários períodos nos últimos 26 anos. A correlação é de –0,84.

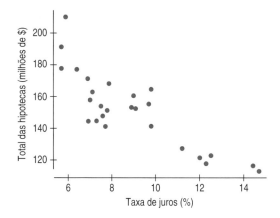

a) Descreva a relação entre *Total de Hipotecas* e *Taxas de Juros*.
b) Se padronizarmos as duas variáveis, qual seria o coeficiente de correlação entre as variáveis padronizadas?
c) Se mensurássemos o *Total de Hipotecas* em milhares de dólares, em vez de milhões de dólares, como mudaria o coeficiente de correlação?
d) Suponha que, em outro ano, as taxas de juros fossem de 11% e as hipotecas totalizassem $250 milhões. Como esses dados afetariam o coeficiente de correlação, se fossem incluídos?
e) Esses dados fornecem provas de que, se as taxas das hipotecas baixassem, as pessoas fariam mais hipotecas? Explique.

17. Emissões de carbono. O diagrama de dispersão mostra, para carros de 2008, a emissão de carbono (em toneladas de CO_2 por ano) *versus* o consumo em uma autoestrada, da nova Agência de Proteção ao Meio Ambiente (Environment Protection Agency – EPA), de 82 sedãs familiares, conforme registro do governo norte-americano (www.fueleconomy.gov/feg/byclass.htm). O carro com a maior Taxa de milhas por galão na autoestrada e a menor emissão de carbono é o Toyota Prius.

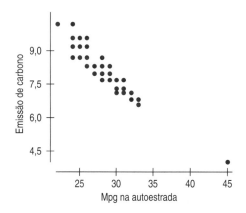

a) A correlação é –0,947. Descreva a associação.
b) As condições e suposições para o cálculo da correlação foram satisfeitas?
c) Usando a tecnologia, encontre a correlação dos dados quando o Prius não estiver incluído nos demais. Você pode explicar por que ela muda dessa forma?

18. Mpg da EPA. Em 2008, a EPA revisou seus métodos para estimar o consumo de combustível (milhas por galão) dos carros – fator de importância crescente nas vendas de carros. Como os novos valores estimados da mpg na autoestrada e na cidade estão relacionados entre si? Eis um diagrama de dispersão para 83 sedãs familiares, conforme registrado pelo governo. Esses são os mesmos carros do Exercício 17, exceto pelo Toyota Prius, removido dos dados, e por dois outros híbridos, o Nissan Altima e o Toyota Camry, incluídos nos dados (e são os carros com mpg mais alto na cidade).

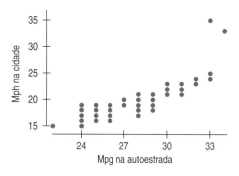

a) A correlação dessas duas variáveis é 0,823. Descreva a associação.
b) Se os dois híbridos fossem removidos dos dados, você esperaria que a correlação aumentasse, diminuísse ou permanecesse a mesma? Tente usar a tecnologia. Relate e discuta o que você encontrar.

19. Consumo de petróleo. O diagrama de dispersão mostra o relacionamento entre a *Expectativa de Vida* e o logaritmo de *Consumo do Petróleo* em 137 países do mundo para os quais ambas as variáveis estão disponíveis.

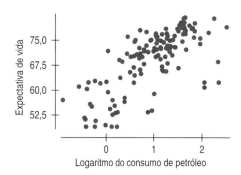

a) É apropriado calcular a correlação? Explique.
b) A correlação é 0,80. Descreva a associação.

20. Antidepressivos. Quatorze anos após a Eli Lilly ter introduzido o Prozac, o mercado de antidepressivos cresceu a ponto de se tornar uma indústria de $12 bilhões, superada somente pelos medicamentos para o coração entre os remédios prescritos. No entanto, a eficácia desses remédios ainda é discutida. Um estudo comparou a eficácia de vários antidepressivos examinando os experimentos da Food and Drug Administration (FDA) nos quais eles foram aprovados. Cada um desses experimentos comparou a droga ativa com um placebo, uma pílula inerte fornecida a alguns dos pacientes. Em cada experimento, algumas pessoas tratadas com o placebo melhoraram, um fenômeno chamado de *efeito placebo*. Os níveis de depressão dos pacientes foram avaliados numa escala padrão para classificar quantitativamente a depressão, chamada de Escala de Classificação de Hamilton. As mudanças positivas nas classificações da escala registram melhoras nas condições dos pacientes. A escala de Hamilton é um padrão amplamente aceito, que foi usado em cada um desses estudos executados independentemente. O diagrama de dispersão compara os níveis médios de melhoria com os antidepressivos e com os placebos para os experimentos.

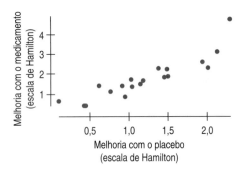

a) É apropriado calcular a correlação? Explique.
b) A correlação é 0,898. Explique o que descobrimos a partir dos resultados desses experimentos.

21. Vinhedos. Aqui está um diagrama de dispersão e correlação para *preço da caixa* de vinhos de 36 vinhedos dos Lagos Finger, região do estado de Nova York, e *idade* dos vinhedos.

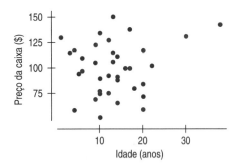

a) Verifique as condições e suposições para a correlação.
b) Parece que os vinhedos mais antigos têm vinhos com preços mais altos? Explique.
c) O que essa análise indica sobre os vinhedos no restante do mundo?

22. Vinhedos, novamente. Em vez da idade do vinhedo, considerado no Exercício 22, talvez o *tamanho* do vinhedo (em acres) esteja associado ao preço dos vinhos. Veja o diagrama de dispersão.

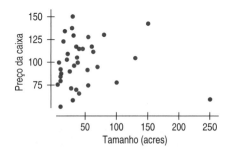

a) A correlação é –0,022. O preço fica menor com o aumento do tamanho do vinhedo? Explique.

b) Se o ponto que corresponde ao maior vinhedo fosse removido, que efeito isso teria na correlação?

23. Imóveis. Usando uma amostra aleatória de casas à venda, um comprador em potencial está interessado em examinar a relação entre o *Preço* e o *Número de Quartos*. O gráfico mostra o diagrama de dispersão para o *Preço* versus o *Número de Quartos*. A correlação é 0,723.

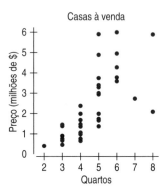

a) Verifique as condições e suposições para a determinação da correlação.
b) Descreva a relação.

24. Imóveis, novamente. Talvez o número total de peças da casa esteja associado ao preço da casa. Eis um diagrama de dispersão para as mesmas casas que examinamos no Exercício 23.

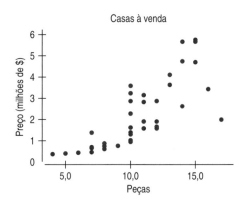

a) Existe uma associação?
b) Verifique as suposições e condições para a correlação.

25. Vendas regionais. A líder dos vendedores de um varejista de roupas está analisando se a empresa se sai melhor em algumas partes do país do que em outras. Ela examina um diagrama de dispersão do total das *Vendas* por *Estado* do ano passado, onde os estados estão numerados em ordem alfabética, *Alaska* = 01, ..., *Wyoming* = 50. A correlação é somente 0,045, assim, ela conclui que não existem diferenças nas vendas entre os 50 estados. Comente.

26. Recursos humanos. Numa empresa pequena, o Chefe do Setor Financeiro (CSF) está preocupado com o absenteísmo dos empregados e solicita ao chefe de recursos humanos que investigue a situação. As ocupações estão codificadas de 01 a 99, com 01 = empregado do almoxarifado e 99 = presidente. O gerente de recursos humanos diagramou o número de ausências no ano passado por tipo de ocupação e encontrou uma correlação de –0,034 e nenhuma tendência óbvia. Ele, então, informa ao CSF que parece não existir relação entre ausências no trabalho e tipo de ocupação. Comente.

T 27. Financiamento público da educação. Todos os 50 estados dos Estados Unidos oferecem educação superior pública por meio de faculdades e universidades de quatro anos e faculdades de dois anos. O custo do ensino varia enormemente em diferentes estados para ambos os tipos. Existe uma relação entre as taxas cobradas pelo estado para os dois tipos? (Os dados para o ano de 2007-2008 são encontrados nas variáveis *Public.2yr* e *Public.4yr.* no conjunto de dados **CH06_Tuition**.)
a) Examine o diagrama de dispersão do custo médio da instrução para faculdades de 4 anos contra o custo da instrução cobrado por faculdades de dois anos. Descreva a relação.
b) A direção da relação é a esperada?
c) A correlação é um resumo numérico apropriado da força da relação? Explique. Se for, encontre-a.

T 28. Educação superior pública e privada. No Exercício 27, examinamos a relação entre a média das taxas cobradas pelos 50 estados norte-americanos para faculdades de quatro anos *versus* faculdades de dois anos. Agora vamos analisar a relação entre as taxas cobradas por faculdades e universidades privadas de quatro anos (*Private.4yr*) com as instituições públicas de quatro anos (*Public.4yr*). Os dados estão em **Ch06_Tuition**.
a) Você esperaria que a relação entre a taxa cobrada pelas faculdades e universidades privadas e públicas fosse tão forte quanto a relação entre instituições públicas de quatro e dois anos?
b) Examine o diagrama de dispersão e descreva a relação.
c) A correlação é um resumo numérico apropriado da força do relacionamento? Explique. Se for, encontre-a.

T 29. Peso colombiano. Em 2007, o peso colombiano foi uma das moedas globais que mais valorizou. Um estudante notou que, durante aquele ano, a taxa de câmbio do peso parecia se mover na direção oposta do índice Dow Jones (Dow Jones Industrial Average – DJIA), e a correlação calculada era de –0,81. O estudante conclui que o DJIA estava puxando para baixo o valor do peso. Eis um diagrama de dispersão do valor do peso colombiano (em pesos/dólar) *versus* o DJIA (www.measuringworth.co).
a) Descreva a relação.
b) A correlação é um resumo numérico apropriado da força da relação?
c) Comente a conclusão do estudante.

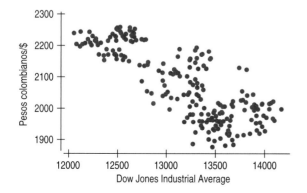

30. Peso colombiano, parte 2. No Exercício 29, um estudante comentou a correlação negativa entre a taxa de câmbio do peso colombiano e o índice Dow Jones durante o ano de 2007. Outro aluno da turma decidiu pesquisar a história da relação e examinou o diagrama de dispersão da taxa média anual de câmbio e o DJIA de 1928 a 2006 visto abaixo (www.measuringworth.com) (o *DJIA* alcançou 9000 pontos, pela primeira vez na história, em 1998). Ele conclui que a relação é positiva, porque a correlação é 0,97.

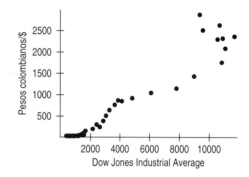

a) Descreva a relação.
b) A correlação é um resumo numérico apropriado da força da relação?
c) Comente a conclusão do estudante e explique como os dois alunos puderam chegar a conclusões tão diferentes.

T 31. Indústria da habitação. Um estudante, acompanhando a indústria da habitação, comparou as vendas trimestrais da Home Depot de 1995 a 2004 às vendas trimestrais de novas residências dos Estados Unidos e criou o diagrama de dispersão que vimos na Figura 7.3 (p. 204). Ele calculou a correlação como sendo 0,70 e escreveu um relatório que afirma que um crescimento de novas residências irá resultar em um aumento de vendas para a Home Depot.

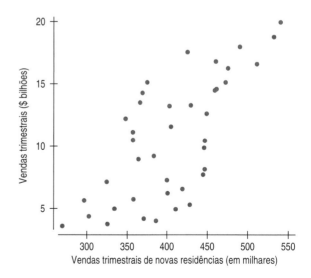

a) Descreva a relação.
b) A correlação é um resumo numérico apropriado da força da relação?
c) Comente a conclusão do estudante.

32. Análise econômica. Um estudante está estudando a economia norte-americana e descobre que a correlação entre a inflação ajustada pelo índice Dow Jones e o Produto Interno Bruto (PIB) (também com a inflação ajustada) é 0,77 (www.measuringworth.com). A partir dessa informação, ele conclui que existe uma forte relação entre as duas séries e prevê que uma queda no PIB irá forçar uma queda no mercado de ações. Eis um diagrama de dispersão com o índice Dow Jones ajustado frente ao PIB (do ano de 2000, em $). Descreva a relação e comente as conclusões do estudante.

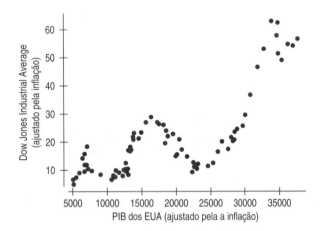

33. Erros de correlação em economia internacional. O professor da disciplina de Economia Internacional pede à sua classe para investigar fatores associados ao Produto Interno Bruto dos países. Cada estudante examina um fator diferente (como *Expectativa de Vida*, *Taxa de Analfabetismo*, etc.) para alguns países e relata à turma. Aparentemente, alguns dos alunos não entendem estatística muito bem, porque muitas das conclusões são incorretas. Explique os seus erros.
a) "Minha correlação de –0,772 mostra que praticamente não existe associação entre o *PIB* e a *Taxa de Mortalidade Infantil*."
b) "Havia uma correlação de 0,44 entre o *PIB* e o *Continente*."

34. Mais erros de correlação em economia internacional. Os estudantes da turma apresentada no Exercício 33 também escreveram estas conclusões. Explique os erros que eles cometeram.
a) "Havia uma correlação muito forte, de 1,22, entre a *Expectativa de Vida* e o *PIB*."
b) "A correlação entre a *Taxa de Alfabetização* e o *PIB* foi de 0,83. Isso mostra que países que querem aumentar seu padrão de vida devem investir pesado em educação."

35. Investimentos. Uma analista de investimentos, examinando a associação entre as vendas e os ativos das empresas, ficou surpresa quando calculou a correlação. Ela esperava encontrar uma associação muito forte, mas a correlação estava próxima de 0. Explique como um diagrama de dispersão poderá revelar a associação forte que ela antecipou.

36. Carros usados. Uma cliente que deseja comprar um carro usado acredita que há uma associação negativa entre a quilometragem de um carro usado e o seu preço. Porém, ela se surpreende quando encontra um valor próximo de 0 ao determinar a associação. Explique como um diagrama de dispersão poderia ajudá-la a entender a relação.

37. Consumo do petróleo, novamente. No Exercício 19, vimos que havia uma forte associação entre o logaritmo do consumo de petróleo e a expectativa de vida em vários países do mundo.
a) Isso significa que o consumo do petróleo é bom para a saúde?
b) O que pode explicar a forte correlação?

38. Idade e renda. As correlações entre *Idade* e *Renda* conforme mensuradas em 100 pessoas é $r = 0,75$. Explique se cada uma destas possíveis conclusões é ou não justificada.
a) Quando a *Idade* aumenta, a *Renda* também aumenta.
b) A forma da relação entre *Idade* e *Renda* é linear.
c) Não existem valores atípicos no diagrama de dispersão da *Renda* versus *Idade*.
d) Se mensurarmos *Idade* em anos ou meses, a correlação ainda será de 0,75.

39. Redução dos custos no transporte rodoviário. Os controladores devem estar de olho no peso dos caminhões nas principais autoestradas, mas parar e pesar os caminhões custa caro para os controladores e para os caminhoneiros. O Departamento de Transporte de Minnesota esperava economizar gastos ao calcular o peso de caminhões grandes sem ter de parar os veículos, mas usando uma escala do "peso em movimento", recentemente desenvolvida. Para testar o novo dispositivo, o departamento conduziu um teste de calibragem. Ele pesou vários caminhões parados (peso estático), assumindo que esse peso era correto. Depois, pesou novamente os caminhões enquanto estavam em movimento, para analisar quão bem a nova escala poderia estimar o peso real. Os dados estão na próxima tabela.

Peso de um caminhão (milhares de libras)	
Peso em movimento	Peso estático
26,0	27,9
29,9	29,1
39,5	38,0
25,1	27,0
31,6	30,3
36,2	34,5
25,1	27,8
31,0	29,6
35,6	33,1
40,2	35,5

a) Faça um diagrama de dispersão para esses dados.
b) Descreva a direção, forma e força da relação.
c) Escreva algumas frases sobre o que o gráfico indica dos dados. (Observação: as frases devem ser sobre a pesagem dos caminhões, não sobre diagramas de dispersão.)
d) Encontre a correlação.
e) Se os caminhões fossem pesados em quilogramas (1 kg = 2,2 libras), como isso mudaria a correlação?
f) Alguns pontos se desviam do padrão geral? O que o diagrama indica sobre a possível recalibragem da escala do peso em movimento?

40. Fazendo economia de combustível em 2007. Em 2006, um estudo do Consumer Reports descobriu que 37% dos respondentes de todo o país pensavam em trocar seu carro atual por outro com maior economia de combustível. Eis as classificações de potência anunciadas e o consumo de gasolina esperada para vários veículos em 2007 (www.kbb.com/KBB/ReviewsAndRating).

Veículo	Potência	Consumo de combustível na estrada (mpg)
Audi A4	200	32
BMW 328	230	30
Buick Lacrosse	200	30
Chevy Cobalt	148	32
Chevy TrailBlazer	291	22
Ford Expedition	300	20
GMC Yukon	295	21
Honda Civic	140	40
Honda Accord	166	34
Hyundai Elantra	138	36
Lexus IS 350	306	28
Lincoln Navigator	300	18
Mazda Tribute	212	25
Toyota Camry	158	34
Volkswagen Beetle	150	30

a) Faça um diagrama de dispersão para esses dados.
b) Descreva a direção, forma e força da relação.
c) Encontre a correlação entre a potência e o consumo (em mpg).
d) Escreva algumas frases relatando o que o gráfico informa sobre a economia de combustível.

T 41. Venda de *pizzas*. Eis um diagrama de dispersão das vendas semanais (em libras) para cada quarta semana de uma marca de *pizza* congelada *versus* o preço unitário da *pizza* para uma amostra de lojas na área de Dallas.

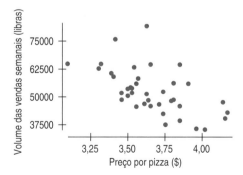

a) Verifique as suposições e as condições para a correlação.
b) Calcule a correlação entre as vendas e os preços.
c) Esse gráfico apoia a teoria de que, à medida que os preços caem, a demanda pelos produtos aumenta?
d) Se assumirmos que o número de libras de *pizza* por caixa é consistente e mensurarmos as vendas pelo número de caixas de *pizzas* vendidas em vez de libras, a correlação irá mudar? Explique.

T 42. Custos da habitação. A preocupação com uma possível "bolha no custo da habitação" tem levado muitos economistas a examinar os seus custos. O Office of Federal Housing Enteprise Oversight (www.ofheo.gov) coleta dados de vários aspectos dos custos da habitação em todos os Estados Unidos. Eis um diagrama de dispersão do *Índice do Custo da Habitação* versus a *Renda Mediana Familiar* para cada um dos 50 estados. A correlação é 0,65.

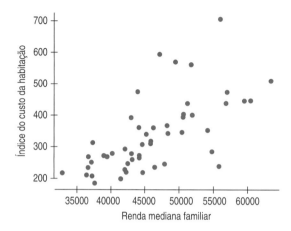

a) Descreva a relação entre o *Índice do Custo da Habitação* e a *Renda Mediana Familiar* por estado.
b) Se padronizarmos as duas variáveis, qual seria o coeficiente de correlação entre as variáveis padronizadas?
c) Se tivéssemos mensurado a *Renda Mediana Familiar* em milhares de dólares, em vez de dólares, como isso mudaria a correlação?
d) Washington, DC, tem um *Índice do Custo da Habitação* de 548 e uma renda mediana de aproximadamente $45000. Se incluíssemos DC no conjunto de dados, como isso afetaria o coeficiente de correlação?
e) Esses dados fornecem provas de que aumentar a renda mediana num estado aumenta o *Índice do Custo da Habitação* como consequência? Explique.

T 43. Fundos Mútuos. Eis um diagrama de dispersão mostrando a associação entre o dinheiro arrecadado nos fundos mútuos (o fundo arrecada em milhões de $) e um tipo específico de retorno de mercado (Índice Wilshire) para cada mês de 1990 a 2002.

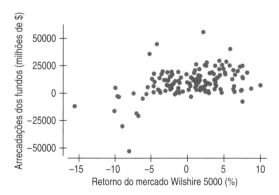

a) É apropriado calcular a correlação? Explique.
b) Identifique o valor atípico maior no diagrama de dispersão. Encontre e discuta a correlação após eliminar esse valor atípico.

44. Salários do futebol americano. Os pagamentos para os 32 times na National Football League (NFL – Liga Nacional de Futebol Americano) variam muito. Os altos salários levam a mais vitórias? Veja um diagrama de dispersão de vitórias *versus* salários das equipes para 2006.

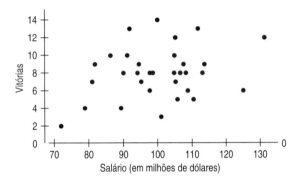

45. Comparecimento em 2006. Os jogos da Liga Americana de Beisebol são disputados sob a regra do batedor designado, significando que arremessadores fracos não pegam o bastão. Os proprietários dos times de beisebol acreditam que essa regra leva a mais pontos, o que, por sua vez, gera um comparecimento maior. Existem indícios de que mais torcedores comparecem aos jogos se os times marcam mais pontos? Os dados coletados dos Jogos da Liga Americana durante a temporada de 2006 têm uma correlação de 0,667 entre *Pontos Marcados* e o *Número de Pessoas que Assistiram ao Jogo* (www.mlb.com).

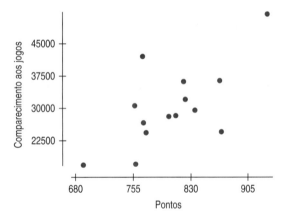

a) O diagrama de dispersão indica que é apropriado calcular a correlação? Explique.
b) Descreva a associação entre o comparecimento e os pontos marcados.
c) Essa associação prova que os proprietários estão certos que mais torcedores comparecerão aos jogos se os times marcarem mais pontos?

46. Segunda rodada de 2006. Talvez os torcedores estejam interessados apenas em times que vencem. As representações são baseadas nos times da Liga Americana para a temporada de 2008 (espn.go.com). As equipes que vencem são necessariamente aquelas que marcam mais pontos?

Correlação	Vitórias	Pontos	Comparecimento
Vitórias	1,000		
Pontos	0,605	1,000	
Comparecimento	0,697	0,667	1,000

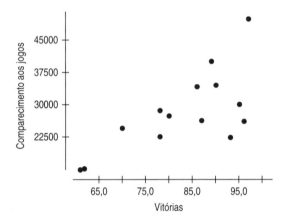

a) Os times vencedores sempre desfrutam de grandes comparecimentos nos jogos em casa? Descreva a associação.
b) O comparecimento está mais fortemente associado à vitória ou à marcação de pontos? Explique.
c) Quão forte está marcar mais pontos associado a vencer mais jogos?

47. Arrecadação de recursos. Analistas de uma organização filantrópica querem prever que tipo de pessoa tem maior probabilidade de doar dinheiro para a próxima campanha de arrecadação de recursos. Eles consideraram as variáveis *Estado Civil* (solteiro = 1, casado = 2, divorciado = 3, viúvo = 4) e *Doador* (Não = 0, Sim = 1) dos possíveis doadores, e encontraram uma correlação de 0,089 entre as duas variáveis. Comente sobre a conclusão de que o estado civil não tem associação quanto à pessoa responder ou não à campanha. O que a organização deveria ter feito com esses dados?

48. Juntando fontes de dados. Uma empresa está verificando seu banco de dados para ver se as duas fontes de dados utilizadas como amostra têm o mesmo código postal. A variável *fonte dos dados* = 1, se a fonte dos dados for *MetroMedia*; 2, se a fonte dos dados for *DataQwest*; 3, se for *RollingPoll*. A organização acha que a correlação entre um código postal de cinco dígitos e a *fonte dos dados* é –0,0229. Ela conclui que a correlação é baixa o suficiente para declarar que não existe dependência entre *código postal* e *fonte de dados*. Comente.

49. Produção de petróleo. A tabela mostra a produção de petróleo dos Estados Unidos de 1949 a 2005 (em milhares de barris por ano).

Capítulo 7 – Diagramas de Dispersão, Associação e Correlação **231**

Ano	Produção (milhares de barris)	Ano	Produção (milhares de barris)
1949	1841940	1978	3178216
1950	1973574	1979	3121310
1951	2247711	1980	3146365
1952	2289836	1981	3128624
1953	2757082	1982	3156715
1954	2314988	1983	3170999
1955	2484420	1984	3249696
1956	2617283	1985	3274553
1957	2616901	1986	3168252
1958	2448987	1987	3047377
1959	2574590	1988	2979126
1960	2574933	1989	2778772
1961	2621758	1990	2684689
1962	2676189	1991	2707039
1963	2752723	1992	2624631
1964	2786822	1993	2499033
1965	2848514	1994	2431476
1966	3027763	1995	2394269
1967	3215742	1996	2366016
1968	3329042	1997	2354831
1969	3371751	1998	2281920
1970	3517450	1999	2146732
1971	3453914	2000	2130706
1972	3455368	2001	2117512
1973	3360903	2002	2097124
1974	32202585	2003	2073454
1975	3056779	2004	1983300
1976	2976180	2005	1890107
1977	3009265		

a) Encontre a correlação entre a produção e o ano.
b) Um repórter conclui que uma correlação baixa entre *ano* e *produção* mostra que a produção de petróleo tem permanecido estável por um período de 57 anos. Você concorda com essa interpretação? Explique.

 50. Indústria aérea. A indústria aérea cresceu rapidamente durante a década de 1995 a 2005. A tabela mostra o número de voos em cada um desses anos.

Ano	Voos
1995	5327435
1996	5351983
1997	5411843
1998	5384721
1999	5527884
2000	5683047
2001	5967780
2002	5271359
2003	6488539
2004	7129270
2005	7140596

a) Encontre a correlação de *Voos* e *Ano*.
b) Faça um diagrama de dispersão.
c) Aponte duas razões por que a correlação que você achou em a) não é um resumo adequado da força da associação. Você pode esclarecer essas violações das condições?

RESPOSTAS DO TESTE RÁPIDO

1 Sabemos que os escores são quantitativos. Devemos verificar se a *Condição de Linearidade* e a *Condição do Valor Atípico* foram satisfeitas, observando um diagrama de dispersão dos dois escores.

2 Não irá mudar.

3 Não irá mudar.

4 Eles provavelmente ficarão baixos. A correlação positiva significa que os preços baixos do fechamento para a Intel estão associados a preços baixos de fechamento para a Cypress.

5 Não, a associação geral é positiva, mas os preços de fechamento diários podem variar.

Regressão Linear

Best Buy Co., Inc.

Em 1966, Richard Schulze abriu uma pequena loja de música, chamada de Sound of Music, em St. Paul, Minnesota, para vender sistemas de componentes de áudio. Por volta de 1980, ele havia expandido para nove lojas; no entanto, em 1981, sua loja de maior sucesso foi destruída por um tornado. Lucrando em cima da desgraça, Schulze transformou o evento em uma bem-sucedida "venda tornado", que reuniu uma grande variedade de itens a preços baixos. Naquele mesmo ano, a Sound of Music entrou no mercado de vendas de eletrônicos e, em 1983, ficou oficialmente conhecida como Best Buy. A empresa, que abriu capital em 1985, foi pioneira no conceito varejista colocando todo seu estoque ao alcance do público, com especialistas em produtos assalariados (não comissionados), como assistentes de vendas, vestindo um "uniforme" de camisa polo azul, calças caqui e sapatos pretos.

Em 2001, a Best Buy adquiriu a Future Shop, maior varejista de produtos eletrônicos do Canadá, e, no ano seguinte, comprou a Greek Squad®, que oferecia aos seus clientes suporte técnico 24 horas por dia. Em 2006, a empresa comprou a participação majoritária da quarta maior loja varejista de eletrodomésticos e produtos eletrônicos da China.

Hoje, a Best Buy é uma loja varejista de produtos eletrônicos, artigos de escritório para casa, eletrodomésticos e *software* de entretenimento, com aproximadamente mil pontos de venda nos Estados Unidos e no Canadá. Em 2006, a empresa anunciou uma receita acima de $27 bilhões, com um lucro de aproximadamente $1 bilhão.

Quem	Meses
O quê	*Uso Mensal* do computador na Best Buy.
Unidades	Milhões de instruções por segundo (MIPS)
Quando	Agosto de 1996 a julho de 2000
Por quê	Para prever a necessidade de processamento computacional.

Extrapolação

Uma previsão de um ano no futuro não parece uma solicitação incomum. Mas sempre que você for além do intervalo dos dados, tal extrapolação pode ser perigosa. O modelo pode fornecer uma previsão para qualquer valor, mas a gerência deve ser cautelosa ao usar um modelo para fazer previsões para valores que estão muito além dos dados sobre os quais o modelo foi construído.

Companhias como a Best Buy dependem de sistemas de computação para manejar e armazenar milhões de transações dos clientes, registros do estoque, informações de folha de pagamento e outros tipos de dados. Portanto, a empresa deve ter poder computacional suficiente para ser capaz de processar e recuperar os dados com rapidez e eficácia. Para um empreendimento em crescimento, assegurar a capacidade e rapidez computacional é crucial.

Todos os anos, a Best Buy compra processamento computacional de grande porte, mensurado em MIPS (Milhões de Instruções por Segundo). Para fins de planejamento e orçamento, a empresa quer prever o número de MIPS necessários para o próximo ano. Antes de 2001, a Best Buy não usava a estatística para prever suas necessidades computacionais; apenas analisava os números e estimava a quantidade de MIPS necessária para o próximo ano. Podemos fazer melhor que isso. A Figura 8.1 mostra o uso mensal do processamento e o número de lojas que a Best Buy tinha entre agosto de 1996 e julho de 2000.

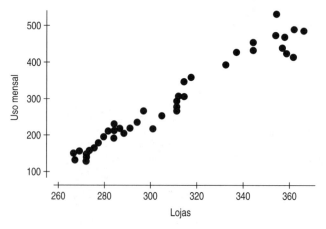

Figura 8.1 Queremos modelar o uso mensal do computador com o número de lojas, por isso colocamos o *Uso Mensal* no eixo y e *Lojas* no eixo x.

A partir do diagrama de dispersão, é possível ver que a relação entre a capacidade computacional e o número de lojas é positivo e linear. A alta correlação de 0,979 confirma sua força. Mas a força da relação é apenas parte da figura. Em 2000, a gerência poderia querer prever quantos MIPS precisaria para dar apoio às 419 lojas projetadas para o final do ano fiscal de 2001. Essa é uma pergunta razoável, mas não podemos ler a resposta diretamente do diagrama de dispersão. Precisamos de um modelo para a tendência. A correlação indica "parece haver um associação linear forte entre as duas variáveis", mas ela não informa *qual a linha*.

8.1 O modelo linear

"Os estatísticos, como os artistas, têm o péssimo hábito de se apaixonar pelos seus modelos."
— George Box, estatístico famoso.

Podemos afirmar mais, é claro. É possível modelar a relação com uma linha e fornecer a equação. Para o caso da Best Buy, usamos um modelo linear para descrever a relação entre o uso do computador e o número de lojas. Um **modelo linear** é apenas uma equação de uma linha reta através dos dados. Nem todos os pontos no diagrama de dispersão se alinham, mas uma linha reta pode resumir o padrão geral com somente alguns parâmetros. Esse modelo pode nos ajudar a entender como as variáveis estão associadas.

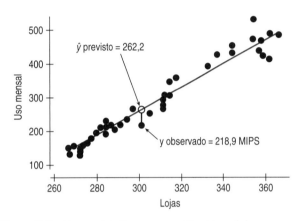

Figura 8.2 Um modelo linear para o *Uso Mensal do Computador* versus *Lojas na Best Buy*, 1996-2000.

Resíduos

• **ALERTA DE NOTAÇÃO:**
"Colocar um chapéu sobre" é uma notação estatística para indicar que algo foi previsto por um modelo. Sempre que você ver um chapéu sobre o nome de uma variável ou símbolo, pode assumir que é uma versão prevista daquela variável ou símbolo.

Sabemos que o modelo não será perfeito. Qualquer linha que desenharmos deixará de passar por muitos dos pontos. A melhor linha talvez não passe por qualquer um dos pontos. Então, como ela poderá ser a "melhor" linha? Queremos encontrar a linha que, de alguma forma, esteja mais *perto* de todos os pontos do que qualquer outra linha. Alguns dos pontos estarão acima da linha e outros abaixo. Um modelo linear pode ser escrito como $\hat{y} = b_0 + b_1 x$, onde b_0 e b_1 são números estimados dos dados e $\hat{y}$ (diz-se y chapéu) é o **valor previsto**. Usamos o *chapéu* para distinguir o valor previsto do valor observado de *y*. A diferença entre esses dois valores é denominada **resíduo**:

$$e = y - \hat{y}.$$

Um resíduo negativo significa que o valor previsto é maior – uma superestimativa. Um resíduo positivo mostra que o modelo faz uma subestimativa. A princípio, isso parece trocado.

O valor resíduo indica quão longe o valor previsto pelo modelo está do valor observado naquele ponto. Por exemplo, o resíduo para a loja 301 é $y - \hat{y} = 218,9 - 262,2 = -43,3$ MIPS. A Figura 8.2 mostra o valor observado (ponto preto), o valor previsto (ponto vazado) e o resíduo (a diferença, mostrada pela linha vertical).

Para encontrar os resíduos, sempre subtraímos os valores previstos dos observados. O resíduo negativo –43,3 indica que o verdadeiro uso de computadores foi de aproximadamente 43 MIPS a *menos* que o modelo prevê quando havia 301 lojas da Best Buy em operação nos Estados Unidos.

A questão agora é como encontrar a linha correta.

A linha de "melhor aderência"

Quando desenhamos uma linha através de um diagrama de dispersão, alguns resíduos serão positivos e outros negativos. Não podemos avaliar quão bem a linha se ajusta aos dados se somarmos todos os resíduos – os positivos e negativos iriam se cancelar uns aos outros. Precisamos encontrar a linha que está mais perto de todos os pontos e, para tanto, devemos tornar todas as distâncias positivas. O mesmo caso ocorre quando calculamos o desvio padrão para mensurar a dispersão. Tratamos isso da mesma maneira aqui: elevando os resíduos ao quadrado para torná-los positivos. A soma de todos os resíduos elevados ao quadrado informa quão bem a linha que traçamos adere aos dados – quanto menor a soma, melhor a aderência. Uma linha diferente irá produzir uma soma diferente, talvez maior, talvez menor. A **linha de melhor aderência** é a linha para a qual a soma dos resíduos ao quadrado é a menor – geralmente chamada de **reta dos mínimos quadrados**.

Essa reta tem a propriedade especial de que a variação dos dados em volta dela, como visto nos resíduos, é a menor possível para qualquer modelo de linha reta que se ajuste a esses dados. Nenhuma outra reta tem essa propriedade. Em termos matemáticos, afirmamos que essa reta minimiza a soma dos resíduos ao quadrado. Você pode pensar que encontrar a "reta dos mínimos quadrados" seja difícil. Surpreendentemente, não é, embora tenha sido uma descoberta matemática notável quando Legendre a publicou, em 1805.

Quem foi o primeiro?

O matemático francês Adrien-Marie Legendre foi o primeiro a publicar a solução dos "mínimos quadrados" ao problema de ajustar uma reta aos dados quando os pontos não caem exatamente sobre a reta. O desafio principal era como distribuir os erros "imparcialmente". Após muita reflexão, ele decidiu minimizar a soma dos quadrados do que agora chamamos de resíduos. Depois que Legendre publicou seu artigo, em 1805, o matemático e astrônomo alemão Carl Friedrich Gauss afirmou que utilizava o método desde 1795 e, de fato, ele o empregou para calcular a órbita do asteroide Ceres, em 1801. Gauss mais tarde se referiu à solução dos "mínimos quadrados" como "nosso método" (*principium nostrum*), o que certamente não melhorou seu relacionamento com Legendre.

8.2 A correlação e a linha

Qualquer linha reta pode ser escrita como:

$$y = b_0 + b_1 x.$$

Se você fosse traçar todos os pares (x, y) que satisfazem essa equação, eles cairiam exatamente numa linha reta. Usaremos essa forma para nosso modelo linear. É claro que, com dados reais, eles não irão cair todos sobre a reta. Assim, escrevemos nosso modelo como $\hat{y} = b_0 + b_1 x$, usando $\hat{y}$ para os valores previstos, porque são os valores previstos (não os valores dos dados) que caem na reta. Se o modelo for bom, os valores dos dados irão se dispersar próximos a ela.

Para os dados da Best Buy, a linha é:

$$\widehat{Uso\ Mensal} = -833,4 + 3,64\ Lojas.$$

O que isso significa? A **inclinação** de 3,64 indica que cada loja está associada (talvez porque seja necessário) com um adicional 3,64 MIPS, em média. As inclinações são sempre expressas em unidades de y por unidades de x. Elas indicam como a variável resposta muda para cada unidade de medida na variável previsora. Assim, dizemos que a inclinação é de 3,64 MIPS por loja.

O **intercepto** de -833,4 é o valor da reta quando a variável x for zero. O que isso significa aqui? O intercepto geralmente serve apenas como um valor inicial para as nossas previsões. Ele não é interpretado, a não ser que um valor de 0 para a variável previsora realmente significasse algo sob as circunstâncias. Aqui, é improvável que um modelo linear que sirva para uma empresa com milhares de lojas seja o modelo certo para uma com somente algumas lojas; portanto, não importa muito que o valor do intercepto não tenha um significado.

TESTE RÁPIDO

Um diagrama de dispersão de vendas por mês (em milhares de dólares) *versus* o número de empregados para todos os pontos de revenda de uma grande cadeia de computadores mostra uma relação linear, com uma dispersão linear e sem valores atípicos. A correlação entre *Vendas* e *Empregados* é de 0,85 e a equação do modelo dos mínimos quadrados é:

$$\widehat{Vendas} = 9{,}564 + 122{,}74\ Empregados$$

1. O que a inclinação de 122,74 significa?
2. Quais são as unidades da inclinação?
3. A loja em Dallas, Texas, tem 10 empregados a mais do que a loja em Cincinnati. Quantas *Vendas* a mais você espera que ela faça?

Como encontramos a inclinação e intercepto da reta dos mínimos quadrados? As fórmulas são simples. O modelo é construído a partir do resumo estatístico que usamos anteriormente. Precisamos da correlação (para conhecer a força da associação linear), os desvios padrão (para conhecer as unidades) e as médias (para saber onde colocar a linha reta).

A inclinação da linha é calculada por:

$$b_1 = r\frac{s_y}{s_x}.$$

Já vimos que a correlação indica o sinal e a força da relação, portanto, não é surpreendente que a inclinação também receba esse sinal. Se a correlação for positiva, o diagrama de dispersão se espalha do lado esquerdo inferior para o lado direito superior, e a inclinação da linha é positiva.

As correlações não têm unidades, mas as inclinações sim. O modo como *x* e *y* são mensurados (quais unidades eles têm) não afeta a correlação entre eles, mas muda a inclinação. A inclinação obtém suas unidades da razão entre os desvios padrão das variáveis envolvidas. Cada desvio padrão tem as unidades da sua respectiva variável. Portanto, as unidades da inclinação também são uma razão e são sempre expressas em unidades de *y* por unidade de *x*.

Como encontramos o intercepto? Se você tivesse de prever o valor de *y* para um ponto dos dados cujo valor *x* fosse a média, o que você diria? A linha de melhor aderência prevê $\bar{y}$ para pontos cujo valor de *x* seja $\bar{x}$. Colocando isso na nossa equação e usando a inclinação que acabamos de encontrar, obtemos:

$$\bar{y} = b_0 + b_1\bar{x}$$

e podemos rearranjar os termos para encontrar:

$$b_0 = \bar{y} - b_1\bar{x}$$

É fácil usar o modelo linear estimado para prever a quantidade do uso do computador (em MIPS) que precisaremos para qualquer número de lojas. Por exemplo, para estimar o *Uso Mensal* necessário para 419 lojas, substituímos 419 por *Lojas* na equação:

$$\widehat{Uso\ Mensal} = -833{,}4 + 3{,}64\ Lojas$$

e encontramos:

$$\widehat{Uso\ Mensal} = -833{,}4 + 3{,}64(419) = 691{,}76\ MIPS.$$

Best Buy
Resumo estatístico:

Uso Mensal: $\bar{y} = 276{,}49$; $s_y = 117{,}09$

Lojas: $\bar{x} = 304{,}65$; $s_x = 31{,}468$

Correlação $r = 0{,}979$

Assim, $b_1 = r\dfrac{s_y}{s_x} = (0{,}979)\dfrac{117{,}09}{31{,}468} = 3{,}64$ MIPS/Loja e
$b_0 = \bar{y} - b_1\bar{x} = 276{,}49 - 3{,}643(304{,}65) = -833{,}3$ MIPS

(A diferença no dígito final é devido a erro de arredondamento.)

As retas dos mínimos quadrados são comumente denominadas linhas de **regressão.** Embora esse nome seja um acidente histórico (como logo veremos), "regressão" quase sempre significa "o modelo linear ajustado por mínimos quadrados". Evidentemente, a regressão e a correlação estão intimamente relacionadas. Precisaremos verificar a mesma condição para a regressão como fizemos com a correlação:

1. **Condição de Variáveis Quantitativas**
2. **Condição de Linearidade**
3. **Condição do Valor Atípico**

Mais adiante, acrescentaremos uma quarta.

Da correlação à regressão

Vimos a equação da reta dos mínimos quadrados, mas podemos aprender mais analisando novamente um gráfico de variáveis padronizadas, para identificar o que a reta significa nesse contexto. Eis os dados da Best Buy novamente, após a padronização de ambas as variáveis. O diagrama de dispersão é essencialmente o mesmo, exceto pela mudança nos eixos.

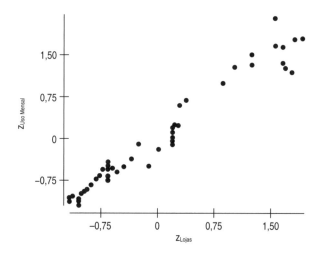

Figura 8.3 O diagrama de dispersão de variáveis padronizadas parece igual ao gráfico original, exceto pela mudança dos eixos.

Se analisarmos a regressão para essas variáveis padronizadas, teremos uma percepção maior de como a regressão funciona. Podemos encontrar a inclinação da regressão para quaisquer duas variáveis x e y a partir de:

$$b_1 = r \frac{s_y}{s_x}.$$

Entretanto, aqui essas variáveis são padronizadas, z_x e z_y, e ambas têm desvios padrão iguais a um. Assim, tem-se:

$$b_1 = r \frac{s_{z_y}}{s_{z_x}} = r \frac{1}{1} = r.$$

(É claro, os desvios padrão se cancelam como acima sempre que forem iguais para as duas variáveis.) E o intercepto? Sabemos que:

$$b_0 = \bar{y} - b_1 \bar{x}$$

mas quando padronizamos as variáveis, temos $b_0 = \bar{z}_y - b_1\bar{z}_x = 0 - r0 = 0$. Portanto, a regressão tem uma equação simples:

$$\bar{z}_y = rz_x.$$

Essa equação traz muita informação, não somente sobre essas variáveis padronizadas, mas também sobre como a regressão funciona em geral. Por exemplo, é dito que se você tivesse uma observação de 1 DP acima da média de x (com um escore-z_x de 1), esperaria que y tivesse um escore-z de r. Agora podemos ver que a correlação é mais que uma vaga medida da força da associação; é uma ótima maneira de pensar sobre o que o modelo indica.

Sejamos mais específicos. Para o *Uso Mensal* de computadores, a correlação é de 0,979. Assim, sabemos imediatamente que:

$$\hat{z}_{\text{Uso Mensal}} = rz_{\text{Lojas}} = 0{,}979 z_{\text{Lojas}}$$

Porém, não precisamos padronizar as duas variáveis para tirar proveito dessa equação. Ela também informa sobre as variáveis originais, afirmando que, para cada desvio padrão acima (ou abaixo) da média que temos em *Lojas*, iremos prever que o uso de computadores é de 0,979 desvios padrão acima (ou abaixo) da média *Uso Mensal*.

No Capítulo 7, vimos que se $r = 0$, não existe uma relação linear. Não importa quantos desvios padrão você mova em x, o valor previsto para y não muda. Por outro lado, se $r = 1{,}0$ ou $-1{,}0$, existe uma associação linear perfeita. Nesse caso, mover qualquer número de desvios padrão em x moverá exatamente o mesmo número de desvios padrão em y. Em geral, mover qualquer número de desvios padrão em x moverá nossa previsão r vezes aquele número de desvios padrão em y.

TESTE RÁPIDO

Vamos retornar à nossa regressão das *Vendas* (em milhares de dólares) *versus Empregados*. A correlação entre *Vendas* e *Empregados* é 0,85, e a equação do modelo de regressão é:

$$\widehat{Vendas} = 9{,}564 + 122{,}74\ Empregados$$

4 Se uma loja estivesse 1 DP acima da média em número de *Empregados*, quantos DPs acima da média você assumiria que suas *Vendas* seriam?

5 O que você poderia prever sobre as vendas de uma loja que está 2 DPs abaixo da média em número de empregados?

8.3 Regressão para média

Suponha que você tivesse de adivinhar a altura em polegadas de um novo estudante homem que irá participar da sua turma. Qual seria a sua estimativa? Uma boa estimativa seria a altura média dos estudantes masculinos. Agora suponha que você soubesse que esse estudante tem um coeficiente de rendimento de notas (GPA – *Grade Point Average*) de 3,9 – aproximadamente 2 DPs acima da média do GPA. Isso mudaria a sua estimativa? Provavelmente não. A correlação entre GPA e altura está próxima a 0, assim, saber o valor do GPA nada indica e não modifica a sua estimativa (a equação da regressão padronizada, $\hat{z}_y = rz_x$, também informa isso, visto que ela indica que devemos mover 0×2 DPs da média).

Sir Francis Galton foi o primeiro a falar em "regressão", embora outros tenham ajustado linhas aos dados pelo mesmo método.

Por outro lado, se você fosse informado de que, mensurada em centímetros, a altura do estudante estava 2 DPs acima da média, você saberia sua altura em polegadas. Existe uma perfeita correlação entre *Altura* em polegadas e *Altura* em centímetros ($r = 1$), assim, você sabe que ele está 2 DPs acima da média da altura em polegadas também (a equação da regressão padronizada indicaria que devemos mover $1,0 \times 2$ DPs da média).

E se o estudante estivesse 2 DPs acima da média no tamanho do sapato? Você ainda estimaria que ele tem uma altura média? Você pode estimar que ele é mais alto que a média, visto que existe uma correlação positiva entre altura e tamanho do sapato. Mas você estimaria que ele está 2 DPs acima da média? Quando não havia correlação, não nos afastamos da média. Com uma correlação perfeita, movemos nossa estimativa 2 DPs. Qualquer correlação entre esses extremos deveria nos levar a movê-la entre 0 e 2 DPs acima da média (para ser exato, a equação da regressão padronizada pede que nos afastemos $r \times 2$ desvios padrão da média).

Observe que, se x está 2 DPs acima da sua média, nunca iremos nos afastar mais que 2 DPs de y, visto que r não pode ser maior que 1,0. Portanto, cada y previsto tende a estar mais perto da sua média (em desvios padrão) do que seu correspondente x. Essa propriedade do modelo linear é chamada de **regressão para a média**. É por esse motivo que a linha é chamada de linha de regressão.

> **A primeira regressão**
>
> Sir Francis Galton relacionou a altura dos filhos à altura dos seus pais com uma linha de regressão. A inclinação de sua linha era menor que um. Isto é, filhos de pais altos eram altos, mas não tão acima da média da altura como seus pais estavam acima da sua média. Os filhos de pais baixos eram baixos, mas geralmente não tão longe da média como seus pais. Galton interpretou a inclinação corretamente indicando a "regressão" em direção à média da altura – e o termo "regressão" foi cunhado como descrição do método que ele havia usado para encontrar a linha.

QUADRO DA MATEMÁTICA

De onde surgiu a equação da linha de melhor aderência? Para escrever a equação de qualquer linha, devemos conhecer um ponto na linha e a inclinação. É lógico esperar que um valor médio de x irá corresponder a um valor médio de y e, na verdade, a linha realmente passa através do ponto $(\bar{x}, \bar{y})x$. (Isto também não é difícil de mostrar.)

Para ponderar sobre a inclinação, analisamos novamente os escores-z. Precisamos lembrar alguns fatores.

1. A média de qualquer conjunto de escores-z é 0. Isso indica que a linha que melhor adere aos escores-z passa pela origem (0, 0).

2. O desvio padrão de um conjunto de escores-z é 1, assim, a variância também é 1. Isso significa que $\dfrac{\sum(z_y - \bar{z}_y)^2}{n-1} = \dfrac{\sum(z_y - 0)^2}{n-1} = \dfrac{\sum z_y^2}{n-1} = 1$, um fato que se tornará importante em breve.

3. A correlação é $r = \dfrac{\sum z_x z_y}{n-1}$, que também será importante em breve.

Lembre que nosso objetivo é encontrar a inclinação da linha de melhor aderência. Como ela passa pela origem, a equação da linha de melhor aderência será da forma $\hat{z}_y = m z_x$. Queremos encontrar o valor para m que irá minimizar a soma dos erros ao quadrado. Na verdade, dividiremos aquela soma por $n - 1$ e minimizaremos o erro quadrado médio (EQM). Assim, temos:

Minimize: $\quad EQM = \dfrac{\sum(z_y - \hat{z}_y)^2}{n-1}$

Visto que $\hat{z}_y = m z_x$: $\quad EQM = \dfrac{\sum(z_y - m z_x)^2}{n-1}$

Eleve o binômio ao quadrado $\quad = \dfrac{\sum(z_y^2 - 2m z_x z_y + m^2 z_x^2)}{n-1}$

Reescreva o somatório: $\quad = \dfrac{\sum z_y^2}{n-1} - 2m \dfrac{\sum z_x z_y}{n-1} + m^2 \dfrac{\sum z_x^2}{n-1}$

4. Substitua de (2) e (3): $\quad = 1 - 2mr + m^2$

> A última expressão é uma forma quadrática: uma parábola na forma $y = ax^2 + bx + c$ alcança seu mínimo no seu ponto crítico quando $x = \dfrac{-b}{2a}$. Podemos minimizar a média dos erros ao quadrado escolhendo $m = \dfrac{-(-2r)}{2(1)} = r$.
>
> A inclinação da linha de melhor aderência para os escores-z é a correlação, r. Isso nos leva imediatamente a dois resultados importantes, listados aqui.
>
> Uma inclinação com valor r para os escores-z significa que aquela diferença de 1 desvio padrão em z corresponde a uma diferença de r desvios padrão em $\hat{z}_y$. Traduzindo isso para os valores originais de x e y: "acima de um desvio padrão em x, acima de r desvios padrão em $\hat{y}$".
>
> A inclinação da linha da regressão é $b = \dfrac{rs_y}{s_x}$.
>
> Sabemos que escolher $m = r$ minimiza a soma dos erros ao quadrado (SSE), mas quão pequena pode ser essa soma? A equação (4) indica que a média dos erros ao quadrado é $1 - 2mr + m^2$. Quando $m = r$, $1 - 2mr + m^2 = 1 - 2r^2 + r^2 = 1 - r^2$. Esse é o percentual da variabilidade que não é explicada pela linha de regressão. Visto que $1 - r^2$ da variabilidade *não* é explicada, o percentual de variabilidade em y que é explicada por x é r^2. Esse fato importante ajuda a avaliar a força de nossos modelos.
>
> Existe ainda outro bônus. Visto que r^2 é o percentual da variabilidade explicada pelo nosso modelo, r^2 é, no máximo, 100%. Se $r^2 \leq 1$, então $-1 \leq r \leq 1$, provando que as correlações estão sempre entre -1 e $+1$.

Por que *r* para correlação?

No seu artigo original sobre correlação, Galton usou r para o "índice de correlação" – o que agora chamamos de coeficiente de correlação. Ele o calculou a partir da regressão de y em x ou de x em y após a padronização das variáveis, assim como fizemos. A partir do texto, fica claro que ele utilizou r para representar a regressão (padronizada).

8.4 Verificando o modelo

O modelo de regressão linear talvez seja o mais usado em toda a estatística. Ele tem tudo o que poderíamos desejar em um modelo: dois parâmetros fáceis de estimar, uma medida significativa de quão bem o modelo adere aos dados e o poder de prever novos valores. Ele fornece até mesmo uma autoverificação no diagrama dos resíduos para ajudar a evitar qualquer tipo de erro. A maioria dos modelos é útil somente quando as **suposições** específicas são verdadeiras. É claro, as suposições são difíceis – geralmente impossíveis – de verificar. Por isso as *assumimos*. Mas devemos verificar se as suposições são *razoáveis*. Felizmente, em geral, podemos verificar as *condições* que fornecem informações sobre as suposições. Para o modelo linear, começamos verificando as mesmas informações analisadas no Capítulo 7 para o uso da correlação.

Os modelos lineares fazem sentido somente com dados quantitativos. A **Condição de Dados Quantitativos** é fácil de verificar, mas não se deixe enganar por dados categóricos registrados como números. Você não irá querer prever códigos postais a partir de contas de cartões de créditos.

O modelo de regressão *assume* que a relação entre as variáveis é, de fato, linear. Se você tentar modelar uma relação curva com uma linha reta, geralmente terá o que merece. Nunca podemos ter certeza de que a relação subjacente entre duas variáveis é realmente linear, mas um exame do diagrama de dispersão permitirá que você decida se a **Suposição de Linearidade** é razoável. A **Condição de Linearidade** que usamos no Capítulo 7 é projetada exatamente para tanto e é satisfeita se o diagrama de dispersão for razoavelmente linear. Se o diagrama de dispersão não for linear o suficiente, pare. Você não pode usar um modelo linear para duas variáveis *quaisquer*, mesmo se elas estiverem relacionadas. As duas variáveis devem ter uma associação *linear* ou o modelo nada significará. Algumas relações não lineares podem ser salvos por uma transformação dos dados, para tornar o diagrama de dispersão mais linear.

Cuidado com os valores atípicos. A suposição de linearidade também requer que nenhum ponto esteja tão longe que distorça a linha de melhor aderência. Verifique a **Condição do Valor Atípico** para ter certeza de que nenhum ponto necessita de uma atenção especial. Os valores atípicos podem ter resíduos grandes e elevá-los ao quadrado torna

---

Faça uma figura

Verifique o diagrama de dispersão. A forma deve ser linear, caso contrário você não pode usar a regressão para as variáveis no seu formato atual. Tenha cuidado com os valores atípicos.

a sua influência ainda maior. Pontos atípicos podem mudar drasticamente um modelo de regressão. Observações incomuns podem até mesmo mudar o sinal da inclinação, indicando uma direção enganosa da relação subjacente entre as variáveis.

8.5 Aprendendo mais com os resíduos

Sempre verificamos as condições com um diagrama de dispersão dos dados, mas podemos aprender ainda mais após termos ajustado o modelo de regressão. Os resíduos fornecem informações que podemos usar para ajudar na decisão de quão razoável nosso modelo é e quão bem o modelo está ajustado. Portanto, representamos graficamente os resíduos e verificamos novamente as condições.

Os resíduos são a parte dos dados que *não* foi modelada. Podemos escrever

$$Dados = Previsto + Resíduos$$

ou, da mesma forma,

$$Resíduos = Dados - Previsto.$$

Ou, como mostramos anteriormente, em símbolos:

$$e = y - \hat{y}.$$

Os resíduos ajudam a analisar se o modelo faz sentido. Quando um modelo de regressão é adequado, ele deve modelar o relacionamento subjacente. Nada interessante deveria ser deixado para trás. Assim, após ajustarmos um modelo de regressão, geralmente representamos graficamente os resíduos na esperança de encontrar ... nada.

> **Por que a letra *e* para os resíduos?**
>
> A resposta fácil é que *r* já foi usado para a correlação, mas a verdade é que *e* representa "erro". Não é que o ponto de dados seja um erro, mas os estatísticos geralmente se referem à variabilidade não explicada pelo modelo como erro.

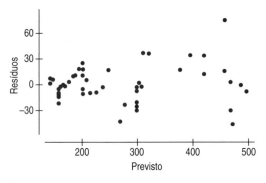

Figura 8.4 Um diagrama de dispersão dos resíduos *versus* os valores previstos para os dados da Best Buy mostra somente que existem vários valores com o mesmo valor previsto. De outra forma, o gráfico é adequadamente enfadonho.

Verificamos a Condição de Linearidade e a Condição do Valor Atípico nesse gráfico.[1] Um diagrama de dispersão dos resíduos *versus* os valores de *x* deveria ser um gráfico sem padrões. Ele não deve ter características importantes – nenhuma direção, nenhuma forma. Ele deve se alongar horizontalmente sem mostrar curvas e não deve ter valores atípicos. Se você perceber não linearidades, valores atípicos ou aglomerados nos resíduos, descubra o que o modelo de regressão deixou escapar.

Os resíduos não somente ajudam a verificar as condições, mas também indicam quão bem o modelo se comporta. Quanto melhor o modelo se ajusta aos dados, menos

---

[1] Muitos pacotes computacionais estatísticos representam os resíduos como fizemos na Figura 8.4, *versus* os valores previstos, em vez de *versus x*. Quando a inclinação é positiva, os diagramas de dispersão são praticamente idênticos, exceto pelas legendas dos eixos. Quando a inclinação é negativa, as duas versões são imagens espelhadas. Visto que apenas os padrões nos interessam (ou, melhor, a ausência de padrões), qualquer gráfico é útil.

os resíduos irão variar em torno da reta. O desvio padrão dos resíduos, s_e, informa uma medida de quanto os pontos se espalham em torno da linha de regressão. É claro que para esse resumo fazer sentido, todos os resíduos deveriam compartilhar a mesma dispersão subjacente. Portanto, devemos *assumir* que o desvio padrão em torno da reta é o mesmo toda vez que o modelo é aplicado.

Essa nova suposição sobre o desvio padrão em torno da linha indica uma nova condição, chamada de **Condição da Mesma Dispersão**. A pergunta a ser feita é se o gráfico se alarga ou se estreita. Para isso, verificamos se a dispersão é a mesma por toda a parte. Também podemos confirmar isso no diagrama de dispersão original de *y versus x* ou no diagrama de dispersão dos resíduos (ou, preferencialmente, em ambos os gráficos). Estimamos o **desvio padrão residual** praticamente da maneira que você esperaria:

$$s_e = \sqrt{\frac{\sum e^2}{n-2}}.$$

Não precisamos subtrair a média dos resíduos, porque $\bar{e} = 0$. Por que dividir por $n - 2$, em vez de $n - 1$? Usamos $n - 1$ para s quando estimamos a média. Agora estamos estimando uma inclinação e um intercepto. Parece um padrão, e é. Subtraimos um a mais para cada parâmetro adicional que estimamos.

Quando previmos o uso para 301 lojas, vimos um resíduo de –43,3 MIPS. Para os dados da Best Buy, o desvio padrão residual (s_e) é 24,07 MIPS, portanto, nossa previsão é aproximadamente –43,3/24,07 = –1,8 desvio padrão distante do valor real, um tamanho bem típico para resíduos, visto que está dentro de dois desvios padrão.

> **Condição da mesma dispersão**
>
> Essa condição requer que a dispersão de *y* seja aproximadamente a mesma para todos os valores de *x*. Ela é geralmente verificada usando um gráfico dos resíduos *versus* os valores previstos. A suposição subjacente da mesma variância é também chamada de **homocedasticidade**.

8.6 Variação no modelo e o R^2

A variação dos resíduos é a chave para avaliar quão bem o modelo está ajustado. O *Uso Mensal* tem um desvio padrão de 117,0 MIPS. Se precisarmos advinhar quanta capacidade precisaremos, sem saber o número de lojas, podemos utilizar a média de 276,5 MIPS. O DP estaria em torno de 117,0 MIPS. Podemos estar errados por aproximadamente o dobro do DP – mais ou menos 234,0 MIPS –, o que provavelmente não é preciso o suficiente para um planejamento. No entanto, após ajustar uma linha, os resíduos têm um desvio padrão de somente 24,07 MIPS, assim, saber o número de lojas permite que se façam previsões muito melhores. Se a correlação fosse 1,0 e o modelo previsse a capacidade perfeitamente, os resíduos seriam todos zero e não teriam variação. Não poderíamos fazer melhor que isso.

Quão bem nos saímos? Observe os diagrama de caixa e bigodes.

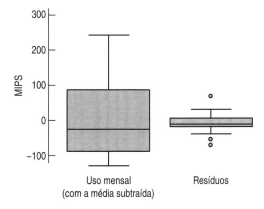

Figura 8.5 Os diagramas de caixa e bigodes mostram quanto a variação é reduzida ajustando-se o modelo de regressão linear.

> **Soma dos quadrados**
> A soma dos resíduos ao quadrado $\sum(y - \hat{y})^2$ é, às vezes, escrita como SSE (soma dos erros ao quadrado). Se chamarmos $\sum(y - \bar{y})^2$ de SST (soma total dos quadrados), então
> $R^2 = 1 - \dfrac{SSE}{SST}$.

Se a correlação tivesse sido zero, o modelo simplesmente iria prever a média (como faríamos se não soubéssemos o número de lojas). Os resíduos daquela previsão seriam apenas os valores observados menos sua média. Esses resíduos teriam a mesma dispersão dos dados originais porque, como sabemos, apenas subtrair a média não muda a dispersão.

Quão bem funciona o modelo da Best Buy? A variação nos resíduos é certamente bem menor que nos dados, mas ainda maior que zero. Quanto da variação está nos resíduos? Se você tivesse de atribuir um número entre 0 e 100% para a fração da variação deixada nos resíduos, o que você diria?

Todos os modelos de regressão caem em algum lugar entre os dois extremos da correlação zero e da correlação perfeita ($r = \pm 1$). Queremos estimar onde está nosso modelo. Podemos usar a correlação para tanto? Um modelo de regressão com uma correlação de –0,5 funciona tão bem quanto um com uma correlação de +0,5. Eles apenas têm direções diferentes. Mas se *elevarmos ao quadrado* o coeficiente de correlação, temos um valor entre 0 e 1 e a direção não fará diferença. Como mostramos no Quadro Matemático, isso funciona perfeitamente. A correlação ao quadrado, r^2, fornece a fração da variação dos dados de responsabilidade do modelo e $1 - r^2$ é a fração da variação original deixada nos resíduos. Para o modelo da Best Buy, $r^2 = (0,979)^2$ = $(0,979)^2 = 0,959$ e $1 - r^2$ é 0,041, portanto, somente 4,1% da variabilidade do uso mensal foi deixada nos resíduos.

Todas as análises de regressão incluem essa estatística; por tradição, ela é escrita com a letra maiúscula, R^2, pronunciada "R ao quadrado". Um R^2 de 0 significa que nada da variância dos dados está no modelo; toda ela ainda está nos resíduos. É difícil imaginar que aplicação terá esse modelo. Visto que R^2 é uma fração de um todo, ele geralmente é dado como um percentual.[2]

Na interpretação de um modelo de regressão, você precisa relatar o que R^2 significa. De acordo com o nosso modelo linear, 95,9% da variação no *Uso Mensal* é responsável pelo número das lojas.

> A correlação de 0,80 é duas vezes mais forte do que a correlação de 0,40? Não, se você pensar em termos de R^2. Uma correlação de 0,80 significa um R^2 de $0,80^2$ = 64%. Uma correlação de 0,40 significa um R^2 de $0,40^2 = 16\%$ – somente um quarto a mais da variação explicada. Uma correlação de 0,80 dá um R^2 quatro vezes mais forte que uma correlação de 0,40 e é responsável por quatro vezes mais variação.

◆ **Como podemos saber que o R^2 é realmente a fração da variância explicada pelo modelo?** É um cálculo simples. A variância do *Uso Mensal* é $117,09^2$ = 13710,7. Se tratarmos os resíduos como dados, a variância dos resíduos é 566,8.[3] Como uma fração da variância do *Uso Mensal*, é 0,0413 ou 4,13%. Essa é a fração da variância que *não é* explicada pelo modelo. A fração que *é* explicada é 100% – 4,13% = 95,9%, justamente o valor que obtivemos para o R^2.

TESTE RÁPIDO

Retornemos à nossa regressão de vendas ($000) sobre o número de empregados.

$$\widehat{Vendas} = 9,564 + 122,74 \, Empregados$$

O valor de R^2 é relatado como 71,4%.

6 O que o valor de R^2 significa na relação entre *Vendas* e *Empregados*?
7 A correlação entre *Vendas* e *Empregados* é positiva ou negativa? Por quê?
8 Se mensurarmos as *Vendas* em milhares de euros, em vez de milhares de dólares, o valor de R^2 irá mudar? E a inclinação?

---

[2] Em contraposição, fornecemos os coeficientes de correlação como valores decimais entre –1,0 e 1,0.

[3] Não é igual a elevar s_e ao quadrado, o que discutimos anteriormente, mas está bem próximo.

> **Histórias extremas**
>
> Uma grande empresa desenvolveu um método para a diferenciação entre proteínas. Para tanto, eles tinham de distinguir entre regressões com um R^2 de 99,99% e 99,98%. Para essa aplicação, 99,98% não era alta o suficiente.
>
> O presidente de uma empresa de serviços financeiros relata que, embora suas regressões forneçam um R^2 abaixo de 2%, elas são bem-sucedidas, porque as usadas pela concorrência são ainda menores.

Quão grande deve ser o R^2?

O valor de R^2 está sempre entre 0 e 100%. Mas o que é um "bom" valor para o R^2? A resposta depende do tipo de dados que você estiver analisando e o que você quer fazer com eles. Como no caso da correlação, não existe valor para R^2 que automaticamente determine que a regressão seja "boa". Dados de experimentos científicos geralmente têm um R^2 num intervalo de 80 a 90%, ou até mais alto. Dados de estudos observacionais e pesquisas, entretanto, geralmente mostram associações relativamente fracas, pois é muito difícil mensurar respostas confiáveis. Um R^2 de 30 a 50% ou mais baixo pode ser tomado como evidência de uma regressão útil. O desvio padrão dos resíduos pode fornecer mais informação sobre a utilidade da regressão indicando quanta dispersão existe em torno da reta.

Como vimos, um R^2 de 100% é um ajuste perfeito, com nenhuma dispersão em torno da reta. O s_e seria zero. Toda a variância seria responsável pelo modelo com nenhum resíduo. Isso parece ótimo, mas é bom demais para ser verdadeiro para dados reais.[4]

8.7 Verificação da realidade: a regressão é razoável?

As estatísticas não aparecem do nada. Elas são baseadas em dados. Os resultados de uma análise estatística devem reforçar o senso comum. Se os resultados são surpreendentes, ou você aprendeu algo novo sobre o mundo ou sua análise está errada.

Sempre que você executar uma regressão, pense sobre os coeficientes e pergunte se eles fazem sentido. A inclinação é razoável? A direção da inclinação parece certa? O pequeno esforço de perguntar se a equação da regressão é plausível será compensado se você perceber erros ou evitar afirmar algo tolo ou absurdo sobre os dados. É muito fácil pegar algo que vem do computador sem analisar e supor que faz sentido.

Sempre seja cético e pergunte a si mesmo se a resposta é razoável.

EXEMPLO ORIENTADO | *Tamanho da casa e preço*

Agentes imobiliários sabem que os três fatores mais importantes na determinação do preço de uma casa são *localização*, *localização* e *localização*. Mas que outros fatores ajudam a determinar o preço de uma casa? Número de banheiros? Tamanho do pátio? Uma estudante juntou dados de publicidade disponíveis em milhares de lares do estado de Nova York. Extraímos uma amostra aleatória de 1057 lares para examinar a formação do preço. Entre as variáveis que ela coletou estavam a área total habitável (em pés quadrados), o número de banheiros, o tamanho do lote (em acres) e a idade da casa (em anos). Investigaremos quão bem o tamanho da casa, medido pela área habitável, pode prever o preço de venda.

continua...

---

[4] Se você ver um R^2 de 100%, investigue o que aconteceu. Você pode ter acidentalmente retornado duas variáveis que tinham a mesma medida.

PLANEJAR

Configuração. Declare o objetivo do estudo.

Queremos descobrir quão bem a área habitável de uma casa do estado de Nova York pode prever seu preço de venda.

Identifique as variáveis e seu contexto.

Temos duas variáveis quantitativas: a área habitável (em pés quadrados) e o preço de venda ($). Esses dados provêm de registros públicos do estado de Nova York, de 2006.

Modelo Precisamos verificar as mesmas condições para a regressão feitas para a correlação. Para tanto, construa um diagrama. Nunca ajuste uma regressão sem primeiro analisar o diagrama de dispersão.

✓ **Condição de variáveis quantitativas:**

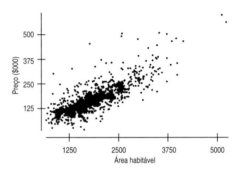

Verifique a Linearidade, a Condição de Mesma Dispersão e se existem Valores Atípicos.

✓ **Condição de linearidade:** O diagrama de dispersão mostra duas variáveis que parecem ter uma forte associação positiva. O gráfico parece ser aproximadamente linear.

✓ **Condição do valor atípico:** Parece haver alguns valores atípicos, especialmente entre casas grandes e relativamente caras. Algumas casas menores são caras pelo seu tamanho. Iremos verificar sua influência no modelo mais adiante.

✓ **Condição da mesma variabilidade:** O diagrama de dispersão mostra uma dispersão consistente para todos os x que estamos modelando.

Temos duas variáveis quantitativas que parecem satisfazer as condições, assim, iremos modelar esse relacionamento com uma linha de regressão.

FAZER

Mecânica Encontre a equação da linha de regressão usando um pacote estatístico. Lembre-se de escrever a equação do modelo usando nomes significativos para as variáveis.

Nosso software produz a seguinte saída.

A variável dependente é: Preço
Total de casos: 1.057
R ao quadrado = 62,43%
s = 57.930 com 1.000 − 2 = 998 gl

Variável	Coeficiente
Intercepto	6.378,08
Área habitável	115,13

	Com o modelo, faça um diagrama dos resíduos e verifique a Condição da Mesma Variabilidade novamente.	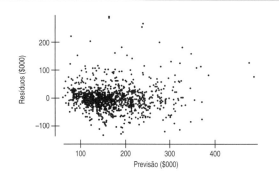 O gráfico dos resíduos aparentemente não apresenta padrões. As poucas casas pequenas relativamente caras estão em evidência, mas deixá-las de lado e reajustar o modelo não muda muito a inclinação ou o intercepto, portanto, não vamos excluí-las. Existe uma pequena tendência de que as casas mais baratas tenham menos variação, mas a dispersão é aproximadamente a mesma para todos os valores de x.
RELATAR	**Conclusão** Interprete o que você encontrou em um contexto apropriado.	**Memorando** **Re: Relatório dos preços das casas.** Examinamos quão bem o tamanho das casas pode prever o preço de venda. Os dados foram obtidos de vendas recentes no estado de Nova York. O modelo é: $\widehat{Preço} = \$6376{,}08 + 115{,}13 \times$ Área habitável. Em outras palavras, de uma base de \$6376,08, as casas custam aproximadamente \$115,13 por metro quadrado no estado de Nova York. Esse modelo parece ser razoável tanto da perspectiva estatística quanto da imobiliária. Embora saibamos que o tamanho da casa não é o único fator no preço de venda, o modelo explica 62,4% da variação do preço de venda. Como uma certificação da veracidade, entramos em vários sites imobiliários (www.realestateabc.com, www.zillow.com) e descobrimos que as casas nesta região custavam, em média, de \$100 a \$150 por metro quadrado, portanto, nosso modelo é plausível. É claro que nem todos os preços de casas são bem previstos pelo modelo. Calculamos o modelo sem várias dessas casas, mas o seu impacto no modelo de regressão foi pequeno. Acreditamos que essa seja uma forma razoável de avaliar se uma casa está com seu preço correto para o mercado. Análises futuras podem incluir outros fatores.

O QUE PODE DAR ERRADO?

As análises de regressão podem ser mais sutis do que parecem inicialmente. Eis algumas orientações para ajudá-lo a usar de modo eficaz esse poderoso método.

- **Não ajuste uma linha reta a um relacionamento não linear.** A regressão linear é apropriada somente para relacionamentos que são, de fato, lineares. Felizmente, em geral, podemos melhorar a linearidade facilmente usando transformações (veja o Capítulo 17).

- **Tenha cuidado com pontos extraordinários.** Os valores dos dados podem ser extraordinários ou incomuns numa regressão de duas maneiras. Eles podem ter valores de y que estão fora do padrão linear sugerido pela massa dos dados; são os que chamamos de valores atípicos, embora, na regressão, um ponto possa ser um valor atípico por estar longe do padrão linear, mesmo se não for o maior ou menor valor de y. Os pontos também podem ser extraordinários nos seus valores de x. Tais pontos podem exercer uma forte influência na reta. Ambos os tipos de pontos extraordinários requerem atenção.

- **Não extrapole para muito além dos dados. Um modelo linear geralmente resume bem uma relação no intervalo delimitado aos valores observados de x.** Uma vez que temos um modelo que funciona para a relação, pode ser tentador usá-lo. Mas tenha cuidado na previsão dos valores de y para os valores de x que estão muito longe do intervalo dos dados originais. O modelo pode não mantê-los; portanto, tais extrapolações muito distantes dos dados são perigosas.

- **Não deduza que x causa y apenas porque existe um bom modelo linear para a sua relação.** Quando duas variáveis estão fortemente correlacionadas, é tentador assumir uma relação causal entre elas. Colocar uma linha de regressão num diagrama de dispersão é ainda mais tentador, mas não torna a suposição de causa mais válida.

- **Não escolha um modelo somente baseado em R^2.** Embora o R^2 mensure a *força* da associação linear, um R^2 alto não demonstra a *adequabilidade* da regressão. Uma única observação incomum, ou dados que se dividem em dois grupos, podem fazer o R^2 parecer grande quando, de fato, o modelo de regressão linear é simplesmente inadequado. Inversamente, um R^2 baixo pode ser devido a um único valor atípico. Talvez a maioria dos dados caia aproximadamente ao longo de uma linha reta, com exceção de um único ponto. Sempre analise o diagrama de dispersão.

ÉTICA EM AÇÃO

Jill Hathway quer mudar de carreira e está interessada em começar uma franquia. Depois de passar os últimos 20 anos trabalhando como gerente de nível médio para uma grande corporação, Jill quer satisfazer seu espírito empresarial sozinha. Ela mora em uma pequena cidade do sudoeste dos Estados Unidos e está considerando uma franquia na indústria do condicionamento físico. Ela cogita várias possibilidades, incluindo Pilates One, para a qual solicitou um pacote da franquia. Incluído no pacote de informação estavam dados mostrando várias demografias regionais (idade, sexo, renda) relacionadas ao sucesso da franquia (receita, lucro, retorno do investimento). A Pilates One é uma franquia relativamente nova, com apenas alguns locais. Entretanto, a empresa apresentou vários resultados gráficos e de análise de dados para auxiliar os futuros franqueados no seu processo de tomada de decisão. Jill mostrou interesse principalmente no gráfico e na análise de regressão que relacionava a proporção de mulheres acima de 40 anos dentro de um raio de 30 quilômetros de uma localização da Pilates One ao retorno do investimento da franquia. Ela notou que havia um relacionamento positivo. Com um pouco de pesquisa, Jill descobriu que a proporção de mulheres acima de 40 anos na sua cidade era maior que em qualquer outra localização da Pilates One (fator atribuído, em parte, ao grande número de aposentados se mudando para o sudoeste). Ela usou a equação da regressão para projetar o retorno do investimento para uma localização da Pilates One na sua cidade e ficou muito contente com o resultado. Com dados tão objetivos, ficou confiante em investir na franquia.

PROBLEMA ÉTICO *A Pilates One está relatando uma análise baseada somente em algumas observações. Jill está extrapolando além do intervalo dos valores de* x *(relacionado ao Item C, ASA, Ethical Guidelines).*

SOLUÇÃO ÉTICA *A Pilates One deveria incluir um aviso de que a análise foi baseada em poucas observações e que a equação não deveria ser usada para prever o sucesso em outras localidades ou além do intervalo dos valores de* x *usados na análise.*

O que aprendemos?

Aprendemos que, quando a relação entre variáveis quantitativas for linear, um modelo linear pode ajudar a resumir e compreender o relacionamento.

- A linha de regressão (melhor aderência) não passa por todos os pontos, mas ela é o melhor ajuste, no sentido de que a soma dos quadrados dos resíduos é a menor possível.

Aprendemos vários aspectos que a correlação, r, indica sobre a regressão:

- A inclinação da linha é baseada na correlação, ajustada para os desvios padrão de x e y. Aprendemos a interpretar a inclinação em um contexto.
- Para cada DP que um caso está afastado da média de x, esperamos que ele esteja r DPs em y longe da média de y.
- Devido a r estar sempre entre -1 e $+1$, cada y previsto está mais alguns DPs afastado da sua média do que o x correspondente estava, um fenômeno chamado de *regressão para a média*.
- O quadrado do coeficiente de correlação, R^2, indica a fração da variação da resposta responsável pelo modelo e regressão. O $1 - R^2$ remanescente é deixado nos resíduos.

Termos

Desvio padrão dos resíduos s_e é encontrado por:

$$s_e = \sqrt{\frac{\sum e^2}{n-2}}.$$

Inclinação A inclinação b_1 é dada em unidades de y por unidade de x. As diferenças de uma unidade em x estão associadas às diferenças das unidades de b_1 nos valores previstos de y:

$$b_1 = r\frac{s_y}{s_x}.$$

Intercepto O intercepto, b_0, indica o valor inicial nas unidades de y. É o valor de $\hat{y}$ quando x for zero.

$$b_0 = \bar{y} - b_1\bar{x}$$

Linha de regressão Equação linear específica que satisfaz o critério dos mínimos quadrados, geralmente chamado de linha de melhor aderência.

Mínimos quadrados Critério que especifica a única linha que minimiza a variância dos resíduos ou, da mesma forma, a soma dos resíduos ao quadrado.

Modelo linear (linha da melhor aderência) O modelo linear da forma $\hat{y} = b_0 + b_1 x$ se ajusta pelos mínimos quadrados. Também chamado de linha da regressão. Para interpretar um modelo linear, precisamos conhecer a variável e suas unidades.

R^2
- O quadrado da correlação entre y e x.
- A fração da variabilidade de y, explicada pela regressão dos mínimos quadrados em x.
- Uma medida geral do sucesso da regressão na linearidade relacionando y a x.

Regressão para a média Devido à correlação ser sempre menor que 1,0 em magnitude, cada y previsto tende a estar menos desvios padrão da sua média do que seu x correspondente está da sua média.

Resíduo Diferença entre o valor observado e o valor correspondente prevista pelo modelo de regressão ou, de modo mais geral, prevista por qualquer modelo.

Valor previsto Previsão de y encontrada para cada valor de x nos dados. Um valor previsto, $\hat{y}$, é encontrado substituindo o valor de x na equação de regressão. Os valores previstos são os valores na linha ajustada; os pontos $(x, \hat{y})$ estão exatamente sobre a linha ajustada.

Habilidades

- Saber como identificar as variáveis resposta (y) e explanatória (x) num contexto.
- Entender como uma equação linear resume o relacionamento entre duas variáveis.
- Reconhecer quando uma regressão deve ser usada para resumir um relacionamento linear entre duas variáveis quantitativas.
- Saber como julgar se a inclinação de uma regressão faz sentido.
- Examinar um diagrama de dispersão dos seus dados para violações das Condições de Linearidade, Mesma Variabilidade e de Valores Atípicos, que tornariam inadequado o cálculo da regressão.
- Entender que a inclinação dos mínimos quadrados é facilmente afetada por valores extremos.
- Definir os resíduos como diferenças entre os valores dos dados e os valores correspondentes previstos pela reta e que o Critério dos Mínimos Quadrados determina a linha que minimiza a soma dos resíduos ao quadrado.

- Saber como encontrar os valores da inclinação e do intercepto de uma regressão.
- Ser capaz de usar a regressão para prever um valor de *y* para um dado *x*.
- Saber como calcular o resíduo para cada valor dos dados e como calcular o desvio padrão dos resíduos.
- Ser capaz de avaliar a Condição da Mesma Variabilidade com um diagrama de dispersão dos resíduos após calcular a regressão.

- Escrever uma frase explicando o que uma equação linear informa sobre a relação entre *y* e *x*, com base no fato de que a inclinação é dada em unidades de *y* por unidade de *x*.
- Entender como o coeficiente de correlação e a inclinação da regressão estão relacionados. Saber que o R^2 descreve quanto da variação em *y* é responsável por sua relação linear com *x*.
- Ser capaz de descrever a previsão feita de uma equação de regressão, relacionando o valor previsto ao valor de *x* especificado.

Ajuda tecnológica: Regressão

Todos os pacotes estatísticos criam uma tabela de resultados para uma regressão. Essas tabelas podem diferir levemente de um pacote para outro, mas todas são essencialmente as mesmas – e todas incluem muito mais do que precisamos saber por enquanto. Cada tabela de regressão computacional inclui uma seção que se parece aproximadamente com esta:

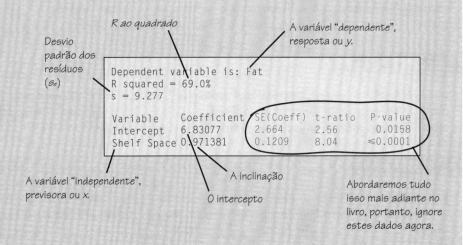

A inclinação e o intercepto são dados numa tabela como esta. Geralmente, a inclinação é rotulada com o nome da variável *x* e o intercepto é rotulado de "Intercepto" ou "Constante". Portanto, a equação da regressão mostrada aqui é:

$$\widehat{Vendas} = 6{,}83077 + 0{,}97138 \text{ Espaço na Prateleira}$$

Não é incomum que pacotes estatísticos apresentem estimativas com muito mais dígitos para a inclinação e o intercepto do que possivelmente poderia ser estimado a partir dos dados (os dados originais foram relatados até o dígito mais próximo). Normalmente, deveríamos arredondar a maioria dos números relatados um dígito a mais do que a precisão dos dados, e a inclinação, dois. Aprenderemos sobre os outros números na tabela de regressão mais adiante no livro. Por ora, tudo o que você precisa ser capaz de fazer é encontrar os coeficientes, o s_e e o valor do R^2.

252 Parte II – Entendendo Dados e Distribuições

Excel

Faça um diagrama de dispersão dos dados. Clique sobre os pontos de dados do diagrama com o botão direito e em seguida escolha do menu flutuante **Adicionar linha de tendência.** Na caixa de diálogo que abrir, ative o painel **Opções** e selecione **Exibir equação no gráfico.** Clique em **OK.**

Comentários

A seção Ajuda Tecnológica do Capítulo 7 mostra como fazer um diagrama de dispersão. Não repetiremos as etapas aqui.

Excel 2007

Clique numa célula em branco da planilha.
- Vá para o painel **Fórmula** na Faixa de Opções e clique em **Mais Funções →Estatística.**
- Escolha a função **CORREL** do menu suspenso com a lista das funções.
- Na caixa de diálogo que aparece, entre com o intervalo de valores de uma das variáveis no espaço rotulado de **Matriz1**.
- Entre com o intervalo de valores da outra variável no espaço denominado **Matriz2**.
- Cique em **OK.**

Comentários

O valor da correlação é calculado e apresentado na célula selecionada. As correlações calculadas dessa maneira serão atualizadas automaticamente se alguns dos valores dos dados forem alterados.

Antes de interpretar um coeficiente de correlação, sempre faça um diagrama de dispersão, para verificar as condições de não linearidade e de valores atípicos. Se as variáveis não forem linearmente relacionadas, o coeficiente de correlação não pode ser interpretado.

Minitab

Escolha **Regression** do menu **Stat.** Do submenu **Regression**, escolha **Fitted Line Plot**. Na caixa de diálogo **Fitted Line Plot**, clique na caixa **Response Y** e identifique a variável y da lista **Variable**. Clique na caixa **Predictor X** e identifique a variável x da lista **Variable**. Verifique se o **Type of Regression Model** está marcado como Linear. Clique em **OK.**

SPSS

Do menu **Analyze**, escolha **Regression > Linear ...** Na caixa de diálogo **Linear Regression**, especifique as variáveis **Dependent** (y) e **Independent(s)** (x). Clique no botão **Plots** para especificar um histograma dos resíduos e um diagrama de probabilidade normal dos resíduos. Clique em **OK.**

JMP

Escolha **Fit Y by X** do menu **Analyze.** Especifique a variável y na caixa **Select Columns** e clique a tecla "**Y, Response**". Especifique a variável x e clique na tecla "**X, Factor**". Clique em **OK** para fazer um diagrama de dispersão. Na janela do diagrama de dispersão, clique no triângulo vermelho próximo ao título rotulado de "**Bivariate Fit ...**" e escolha **"Fit Line".** O JMP traça a linha regressão pelos mínimos quadrados no diagrama de dispersão e exibe os resultados da regressão em tabelas logo abaixo do gráfico.

JMP

Selecione a variável y e a variável x. No menu **Plot,** escolha **Scatterplot.** Do menu **Scatterplot HyperView**, escolha **Add Regression Line** para exibir a linha. Do menu **HyperView**, escolha **Regression** para calcular a regressão.

Comentários

Alternativamente, encontre primeiro a regressão com o comando **Regression** no menu **Calc.** Clique no nome da variável x para abrir o menu que oferece os diagramas de dispersão.

Projetos de estudo de pequenos casos

Custo de vida

O *site* da Mercer Human Resource Consulting (www.mercerhr.com) lista os preços de certos itens em cidades selecionadas do mundo inteiro. Um índice geral do custo de vida para cada cidade, comparado ao custo de centenas de itens da cidade de Nova York, também é relatado. Por exemplo, Londres, a 110,6, é 10,6% mais cara do que Nova York. Você encontrará os dados de 2006 para 16 cidades no conjunto de dados **ch08_MCSP_Cost_of_Living.** Estão incluídos o índice do custo de vida de 2006, o custo do aluguel (por mês) de um apartamento de luxo, o preço do ônibus ou metrô, o preço de um CD, o preço de um jornal internacional, preço de uma xícara de café (incluindo o serviço) e o preço de uma refeição rápida. Todos os preços estão em dólares americanos.

Examine a relação entre o custo de vida geral e o custo de cada um desses itens. Verifique as condições necessárias e descreva a relação com o máximo de detalhes possível. (Analise a direção, a forma e a força). Identifique qualquer observação incomum.

Com base nas correlações e regressões lineares, qual item seria o melhor previsor do custo geral nessas cidades? Qual seria o pior? Existem relações surpreendentes? Escreva um breve relatório das suas conclusões.

Fundos mútuos

De acordo com a U.S. Securities and Exchange Commission (SEC), um fundo mútuo é uma coleção de investimentos profissionalmente gerenciada para um grupo de investidores de ações, títulos e outros papéis negociáveis. O gerente do fundo administra o portfólio do investimento e registra os ganhos e as perdas. Com o tempo, os dividendos são repassados para os investidores individuais do fundo mútuo. O primeiro grupo de fundos foi fundado em 1924, mas a disseminação desse tipo de atividade era lenta na época da queda da bolsa, em 1929. O Congresso instaurou a Lei dos Títulos (Securities Act) em 1933 e a Lei da Troca de Títulos (Securities Exchange) em 1934, que exigia que os investidores tivessem informações sobre o fundo, os papéis negociados e o gerente do fundo. A SEC delineou o Investment Company Act, que fornecia diretrizes para registro de todos os fundos com a SEC. No final dos anos 1960, os fundos relataram $48 bilhões em ativos e, em outubro de 2007, havia mais de 8000 fundos mútuos com ativos combinados sob gerenciamento de mais de $12 trilhões.

Os investidores geralmente escolhem os fundos mútuos com base nos desempenhos do passado, e muitos corretores, empresas de fundos mútuos e outros *sites* oferecem tais dados. No arquivo **ch_08_MCSP_Mutual_Funds**, você irá encontrar retorno de três meses, retornos anualizados por um ano, cinco anos e 10 anos e retorno desde o início de 64 fundos de vários tipos. Quais dados do passado fornecem as melhores descrições dos três meses recentes? Examine os diagramas de dispersão e os modelos de regressão para prever um retorno de três meses e escreva um breve relatório descrevendo suas conclusões.

EXERCÍCIOS

1. Vendas e preço da *pizza*. Um modelo linear ajustado para prever as *Vendas* semanais de *pizza* congelada (em libras) a partir do *Preço* médio ($/unidade) cobrado por uma amostra de lojas na cidade de Dallas em 39 semanas recentes é:

$$\widehat{Vendas} = 141865,53 - 23369,49 Preço$$

a) Qual é a variável explanatória?
b) Qual é a variável resposta?
c) O que a inclinação significa nesse contexto?
d) O que o intercepto y significa nesse contexto? Ele é significativo?
e) Qual é a sua previsão para as vendas, se o preço médio cobrado era de $3,50 por uma *pizza*?
f) Se as vendas para um preço de $3,50 resultaram em 60000 libras, qual seria o resíduo?

2. Preços do Saab usado. Um modelo linear para prever o *Preço* de um Saab 9-3 de 2004 (em $) a partir da sua *Milhagem* (em milhas) foi ajustado para 38 carros que estavam disponíveis durante a semana de 11 de janeiro de 2008 (Kelly's Blue Book, www.kbb.com). O modelo era:

$$\widehat{Preço} = 24356,15 - 0,0151\ Milhagem$$

a) Qual é a variável explanatória?
b) Qual é a variável resposta?
c) O que a inclinação significa nesse contexto?
d) O que o intercepto y significa nesse contexto? Ele é significativo?
e) Qual é a sua previsão para o preço de um carro com 100000 milhas?
f) Se o preço para um carro com 100000 milhas era de $24000, qual seria o resíduo?

3. Salários no futebol. Existe uma relação entre o salário total de um time e o desempenho dos times na Liga Nacional de Futebol (NFL)? Para a temporada de 2007, um modelo linear prevendo *Vitórias* (de 16 jogos regulares da temporada) a partir do *Salário* total do time (milhões de $) para os 32 times da liga é:

$$\widehat{Vitórias} = 1783 - 0,062\ Salário$$

a) Qual é a variável explanatória?
b) Qual é a variável resposta?
c) O que a inclinação significa nesse contexto?
d) O que o intercepto y significa nesse contexto? Ele é significativo?
e) Se um time gastar $10 milhões a mais do que outro em salário, quantos jogos a mais, em média, você preveria que ele venceria?
f) Se um time gastou $50 milhões em salários e ganhou 8 jogos, ele se saiu melhor ou pior que o previsto?
g) Qual seria o resíduo do time na parte f?

4. Salários no beisebol. Em 2007, o Boston Red Sox ganhou a World Series e gastou $143 milhões em salários para os seus jogadores (benfry.com/salaryper.). Existe uma relação entre salário e desempenho do time na Liga Nacional de Beisebol? Para a temporada de 2007, um modelo linear ajustado para o número de *Vitórias* (dentre 162 jogos regulares da temporada) a partir do *Salário* (milhões de $) do time para 30 times da liga é:

$$\widehat{Vitórias} = 70,097 - 0,132\ Salário$$

a) Qual é a variável explanatória?
b) Qual é a variável resposta?
c) O que a inclinação significa nesse contexto?
d) O que o intercepto y significa nesse contexto? Ele é significativo?
e) Se um time gastar $10 milhões a mais do que outro em salário, quantos jogos a mais, em média, você preveria que ele venceria?
f) Se um time gastou $110 milhões em salários e ganhou metade (81) dos seus jogos, ele se saiu melhor ou pior que o previsto?
g) Qual seria o resíduo do time na parte f?

5. Vendas e preço da *pizza*, revisitado. Para os dados do Exercício 1, a média da *Vendas* era de 52697 libras (DP = 10261 libras) e a correlação entre *Preço* e *Vendas* era = −0,547.

Se o *Preço* numa semana específica fosse um DP mais alto que o *Preço* médio, qual seria a sua previsão para as vendas de *pizza* naquela semana?

6. Preços do Saab usado, revisitado. Os 38 carros no Exercício 2 tinham um *Preço* médio de $23847 (DP = $923) e a correlação entre *Preço* e *Milhagem* era = −0,169.

Se a *Milhagem* de um Saab 2004 fosse um DP abaixo do número médio de milhas, qual seria sua previsão de *Preço* para ele?

7. Vendas por região. Uma gerente de vendas de uma grande empresa farmacêutica analisa os dados das vendas do ano passado para os seus 96 representantes, agrupando-os por região (1 = Costa Leste dos EUA; 2 = Meio Oeste dos EUA; 3 = Oeste dos EUA; 4 = Sul dos EUA; 5 = Canadá; 6 = Resto do Mundo). Ela representou graficamente as *Vendas* (em $1000) versus a *Região* (1 – 6) e vê uma correlação negativa forte.

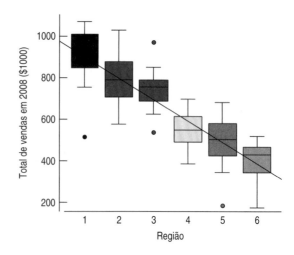

Ela ajusta uma regressão aos dados e encontra:

$$\widehat{Vendas} = 1002,5 - 102,7 Região$$

O R^2 é de 70,5%.
Escreva algumas frases interpretando esse modelo e descrevendo o que ela pode concluir dessa análise.

8. Salário por tipo de trabalho. Lembre-se do gerente de recursos humanos do Capítulo 7, Exercício 26, que tentava entender a relação entre tipo de trabalho e faltas. Agora ele quer examinar o salário para preparar as análises anuais. Ele seleciona 28 empregados ao acaso, com tipos de trabalho variando de 01 = funcionário do estoque a 99 = presidente. Ele representa o *Salário* ($) versus o *Tipo de Trabalho* e encontra uma relação linear forte com uma correlação de 0,96.

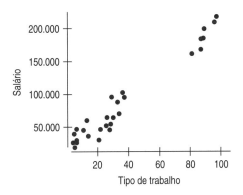

A saída da regressão fornece:

$$\widehat{Salário} = 158227,9 + 1939,1 \; Tipo \; de \; Trabalho$$

Escreva algumas frases interpretando esse modelo e descrevendo o que ele pode concluir dessa análise.

9. Crescimento do PIB. O crescimento econômico nos países em desenvolvimento está relacionado ao crescimento dos países industrializados? Eis um diagrama do crescimento (em % do Produto Interno Bruto) dos países em desenvolvimento *versus* o crescimento dos países desenvolvidos, para 180 países, como agrupados pelo Banco Mundial (www.ers.usda.gov/data/macroeconomics). Cada ponto representa um dos anos de 1970 a 2007. O resultado da análise de regressão é:

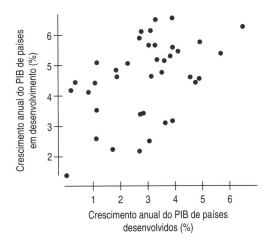

Variável dependente: crescimento do PIB dos países em desenvolvimento
R^2 = 20,81%

Variável	Coeficiente
Intercepto	3,46
Crescimento PIB dos países desenvolvidos	0,433

$s = 1,244$

a) Verifique as suposições e as condições para o ajuste de um modelo linear.
b) Explique o significado do R^2 nesse contexto.
c) Quais são os casos nesse modelo?

10. Crescimento do PIB europeu. O crescimento econômico na Europa está relacionado ao crescimento nos Estados Unidos? Eis um diagrama de dispersão do crescimento médio em 25 países da Europa (em % do Produto Interno Bruto) *versus* o crescimento nos Estados Unidos. Cada ponto representa um ano de 1970 a 2007.

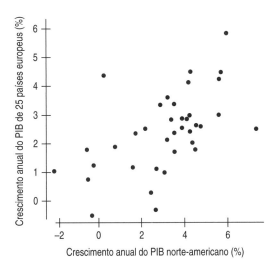

Variável dependente: Crescimento do PIB dos países em desenvolvimento
R^2 = 29,65%

Variável	Coeficiente
Intercepto	1,330
Crescimento PIB dos EUA	0,3616

$s = 1,156$

a) Verifique as suposições e as condições para o modelo linear.
b) Explique o significado do R^2 neste contexto.

11. Crescimento do PIB, parte 2. Do modelo linear ajustado aos dados do crescimento do PIB do Exercício 9.
a) Escreva a equação da linha da regressão.
b) Qual é o significado do intercepto? Ele faz sentido neste contexto?
c) Interprete o significado da inclinação.
d) Num ano em que os países desenvolvidos cresceram 4%, o que você prevê para os países em desenvolvimento?
e) Em 2007, os países desenvolvidos experimentaram um crescimento de 2,65%, enquanto os países em desenvolvimento cresceram a uma taxa de 6,09%. Isso é mais ou menos do que a sua previsão?
f) Qual é o resíduo para esse ano?

12. Crescimento do PIB Europeu, parte 2. Do ajuste do modelo linear para os dados do crescimento do PIB do Exercício 10.

a) Escreva a equação da linha de regressão.

b) Qual é o significado do intercepto? Ele faz sentido nesse contexto?

c) Interprete o significado da inclinação.

d) Num ano no qual os Estados Unidos cresceram a 0%, o que você prevê para o crescimento europeu?

e) Em 2007, os Estados Unidos experimentaram um crescimento de 3,20%, enquanto a Europa cresceu a uma taxa de 2,16%. Isso está acima ou abaixo da sua previsão?

f) Qual é o resíduo para esse ano?

13. Custo do ensino. Todos os 50 estados oferecem ensino superior por meio de faculdades e universidades com duração de quatro anos e faculdades de dois anos (geralmente chamadas de faculdades comunitárias). As anuidades para os diferentes estados variam muito para os dois tipos de instituição Você espera encontrar uma relação entre as anuidades que os estados cobram para os dois tipos de Instituições de Ensino Superior (IES)?

a) Usando os dados do DVD, faça um diagrama de dispersão do custo médio das faculdades de quatro anos *versus* os custos das faculdades de dois anos. Descreva a relação.

b) A direção da relação era o que você esperava?

c) Qual é a equação da regressão para prever o custo de uma faculdade de quatro anos a partir dos custos de uma faculdade de dois anos em um mesmo estado?

d) Um modelo linear é adequado?

e) Quanto a mais os estados cobram anualmente, em média, para faculdades de quatro anos em relação às faculdades de dois anos, de acordo com esse modelo?

f) Qual é o valor de R^2 para esse modelo? Explique o que ele diz.

14. Anuidades públicas *versus* privadas. O Exercício 13 examinou a relação entre as anuidades cobradas pelos estados para faculdades e universidades de quatro anos, comparadas às anuidades cobradas para faculdades de dois anos. Examine agora a relação entre faculdades e universidades privadas e públicas de quatro anos.

a) Você esperaria que a relação entre a anuidade ($) cobrada pelas faculdades e universidades privadas e públicas de quatro anos fosse tão forte quanto a relação entre instituições públicas de quatro e dois anos?

b) Usando os dados do DVD, examine o diagrama de dispersão da anuidade média para instituições privadas de quatro anos *versus* a anuidade cobrada por instituições públicas de quatro anos. Descreva a relação.

c) Qual é a equação de regressão para a previsão da anuidade das instituições privadas de quatro anos com a anuidade de uma instituição pública de quatro anos do mesmo estado?

d) Um modelo linear é apropriado?

e) Interprete a equação da regressão. Quão maior é a anuidade das instituições privadas de quatro anos em relação às instituições públicas de quatro anos num mesmo estado, de acordo com esse modelo?

f) Qual é o valor de R^2 para esse modelo? Explique o que ele diz.

15. Fundos mútuos. Como a natureza do investimento se alterou nos anos 1990 (mais corretores diários e circulação mais rápida da informação usando a tecnologia), a relação entre o desempenho mensal dos fundos mútuos (*Retorno*) em percentual e a circulação de dinheiro (*Fluxo*) em fundos mútuos (milhões de $) mudou. Usando somente os valores para os anos 1990 (examinaremos os últimos anos mais adiante), responda as seguintes perguntas (você pode assumir que as suposições e condições para a regressão foram satisfeitas):

A regressão linear dos mínimos quadrados é:

$$\widehat{Fluxo} = 9747 + 771\, Retorno$$

a) Interprete o intercepto e o modelo linear.

b) Interprete a inclinação no modelo linear.

c) Qual é o *Fluxo* previsto do fundo para um mês que teve um *Retorno* do mercado de 0%?

d) Se, durante esse mês, o *Fluxo* relatado do fundo foi de $5 bilhões, qual é o resíduo usando esse modelo linear? O modelo fornece uma subestimativa ou superestimativa para esse mês?

16. Compra de roupas *on-line*. Uma loja varejista de roupas *on-line* examinou seu banco de dados transacional para ver se as *Compras* ($) totais anuais estavam relacionadas à *Renda* ($) dos seus clientes (você pode assumir que as suposições e condições para a regressão foram satisfeitas).

A regressão linear dos mínimos quadrados é:

$$\widehat{Compras} = -31,6 + 0,012\, Renda$$

a) Interprete o intercepto e o modelo linear.

b) Interprete a inclinação no modelo linear.

c) Se um cliente tiver uma *Renda* de $20000, qual seria seu total anual previsto de *Compras*?

d) O total anual previsto das *Compras* deste cliente era, na verdade, $100. Qual é o resíduo usando esse modelo linear? O modelo fornece uma subestimativa ou superestimativa para esse cliente?

17. Home Depot. Os analistas da Home Depot querem prever as vendas semestrais das novas residências dos Estados Unidos. Eles usaram as *Vendas Semestrais* da Home Depot de 1995 a 2004 e *Novas Residências* e encontraram uma correlação de 0,70. Depois, examinaram o diagrama de dispersão e decidiram que é adequado para o ajuste do modelo de regressão às *Vendas* previstas ($B) de *Novas Residências* (em milhares).

a) Qual é a unidade da inclinação?

b) Qual é o valor e R^2 para o modelo?

c) O que você projetaria para as *Vendas* de um semestre em que as *Novas Residências* estão um desvio padrão abaixo da média?

18. Preços das casas. Os preços das casas estão sujeitos a uma variedade de fatores econômicos, mas estão de alguma maneira baseados na área habitável. Os analistas examinaram as vendas recentes de 1000 casas e encontraram uma correlação de 0,79. Após examinar um diagrama de correlação, eles decidiram que um modelo linear era apropriado e ajustaram um modelo de regressão para prever o *Preço das Casas* ($) a partir da *Área Habitável* (em pés quadrados).

a) Em que unidades a inclinação está expressa?

b) Qual é o valor do R^2 para o modelo?

c) Que Preço você estimaria para uma casa que apresenta uma *Área Habitável* dois desvios padrão acima da média?

19. Vendas no varejo. As vendas, em geral, estão relacionadas aos indicadores econômicos. Um indicador possível é a taxa de desemprego. Os dados para uma grande loja varejista foram usados a fim de obter um modelo de regressão linear para prever as *Vendas* semestrais ($B) nos Estados Unidos, baseadas na *Taxa* de desemprego nacional (em %) para um período de quatro anos. Esse modelo de regressão produziu um $R^2 = 88,3\%$ e uma inclinação de –2,99.
a) Interprete o significado do R^2.
b) Qual é a correlação entre *Vendas* e a *Taxa de desemprego*?
c) Se um semestre tiver uma *Taxa de desemprego* 1% maior que outro, qual é o impacto previsto nas *Vendas*?

20. Vendas e preço da *pizza*, parte 3. O modelo linear no Exercício 1, prevendo as *Vendas* de *pizzas* congeladas (em libras) a partir do *Preço* ($/unidade), tem um R^2 de 32,9% e uma inclinação de 24369,5.
a) Interprete o significado do R^2.
b) Qual é a correlação entre *Vendas* e *Preço*?
c) Se, em uma semana, o *Preço* for $0,50 maior que em outra, qual é a diferença prevista nas *Vendas*?

21. Gráficos dos resíduos. Diga o que cada um dos seguintes diagramas de resíduos indica sobre a adequação do modelo linear que foi ajustado aos dados.

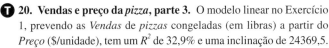

22. Gráficos dos resíduos, novamente. Diga o que cada um dos seguintes diagramas dos resíduos indica sobre a adequação do modelo linear que foi ajustado aos dados.

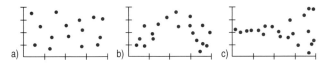

23. Mais da Home Depot. Considere as *Vendas* semestrais da Home Depot no Exercício 17 novamente. A análise da regressão fornece o modelo:

$$\widehat{Vendas} = 11,5 + 0,0535 \; Novas \; Residências$$

a) Explique o que a inclinação e a reta afirmam.
b) Qual seria a venda trimestral prevista quando forem construídas 500000 novas residências?
c) Se as vendas trimestrais forem $3 bilhões acima do previsto, dado o registro das novas residências durante um trimestre, como é chamada essa diferença?

24. Vendas a varejo, última. Considere a regressão descrita no Exercício 19. A análise da regressão fornece o modelo:

$$\widehat{Vendas} = 29,91 - 2,994 \; Taxa$$

a) Explique o que a inclinação e a reta dizem.

b) Se a *Taxa* de desemprego é de 6,0%, qual é a sua previsão para as *Vendas*?
c) Se a *Taxa* de desemprego do próximo semestre é de 4,0% e as *Vendas* são relatadas como $8,5 bilhões, isso é maior ou menor que a sua previsão? Como isso é chamado?

25. Gastos do consumidor. Um analista de um grande banco de cartões de crédito analisa a relação entre os débitos dos clientes com o cartão do banco durante dois meses seguidos. Ele seleciona 150 clientes ao acaso, faz uma regressão dos gastos de *Março* ($) sobre os gastos de *Fevereiro* ($) e encontra um R^2 de 79%. O intercepto é de $730,20 e a inclinação é de 0,79. Após verificar todos os dados com o contador da empresa, ele conclui que o modelo é útil para prever os gastos de um mês para outro. Examine os dados no DVD e comente a sua conclusão.

26. Políticas de seguro. Uma atuária de uma companhia de seguros de tamanho médio está examinando o desempenho da equipe de vendas da companhia. Ela tem dados sobre o valor médio das apólices ($) vendidas em dois anos consecutivos por 200 vendedores. Ela ajusta um modelo linear e encontra uma inclinação de 3,00 e um R^2 de 99,92%. Ela conclui que uma previsão do valor da apólice para o próximo ano será muito precisa. Examine os dados no DVD e comente sobre as conclusões da atuária.

27. Vendas de supermercado. Um supermercado regional com produtos de alta qualidade cogita abrir uma nova unidade e deseja conhecer a relação entre os dados demográficos e as vendas de suas unidades atuais. Por exemplo, as vendas de uma unidade estão relacionadas à população da cidade onde ela está localizada? Dados de 10 unidades do nordeste dos Estados Unidos em 2000 produziram o diagrama de dispersão e a regressão abaixo (os números da população são do Censo de 2000).

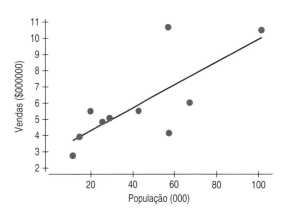

Previsor	Coeficiente
Intercepto	2,924
População	0,0703
s = 1,842	R-Quadrado = 56,9%

a) Você acha que um modelo linear é apropriado aqui? Explique.
b) Qual é a correlação entre as vendas da loja e a população da cidade?
c) Explique o significado do R^2 nesse contexto.

28. Mais vendas de supermercado. Examine novamente a análise de regressão de *Vendas* e *População* no Exercício 27.
a) Estime as *Vendas* de uma unidade localizada em uma cidade com uma população de 80000.
b) Interprete o significado da inclinação da linha da regressão nesse contexto.
c) O que o intercepto significa? Ele faz sentido?

29. Qual inclinação? Se você criar um modelo de regressão para prever as vendas ($ milhões) do dinheiro gasto em propaganda no mês anterior ($ milhares), é mais provável que inclinação seja de 0,03, 300 ou 3000? Explique.

30. Qual inclinação? Parte 2. Se você criar um modelo de regressão para estimar o GPA de um estudante de administração (numa escala de 1-5) com base no seu SAT de matemática (numa escala de 200-800), a inclinação mais provável seria 0,01, 1 ou 10? Explique.

31. Interpretações errôneas. Um publicitário que criou um modelo de regressão usando a quantia gasta em *Publicidade* para prever as *Vendas* anuais para uma empresa fez estas duas declarações. Assumindo que os cálculos estejam corretos, explique o que está errado em cada interpretação.
a) Meu R^2 de 93% mostra que esse modelo linear é adequado.
b) Se essa empresa gastar $1,5 milhões em publicidade, as vendas anuais serão de $10 milhões.

32. Mais interpretações errôneas. Um economista investigou a associação entre a *Taxa de Alfabetização* e o *Produto Interno Bruto (PIB)* e usou a relação para tirar as seguintes conclusões. Explique por que cada afirmação está incorreta (assuma que todos os cálculos foram feitos corretamente).
a) A *Taxa de Alfabetização* determina 64% do *PIB* de um país.
b) A inclinação da reta mostra que um aumento de 5% na *Taxa de Alfabetização* produzirá um aumento de $1 bilhão no *PIB*.

33. Admissão na faculdade de administração. Um analista do escritório de admissão de uma faculdade de administração afirma ter desenvolvido um modelo linear válido prevendo o sucesso (mensurado pelo salário inicial ($) no período da graduação) do desempenho acadêmico de um estudante (mensurado pelo GPA). Descreva como você verificaria cada uma das quatro condições da regressão nesse contexto.

34. *Rankings* de faculdades. Uma revista popular publica anualmente uma classificação das faculdades de administração dos Estados Unidos e internacionais. A última edição afirma que desenvolveu um modelo linear para prever a classificação de uma faculdade (sendo "1" a faculdade com a melhor classificação) a partir dos seus recursos financeiros (mensurado pelo tamanho do fundo de doações da faculdade). Descreva como você aplicaria cada uma das quatro condições da regressão nesse contexto.

35. Escores do SAT. O SAT é um teste geralmente usado nos Estados Unidos como parte de uma solicitação para o ingresso em uma faculdade. Os escores do SAT estão entre 200 e 800, mas não têm unidades. Os testes são feitos nas áreas matemática e textual. Fazer o SAT de matemática também envolve a habilidade de ler e entender as questões, mas o escore textual de uma pessoa pode prever o escore de matemática? Os escores textuais e matemáticos do SAT de uma turma do último ano do Ensino Médio estão exibidos no diagrama de dispersão, com a linha de regressão adicionada.

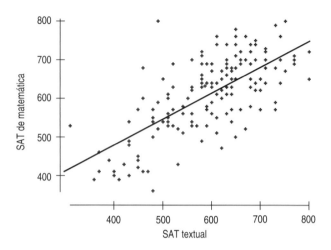

a) Descreva a relação.
b) Existem alunos cujos escores parecem não se ajustar ao padrão geral?
c) Para esses dados, $r = 0,685$. Interprete essa estatística.
d) O escore textual tem uma média de 596,3, com um desvio padrão de 99,5, e os escores de matemática têm uma média de 612,1, com um desvio padrão de 98,1. Escreva a equação da linha de regressão.
e) Interprete a inclinação da reta.
f) Faça a previsão do escore de matemática de um aluno com um escore textual de 500.
g) Cada ano algum aluno tem um escore perfeito, de 1600. Com base nesse modelo, qual seria o resíduo daquele aluno para o seu escore de matemática?

36. Sucesso na faculdade. As faculdades usam os escores do SAT no seu processo de admissão, porque acreditam que esses escores indicam como será o nível de desempenho do estudante do Ensino Médio na faculdade. Suponha que os calouros que estão entrando numa certa faculdade têm uma média combinada de *escores do SAT* de 1222, com um desvio padrão de 83. No primeiro semestre, esses estudantes alcançaram um GPA médio de 2,66, com um desvio padrão de 0,56. Um diagrama de dispersão mostrou que a associação era razoavelmente linear e a correlação entre o escore do SAT e o GPA era de 0,47.
a) Escreva a equação da reta de regressão.
b) Explique o que o intercepto de *y* da reta de regressão indica.
c) Interprete a inclinação da reta de regressão.
d) Faça a previsão do GPA de um calouro que teve um escore combinado de 1400.
e) Com base nessas estatísticas, quão eficazes os escores do SAT seriam na previsão do sucesso acadêmico durante o primeiro semestre do calouro naquela faculdade? Explique.

37. Escores do SAT, parte 2. Suponha que agora queremos usar os escores do SAT de matemática para estimar os escores textuais, com base nos dados do Exercício 35.
a) Qual é a correlação?
b) Escreva a equação para a regressão dos escores previstos da prova textual sobre a de matemática.
c) O que significaria um resíduo positivo nesse contexto?
d) Faça uma previsão do escore textual de um aluno com um escore em matemática de 500.

e) Usando o valor previsto e a equação que você criou no Exercício 15, faça uma previsão para seu escore de matemática.
f) Por que o resultado da parte **e** não é 500?

38. Sucesso na faculdade, parte 2. Suponha que queremos usar os dados do Exercício 36 e o GPA do primeiro semestre de um estudante para prever qual será o seu escore SAT. Esta nova regressão produz um R^2 de 22,1%.
a) Qual é a correlação?
b) Compare esse resultado com a correlação do Exercício 36.
c) Qual seria o escore previsto no SAT entre os calouros que alcançaram um GPA de 3,0 no primeiro semestre?

T 39. Preços das BMW usadas. Um aluno da administração que precisa de dinheiro decide vender seu carro. O carro é um valioso BMW 840, fabricado somente durante alguns anos da década de 1990. O estudante não quer vender por intermédio de uma revendedora de carros, assim, precisa prever o preço que irá conseguir pelo seu carro.
a) Faça um diagrama de dispersão para os dados fornecidos de BMW 840 usados.
b) Descreva a associação entre ano e preço.
c) Você acha que um modelo linear é apropriado?
d) O *software* do computador diz que $R^2 = 57,4\%$. Qual é a correlação entre ano e preço?
e) Explique o significado do R^2 no contexto.
f) Por que esse modelo não explica 100% da variabilidade no preço de uma BMW 840 usada?

T 40. Mais preços de BMW usadas. Use os preços anunciados para os BMW 840 fornecidos no Exercício 39 para criar um modelo linear para o relacionamento entre o *Ano* e o *Preço* do carro.
a) Encontre a equação da reta de regressão.
b) Explique o significado da inclinação da reta.
c) Explique o significado do intercepto da reta.
d) Se você quiser vender uma BMW 840, ano 1997, que preço parece adequado?
e) Você tem uma oportunidade de comprar um dentre dois carros. Eles são aproximadamente do mesmo ano e parecem estar igualmente em boas condições. Você preferiria comprar aquele com um resíduo positivo ou com um resíduo negativo? Explique.

T 41. Vendas de supermercado, revisitada. A tabela a seguir mostra o total das vendas para 10 unidades de um supermercado de produtos de alta qualidade no nordeste dos Estados Unidos. São as mesmas lojas que você examinou nos Exercícios 27 e 28. Além da população das cidades nas quais os supermercados estão localizados, os executivos do supermercado acreditam que os produtos das suas lojas agradam a uma geração mais jovem. Eis os dados para as *Vendas* anuais e a *Idade Mediana* dos residentes da cidade em 2000.

Vendas ($M)	5,540	10,700	10,532	5,995	5,090
Idade mediana	39,5	34,5	30,4	36,2	40,8
Vendas ($M)	3,955	2,774	4,828	5,511	4,195
Idade mediana	41,5	34,7	41,4	38,0	40,0

a) Examine um diagrama de dispersão e descreva a relação geral entre *Vendas* e *Idade Média* dos residentes da cidade.
b) Você acha que um modelo linear é adequado?
c) O gerente de publicidade ajustou a linha de regressão. Qual é a equação para aquela reta?
d) Usando esse modelo, faça uma previsão das vendas anuais de um supermercado desse tipo numa cidade cuja idade mediana seja 32 anos.
e) Você tem alguma reserva quanto à previsão que encontrou na parte **d**? Explique.

T 42. Vendas de supermercado, final. Os executivos do mesmo supermercado de produtos altamente especializados do Exercício 27 estão tentando determinar a melhor localização para uma nova loja. Eles acreditam que as vendas estão relacionadas ao número total de moradias nas cidades. Com base nos dados do Censo de 2000, eles querem desenvolver um modelo para descrever essa relação.
a) Examine um diagrama de dispersão e descreva a relação geral entre *Vendas* e *Número de Moradias* da cidade.
b) Você acha que um modelo linear é adequado?
c) O gerente de publicidade ajustou o modelo de regressão. Qual é a equação daquela reta?
d) Usando esse modelo, faça a previsão das vendas anuais de um supermercado desse tipo numa cidade que tenha 100000 unidades de moradia.
e) Você tem alguma reserva quanto à previsão que encontrou na parte **d**? Explique.

T 43. Custo de vida. Os Worldwide Cost of Living Survey City *Rankings* determina o custo de vida nas cidades mais caras do mundo na forma de índice. Esse índice atribui o grau 100 a Nova York e expressa o custo de vida das outras cidades como um percentual do custo de Nova York. Por exemplo, em 2007, o índice do custo de vida em Tóquio era de 122,1, o que significa que ele era 22% mais alto que o de Nova York. O diagrama de dispersão mostra o índice para 2007 representado *versus* o índice de 2006 para as 15 cidades mais caras de 2007.

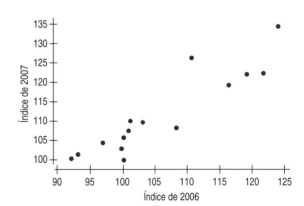

a) Descreva a associação entre os índices do custo de vida em 2007 e 2006.
b) O R^2 para a equação de regressão é 0,837. Interprete o valor do R^2.
c) Usando os dados fornecidos, encontre a correlação.

44. Preços da lagosta. Durante as últimas décadas, a demanda e o preço da lagosta têm aumentado. O diagrama de dispersão mostra os aumentos no *Preço* da lagosta do Maine (*Preço/libras*) desde 1990.

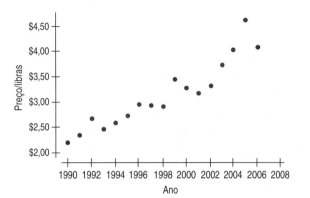

a) Descreva o aumento no *Preço* da lagosta desde 1990.
b) O R^2 para a equação de regressão é 88,5%. Interprete o valor do R^2.
c) Encontre a correlação.
d) Encontre o modelo linear e examine o gráfico dos resíduos *versus* os valores previstos. A Condição de Mesma Dispersão está satisfeita? (Use o tempo iniciando em 1990, para que 1990 = 0.)

45. Vendas do Wal-Mart. A tabela mostra o aumento das vendas do Wal-Mart para os últimos anos. Usando esses dados, encontre um modelo linear para prever as *Vendas*.

Vendas líquidas do Wal-Mart (bilhões de $)	Ano
180,787	2001
204,011	2002
226,479	2003
252,792	2004
281,488	2005
308,945	2006

a) Usando a tecnologia, obtenha uma equação da regressão para esses dados (entre *Ano* como 0, 1, 2, etc.).
b) Interprete o significado da inclinação.
c) Interprete o intercepto na sua equação.

46. O valor da lagosta. O Maine pesca e vende mais lagosta que qualquer outro estado dos Estados Unidos. O *Valor* do total da pesca da lagosta (milhões de $) para o estado do Maine desde 1990 é exibido no diagrama de dispersão.

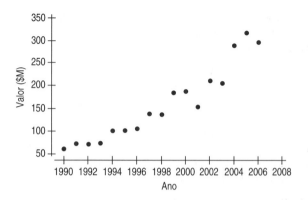

a) Encontre o modelo linear para o aumento do *Valor* do total de lagosta pescada em Maine desde 1990. (Use a variável do tempo, na qual 1990 = 0.)
b) Interprete o significado da inclinação e do intercepto na sua equação.
c) Examine o gráfico dos resíduos *versus* os valores previstos. A Condição da Mesma Dispersão é satisfeita?

47. Vendas do Wal-Mart, novamente. A tabela no Exercício 45 mostra o aumento das vendas do Wal-Mart para os últimos anos.
a) Use o seu modelo obtido no Exercício 45 para fazer uma previsão para as *Vendas* do Wal-Mart em 2007.
b) Discuta o perigo de usar o seu modelo do Exercício 45 para fazer uma previsão das *Vendas* do Wal-Mart em 2010.

48. Vendas de lagosta, novamente. O gráfico no Exercício 46 mostra o aumento do *Valor* da lagosta pescada em Maine desde 1990.
a) Use o seu modelo obtido no Exercício 46 para fazer uma previsão para *Valor* da lagosta pescada em 2007.
b) Discuta o perigo de usar o seu modelo do Exercício 46 para fazer uma previsão para 2010.

49. El Niño. A preocupação com o clima associado ao El Niño aumentou o interesse na possibilidade de que o clima na Terra esteja ficando mais quente. A teoria mais comum está relacionada ao crescimento dos níveis de dióxido de carbono na atmosfera (CO_2), o efeito estufa, que aumenta a temperatura. Eis um diagrama de dispersão exibindo a concentração anual de CO_2 na atmosfera, mensurada em partes por milhão (ppm), no topo de Mauna Loa, no Havaí, e a média anual da temperatura do ar sobre a terra e o mar por todo o globo, em graus Celsius (°C).

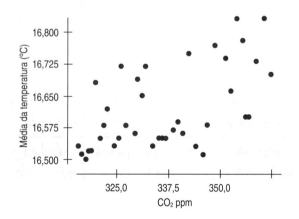

Uma regressão prevendo a *Temperatura Média* a partir do CO_2 produz a seguinte tabela de saída (em parte).

Variável dependente: Temperatura
R ao quadrado = 33,4%

Variável	Coeficiente
Intercepto	15,3066
CO_2	0,004

a) Qual é a correlação entre CO_2 e a *Temperatura Média*?
b) Explique o significado do R ao quadrado nesse contexto.
c) Dê a equação da regressão.
d) Qual é o significado da inclinação nessa equação?
e) Qual é o significado do intercepto nessa equação?
f) Eis um diagrama de dispersão dos resíduos *versus* CO_2. O gráfico mostra indícios de violações de qualquer suposição do modelo de regressão? Se mostrar, quais?
g) Os níveis de CO_2 podem atingir 364 *ppm* num futuro próximo. Qual *Média da Temperatura* o modelo prevê para aquele valor?

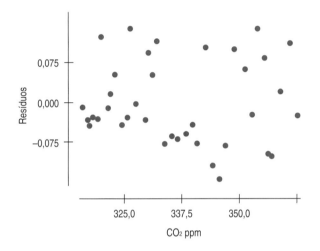

50. Taxas de natalidade dos Estados Unidos. A tabela mostra o número de nascidos vivos por 1000 mulheres com idade entre 15-44 nos Estados Unidos, começando em 1965. (National Center for Health Statistics, www.cdc.gov/nchs/).

Ano	1965	1970	1975	1980	1985
Taxa	19,4	18,4	14,8	15,9	15,6

Ano	1990	1995	2000	2005
Taxa	16,4	14,8	14,4	14,0

a) Faça um diagrama de dispersão e descreva a tendência geral das *Taxas de Natalidade* (entre *Ano* como anos desde 1960: 1965, 1970, 1975, etc.)
b) Encontre a equação da reta de regressão.
c) Verifique se a reta é um modelo adequado. Explique.
d) Interprete a inclinação da reta.
e) A tabela fornece as taxas somente em intervalos de 5 anos. Estime qual era a taxa em 1978.
f) Em 1978, a taxa de natalidade era, na verdade, de 15,0. Quão perto o seu modelo chegou? Comente sobre a sua confiança nessa previsão.
g) Faça uma previsão de qual será a *Taxa de Natalidade* em 2010. Comente sobre a sua confiança nessa previsão.
h) Faça uma previsão para a *Taxa de Natalidade* para 2025. Comente sobre a sua confiança nessa previsão.

51. Heptatlo. O heptatlo é um evento olímpico para mulheres, que combina escores em sete eventos. A tabela na próxima página mostra os resultados do salto em altura, 800 metros e salto em distância para as 26 mulheres que completaram todos os três eventos com sucesso em 2004 (www.espn.com).

Vamos examinar a associação entre esses eventos. Faça uma regressão para prever o desempenho do salto em altura dos resultados dos 800 metros.

a) Qual é a equação da regressão? O que a inclinação significa?
b) Qual é o valor do R^2?
c) As boas saltadoras tendem a ser boas corredoras? (Tenha cuidado: tempos baixos são bons para eventos de corrida e longas distâncias são boas para saltos.)
d) O que o gráfico do resíduo revela sobre o modelo?
e) Você acha que esse é um modelo útil? Você o usaria para prever o desempenho do salto em altura? (Compare o desvio padrão do resíduo com o desvio padrão dos saltos em altura.)

Nome	País	Salto em altura (m)	800 metros (s)	Salto em distância (m)
Carolina Klüft	SWE	1,91	134,15	6,51
Austra Skujyte	LIT	1,76	135,92	6,30
Kelly Sotherton	GBR	1,85	132,27	6,51
Shelia Burrell	USA	1,70	135,32	6,25
Yelena Prokhorova	RUS	1,79	131,31	6,21
Sonja Kesselschlaeger	GER	1,76	135,21	6,42
Marie Collonville	FRA	1,85	133,62	6,19
Natalya Dobrynska	UKR	1,82	137,01	6,23
Margaret Simpson	GHA	1,79	137,72	6,02
Svetlana Sokolova	RUS	1,70	133,23	5,84
JJ Shobha	IND	1,67	137,28	6,36
Claudia Tonn	GER	1,82	130,77	6,35
Naide Gomes	POR	1,85	140,05	6,10
Michelle Perry	USA	1,70	133,69	6,02
Aryiro Strataki	GRE	1,79	137,90	5,97
Karin Ruchstuhl	NED	1,85	133,95	5,90
Karin Ertl	GER	1,73	138,68	6,03
Kylie Wheeler	AUS	1,79	137,65	6,36
Janice Josephs	RSA	1,70	138,47	6,21
Tiffany Lott Hogan	USA	1,67	145,10	6,15
Magdalena Szczepanska	POL	1,76	133,08	5,98
Irina Naumenko	KAZ	1,79	134,57	6,16
Yuliya Akulenko	UKR	1,73	142,58	6,02
Soma Biswas	IND	1,70	132,27	5,92
Marsha Mark-Baird	TRI	1,70	141,21	6,22
Michaela Hejnova	CZE	1,70	145,68	5,70

52. **Heptatlo, novamente.** Vimos os dados para o heptatlo olímpico para mulheres no Exercício 51. Os resultados das duas provas de salto estão relacionados? Faça uma regressão para prever os resultados do salto em distância a partir dos resultados do salto em altura.
a) Qual é a equação da regressão? O que a inclinação significa?
b) Qual percentual da variação dos saltos em distância pode ser atribuído ao desempenho nos saltos em altura?
c) As boas saltadoras de altura tendem a serem boas saltadoras de distância?
d) O que o gráfico dos resíduos revela sobre o modelo?
e) Você acha que esse modelo é útil? Você o usaria para prever os resultados dos saltos à distância? (Compare o desvio padrão dos resíduos ao desvio padrão dos saltos em distância.)

RESPOSTAS DO TESTE RÁPIDO

1 Para cada empregado adicional, as vendas mensais aumentam, em média, $122740.
2 Milhares de $ por empregado.
3 $1227400 por mês.
4 Aproximadamente 0,85 DP.
5 Aproximadamente 1,7 DP abaixo da média das vendas.
6 As diferenças nos números dos empregados são atribuídas por aproximadamente 71,4% da variação das vendas mensais.
7 É positiva. A correlação e a inclinação têm o mesmo sinal.
8 R^2, não. Inclinação, sim.

Distribuições Amostrais e o Modelo Normal

Comercializando cartões de créditos: a história do MBNA

Quando o estado de Delaware aumentou sua taxa máxima de juros, em 1981, os bancos e outras instituições de empréstimos correram para estabelecer suas matrizes no estado. Entre elas, estava o Maryland Bank National Association, que fundou uma agência de cartões de créditos em Delaware usando o acrônimo MBNA. Começando em 1982, com 250 empregados, num supermercado desocupado em Ogletown, Delaware, o MBNA cresceu rapidamente nos 20 anos seguintes.

Uma das razões para o crescimento foi a utilização de grupos de afinidade – o MBNA emitia cartões endossados por associações de ex-alunos, equipes esportivas, associações e sindicatos trabalhistas, entre outros. O banco conquistou os grupos compartilhando um pequeno percentual do lucro. Em 2006, o MBNA se tornou o maior empregador privado de Delaware. No seu auge, tinha mais de 50 milhões de membros e um impressionante empréstimo nos seus cartões de crédito de $82,1 bilhões, tornando-se o terceiro maior banco de cartão de crédito dos Estados Unidos.

"Na história empresarial norte-americana, duvido que existam muitas empresas que cresceram tão intensamente, em um período tão curto, como o MBNA", afirmou o deputado Mike

Castle.[1] A empresa foi comprada pelo Bank of America em 2005 por 35 bilhões. O Bank of America manteve a marca por um curto período de tempo, antes de emitir todos os cartões sob o seu nome, em 2007.

Diferentemente dos primeiros dias da indústria de cartão de crédito, época em que o MBNA se estabeleceu, o ambiente hoje é altamente competitivo; as empresas buscam constantemente meios de atrair novos clientes e maximizar a lucratividade dos já existentes. Muitos dos grandes bancos têm milhões de clientes, assim, em vez de tentar uma nova ideia com todos eles, as empresas, em geral, conduzem um estudo piloto ou fazem primeiro uma tentativa, realizando um levantamento de dados ou um experimento com uma amostra dos clientes.

As empresas de cartão de crédito lucram de três maneiras: ganham um percentual de cada transação, cobram juros do saldo que não foi pago e cobram taxas (taxas anuais, taxas de atraso, etc). Para gerar os três tipos de renda, os departamentos de *marketing* dos bancos estão constantemente procurando meios de incentivar os clientes a aumentar o uso dos seus cartões.

Uma especialista de *marketing* em uma empresa teve a ideia de oferecer milhas aéreas em dobro aos seus clientes, com um cartão de uma companhia aérea afiliada, se eles aumentassem seus gastos em pelo menos $800 no mês seguinte à oferta. Para prever o custo e a renda da oferta, o departamento de finanças precisava saber qual percentual de clientes se qualificaria para as milhas em dobro. A profissional de *marketing* decidiu enviar a oferta a uma amostra aleatória de mil clientes para descobrir. Naquela amostra, ela percebeu que 211 (21,1%) dos usuários de cartão aumentaram seu gasto em mais que os $800 exigidos. No entanto, outro analista coletou uma amostra diferente de mil clientes, dos quais 202 (20,2%) dos proprietários de cartão excederam os $800.

As duas amostras não concordam. Sabemos que as observações variam, mas quanta variabilidade devemos esperar entre as amostras?

Por que as proporções das amostras variam, afinal? Como podem duas amostras da mesma população, mensurando a mesma quantidade, ter resultados diferentes? A resposta é fundamental para a inferência estatística. Cada proporção é baseada numa amostra *diferente* de proprietários de cartão de crédito. As proporções variam de amostra para amostra porque as amostras abrangem pessoas diferentes.

Quem	Usuários de cartão de crédito de um banco
O quê	Se os usuários do cartão aumentariam o seu gasto em pelo menos $800 no mês seguinte
Quando	Fevereiro de 2008
Onde	Estados Unidos
Por quê	Para prever os custos e benefícios de um programa de ofertas.

9.1 Modelando a distribuição das proporções amostrais

Queremos saber em quanto as proporções podem variar de amostra para amostra. Já falamos sobre *planejar*, *fazer* e *relatar*, mas para aprender mais sobre a variabilidade, devemos acrescentar *imaginar*. Quando amostramos, vemos somente os resultados

---

[1] *Delaware News On-line*, 1 de Janeiro de 2006.

> **Imagine**
> Vemos apenas a amostra que coletamos, mas se imaginarmos os resultados de todas as outras amostras possíveis que poderíamos ter coletado (modelando ou simulando-as), podemos aprender mais.

da amostra efetivamente coletada, mas podemos *imaginar* o que poderíamos ter visto se tivéssemos coletado *todas* as outras amostras aleatórias possíveis. Como seria o histograma de todas as proporções amostrais?

Se pudéssemos coletar muitas amostras de 1000 proprietários de cartão de crédito, encontraríamos a proporção em cada amostra dos gastos acima de $800 e apresentaríamos todas essas proporções em um histograma. Onde estaria o centro desse histograma? É claro, não *sabemos* a resposta, mas é razoável pensar que ele estará na verdadeira proporção da população. Provavelmente nunca saberemos o valor da proporção verdadeira. Entretanto, ela é importante para nós, assim, daremos a ela um rótulo, p, para "proporção verdadeira".

9.2 Simulações

É possível fazer mais que apenas imaginar. É possível *simular*. Não podemos coletar todas as amostras aleatórias diferentes de tamanho 1000, mas podemos usar um computador que simula a coleta de amostras aleatórias de 1000 indivíduos de uma população de valores, repetidamente. Dessa maneira, conseguimos modelar o processo de coletar várias amostras de uma população real. Uma *simulação* pode nos ajudar a entender como as proporções amostrais variam devido à aleatoriedade da amostragem.

Quando temos somente dois resultados possíveis para um evento, a convenção em estatística é rotular arbitrariamente uma delas como "sucesso" e a outra como "fracasso". Aqui, um "sucesso" seria um cliente aumentar seus gastos no cartão em pelo menos $800 e "fracasso" seria o cliente não aumentar até esse valor. Na simulação, estabelecemos a verdadeira proporção de sucessos em um valor conhecido, coletamos amostras aleatórias e depois registramos a proporção amostral de sucessos, que iremos denotar por $\hat{p}$, para cada amostra.

A proporção de sucessos em cada uma das nossas amostras simuladas irá variar de uma amostra para a outra, mas a *maneira* como as proporções variam nos mostra de que modo as proporções de amostras reais irão variar. Uma vez que podemos especificar as proporções verdadeiras de sucesso, é possível ver quão perto cada amostra está de estimar aquele valor verdadeiro. Veja um histograma das proporções de usuários de cartões que aumentaram o seu gasto em pelo menos $800 em 2000 amostras independentes de 1000 usuários do cartão, quando a proporção verdadeira é $p = 0{,}21$ (sabemos que esse é o valor verdadeiro de p porque podemos controlá-lo em uma simulação.)

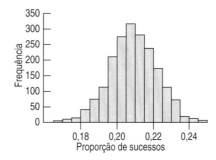

Figura 9.1 A distribuição de 2000 valores amostrais de $\hat{p}$, a partir de amostras simuladas de tamanho 1000 coletadas de uma população na qual a verdadeira proporção é $p = 0{,}21$.

Não é surpresa o fato de não conseguirmos a mesma proporção para cada amostra que coletamos, embora o valor verdadeiro subjacente, p, permaneça o mesmo $p = 0{,}21$. Como cada $\hat{p}$ vem de uma amostra aleatória, não podemos esperar que todos sejam iguais a p. E já que cada um vem de uma amostra aleatória *independente*, tampouco esperamos que eles sejam iguais entre si. O importante é que, embora os $\hat{p}$s variem de amostra para amostra, eles o fazem de uma maneira que podemos modelar e entender.

9.3 A distribuição Normal

A coleção de $\hat{p}s$ pode se comportar melhor do que você espera. O histograma na Figura 9.1 é unimodal e simétrico. Ele também tem a forma de sino – algo que veremos várias vezes em estatística. Para fazer afirmações gerais sobre a frequência com que os valores acorrem num histograma como esse, os estatísticos criam modelos para as distribuições. O modelo para histogramas simétricos e unimodais como este é denominado **Normal.** Você provavelmente deve ter visto modelos Normais antes – se viu uma "curva em forma de sino", é possível que tenha sido um modelo Normal. Os modelos Normais são definidos por dois parâmetros, uma média e um desvio padrão. Por convenção, representamos os parâmetros por letras gregas. Por exemplo, representamos a média de tal modelo com a letra grega μ, que em grego é o equivalente ao "m" de *média*; e o desvio padrão, com a letra grega σ, o equivalente grego de "s"[*] para desvio padrão. Assim, escrevemos $N(\mu, \sigma)$ para representar o modelo Normal com uma média μ e desvio padrão σ.

Existe um modelo Normal diferente para cada combinação de μ e σ, mas se padronizarmos nossos dados primeiro, como fizemos no Capítulo 6, criando escores-z subtraindo a média para torná-la 0 e dividindo pelo desvio padrão para torná-lo 1, precisamos somente do modelo com uma média de 0 e um desvio padrão de 1. Chamamos esse caso particular de **modelo Normal padrão** (ou de **distribuição Normal padrão**).

É claro que não devemos usar o modelo Normal para cada conjunto de dados. Se o histograma não for unimodal ou simétrico, os escores-z não serão bem modelados por uma Normal. E padronizar não irá ajudar, porque a padronização não muda a forma da distribuição. Portanto, sempre verifique o histograma dos dados antes de usar o modelo Normal.

> **ALERTA DE NOTAÇÃO:**
> $N(\mu, \sigma)$ sempre representa um modelo Normal. O μ, pronunciado "mi", é a letra grega equivalente ao "m" e sempre representa a média do modelo. O σ, sigma, é a letra grega minúscula equivalente ao "s" e sempre representa o desvio padrão do modelo.

> **Escores-z**
> $$z = \frac{y - \bar{y}}{s}$$
> para dados
> $$z = \frac{y - \mu}{\sigma}$$
> para modelos.

A Regra 68-95-99,7

Os modelos Normais são úteis porque indicam quão extremo um valor é mostrando a probabilidade de encontrar um valor tão distante da média. Em breve, veremos como encontrar esses valores para qualquer escore-z, mas, por ora, existe uma regra simples, chamada de **Regra 68-95-99,7**, que informa aproximadamente como os valores estão distribuídos.

Numa distribuição normal, aproximadamente 68% dos valores estão no intervalo de um desvio padrão da média, aproximadamente 95% dos valores estão no intervalo de dois desvios padrão da média e aproximadamente 99,7% – quase todos – dos valores se encontram no intervalo de três desvios padrão da média. (Figura 9.2).[2]

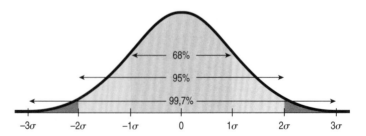

Figura 9.2 O avanço de um, dois e três desvios padrão além da média em uma distribuição normal fornece a regra 68-95-99,7.

---

[*] N. de T.: A letra "s" representa a inicial de desvio padrão em inglês, *standard deviation*. A letra "m" indica a média, *mean* em inglês.

[2] Essa regra foi reconhecida pelo matemático Abraham De Moivre, em 1733, com base em observações empíricas dos dados. Por esse motivo, às vezes ela é chamada de **Regra Empírica**, mas é um bom truque mnemônico chamá-la de regra 68-95-99,7, os três números que a definem.

Encontrando outros percentis

Encontrar a probabilidade de que a proporção seja pelo menos 1 DP acima da média é fácil. Sabemos que 68% dos valores estão dentro de 1 DP a contar da média, assim, 32% estão além. Como o modelo Normal é simétrico, metade desses 32% (ou 16%) está mais de 1 DP além da média. Mas e se quisermos saber o percentual das observações que estão mais de 1,8 DP acima da média? Já sabemos que não mais de 16% das observações têm escores-z acima de 1. Por um raciocínio similar, não mais de 2,5% das observações têm um escore-z acima de 2 DP. Podemos ser mais precisos com nossa resposta que "entre 16 e 2,5%"?

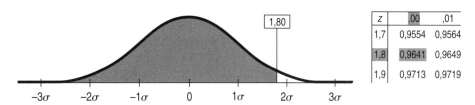

Figura 9.3 Uma tabela de percentis Normal (Tabela Z no Apêndice C) permite encontrar o percentual de valores de uma distribuição Normal padrão que está abaixo de um valor especificado do escore-z.

> Hoje, encontrar percentis de uma tabela Normal raramente é necessário. Na maioria das vezes, podemos usar uma calculadora, um computador ou mesmo um *site*.

Quando o valor não está exatamente a 0, 1, 2 ou 3 desvios padrão da média, podemos procurá-lo numa tabela de **percentis Normais**.[3] As tabelas usam o modelo Normal padrão, por isso temos de converter nossos dados em escores-z antes de usá-las. Se nosso valor era 1,8 desvios padrão acima da média, vamos padronizá-lo a um escore-z de 1,80 e, depois, encontrar o valor associado a esse escore. Se usarmos a tabela, como mostra a Figura 9.3, encontramos o escore-z olhando de cima para baixo a primeira coluna da esquerda, até encontrar os dois dígitos (1,8), e, na linha superior, procuramos o terceiro dígito, no caso, o valor zero. A tabela fornece como retorno o percentil de 0,9641. Isso significa que 96,41% dos escores-z são menores que 1,80. Como a área total é sempre 1 e 1 − 0,9641 = 0,0359, sabemos que somente 3,59% de todas as observações de um modelo Normal têm escores-z maiores que 1,80. Podemos também encontrar as probabilidades associadas aos escores-z usando recursos tecnológicos como uma calculadora, um *software* estatístico e *sites*.

9.4 Prática com cálculos da distribuição Normal

Encontrar os percentis associados a qualquer valor num modelo Normal não é difícil, mas um pouco de prática pode ser útil. Você já deve ter respondido a testes padronizados de um tipo ou outro e provavelmente focou tanto no "percentil" do seu desempenho quanto no escore bruto. Os escores da maioria dos testes padronizados, como SAT, GMAT e LSAT, são bem modelados por uma Normal e geralmente relatam os escores brutos e percentis. Para praticar, vamos ver como podemos converter os escores do SAT em percentis.

---
[3] Veja a Tabela Z no Apêndice C. Muitas calculadoras e pacotes estatísticos fazem isso também.

Exemplo I

Problema: Cada Scholastic Aptitude Test (SAT – Teste de Aptidão Acadêmica) tem uma distribuição aproximadamente unimodal e simétrica, além de uma média geral projetada de 500 e um desvio padrão de 100. Em qualquer ano, a média e o desvio padrão podem diferir por uma pequena quantia, mas esses valores-alvo são boas aproximações gerais.

Suponha que você tirou 600 num teste de SAT. A partir dessa informação e da Regra 68-95-99,7, qual é a sua posição entre todos os estudantes que fizeram o SAT?

Solução: Como sabemos que a distribuição é unimodal e simétrica, podemos modelar a distribuição com uma Normal. Também sabemos que os escores têm uma média de 500 e um DP de 100. Portanto, usaremos o modelo N(500,100). É uma boa prática, a esta altura, traçar a distribuição. Encontre o escore cujo percentil você quer saber e o localize na figura. Quando terminar os cálculos, deve verificar se é um percentil razoável a partir da figura.

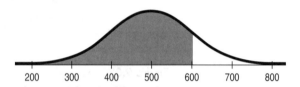

Um escore de 600 está 1 DP acima da média. Isso corresponde a um dos pontos na Regra 68-95-99,7%. Aproximadamente 32% (100 – 68%) daqueles que fizeram o teste estavam além de um desvio padrão da média, mas somente metade deles estava no lado mais alto (acima). Assim, aproximadamente 16% (metade de 32%) dos escores do teste foram melhores que 600.

Exemplo II

Problema: Assumindo que os escores do SAT são aproximadamente normais com N(500, 100), que proporção dos escores está entre 450 e 600?

Solução: *O primeiro passo é encontrar os escores-z associados a cada um dos dois valores dados.* Padronizando os escores fornecidos, encontramos para 600, $z = (600 - 500)/100 = 1,0$ e para 450, $z = (450 - 500)/100 = -0,50$. Podemos legendar o eixo horizontal da figura com os valores originais ou com os escores-z, ou, até mesmo, usar ambas as escalas, como na próxima figura.

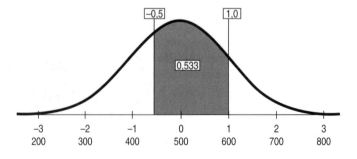

Da Tabela Z, encontramos que a área à esquerda de 1 ($z \leq 1,0$) é 0,8413, o que significa que 84,13% dos escores estão abaixo de 1,0, e que a área à esquerda de $-0,50$ ($z \leq -0,50$) é 0,3085, o que significa que 30,85% dos valores estão abaixo de $-0,5$. Portanto, a proporção dos escores-z *entre* esses dois valores é de 84,13% $-$ 30,85% = 53,28%. Assim, pelo modelo Normal, estima-se que aproximadamente 53,3% dos escores do SAT estejam entre 450 e 600.

Encontrar as áreas dos escores-z é a maneira mais fácil de trabalhar com o modelo Normal. No entanto, às vezes, começamos com áreas e temos de trabalhar no sentido contrário para encontrar o escore-z correspondente ou, até mesmo, o valor original dos dados. Por exemplo, qual escore-z representa o primeiro quartil, Q1, num modelo Normal? No nosso primeiro conjunto de exemplos, sabíamos o escore-z e usamos a tabela ou a tecnologia para encontrar o percentil. Agora, queremos encontrar o ponto de corte para o 25^0 percentil. Faça uma figura, sombreando os 25% da área mais à esquerda. Procure na Tabela Z por uma área de 0,2500. A área exata não está lá, mas 0,2514 é o número mais próximo. Esse valor corresponde, na tabela, ao escore-z (unidade e décimo) de –0,6, visto na margem esquerda, e de 0,07 (centésimo), encontrado na linha superior. Assim, o escore-z para o Q1 é aproximadamente $z = 0,67$. Os computadores e as calculadoras podem determinar esse valor (ponto de corte) de forma mais precisa (e mais fácil). [4]

Exemplo III

Problema: Suponha que uma faculdade admita apenas alunos com escores SAT entre os 10% mais altos. Quão alto deve ser um escore do SAT para ser elegível?

Solução: A faculdade aceita os 10% melhores, assim, seu escore de corte é o 90° percentil. Faça uma figura aproximada como esta.

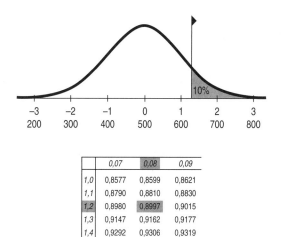

	0,07	0,08	0,09
1,0	0,8577	0,8599	0,8621
1,1	0,8790	0,8810	0,8830
1,2	0,8980	0,8997	0,9015
1,3	0,9147	0,9162	0,9177
1,4	0,9292	0,9306	0,9319

A partir da figura, vemos que o valor de z está entre 1,0 e 1,5 (se julgamos os 10% da área corretamente), assim, o valor de corte está entre 600 e 650, aproximadamente. Usando a tecnologia, você é capaz de selecionar os 10% da área e encontrar o valor de z diretamente. Usando uma tabela, como a Tabela Z, localize o valor 0,90 (ou o mais próximo possível; aqui, o valor 0,8997 está mais próximo que o valor 0,9015) no *interior* da tabela, e encontre o escore-z correspondente (veja a tabela acima). Aqui, o 1,2 está na coluna mais à esquerda e o 0,08 está na linha superior. Somando os dois, temos 1,28. Agora, converta o escore-z de volta às unidades originais. Da Tabela Z, o ponto de corte é $z = 1,28$. Um escore-z de 1,28 está 1,28 desvio padrão acima da média. Como o desvio padrão é 100, isso significa 128 pontos no SAT. O ponto de corte é 128 pontos acima da média de 500, ou seja, 628. Como a faculdade quer os escores SAT dos 10% melhores, o ponto de corte é 628 (na verdade, visto que os escores do SAT variam somente em múltiplos de 10, você deve ter um escore de pelo menos 630).

---

[4] Em geral, usaremos valores mais precisos em nossos exemplos. Se você encontrar os valores da tabela, talvez não consiga *exatamente* o mesmo número com todos os decimais que o seu colega que está usando um pacote de computador.

EXEMPLO ORIENTADO | *Empresa de cereal*

Um fabricante de cereais usa uma máquina para encher as caixas do produto. A quantia de cereal que cada caixa deve conter é "16 oz.", número especificado na embalagem. No entanto, como nenhum processo de empacotamento é perfeito, haverá pequenas variações. Se a máquina for ajustada para as 16 oz. exatas e o modelo Normal se aplica (ou, pelo menos, a distribuição é aproximadamente simétrica), metade das caixas estará abaixo do peso, fato que irá frustrar os consumidores e expor a empresa a péssima publicidade e a possíveis processos. Para evitar caixas abaixo do peso, o fabricante tem de ajustar a média para pouco mais de 16,0 oz. Com base em sua experiência com a máquina de empacotar, a empresa acredita que a quantia de cereal nas caixas se ajusta a um modelo Normal com um desvio padrão de 0,2 oz. O fabricante decide ajustar a máquina para colocar uma média de 16,3 oz. em cada caixa. Vamos usar o modelo a fim de responder várias perguntas sobre as caixas de cereal.

Pergunta 1. Qual fração das caixas estará abaixo do peso?

 PLANEJAR

Especificação Declare a variável e o objetivo.

A variável é o peso do cereal em uma caixa. Queremos determinar qual fração das caixas pode estar abaixo do peso especificado.

Modelo Verifique se o modelo Normal é adequado para a situação.

Sem dados, não podemos fazer um histograma. No entanto, sabemos que a empresa acredita que a distribuição dos pesos das caixas é aproximadamente Normal.

Especifique qual modelo Normal será utilizado.

Usaremos o modelo N(16,3; 0,2).

FAZER

Mecânica Faça um gráfico desse modelo Normal. Localize o valor de interesse na figura, rotule-o e sombreie a região apropriada.

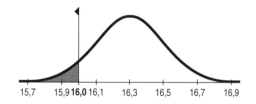

Estime, a partir da figura, o percentual de caixas que estão abaixo do peso (isso será útil mais adiante para verificar se a sua resposta faz sentido).

(Ela parece ser um percentual baixo — talvez menos de 10%).

Converta seu valor de corte em um escore-z.

Queremos saber qual fração das caixas irá pesar menos que 16 oz.

$$z = \frac{y - \mu}{\sigma} = \frac{16 - 16,3}{0,2} = -1,50.$$

Procure pela área na tabela Normal ou use sua calculadora ou *software*.

Área (Y < 16) = Área (Z < −1,50) = 0,0668.

---

* N. de T.: Uma oz. (onça) vale 28,3495 gramas. Portanto, 16 oz. = 453, 5920 gramas. Uma onça oz. troy (usada para metais preciosos) é igual a 31,1035 gramas.

Capítulo 9 – Distribuições Amostrais e o Modelo Normal **271**

| **RELATAR** | **Conclusão** Comente sua conclusão considerando o contexto do problema. | Estimamos que aproximadamente 6,7% das caixas irão conter menos que 16 oz. de cereal. |

Pergunta 2. Os advogados da empresa afirmam que 6,7% é um valor muito alto. Eles insistem que no máximo 4% das caixas podem estar abaixo do peso. Portanto, a empresa precisa ajustar a máquina para colocar um pouco mais de cereal em cada caixa. Qual é o ajuste médio necessário?

PLANEJAR	**Especificação** Declare a variável e o objetivo.	A variável é o peso do cereal numa caixa. Queremos determinar um ajuste para a máquina.
	Modelo Verifique se um modelo Normal é adequado.	Não temos dados, por isso não podemos fazer um histograma. Mas fomos informados de que um modelo Normal é aplicável.
	Especifique qual modelo Normal será usado. O valor da média não foi fornecido desta vez!	Não conhecemos μ, a quantia média de cereal. O desvio padrão para essa máquina é de 0,2 oz. O modelo, então, é N(μ, 0,2).
VERIFICAÇÃO DA REALIDADE ▶	Descobrimos previamente que ajustar a máquina a $\mu = 16{,}3$ oz. torna 6,7% das caixas mais leves. Precisamos aumentar a média um pouco para reduzir essa fração.	Fomos informados de que não mais que 4% das caixas podem estar abaixo de 16 oz.

FAZER	**Mecânica** Faça um gráfico desse modelo Normal. Centralize-o em μ (visto que você não sabe a média) e sombreie a região abaixo de 16 oz.	
	Usando a tabela Normal, uma calculadora ou um *software*, encontre o escore-z que determina os 4% mais baixos.	O escore-z que deixa 0,04 de área à sua esquerda é $z = -1{,}75$.
	Use essa informação para encontrar μ. Ela está localizada a 1,75 desvio padrão à direita de 16.	Visto que 16 deve estar 1,75 desvio padrão abaixo da média, precisamos ajustar a média em $16 + 1{,}75 \cdot 0{,}2 = 16{,}35$.

| **RELATAR** | **Conclusão** Faça sua conclusão considerando o contexto do problema. | A empresa deve ajustar a máquina para ter uma média de 16,35 oz. de cereal por caixa. |

Pergunta 3. O presidente da empresa vetou o plano, afirmando que a empresa deveria dar menos cereal de graça, não mais. Seu objetivo é ajustar a máquina não mais que 16,2 oz. e ainda ter somente 4% de caixas abaixo do peso. A única maneira de alcançar esse objetivo é reduzindo o desvio padrão. Qual desvio padrão a empresa deve alcançar e o que isso significa em relação à máquina?

continua...

continuação

PLANEJAR	**Especificação** Declare a variável e o objetivo.	A variável é o peso do cereal numa caixa. Queremos determinar o desvio padrão necessário para ter somente 4% de caixas abaixo do peso.
	Modelo Verifique se um modelo Normal é apropriado.	A empresa acredita que os pesos são descritos por um modelo Normal.
	Especifique qual modelo Normal usar. Desta vez você não sabe o σ.	Agora conhecemos a média, mas não sabemos o desvio padrão. O modelo é, portanto, N(16,2; σ).
VERIFICAÇÃO DA REALIDADE ▶	Sabemos que o novo desvio padrão deve ser menor do que 0,2 oz.	

FAZER	**Mecânica** Faça um gráfico desse modelo Normal. Centralize-o em 16,2 e sombreie a área de interesse. Queremos 4% da área à esquerda de 16 oz.	
		16 16,2
	Encontre o escore-z que determina os 4% mais baixos.	Já sabemos que o escore-z com 4% de área abaixo dele é z = –1,75.
	Solucione para σ. (Atenção, precisamos que 16 esteja 1,75 σ abaixo de 16,2, portanto, 1,75 σ deve ser 0,2 oz. Você poderia começar com essa equação.)	$$z = \frac{y - \mu}{\sigma}$$ $$-1,75 = \frac{16 - 16,2}{\sigma}$$ $$1,75\sigma = 0,2$$ $$\sigma = 0,114.$$

RELATAR	**Conclusão** Descreva sua conclusão no contexto do problema. Como esperávamos, o desvio padrão é mais baixo do que antes – na verdade, bem mais baixo.	A empresa deve ajustar a máquina para que o peso das caixas do cereal tenha um desvio padrão de somente 0,114 oz. Isso significa que a máquina deve ser mais consistente (por aproximadamente um fator de 2) no preenchimento das caixas.

9.5 A distribuição amostral das proporções

A distribuição de proporções ao longo de muitas amostras independentes da mesma população é chamada de **distribuição amostral** das proporções. A Seção 9.2 mostrou uma simulação na qual essa distribuição tinha uma forma de sino e estava centralizada na proporção verdadeira, *p*. Se soubéssemos que a distribuição amostral das proporções sempre segue uma distribuição em forma de sino, poderíamos usar o modelo Normal para descrever o comportamento das proporções. Com o modelo Normal, seria possível encontrar o percentual dos valores que estão entre quaisquer dois valores.

Capítulo 9 – Distribuições Amostrais e o Modelo Normal **273**

ALERTA DE NOTAÇÃO:

Utilizamos p para a proporção na população e $\hat{p}$ para a proporção observada na amostra. Também usamos q para a proporção de fracassos ($q = 1 - p$) e $\hat{q}$ para o seu valor observado, apenas para simplificar algumas fórmulas.

Para tanto, porém, precisamos conhecer um detalhe a mais. Os modelos Normais são determinados por sua média e desvio padrão, e sabemos apenas que a média é p, a proporção verdadeira. E o desvio padrão?

Um fato surpreendente sobre as proporções é que (ao contrário dos dados quantitativos), se conhecermos a média, p, e o tamanho da amostra, n, também saberemos o desvio padrão da distribuição amostral, como é possível ver a partir da fórmula.

$$DP(\hat{p}) = \sqrt{\frac{p(1 - p)}{n}} = \sqrt{\frac{pq}{n}}.$$

Se a proporção verdadeira dos usuários de cartão de crédito que aumentaram seus gastos em mais de \$800 for 0,21, então, para amostras de tamanho 1000, esperamos que a distribuição das proporções amostrais tenha um desvio padrão de:

$$DP(\hat{p}) = \sqrt{\frac{p(1 - p)}{n}} = \sqrt{\frac{0,21(1 - 0,21)}{1000}} = 0,0129, \text{ ou aproximadamente } 1,3\%.$$

Lembre que as duas amostras de tamanho 1000 tinham proporções de 21,1% e 20,2%. Como o desvio padrão das proporções é 1,3%, essas duas proporções não estão sequer 1 desvio padrão inteiro separadas. Em outras palavras, as duas amostras não discordam realmente. As proporções de 21,1% e 20,2% de amostras de 1000 são ambas *consistentes* com a verdadeira proporção, 21%. Vimos no Capítulo 3 que essa diferença entre as proporções amostrais é denominada **erro amostral**. Não é, na verdade um *erro*, no entanto. É apenas a variabilidade que você esperaria ver de uma amostra para outra. Um termo melhor seria *variabilidade amostral*.

Analise novamente a Figura 9.11 (p. 265) para ver quão bem o modelo funcionou com nossa simulação. Se $p = 0,21$, sabemos que o desvio padrão deve ser de aproximadamente 0,013. A Regra 68-95-99,7 do modelo Normal diz que 68% das amostras terão proporções dentro de um DP da média de 0,21. Quão próximo a nossa simulação chegou das previsões? O desvio padrão real das nossas proporções das 2.000 *amostras* é 0,0129, ou 1,29%. E, das 2.000 amostras simuladas, 1.346 tinham proporções entre 0,197 e 0,223 (um desvio padrão em ambos os lados de 0,21). A Regra de 68-95-99,7 prevê 68% – o número real é 1.346/2.000, ou 67,3%.

Agora sabemos tudo o que é necessário para modelar a distribuição amostral. Conhecemos a média e o desvio padrão da distribuição amostral das proporções:

elas são p, a proporção verdadeira, e $\sqrt{\dfrac{pq}{n}}$. Portanto, o modelo Normal específico,

$N\left(p, \sqrt{\dfrac{pq}{n}}\right)$, é o **modelo da distribuição amostral para a proporção da amostra.**

Isso funcionou bem na simulação, mas podemos confiar nisso em todas as situações? De fato, esse modelo pode ser justificado teoricamente com um pouco de matemática. Ele não vai funcionar em *todas* as situações, mas se aplica à maioria das situações que você encontrará na prática. Você vai aprender a verificar quando o modelo é útil.

Agora, respondemos a questão levantada no início do capítulo. Para descobrir quão variável é a proporção amostral, precisamos saber a proporção verdadeira e o tamanho da amostra.

Efeito do tamanho da amostra

Como n está no denominador de $DP(\hat{p})$, quanto maior a amostra, menor o desvio padrão. Precisamos de um desvio padrão pequeno para tomar decisões de negócios seguras; porém, amostras maiores custam mais caro. Essa tensão é uma discussão fundamental na estatística.

O modelo da distribuição amostral para uma proporção

Desde que os valores amostrados sejam independentes e o tamanho da amostra seja grande o suficiente, a distribuição amostral de $\hat{p}$ é modelada por uma Normal com a

média $\mu(\hat{p}) = p$ e com desvio padrão $DP(\hat{p}) = \sqrt{\dfrac{pq}{n}}$.

TESTE RÁPIDO

1. Você quer fazer uma pesquisa com uma amostra aleatória de 100 clientes de um *shopping* para saber se eles gostam da localização proposta para uma nova cafeteria, no terceiro andar, com uma vista panorâmica da praça de alimentação. É claro, você terá apenas um número, sua proporção da amostra, $\hat{p}$. No entanto, se você imaginasse todas as amostras possíveis de 100 clientes que poderia coletar e o histograma de todas as proporções da amostra para essas amostras, que forma ele teria?
2. Onde seria o centro do histograma?
3. Se você crê que metade dos clientes é a favor do projeto, qual seria o desvio padrão das proporções amostrais?

O modelo da distribuição amostral de $\hat{p}$ é valioso por vários motivos. Primeiro, porque é reconhecido pela matemática com sendo um bom modelo (e melhora à medida que o tamanho da amostra aumenta), não precisamos coletar muitas amostras e acumular todas essas proporções da amostra, ou até mesmo simulá-las. O modelo de distribuição amostral Normal indica como seria a distribuição das proporções amostrais. Segundo, devido à Normal ser um modelo matemático, podemos calcular que fração da distribuição será encontrada em qualquer região. Você pode encontrar a fração da distribuição situada em *qualquer* intervalo de valores usando a Tabela Z, no final do livro, ou com ajuda da tecnologia.

Quão bom é o modelo Normal?

Vimos que as proporções simuladas seguem bem a Regra 68-95-99,7. No entanto, todas as proporções da amostra realmente funcionam assim? Pare e pense sobre o que estamos relatando. Afirmamos que, se coletarmos amostras aleatórias repetidas de um mesmo tamanho, n, de uma população e avaliarmos a proporção, $\hat{p}$, em cada amostra, a coleção dessas proporções irá se agrupar em volta da proporção da população subjacente, p, de modo que um histograma das proporções amostrais pode ser bem modelado por uma Normal.

Deve haver um truque. Suponha que as amostras sejam de tamanho 2, por exemplo. Então, os únicos números possíveis de sucessos poderiam ser 0, 1 ou 2, e os valores da proporção seriam 0, 0,5 e 1. De maneira nenhuma, o histograma poderia se parecer com um modelo Normal com somente três valores possíveis para a variável (Figura 9.4).

Bem, *existe* um truque. A afirmação é apenas aproximadamente verdadeira (não há problema: os modelos *devem* ser somente aproximadamente verdadeiros). O modelo se torna uma representação cada vez melhor da distribuição das proporções da amostra à medida que o tamanho da amostra aumenta.[5] Amostras de tamanho 1 ou 2 não funcionarão, mas as distribuições das proporções de muitas amostras maiores têm histogramas extremamente próximos a um modelo Normal.

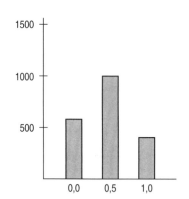

Figura 9.4 As proporções de amostras de tamanho 2 podem assumir somente três valores possíveis. Um modelo Normal funcionará bem nesse caso.

---

[5] Formalmente, dizemos que a afirmação é verdadeira no limite à medida que o tamanho da amostra (n) cresce.

9.6 Suposições e condições

A maioria dos modelos é útil somente quando determinadas suposições são verdadeiras. No caso do modelo para a distribuição das proporções da amostra, existem duas suposições:

Suposição de independência: Os valores amostrados devem ser *independentes* um do outro.

Suposição do tamanho da amostra: O tamanho da amostra, n, deve ser *grande* o suficiente.

É claro, o que devemos fazer com as suposições é justamente supor: pensar se é provável que elas sejam verdadeiras. Entretanto, geralmente podemos verificar *condições* correspondentes que também fornecem informações sobre as suposições. Pense sobre a suposição de independência e verifique as seguintes condições correspondentes antes de usar a Normal para modelar a distribuição das proporções amostrais:

Condição da aleatoriedade: Se os seus dados vêm de um experimento, os sujeitos devem ter sido designados aleatoriamente aos tratamentos. Se você tiver um levantamento de dados, sua amostra deve ser uma amostra aleatória simples da população. Se outra abordagem amostral foi usada, assegure-se de que o método amostral não foi tendencioso e que os dados são representativos da população.

Condição dos 10%: Se a amostragem não foi feita com reposição (isto é, devolvendo cada indivíduo amostrado para a população antes de coletar o próximo indivíduo), então o tamanho da amostra, n, não deve ser maior que 10% da população. Se for, você deve ajustar o tamanho do intervalo de confiança com métodos mais avançados que os encontrados neste livro.

Condição de sucesso/fracasso: A condição de sucesso/fracasso afirma que o tamanho da amostra deve ser grande o suficiente para que, tanto o número de "sucessos", np, quanto o número de "fracassos", nq, tenham valores esperados acima de 10.[6] Expressada sem os símbolos, essa condição apenas diz que precisamos esperar pelo menos 10 sucessos e pelo menos 10 fracassos para ter dados suficientes, a fim de tecer conclusões seguras. Para o exemplo da promoção do banco de cartão de crédito, rotulamos como "sucesso" um usuário que aumentou seu gasto mensal em pelo menos $800 durante a tentativa. O banco observou 211 sucessos e 789 fracassos. Ambos estão acima de 10, portanto, certamente existem sucessos e fracassos suficientes para que a condição esteja satisfeita.[7]

Essas condições parecem contradizer uma à outra. A condição de sucesso/fracasso requer um tamanho da amostra grande. O quão grande depende de p. Se p estiver próximo a 0,5, precisamos de uma amostra relativamente grande. Se p for somente 0,01, entretanto, precisamos de uma amostra bem menor, já que nesse caso a variabilidade é menor.* Mas a condição dos 10% indica que o tamanho da amostra não pode ser maior que uma fração da população. Felizmente, a divergência entre elas, em geral, não é um problema, na prática. Muitas vezes, como em um levantamento de dados que abrange todos os adultos dos Estados Unidos ou amostras industriais de um dia de produção, as populações são muito maiores que 10 vezes o tamanho da amostra.

---

[6] Por que 10? Discutiremos isso quando aprendermos sobre o intervalo de confiança, no Capítulo 10.

[7] A condição de sucesso/fracasso diz respeito ao número de sucessos e fracassos que *esperamos*, mas se o número que *ocorreu* for ≥ 10, você pode usá-lo.

* N. de T.: Por exemplo, se para $p = 0,01$ tomarmos uma amostra de $n = 100$, o desvio padrão (erro) amostral está em torno de 1%. Para termos esse mesmo erro com um valor $p = 0,5$, devemos colher uma amostra 25 vezes maior, isto é, de tamanho 2500.

EXEMPLO ORIENTADO | *Execução de hipoteca*

Um analista de concessão de empréstimo para casas analisa um pacote de 90 hipotecas que sua empresa adquiriu recentemente na região central da Califórnia. O analista está ciente de que, naquela região, aproximadamente 13% dos proprietários de casa com hipotecas recentes não pagarão seus empréstimos no próximo ano e a hipoteca da casa será executada. Na decisão de comprar o pacote de hipotecas, o departamento de finanças assumiu que mais de 15 das hipotecas deixariam de ser pagas. Qualquer quantia acima dessa resultará em prejuízo para a empresa. No pacote de 90 hipotecas, qual é a probabilidade de que existam mais de 15 que serão executadas?

PLANEJAR

Especificação Declare o objetivo do seu estudo.

Queremos encontrar a probabilidade de que, em um grupo de 90 hipotecas, mais de 15 não sejam pagas. Visto que 15 em 90 é 16,7%, precisamos calcular a probabilidade de encontrar mais de 16,7% de inadimplência em uma amostra de 90, se a proporção real de inadimplentes for 13%.

Modelo Verifique as condições.

✓ **Suposição de independência**: Se as hipotecas vêm de uma área geográfica grande, um proprietário de casa inadimplente não deve afetar a probabilidade de que outro também seja. Entretanto, se as hipotecas vêm da mesma vizinhança, a suposição de independência pode falhar e nossas estimativas das probabilidades de inadimplência podem estar erradas.

✓ **Condição da aleatoriedade:** As 90 hipotecas do pacote podem ser consideradas como uma amostra aleatória de todas as hipotecas da região.

✓ **Condição dos 10%:** As 90 hipotecas representam um número menor que 10% de todas as hipotecas da região.

✓ **Condição de sucesso/fracasso:**

$$np = 90(0,13) = 11,7 \geq 10$$
$$nq = 90(0,87) = 78,3 \geq 10$$

Declare os parâmetros e o modelo de distribuição amostral.

A proporção da população é $p = 0,13$. As condições são satisfeitas, assim, iremos modelar a distribuição amostral de $\hat{p}$ com um modelo Normal, com uma média de 0,13 e desvio padrão igual a:

$$DP(\hat{p}) = \sqrt{\frac{pq}{n}} = \sqrt{\frac{(0,13)(0,87)}{90}} \approx 0,035.$$

Nosso modelo para $\hat{p}$ é $N(0,13; 0,035)$. Queremos encontrar $P(\hat{p} > 0,167)$.

	Representar Faça um diagrama. Determine o modelo graficamente e sombreie a área em que estamos interessados, neste caso, a área à direita de 16,7%.	![Curva normal com área sombreada à direita de 0,167, mostrando valores 0,025, 0,06, 0,095, 0,130, 0,165, 0,2, 0,235 correspondendo a -3σ, -2σ, -1σ, p, 1σ, 2σ, 3σ. Área sombreada = 0,145.]
FAZER	**Mecânica** Use o desvio padrão como uma régua para encontrar o escore-z da proporção de corte. Encontre a probabilidade resultante a partir de uma tabela, um programa de computador ou de uma calculadora.	$z = \dfrac{\hat{p} - p}{PD(\hat{p})} = \dfrac{0{,}167 - 0{,}13}{0{,}035} = 1{,}06$ $P(\hat{p} > 0{,}167) = P(z > 1{,}06) = 0{,}1446 = 14{,}46\%$
RELATAR	**Conclusão** Interprete a probabilidade no contexto da pergunta.	**Memorando:** **Re: Inadimplência de hipotecas** Assumindo que as 90 hipotecas recentemente adquiridas pela empresa são uma amostra aleatória de hipotecas dessa região, existe uma chance de aproximadamente 14,5% de que as 15 execuções de hipotecas determinadas como ponto de equilíbrio pelo Departamento de Finanças sejam excedidas.

9.7 O teorema central do limite – o teorema fundamental da estatística

As proporções resumem variáveis categóricas. Quando amostramos ao acaso, os resultados que conseguimos irão variar de uma amostra para outra. O modelo Normal parece uma maneira incrivelmente simples de resumir a variação. Poderia algo tão simples funcionar com médias? Não vamos fazer suspense. As médias também têm uma distribuição amostral que podemos modelar com o modelo Normal. Inclusive, existe um resultado teórico que prova isso. Como fizemos com as proporções, podemos ter uma compreensão a partir de uma simulação.

Simulando a distribuição amostral de uma média

Aqui está uma simulação simples com uma variável quantitativa. Vamos começar com um dado não viciado. Se lançarmos esse dado 10000 vezes, como o histograma dos números das faces do dado ficaria? Eis os resultados de uma simulação de 10000 lançamentos:

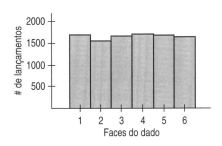

Chamamos isso de uma *distribuição uniforme*, e certamente não é Normal. Agora, vamos lançar um *par* de dados e registrar a média dos dois resultados obtidos. Se repetirmos isso (ou, pelo menos, simularmos a repetição) 10000 vezes, registrando a média dos valores de cada par, como o histograma dessas 10000 médias ficará? Antes de olhar, pense um minuto. Conseguir um valor médio de 1 com os *dois* dados é tão provável quanto obter um valor médio de 3 ou 3,5? Vejamos:

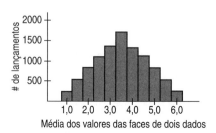

É mais provável que consigamos uma média próxima a 3,5 do que uma próxima a 1 ou 6. Sem calcular exatamente essas probabilidades, é fácil perceber que a *única* maneira de alcançar uma média de 1 é conseguir dois valores iguais a 1. Para conseguir um total igual a 7 (ou uma média de 3,5), entretanto, existem muito mais possibilidades. Essa distribuição tem um nome: *distribuição triangular.*

E se calcularmos a média dos valores do lançamento de três dados? Vamos simular 10000 lançamentos de três dados e determinar as médias de cada lançamento.

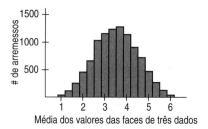

O que está acontecendo? Primeiro, observe que está ficando mais difícil ter médias próximas às extremidades. Conseguir uma média de 1 ou 6 com três dados requer que nos três dados apareça 1 ou 6, respectivamente. Isso é menos provável que dois dados darem ambos 1 ou ambos 6. A distribuição está sendo empurrada para o meio. Mas o que está acontecendo com a forma?

Vamos continuar essa simulação para ver o que acontece com amostras maiores. Eis um histograma das médias de 10000 lançamentos de cinco dados.

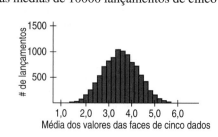

O padrão está ficando mais claro. Duas coisas estão acontecendo. A primeira nós já vimos no Capítulo 5, a Lei dos Grandes Números. Ela diz que, à medida que o tamanho da amostra fica maior (mais dados lançados de cada vez), cada média amostral tende a ficar mais próxima da média da população. Assim, a forma se aglomerou continuamente em volta de 3,5. No entanto, a forma da distribuição é a parte surpreendente: ela está assumindo um formato de sino. Na verdade, está se aproximando do modelo Normal.

Você está convencido? Vamos dar um salto à frente e tentar a simulação com 20 dados. O histograma das médias para 10000 arremessos de 20 dados fica assim.

Pierre-Simon Laplace, 1749-1827

"A teoria da probabilidade nada mais é do que o senso comum reduzido a cálculos".
— Laplace, em *Théorie Analytique des Probabilitiés*, 1812.

Laplace foi um dos maiores cientistas e matemáticos do seu tempo. Além das suas contribuições à probabilidade e à estatística, ele publicou muitos resultados novos em matemática, física e astronomia (sua teoria nebulosa foi uma das primeiras a descrever a formação do sistema solar da maneira como é entendido hoje). Laplace também teve um papel definitivo no estabelecimento do sistema métrico de mensuração.

Sua genialidade, entretanto, muitas vezes o colocou em apuros. Um visitante da Académie des Sciences, em Paris, relatou que Laplace se considerava abertamente o melhor matemático da França. Para irritação de seus colegas, ele estava certo.

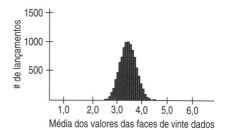

Agora vemos a forma Normal novamente (observe como a dispersão é menor). Podemos esperar que isso aconteça para outras situações além dos lançamentos de dados? Quais os tipos de médias amostrais que as distribuições amostrais têm e que podem ser modeladas com uma Normal? Surpreendentemente, os modelos Normais em geral funcionam muito bem.

O Teorema Central do Limite

A simulação dos dados parece uma situação especial. No entanto, o que vimos com os dados é verdadeiro para médias de amostras repetitivas em quase todas as situações. Quando observamos a distribuição amostral de uma proporção, temos de verificar somente algumas condições. Para médias, o resultado é ainda mais impressionante. Quase não existem condições.

Vamos repetir: a distribuição amostral de *qualquer* média se torna Normal à medida que o tamanho da amostra aumenta. Basta que as observações sejam independentes e coletadas com aleatoriedade. Nem precisamos nos importar com a forma da distribuição da população![8] Esse fato surpreendente foi provado de forma bastante geral em 1810, por Pierre-Simon Laplace, e provocou polêmica (pelo menos nos círculos matemáticos), porque nada tem de intuitivo. O resultado de Laplace é conhecido como **Teorema Central do Limite**[9] **(TCL).**

A distribuição das médias de muitas amostras aleatórias se aproxima do modelo Normal à medida que o tamanho da amostra aumenta, e *isso é verdadeiro apesar da forma da distribuição da população!* Mesmo se coletarmos uma amostra de uma população assimétrica ou bimodal, o Teorema Central do Limite nos diz que médias de amostras aleatórias repetidas tenderão a seguir um modelo Normal à medida que o tamanho da amostra cresce. É claro, não é surpresa o fato de que ele funciona melhor e mais rápido quanto mais próxima a distribuição da população estiver do modelo Normal. Também funciona melhor para amostras maiores. Se os dados vierem de uma população que é exatamente Normal, as próprias observações são Normais. Se tivermos amostras com tamanho um, suas "médias" são apenas as observações da própria população – assim, seja claro que elas têm uma distribuição amostral Normal. Agora, suponha que a distribuição da população seja muito assimétrica (como os dados do CEO do Capítulo 5, por exemplo). O TCL funciona, mas talvez seja necessário um tamanho amostral de dúzias ou até mesmo centenas de observações para o modelo Normal funcionar bem.

Por exemplo, pense numa população bimodal real, que consista somente em 0s e 1s. O TCL diz que mesmo as médias de amostras dessa população irão seguir um modelo de distribuição amostral Normal. Mas espere. Suponha que temos uma variável categórica e designamos um 1 para cada indivíduo na categoria e um 0 para cada indivíduo fora da categoria. Então encontramos a média desses 0s e 1s. Isso é o mesmo que contar o número de indivíduos que estão na categoria e dividir por *n*. Essa média será a *proporção amostral, $\hat{p}$*, dos indivíduos que estão na categoria (um "sucesso"). Talvez não seja tão surpreendente que proporções, como médias, tenham modelos de distribuição amostral Normal; as proporções são, na verdade, apenas um caso especial do impressionante teorema de Laplace. É claro, para uma população extremamente

---
[8] Tecnicamente, os dados devem vir de uma população com variância finita.

[9] A palavra "central" no nome do teorema significa "fundamental". Ela não se refere ao centro da distribuição, por isso o título desta seção é redundante.

bimodal, precisamos de um tamanho de amostra razoavelmente grande – exatamente onde entra a condição de sucesso/fracasso para a proporção.

> **O Teorema Central do Limite (TCL)**
> A média de uma amostra aleatória tem uma distribuição amostral cuja forma pode ser aproximada pelo modelo Normal. Quanto maior a amostra, melhor será a aproximação.

Tenha cuidado. Estamos nos movendo suavemente entre o mundo real, onde coletamos amostras aleatórias de dados, e um mundo mágico de modelos matemáticos, no qual descrevemos como as médias e as proporções das amostras que observamos no mundo real podem se comportar, caso pudéssemos ver os resultados de cada amostra aleatória que conseguíssemos coletar. Agora, temos de lidar com *duas* distribuições. A primeira é a distribuição da amostra do mundo real, que podemos exibir com um histograma (para dados quantitativos) ou com uma tabela ou gráfico de barras (para dados categóricos). A segunda é a *distribuição amostral* da estatística do mundo matemático, que modelamos com a Normal, baseada no Teorema Central do Limite. Não confunda as duas.

Por exemplo, não pense que o TCL indica que os *dados* estarão distribuídos Normalmente, contanto que a amostra seja grande o suficiente. Na verdade, à medida que as amostras ficam maiores, esperamos que a distribuição dos dados se pareça cada vez mais com a distribuição da população de onde foram coletados – assimétrica, bimodal, o que for – mas não necessariamente Normal. Você pode coletar uma amostra dos salários de CEOs para os próximos 1000 anos, mas o histograma nunca parecerá Normal. Ele será assimétrico à direita. O Teorema Central do Limite não fala sobre a distribuição dos dados da amostra. Ele fala sobre as *médias* e as *proporções* de várias amostras diferentes, coletadas da mesma população. É claro, nunca coletamos todas essas amostras de fato, assim, o TCL está falando sobre uma distribuição imaginária – o modelo da distribuição amostral.

O TCL requer que a amostra seja grande o suficiente quando a forma da população não é bimodal e simétrica. No entanto, ainda é um resultado surpreendente e poderoso.

9.8 A distribuição amostral da média

O TCL afirma que a distribuição amostral de qualquer média ou proporção é aproximadamente Normal. Mas qual Normal? Sabemos que qualquer modelo Normal é especificado por sua média e seu desvio padrão. Para proporções, a distribuição amostral está centrada na proporção populacional. Para médias, ela está centrada na média da população. O que mais você esperaria?

E os desvios padrão? Observamos que, na simulação dos dados, os histogramas ficaram mais estreitos à medida que o número de dados dos quais calculamos a média aumentou. Isso não deveria ser surpresa. As médias variam menos que as observações individuais. Pense sobre isso por um minuto. O que será mais surpreendente, ter *uma* pessoa na sua turma de estatística mais alta que 2,05 m ou ter uma *média* de 100 estudantes do curso acima de 2,05 m? O primeiro evento é bem raro.[10] Você pode ter visto alguém com essa altura em uma das suas turmas alguma vez. Mas encontrar uma turma de 100 alunos cuja altura média está acima de 2,05 m não irá acontecer. Por quê? *As médias têm desvios padrão menores que os indivíduos.*

Isto é, o modelo Normal para a distribuição amostral da média tem um desvio padrão igual a $DP(\bar{y}) = \dfrac{\sigma}{\sqrt{n}}$, onde σ é o desvio padrão da população. Para enfatizar que

---

[10] Se os estudantes são uma amostra aleatória de adultos, menos de um em 10000 deverá ser mais alto que 2,05 m. Por que os alunos de uma faculdade talvez não sejam realmente uma amostra aleatória em relação à altura? Mesmo se eles não forem um amostra aleatória perfeita, um aluno com altura acima de 2,05 m é raro.

isso é um *parâmetro* do modelo da distribuição amostral para a média da amostra, $\bar{y}$, escrevemos $DP(\bar{y})$ ou $\sigma(\bar{y})$.

O modelo da distribuição amostral para a média da amostra

Quando uma amostra aleatória é coletada a partir de qualquer população com média μ e desvio padrão σ, sua média amostral, $\bar{y}$, tem uma distribuição com a mesma média μ, mas com desvio padrão dado por $\dfrac{\sigma}{\sqrt{n}}$ $\left(\text{e escrevemos } \sigma(\bar{y}) = DP(\bar{y}) = \dfrac{\sigma}{\sqrt{n}}\right)$.

Não importa de qual população a amostra aleatória é extraída, a forma da distribuição amostral é aproximadamente Normal, desde que o tamanho da amostra seja grande o suficiente. Quanto maior a amostra utilizada, mais **a distribuição amostral da média da amostra** se aproxima do modelo normal com os parâmetros especificados acima.

Agora temos dois modelos de distribuição amostrais intimamente relacionados. Qual deles iremos utilizar dependerá do tipo de dados que tivermos.

◆ Quando temos dados categóricos, calculamos a proporção da amostra, $\hat{p}$. Sua distribuição amostral segue um modelo Normal com a média igual à proporção da população, p, com um desvio padrão $DP(\hat{p}) = \sqrt{\dfrac{pq}{n}} = \dfrac{\sqrt{pq}}{\sqrt{n}}$.

◆ Quando temos dados quantitativos, calculamos a média da amostra, $\bar{y}$. Sua distribuição amostral segue um modelo Normal com média igual a da população, μ, e com um desvio padrão $DP(\bar{y}) = \dfrac{s}{\sqrt{n}}$.

As médias desses modelos são fáceis de lembrar, assim, basta ser cuidadoso com os desvios padrão. Lembre que esses são os desvios padrão das *estatísticas* $\hat{p}$ e $\bar{y}$. Ambos têm uma raiz quadrada de n no denominador. Isso nos diz que, quanto maior a amostra, menos ambas as estatísticas irão variar. A única diferença está no numerador. Se você começar a escrever $DP(\bar{y})$ para dados quantitativos e $DP(\hat{p})$ para dados categóricos, será capaz de lembrar qual fórmula usar.

Suposições e condições para a distribuição amostral da média

O TCL requer, essencialmente, as mesmas suposições usadas para modelar as proporções:

Suposição de independência: os valores amostrados devem ser independentes entre si.

Condição de aleatoriedade: os valores dos dados devem ser amostrados aleatoriamente ou o conceito de distribuição amostral não faz sentido.

Suposição do tamanho da amostra: o tamanho da amostra deve ser suficientemente grande. Não é possível verificar isso diretamente, mas podemos pensar se a suposição de independência é plausível. Também podemos verificar algumas condições relacionadas:

Condição dos 10%: quando a amostra for coletada sem reposição (como geralmente é o caso), o tamanho da amostra, n, não deve ser maior que 10% da população.

Condição do tamanho da amostra: o TCL não nos diz qual tamanho da amostra precisamos. A verdade é que isso depende: não há uma regra que sirva para todas as situações. Se a população for unimodal e simétrica, mesmo uma amostra pequena está adequada. Você pode ouvir que 30 ou 50 observações é sempre o suficiente para garantir Normalidade, mas, na verdade, depende da forma da distribuição dos dados originais. Para distribuições altamente assimétricas, pode ser necessário amostras de várias centenas para que a distribuição amostral das médias seja aproximadamente Normal. Sempre faça um gráfico dos dados para verificar.

9.9 Tamanho da amostra – lei dos retornos decrescentes

O desvio padrão da distribuição amostral diminui de acordo com a raiz quadrada do tamanho da amostra. As médias das amostras aleatórias de tamanho 4 têm metade $\left(\dfrac{1}{\sqrt{4}} = \dfrac{1}{2}\right)$ do valor do desvio padrão dos dados individuais. Para dividi-lo ao meio novamente, precisamos de uma amostra de tamanho 16 e uma amostra de 64. Na prática, a amostragem aleatória funciona bem e as médias têm desvios padrão menores que os valores dos dados individuais de onde as amostras foram retiradas. Essa é a vantagem de se trabalhar com a média.

Se pudéssemos dispor de amostras maiores conseguiríamos controlar *realmente* o desvio padrão da distribuição amostral para que a média da amostra pudesse informar mais sobre a média desconhecida da população. Como veremos, a raiz quadrada limita o quanto uma amostra pode informar sobre a população. É um exemplo de algo conhecido como **Lei dos Retornos Decrescentes.**

Exemplo

Problema: Suponha que o peso médio das caixas transportadas por uma empresa seja de 12 libras, com um desvio padrão de 4 libras. As caixas são transportadas em paletes de 10 caixas. O expedidor tem um limite de 150 libras para tal carga. Qual é a probabilidade de que um palete exceda o limite?

Solução: Perguntar qual é a probabilidade de que o peso total de uma amostra de 10 caixas exceda 150 libras é o mesmo que perguntar a probabilidade de que o peso *médio* exceda 15 libras. Primeiro, verificamos as condições. Assumiremos que as 10 caixas no palete são uma amostra aleatória da população das caixas e que seus pesos são mutuamente independentes. Dez caixas é certamente menos que 10% da população das caixas transportadas pela empresa.

Nessas condições, o TCL diz que a distribuição amostral de $\bar{y}$ tem um modelo Normal, com uma média de 12 e um desvio padrão de:

$$DP(\bar{y}) = \frac{\sigma}{\sqrt{n}} = \frac{4}{\sqrt{10}} = 1,26 \quad \text{e} \quad z = \frac{\bar{y} - \mu}{DP(\bar{y})} = \frac{15 - 12}{1,26} = 2,38$$

$$P(\bar{y} > 150) = P(z > 2,38) = 0,0087$$

Portanto, a chance de que o expedidor irá rejeitar o palete é de somente 0,0087 – menos de 1%. Isso deve ser bom o suficiente para a empresa.

9.10 Como funcionam os modelos de distribuição amostral

Ambas as distribuições amostrais que vimos são Normais. Sabemos que, para as proporções, $DP(\hat{p}) = \sqrt{\dfrac{pq}{n}}$, e para a média, $SD(\bar{y}) = \dfrac{\sigma}{\sqrt{n}}$. Isso é ótimo se conhecermos, ou pudermos supor que conhecemos, p ou σ.

Erro padrão

Geralmente, conhecemos somente a proporção observada, $\hat{p}$, ou o desvio padrão da amostra, s. Assim, usamos o que conhecemos – e estimamos. Não parece grande coisa, mas leva um nome especial. Sempre que estimamos o desvio padrão de uma distribuição amostral, o chamamos de **erro padrão (EP)**.

Para a proporção da amostra, $\hat{p}$, o erro padrão é:

$$EP(\hat{p}) = \sqrt{\frac{\hat{p}\hat{q}}{n}}.$$

Para a média da amostra, $\bar{y}$, o erro padrão é:

$$EP(\bar{y}) = \frac{s}{\sqrt{n}}.$$

Você pode ver um "erro padrão" relatado por um programa de computador num resumo ou oferecido por uma calculadora. É seguro assumir que, se nenhuma estatística foi especificada, o que se quis dizer é $EP(\bar{y})$, o erro padrão da média.

TESTE RÁPIDO

4. O exame de ingresso para as faculdades de administração, o GMAT, aplicado a 100 estudantes teve uma média de 520 e um desvio padrão de 120. Qual foi o erro padrão para a média dessa amostra de estudantes?
5. O que acontece com o erro padrão à medida que o tamanho da amostra aumenta, assumindo que o desvio padrão permaneça constante?
6. Se o tamanho da amostra for duplicado, qual é o impacto no erro padrão?

Podemos traçar um diagrama para relacionar os conceitos que vimos até agora. O ponto central é a ideia de que *a própria estatística (a proporção ou a média) é uma quantidade aleatória*. Não podemos saber o valor da nossa estatística porque ela provém de uma amostra aleatória. Uma amostra aleatória diferente teria dado um resultado diferente. Essa variação de amostra para amostra gera a distribuição amostral, a distribuição de todos os valores possíveis que a estatística poderia ter tido.

Poderíamos simular essa distribuição imaginando que coletamos muitas amostras. Felizmente, para a média e a proporção, o TCL nos diz que podemos modelar a distribuição amostral diretamente com uma Normal.

As duas verdades básicas sobre as distribuições amostrais são:

1. As distribuições amostrais surgem porque as amostras variam. Cada amostra aleatória irá conter diferentes casos e, portanto, um valor diferente da estatística.
2. Embora sempre possamos simular uma distribuição amostral, o Teorema Central do Limite poupa trabalho com as médias e as proporções.

A Figura 9.5 mostra um diagrama do processo.

Figura 9.5 Começamos com um modelo populacional que pode ter qualquer forma, até mesmo ser bimodal ou assimétrica (como este). Representamos a média desse modelo, μ, e seu desvio padrão, σ. Coletamos uma amostra real (linha sólida) de tamanho n e mostramos seu histograma e resumos estatísticos. Imaginamos (ou simulamos) coletar muitas outras amostras (linhas pontilhadas), que apresentam seus próprios histogramas e resumos estatísticos.

Imaginamos agrupar todas as médias em um histograma.

O TCL indica que é possível modelar a forma desse histograma com uma Normal. A média dessa Normal é μ e o desvio padrão é $DP(\bar{y}) = \frac{\sigma}{\sqrt{n}}$.

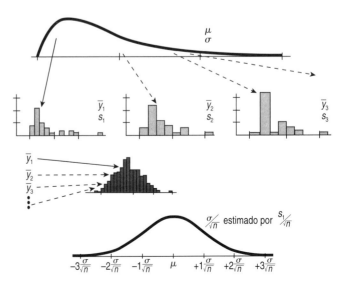

Quando não conhecemos σ, o estimamos com o desvio padrão de uma amostra real. Isso nos dá o erro padrão, $EP(\bar{y}) = \dfrac{s}{\sqrt{n}}$.

O QUE PODE DAR ERRADO?

- **Não use modelos Normais quando a distribuição não for unimodal e simétrica.** Modelos Normais são tão fáceis e úteis que é tentador usá-los mesmo quando não descrevem bem os dados. Eles podem levar a conclusões erradas. Não use um modelo Normal sem antes analisar a figura dos dados para verificar se ela é unimodal ou simétrica. Um histograma ou diagrama de caixa e bigodes pode ajudá-lo a dizer se um modelo Normal é apropriado.

- **Não use a média e o desvio padrão quando os valores atípicos estão presentes.** Tanto as médias quanto os desvios padrão podem ser distorcidos pelos valores atípicos e nenhum modelo baseado em valores distorcidos funciona bem. Assim, é recomendável sempre verificar os valores atípicos. Como? Faça uma figura.

- **Não confunda a distribuição amostral com a distribuição da amostra.** Quando você coleta uma amostra, sempre olha a distribuição dos valores, normalmente com um histograma, e talvez calcule resumos estatísticos. Examinar a distribuição da amostra dessa maneira é sábio. No entanto, isso não é a distribuição amostral. A distribuição amostral é uma coleção imaginária de valores de uma estatística, que pode ser obtida de todas as amostras aleatórias possíveis, de certo tamanho, de uma população – aquela que você conseguiu e aquelas que você não conseguiu. Use o modelo da distribuição amostral para fazer declarações sobre como as estatísticas variam.

- **Esteja atento às observações que não são independentes.** O TCL depende crucialmente da suposição de independência. Infelizmente, você não pode verificar isso nos seus dados. Você deve pensar sobre como os dados foram reunidos. Uma boa prática de amostragem e de experimentos bem projetados garante a independência.

- **Cuidado com amostras pequenas de populações assimétricas.** O TCL nos assegura que o modelo da distribuição amostral é Normal se n for grande o suficiente. Se a população for aproximadamente Normal, até mesmo pequenas amostras podem funcionar. Se a população for muito assimétrica, n terá de ser maior, para que o modelo Normal funcione. Se tirarmos uma amostra de 15 ou mesmo 20 CEOs e usarmos $\bar{y}$ para fazer uma declaração sobre a média do rendimento de todos eles, provavelmente enfrentaríamos problemas, porque a distribuição dos dados subjacentes é muito assimétrica. Infelizmente, não existe uma boa regra para tratar isso[11] – depende de quão assimétrica é a distribuição dos dados. Sempre faça um gráfico dos dados para verificar.

---

[11] Para proporções, existe uma regra: a condição sucesso/fracasso. Ela funciona para proporções porque o desvio padrão de uma proporção está ligado à sua média. Você pode ouvir que 30 ou 50 observações são o suficiente para garantir Normalidade, mas ela realmente depende da assimetria da distribuição original dos dados.

Capítulo 9 – Distribuições Amostrais e o Modelo Normal

ÉTICA EM AÇÃO

A Home Illusions, loja varejista de móveis contemporâneos e de decoração de interiores, recentemente enfrentou reclamações de clientes sobre a entrega dos seus produtos. A empresa usa transportadoras diferentes dependendo do destino do pedido. Sua política com relação à maioria dos itens que vende e envia é simplesmente entregar na porta do cliente. Entretanto, sua política em relação aos móveis é "entregar, desempacotar e colocar os móveis no local planejado da casa". A maioria das reclamações mais recentes vieram de clientes da região nordeste dos Estados Unidos, que estavam insatisfeitos por seus móveis não terem sido desempacotados e colocados no lugar adequado nas suas casas. Como a loja usa diferentes transportadoras, é importante que os pacotes sejam corretamente identificados, para que a transportadora possa distinguir entre a entrega de móveis e não móveis. A Home Illusions fixou como objetivo ter "1% ou menos" de pacotes incorretamente identificados. Foi solicitado a Joe Zangard, vice-presidente de logística, que investigasse o problema. O maior depósito da loja no nordeste do país prepara aproximadamente 1000 itens por semana para transporte. A atenção de Joe foi direcionada primeiramente ao depósito, não apenas devido ao seu grande volume, mas também porque

ele tinha alguma preocupação a respeito do recém-contratado gerente do depósito, Brent Mossir. Os pacotes daquele depósito foram aleatoriamente selecionados e examinados num período de várias semanas. De 1000 pacotes, 13 estavam incorretamente identificados. Visto que Joe esperava que o número fosse 10 ou menos, ele estava confiante de que havia localizado o problema. Seu próximo passo foi marcar uma reunião com Brent para discutir como melhorar o processo de identificação no depósito.

PROBLEMA ÉTICO *Joe está tratando a proporção da amostra como se fosse o valor fixado verdadeiro. Não reconhecendo que essa proporção varia de amostra para amostra, ele julgou injustamente o processo de identificação no depósito de Brent. Isso condiz com sua preocupação sobre Brent ter sido contratado recentemente como gerente do depósito (relacionado ao Item A, ASA Ethical Guidelines).*

SOLUÇÃO ÉTICA *Joe Zangard deveria usar a distribuição normal para modelar a distribuição amostral da proporção. Assim, ele perceberia que a proporção amostral observada não está mais de um desvio padrão distante de 1% (o objetivo estabelecido) e, portanto, não está acima do limite fixado.*

O que aprendemos?

No Capítulo 1, afirmamos que a estatística diz respeito à variação. Aprendemos que nenhuma amostra descreve completa e exatamente a população; as médias e as proporções amostrais irão variar de amostra para amostra. É o chamado erro padrão, ou melhor, a variabilidade amostral. Sabemos que ela sempre vai estar presente – na verdade, o mundo seria um lugar enfadonho se a variabilidade não existisse. Você poderia pensar que a variabilidade amostral nos impede de afirmar algo confiável sobre a população a partir da observação de uma amostra, mas não é o caso. O fato favorável é que a variabilidade amostral não é apenas inevitável – é previsível!

Aprendemos que o Teorema Central do Limite descreve o comportamento das proporções da amostra – forma, centro e dispersão – desde que certas condições sejam satisfeitas. A amostra deve ser aleatória, é claro, e grande o suficiente para que esperemos, pelo menos, 10 sucessos e 10 fracassos. Então:

- A distribuição amostral (o histograma imaginário das proporções de todas as amostras possíveis) é moldada como um modelo Normal.
- A média do modelo amostral é a proporção verdadeira na população.
- O desvio padrão das proporções amostrais é dado por $\sqrt{\dfrac{pq}{n}}$.

Aprendemos a descrever, além disso, o comportamento das médias das amostras, também baseado no Teorema Central do Limite – o Teorema Fundamental da Estatística. Mais uma vez, a amostra deve ser aleatória e precisa ser maior quando nossos dados são obtidos de uma população que não é aproximadamente unimodal e simétrica. Então:

- Qualquer que seja a forma da população original, a forma da distribuição das médias de todas as amostras possíveis pode ser descrita pelo modelo Normal, desde que as amostras sejam grandes o suficiente.

- O centro do modelo amostral será a média verdadeira da população da qual tiramos a amostra.

- O desvio padrão das médias amostrais é o desvio padrão da população dividido pela raiz quadrada do tamanho da amostra $\dfrac{\sigma}{\sqrt{n}}$.

Termos

Distribuição amostral

Distribuição de uma estatística ao longo de muitas amostras independentes do mesmo tamanho de uma mesma população.

Erro amostral

A variabilidade esperada de amostra para amostra é geralmente chamada de erro amostral, embora variabilidade amostral seja uma melhor definição.

Erro padrão

Quando o desvio padrão de uma distribuição amostral é estimado, a estatística resultante é chamada de erro padrão (EP).

Modelo de distribuição amostral para uma média

Se a suposição de independência e a condição de aleatoriedade são satisfeitas, e o tamanho da amostra é grande o suficiente, a distribuição amostral da média da amostra é bem modelada pela distribuição Normal com uma média igual à média da população, μ, e o desvio padrão igual a $\dfrac{\sigma}{\sqrt{n}}$.

Modelo de distribuição amostral para uma proporção

Se a suposição de independência e a condição de aleatoriedade são satisfeitas, e esperamos pelo menos 10 sucessos e 10 fracassos, então a distribuição amostral da proporção é bem modelada por uma Normal com uma média igual ao valor da proporção verdadeira, p, e um desvio padrão igual a $\sqrt{\dfrac{pq}{n}}$.

Modelo Normal

Distribuição unimodal, simétrica e em formato de sino, com importantes aplicações na estatística. Os modelos Normais são caracterizados pela sua média e desvio padrão, por isso são comumente representados por $N(\mu, \sigma)$.

Modelo normal padrão ou **distribuição normal padrão**

Modelo Normal, $N(\mu, \sigma)$, que apresenta média $= \mu = 0$ e desvio padrão $\sigma = 1$.

Parâmetro

Valor numérico que caracteriza um modelo, como os valores de μ e σ de um modelo $N(\mu, \sigma)$.

Percentil Normal

Percentil que corresponde a um escore-z e fornece o percentual dos valores da distribuição Normal Padrão abaixo do valor z.

Regra 68-95-99,7 (ou regra empírica)

Em um modelo Normal, 68% dos valores estão dentro de um desvio padrão, a contar da média, 95%, dentro de dois desvios padrão além da média e 99,7%, dentro de três desvios padrão da média.

Teorema Central do Limite

Afirma que o modelo de distribuição amostral da média de uma amostra (e da proporção) é aproximadamente Normal para n grande, independentemente da distribuição da população, contanto que as observações sejam independentes.

Habilidades

- Entender que a variabilidade de uma estatística (como mensurada pelo desvio padrão da sua distribuição amostral) depende do tamanho da amostra. As estatísticas baseadas em amostras maiores são menos variáveis.
- Entender que o Teorema Central do Limite fornece o modelo da distribuição amostral da média para amostras suficientemente grandes, qualquer que seja a população subjacente.

- Ser capaz de usar o modelo da distribuição amostral para fazer declarações simples sobre a distribuição de uma proporção ou média sob amostragens repetidas.

- Ser capaz de interpretar um modelo de distribuição amostral como uma descrição dos valores tirados por uma estatística em todas as realizações possíveis de uma amostra ou experimento padronizado sob as mesmas condições.

Projetos de estudo de pequenos casos

Simulações imobiliárias

Muitas variáveis importantes para o mercado imobiliário são assimétricas, limitadas somente a poucos valores ou consideradas variáveis categóricas. Mesmo assim, as decisões de *marketing* e negócios, em geral, são tomadas com base nas médias e proporções calculadas sobre muitas casas. Um motivo pelo qual essas estatísticas são úteis é o Teorema Central do Limite.

Dados de 1063 casas vendidas recentemente em Saratoga, Nova York, estão no arquivo **ch09_MCSP_Real_Estate** do DVD. Vamos investigar como o TCL garante que a distribuição amostral das proporções se aproxima de uma Normal e que o mesmo é verdadeiro para as médias de uma variável quantitativa, ainda que as amostras sejam coletadas de populações que não se parecem com uma Normal.

Parte 1: Proporções

A variável *Lareira* é uma variável dicotômica, em que 1 = *tem lareira* e 0 = *não tem lareira*.

◆ Calcule a proporção de casas que têm lareira para todas as 1063 casas. Usando esse valor, calcule qual seria o erro padrão da proporção para uma amostra de tamanho 50.

◆ Usando um *software* de sua escolha, colete 100 amostras de tamanho 50 dessa população de casas, encontre a proporção de casas com lareira em cada uma dessas amostras e faça um histograma dessas proporções.

◆ Compare a média e o desvio padrão dessa distribuição (amostral) ao que você calculou previamente.

Médias

◆ Selecione uma das variáveis quantitativas e faça um histograma de toda a população de casas. Descreva a distribuição (incluindo sua média e DP).

◆ Usando um *software* à sua escolha, colete 100 amostras de tamanho 50 dessa população de casas, encontre as médias dessas amostras e faça um histograma dessas médias.

◆ Compare a distribuição (amostral) das médias com a distribuição da população.

◆ Repita o exercício com amostras de tamanho 10 e 30. O que você observa sobre o efeito do tamanho da amostra?

Alguns pacotes estatísticos tornam mais fácil coletar amostras e encontrar as médias. Seu professor pode lhe indicar o melhor pacote. Se você estiver usando o Excel, precisará do suplemento DDXL para fazer os seus histogramas.

Uma abordagem alternativa é cada aluno coletar uma amostra para encontrar a proporção e a média e então combinar as estatísticas da turma inteira.

EXERCÍCIOS

Para os Exercícios 1 a 8, utilize a Regra 68-95-99,7 a fim de aproximar as probabilidades, em vez de usar a tecnologia para encontrar os valores de modo mais preciso. As respostas dadas para probabilidades e percentuais do Exercício 9 em diante exigem o uso de calculadora ou *software*. As respostas encontradas usando Tabelas Z podem ter uma pequena variação.

1. Retorno dos fundos mútuos. No último semestre de 2007, um grupo de 64 fundos mútuos tiveram um retorno médio de 2,4% com um desvio padrão de 5,6%. Se um modelo Normal pode ser usado para modelá-los, qual percentual dos fundos você esperaria encontrar em cada um dos seguintes intervalos? Faça um diagrama primeiro.
a) Retornos de 8,0% ou mais.
b) Retornos de 2,4% ou menos.
c) Retornos entre −8,8% e 13,6%.
d) Retornos de mais de 19,2%.

2. Testando recursos humanos. Embora seja uma prática polêmica – e objeto de processos recentes (por exemplo, *Satchell et. al. versus FedEx Express*) –, alguns departamentos de recursos humanos administram testes de QI padronizados em todos os seus funcionários. Os escores do teste Stanford-Binet são bem modelados por uma Normal com uma média de 100 e desvio padrão de 16. Se os resultados da aplicação do teste forem bem modelados por essa distribuição, qual é a probabilidade de um candidato aleatoriamente selecionado ter um escore nos seguintes intervalos?
a) 100 ou abaixo.
b) Acima de 148.
c) Entre 84 e 116.
d) Acima de 132.

3. Fundos mútuos, novamente. Dentre os 64 fundos mútuos no Exercício 1 com retornos semestrais bem modelados por uma Normal com uma média de 2,4% e um desvio padrão de 5,6%, encontre o(s) valor(es) de corte do retorno que separa os:
a) 50% mais altos.
b) 16% mais altos.
c) 2,5% mais baixos.
d) 68% centrais.

4. Testando recursos humanos, novamente. Considerando o teste de QI administrado pelo departamento de recursos humanos discutido no Exercício 2, qual valor de corte separa os:
a) 0,15% mais baixos de todos os candidatos?
b) 16% mais baixos?
c) 95% centrais?
d) 2,5% mais altos?

Capítulo 9 – Distribuições Amostrais e o Modelo Normal **289**

5. Taxas de câmbio. As taxas de conversão diárias do período de cinco anos entre 2003 e 2008 do euro (EU) frente a libra britânica (GR) são bem modeladas por uma distribuição Normal com média de 1,459 euros (para libras) e um desvio padrão de 0,033. Considerando esse modelo, qual é a probabilidade de que num dia aleatoriamente selecionado durante esse período a libra tenha valido:
a) menos que 1,459 euros?
b) mais que 1,492 euros?
c) menos que 1,393 euros?
d) o que é mais incomum, um dia em que a libra valia menos que 1,410 euros ou um em que ela valia mais que 1,542 euros?

6. Preços das ações. Para os 900 dias de negócios existentes entre janeiro de 2003 a julho de 2006, o preço de fechamento diário da ação da IBM (em \$) é bem modelado por uma Normal com média de \$85,60 e desvio padrão de \$6,20. De acordo com esse modelo, qual é a probabilidade de que, num dia aleatoriamente selecionado nesse período, o preço da ação tenha fechado:
a) acima de \$91,80?
b) abaixo de \$98,00?
c) entre \$73,20 e \$98,00?
d) o que seria mais incomum, um dia no qual o preço da ação fechou acima de \$93 ou um onde ela fechou abaixo de \$70?

7. *Taxas de câmbio, novamente.* Para o modelo da taxa de conversão do EUR/GBP discutido no Exercício 5, quais seriam as taxas de corte que separariam os:
a) 16% mais altos da conversão do EUR/GBP?
b) 50% mais baixos?
c) 95% centrais?
d) 2,5% mais baixos?

8. Preços das ações, novamente. De acordo com o modelo no Exercício 6, qual é o valor de corte do preço da ação da IBM que separaria os:
a) 16% dos dias mais baixos?
b) 0,15% mais altos?
c) 68% centrais?

9. Probabilidades dos fundos mútuos. De acordo com o modelo Normal $N(0,024; 0,056)$ que descreve os retornos dos fundos mútuos no quarto trimestre de 2007 no Exercício 1, qual é o percentual desse grupo de fundos que você esperaria ter retorno:
a) acima de 6,8%?
b) entre 0 e 7,6%?
c) mais de 1%?
d) menos de 0%?

10. QIs normais. Com base no modelo Normal $N(100, 16)$ que descreve os escores do QI do Exercício 2, que percentual dos candidatos você esperaria que tivesse escores:
a) acima de 80?
b) abaixo de 90?
c) entre 112 e 132?
d) acima de 125?

11. Fundos mútuos, mais uma vez. Com base no modelo $N(0,024; 0,056)$ para retornos trimestrais do Exercício 1, quais são os valores de corte para:
a) 10% dos fundos mais altos?
b) 20% mais baixos?
c) 40% centrais?
d) 80% mais altos?

12. Mais QIs. No modelo Normal $N(100; 16)$ para os escores dos QIs do Exercício 2, qual é o valor de corte que limita os:
a) 5% dos QIs mais altos?
b) 30% dos QIs mais baixos?
c) 80% dos QIs centrais?
d) 90% dos QIs mais baixos?

13. Fundos mútuos, fim. Considere o modelo Normal $N(0,024; 0,056)$ para os retornos dos fundos mútuos no Exercício 1, uma última vez.
a) Que valor representa o percentil 40 desses retornos?
b) Que valor representa o percentil 99?
c) Qual é o IIQ dos retornos trimestrais para esse grupo de fundos?

14. QIs, fim. Considere o modelo $N(100; 16)$ do QI, uma vez mais.
a) Qual QI representa o percentil 15?
b) Qual QI representa o percentil 98?
c) Qual é o IIQ dos QIs?

15. Parâmetros. Cada modelo Normal é definido por seus parâmetros, a média e o desvio padrão. Para cada modelo descrito aqui, encontre o parâmetro que falta. Como sempre, comece traçando um diagrama.
a) $\mu = 20$ e 45% estão acima de 30, então quanto vale σ?
b) $\mu = 88$ e 2% estão abaixo de 50, então quanto vale σ?
c) $\sigma = 5$ e 80% estão abaixo de 100, então quanto vale μ?
d) $\sigma = 15,6$ e 10% estão acima de 17,2, então quanto vale μ?

16. Parâmetros, novamente. Cada modelo Normal é definido por seus parâmetros, a média e o desvio padrão. Para cada modelo descrito aqui, encontre o parâmetro que falta. Não se esqueça de fazer uma representação gráfica.
a) $\mu = 1250$ e 35% estão abaixo de 1200, então quanto vale σ?
b) $\mu = 0,64$ e 12% estão acima de 0,70, então quanto vale σ?
c) $\sigma = 0,5$ e 90% estão acima de 10,0, então quanto vale μ?
d) $\sigma = 220$ e 3% estão abaixo de 202, então quanto vale μ?

17. SAT ou ACT? Todos os ano, milhares de estudantes do Ensino Médio prestam o SAT ou o ACT, testes padronizados usados no processo de admissão de faculdades e universidades. Os escores combinados do SAT chegam a 1600, enquanto o máximo escore combinado do ACT é 36. Como os dois exames usam escalas muito diferentes, as comparações com os desempenhos são difíceis (uma regra prática é SAT = 40ACT + 150; isto é, multiplicar um escore do ACT por 40 e somar 150 pontos para estimar o escore equivalente do SAT). Assuma que, em um determinado ano, o SAT combinado possa ser modelado por $N(1000; 200)$ e o ACT combinado possa ser modelado por $N(27; 3)$. Se o escore de um candidato no SAT foi 1260 e o de outro estudante no ACT foi 33, compare os escores dos dois alunos utilizando o escore-z. Qual deles tem um escore relativo mais alto? Explique.

18. Economia. Anna, uma estudante de Economia, prestou exames finais em Microeconomia e Macroeconomia e teve um escore de 83 pontos em ambos. Sua colega de quarto Megan, também cursando essas duas disciplinas, teve um escore de 77 no exame de Micro e 95 no de Macro. No geral, os escores dos alunos no exame de Micro tiveram uma média de 81 e um desvio padrão de 5, e os escores de Macro tiveram uma média de 74 e um desvio padrão de 15. Qual estudante teve o melhor desempenho geral? Explique.

19. Reivindicação. Duas empresas fazem baterias para fabricantes de telefones celulares. Uma empresa reivindica uma média de vida útil de 2 anos, enquanto a outra reivindica uma média de 2,5 anos (assumindo o uso médio de minuto/mês para o telefone celular).
a) Explique por que seria bom conhecer também o desvio padrão da vida útil da bateria antes de decidir qual marca comprar.
b) Suponha que esses desvios padrão sejam de 1,5 meses para a primeira empresa e 9 meses para a segunda. Isso muda sua opinião sobre as baterias? Explique.

T 20. Velocidade dos carros. A equipe do departamento de polícia de uma grande cidade precisa atualizar seu orçamento. Para tanto, ela busca entender a variação das multas coletadas de motoristas por alta velocidade. Como uma amostra, ela registra as velocidades dos carros que passaram por um local com um limite de velocidade de 20mph, lugar famoso por produzir multas. A média de 100 leituras foi de 23,84 mph, com um desvio padrão de 3,56 mph. (A polícia, de fato, registrou as velocidades dos carros por um período de dois meses. Essas são 100 leituras representativas.)
a) A quantos desvios padrão da média estaria um carro andando na velocidade limite?
b) O que seria mais incomum, um carro andando a 34 mph ou outro indo a 10 mph?

21. CEOs. Uma publicação de negócios recentemente divulgou um estudo sobre o número total de anos de experiência no mercado entre os CEOs. A média é fornecida no artigo, mas não o desvio padrão. É mais provável que o desvio padrão seja de 6 meses, 6 anos ou 16 anos? Explique qual desvio padrão é o correto e por quê.

22. Ações. Um boletim informativo para investidores recentemente relatou que a média do preço de uma ação de primeira linha nos últimos 12 meses era $72. Nenhum desvio padrão foi fornecido. É provável que o desvio padrão seja de $6, $16 ou $60? Explique.

23. Consumo de combustível. Recentes estimativas da Agência de Proteção Ambiental (EPA) sobre o consumo de combustível para modelos de automóveis testados previram uma média de 24,8 mpg e um desvio padrão de 6,2 mpg para o consumo em autoestradas. Assuma que um modelo Normal possa ser aplicado.
a) Faça um gráfico do modelo de consumo de combustível dos carros. Identifique-o claramente, mostrando o que a Regra 68-95-99,7 prevê sobre a milhagem por galão.

b) Em qual intervalo você espera que 68% dos consumos centrais dos carros sejam encontrados?
c) Qual é o percentual de carros que roda mais de 31 mpg?
d) Qual é o percentual de carros que roda entre 31 e 37,2 mph?
e) Determine o limite de consumo dos 2,5% dos carros menos econômicos.

24. Satisfação no trabalho. Algumas avaliações de satisfação no trabalho são padronizadas por um modelo Normal com uma média de 100 e um desvio padrão de 12.
a) Faça um modelo para esses escores de satisfação no trabalho. Identifique-o claramente, mostrando o que a Regra 68-95-99,7 prevê sobre os escores.
b) Em qual intervalo você espera que 95% das avaliações centrais da satisfação no trabalho sejam encontradas?
c) Que percentual de pessoas apresenta escores de satisfação no trabalho acima de 112?
d) Que percentual de pessoas apresenta escores de satisfação no trabalho entre 64 e 76?
e) Que percentual de pessoas apresenta escores de satisfação no trabalho acima de 124?

25. Baixa satisfação no trabalho. O Exercício 24 propôs modelar os escores da satisfação no trabalho como $N(100; 12)$. Os departamentos de recursos humanos, em geral, se preocupam quando a satisfação no trabalho cai abaixo de certo escore. Que escore você consideraria extraordinariamente baixo? Explique.

26. Baixo retorno. O Exercício 1 propôs modelar os retornos trimestrais de um grupo de fundos mútuos com $N(0,024; 0,056)$. O gerente desse grupo quer identificar fundos cujo retorno sejam extraordinariamente baixo para um semestre. Que nível de retorno você consideraria baixo? Explique.

27. Levantamento de dados gerenciais. Um levantamento de dados com 200 gestores de nível médio mostrou que a distribuição do número de horas de exercícios que eles fazem por semana tem uma média de 3,66 horas e um desvio padrão de 4,93 horas.
a) De acordo com o modelo Normal, qual é o percentual de gerentes que se exercitam menos que um desvio padrão abaixo do número médio de horas?
b) Para esses dados, o que isso significa? Explique.
c) Explique o problema de utilizar o modelo Normal para esses dados.

28. Banco de dados dos clientes. Uma grande organização filantrópica mantém registros das pessoas que contribuíram com doações à causa. Além disso, a organização compra dados demográficos de regiões do U.S. Census Bureau (Agência de Recenseamento dos EUA). Dezoito dessas variáveis dizem respeito à etnia da região do doador. Eis um histograma e um resumo estatístico para o percentual de brancos em uma região com 500 doadores.

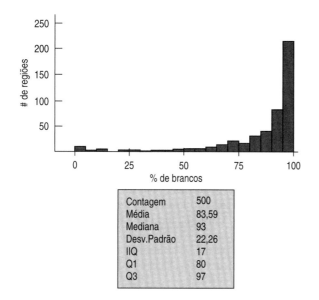

a) Qual é o melhor representante do percentual de brancos nas regiões, a média ou a mediana? Explique.
b) Qual é o melhor representante da dispersão, o IIQ ou o desvio padrão? Explique.
c) Utilizando um modelo Normal, que percentual de regiões deveria ter um percentual de moradores brancos dentro de um desvio padrão da média?
d) Que percentual de regiões realmente tem um percentual de brancos dentro de um desvio padrão da média?
e) Explique o problema usando o modelo Normal para esses dados.

29. Indústria farmacêutica. Fabricar e vender medicamentos que afirmam reduzir o nível do colesterol é um grande negócio. Uma indústria quer vender seu medicamento para mulheres cujo colesterol esteja entre os 15% mais altos. Assuma que o nível de colesterol de uma mulher adulta norte-americana possa ser descrito por um modelo Normal com uma média de 188 mg/dL e um desvio padrão de 24.
a) Crie e identifique o modelo Normal.
b) Que percentual de mulheres adultas você espera que tenha níveis de colesterol acima de 200 mg/dL?
c) Que o percentual de mulheres adultas você espera que tenha níveis de colesterol entre de 150 e 170 mg/dL?
d) Estime o intervalo interquartil dos níveis de colesterol.
e) Acima de que valor estão os 15% níveis de colesterol mais alto das mulheres?

30. Fabricante de pneus. Um fabricante de pneus acredita que a vida da banda de rodagem dos seus pneus para a neve possa ser descrita por um modelo Normal com uma média de 32000 milhas e um desvio padrão de 2500 milhas.
a) Se você comprar um conjunto desses pneus, é razoável crer que eles irão durar 40000 milhas? Explique.
b) Aproximadamente que fração desses pneus espera-se que dure menos de 30000 milhas?
c) Aproximadamente que fração desses pneus espera-se que dure entre 30000 e 35000 milhas?
d) Estime o IIQ desse modelo de dados.
e) Planejando uma nova estratégia de *marketing*, um comerciante local de pneus quer oferecer uma restituição para qualquer cliente cujos pneus não durarem certo número de milhas. Entretanto, ele não quer correr um risco muito grande. Se o comerciante deseja restituir não mais que um em cada 25 clientes, que milhagem de garantia ele deve oferecer?

31. Fundos Fidelity. O Fidelity oferece aos seus clientes diferentes opções de investimento, dependendo do risco que cada investidor quer correr. Por exemplo, o Fidelity Aggressive International Fund investe em ações mais voláteis. Durante os últimos 10 anos, a média do retorno anual para esse fundo de alto crescimento foi de 10,47% e o desvio padrão foi de 25,90%. Assumindo que a distribuição seja normalmente distribuída, encontre a probabilidade de que o retorno anual desse fundo seja:
a) maior que 0%.
b) maior que 5%.
c) maior que 10%.
d) menor que –5%.

32. Fundos Fidelity, parte 2. O Fidelity também oferece a Fidelity MidCap Growth Fund, especializado em ações de crescimento médio. Muitos investidores acreditam que tanto o retorno médio quanto a volatilidade de um fundo de crescimento médio será menor do que um fundo de crescimento alto. A média do retorno anual para esse fundo durante os últimos dez anos é relatada como 7,98%, com um desvio padrão de 21,13%. Assumindo que a distribuição seja normal, encontre a probabilidade de que o retorno anual desse fundo seja:
a) maior que 0%.
b) maior que 5%.
c) maior que 10%.
d) menor que –5%.
e) Compare suas respostas com as do Exercício 31 para o fundo de alto crescimento.

33. Controle de qualidade. Um fazendeiro está preocupado com o número de ovos coletados que estão "abaixo do peso", pois esse fator afeta o seu lucro final. As galinhas normalmente começam a botar ovos quando têm aproximadamente 6 meses. Galinhas jovens tendem a colocar ovos menores, em geral, pesando menos que o valor mínimo desejado de 54 gramas.
a) O peso médio dos ovos produzidos pelas galinhas jovens é 50,9 gramas, e somente 28% dos seus ovos excedem o peso mínimo desejado. Se um modelo Normal é apropriado, qual seria o desvio padrão dos pesos desses ovos?
b) Quando essas galinhas alcançarem a idade de um ano, os ovos que elas produzem terão uma média de 76,1 gramas e 98% deles estarão acima do peso mínimo. Qual é o desvio padrão do modelo Normal apropriado para o peso dos ovos das galinhas mais velhas?
c) Os pesos dos ovos são mais consistentes para as galinhas mais jovens ou para as mais velhas? Explique.
d) Um criador de galinhas descobre que 8% dos seus ovos estavam abaixo do peso e que 12% pesavam acima de 70 gramas. Estime a média e o desvio padrão dos pesos dos ovos desse criador.

34. Venda de tomates. Os cientistas agrícolas estão trabalhando no desenvolvimento e na melhoria da variedade de tomate italiano. As pesquisas de mercado indicam que os clientes podem evitar comprar tomates italianos que pesem menos que 70 gramas. A variedade atual de plantas da marca produz frutas que têm em média 74 gramas, mas 11% dos tomates são muito pequenos. É razoável assumir que um modelo Normal pode ser aplicado.

a) Qual é o desvio padrão dos pesos dos tomates italianos que estão crescendo agora?

b) Os cientistas esperam reduzir a frequência de tomates pequenos, a fim de que ela não exceda 4%. Uma maneira de conseguir isso é aumentando o tamanho médio da fruta. Se o desvio padrão permanece o mesmo, que objetivo médio eles devem visar?

c) Os pesquisadores produzem uma nova variedade com um peso médio de 75 gramas, que satisfaz o objetivo de 4%. Qual é o desvio padrão dos pesos desses novos tomates italianos?

d) Com base nos seus desvios padrão, compare os tomates produzidos pelas duas variedades.

35. Empréstimos. Com base em experiências passadas, um banco acredita que 7% das pessoas que recebem um empréstimo não irão efetuar os pagamentos em dia. O banco aprovou recentemente 200 empréstimos.

a) Qual é a média e o desvio padrão da proporção dos clientes desse grupo que podem não efetuar os pagamentos em dia?

b) Quais suposições estão implícitas no seu modelo? As condições foram satisfeitas? Explique.

c) Qual é a probabilidade de que mais de 10% dos clientes não efetuarão os pagamentos em dia?

36. Mercado de ações. Assuma que 30% de todos os estudantes de administração de uma universidade invistam no mercado de ações.

a) Entrevistamos 100 estudantes aleatoriamente. Seja $\hat{p}$ a proporção dos estudantes da amostra que compram e vendem ações, qual é o modelo apropriado para a distribuição de $\hat{p}$? Especifique o nome da distribuição, a média e o desvio padrão. Verifique se as condições foram satisfeitas.

b) Qual é a probabilidade de que mais de um terço dessa amostra invista no mercado de ações?

37. Pesquisa de opinião pública. Pouco antes de um referendo sobre um orçamento escolar, um jornal local fez uma pesquisa com 400 eleitores numa tentativa de prever se o orçamento seria aceito. Suponha que o orçamento tenha o apoio de 52% dos eleitores. Qual é a probabilidade de que a amostra do jornal faça uma previsão de derrota? Verifique se as suposições e as condições necessárias para a sua análise foram satisfeitas.

38. Venda de sementes. Uma informação num pacote de sementes indica que a taxa de germinação é 92%. O fabricante precisa entender a probabilidade dessa afirmação. Qual é a probabilidade de que mais de 95% das 160 sementes do pacote irão germinar? Discuta suas suposições e verifique as condições que apoiam o seu modelo.

39. Maçãs. Quando um carregamento de maçãs chega ao depósito de distribuição, uma amostra aleatória de 150 maçãs é selecionada e examinada a fim de verificar esmagamentos, descoloração e outros defeitos. Todo o carregamento será rejeitado se mais de 5% da amostra for insatisfatória. Suponha que, de fato, 8% das maçãs do caminhão não satisfaçam o padrão desejado. Qual é a probabilidade de que o carregamento seja aceito assim mesmo?

40. Teste de equipamento. Acredita-se que 4% das crianças tenham um gene que pode estar ligado à diabetes infantil. Os pesquisadores de uma empresa querem testar um novo equipamento de monitoração para a diabetes. Esperando encontrar 20 crianças com o gene para o seu estudo, os pesquisadores testaram 732 recém-nascidos, a fim de verificar a presença do gene ligado à doença. Qual é a probabilidade de que eles encontrem crianças suficientes para o estudo?

41. Reivindicação dos clientes. Ainda que alguns não fumantes não se importem de sentar numa área de fumantes num restaurante, aproximadamente 60% dos clientes exigem uma área exclusiva para não fumantes. Um novo restaurante com 120 lugares está sendo planejado.

Quantos lugares deve haver na área para não fumantes para que se tenha quase certeza de que não faltará espaço?

Comente sobre as suposições e condições que dão suporte ao seu modelo e explique o que "quase certeza" significa para você.

42. Reivindicação dos clientes, parte 2. Um proprietário de restaurante espera servir aproximadamente 180 pessoas numa sexta-feira à noite e acredita que aproximadamente 20% dos clientes irão pedir o filé especial do *chef*.

Quantas dessas refeições ele deve planejar servir para ter quase certeza de que haverá filés o suficiente para satisfazer a demanda dos clientes?

Justifique sua resposta, comentando o que "quase certeza" significa para você.

43. Amostragem. Uma amostra é extraída aleatoriamente de uma população que pode ser descrita por um modelo Normal.

a) Qual é o modelo de distribuição amostral para a média da amostra? Descreva a forma, o centro e a dispersão.

b) Se extrairmos uma amostra maior, qual é o efeito nesse modelo de distribuição amostral?

44. Amostragem, parte 2. Uma amostra é extraída aleatoriamente de uma população que era fortemente assimétrica à esquerda.

a) Descreva o modelo de distribuição amostral para a média da amostra se o tamanho da amostra for pequeno.

b) Se aumentarmos a amostra, o que acontece com a forma, o centro e a dispersão do modelo da distribuição amostral?

c) À medida que tornamos a amostra maior, o que acontece com a distribuição esperada dos dados na amostra?

45. Valores das casas. Registros de avaliações indicam que o valor das casas numa cidade pequena é assimétrico à direita, com uma média de \$140000 e um desvio padrão de \$60000. Para verificar a precisão dos dados da avaliação, funcionários planejam conduzir uma avaliação detalhada de 100 casas selecionadas aleatoriamente. Usando a Regra 68-95-99,7, crie e identifique um modelo de amostragem adequado para o valor médio das casas selecionadas.

46. Fundos Fidelity, parte 3. As estatísticas para o preço de fechamento do Fidelity Aggressive International Fund em 2006 indicam que o preço médio de fechamento era de \$39,01, com um desvio padrão de \$2,86. Assuma que isso seja um indicativo do desempenho para o próximo ano e que um modelo Normal se aplica. Usando a Regra 68-95-99,7, crie e identifique um modelo de amostragem apropriado para o preço médio de fechamento de 35 fundos selecionados ao acaso.

47. No trabalho. Alguns analistas de negócios estimam que o período de tempo que as pessoas trabalham num emprego tenha uma média de 6,2 anos e um desvio padrão de 4,5 anos.
a) Explique por que você suspeita que essa distribuição possa ser assimétrica à direita.
b) Explique por que você pode estimar a probabilidade de que 100 pessoas selecionadas ao acaso trabalhem para seus empregadores em média 10 anos ou mais, mas não é capaz de estimar a probabilidade de que um indivíduo faça o mesmo.

48. Notas fiscais. As notas de uma mercearia mostram que as compras dos clientes têm uma distribuição assimétrica com uma média de $32 e um desvio padrão de $20.
a) Explique por que você não pode determinar a probabilidade de que o próximo cliente irá gastar pelo menos $40.
b) Você pode estimar a probabilidade de que os próximos 10 clientes irão gastar uma média de pelo menos $40? Explique.
c) É provável que os próximos 50 clientes gastem uma média de pelo menos $40? Explique.

49. Controle de qualidade, novamente. O peso das batatinhas num pacote de tamanho médio é declarado como 10 libras. Acredita-se que a quantidade que a máquina de embalar coloca nesses pacotes tenha um modelo Normal com uma média de 10,2 libras e um desvio padrão de 0,12 libras.
a) Que fração de todos os pacotes vendidos está abaixo do peso?
b) Alguns pacotes de batatinhas são vendidos como "ofertas" em conjuntos de três pacotes. Qual é a probabilidade de que nenhum dos três pacotes do conjunto esteja abaixo do peso?
c) Qual é a probabilidade de que o peso médio dos três pacotes esteja abaixo da quantia declarada?
d) Qual é a probabilidade de que o peso médio de uma caixa com 24 pacotes de batatinhas esteja abaixo de 10 libras?

50. Produção de leite. Embora muitos britânicos comprem um leite usando galão como unidade, os fazendeiros da Grã-Bretanha mensuram a produção diária em libras. As vacas Ayrshire produzem uma média diária de 47 libras de leite, com um desvio padrão de 6 libras. Para as vacas Jersey, a produção média diária é de 43 libras, com um desvio padrão de 5 libras. Assuma que modelos Normais descrevam a produção de leite dessas raças.
a) Selecionamos uma vaca Ayrshire ao acaso. Qual é a probabilidade de que ela tenha uma produção média maior que 50 libras de leite por dia?
b) Qual é a probabilidade de que uma Ayishire selecionada aleatoriamente dê mais leite do que uma Jersey selecionada aleatoriamente?
c) Um fazendeiro tem 20 Jerseys. Qual é a probabilidade de que a produção média desse pequeno rebanho exceda 45 libras de leite por dia?

RESPOSTAS DO TESTE RÁPIDO

1 Um modelo (aproximadamente) Normal.
2 Na proporção real de todos os clientes que gostam da nova localização.
3 $DP(\hat{p}) = \sqrt{\dfrac{(0,5)(0,5)}{100}} = 0,05$
4 $EP(\bar{y}) = 120/\sqrt{100} = 12$
5 Diminui.
6 O erro padrão diminui em $1/\sqrt{2}$.

Intervalos de Confiança para Proporções

A Organização Gallup

Dr. George Gallup trabalhava como diretor de pesquisa de mercado em uma agência de propaganda, nos anos 1930, quando fundou a Organização Gallup, para mensurar e registrar ao longo do tempo o posicionamento do público com relação a questões políticas, sociais e econômicas. Alguns anos depois, ele ganhou notoriedade ao desafiar a voz corrente e prever que Franklin Roosevelt venceria as eleições presidenciais de 1936. Hoje, Gallup Poll é um nome conhecido. No final dos anos 1930, ele criou o Gallup International Research Institute com o intuito de realizar pesquisas de opinião pública em todo o mundo. O comércio internacional utiliza as pesquisas de opinião para descobrir de que forma os consumidores pensam e percebem assuntos como comportamento corporativo, políticas governamentais e salários de executivos.

Ao final do século XX, a Gallup Organization associou-se à CNN e ao USA Today para conduzir e publicar pesquisas de opinião pública. Gallup afirmou certa vez: "Se os políticos e grupos de interesses têm pesquisas de opinião para guiá-los na conquista de seus interesses, os eleitores também devem ter esse direito".[1]

---

[1] Fonte: Organização Gallup, Princeton, NJ, www.gallup.com.

O sistema de armazenamento de dados baseado na Web da Gallup contém, atualmente, informações coletadas durante mais de 65 anos sobre diversos tópicos, entre eles confiança dos consumidores, economia doméstica, investimentos no mercado de ações e desemprego.

Quem	Adultos norte-americanos
O quê	Proporção que pensa que a economia está melhorando
Quando	Janeiro de 2008
Por quê	Para mensurar as expectativas sobre a economia

Para planejar seu estoque e suas necessidades de produção, as empresas usam uma variedade de previsões sobre a economia. Um atributo importante é a confiança do consumidor na economia em geral. Identificar as mudanças da confiança do consumidor ao longo o tempo auxilia as organizações a estimar se a demanda por seus produtos está em fase ascendente ou de retração. A Gallup Poll pergunta periodicamente a uma amostra aleatória de adultos norte-americanos se eles julgam que as condições econômicas estão melhorando, piorando ou constantes. Em uma pesquisa de opinião realizada com 1023 participantes em janeiro de 2008, somente 153 acharam que as condições econômicas dos Estados Unidos estavam melhorando – uma proporção amostral de $\hat{p} = 153/1023 = 15,0\%$.[2] Nós (e o Gallup) esperamos que essa proporção observada esteja próxima da proporção da população, p, mas sabemos que uma segunda amostra de 1023 adultos não teria a mesma proporção amostral de 15,0%. De fato, poucos dias depois, o Gallup coletou uma amostra de outro grupo de adultos e encontrou uma proporção amostral de 13,0%.

Vimos no Capítulo 9 que não é incomum duas amostras aleatórias fornecerem resultados levemente diferentes. Queremos afirmar algo, não sobre *amostras* aleatórias diferentes, mas sobre a proporção de *todos* os adultos que pensavam que as condições econômicas dos Estados Unidos estavam melhorando em janeiro de 2008. A distribuição amostral será crucial para sermos capazes de generalizar a partir da nossa amostra para a população.

10.1 Intervalos de confiança

ALERTA DE NOTAÇÃO:

Lembre que $\hat{p}$ é nossa estimativa amostral da proporção verdadeira p. Recorde também que q é apenas um atalho para $1 - p$ e $\hat{q} = 1 - \hat{p}$.

O que conhecemos sobre o modelo da distribuição amostral? Sabemos que ele está centrado na verdadeira proporção, p, de todos os adultos dos Estados Unidos que acreditam que a economia está melhorando. Mas não conhecemos p. Ele não é 15,0%. Esse é o $\hat{p}$ da nossa amostra. O que realmente sabemos é que o modelo da distribuição amostral de $\hat{p}$ está centrado em p e que o desvio padrão da distribuição amostral é $\sqrt{\dfrac{pq}{n}}$. Também sabemos, a partir do Teorema Central do Limite, que a forma da distribuição amostral é aproximadamente Normal quando a amostra for grande o suficiente.

Não conhecemos p e, portanto, não podemos encontrar o desvio padrão real do modelo da distribuição amostral. Mas usaremos o $\hat{p}$ para encontrar o erro padrão:

$$EP(\hat{p}) = \sqrt{\frac{\hat{p}\hat{q}}{n}} = \sqrt{\frac{(0,15)(1 - 0,15)}{1023}} = 0,011$$

Como a amostra de 1023 do Gallup é grande, sabemos que o modelo de distribuição amostral para $\hat{p}$ deve ser aproximadamente igual ao da Figura 10.1.

---

[2] A proporção é um *número* entre 0 e 1. Na administração, geralmente é apresentada como um percentual. As duas formas estão corretas.

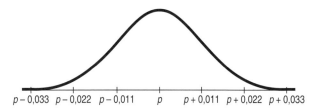

Figura 10.1 A distribuição amostral das proporções está centrada na verdadeira proporção, p, com um desvio padrão de 0,011.

O modelo da distribuição amostral para $\hat{p}$ é Normal com uma média de p e um desvio padrão que estimamos ser $\sqrt{\dfrac{\hat{p}\hat{q}}{n}}$. Visto que a distribuição é Normal, esperamos que aproximadamente 68% de todas as amostras dos 1023 adultos norte-americanos coletadas em janeiro de 2008 teriam proporções amostrais dentro de 1 desvio padrão de p. E aproximadamente 95% de todas essas amostras teriam proporções entre $p \pm 2$ EPs. Mas onde *está* nossa proporção amostral nessa figura? E qual é o valor de p? Ainda não sabemos!

Sabemos que, para 95% das amostras aleatórias, $\hat{p}$ não estará mais do que 2 EPs afastado de p. Portanto, vamos inverter e olhar do ponto de vista de $\hat{p}$. Se eu for $\hat{p}$, existe uma chance de 95% de que p não esteja mais do que 2EPs afastado de mim. Se eu me afastar 2EPs ou $2 \times 0,011$ em ambos os lados, tenho 95% de certeza de que p estará ao meu alcance. É claro, não saberei e, mesmo que meu intervalo pegue p, ainda não conhecerei seu valor real. O melhor a fazer é declarar a probabilidade de que eu tenha capturado o valor real no nosso intervalo.

Figura 10.2 Abranger 2 EPs em ambos os lados de $\hat{p}$ nos torna 95% confiantes de que iremos capturar a verdadeira proporção, p.

O que podemos afirmar sobre a proporção?

Portanto, o que realmente podemos afirmar sobre p? Eis uma lista de pontos que queríamos ser capazes de confirmar e os motivos pelos quais não podemos garantir a maioria deles:

1. **"15,0% de *todos* os adultos norte-americanos pensavam que a economia estava melhorando."** Seria ótimo poder fazer declarações absolutas sobre os valores da população com exatidão, mas não temos informação suficiente para tanto. Não há como ter certeza de que a proporção da população é a mesma da proporção amostral; na verdade, provavelmente não é. As observações variam. Outra amostra geraria uma proporção amostral diferente.

2. **"*É provavelmente* verdade que 15% de todos os adultos norte-americanos achavam que a economia estava melhorando."** Não. Na verdade, podemos ter certeza de que, qualquer que seja a proporção verdadeira, ela não é exatamente 15% – portanto, a declaração não é verdadeira.

3. **"Não sabemos com precisão a proporção de adultos norte-americanos que julgou que a economia estava melhorando, mas *sabemos* que ela está no intervalo de 15% ± 2 × 1,1%. Isto é, está entre 12,8% e 17,2%."** É quase isso, mas ainda não podemos ter certeza. Não sabemos com precisão que a verdadeira proporção está neste intervalo – ou em qualquer intervalo em particular.

4. **"Não sabemos exatamente qual proporção de adultos norte-americanos julgou que a economia estava melhorando, mas o intervalo 12,8% a 17,2% *provavelmente* contém a verdadeira proporção."** Agora exageramos duas vezes: primeiro ao fornecer um intervalo e segundo ao admitir que o intervalo "provavelmente" contém o valor verdadeiro.

"É melhor uma resposta aproximada para a pergunta certa, do que uma resposta exata para a pergunta errada."

— John W. Tukey

A última afirmação pode ser verdadeira, mas é um tanto imprecisa. É possível melhorá-la quantificando o que queremos dizer por "provavelmente". Vimos quando nos distanciamos 2 EPs de $\hat{p}$, capturamos p em 95% das vezes, *então podemos estar 95% certos de que esta é uma das vezes.* Ao quantificar a probabilidade de que esse intervalo contém a verdadeira proporção, fornecemos nossa melhor estimativa de onde está o parâmetro e de quão certos estamos de que ele está dentro de um intervalo.

5. **"Estamos 95% certos de que entre 12,8% e 17,2% dos adultos norte-americanos achavam que a economia estava melhorando."** Essa é uma interpretação adequada dos nossos intervalos de confiança. Não é perfeita, mas é o melhor que podemos fazer.

Cada intervalo de confiança discutido no livro tem um nome. Você verá diferentes tipos de intervalos de confiança nos próximos capítulos. Alguns serão sobre mais de *uma* amostra, alguns serão sobre estatísticas em vez de *proporções,* e alguns usarão outros modelos além da Normal. O intervalo calculado e interpretado aqui é um exemplo de um **intervalo-z para uma proporção.**[3] A definição formal será fornecida em seguida.

O que um intervalo de "95% de confiança" realmente significa?

O que queremos dizer quando afirmamos ter 95% de confiança de que nosso intervalo contém a verdadeira proporção? Formalmente, queremos informar que "95% das amostras deste tamanho irão produzir intervalos de confiança que capturam a verdadeira proporção". Isso é correto, mas prolixo, portanto, às vezes, afirmamos que "estamos 95% confiantes de que a proporção verdadeira está neste intervalo". Nossa incerteza é definir se a amostra que temos em mãos é bem-sucedida ou uma das 5% que falham em fornecer um intervalo que captura o valor real. No Capítulo 9, aprendemos como as proporções variam de amostra para amostra. Se outros pesquisadores tivessem selecionado suas próprias amostras de adultos, teriam encontrado alguns que acreditavam na melhoria economia econômica, mas cada proporção amostral iria, quase certamente, diferir das outras. Ao tentar estimar a verdadeira proporção, eles centrariam seus intervalos de confiança nas proporções que observaram nas suas amostras. Cada um encontraria um intervalo de confiança diferente.

A Figura 10.3 mostra os intervalos de confiança produzidos em uma simulação de 20 amostras. Os pontos roxos são as proporções simuladas dos adultos, em cada amostra, que achavam que a economia estava melhorando, e os segmentos em laranja mostram os intervalos de confiança encontrados por cada amostra simulada. A linha cinza representa o percentual real de adultos que julgavam que a economia estava melhorando. A maioria dos intervalos de confiança simulada inclui o valor real – mas um deles não. (Observe que são os *intervalos* que variam de amostra para amostra; a linha cinza não se move.)

É claro que uma quantidade enorme de amostras possíveis *poderia* ser coletada, cada uma com sua própria proporção amostral. Essa simulação estima apenas algumas delas. Cada amostra pode ser usada para fazer um intervalo de confiança – são inúmeros intervalos de confiança possíveis, e o nosso é apenas um deles. O *nosso* intervalo

---

[3] Esse intervalo de confiança é tão padrão para uma única proporção que, às vezes, é simplesmente chamado de "intervalo de confiança para a proporção".

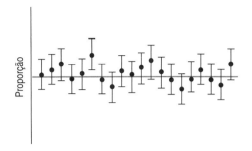

Figura 10.3 A linha horizontal laranja mostra a verdadeira proporção de pessoas que em janeiro de 2008 pensavam que a economia estava melhorando. Todas as amostras simuladas aqui mostradas produziram intervalos de 95% de confiança que capturaram o valor real, exceto uma.

de confiança "funcionou"? Não poderemos ter certeza, porque nunca saberemos a proporção verdadeira de todos os adultos norte-americanos que achavam, em janeiro de 2008, que a economia estava melhorando. Entretanto, o Teorema Central do Limite assegura que 95% dos intervalos cobrem o valor real e somente 5%, em média, não alcançam o objetivo. Por isso, estamos 95% *confiantes* de que nosso intervalo é correto.

10.2 Margem de erro: certeza *versus* precisão

Acabamos de afirmar que, com determinada percentagem de confiança, capturamos a proporção verdadeira de todos os adultos norte-americanos que achavam que a economia estava melhorando, em janeiro de 2008. Nosso intervalo de confiança se estendeu na mesma distância, em ambos os lados da proporção estimada, com a forma:

$$\hat{p} \pm 2\, EP(\hat{p}).$$

A *extensão* do intervalo em ambos os lados de $\hat{p}$ é denominada **margem de erro (ME)**. Em geral, os intervalos de confiança apresentam o seguinte formato:

$$\text{Estimativa} \pm ME$$

A margem de erro para o nosso intervalo de confiança de 95% era de 2 EPs. E se quiséssemos ser mais confiantes? Para termos mais confiança, precisamos capturar o p com mais frequência, assim, devemos aumentar o intervalo. Por exemplo, se quisermos estar 99,7% certos, a margem de erro deverá ser de 3 EPs.

> **Intervalos de confiança**
> Veremos muitos intervalos de confiança neste livro. Todos têm a forma:
>
> Estimativa ± ME
>
> Para proporções com 95% de confiança:
>
> ME ≈ 2 $EP(\hat{p})$.

Figura 10.4 Estender 3 EPs em ambos os lados de $\hat{p}$ nos torna 99,7% confiantes de que iremos capturar a verdadeira proporção p. Compare a amplitude desse intervalo com o intervalo na Figura 10.2.

Quanto maior a confiança, maior a margem de erro. Podemos estar 100% confiantes de que a proporção está entre 0 e 100%, o que não é muito útil. Ou podemos dar um intervalo de confiança pequeno, digamos, de 14,98% a 15,02%. Mas não poderíamos ter tanta certeza sobre uma afirmação tão precisa. Cada intervalo de confiança é um equilíbrio entre certeza e precisão.

A tensão entre certeza e precisão sempre existe. Não há resposta simples para o conflito. Felizmente, na maioria dos casos, podemos estar certos o bastante e termos precisão suficiente para fazer afirmações úteis. A escolha dos intervalos de confiança é um tanto arbitrária, mas é você quem escolhe o nível. Os dados não fazem isso por você. Os níveis dos intervalos de confiança mais utilizados são 90, 95 e 99%, mas qualquer percentual pode ser escolhido. (Na prática, entretanto, usar algo como 92,9 ou 97,2% gera suspeita.)

Garfield ©1999,Paws, Inc. Reproduzido com permissão de UNIVERSAL PRESS SYNDICATE. Todos os direitos reservados.

10.3 Valores críticos

> **ALERTA DE NOTAÇÃO:**
> Um asterisco em uma letra indica um valor crítico. Geralmente usamos "z" quando falamos sobre modelos Normais, portanto, z^* é sempre um valor crítico de um modelo Normal.

No exemplo de abertura, a nossa margem de erro era de 2 EPs, o que produziu um intervalo de confiança de 95%. Para alterar o nível de confiança, precisamos *mudar* a quantidade de EPs, a fim de que corresponda ao novo nível. Um intervalo de confiança maior significa mais confiança. Para qualquer nível de confiança, o número de EPs que devemos expandir em ambos os lados de $\hat{p}$ é chamado de **valor crítico**. Por ser baseado no modelo Normal, esse valor é denotado como z^*. Para qualquer intervalo de confiança, podemos encontrar o valor crítico com um computador, uma calculadora ou uma tabela da Normal Padrão, como a Tabela Z do final do livro.

Para um intervalo de confiança de 95%, o valor crítico necessário é $z^* = 1,96$. Isto é, 95% dos valores de um modelo Normal são encontrados entre ± 1,96 desvios padrão da média. Usamos $z^* = 2$ da Regra 68-95-99,7 porque 2 está bem próximo de 1,96 e é mais fácil lembrar. Em geral, a diferença é insignificante, mas se você quiser ser mais preciso, use 1,96.[4]

Suponha que ficássemos satisfeitos com 90% de confiança. De qual valor crítico precisaríamos? Podemos usar uma margem de erro menor. A precisão maior é compensada pela nossa aceitação de estarmos errados com maior frequência (isto é, ter um intervalo de confiança que deixa escapar o valor real). Especificamente, para um intervalo de confiança de 90%, o valor crítico é somente 1,645, pois, para um modelo Normal, 90% dos valores estão entre 1,645 desvios padrão da média. Em contrapartida, suponha que sua chefe exija mais confiança. Se ela quiser um intervalo com 99% de confiança, precisará incluir valores entre 2,576 desvios padrão, criando um intervalo de confiança maior.

Alguns níveis de confiança comuns e seus valores críticos associados:

IC	z^*
90%	1,645
95%	1,960
99%	2,576

---

[4] Diz-se que, como o valor 1,96 é tanto incomum quanto importante na estatística, é possível reconhecer quem já estudou a matéria vendo como a pessoa reage ao ouvir o número "1,96".

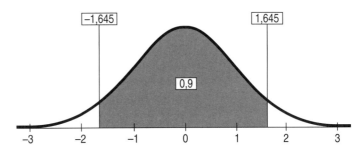

Figura 10.5 Para um intervalo de confiança de 90%, o valor crítico é de 1,645, pois, para um modelo Normal, 90% dos valores estão dentro de 1,645 desvio padrão da média.

10.4 Suposições e condições

As afirmações que fizemos sobre o sentimento dos adultos norte-americanos em relação à economia foram possíveis porque usamos um modelo Normal para a distribuição amostral. Mas esse modelo é adequado?

Todos os modelos estatísticos fazem suposições. Se essas suposições não são verdadeiras, o modelo pode não ser adequado e nossas conclusões baseadas nele talvez estejam erradas. Uma vez que o intervalo de confiança é construído supondo que a distribuição amostral segue o modelo Normal, as suposições e condições são as mesmas que discutimos no Capítulo 9. Porém, devido a sua importância, trataremos delas novamente.

Talvez você nunca saiba se uma suposição é verdadeira, mas pode decidir se ela é razoável. Quando você tem dados, em geral, consegue definir se uma suposição é plausível verificando uma condição relacionada nos dados. Entretanto, você quer fazer uma afirmação sobre o mundo em geral, não apenas sobre os dados. Portanto, as suposições não refletem somente como os dados são, mas também a sua representatividade.

Eis as suposições e condições correspondentes para verificação antes de determinar (ou acreditar em) um intervalo de confiança para a proporção.

Suposição de independência

Primeiro é preciso decidir se a suposição de independência é plausível. Você pode procurar por possíveis motivos de falha. Talvez você queira saber se existe razão para acreditar que os valores dos dados de alguma forma afetam uns aos outros (por exemplo, será que alguns dos adultos da amostra são parentes?). Essa condição depende do seu conhecimento sobre a situação. Não é uma condição que você verifica apenas olhando para os dados. Entretanto, agora que os dados estão disponíveis, existem duas condições que você pode verificar:

◆ **Condição da aleatoriedade:** Os dados foram coletados aleatoriamente ou devidamente gerados de um experimento padronizado? Uma aleatoriedade apropriada ajuda a assegurar a independência.

◆ **Condição dos 10%:** As amostras quase sempre são coletadas sem reposição. Em geral, você deve ter uma amostra tão grande quanto possível. No entanto, se coletar uma amostra de uma população pequena, a probabilidade de sucesso talvez seja diferente para os últimos indivíduos coletados do que foi para os primeiros. Por exemplo, se a maioria das mulheres já foi amostrada, a chance de amostrar uma mulher da população restante é menor. Se a amostra exceder 10% da população, a probabilidade de sucesso muda tanto durante a amostragem que um modelo Normal talvez não seja mais apropriado. Entretanto, se menos de 10% da população é amostrada, é seguro assumir independência.

Suposição do tamanho da amostra

O modelo que usamos para inferência é baseado no Teorema Central do Limite. Assim, a amostra precisa ser grande o suficiente para que o modelo Normal da distribuição amostral seja apropriado. Precisamos de mais dados quando a proporção está próxima de um dos extremos (0 a 1). Essa exigência é fácil de verificar com a seguinte condição.

- ◆ **Condição do sucesso/fracasso:** Devemos esperar que nossa amostra contenha pelo menos 10 "sucessos" e no mínimo 10 "fracassos". Lembre que, por tradição, arbitrariamente rotulamos uma alternativa (geralmente, a saída que está sendo contada) como um "sucesso", mesmo se é algo ruim. A outra alternativa é, então, um "fracasso". Assim, verificamos que $n\hat{p} \geq 10$ e $n\hat{q} \geq 10$.

Intervalo-z de uma proporção

Quando as condições forem satisfeitas, podemos encontrar o intervalo de confiança para a proporção da população, p. O intervalo de confiança é $\hat{p} \pm z^* \times EP(\hat{p})$, onde o desvio padrão da proporção é estimado por $EP(\hat{p}) = \sqrt{\dfrac{\hat{p}\hat{q}}{n}}$.

EXEMPLO ORIENTADO — *Opinião pública*

Pouco tempo depois do desastre da Enron, a Gallup Poll perguntou a 508 adultos aleatoriamente amostrados o seguinte: "Você acha que a corrupção empresarial piorou nos últimos anos ou sempre foi assim?". Dos adultos entrevistados, 47% responderam que a corrupção empresarial se agravou. O que podemos concluir a partir desse levantamento de dados?

Para responder essa pergunta, iremos construir um intervalo de confiança para a proporção de todos os adultos norte-americanos que pensam que a corrupção empresarial piorou. Assim como acontece com os outros procedimentos, existem três etapas para a construção e resumo de um intervalo de confiança para proporções: planejar, fazer e relatar.

Quem	Adultos norte-americanos
O quê	Proporção que acredita que a corrupção empresarial piorou
Quando	29 a 31 de julho de 2002
Onde	Estados Unidos
Como	508 adultos foram aleatoriamente amostrados pela Gallup Poll
Por quê	Para investigar a opinião pública sobre a corrupção empresarial

---

PLANEJAR

Especificação Declare o contexto da pergunta.
Identifique o *parâmetro* que você deseja estimar. Identifique a *população* sobre a qual você deseja fazer afirmações.
Escolha e enuncie um nível de confiança.

Queremos encontrar um intervalo que tenha uma probabilidade de 95% de confiança de conter a verdadeira proporção, p, de adultos norte-americanos que acham que a corrupção empresarial piorou. Temos uma amostra aleatória de 508 adultos, com uma proporção amostral de 47%.

Capítulo 10 – Intervalos de Confiança para Proporções **303**

	Modelo Pense sobre as suposições e verifique as condições para decidir se é possível usar o modelo Normal.	✓ **Suposição da independência:** A Gallup ligou para uma amostra aleatória de adultos norte-americanos. É improvável que os entrevistados tenham influenciado uns aos outros. ✓ **Condição da aleatoriedade:** A Gallup coletou uma amostra aleatória de adultos norte-americanos. Não temos detalhes da sua aleatoriedade, mas assumimos que podemos confiar nela. ✓ **Condição dos 10%:** Embora a amostragem tenha sido sem reposição, existem muito mais adultos norte-americanos do que os amostrados. A amostra é certamente menor que 10% da população. ✓ **Condição do sucesso/fracasso:** $n\hat{p} = 508 \times 0,47 = 239 \geq 10$ e $n\hat{q} = 508 \times 0,53 = 269 \geq 10$, portanto, a amostra é grande o suficiente.
	Declare o modelo de distribuição amostral para a estatística. Escolha seu método.	As condições foram satisfeitas, assim, posso usar um modelo Normal para encontrar o intervalo-z de uma proporção
FAZER	**Mecânica** Construa o intervalo de confiança. Primeiro, encontre o erro padrão (lembre: é chamado de "erro padrão" porque não conhecemos p e temos de usar $\hat{p}$ no lugar). A seguir, encontre a margem de erro. Poderíamos usar 2 como valor crítico, mas 1,96 é mais preciso.	$n = 508$, $\hat{p} = 0,47$, assim, $$EP(\hat{p}) = \sqrt{\frac{0,47 \times 0,53}{508}} = 0,022$$ Como o modelo amostral é Normal, para um intervalo de confiança de 95%, o valor crítico de $z^* = 1,96$. A margem de erro é: $$ME = z^* \times EP(\hat{p}) = 1,96 \times 0,22 = 0,043$$
	Escreva o intervalo de confiança.	Portanto, o intervalo de confiança de 95% é: $0,47 \pm 0,043$ ou $(0,427, 0,513)$.
VERIFICAÇÃO DA REALIDADE	Verifique se o intervalo é plausível. Talvez não tenhamos uma expectativa forte para o centro, mas a amplitude do intervalo depende principalmente do tamanho da amostra – especialmente quando a proporção estimada está próxima de 0,5.	O intervalo de confiança tem uma amplitude de aproximadamente 10%, mas esse é o tamanho que seria esperado com uma amostra de 500 (quando $\hat{p}$ está próximo de 0,50).
RELATAR	**Conclusão** Interprete o intervalo de confiança no contexto apropriado. Estamos 95% confiantes de que nosso intervalo capturou a verdadeira proporção.	**Memorando:** **Re: Levantamento de dados sobre a corrupção** A Gallup Poll perguntou a 508 adultos norte-americanos sua opinião sobre a corrupção empresarial em 2002. Embora não consigamos precisar a proporção

continua...

continuação

verdadeira dos adultos norte-americanos que achavam que a corrupção empresarial tinha piorado, com base nos resultados do Gallup, podemos estar 95% confiantes de que entre 42,7 e 51,3% julgavam que a corrupção empresarial tinha se agravado. Por esse fato ser uma preocupação permanente para as relações públicas, talvez seja necessário repetir o levantamento de dados a fim de obter informações mais atuais. Também devemos lembrar esses resultados ao planejar campanhas de publicidade e relações públicas das empresas.

TESTE RÁPIDO

Reflita um pouco mais sobre o intervalo de 95% de confiança que criamos para a proporção de adultos norte-americanos que achavam que a corrupção empresarial havia piorado.

1. Se quiséssemos estar 98% confiantes, nosso intervalo de confiança teria de ser maior ou menor?
2. Nossa margem de erro era de aproximadamente ±4. Se quisermos reduzi-la para ±3 sem aumentar o tamanho da amostra, nosso nível de confiança seria mais alto ou mais baixo?
3. Se a Gallup Organization tivesse pesquisado mais pessoas, a margem de erro do intervalo provavelmente seria maior ou menor?

*10.5 Um intervalo de confiança para amostras pequenas

Quando a condição de sucesso/fracasso falha, nem tudo está perdido. Um simples ajuste nos cálculos permite fazer um intervalo de confiança. Basta acrescentar quatro observações *artificiais*, duas para o sucesso e duas para o fracasso. Assim, em vez da proporção $\hat{p} = \dfrac{y}{n}$, usamos a proporção ajustada $\widetilde{p} = \dfrac{y+2}{n+4}$ e, por conveniência, escrevemos $\widetilde{n} = n + 4$. Modificamos o intervalo utilizando esses valores ajustados tanto para o centro do intervalo quanto para a margem de erro. Assim, o intervalo ajustado é:

$$\widetilde{p} \pm z^* \sqrt{\dfrac{\widetilde{p}(1 - \widetilde{p})}{\widetilde{n}}}.$$

Essa forma ajustada fornece um desempenho geral melhor[5] e é mais adequada para proporções próximas a 0 e 1. Ainda há a vantagem de não precisarmos verificar a condição sucesso/fracasso de que $n\hat{p}$ e $n\hat{q}$ sejam maiores que 10.

---

[5] Por "melhor desempenho" queremos dizer que 95% da chance real de o intervalo de confiança cobrir a proporção verdadeira da população está próxima de 95%. Estudos de simulação mostraram que nosso intervalo de confiança original, e mais simples, cobre a verdadeira proporção da população menos de 95% das vezes quando o tamanho da amostra é menor ou a proporção está muito próxima de 0 ou 1. A ideia original foi de E. B. Wilson, mas a abordagem simplificada que sugerimos aqui aparece em A. Agresti e B. A. Coull. "Approximate is better than 'exact' for interval estimation of binomial proportions", *The American Statistician*, v. 52, 1998, p. 119-26.

Suponha que uma aluna de publicidade esteja analisando o impacto dos comerciais apresentados durante o Super Bowl, o jogo final do campeonato de futebol americano, e queira saber qual proporção dos estudantes do *campus* assistiu aos comerciais. Ela toma uma amostra aleatória de 25 estudantes e descobre que todos assistiram ao Super Bowl para um $\hat{p}$ de 100%. Um intervalo de 95% é

$$\hat{p} \pm 1,96\sqrt{\frac{\hat{p}\hat{q}}{n}} = 1,0 \pm 1,96\sqrt{\frac{1,0(0,0)}{25}} = (1,0,\ 1,0).$$ Ela realmente acredita que *cada* um dos 30.000 estudantes do *campus* viu o Super Bowl? Provavelmente, não. Ela percebe que a condição sucesso/fracasso foi violada, porque *não* existem fracassos.

Usando o método de pseudo observação descrito acima, ela acrescenta dois sucessos e dois fracassos à amostra para conseguir 27/29 sucessos, para $\widetilde{p} = \dfrac{27}{29} = 0,931$.

O erro padrão não é mais zero, mas $EP(\widetilde{p}) = \sqrt{\dfrac{\widetilde{p}\widetilde{q}}{\widetilde{n}}} = \sqrt{\dfrac{(0,931)(0,069)}{29}} = 0,047$.

Assim, um intervalo de confiança de 95% é $0,931 \pm 1,96(0,047)$ $(0,839,\ 1,023)$. Em outras palavras, ela está 95% confiante de que entre 83,9% e 102,3% dos alunos do *campus* assistiram ao Super Bowl. Como um valor acima de 100% não faz sentido, ela apenas irá relatar que a proporção é de pelo menos 83,9% com 95% de confiança.

10.6 Escolhendo o tamanho da amostra

Cada intervalo de confiança deve equilibrar precisão – sua amplitude – e confiança. Embora seja bom ser preciso e estar confiante, existe uma troca entre os dois. Um intervalo de confiança com um percentual entre 10 e 90% não será útil, embora você tenha muita confiança de que ele cobrirá a verdadeira proporção. Um intervalo de 43 a 44% é bastante preciso, mas não se ele apresenta um nível de confiança de apenas 35%. É raro um estudo que apresente intervalos com níveis de confiança abaixo de 80%. Níveis de 95 ou 99% são mais comuns.

Você deve decidir se a margem de erro é pequena o suficiente para ser útil ao projetar o seu estudo. Não espere até calcular o intervalo de confiança. Para conseguir um intervalo menor sem sacrificar a confiança, você precisa ter menos variabilidade na sua proporção amostral. Como isso é feito? Escolha uma amostra maior.

Considere uma empresa que planeja oferecer um novo serviço aos seus clientes. Os gerentes de produto querem estimar a proporção de clientes que provavelmente comprarão o novo serviço com uma margem de erro de 3% e com 95% de confiança. Qual tamanho da amostra eles precisam?

Analise a margem de erro:

$$ME = z^*\sqrt{\frac{\hat{p}\hat{q}}{n}}$$

$$0,03 = 1,96\sqrt{\frac{\hat{p}\hat{q}}{n}}.$$

Eles querem encontrar n, o tamanho da amostra. Para tanto, é necessário um valor $\hat{p}$. Eles não conhecem $\hat{p}$, porque ainda não retiraram a amostra, mas provavelmente podem estimar um valor. O pior caso – o valor que torna o DP (e, portanto, n) maior – é 0,50. Desse modo, se eles usarem esse valor para $\hat{p}$, certamente estarão seguros.

A equação para a empresa é, então:

$$0,03 = 1,96\sqrt{\frac{(0,5)(0,5)}{n}}.$$

Que $\hat{p}$ devemos utilizar?

Com frequência, você terá uma estimativa da proporção populacional com base na experiência ou talvez a partir de estudos anteriores. Nesses casos, use o valor $\hat{p}$ já conhecido para determinar o tamanho da amostra necessário. Caso contrário, a abordagem mais cautelosa é utilizar $\hat{p} = 0,50$, que determina a maior amostra necessária, independentemente do valor da verdadeira proporção. Esse é *pior cenário*.

Para solucionar para n, apenas multiplique ambos os lados da equação por $\sqrt{n}$ e divida por 0,03.

$$0,03 \sqrt{n} = 1,96 \sqrt{(0,5)(0,5)}$$

$$\sqrt{n} = \frac{1,96 \sqrt{(0,5)(0,5)}}{0,03} \approx 32,67$$

Agora eleve o resultado ao quadrado para encontrar n:

$$n \approx (32,67)^2 \approx 1067,1$$

Esse método provavelmente irá resultar em um número não inteiro. Por segurança, sempre arredonde para o inteiro superior. A empresa irá precisar de pelo menos 1068 respondentes para manter a margem de erro tão pequena quanto 3% com um nível de confiança de 95%.

Infelizmente, amostras maiores custam mais caro e requerem mais esforço. Como o erro padrão diminui com a *raiz quadrada* do tamanho da amostra, para cortar o erro padrão pela metade (e, dessa forma, a ME), você deve *quadruplicar* o tamanho da amostra.

Geralmente, uma margem de erro de 5% ou menos é aceitável, mas circunstâncias diferentes pedem padrões distintos. O tamanho da margem de erro pode ser uma decisão de *marketing* ou determinada pelo montante de risco financeiro que você (ou a empresa) está disposto a aceitar. Coletar uma amostra grande para conseguir uma ME menor, entretanto, pode causar problemas. Um levantamento de dados com 2.400 pessoas demanda tempo, e uma pesquisa que se estende por mais de uma semana pode tentar acertar um alvo que se move durante o período do levantamento. Um acontecimento ou o anúncio de um novo produto pode mudar opiniões ao longo da execução da pesquisa.

Tenha em mente que o tamanho da amostra de um levantamento de dados é o número de respondentes, não a quantidade de pessoas para quem os questionários foram enviados ou cujos números telefônicos foram discados. Lembre também que uma baixa taxa de resposta transforma qualquer pesquisa em um estudo voluntário, que é de pouca valia para inferir valores da população. Quase sempre é mais vantajoso gastar recursos para melhorar a taxa de resposta do que fazer um levantamento de dados num grupo maior. Uma resposta completa ou quase completa de uma amostra de tamanho modesto pode gerar resultados úteis.

Os levantamentos de dados não são as únicas situações em que as proporções se manifestam. Os bancos de cartão de crédito amostram enormes listas de mala direta para estimar qual proporção de pessoas irá aceitar uma oferta de cartão de crédito. Até mesmo estudos piloto podem ser enviados a 50000 clientes ou mais. A maioria desses clientes não responde. Nesse caso, no entanto, a amostra não diminui. Na verdade, eles respondem de certa forma – dizem "Não, obrigado". Para o banco, a taxa de resposta[6] é $\hat{p}$. Com uma taxa de sucesso típica abaixo de 1%, o banco necessita de uma margem de erro muito pequena – geralmente 0,1% – para tomar uma decisão de negócios segura. Isso requer uma amostra grande, e o banco deve tomar cuidado ao estimar o tamanho necessário. Para o nosso exemplo de pesquisa de opinião sobre a eleição, usamos $p = 0,5$, tanto porque é seguro quanto porque acreditamos honestamente que p esteja próximo de 0,5. Se o banco usasse 0,5, teria uma resposta absurda. Em vez disso, ele baseia seu cálculo num valor de p que espera encontrar a partir da experiência própria.

> As pesquisas de opinião pública geralmente usam um tamanho de amostra de 1000, o que gera uma margem de erro de aproximadamente 3% (com 95% de confiança) quando p está próximo a 0,5. Mas empresas e organizações sem fins lucrativos geralmente usam amostras maiores para estimar a resposta à campanha de mala direta. Por quê? Porque a proporção de pessoas que respondem a malas diretas é muito baixa, geralmente 5% ou menos. Uma ME de 3% pode não ser precisa o suficiente se a taxa de resposta for tão baixa. Uma ME como 0,1% seria mais útil, mas iria exigir um tamanho amostral muito grande.

---

[6] Tenha cuidado. Em estudos de *marketing* como este, *cada* mala direta gera uma resposta – "sim" ou "não" –, e a taxa de resposta significa a taxa de sucesso, a proporção de clientes que aceitaram a oferta. É um uso diferente do termo taxa de resposta do que o empregado em levantamento de dados.

Quanta diferença pode fazer?

Uma empresa de cartão de crédito irá enviar uma mala direta a fim de testar o mercado para um novo cartão. Daquela amostra, ela quer estimar a verdadeira proporção de pessoas que irá se inscrever para o cartão em todo o país. Para estar dentro de um décimo de um ponto percentual, ou 0,001 da taxa da aquisição verdadeira, com 95% de confiança, qual deve ser o tamanho do teste da mala direta? Experiências similares no passado mostraram que aproximadamente 0,5% das pessoas contatadas aceitam a oferta. Usando esses valores eles encontram:

$$ME = 0,001 = z^*\sqrt{\frac{\hat{p}\hat{q}}{n}} = 1,96\sqrt{\frac{(0,005)(0,995)}{n}}$$

$$(0,001)^2 = 1,96^2\frac{(0,005)(0,995)}{n} \Rightarrow n = \frac{1,96^2(0,005)(0,995)}{(0,001)^2}$$
$$= 19111,96 \text{ ou } 19112$$

Esse é um tamanho perfeitamente razoável para uma tentativa de mala direta. Mas, se a empresa tivesse usado 0,50 para a sua estimativa de *p*, teria encontrado:

$$ME = 0,001 = z^*\sqrt{\frac{pq}{n}} = 1,96\sqrt{\frac{(0,5)(0,5)}{n}}$$

$$(0,001)^2 = 1,96^2\frac{(0,5)(0,5)}{n} \Rightarrow n = \frac{1,96^2(0,5)(0,5)}{(0,001)^2} = 960400.$$

Um resultado bem diferente!

O QUE PODE DAR ERRADO?

Os intervalos de confiança são ferramentas poderosas. Além de informar o que é conhecido sobre os valores dos parâmetros, eles também indicam o que *não* sabemos. Para usar os intervalos de confiança de modo eficaz, você deve deixar claro o que diz sobre eles. Não relate falsamente o que o intervalo significa.

O que posso dizer?

Os intervalos de confiança são baseados em amostras aleatórias, portanto, o intervalo também é aleatório. O Teorema Central do Limite nos diz que 95% das amostras aleatórias irão gerar intervalos que capturam o valor verdadeiro. Isso é o que significa estar 95% confiante.

Tecnicamente, deveríamos afirmar: "Estou 95% confiante de que o intervalo de 12,8 a 17,2% captura a verdadeira proporção dos norte-americanos que achavam que a economia estava melhorando em janeiro de 2008". A frase formal enfatiza que *nossa confiança (e nossa incerteza) é sobre o intervalo, não sobre a proporção verdadeira*. Mas você pode escolher uma frase mais casual, como: "Estou 95% confiante de que entre 12,8 e 17,2% dos adultos norte-americanos achavam que a economia estava melhorando em janeiro de 2008". Como você deixou claro que a incerteza é sua e não sugeriu que a aleatoriedade está na proporção verdadeira, o enunciado está correto. Lembre-se: é o intervalo que é aleatório. Ele é o foco da nossa confiança e da nossa dúvida.

- **Não sugira que o parâmetro varia.** Uma afirmação como "existe uma chance de 95% de que a verdadeira proporção esteja entre 12,8 e 17,2%" soa como se a proporção da população vagueia sem rumo e, às vezes, cai entre 12,8 e 17,2%. Ao interpretar um intervalo de confiança, deixe claro que o parâmetro da população é fixo e que é o intervalo que varia de amostra para amostra.

- **Não afirme que outras amostras irão concordar com as suas.** Tenha em mente que o intervalo de confiança faz uma afirmação sobre a verdadeira proporção da população. Uma interpretação como "em 95% das amostras de adultos norte-americanos, a proporção que acreditava no crescimento da economia, em janeiro 2008, estará entre 12,8 e 17,2%" está errada. O intervalo não diz respeito às proporções da amostra, mas à proporção da população. Não existe nada especial sobre a amostra que temos; ela não estabelece um padrão para as outras.

- **Não tenha certeza sobre o parâmetro.** Dizer "entre 12,8 e 17,2% dos adultos norte-americanos achavam que a economia estava melhorando em janeiro de 2008" afirma que a proporção da população não pode estar fora daquele intervalo. Não é possível estar completamente certo disso (somente quase).

- **Não esqueça: a questão é o parâmetro.** Não diga "estou 95% confiante de que $\hat{p}$ está entre 12,8 e 17,2%". Sim, você está – de fato, calculamos que nossa proporção da amostra era de 15,0%. Portanto, já *conhecemos* a proporção amostral. O intervalo de confiança diz respeito ao parâmetro (desconhecido) da população, p.

- **Não tenha a pretensão de saber demais.** Não diga "estou 95% confiante de que entre 12,8 e 17,2% de todos os adultos norte-americanos acham que a economia está melhorando". O Gallup fez uma amostragem dos adultos durante o mês de janeiro de 2008 e as opiniões do público mudam ao longo do tempo.

- **Tenha responsabilidade.** Os intervalos de confiança dizem respeito às *incertezas. Você* é quem está incerto, não o parâmetro. Você deve aceitar a responsabilidade e as consequências de que nem todos os intervalos calculados irão representar o valor real. Na verdade, aproximadamente 5% dos intervalos com 95% de confiança que você encontra irão falhar na captura do valor real do parâmetro. Você *pode* dizer "Estou 95% confiante de que entre 12,8 e 17,2% dos adultos norte-americanos achavam que a economia estava melhorando em janeiro de 2008".

Violações das suposições

Os intervalos de confiança e as margens de erro geralmente são relatados junto com os resultados de uma pesquisa de opinião pública e outras análises. No entanto, é fácil fazer afirmações equivocadas, assim, é prudente saber o que pode dar errado.

- ◆ **Tome cuidado com amostras tendenciosas.** Não esqueça as fontes em potencial de tendenciosidade em levantamento de dados que discutimos no Capítulo 3. O fato de termos mais mecanismos estatísticos agora não significa que podemos esquecer o que aprendemos. Um questionário que descobre que 85% das pessoas gostam de preencher pesquisas ainda sofre da tendenciosidade das não respostas, mesmo que agora sejamos capazes de colocar intervalos de confiança em volta dessa estimativa (tendenciosa).

- ◆ **Pense sobre independência.** Em geral, é impossível verificar a suposição de que os valores numa amostra são mutuamente independentes. Todavia, vale a pena refletir sobre a mesma.

- ◆ **Tenha cuidado com o tamanho da amostra.** A validade do intervalo de confiança para proporções pode ser afetada pelo tamanho da amostra. Evite usar o intervalo de confiança em amostras "pequenas".

ÉTICA EM AÇÃO

Uma das maiores responsabilidades de Tim Solsby no MassEast Federal Credit Union é gerenciar serviços on-line e conteúdos na Web. Ele visita com frequência os *sites* de outras instituições financeiras para ver como pode melhorar a presença *on-line* e melhor atender os membros da MassEast. Um dos aspectos que chamou sua atenção foi uma rede para jovens voltada à educação dos adolescentes em relação às finanças pessoais. Ele achou que essa ideia original poderia ajudar na construção de uma comunidade *on-line* mais forte entre os integrantes da MassEast. A diretoria executiva da instituição irá se reunir no próximo mês para estudar propostas de melhoria dos serviços da união de crédito, e Tim está ansioso para apresentar a ideia da comunidade *on-line*. Para fortalecer sua proposta, ele decidiu fazer uma pesquisa de opinião com os atuais membros da união de crédito, conduzindo uma enquete *on-line* no *site* da MassEast Federal Credit Union. As perguntas incluíam: "Você tem adolescentes na sua casa?" e "Você incentivaria seu filho adolescente a aprender como gerenciar as finanças pessoais?". Com base em 850 respostas, Tim construiu um intervalo de confiança de 95% e foi capaz de estimar (com 95% de confiança) que entre 69 e 75% dos membros da MassEast tinham adolescentes em casa e que entre 62 e 68% incentivariam seus filhos a saber mais sobre como gerenciar as finanças pessoais. Tim acredita que esses resultados ajudarão a convencer a diretoria executiva de que a MassEast deve acrescentar esse aspecto ao seu *site*.

PROBLEMA ÉTICO *O método amostral introduz tendenciosidade, pois se trata de uma amostra de resposta voluntária e não de uma amostra aleatória. Clientes que têm filhos adolescentes são mais propensos a responder do que aqueles que não os têm (relacionado ao Item A da ASA Ethical Guidelines).*

SOLUÇÃO ÉTICA *Tim deveria revisar seus métodos amostrais. Ele poderia coletar uma amostra aleatória simples dos clientes da união de crédito e tentar contatá-los por correio ou telefone. Independentemente do método escolhido, ele precisa revelar o procedimento amostral para a comissão de diretores e discutir possíveis fontes de tendenciosidade.*

O que aprendemos?

Os primeiros capítulos do livro exploraram maneiras gráficas e numéricas de resumir e apresentar dados amostrais. Aprendemos a usar a amostra disponível para dizer algo sobre o *mundo de forma geral*. Esse processo, chamado de *inferência estatística,* é baseado no nosso entendimento de modelos amostrais e será nosso foco no restante da obra.

Como um primeiro passo na inferência estatística, aprendemos a usar nossa amostra para fazer um *intervalo de confiança* que estima a proporção de uma população que apresenta determinada característica.

Aprendemos que:

- Nossa melhor estimativa da verdadeira proporção populacional é a proporção que observamos na amostra, por isso, devemos centrar nosso intervalo de confiança nela.

- As amostras não representam a população de maneira perfeita, assim, temos de criar nosso intervalo com uma *margem de erro*. Esse método captura com sucesso a verdadeira proporção da população na maioria das vezes, fornecendo um nível de confiança para o nosso intervalo.

- Para um tamanho da amostra dado, quanto mais alto for o nível de confiança que quisermos, mais *amplo* ficará nosso intervalo de confiança.

- Para um nível de confiança dado, quanto maior for a amostra que tivermos, *menor* será nosso intervalo de confiança.

- Quando projetamos um estudo, podemos calcular o tamanho da amostra necessária para fazer conclusões que tenham uma margem de erro e nível de confiança desejados.

- Existem suposições e condições importantes que devemos verificar antes de usarmos esse (ou qualquer outro) procedimento de inferência estatística.

Aprendemos a interpretar um intervalo de confiança ao relatarmos o que acreditamos ser verdadeiro em toda a população da qual coletamos nossa amostra aleatória. É claro, não podemos ter *certeza*. Aprendemos a não exagerar ou interpretar erroneamente o que o intervalo de confiança indica.

Termos

Intervalo de confiança Intervalo de valores, geralmente com a forma

$$estimativa \pm margem\ de\ erro,$$

Intervalo-z de uma proporção Intervalo de confiança para o valor real de uma proporção. O intervalo de confiança é

$$\hat{p} \pm z^*EP(\hat{p}),$$

onde z^* é um valor crítico do modelo Normal Padrão que corresponde ao nível de confiança especificado.

encontrado a partir de dados, de modo que possamos esperar que um percentual de todas as amostras aleatórias gere intervalos que capturem o verdadeiro valor do parâmetro.

Margem de erro (ME) Num intervalo de confiança, a extensão do intervalo em ambos os lados do valor estatístico observado. Uma margem de erro é tipicamente o produto de um valor crítico da distribuição amostral e um erro padrão dos dados. Uma grande margem de erro corresponde a um intervalo de confiança que fornece relativamente pouca informação sobre o parâmetro estimado.

Valor crítico Número de erros padrão que precisamos nos afastar da média da distribuição amostral a fim de corresponder ao nível de confiança especificado. O valor crítico, denotado como z^*, geralmente é encontrado a partir de uma tabela ou com o recurso da tecnologia.

Habilidades

- Entender os intervalos de confiança como um equilíbrio entre a precisão e a certeza de uma afirmação sobre um parâmetro do modelo.
- Compreender que a margem de erro de um intervalo de confiança para uma proporção muda de acordo com o tamanho da amostra e o nível de confiança.
- Saber verificar seus dados para encontrar violações das condições que fariam inferência imprudente ou inválida sobre a proporção da população.

- Ser capaz de construir um intervalo-z para uma proporção.

- Saber interpretar um intervalo-z de uma proporção em uma ou duas frases simples. Ser capaz de escrever tal informação de modo que ela não afirme ou sugira que o parâmetro de interesse seja aleatório, mas sim que os limites do intervalo de confiança sejam quantidades aleatórias sobre as quais declaramos nosso grau de confiança.

Capítulo 10 – Intervalos de Confiança para Proporções **311**

Ajuda tecnológica: intervalos de confiança para proporções

Intervalos de confiança para proporções são tão fáceis e naturais que muitos pacotes estatísticos não oferecem comandos especiais para eles. A maioria dos programas estatísticos quer os "dados brutos" para cálculos. Para proporções, os dados brutos são o *status* de "sucesso" e "fracasso" para cada caso. Normalmente, são dados como 1 ou 0, mas podem ser categorias de nomes como "sim" ou "não". Muitas vezes, sabemos apenas a proporção do sucesso, $\hat{p}$, e a contagem total, *n*. Os pacotes de computador geralmente não lidam facilmente com dados resumidos como esse, mas as rotinas estatísticas encontradas em muitas calculadoras gráficas permitem criar intervalos de confiança a partir de resumos dos dados – em geral, basta fornecer o número de sucessos e o tamanho da amostra.

Em alguns programas, você pode reconstruir variáveis de 0s e 1s com as proporções dadas. No entanto, mesmo quando você tem (ou pode reconstruir) os valores dos dados brutos, talvez não consiga a margem de erro *exata*, a partir de um pacote de computador, como conseguiria trabalhando manualmente. O motivo é que alguns pacotes fazem aproximações ou usam outros métodos. O resultado é muito próximo, mas não exatamente o mesmo. Felizmente, estatística significa nunca ter de afirmar que você está certo, portanto, resultados aproximados são bons o suficiente.

Excel

Métodos de inferência para proporções não fazem parte do pacote "análise de dados" padrão da planilha Excel.

Comentários

Para dados resumidos, faça os cálculos em qualquer célula e o avalie. Os intervalos de confiança para uma proporção estão disponíveis no suplemento DDXL. Selecione o intervalo dos dados contendo a variável. Escolha **Confidence Intervals (Intervalos de Confiança)** do menu **DDXL**. Escolha **1 Var Prop Interval** do menu, indique a variável e clique em **OK**.

Minitab

Escolha **Basic Statistics** do menu **Stat.**
- Escolha **1 Proportion** do submenu **Basic Statistics**.
- Se os dados forem nomes de categoria de uma variável, atribua a variável na "lista de variáveis" para a lista **Samples in columns.** Se você tiver dados resumidos, clique em **Summarized Data** e preencha o número de tentativas e números de sucessos.
- Clique na tecla **Options** e especifique os detalhes restantes.

- Se tiver uma amostra grande, selecione **Use test and Interval based on normal distribution.** Clique em **OK**.

Comentários

Quando trabalhamos com variáveis categóricas, o MINITAB trata a última categoria como a categoria "sucesso". Você pode especificar como as categorias devem ser tratadas.

SPSS

O SPSS não encontra intervalos de confiança para proporções.

JMP

Para uma variável **categórica**, a plataforma **Distribution** inclui testes e intervalos para proporções. Para dados resumidos, coloque os nomes das categorias em uma variável e as frequências em uma variável ao lado. Designe que a coluna das frequências faça o **papel** das **frequências**. Então, use a plataforma **Distribution**.

Comentário

O JMP utiliza métodos para fazer inferência com proporções levemente diferentes dos discutidos neste livro. É provável que suas respostas sejam um pouco diferentes, especialmente para amostras pequenas.

DATA DESK

O Data Desk não oferece métodos prontos para fazer inferências com proporções.

Comentários

Para dados resumidos, abra um bloco de notas a fim de calcular o desvio padrão e a margem de erro digitando os cálculos. Utilize o **z-interval for individual μs.**

Projetos de estudo de pequenos casos

Investimento

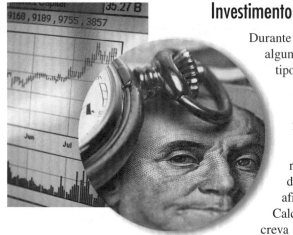

Durante o período de 27 a 29 de janeiro de 2003, a Gallup Organization fez algumas perguntas a investidores do mercado de ações sobre a quantia e o tipo dos seus investimentos:

1. O total do seu investimento neste momento é de $10000 ou mais, ou é de menos de $10000?
2. Se você tivesse $1000 para investir, escolheria ações ou títulos?

Em relação à primeira pergunta, 65% dos 692 investidores declararam que tinham no momento pelo menos $10000 investidos no mercado de ações. Em resposta à segunda questão, 48% dos 692 investidores afirmaram que escolheriam investir em ações (em vez de em títulos). Calcule o erro padrão para cada proporção da amostra. Determine e descreva os intervalos de 95% de confiança no contexto das questões. Qual deveria ser o tamanho da amostra para a margem de erro ser de 3%?

Encontre um levantamento de dados recente sobre práticas de investimento ou opiniões e escreva um breve relatório sobre o que você encontrou.

Previsão da demanda

Os serviços públicos precisam prever a demanda do uso de energia a longo prazo, pois são necessárias décadas para planejar e construir novas usinas. Ron Bears trabalhava para uma empresa pública do nordeste dos Estados Unidos e precisava prever a proporção de lares que escolhem a eletricidade como forma de aquecimento das suas residências. Embora estivesse pronto para relatar intervalos de confiança para a verdadeira proporção, após ver seu relatório preliminar, seu gerente solicitou um único número como previsão.

Ajude Ron a explicar ao seu gerente por que um intervalo de confiança para a proporção desejada seria mais útil para efetuar um planejamento. Explique como a precisão e a confiança do intervalo estão relacionadas entre si. Discuta as consequências de um intervalo muito estreito e as consequências de um intervalo com uma confiança muito baixa para a tomada de decisão nos negócios.

EXERCÍCIOS

1. Margem de erro. Um executivo de uma empresa relatou os resultados de um levantamento de dados sobre a satisfação dos empregados, declarando que 52% dos empregados afirmaram estar "satisfeitos" ou "extremamente satisfeitos" com seus empregos e que "a margem de erro é de mais ou menos 4%". Explique cuidadosamente o que isso significa.

2. Margem de erro, novamente. Um pesquisador de mercado estima que o percentual de adultos entre 21 e 39 anos que assistirá à sua propaganda na televisão será de 15%, e acredita que sua estimativa tenha uma margem de erro de aproximadamente 3%. Explique o que a margem de erro significa.

3. Condições. Considere cada situação descrita abaixo. Identifique a população e a amostra, explique o que p e $\hat{p}$ representam e afirme se os métodos deste capítulo podem ser usados para criar um intervalo de confiança.

a) A polícia montou um ponto de controle para parar motoristas, a fim de inspecionar seus automóveis quanto a problemas de segurança. Eles descobriram que 14 dos 134 carros que pararam tinham pelo menos uma violação de segurança. Eles querem estimar a proporção de todos os carros da área que podem estar com problemas de segurança.

b) Um programa da CNN pediu para os espectadores registrarem no *site* do jornal suas opiniões sobre a corrupção empresarial. Das 602 pessoas que votaram, 488 acreditavam que a corrupção empresarial estava "pior" este ano do que ano passado. O programa quer estimar o nível de apoio entre o público em geral.

4. Mais condições. Considere cada situação descrita abaixo. Identifique a população e a amostra, explique o que p e $\hat{p}$ representam e afirme se os métodos deste capítulo podem ser usados pra criar um intervalo de confiança.

a) Uma empresa grande, com 10000 empregados em seu principal local de pesquisa, deseja transferir sua creche para fora do local de trabalho, a fim de cortar gastos. O setor de recursos humanos coletou as opiniões dos empregados por meio de um questionário enviado às suas casas; 380 pesquisas foram devolvidas, e 228 empregados foram a favor da mudança.

b) Uma empresa vendeu 1632 MP3 *players* mês passado e, dentro de uma semana, 1388 dos clientes haviam registrado seus produtos *on-line* no *site* da empresa. A empresa quer estimar o percentual de todos os clientes que registraram seus produtos.

5. Condições, novamente. Considere cada situação descrita abaixo. Identifique a população e a amostra, explique o que p e $\hat{p}$ representam e afirme se os métodos deste capítulo podem ser usados para criar um intervalo de confiança.

a) Um grupo de consumidores, buscando avaliar as experiências dos consumidores com vendedores de carros, fez um levantamento de dados com 167 pessoas que recentemente compraram carros novos; 3% deles expressaram insatisfação com o vendedor.

b) Um serviço de telefonia celular quer saber qual é o percentual de estudantes universitários norte-americanos que têm telefones celulares. Foram entrevistados 2883 estudantes na entrada de um estádio e 2243 afirmaram que tinham telefones.

6. Condições finais. Considere cada situação descrita abaixo. Identifique a população e a amostra, explique o que p e $\hat{p}$ representam e afirme se os métodos deste capítulo podem ser usados para criar um intervalo de confiança.

a) Um total de 240 pés de batata de um campo do Maine são aleatoriamente investigados e somente sete mostraram sinais de ferrugem. Quão grave é o problema de ferrugem para a indústria de batatas nos Estados Unidos?

b) Preocupada com os custos das indenizações dos trabalhadores, uma pequena empresa decidiu investigar os ferimentos no trabalho. A empresa relatou que 12 dos seus 309 empregados sofreram ferimentos no expediente ano passado. O que a empresa pode prever para os próximos anos?

7. Vendas por catálogo. Uma empresa de vendas por catálogo promete enviar pedidos feitos pela Internet dentro de três dias. Telefonemas de acompanhamento a alguns clientes selecionados aleatoriamente mostram que um intervalo de 95% de confiança para a proporção de todos os pedidos que chegam dentro do prazo é 88% ± 6%. O que isso significa? As conclusões a seguir estão corretas? Explique.

a) Entre 82 e 94% de todos os pedidos chegam dentro do prazo.

b) 95% de todas as amostras aleatórias de clientes irão mostrar que 88% dos pedidos chegam dentro do prazo.

c) 95% de todas as amostras aleatórias de clientes irão mostrar que de 82 a 94% dos pedidos chegam dentro do prazo.

d) A empresa tem 95% de certeza de que entre 82 e 94% dos pedidos feitos pelos clientes dessa amostra chegaram dentro do prazo.

e) Em 95% dos dias, entre 82 e 94% dos pedidos irão chegar dentro do prazo.

8. Euro belga. Recentemente, dois estudantes alcançaram a fama mundial ao lançar uma moeda de euro belga 250 vezes e conseguir 140 caras – isto é, 56%. Esse resultado forneceu um intervalo de confiança de 90% (51, 61%). O que isso significa? As conclusões a seguir estão corretas? Explique suas respostas.

a) Entre 51 e 61% de todas as moedas de euros não são equilibradas.

b) Temos 90% de certeza de que, nesse experimento, essa moeda de euro deu cara entre 51 e 61% das vezes.

c) Temos 90% de certeza de que as moedas de euro lançadas darão cara entre 51 e 61% das vezes.

d) Se você lançar uma moeda de euro muitas vezes, pode ter 90% de certeza de que irá conseguir entre 51 e 61% de caras.

e) 90% de todas as moedas de euro lançadas darão cara entre 51 e 61% das vezes.

9. Intervalos de confiança. Vários fatores estão envolvidos na criação de um intervalo de confiança. Entre eles, estão o tamanho da amostra, o nível de confiança e a margem de erro. Quais das seguintes afirmações são verdadeiras?

a) Para um tamanho de amostra dado, uma confiança mais alta significa uma margem de erro menor.

b) Para um intervalo de confiança menor, amostras maiores fornecem margens de erro menores.

c) Para uma margem de erro fixa, amostras maiores fornecem maior confiança.

d) Para um nível de confiança dado, dividir a margem de erro por dois requer uma amostra com o dobro do tamanho.

10. Intervalos de confiança, novamente. Vários fatores estão envolvidos na criação de um intervalo de confiança. Entre eles, estão o tamanho da amostra, o nível de confiança e a margem de erro. Quais das seguintes afirmações são verdadeiras?

a) Para um tamanho da amostra dado, reduzir a margem de erro irá significar menor confiança.

b) Para certo nível de confiança, você pode conseguir uma margem de erro menor selecionando uma amostra maior.

c) Para uma margem de erro fixa, amostras menores irão significar confiança mais baixa.

d) Para um nível de confiança dado, uma amostra nove vezes maior irá dividir a margem de erro por três.

11. Carros. Um estudante está considerando publicar uma nova revista direcionada a proprietários de automóveis japoneses. Ele quer estimar a fração de carros nos Estados Unidos feitos no Japão. A saída do computador resume os resultados de uma amostra aleatória de 50 carros. Explique cuidadosamente o que ela indica.

Intervalo-z para a proporção
Com 90% de confiança:
0,29938661 < p(Japão) < 0,46984416

314 Parte II – Entendendo Dados e Distribuições

12. Controle de qualidade. Com a finalidade de controlar a qualidade, 900 azulejos foram inspecionados para determinar a proporção de produtos defeituosos (por exemplo, rachados, com acabamento irregular, etc.). Assumindo que esses azulejos sejam representativos de todos os azulejos produzidos por uma empresa da Itália, o que você pode concluir da seguinte saída do computador?

```
Intervalo-z para a proporção
Com 95% de confiança:
0,025 < p(defeituoso) < 0,035
```

13. E-mail. Uma pequena empresa de comércio pela Internet está interessada nas estatísticas com respeito ao uso do *e-mail*. Uma pesquisa de opinião descobriu que 38% de uma amostra aleatória de 1012 adultos que usam o computador na sua casa, trabalho ou escola afirma não enviar ou receber *e-mails*.
a) Encontre a margem de erro para essa pesquisa de opinião se quisermos 90% de confiança na estimativa do percentual de adultos norte-americanos que não usam o *e-mail*.
b) Explique o que a margem de erro significa.
c) Se quisermos estar 90% confiantes, a margem de erro será maior ou menor? Explique.
d) Encontre a margem de erro.
e) Em geral, se todos os outros aspectos dessa situação permanecerem os mesmos, as margens de erro irão envolver uma confiança maior ou menor no intervalo?

14. Biotecnologia. Uma empresa de biotecnologia de Boston está planejando sua estratégia de investimento para futuros produtos e laboratórios de pesquisa. Uma pesquisa de opinião descobriu que somente 8% de uma amostra aleatória de 1012 adultos norte-americanos aprovam as tentativas de clonagem do ser humano.
a) Encontre a margem de erro para essa pesquisa de opinião se quisermos 95% de confiança na estimativa do percentual dos adultos norte-americanos que aprovam a clonagem humana.
b) Explique o que a margem de erro significa.
c) Se precisamos de 90% de confiança, a margem de erro será maior ou menor? Explique.
d) Encontre a margem de erro.
e) Em geral, se todos os outros aspectos dessa situação permanecem os mesmos, amostras menores irão produzir margens de erro maiores ou menores?

15. Motoristas adolescentes. Uma companhia de seguros verifica os registros da polícia de 582 acidentes selecionados ao acaso e observa que adolescentes estavam na direção em 91 deles.
a) Crie um intervalo de confiança de 95% para o percentual de todos os acidentes de carro que envolvem motoristas adolescentes.
b) Explique o que seu intervalo significa.
c) Explique o que significa "95% de confiança".
d) Um político que defende mais restrições na emissão de carteiras de motorista para adolescentes afirma: "Um adolescente está atrás do volante em um de cada cinco acidentes de carro". O seu intervalo de confiança apoia ou contradiz essa afirmação? Explique.

16. Anunciantes. Anunciantes de mala direta enviam solicitações ("lixo postal") a milhares de clientes em potencial com o intuito de que alguns comprem os produtos da empresa. A taxa de resposta geralmente é bem baixa. Suponha que uma empresa queira testar a resposta a uma nova propaganda e envia-a a 1000 pessoas aleato-

riamente selecionadas da sua lista de endereços de mais de 200000 pessoas. Ela recebe pedidos de 123 dos destinatários.
a) Crie um intervalo de confiança de 90% para o percentual dos clientes que a empresa contata que possam comprar algo.
b) Explique o que esse intervalo significa.
c) Explique o que "90% de confiança" significa.
d) A empresa deve decidir se vale a pena enviar solicitações em massa. A correspondência terá bom custo-benefício se produzir pelo menos 5% de retorno. O que seu intervalo de confiança sugere? Explique.

17. Varejistas. Alguns varejistas de alimentos propõem submeter os alimentos a um nível baixo de radiação para melhorar a segurança, mas a venda desses produtos alterados é condenada por muitas pessoas. Suponha que um dono de mercearia queira descobrir o que seus clientes pensam. Ele avisa aos caixas que distribuam pesquisas e peçam aos consumidores que as preencham e coloquem numa caixa próxima à porta da frente. Ele consegue respostas de 122 clientes, dos quais 78 se opõem aos tratamentos com radiação. O que o dono da mercearia pode concluir sobre a opinião de todos os seus clientes?

18. Notícias locais. O prefeito de uma pequena cidade sugeriu ao estado a construção de uma nova prisão, argumentando que o projeto será vantajoso para a economia local. Um total de 183 residentes participou de uma audiência pública da proposta, e uma votação com levantamento de mãos resultou em 31 pessoas a favor do projeto. O que a câmara municipal pode concluir sobre o apoio do público à iniciativa do prefeito?

19. Música na Internet. Em um levantamento de dados de músicas baixadas da Internet, o Gallup Poll perguntou a 703 usuários da Internet se eles "já tinham baixado música de um *site* que não era autorizado por uma gravadora" e 18% responderam "sim". Construa um intervalo de confiança de 95% para a proporção verdadeira de usuários que baixaram música de um *site* não autorizado.

20. Preocupações com a economia. Em 2008, a Gallup Poll perguntou a 2335 adultos norte-americanos com mais de 18 anos como eles avaliavam as condições econômicas. Numa pesquisa de opinião pública conduzida de 27 de janeiro a 1° de fevereiro de 2008, somente 24% avaliaram a economia como Excelente/Boa. Construa um intervalo de confiança de 95% para a verdadeira proporção dos norte-americanos que avaliaram a economia dos Estados Unidos como Excelente/Boa.

21. Comércio internacional. No Canadá, a grande maioria (90%) das empresas da indústria química tem o certificado ISO 14001. O ISO 14001 é um padrão internacional para sistemas de gerenciamento ambiental. Um grupo ambientalista deseja estimar o percentual de empresas químicas dos Estados Unidos que têm o certificado. Das 550 empresas químicas amostradas, 385 tinham o certificado.
a) Qual é a proporção da amostra que declarou ser certificada?
b) Crie um intervalo de confiança de 95% para a proporção de empresas químicas norte-americanas com o certificado ISO 14001 (verifique as condições). Compare com a proporção canadense.

22. Levantamento de dados mundial. No Capítulo 4, Exercício 17, vimos que a GfK Roper fez um levantamento de dados com pessoas do mundo inteiro, questionando a importância que elas davam

Capítulo 10 – Intervalos de Confiança para Proporções **315**

à saúde. Dos 1535 respondentes da Índia, 1168 deram uma importância acima da média. Nos Estados Unidos, dos 1317 respondentes, 596 deram uma importância acima da média.

a) Qual é a proporção amostral que deu uma importância acima da média à saúde em cada país?

b) Crie um intervalo de confiança de 95% para a proporção na Índia que deu uma importância acima da média à saúde (verifique as condições). Compare com o intervalo de confiança para a população norte-americana.

23. Ética nos negócios. Num levantamento de dados sobre ética nas empresas, uma pesquisa de opinião dividiu uma amostra aleatória simples de 1076 professores e recrutadores corporativos ao meio, fazendo a 538 respondentes a seguinte pergunta: "Em geral, você acredita que os MBAs estão mais ou menos conscientes sobre as questões éticas nos negócios hoje do que cinco anos atrás?". À outra metade foi perguntado: "Em geral, você acredita que os MBAs estão menos ou mais conscientes sobre as questões éticas nos negócios hoje do que cinco anos atrás?". As perguntas parecem as mesmas, mas, às vezes, a ordem das escolhas é significativa. Em relação à primeira pergunta, 53% julgou que os formados em cursos de MBA estão mais conscientes sobre as questões éticas, mas essa proporção caiu para 44% na segunda pergunta.

a) Que tipo de tendenciosidade pode estar presente nas questões?

b) Cada grupo consistia em 538 respondentes. Se os combinarmos, considerando que todo o grupo é uma amostra aleatória maior, qual é o intervalo de confiança de 95% para a proporção do quadro de professores e recrutadores corporativos que acredita que os MBAs estão mais conscientes sobre as questões éticas hoje?

c) Como a margem de erro baseada nessa amostra combinada pode ser comparada às margens de erro dos grupos separados? Por quê?

24. Levantamento de dados sobre a mídia. Em 2007, a Gallup Poll conduziu entrevistas diretas com 1006 adultos da Arábia Saudita com 15 anos ou mais, perguntando como eles adquiriam informação. Uma das perguntas era: "A televisão internacional é muito importante para mantê-lo bem informado sobre os eventos em seu país?". A Gallup relatou que 82% responderam "sim" e observou que, em um intervalo de confiança de 95%, havia uma margem de erro de 3% e que, "além do erro amostral, a formulação da pergunta e as dificuldades práticas na condução do levantamento de dados podem introduzir erro ou tendenciosidade nos resultados nas pesquisas de opinião pública".

a) Que tipo de tendenciosidade pode ser essa?

b) Você concorda com a margem de erro informada? Explique.

25. Jogo. Uma votação na cidade inclui uma iniciativa local para legalizar o jogo. O assunto é contestado e dois grupos decidem conduzir uma pesquisa de opinião pública para prever o resultado. O jornal local descobre que 53% dos 1200 eleitores aleatoriamente selecionados planejam votar "sim", enquanto uma turma de estatística da faculdade descobre que 54% dos 450 eleitores aleatoriamente selecionados irão apoiar. Ambos os grupos criarão intervalos de confiança de 95%.

a) Sem encontrar os intervalos de confiança, explique qual deles terá uma margem de erro maior.

b) Encontre os dois intervalos de confiança.

c) Qual grupo conclui que o resultado está muito próximo para antecipar o resultado? Por quê?

26. Cassinos. O Governador Deval Patrick, de Massachusetts, propôs legalizar os cassinos no estado, embora atualmente eles sejam ilegais, e destinou parte da receita para os estabelecimentos no último orçamento do estado. O *site* www.boston.com conduziu uma pesquisa de opinião pública pela Internet com a seguinte pergunta: "Você concorda com o projeto dos cassinos que o governador quer tornar público?". A partir de 2007, foram emitidos 8663 votos, dos quais 63,5% dos respondentes afirmaram: "Não, o aumento da arrecadação por meio da permissão do jogo é uma medida imediatista".

a) Encontre um intervalo de confiança de 95% para a proporção de eleitores de Massachusetts que responderiam dessa maneira.

b) As suposições e condições foram satisfeitas? Explique.

27. Indústria farmacêutica. Uma indústria farmacêutica está considerando investir num suplemento vitamínico D "novo e aprimorado" para crianças. A vitamina D, ingerida como um suplemento diário ou produzida naturalmente quando pegamos sol, é essencial para manter os ossos fortes e saudáveis. O raquitismo foi amplamente eliminado na Inglaterra durante os anos 1950, mas hoje existe a preocupação de que uma geração de crianças habituada a assistir à TV ou passar muito tempo ao computador, em vez de brincar ao ar livre, esteja em risco. Um estudo recente com 2700 crianças aleatoriamente selecionadas de todas as partes da Inglaterra descobriu que 20% delas tinham deficiência de vitamina D.

a) Encontre um intervalo de confiança de 95% para a proporção de crianças da Inglaterra com deficiência da vitamina D.

b) Explique cuidadosamente o que o seu intervalo significa.

c) Explique o que "95% de confiança" significa.

d) O estudo mostra que os jogos de computador são uma causa provável de raquitismo? Explique.

28. Acesso sem fio. No Capítulo 4, Exercício 26, vimos que o projeto Pew Internet American Life fez uma pesquisa de opinião com 798 usuários da Internet, em dezembro de 2006, perguntando se eles tinham acessado a Internet sem fio ou não, e 243 responderam "sim".

a) Encontre um intervalo de confiança de 98% para a proporção de todos os usuários de Internet norte-americanos que tenham acessado a Internet sem fio.

b) Explique cuidadosamente o que o seu intervalo significa.

c) Explique o que "98% de confiança" significa.

29. Financiamento. Em 2005, um levantamento de dados desenvolvido pelo Babson College e a Association of Women's Business Centers (WBCs – Associação de Centros de Negócios de Mulheres) foi distribuída para a WBCs nos Estados Unidos. De uma amostra representativa de 20 WBCs, 40% informaram que tinham recebido financiamento da Small Business Association (SBA – Associação Nacional de Pequenos Negócios).

a) Verifique as suposições e condições para a inferência das proporções.

b) Se apropriado, encontre um intervalo de confiança de 90% para a proporção de WBCs que receberam financiamento da SBA. Se não for adequado, explique e/ou recomende uma ação alternativa.

30. Levantamento de dados do setor imobiliário. Uma corretora de imóveis examina 15 listagens que têm um código postal específico da Califórnia e descobre que 80% têm piscina.

a) Verifique as suposições e condições para a inferência sobre proporções.

316 Parte II – Entendendo Dados e Distribuições

b) Se for apropriado, encontre um intervalo de confiança de 90% para a proporção de casas nesse código postal que têm piscinas. Se não for adequado, explique e/ou recomende uma ação alternativa.

31. Levantamento de dados dos benefícios. Uma assistente jurídica da Procuradoria-Geral do estado de Vermont quer saber quantas empresas em Vermont fornecem benefícios de seguro saúde para seus empregados. Ela escolhe 12 empresas ao acaso e descobre que todas oferecem esses benefícios.
a) Verifique as suposições e condições para a inferência da proporção.
b) Encontre um intervalo de confiança de 95% para a verdadeira proporção de todas as empresas que fornecem os benefícios de seguro saúde a todos os seus empregados.

32. Levantamento de dados sobre a conscientização. Um vendedor de uma empresa de cartão de crédito foi instruído a perguntar aos próximos 18 clientes que ligarem para o número 0800 se eles estão cientes do novo cartão Platinum que a empresa está oferecendo. Dos 18, 17 disseram que estavam cientes do programa.
a) Verifique as suposições e condições para inferência da proporção.
b) Encontre um intervalo de confiança de 95% para a verdadeira proporção de todos os clientes que estão cientes do novo cartão.

33. Imposto de renda. Num levantamento aleatório de dados com 226 indivíduos autônomos, 20 relataram que tiveram suas declarações de renda auditadas pela Receita no ano anterior. Estime a proporção dos indivíduos autônomos de todo o país que foram auditados pela Receita no ano anterior.
a) Verifique as suposições e condições (na medida do possível) para a construção de um intervalo de confiança.
b) Construa um intervalo de confiança de 95%.
c) Interprete o intervalo construído.
d) Explique o que significa "95% de confiança", nesse contexto.

34. ACT, Inc.. Em 2004, a ACT, Inc. relatou que 74% dos 1644 calouros da faculdade aleatoriamente selecionados retornaram à faculdade no ano seguinte. Estime a taxa de retenção de calouros para alunos de segundo ano.
a) Verifique se as suposições e condições foram satisfeitas para a inferência da proporção.
b) Construa um intervalo de confiança de 98%.
c) Interprete o intervalo construído.
d) Explique o que significa "98% de confiança" nesse contexto.

35. Música na Internet, novamente. A Gallup Poll (Exercício 19) perguntou aos norte-americanos se conseguir cópias grátis de músicas da Internet aumenta – ou diminui – a probabilidade de eles comprarem o CD do cantor. Somente 13% responderam que "diminui a probabilidade". A pesquisa de opinião foi baseada numa amostra ao acaso de 703 usuários da Internet.
a) Verifique se as suposições e condições foram satisfeitas para a inferência da proporção.
b) Encontre o intervalo de confiança de 95% para a verdadeira proporção do todos os usuários norte-americanos da Internet que são "menos propensos" a comprar CDs.

36. ACT, Inc., novamente. O estudo da ACT, Inc. descrito no Exercício 34 foi, na verdade, estratificado por tipo de faculdade – pública ou privada. As taxas de retenção foram de 71,9% entre 505 estudantes matriculados em faculdades públicas e 74,9% entre 1130 estudantes matriculados em faculdades privadas.

a) O intervalo de confiança de 95% para a taxa de retenção nacional em faculdades privadas será maior ou menor que o intervalo de confiança de 95% para a taxa de retenção em faculdades públicas? Explique.
b) Encontre o intervalo de 95% de confiança para a taxa de retenção para a faculdade pública.
c) Uma faculdade pública cuja taxa de retenção é de 75% deve anunciar que é melhor que outras faculdades públicas em manter os calouros na faculdade? Explique.

37. Política. Uma pesquisa de opinião pública com 1005 adultos dos Estados Unidos dividiu a amostra em quatro faixas etárias: 18-29, 30-49, 50-64 e mais de 65 anos. No grupo mais jovem, 62% afirmaram que os Estados Unidos estavam prontos para uma mulher presidente, ao contrário de 35% que disseram que o país não estava preparado (3% estavam indecisos). A amostra incluía 250 pessoas de 18 a 29 anos de idade.
a) Você espera que o intervalo de confiança de 95% para a proporção verdadeira de todas as pessoas entre 18-29 anos que acreditam que os norte-americanos estão prontos para uma mulher na presidência será maior ou menor que o intervalo de confiança de 95% da verdadeira proporção de todos os adultos dos Estados Unidos? Explique.
b) Encontre o intervalo de confiança de 95% para a proporção verdadeira de todas as pessoas entre 18-29 anos que acreditam que os norte-americanos estão prontos para uma mulher na presidência.

38. Acesso sem fio, novamente. O levantamento de dados do Exercício 28, que pergunta sobre o acesso à Internet sem fio, também classificou os 798 respondentes por renda.

Renda (em milhares)	Usuários		
	Sem fio	Outros	Total
Abaixo de $30	34	128	162
$30 – $50	31	133	164
$50 – $75	44	72	116
Acima de $75	83	111	194
Não sabe/ recusou	51	111	162
Total	243	555	798

a) Você espera que o intervalo de confiança de 95% para a proporção verdadeira de todos que ganham mais de $75 mil e são usuários de Internet sem fio seja maior ou menor que o intervalo de confiança de 95% para a proporção verdadeira entre os que ganham entre $50 mil e $75 mil Explique brevemente.
b) Encontre o intervalo de confiança de 95% para a verdadeira proporção daqueles que ganham mais de $75 mil e são usuários da Internet sem fio.

39. Mais música na Internet. Foi perguntado a uma amostra aleatória de 168 estudantes quantas músicas eles tinham na sua biblioteca musical digital e qual fração delas tinha sido comprada legalmente. No geral, eles relataram que tinham um total de 117079 músicas, das quais 23,1% eram legais. A indústria fonográfica quer estimar a proporção das músicas da biblioteca digital musical dos estudantes que eram legais.

a) Pense com cuidado. Que parâmetro está sendo estimado? Qual é a população? Qual é o tamanho da amostra?

b) Verifique as condições para construir um intervalo de confiança.

c) Construa um intervalo de confiança de 95% para a fração de música digital legal.

d) Explique o que esse intervalo significa. Você está confiante sobre o seu resultado? Por quê?

40. Acordo de comércio. Os resultados de um levantamento de dados por telefone, conduzido pela Gallup em janeiro de 2008, mostrou que 57% dos adultos urbanos colombianos apoiam um acordo de comércio livre (FTA) com os Estados Unidos. A Gallup usou uma amostra por conglomerados, na qual as cidades de Bogotá, Cali, Barranquilla e Medelín forneceram uma amostra de 1000 colombianos urbanos entre 15 anos ou mais.

a) Qual é o parâmetro a ser estimado? Qual é a população? Qual é o tamanho da amostra?

b) Verifique as condições para construir um intervalo de confiança.

c) Construa um intervalo de confiança de 95% para a fração de colombianos que apoiam o FTA.

d) Explique o que esse intervalo significa. Você está confiante sobre o seu resultado? Por quê?

41. CDs. Uma empresa que manufatura CDs trabalha em uma nova tecnologia. Foi perguntado a uma amostra aleatória de 703 usuários da Internet: "Alguns CDs estão sendo manufaturados com uma tecnologia que permite fazer apenas uma cópia do CD após a compra. Você compraria um CD com essa tecnologia ou se recusaria a comprá-lo, mesmo sendo um álbum que você normalmente compraria?". Desses usuários, 64% responderam que comprariam o CD.

a) Crie um intervalo de confiança de 90% para esse percentual.

b) Se a empresa quer diminuir pela metade a margem de erro, quantos usuários ela deve pesquisar?

42. Música na Internet, última vez. O grupo de pesquisa que conduziu o levantamento de dados do Exercício 39 quer fornecer à indústria fonográfica uma informação definitiva, mas quer usar uma amostra menor da próxima vez. Se os grupos estão dispostos a ter uma margem de erro duas vezes maior, quantas músicas devem ser incluídas?

43. Graduação. Acredita-se que até 25% dos adultos acima de 50 anos nunca terminou o Ensino Médio. Queremos descobrir se esse percentual é o mesmo entre a faixa etária de 25 a 30 anos.

a) Quantas pessoas do grupo mais jovem devem ser pesquisadas para estimar a proporção dos não graduados com uma ME de 6%, para um intervalo de confiança de 90%?

b) Se quisermos diminuir a margem de erro para 4%, qual é o tamanho da amostra necessário?

c) Qual é o tamanho da amostra que produzirá uma margem de erro de 3%?

44. Contratação. Na preparação de um relatório sobre economia, precisamos estimar o percentual de empresas que planejam contratar mais empregados nos próximos 60 dias.

a) Quantos empregados, aleatoriamente selecionados, devemos contatar para criar uma estimativa com 98% de confiança e uma margem de erro de 5%?

b) Se quisermos reduzir a margem de erro para 3%, que tamanho da amostra será suficiente?

c) Por que não valerá a pena tentar conseguir um intervalo com uma margem de erro de somente 1%?

45. Graduação, novamente. Como no Exercício 43, queremos estimar o percentual de adultos com idade entre 25 e 30 anos que nunca se formou no Ensino Médio. Qual é o tamanho da amostra que permitirá aumentar nosso nível de confiança a 95% e, ao mesmo tempo, reduzir a margem de erro a somente 2%?

46. Melhor informação para contratar. Os editores do relatório das empresas do Exercício 44 estão dispostos a aceitar uma margem de erro de 4%, mas querem um intervalo de confiança de 99%. Quantos empregados aleatoriamente selecionados eles vão precisar contatar?

47. Estudo piloto. Uma agência estatal do meio ambiente está preocupada com o fato de que um grande percentual de carros possa estar prejudicando a pureza do ar. A agência espera verificar uma amostra de veículos para estimar esse percentual com uma margem de erro de 3% e 90% de confiança. Para avaliar o tamanho do problema, primeiro a agência escolhe 60 carros e encontra 9 com os sistemas de emissão defeituosos. Quantos deveriam ser amostrados para uma investigação completa?

48. Outro estudo piloto. Durante conversas rotineiras, a CEO de uma empresa recém-estabelecida relata que 22% dos adultos entre 21 e 39 anos comprarão seu novo produto. Ouvindo isso, alguns investidores decidem conduzir um estudo em grande escala, a fim de estimar a proporção com uma ME de 4% e 98% de confiança. Com quantos adultos aleatoriamente selecionados entre 21 e 39 anos eles devem fazer o levantamento de dados?

49. Taxa de aprovação. Um jornal relata que a taxa de aprovação do governador está em 65%. O artigo acrescenta que a pesquisa de opinião se baseia numa amostra aleatória de 972 adultos e tem uma margem de erro de 2,5%. Que nível de confiança os pesquisadores usaram?

50. Emenda. A diretoria de uma empresa pública afirma ser provável que a emenda proposta para os seus estatutos seja aprovada na próxima eleição, já que uma pesquisa de opinião com 1505 acionistas indicou que 52% votariam a favor. A diretoria relata que a margem de erro para essa pesquisa de opinião foi de 3%.

a) Explique por que a pesquisa de opinião é inconclusiva.

b) Que nível de confiança os pesquisadores usaram?

T 51. Gastos dos consumidores. O conjunto de dados fornecido contém as compras com cartão de crédito do mês passado de 500 clientes aleatoriamente escolhidos, a partir de um segmento de uma importante empresa de cartão de crédito. O departamento de *marketing* estuda a criação de uma oferta especial para clientes que gastam mais de $1000 por mês no seu cartão. A partir desses dados, construa um intervalo de confiança de 95% para a proporção de clientes desse segmento que se qualificam.

T 52. Propaganda. Uma organização filantrópica sabe que seus doadores têm uma idade média próxima de 60 anos e estuda colocar um anúncio na revista da *American Association of Retired People* (Associação Americana dos Aposentados – AARP). Um analista quer saber qual proporção dos seus doadores tem realmente 50 anos ou mais. Ele coleta uma amostra aleatória de 500 doadores a partir dos registros. Dos dados fornecidos, construa um intervalo de confiança de 95% para a proporção de doadores que têm 50 anos ou mais.

53. Seguro saúde. Com base em um levantamento de dados feito em 2007 em lares norte-americanos (veja www.census.gov), 87% (de 3060) dos homens em Massachusetts (MA) tinham seguro saúde.
a) Examine as condições para a construção de um intervalo de confiança para a proporção de homens de MA que tinha seguro saúde.
b) Encontre o intervalo de confiança de 95% para o percentual de homens com seguro saúde.
c) Interprete seu intervalo de confiança.

54. Seguro saúde, parte 2. Usando o mesmo levantamento e dados do Exercício 53, encontramos que 84% dos respondentes de Massachusetts que se definiam negros/afro-americanos (dentre 440) tinham seguro saúde.
a) Examine as condições para a construção de um intervalo de confiança para a proporção de negros/afro-americanos de MA que tinham seguro saúde.
b) Encontre o intervalo de confiança de 95%.
c) Interprete seu intervalo de confiança.

RESPOSTAS DO TESTE RÁPIDO

1 Maior.
2 Mais baixo.
3 Menor.

Testando Hipóteses sobre Proporções

Dow Jones Industrial Average

Há mais de cem anos, Charles Dow mudou a maneira como as pessoas observam o mercado de ações. Surpreendentemente, ele não era um perito em investimentos ou um financista de alto risco. Era um jornalista que queria tornar o investimento compreensível para os leigos. Embora tenha falecido relativamente jovem, com 51 anos, em 1902, o impacto de Dow no modo como nos informamos sobre o mercado de ações tem sido duradouro e de longo alcance.

No final do século XIX, quando Charles Dow informava sobre a Wall Street, os investidores preferiam títulos, em vez de ações. Os títulos eram garantidos pelas máquinas e por outros ativos que a empresa tinha. Também eram confiáveis: o proprietário sabia quando o título atingiria seu máximo, assim, sabia quando e quanto o título pagaria. As ações simplesmente representavam "cotas" de posse, que eram arriscadas e instáveis. Em maio de 1896, Dow e Edward Jones, o qual ele conhecia desde quando trabalhavam como repórteres no *Providence Evening Press*, lançaram o Dow Jones Industrial Average (DJIA) (Média Indistrial Dow Jones) para ajudar o público a entender as tendências do mercado de ações. Hoje mundialmente conhecido, o DJIA original calculava a média de 11 preços de ações. Dessas ações industriais, somente a General Electric ainda está no DJIA atualmente.

Desde então, o DJIA se tornou sinônimo de desempenho geral do mercado e é geralmente chamado de Dow. O índice foi ampliado para 20 ações em 1916 e para 30 em 1928, no auge da euforia do mercado dos anos 1920. A bolsa em alta teve o seu pico no dia 3 de setembro de 1929, quando o índice Dow atingiu 381,17. Em 28 e 29 de outubro de 1929, o índice perdeu aproximadamente 25% do seu valor. A situação piorou. Em quatro anos, em 8 de julho de 1932, as 30 ações industriais atingiram 40,65, a maior baixa de todos os tempos. A elevação de setembro de 1929 só foi atingida novamente em 1954.

Hoje, o índice Dow é uma média ponderada de 30 ações industriais, com medidas usadas para explicar cisões e outros ajustes. O "Industrial" do nome é basicamente histórico. Atualmente, o DJIA inclui a indústria terciária e empresas financeiras e é mais amplo do que apenas a indústria pesada. Ele ainda é um dos indicadores mais utilizados para observar o estado do mercado de ações dos Estados Unidos e da economia global.

Quem	Dias em que o mercado de ações estava aberto ("dias de negócios da bolsa")
O quê	Preço de fechamento da Dow Jones Industrial (*Fechamento*)
Unidades	Pontos
Quando	Agosto de 1982 a dezembro de 1986
Por quê	Para testar a teoria do comportamento do mercado de ações

Como o mercado de ações se movimenta? Aqui estão os preços de fechamento do DJIA para o mercado em alta que ocorreu da metade de 1982 até o final de 1986.

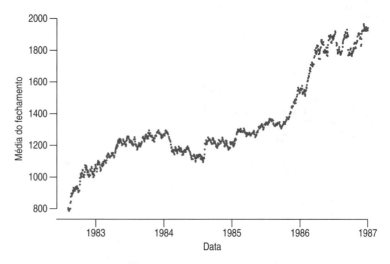

Figura 11.1 Preços diários do fechamento do Dow Jones Industrial da metade de 1982 ao final de 1986.

O DJIA cresceu durante essa famosa euforia da bolsa, mais que dobrando seu valor em menos de cinco anos. Uma teoria geral do comportamento do mercado afirma que, em um dado dia, é provável que o mercado se mova tanto para cima quanto para baixo. Em outras palavras, o comportamento diário do mercado é aleatório. Isso pode ser verdade durante os períodos de crescimento óbvio? Vamos investigar qual é a chance de o índice Dow subir ou descer em um determinado dia. Dentre os 1112 dias de negócios na bolsa naquele período, a média aumentou em 573 dias, uma proporção amostral de 0,5153 ou 51,23%. *São* mais dias "acima" que dias "abaixo", mas esse valor está longe o suficiente dos 50% para lançar dúvidas sobre a hipótese de um movimento igualmente provável para cima ou para baixo?

11.1 Hipóteses

Como podemos enunciar e testar uma hipótese sobre as mudanças diárias no DJIA? As hipóteses são modelos de trabalho que adotamos temporariamente. Para testar se é igualmente provável que as flutuações diárias subam ou desçam, assumimos que isso ocorre e que qualquer diferença aparente com relação ao valor de 50% é apenas uma flutuação aleatória. Portanto, nossa hipótese inicial, chamada de hipótese nula, é que a proporção dos dias nos quais o DJIA aumenta é igual a 50%. A **hipótese nula**, que denotamos H_0, especifica um parâmetro do modelo populacional e propõe um valor para ele. Geralmente, escrevemos a hipótese nula sobre uma proporção na forma $H_0: p = p_0$. Essa é uma maneira concisa de especificar os dois fatores de que mais precisamos: a identidade do parâmetro que esperamos conhecer (a verdadeira proporção) e o valor hipotético específico para aquele parâmetro (nesse caso, 50%). Precisamos de um valor hipotético para comparar nossa estatística observada com ele. Qual valor será utilizado para a hipótese não é uma questão estatística. Pode ser óbvio a partir do contexto dos dados, mas, às vezes, interpretar a pergunta que esperamos responder em uma hipótese sobre o parâmetro demanda algum tempo. Para a nossa hipótese sobre se o DJIA se move para cima ou para baixo com a mesma probabilidade, está bem claro que precisamos testar $H_0: p = 0,5$.

A **hipótese alternativa,** que denotamos H_A, contém os valores do parâmetro que consideramos plausíveis se rejeitarmos a hipótese nula. No nosso exemplo, a hipótese nula é que a proporção p, de dias "acima", é 0,5. Qual é a alternativa? Durante um período de alta da bolsa, você deve esperar mais dias em alta do que em baixa, mas iremos assumir que estamos interessados num desvio em qualquer direção, portanto, a alternativa é $H_A: p \neq 0,5$.

O que nos convenceria de que a proporção de dias acima não é de 50%? Se em 95% dos dias o DJIA fechou acima, a maioria das pessoas estaria convencida de que a probabilidade de alta não é a mesma da de baixa. No entanto, se a proporção amostral de dias acima fosse levemente mais alta que 50%, você ficaria cético. Afinal, as observações variam, assim, não ficaríamos surpresos em ver alguma diferença. Quão diferente de 50% a proporção deve ser para *ficarmos* convencidos de que ela mudou? Sempre que questionamos o tamanho de uma diferença estatística, naturalmente pensamos no desvio padrão. Assim, vamos começar encontrando o desvio padrão da proporção da amostra dos dias em que o DJIA aumentou.

Vimos que 51,53% dos dias, dentre os 1112, apresentaram altas da bolsa. O tamanho da amostra de 1112 é certamente grande o suficiente para satisfazer a condição de sucesso/fracasso (esperamos $0,50 \times 1112 = 556$ aumentos diários). Suspeitamos que as mudanças do preço diário sejam aleatórias e independentes. Sabemos quais hipóteses estamos testando. Para testar uma hipótese, *assumimos* (temporariamente) que ela é verdadeira, assim, podemos ver se aquela descrição do mundo é plausível. Se assumirmos que o índice Dow aumenta ou diminui com a mesma probabilidade, precisamos centrar nosso modelo amostral Normal numa média de 0,5. Então, podemos encontrar o desvio padrão do modelo amostral como:

$$DP(\hat{p}) = \sqrt{\frac{pq}{n}} = \sqrt{\frac{(0,5)(1 - 0,5)}{1112}} = 0,015$$

Hipótese (s):

pl. (Hipóteses)

Uma suposição; uma proposição ou princípio que é suposto ou assumido como verdade, de modo a tirar uma conclusão ou inferência para provar o ponto em questão; algo não provado, mas assumido como verdadeiro com o propósito de argumentação.

— Dicionário Webster, 1913.

! ALERTA DE NOTAÇÃO:

A letra maiúscula H é a letra padrão para as hipóteses. H_0 representa a hipótese nula e H_A representa a hipótese alternativa.

- **Por que esse valor é um desvio padrão e não um erro padrão?** Porque não estimamos nada. Quando assumimos que a hipótese nula é verdadeira, ela fornece um valor para o parâmetro do modelo, *p*. Com proporções, se conhecemos *p*, então automaticamente conhecemos seu desvio padrão. Como encontramos o desvio padrão a partir do modelo do parâmetro e não da sua estimativa, ele é um desvio padrão e não um erro padrão. Quando encontramos um intervalo de confiança para *p*, não podíamos assumir que sabíamos seu valor, assim, estimamos o valor de *p* e, consequentemente, do desvio padrão do valor amostral, $\hat{p}$.

Agora conhecemos ambos os parâmetros do modelo Normal para a nossa hipótese nula. Para a média, μ, usamos $p = 0{,}50$, e para σ, usamos o desvio padrão das proporções amostrais $DP(\hat{p}) = 0{,}015$. Queremos descobrir quão provável seria encontrarmos o valor observado $\hat{p}$ tão longe de 50% quanto o valor obtido de 51,53% que observamos. Observando em primeiro lugar a Figura 11.2, podemos ver que 51,53% não é um valor surpreendente. Uma resposta mais próxima (obtida por uma calculadora, programa de computador ou pela tabela Normal) é que esse valor é 0,308. Essa é a probabilidade de observarmos mais de 51,53% dias de alta (ou mais de 51,53% dias de baixa) se o modelo nulo fosse verdadeiro. Em outras palavras, se a probabilidade de um dia em alta (baixa) para o índice Dow é 50%, esperamos ver intervalos de 1112 dias de negócios na bolsa com até 51,53% dias de alta aproximadamente 15,4% do tempo e com até 51,53% dias de baixa aproximadamente 15,4% do tempo também. Como isso não é incomum, não há realmente evidências convincentes de que o mercado não tenha se comportado aleatoriamente.

> Para lembrarmos que o valor do parâmetro provém da hipótese nula, às vezes ele é escrito como p_0 e o desvio padrão como:
>
> $$SD(\hat{p}) = \sqrt{\frac{p_0 q_0}{n}}$$

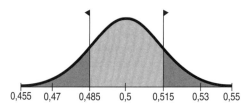

Figura 11.2 Quão provável é uma proporção de mais de 51,5% ou menos de 48,5% quando a média verdadeira é 50%? Veja como ela se parece. Cada área laranja representa 0,154 da área total sob a curva.

Talvez seja surpreendente saber que, mesmo durante a alta, a direção dos movimentos diários da bolsa é aleatória. Porém, a probabilidade de que um dia qualquer termine em alta ou em baixa parece ser aproximadamente 0,5, independentemente das tendências de longo prazo. Talvez o mercado de ações tenha uma alta de longo prazo (ou baixa, embora não tenhamos verificado esse fato), não por ter mais dias de valores altos ou baixos, mas porque as quantidades reais de altas e baixas sejam desiguais.

11.2 Um julgamento como um teste de hipóteses

Começamos assumindo que a probabilidade de um dia de alta fosse de 50%. Depois, analisamos os dados e concluímos que estávamos corretos, já que a proporção que observamos não estava longe o suficiente dos 50%. Esse raciocínio dos testes da hipótese parece inverso? Talvez tenhamos essa impressão porque geralmente preferimos pensar em como conseguir fazer as coisas certas, em vez de erradas. Mas você já viu esse raciocínio em um contexto diferente. Essa é a lógica de um processo judicial.

Capítulo 11 – Testando Hipóteses sobre Proporções **323**

Vamos supor que um réu tenha sido acusado de roubo. Na lei britânica comum e nos sistemas derivados dela (incluindo a lei norte-americana), a hipótese nula é que o réu é inocente. As instruções dadas aos jurados são bastante explícitas quanto a isso.

As evidências tomam a forma dos fatos que parecem contradizer a suposição de inocência. Para nós, isso significa coletar dados. No julgamento, o promotor público apresenta as provas ("Se o réu fosse inocente, não seria incrível que a polícia o tenha encontrado na cena do crime com uma sacola cheia de dinheiro na mão, uma máscara no rosto e um carro para a fuga estacionado no lado de fora?"). O próximo passo é julgar as provas. Avaliá-las é de responsabilidade do júri num julgamento, mas é de nossa responsabilidade testar a hipótese. O júri considera as provas à luz da *suposição* de inocência e julga se as provas contra o réu seriam plausíveis *se o réu fosse de fato inocente*.

Como o júri, perguntamos: "Esses dados poderiam ter acontecido ao acaso se a hipótese nula fosse verdadeira?". Se fosse improvável que eles tivessem ocorrido, a evidência levanta uma dúvida razoável sobre a hipótese nula. Finalmente, *você* deve tomar uma decisão. O padrão de "além de uma dúvida razoável" é intencionalmente ambíguo, porque leva o júri a decidir até que ponto as provas contradizem a hipótese de inocência. Os júris não usam explicitamente a probabilidade para ajudá-los a decidir se rejeitam aquela hipótese. No entanto, quando você faz a mesma pergunta com relação à sua hipótese nula, tem a vantagem de ser capaz de quantificar exatamente quão surpreendente a evidência seria caso a hipótese nula fosse verdadeira.

Quão improvável é improvável? Algumas pessoas estabelecem padrões rígidos. Níveis como 1 em 20 (0,05) ou 1 de 100 (0,01) são comuns. No entanto, se *você* tiver de tomar a decisão, deve julgar cada situação e analisar se a probabilidade da ocorrência daqueles dados é pequena o suficiente para constituir uma "dúvida razoável".

11.3 Valores-P

O passo fundamental do nosso raciocínio é a pergunta: "Os dados são surpreendentes, dada a hipótese nula?". E o cálculo-chave é determinar exatamente quão prováveis seriam os dados observados caso a hipótese nula fosse o modelo verdadeiro do mundo. Portanto, precisamos de uma *probabilidade*. Especificamente, queremos encontrar a probabilidade de ver dados como esses (ou algo ainda menos prováveis) *dada* a hipótese nula. Essa probabilidade é o valor no qual baseamos nossa decisão; portanto, ela recebe um nome especial: **valor-P**.

> **Além da dúvida razoável**
> Perguntamos se os dados eram improváveis além da dúvida razoável. Já calculamos aquela probabilidade. A probabilidade de que o valor da estatística observada (ou até mesmo um valor mais extremo) poderia acontecer se o modelo nulo fosse verdadeiro – neste caso, 0,308 – é o valor-P.

Um valor-P baixo o suficiente indica que os dados observados seriam muito improváveis caso nossa hipótese nula fosse verdadeira. Começamos com um modelo e agora esse modelo nos diz que os dados que temos são improváveis de terem acontecido. É surpreendente. Nesse caso, o modelo e os dados estão em contradição uns com os outros, por isso temos de fazer uma escolha. Ou a hipótese nula está correta, e acabamos de ver algo fora do comum, ou a hipótese nula está errada (e, de fato, estávamos errados em usá-la como a base para calcular o nosso valor-P). Se você acredita mais em dados do que em suposições, então quando encontrar um valor-P baixo, deve rejeitar a hipótese nula.

Quando o valor-P é *alto* (ou apenas não baixo o *suficiente*), o que concluímos? Naquele caso, nada vimos de improvável ou surpreendente. Os dados são consistentes com o modelo da hipótese nula e não temos motivo para rejeitar a hipótese nula. Os eventos com uma probabilidade alta de ocorrência acontecem todo o tempo. Portanto, quando o valor-P for alto, significa que provamos que a hipótese nula é verdadeira? Não! Percebemos que muitas outras hipóteses similares também podem ser responsáveis pelos dados que vimos. O máximo que podemos afirmar é que ela não parece falsa. Formalmente, podemos dizer que "fomos incapazes em rejeitar" a hipótese nula. Parece ser uma conclusão fraca, mas é tudo o que podemos dizer quando o valor-P não for baixo o suficiente. Tudo isso significa que os dados são consistentes com o modelo com o qual começamos.

O que fazer com um réu "inocente"

"Se a justiça não conseguir satisfazer o ônus da prova, vocês devem declarar o réu não culpado."
—Júri do Estado de Nova York
Instruções

Vejamos o que essa última afirmação significa em um julgamento. Se as provas não forem fortes o suficiente para rejeitar a suposição de inocência do réu, a qual veredicto o júri recorre? Eles não dizem que o réu é inocente. Eles dizem "não culpado". Ou seja, isso significa que eles não viram evidências suficientes para rejeitar a inocência e condenar o réu. O réu pode ser inocente, mas o júri não tem certeza.

Estatisticamente, a hipótese nula do júri é: réu inocente. Se as evidências forem improváveis demais (o valor-P é baixo), então, dada a suposição de inocente, o júri rejeita a hipótese nula e declara o réu culpado. No entanto – e essa é uma distinção importante – se há *evidência insuficiente* para condenar o réu (se o valor-P *não* é baixo), o júri não conclui que a hipótese nula seja verdadeira e declara o réu inocente. Os júris apenas *não rejeitam* a hipótese nula e declaram o réu "não culpado".

Da mesma forma, se os dados não são particularmente improváveis sob a suposição de que a hipótese nula seja verdadeira, o máximo que podemos fazer é "não rejeitar" nossa hipótese nula. Nunca declaramos a hipótese nula verdadeira. Na verdade, simplesmente não sabemos se ela é verdadeira ou não. (Afinal, mais provas podem aparecer mais tarde.)

Imagine um teste para ver se o novo projeto de um *site* de uma empresa estimula um alto percentual de visitantes a fazer compras (comparado ao *site* que eles têm usado por anos). A hipótese nula é de que o novo *site* não estimula mais compras do que o antigo. O teste envia os visitantes aleatoriamente a uma versão ou outra do *site*. É claro, alguns irão fazer compras e outros não. Se compararmos os dois *sites* com somente 10 clientes cada, os resultados provavelmente *não serão claros* e seremos incapazes de rejeitar a hipótese. Isso significa que o novo *design* é um fracasso? Não necessariamente. Apenas significa que não temos evidência o suficiente para rejeitar a hipótese nula. Por isso, não começamos assumindo que o novo *design* é *mais* eficaz. Se fizéssemos isso, poderíamos testar apenas alguns clientes, descobrir que os resultados não estavam claros e declarar que, visto que fomos incapazes de rejeitar a nossa suposição original, o *design* deve ser eficaz. É improvável que o conselho diretor fique impressionado com esse argumento.

> **Não queremos rejeitar a hipótese nula?**
> Geralmente, quem coleta os dados ou executa o experimento espera rejeitar a hipótese nula. Eles esperam que o remédio novo seja melhor que o placebo; que a nova campanha publicitária seja melhor que a antiga; ou que seu candidato esteja na frente do seu concorrente. No entanto, quando praticamos a estatística, não podemos permitir que a esperança afete nossa decisão. A atitude essencial para quem testa uma hipótese é o ceticismo. Até nos convencermos do contrário, acreditamos na afirmação da hipótese nula de que nada há de incomum, inesperado, diferente, etc. Como num julgamento, o ônus da prova permanece com a hipótese alternativa – inocente até prova contrária. Quando você testa uma hipótese, deve agir como um juiz e um júri, mas você não é o promotor público.

> **Conclusão**
> Se o valor-P é "baixo", rejeite H_0 e aceite H_A.
> Se o valor-P não for "baixo o suficiente", não é possível rejeitar H_0 e o teste é inconclusivo.

TESTE RÁPIDO

1. Uma empresa farmacêutica quer saber se a aspirina ajuda a afinar o sangue. A hipótese nula diz que não afina. Os pesquisadores da empresa testam 12 pacientes, observam a proporção com o sangue mais fino e obtêm um valor-P de 0,32. Eles afirmam que a aspirina não funciona. O que você diria?
2. Um medicamento para a alergia foi testado e constatou-se que ele ofereceu alívio a 75% dos pacientes num experimento clínico de larga escala. Agora, os cientistas querem saber se uma versão nova e "aprimorada" funciona ainda melhor. Qual seria a hipótese nula?
3. O novo medicamento para alergia é testado e o valor-P é 0,0001. O que você concluiria sobre o novo medicamento?

Capítulo 11 – Testando Hipóteses sobre Proporções **325**

11.4 A lógica do teste de hipóteses

O teste de hipóteses segue uma linha de pensamento cuidadosamente estruturada. Para não nos perdermos no caminho, dividimos essa linha de pensamento em quatro seções distintas: hipótese, modelo, mecânica e conclusão.

Hipóteses

> *"A hipótese nula nunca é provada ou estabelecida, mas é possivelmente refutada, no curso de uma experimentação. Cada experimento existe somente para oferecer aos fatos uma chance de refutar a hipótese nula."*
>
> —Sir Ronald Fisher, *The Design of Experiments*, 1931.

Em primeiro lugar, declare a hipótese nula. É geralmente a declaração cética de que nada é diferente. A hipótese nula assume que a falta (geralmente o *status quo*) é verdadeira (o réu é inocente, o novo método não é melhor que o antigo, as preferências dos clientes não mudaram desde o ano passado, etc.).

Nos testes de hipóteses estatísticos, as hipóteses são quase sempre sobre os parâmetros do modelo. Para avaliar quão improváveis nossos dados são, precisamos de um modelo nulo. A hipótese nula especifica um parâmetro determinado para usar no nosso modelo. Na notação usual, escrevemos $H_0 = parâmetro = valor\ hipotético$. A hipótese alternativa, H_A, contém os valores do parâmetro que consideramos plausíveis quando rejeitamos a hipótese nula.

Modelo

> **Quando a condição falha ...**
>
> Você pode proceder com cautela, declarando claramente suas preocupações. Ou talvez você precise fazer a análise com ou sem um valor atípico, em grupos diferentes ou após declarar novamente a variável resposta. Ou, ainda, talvez você não seja capaz de continuar.

Para planejar um teste de hipóteses, especifique o *modelo* para a distribuição amostral da estatística que você irá usar para testar a hipótese nula e o parâmetro de interesse. Para proporções, usamos o modelo Normal para a distribuição amostral. É claro, todos os modelos requerem suposições, por isso você precisará declará-las e verificar as condições correspondentes. Para um teste de uma proporção, as suposições e condições são as mesmas do intervalo-z de uma proporção.

Nossa etapa do modelo deveria terminar com uma declaração como: *visto que as condições foram satisfeitas, podemos modelar a distribuição amostral da proporção com a distribuição Normal.* Cuidado. Sua etapa do Modelo poderia terminar com: *visto que as condições não foram satisfeitas, não podemos continuar com o teste* (se esse for o caso, pare e reconsidere).

Cada teste que discutimos neste livro tem um nome que você deve incluir no seu relatório. Veremos vários testes nos próximos capítulos. Alguns serão sobre mais do que uma amostra, alguns envolverão outras estatísticas além de proporções e outros usarão modelos diferentes da distribuição Normal (e assim não utilizarão os escores-z). O teste sobre proporções é chamado de **teste-z de uma proporção.**[1]

> **Teste-z de uma proporção**
>
> As condições para o teste-z de uma proporção são as mesmas para o intervalo-z de uma proporção. Testamos a hipótese $H_0 : p = p_0$ usando a estatística
>
> $$z = \frac{(\hat{p} - p_0)}{DP(\hat{p})}.$$
>
> Usamos a proporção hipotética para encontrar o desvio padrão: $DP(\hat{p}) = \sqrt{\dfrac{p_0 q_0}{n}}$
>
> . Quando as condições são satisfeitas e a hipótese nula é verdadeira, essa estatística segue o modelo Normal Padrão, então podemos usar esse modelo para obter o valor-P.

---

[1] Também chamado de "teste de uma amostra para uma proporção".

> **Probabilidade condicional**
>
> Você notou que um valor-P resulta do que nos referimos como uma "distribuição condicional" no Capítulo 5? Um valor-P é uma "probabilidade condicional" porque é baseado em – ou na condição de – outro evento ser verdadeiro: é a probabilidade de que os resultados observados tenham acontecido se a hipótese nula for verdadeira.

*"Simples tudo parece,
Mas uma pergunta permanece:
Se uma hipótese você perder,
No seu lugar, outra você vai escolher ..."*

—James Russel Lowell, *Credidimus Jovem Regnare*

Mecânica

Sob "Mecânica", executamos os cálculos do nosso teste estatístico a partir dos dados. Os testes diferentes que encontraremos terão fórmulas diferentes e testes estatísticos distintos. Em geral, essa parte é realizada por um programa estatístico ou por uma calculadora. O objetivo principal dos cálculos é obter um valor-P – a probabilidade de que o valor estatístico observado (ou um valor mais extremo) possa ocorrer se a hipótese nula estiver correta. Se o valor-P for pequeno o suficiente, rejeitaremos a hipótese nula.

Conclusões e decisões

A conclusão básica num teste de hipótese formal é somente uma declaração sobre a hipótese nula. Ela simplesmente declara se rejeitamos ou falhamos em rejeitar aquela hipótese. Como sempre, a conclusão dever ser declarada em um contexto, mas a sua conclusão sobre a hipótese nula nunca deve ser o final do processo. Você não pode basear uma decisão somente em um valor-P. As decisões de negócios têm consequências, com tomada de ações ou mudanças de políticas. As conclusões de um teste de hipótese podem ajudar a *embasar* a sua decisão, mas elas não devem ser a única fundamentação para a decisão.

As decisões de negócios devem sempre levar em conta três aspectos: a significância estatística do teste, o *custo* da ação proposta e o *tamanho do efeito* da estatística observada. Por exemplo, um fornecedor de telefones celulares percebe que 30% dos seus clientes trocaram de fornecedores (ou fazem rotatividade) quando seu contrato de dois anos expira. Eles tentam um pequeno experimento e oferecem a uma amostra aleatória de clientes um telefone topo de linha de $350 caso eles renovem seus contratos por mais dois anos. Sem surpresa, eles percebem que a nova taxa de troca é mais baixa por um valor estatisticamente significativo. Eles deveriam oferecer esses telefones grátis a todos os clientes? Obviamente, a resposta depende de outros fatores além do valor-P do teste. Mesmo se o valor-P for estatisticamente significativo, a decisão de negócios correta também depende do custo dos telefones grátis e por quanto a taxa de rotatividade é rebaixada (o tamanho do efeito). É raro que somente o teste de hipótese seja o suficiente para tomar uma decisão segura de negócios.

11.5 Hipótese alternativa

No nosso exemplo sobre o DJIA, também estávamos interessados na proporção que se desvia de 50% em *cada* direção. Assim, escrevemos nossa hipótese alternativa como $H_A: p \neq 0,5$. Tal hipótese alternativa é conhecida como uma **alternativa bilateral, pois estamos igualmente interessados em desvios nos dois lados do valor da hipótese nula.** Para alternativas bilaterais o valor-P é a probabilidade de desvios em ambas as direções do valor da hipótese nula.

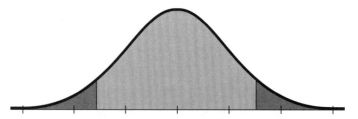

Figura 11.3 O valor-P para uma alternativa bilateral acrescenta as possibilidades nas duas caudas do modelo da distribuição amostral fora do valor que corresponde ao teste estatístico.

> **Hipótese alternativa**
> Bilateral
> $H_0: p = p_0$
> $H_A: p \neq p_0$
> Unilateral
> $H_0: p = p_0$
> $H_A: p < p_0$ ou $p > p_0$

Suponha que queremos testar se a proporção dos clientes que retornam a mercadoria diminuiu sob nosso novo programa de monitoramento da qualidade. Sabemos que a qualidade melhorou, então podemos estar certos de que as coisas não estão piores. Mas os clientes notaram? Estaríamos interessados somente numa amostra da proporção *menor* que o valor da hipótese nula. Escrevemos nossa hipótese alternativa como $H_A: p < p_0$. Uma hipótese alternativa que tem como foco os desvios do valor da hipótese nula em somente uma direção é chamada de **alternativa unilateral.**

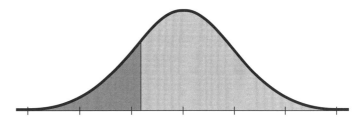

Figura 11.4 O valor-P para uma alternativa unilateral considera somente a probabilidade dos valores além do valor do teste estatístico na direção especificada.

Para um teste de hipótese com uma alternativa unilateral, o valor-P é a probabilidade de desviar da hipótese nula *somente na direção da alternativa*.

EXEMPLO ORIENTADO | Vantagem de jogar em casa

Os esportes profissionais são grandes negócios. Há maior probabilidade que os torcedores apoiem o time se a equipe da casa tem uma boa chance de vencer. Qualquer um que acompanha ou joga algum esporte já ouviu falar sobre a "vantagem de jogar em casa". Diz-se que os times têm maior probabilidade de vencer quando jogam em casa. Esse fato *incentivaria* os torcedores a irem aos jogos. Será verdade?

Na temporada de 2006 da Major League Baseball (MLB – Liga Nacional do Beisebol), houve 2429 jogos regulares na temporada (um jogo com chuva não foi finalizado). Verificou-se que o time local venceu 1327 dos 2429 jogos, ou em 54,63% das vezes. Se não existisse a vantagem de jogar em casa, os times locais venceriam a metade de todos os jogos. Esse desvio de 50% poderia ser explicado apenas pela variação amostral natural ou a evidência sugere que realmente existe a vantagem de jogar em casa, pelo menos no beisebol profissional?

Para testar a hipótese, iremos verificar se a taxa observada de vitórias do time local, 54,63%, é muito maior que 50% e se não podemos explicá-la apenas pela variação casual.

Lembra das quatro etapas principais para executar o teste de hipótese – hipótese, modelo, mecânica e conclusão? Vamos empregá-las a fim de analisar o que descobriremos sobre as chances do time da casa vencer um jogo de beisebol.

PLANEJAR

| | **Especificação** Declare o que queremos saber. Defina as variáveis e discuta o seu contexto. | Queremos saber se o time local de beisebol profissional tem mais chances de vencer. Os dados são de todos os 2429 jogos da temporada de 2006 da Major League Baseball. A variável é se o time local venceu ou não. O parâmetro de interesse é a proporção de vitórias do time da casa. Se ele tiver vantagem, esperamos que a proporção seja maior que 0,50. O valor observado de $\hat{p} = 0,5463$. |

continua...

continuação

	Hipótese A hipótese nula afirma que não existe vantagem em jogar em casa. Estamos interessados apenas na vantagem de jogar em casa, por isso a hipótese alternativa é unilateral.	$H_0: p = 0{,}50$ $H_A: p > 0{,}50$
	Modelo Pense sobre as suposições e verifique as condições apropriadas. Considere o intervalo de tempo cuidadosamente. Especifique o modelo da distribuição amostral. Diga qual teste você planeja usar.	✓ **Suposição de independência:** Geralmente, o resultado de um jogo não tem efeito no resultado de outro jogo. No entanto, nem sempre isso é verdadeiro. Por exemplo, se um jogador importante se lesiona, a probabilidade de que o time vença nos próximos dois jogos pode diminuir levemente, mas ainda é, grosso modo, verdadeiro. ✓ **Condição da aleatoriedade:** Temos os resultados de todos os 2429 jogos da temporada de 2006. Mas não estamos interessados apenas em 2006. Embora esses jogos não tenham sido selecionados aleatoriamente, eles podem ser representativos de todos os jogos recentes do beisebol profissional. ✓ **Condição dos 10%:** Essa não é uma amostra aleatória, mas esses 2429 jogos representam menos de 10% de todas as partidas jogadas ao longo dos anos. ✓ **Condição de sucesso/fracasso:** tanto o $np_O = 2429 \times 0{,}50 = 1214{,}5$ quanto o $nq_O = 2429 \times 0{,}50 = 1214{,}5$ são pelo menos 10. Visto que as condições são satisfeitas, usaremos um modelo Normal para a distribuição amostral da proporção e faremos um teste-z para uma proporção.
	Mecânica: O modelo nulo fornece a média e, visto que estamos trabalhando com proporções, a média fornece o desvio padrão. Com o uso da tecnologia, podemos encontrar o valor-P que fornece a probabilidade de observar um valor tão extremo (ou maior) do que o observado.	O modelo nulo é uma distribuição Normal com uma média de 0,50 e um desvio padrão de $$DP(\hat{p}) = \sqrt{\frac{p_O q_O}{n}} = \sqrt{\frac{(0{,}5)(1-0{,}5)}{2429}} = 0{,}01015$$ A proporção observada $\hat{p}$ é 0,5463. 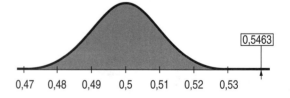

Capítulo 11 – Testando Hipóteses sobre Proporções **329**

	A probabilidade de observar um $\hat{p}$ de 0,5463 ou mais no nosso modelo Normal pode ser encontrada usando-se um computador, uma calculadora ou uma tabela.	*O valor-P correspondente é < 0,001.*
RELATAR	**Conclusão** Escreva sua conclusão sobre o parâmetro, considerando o contexto.	*Memorando:* *Re: vantagem de jogar em casa* *Nossa análise dos resultados durante a temporada 2006 da Major League Baseball mostrou uma vantagem estatisticamente significativa para o time local (P < 0,001). Podemos estar bem confiantes de que jogar em casa representa uma vantagem ao time de beisebol.*

11.6 Níveis alfa e significância

Às vezes, precisamos tomar uma decisão firme se rejeitamos ou não a hipótese nula. Um júri deve *decidir* se as provas alcançam o nível de "além da dúvida razoável". Um administrador deve *selecionar* um *design* para o *site*. Você precisa decidir em qual seção do curso de estatística deve se matricular.

Quando o valor-P é pequeno, ele indica que nossos dadas são raros *dado a hipótese nula*. Como humanos, desconfiamos dos eventos raros. Se os dados forem "raros o suficiente", não pensamos que poderiam ter acontecido devido ao acaso. Visto que os dados *realmente* aconteceram, algo deve estar errado. Tudo o que podemos fazer é rejeitar a hipótese nula.

Mas quão raro é "raro"? Quão baixo deve ser o valor-P?

Podemos definir um "evento raro" arbitrariamente determinando um limite para o nosso valor-P. Se o nosso valor-P cair abaixo desse limite, rejeitaremos a hipótese nula. Chamamos tais resultados de *estatisticamente significativos*. A probabilidade limite é denominada **nível alfa**, representado pela letra grega α. Os níveis α comuns são 0,10, 0,05 e 0,01. Você tem a opção – quase uma *obrigação* – de escolher cuidadosamente o nível alfa adequado para a situação. Se você estiver avaliando a segurança dos *air bags*, precisa de um nível alfa baixo; mesmo 0,01 pode não ser baixo o suficiente. Se você quer saber se as pessoas preferem suas *pizzas* com ou sem linguiça calabresa, pode ficar satisfeito com $\alpha = 0,10$. Pode ser difícil justificar a sua escolha de α, assim, em geral, arbitrariamente escolhemos 0,05.

Sir Ronald Fisher (1890-1962) foi um dos fundadores da estatística moderna.

◆ **De onde vem o valor 0,05?** Em 1931, numa famosa obra intitulada *The Design of Experiments,* Sir Ronald Fisher discutiu a quantidade de indícios necessários para rejeitar a hipótese nula. Ele afirmou que *dependia da situação*, mas observou que para muitas aplicações científicas, 1 em 20 *seria* um valor razoável, especialmente num *primeiro* experimento – um a ser seguido de confirmação. Desde então, algumas pessoas – na verdade algumas disciplinas – têm agido como se o número 0,05 fosse sagrado.

O nível alfa também é chamado de **nível de significância**. Quando rejeitamos a hipótese nula, dizemos que o teste é "significativo naquele nível." Por exemplo, podemos dizer que rejeitamos a hipótese nula "num nível de 5% de significância". Você deve selecionar o nível alfa *antes* de analisar os dados. Caso contrário, pode ser acusado de fraudar as conclusões direcionando o nível alfa para os resultados depois de ver os dados.

O que você pode dizer se o valor-P não for menor que α? Quando você não encontrar evidências suficientes para rejeitar a hipótese nula de acordo com o padrão estabelecido, deve dizer: "Os dados falharam no fornecimento de evidências suficientes para

> **ALERTA DE NOTAÇÃO:**
> A primeira letra grega, α, é usada em estatística para a probabilidade limite de um teste de hipóteses. Ela é chamada de nível alfa. Os valores comuns são 0,10, 0,05, 0,01 e 0,001.

> **Pode acontecer com você!**
>
> É claro, se a hipótese nula *for* verdadeira, não importa qual o nível de alfa escolhido, você ainda tem uma probabilidade α de rejeitar a hipótese nula por engano. Quando realmente rejeitamos a hipótese nula, ninguém jamais pensa que *esta* é uma daquelas raras vezes. Como o estatístico Stu Hunter observa: "Os estatísticos afirmam 'eventos raros acontecem – mas não comigo!'".

> **Conclusão**
>
> Se o valor-P $< \alpha$, rejeite a H_0.
>
> Se o valor-P $\geq \alpha$, não é possível rejeitar H_0.

a rejeição da hipótese nula". Não diga: "Aceitamos a hipótese nula". Você certamente não provou ou estabeleceu a hipótese nula; ela foi assumida, originalmente. Você *poderia* dizer que *reteve* a hipótese nula, mas é melhor relatar que não pode rejeitá-la.

Olhe novamente para o exemplo sobre a vantagem de jogar em casa. O valor-P era $< 0,001$. Ele é muito menor que qualquer nível alfa que permite rejeitar H_0. Concluímos: "rejeitamos a hipótese nula. Existem evidências suficientes para concluir que há vantagem em jogar em casa além do que se esperaria de uma variação casual".

A natureza automática da decisão de rejeitar/não rejeitar quando usamos um nível alfa pode deixá-lo desconfortável. Se o seu valor-P estiver levemente acima do seu nível alfa, você não está autorizado a rejeitar a hipótese nula. No entanto, um valor-P pouco abaixo do nível alfa leva à rejeição. É natural que isso seja incômodo. Muitos estatísticos acham que é melhor relatar o valor-P do que escolher um nível alfa e levar a decisão para um veredicto final de rejeitar/não rejeitar. Portanto, quando você toma a sua decisão, é recomendável enunciar o seu valor-P como uma indicação da força das evidências.

◆ **Está nas estrelas.** Algumas disciplinas vão ainda mais longe e codificam os valores-P pelo seu tamanho. Nesse método, um valor-P entre 0,05 e 0,01 é destacado por um simples asterisco (*). Um valor-P entre 0,01 e 0,001 recebe dois asteriscos (**) e um valor-P menor que 0,001 recebe três (***). Isso pode ser um resumo conveniente do peso das evidências contra a hipótese nula, mas não é prudente levar as distinções muito a sério e tomar decisões rígidas próximas aos limites. Os limites são uma questão de tradição, não ciência; nada existe de especial em 0,05. Um valor-P de 0,051 deve ser observado com seriedade e não casualmente jogado fora porque é maior que 0,05, e um valor-P igual a 0,009 não é muito diferente de um 0,011.

Às vezes, é melhor relatar que a conclusão ainda não é clara e sugerir que sejam coletados mais dados (num julgamento, um júri pode "estar em dúvida" e ser incapaz de chegar a um veredicto). Em tais casos, é recomendável relatar o valor-P, já que ele é o melhor resumo que temos do que os dados dizem ou falham em dizer sobre a hipótese nula.

O que significa quando afirmamos que um teste é estatisticamente significativo? Queremos dizer que o teste estatístico tem um valor-P mais baixo que nosso valor alfa. Não se iluda pensando que aquela "significância estatística" necessariamente traz consigo qualquer importância ou impacto.

Para amostras grandes, mesmo pequenos desvios (não importantes) da hipótese nula podem ser estatisticamente significativos. Por outro lado, se a amostra não for grande o suficiente, mesmo grandes diferenças financeiras ou cientificamente importantes podem não ser estatisticamente significativas.

> **Significância prática *versus* significância estatística**
>
> Uma grande empresa de seguros extraiu seus dados e encontrou uma diferença estatisticamente significativa ($P = 0,04$) entre o valor da média das apólices vendidas em 2001 e das vendidas em 2002. A diferença entre os valores da média era de $0,98. Embora fosse estatisticamente significativa, a gerência não a percebeu como uma diferença importante, já que uma apólice típica é vendida por mais de $1000. Por outro lado, uma melhoria negociável de 10% numa taxa de rendimento para um novo medicamento para dor pode não ser estatisticamente significativa a não ser que uma grande quantidade de pessoas seja testada. O efeito, que é economicamente significativo, talvez não seja estatisticamente significativo.

É uma boa prática relatar a magnitude da diferença entre o valor da estatística observada e o valor da hipótese nula (nas mesmas unidades de dados) junto com o valor-P no qual você baseou sua decisão sobre a significância estatística.

11.7 Valores críticos

Quando construímos um intervalo de confiança, encontramos um **valor crítico**, z^*, que delimita o nosso nível de confiança selecionado. Os valores críticos também podem ser usados como um atalho para os testes de hipóteses. Antes da popularidade dos computadores e calculadoras, os valores-P eram difíceis de se obter. Era mais fácil selecionar alguns níveis alfa comuns (0,05, 0,01, 0,001, por exemplo) e descobrir os valores críticos correspondentes para o modelo Normal (isto é, os valores críticos correspondentes aos intervalos de confiança 0,95, 0,99 e 0,999, respectivamente). Em vez de encontrar a probabilidade que corresponde à nossa estatística observada, você apenas calculava quantos desvios padrão estavam longe do valor hipotético e comparava aquele valor diretamente a esses valores z^* (lembre que, sempre que medimos a distância de um valor até a média em desvios padrões, encontramos um escore-z). Qualquer escore-z maior em magnitude (isto é, mais extremo) do que um valor crítico específico deve ser menos provável, assim, ele terá um valor-p menor que o alfa correspondente.

Se quisermos tomar uma decisão de rejeitar/não rejeitar, comparar um escore-z observado com um valor crítico para um nível alfa especificado seria um atalho para a decisão. Para o exemplo da vantagem de jogar em casa, se escolhermos $\alpha = 0,05$, então para rejeitar H_0, nosso escore-z deve ser maior que o valor crítico unilateral de 1,645. A proporção observada era, na verdade, de 4,78 desvios padrões acima de 0,5, assim, obviamente rejeitamos a hipótese nula. Isso é perfeitamente correto e nos dá uma decisão de sim/não, mas fornece menos informação sobre a hipótese porque não temos de pensar sobre o valor-P. Com a tecnologia, os valores-P são fáceis de se encontrar. Como eles fornecem mais informação sobre a força da evidência, você deve relatá-los.

Eis os valores críticos z^* tradicionais do modelo Normal[2]:

> Se você tiver de tomar uma decisão rápida, sem auxílio tecnológico, lembre do "2". Ele é nosso velho amigo da Regra 68-95-99,7. É aproximadamente o valor crítico para testar uma hipótese *versus* uma alternativa bilateral com $\alpha = 0,05$. O valor crítico exato é 1,96, mas 2 está próximo o suficiente para a maioria das decisões.

α	unilateral	bilateral
0,05	1,645	1,96
0,01	2,33	2,576
0,001	3,09	3,29

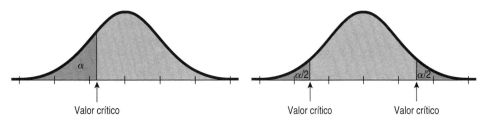

Figura 11.5 Quando a alternativa for unilateral, a probabilidade α fica em um único lado.

Figura 11.6 Quando a alternativa for bilateral, a probabilidade α é dividida igualmente entre os dois lados.

---

[2] De certa forma, esses valores são o outro lado da Regra 68-95-99,7. Naquela, escolhemos a distância estatística da média até as áreas das caudas. Aqui, selecionamos áreas convenientes das caudas (0,05, 0,01 e 0,001, em um lado ou acrescentando ambos os lados) e registramos as distâncias estatísticas correspondentes.

ALERTA DE NOTAÇÃO:

Anexamos símbolos a muitos dos p. Vamos esclarecê-los.

p é o parâmetro da população – a verdadeira proporção na população.

p_0 *é o valor hipotético de* p.

$\hat{p}$ é uma proporção observada.

p^* é um valor crítico de uma proporção para um α específico (veja a página 337).

11.8 Intervalos de confiança e testes de hipóteses

Os intervalos de confiança e os testes de hipóteses são construídos com os mesmos cálculos. Eles têm as mesmas suposições e condições. Como acabamos de ver, você pode aproximar um teste de hipótese examinando o intervalo de confiança. Apenas pergunte se o valor da hipótese nula é consistente com o intervalo de confiança para o parâmetro no nível de confiança correspondente. Visto que os intervalos de confiança são naturalmente bilaterais, eles correspondem aos testes bilaterais. Por exemplo, um intervalo de confiança de 95% corresponde ao teste de hipótese bilateral em $\alpha = 5\%$. Em geral, um intervalo de confiança com um nível $C\%$ de confiança corresponde ao teste de hipótese bilateral com um nível α de $100 - C\%$.

Os relacionamentos entre intervalos de confiança e os testes de hipótese unilaterais fornecem uma escolha. Para um teste unilateral com $\alpha = 5\%$, você pode construir um nível de confiança unilateral de 95%, deixando 5% em uma cauda.

Um intervalo de confiança unilateral deixa um lado sem limites. Assim, no exemplo sobre jogar em casa, queríamos saber se o fator local fornece ao time da casa uma *vantagem*. Portanto, nosso teste era, naturalmente, unilateral. Um intervalo de confiança unilateral de 95% seria construído de um lado do intervalo de confiança bilateral associado:

$$0,5463 - 1,645 \times 0,0101 = 0,530.$$

Para deixar 5% em um lado, usamos o valor $z^* 1,645$, que deixa 5% em uma cauda. Escrever o intervalo unilateral como $(0,530, \infty)$ permite afirmar com 95% de confiança que sabemos que o time local irá vencer, em média, pelo menos 53,0% das vezes. Para testar a hipótese H_0: $p = 0,50$, observamos que o valor 0,50 não está nesse intervalo. O limite inferior de 0,53 está claramente acima de 0,50, mostrando a conexão entre a hipótese e os intervalos de confiança.

> Como vimos no Capítulo 10, não é exatamente verdadeiro que os testes de hipótese e intervalos de confiança sejam equivalentes para proporções. Para um intervalo de confiança, estimamos o desvio padrão de $\hat{p}$ do próprio $\hat{p}$, tornando-o um *erro padrão*. Para o teste de hipótese correspondente, usamos o *desvio padrão* do modelo para $\hat{p}$ com base no valor da hipótese nula p_0. Quando $\hat{p}$ e p_0 estão próximos, esses cálculos fornecem resultados similares. Quando eles diferem, você provavelmente irá rejeitar H_0 (já que a proporção observada está longe do valor hipotético). Nesse caso, será melhor construir seu intervalo de confiança com um erro padrão estimado a partir dos dados do que depender do modelo que acabou de rejeitar.

Por conveniência e para fornecer mais informação, entretanto, às vezes relatamos um intervalo de confiança bilateral mesmo se estamos interessados num teste unilateral. Para o exemplo do fator local, poderíamos determinar um intervalo de confiança de 90% como sendo:

$$0,5463 \pm 1,645 \times 0,0101 = (0,530; 0,563).$$

Observe que *igualamos* o ponto da esquerda deixando α em *ambos* os lados, o que criou o nível de confiança correspondente de 90%. Ainda podemos ver a correspondência de que, uma vez que o intervalo de confiança (bilateral) de 95% para $\hat{p}$ não contém 0,50, rejeitamos a hipótese nula, mas ele também informa que é improvável que o percentual do time da casa vencer seja maior que 56,3% e auxiliou a compreensão. Você pode ver o relacionamento entre os dois intervalos de confiança na Figura 11.7.

Existe outro bom motivo para encontrar um intervalo de confiança junto com um teste de hipóteses. Embora o teste possa nos informar se a estatística observada difere do valor hipotético, ele não diz por quanto. Muitas vezes, as decisões de negócios dependem não somente da existência ou não de uma diferença estatisticamente significativa, mas também da importância da diferença. Para a vantagem de jogar em casa, o intervalo de confiança correspondente mostra que, durante toda a temporada, a vantagem acrescenta uma média de aproximadamente duas a seis vitórias extras para um time. Isso representa uma diferença significativa tanto na posição do time na liga quanto no tamanho da torcida.

"Afirmações extraordinárias requerem prova extraordinária."

—Carl Sagan

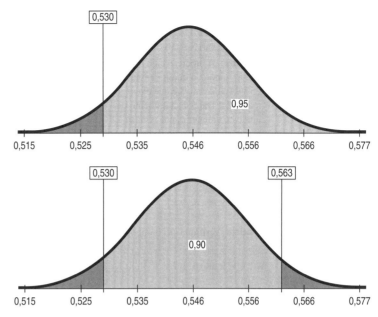

Figura 11.7 O intervalo de confiança de 95% (acima) deixa 5% em um lado (neste caso, à esquerda), mas o outro lado fica sem limites. O intervalo de 90% é simétrico e se equipara com o intervalo unilateral no lado de interesse. Ambos os intervalos indicam que um teste unilateral de $p = 0,50$ seria rejeitado com um $\alpha = 0,05$ para qualquer valor de $\hat{p}$ maior que 0,530.

TESTE RÁPIDO

4 Um banco testa um novo modelo para que seus clientes devedores paguem suas contas atrasadas do cartão de crédito. A maneira padrão era enviar uma carta (com um custo aproximado de $0,60 cada) solicitando o pagamento, o que funcionava 30% das vezes. O banco quer testar um novo método que envolve o envio de um DVD ao cliente, estimulando-o a contatar o banco e estabelecer um plano de pagamento. Desenvolver e enviar o DVD custa aproximadamente $10,00 por cliente. Qual é o parâmetro de interesse? Qual é a hipótese nula e qual é a alternativa?

5 O banco organiza um experimento para testar a eficácia do DVD. O DVD é enviado a vários clientes devedores aleatoriamente selecionados e os empregados mantêm registros de quantos clientes contatam o banco para quitar as dívidas. O banco acabou de receber os resultados do seu teste da estratégia do DVD. Um intervalo de confiança de 90% para a taxa de sucesso é (0,29; 0,45). Seu antigo método de enviar uma carta funcionava 30% das vezes. Você pode rejeitar a hipótese nula e concluir que o método aumenta a proporção com um $\alpha = 0,05$? Explique.

6 Dado o intervalo de confiança que o banco encontrou no experimento do envio do DVD, o que você recomendaria que fosse feito? O banco deveria descartar a estratégia do DVD?

EXEMPLO ORIENTADO | *Promoção do cartão de crédito*

Uma empresa de cartão de crédito planeja oferecer um programa de incentivo especial aos clientes que gastarem pelo menos $500 no próximo mês. O departamento de *marketing* pegou uma amostra de 500 clientes do mesmo mês do ano anterior e observou que o gasto médio foi de $478,10 e o gasto mediano foi de $216,48. O departamento de finanças afirma que a única quantia relevante é a proporção dos clientes que gastaram mais de $500. Se a proporção for menor que 25%, o programa irá perder dinheiro.

Entre os 500 clientes, 148 ou 29,6% deles gastaram $500 ou mais. Podemos usar um intervalo de confiança para testar se o objetivo de 25% para todos os clientes foi satisfeito?

continua...

PLANEJAR	**Especificação** Declare o problema e discuta as variáveis e o contexto. **Hipótese** A hipótese nula afirma que a proporção qualificadora é 25%. A alternativa é que ela seja mais alta. Trata-se claramente de um teste unilateral, por isso, se usarmos um intervalo de confiança, deveremos ter cuidado com o nível utilizado.	Queremos saber se 25% ou mais dos clientes irão gastar $500 ou mais no próximo mês e se eles se qualificam para o programa especial. Usaremos os dados do mesmo mês do ano passado para estimar a proporção e ver se ela é de pelo menos 25%. A estatística é $\hat{p} = 0{,}296$, a proporção dos clientes que gastaram $500 ou mais. $H_O: p = 0{,}25$ $H_A: p > 0{,}25$
	Modelo Verifique as condições.	✓ **Suposição da independência:** Os clientes não influenciam uns aos outros quando se refere aos gastos com seus cartões de crédito. ✓ **Condição de aleatoriedade:** Esta é uma amostra aleatória do banco de dados da empresa. ✓ **Condição dos 10%:** A amostra é menor que 10% de todos os clientes da empresa. ✓ **Condição de sucesso/fracasso:** Houve 148 sucessos e 352 fracassos, ambos estão acima de 10. A amostra é grande o suficiente.
	Esclareça o método. Aqui, estamos usando um intervalo de confiança para testar uma hipótese.	Sob essas condições, o modelo amostral é Normal. Determinaremos um intervalo-z para uma proporção.
FAZER	**Mecânica** Escreva a informação dada e determine a proporção amostral. Para usar um intervalo de confiança, precisamos de um nível de confiança que corresponda ao nível alfa do teste. Se usarmos $\alpha = 0{,}05$, devemos construir um intervalo de confiança de 90%, porque se trata de um teste unilateral. Isso deixará 5% em cada lado da proporção observada. Determine o erro padrão da proporção amostral e a margem de erro. O valor crítico é $z^* = 1{,}645$. O intervalo de confiança é: estimativa ± a margem de erro.	$n = 500$, assim $$\hat{p} = \frac{148}{500} = 0{,}296 \text{ e}$$ $$EP(\hat{p}) = \sqrt{\frac{\hat{p}\hat{q}}{n}} = \sqrt{\frac{(0{,}296)(0{,}704)}{500}} = 0{,}020$$ $$ME = z^* \times SE(\hat{p})$$ $$= 1{,}645(0{,}020) = 0{,}033$$ O intervalo de confiança de 90% é: $0{,}296 \pm 0{,}033$ ou $(0{,}263;\ 0{,}329)$.
RELATAR	**Conclusão** Vincule o intervalo de confiança à sua decisão sobre a hipótese nula e, então, escreva sua conclusão no contexto.	**Memorando:** **Re: Promoção do cartão de crédito** Nosso estudo de uma amostra de registros de clientes indica que entre 26,3 e 32,9% deles gastam $500 ou mais. Estamos 90% confiantes de que esse intervalo inclui o valor verdadeiro. Visto que o valor mínimo adequado de 25% está abaixo desse intervalo,

> concluímos que ele não é um valor plausível, assim, rejeitamos a hipótese nula de que somente 25% dos clientes gastam mais que $500 por mês. O objetivo parece ter sido alcançado, assumindo que o mês estudado seja típico.

11.9 Dois tipos de erros

Ninguém é perfeito. Mesmo com muitas evidências, podemos tomar decisões equivocadas. De fato, quando executamos um teste de hipótese, podemos cometer erros de *duas maneiras*.

I. A hipótese nula é verdadeira, mas, por engano, a rejeitamos.
II. A hipótese nula é falsa, mas falhamos em rejeitá-la.

Esses dois tipos de erros são conhecidos como **erros** do **Tipo I** e do **Tipo II**, respectivamente. Para lembrar os nomes, pense que começamos assumindo que a hipótese nula é verdadeira, então um erro do Tipo I é o primeiro tipo de erro que poderemos cometer.

Nos testes com doenças, a hipótese nula é normalmente a suposição de que a pessoa é saudável. A alternativa é que ela tem a doença que queremos testar. Assim, um erro do Tipo I é um *falso positivo* – uma pessoa saudável é diagnosticada como tendo a doença. Um erro do Tipo II é uma pessoa doente ser declarada saudável, um *falso negativo*. Esses erros têm outros nomes, dependendo da disciplina e do contexto.

Qual tipo de erro é o mais sério depende da situação. Num julgamento, um erro do Tipo I ocorre se o júri condena uma pessoa inocente. Um erro do Tipo II ocorre se o júri falha em condenar uma pessoa culpada. Qual parece mais sério? Num diagnóstico médico, um falso negativo poderia significar que um paciente doente não é tratado. Um falso positivo poderia significar que a pessoa deve fazer mais testes.

No planejamento de negócios, um resultado falso positivo pode significar que o dinheiro será investido num projeto que não terá retorno. Um resultado falso negativo pode significar não investir em um projeto que será lucrativo. Qual erro é o pior, o investimento perdido ou a oportunidade perdida? A resposta sempre depende da situação, do custo e do seu ponto de vista.

Eis uma ilustração das situações:

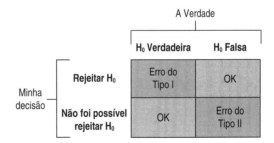

Figura 11.8 Os dois tipos de erros ocorrem na diagonal, onde a verdade e a decisão não se equiparam. Lembre que começamos assumindo que H_0 é *verdadeira*, por isso um erro cometido (*rejeitá-la*) quando H_0 é verdadeira é chamado de erro do Tipo I. Um erro do Tipo II é cometido quando H_0 é falsa (e não a rejeitamos).

Qual é a frequência de um erro do Tipo I? Ele acontece quando a hipótese nula é verdadeira e tivemos a má sorte de coletar uma amostra incomum. Para rejeitar H_0, o

ALERTA DE NOTAÇÃO:

Em estatística, α é a probabilidade do erro do Tipo I e β é a probabilidade do erro do Tipo II.

A hipótese nula especifica um único valor para o parâmetro. Assim, fica fácil calcular a probabilidade de cometermos o erro do Tipo I. No entanto, a hipótese alternativa fornece inúmeras opções de valores e podemos querer determinar o valor de β para muitos deles.

Vimos formas de encontrar o tamanho da amostra pela especificação da margem de erro. Escolher um tamanho de amostra de modo a cometer um determinado erro β (para um valor específico da hipótese alternativa) às vezes é mais adequado, mas os cálculos são mais complexos e estão além do escopo deste livro.

---

valor-P deve estar abaixo de α. Quando a H_0 for verdadeira, isso acontece *exatamente* com a probabilidade α. Portanto, quando você escolhe o nível α, está determinando que a probabilidade do erro do Tipo I seja igual a α.

E se a H_0 não for verdadeira? Então, possivelmente não poderemos cometer um erro do Tipo I. Você não consegue um falso positivo de uma pessoa doente. Um erro do Tipo I pode acontecer somente quando a H_0 for verdadeira.

Quando a H_0 for falsa e a rejeitamos, fizemos o certo. A capacidade do teste de detectar uma hipótese falsa é chamada de **poder** do teste. Num julgamento, o poder é a medida da capacidade do sistema da justiça criminal de condenar pessoas culpadas. Falaremos mais sobre o poder em breve.

Quando a H_0 for falsa, mas não foi possível rejeitá-la, cometemos um erro do Tipo II. Designamos a letra β à probabilidade deste erro. Qual é o valor de β? Ele é mais difícil de avaliar do que α, porque não sabemos qual é realmente o valor do parâmetro, nessa situação. Quando a H_0 for verdadeira, ela especifica um único valor do parâmetro. Entretanto, quando a H_0 é falsa, não temos um valor específico; há muitos valores possíveis. Podemos calcular a probabilidade β para qualquer valor do parâmetro em H_A, mas a opção de qual escolher nem sempre é clara.

Uma maneira de focar nossa atenção é pensar sobre o *tamanho do efeito*. Ou seja, perguntar: que tamanho faria a diferença? Suponha que uma instituição beneficente quer testar se colocar etiquetas personalizadas com o endereço num envelope junto com um pedido para uma doação aumenta a taxa de respostas acima da linha base de 5%. Se a resposta mínima que cobriria os custos das etiquetas de endereços é 6%, a instituição calcularia β para uma alternativa $p = 0,06$.

É claro, podemos reduzir β para *todos* os valores de parâmetro alternativos aumentando o valor de α. Tornando mais fácil a rejeição da hipótese nula, seria mais provável rejeitá-la se fosse verdadeira ou falsa. A única maneira de reduzir *ambos* os tipos de erro é coletar mais evidências ou, em termos estatísticos, coletar mais dados. De outra forma, apenas acabamos trocando um erro por outro. Sempre que você projetar uma pesquisa ou experimento, calcule β (para um nível α razoável). Use um valor alternativo do parâmetro que corresponda a um tamanho do efeito que você quer ser capaz de detectar. Os estudos falham com frequência porque os tamanhos das amostras são pequenos demais para detectar a mudança que eles estão procurando.

TESTE RÁPIDO

7 Você se lembra do banco que está enviando DVDs com o objetivo de que seus clientes quitem pagamentos atrasados? Ele busca evidências de que a estratégia dispendiosa do DVD produza uma taxa de sucesso maior que as cartas que estavam sendo enviadas. Explique o que um erro do Tipo I representa nesse contexto e quais seriam as consequências para o banco.

8 O que é um erro do Tipo II no contexto do experimento do banco e quais seriam as consequências?

9 Se a estratégia do DVD *realmente* funcionar – conseguindo que 60% das pessoas paguem seus débitos – o poder do teste seria mais alto ou mais baixo, comparado com os 32% da taxa do pagamento da dívida? Explique brevemente.

*11.10 Poder

Lembre-se de que nunca podemos provar que a hipótese nula é verdadeira. Podemos dizer apenas que não foi possível rejeitá-la. Mas quando não conseguimos rejeitar a hipótese nula, é natural querer saber se, de fato, fizemos o possível. É possível que a hipótese nula seja falsa e que nosso teste seja fraco demais para detectá-la?

Quando a hipótese nula realmente *é* falsa, esperamos que nosso teste seja poderoso o suficiente para rejeitá-la. Queremos saber qual é a nossa probabilidade de sucesso. O poder do teste é uma forma de pensar nisso. O poder de um teste é a probabilidade que ele rejeite corretamente uma hipótese nula falsa. Quando o poder for alto, podemos estar confiantes de que fizemos o suficiente. Sabemos que β é a probabilidade de que um teste *não* rejeite uma hipótese nula; portanto, o poder do teste é o complemento $1 - \beta$. Bastaria escrever $1 - \beta$, mas o poder é um conceito tão importante que tem nome próprio.

Sempre que um estudo é incapaz de rejeitar a hipótese nula, o poder do teste é questionado. O tamanho da amostra era grande o suficiente para detectar um efeito, caso existisse um? Poderíamos não ter notado um efeito grande o suficiente para ser interessante, apenas porque falhamos na coleta de dados suficientes ou porque havia muita variabilidade nos dados que coletamos? Será que o experimento simplesmente não tem o poder adequado para detectar o efeito?

Quando calculamos o poder, imaginamos que a hipótese nula seja falsa. O valor do poder depende de quão longe está o valor verdadeiro do valor da hipótese nula. Chamamos a distância entre o valor da hipótese nula, p_0, e o valor verdadeiro, p, de **tamanho do efeito.** O poder depende diretamente do tamanho do efeito. É mais fácil ver efeitos maiores, então quanto mais distante p_0 estiver de p, maior será o poder.

Como podemos decidir que poder precisamos? A escolha do poder é uma decisão mais financeira ou científica do que estatística, já que, para calcular o poder, precisamos especificar o valor "verdadeiro" do parâmetro no qual estamos interessados. Em outras palavras, o poder é calculado para um tamanho do efeito específico e ele muda dependendo do tamanho do efeito que queremos detectar.

Faça um gráfico!

Quanto maior for o tamanho do efeito, mais fácil deverá ser vê-lo. Obter um tamanho da amostra maior diminui a probabilidade de um erro do Tipo I, portanto, aumenta o poder. Quanto mais dispostos estivermos a aceitar um erro do Tipo I, menos provável será cometermos um erro do Tipo II.

A Figura 11.9 pode ajudá-lo a visualizar as relações entre esses conceitos. Suponha que estejamos testando H_0: $p = p_0$ *versus* a alternativa H_A: $p > p_0$. Rejeitaremos

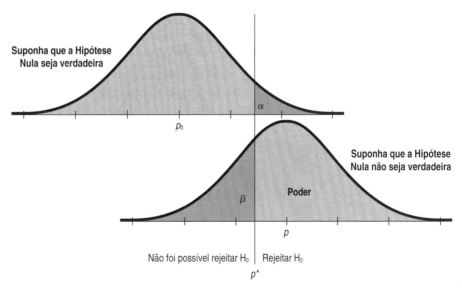

Figura 11.9 O poder de um teste é a probabilidade de ele rejeitar a falsa hipótese nula. A figura superior mostra o modelo considerando a hipótese nula verdadeira. Rejeitaríamos a hipótese nula num teste unilateral se observássemos um valor na região escura à direita do valor crítico, p^*. A figura de baixo mostra o modelo verdadeiro. Se o valor verdadeiro de p for maior que p_0, é mais provável que observemos um valor que exceda o valor crítico e que tomaremos a decisão correta de rejeitar a hipótese nula. O poder do teste é a região mais clara à direita da figura de baixo. É claro que, mesmo coletando amostras cujas proporções observadas estejam distribuídas em volta de p, às vezes conseguiremos um valor na região escura à esquerda e cometeremos um erro do Tipo II ao não rejeitar a hipótese nula.

a hipótese nula se a proporção observada, $\hat{p}$, for grande o suficiente. Por *grande o suficiente*, queremos dizer $\hat{p} > p^*$ para um valor crítico p^* (mostrado como a região escura na cauda direita da curva superior). O modelo superior mostra uma figura do modelo de distribuição amostral para a proporção quando a hipótese nula for verdadeira. Se a hipótese nula fosse verdadeira, isso seria uma figura daquele valor verdadeiro. Cometeríamos um erro do Tipo I sempre que a amostra fornecesse $\hat{p} > p^*$, porque rejeitaríamos a hipótese nula (verdadeira). Amostras incomuns como aquela somente aconteceriam com a probabilidade α.

Entretanto, a hipótese nula raras vezes é *exatamente* verdadeira. O modelo de probabilidade inferior supõe que H_0 não seja verdadeira. De fato, ele supõe que o valor verdadeiro seja p e não p_0. Ele mostra uma distribuição de possíveis valores $\hat{p}$ observados em volta desse valor verdadeiro. Por causa da variabilidade amostral, às vezes $\hat{p} < p^*$, e não é possível rejeitar a (falsa) hipótese nula. Então cometemos um erro do Tipo II. A área abaixo da curva à esquerda de p^*, no modelo da figura inferior, representa a frequência com que isso acontece. A probabilidade é β. Nesta figura, β é menos que a metade da outra região, assim, na maioria das vezes, tomamos a decisão certa. O *poder* do teste – a probabilidade de que tomemos a decisão certa – está mostrado como a região à direita de p^*. Ele é igual a $1 - \beta$.

Calculamos p^* com base no modelo da primeira figura porque p^* depende somente do modelo nulo e do nível alfa. Não importa o que acontecer, a proporção verdadeira, p^*, não muda. Afinal, não *sabemos* o valor verdadeiro, logo não podemos usá-lo para determinar o valor crítico. Porém, sempre rejeitamos H_0 quando $\hat{p} > p^*$.

Com que frequência rejeitamos H_0 quando ela é *falsa* depende do tamanho do efeito. Podemos ver a partir da figura que, se a proporção verdadeira estivesse mais longe do valor hipotético, a curva inferior se moveria para a direita, tornando o poder maior.

Podemos ver várias relações importantes a partir dessa figura:

◆ Poder = $1 - \beta$.

◆ Mover o valor crítico, p^*, para a direita, reduz α, a probabilidade de um erro do Tipo I, mas aumenta β, a probabilidade de um erro do Tipo II. Assim, diminui o poder.

◆ Quanto maior o tamanho do efeito verdadeiro, a diferença real entre o valor hipotético, p_0, e o valor verdadeiro da população, p, menor a chance de cometer um erro do Tipo II e maior o poder do teste.

Se as duas proporções estão muito distantes, os dois modelos dificilmente irão se sobrepor e provavelmente não cometeremos qualquer erro do Tipo II – provavelmente, no entanto, não precisaríamos de um procedimento formal para testar a hipótese a fim de ver uma diferença tão óbvia.

Reduzindo os erros do Tipo I e II

A Figura 11.9 parece mostrar que, se reduzirmos o erro do Tipo I, automaticamente aumentamos o erro do Tipo II. Existe uma forma de reduzir ambos. Você saberia dizer como?

Se conseguirmos tornar as duas curvas mais estreitas, como mostra a Figura 11.10, a probabilidade dos erros do Tipo I e do Tipo II diminuiria e o poder do teste aumentaria.

Como podemos fazer isso? A única forma é reduzir os desvios padrão, aumentando o tamanho da amostra (lembre: essas são figuras de modelos de distribuição amostral, não de dados). Aumentar o tamanho da amostra funciona independentemente dos parâmetros verdadeiros da população. Mas lembre-se da maldição dos lucros decrescentes. O desvio padrão da distribuição amostral diminui somente com a *raiz quadrada* do tamanho da amostra, assim, para dividir por dois o desvio padrão, devemos *quadruplicar* o tamanho da amostra.

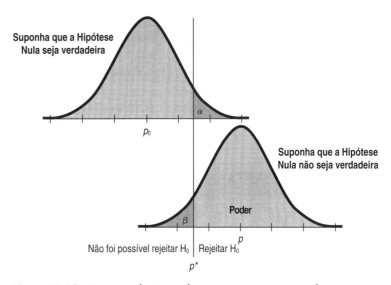

Figura 11.10 Tornar os desvios padrão menores aumenta o poder sem mudar o nível alfa ou o valor crítico z correspondente. As médias estão tão distantes quanto estavam na Figura 11.9, mas as taxas de erro estão reduzidas.

O QUE PODE DAR ERRADO?

- **Não baseie sua hipótese nula no que você vê nos dados.** Você não pode primeiro analisar os dados e depois tentar ajustar a sua hipótese nula para que ela seja rejeitada. Se o seu valor da amostra resulta em $\hat{p} = 51,8\%$, com um desvio padrão de 1%, não forme a hipótese nula como $H_0: p = 49,8\%$, sabendo que isso o fará rejeitá-la. A sua hipótese nula descreve um cenário "nada interessante" ou "nada mudou" e não deveria ser baseada nos dados que você coletou.

- **Também não baseie sua hipótese alternativa nos dados.** Você sempre deveria pensar sobre a situação que está investigando e basear sua hipótese alternativa nela. Você está interessado apenas em saber se algo *aumentou*? Então escreva uma alternativa unilateral (cauda superior). Ou você também está interessado numa mudança em ambas as direções? Então você quer uma alternativa bilateral. Você deve decidir se faz um teste unilateral ou bilateral com base em quais resultados seriam do seu interesse e não no que você poderia ver nos seus dados.

- **Não faça da sua hipótese nula o que você quer mostrar ser verdadeiro.** Lembre-se, a hipótese nula é o *status quo*, a posição que um cético teria. Você deve analisar se o conjunto dos dados levanta dúvidas em relação a ela. Você pode rejeitar a hipótese nula, mas nunca pode "aceitá-la" ou "prová-la".

- **Não se esqueça de verificar as condições.** O raciocínio de inferência depende da aleatorização. Nenhum cuidado no cálculo de um resultado do teste pode salvá-lo de uma amostra tendenciosa. As probabilidades que você calcula dependem da suposição de independência. Sua amostra deve ser grande o suficiente para justificar o uso de um modelo Normal.

- **Não acredite tanto em níveis alfa arbitrários.** Não existe muita diferença entre um valor-P de 0,051 e um valor-P de 0,049, mas, às vezes, ele é estimado como uma diferença entre noite (ter de reter H_0) e dia (ser capaz de gritar para o mundo que seus resultados são "estatisticamente significativos"). Seria melhor relatar o valor-P e o intervalo de confiança e deixar o mundo (talvez seu gerente ou o cliente) decidir com você.

340 Parte II – Entendendo Dados e Distribuições

- **Não confunda significância prática com significância estatística.** Um tamanho da amostra grande pode tornar mais fácil enxergar mesmo uma pequena mudança do valor da hipótese nula. Por outro lado, você pode não ver uma diferença importante se o seu teste não tem poder suficiente.

- **Não se esqueça que, apesar de todo o cuidado, você pode tomar uma decisão errada.** Ninguém jamais pode reduzir a probabilidade de um erro do Tipo I (α) ou do Tipo II (β) a zero (mas aumentar o tamanho da amostra ajuda).

ÉTICA EM AÇÃO

Muitos varejistas têm reconhecido a importância de estar conectado com os seus clientes via Internet. Eles não somente usam a Web para informar seus clientes sobre ofertas e promoções, mas também enviam cupons eletrônicos resgatáveis para descontos. Shellie Cooper, proprietária de longa data de uma pequena loja de alimentos orgânicos, é especializada em produtos orgânicos produzidos no local. Ao longo dos anos, sua base de clientes tem se mantido estável, consistindo principalmente em indivíduos interessados na saúde, que não tendem a ser muito sensíveis ao preço, optando por pagar mais por produtos orgânicos locais de melhor qualidade. Entretanto, enfrentando um aumento da competição por parte das cadeias de mercearias que oferecem opções orgânicas, Shellie está pensando em oferecer cupons e precisa decidir entre o jornal e a Internet. Ela leu recentemente que o percentual de consumidores que usa cupons imprimíveis da Internet está aumentando, mas 15% é ainda muito menor que os 40% que recortam e resgatam os cupons de jornal. Entretanto, ela está interessada em saber mais sobre a Internet e marca uma reunião com Jack Kasor, um consultor de *sites*. Shellie descobre que, com um investimento inicial e uma taxa mensal contínua, Jack projetaria um *site* para a loja dela, hospedaria o *site* no seu servidor e anunciaria cupons eletrônicos para os clientes em intervalos regulares. Embora ela estivesse preocupada com a diferença nas taxas de resgate para os cupons eletrônicos

versus cupons dos jornais, Jack garantiu que os resgates dos cupons via Web continuariam a subir e que ela deveria esperar um resgate entre 15 e 40% dos seus clientes. Shellie concordou em tentar. Depois dos seis primeiros meses, Jack informou-a de que a proporção dos clientes que resgatou os cupons eletrônicos era significativamente maior que 15%. Ele chegou a essa conclusão ao selecionar vários anúncios ao acaso e encontrar o número de resgates (483) de um número total de cupons enviados (3000). Shellie julgou a informação positiva e decidiu continuar usando os cupons eletrônicos.

PROBLEMA ÉTICO *Significância estatística* versus *significância prática. Embora seja verdadeiro que o percentual dos clientes que resgatou os cupons seja significativamente maior que 15%, na verdade, o percentual está um pouco acima de 16%. Essa diferença atinge aproximadamente 33 clientes a mais do que os 15% e pode não ter significância prática para Shellie (relacionado ao Item A, ASA Ethical Guidelines). Mencionar um intervalo de 15 a 40% ilude Shellie a esperar um valor no meio desses percentuais.*

SOLUÇÃO ÉTICA *Jack deveria relatar a diferença entre o valor observado e o valor hipotético a Shellie, especialmente porque existem custos associados à continuidade dos cupons eletrônicos. Talvez ele devesse recomendar que ela considerasse o uso do jornal.*

O que aprendemos?

Aprendemos a usar o que vemos numa amostra aleatória para testar uma hipótese especial sobre o mundo. Esse é nosso segundo passo em inferência estatística, complementando o uso de intervalos de confiança.

Aprendemos que o teste de uma hipótese envolve propor um modelo e ver se os dados que observamos são consistentes com ele ou são tão incomuns que devemos rejeitá-lo. Para tanto, encontramos o valor-P – a probabilidade de que dados como os nossos tenham

Capítulo 11 – Testando Hipóteses sobre Proporções **341**

ocorrido se o modelo for correto. Se os dados não combinam com o modelo da hipótese nula, o valor-P será pequeno e rejeitaremos a hipótese nula. Se os dados forem consistentes com o modelo da hipótese nula, o valor-P será grande e não rejeitaremos a hipótese nula.

Aprendemos que:

- Começamos com a *hipótese nula* especificando o parâmetro de um modelo que iremos testar, usando nossos dados.

- Nossa *hipótese alternativa* pode ser unilateral ou bilateral, dependendo do que queremos saber.

- Devemos verificar as *suposições* e *condições* apropriadas antes de continuar o nosso teste.

- O *nível de significância* do teste estabelece o nível de prova que requeremos. Isso determina o valor crítico de z que nos levará a rejeitar a hipótese nula.

- Os *testes de hipóteses* e os *intervalos de confiança* são duas formas de analisar a mesma questão. O teste de hipótese fornece a resposta a uma decisão sobre o parâmetro; o intervalo de confiança informa os valores plausíveis daquele parâmetro.

- Se a hipótese nula for realmente verdadeira e a rejeitarmos, cometeremos um *erro do Tipo I*; o nível alfa do teste é a probabilidade de que isso aconteça.

- Se a hipótese nula for realmente falsa e não for possível rejeitá-la, cometeremos um *erro do Tipo II*.

*Seções opcionais

- O *poder* do teste é a probabilidade de rejeitarmos a hipótese nula quando ela é falsa. Quanto maior o tamanho do efeito que estamos testando, maior o poder do teste em detectá-lo.

- Os testes com uma maior probabilidade de erro do Tipo I têm mais poder e menos chance de um erro do Tipo II. Podemos aumentar o poder reduzindo as chances dos dois tipos de erro por meio do aumento do tamanho da amostra.

Termos

Alternativa bilateral　Uma hipótese alternativa é bilateral (H_A: $p \neq po$) quando estamos interessados nos desvios em ambas as direções do valor hipotético do parâmetro.

Alternativa unilateral　Uma hipótese alternativa é unilateral (por exemplo, H_A: $p > po$ ou H_A: $p < po$) quando estamos interessados em desvios em somente uma direção do valor hipotético do parâmetro.

Erro do Tipo I　Erro de rejeitar a hipótese nula quando ela de fato é verdadeira (também chamado de um "falso positivo"). A probabilidade de um erro do Tipo I é representada por α.

Erro do Tipo II　Erro de não rejeitar a hipótese nula quando ela de fato é falsa (também chamado de "falso negativo"). A probabilidade de um erro do Tipo II é representada por β e depende do tamanho do efeito.

Hipótese alternativa　Hipótese que propõe o que devemos concluir se acharmos que a hipótese nula é improvável.

Hipótese nula　Afirmação a ser avaliada num teste de hipóteses. Geralmente, a hipótese nula é uma declaração do tipo "nenhuma mudança do valor tradicional", "nenhum efeito", "nenhuma diferença" ou "nenhum relacionamento." Para uma declaração ser uma hipótese nula testável, ela deve especificar o valor de um parâmetro de uma população que forma a base da distribuição amostral da estatística teste.

Nível alfa	Valor-P que determina quando rejeitamos a hipótese nula. Usando um nível alfa de α, se observarmos uma estatística cujo valor-P baseado na hipótese nula for menor que α, rejeitaremos a hipótese nula.
Nível de significância	Outro termo para o valor alfa, usado mais frequentemente numa expressão como "num nível de significância de 5%".
Poder	Probabilidade de que o teste de hipótese rejeitará corretamente a hipótese nula falsa. Para encontrar o poder de um teste, devemos especificar um valor particular alternativo para o parâmetro como sendo o valor "verdadeiro". Para qualquer valor específico da hipótese alternativa, o poder é $1 - \beta$.
Tamanho do efeito	Diferença entre o valor da hipótese nula e o valor verdadeiro de um parâmetro do modelo.
Teste-z de uma proporção	Teste da hipótese nula em que a proporção de uma única amostra se iguala a um valor especificado ($H_o: p = p0$) comparando a estatística ao modelo Normal padrão.
Valor crítico	Valor da distribuição amostral da estatística cujo valor-P é igual ao nível alfa. Qualquer valor da estatística mais afastado do valor da hipótese nula do que o valor crítico terá um valor-P menor do que α e levará à rejeição da hipótese nula. O valor crítico é geralmente denotado com um asterisco, como z^*, por exemplo.
Valor-P	Probabilidade de observar um valor para uma estatística teste pelo menos tão distante do valor hipotético quanto o valor da estatística realmente observada, caso a hipótese nula seja verdadeira. Um valor-P pequeno indica que a observação obtida é improvável dada a hipótese nula e, dessa forma, fornece evidência contra a hipótese nula.

Habilidades

- Ser capaz de declarar a hipótese nula e a alternativa para o teste-z de uma proporção.
- Saber como pensar sobre as suposições e suas condições associadas. Examinar os dados para violações dessas condições.
- Ser capaz de identificar e usar a hipótese alternativa quando testar hipóteses. Entender como escolher entre uma hipótese alternativa unilateral e uma bilateral e ser capaz de explicar sua escolha.

- Saber como executar um teste-z de uma proporção.
- Ser capaz de interpretar os resultados de um teste-z de uma proporção.

- Ser capaz de interpretar o significado de um valor-P numa linguagem não técnica, deixando claro que a afirmação da probabilidade diz respeito aos valores calculados sob a suposição de que o modelo nulo seja verdadeiro e não sobre a população do parâmetro de interesse.

Ajuda tecnológica

Os testes de hipóteses para proporções são tão fáceis e naturais que muitos pacotes estatísticos não oferecem comandos especiais para eles. A maioria dos programas estatísticos quer saber o *status* de "sucesso" ou "fracasso" para cada caso. Geralmente, esses são dados como 1 ou 0, mas podem ser uma categoria de palavras como "sim" e "não". Muitas vezes, conhecemos apenas a proporção de sucessos, $\hat{p}$, e a contagem total, n. Os pacotes computacionais não lidam naturalmente com dados resumidos como esses, mas veja na próxima página duas importantes exceções (Minitab e JMP).

Em alguns programas, você pode reconstruir os valores originais. No entanto, mesmo quando você tiver reconstruído (ou puder reconstruir) os valores a partir dos dados brutos, em geral, não terá *exatamente* o mesmo teste estatístico de um pacote computacional que você encontraria calculando à mão. Isso acontece porque os pacotes fazem algumas aproximações ao tratar a proporção como uma média. O resultado é muito próximo, mas não igual. Se você usar um pacote computacional, irá notar pequenas discrepâncias entre as suas respostas e as respostas do final do livro, mas elas não são importantes.

Os relatórios sobre testes de hipóteses criados por tecnologias não seguem uma forma padrão. A maioria irá nomear o teste e fornecer o valor da estatística teste, seu desvio padrão e o valor-P. No entanto, esses elementos podem não estar identificados claramente. Por exemplo, a expressão "Prob > |z|" significa que a probabilidade (a "Prob") de observar uma estatística teste cuja magnitude (o valor absoluto nos diz isso) é maior que o (o "z") encontrado nos dados (o qual segue um modelo Normal, pois está escrito como "z"). Essa é uma maneira especial (e não muito clara) de apresentar o valor-P. Em alguns pacotes, você pode especificar que o teste é unilateral. Outros podem relatar três valores-P, abrangendo os testes unilaterais e os bilaterais.

Às vezes, os resultados de um teste de hipótese e o intervalo de confiança são dados automaticamente juntos. O intervalo de confiança deve ser para um nível de confiança correspondente a $1 - \alpha$.

Muitas vezes, o desvio padrão da estatística é chamado de "erro padrão"; em geral, isso é apropriado, porque tivemos de estimar seu valor a partir dos dados. Entretanto, esse não é o caso para proporções: obtemos o desvio padrão para uma proporção do valor suposto na hipótese nula. Todavia, você pode ver o desvio padrão ser chamado de "erro padrão" mesmo para testes com proporções.

É comum que os pacotes estatísticos e as calculadoras apresentem mais dígitos de "precisão" do que poderia ter sido encontrado dos dados. Você pode ignorá-los. Arredonde valores como os do desvio padrão para um dígito a mais do que os existentes nos seus dados.

Eis os tipos de resultados que você poderá ver em saída comum de computador.

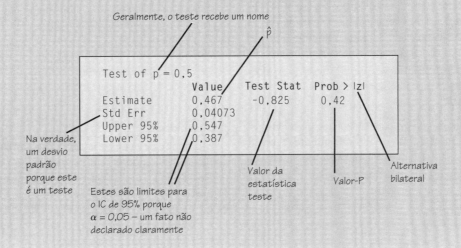

Excel

Métodos de inferência para proporções não fazem parte do conjunto de ferramentas padrão do Excel.

Comentários

Para dados resumidos, digite os cálculos em qualquer célula e os avalie.

Você pode usar o suplemento DDXL para realizar o teste de hipóteses para proporções. Selecione as variáveis a serem testadas. Do menu **DDXL**, escolha **Hypothesis Tests**. Na caixa de diálogo **Hypothesis Tests**, escolha **1 Var Prop Test**. Especifique a variável a ser testada e clique em **OK**.

Minitab

Escolha **Basic Statistics** do menu **Stat.**
- Escolha **1 Proportion** do submenu **Basic Statistics**.
- Se os dados forem nomes categóricos em uma variável, atribua a variável da caixa com a lista de variáveis à caixa **Samples in columns.**
- Se você tiver dados resumidos, clique em **Summarized Data** e preencha o número de tentativas e o de sucessos.
- Clique em **Options** e especifique os detalhes restantes.

- Se você tiver uma amostra grande, marque a opção: **Use test and Interval based on Normal distribution.**
- Clique em **OK**.

Comentários

Ao trabalhar com uma variável categórica, o MINITAB trata a última categoria como a categoria "sucesso". Você pode especificar como as categorias devem ser ordenadas.

SPSS

O SPSS não fornece testes de hipóteses para proporções.

JMP

Para uma variável **categórica** que tem rótulos categóricos, a plataforma **Distribution** inclui testes e intervalos para proporções. Para dados resumidos, coloque os nomes das categorias em uma variável e as frequências em uma variável ao lado. Especifique que a coluna da frequência faça o **papel** da **frequência**. Então, use a plataforma *Distribution*.

Comentário

O JMP usa métodos levemente diferentes para inferências de proporções do que os discutidos neste livro. Suas respostas provavelmente serão um pouco diferentes.

DATA DESK

O Data Desk não oferece métodos embutidos para fazer inferência com proporções. O comando **Replicate Y by X** no menu **Manip** irá "reconstruir" frequências de dados que foram agrupados para que você possa exibi-las.

Comentários

Para dados resumidos, abra um **Scrachtpad** a fim de calcular o desvio padrão e a margem de erro digitando os cálculos. Depois, execute o teste com o **z-interval for individual s** encontrado no comando **Test**.

Projetos de estudo de pequenos casos

Produção de metal

Lingotes são enormes pedaços de metal, geralmente ultrapassando 20000 libras, feitos em um molde gigante. Eles devem ser moldados em grandes pedaços para serem utilizados na fabricação de estruturas de carros e aviões. Se eles racharem durante a fabricação, a rachadura pode propagar-se até a zona necessária para a peça, comprometendo sua integridade. Os fabricantes de aeronaves exigem que o metal para seus aviões não tenha defeitos; portanto, o lingote deve ser feito novamente, se uma rachadura for detectada no molde.

Embora o metal do lingote rachado seja reciclado, o custo da sucata atinge dezenas de milhares de dólares. Os fabricantes de metais querem evitar rachaduras sempre que possível. Porém, o processo de moldagem é complicado e nem tudo pode ser controlado. Numa usina, apenas aproximadamente 75% dos lingotes estão livres de rachaduras. Numa tentativa de reduzir a proporção das rachaduras, os engenheiros e cientistas da usina recentemente (em janeiro de 2006) fizeram mudanças no processo de moldagem. Os dados de 500 lingotes produzidos desde que as mudanças ocorreram são encontrados no arquivo **ch11_MCSP_Ingots**. A variável rachadura (*Crack*) indica se uma rachadura foi encontrada (1) ou não (0). Selecione uma amostra aleatória de 100 lingotes e teste a afirmação de que a taxa de rachaduras diminui em 25%. Encontre também o intervalo de confiança para a taxa de rachaduras. Selecione uma amostra aleatória de 1000 lingotes, teste a afirmação e encontre o intervalo de confiança novamente. Compare os dois testes e os intervalos e prepare um breve relatório sobre o que você encontrou, incluindo as diferenças (se houver alguma) que você percebeu nas duas amostras.

Programa de lealdade

Um gerente de *marketing* enviou 10 mil correspondências a uma amostra aleatória de clientes para testar um novo programa de fidelidade baseado na rede. Os clientes ou não receberam nada (Nenhuma Oferta), ou ganharam uma passagem aérea de uma companhia associada ou receberam um seguro aéreo grátis no próximo voo (Seguro Grátis). O responsável pela seleção dos 10 mil clientes assegurou ao gerente de *marketing* que a amostra é representativa de vários segmentos da base de clientes. Entretanto, o gerente está preocupado, com o fato de a oferta não ter sido enviada a clientes suficientes do segmento *Viagem,* que representa 25% de toda a base (Variável *Spending.Segment*). Além disso, ele está preocupado porque acredita que menos de um terço dos clientes daquele segmento de fato não receberam oferta alguma. Usando os dados encontrados em **ch11_MCSP_Loyalty_Program,** escreva um breve relatório testando a hipótese apropriada e resumindo seus achados. Inclua no seu relatório um intervalo de confiança de 95% para a proporção dos clientes que responderam à oferta se registrando para o programa de fidelidade. (A variável *Response* [Resposta] indica 1 para respondentes e 0 para não respondentes.)

EXERCÍCIOS

1. Hipóteses. Escreva a hipótese nula e a alternativa para testar cada uma das seguintes situações.

a) Uma empresa de roupas *on-line* está preocupada com a pontualidade da entrega dos seus produtos. A vice-presidente de operações e *marketing* recentemente declarou que queria que o percentual dos produtos enviados dentro do prazo fosse de pelo menos 90%. Ela deseja saber se a empresa obteve sucesso.

b) Uma imobiliária recentemente anunciou que a proporção de casas que levam mais de três meses para serem vendidas é, agora, maior que 50%.

c) O setor de contabilidade de uma empresa financeira relata uma taxa de erro abaixo de 2%.

2. Mais hipóteses. Escreva a hipótese nula e a alternativa para testar cada uma das seguintes situações.

a) Um artigo de uma revista de negócios relata que, em 1990, 35% dos CEOs tinham MBA. Esse percentual mudou?

b) Recentemente, 20% dos carros de certo modelo exigiram reparos caros na transmissão depois de atingirem 50 mil e 100 mil milhas. O fabricante do carro espera que o novo projeto de um componente de transmissão tenha solucionado o problema.

c) Um pesquisador de mercado para um fabricante de cola decide fazer um teste de campo de um novo sabor de refrigerante, planejando comercializá-lo somente se tiver certeza de que 60% das pessoas irão gostar do sabor.

3. Entregas. A empresa de roupas do Exercício 1a analisa a amostra dos relatórios de entrega. Ela testa a hipótese de que 90% das entregas são feitas dentro do prazo *versus* a alternativa de que mais de 90% são entregues dentro do prazo e encontram o valor-P de 0,22. Qual destas conclusões é apropriada?

a) Existe uma probabilidade de 22% de que 90% das entregas sejam feitas dentro do prazo.

b) Existe uma probabilidade de 78% de que 90% das entregas sejam feitas dentro do prazo.

c) Existe uma probabilidade de 22% de que a amostra coletada mostre o percentual correto das entregas dentro do prazo.

d) Existe uma probabilidade de 22% de que a variação amostral natural produza uma amostra com uma proporção observada de entregas dentro do prazo como a obtida se, de fato, 90% das entregas são feitas dentro do prazo.

4. Vendas de casas. A imobiliária do Exercício 1b analisa uma amostra recente de casas que vendeu. Testando a hipótese nula de que 50% das casas levam mais de três meses para serem vendidas *versus* a hipótese de que mais de 50% das casas levam mais de três meses para serem vendidas, eles encontram um valor-P de 0,034. Qual das seguintes conclusões é adequada?

a) Existe uma probabilidade de 3,4% de que 50% das casas demorem mais de três meses para serem vendidas.

b) Se 50% das casas levam mais de três meses para serem vendidas, existe uma probabilidade de 3,4% de que uma amostra aleatória produza uma proporção amostral tão alta quanto a que eles obtiveram.

c) Existe uma probabilidade de 3,4% de que a hipótese nula esteja correta.

d) Existe uma probabilidade de 96,6% de que 50% das casas levem mais de três meses para serem vendidas.

5. Valor-P. As multas mais severas e as campanhas publicitárias aumentaram o uso do cinto de segurança entre motoristas e passageiros? As observações do trânsito de pessoas indo e vindo do trabalho falharam em encontrar evidências de uma mudança significativa comparada a três anos atrás. Explique o que o valor-P de 0,17 do estudo significa nesse contexto.

6. Outro valor-P. Uma empresa que desenvolve escâneres para procurar armas escondidas nos aeroportos conclui que um novo dispositivo é significativamente melhor do que o escâner atual. A empresa tomou essa decisão com base num valor-P de 0,003. Explique o significado do valor-P nesse contexto.

7. Campanha de publicidade. Uma analista da tecnologia da informação acredita estar perdendo clientes do seu *site* devido ao complicado sistema de compras e pagamento. Ela adiciona o recurso de um clique ao *site*, para torná-lo mais amigável, mas descobre que somente 10% dos clientes o usam. Ela decide lançar uma campanha publicitária de conscientização para divulgar aos consumidores o novo recurso na esperança de aumentar o percentual. Ao não perceber uma diferença significativa de comportamento, ela contrata um consultor para ajudá-la. O consultor seleciona uma amostra aleatória de compradores recentes, testa a hipótese de que as campanhas não produziram qualquer mudança *versus* a alternativa de que o percentual que usa o recurso de um clique é agora maior que 10% e encontra um valor-P de 0,22. Qual conclusão é apropriada? Explique.

a) Existe uma probabilidade de 22% de que a campanha tenha funcionado.

b) Existe uma probabilidade de 78% de que a campanha tenha funcionado.

c) Existe uma probabilidade de 22% de que a hipótese nula seja verdadeira.

d) Existe uma probabilidade de 22% de que a variação amostral poderia produzir resultados de pesquisa de opinião como esses se o uso do recurso de um clique tivesse aumentado.

e) Existe uma probabilidade de 22% de que a variação amostral poderia produzir resultados de opinião como esses caso realmente não tenha havido mudança no uso do *site*.

8. Fundos mútuos. Uma gerente de fundos mútuos afirma que pelo menos 70% das ações que ela seleciona irão subir de preço no próximo ano. Examinamos uma amostra de 200 ações da sua seleção dos últimos três anos. Nosso valor-P é 0,03. Teste uma hipótese apropriada. Qual conclusão é adequada? Explique.

a) Existe uma probabilidade de 3% de que a gerente do fundo esteja correta.

b) Existe uma probabilidade de 97% de que a gerente do fundo esteja correta.

c) Existe uma probabilidade de 3% de que uma amostra aleatória possa produzir os resultados que observamos, assim, é razoável concluir que a gerente do fundo está correta.

d) Existe uma probabilidade de 3% de que uma amostra aleatória possa produzir os resultados que observamos se $p = 0,7$, assim, é razoável concluir que a gerente do fundo não está correta.

Capítulo 11 – Testando Hipóteses sobre Proporções **347**

e) Existe uma probabilidade de 3% de que a hipótese nula esteja correta.

9. Eficácia do produto. A antiga fórmula do antiácido de uma empresa farmacêutica dá alívio a 70% das pessoas que a consomem. A empresa testa uma fórmula nova para verificar se ela é melhor e obtém um valor-P de 0,27. É razoável concluir que a nova fórmula e a antiga são igualmente eficazes? Explique.

10. Vendas de carros. Uma empresa de automóveis alemã espera vender uma quantidade maior de carros ao segmento mais jovem do mercado – motoristas com menos de 20 anos. Os pesquisadores de mercado da empresa fazem uma pesquisa para investigar se a proporção dos formandos do Ensino Médio que têm o seu próprio carro é maior ou não do que era há uma década. Eles encontram um valor-P de 0,017. É razoável concluir que mais formandos do Ensino Médio têm carros? Explique.

11. Afirmações falsas? Uma empresa de doces afirma que num pacote grande dos M&M's® de Natal, metade dos doces é vermelha e metade é verde. Você escolhe os doces ao acaso de um pacote e descobre que, dos primeiros 20 que comeu, 12 eram vermelhos.

a) Se for verdade que metade é vermelha e metade é verde, qual é a probabilidade de que você tenha encontrado pelo menos 12 dos 20 vermelhos?

b) Você acha que metade dos M&M's® no pacote são realmente vermelhos? Explique.

12. Raspadinha. Um varejista oferece uma promoção da "raspadinha". Entrando na loja, você recebe um cartão. Ao pagar, pode raspá-lo. A empresa informa que a metade dos cartões é vencedora e tem um prêmio imediato de $5 (os demais oferecem $1 para qualquer compra futura de café na cafeteria). Você não está seguro de que o percentual é realmente de 50% de vencedores.

a) Na primeira vez em que faz compras na loja, você ganha o cupom do café. Você tenta novamente e ganha o cupom do café. Dois fracassos seguidos o convencem de que a fração verdadeira dos vencedores não é de 50%? Explique.

b) Você tenta uma terceira vez e ganha café novamente! Qual é a probabilidade de não ganhar o dinheiro três vezes seguidas se a metade dos cartões realmente oferece dinheiro?

c) Três perdas seguidas o convenceriam de que a loja está trapaceando?

d) Quantas vezes seguidas você teria de ganhar o cupom do café, em vez do dinheiro, para estar certo de que a empresa não está cumprindo o percentual de vencedores prometido? Justifique sua resposta calculando a probabilidade e explicando o que ela significa.

13. Pesquisa de opinião da Spike. Em agosto de 2004, a revista *Time* publicou os resultados de uma pesquisa de opinião por telefone encomendada pela rede de comunicações Spike. Dos 1302 homens que responderam, somente 39 disseram que a medida mais importante de sucesso era o seu trabalho.

a) Estime o percentual de todos os homens norte-americanos que avaliam o sucesso principalmente pelo seu trabalho. Use um intervalo de confiança de 98%. Não se esqueça de verificar primeiro as condições.

b) Alguns acreditam que poucos homens contemporâneos julgam o seu sucesso principalmente pelo seu trabalho. Suponha que queremos conduzir um teste de hipótese para ver se a fração está abaixo da marca de 5%. O que seu intervalo de confiança indica? Explique.

c) Qual é o nível de significância para esse teste? Explique.

14. Ações. Uma jovem investidora do mercado de ações se preocupa com o fato de que investir no mercado de ações é, na verdade, apostar, já que a chance de o mercado de ações subir em um dia qualquer é de 50%. Ela decide monitorar sua ação preferida por 250 dias e descobre que, em 140 dias, a ação esteve em "alta".

a) Encontre o intervalo de confiança para a proporção dos dias em que a ação esteve em "alta." Não esqueça de primeiro verificar as condições.

b) O seu intervalo de confiança fornece qualquer evidência de que o mercado não é aleatório? Explique.

c) Qual é o nível de significância para esse teste? Explique.

15. Economia. Em 2008, a Gallup Poll perguntou a 2336 adultos norte-americanos com 18 anos ou mais como eles avaliavam as condições econômicas. Numa pesquisa de opinião conduzida de 27 de janeiro a 1º fevereiro de 2008, 24% avaliaram a economia como Excelente/Boa. Um meio de comunicação declarou recentemente que o percentual de norte-americanos que achavam o estado da economia Excelente/Bom era, de fato, 28%. A Gallup Poll apoia esta afirmação?

a) Teste a hipótese apropriada. Encontre um intervalo de confiança de 95% para a proporção amostral de adultos norte-americanos que avaliaram a economia como Excelente/Boa. Verifique as condições.

b) O intervalo de confiança fornece evidência para apoiar a afirmação?

c) Qual é o nível de significância do teste em b? Explique.

16. Economia, parte 2. Os mesmos dados da Gallup Poll do Exercício 15 também relataram que 33% dos pesquisados avaliaram a economia como Ruim. O mesmo meio de comunicação declarou que a proporção verdadeira era 30%. A Gallup Poll apoia esta afirmação?

a) Teste a hipótese apropriada. Encontre um intervalo de confiança de 95% para a proporção amostral dos adultos norte-americanos que avaliaram a economia como Ruim. Verifique as condições.

b) O seu intervalo de confiança fornece evidência para apoiar essa afirmação?

c) Qual é o nível de significância para o teste em b? Explique.

17. Alfa conveniente. Um executivo júnior entusiasta executou um teste do seu novo programa de *marketing*. Ele relata ter provocado um aumento "significativo" nas vendas. Uma nota de rodapé no seu relatório explica que ele usou um nível alfa de 7,2% para o seu teste. Presumivelmente, executou um teste de hipótese *versus* a hipótese nula de nenhuma mudança nas vendas.

a) Se ele tivesse usado um nível alfa de 5%, seria mais ou menos provável que rejeitasse a hipótese nula? Explique.

b) Se ele tivesse escolhido o nível alfa de 7,2% para poder declarar significância estatística, explique por que isso não seria ético.

18. Segurança. O fabricante de uma nova pílula para dormir suspeita que ela possa aumentar o risco de sonambulismo, o que poderia ser perigoso. Num teste do medicamento, não foi possível rejeitar a hipótese nula do aumento do sonambulismo quando testado com um alfa = 0,01.

a) Se o teste tivesse sido executado com um alfa = 0,05, teria maior ou menor probabilidade de rejeitar a hipótese nula de que não houve aumento do sonambulismo?

b) Qual nível alfa você acha que o fabricante deveria usar? Por quê?

348 Parte II – Entendendo Dados e Distribuições

19. Teste de um produto. Visto que muitas pessoas têm dificuldade em programar seus videocassete, uma empresa de eletrônica desenvolveu instruções mais simples. O objetivo é que pelo menos 96% dos seus clientes tenham sucesso na programação dos seus vídeos. A empresa testa o novo sistema com 200 pessoas e 188 delas têm sucesso em programar o aparelho. Isso é uma forte evidência de que o novo sistema falha na satisfação do objetivo da empresa? Um teste dessa hipótese, executado por um estudante, é mostrado aqui. Quantos erros você consegue achar?

$$H_0: \hat{p} = 0,96$$

$$H_A: \hat{p} \neq 0,96$$

Condição de pelo menos 10 S/F, $0,96(200) > 10$

$$\frac{188}{200} = 0,94; DP(\hat{p}) = \sqrt{\frac{(0,94)(0,06)}{200}} = 0,017$$

$$z = \frac{0,96 - 0,94}{0,017} = 1,18$$

$$P = P(z > 1,18) = 0,12$$

Existe uma forte evidência de que o novo sistema não funciona.

20. *Marketing*. Em novembro de 2001, o boletim informativo da *Ag Globe Trotter* relatou que 90% dos adultos tomam leite. Uma organização regional de fazendeiros, planejando uma nova campanha de *marketing* em vários municípios, faz uma pesquisa de opinião com uma amostra aleatória de 750 adultos moradores da região. Da amostra, 657 pessoas relataram que tomam leite. Essas respostas fornecem uma forte evidência de que o percentual de 90% não é correto para essa região? Corrija os erros na tentativa abaixo, de um estudante, de verificar a hipótese apropriada.

$$H_0: \hat{p} = 0,9$$

$$H_A: \hat{p} < 0,9$$

Condição de pelo menos 10 S/F, $750 > 10$

$$\frac{657}{750} = 0,876; SD(\hat{p}) = \sqrt{\frac{(0,88)(0,12)}{750}} = 0,012$$

$$z = \frac{0,876 - 0,94}{0,012} = -2$$

$$P = P(z > -2) = 0,977$$

Existe uma probabilidade maior do que 97% de que o percentual declarado esteja correto para essa região.

21. Meio ambiente. Nos anos 1980, acreditava-se, de modo geral, que as anormalidades congênitas afetavam 5% das crianças do país. Alguns acreditam que o aumento no número de produtos químicos no meio ambiente leva a um aumento na incidência de anormalidades. Um estudo recente examinou 384 crianças e encontrou que 46 delas mostravam sinais de anormalidade. Isso é uma evidência forte de que o risco aumentou? (Consideramos um valor-P de aproximadamente 5% para representar uma evidência razoável.)
a) Escreva a hipótese apropriada.
b) Verifique as suposições necessárias.
c) Execute a mecânica do teste. Qual é o valor-P?
d) Explique cuidadosamente o que o valor-P significa nesse contexto.
e) Qual é a sua conclusão?
f) Os produtos químicos no meio ambiente causam anormalidades congênitas?

22. Empresa de cobrança. Uma empresa que cobra contas para os consultórios médicos na região está preocupada com o fato de o percentual das contas pagas pela Medicare ter aumentado. Historicamente, o percentual tem sido de 31%. Um exame em 8368 contas recentes revelou que 32% delas estão sendo pagas pela Medicare. Isso é evidência de uma mudança no percentual de contas pagas pela Medicare?
a) Escreva a hipótese adequada.
b) Verifique as suposições e condições.
c) Execute o teste e encontre o valor-P.
d) Declare sua conclusão.
e) Você acha que essa diferença é significativa? Explique.

23. Educação. O Centro Nacional para a Estatística Educacional monitora vários aspectos da educação primária e secundária dos Estados Unidos. Os números de 1996 são geralmente usados como referência para avaliar mudanças. Em 1996, 34% dos estudantes não faltaram nenhuma aula durante o mês anterior. Na pesquisa de 2000, as respostas de 8302 estudantes mostraram que esse número caiu para 33%. As autoridades ficaram preocupadas com o fato de a frequência dos estudantes estar declinando. Esses números fornecem uma evidência do decréscimo da frequência dos estudantes?
a) Escreva a hipótese apropriada.
b) Verifique as suposições e condições.
c) Execute o teste e encontre o valor-P.
d) Declare a sua conclusão.
e) Você acha que essa diferença é significativa? Explique.

24. Confiança do consumidor. Várias vezes, em 2007, quando perguntados se as condições econômicas estavam melhores ou piores, mais de 20% dos adultos norte-americanos disseram que estavam melhores. De 19 a 20 de janeiro de 2008, quando a Gallup fez uma pesquisa de opinião entre 2590 adultos norte-americanos, somente 13% afirmaram que as condições estavam melhorando. Essas respostas dão evidência de que a confiança do consumidor diminuiu do nível de 2007?
a) Escreva a hipótese apropriada.
b) Verifique as suposições e condições.
c) Execute o teste e encontre o valor-P.
d) Declare a sua conclusão.
e) Essa diferença é significativa? Explique.

25. Aposentadoria. Um levantamento de dados com 1000 trabalhadores indicou que aproximadamente 520 investiram num plano individual de aposentadoria. Os dados nacionais sugerem que 44% dos trabalhadores investem em planos individuais de aposentadoria.
a) Crie um intervalo de confiança de 95% para a proporção de trabalhadores que investiram em planos individuais de aposentadoria com base no levantamento de dados.
b) Isso fornece evidência de uma mudança no comportamento dos trabalhadores? Usando o seu intervalo de confiança, teste uma hipótese apropriada e declare a sua conclusão.

26. Satisfação do cliente. Uma empresa espera melhorar a satisfação dos clientes, estabelecendo como objetivo não mais que 5% de comentários negativos. Um levantamento aleatório com 350 clientes encontrou somente 10 clientes com reclamações.
a) Crie um intervalo de confiança de 95% para o nível verdadeiro de descontentamento entre os clientes.

Capítulo 11 – Testando Hipóteses sobre Proporções **349**

b) Isso fornece evidência de que a empresa alcançou seu objetivo? Usando o seu intervalo de confiança, teste a hipótese apropriada e formule a sua conclusão.

27. Custo de manutenção. Uma empresa de limusines está preocupada com o aumento dos custos de manutenção de sua frota de 150 carros. Após um teste, a empresa descobriu que os sistemas de emissão de 7 em 22 carros que eles testaram não satisfizeram as diretrizes do controle de poluição. Eles previram custos assumindo que um total de 30 carros precisaria de modificações para satisfazer as diretrizes atuais. Isso é uma evidência forte de que mais de 20% da frota pode estar fora das especificações? Teste a hipótese apropriada e formule sua conclusão. Certifique-se de que as suposições e condições apropriadas estejam satisfeitas antes de você proceder.

28. Mercadorias danificadas. Um fabricante de eletrodomésticos armazena suas lavadoras e secadoras num grande depósito para o envio às lojas varejistas. Às vezes, os aparelhos são danificados no seu manuseio. Embora o dano seja pequeno, a empresa deve vender essas máquinas a preços muito menores. O objetivo da empresa é manter a proporção das máquinas danificadas abaixo de 2%. Certo dia, um inspetor verifica aleatoriamente 60 lavadoras e descobre que 5 delas têm arranhões ou estão amassadas. Isso é uma evidência forte de que o depósito está falhando na satisfação do objetivo da empresa? Teste a hipótese apropriada e formule sua conclusão. Tenha certeza de que as suposições e condições apropriadas estejam satisfeitas antes de proceder.

29. Produtos com defeito. Um relatório interno de uma empresa de manufatura indicou que aproximadamente 3% de todos os produtos estavam com defeito. Os dados de um lote encontraram somente 7 produtos defeituosos em 469 produtos avaliados. Isso está consistente com o relatório? Teste a hipótese apropriada e formule sua conclusão. Tenha certeza de que as suposições e condições apropriadas estejam satisfeitas antes de proceder.

30. Empregos. O departamento de contabilidade de uma grande universidade estadual quer anunciar publicamente que mais de 50% dos seus formandos obtiveram uma oferta de emprego antes da graduação. Uma amostra de 240 graduados recentes indicou que 138 tiveram uma oferta de emprego antes da graduação. Teste a hipótese apropriada e formule sua conclusão. Tenha certeza de que as suposições e condições apropriadas estejam satisfeitas antes de proceder.

31. WebZine. Uma revista chamada *WebZine* está considerando o lançamento de uma edição *on-line*. A revista planeja investir somente se estiver convencida de que mais de 25% dos leitores atuais fariam uma assinatura. A revista entrevistou uma amostra aleatória simples de 500 assinantes atuais e 137 deles demonstraram interesse. O que ela deveria fazer? Teste a hipótese apropriada e formule sua conclusão. Certifique-se de que as suposições e condições apropriadas estejam satisfeitas antes de proceder.

32. A verdade na propaganda. Um centro de jardinagem quer armazenar sobras de pacotes de sementes de vegetais para vender na próxima primavera, mas está preocupado que as sementes não germinem na mesma taxa do ano passado. O gerente encontra um pacote de sementes de ervilhas do ano passado e as planta, a fim de testá-las. Embora o pacote alegue uma taxa de germinação de 92%, somente 171 das 200 sementes testadas germinaram. Isso é uma evidência de que as sementes perderam vitalidade durante o ano em ar-

mazenamento? Teste a hipótese apropriada e formule sua conclusão. Certifique-se de que as suposições e condições apropriadas estejam satisfeitas antes de proceder.

33. Mulheres executivas. Uma empresa é criticada porque somente 13 das 43 pessoas em posições de liderança são mulheres. A empresa explica que, embora essa proporção seja mais baixa do que ela gostaria, não é surpreendente, dado que somente 40% dos seus empregados são mulheres. O que você acha? Teste a hipótese apropriada e formule sua conclusão. Certifique-se de que as suposições e condições apropriadas estejam satisfeitas antes de proceder.

34. Júri. Os dados do censo para certo condado norte-americano mostram que 19% dos residentes adultos são hispânicos. Suponha que 72 pessoas são chamadas para servir como jurados e somente 9 delas sejam hispânicas. Essa aparente falta de representação dos hispânicos questiona a integridade do sistema de seleção dos jurados? Explique.

35. Sem fins lucrativos. Uma empresa sem fins lucrativos, preocupada com as taxas de abandono dos estudos nos Estados Unidos, designou um programa de monitoramento direcionado a alunos entre 16 e 18 anos de idade. O Centro Nacional para a Estatística da Educação relatou que a taxa de abandono do Ensino Médio no país para o ano de 2000 foi de 10,9%. Uma escola do distrito, que adotou o programa de monitoramento sem fins lucrativos e cuja taxa de abandono tem sempre estado muito próxima à média nacional, relatou em 2004 que 175 dos seus 1782 estudantes abandonaram a escola. A experiência deles é uma evidência de que o programa de monitoramento é eficaz? Explique.

36. Setor imobiliário. Uma revisa nacional do setor imobiliário anunciou que 15% das pessoas que compram a sua primeira casa têm uma renda familiar abaixo de $40000. Uma empresa imobiliária nacional acredita que esse percentual é muito baixo e amostra 100 dos seus registros. A empresa encontra que 25 dos compradores da primeira casa realmente tinham uma renda familiar abaixo de $40000. A amostra sugere que a proporção de compradores da primeira casa com uma renda menor do que $40000 é maior que 15%? Comente e escreva suas próprias conclusões com base num intervalo de confiança apropriado e num teste de hipóteses. Inclua qualquer suposição que você tenha feito sobre os dados.

37. Relações públicas. De acordo com o Departamento de Transportes dos Estados Unidos (DOT), os passageiros fizeram mais reclamações sobre o serviço das companhias aéreas em 2007 do que em 2006. O departamento de relações públicas de uma companhia aérea relata que sua empresa raramente perde a bagagem. Além disso, afirma que, quando isso ocorre, 90% das vezes as malas são recuperadas num período de 24 horas. Um grupo de consumidores faz um levantamento de dados com um grande grupo de passageiros e encontra que 103 de 122 pessoas que perderam sua bagagem receberam seus itens perdidos dentro de 24 horas. Isso lança dúvidas sobre a afirmação da companhia aérea? Explique.

38. Comerciais na TV. Uma nova empresa quer comercializar uma impressora. Ela decide apostar em comerciais durante o Super Bowl. A empresa espera que o reconhecimento da sua marca justifique o alto custo dos comerciais. O objetivo da empresa é que 40% do público reconheça o nome da sua marca e o associe a equipamentos de computador. No primeiro dia após o jogo, um pesquisador de

350 Parte II – Entendendo Dados e Distribuições

opinião pública escolhe aleatoriamente 420 adultos e descobre que 181 deles sabem que essa empresa manufatura impressoras. Você recomendaria que a empresa continuasse a anunciar durante o Super Bowl? Explique.

39. Ética nos negócios. Um estudo relata que 30% dos MBAs recém-contratados enfrentam práticas de negócios contrárias à ética durante o seu primeiro ano no emprego. A diretora de uma faculdade de economia deseja saber se os seus formandos de MBA tinham experiência similar. Ela fez um levantamento de dados com graduados recentes do programa da sua faculdade e descobriu que 27% dos 120 graduados do ano anterior declararam ter se deparado com a prática de negócios contrária à ética no seu ambiente de trabalho. Podemos concluir que as experiências dos seus graduados são diferentes?

40. Ações, parte 2. Um jovem investidor acredita que possa vencer no mercado de ações escolhendo ações que irão aumentar seu valor. Assuma que, em média, 50% das ações selecionadas por um gerente de portfólio irão aumentar durante 12 meses. Das 25 ações que o jovem investidor comprou durante os últimos 12 meses, 14 aumentaram o seu valor. Ele pode afirmar que é melhor na previsão dos aumentos das ações do que um gerente de portfólio comum?

41. Política nos Estados Unidos. As eleições nacionais em 2008 estão aparentemente atraindo mais interesse e debate entre os eleitores do que as eleições anteriores. Uma amostra nacional de 2020 adultos norte-americanos, com 18 anos ou mais, pesquisados por telefone (utilizando linhas fixas e celulares), entre 30 de janeiro e 2 de fevereiro de 2008, pela Gallup, revelou que 71% têm pensado "muito" na próxima eleição para presidente. Existe alguma evidência de que o percentual tenha mudado do marco histórico relatado de 58% durante o mesmo espaço de tempo em 2004?
a) Encontre o escore-z da proporção observada.
b) Compare o escore-z ao valor crítico para um nível de significância de 0,1% usando a alternativa bilateral.
c) Explique sua conclusão.

42. Confiabilidade do iPod. A MacInTouch relatou que várias versões do iPod registraram taxas de falhas de 20% ou mais. De um levantamento de dados dos clientes, o iPod colorido, lançado em 2004, apresentou 64 falhas em 517. Existe evidência de que a taxa de falha para esse modelo possa ser mais baixa do que a taxa de 20% dos modelos anteriores?
a) Encontre o escore-z da proporção observada.
b) Compare o escore-z ao valor crítico para um nível de significância de 0,1% usando a alternativa bilateral.
c) Explique sua conclusão.

43. Testando carros. Um critério de ar limpo requer que as emissões de gás não excedam os limites especificados para vários poluentes. Muitos estados requerem que os carros sejam testados anualmente para garantir que satisfaçam os critérios. Suponha que os controladores do estado façam uma dupla verificação de uma amostra aleatória de carros que uma oficina mecânica suspeita tenha certificado como dentro da norma. Eles irão revogar a licença da mecânica se encontrarem evidências significativas de que a mecânica esteja certificando veículos que não satisfazem os critérios.
a) Nesse contexto, o que é um erro do Tipo I?
b) Nesse contexto, o que é um erro do Tipo II?

c) Que tipo de erro o dono da mecânica consideraria mais sério?
d) Que tipo de erro os ambientalistas considerariam mais sério?

44. Controle de qualidade. Os gerentes de produção de uma linha de montagem devem monitorar a saída para ter certeza de que o nível de produtos defeituosos permaneça pequeno. Eles inspecionam periodicamente uma amostra aleatória de itens produzidos. Se encontrarem um aumento significativo na proporção dos itens que devem ser rejeitados, irão parar o processo de montagem até que o problema possa ser identificado e consertado.
a) Escreva a hipótese nula e alternativa para esse problema.
b) Qual é o erro do Tipo I e do Tipo II nesse contexto?
c) Qual tipo de erro o dono da fábrica consideraria mais sério?
d) Qual tipo de erro os consumidores considerariam mais sério?

45. Testando carros, novamente. Como no Exercício 43, os controladores do estado estão verificando as oficinas mecânicas para ver se elas certificam veículos que não satisfazem os critérios de poluição.
a) Nesse contexto, o que é pretendido pelo poder do teste que os reguladores estão conduzindo?
b) O poder será maior se eles testarem 20 ou 40 carros? Por quê?
c) O poder será maior se eles usarem um nível de significância de 5 ou de 10%? Por quê?
d) O poder será maior se os inspetores da mecânica forem mais ou menos exigentes? Por quê?

46. Controle de qualidade, parte 2. Considere novamente a tarefa dos inspetores de controle qualidade do Exercício 44.
a) Nesse contexto, o que é pretendido pelo poder do teste que os inspetores conduzem?
b) Eles estão atualmente testando cinco itens a cada hora. Alguém propôs que eles testassem dez itens a cada hora. Quais são as vantagens e desvantagens de tal chance?
c) O teste atualmente usa um nível de significância de 5%. Quais são as vantagens e desvantagens de mudar o nível de significância para 1%?
d) Suponha que, com o passar dos dias, uma das máquinas na linha de produção produza mais itens com defeitos. Como isso afetará o poder do teste?

47. *Software* de estatística. Um professor de estatística observou que, ao longo de vários anos, aproximadamente 13% dos estudantes que se matricularam no seu curso de Estatística Introdutória desistem antes do final do semestre. Um vendedor sugeriu que ele tente um pacote estatístico que envolva mais os alunos com o computador, com o intuito de reduzir a taxa de desistência. Como o *software* é caro, o vendedor sugere ao professor que ele o use por um semestre, para ver se a taxa de desistência baixa de modo significativo. O professor terá de pagar pelo *software* somente se continuar com ele.
a) Esse é um teste unilateral ou bilateral? Explique.
b) Escreva a hipótese nula e a alternativa.
c) Nesse contexto, explique o que aconteceria se o professor cometesse um erro do Tipo I.
d) Nesse contexto, explique o que aconteceria se o professor cometesse um erro do Tipo II.
e) O que é pretendido pelo poder desse teste?

48. Anúncios no rádio. Uma empresa quer renovar seu contrato de publicidade com uma estação de rádio local somente se a estação

provar que mais de 20% dos residentes da cidade ouviram o anúncio e reconhecem o produto da empresa. A estação de rádio conduz um levantamento de dados aleatório com 400 pessoas por telefone.
a) Quais são as hipóteses?
b) A estação de rádio planeja conduzir esse teste usando um nível de significância de 10%, mas a empresa quer que o nível de significância seja baixado para 5%. Por quê?
c) O que é pretendido pelo poder desse teste?
d) Para qual nível de significância o poder desse teste será maior? Por quê?
e) Eles finalmente chegam ao acordo de $\alpha = 0,05$, mas a empresa propõe que a estação de rádio ligue para 600 pessoas, em vez das 400 inicialmente propostas. Isso irá aumentar ou diminuir o risco de um erro do Tipo II? Explique.

49. *Software* estatístico. Do Exercício 47, 203 estudantes se matricularam para o curso de Estatística. Eles usaram o *software* sugerido pelo vendedor e somente 11 desistiram do curso.
a) O professor deve investir no *software*? Sustente sua recomendação com um teste apropriado.
b) Explique o que o seu valor-P significa nesse contexto.

50. Anúncios no rádio, parte 2. A empresa do Exercício 48 entrevista 600 pessoas selecionadas ao acaso e 133 lembram o anúncio.
a) A empresa deve renovar o contrato? Sustente sua recomendação com um teste apropriado.
b) Explique cuidadosamente o que o valor-P significa nesse contexto.

T 51. Gastos dos consumidores, parte 2. No Capítulo 10, o Exercício 51 construiu um intervalo de confiança para a proporção de clientes que se qualificavam para uma oferta especial gastando mais de $1000 por mês no cartão. Historicamente, o percentual tem sido de 11% e o departamento de finanças quer saber se ele aumentou. Teste a hipótese apropriada e escreva algumas frases com as suas conclusões.

T 52. Arrecadação de fundos. No Capítulo 10, o Exercício 52 encontrou um intervalo de confiança para a proporção de doadores que tinham 50 anos ou mais. O chefe das finanças diz que o anúncio na revista da *American Association of Retired People* (Associação Americana dos Aposentados – AARP) não valerá o investimento a não ser que pelo menos dois terços dos doadores tenham 50 anos ou mais. Teste a hipótese apropriada e escreva algumas frases com as suas conclusões.

RESPOSTAS DO TESTE RÁPIDO

1 Você não pode concluir que a hipótese nula é verdadeira. Você pode concluir somente que o experimento não foi capaz de rejeitar a hipótese nula. Eles não foram capazes, com base em 12 pacientes, de mostrar que a aspirina era eficaz.

2 A hipótese nula é H_0: $p = 0,75$.

3 Com um valor-P de 0,0001, isso é uma evidência muito forte contra a hipótese nula. Podemos rejeitar a H_0 e concluir que a versão aprimorada do medicamento dá alívio a uma proporção maior de pacientes.

4 O parâmetro de interesse é a proporção, p, de todos os clientes inadimplentes que irão pagar suas contas. H_0: $p = 0,30$ e H_A: $p > 0,30$.

5 Em $\alpha = 0,05$, você pode rejeitar a hipótese nula, porque 0,30 está contido no intervalo de confiança de 90% – é plausível que enviar os DVDs não seja mais eficaz do que enviar as cartas.

6 O intervalo de confiança é de 29 a 45%. A estratégia do DVD é mais cara e pode não valer a pena. Não podemos distinguir a taxa de sucesso de 30%, dados os resultados desse experimento, mas 45% representariam um grande progresso. O banco deveria considerar outro teste, aumentando a amostra para conseguir um intervalo de confiança mais estreito.

7 Um erro do Tipo I significaria decidir que a taxa de sucesso do DVD é maior que 30%, quando ela não é. O banco adotaria um método mais caro de cobrança que não é melhor que o método original, uma estratégia menos cara.

8 Um erro do Tipo II significaria decidir que não existe evidência suficiente para afirmar que a estratégia do DVD funciona, quando de fato funciona. O banco falharia na descoberta de um método eficaz para aumentar sua receita das contas dos devedores.

9 Mais alta; quanto maior o tamanho do efeito, maior o poder. É mais fácil detectar uma melhora numa taxa de sucesso de 60% do que numa taxa de 32%.

Intervalos de Confiança e Testes de Hipóteses para Médias

Guinness & Co.

Em 1759, quando Arthur Guinness tinha 34 anos, ele fez uma aposta incrível: assinou um arrendamento de 9 mil anos de uma cervejaria abandonada e em estado precário. O terreno cobria quatro acres e consistia em um moinho, duas casas de malte, um estábulo para 12 cavalos e um celeiro que comportava 200 toneladas de feno. Naquela época, a fabricação da cerveja era um mercado difícil e competitivo. Gin, uísque e a tradicional cerveja preta londrina (*porter*) eram as bebidas favoritas.

Além das cervejas claras mais fortes (*ales*), pelas quais Dublin era conhecida, a Guinness começou a fabricar cervejas escuras (*porters*), para competir diretamente com as cervejarias inglesas. Quarenta anos depois, Guinness interrompeu a produção das cervejas claras para se concentrar nas suas *stouts* e *porters*. Quando ele faleceu, em 1803, seu filho Arthur Guinness II assumiu a direção e, alguns anos depois a empresa passou a exportar a Guinness *stout* para outros países da Europa. Por volta de 1830, a Guinness St. James's Gate Brewery havia se tornado a maior cervejaria da Irlanda. Em 1886, a cervejaria Guinness, com uma produção anual de 1,2 milhão de barris, foi a primeira grande cervejaria a ser incorporada no Mercado de Ações de Londres como empresa de capital aberto. Durante os anos de 1890, a empresa começou a empregar cientistas. Um deles, William S. Gosset, foi contratado como químico para testar a qualidade do processo de fermentação. Além de pioneiro do método de controle da qualidade na indústria, o trabalho estatístico de Gosset tornou possível a inferência estatística moderna.[1]

Como químico na cervejaria Guinnes, em Dublin, William S. Gosset estava no comando do controle de qualidade. Seu trabalho era certificar-se de que a *stout* (uma cerveja preta, espessa) que saía da cervejaria tinha qualidade alta o suficiente para satisfazer os padrões dos exigentes consumidores da Guinness. É fácil imaginar por que testar uma grande quantidade de *stout* pode ser indesejável, sem mencionar o perigo para a saúde. Assim, para verificar a qualidade, Gosset geralmente usava uma amostra de somente três ou quatro observações por lote. No entanto, ele notou que seus testes não eram precisos com amostras desse tamanho: quando os lotes rejeitados eram enviados de volta ao laboratório para testes mais intensivos, muitas vezes verificava-se que os resultados do teste estavam errados. Como um estatístico treinado, Gosset sabia que tinha de estar errado *algumas* vezes, mas ele detestava errar com maior frequência do que a teoria previa. O resultado das frustrações de Gosset foi o desenvolvimento de um teste para lidar com pequenas amostras, o principal assunto deste capítulo.

12.1 A distribuição amostral da média

Você aprendeu a criar intervalos de confiança e testar hipóteses sobre proporções. Agora queremos fazer o mesmo para as médias. Para proporções, encontramos o intervalo de confiança como:

$$\hat{p} \pm ME,$$

A ME era igual ao valor crítico, z^*, vezes $EP(\hat{p})$. Nosso intervalo de confiança para as médias será:

$$\bar{y} \pm ME.$$

E nosso ME será um valor crítico vezes $EP(\bar{y})$. Assim, vamos colocar as peças no lugar. O que o Teorema Central do Limite nos ensinou, no Capítulo 9, parece ser o que precisamos.

---

[1] Fonte: Guinness & Co. 2006, www.guinness.co/global/story/history.

Teorema Central do Limite

Quando uma amostra aleatória é selecionada de *qualquer* população com uma média de μ e desvio padrão de σ, sua média, $\bar{y}$, tem uma distribuição amostral cuja *forma* é aproximadamente Normal, desde que o tamanho da amostra seja grande o suficiente. Quanto maior a amostra usada, mais a distribuição amostral da média se aproxima da Normal. A média da distribuição amostral é μ e seu desvio padrão é $DP(\bar{y}) = \dfrac{\sigma}{\sqrt{n}}$.

Isso nos dá uma distribuição amostral e um desvio padrão para a média. Tudo o que precisamos é uma amostra aleatória de dados quantitativos e o valor real do desvio padrão da população σ.

Mas espere. Isso pode ser um problema. Para calcular $\sigma/\sqrt{n}$, precisamos conhecer σ. Como podemos conhecer σ? Suponha que, para 25 executivos jovens, o valor da média de seus portfólios de ações seja $125672. Isso indicaria o valor de σ? Não, o desvio padrão depende da similaridade do investimento dos executivos, não quão bem eles investiram (a média informa isso). No entanto, precisamos de σ porque é o numerador do desvio padrão da média da amostra: $DP(\bar{y}) = \dfrac{\sigma}{\sqrt{n}}$. Portanto, o que podemos fazer? A resposta óbvia é usar o desvio padrão da amostra, s, dos dados em vez de σ. O resultado é o erro padrão: $EP(\bar{y}) = \dfrac{s}{\sqrt{n}}$

Há um século, as pessoas apenas colocavam o erro padrão dentro do modelo Normal, assumindo que funcionaria. Para tamanhos de amostra maiores, isso *realmente* funcionava. No entanto, havia problemas com amostras menores. A variação adicional no erro padrão criava um caos com os valores-P e as margens de erro.

William S. Gosset foi o primeiro a investigar esse fenômeno. Ele percebeu que, além de permitir variação extra com as margens de erro maiores e os valores-P, também precisamos de um novo modelo de distribuição amostral. De fato, precisamos de toda uma *família* de modelos, dependendo do tamanho da amostra, n. Esses modelos são unimodais, simétricos e em forma de sino, mas quanto menor for nossa amostra, mais precisaremos expandir as caudas. O trabalho de Gosset revolucionou a estatística, mas muitos que o utilizam sequer conhecem o nome do químico.

Para encontrar a distribuição amostral de $\dfrac{\bar{y}}{s/\sqrt{n}}$, Gosset a simulou à mão. Ele extraiu tiras de papel de amostras pequenas de um chapéu centenas de vezes e calculou as médias e os desvios padrão com uma calculadora à manivela. Hoje, você poderia repetir em segundos no computador esse experimento que levou mais de um ano. O trabalho de Gosset foi tão meticuloso que, além de conseguir a forma aproximadamente certa do novo histograma, ele ainda descobriu a fórmula exata para ela a partir da amostra. A fórmula só foi confirmada matematicamente anos mais tarde por Sir R. A. Fisher.

O *t* de Gosset

Gosset verificava a qualidade da *stout* executando testes de hipóteses. Ele sabia que se determinasse $\alpha = 0,05$, o teste faria alguns erros do Tipo I rejeitando aproximadamente 5% dos lotes bons da *stout*. Entretanto, o laboratório relatou que ele estava rejeitando, na verdade, aproximadamente 15% dos lotes bons. Gosset sabia que algo estava errado e isso o incomodava.

Gosset parou de trabalhar temporariamente para estudar o problema e conseguir um diploma de graduação no campo emergente da estatística. Ele descobriu que, quando usava o erro padrão $\dfrac{s}{\sqrt{n}}$, a forma do modelo amostral não era mais Normal. Descobriu ainda o que era o novo modelo e o chamou de distribuição *t*.

A Guinness não forneceu muito apoio ao trabalho de Gosset. De fato, ela tinha uma política contra a publicação de resultados. Gosset precisou convencer a empresa de que ele não estava publicando um segredo industrial e, como parte da permissão para a publicação, teve de usar um pseudônimo. O pseudônimo que ele escolheu foi "Student" (Estudante), e, desde então, o modelo que ele descobriu é conhecido como o *t* **de Student**.

O modelo de Gosset tem sempre a forma de sino, mas os detalhes mudam com o tamanho da amostra. Assim, os modelos *t* de Student formam uma família de distribuições relacionadas, que dependem de um parâmetro conhecido como **graus de liberdade**. Geralmente, denotamos os graus de liberdade como gl e o modelo como t_{gl}, com o valor numérico dos graus de liberdade como um subscrito.

> **ALERTA DE NOTAÇÃO:**
> Desde Gosset, a letra *t* tem sido usada em estatística apenas para a sua distribuição.

12.2 Um intervalo de confiança para médias

Para fazer um intervalo de confiança ou testar hipóteses para as médias, precisamos usar o modelo de Gosset. Qual deles? Bem, para médias, verifica-se que o valor correto para os graus de liberdade é gl = $n - 1$.

Modelo da distribuição amostral para médias

Quando certas condições são satisfeitas, a média da amostra padronizada,

$$t = \frac{\bar{y} - \mu}{SE(\bar{y})}$$

segue o modelo *t* de Student com $n - 1$ graus de liberdade. Encontramos o erro padrão a partir de:

$$EP(\bar{y}) = \frac{s}{\sqrt{n}}$$

Quando Gosset corrigiu o modelo Normal para a incerteza extra, a margem de erro ficou maior, como você já deve ter imaginado. Quando você usa o modelo de Gosset em vez do modelo Normal, seus intervalos de confiança serão um pouco maiores e seus valores-P, mais altos (Figura 12.1). Essa é a correção que você precisa. Ao usar o modelo *t*, você compensa a variabilidade extra de maneira correta.

Intervalo *t* de uma amostra

Quando as suposições e condições são satisfeitas, estamos prontos para encontrar o **intervalo de confiança para a média da população, μ**. O intervalo de confiança é:

$$\bar{y} \pm t^*_{n-1} \times SE(\bar{y}),$$

onde o erro padrão da média é:

$$EP(\bar{y}) = \frac{s}{\sqrt{n}}$$

O valor crítico t^*_{n-1} depende do nível de confiança particular, C, que você especifica e do número dos graus de liberdade, $n - 1$, que obtemos a partir do tamanho da amostra.

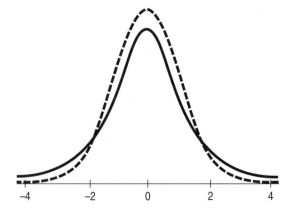

Figura 12.1 O modelo *t* (curva sólida) com 2 graus de liberdade tem caudas mais grossas do que o modelo Normal Padrão (curva pontilhada). Assim, a Regra 68-95-99,7 não funciona para modelos *t* com pequenos graus de liberdade.

Os modelos t de Student são unimodais, simétricos e com forma de sino, como o modelo Normal. No entanto, modelos t com pequenos graus de liberdade têm um pico mais estreito do que o modelo Normal e têm caudas mais grossas (isso é o que torna a margem de erro maior.) À medida que os graus de liberdade aumentam, os modelos t se parecem cada vez mais com o modelo Normal Padrão. Na verdade, o modelo t com grau de liberdade infinito é exatamente igual ao Normal Padrão.[2] Isso é ótimo se você tiver um número infinito de valores dos dados. Infelizmente, não é algo prático. Felizmente, acima de algumas centenas de graus de liberdade, é muito difícil notar a diferença. É claro, numa situação rara em que *conhecemos* σ, seria ridículo não usar essa informação. Se não tivermos de estimar σ, podemos usar o modelo Normal. Tipicamente, o conhecimento do valor de σ pode estar relacionado à (muita) experiência ou a um modelo teórico. Normalmente, entretanto, estimamos σ por s a partir dos dados e usamos, então, o modelo t.

> **z ou *t*?**
> Se você conhece σ, use z (isso é raro!). Sempre que você usar s para estimar σ, use t.

12.3 Suposições e condições

Gosset descobriu o modelo t por simulação. Anos mais tarde, quando Sir Ronald Fisher mostrou matematicamente que Gosset estava certo, ele precisou fazer algumas suposições para que a prova funcionasse. Essas são as suposições que precisamos usar nos modelos t de Student.

Suposição de independência

Suposição de independência: Os valores dos dados devem ser independentes. Não há como verificar a independência dos dados olhando para a amostra, mas devemos pensar se essa suposição é razoável.

Condição de aleatoriedade: Os dados resultam de uma amostra aleatória ou de um experimento padronizado adequado. Dados amostrados aleatoriamente – especialmente dados de uma Amostra Aleatória Simples (AAS) – são ideais.

Quando uma amostra é coletada sem substituição, tecnicamente temos de confirmar que não amostramos uma fração grande da população, o que poderia colocar em risco a independência das nossas seleções.

Condição dos 10%: O tamanho da amostra não deve exceder mais de 10% da população. Na prática, não mencionamos a Condição dos 10% quando estimamos as médias. Por quê? Quando fizemos inferências sobre as proporções, essa condição era crucial, já que normalmente tínhamos amostras grandes. Porém, nossas amostras, em geral, são menores para as médias, assim, esse problema surge somente se estivermos amostrando uma população pequena (e, nesse caso, existe uma fórmula de correção que poderemos utilizar).

Suposição de normalidade

Os modelos t de Student não funcionarão para dados extremamente assimétricos. Quão assimétrico é muito assimétrico? Formalmente, assumimos que os dados são de uma população que segue o modelo Normal. De maneira prática, não há como ter certeza de que isso é verdade.

Quase certamente *não* é verdadeiro. Os modelos são idealizados; os dados reais são, bem, reais. A boa notícia, entretanto, é que, mesmo para pequenas amostras, é suficiente verificar uma condição.

Condição de normalidade. Os dados vêm de uma distribuição unimodal e simétrica. Trata-se de uma condição muito mais prática, que podemos verificar com um histograma.[3] Para amostras menores, pode ser difícil ver uma forma de distribuição

> **Não *queremos* parar**
> Verificamos as condições a fim de fazer uma análise significativa dos nossos dados. As condições servem como critério de *desqualificação* – continuamos, a não ser que exista um problema sério. Se encontrarmos problemas menores, os observamos e manifestamos cautela sobre os nossos resultados. Se a amostra não for AAS, mas acreditamos que ela seja representativa da população, limitamos nossas conclusões de forma correspondente. Se houver valores atípicos, em vez de parar, executamos nossa análise com e sem eles. Se a amostra parece bimodal, tentamos analisar os subgrupos separadamente. Somente quando existe um problema maior – como uma amostra pequena fortemente assimétrica ou uma amostra obviamente não representativa – não podemos proceder de forma alguma.

---

[2] Formalmente, no limite, à medida que o número de graus de liberdade vai ao infinito.

[3] Ou podemos verificar uma representação mais adequada, chamada de diagrama de probabilidade normal, discutida no Capítulo 16.

> **ALERTA DE NOTAÇÃO:**
> Quando determinamos valores críticos de um modelo Normal, os representamos por z^*. Quando usamos um modelo t de Student, os valores críticos são representados por t^*.

no histograma. Infelizmente, a condição é mais importante quanto mais difícil for de verificar.[4]

Para uma amostra pequena ($n < 15$ mais ou menos), os dados devem seguir um modelo Normal à risca. É claro que, com tão poucos dados, é difícil verificar isso. Porém, se você encontrar valores atípicos ou forte assimetria, não use esses métodos.

Para tamanhos da amostra moderados (n entre 15 e 40, mais ou menos), os métodos t funcionarão bem para dados unimodais e razoavelmente assimétricos. Faça um histograma para verificar.

Quando o tamanho da amostra for maior que 40 ou 50, os métodos t podem ser usados com segurança, a não ser que os dados sejam extremamente assimétricos. De qualquer modo, faça um histograma. Se você encontrar valores atípicos nos dados e eles não forem erros fáceis de consertar, é recomendável executar a análise duas vezes, uma com e outra sem os valores atípicos, mesmo para amostras grandes. Os valores atípicos podem conter informações adicionais sobre os dados, assim, merecem uma atenção especial. Se você encontrar múltiplas modas, pode ter diferentes grupos que devem ser analisados e entendidos separadamente.

Se os dados são extremamente assimétricos (como os dados do CEO, no Capítulo 6 – veja a Figura 12.2), a média pode não ser o representante mais adequado. No entanto, em problemas de negócios, muitas vezes estamos preocupados com custos e lucros. Quando os nossos dados consistem em uma coleção de ocorrências cujo *total* é uma consequência dos negócios – como quando somamos os lucros (ou perdas) de muitas transações ou os custos de muitos materiais – então, a média é apenas o total dividido por n. Esse é um valor com uma consequência para os negócios. Felizmente, nesse exemplo, o Teorema Central do Limite vem ao nosso socorro. Mesmo quando só podemos amostrar a partir de uma distribuição muito assimétrica, a distribuição amostral da média da nossa amostra será próxima da Normal; portanto, poderemos usar os métodos do t de Student sem muita preocupação, desde que o tamanho da amostra seja *grande o suficiente*.

Quão grande é grande o suficiente? Veja um histograma dos salários do CEO ($000).

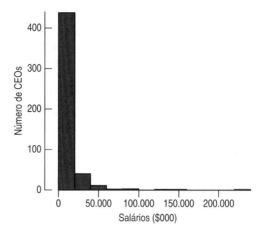

Figura 12.2 É difícil imaginar uma distribuição mais assimétrica do que esses salários anuais dos CEOs da *Fortune 500*.

Embora essa distribuição seja muito assimétrica, o Teorema Central do Limite irá tornar a distribuição amostral das médias das amostras dessa distribuição cada vez mais Normal, à medida que o tamanho da amostra aumenta. Eis um histograma e um diagrama da probabilidade Normal das médias das amostras de tamanho de 100 CEOs.

---

[4] Existem testes formais de Normalidade, mas eles não ajudam. Quando temos uma amostra pequena – quando realmente nos importamos com a verificação da Normalidade – esses testes têm pouco poder. Assim, não faz muito sentido usá-los para decidir se faremos um teste t.

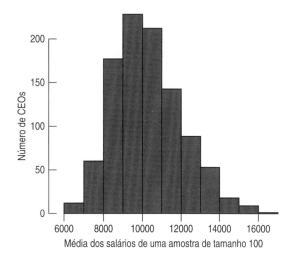

Figura 12.3 Mesmo amostras tão pequenas como 100 do conjunto de dados dos CEOs produzem médias cuja distribuição amostral é quase normal. Amostras maiores terão distribuições amostrais ainda mais próximas da Normal.

Muitas vezes, em aplicações modernas de negócios, temos amostras de muitas centenas ou milhares. Devemos, ainda, prestar atenção aos valores típicos e múltiplas modas e ter certeza de que as observações são independentes. Mas se a média for de interesse, o Teorema Central do Limite funciona muito bem, assegurando que a distribuição amostral da média estará próxima à Normal para amostras desse tamanho.

TESTE RÁPIDO

A cada 10 anos, os Estados Unidos fazem um censo que busca contar cada residente. O censo também coleta informações sobre uma variedade de questões econômicas e sociais. Todos os tipos de negócios usam os dados do censo para planejar vendas e estratégias de *marketing* e entender as variáveis demográficas subjacentes das áreas que eles servem.

Existem dois formulários para o censo: o "formulário resumido", respondido pela maioria das pessoas, e o "formulário completo", enviado aproximadamente para um em cada seis ou sete domicílios escolhidos aleatoriamente. De acordo com o Serviço de Recenseamento (factfinder.census.gov), "... cada estimativa baseada nas respostas do formulário completo tem um intervalo de confiança associado".

1. Por que o Serviço de Recenseamento precisa de um intervalo de confiança para a informação do formulário completo, mas não para as questões que aparecem em ambos os formulários, completo e resumido?

2. Por que o Serviço de Recenseamento baseia esses intervalos de confiança nos modelos *t*?

O Serviço de Recenseamento prossegue afirmando: "Esses intervalos de confiança são maiores ... para áreas geográficas com populações menores e para características que ocorrem com menor frequência na área que está sendo examinada (como a proporção de pessoas pobres num bairro de classe média)".

3. Por que é assim? Por exemplo, por que um intervalo de confiança para a média do gasto mensal familiar em habitação deve ser maior para uma área pouco povoada de fazendas do meio-oeste do que para uma área densamente povoada de um centro urbano? Como a fórmula de um intervalo *t* de uma amostra indica que isso irá acontecer?

Para lidar com esse problema, o Serviço de Recenseamento registra dados do formulário completo para "... áreas geográficas para as quais aproximadamente duzentos ou mais formulários completos foram completados – o que é grande o suficiente para produzir estimativas de boa qualidade. Se áreas ponderadas menores forem usadas, os intervalos de confiança em torno das estimativas seriam significativamente maiores, fornecendo resultados com menor utilidade".

4. Suponha que o Serviço de Recenseamento decidiu incluir nos relatos áreas das quais somente 50 formulários completos foram preenchidos. Que efeito isso teria num intervalo de confiança de 95% para, digamos, o custo médio da habitação? Especificamente, quais dos valores usados na fórmula para a margem de erro mudariam? Quais valores mudariam muito e quais valores mudariam apenas um pouco? Aproximadamente quão maior seria o intervalo de confiança com base em 50 formulários do que um com base em 200 formulários?

360 Parte II – Entendendo Dados e Distribuições

EXEMPLO ORIENTADO | *Lucros dos seguros*

As companhias de seguros correm riscos. Quando fazem um seguro de uma propriedade ou de uma vida, devem avaliar a apólice de maneira que seu lucro esperado permita a sobrevivência econômica. Elas podem basear suas projeções em tabelas atuariais, mas a realidade dos negócios dos seguros geralmente demanda deduzir apólices de uma variedade de clientes e situações. Gerenciar esse risco é ainda mais difícil, porque, até o vencimento da apólice, a companhia não saberá se teve lucro, independentemente do prêmio cobrado.

Uma gerente quer verificar o desempenho do seu representante de vendas, por isso selecionou 30 apólices vencidas vendidas pelo representante de vendas e calculou o lucro líquido (prêmio do seguro menos a indenização paga) para cada uma delas.

A gerente quer que você, como consultor, construa um intervalo de confiança de 95% para o lucro médio das apólices vendidas pelo representante de vendas.

Lucro (em $) das 30 apólices

222,80	463,35	2089,40
1756,23	-66,20	2692,75
1100,85	57,90	2495,70
3340,66	833,95	2172,70
1006,50	1390,70	3249,65
445,50	2447,50	-397,70
3255,60	1847,50	-397,31
3701,85	865,40	186,25
-803,35	1415,65	590,85
3865,90	2756,34	578,95

PLANEJAR

Especificação: Declare o que queremos saber. Identifique as variáveis e o seu contexto.

Queremos encontrar um intervalo de confiança de 95% para o lucro médio das apólices vendidas por esse representante de vendas. Temos dados de 30 apólices vencidas.

Faça uma figura. Verifique a forma da distribuição e procure assimetrias, modas múltiplas e valores atípicos.

Eis um diagrama de caixa e bigode e um histograma para esses valores

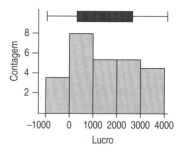

A amostra parece ser unimodal e simétrica com valores do lucro entre –$1000 e $4000 e sem valores atípicos.

Modelo: Pense sobre as suposições e verifique as condições

✓ **Suposição da independência**
Essa é uma amostra aleatória, portanto, as observações deveriam ser independentes.

✓ **Condição de aleatoriedade**
Essa amostra foi selecionada aleatoriamente das apólices vencidas vendidas pelo representante de vendas da companhia.

Capítulo 12 – Intervalos de Confiança e Testes de Hipóteses para Médias **361**

		✓ **Condição de normalidade** A distribuição dos lucros é unimodal e bem simétrica, sem assimetria forte.
	Declare o modelo da distribuição amostral para a estatística sendo utilizada.	Usaremos o modelo t de Student com $n - 1 = 30 - 1 = 29$ graus de liberdade e encontraremos um intervalo t de uma amostra para a média.
FAZER	**Mecânica:** Calcule as estatísticas básicas e construa o intervalo de confiança.	Usando um *software*, obtemos as seguintes estatísticas básicas: $$n = 30$$ $$\bar{y} = \$1438,90$$ $$s = \$1329,60$$
	Lembre que o erro padrão da média é igual ao desvio padrão dividido pela raiz quadrada de n.	O erro padrão da média é: $$SE(\bar{y}) = \frac{s}{\sqrt{n}} = \frac{1329,60}{\sqrt{30}} = \$242,75$$
	O valor crítico de que precisamos para fazer um intervalo de confiança de 95% vem da tabela t de Student, um programa de computador ou uma calculadora. Temos $30 - 1 = 29$ graus de liberdade. O nível de confiança selecionado indica que queremos que 95% da probabilidade seja capturada no meio da distribuição, assim, excluímos 2,5% em cada cauda, para um total de 5%. Os graus de liberdade e os 2,5% da probabilidade da cauda é o que precisamos saber para encontrar o valor crítico. Aqui ele é 2,045.	Existem $30 - 1 = 29$ graus de liberdade. A gerente especificou um nível de confiança de 95%, assim, o valor crítico (da tabela T) é 2,045. A margem de erro é: $$ME = 2,045 \times SE(\bar{y})$$ $$= 2,045 \times 242,75$$ $$= \$496,42$$ O intervalo de confiança de 95% para a média do lucro é: $\$1438,90 \pm \$496,42$ $= (\$942,48; \$1935,32).$
RELATAR	**Conclusão:** Interprete o intervalo de confiança no contexto apropriado.	**Memorando:** **Re: Lucro das apólices** A partir da nossa análise das apólices selecionadas, estamos 95% confiantes de que a média verdadeira do lucro das apólices vendidas por esse representante de vendas está contida num intervalo de $\$942,48$ a $\$1935,32$.
	Quando construímos intervalos de confiança dessa forma, esperamos que 95% deles cubram a média verdadeira e 5% não encontrem o valor verdadeiro. Isso é o que significa "95% de confiança".	Advertência: as perdas nos seguros são sujeitas a valores atípicos. Uma perda muito grande poderia influenciar substancialmente o lucro médio. Entretanto, não houve tais casos nesse conjunto de dados.

O valor crítico do Exemplo Orientado foi encontrado na Tabela *t* de Student no Apêndice C. Para encontrar o valor crítico, localize a linha da tabela correspondente aos graus de liberdade e a coluna correspondente à probabilidade que você deseja. Como um intervalo de confiança de 95% deixa 2,5% dos valores em cada lado, procuramos por 0,025 no topo da coluna ou procuramos por 95% de confiança diretamente na última linha da tabela. O valor na tabela na intersecção é o valor crítico de que precisamos. No Exemplo Orientado, o número de graus de liberdade era 30 − 1 = 29, assim, localizamos o valor de 2,045.

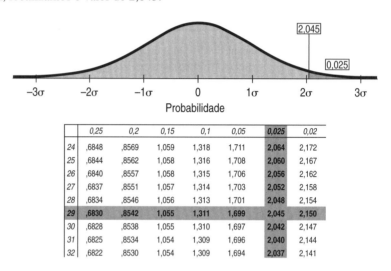

Figura 12.4. Usando a Tabela *t* para consultar o valor crítico *t** para um nível de 95% de confiança com 29 graus de liberdade.

> **Então, o que devemos dizer?**
>
> Como 95% das amostras aleatórias produzem um intervalo que captura a média verdadeira, você deveria dizer: "Estou 95% confiante de que o intervalo entre $942,48 e $1935,32 contém a média dos lucros de todas as apólices vendidas por esse representante de vendas". Também é correto afirmar algo menos formal: "Estou 95% confiante de que a média dos lucros para todas as apólices vendidas por esse representante de vendas está entre $942,48 e $1935,32". Lembre-se: sua incerteza é sobre o intervalo, não sobre a média verdadeira. O intervalo varia aleatoriamente. A média verdadeira do lucro não é nem variável nem aleatória – apenas desconhecida.

12.4 Precauções na interpretação dos intervalos de confiança

Os intervalos de confiança para as médias oferecem interpretações novas e erroneamente tentadoras. Eis algumas maneiras de evitar erros:

◆ **Não diga:** "*95% de todas as apólices* vendidas por esse representante de vendas têm lucros entre $942,48 e $1935,32". O intervalo de confiança diz respeito à *média,* não a mensurações de apólices individuais.

◆ **Não diga:** "Estamos 95% confiantes de que *uma apólice aleatoriamente selecionada* terá um lucro líquido entre $942,48 e $1.935,32". Essa interpretação falsa também é sobre apólices individuais, em vez da *média* das apólices. Estamos 95% confiantes de que a *média* do lucro de todas as apólices (similares) vendidas por esse representante de vendas está entre $942,48 e $1935,32.

◆ **Não diga:** "A média do lucro é de $ 1438,90 *95% das* vezes". Isso diz respeito a médias, mas ainda assim errado. A afirmação implica que a média verdadeira varia, quando na verdade é o intervalo de confiança que seria diferente se tivéssemos uma amostra diferente.

◆ Finalmente, **não diga:** "*95% de todas as amostras* terão uma média de lucro entre $942,48 e $1935,32". Essa afirmação sugere que *esse* intervalo de alguma forma fixa um padrão para intervalos alternados. Na verdade, esse intervalo não é mais (nem menos) provável de estar correto do que qualquer outro. Você poderia dizer que 95% de todas as amostras possíveis poderiam produzir intervalos que contenham a média verdadeira do lucro. (O problema é que, por nunca sabermos o que é a média verdadeira do lucro, não somos capazes de saber se nossa amostra estava dentro dos 95%.)

Capítulo 12 – Intervalos de Confiança e Testes de Hipóteses para Médias **363**

12.5 Teste *t* de uma amostra

A gerente tem uma preocupação mais específica. A política da companhia afirma que, se o lucro médio do representante de vendas está abaixo de $1500, ele tem dado muito desconto e terá de ajustar sua estratégia de preços. Existe evidência a partir dessa amostra de que o lucro médio é realmente menor que $1500? A pergunta pede por um teste de hipótese chamado de **teste *t* de uma amostra para a média**.

Você já sabe o suficiente para construir esse teste. Esse teste estatístico é parecido com os outros que já vimos. Sempre comparamos a diferença entre a estatística observada e um valor hipotético ao erro padrão. Para médias que se parecem com $\dfrac{\bar{y} - \mu_0}{EP(\bar{y})}$, já sabemos que o modelo de probabilidade adequado é o *t* de Student com $n - 1$ graus de liberdade.

Teste *t* de uma amostra para a média

As condições para o teste *t* de uma amostra para a média são as mesmas do intervalo *t* de uma amostra. Testamos a hipótese H_0: $\mu = \mu_0$ usando a estatística

$$t_{n-1} = \frac{\bar{y} - \mu_0}{EP(\bar{y})}$$

onde o erro padrão de $\bar{y}$ é: $EP(\bar{y}) = \dfrac{s}{\sqrt{n}}$

Quando as condições forem satisfeitas e a hipótese nula for verdadeira, essa estatística segue um modelo *t* de Student com $n - 1$ graus de liberdade. Usamos esse modelo para obter um valor-P.

EXEMPLO ORIENTADO	*Lucros dos seguros revisitado*
Vamos aplicar o teste *t* de uma amostra para as 30 apólices vencidas amostradas pela gerente. Dessas 30 apólices, a gerência quer saber se existe evidência de que	o lucro médio das apólices vendidas pelo representante de vendas é menor que $1500.

PLANEJAR	**Especificação** Declare o que queremos saber. Deixe claro qual é a população e qual é o parâmetro. Identifique as variáveis e o seu contexto.	*Queremos testar se o lucro médio das vendas das apólices do representante é menor que $1500. Temos uma amostra aleatória de 30 apólices vencidas para julgar essa hipótese.*
	Hipótese Damos o benefício da dúvida para o representante de vendas. A hipótese nula é que a média verdadeira do lucro é igual a $1500. Por estarmos interessados em saber se o lucro é menor, a alternativa é unilateral.	H_O: $\mu = \$1500$ H_A: $\mu < \$1500$

	Faça um gráfico. Verifique se a distribuição tem assimetria, múltiplas modas ou valores atípicos	Verificamos o histograma desses dados no Exemplo Orientado anterior e vimos que ele tinha uma distribuição unimodal e simétrica.
	Modelo Verifique as condições.	Verificamos as Condições de Aleatoriedade e Normalidade no Exemplo Orientado anterior.
	Declare o modelo da distribuição amostral. Escolha o método.	As condições foram satisfeitas, então usaremos o modelo t de Student com $n - 1 = 29$ graus de liberdade e um teste t de uma amostra para a média.
 **FAZER**	**Mecânica** Calcule as estatísticas da amostra. Certifique-se de incluir as unidades quando você escrever o que sabe sobre os dados.	Usando um software, obtemos as seguintes estatísticas básicas: $n = 30$ Média = \$1438,90 Desv. Padrão = \$1329,60
	O cálculo da estatística-t é apenas um valor padronizado. Subtraímos a média hipotética e dividimos o resultado pelo erro padrão. Assumimos que o modelo nulo é verdadeiro para encontrar o valor-p. Faça uma figura do modelo t, centrado em μ_0. Visto que esse é um teste unilateral à esquerda, marque a região correspondente do lucro médio observado. O valor-P é a probabilidade de observar a média da amostra tão pequena quanto \$1438,90 (ou menor) se a média verdadeira fosse \$1500, como a hipótese nula declara. Podemos encontrar esse valor-p a partir de uma tabela, usando uma calculadora ou um programa de computador.	$t = \dfrac{1438,90 - 1500}{1329,60/\sqrt{30}} = -0,2517$ (A média observada está menos abaixo de um erro padrão abaixo do valor suposto.) 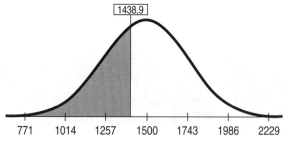 Valor-P = $P(t_{29} < -0,2517) = 0,4015$ (ou, a partir da tabela, $0,1 < P < 0,5$)
RELATAR	**Conclusão** Relacione o valor-P à sua decisão sobre H_0 e declare sua conclusão no contexto.	**Memorando:** **Re: Desempenho das vendas** O lucro médio dos 30 contratos amostrados fechados pelo representante de vendas em questão ficou abaixo do nosso padrão de \$1500, mas não existe evidência suficiente, a partir dessa amostra de apólices, para indicar que a média verdadeira está abaixo de \$1500. Se a média fosse \$1500, esperaríamos que um tamanho da amostra de 30 tivesse uma média tão baixa quanto a observada aproximadamente em 40,15% das vezes.

Observe que, da forma como essa hipótese foi estabelecida, o lucro médio do representante de vendas deveria ser bem mais baixo que $1500 para rejeitar a hipótese nula. Como a hipótese nula afirmava que a média era de $1500 e a hipótese alternativa afirmava que era menos, essa forma de determinar as hipóteses garantiu o benefício da dúvida ao representante de vendas. Nada há de errado com isso, mas sempre tenha certeza de que as hipóteses estejam declaradas de modo a auxiliá-lo a tomar uma decisão de negócios correta.

Encontrando os valores *t* manualmente

O modelo *t* de Student é diferente para cada valor do grau de liberdade. Poderíamos ter imprimido uma tabela como a Tabela Z (do Apêndice C) para cada valor do grau de liberdade, o que gastaria muitas páginas e provavelmente não seria um *best-seller*. Uma forma de resumir o livro é nos limitarmos a intervalos de confiança de 80, 90, 95 e 99%. Portanto, os livros de estatística geralmente têm uma tabela dos valores críticos do modelo *t* para um conjunto selecionado de níveis de confiança. Esse livro também tem: veja a Tabela T no Apêndice C. (Você também pode buscar tabelas na Internet.)

As tabelas *t* apresentam tantos graus de liberdade quantos couberem na página e são mais fáceis de usar do que as Tabelas da Normal (Figura 12.5). É claro, para graus de liberdade *suficientes,* o modelo *t* fica cada vez mais próximo ao Normal, assim, a tabela fornece uma linha final com os valores críticos do modelo Normal e a rotula de "∞ gl."

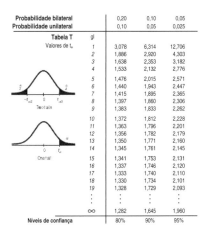

Figura 12.5 Parte da tabela T do apêndice C.

TESTE RÁPIDO

Na discussão sobre as estimativas baseadas em amostras de formulários completos, o Serviço de Recenseamento observa: "A desvantagem ... é que ... as estimativas das características também relatadas no formulário resumido não serão compatíveis com as [estimativas do formulário completo]".

As estimativas do formulário resumido são valores de um censo completo, assim, são valores "verdadeiros" – algo que geralmente não temos quando fazemos inferência.

5. Suponha que usemos os dados do formulário completo para fazer 100 intervalos de confiança de 95% para a média da idade dos residentes, uma para cada uma das 100 áreas definidas pelo censo. Quantos desses 100 intervalos devemos esperar que irão *deixar* de incluir a verdadeira média da idade (como foi determinada a partir dos dados do censo do formulário resumido)?

6. Com base na amostra do formulário completo, podemos testar a hipótese nula de que a média da renda familiar numa região era a mesma do censo anterior. Seria provável que o erro padrão para tal teste aumentasse ou diminuísse se usássemos uma área com mais respondentes de formulários completos?

366 Parte II – Entendendo Dados e Distribuições

> Para altos graus de liberdade, a forma dos modelos *t* de Student muda de modo mais gradual. A tabela T no Apêndice C inclui graus de liberdade entre 100 e 1000, assim, você pode determinar o valor-P para aproximadamente qualquer gl. Se os seus gl não estão listados, faça a abordagem da precaução usando o primeiro valor abaixo disponível ou use a tecnologia para encontrar o valor exato.

Por exemplo, suponha que obtemos o resultado de um teste *t* sobre valores de uma amostra com um alto grau de liberdade, com 19 gl, e queremos o valor-P da cauda superior. A partir da tabela, vemos que 1,639 está entre 1,328 e 1,729. Tudo o que podemos dizer é que o valor-P procurado está entre os valores-P desses dois valores críticos, assim, 0,05 < p < 0,10.

Também podemos usar a tecnologia. As calculadoras ou programas estatísticos podem fornecer valores críticos para um modelo *t* para qualquer grau de liberdade e qualquer nível de confiança que você precise. Eles podem ir direto para os valores-P quando você testa uma hipótese. Com tabelas, podemos apenas aproximar os valores-P colocando-os entre duas das colunas. Geralmente, isso é bom o suficiente. Uma maior precisão não representará necessariamente um auxílio na tomada de uma boa decisão de negócios.

Precisaríamos ter executado um teste *t* de uma amostra para saber que não seria possível rejeitar a hipótese nula de que a média era de $1500?

Afinal, vimos que o intervalo $942,48 a $1935,32 continha todos os valores plausíveis para o lucro médio com uma confiança de 95%. Visto que $1500 era um desses valores plausíveis, não temos evidência para sugerir que a média não é $1500.

Como queremos um teste unilateral, nosso nível α do intervalo de confiança de 95% seria de 0,025, correspondendo somente a um lado do intervalo de confiança. Se quisermos um nível α de 0,05, poderíamos olhar para o intervalo de confiança de 90%: ($1022,26; $1855,54). Visto que $1500 também está nesse intervalo, poderíamos chegar à mesma conclusão, a de não ser possível rejeitar a hipótese de que a média é $1500.

12.6 O tamanho da amostra

Qual é o tamanho da amostra que precisamos? A resposta simples é sempre "maior". Porém, mais dados demandam mais dinheiro, esforço e tempo. Assim, quanto é o suficiente? Suponha que o seu computador leva uma hora para baixar um filme que você quer assistir. Você está frustrado com a situação. Então, fica sabendo de um programa que afirma baixar filmes em menos de meia hora. Você está interessado o suficiente para gastar $29,95 no programa, mas somente se ele realmente cumprir o que afirma. Assim, você consegue uma cópia grátis de avaliação e a testa, baixando um filme 10 vezes. É claro, a média do tempo de baixar o filme não é exatamente 20 minutos, como foi afirmado. As observações variam. Se a margem de erro foi de 8 minutos, entretanto, você provavelmente será capaz de decidir se o *software* valeu o dinheiro gasto. Dobrar o tamanho da amostra demandaria outras cinco ou mais horas de teste e reduziria sua margem de erro para pouco menos do que 6 minutos. Você precisaria decidir se vale o esforço.

Ao planejarmos a coleta de dados, devemos ter alguma ideia de quão pequena deve ser a margem de erro para sermos capazes de chegar a uma conclusão ou detectar uma diferença relevante. Se o tamanho do efeito que estamos estudando for grande, podemos tolerar uma ME maior. Se necessitarmos de uma grande precisão, contudo, devemos ter uma ME menor e, portanto, um tamanho maior da amostra.

Munidos com a ME e o nível de confiança, podemos encontrar o tamanho da amostra que precisaremos. Quase.

Sabemos que, para uma média, a $ME = t^*_{n-1} \times SE(\bar{y})$ e que $EP(\bar{y}) = \dfrac{s}{\sqrt{n}}$, logo podemos determinar o tamanho da amostra solucionando essa equação para n:

$$ME = t^*_{n-1} \times \frac{s}{\sqrt{n}}.$$

A boa notícia é que temos uma equação; a péssima notícia e que não sabemos a maioria dos valores que precisamos para calculá-la. Quando pensávamos sobre o tamanho da amostra para proporções, nos deparamos com um problema similar. Lá, tínhamos de estimar um valor para *p* a fim de calcular o tamanho da amostra. Aqui, precisamos conhecer *s*. Não conhecemos *s* até que consigamos alguns dados, mas queremos calcular o tamanho da amostra *antes* de coletar os dados. Somos capazes de estimar e

Cálculo manual do tamanho da amostra

Vamos transformar a fórmula do tamanho da amostra. Suponha que queremos uma ME de oito minutos e achamos que o desvio padrão do tempo de baixar os filmes é de aproximadamente 10 minutos. Usando um intervalo de confiança de 95% e $z* = 1,96$, solucionamos para n.

$$8 = 1,96 \, \frac{10}{\sqrt{n}}$$

$$\sqrt{n} = \frac{1,96 \times 10}{8} = 2,45$$

$$n = (2,45)^2 = 6,0025$$

É um tamanho de amostra pequeno, então usamos $(6 - 1)$ graus de liberdade para substituir um valor $t*$ apropriado. Com 95%, $t_5^* = 2,571$. Agora podemos solucionar a equação mais uma vez:

$$8 = 2,571 \, \frac{10}{\sqrt{n}}$$

$$\sqrt{n} = \frac{2,571 \times 10}{8} \approx 3,214$$

$$n = (3,214)^2 \approx 10,33$$

Para ter certeza de que a ME não é maior do que você quer, sempre arredonde o resultado para cima, o que resulta $n = 11$. Assim, para conseguir uma ME de oito minutos, devemos encontrar o tempo de *download* pra $n = 11$ filmes.

---

isso geralmente é bom o suficiente para esse objetivo. Se não tivermos ideia de qual será o desvio padrão ou se o tamanho da amostra realmente importa (por exemplo, pelo fato de que cada indivíduo adicional é muito caro para amostrar ou experimentar), uma alternativa é executar um *estudo piloto* pequeno para ter alguma percepção do tamanho do desvio padrão.

Isso não é tudo. Sem conhecer n, não sabemos os graus de liberdade e não podemos encontrar o valor crítico, t_{n-1}^*. Uma abordagem comum é usar o valor $z*$ correspondente do modelo Normal. Se você escolheu um nível de confiança de 95%, então use apenas 2, seguindo a Regra 68-95-99,7 ou 1,96 para ser mais preciso. Se o seu tamanho da amostra estimado é 60 ou mais, provavelmente isso está certo – $z*$ foi uma boa estimativa. Se for menor do que isso, você pode acrescentar uma etapa, usar $z*$ primeiro, encontrar n e então substituir $z*$ pelo t_{n-1}^* correspondente e calcular o tamanho da amostra mais uma vez.

Os cálculos do tamanho da amostra *nunca* são exatos. A margem de erro que você encontra *após* a coleta dos dados não será exatamente igual àquela que você usou para encontrar n. A fórmula do tamanho da amostra depende de valores que você não tem até que a coleta dos dados seja realizada, mas usá-la é uma primeira etapa importante. Antes de coletar os dados, é recomendável saber se o tamanho da amostra é grande o suficiente para que você seja capaz de descobrir o que quer saber.

*12.7 Graus de liberdade – por que $n - 1$?

O número dos graus de liberdade $(n - 1)$ pode lembrá-lo do valor que dividimos para encontrar o desvio padrão dos dados (visto que é, afinal, o mesmo número). Prometemos, quando introduzimos aquela fórmula, falar um pouco mais sobre o porquê da divisão por $n - 1$, em vez de n. A razão está intimamente ligada ao raciocínio sobre distribuição t.

Se soubéssemos a verdadeira média da população, μ, encontraríamos o desvio padrão da amostra usando n, em vez de $n - 1$, como:

$$s = \sqrt{\frac{\sum (y - \mu)^2}{n}} \text{ e a chamaríamos de } s.$$

Usamos $\bar{y}$, em vez de μ, o que causa um problema. Para qualquer amostra, $\bar{y}$ estará tão próximo quanto possível dos valores dos dados. Geralmente, a média da população, μ, estará mais longe. Pense sobre isso. Os escores do GMAT têm uma média populacional de 525. Se você coletar uma amostra aleatória de 5 alunos que fizeram o teste, a sua média da amostra não será 525. Os cinco valores dos dados estarão mais próximos do seu próprio $\bar{y}$ do que de 525. Assim, se usarmos $\sum (y - \bar{y})^2$ em vez de $\sum (y - \mu)^2$ na equação para calcular s, nossa estimativa do desvio padrão ficará, em geral, abaixo do verdadeiro valor, isto é, ela subestima o verdadeiro valor. O fato matemático surpreendente é que podemos compensar $\sum (y - \bar{y})^2$ por subestimar apenas dividindo por $n - 1$, em vez de n. Portanto, isso é o que o $n - 1$ está fazendo no denominador de s. Chamamos $n - 1$ de graus de liberdade.

O QUE PODE DAR ERRADO?

Primeiro, você deve decidir quando usar os métodos do *t* de Student.

- **Não confunda proporções e médias.** Quando você tratar seus dados como categóricos, contando sucessos e resumindo com uma proporção da amostra, faça inferências usando os métodos do modelo Normal. Quando você tratar seus dados como quantitativos, resumindo com a média da amostra, faça inferências usando os métodos do *t* de Student.

- **Tenha cuidado na interpretação quando os intervalos de confiança são sobrepostos.** Se os intervalos de confiança das médias de dois grupos se sobreporem, não tire conclusões precipitadas de que as médias são iguais. Duas médias podem ser significativamente diferentes e mesmo assim seus intervalos de confiança se sobreporem. Aprenderemos, no próximo capítulo, a testar diretamente a diferença entre duas médias. Se os intervalos de confiança não se sobrepõem, podemos rejeitar a hipótese nula com segurança, mas os métodos do próximo capítulo são mais poderosos.

Os métodos do *t* de Student funcionam somente quando a suposição da população Normal for verdadeira. Naturalmente, muitos dos erros estão relacionados a falhas na Suposição da População Normal. É recomendável procurar pelos tipos mais comuns de falhas. No final das contas, você pode até mesmo consertar algumas delas.

- **Tenha cuidado com a multimodalidade.** A condição de Normalidade evidentemente falha se os dados têm duas ou mais modas. Quando você tiver essa situação, procure pela possibilidade de que seus dados tenham vindo de dois grupos. Se for esse o caso, sua melhor aposta é separar os dados em dois grupos. (Use as variáveis para ajudar a distinguir as modas, se possível. Por exemplo, se as modas parecem compostas, na sua maioria, de homens em um grupo e mulheres em outro, separe os dados de acordo com o sexo.) Depois você pode analisar cada grupo separadamente.

- **Tenha cuidado com dados assimétricos.** Faça um histograma dos dados. Se os dados forem muito assimétricos, você pode tentar transformar a variável. A transformação pode gerar uma distribuição unimodal e simétrica, tornando-a mais apropriada para os métodos de inferência para médias. A transformação não irá ajudar se a distribuição amostral não for unimodal.

> Por mais tentador que seja se livrar dos valores inoportunos, você não pode simplesmente jogar fora os valores atípicos e não discuti-los. Não é correto remover os valores mais altos ou mais baixos apenas para melhorar seus resultados.

- **Investigue os valores atípicos.** A Condição de Normalidade também falha se os dados tiverem valores atípicos. Se você encontrar valores atípicos nos dados, deve investigá-los. Às vezes, é óbvio que o valor dos dados está errado, e a justificativa para removê-los ou corrigi-los também está clara. Quando não existe uma justificativa clara para remover um valor atípico, você pode executar uma análise com ou sem um valor atípico e anotar todas as diferenças nas suas conclusões. Cada vez que os valores dos dados são desprezados, você *deve* relatá-los individualmente. Geralmente, eles são a parte mais informativa do seu relatório dos dados.[5]

---

[5] Essa sugestão pode ser discutível em algumas disciplinas. Desprezar valores atípicos é visto por alguns como antiético, porque o resultado provavelmente é um intervalo de confiança menor ou um valor-P menor. No entanto, uma análise dos dados com os valores atípicos deixados no lugar está *sempre* errada. Os valores atípicos violam a Condição de Normalidade e também a suposição implícita de uma população homogênea, portanto, invalidam os procedimentos de inferência. Uma análise dos pontos não atípicos, junto com uma discussão separada dos valores atípicos, é geralmente muito mais informativa e pode revelar aspectos importantes dos dados.

É claro, os problemas de Normalidade não são os únicos riscos com os quais você se depara ao fazer inferências sobre as médias.

- **Tenha cuidado com a tendenciosidade.** As mensurações de todos os tipos podem ser tendenciosas. Se as suas observações diferem da média verdadeira de forma sistemática, seu intervalo de confiança pode não capturar a média verdadeira. E não existe um tamanho da amostra que irá salvá-lo. Uma balança de banheiro que pesa dois quilos a menos sempre pesará você dois quilos a menos mesmo que você se pese 100 vezes e faça a média. Vimos várias fontes de tendenciosidade nas pesquisas, mas as mensurações também podem ser tendenciosas. Certifique-se de considerar possíveis fontes de tendenciosidade nas suas mensurações.

- **Certifique-se de que os dados sejam independentes.** Os métodos t de Student também requerem que os valores da amostra sejam mutuamente independentes. Precisamos verificar se temos uma amostragem aleatória e ainda a condição dos 10%. Você também deve verificar se existem prováveis violações da independência no método de coleta de dados. Se existirem, tenha cautela no uso destes métodos.

- **Certifique-se de que os dados representam uma amostra aleatória apropriada.** Em condições ideais, todos os dados que analisamos foram coletados de uma amostra aleatória simples ou gerados por um experimento aleatório. Quando isso não acontecer, tenha cuidado com inferências obtidas deles. Você ainda pode calcular o intervalo de confiança corretamente ou fazer o cálculo correto do valor-P, mas isso não o isenta de cometer um erro sério na inferência.

ÉTICA EM AÇÃO

Relatórios recentes indicaram que o tempo de espera nas salas de emergência (SE) nos Estados Unidos está ficando mais longo, com uma média hoje de 30 minutos (WashingtonPost.com; Janeiro de 2008). Vários motivos foram citados para esse aumento no tempo médio de espera nas SE, incluindo o fechamento das salas de emergência nas áreas urbanas e problemas com o fluxo de gerenciamento do hospital. O Hospital Tyler, localizado na área rural de Ohio, recentemente se uniu ao programa Joint Comission's Continuous Service Readiness e concordou em monitorar seu tempo de espera na SE. Após a coleta de dados de uma amostra aleatória de 30 pacientes que chegaram à sala de emergência do Hospital Tyler no mês passado, foi encontrado um tempo médio de espera de 26 minutos, com um desvio padrão de 8,25 minutos. Análises estatísticas posteriores geraram um intervalo de confiança de 95% como tendo valores de 22,92 a 29,08 minutos, indicação clara de que os pacientes da sala de emergência do Hospital Tyler esperaram menos do que 30 minutos

para serem atendidos por um médico. A administração do Tyler, satisfeita com os resultados, tinha certeza de que a Joint Comission ficaria impressionada. Seu próximo passo era pensar em maneiras de incluir a mensagem "95% dos pacientes da SE do Tyler podem esperar aguardar menos que a média nacional para ser atendidos por um médico" nos seus materiais de promoção e propaganda.

PROBLEMA ÉTICO *A interpretação do intervalo de confiança está errada e é enganosa (relacionado ao Item C, ASA Ethical Guidelines). O intervalo de confiança não fornece resultados para pacientes individuais. Portanto, é incorreto afirmar que 95% dos pacientes individuais da SE aguardam menos (ou podem esperar aguardar menos) do que 30 minutos para ver um médico.*

SOLUÇÃO ÉTICA *Interpretar os resultados do intervalo de confiança corretamente, em termos da média do tempo de espera e não dos pacientes individuais.*

O que aprendemos?

Primeiro aprendemos a criar intervalos de confiança e testar hipóteses sobre proporções. Agora, voltamos nossa atenção às médias e aprendemos que a inferência estatística para as médias se vale dos mesmos conceitos; somente os algoritmos do nosso modelo mudaram.

- Aprendemos que o que podemos afirmar sobre a média da população é inferido dos dados, usando a média e o desvio padrão de uma amostra aleatória representativa.
- Aprendemos a descrever a distribuição amostral das médias da amostra usando um novo modelo que selecionamos da família do t de Student com base nos nossos graus de liberdade.
- Aprendemos que nossa régua para mensurar a variabilidade das médias da amostra é o erro padrão:

$$EP(\bar{y}) = \frac{s}{\sqrt{n}}.$$

- Aprendemos a encontrar a margem de erro para um intervalo de confiança usando a régua do erro padrão e um valor crítico baseado no modelo t de Student.
- Também aprendemos a usar a régua para testar hipóteses sobre a média populacional.
- Mais importante, aprendemos que, no raciocínio da inferência, é necessário verificar se as suposições apropriadas foram satisfeitas e se a interpretação adequada dos intervalos de confiança e valores-P permanecem os mesmos a despeito de estarmos investigando médias ou proporções.

Termos

Graus de liberdade (gl) — Parâmetro da distribuição t de Student que depende do tamanho da amostra. Normalmente, mais graus de liberdade refletem no aumento da informação amostral.

Intervalo t de uma amostra para a média — Um intervalo t de uma amostra para a média é:

$$\bar{y} \pm t^*_{n-1} \times SE(\bar{y}), \text{ onde } EP(\bar{y}) = \frac{s}{\sqrt{n}}$$

O valor crítico t^*_{n-1} depende de um nível de confiança particular, C, que você especifica e do número dos graus de liberdade, $n-1$.

t de Student — Família de distribuições indexada pelos seus graus de liberdade. Os modelos t são unimodais, simétricos e com forma de sino, mas geralmente têm mais áreas nas caudas e menos nos centros do que o modelo Normal. À medida que os graus de liberdade aumentam, as distribuições t se aproximam do modelo Normal.

Teste t de uma amostra para a média — O teste t de uma amostra para a média testa a hipótese $H_0: \mu = \mu_0$ usando a estatística

$$t_{n-1} = \frac{\bar{y} - \mu_0}{SE(\bar{y})}, \text{ onde } EP(\bar{y}) = \frac{s}{\sqrt{n}}.$$

Habilidades

- Ser capaz de declarar as suposições necessárias para os testes t na determinação dos intervalos de confiança.
- Saber examinar seus dados para violações das condições que fariam inferências insensatas ou inválidas sobre a média da população.

- Entender que um teste de hipótese pode ser executado com um intervalo de confiança escolhido adequadamente.

- Saber calcular e interpretar um teste t para a média populacional usando um pacote estatístico ou trabalhando a partir de um resumo estatístico da amostra.
- Saber calcular e interpretar um intervalo de confiança para a média da população com base na distribuição t utilizando um pacote estatístico ou trabalhando a partir do resumo estatístico de uma amostra.

- Ser capaz de explicar o significado de um intervalo de confiança para a média da população. Deixar claro que a aleatoriedade associada ao nível de confiança é uma declaração sobre os limites do intervalo e não sobre o valor do parâmetro da população.
- Entender que um intervalo de confiança de 95% não captura 95% dos valores da amostra.
- Ser capaz de interpretar o resultado de um teste de uma hipótese sobre a média da população.
- Saber que não "aceitamos" a hipótese nula se não formos capazes de rejeitá-la. Afirmamos que não foi possível rejeitá-la.
- Entender que o valor-P de um teste não fornece a probabilidade de que a hipótese nula esteja correta.

Ajuda tecnológica: Inferência de médias

Os pacotes estatísticos oferecem formas convenientes para fazer histogramas dos dados. Isso significa que você não tem desculpa para não verificar se os dados são aproximadamente Normais.

Qualquer pacote estatístico padrão pode executar um teste de hipóteses. Veja um exemplo de uma saída genérica de um pacote (embora nenhum pacote forneça os resultados exatamente dessa forma).

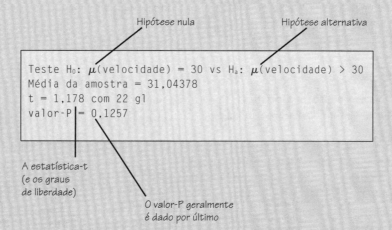

O pacote calcula a média e o desvio padrão da amostra da variável e encontra o valor-P na distribuição t, com base no número apropriado de graus de liberdade. Todos os pacotes estatísticos modernos apresentam os valores-P. O pacote pode também fornecer informações adicionais, como a média da amostra, o desvio padrão da amostra, o valor da estatística-t e os graus de liberdade. Eles são úteis para interpretar o valor-P resultante e indicar a diferença entre um resultado realmente significativo de um que é apenas estatisticamente significativo.

Os pacotes estatísticos que calculam o desvio padrão estimado da distribuição amostral geralmente o rotulam como "erro padrão" ou "EP".

Os resultados de inferência também são, às vezes, apresentados em tabelas. Você deverá procurar cuidadosamente os valores que precisa. Em geral, os resultados do teste e os limites do intervalo de confiança correspondente são fornecidos juntos. E, muitas vezes, você deve ler cuidadosamente para encontrar a hipótese alternativa. Veja a seguir um exemplo desse tipo de saída.

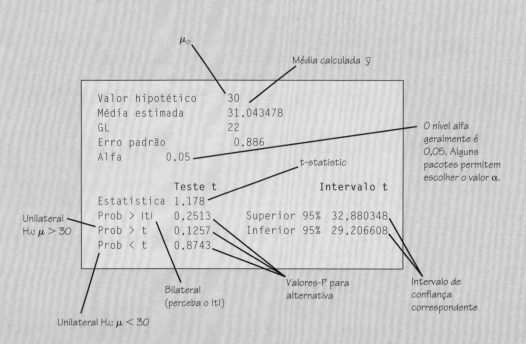

Os comandos para fazer inferência para médias em programas estatísticos comuns e calculadoras nem sempre são óbvios (já a saída resultante é geralmente identificada com clareza e fácil de ler.) Os guias de cada programa podem ajudá-lo a começar a navegar.

Excel

Especifique as fórmulas. Encontre t^* com a função INVT (alfa, gl). O suplemento DDXL oferece os testes t e os intervalos de confiança.

Comentários

O Excel não tem funções prontas para encontrar os valores-P.

Minitab

Do menu **Stat**, escolha o submenu **Basic Statistics** e depois **1-sample t** (t de uma amostra) Preencha a caixa de diálogo.

Comentários

A caixa de diálogo oferece uma escolha clara entre um intervalo de confiança e um teste.

SPSS

Do menu **Analyze**, escolha o submenu **Compare means** (comparar médias). O SPSS não realiza testes de hipóteses para proporções. A partir daí, escolha o comando **One-Sample t-test** (teste t de uma amostra).

Comentários

Os comandos não sugerem um teste nem um intervalo. Porém, os resultados fornecem tanto um quanto o outro.

JMP

Do menu **Analyze**, selecione **Distribuition**. Para um intervalo de confiança, vá até a seção "Moments" para encontrar os limites do intervalo (certifique-se de que suas variáveis sejam do tipo contínuas para que essa seção esteja disponível). Para um teste de hipóteses, clique no triângulo vermelho ao lado do nome da variável e escolha **Test Mean** (Teste para a média) do menu. Preencha a caixa de diálogo resultante.

Comentário

"Momento" é um termo estatístico extravagante para médias, desvios padrão e outras estatísticas relacionadas.

DATA DESK

Selecione as variáveis.
Do menu **Calc**, escolha **Estimate** para um intervalo de confiança ou **Test** para um teste de hipóteses. Selecione o intervalo ou teste a partir do menu suspenso e faça outras escolhas na caixa de diálogo resultante.

Projetos de estudo de pequenos casos

Setor imobiliário

Uma corretora de imóveis busca entender o preço das casas na sua área, uma região formada por cidades pequenas e médias. Para cada uma das 1200 casas recentemente vendidas na região, o arquivo **ch12_MCSP_Real_Estate** tem as seguintes variáveis:

- *Preço de venda* (em $)
- *Tamanho do lote* (em acres)
- *De frente para água* (Sim, Não)
- *Idade* (em anos)
- *Ar central* (Sim, Não)
- *Tipo de combustível* (Madeira, Óleo, Gás, Elétrico, Propano, Solar, Outro)
- *Condição* (1 a 5, 1 = Ruim, 5 = Excelente)
- *Área habitável* (em pés quadrados)
- *Faculdade* (% de habitantes no código da área que frequentam uma faculdade de quatro anos)
- *Banheiros* (número de banheiros completos)
- *Lavabos* (número de lavabos)
- *Quartos* (número de quartos)
- *Lareiras* (número de lareiras)

A corretora tem uma família interessada numa casa com quatro quartos. Usando intervalos de confiança, como ela poderia informar a família sobre o preço médio de uma casa de quatro quartos nessa área? Compare esse valor com o intervalo de confiança para casas com dois quartos. Como a presença de ar condicionado central afeta o preço médio das casas nessa área? Utilize intervalos de confiança e gráficos para ajudar a responder essa questão.

Explore outras questões que possam ser úteis para a corretora de imóveis, sabendo como fatores categóricos diferentes afetam o preço de venda, e escreva um pequeno relatório sobre a sua conclusão.

Perfil de doadores

Uma organização filantrópica coleta e compra dados para sua base de doadores. O banco de dados completo contém aproximadamente 4,5 milhões de doadores e mais de 400 variáveis coletadas para cada um, mas o conjunto de dados **ch_12_MCSP_Donor_Profiles** é uma amostra de 916 doadores e inclui as seguintes variáveis:

- *Idade* (em anos)
- *Proprietário da casa* (H = Sim, U = Desconhecido)
- *Gênero* (F = Feminino, M = Masculino, U = Desconhecido)

374 Parte II – Entendendo Dados e Distribuições

◆ *Riqueza* (Categorias ordenadas do total de domicílios ricos de 1 = menos ricos a 9 = mais ricos)

◆ *Filhos* (Número de filhos)

◆ *Última doação* (0 = Não fez doação na última campanha, 1 = Doou na última campanha)

◆ *Quantia doada na última campanha* ($ quantia da contribuição da última campanha)

Os analistas da organização querem saber quanto, em média, as pessoas doam às campanhas e quais os fatores que podem influenciar essa quantia. Compare os intervalos de confiança para o valor médio da *Quantia Doada na Última Campanha* daqueles que possuem casas próprias com aqueles que o *status* de proprietário é desconhecido. Execute comparações similares para *Gênero* e para duas categorias de *Riqueza*. Escreva um breve relatório usando gráficos e intervalos de confiança para relatar o que você encontrou. (Não faça inferências diretamente sobre as diferenças entre grupos. Discutiremos isso no próximo capítulo. Sua inferência deve ser sobre grupos únicos.)

(A distribuição da *Quantia Doada na Última Campanha* tem uma grande assimetria à direita, por isso a mediana poderia ser considerada o resumo apropriado. Mas como a mediana é $0,00, os analistas devem usar a média. Para simulações, eles verificaram que a distribuição amostral para a média é unimodal e simétrica para amostras maiores do que 250 ou em torno disso. Observe que diferenças pequenas na média podem resultar em milhões de dólares de receita adicionada de todo o país. O custo médio da solicitação é de $0,67 por pessoa para produzir e enviar a correspondência.)

EXERCÍCIOS

1. Modelos *t*. Usando as tabelas *t*, um *software* ou uma calculadora, determine:

a) o valor crítico de *t* para um intervalo de confiança de 90% com um gl = 17.

b) o valor crítico de *t* para um intervalo de confiança de 98% com um gl = 88.

c) o valor-P para $t \geq 2,09$ com 4 graus de liberdade.

d) o valor-P para $|t| > 1,78$ com 22 graus de liberdade.

2. Modelos *t*, parte 2. Usando as tabelas *t*, um *software* ou uma calculadora, estime:

a) o valor crítico de *t* para um intervalo de confiança de 95% com um gl = 7.

b) o valor crítico de *t* para um intervalo de confiança de 99% com um gl = 102.

c) o valor-P para $t \leq 2,19$ com 41 graus de liberdade.

d) o valor-P para $|t| > 2,33$ com 12 graus de liberdade.

3. Intervalos de confiança. Descreva como a amplitude de um intervalo de confiança de 95% para uma média se altera à medida que o desvio padrão, *s*, aumenta, assumindo que o tamanho da amostra permaneça o mesmo.

4. Intervalos de confiança, parte 2. Descreva como a amplitude de um intervalo de confiança de 95% para uma média se altera à medida que o tamanho da amostra, *n*, aumenta, assumindo que o desvio padrão permanece o mesmo.

5. Intervalos de confiança e tamanho da amostra. Um intervalo de confiança para o preço da gasolina de uma amostra aleatória de 30 postos numa região fornece as seguintes estatísticas:

$$\overline{y} = \$4,49 \quad s = \$0,29$$

a) Encontre um intervalo de 95% confiança para o preço médio da gasolina comum naquela região.

b) Encontre um intervalo de 90% confiança para a média.

c) Se tivéssemos as mesmas estatísticas para uma amostra de 60 postos de gasolina, qual seria, agora, o intervalo de 95%?

6. Intervalos de confiança e tamanho da amostra, parte 2. Um intervalo de confiança para o preço da gasolina de uma amostra aleatória de 30 postos numa região fornece as seguintes estatísticas:

$$\overline{y} = \$4,49 \quad EP(\overline{y}) = \$0,06$$

a) Encontre um intervalo de confiança de 95% para o preço médio da gasolina comum naquela região.

b) Encontre um intervalo de confiança 90% para a média.

c) Se tivéssemos as mesmas estatísticas para uma amostra de 60 postos de gasolina, qual seria, agora, o intervalo de 95%?

7. *Marketing* de ração para animais de fazenda. Uma empresa de ração desenvolveu um suplemento alimentar com o objetivo de promover o ganho de peso em animais criados em fazenda. Seus analistas relatam que as 77 vacas estudadas ganharam uma média de 56 libras e que um intervalo de confiança de 95% para o aumento de peso esse suplemento produz tem uma margem de erro de ± 11 libras. A equipe do departamento de *marketing* escreveu as seguintes conclusões. Algum dos analistas interpretou o intervalo de confiança corretamente? Explique as interpretações equivocadas.

a) 95% das vacas estudadas ganharam entre 45 e 67 libras.

b) Estamos 95% certos de que uma vaca alimentada com esse suplemento irá ganhar entre 45 e 67 libras.

c) Estamos 95% certos de que o aumento de peso médio entre as vacas desse estudo estava entre 45 e 67 libras.

d) O aumento de peso médio das vacas alimentadas com esse suplemento está entre 45 e 67 libras 95% do tempo.
e) Se esse suplemento for testado numa outra amostra de vacas, existe uma chance de 95% de que o aumento médio de peso estará entre 45 e 67 libras.

8. Custos da refeição. Uma empresa está interessada em estimar os custos do almoço em sua cafeteria. Após fazer um levantamento de dados com seus empregados, a equipe calculou que um intervalo de confiança de 95% para a quantia média gasta com almoços num período de seis meses é de ($780; $920). Agora, a organização está tentando escrever seu relatório e considerando as seguintes interpretações. Comente cada uma delas.
a) 95% de todos os empregados pagam entre $780 e $920 pelo almoço.
b) 95% de todos os empregados amostrados pagam entre $780 e $920 pelo almoço.
c) Estamos 95% certos de que os empregados dessa amostra pagam em média entre $780 e $920 pelo almoço.
d) 95% de todos os empregados amostrados terão um custo médio para o almoço entre $780 e $920.
e) Estamos 95% certos de que a quantia média que todos os empregados pagam pelo almoço está entre $780 e $920.

9. Salários do CEO. Uma amostra de 20 CEOs da *Forbes 500* mostra que os salários anuais totais abrangem um mínimo de $0,1 a $62,24 milhões. A média para esses CEOs é de $7946,00 milhões. O histograma e o diagrama de caixa e bigodes são:

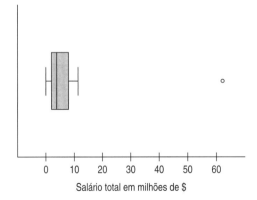

Com base nesses dados, um programa de computador calculou que um intervalo de confiança de 95% para o salário médio anual de todos os CEOs da *Forbes 500* é (1,69; 14,20) em milhões de $. Por que você deve estar hesitante em confiar nesse intervalo de confiança?

10. Débitos no cartão de crédito. Uma empresa de cartão de crédito toma uma amostra aleatória de 100 proprietários de cartão de crédito para ver quanto eles gastaram no cartão no mês passado.

Um histograma e um diagrama de caixa e bigodes são:

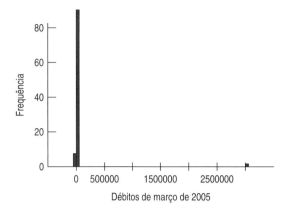

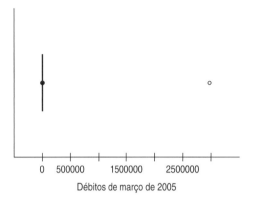

Um programa de computador calculou que o intervalo de 95% confiança para a quantia média gasta em março de 2005 é (-$28366,84; $90691,49). Explique por que os analistas não acharam o intervalo de confiança útil e mostre o que deu errado.

11. Área de estacionamento. Esperando atrair mais compradores ao centro, uma cidade constrói uma nova garagem pública no distrito comercial central. A cidade planeja pagar pela estrutura com a cobrança do estacionamento. Para uma amostra aleatória de 44 dias de semana, a renda média diária do estacionamento foi de $126, com um desvio padrão de $15.
a) Que suposição você deve fazer para usar essas estatísticas para inferência?
b) Encontre um intervalo de confiança de 90% para a renda média diária que esse estacionamento irá gerar.
c) Explique, no contexto, o que esse intervalo de confiança significa.
d) Explique o que 90% de confiança quer dizer nesse contexto.
e) O consultor que aconselhou a cidade nesse projeto previu que o estacionamento geraria uma renda média diária de $128. Com base no seu intervalo de confiança, o que você acha da previsão do consultor? Por quê?

12. Moradia. O ano de 2008 foi difícil para a economia. Houve um grande número de execução de hipotecas de casas de família. Numa grande comunidade, os corretores de imóveis amostraram aleatoriamente 36 lances de compradores potenciais para determinar a perda média no valor das casas. A amostra revelou que a perda média foi de $11560 com um desvio padrão de $1500.

a) Que suposições e condições devem ser verificadas antes de encontrar o intervalo de confiança? Como você as verificaria?
b) Encontre um intervalo de 95% confiança para a perda média do valor das casas.
c) Interprete esse intervalo e explique o que 95% de confiança significa.
d) Suponha que a perda média, nacional, do valor das casas nessa época foi de $10000. Você acha que a perda na comunidade amostrada difere significativamente da média nacional? Explique.

13. Área de estacionamento, parte 2. Suponha que com a finalidade de planejar o orçamento, a cidade do Exercício 11 precisa de uma estimativa melhor da renda média diária gerada pela cobrança do estacionamento.
a) Alguém sugere que a cidade use seus dados para criar um intervalo de 95% confiança em vez do intervalo de 90% criado inicialmente. Como esse intervalo seria melhor para a cidade? (Você não precisa criar um novo intervalo.)
b) Como um intervalo de 95% seria pior para os planejadores?
c) Como eles poderiam determinar um intervalo de confiança que melhor servisse às suas necessidades de planejamento?

14. Moradia, parte 2. No Exercício 12, encontramos um intervalo de 95% de confiança para estimar a perda dos valores das casas.
a) Suponha que o desvio padrão para as perdas fosse de $3000 em vez dos $1500 utilizado para aquele intervalo. O que um desvio padrão maior faria com a amplitude do intervalo de confiança (supondo o mesmo nível de confiança)?
b) Seu colega de aula sugere que a margem de erro do intervalo poderia ser reduzida se o nível de confiança fosse mudado para 90% em vez de 95%. Você concorda com essa afirmação? Por quê?
c) Em vez de mudar o nível de confiança, seria estatisticamente mais apropriado coletar uma amostra maior?

15. Orçamento estadual. Os estados que contam com os impostos sobre as vendas como receita para financiar a educação, segurança pública e outros programas, geralmente acabam com superávit no orçamento durante os períodos de crescimento (quando as pessoas gastam mais em bens de consumo) e déficit no orçamento durante a recessão (quando as pessoas gastam menos em bens de consumo). Cinquenta e um pequenos varejistas de um estado com uma economia em crescimento foram recentemente amostrados. A amostra mostrou um aumento médio de $2350 na receita dos impostos sobre as vendas adicionais coletadas pelo varejista em comparação ao semestre anterior. O desvio padrão da amostra é $425.
a) Encontre um intervalo de 95% de confiança para o aumento médio na receita dos impostos sobre as vendas.
b) Que suposições você fez sobre essa inferência? Você acha que as condições apropriadas foram satisfeitas?
c) Explique o que o seu intervalo significa e forneça um exemplo do que ele não significa.

16. Orçamento estadual, parte 2. Suponha que o estado do Exercício 15 amostrou 16 pequenos varejistas, em vez de 51, e para a amostra de 16 o aumento amostral médio novamente se igualou a $2350 na arrecadação fiscal das vendas adicionais por varejista comparado ao semestre anterior. Também assuma que o desvio padrão da amostra é $425.
a) Qual é o erro padrão do aumento médio na arrecadação fiscal das vendas coletadas?

b) O que acontece com a precisão da estimativa quando o intervalo é construído usando um tamanho de amostra menor?
c) Encontre e interprete um intervalo de 95% de confiança.
d) Como a margem de erro para o intervalo construído no Exercício 15 se compara à margem de erro obtida neste exercício? Explique estatisticamente como o tamanho da amostra muda a precisão do intervalo construído. Que amostra você preferiria se você fosse um planejador do orçamento do estado? Por quê?

17. Partidas. Quais são as chances de seu voo partir na hora? A Agência de Estatística do Transporte do Departamento de Transportes dos Estados Unidos publica informações sobre o desempenho das companhias aéreas. Veja um histograma e um resumo estatístico para o percentual de voos que partiram no horário a cada mês, de 1995 até 2006.

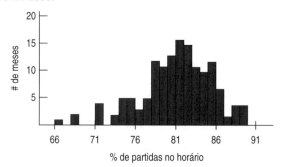

n	144
$\bar{y}$	81,1838
s	4,47094

Não existe evidência de uma tendência sobre o horário (a correlação do percentual de saídas no horário com o tempo é $r = -0,016$).
a) Verifique as suposições e condições para a inferência.
b) Encontre um intervalo de 90% de confiança para o verdadeiro percentual de voos que partem no horário.
c) Interprete esse intervalo para um viajante que está planejando voar.

18. Chegadas atrasadas. O seu voo vai deixá-lo no seu destino na hora? A Agência de Estatística do Transporte dos Estados Unidos relatou o percentual de voos atrasados mensalmente no período de 1995 a 2006. Veja um histograma junto com um resumo estatístico.

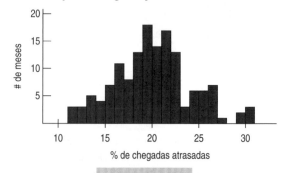

n	144
$\bar{y}$	20,0757
s	4,08837

Capítulo 12 – Intervalos de Confiança e Testes de Hipóteses para Médias **377**

Podemos considerar esses dados uma amostra representativa de todos os meses. Não existe evidência de uma tendência no tempo ($r = -0,07$).

a) Verifique as suposições e condições para inferência sobre a média.

b) Encontre um intervalo de 99% de confiança para o verdadeiro percentual de voos que chegam atrasados.

c) Interprete esse intervalo para um viajante que está planejando voar.

19. Comércio na Internet. Uma pesquisadora de mercado de uma grande empresa do setor de vestuário que depende de vendas por catálogo decidiu investigar se o montante das vendas *on-line* mudou. Ela compara a média mensal de vendas *on-line* dos últimos meses com um número histórico para a média mensal de vendas para compras *on-line*. Ela encontra um valor-P de 0,01. Explique, nesse contexto, o que 1% significa.

20. Desempenhos padrão. A Associação de Golfe dos Estados Unidos (USGA) determina padrões de desempenho para as bolas de golfe. Por exemplo, a velocidade inicial da bola não deve exceder a 250 pés por segundo quando mensurada por um aparelho aprovado pela USGA. Suponha que um fabricante introduza um novo tipo de bola e forneça uma amostra aleatoriamente selecionada de bolas para o teste. Com base na média da velocidade da amostra, a USGA encontra um valor-P de 0,34. Explique, nesse contexto, o que o percentual de 34% representa.

21. Pagamentos do seguro social. A média mensal dos benefícios do seguro social para viúvos e viúvas em 2005 foi de $967 (*Statistical Abstract of the United States* – Agência do Censo dos Estados Unidos). Os pagamentos variam de região para região. No Texas, a média mensal do benefício se igualou a $940. Um advogado da assistência social de uma área rural do Texas acredita que a média mensal de 2005 do benefício do seguro social para viúvos e viúvas difere significativamente da média geral do Texas. Para testar essa suposição, o advogado amostrou aleatoriamente 100 pagamentos mensais dos benefícios para viúvas/viúvos e encontrou a média da amostra = $915 com um desvio padrão de $90.

a) Determine e interprete uma estimativa de um intervalo de 95% de confiança para a média amostral de 2005 do benefício do seguro social para viúvos/viúvas da área rural do Texas.

b) Em um teste de hipóteses executado para determinar se a média da área rural era diferente, o teste foi rejeitado com um valor-P = 0,007 (usando os mesmos resultados da amostra acima e um nível de significância = 0,05). Explique como o intervalo de confiança construído na parte **a** é consistente com os resultados do teste de hipótese. Sua discussão deve incluir o nível de confiança, os limites do intervalo, o valor-P e a decisão do teste de hipóteses.

22. Pagamentos do seguro social, parte 2. Num município vizinho, um jornal escreveu que os benefícios do seguro social para viúvos/viúvas ficaram significativamente mais baixos que nos demais municípios do Texas. O jornal relatou que a média do benefício de 2005 para viúvos e viúvas era de $900, com base numa amostra aleatória de 100 e um desvio padrão de $90.

a) Determine e interprete uma estimativa de um intervalo de 95% de confiança para a média amostral dos benefícios do seguro social dos viúvo/viúvas nesse município.

b) A média do benefício do seguro social desse município é diferente da média de $940 do Texas?

23. Segurança da TV. O fabricante de uma estante de metal para televisores precisa ter certeza de que seu produto não irá falhar sob o peso de um aparelho de TV normal. Visto que alguns aparelhos grandes pesam aproximadamente 300 libras, os inspetores de segurança da empresa estabeleceram um padrão para assegurar que as estantes suportem 500 libras em média. Seus inspetores regularmente sujeitam uma amostra aleatória de estantes a um aumento de peso até que elas falhem. Eles testam a hipótese H_0: $\mu = 500$ contra H_A: $\mu > 500$, usando um nível de significância $\alpha = 0,01$. Se a amostra das estantes falha nesse teste de segurança, os inspetores não irão certificar o produto para venda ao público em geral.

a) Esse é um teste de cauda superior ou inferior? Nesse contexto do problema, por que você acha que isso é importante?

b) Explique o que irá acontecer se os inspetores cometerem um erro do Tipo I.

c) Explique o que irá acontecer se os inspetores cometerem um erro do Tipo II.

24. Controle de qualidade. Durante um angiograma, os problemas do coração podem ser examinados por um pequeno tubo (cateter) introduzido no coração por uma veia da perna do paciente. É importante que a empresa que manufatura o cateter mantenha um diâmetro de 2,00 mm (o desvio padrão é muito pequeno). Cada dia, a equipe de controle de qualidade faz várias mensurações para testar H_0: $\mu = 2,00$ contra H_A: $\mu \neq 2,00$ com um nível de significância de $\alpha = 0,05$. Se eles descobrirem um problema, irão parar o processo de manufatura até que ele seja corrigido.

a) Esse é um teste unilateral ou bilateral? Nesse contexto, por que você acha que isso é importante?

b) Explique, nesse contexto, o que acontece se a equipe de controle de qualidade comete um erro do Tipo I.

c) Explique, nesse contexto, o que acontece se a equipe de controle de qualidade comete um erro do Tipo II.

25. Segurança da TV, revisitada. O fabricante das estantes de metal para televisores do Exercício 23 quer revisar seu teste de segurança.

a) Se os advogados da empresa estão preocupados em ser processados por vender produtos sem segurança, eles deveriam aumentar ou diminuir o valor de α? Explique.

b) Nesse contexto, o que o poder do teste significa?

c) Se a empresa quer aumentar o poder do teste, quais opções ela tem? Explique as vantagens e desvantagens de cada opção.

26. Controle de qualidade, parte 2. A empresa do cateter do Exercício 24 está revisando seu procedimento de teste.

a) Suponha que o nível de significância é alterado para $\alpha = 0,01$. A probabilidade do erro do Tipo II irá aumentar, diminuir ou permanecerá a mesma?

b) O que é pretendido pelo poder do teste que a empresa conduz?

c) Suponha que o processo de manufatura está falhando nos ajustes apropriados. À medida que a média real do diâmetro dos cateteres produzidos está cada vez mais acima dos 2,00 mm desejados, o poder do teste de qualidade irá aumentar, diminuir ou permanecer o mesmo?

d) O que a empresa pode fazer para melhorar o poder do teste?

27. Comércio na Internet, parte 2. A média de idade dos consumidores *on-line* alguns anos atrás era de 23,3 anos. À medida que indivíduos mais velhos adquirem confiança na Internet, acredita-se que a média da idade aumente. Queremos testar essa crença.
a) Escreva a hipótese apropriada.
b) Planejamos testar a hipótese nula selecionando uma amostra aleatória de 40 indivíduos que tenham feito uma compra *on-line* durante 2007. Você acha que as suposições necessárias para inferência foram satisfeitas? Explique.
c) Os compradores *on-line* na nossa amostra têm uma idade média de 24,2 anos, com um desvio padrão de 5,3 anos. Qual é o valor-P para esse resultado?
d) Explique (no contexto) o que esse valor-P significa.
e) Qual é a sua conclusão?

28. Economia de combustível. Uma empresa com uma frota grande de carros quer manter o custo de gasolina baixo e estipula o objetivo de alcançar um consumo médio para a frota de pelo menos 26 milhas por galão. Para analisar se o objetivo está sendo alcançado, eles verificam o consumo da gasolina de 50 viagens escolhidas ao acaso, encontrando uma média de 25,02 mpg e um desvio padrão de 4,83 mpg. Isso é uma forte evidência de que eles falharam no objetivo de economizar combustível?
a) Escreva a hipótese apropriada.
b) As condições necessárias para executar a inferência foram satisfeitas?
c) Teste a hipótese e encontre o valor-P.
d) Explique o que o valor-P significa nesse contexto.
e) Formule uma conclusão apropriada.

❶ 29. Preço da competitividade. A SLIX está desenvolvendo uma cera de fluorocarbono de alto desempenho para competições de esqui *cross country*, projetada para ser usada sob uma enorme variedade de condições. Para justificar o preço que o *marketing* deseja, a cera deve ser muito rápida. Especificamente, o tempo médio para terminar o seu teste padrão de percurso deve ser menor que 55 segundos para o ex-campeão olímpico que agora é seu consultor. Para testá-la, o consultor irá esquiar o percurso 8 vezes.
a) Os tempos do campeão são 56,3; 65,9; 50,5; 52,4; 46,5; 57,8; 52,2 e 43,2 segundos para completar percurso de teste. Eles devem comercializar a cera? Explique.
b) Suponha que a empresa decida não comercializar a cera após o teste, mas que de fato a cera diminui o tempo médio do campeão para menos de 55 segundos. Que tipo de erro foi cometido? Explique o impacto de tal erro para a empresa.

❶ 30. Pipoca. A Pop's Popcorn Inc. precisa determinar o poder ótimo e o ajuste de tempo para sua nova pipoca de micro-ondas com sabor de alcaçuz. Ela quer encontrar uma combinação de poder e tempo que apresente uma pipoca de alta qualidade com menos de 10% dos grãos sem estourar, em média – um valor que sua pesquisa de mercado indica ser uma exigência dos seus consumidores. O seu departamento de pesquisa faz experiências com vários ajustes e determina que o poder de 9 com 4 minutos é ótimo. Os seus testes confirmam que esse ajuste satisfaz a condição de menos 10%. A empresa muda as instruções da caixa e promove uma nova garantia de devolução do dinheiro para menos de 10% de grãos não estourados.

a) Se, de fato, o ajuste resulta em mais de 10% de grãos não estourados, que tipo de erro foi cometido? Quais serão as consequências para a empresa?
b) Para reduzir o risco de cometer um erro, o presidente (o próprio Pop) pede para serem testadas mais 8 caixas de pipocas (selecionadas ao acaso) no ajuste especificado. Eles encontram o seguinte percentual de grãos não estourados: 7; 13,2; 10; 6; 7,8; 2,8; 2,2; 5,2. Isso fornece evidência de que o ajuste satisfaz o objetivo de menos de 10% de grãos não estourados? Explique.

31. Declarações falsas? Um fabricante declara que um novo projeto para um telefone sem fio aumentou o alcance para 150 pés, permitindo a vários consumidores usar o telefone por toda a casa e pátio. Um laboratório de testes independente encontra que uma amostra aleatória de 44 desses telefones funcionou acima de uma distância média de 142 pés, com um desvio padrão de 12 pés. Existe evidência de que a declaração do fabricante é falsa?

32. Declarações falsas, parte 2. Os fabricantes do Abolator, um aparelho portátil para exercícios vendido por $149,95, afirmam que usar sua máquina meros 6 minutos por dia resultará em uma perda média de peso de 8 libras durante a primeira semana. Uma organização de consumidores recrutou 30 voluntários para usar o produto de acordo com as recomendações do fabricante e encontrou uma perda média de peso de 4,7 libras com um desvio padrão de 6,1 libras. Existe evidência de que as declarações dos fabricantes do Abolator sejam falsas?

❶ 33. Chips Ahoy. Em 1998, a companhia Nabisco anunciou o "Desafio dos 1000 Chips", afirmando que cada pacote de 18 onças dos biscoitos Chips Ahoy continha pelo menos 1000 pedacinhos de chocolate. Os dedicados estudantes de estatística da Air Force Academy (Academia da Força Aérea) (não é brincadeira) compraram alguns pacotes de biscoitos aleatoriamente selecionados e contaram os pedacinhos de chocolate. Alguns dos seus dados são apresentados abaixo. (*Chance*, 12, n.1, 1999)

1219 1214 1087 1200 1419 1121 1325 1345
1244 1258 1356 1132 1191 1270 1295 1135

a) Verifique as suposições e condições para inferência. Comente qualquer preocupação que você tenha.
b) Crie um intervalo de 95% de confiança para o número médio de pedacinhos de chocolate nos pacotes dos biscoitos Chip Ahoy.
c) O que essa evidência indica sobre a afirmação da Nabisco? Use o seu intervalo de confiança para testar uma hipótese apropriada e declarar suas conclusões.

❶ 34. Relatórios dos consumidores. O *Consumer Reports* testou 14 marcas de iogurte de baunilha e encontrou os seguintes números de calorias por porção: 160, 200, 220, 230, 120, 180, 140, 130, 170, 190, 80, 120, 100 e 170.
a) Verifique as suposições e condições para inferência.
b) Crie um intervalo de confiança de 95% para a caloria média contida num iogurte de baunilha.
c) Um guia de dieta afirma que você terá 120 calorias numa porção de iogurte de baunilha. O que essa evidência indica? Use seu intervalo de confiança para testar uma hipótese apropriada e apresente sua conclusão.

35. Investimento. O estilo do investimento tem uma função na construção de fundos mútuos. Muitas ações individuais podem ser classificadas em dois grupos distintos: Crescimento e Valor. Uma ação de Crescimento tem alto potencial de rendimento e geralmente paga pouco ou não paga dividendos aos acionistas. Já as ações de Valor são comumente vistas como estáveis ou mais conservadoras, com um potencial de rendimento mais baixo. Uma família está tentando decidir em que tipo de fundos investir. Um consultor independente afirma que os Fundos Mútuos de Valor forneceram um retorno anual maior que 8% nos últimos cinco anos. Logo abaixo está um resumo estatístico para o período de 5 anos de uma amostra aleatória de fundos de Valor.

Variável	N	Média	Média EP	Desvio padrão
Retorno em 5 anos	35	8,418	0.493	2,916

	Mínimo	Q1	Mediana	Q3	Máximo
	2,190	6,040	7,980	10,840	14,320

Teste a hipótese de que o retorno médio de 5 anos para fundos de valor é maior que 8%, assumindo um nível de significância de 5%. O que a evidência indica sobre a afirmação do gerente de portfólio de que o retorno anual do período de 5 anos era maior que 8%? Formule sua conclusão.

36. Produção. Um fabricante de pneus estuda a adoção de um novo padrão de banda de rodagem de pneus para qualquer condição de tempo. Os testes indicaram que esses pneus irão fornecer melhor milhagem por gasolina e vida longa da banda de rodagem. O último teste é para a eficácia dos freios. A empresa espera que o pneu permita que um carro andando a 60 mph pare completamente numa média de 125 pés após os freios serem usados. Eles adotarão a nova banda de rodagem, a não ser que tenham forte evidência de que os pneus não satisfaçam o objetivo. As distâncias (em pés) para 10 paradas numa pista de teste foram 129, 128, 130, 132,135, 123, 102, 125, 128, e 130. A empresa deve adotar o novo padrão da banda de rodagem? Teste uma hipótese apropriada e declare sua conclusão. Explique como você lida com o valor atípico e por que você fez a sua recomendação.

37. Cobranças. As companhias de cartão de crédito perdem dinheiro com os proprietários que não fazem seus pagamentos mínimos. Eles usam uma variedade de métodos para incentivar os devedores a pagar o saldo dos seus cartões como cartas, telefonemas e, finalmente, contratando uma agência de cobrança. Para justificar o custo da utilização de uma agência de cobrança, a agência deve cobrar uma média de pelo menos $200 por cliente. Após um período experimental, durante o qual a agência tentou cobrar de uma amostra aleatória de 100 inadimplentes, o intervalo de confiança de 90% da quantia média resgatada foi relatado como estando no intervalo ($190,25; $250,75). A partir disso, qual(is) recomendação(ões) você faria para a empresa de cartão de crédito sobre o uso da agência de cobrança?

38. Brindes. Uma organização filantrópica envia "brindes" às pessoas da sua lista de endereços, na esperança de que elas respondam enviando uma doação. Os brindes mais comuns incluem etiquetas de endereçamentos postais, cartões comemorativos ou postais. A organização quer testar um novo brinde que custa $0,50 por item para produção e envio. Eles o enviam a uma amostra "pequena" de 2000 clientes e encontram um intervalo de 90% de confiança das doações médias de ($0,489; $0,879). Como um consultor, que recomendação(ões) você faria à organização sobre o uso desse brinde?

39. Cobrança, parte 2. O proprietário da agência de cobrança do Exercício 37 tem certeza de que pode cobrar mais que $200 por cliente, em média. Ele insiste que a empresa de cartão de crédito execute um teste maior. Você acha que um teste maior pode ajudar a empresa a tomar uma decisão melhor? Explique.

40. Brindes, parte *2*. A organização filantrópica do Exercício 38 decidiu seguir adiante com o novo brinde. No envio 98000 prospectos, a nova correspondência gerou uma média de $0,78. Se eles tivessem decido, com base na sua experiência inicial, *não* usar esse brinde, que tipo de erro eles teriam cometido? Quais aspectos da sua experiência inicial sugeriram (na sua posição de consultor) que um teste maior seria proveitoso?

41. Pilhas. Uma empresa de pilhas declara que suas pilhas duram uma média de 100 horas, caso sujeitas ao uso normal. Existem várias reclamações de que as pilhas não duram tanto, assim, uma agência de testes independente decidiu testá-las. Das 16 pilhas testadas, o tempo médio de vida útil foi de 97 horas, com um desvio padrão de 12 horas.
a) Quais são as hipóteses nula e alternativa?
b) Um defensor do consumidor (que não conhece estatística) afirma que aquelas 97 horas são muito menos que as 100 horas anunciadas, por isso devemos rejeitar a afirmação da empresa. Explique para ele o problema de fazer isso.
c) Que suposições devemos fazer para proceder com a inferência?
d) A um nível de 5% de significância, o que você conclui?
e) Suponha que, na verdade, a vida média útil das pilhas da empresa seja somente de 98 horas. Foi cometido um erro na parte **d**? Se foi, de que tipo?

42. Criação de animais de estimação. Animais de estimação de luxo são um grande negócio, assim, um jovem empresário (com 12 anos de idade) decidiu criar *golden hamsters*, um tipo muito conhecido das lojas de animais de estimação e colecionadores (por incrível que pareça, quase todos os *golden hamsters* em cativeiro são descendentes de uma ninhada encontrada na Síria em 1930). Das 47 ninhadas recentes, houve uma média de 7,27 filhotes de *hamsters,* com um desvio padrão de 2,5 *hamsters* por ninhada.
a) Encontre e interprete um intervalo de 90% de confiança para o tamanho médio da ninhada.
b) Quão menor ou maior seria a margem de erro para um intervalo de confiança de 99%? Explique.
c) Com base nessas estatísticas, quantas ninhadas precisaríamos para estimar o tamanho médio da ninhada com erro de um filhote com 95% de confiança?

43. Produção de peixes. O salmão cultivado é muito mais barato de produzir do que o salmão pescado em seu estado natural, mas os clientes estão preocupados com vários problemas recentemente divulgados sobre o cultivo do salmão, incluindo o tipo de alimento que eles recebem e as contaminações encontradas na sua carne (acesse www.healthcastle.com). Entre as contaminações, estão os componentes como policloretos de bifenila (PCBs), dioxinas, toxafeno, dieldrina, hexaclorobenzeno, lindano, heptacloro, cis-nonacloro, trans-nonacloro, gama-clorodano, alfa-clorodano, Mirex, endrina e DDT.

O EPA recomenda que o salmão contenha no máximo 0,08 ppm do inseticida Mirex. Um grupo de ambientalistas local está considerando um boicote ao salmão se ele exceder a 0,08 ppm. Um intervalo de 95% de confiança, obtido de uma amostra aleatória de salmão cultivado em 150 fazendas diferentes (*Science*, 9, Janeiro 2004) é de (0,0834 a 0,0992) ppm. Os dados eram unimodais e simétricos, sem valores atípicos.

a) Existe evidência de que as fazendas estão produzindo o salmão com uma contaminação média de Mirex maior que a quantia recomendada pelo EPA? Sua explicação deve discutir o nível de confiança, o valor-P e a decisão.

b) Discuta os dois tipos de erros que podem ser cometidos, num contexto de uma decisão de negócios, na proibição da venda de salmão cultivado.

44. Velocidade da transferência de arquivos. Uma estudante recentemente comprou um programa antivírus para ajudar a aumentar o desempenho do seu computador. Antes de instalar o programa, sua velocidade média de transferência de arquivos era de 480 kbps (kilobits por segundo). O programa custou $29,95 e ela quer saber se a velocidade de transferência aumentou.

Ela fez um teste de velocidade de *download* (www.bandwidthplace.com) 16 vezes e encontrou um intervalo de 90% de confiança de (482,6; 505,9) kbps. Ela fez uma tabela com as 16 velocidades e encontrou dados unimodais e aproximadamente simétricos, sem valores atípicos óbvios.

a) Existe evidência para sugerir que a velocidade da transferência dos arquivos do computador seja maior que 480 kbps? Sua explicação deve discutir o nível de confiança, o valor-P e a decisão.

b) Se ela descobrir, mais tarde, que a média é, na verdade, 465 kbps, que tipo de erro ela cometeu?

c) Você acha que a decisão de comprar o *software* foi correta com base nos dados?

T 45. Taxa para os laboratórios. O comitê de tecnologia declarou que o tempo médio gasto pelos estudantes no laboratório aumentou e o crescimento representa a necessidade de inflação nas taxas para o laboratório. Para comprovar essa afirmação, o comitê amostra aleatoriamente 12 visitas dos estudantes ao laboratório e anota o tempo gasto usando o computador. Os tempos em minutos são:

Tempo	Tempo
52	74
57	53
54	136
76	73
62	8
52	62

a) Faça um gráfico dos dados. Algumas das observações são valores atípicos? Explique.

b) O período médio de tempo anterior gasto usando o laboratório de computadores era de 55 minutos. Teste a hipótese de que a média é maior agora do que os 55 minutos anteriores utilizando $\alpha = 0,05$. Qual é a sua conclusão?

c) Se existirem valores atípicos, elimine-os e teste novamente a hipótese. Qual é a sua conclusão?

d) Discuta as implicações estatísticas de eliminar os valores atípicos. Por que alguns pesquisadores podem discordar da remoção dos valores atípicos do conjunto dos dados?

T 46. Baterias dos telefones celulares. Uma empresa que produz telefones celulares afirma que sua bateria padrão dura, em média, mais que as outras baterias no mercado. Para apoiar essa afirmação, a empresa publica um anúncio relatando os resultados de um experimento recente mostrando que, sob uso normal, suas baterias duram pelo menos 35 horas. Para investigar essa afirmação, um grupo de defesa do consumidor pediu à empresa os dados brutos. A empresa envia ao grupo os seguintes resultados:

35, 34, 32, 31, 34, 34, 32, 33, 35, 55, 32, 31

a) Teste uma hipótese apropriada e declare sua conclusão.

b) Explique como você lidou com o valor atípico e por que você fez a recomendação.

47. Crescimento e poluição do ar. Os funcionários do governo têm dificuldade em atrair novos negócios para comunidades com reputações duvidosas. Nevada tem sido um dos estados com o crescimento mais rápido do país nos últimos anos. Acompanhando esse crescimento rápido estão projetos enormes de novas construções. Visto que Nevada tem um clima seco, a construção cria uma visível poluição do ar. Níveis altos de poluição podem descrever um quadro pouco atraente para a área e podem também resultar em multas cobradas pelo governo federal. Como foi requerido pelos regulamentos do governo, os pesquisadores continuamente monitoram os níveis de poluição. Em testes mais recentes, 121 amostras do ar foram coletadas. Os níveis das partículas de pó devem ser relatados para as agências reguladoras federais. No relatório enviado à agência federal, foi observado que o nível médio das partículas = 57,6 microgramas/litro cúbico de ar e que o intervalo de confiança estimado foi de (52,06 mg a 63,07 mg). Um gráfico da distribuição das quantidades das substâncias particuladas também foi incluído e é apresentado abaixo.

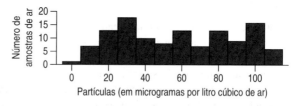

a) Discuta as suposições e condições para usar os métodos de inferência do *t* de Student com esses dados.

b) Você acha que o intervalo de confiança observado no relatório é válido? Explique brevemente.

48. Rendimento das convenções. Antigamente, Nevada era o único estado norte-americano em que o jogo era permitido. Embora o jogo continue a ser uma das maiores indústrias em Nevada, a proliferação da legalização do jogo em outras áreas do país exigiu que o estado e os governos locais analisassem outras possibilidades de crescimento. As autoridades do turismo em muitas cidades de Nevada ativamente recrutam convenções nacionais que trazem milhares de visitantes ao estado. Vários dados demográficos e econômicos são coletados a partir de levantamentos de dados feitos com os participantes da convenção. Uma estatística de interesse é a quantia que os visitantes gastam nas máquinas de caça-níqueis. O estado de Nevada geralmente divulga o gasto com os caça-níqueis como a quantia gasta por quarto de hotel. Um levantamento de dados recente de 500 visitantes perguntou quanto eles gastavam com o jogo. O gasto médio por quarto foi de $180.

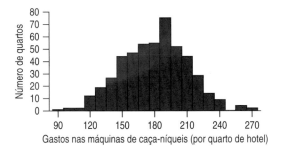

Os cassinos irão usar a informação relatada do levantamento de dados para estimar o gasto em caça-níqueis por quarto de hotel. Você acha que as estimativas produzidas pelo levantamento de dados irão representar os gastos de modo preciso? Explique usando as estatísticas relatadas e mostradas no gráfico.

49. Velocidade do trânsito. Os departamentos de polícia geralmente tentam controlar a velocidade do trânsito colocando sinalizadores de velocidade nas estradas, os quais avisam aos motoristas quão rápido eles estão dirigindo. Especialistas em segurança no trânsito determinam onde os sinalizadores devem ser colocados. Num teste recente, a polícia relatou a velocidade média registrada pelos carros andando numa rua movimentada próxima a uma escola de Ensino Fundamental. Para uma amostra de 25 velocidades, foi determinado que o valor médio acima do limite para os 25 valores registrados foi de 11,6 mph, com um desvio padrão de 8 mph. O intervalo de confiança de 95% estimado para essa amostra é de 8,30 mph a 14,90 mph.
a) Qual é a margem de erro para esse problema?
b) Os pesquisadores comentaram que o intervalo era muito abrangente. Explique especificamente o que deve ser feito para reduzir a margem de erro para menos que ±2 mph.

50. Velocidade do trânsito II. Os sinalizadores de velocidade devem mensurar precisamente para maximizar a eficácia no controle da velocidade do trânsito. A precisão dos sinalizadores de velocidade será testada antes de colocá-los nas ruas da cidade. Para assegurar que as taxas de erro são estimadas com eficácia, os pesquisadores querem coletar uma amostra grande o suficiente a fim de garantir intervalos das estimativas precisos de quanto os sinalizadores de velocidade estão próximo da mensuração real das velocidades. Especificamente, os pesquisadores querem que uma margem de erro para uma única medida de velocidade seja no máximo ±1,5 mph.
a) Discuta como os pesquisadores podem obter uma estimativa razoável do desvio padrão do erro das velocidades mensuradas.
b) Suponha que o desvio padrão para o erro nas velocidades mensuradas seja igual a 4 mph. Com 95% de confiança, qual tamanho da amostra deveria ser coletado para assegurar que a margem de erro não seja maior que ± 1,0 mph?

51. Auditoria dos impostos I. Contadores públicos certificados geralmente são solicitados a comparecer com seus clientes se a receita federal fizer a auditoria do retorno dos impostos do seu cliente. Algumas firmas de contabilidade fornecem ao cliente a opção de pagar uma taxa quando o imposto de renda estiver pronto, o que garante a assessoria fiscal e o apoio do contador se o cliente sofrer auditoria. A taxa é cobrada como um seguro e é menor que a quantia que seria exigida se o cliente precisasse da assistência da firma em uma auditoria posteriormente. Uma grande firma de contabilidade quer determinar que taxa cobrar para os retornos do próximo ano. Nos anos anteriores, o custo médio real da assistência numa sessão de auditoria era de $650. Para determinar se esse custo mudou, a firma amostra aleatoriamente 32 taxas de clientes de auditoria. O custo médio da amostra da auditoria era de $680, com um desvio padrão de $75.
a) Estime, por meio de intervalo de 95% de confiança, o custo médio da auditoria.
b) Execute o teste apropriado para determinar se o custo médio da auditoria é diferente agora do que da média histórica de $650. Use um nível de significância de 0,05.
c) Comente como a estimativa do intervalo de confiança sustenta os resultados do teste de hipóteses.

52. Auditoria dos impostos II. Durante a revisão da amostra das taxas de auditoria, um contador sênior da firma observa que as taxas cobradas pelos contadores dependem da complexidade do retorno. Uma comparação das taxas atuais, portanto, talvez não forneça a informação necessária para ajustar as taxas para o próximo ano. Para entender melhor a estrutura da taxa, o contador sênior solicita uma nova amostra que mensure o tempo que o contador gasta na auditoria. No ano passado, a média de horas cobradas por cliente auditado foi de 3,25 horas. Uma nova amostra de 10 tempos auditados mostra os seguintes tempos em horas:

4,2, 3,7, 4,8, 2,9, 3,1, 4,5, 4,2, 4,1, 5,0, 3,4

a) Assuma que as condições necessárias para inferência foram satisfeitas. Encontre uma estimativa por um intervalo de 90% de confiança para o tempo médio de auditoria.
b) Execute o teste apropriado para determinar se o tempo médio de auditoria para as auditorias deste ano é significativamente diferente das 3,25 horas do ano passado. Use $\alpha = 0,10$.
c) Comente como o intervalo de confiança estimado sustenta os resultados do teste de hipóteses.

53. Poder do vento. Você deveria gerar eletricidade com sua própria turbina eólica? Depende da quantidade de vento na sua área. Para produzir energia suficiente, sua área deve ter uma velocidade média anual de vento de, pelo menos, 8 milhas por hora, de acordo com a Associação de Energia Eólica. Uma área foi monitorada por um ano, com as velocidades do vento registradas a cada 6 horas. De um total de 1114 leituras da velocidade do vento, apurou-se uma média de 3,813 mph. Você foi solicitado a fazer um relatório estatístico para ajudar o proprietário a decidir se coloca uma turbina eólica na sua propriedade.

a) Discuta as suposições e condições para o uso dos métodos de inferência com o *t* de Student para esses dados. Eis alguns diagramas que podem ajudá-lo a decidir se os métodos podem ser usados.

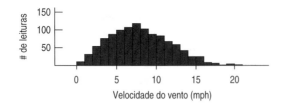

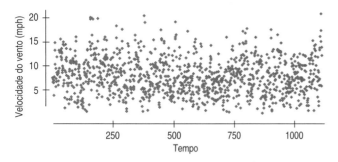

b) O que você diria ao proprietário sobre se essa área é adequada para a instalação de uma pequena turbina eólica? Explique.

53. Queda do setor imobiliário? Após a crise do *sub-prime* no final de 2007, os preços do setor imobiliário caíram em quase todos os Estados Unidos. Antes da crise, em 2006-2007, o preço médio de venda de casas numa região do estado de Nova York era de $191300. Uma agência imobiliária quer saber quanto os preços caíram desde então. Ela coleta uma amostra de 1231 casas na região e descobre que o preço médio é $178613,50, com um desvio padrão de $92701,56. Você foi contratado pela agência imobiliária para fazer um relatório da situação atual.

a) Discuta as suposições e condições para o uso dos métodos *t* para inferência com esses dados. Aqui estão alguns diagramas que podem ajudá-lo a decidir o que fazer.

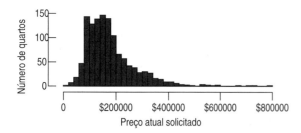

b) O que você relataria para a agência imobiliária sobre a situação atual?

RESPOSTAS DO TESTE RÁPIDO

1 As perguntas do formulário resumido são respondidas por cada um da população. Isso representa um censo, assim, as médias ou proporções *são* os valores verdadeiros da população. Os formulários completos são apenas entregues a uma amostra da população. Quando estimamos os parâmetros de uma amostra, usamos um intervalo de confiança para levar em conta a variabilidade de amostra para amostra.

2 Eles não sabem o desvio padrão da população, portanto, devem usar o DP da amostra como uma estimativa. A incerteza adicional é levada em conta pelo modelo *t*.

3 A margem de erro de um intervalo de confiança para uma média depende, em parte, do erro padrão:

$$EP(\overline{y}) = \frac{s}{\sqrt{n}}$$

Como *n* está no denominador, tamanhos de amostras menores geralmente levam a EPs maiores e, correspondentemente, a intervalos mais amplos. Visto que os formulários completos são amostrados na mesma taxa de um em cada seis ou sete domicílios por todo o país, as amostras serão menores em áreas menos populosas e resultarão em intervalos de confiança mais amplos.

4 Os valores críticos para *t* com poucos graus de liberdade seriam levemente maiores. A parte $\sqrt{n}$ do erro padrão muda bastante, tornando o EP muito maior. Ambos aumentariam a margem de erro. A menor amostra é um quarto da maior, por isso o intervalo de confiança terá aproximadamente o dobro do tamanho.

5 Esperamos que 95% desses intervalos cubram o valor verdadeiro, então 5 dos 100 intervalos podem ser perdidos.

6 Seria provável que o erro padrão diminuísse se tivéssemos um tamanho da amostra maior.

Comparando Duas Médias

Visa Global Organization

Hoje, mais de um bilhão de pessoas e 24 milhões de comerciantes usam o cartão Visa em 170 países no mundo inteiro. No entanto, por volta de 1950, quando a ideia de transações sem dinheiro começava a se consolidar, somente o Diners Club e alguns varejistas, particularmente companhias petrolíferas, emitiam cartões de crédito. A grande maioria das compras era feita com dinheiro e cheques pessoais. O Bank of America introduziu seu programa do Bank Americard em Fresno, Califórnia, em 1958, e a American Express emitiu seu primeiro cartão de plástico em 1959. O cartão de crédito realmente ganhou força uma década mais tarde, quando um grupo de bancos formou um empreendimento conjunto para criar um sistema centralizado de pagamento. O National BankAmericard, Inc. (NBI) tomou posse do sistema de cartões de crédito em 1970 e, por questões de simplicidade e *marketing*, mudou seu nome para Visa em 1976 (o nome Visa é pronunciado quase da mesma forma em todas as línguas). Naquele ano, a Visa processou 679000 transações – volume processado em média a cada quatro minutos hoje. Com os avanços tecnológicos, a indústria do cartão de crédito mudou. Por volta de 1986, era possível usar um cartão Visa para sacar dinheiro de caixas automáticos.

Atualmente uma organização global, a Visa está dividida em sete entidades regionais: Visa Ásia Pacífico, Visa Canadá, Visa Europa Central & Oriental, Visa Oriente Médio & África, Visa Europa, Visa América Latina & Caribe e Visa EUA. Hoje, o sistema é capaz de lidar com aproximadamente 6800 transações por segundo. Esse número por pouco não foi superado em 23 de dezembro de 2005, durante o auge da época do Natal, quando o grupo processou uma média de aproximadamente 6400 mensagens de transações por segundo![1]

O mercado de cartões de crédito pode ser extremamente lucrativo. Em 2003, as empresas de cartão de crédito de todo o mundo tiveram um lucro bruto de 5,2 bilhões por mês. Um lar típico norte-americano tem oito cartões, com um total de $7500 de débito, geralmente com taxas mais altas que os empréstimos ou financiamentos convencionais. A indústria de cartões de crédito também é fortemente competitiva. Bancos rivais e agências de empréstimos constantemente tentam criar novos produtos e ofertas para conseguir novos clientes, manter os clientes atuais e fazer com que esses clientes gastem mais no cartão.

Algumas promoções de cartões de crédito são mais eficazes do que as outras? Por exemplo, os clientes gastam no seu cartão de crédito se sabem que ganharão "milhas dobradas" ou "cupons dobrados" em relação a voos, estadias em hotéis ou compras em lojas? Para responder perguntas como esta, as empresas de cartão de crédito executam experimentos em amostras de clientes: para alguns, oferecem um incentivo de compra, enquanto outros não recebem a oferta. As promoções envolvem gastos, assim, a empresa precisa estimar o tamanho de qualquer aumento da receita para julgar se ela é suficiente para cobrir as despesas. Ao comparar o desempenho das duas ofertas da amostra, é possível decidir se a nova oferta irá fornecer o potencial de lucro necessário a fim de estendê-la a toda a base de clientes.

Experimentos que comparam dois grupos são comuns na ciência e na indústria. Outras aplicações incluem a comparação dos efeitos de um novo medicamento com a terapia tradicional, a eficiência do combustível de dois projetos de motor de carro ou a venda de novos produtos em dois segmentos de clientes diferentes. Geralmente, o experimento é realizado num subconjunto da população, muitas vezes um subconjunto bem menor. Com a estatística, podemos declarar se as médias dos dois grupos diferem na população em geral e qual é o tamanho dessa diferença.

13.1 Testando as diferenças entre duas médias

A representação natural para comparar as médias de dois grupos é um diagrama de caixa e bigodes lado a lado (veja a Figura 13.1). Para a promoção do cartão de crédito, a empresa julga o desempenho do gasto *médio* pelo estímulo (a alteração dos valores

---
[1] Fonte: © 2006 Visa International Service Association, www.corporate.visa.com.

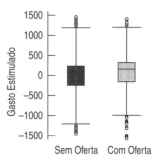

Figura 13.1 Diagramas de caixa e bigodes lado a lado mostram um pequeno aumento do gasto para o grupo que recebeu a promoção.

gastos antes de ganhar a promoção e após o seu recebimento) para duas amostras. Se a diferença no gasto estimulado entre o grupo que recebeu a promoção e o grupo que não a recebeu é alto o suficiente, isso será visto como uma evidência de que a promoção funcionou. Não está óbvio que existe muita diferença pela análise dos dois diagramas de caixa e bigodes. Poderíamos concluir que o pequeno aumento nos gastos daqueles que receberam a promoção é mais que apenas uma flutuação aleatória? Precisamos de inferência estatística.

Para dois grupos, a estatística de interesse é a diferença nas médias observadas dos grupos com a oferta e sem a oferta: $\bar{y}_0 - \bar{y}_n$. Oferecemos a promoção para uma amostra aleatória de proprietários de cartão de crédito e usamos outra amostra, que não recebeu a oferta, como grupo de controle. Sabemos o que aconteceu nas nossas amostras, mas o que realmente queremos saber é a diferença das médias em toda a população: $\mu_0 - \mu_n$.

Comparamos duas médias da mesma forma que comparamos uma única média a um valor hipotético. No nosso exemplo, é a diferença verdadeira entre o gasto médio estimulado dos clientes que receberam a oferta e o gasto médio dos clientes que não a receberam. Estimamos essa diferença como $\bar{y}_0 - \bar{y}_n$. Como podemos saber se a diferença que observamos nas médias das amostras indica uma diferença real nas médias da população subjacente? Precisamos saber o modelo da distribuição amostral das diferenças e o desvio padrão da diferença. Com essas duas informações, podemos construir um intervalo de confiança e testar uma hipótese como fizemos para uma única média.

Temos dados de 500 clientes aleatoriamente selecionados que receberam a oferta da promoção e outros 500 aleatoriamente selecionados que não a receberam. É fácil encontrar a média e o desvio padrão do gasto para cada um desses grupos. Deles, podemos encontrar os desvios padrão das médias, mas não é isso que queremos. Precisamos do desvio padrão da *diferença* entre as duas médias. Para tanto, podemos usar uma regra simples: *se as médias das amostras provêm de amostras independentes, a variância da diferença (ou soma) é a soma das suas variâncias.*

Adição das variâncias para somas e diferenças A princípio, parece que isso não pode ser verdadeiro para diferenças assim como para somas. Eis uma visão de por que a variação aumenta mesmo quando subtraímos duas quantidades aleatórias. Pegue uma caixa cheia de cereal. O rótulo afirma que ela contém 16 onças do alimento. Sabemos que isso não é preciso. Existe uma quantidade aleatória de cereal na caixa com uma média (presumivelmente) de 16 onças e alguma variação de caixa para caixa. Agora sirva uma porção de 2 onças numa tigela. É claro, sua porção não é exatamente de 2 onças. Existe uma variação, também. Quanto cereal você estima que ficou na caixa? Você pode estimar de forma tão precisa quanto o fez para a caixa cheia? A média deveria ser de 14 onças. Mas será que a quantia que ficou na caixa tem *menos* variação do que tinha antes de você servir a sua porção? De jeito nenhum! Após servir sua tigela, a quantia de cereal na caixa ainda é uma quantidade aleatória (com uma

---
* N. de R.T.: 1 onça = 1 oz. = 28,35g. Assim 16 oz. = 453,59g = 0,45kg

média menor do que antes), mas você a tornou mais *variável* por causa da incerteza da quantia que serviu. Entretanto, observe que não somamos os *desvios padrão* dessas quantias aleatórias. Como veremos, é a *variância* da quantia do cereal que ficou na caixa a soma das duas variâncias.

Contanto que os dois grupos sejam independentes, encontramos o desvio padrão da *diferença* entre as duas médias da amostra somando as suas variâncias e extraindo a raiz quadrada:

$$DP(\bar{y}_1 - \bar{y}_2) = \sqrt{Var(\bar{y}_1) + Var(\bar{y}_2)}$$

$$= \sqrt{\left(\frac{\sigma_1}{\sqrt{n_1}}\right)^2 + \left(\frac{\sigma_2}{\sqrt{n_2}}\right)^2}$$

$$= \sqrt{\frac{\sigma_1^2}{n_1} + \frac{\sigma_2^2}{n_2}}.$$

É claro, geralmente não conhecemos os desvios padrão dos dois grupos, σ_1 e σ_2, assim, os substituímos pelas estimativas, s_1 e s_2, e encontramos o *erro padrão (estimado)*:

$$EP(\bar{y}_1 - \bar{y}_2) = \sqrt{\frac{s_1^2}{n_1} + \frac{s_2^2}{n_2}}.$$

Da mesma forma que fizemos para uma média, usaremos o erro padrão a fim de verificar quão grande realmente é a diferença. Você não deveria ficar surpreso com o fato de que, assim como para uma única média, a razão da diferença nas médias para o erro padrão daquela diferença tem um modelo amostral que segue a distribuição do t de Student.

> **Uma regra mais fácil?**
>
> A fórmula para os graus de liberdade da distribuição amostral da diferença entre duas médias é complicada. Assim, alguns livros ensinam uma regra mais fácil: o número de graus de liberdade é sempre pelo menos maior que o menor valor entre $n_1 - 1$ e $n_2 - 1$ e no máximo $n_1 + n_2 - 2$. O problema é que, se você precisa executar um teste t de duas amostras e não tem a fórmula à mão para encontrar os graus de liberdade corretos, deve ser conservador e usar o valor mais baixo. E essa aproximação pode ser uma escolha infeliz, porque pode dar menos que a metade dos graus de liberdade que você teria com a fórmula correta.

Do que mais precisamos? Somente dos graus de liberdade para o modelo t de Student. Infelizmente, *aquela* fórmula não é tão simples quanto $n - 1$. O problema é que o modelo amostral não é *realmente* o t de Student, mas apenas algo aproximado. A razão é que estimamos duas variâncias diferentes (s_1^2 e s_2^2) e elas podem ser distintas. A variabilidade extra torna a distribuição ainda mais variável do que o t de Student para ambas as médias. Porém, usando um valor dos graus de liberdade ajustado e especial, podemos encontrar um modelo t de Student que esteja tão próximo ao modelo de distribuição amostral correto que ninguém conseguirá notar a diferença. A fórmula ajustada é objetiva, mas não contribui para a nossa compreensão, então a deixamos para o computador ou para a calculadora (se você estiver curioso e realmente quiser ver a fórmula, verifique a nota de rodapé[2]).

---

[2] O resultado se deve a Satterhwaite e Welch.

Satterhwaite, F. E. "An approximate distribuition of estimates of variance components". *Biometrics Bulletin*, v.2, p. 110-14, 1946.

Welch, B. L. "The generalization of 'student's' problem when several different population variances are involved". *Biometrika*, v.34, p. 28-35, 1947.

$$df = \frac{\left(\frac{s_1^2}{n_1} + \frac{s_2^2}{n_2}\right)^2}{\frac{1}{n_1 - 1}\left(\frac{s_1^2}{n_1}\right)^2 + \frac{1}{n_2 - 1}\left(\frac{s_2^2}{n_2}\right)^2}$$

Essa fórmula aproximada geralmente nem mesmo dá um número inteiro. Se você estiver usando uma tabela, precisará de um número inteiro, assim, arredonde para baixo por segurança. Se você estiver usando tecnologia, as fórmulas aproximadas que computadores e calculadoras utilizam para a distribuição do t de Student podem lidar com graus de liberdade fracionários.

Capítulo 13 – Comparando Duas Médias **387**

> **Uma distribuição amostral para a diferença entre duas médias**
>
> Quando as condições forem satisfeitas (veja a Seção 13.3), a diferença da amostra padronizada entre as médias de dois grupos independentes,
>
> $$t = \frac{(\bar{y}_1 - \bar{y}_2) - (\mu_1 - \mu_2)}{EP(\bar{y}_1 - \bar{y}_2)},$$
>
> pode ser modelada pelo modelo t de Student com um número de graus de liberdade encontrados com uma fórmula especial. Estimamos o erro padrão com
>
> $$EP(\bar{y}_1 - \bar{y}_2) = \sqrt{\frac{s_1^2}{n_1} + \frac{s_2^2}{n_2}}.$$

13.2 O teste t de duas amostras

> **⚠ ALERTA DE NOTAÇÃO:**
>
> O Δ_0 (pronuncia-se delta zero) não é tão padrão que você possa assumir que todos irão entendê-lo. Usamos esse símbolo porque é a letra maiúscula grega "D", de "diferença".

Agora temos tudo o que precisamos para construir o teste de hipóteses e você já sabe como fazê-lo. É a mesma ideia que usamos quando testamos uma média contra um valor hipotético. Aqui, começamos formulando uma hipótese de um valor para a diferença verdadeira das médias. Chamamos essa diferença hipotética de Δ_0 (é tão comum essa diferença hipotética ser zero que geralmente apenas assumimos que $\Delta_0 = 0$) Então, determinamos a razão da diferença das médias das nossas amostras para o seu erro padrão e comparamos essa razão a um valor crítico do modelo t de Student. O teste é chamado de **teste t de duas amostras.**

> **Teste t de duas amostras**
>
> Quando as suposições e condições apropriadas são satisfeitas, testamos a hipótese:
>
> $$H_0: \mu_1 - \mu_2 = \Delta_0,$$
>
> onde a diferença hipotética Δ_0 é quase sempre igual a 0. Usamos a estatística:
>
> $$t = \frac{(\bar{y}_1 - \bar{y}_2) - \Delta_0}{EP(\bar{y}_1 - \bar{y}_2)}.$$
>
> O erro padrão de $\bar{y}_1 - \bar{y}_2$ é:
>
> $$EP(\bar{y}_1 - \bar{y}_2) = \sqrt{\frac{s_1^2}{n_1} + \frac{s_2^2}{n_2}}.$$
>
> Quando a hipótese nula for verdadeira, a estatística estará bem próxima do modelo t de Student com um número de graus de liberdade dado por uma fórmula especial. Usamos aquele modelo para comparar nossa razão t com um valor crítico para t ou para obter o valor-P.

13.3 Suposições e condições

Antes que possamos executar um teste t de duas amostras, precisamos verificar as suposições e condições.

Suposição de independência

Os dados em cada grupo devem ser coletados de forma independente e aleatória a partir da população homogênea de cada grupo ou gerados por um experimento aleatório comparativo. Não podemos esperar que os dados, coletados como um grande grupo, venham de uma população homogênea, pois isso é o que estamos tentando testar. No entanto, sem algum tipo de aleatoriedade não existem modelos de distribuição amostral nem inferência.

Devemos pensar se a suposição de independência é razoável. Para tanto, devemos verificar duas condições:

Condição da aleatoriedade: Os dados foram coletados com uma aleatoriedade adequada? Para um levantamento de dados, eles são uma amostra aleatória representativa? Para experimentos, o experimento foi aleatório?

Condição dos 10%: Geralmente não verificamos essa condição para a diferença de médias. Faremos a verificação somente se tivermos uma população muito pequena ou uma amostra extremamente grande. Não precisamos nos preocupar com ela para experimentos aleatórios.

Suposição de população Normal

Como fizemos antes com os modelos t de Student, precisamos da suposição de que as populações subjacentes são distribuídas Normalmente. Assim, verificamos uma condição.

Condição de Normalidade: Precisamos verificar essa condição para *ambos* os grupos; uma violação de qualquer um viola a condição. Como vimos para médias de uma única amostra, a Suposição de Normalidade é mais importante quando os tamanhos das amostras são pequenos. Quando cada grupo for pequeno ($n < 15$), não devemos usar esses métodos se o histograma ou o diagrama de probabilidade Normal exibir assimetria. Para n próximos a 40, um histograma moderadamente assimétrico é adequado, mas você deve anotar qualquer valor atípico que encontrar e não trabalhar com dados muito assimétricos. Quando ambos os grupos são maiores do que isso, o Teorema Central do Limite começa a funcionar, a não ser que os dados sejam muito assimétricos ou existam valores atípicos extremos; assim, a Condição de Normalidade para os dados tem pouca importância. Mesmo em amostras grandes, entretanto, você ainda deveria procurar por valores atípicos, assimetria extrema e modas múltiplas.

Suposição de grupos independentes

Para usar os métodos t de duas amostras, os dois grupos que estamos comparando devem ser independentes entre si. De fato, o teste às vezes é chamado de teste t de duas *amostras independentes*. Nenhum teste estatístico pode verificar que os grupos são independentes. Você deve pensar em como os dados foram coletados. A suposição seria violada, por exemplo, se um grupo fosse composto de maridos e o outro, de suas esposas. O que mensurarmos num grupo pode, naturalmente, estar relacionado ao outro. Da mesma forma, se compararmos os desempenhos de sujeitos antes de algum tratamento com seus desempenhos após o tratamento, esperaremos um relacionamento de cada um "antes" da mensuração com sua mensuração correspondente "após". As mensurações feitas em dois grupos por um período de tempo, quando as observações são feitas ao mesmo tempo, podem estar relacionadas – especialmente se elas dividem, por exemplo, a chance de que foram influenciadas pela economia geral ou eventos mundiais. Em casos como esses, em que as unidades observacionais nos dois grupos estão relacionadas ou combinadas, *os métodos de duas amostras deste capítulo não podem ser aplicados*. Quando isso acontecer, precisamos de um procedimento diferente, que será discutido no próximo capítulo.

Capítulo 13 – Comparando Duas Médias 389

EXEMPLO ORIENTADO — *Promoções e gastos nos cartões de crédito*

Nossa pesquisa de mercado preliminar sugeriu que um novo incentivo pode aumentar os gastos dos clientes. Entretanto, antes de investirmos na promoção em toda a população de proprietários de cartão de crédito, vamos testar uma hipótese numa amostra. Para julgar se o incentivo funciona, iremos examinar a mudança no gasto (chamada de aumento do gasto) por um período de seis meses. Veremos se o *aumento do gasto* para o grupo que recebeu a oferta foi maior que o *aumento do gasto* do grupo que não recebeu a oferta. Se observarmos diferenças, como saberemos se são importantes (ou reais) o suficiente para justificar nossos custos?

PLANEJAR

Especificação Declare o que queremos saber.
Identifique o parâmetro que queremos estimar. Aqui, nosso parâmetro é a diferença das médias, não as médias individuais do grupo.
Identifique a(s) população(ões) sobre a qual queremos fazer declarações.
Identifique as variáveis e o contexto.

Queremos saber se os proprietários de cartão de crédito que receberam a oferta gastam mais nos seus cartões. Temos o aumento do gasto (em $) de uma amostra aleatória de 500 proprietários de cartão que receberam a oferta da promoção e de uma amostra aleatória de 500 proprietários de cartão que não receberam a oferta.

H_O: A média do aumento do gasto para o grupo que recebeu a oferta é a mesma do grupo que não recebeu a oferta.

H_O: $\mu_{oferta} = \mu_{sem\ oferta}$

H_A: A média do aumento do gasto para o grupo que recebeu a oferta é mais alta.

H_O: $\mu_{oferta} > \mu_{sem\ oferta}$

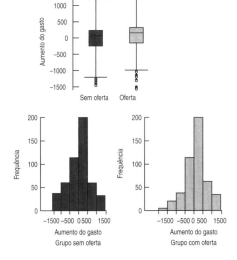

Faça um gráfico para comparar os dois grupos e verifique a distribuição de cada grupo. Para uma abrangência completa, devemos relatar qualquer valor atípico. Se os valores atípicos são extremos o suficiente, devemos considerar a realização do teste com e sem os valores atípicos e relatar a diferença.

Os diagramas de caixa e bigodes e os histogramas mostram a distribuição de ambos os grupos. A distribuição para cada grupo parece simétrica.

Os diagramas de caixa e bigodes indicam muitos valores atípicos em cada grupo, mas não temos motivo para excluí-los e seu impacto é mínimo.

continua...

continuação

	Modelo Verifique as suposições e condições. Para amostras maiores, como essas com dados quantitativos, geralmente não nos preocupamos com a condição dos 10%.	✓ **Suposição de independência.** Não temos razão para acreditar que o comportamento do gasto de um cliente influenciaria o comportamento do gasto de outro cliente do mesmo grupo. Os dados relatam o "aumento do gasto" para cada cliente para o mesmo período de tempo. ✓ **Condição da aleatoriedade.** Os clientes que receberam a oferta da promoção foram selecionados ao acaso. ✓ **Condição de Normalidade.** Como as amostras são grandes, não estamos muito preocupados com essa condição, e os diagramas de caixa e bigodes e histogramas mostram distribuições simétricas para ambos os grupos. ✓ **Suposição de grupos independentes.** Os clientes foram designados aleatoriamente aos grupos. Não há razão para achar que aqueles em um grupo possam afetar o comportamento do gasto daqueles no outro grupo.
	Declare o modelo da distribuição amostral da estatística. Aqui, os graus de liberdade virão da fórmula de aproximação da nota de rodapé 2.	Sob essas condições, é adequado usar um modelo t de Student.
	Especifique o seu método.	Usaremos um teste t de duas amostras.
	Mecânica Liste o resumo das estatísticas. Inclua as unidades junto com as estatísticas. Use símbolos significativos para identificar os grupos. Use os desvios padrão amostral para encontrar o erro padrão da distribuição amostral. A melhor alternativa é calcular com o computador a fórmula de aproximação para os graus de liberdade e encontrar o valor-P.	Sabemos que $H_{Sem\ oferta} = 500$ e $H_{Oferta} > 500$. Com a tecnologia, encontramos: $\bar{y}_{Sem\ oferta} = \$7{,}69$ $\qquad \bar{y}_{oferta} = \$127{,}61$ $s_{Sem\ oferta} = \$611{,}62$ $\quad s_{oferta} = \$566{,}05$ A diferença observada nas duas médias é: $\bar{y}_{oferta} - \bar{y}_{Sem\ oferta} = \$127{,}61 - \$7{,}69 = \$119{,}92$. Os grupos são independentes, assim: $$EP(\bar{y}_{Oferta} - \bar{y}_{Sem\ oferta}) = \sqrt{\frac{(611{,}62)^2}{500} + \frac{(566{,}05)^2}{500}}$$ $$= \$37{,}27$$ O valor-t observado é: $$t = 119{,}92/37{,}27 = 3{,}218$$ com 992 gl (da tecnologia). (Para usar os valores críticos, poderíamos encontrar que o valor crítico unilateral de 0,01 para um t com 992 gl é $t^* = 2{,}33$. Nosso valor-t observado é maior do que isso, assim, poderíamos rejeitar a hipótese nula no nível 0,01.)

Capítulo 13 – Comparando Duas Médias **391**

		Usando *software* para obter o valor-P, temos: Promoção N Média Desvio padrão Não 500 7,69 611,62 Sim 500 127,61 566,05 Diferença = $\mu_1 - \mu_0$ Estimativa para a diferença: 119,9231 t = 3,2178, gl = 992 Valor-p unilateral = 0,0006669
RELATAR	**Conclusão** Interpretar os resultados do teste no contexto apropriado.	**Memorando** **Re: Promoção do cartão de crédito** Nossa análise do experimento da promoção do cartão de crédito descobriu que os clientes que receberam a oferta da promoção gastaram mais do que aqueles que não receberam a promoção. A diferença foi estatisticamente significativa, com um valor-P < 0,001. Portanto, concluímos que essa promoção irá aumentar os gastos com o cartão. A diferença no aumento do gasto foi em média $119,92, mas, até agora, nossa análise não determinou quanta renda isso irá gerar para a empresa e, consequentemente, se o aumento estimado do gasto compensa o custo da oferta.

TESTE RÁPIDO

Em muitas empresas, pagamentos voluntários são coletados para os alimentos consumidos na "área do cafezinho". Os pesquisadores da Universidade de Newcastle Upon Tyne executaram um experimento para verificar se a presença da imagem de um observador mudaria o comportamento do funcionário.[3] Eles alternaram fotos de olhos fitando os observadores com fotos com flores, a cada semana, no armário atrás da "caixa da honestidade". Eles mensuraram o consumo de leite à quantia aproximada de comida consumida e registraram as contribuições (em £) a cada semana por litro de leite. A tabela resume os resultados.

	Olhos	Flores
n (# semanas)	5	5
$\bar{y}$	0,417 £/litro	0,151 £/litro
s	0,1811	0,067

1. Que hipótese nula os pesquisadores estavam testando?
2. Verifique as suposições e condições necessárias para testar se realmente existe uma diferença no comportamento de acordo com as imagens apresentadas.

---

[3] Bateson, Melissa, Nettle, Daniel, Roberts, Gilbert. "Cues of being watched enhance cooperation in a real-world setting". *Biol. Lett.* Doi:10.1098/rsbl.2006.0509.

13.4 Um intervalo de confiança para a diferença entre duas médias

Rejeitamos a hipótese nula de que a média do gasto dos clientes não mudaria quando a promoção fosse oferecida. Visto que a empresa coletou uma amostra aleatória de clientes para cada grupo e nosso valor-P era convincentemente pequeno, concluímos que essa diferença não é zero para a população. Isso significa que devemos oferecer essa promoção para todos os clientes?

Um teste de hipótese nada informa sobre o tamanho da diferença. Apenas indica que a diferença observada é grande o suficiente para estarmos certos de que não é zero. Esse é o significado da expressão "estatisticamente significativo". O teste não afirma que a diferença é importante, financeiramente significativa ou interessante. A rejeição da hipótese nula simplesmente diz que seria improvável observar a estatística verificada se a hipótese nula fosse verdadeira.

Portanto, que recomendações podemos fazer à empresa? Quase toda a decisão de negócios dependerá da observação de uma variação de cenários prováveis – exatamente o tipo de informação que um intervalo de confiança fornece. Construímos o intervalo de confiança para a diferença das médias de forma usual, começando com a nossa estatística observada, neste caso, $(\bar{y}_1 - \bar{y}_2)$. Depois, somamos e subtraímos um múltiplo do erro padrão $EP(\bar{y}_1 - \bar{y}_2)$, onde o múltiplo é baseado na distribuição t de Student com a mesma fórmula para o gl que vimos anteriormente.

Intervalo de confiança para a diferença entre duas médias

Quando as condições são satisfeitas, estamos prontos para encontrar um intervalo t para a diferença entre as médias dos dois grupos independentes, $\mu_1 - \mu_2$. O intervalo de confiança é:

$$(\bar{y}_1 - \bar{y}_2) \pm t_{gl}^* \times EP(\bar{y}_1 - \bar{y}_2),$$

onde o erro padrão da diferença das médias é dado por:

$$EP(\bar{y}_1 - \bar{y}_2) = \sqrt{\frac{s_1^2}{n_1} + \frac{s_2^2}{n_2}}.$$

O valor crítico t_{gl}^* depende no nível de confiança específico e do número de graus de liberdade.

EXEMPLO ORIENTADO	*Intervalo de confiança para o gasto no cartão de crédito*

Rejeitamos a hipótese nula de que a média do gasto nos dois grupos era igual. No entanto, para descobrir se devemos estender a promoção para todo o país, precisamos estimar a magnitude do aumento do gasto.

PLANEJAR

Especificação Declare o que queremos saber.

Identifique o *parâmetro* que buscamos estimar. Aqui, nosso parâmetro é a diferença das médias, não as médias individuais dos grupos.

Queremos encontrar um intervalo de confiança de 95% para a diferença da média do gasto entre aqueles que receberam a promoção e aqueles que não receberam a promoção.

Capítulo 13 – Comparando Duas Médias

	Identifique a(s) *população*(ões) sobre a(s) qual(is) queremos fazer declarações. Identifique as variáveis e o contexto. Especifique o método.	Analisamos os diagramas de caixa e bigodes e histogramas dos grupos e verificamos as condições anteriores. As mesmas condições e suposições são apropriadas aqui, assim, podemos proceder diretamente para o intervalo de confiança. Usaremos um intervalo *t* de duas amostras.
FAZER	**Mecânica** Construa o intervalo de confiança. Inclua as unidades junto com as estatísticas. Use símbolos significativos para identificar os grupos. Use os desvios padrão da média para encontrar o erro padrão da distribuição amostral. A melhor alternativa é calcular com o computador a fórmula de aproximação para os graus de liberdade e encontrar o intervalo de confiança. Normalmente, contamos com a tecnologia para os cálculos. Nos nossos cálculos à mão, arredondamos os valores em graus intermediários para mostrar os graus de modo mais claro. O computador mantém uma precisão completa, que você deve relatar. A diferença entre os cálculos à mão e pelo computador é de aproximadamente $0,08.	Na nossa análise anterior, encontramos: $\bar{y}_{Sem\ oferta} = \$7,69 \qquad \bar{y}_{oferta} = \$127,61$ $s_{Sem\ oferta} = \$611,62 \qquad s_{oferta} = \$566,05$ A diferença observada nas duas médias é: $$\bar{y}_{Sem\ oferta} - \bar{y}_{oferta} = \$127,61 - \$7,69 = \$119,92,$$ e o erro padrão é: $$EP = (\bar{y}_{oferta} - \bar{y}_{Sem\ oferta}) = \$37,27$$ Da tecnologia, o gl é 992,007 e o valor crítico de 0,025 para *t* com 992,007 gl é 1,96. Assim, o intervalo de confiança de 95% é: $$119,92 \pm 1,96(37,27) = (\$46,87, \$192,97)$$ Usando um *software* para obter esses cálculos, temos: Intervalo de confiança de 95%: 46,78784, 193,05837 Médias da amostra: Sem oferta Com oferta 7,690882 127,613987
RELATAR	**Conclusão** Interpretar os resultados do teste em um contexto apropriado.	**Memorando** **Re: Experimento da promoção do cartão de crédito** No nosso experimento, a promoção resultou em um aumento médio do gasto de $119,92. Análises adicionais fornecem um intervalo de confiança de 95% de ($46,79; $193,06). Em outras palavras, esperamos com 95% de confiança que, sob condições similares, o aumento médio do gasto que alcançamos quando introduzimos a oferta a todos os clientes similares estará nesse intervalo. Recomendamos que a empresa considere se os valores nesse intervalo justificarão o custo do programa de promoção.

13.5 O teste *t* combinado

Se você fosse comprar uma máquina fotográfica usada, mas em boas condições, de um amigo, pagaria o mesmo valor que se comprasse um produto igual de um desconhecido? Uma pesquisadora da Cornell University[4] queria saber quanto a amizade poderia afetar vendas simples como essa. Ela dividiu aleatoriamente sujeitos em dois grupos e deu a cada grupo descrições de itens que talvez eles quisessem comprar. Um grupo deveria imaginar que compraria de um amigo que veria novamente. O outro grupo deveria imaginar que compraria de um estranho.

Eis os preços que eles ofereceram para uma máquina fotográfica usada em boas condições.

Preço oferecido para uma máquina usada ($)	
Compra de um amigo	Compra de um estranho
275	260
300	250
260	175
300	130
255	200
275	225
290	240
300	

Quem Estudantes universitários.
O quê Preços oferecidos por uma máquina fotográfica usada ($)
Quando 1990
Onde Cornell University
Por quê Para estudar o efeito da amizade em transações comerciais

A pesquisadora buscava testar o impacto da amizade nas negociações. Teorias prévias duvidavam que a amizade tivesse um efeito mensurável na determinação do preço, mas ela esperava encontrar tal efeito. A hipótese nula comum é que não existe diferença nas médias e isso é o que vamos usar para os preços de compra da máquina fotográfica.

Quando executamos o teste *t*, no início do capítulo, usamos uma fórmula aproximada que ajusta os graus de liberdade a um valor mais baixo. Quando $n_1 + n_2$ é somente 15, como aqui, não queremos perder nenhum grau de liberdade. Como se trata de um experimento, podemos fazer outra suposição. A hipótese nula diz que o fato de comprar de um amigo ou de um estranho não tem efeito na quantia média que você deseja pagar pela máquina fotográfica. Se ela não tem efeito sobre as médias, deve afetar a variância das transações?

Se quisermos *assumir* que as variâncias dos grupos são iguais (ou pelo menos quando a hipótese nula for verdadeira), podemos salvar alguns graus de liberdade. Para tanto, temos de *combinar* as duas variâncias que obtemos dos grupos individuais em uma estimativa comum ou *combinada*:

$$s^2_{\text{combinada}} = \frac{(n_1 - 1)s_1^2 + (n_2 - 1)s_2^2}{(n_1 - 1) + (n_2 - 1)}.$$

(Se os tamanhos das amostras são iguais, isto é apenas a média simples das duas variâncias.)

---

[4] Halpern, J. J. "The transaction index: a method for standardizing comparisons of transaction characteristics across different contexts". *Group Decision and Negociation*. v. 6, n. 6, p. 557-72, 1997.

Agora apenas substituímos as variâncias na fórmula do erro padrão por essa variância combinada. Lembre-se que a fórmula do erro padrão para a diferença entre duas médias independentes é:

$$EP(\bar{y}_1 - \bar{y}_2) = \sqrt{\frac{s_1^2}{n_1} + \frac{s_2^2}{n_2}}.$$

Substituímos cada uma das duas variâncias dessa fórmula pela variância combinada comum, tornando a fórmula do erro padrão mais simples:

$$EP_{\text{combinado}}(\bar{y}_1 - \bar{y}_2) = \sqrt{\frac{s_{\text{combinada}}^2}{n_1} + \frac{s_{\text{combinada}}^2}{n_2}} = s_{\text{combinada}}\sqrt{\frac{1}{n_1} + \frac{1}{n_2}}.$$

A fórmula para os graus de liberdade para o modelo t de Student também é mais simples. Ela era tão complicada para o t de duas amostras que a colocamos como uma nota de rodapé. Agora, é apenas gl $= (n_1 - 1) + (n_2 - 1)$.

Substitua o erro padrão e os seus graus de liberdade tanto no intervalo de confiança quanto no teste de hipóteses pelo t-combinado estimado e você estará usando os métodos t-combinados. É claro, se você decidir usar um método t-combinado, deve justificar a suposição de que as variâncias dos dois grupos são iguais.

Para usar os métodos t-combinados, você precisa acrescentar a **suposição da igualdade de variâncias**, isto é, a suposição de que as variâncias das duas populações das quais as amostras foram coletadas são iguais. Isto é, $\sigma_1^2 = \sigma_2^2$. (É claro, é possível, em vez disso, pensar sobre a igualdade dos desvios.)

Teste t combinado e o intervalo de confiança para a diferença entre médias

As condições para o **teste t combinado** para a diferença entre as médias de dois grupos independentes (comumente chamados de teste t combinado) são as mesmas do teste t de duas amostras com a suposição adicional de que as variâncias dos dois grupos sejam as mesmas. Testamos a hipótese:

$$H_0: \mu_1 - \mu_2 = \Delta_0,$$

onde a diferença hipotética Δ_0 é quase sempre 0, usando a estatística

$$t = \frac{(\bar{y}_1 - \bar{y}_2) - \Delta_0}{EP_{\text{combinado}}(\bar{y}_1 - \bar{y}_2)}.$$

O erro padrão de $\bar{y}_1 - \bar{y}_2$ é:

$$EP_{\text{combinado}}(\bar{y}_1 - \bar{y}_2) = s_{\text{combinado}}\sqrt{\frac{1}{n_1} + \frac{1}{n_2}},$$

onde a variância agrupada é:

$$s_{\text{combinado}}^2 = \frac{(n_1 - 1)s_1^2 + (n_2 - 1)s_2^2}{(n_1 - 1) + (n_2 - 1)}.$$

Quando as condições forem satisfeitas e a hipótese nula for verdadeira, podemos modelar essa distribuição amostral com o modelo t de Student com $(n_1 - 1) + (n_2 - 1)$ graus de liberdade. Usamos esse modelo para obter o valor-P para um teste ou uma margem de erro para um intervalo de confiança.

O intervalo de confiança t combinado é:

$$(\bar{y}_1 - \bar{y}_2) \pm t_{\text{df}}^* \times EP_{\text{agrupado}}(\bar{y}_1 - \bar{y}_2),$$

onde o valor crítico t^* depende do nível de confiança e é encontrado com $(n_1 - 1) + (n_2 - 1)$ graus de liberdade.

EXEMPLO ORIENTADO | *O papel da amizade nas negociações*

A hipótese nula comum em um teste *t* combinado é que não existe diferença nas médias. Usaremos esse fato para os preços de compra da máquina fotográfica.

PLANEJAR

Especificação Declare o que queremos saber.
Identifique o parâmetro que queremos estimar. Aqui, nosso parâmetro é a diferença das médias, não as médias individuais dos grupos. Identifique as variáveis e o contexto.

Queremos saber se as pessoas, em geral, oferecem uma quantia diferente para uma máquina fotográfica quando comprada de um amigo do que quando comprada de um estranho. Queremos saber se a diferença entre as quantias médias é zero. Temos as ofertas de preços de oito sujeitos comprando de um amigo e de sete sujeitos comprando de um estranho, verificadas por meio de um experimento aleatório.

Hipótese Declare a hipótese nula e a alternativa.
A afirmação da pesquisadora é que a amizade altera o valor que as pessoas pretendem pagar.[5] A hipótese nula natural é que a amizade não faz diferença.
Começamos sem conhecimento de como a amizade influencia o preço, assim, escolhemos a alternativa bilateral.
Faça um gráfico. Os diagramas de caixa e bigodes são a representação escolhida para comparar grupos. Também queremos verificar a distribuição de cada grupo individualmente.
Os histogramas podem fazer um trabalho melhor.

H_O: A diferença entre o preço médio oferecido aos amigos e o oferecido a estranhos é zero:

$$\mu_F - \mu_S = 0.$$

H_A: A diferença do preço médio não é zero:

$$\mu_F - \mu_S \neq 0.$$

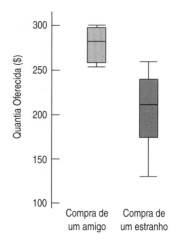

VERIFICAÇÃO DA REALIDADE Parece que os preços são mais altos se você comprar de um amigo. Como duas faixas quase não se sobrepõem, ficaremos surpresos se não rejeitarmos a hipótese nula.

---

[5] Esta alegação é um bom exemplo do que é chamado de uma "hipótese de pesquisa" em muitas ciências sociais. A única maneira de prová-la é negar que ela é verdadeira e ver aonde a hipótese nula resultante os conduz.

	Modelo Pense nas suposições e verifique as condições (como este é um experimento aleatorizado, não coletamos a amostra, por isso a condição dos 10% não é aplicada).	✓ **Suposição de independência**: Não existe razão para pensar que o comportamento de uma pessoa irá influenciar o comportamento de outra. ✓ **Condição de aleatoriedade**: O experimento foi aleatorizado. Os sujeitos foram designados aos grupos de tratamento ao acaso. ✓ **Suposição dos grupos independentes**: A aleatorização do experimento fornece grupos independentes. ✓ **Condição de Normalidade**: Os histogramas dos dois conjuntos de preços não mostram evidência de assimetria ou valores atípicos extremos. 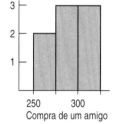 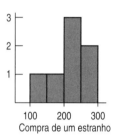
	Especifique o modelo da distribuição amostral envolvida. Especifique o método.	Como este é um experimento aleatorizado, com uma hipótese nula de que não existe diferença entre as médias, podemos fazer a suposição de igualdade de variâncias. Se estamos assumindo, pela hipótese nula, que o tratamento não muda as médias, é razoável assumir que ele também não muda as variâncias. Sob essas suposições e condições, podemos usar o modelo t de Student para executar o teste t combinado.
FAZER	**Mecânica** Liste o resumo das estatísticas. Utilize a notação adequada. Utilize o modelo nulo para encontrar o valor-P. Primeiro determine o erro padrão da diferença entre as médias amostrais.	Dos dados: $$n_a = 8 \qquad n_e = 7$$ $$\bar{y} = \$281,88 \qquad \bar{y} = \$211,43$$ $$s_a = \$18,31 \qquad s_e = \$46,43$$ A variância combinada estimada é: $$s_p^2 = \frac{(n_F - 1)s_F^2 + (n_S - 1)s_S^2}{n_F + n_S - 2}$$ $$= \frac{(8-1)(18,31)^2 + (7-1)(46,43)^2}{8 + 7 - 2}$$ $$= 1175,48$$

		O erro padrão da diferença fica: $$EP_{combinado}(\bar{y}_F - \bar{y}_S) = \sqrt{\frac{s_p^2}{n_F} + \frac{s_p^2}{n_S}}$$ $$= 17{,}744$$
	Faça um gráfico. Trace um modelo *t* centrado na diferença hipotética de zero. Como este é um teste bilateral, sombreie a região à direita da diferença observada e a região correspondente na outra cauda.	A diferença observada nas médias é: $$(\bar{y}_a - \bar{y}_e) = 281{,}88 - 211{,}43 = \$70{,}45$$ que resulta numa razão *t* de: $$t = \frac{(\bar{y}_F - \bar{y}_S) - (0)}{EP_{combinado}(\bar{y}_F - \bar{y}_S)} = \frac{70{,}45}{17{,}744} = 3{,}97$$
	Encontre o valor *t*.	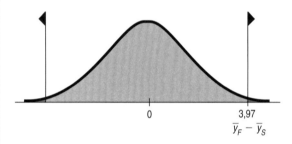

	Um programa estatístico pode encontrar o valor-P.	A saída do computador para um teste *t* combinado aparece aqui.
		Teste T Agrupado para Amigo vs. Estranho
		
		         N Média DP EP médio
		Amigo 8 281,9 18,3 6,5
		Estranho 7 211,4 46,4 18
		
		t = 3,9699, gl = 13, valor-p = 0,001600
		Hipótese alternativa: a diferença verdadeira nas médias não é igual a 0
		
		Intervalo de confiança de 95%:
		  32,11047 108,78238

RELATAR	**Conclusão** Relacione o valor-P à sua decisão sobre a hipótese nula e formule a conclusão no contexto. Tenha cuidado com a generalização dos itens cujos preços estão fora do alcance deste estudo. O intervalo de confiança pode revelar informações mais detalhadas sobre o tamanho da diferença. No artigo original (veja nota de rodapé 5, neste capítulo), a pesquisadora testou vários itens e propôs um modelo relacionando o tamanho da diferença ao preço dos itens.	**Memorando** **Re: O papel da amizade nas negociações** Os resultados de um pequeno experimento mostram que as pessoas estão propensas a oferecer uma quantia diferente para uma máquina fotográfica usada quando negociam com um amigo do que quando negociam com um estranho. A diferença na média das ofertas foi estatisticamente significativa (P = 0,0016). O intervalo de confiança sugere que as pessoas tendem a oferecer mais a um amigo do que a um estranho. Para a máquina fotográfica, o intervalo de confiança de 95% para a diferença média no preço ofertado foi de \$32,11 a \$108,78, mas suspeitamos que a diferença real possa variar de acordo com o preço do item sendo comprado.

TESTE RÁPIDO

Lembre-se do experimento que buscava saber se as fotos de olhos aumentariam a tendência a contribuições voluntárias em uma área de cafezinho num escritório.
3. Qual hipótese alternativa você testaria?
4. O valor-P do teste foi menor que 0,05. Formule uma breve conclusão.

Quando você deve usar o teste *t* combinado?

Quando as variâncias dos dois grupos são iguais, os dois métodos fornecem quase o mesmo resultado. Os métodos combinados têm uma pequena vantagem (intervalos de confiança menores, testes levemente mais poderosos) principalmente porque eles têm alguns graus de liberdade a mais, mas a vantagem é pequena. Quando as variâncias *não* são iguais, os métodos combinados não são válidos e fornecem resultados insuficientes. Você deve usar, no lugar, os métodos de duas amostras.

À medida que os tamanhos das amostras aumentam, as vantagens advindas de alguns graus de liberdade a mais fazem menos diferença. Assim, a vantagem (tal como ela é) do método combinado é maior quando as amostras são pequenas – justamente quando é mais difícil verificar as condições. E a diferença nos graus de liberdade é maior quando as variâncias não são iguais – justamente quando você não pode usar o método combinado. Nosso conselho é usar os métodos *t* de duas amostras para comparar as médias.

Por que dedicamos uma seção inteira a um método que não recomendamos usar? É uma boa pergunta. A resposta é que os métodos combinados são, de fato, muito importantes na estatística, principalmente em experimentos projetados, em que começamos designando sujeitos ao acaso aos tratamentos. Sabemos que, no início do experimento, cada grupo é uma amostra aleatória da mesma população,[6] assim, cada grupo começa com a mesma variância da população. Nesse caso, assumir que as variâncias sejam iguais após aplicarmos o tratamento é o mesmo que assumir que o tratamento não muda a variância. Quando testamos se as médias reais são iguais, podemos querer ir além e afirmar que os tratamentos não fizeram diferença *alguma*. Foi o que fizemos no experimento da amizade e negociação. Portanto, assumir que as variâncias permaneceram iguais não é forçar o limite. Retornaremos aos métodos combinados para experimentos no Capítulo 23.

A outra razão para discutir o teste *t* combinado é histórica. Até recentemente, muitos pacotes computacionais ofereciam os testes *t* combinados como padrão para comparar médias de dois grupos e exigiam que você solicitasse o *teste t de duas amostras* (às vezes chamado, equivocadamente, de "teste *t* com variâncias diferentes") como opção. Isso está mudando, mas tenha o cuidado de especificar o teste correto ao usar um *software*.

Você também pode usar um teste de hipóteses para testar as suposições de variâncias iguais. Entretanto, ele é sensível às falhas das suposições e funciona precariamente para tamanhos da amostra pequenos – justamente a situação em que poderíamos nos preocupar com a diferença entre métodos. Quando a escolha entre os métodos *t* de duas amostras e *t* combinados faz diferença (isto é, quando os tamanhos das amostras são pequenos), o teste de igualdade de variâncias dificilmente funciona.

Embora os métodos combinados sejam importantes na estatística, os testes para comparar duas médias têm boas alternativas que não requerem suposição adicional. Os métodos de duas amostras são aplicados a mais situações e são mais seguros de usar.

> Visto que as vantagens de combinar são pequenas e de fato você raramente pode combinar (apenas quando a suposição de mesma variância for satisfeita), nosso conselho é: *não combine*.
>
> **Nunca é errado *não* combinar.**

---

[6] Isto é, a população dos sujeitos experimentais. Lembre-se que, para serem válidos, os experimentos não precisam de uma amostra representativa coletada da população, porque não estamos tentando estimar um parâmetro da população.

*13.6 Teste rápido de Tukey

Se você acha que o teste *t* é muito trabalhoso para o que parecia ser uma comparação fácil, não é o único. O famoso estatístico John Tukey[7] certa vez foi desafiado a inventar uma alternativa mais simples para o teste *t* de duas amostras que, como a Regra 68-95-99,7, tivesse valores críticos que pudessem ser lembrados facilmente. O teste que ele inventou solicita apenas que você conte e lembre três números: 7, 10 e 13.

Na primeira vez em que você analisou os diagramas de caixa e bigodes dos dados da amizade, deve ter notado que eles não tinham muita sobreposição. Essa é a base para o teste de Tukey. Para usar o teste de Tukey, o máximo deve pertencer a um grupo e o mínimo ao outro. Apenas contamos quantos valores do grupo máximo são maiores do que *todos* os valores do grupo mínimo. Some a isso o número de valores do grupo mínimo que são menores do que *todos* os valores do grupo máximo (você pode contar os empates como ½). Se o total desses excedentes for 7 ou mais, podemos rejeitar a hipótese nula de médias iguais como $\alpha = 0,05$. Os "valores críticos" de 10 e 13 correspondem aos α de 0,01 e 0,001.

Vamos tentar. O grupo "Amigo" apresenta o valor máximo ($300) e o grupo "Estranho" apresenta o valor mínimo ($130). Seis dos valores do grupo **Amigo** são maiores do que o valor mais alto do grupo **Estranho** ($260) e um é um empate. Seis dos valores do grupo **Estranho** são mais baixos do que o valor mais baixo do grupo **Amigo**. Isso fornece um total de $12\frac{1}{2}$ excedentes, que é maior que 10, mas menor que 13. Portanto, o valor-P deve estar entre 0,01 e 0,001 – exatamente o que encontramos com o teste *t* combinado.

Trata-se um teste muito bom: a única suposição que ele requer é que as duas amostras sejam independentes. É tão fácil de fazer que não há motivo para não verificar os resultados do *t* de duas amostras com o teste de Tukey. Se eles divergirem, verifique as suposições. Porém, como o teste rápido de Tukey não é tão conhecido ou aceito quanto o teste *t* de duas amostras, você ainda precisa saber e usar o teste *t* de duas amostras.

O QUE PODE DAR ERRADO?

- **Cuidado com os dados pareados.** A suposição de grupos independentes merece atenção especial. Alguns pesquisadores *deliberadamente* violam a suposição de grupos independentes. Por exemplo, suponha que você queira testar um programa de dieta. Você seleciona 10 pessoas ao acaso para fazer parte da sua dieta. Você mensura seus pesos no início da dieta e após 10 semanas da dieta. Assim, tem duas colunas de pesos, uma para *antes* e outra para *depois*. Você pode usar esses métodos para testar se a média baixou? Não! Os dados estão relacionados; cada peso "depois" está associado ao peso "antes" para a *mesma* pessoa. Se as amostras *não* são independentes, você não pode usar os métodos de duas amostras. Isso é provavelmente o fator principal que pode dar errado quando usamos os métodos de duas amostras. Seguramente, o peso de alguém antes e depois de 10 semanas estará relacionado (se a dieta funcionar ou não). Os métodos deste capítulo podem ser usados *somente* se as observações nos dois grupos forem *independentes* (veja o Capítulo 14 para métodos que funcionam com pares de dados).

- **Não use intervalos de confiança individuais para cada grupo a fim de testar a diferença entre as médias.** Se você fizer intervalos de confiança de 95% para as médias de dois grupos separadamente e descobrir que os intervalos não se sobrepõem, pode rejeitar a hipótese de que as médias são iguais (no nível α correspondente). No entanto, se os intervalos se sobrepõem, isso não significa que

---

[7] Famoso parece ser pouco para definir John Tukey. O *New York Times* o classificou como "um dos estatísticos mais influentes" do século XX e observou que a ele é creditada a invenção das palavras "*software*" e "bit". Tuckey também inventou a representação de caule e folhas e o diagrama de caixa e bigodes

você *não possa* rejeitar a hipótese nula. A margem de erro para a diferença entre as médias é menor que as margens de erro da soma dos intervalos de confiança individuais. Comparar os intervalos de confiança individuais é como somar os desvios padrão. Sabemos que são as variâncias que devemos somar e, quando isso é feito corretamente, conseguimos um teste mais poderoso. Assim, não teste a diferença entre as médias dos grupos observando os intervalos de confiança individualmente. Sempre faça um intervalo *t* de duas amostras ou execute um teste *t* de duas amostras.

- **Observe os gráficos.** As precauções comuns (até agora) para verificar os valores atípicos e distribuições não Normais se aplicam. A defesa mais simples é construir e examinar os diagramas de caixa e bigodes. Você pode ficar surpreso ao perceber quantas vezes esse simples passo irá livrá-lo de conclusões erradas ou absurdas que podem ser geradas por um único valor atípico não detectado. Você não vai querer concluir que dois métodos têm médias muito diferentes apenas porque uma observação é atípica.

◆ **Faça o que dizemos, não o que fazemos.** As máquinas de precisão usadas na indústria geralmente têm uma quantidade desconcertante de parâmetros que devem ser ajustados, assim, experimentos são realizados numa tentativa de encontrar os melhores ajustes. Tal foi o caso para uma furadeira usada por um fabricante de computador muito conhecido para fazer placas de circuito impresso. Os dados foram analisados por um dos autores, mas, como ele estava com pressa, não analisou primeiro os diagramas de caixa e bigodes e apenas executou os testes *t* nos fatores experimentais. Quando ele encontrou valores-P extremamente pequenos, até mesmo para fatores que não faziam sentido, fez um diagrama dos dados. Como foi previsto, havia uma observação 1 milhão de vezes maior que as outras; ela havia sido registrada em mícrons (um milionésimo de metro), enquanto o restante estava em centímetros.

ÉTICA EM AÇÃO

Os grupos de defesa para a igualdade e a diversidade no local de trabalho geralmente citam os gestores de nível médio como um obstáculo aos esforços de muitas empresas para serem mais inclusivas. Em resposta a essa preocupação, Michael Schrute, CEO de um grande empreendimento de manufatura, solicitou a Albert Fredericks, vice-presidente de Recursos Humanos, a criação de algum tipo de treinamento sobre a diversidade para os gestores de nível médio da empresa. Uma alternativa considerada foi um programa de educação *on-line* dedicado à diversidade cultural, à igualdade entre homens e mulheres e à conscientização sobre portadores de deficiência. Embora tivesse uma vantagem de custo, Albert suspeitava que um programa *on-line* não fosse tão eficaz quanto um treinamento tradicional. Para avaliar o programa *on-line*, 20 gestores de nível médio foram selecionados para participar. Antes de começar, eles foram testados para avaliar seus conhecimentos e sensibilidade sobre diversidade e igualdade. De um escore máximo de 100, a média foi de 63,65. Cada um dos 20 gerentes completou, então, o programa *on-line* de seis semanas sobre diversidade e foram novamente testados. A média do teste após completarem a programa foi de 69,15. Embora o grupo tenha atingido uma média mais alta, o teste *t* de duas amostras revelou que ela não era significativamente mais alta que a média antes de completar o programa *on-line* ($t = 0,94$, valor-P $= 0,176$). Albert não ficou surpreso e começou a explorar programas educacionais mais tradicionais sobre a diversidade.

PROBLEMA ÉTICO *O projeto do pré-teste e do pós-teste viola a independência e, portanto, o teste* t *de duas amostras não é apropriado (relacionado ao Item C, ASA Ethical Guidelines).*

SOLUÇÃO ÉTICA *Use o teste correto. O teste* t *de duas amostras não é adequado para esses dados. (O Capítulo 14 discute métodos apropriados para tais dados.) O uso do teste correto mostra que o programa* on-line *de educação sobre a diversidade foi eficaz.*

# O que aprendemos?

As médias de dois grupos são iguais? Se não forem, quão diferentes são? Agora sabemos usar a inferência estatística para comparar médias de dois grupos independentes e aprendemos que:

- Intervalos de confiança e testes de hipóteses sobre a diferença entre duas médias, como para uma média individual, usam modelos t.

- É conveniente verificar as suposições que indicam se nosso método irá funcionar.

- O erro padrão para a diferença das médias das amostras depende da suposição de que nossos dados provêm de grupos independentes. Diferentemente das proporções, agrupar não é a melhor escolha aqui.

- Podemos somar as variâncias de variáveis aleatórias diferentes para encontrar o desvio padrão da diferença em duas médias independentes.

Termos

Combinar

Os dados de duas ou mais populações podem, às vezes, ser combinados ou *agregados* para estimar uma estatística (normalmente uma variância combinada) quando queremos assumir que o valor estimado é o mesmo em ambas as populações. O tamanho da amostra maior resultante pode nos levar a uma estimativa com uma variância menor da amostra. Entretanto, as estimativas combinadas são adequadas somente quando as suposições requeridas são verdadeiras.

Intervalo -t combinado

O intervalo de confiança para a diferença das médias de dois grupos independentes quando queremos e podemos fazer a suposição adicional de que as variâncias dos grupos são iguais é encontrado por:

$$(\bar{y}_1 - \bar{y}_2) \pm t_{df}^* \times EP_{combinado}(\bar{y}_1 - \bar{y}_2),$$

$$\text{onde } EP_{combinado}(\bar{y}_1 - \bar{y}_2) = s_{combinado}\sqrt{\frac{1}{n_1} + \frac{1}{n_2}},$$

e a variância combinada é

$$s_{combinado}^2 = \frac{(n_1 - 1)s_1^2 + (n_2 - 1)s_2^2}{(n_1 - 1) + (n_2 - 1)}.$$

O número de graus de liberdade é $(n_1 - 1) + (n_2 - 1)$.

Intervalo t de duas amostras

Um intervalo de confiança para a diferença das médias de dois grupos independentes é encontrado como:

$$(\bar{y}_1 - \bar{y}_2) \pm t_{df}^* \times SE(\bar{y}_1 - \bar{y}_2), \text{ onde}$$

$$EP(\bar{y}_1 - \bar{y}_2) = \sqrt{\frac{s_1^2}{n_1} + \frac{s_2^2}{n_2}}$$

e o número de graus de liberdade é dado pela fórmula aproximada na nota de rodapé 2 deste capítulo, ou com auxílio tecnológico.

Teste t combinado

Teste de hipótese para a diferença nas médias de dois grupos independentes quando queremos e podemos assumir que as variâncias dos dois grupos são iguais. Testa a seguinte hipótese nula:

$$H_0: \mu_1 - \mu_2 = \Delta_0,$$

onde a diferença hipotética Δ_0 é quase sempre 0, usando a estatística

$$t_{gl} = \frac{(\bar{y}_1 - \bar{y}_2) - \Delta_0}{EP_{combinado}(\bar{y}_1 - \bar{y}_2)},$$

onde o erro padrão combinado é definido da mesma forma que para o intervalo combinado e os graus de liberdade são $(n_1 - 1) + (n_2 - 1)$.

Teste *t* de duas amostras   Teste de hipótese para a diferença nas médias de dois grupos independentes. Ele teste a hipótese nula

$$H_0: \mu_1 - \mu_2 = \Delta_0,$$

onde a diferença hipotética Δ_0 é quase sempre 0, usando a estatística

$$t_{gl} = \frac{(\bar{y}_1 - \bar{y}_2) - \Delta_0}{EP(\bar{y}_1 - \bar{y}_2)},$$

com o número de graus de liberdade fornecidos pela fórmula de aproximação da nota de rodapé 2 deste capítulo ou com auxílio da tecnologia.

Habilidades

 PLANEJAR

- Ser capaz de reconhecer situações em que queremos fazer inferências sobre a diferença entre as médias de dois grupos independentes.
- Saber como examinar seus dados para violações das condições que fariam inferências insensatas e inválidas sobre a diferença entre as médias de duas populações.
- Ser capaz de reconhecer quando um procedimento *t* combinado pode ser apropriado e explicar por que você decidiu usar um método de duas amostras.

 FAZER

- Ser capaz de executar um teste *t* de duas amostras usando um pacote estatístico ou calculadora (pelo menos para encontrar os graus de liberdade).

 RELATAR

- Ser capaz de interpretar um teste da hipótese nula onde as médias dos dois grupos independentes sejam iguais (se for um teste *t* combinado, sua interpretação deveria incluir uma defesa da suposição de variâncias iguais).

Ajuda tecnológica: métodos de duas amostras

Veja a saída de um pacote típico para computador com comentários:

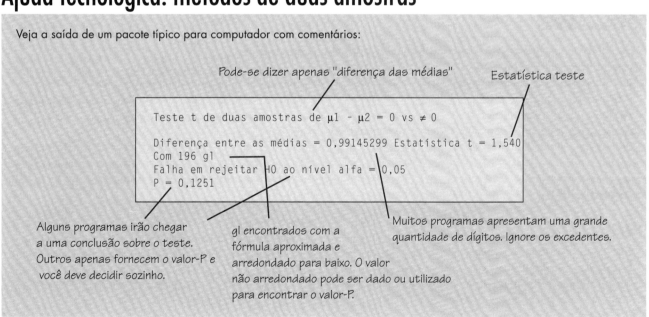

404 Parte II – Entendendo Dados e Distribuições

Muitos pacotes estatísticos calculam o teste estatístico e relatam o valor-P correspondente àquela estatística. Esses pacotes facilitam a análise dos diagramas de caixa e bigodes dos dois grupos, assim, você não tem desculpa para omitir a necessária verificação da condição de Normalidade.

Alguns programas estatísticos tentam automaticamente testar se as variâncias dos dois grupos são iguais. Alguns oferecem os resultados do *t* de duas amostras e do *t* combinado. Ignore o teste para as variâncias; ele tem pouco poder em qualquer situação em que seus resultados poderiam importar. Se o método combinado e o de duas amostras diferem de uma maneira importante, você deve ficar com o método de duas amostras. Provavelmente, a suposição da igualdade de variâncias necessária para o teste combinado falhou.

A aproximação dos graus de liberdade geralmente fornece um valor fracionário. Muitos pacotes arredondam para baixo o valor, aproximando-o de um valor inteiro menor (embora eles possam calcular o valor-P com o valor fracionário, ganhando uma pequena quantidade de poder).

Existem duas formas de organizar os dados quando queremos comparar dois grupos independentes. A primeira, chamada de **dados não empilhados**, lista os dados em duas colunas, uma para cada grupo. Cada lista pode ser considerada como uma variável. Nesse método, as variáveis do exemplo do cartão de crédito seriam "Oferta" e "Sem oferta". Calculadoras gráficas geralmente preferem essa forma e alguns programas de computador também usam essa forma.

Uma maneira alternativa de organizar os dados é como **dados empilhados.** Qual é a variável resposta para o experimento do cartão de crédito? É o "aumento do gasto" – a

quantia que os clientes aumentaram seus gastos. Porém, os valores dessa variável nas listas não empilhadas estão em ambas as colunas e, de fato, existe um fator experimental aqui também – se foi oferecido ao cliente a promoção ou não. Assim, podemos colocar os dados em duas colunas diferentes, uma com o "aumento do gasto" e a outra com um "Sim" para aqueles que receberam a oferta e um "Não" para aqueles que não receberam a oferta. Os dados apresentados de forma empilhada ficariam:

Aumento do gasto	Oferta
969,74	Sim
915,04	Sim
197,57	Não
77,31	Não
196,27	Sim
...	...

Essa maneira de organizar os dados também faz sentido. Agora o fator e as variáveis respostas são claramente visíveis. Você terá de ver qual é o método que o seu programa exige. Alguns pacotes até mesmo permitem que você estruture os dados de qualquer uma das duas maneiras.

Os comandos para fazer inferência para dois grupos independentes com recursos tecnológicos nem sempre são encontrados em lugares óbvios. Eis algumas diretrizes iniciais.

Excel

Do painel Dados, grupo Análise, escolha **Análise de Dados**. Alternativamente (se o pacote Análise de Dados não estiver instalado), no painel Fórmulas, escolha Inserir função > Estatística > TESTET e especifique o Tipo (última linha) = 3 na caixa de diálogo resultante.

Preencha nos espaços os dois grupos (Matriz1 e Matriz2) e caudas (1 = unilateral e 2 = bilateral).

Comentários

O Excel espera que os dois grupos estejam em espaços diferentes na planilha. Observe que, ao contrário das instruções do Excel, não precisamos assumir que as variâncias não sejam iguais; simplesmente escolhemos assumir que elas não são iguais.

Minitab

Do menu **Stat**, escolha o submenu **Basic Statistics**. Daquele menu, escolha **2-sample t** ... e selecione os dados em "uma coluna" ou "duas colunas" dependendo se os dados são empilhados ou não empilhados. Você também pode entrar com dados resumidos. Depois, preencha a caixa de diálogo.

Comentários

A tecla **Graphs** permite que você crie diagramas de caixa e bigodes das duas amostras e a tecla **options** permite que você conduza um teste unilateral ou bilateral.

SPSS

Do menu **Analyze**, escolha o submenu **Compare means** (compare médias). Depois, escolha o comando **Independent-Samples t-test**. Especifique a variável e "a variável de agrupamento*". Então, digite os rótulos usados pela variável de grupo. O SPSS oferece os resultados do teste de duas amostras e do *t* agrupado na mesma tabela.

Comentários

O SPSS espera que os dados estejam numa variável e os nomes do grupo em outra. Se existir mais do que dois nomes de grupo na variável grupo, somente os dois que estão rotulados na caixa de diálogo serão comparados.

JMP

Do menu **Analyze**, selecione **Fit y by x**. Selecione as variáveis: uma variável **Y, Response** que contém os dados e uma variável **X, Factor** que contém os nomes do grupo. O JMP fará um diagrama de ponto. Clique no **red triangle** (triângulo vermelho) no título do diagrama de ponto e escolha **Unequal variances** (Variâncias desiguais). O teste *t* está na parte de baixo da tabela resultante. Encontre o valor-P da seção Prob > F da tabela (elas são iguais).

Comentário

O JMP espera que os dados estejam em uma variável e os nomes das categorias em outra. Não se iluda: não há necessidade de que as variâncias sejam desiguais para usar os métodos *t* de duas amostras.

DATA DESK

Selecione as variáveis.
Do menu **Calc,** escolha **Estimate** para intervalos de confiança ou **Test** para testes de hipóteses. Selecione o intervalo ou teste do menu suspenso e faça outras escolhas na caixa de diálogo.

Comentário

O Data Desk espera que os dois grupos estejam em variáveis separadas.

Projetos de estudo de pequenos casos

Setor imobiliário

No Capítulo 12, examinamos a regressão dos preços de venda de uma casa pelo seu tamanho e vimos que casas maiores geralmente têm um preço maior. O quanto podemos saber de uma casa a partir do fato de que ela tem uma lareira ou mais do que o número médio de quartos? Os dados de uma amostra aleatória de 1047 casas de uma área do estado de Nova York podem ser encontrados no arquivo **ch13_MCSP_Real_Estate.** Existem seis variáveis quantitativas: *Preço* (\$), *Área habitável* (pés quadrados), *Banheiros* (#), *Quartos* (#), *Tamanho do terreno* (Acres) e *Idade* (em anos) e uma variável categórica, *Lareira?* (1 = Sim; 0 = Não), que indica se a casa tem pelo menos uma lareira. Podemos usar os métodos *t* para ver, por exemplo, se as casas com lareiras são vendidas por mais, na média, e por quanto. Para as variáveis quantitativas, crie novas variáveis categóricas, dividindo-as pela mediana ou algum outro critério de divisão de sua escolha e compare os preços das casas acima e abaixo desse valor. Por exemplo, o número mediano de *Quartos* dessas casas é 2. Você pode comparar os preços das casas com 1 ou 2 quartos com as com mais de 2. Escreva um breve relatório resumindo as diferenças no preço médio com base nas variáveis categóricas que você criou.

---

* N. de T.: A variável semelhante à da coluna oferta (contendo "sim" e "não") do exemplo apresentado acima é denominada variável de grupo ou agrupamento pelo SPSS.

406 Parte II – Entendendo Dados e Distribuições

EXERCÍCIOS

1. Cachorros quentes e calorias. Os consumidores cada vez mais estão comprando comida com base em valores nutritivos. Na edição de julho de 2007, a *Consumer Report* examinou as calorias de dois tipos de cachorros quentes: misto de carne (geralmente uma mistura de porco, peru e galinha) e pura carne. Os pesquisadores compraram amostras de diferentes marcas. Os cachorros quentes de pura carne tinham uma média de 111,7 calorias comparadas às 135,4 calorias, dos com misto de carne. Um teste de hipóteses de que não existe diferença no conteúdo médio de calorias gerou um valor-P de 0,124. O que você concluiria?

2. Cachorros quentes e sódio. O artigo da *Consumer Report* descrito no Exercício 1 também listou o conteúdo de sódio (em mg) para os cachorros quentes testados. Um teste de hipóteses de que o cachorro quente de pura carne e os de misto de carne não diferem na quantidade de sódio gerou um valor-P de 0,110. O que você concluiria?

3. Aprendendo matemática. O Core Plus Mathematics Project (CPMP) é uma abordagem inovadora para o ensino da matemática, que envolve os alunos em investigações em grupo e modelagem matemática. Após testes em 36 escolas do Ensino Médio num período de três anos, os pesquisadores compararam o desempenho dos estudantes do CPMP com aqueles que usaram um currículo tradicional. Num teste, os alunos tiveram de resolver problemas de álgebra aplicada usando calculadoras. Os escores dos 320 estudantes do CPMP foram comparados a um grupo de controle de 273 estudantes de um programa tradicional de matemática. Um *software* de computador foi usado para criar um intervalo de confiança para a diferença média dos escores. (*Journal for Research in Mathematics Education*, v. 31, n.3, 2000).

> Nível de conf.: 95%
> Variável: μ(CPMP) – μ(Controle)
> Intervalo: (5,573; 11,427)

a) Qual é a margem de erro para esse intervalo de confiança?
b) Se tivéssemos criado um intervalo de confiança de 98%, a margem de erro seria maior ou menor?
c) Explique o que o intervalo calculado significa nesse contexto.
d) O resultado sugere que os estudantes que aprenderam matemática com o CPMP terão escores médios significativamente maiores em álgebra aplicada do que aqueles dos programas tradicionais? Explique.

4. Desempenho das vendas. Uma cadeia especializada em comida saudável e orgânica quer comparar o desempenho das vendas de duas das suas principais lojas no estado de Massachusetts. As duas lojas estão em áreas urbanas, residenciais e com demografia similar. Uma comparação das vendas semanais, aleatoriamente amostradas, sob um período de aproximadamente dois anos para essas duas lojas produz a seguinte informação:

Loja	N	Média	Desvio padrão	Mínimo	Mediana	Máximo
Loja #1	9	242170	23937	212125	232901	292381
Loja #2	9	235338	29690	187475	232070	287838

a) Crie um intervalo de confiança de 95% para a diferença entre médias das vendas semanais das lojas.
b) Interprete seu intervalo no contexto.
c) Parece que uma loja vende mais, em média, do que a outra?
d) Qual é a margem de erro para esse intervalo?
e) Você esperaria que um intervalo de confiança de 99% fosse maior ou menor? Explique.
f) Se você calculou um intervalo de confiança de 99%, sua conclusão mudaria na parte **c**? Explique.

5. CPMP, novamente. Durante o estudo descrito no Exercício 3, os estudantes do CPMP e das turmas tradicionais fizeram outro teste de álgebra que não permitia o uso de calculadoras. A tabela mostra os resultados. A média dos escores dos dois grupos é significativamente diferente? Assuma que as suposições para inferência estão satisfeitas.

Programa de matemática	n	Média	DP
CPMP	312	29,0	18,8
Tradicional	265	38,4	16,2

a) Escreva uma hipótese apropriada.
b) Aqui está a saída de computador para esse teste de hipóteses. Explique o que o valor-P significa nesse contexto.

> Teste t de duas amostras de $\mu_1 - \mu_2 \neq 0$
> Estatística t = –6,451 com 574,8761 gl
> p < 0,0001

c) Declare sua conclusão sobre o programa CPMP.

6. Custo do treinamento de TI. Uma firma de contabilidade está tentando decidir entre um treinamento de TI interno e o uso de consultores externos. Para conseguir alguns dados dos custos preliminares, cada tipo de treinamento foi implementado em dois escritórios da firma, localizados em cidades diferentes. Os custos médios são significativamente diferentes? Assuma que as suposições para inferência são satisfeitas.

Treinamento de TI	n	Média	DP
Interno	210	\$490,00	\$32,00
Consultores	180	\$500,00	\$48,00

a) Escreva a hipótese apropriada.
b) Abaixo está a saída de computador para esse teste de hipótese. Explique o que o valor-P significa nesse contexto.

> Teste t de duas amostras de $\mu_1 - \mu_2 \neq 0$
> Estatística t = –2,38 com 303 gl
> p = 0,018

c) Formule uma conclusão sobre os custos de treinamento em TI.

7. CPMP e problemas textuais. O estudo da nova metodologia da matemática descrita no Exercício 3 também testou as habilidades dos estudantes para solucionar problemas textuais. A próxima tabela mostra como foi o desempenho dos grupos CPMP e tradicional. O que você conclui? (Assuma que as suposições para inferência foram satisfeitas.)

Programa de matemática	n	Média	DP
CPMP	320	57,4	32,1
Tradicional	273	53,9	28,5

8. Treinamento estatístico. A firma de contabilidade descrita no Exercício 6 está interessada em fornecer oportunidades para que seus auditores adquiram maior conhecimento sobre métodos de amostragem estatística. Eles querem comparar o ensino tradicional de sala de aula com o tutorial individual *on-line*. Os auditores foram designados aleatoriamente para um tipo de instrução e depois foram avaliados. A tabela mostra como foi o desempenho dos dois grupos. O que você conclui? (Assuma que as suposições para inferência foram satisfeitas.)

Programa	n	Média	DP
Tradicional	296	74,5	11,2
On-line	275	72,9	12,3

9. Empresa de transportes. Uma empresa de transportes quer comparar a eficiência de duas rotas diferentes que utiliza. Os motoristas dos caminhões são designados aleatoriamente para cada uma das rotas. Os vinte motoristas seguindo a Rota A obtiveram uma média de 40 minutos com um desvio padrão de 3 minutos. Outros vinte motoristas seguindo pela Rota B obtiveram uma média de 43 minutos com um desvio padrão de 2 minutos. Os histogramas dos tempos de viagem para as rotas são aproximadamente simétricos e não mostram valores atípicos.

a) Encontre um intervalo de confiança de 95% para a diferença nos tempos médios das duas rotas.

b) A empresa irá economizar tempo se percorrer sempre uma das rotas? Explique.

10. Mudança nas vendas. Suponha que a cadeia de comidas especiais do Exercício 4 quer comparar agora a mudança nas vendas entre diferentes regiões. Um exame da diferença nas vendas num período de 37 semanas num ano recente para 8 lojas no estado de Massachusetts, comparado a 12 lojas em estados vizinhos, revela a seguinte estatística descritiva para um aumento relativo nas vendas. (Se essas médias forem multiplicadas por 100, elas mostram a % de aumento nas vendas.)

Estado	N	Média	DP
MA	8	0,0738	0,0666
Outro	12	0,0559	0,0503

a) Encontre o intervalo de confiança de 90% para a diferença no aumento relativo das vendas nesse período de tempo.

b) Existe uma diferença significativa no aumento das vendas entre esses dois grupos de lojas? Explique.

c) O que você gostaria de ver para verificar as condições?

Ⓣ 11. Empresa de cereal. Uma empresa de alimentos está preocupada com a crítica recente do conteúdo de açúcar do seu cereal para crian-

ças. Os dados mostram o conteúdo de açúcar (como um percentual do peso) de várias marcas nacionais de cereais para crianças e adultos.

Cereal para crianças: 40,3 55 45,7 43,3 50,3 45,9 53,5 43 44,2 44 47,4 44 33,6 55,1 48,8 50,4 37,8 60,3 46,6

Cereal para adultos: 20 30,2 2,2 7,5 4,4 22,2 16,6 14,5 21,4 3,3 6,6 7,8 10,6 16,2 14,5 4,1 15,8 4,1 2,4 3,5 8,5 10, 1 4,4 1,3 8,1 4,7 18,4

a) Escreva a hipótese nula e a alternativa.

b) Verifique as condições.

c) Encontre o intervalo de confiança de 95% para a diferença das médias.

d) Existe uma diferença significativa no conteúdo médio de açúcar entre esses dois tipos de cereais? Explique.

Ⓣ 12. Taxas da hipoteca. De acordo com relatórios recentes, a execução de hipotecas de casas subiu mais de 47% em março de 2008 comparado ao ano anterior (*realestate.msn.com*; abril de 2008). Os dados mostram as taxas de execução de hipotecas de casas (como uma mudança na % do ano anterior) para uma amostra de cidades em duas regiões dos Estados Unidos, o nordeste e sudeste.

Nordeste: 2,99 –2,36 3,03 1,01 5,77 9,95 –3,52 7,16 –3,34 4,75 5,25 6,21 1,67 –2,45 –0,55 3,45 4,50 1,87 –2,15 –0,75

Sudeste: 10,15 23,05 18,95 21,16 17,45 12,67 13,75 29,42 11,45 16,77 12,67 13,69 25,81 21,16 19,67 11,88 13,67 18,00 12,88

a) Escreva a hipótese nula e a alternativa.

b) Verifique as condições.

c) Teste as hipóteses e encontre o valor-P.

d) Existe uma diferença significativa das taxas médias de execução de hipoteca das casas entre essas duas regiões dos Estados Unidos? Explique.

13. Investimento. O estilo do investimento tem uma função na construção de fundos mútuos. Cada ação individual é agrupada em dois conjuntos distintos: "Crescimento" e "Valor". Uma ação de Crescimento tem alto potencial de rendimento e geralmente paga pouco ou nenhum dividendo para os acionistas. Já as ações de Valor são consideradas como seguras ou mais conservadoras, com um potencial de rendimento mais baixo. Você está tentando decidir em que tipo de fundos irá investir. Visto que você está economizando para a sua aposentadoria, se investir num fundo de Valor, espera que o fundo permaneça conservador. Chamaremos esse fundo de "consistente". Se o fundo não permanecer consistente e se tornar de alto risco, isso pode ter um impacto nas suas economias da aposentadoria. Os fundos nesse conjunto de dados foram identificados como sendo de "estilo consistente" ou de "estilo flutuante". Os gerentes de portfólio sustentam que a consistência fornece uma chance ótima para uma aposentadoria de sucesso, por isso eles acreditam que fundos de estilo consistente têm um desempenho superior aos de estilo flutuante. De uma amostra de 140 fundos, 66 foram identificados como de estilo consistente, enquanto 74 foram identificados como de estilo flutuante. As estatísticas do retorno médio de cada um, num período de 5 anos, são fornecidas na tabela a seguir.

Tipo	N	Média	Desvio padrão	Mínimo	Q1	Q3	Retorno máx. 5 anos
Consistente	66	9,382	2,675	1,750	7,675	11,110	15,920
Flutuante	74	8,563	3,719	–0,870	5,928	11,288	17,870

a) Escreva a hipótese nula e a alternativa.

b) Encontre o intervalo de confiança de 95% para a diferença média de retorno entre os fundos de estilo consistente e de estilo flutuante.
c) Existe uma diferença significativa no retorno em cinco anos para esses dois tipos de fundos? Explique.

14. Adoção de tecnologia. O Pew Internet & American Life Project (www.pewinternetorg/) conduz levantamentos de dados para avaliar o impacto da Internet e da tecnologia no cotidiano de indivíduos, famílias e comunidades. Num levantamento de dados recente, a Pew perguntou aos respondentes se eles achavam que os computadores e a tecnologia davam às pessoas mais ou menos controle sobre suas vidas. As empresas que estão envolvidas em tecnologia inovadoras usam os resultados do levantamento de dados para entender melhor seu mercado-alvo. Podemos presumir que respondentes mais jovens e mais velhos irão diferir nas suas opiniões. Um subconjunto dos dados desse levantamento (*February-March 2007 Tracking Data Set*) mostra as idades médias dos dois grupos de respondentes, aqueles que relataram acreditar que os computadores e a tecnologia lhes dão um controle "maior" e aqueles que escolheram um controle "menor".

Grupo	N	Média	Desv.Padr.	Mín	Q1	Med	Q3	Máx.
Maior	74	54,42	19,65	18	41,5	53,5	68,5	99,0
Menor	29	54,34	18,57	20	41,0	58,0	70,0	84,0

a) Escreva a hipótese nula e a alternativa.
b) Encontre o intervalo de confiança de 95% da diferença média de idade entre os dois grupos de respondentes.
c) Existe uma diferença significativa nas médias das idades entre esses dois grupos? Explique.

T 15. Teste de produto. Uma empresa está produzindo e comercializando novas atividades de leitura para crianças do Ensino Fundamental, com o objetivo de melhorar os escores na compreensão da leitura. Um pesquisador designa aleatoriamente alunos da 3ª série para um programa de oito semanas no qual alguns deles irão usar essas atividades e outros irão experienciar métodos tradicionais de ensino. No final do experimento, ambos os grupos fazem um exame de compreensão da leitura. Os seus escores estão mostrados no duplo diagrama de caule e folhas costa a costa. Esses resultados sugerem que as novas atividades são melhores? Teste uma hipótese apropriada e declare a sua conclusão.

Atividades Novas		Controle
	1	07
4	2	068
3	3	377
96333	4	12222238
9876432	5	355
721	6	02
1	7	
	8	5

T 16. Colocação do produto. A proprietária de uma pequena loja de alimentos orgânicos estava preocupada com as vendas de um iogurte especial, fabricado na Grécia. Como resultado do aumento do combustível, ela recentemente teve de aumentar o preço. Para ajudar no aumento das vendas, ela decidiu colocar o produto numa prateleira diferente (na altura dos olhos para a maioria dos consumidores) e numa localização próxima a outros produtos internacionais populares. Ela manteve um relatório das vendas (número de potes vendidos por semana) de seis meses após feita a mudança. Esses valores estão mostrados abaixo, junto com o número das vendas nos seis meses antes da mudança, em diagramas de caule e folhas.

Depois da Mudança		Antes da Mudança
3	2	0
3	2	899
4	23	3	224
4	589	3	7789
5	0012	4	0000223
5	55558	4	5567
6	00123	5	0
6	67	5	6
7	0		

Esses resultados sugerem que as vendas estão melhores após a mudança da colocação do produto? Teste uma hipótese apropriada e declare a sua conclusão. Certifique-se de verificar as suposições e condições.

T 17. Chuva ácida. Pesquisadores coletaram amostras de água de córregos nas montanhas Adirondack para investigar os efeitos da chuva ácida. Eles mensuraram o pH (acidez) da água e classificaram os córregos considerando o tipo de substrato (tipo de rocha sobre a qual eles correm). Um pH mais baixo significa que a água é mais ácida. Eis um diagrama do pH dos córregos por substrato (calcário, misto ou argila):

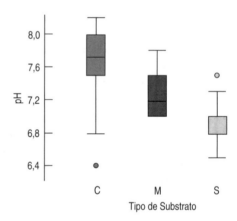

Aqui estão partes selecionadas de uma análise computacional comparando o pH dos córregos com substratos de calcário e argila:

Teste t de duas amostras de $\mu_1 - \mu_2 = 0$
Diferença entre as médias = 0,735
Estatística t = 16,30 com 133 gl
$p \leq 0,0001$

a) Declare a hipótese nula e a alternativa para esse teste.
b) Das informações que você tem, as suposições e condições parecem ter sido satisfeitas?
c) Qual seria a sua conclusão?

T 18. Furacões. Sugere-se que o aquecimento global pode aumentar a frequência dos furacões. Os dados mostram o número de furacões registrados anualmente antes e depois de 1970. A frequência dos furacões aumentou depois de 1970?

Antes (1944-1969)
3, 3, 1, 2, 4, 3, 8, 5, 3, 4, 2,
6, 2, 2, 5, 2, 2, 7, 1, 2, 6, 1,
3, 1, 0, 5

Depois (1970-2000)
2, 1, 0, 1, 2, 3, 2, 1, 2, 2, 2,
3, 1, 1, 1, 3, 0, 1, 3, 2, 1, 2,
1, 1, 0, 5, 6, 1, 3, 5, 2, 4, 2, 3, 6, 7, 2

a) Escreva a hipótese nula e a alternativa.
b) As condições para o teste de hipóteses foram satisfeitas?
c) Se foram, teste a hipótese.

T 19. Teste de produto. Uma empresa farmacêutica está produzindo e comercializando um suplemento de ginkgo biloba para melhorar a memória. No experimento para testar o produto, sujeitos foram designados aleatoriamente para tomar os suplementos ou placebo. A memória deles foi testada para verificar se havia melhorado. Eis os diagramas de caixa e bigodes comparando os dois grupos e a saída do computador para o teste *t* de duas amostras calculado para os dados.

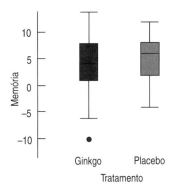

Teste t de duas amostras de $\mu_1 - \mu_2 > 0$
Diferença entre as médias = 0,9914
Estatística t = 1,540 com 196 gl
p ≤ 0,9370

a) Explique, nesse contexto, o que o valor-P significa.
b) Declare sua conclusão sobre a eficácia do ginkgo biloba.
c) Os proponentes do ginkgo biloba continuam a insistir que ele funciona. Que tipo de erro eles alegam que a sua conclusão cometeu?

T 20. Beisebol 2007. Os times de beisebol da Liga Americana jogam suas partidas com a regra do batedor designado, significando que os lançadores não rebatem. A liga acredita que substituir os lançadores, tradicionalmente batedores fracos, por outro jogador na ordem de rebater produz mais pontos e gera maior interesse entre os torcedores. Os dados fornecidos no arquivo do DVD incluem o número médio de pontos marcados por jogo (*runs per game*) pelos times da Liga Americana e Liga Nacional para quase toda a primeira metade da temporada de 2007.
a) Crie uma representação apropriada para esses dados. O que você vê?
b) Com um intervalo de confiança de 95%, estime o número médio de pontos marcados pelos times da Liga Americana.
c) Com um intervalo de confiança de 95%, estime o número médio de pontos marcados pelos times da Liga Nacional.
d) Explique por que você não deveria usar dois intervalos de confiança separados para decidir se as duas ligas diferem no número médio de pontos marcados.

21. Produtividade. Ao contratar funcionários para trabalhar numa linha de montagem, uma fábrica faz um teste de agilidade manual nos candidatos. O teste conta quantos pinos modelados de forma estranha o candidato consegue encaixar nos buracos compatíveis num período de um minuto. A tabela resume os dados por gênero do candidato ao trabalho. Assuma que todas as condições para inferência foram satisfeitas.

	Homem	Mulher
Número de sujeitos	50	50
Pinos colocados:		
Média	19,39	17,91
DP	2,52	3,39

a) Encontre intervalos de confiança de 95% para o número médio de pinos que homens e mulheres encaixaram.
b) Esses intervalos se sobrepõem. O que isso sugere sobre a diferença com base no gênero quanto à agilidade manual?
c) Encontre um intervalo de confiança de 95% para a diferença no número médio de pinos encaixados por homens e mulheres.
d) O que esse intervalo sugere sobre a diferença com base no gênero quanto à agilidade manual?
e) Os dois resultados parecem ser contraditórios. Qual é o método correto: fazer a inferência de duas amostras ou fazer a inferência de uma amostra duas vezes?
f) Por que os resultados diferem?

22. Compras *on-line*. As estatísticas de compras *on-line*, em geral, são relatadas por www.shop.org. As diferenças nas preferências de compras e comportamentos com base no gênero são de especial interesse para os varejistas *on-line*. Os gastos médios mensais *on-line* são registrados para homens e mulheres.

Grupo		Homem	Mulher
	n	45	45
	Média	$352	$310
	DP	$95	$80

a) Encontre intervalos de confiança de 95% para os gastos médios mensais *on-line* para homens e mulheres.
b) Esses intervalos se sobrepõem. O que isso sugere sobre a diferença com base no gênero dos gastos mensais *on-line*?
c) Encontre um intervalo de confiança de 95% para a diferença dos gastos médios *on-line* entre homens e mulheres.
d) Os dois resultados parecem ser contraditórios. Qual é o método correto: fazer a inferência de duas amostras ou fazer a inferência de uma amostra duas vezes?

T 23. Jogos duplos. Os dados do Exercício 20 sugerem que a regra do batedor designado da Liga Americana leva a mais pontos?
a) Escreva a hipótese nula e a alternativa.
b) Encontre um intervalo de confiança de 95% para a diferença média de pontos por jogo e interprete o seu intervalo.
c) Teste a hipótese declarada na parte **a** e encontre o valor-P.
d) Interprete o valor-P e formule a sua conclusão. O teste sugere que a Liga Americana marca, em média, mais pontos?

24. Compras *on-line*, novamente. Em 2004, foi registrado que um homem médio gasta mais dinheiro em compras *on-line* por mês do que uma mulher média, $204 comparado a $186 (www.shop.org; acessado em abril de 2008). Os dados relatados no Exercício 22 indicam que isso ainda é verdadeiro?
a) Escreva a hipótese nula e a alternativa.
b) Teste a hipótese declarada na parte **a** e encontre o valor-P.
c) Interprete o valor-P e declare a sua conclusão. O teste sugere que os homens continuam a gastar *on-line*, em média, mais que as mulheres?

25. Tomar água. Numa investigação sobre causas ambientais de doenças, os dados foram coletados sobre a taxa anual de mortalidade (mortes por 100000) para homens em 61 grandes cidades da Inglaterra e do País de Gales. Além disso, a alcalinidade da água foi registrada em relação à concentração de cálcio (partes por milhão, ppm) da água potável. O conjunto de dados também registra para cada cidade se ela estava ao sul ou ao norte do Derby. Existe uma diferença significativa nas taxas de mortalidade nas duas regiões? Aqui estão os resumos estatísticos:

Resumo de: mortalidade
Por categorias em: Derby

Grupo	Contagem	Média	Mediana	Desvio Padrão
Norte	34	1631,59	1631	138,470
Sul	27	1388,85	1369	151,114

a) Teste a hipótese apropriada e declare sua conclusão.
b) Os diagramas de caixa e bigodes das duas distribuições mostram um valor atípico entre os dados do norte de Derby. Que efeito isso pode ter tido no seu teste?

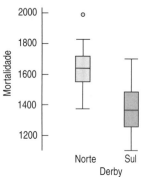

26. Ações sustentáveis. O rendimento por lote de ações (RLA) é um dos muitos indicadores importantes da rentabilidade de uma empresa. Existem várias categorias de ações "sustentáveis", incluindo alimentos naturais/saúde e biocombustíveis de energia verde. Abaixo estão os rendimentos por cota de uma amostra de ações de ambas as categorias (*Yahoo Financial*, 6 de abril de 2008). Existe uma diferença significativa nos rendimentos pelos valores de cota para esses grupos de ações sustentáveis?

Grupo	Contagem	Média	Mediana	Desvio padrão
Comida/saúde	15	0,862	1,140	0,745
Energia/combustível	16	-0,320	-0,545	0,918

a) Teste a hipótese apropriada e formule sua conclusão.
b) Com base nos diagramas de caixa e bigodes das duas distribuições exibidos abaixo, o que você suspeitaria do seu teste? Explique.

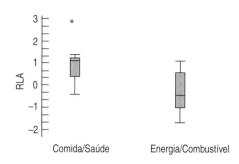

27. Satisfação no emprego. Uma empresa institui um intervalo para que os seus trabalhadores façam exercícios a fim de verificar se isso melhora a satisfação no emprego mensurada por um questionário. Os escores para 10 trabalhadores selecionados aleatoriamente antes e depois do programa de exercício são exibidos. A empresa deseja avaliar a eficácia do programa de exercícios. Explique por que você não pode usar os métodos discutidos neste capítulo para fazer isso (não se preocupe, você terá outra chance de fazer isso da maneira correta).

Número do trabalhador	Índice da satisfação no emprego	
	Antes	Depois
1	34	33
2	28	36
3	29	50
4	45	41
5	26	37
6	27	41
7	24	39
8	15	21
9	15	20
10	27	37

28. Eficácia ERP. Quando implementam um pacote de Enterprise Resource Planning (ERP) – Planejamento de Recursos Empresariais – muitas empresas relatam que o módulo que elas instalam primeiro é o da contabilidade. Entre as medidas usadas para avaliar a eficácia da implementação do sistema de ERP está a aceleração do processo de balanço financeiro. Abaixo está um exemplo de 8 empresas que relatam o tempo médio (em semanas) para o balanço financeiro antes e depois da implementação do seu sistema de ERP.

Empresa	Antes	Depois
1	6,5	4,2
2	7,0	5,9
3	8,0	8,0
4	4,5	4,0
5	5,2	3,8
6	4,9	4,1
7	5,2	6,0
8	6,5	4,2

Capítulo 13 – Comparando Duas Médias **411**

Verifique as suposições e condições para o uso do método *t* de duas amostras. Você pode proceder com eles? Em caso negativo, por que não?

29. Prazo de entrega. Uma pequena empresa de aparelhos elétricos está interessada em comparar o prazo de entrega dos seus produtos durante dois meses. Eles estão preocupados que a desaceleração de agosto cause atrasos nos prazos de entrega deste mês. Dado os seguintes prazos de entrega (em dias) dos seus aparelhos elétricos para o consumidor para uma amostra aleatória de seis pedidos, teste se o prazo de entrega difere entre estes dois meses.

Junho	54	49	68	66	62	62
Agosto	50	65	74	64	68	72

30. Construção de marca. Em junho de 2002, o *Journal of Applied Psychology* relatou um estudo que examinava se o conteúdo dos programas de TV influenciava na capacidade dos telespectadores de lembrar os nomes das marcas dos itens apresentados nos comerciais. Os pesquisadores designaram aleatoriamente voluntários para assistir um de três programas, cada um contendo os mesmos nove comerciais. Um dos programas tinha um conteúdo violento, outro um conteúdo sobre sexo e o terceiro, um conteúdo neutro. Após o término dos programas foi solicitado aos sujeitos que lembrassem as marcas dos produtos que foram anunciados.

		Tipo de programa		
		Violento	**Sexual**	**Neutro**
Marcas lembradas	*n*	108	108	108
	Média	2,08	1,71	3,17
	DP	1,87	1,76	1,77

a) Os resultados indicam que a memória do telespectador para comerciais pode diferir dependendo do conteúdo do programa? Teste a hipótese de que não há diferença na memorização das marcas anunciadas entre os programas com conteúdo sobre sexo e com conteúdo violento. Declare sua conclusão.

b) Existe evidências de que a memória dos telespectadores para lembrar comerciais pode ser diferente entre programas com conteúdos sobre sexo e conteúdo neutro? Teste uma hipótese apropriada e formule uma conclusão.

31. Campanha publicitária. Você é um consultor do departamento de *marketing* de uma empresa que está preparando o lançamento de uma campanha publicitária para um novo produto. A empresa tem recursos para exibir os comerciais durante um programa de TV e decidiu não patrocinar um programa com conteúdo sobre sexo. Você leu o estudo descrito no Exercício 30 e usou um computador para criar um intervalo de confiança para a diferença do número médio de nomes de marcas lembrados entre os grupos que assistiram programas violentos e programas neutros.

t de duas amostras
IC de 95% para $\mu_{violento} - \mu_{neutro}$: (-1,578; –0,602)

a) Na reunião com a equipe de *marketing*, você precisa explicar o que essa saída significa. O que você dirá?

b) Que conselho você daria à empresa sobre a próxima campanha publicitária?

32. Construção de marca, parte 2. No estudo descrito no Exercício 30, os pesquisadores contataram os sujeitos novamente, 24 horas mais tarde, e pediram a eles que lembrassem os comerciais anunciados. Os resultados para as marcas lembradas estão resumidos na tabela.

	Tipo de programa		
	Violento	**Sexual**	**Neutro**
Nº. de sujeitos	101	106	103
Média	3,02	2,72	4,65
DP	1,61	1,85	1,62

a) Existe uma diferença significativa nas capacidades dos telespectadores de lembrar as marcas anunciadas nos programas com conteúdo violento *versus* neutro?

b) Encontre um intervalo de confiança de 95% para a diferença no número médio de nomes de marcas entre os grupos que assistem programas com conteúdo sobre sexo e aqueles que assistem programas neutros. Interprete seu intervalo nesse contexto.

33. Lembrança dos anúncios. Nos Exercícios 30 e 32, vimos o número de nomes de marcas anunciadas que as pessoas lembravam imediatamente após assistir programas de TV e 24 horas depois. Curiosamente, parece que eles lembravam mais dos anúncios no dia seguinte. Devemos concluir que essa é uma verdade geral sobre a memória das pessoas em relação aos anúncios da TV?

a) Suponha que uma analista execute um teste de hipótese de duas amostras para ver se a memorização das marcas anunciadas durante programas de TV violentos é maior 24 horas mais tarde. O valor-P é de 0,00013. O que ela pode concluir?

b) Explique por que o seu procedimento foi equivocado. Qual suposição para a inferência foi violada?

c) Como o projeto desse experimento pode ter corrompido esses resultados?

d) Sugira um projeto que possa comparar a lembrança imediata de marcas com a lembrança 24 horas depois.

34. Utilitários híbridos. O Chevy Tahoe Hybrid recebeu muita atenção em 2008. Ele é um utilitário híbrido caro que aplica as últimas tecnologias em eficácia do uso de combustível. Um dos mais populares utilitários híbridos do mercado é o Ford Escape Hybrid, com um preço moderado. Um grupo de consumidores estava interessado em comparar o consumo de combustível desses dois modelos. Para tanto, cada veículo foi dirigido nas mesmas 10 rotas que combinavam autoestrada e ruas da cidade. O resultado mostrou que a milhagem média para o Chevy Tahoe foi de 29 milhas por galão e para o Ford Escape, de 31 mpg. Os desvios padrão foram de 3,2 mpg e 2,5 mpg, respectivamente.

a) Um analista do grupo de consumidores calculou o intervalo de confiança de 95% para a diferença entre as duas médias com o método *t* de duas amostras como (-0,71; 4,71). A que conclusão ele chegou com base nessa análise?

b) Por que esse procedimento é inadequado? Que suposição é violada?

c) De que forma isso pode ter afetado os resultados?

35. Pontuação em ciência. As manchetes de jornal recentemente anunciaram um declínio nos escores de ciência em formandos do Ensino Médio. Em 2000, 15109 formandos testados pelo Programa Nacional de Avaliação da Educação (National Assesment in Education Program – NAEP) tiveram um escore médio de 147 pontos. Quatro anos antes, 7537 formandos tiveram uma média de 150 pontos. O erro padrão da diferença média dos escores para os dois grupos foi de 1,22.
a) Os escores em ciência diminuíram significativamente? Cite uma evidência estatística apropriada para apoiar sua conclusão.
b) O tamanho da amostra em 2000 era quase o dobro do que da amostra de 1996. Isso torna os resultados mais ou menos convincentes? Explique.

36. Débito no cartão de crédito. O gasto médio com cartão de crédito de um domicílio foi registrado como estando entre $8000 e $10000. Muitas vezes, o interesse é o gasto médio com cartão de crédito feito por estudantes universitários. Em 2008, o gasto médio com cartão de crédito para estudantes universitários foi registrado como $2200 com base em 12500 respondentes. Um ano antes, a média foi registrada como $2190 com base num levantamento de dados com 8200 estudantes universitários. O erro padrão da diferença no saldo médio do cartão de crédito foi de $1,75.
a) O saldo médio do cartão de crédito feito por estudantes universitários aumentou significativamente? Cite a evidência estatística apropriada para apoiar a sua conclusão.
b) É uma diferença significativa para um estudante normal? É significativa para a empresa de cartão de crédito?
c) O tamanho da amostra em 2008 é uma vez e meia maior que em 2007. Isso torna os resultados mais ou menos convincentes? Explique.

37. A Internet. O relatório do NAEP descrito no Exercício 35 comparou os escores em ciência dos estudantes que tinham acesso à Internet em casa com aqueles que não tinham, como mostra o gráfico. Eles relatam que a diferença é estatisticamente significativa.
a) Explique o que "estatisticamente significativo" significa, neste contexto.
b) Se a conclusão deles é incorreta, que tipo de erro os pesquisadores cometeram?
c) Isso prova que usar a Internet em casa pode melhorar o desempenho dos estudantes em ciências?
d) Que empresas podem estar interessadas nessa informação?

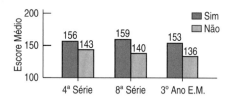

38. Gasto público ou privado do cartão de crédito. O gasto médio no cartão de crédito de estudantes universitários foi comparado entre universidades públicas e particulares. Foi relatado que existia uma diferença significativa entre os dois tipos de instituições e que os estudantes das universidades privadas tinham débitos maiores no cartão de crédito.

a) Explique o que "estatisticamente significativo" significa neste contexto.
b) Se essa conclusão é incorreta, que tipo de erro foi cometido?
c) Isso prova que os estudantes que escolherem cursar instituições públicas terão débitos menores no cartão de crédito?

39. Vendas de *pizza*. Uma empresa de produtos alimentícios de âmbito nacional acredita que vende mais *pizza* congelada durante os meses de inverno do que nos meses de verão. A média semanal das vendas para uma amostra de lojas na área de Baltimore durante um período de três anos fornece os seguintes dados para o volume das vendas (em onças) durante as duas estações.

Estação	N	Média	Desvio Padrão	Mínimo	Máximo
Inverno	38	31234	13500	15312	73841
Verão	40	22475	8442	12743	54706

a) Quanta diferença existe entre a quantidade média vendida dessa marca de *pizza* congelada (em onças) entre as duas estações? (Assuma que esse período de tempo representa vendas típicas na área de Baltimore.)
b) Construa e interprete um intervalo de confiança de 95% para a diferença entre as vendas semanais durante os meses de inverno e verão.
c) Sugira fatores que possam ter influenciado as vendas da *pizza* congelada durante os meses de inverno.

40. Mais vendas de *pizza*. Aqui estão informações adicionais sobre as vendas de *pizza* apresentadas no Exercício 39. É de opinião geral que as vendas aumentam durante as semanas que antecedem aos jogos do campeonato de futebol americano da AFC e NFC, como também ao Super Bowl, no final de janeiro de cada ano. Se omitirmos estas 6 semanas de vendas do período de três anos das vendas semanais, o resumo estatístico ficará como o da tabela a seguir. As vendas parecem maiores durante os meses de inverno, após a retirada das semanas que são mais influenciadas pelos jogos do campeonato de futebol?

Estação	N	Média	Desvio Padrão	Mínimo	Máximo
Inverno	32	28995	9913	15312	48354
Verão	40	22475	8442	12743	54706

a) Escreva a hipótese nula e a alternativa.
b) Teste a hipótese nula e formule a sua conclusão.
c) Sugira fatores adicionais que possam influenciar as vendas de *pizza* não levados em conta para este exercício.

41. Eliminatórias olímpicas. Nos eventos de corrida da Olimpíada, as eliminatórias são determinadas por um sorteio aleatório, portanto, podemos esperar que o nível de habilidade dos corredores nas várias eliminatórias seja o mesmo, em média. Aqui estão os tempos (em segundos) para a corrida de 400 metros das mulheres nas Olimpíadas de Atenas de 2004 para as eliminatórias preliminares 2 e 5. Existe evidência de que o tempo médio é diferente entre as eliminatórias randomizadas? Explique. Certifique-se de incluir uma discussão das suposições e condições na sua análise.

País	Nome	Eliminatória	Tempo
EUA	HENNAGAN Monique	2	51,02
BUL	DIMITROVA Mariyana	2	51,29
CHA	NADJINA Kaltouma	2	51,50
JAM	DAVY Nadia	2	52,04
BRA	ALMIRAO Maria Laura	2	52,10
FIN	MYKKANEN Kirsi	2	52,53
CHN	BO Fanfang	2	56,01
BAH	WILLIAMS-DARLING Tonique	5	51,20
BLR	USOVICH Svetlana	5	51,37
UKR	YEFREMOVA Antonina	5	51,53
CMR	NGUIMGO Mieille	5	51,90
JAM	BECKFORD Allison	5	52,85
TOG	THIEBAUD-KANGNI Sandrini	5	52,87
SRI	DHARSHA K V Damayanthi	5	54,58

T 42. Eliminatórias da natação. No Exercício 41, vimos os tempos em duas eliminatórias diferentes para a corrida dos 400 metros para mulheres nas Olimpíadas de 2004. Diferentemente dos eventos de pista, as eliminatórias da natação *não* são determinadas ao acaso. Ao contrário, os nadadores são distribuídos para que os melhores sejam colocados nas eliminatórias finais. Aqui estão os tempos (em segundos) para os 400 metros para mulheres no estilo livre das eliminatórias 2 e 5. Estes resultados sugerem que os tempos médios das eliminatórias distribuídas não são iguais? Inclua as suposições e condições para a sua análise.

País	Nome	Eliminatória	Tempo
ARG	BIAGIOLI Cecília Elizabeth	2	256,42
SLO	CARMAN Anja	2	257,79
CHI	KOBRICH Kristel	2	258,68
MKD	STOJANOVSKA Vesna	2	259,39
JAM	ATKINSON Janelle	2	260,00
NKL	LINTON Rebecca	2	261,58
KOR	HA Eun-Ju	2	261,65
UKR	BERESNYEVA Olga	2	266,30
FRA	MANAUDOU Laure	5	246,76
JPN	YAMADA Sachiko	5	249,10
ROM	PADURARU Simona	5	250,39
GER	STOCKBAUER Hannah	5	250,46
AUS	GRAHAM Elka	5	251,67
CHN	PANG Jiaying	5	251,81
CAN	REIMER Brittany	5	252,33
BRA	FERREIRA Monique	5	253,75

43. Testes dos suportes. A escolha do suporte onde um jogador de golfe coloca a bola faz diferença? A empresa que fabrica os suportes Stinger afirma que a haste mais fina e a cabeça menor diminuem a resistência e o obstáculo, reduzindo o giro e permitindo que a bola vá mais longe. Em agosto de 2003, o Golf Laboratories, Inc. comparou a distância percorrida pelas bolas de golfe arremessadas a partir de suportes comuns de madeira à das arremessadas de suportes Stinger. Todas as bolas foram arremessadas pelo mesmo taco de golfe usando um dispositivo robótico ajustado para atingir a cabeça do taco a aproximadamente 95 milhas por hora. Os resumos estatísticos estão exibidos na tabela. Assuma que seis bolas foram arremessadas de cada suporte e que os dados são adequados para inferência.

		Distância total (Jardas)	Velocidade da bola (mph)	Velocidade do taco (mph)
Suporte normal	Média	227,17	127,00	96,17
	DP	2,14	0.89	0,41
Suporte Stinger	Média	241,00	128,83	96,17
	DP	2,76	0,41	0,52

Existe evidência de que as bolas lançadas do suporte Stinger têm uma velocidade inicial mais alta?

44. Testes dos suportes, novamente. Dado os resultados do teste dos suportes de golfe descritos no Exercício 43, existe evidência de que as bolas lançadas do suporte Stinger atingem maiores distâncias? Assuma, novamente, que seis bolas foram lançadas de cada suporte e que os dados são adequados para a inferência.

45. *Slogan* de *marketing*. Uma empresa está considerando comercializar sua música clássica como "música para estudar". É um *slogan* válido? Num estudo conduzido por alunos de estatística, 62 pessoas foram aleatoriamente designadas a ouvir rap, Mozart ou nenhuma música enquanto tentavam memorizar figuras de objetos de uma página. Foi solicitado que eles listassem todos os objetos que conseguissem lembrar. Eis o resumo estatístico para cada grupo.

	Rap	Mozart	Sem música
Contagem	29	20	13
Média	10,72	10,00	12,77
DP	3,99	3,19	4,73

a) Fica evidente que é melhor estudar enquanto se ouve Mozart em vez de rap? Teste uma hipótese apropriada e declare sua conclusão.
b) Crie um intervalo de confiança de 90% para a diferença média do escore de memória entre alunos que estudam ouvindo Mozart e aqueles que não ouvem música. Interprete o seu intervalo.

46. *Slogan* para propaganda, parte 2. Usando os resultados do experimento descrito no Exercício 45, faz diferença se alguém escuta rap enquanto estuda ou é melhor estudar sem ouvir música?
a) Teste uma hipótese apropriada e declare a sua conclusão.

b) Se você conclui que existe uma diferença, estime o tamanho dessa diferença com um intervalo de confiança de 90% e explique o que o seu intervalo significa.

T 47. Fundos mútuos. Você ouviu que deixar seu dinheiro em fundos mútuos por um período mais longo de tempo gera um retorno maior. Portanto, você quer comparar os retornos de 3 e 5 anos de uma amostra aleatória de fundos mútuos para verificar se o seu retorno será maior se deixar seu dinheiro nos fundos por 5 anos.
a) Usando os dados fornecidos, verifique as condições para esse teste.
b) Escreva a hipótese nula e alternativa para esse teste.
c) Teste a hipótese e encontre o valor-P se for apropriado.
d) Qual é a sua conclusão?

T 48. Fundos mútuos, parte 2. Agora um investidor afirma que, se você deixar seu dinheiro durante 10 anos, terá um retorno ainda maior. Assim, você quer comparar os retornos de 5 e 10 anos de uma amostra aleatória de fundos mútuos para ver se o retorno será maior se você deixar seu dinheiro nos fundos por 10 anos.
a) Usando os dados fornecidos, verifique as condições para esse teste.
b) Escreva a hipótese nula e a alternativa para esse teste.
c) Teste a hipótese e encontre o valor-P se for apropriado.
d) Qual é a sua conclusão?

T 49. Mercado imobiliário. Os moradores de cidades vizinhas num estado norte-americano têm uma discordância quanto a quem tem o preço médio mais alto de uma residência familiar simples. Como você mora em uma dessas cidades, decide obter uma amostra aleatória das casas à venda com um importante corretor de imóveis local para investigar se existe, de fato, alguma diferença no preço médio.
a) Usando os dados fornecidos, verifique as condições para esse teste.
b) Escreva a hipótese nula e a alternativa para esse teste.
c) Teste a hipótese e encontre o valor-P.
d) Qual é a sua conclusão?

T 50. Mercado imobiliário, parte 2. Os moradores de uma das cidades discutida no Exercício 49 afirmam que, visto que sua cidade é muito menor, o tamanho da amostra deveria ser aumentado. Em vez de amostrar aleatoriamente 30 casas, você decide amostrar 42 casas, do banco de dados, para testar a diferença no preço médio de uma casa familiar simples nessas duas cidades.
a) Usando os dados fornecidos, verifique as condições para esse teste.
b) Escreva a hipótese nula e a alternativa para esse teste.
c) Teste a hipótese encontre o valor-P.
d) Qual é a sua conclusão? O tamanho da amostra fez diferença?

T 51. *Home runs* Pelas mesmas razões identificadas no Exercício 20, um amigo seu alega que números médios de *home runs* obtidos por jogo é maior na Liga Americana do que Liga Nacional. Utilizando os mesmo dados de 2007 vistos nos Exercícios 20 e 23, você decide testar a teoria do seu amigo.
a) Utilizando os dados fornecidos, verifique as condições para esse teste.
b) Escreva as hipóteses nula e alternaiva para esse teste.
c) Teste a hipótese e encontre o valor-P.
d) Qual a sua conclusão?

52. Periódicos estatísticos. Quando um estatístico profissional tem uma informação para compartilhar com seus colegas, ele irá submeter um artigo a um dos muitos periódicos estatísticos para publicação. Pode ser um processo longo; em geral, o artigo circula para a "revisão dos colegas" e deve ser corrigido antes de publicado. Assim, o artigo espera na fila com outros artigos antes de ser impresso. Na edição do inverno de 1998 da revista *Chance*, Eric Bradlow e Howard Wainer relataram essa demora em vários periódicos entre 1990 a 1994. Para 288 artigos publicados no *The American Statistician*, o tempo médio entre a consideração inicial e a publicação foi de 21 meses, com um desvio padrão de 8 meses. Para 209 artigos da *Applied Statistics*, o tempo médio para a publicação foi de 31 meses, com um desvio padrão de 12 meses. Crie e interprete um intervalo de confiança de 90% para a diferença média de espera e comente sobre as suposições que sustentam sua análise.

RESPOSTAS DO TESTE RÁPIDO

1 H_0: $\mu_{olhos} - \mu_{flores} = 0$

2 ✓ **Suposição de independência:** A quantia paga por uma pessoa deveria ser independente da quantia paga pelas outras pessoas.
✓ **Condição de aleatoriedade:** Esse estudo foi observacional. Os tratamentos foram alternados semanalmente e aplicados ao mesmo grupo de trabalhadores.
✓ **Condição de normalidade:** Não temos os dados para checar, mas parece improvável que haja valores atípicos em ambos os grupos.
✓ **Suposição de grupos independentes:** Os mesmos trabalhadores foram registrados cada semana, mas a independência semana a semana é plausível.

3 H_A: $\mu_{olhos} - \mu_{flores} \neq 0$. Uma justificativa poderia ser feita para um teste unilateral, já que a hipótese da pesquisa era de que os olhos melhorariam a aquiescência honesta.

4 A boa vontade dos colaboradores em doar dinheiro para pagar a comida na área do cafezinho do escritório foi diferente quando uma figura de olhos foi colocada atrás da "caixa da honestidade" do que quando a imagem era de flores.

Amostras Pareadas e Blocos

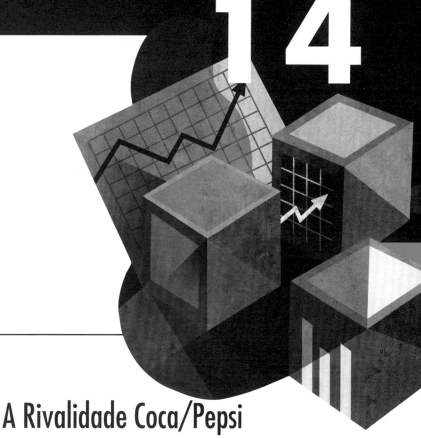

A Rivalidade Coca/Pepsi

A Pepsi-Cola e a Coca-Cola foram introduzidas no final do século XIX como bebidas carbonatadas (a Coca em 1886 e a Pepsi alguns anos depois) e têm dominado praticamente toda a indústria de refrigerantes do mundo inteiro desde então. A origem dos nomes intriga as pessoas desde a criação dos produtos. A Pepsi-Cola surgiu como "Brad's drink", a bebida do Brad, por causa do seu inventor, o farmacêutico Caleb Bradham, mas foi trocada para Pespsi-Cola em 1898 e registrada como marca em 1903. Existem várias teorias para o nome, mas as duas referidas no *site* da PepsiCo são que Bradham comprou o nome "Pep Kola" de um rival e que Pepsi-Cola é um anagrama de Episcopal, relacionado à igreja situada em frente ao local de origem da empresa. Outra teoria é que o objetivo original da bebida era curar dores de estômago e que o nome vem da condição para a indigestão (dispepsia) ou do uso da raiz de *pepsin* como um ingrediente. O nome Cola-Cola é derivado dos traços da substância cocaína e sementes de cola que o refrigerante originalmente continha. A quantia de cocaína era muito pequena, mas ajudou a proteger o nome e sua campanha publicitária, que investia na ideia de "a bebida intelectual".

Ambas as empresas cresceram no início do século XX, à medida que as bebidas engarrafadas começaram a dominar as vendas de refrescos. A popularidade da Coca cresceu quando ela aumentou seus esforços no processo de engarrafamento e com a introdução das garrafas de 6 onças com um contorno diferente, em 1916. Em 1923, os altos preços do açúcar levaram a Pepsi-Cola à falência e a marca registrada foi vendida a Roy C. Mergargel. Oito anos depois, a empresa faliu novamente, resultando numa reformulação do xarope da Pepsi-Cola.

Durante a Grande Depressão, a Pepsi ganhou mercado da Coca após a introdução, em 1934, da garrafa de 12 onças. Com 12 onças na garrafa, em vez das 6 onças vendidas pela Coca-Cola, a Pepsi usou a diferença de preço a seu favor com uma campanha publicitária no rádio. O *jingle* foi introduzido em uma propaganda pela primeira vez nesta ocasião: "A Pepsi-Cola atingiu o alvo/ Doze onças, isto é muito/ O dobro por um níquel, como se vê/A Pepsi-Cola é a bebida para você". A campanha foi bem-sucedida, pois os consumidores, conscientes do preço, trocaram para a Pepsi-Cola, dobrando as vendas da empresa. Enquanto isso, a Coca-Cola começou sua expansão mundial; por volta de 1940, era vendida e engarrafada em 44 países.

Após a Segunda Guerra Mundial, a guerra entre as empresas de refrigerante esquentou e a propaganda começou a ser usada de modo crescente para distinguir os dois produtos. Nos anos 1940 e 1950, a Pepsi teve como alvo os consumidores afro-americanos. Nos anos 1960, a marca tentou conquistar o novo mercado adolescente financeiramente poderoso com o *slogan* "Geração Pepsi". Após o sucesso da Royal Crown Cola com um refrigerante *diet*, a Diet Pepsi foi introduzida em 1964 e se tornou a primeira bebida *diet* popular nos Estados Unidos. Em 1966, a Pepsi se uniu à empresa de lanches Frito-Lay para formar a PepsiCo.

Desde então, as duas empresas têm seguido caminhos diferentes: a PepsiCo se tornou um gigante global de alimentos e a Coca permaneceu no ramo das bebidas. Ambas têm sido bem-sucedidas. A Coca-Cola ainda supera as vendas da Pepsi-Cola em muitos países, mas a PepsiCo é uma empresa mais diversificada.

Capítulo 14 – Amostras Pareadas e Blocos **417**

Quem	10 provadores treinados
O quê	Comparação da doçura de uma fórmula de cola *diet* antes e depois do armazenamento
Onde	Em um laboratório industrial de teste de sabor
Por quê	Para avaliar se há uma perda perceptível da doçura

O mercado de refrigerantes *diet* tem crescido de forma constante desde que as bebidas artificialmente adoçadas foram introduzidas, nos anos 1960. A principal competição entre Coca e Pepsi acontece nesse mercado. Um dos desafios na formulação de bebidas *diet* é que o aspartame (comercializado como NutraSweet®) perde a doçura com o tempo. Uma consideração importante ao testar novas colas *diet* é como o sabor será retido durante o armazenamento. Quando mudanças sutis no sabor são o problema, as empresas geralmente usam experimentos de degustação cuidadosamente projetados, com provadores treinados.

Os provadores treinados atuam combinando e descrevendo sabores. Para este estudo, foram fornecidas a dez provadores três soluções de açúcar com um aumento crescente na doçura, a fim de estabelecer uma escala numérica de doçura de 1 a 10. Depois, cada provador provou a cola e avaliou sua doçura com base nessa escala. As amostras da cola foram, então, armazenadas numa temperatura elevada por um mês, para simular quatro meses de armazenamento nas prateleiras.

Um mês depois, os dez provadores retornaram ao laboratório, onde, novamente, avaliaram a cola com a mesma escala. Como os mesmos dez provadores avaliaram a cola antes e depois do armazenamento, as medidas não são independentes, assim, não podemos usar um teste *t* de duas amostras. Além de não ser apropriado para esta situação, a empresa que está testando a cola não está interessada em quão doce os provadores acharam a cola. Ela quer saber se houve uma perda perceptível na doçura. Isto é, está interessada em qualquer *diferença* na doçura percebida por cada provador.

14.1 Dados pareados

Dados como esses são chamados de **pareados**. Os dados pareados surgem de várias formas. Talvez a mais comum seja quando comparamos medidas em dois tempos diferentes. Quando os pares surgem de um experimento, comparamos as mensurações antes e depois de um tratamento, e o pareamento é um tipo de *colocação em bloco*. Quando surgem de um estudo observacional, são denominados emparelhados.

O pareamento não é um problema, é uma oportunidade. Se você sabe que os dados são pareados, pode tirar vantagem do pareamento – de fato, *deve* tirar vantagem dele. Você *não deve* usar o método de duas amostras (ou combinar duas amostras) quando os dados são pareados. Você deve decidir se os dados são pareados sabendo como foram coletados e o que significam (verifique as cinco questões).

Uma vez que reconhecemos que os dados do teste do sabor são pareados, faz sentido considerar a mudança na percepção de cada provador. Isto é, observamos a coleção das diferenças dos pares. A empresa está interessada nas *diferenças* das avaliações antes e depois do período de armazenamento. Como queremos conhecer a *diferença*, podemos tratá-la como se tivéssemos uma única variável de interesse mantendo essas diferenças. Com somente uma variável a considerar, podemos usar o teste *t* de uma amostra. Um **teste *t* pareado** é apenas um teste *t* de uma amostra para a média das diferenças dos pares. O tamanho da amostra é o número de pares.

14.2 Suposições e condições
Suposição dos dados pareados

Os dados devem ser realmente pareados. Você não pode simplesmente decidir parear os dados de grupos independentes. Quando dois grupos têm o mesmo número de observações, pode ser tentador emparelhá-los, mas isso não é válido. Você não pode parear os dados apenas porque "parecem semelhantes". Para usar métodos pareados,

Parte II – Entendendo Dados e Distribuições

você precisa determinar, sabendo como os dados foram coletados, se os dois grupos são pareados ou independentes. Normalmente o contexto deixa isso claro.

Tenha certeza de reconhecer dados pareados quando você os tem. Lembre-se que os métodos *t* de duas amostras não são válidos, a não ser que os grupos sejam independentes, e grupos pareados não são independentes.

Suposição de independência

Para esses métodos, as *diferenças* devem ser independentes entre si. Essa é simplesmente a suposição de independência do teste *t* de uma amostra agora aplicado às diferenças. No nosso exemplo, a opinião de um provador não deve afetar como o outro avalia os refrigerantes. Como sempre, a aleatoriedade ajuda a assegurar a independência.

Condição de aleatoriedade. A aleatoriedade pode surgir de muitas formas. Os *pares* podem ser uma amostra aleatória. Por exemplo, você pode estar comparando opiniões de maridos e esposas de uma seleção aleatória de casais. Num experimento, a ordem dos dois tratamentos pode ser designada aleatoriamente ou os tratamentos podem ser designados aleatoriamente a um membro de cada par. Num estudo de antes e depois como este, podemos acreditar que as diferenças observadas são uma amostra representativa de uma população de interesse. Se tivermos alguma dúvida, precisaremos incluir um grupo de controle para tirar conclusões. O que queremos saber normalmente foca nossa atenção em onde a aleatoriedade deveria estar.

Condição dos 10%. Quando amostramos uma população finita, devemos ter o cuidado de não retirar mais de 10% da população. Amostrar uma fração muito grande da população coloca em dúvida a suposição de independência. Aqui, podemos considerar nossos provadores como representativos da população (potencialmente muito grande) de provadores treinados. Assim como em outras situações de dados quantitativos, normalmente não verificamos explicitamente a condição dos 10%, mas certifique-se de que isso está assegurado.

Suposição da população normal

Precisamos assumir que a população das *diferenças* segue um modelo Normal. Não precisamos verificar em cada um dos grupos individuais. Na verdade, os dados de cada grupo podem ser bem assimétricos, mas as diferenças podem ser unimodais e simétricas.

Condição de normalidade. Essa condição pode ser verificada com um histograma das diferenças. Assim como com os métodos *t* de uma amostra, essa suposição tem menos importância, porque temos mais pares para considerar. Você pode ficar surpreso ao verificar essa condição. Mesmo se suas mensurações originais forem assimétricas ou bimodais, as *diferenças* podem ser aproximadamente Normais. Afinal, é provável que o indivíduo que estava no final da cauda na mensuração inicial ainda esteja lá na segunda, fornecendo uma diferença perfeitamente normal.

14.3 O teste *t* pareado

O teste *t* pareado é mecanicamente o teste *t* de uma amostra. Tratamos as diferenças com a nossa variável. Simplesmente comparamos a diferença média com o seu erro padrão. Se a estatística *t* é grande o suficiente, rejeitamos a hipótese nula.

Teste *t* pareado

Quando as condições são satisfeitas, estamos prontos para testar se a diferença média pareada é significativamente diferente do valor hipotético (chamado de Δ_0). Testamos a hipótese:

$$H_0: \mu_d = \Delta_0,$$

onde o *ds* são as diferenças dos pares e Δ_0 é quase sempre 0.

Usamos a estatística:

$$t_{n-1} = \frac{\bar{d} - \Delta_0}{EP(\bar{d})},$$

onde $\bar{d}$ é a média das diferença dos pares, *n* é o número de *pares* e

$$EP(\bar{d}) = \frac{s_d}{\sqrt{n}},$$

onde s_d é o desvio padrão das diferenças dos pares.

Quando as condições são satisfeitas e a hipótese nula é verdadeira, a distribuição amostral dessa estatística segue um modelo *t* de Student com $n - 1$ graus de liberdade, e utilizamos esse modelo para determinar o valor-P.

Da mesma forma, podemos construir um intervalo de confiança para a verdadeira diferença. Como no intervalo *t* de uma amostra, centramos nossa estimativa na diferença média dos nossos dados. A margem de erro em ambos os lados é o erro padrão multiplicado por um valor *t* crítico (com base no nosso nível de confiança e no número de pares que temos).

Intervalo *t* pareado

Quando as condições são satisfeitas, estamos prontos para encontrar o intervalo de confiança para a média das diferenças pareadas. O intervalo de confiança é:

$$\bar{d} \pm t^*_{n-1} \times EP(\bar{d}),$$

onde o erro padrão da diferença média é $EP(\bar{d}) = \frac{s_d}{\sqrt{n}}$.

O valor crítico t^* do modelo *t* de Student depende do nível de confiança que você especifica e dos graus de liberdade, $n - 1$, baseados no número de pares, *n*.

EXEMPLO ORIENTADO	*A perda da doçura de um refrigerante*

PLANEJAR

Especificação Declare o que queremos saber. Identifique as variáveis e o parâmetro a serem estimados. Para uma análise pareada, o parâmetro de interesse é a média das diferenças.	*Queremos saber se a doçura do refrigerante diet testado mudou após um mês de armazenamento em temperaturas elevadas. Temos as avaliações da doçura de dez provadores treinados antes e depois do armazenamento e examinaremos a perda da doçura, (d = doçura antes − doçura depois).*
Hipóteses Declare a hipótese nula e a alternativa.	H_0: *O armazenamento não muda a doçura; a diferença média é zero*: $\mu_d = 0$.

continua...

continuação

	A perda da doçura significaria uma diminuição na avaliação da doçura, assim, a diferença do antes menos depois deve ser positiva.	H_A: As colas perdem doçura: $\mu_d > 0$.
	Modelo Verifique as condições	✓ **Suposição dos dados pareados:** Os dados são pareados porque são obtidos dos mesmos participantes do grupo em questão. ✓ **Suposição de independência:** Os provadores são profissionais e assumimos que as suas avaliações sejam independentes umas das outras. ✓ **Condição de aleatoriedade:** As respostas dos provadores são assumidas como representativas de todos os provadores. ✓ **Condição de normalidade:** Embora esses dados não sejam estritamente quantitativos, o histograma das diferenças é quase unimodal e simétrico. Com somente 10 valores, é difícil avaliar a Normalidade, mas podemos ver que não existem valores atípicos ou uma grande assimetria.
	Faça um gráfico para verificar a condição de quase normalidade.	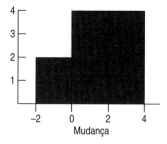
	Determine o modelo de distribuição amostral. Escolha seu método.	As condições estão satisfeitas, então podemos usar o modelo t de Student com $(n-1) = 9$ graus de liberdade e executar o teste t pareado.
	Mecânica n é o número de pares, aqui, o número de provadores. $\bar{d}$ é a diferença média. s_d é o desvio padrão das diferenças.	$n = 10$ provadores $\bar{d} = 1,02$ $s_d = 1,196$ Estimamos o erro padrão de $\bar{d}$ como: $$EP(\bar{d}) = \frac{s_d}{\sqrt{n}} = \frac{1,196}{\sqrt{10}} = 0,378$$ O gl para o modelo t é $n - 1 = 9$. Encontramos $t = \dfrac{\bar{d} - 0}{EP(\bar{d})} = \dfrac{1,02}{0,378} = 2,697$ Uma estatística t igual a 2,697 e com 9 graus de liberdade tem um valor-p unilateral de 0,0123.

VERIFICAÇÃO DA REALIDADE	Esse resultado faz sentido, já que a maioria das diferenças na doçura foi positiva.	Em média, a diferença nas avaliações foi de 1,02 numa escala de 10 pontos de doçura que vai de sem açúcar até muito doce. Essa foi uma diferença perceptível, pelo menos de acordo com o paladar dos provadores treinados.
RELATAR	**Conclusão:** Interprete os resultados do teste da hipótese no contexto.	**Memorando:** **Re: Elaboração do teste do refrigerante diet** Em um teste de laboratório industrial foram empregados dez provadores treinados para verificar a perda da doçura da fórmula do refrigerante diet, devido à degradação do aspartame. O laboratório estima que seu teste simulou quatro meses de armazenamento. Se o refrigerante diet precisa preservar o sabor por tanto tempo ou mais, será necessário ajustar a fórmula. A perda média da doçura foi de aproximadamente um ponto numa escala de 1 a 10. Não sabemos se o consumidor médio irá detectar um efeito desse tamanho.

14.4 Como funciona o teste *t* pareado

Quando os dados são pareados, o teste *t* pode, às vezes, perceber diferenças que um teste *t* de duas amostras não conseguiria. Embora sejam treinados, os juízes nem sempre vão concordar uns com os outros. Mas queremos saber sobre o nosso produto, não sobre os juízes. Tendo como foco as *diferenças* de cada escore dos provadores, vemos além da variação e conseguimos detectar mais facilmente as mudanças no que queremos saber.

Um delineamento pareado tem aproximadamente metade dos graus de liberdade do teste *t* de duas amostras. Normalmente, queremos *mais* graus de liberdade, mas, em geral, o pareamento compensa esse fator com a redução da variação. Poderíamos ter empregado duas equipes independentes (um grupo provando antes do armazenamento e outro testando depois), mas usar os *mesmos* juízes é não somente mais lógico como também mais eficiente.

Infelizmente, você não pode tirar proveito do pareamento a menos que os dados sejam realmente pareados. Se você estiver projetando um estudo, poderá fazê-lo de modo que os dados sejam pareados (antes *versus* depois; usando as mesmas pessoas para testar dois métodos diferentes; acompanhando os mesmos clientes em dois meses diferentes, etc.). Delineadores experimentais chamam essa técnica geral de *delineamento em blocos* (veja Capítulo 23). Você pode usar o pareamento mesmo quando os dados são experimentais, se puder justificar o emparelhamento, mas tenha cuidado. Se os dados dos dois grupos forem independentes, você não pode colocá-los em pares apenas porque os grupos têm o mesmo número de observações. Deve haver uma ligação que você possa identificar e justificar entre os pares. Dados envolvendo maridos e esposas ou observações feitas antes e depois de algum evento das mesmas pessoas, empresas ou sujeitos são naturalmente pareados.

TESTE RÁPIDO

Pense sobre cada uma destas situações. Você usaria um método t *de duas amostras ou um método* t *pareado (ou nenhum dos dois)? Por quê?*

1. Foi feito um levantamento de dados de amostras aleatórias de 50 homens e 50 mulheres sobre a quantia que eles investem anualmente, em média, no mercado de ações. Queremos estimar diferenças de gênero na quantidade investida.
2. Amostras aleatórias de estudantes foram investigadas para determinar a percepção sobre ética e serviços comunitários no primeiro e no quarto ano do curso universitário. A universidade quer saber se o programa obrigatório sobre tomada de decisões éticas e serviços comunitários muda a percepção dos estudantes.
3. Uma amostra aleatória de grupos de trabalho dentro de uma empresa foi identificada. Dentro de cada grupo, um homem e uma mulher foram selecionados ao acaso. A cada um foi solicitado avaliar o apoio administrativo que seu grupo de trabalho recebeu. Quando avaliam o pessoal de apoio, os homens e as mulheres avaliam de forma igual, em média?
4. Foi feito um levantamento de dados num total de 50 empresas sobre a prática nos negócios. Eles são categorizados por ramo e queremos investigar as diferenças entre os ramos.
5. Essas mesmas 50 empresas foram pesquisadas novamente um ano depois para ver se suas percepções, práticas nos negócios e investimentos em P&D haviam mudado.

EXEMPLO ORIENTADO — *Gastos de fim de ano*

Os economistas e bancos de cartão de crédito sabem que as pessoas tendem a gastar mais perto do período de festas, em dezembro. De fato, vendas no período após o Dia de Ação de Graças (a quarta quinta-feira do mês, nos Estados Unidos) fornecem uma indicação da força da economia em geral. Depois das festas, o gasto diminui substancialmente. Como os bancos de cartão de crédito recebem uma percentagem de cada transação, precisam prever em quanto o gasto médio irá aumentar ou diminuir mês a mês. Quão menos as pessoas tendem a gastar em janeiro do que em dezembro? Para qualquer segmento de proprietários de cartão de crédito, um banco de cartão de crédito poderia selecionar duas amostras aleatórias – uma para cada mês – e simplesmente comparar a quantia média gasta em janeiro com a gasta em dezembro. Uma abordagem mais inteligente seria selecionar uma amostra aleatória única e comparar os gastos entre os dois meses para *cada proprietário de cartão de crédito*. Ao delinear o estudo dessa maneira e examinar as diferenças pareadas, obtém-se uma estimativa mais precisa da mudança real nos gastos.

Aqui temos uma amostra de proprietários de cartão de crédito de um segmento em particular do mercado e a quantia que eles gastaram nos seu cartão de crédito em dezembro de 2004 e janeiro de 2005 (havia 1000 proprietários de cartão de crédito na amostra original, mas para 89 deles faltava informação de pelo menos um mês, deixando a amostra com um *n* = 911). Podemos criar um intervalo *t* de confiança pareado para estimar a verdadeira diferença entre as médias de gasto nos dois meses.

Capítulo 14 – Amostras Pareadas e Blocos **423**

Quem	Proprietários de cartão de crédito de um segmento específico do mercado de um importante emissor de cartão de crédito
O quê	A quantia gasta no cartão de crédito em dezembro e em janeiro
Quando	2004-2005
Onde	Estados Unidos
Por quê	Para estimar o decréscimo no gasto que pode ser esperado após o período de compras de fim de ano

PLANEJAR

Especificação Declare o que queremos saber.
Identifique o parâmetro que queremos estimar e o tamanho da amostra.

Queremos saber o quanto podemos esperar que os gastos do cartão de crédito mudem, em média, de dezembro a janeiro para esse segmento do mercado. Temos o total gasto em dezembro de 2004 e janeiro de 2005 para n = 911 proprietários de cartão de crédito desse segmento. Queremos encontrar um intervalo de confiança para a diferença verdadeira entre a média nas mudanças entre esses dois meses para todos os proprietários de cartão de crédito desse segmento. Como sabemos que as pessoas tendem a gastar mais em dezembro, observaremos a diferença: gasto em dezembro – gasto em janeiro. Uma diferença positiva significará um decréscimo nos gastos.

Modelo Verifique as condições. Determine por que os dados são pareados. Ter o mesmo número de indivíduos em cada grupo ou exibi-los em colunas lado a lado não os torna pareados.

✓ **Suposição de dados pareados:** Os dados são pareados porque são mensurações dos mesmos proprietários de cartão de crédito em dois períodos diferentes.

✓ **Suposição de independência:** Como comportamento de qualquer indivíduo é independente do comportamento dos outros, as diferenças são mutuamente independentes.

Pense no que queremos saber e de onde vem a aleatorização.
Faça uma figura das diferenças. Não faça um gráfico das distribuições separadas dos dois grupos – isso eliminaria completamente o pareamento. Para dados pareados, é a Normalidade das diferenças que interessa. Trate essas diferenças pareadas como você trataria uma única variável e verifique a condição de Normalidade.

✓ **Condição da aleatoriedade:** Essa é uma amostra aleatória de um segmento grande do mercado.

✓ **Condição de normalidade:** A distribuição das diferenças é unimodal e simétrica. Embora existam muitas observações apontadas pelos diagramas de caixa e bigodes como valores atípicos, as distribuições são simétricas (isso é típico do comportamento de gastos no cartão de crédito). Já que não existem casos isolados que poderiam indevidamente dominar a diferença média, não excluímos observações neste estudo.

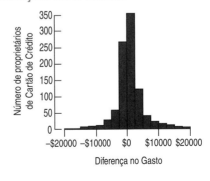

continua...

continuação

	Especifique o modelo da distribuição amostral. Escolha o método.	As condições são satisfeitas, então podemos usar o modelo t de Student com (n – 1) = 910 graus de liberdade e encontrar um intervalo t de confiança pareado.
FAZER	**Mecânica** *n* é número de pares, neste caso, o número de proprietários de cartão de crédito. $\bar{d}$ é a diferença média. s_d é o desvio padrão das diferenças. Faça uma figura. Trace um modelo *t* centrado na média observada de 788,18.	A saída do computador indica: n = 911 pares $\bar{d}$ = \$788,18 s_d = \$3740,22
	Encontre o erro padrão e o escore *t* da diferença média observada. Nada há de novo nas mecânicas dos métodos *t* pareados. Elas são as mesmas do intervalo *t* para a média aplicada às diferenças.	Estimamos o erro padrão de $\bar{d}$ usando: $$EP(\bar{d}) = \frac{s_d}{\sqrt{n}} = \frac{3740,22}{\sqrt{911}} = \$123,919$$ $t^*_{910} = 1,96$ A margem de erro, ME = × EP($\bar{d}$) = 1,96 × 123,919 = 242,88 Assim, um IC de 95% é $\bar{d}$ ± ME = (\$545,30; \$1031,06).
RELATAR	**Conclusão** Vincule os resultados do intervalo de confiança ao contexto do problema.	**Memorando:** **Re: Mudança nos gastos com o cartão de crédito** Na amostra dos proprietários de cartão de crédito estudada, a mudança nos gastos entre dezembro e janeiro tem um valor médio de \$788,18, significando que, em média, os proprietários de cartão de crédito gastam \$788,18 menos em janeiro do que no mês anterior. Embora não tenhamos mensurado a mudança para todos os proprietários de cartão de crédito do segmento, podemos estar 95% confiantes de que o decréscimo da verdadeira média do gasto está entre \$545,30 e \$1031,06.

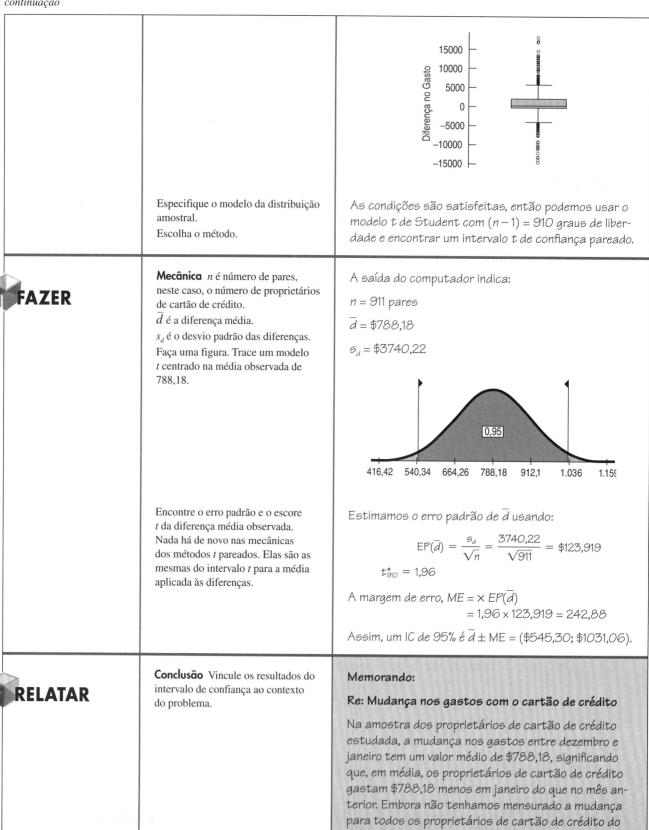

O QUE PODE DAR ERRADO?

- **Não use um método *t* pareado quando as amostras não são pareadas.** Quando dois grupos não têm o mesmo número de valores, é fácil ver que eles não podem ser pareados. No entanto, apenas porque dois grupos têm o mesmo número de observações não significa que eles possam ser pareados, mesmo se eles são exibidos lado a lado numa tabela. Podemos ter 25 homens e 25 mulheres no nosso estudo, mas eles podem ser completamente independentes uns dos outros. Se eles são parentes ou marido e esposa, podemos considerá-los pareados. Lembre-se que você não pode *escolher* o método com base nas suas preferências. Você pode usar um método pareado somente se os dados provêm de um estudo experimental no qual as observações são pareadas.

- **Não esqueça os valores atípicos.** Os valores atípicos com os quais nos preocupamos agora são as diferenças. Um sujeito (assunto) que é extraordinário tanto antes quanto depois de um tratamento pode ainda ter uma diferença perfeitamente comum. Entretanto, uma diferença atípica pode distorcer completamente suas conclusões. Tenha certeza de representar graficamente as diferenças (mesmo se você também tenha representado os dados).

- **Não procure por diferença nos diagramas de caixa e bigodes lado a lado.** O propósito da análise pareada é remover a variação extra. Os diagramas de caixa e bigodes de cada grupo ainda contêm essa variação. Compará-las será, provavelmente, equivocado.

ÉTICA EM AÇÃO

Boyd Casey, cientista de uma universidade regional, ganhou reputação ao pesquisar os benefícios para a saúde de uma variedade de substâncias (por exemplo, cafeína, vitamina C, etc.). Recentemente, ele foi abordado pela Nature's Plenty Inc., empresa especializada numa linha de suplementos e produtos alimentares naturais, para fazer uma pesquisa com açaí. Elogiado como um superalimento, rico em antioxidantes, o açaí também contém uma quantia significativa de ácidos graxos (Omega-6 e Omega-9) que se acredita que reduzem os níveis de colesterol. A Nature's Plenty considera acrescentar alguns produtos feitos com o açaí, mas primeiro quer determinar a sua eficácia na redução do colesterol. A empresa tem disponível uma lista de 100 clientes de uma loja de produtos naturais que regularmente consomem açaí e outros 100 clientes que não o consomem.

O cientista coleta os níveis de colesterol de ambos os grupos. Ele fica desapontado ao perceber que a diferença no colesterol médio não é grande o suficiente para ter significância estatística. Assim, ele tenta outra abordagem. Casey classifica os participantes em cada grupo de acordo com o seu nível de colesterol, do mais baixo para o mais alto. Depois, ele os equipara, comparando o nível de colesterol mais baixo no grupo do açaí com o participante com o nível de colesterol mais baixo do grupo sem açaí e executa um teste *t* pareado. Ele fica satisfeito agora ao encontrar uma diferença estatisticamente significativa entre os grupos e se prepara para relatar o resultado para a Nature's Plenty.

PROBLEMA ÉTICO *Análise equivocada. Os grupos do Boyd não são pareados. Classificá-los e alinhá-los é inadequado e leva a uma análise incorreta (relacionado ao Item C, ASA Ethical Guidelines).*

SOLUÇÃO ÉTICA *Ele deveria usar um teste* t *de duas amostras e relatar que não foi possível rejeitar a hipótese nula.*

O que aprendemos?

O pareamento pode ser uma estratégia eficaz. Visto que podem ajudar a controlar a variabilidade entre sujeitos individuais, os métodos pareados são geralmente mais poderosos que métodos que comparam grupos independentes. Agora, aprendemos que analisar os dados de grupos emparelhados requer diferentes procedimentos de inferência.

- Aprendemos que os métodos t pareados observam as diferenças entre os pares. Com base nessas diferenças, testamos a hipótese e geramos intervalos de confiança. Nossos procedimentos são mecanicamente idênticos aos métodos t de uma amostra.

- Também aprendemos a pensar sobre o delineamento do estudo que coleta os dados antes de proceder com a inferência. Precisamos ter o cuidado de reconhecer o pareamento quando ele está presente, mas de não assumi-lo quando ele não está. Tomar a decisão correta sobre quando utilizar os procedimentos t independentes ou métodos t pareados é o primeiro passo importante na análise dos dados.

Termos

Dados pareados Os dados são pareados quando as observações são coletadas em pares ou as observações de um grupo estão naturalmente relacionadas às observações de outro grupo. A forma mais simples de pareamento é mensurar cada sujeito duas vezes – geralmente antes e depois da aplicação de um tratamento. O pareamento em experimentos é uma forma de delineamento em blocos e surge em outros contextos. O pareamento em dados de levantamentos observacionais é uma forma de emparelhamento.

Intervalo de confiança t pareado Um intervalo de confiança para a diferença média dos pares entre os grupos emparelhados, determinado por $\bar{d} \pm t^*_{n-1} \times EP(\bar{d})$, onde $EP(\bar{d}) = \dfrac{s_d}{\sqrt{n}}$ e n é o número de pares.

Teste t pareado Teste de hipóteses para a média das diferenças dos pares de dois grupos. Testa a hipótese nula $H_0: \mu d = \Delta_0$, onde a diferença hipotética é quase sempre 0, usando a estatística $t = \dfrac{\bar{d} - \Delta_0}{EP(\bar{d})}$ com $n - 1$ graus de liberdade, onde $EP(\bar{d}) = \dfrac{s_d}{\sqrt{n}}$ e n é o número de pares.

Habilidades

- Reconhecer se um delineamento que compara dois grupos é pareado ou não.

- Saber como encontrar um intervalo de confiança pareado, reconhecendo que ele é mecanicamente equivalente a executar um intervalo t de uma amostra aplicado às diferenças.

- Saber como interpretar um teste t pareado, reconhecendo que a hipótese testada diz repeito à média das diferenças entre os valores pareados, não às diferenças entre as médias de dois grupos independentes.

- Saber como interpretar um intervalo t pareado, reconhecendo que ele fornece um intervalo para a diferença média entre os pares.

Ajuda tecnológica: *t* pareado

A maioria dos programas estatísticos pode calcular as análises *t* pareadas. Alguns pedem que você mesmo encontre as diferenças e use o método *t* de uma amostra. Aqueles que executam todo o procedimento precisarão conhecer as duas variáveis a serem comparadas. O computador, é claro, não pode verificar se as variáveis são naturalmente pareadas. A maioria dos programas irá verificar se as duas variáveis têm o mesmo número de observações; porém, alguns param por aí, e isso pode causar problemas. Grande parte dos programas irá automaticamente omitir qualquer par do qual esteja faltando um valor ou uma variável. Você deve verificar cuidadosamente se isso aconteceu.

Como vimos em outros resultados de inferência, alguns pacotes acumulam muita informação numa única tabela, mas você precisa localizar o que quer. Eis um exemplo genérico com comentários.

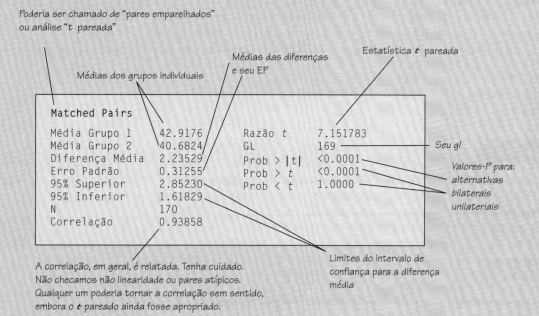

Outros pacotes tentam ser mais descritivos. Pode ser mais fácil encontrar os resultados, mas você pode obter menos informações da saída da tabela.

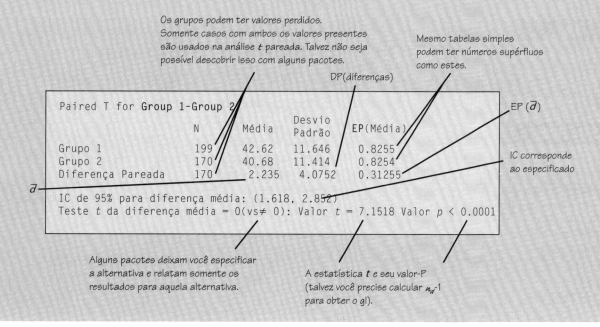

Os computadores facilitam o exame dos diagramas de caixa e bigodes de dois grupos e do histograma das diferenças – duas etapas importantes. Alguns programas oferecem um diagrama de dispersão, e um teste t pareado verifica se os pontos tendem a se agrupar acima ou abaixo da linha de $45°$, $y = x$. (Note que o pareamento não informa nada sobre se o diagrama de dispersão deve se linear. Isso não importa para nossos métodos t.)

Excel

No Excel 2003 e anterior, selecione **Análise de dados** do menu **Ferramentas.**
No Excel 2007, selecione **Análise de dados** do grupo **Análise** no painel **Dados.**
Do menu **Análise de dados,** escolha **teste-t: duas amostras em para médias.** Preencha os espaços das células para os dois grupos, a diferença hipotética e o nível alfa.

Comentários

O Excel espera que os dois grupos estejam em intervalos de células diferentes.

Advertência: Não calcule esse teste no Excel sem verificar os valores que faltam (*missing*). Se houver células vazias, o Excel geralmente dará uma resposta errada. O Excel compacta cada lista, deslocando os valores para cima, a fim de cobrir as células em branco e, depois, verifica somente a existência do mesmo número de valores em cada lista. O resultado pode ser pares que não combinam e uma análise totalmente errada.

Minitab

Do menu **Analyze,** escolha o submenu **Compare Means.** Desse menu, escolha o comando **Paired-sample t.** Selecione o par de variáveis e clique na seta para adicioná-lo a caixa da seleção.

Comentários

O Minitab seleciona a "primeira amostra" menos a "segunda amostra".

SPSS

Do menu **Analyze**, escolha o submenu **Compare means** (compare médias). Depois, escolha o comando **Paired-Samples t-test.** Selecione os pares de variáveis para comparar e clique no ícone em forma de seta para acrescentá-las à caixa de seleção.

Comentários

Você pode comparar vários pares de variáveis de uma única vez. Opções incluem a possibilidade de excluir casos que faltam (*missing*) em qualquer um dos pares dos testes.

JMP

Do menu **Analyze,** selecione **Mached Pairs.** Especifique as colunas que contém os dois grupos na caixa de diálogo **Y Paired Response.** Clique em **OK.**

DATA DESK

Selecione as variáveis.
Do menu **Calc**, escolha **Estimate** para intervalos de confiança ou **Test** para teste de hipóteses. Selecione o intervalo ou teste do menu suspenso e faça outras escolhas na caixa de diálogo.

Comentário

O Data Desk espera que os dois grupos estejam em variáveis separadas e na mesma "Relação" – isto é, aproximadamente os mesmos casos.

Projetos de estudo de pequenos casos

Teste de sabor (coleta e análise de dados)

Assuma que você é o gerente de *marketing* da PepsiCo e foi solicitado a colher dados sobre o sabor. O maior concorrente para um dos refrigerantes mais vendidos (Diet Pepsi) é a Diet Coca. Convide uma amostra aleatória de indivíduos para participar do grupo focal. Apresente os refrigerantes para cada participante numa ordem aleatória, com um copo de água para beber entre uma e outra amostra. Solicite que eles avaliem cada bebida em uma escala de 1 a 7.

Uma vez coletados os dados, verifique as suposições necessárias e conduza os testes estatísticos apropriados, a fim de examinar qual refrigerante os participantes preferem. Declare seus métodos e conclusões num relatório a partir da perspectiva de um gerente de *marketing* da PepsiCo. Você pode precisar da aprovação do comitê de pesquisa da sua universidade antes de realizar seu próprio teste de sabor. Se isso for complicado, analise os dados em **ch14_MCSP_Taste_Test** de um teste que já foi executado por um professor de *marketing* (a forma original usada para esse experimento é encontrada **ch14_tastetestsurvey.doc**). A questão principal é analisar se os participantes mudaram suas preferências antes e depois do teste de sabor. Observe qualquer diferença de Depois – Antes (no Sabor, Frescor ou Qualidade) para ver se as preferências mudaram.

Padrões dos gastos do consumidor (análise de dados)

Você faz parte de uma equipe de planejamento financeiro que irá monitorar um segmento de alto gasto de um cartão de crédito. Você sabe que os consumidores tendem a gastar mais durante o mês de dezembro, mas está incerto quanto ao padrão dos gastos nos meses após as festas de final de ano. Observe o conjunto de dados em **ch14_MCSP_Consumer_spending.** Ele contém o gasto mensal do cartão de crédito de 1200 consumidores durante os meses de dezembro, janeiro, fevereiro e março. Faça um relatório sobre as diferenças dos gastos entre os diversos meses. Se você não soubesse que esses dados são pareados, que diferença isso teria nos seus intervalos de confiança e testes obtidos?

EXERCÍCIOS

1. Produção de ovos. Os aditivos alimentares podem aumentar a produção de ovos? Os produtores de ovos querem fazer um experimento para descobrir. Eles têm 100 galinhas disponíveis e dois tipos de ração: a ração comum e uma nova ração com o aditivo. Eles planejam executar seu experimento durante um mês, registrando o número de ovos que cada galinha produzir.
a) Projete um experimento que irá requerer um procedimento *t* de duas amostras para analisar os resultados.
b) Projete um experimento que irá requerer um procedimento *t* pareado para analisar os resultados.
c) Qual dos projetos de experimento você consideraria o mais forte? Por quê?

2. Produtividade e música. Alguns escritórios usam música ambiente. O vendedor afirma que isso aumenta a produtividade, mas poderia causar mais distração? O departamento de RH de uma empresa quer saber se a produtividade é afetada pela música ambiental. Ele contrata uma empresa de pesquisa para realizar o experimento. Os pesquisadores irão cronometrar o tempo que alguns voluntários levam para completar algumas palavras cruzadas relativamente fáceis. Em algumas tentativas, a sala vai estar silenciosa; em outras tentativas na mesma sala, a música ambiente será tocada.
a) Projete um experimento que irá requerer um procedimento *t* de duas amostras para analisar os resultados.
b) Projete um experimento que irá requerer um procedimento *t* pareado para analisar os resultados.
c) Qual dos projetos de experimento você consideraria o mais forte? Por quê?

3. Propagandas. Muitas propagandas usam imagens eróticas para chamar a atenção para o produto, mas essas propagandas conscientizam as pessoas sobre o item sendo anunciado? Uma empresa quer projetar um experimento para ver se a presença de imagens eróticas em uma propaganda afeta a capacidade das pessoas de lembrar do produto.

a) Descreva um delineamento experimental que requeira um procedimento *t* pareado para analisar os resultados.
b) Descreva um delineamento experimental que requeira um procedimento amostral independente para analisar os resultados.

4. Buffet livre. Alguns estádios de basquete e beisebol estão oferecendo áreas de buffet livre onde, por um preço mais alto do ingresso, os torcedores podem servir-se de todos os cachorros quentes e pipocas que quiserem (álcool e sobremesas são extras). As equipes, é claro, querem fixar um preço apropriado para esses ingressos. Elas querem delinear um experimento para determinar quantos torcedores provavelmente irão comer na área de buffet livre e se eles comerão mais ou menos do que normalmente consumiriam em lugares sem o serviço.
a) Descreva um experimento que requeira um procedimento *t* de duas amostras para a análise.
b) Descreva um experimento que requeira um procedimento *t* pareado para a análise.

5. Força de trabalho. Os valores para a taxa de participação na força de trabalho (*labor force participation rate* – LFPR) (proporção) de mulheres são publicados pelo Departamento de Estatísticas do Trabalho Americano. Estamos interessados em verificar se existe diferença entre a participação feminina em 1968 e 1972, um período de grandes mudanças para as mulheres. Verificamos os valores do LFPR para 19 cidades aleatoriamente selecionadas para 1968 e 1972. Aqui está a saída de um *software* para dois testes possíveis.

Teste t pareado de $\mu(1 - 2)$
Teste H_0: $\mu(1972 - 1968) = 0$ vs H_a: $\mu(1972 - 1968) \neq 0$
Média das diferenças pareadas = 0,0337
Estatística t = 2,458 com 18gl
p = 0,0244
Teste t de duas amostras de $\mu_1 - \mu_2$
H_0: $\mu_1 - \mu_2 = 0$ H_a: $\mu_1 - \mu_2 \neq 0$
Teste H_0: $\mu(1972) - \mu(1968) = 0$ vs Ha: $\mu(1972) - \mu(1968) \neq 0$
Diferença entre as médias = 0,0337
Estatística t = 1,496 com 35gl
p = 0,1434

a) Qual dos testes é apropriado para esses dados? Explique.
b) Usando o teste que você selecionou, formule sua conclusão.

6. Chuva. O sonho dos fazendeiros é conseguir provocar chuva quando ela é necessária para as suas safras. As safras perdidas para a seca têm um impacto econômico significativo. Uma possibilidade é o bombardeamento das nuvens, em que produtos químicos são espargidos nas nuvens, na tentativa de induzir a chuva. Simpson, Alsen e Eden (*Technometrics*, 1975) relatam a quantia de chuva registrada de tentativas em que as nuvens foram bombardeadas. Os autores relatam 26 bombardeamentos (Grupo 2) e 26 nuvens não bombardeadas (Grupo 1). Cada grupo foi classificado quanto à quantia de chuva, da maior para a menor. Aqui estão dois possíveis testes para analisar se o bombardeamento das nuvens funciona.

Teste t pareado de $\mu(1 - 2)$
Média das diferenças pareadas = –277,4
Estatística t = –3,641 com 25gl, p = 0,0012
Teste t de duas amostras de $\mu 1 - \mu 2$
Diferença entre as médias = –277,4
Estatística t = –1,998 com 33 gl, p = 0,0538

a) Qual dos testes é apropriado para esses dados? Explique.
b) Usando o teste que você selecionou, formule sua conclusão.

7. Sexta-feira 13. O British Medical Journal publicou um artigo intitulado "A sexta-feira 13 é ruim para a sua saúde?". Os pesquisadores na Inglaterra examinaram como a sexta-feira 13 afeta o comportamento humano. Um dos pontos levantados era se as pessoas tendem a ficar mais em casa na sexta-feira 13. Os dados mostram o número de carros que passam na Junção 9 e 10 na autoestrada M25 para sextas-feiras consecutivas (6 e 13) para cinco períodos de tempo diferentes.

Ano	Mês	Dia 6	Dia 13
1990	Julho	134012	132908
1991	Setembro	133732	131843
1991	Dezembro	121139	118723
1992	Março	124631	120249
1992	Novembro	117584	117263

Eis os resumos de duas análises possíveis.
Teste t pareado de $\mu(1 - 2)$ vs. $\mu 1 > \mu 2$
Média das diferenças pareadas = 2022,4
Estatística t = 2,9377 com 4gl
p = 0,0212

Teste t de duas amostras de $\mu 1 = \mu 2$ vs. $\mu 1 > \mu 2$
Diferença entre médias = 2022,4
Estatística t = 0,4273 com 8 gl
p = 0,3402

a) Qual dos testes é apropriado para esses dados? Explique.
b) Usando o teste que você selecionou, formule sua conclusão.
c) As suposições e condições para a inferência foram satisfeitas?

8. Sexta-feira 13, parte 2. Os pesquisadores do Exercício 7 também examinaram o número de pessoas admitidas nas salas de emergência por acidentes de carro em 12 noites de sexta-feira (seis no dia 6 e seis no dia 13).

Ano	Mês	Dia 6 Grupo 1	Dia 13 Grupo 2
1989	Outubro	9	13
1990	Julho	6	12
1991	Setembro	11	14
1991	Dezembro	11	10
1992	Março	3	4
1992	Novembro	5	12

Com base nesses dados, existe evidência de que mais pessoas são admitidas, em média, na sexta-feira 13? Aqui estão duas possíveis análises dos dados.

Teste t pareado de $\mu 1 = \mu 2$ vs. $\mu 1 < \mu 2$
Média das diferenças pareadas = 3,333
Estatística t = 2,7116 c/5gl
p = 0,0211

Teste t de duas amostras de $\mu 1 = \mu 2$ vs. $\mu 1 < \mu 2$
Diferença entre médias = 3,333
Estatística t = 1,6644 com 10 gl
p = 0,0636

a) Qual dos testes é apropriado para esses dados? Explique.
b) Usando o teste que você selecionou, declare sua conclusão.
c) As suposições e condições para a inferência foram satisfeitas?

T 9. **Seguros on-line.** Após assistir a incontáveis comerciais afirmando que se pode conseguir seguros de carro mais baratos de uma empresa *on-line*, um agente de seguros local estava preocupado com a possível perda de alguns clientes. Para investigar, ele aleatoriamente selecionou perfis (tipo de carro, cobertura, histórico do trânsito, etc.) para 10 dos seus clientes e verificou as cotações de preços *on-line* para as suas apólices. As comparações estão exibidas na tabela. Seu *software* estatístico produziu os seguintes sumários (onde *DifPreço = Local – On-line*)

Variável	Contagem	Média	Desvio padrão
Local	10	799,200	229,281
On-line	10	753,300	256,267
Dif.Preço	10	45,9000	175,663

Local	On-line	Diferença de preços
568	391	177
872	602	270
451	488	–37
1229	903	326
605	677	–72
1021	1270	-249
783	703	80
844	789	55
907	1008	–101
712	702	10

Primeiro, o agente de seguros verificou se havia algum tipo de erro nessa saída. Ele pensou que o Teorema Pitagórico da Estatística funcionaria para encontrar o desvio padrão das diferenças dos preços – em outras palavras, que DP(*Local – On-line*) = $\sqrt{DP^2(Local) + DP^2(Online)}$. No entanto, quando verificou, ele encontrou que $\sqrt{(229,281)^2 + (256,267)^2} = 343,864$, não 175,663, como fornecido pelo *software*. Aponte para ele onde está o erro.

T 10. **Ventoso.** O interesse em fontes alternativas de energia está aumentando em toda a indústria da energia. A energia eólica tem grande potencial. Porém, lugares apropriados devem ser encontrados para as turbinas. Para selecionar o local para uma turbina geradora de eletricidade, velocidades do vento foram registradas em vários locais em potencial a cada 6 horas durante um ano. Dois locais não muito distantes um do outro pareciam bons. Cada um tinha uma média de velocidade do vento alta o suficiente para se qualificar, mas devemos escolher o local com a média diária mais alta da velocidade do vento. Como esses locais são próximos um do outro e as velocidades do vento foram registradas ao mesmo tempo, devemos observar as velocidades como pareadas. Aqui estão os resumos das velocidades (em milhas por hora):

Variável	Contagem	Média	Desvio padrão
Local 2	1114	7,452	3,586
Local 4	1114	7,248	3,421
Local 2 – Local 4	1114	0,204	2,551

Existe um erro nessa saída? Por que o Teorema Pitagórico da Estatística não funciona aqui? Em outras palavras, não deveria DP(*local2 – local4*) = $\sqrt{DP^2(local2) + DP^2(local4)}$? Mas $\sqrt{(3,586)^2 + (3,421)^2} = 4,956$, não 2,551, como foi dado pelo *software*. Explique por que isso aconteceu.

T 11. **Seguros on-line, parte 2.** No Exercício 9, vimos o resumo estatístico para o prêmio de 10 seguros de carro cotados por um agente local e uma empresa *on-line*. Aqui estão os diagramas para a cotação de cada empresa e para a diferença entre elas (*Local – On-line*):

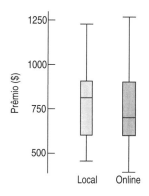

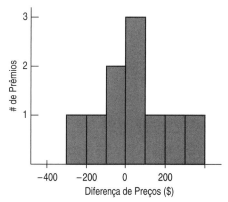

a) Qual dos resumos ajudaria a decidir se a empresa *on-line* oferece seguros mais baratos? Por quê?
b) O desvio padrão de *DifPreço* é muito menor que o desvio padrão dos preços cotados, tanto pela empresa local quanto a empresa *on-line*. Explique.
c) Usando as informações que você tem, discuta as suposições e condições para a inferência com esses dados.

12. Ventoso, parte 2. No Exercício 10, vimos o resumo estatístico para as velocidades do vento em dois lugares próximos um do outro, ambos sendo estudados para uma possível construção de uma turbina de eletricidade eólica. Os dados, registrados a cada 6 horas durante um ano, mostram que cada um dos locais tem uma média de velocidade do vento alta o suficiente para se qualificar, mas como podemos saber qual é o melhor local? Aqui estão alguns diagramas:

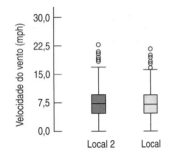

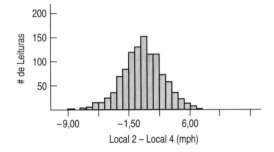

a) Os diagramas de caixa e bigodes mostram cada local, mas o histograma não mostra nenhum. Discuta por quê.
b) Qual dos resumos você usaria para optar entre estes locais? Por quê?
c) Usando as informações que você tem, discuta as suposições e condições para a inferência do teste t pareado para esses dados. (*Dica:* reflita sobre a suposição de independência.)

13. Seguros *on-line*, parte 3. Os Exercícios 9 e 11 fornecem resumos e diagramas prêmios de seguros de carros cotados por um agente local e uma empresa *on-line*. Teste uma hipótese apropriada para ver se existe evidência de que os motoristas podem economizar dinheiro trocando para a empresa *on-line*.

14. Ventoso, parte 3. Os Exercícios 10 e 12 fornecem e gráficos para os dois locais em potencial para a instalação de uma turbina eólica. Teste uma hipótese apropriada e veja se existe evidência de que um dos dois locais tem uma média mais alta da velocidade do vento.

15. Maratona de cadeira de rodas. A Maratona de Boston tem uma divisão de cadeiras de rodas desde 1977. Quem você acha que é normalmente mais rápido, o vencedor masculino da maratona a pé ou a vencedora feminina da maratona de cadeira de rodas? Como as condições diferem ano a ano e a velocidade aumentou ao longo dos anos, mensurações pareadas parecem adequadas. Aqui estão os resumos estatísticos para as diferenças dos pares dos tempos finais (em minutos).

Resumo dos tempos da cadeira de rodasF – corridaM
N = 31
Média = –2,12097
DP = 33,4434

a) Comente sobre as suposições e condições.
b) Assumindo que esses tempos são representativos de tais corridas e as diferenças parecem ser aceitáveis para inferência, construa e interprete um intervalo de confiança de 95% para a diferença média entre os tempos finais.
c) Um teste de hipótese com $\alpha = 0{,}05$ rejeitaria a hipótese nula de que não existe diferença? A que conclusão você chegaria?

16. Os anos iniciais da maratona de Boston. Quando consideramos a maratona de Boston no Exercício 15, não conseguimos verificar a condição de Normalidade. Aqui está um histograma das diferenças.

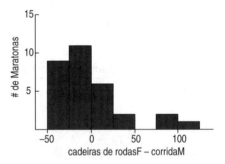

Essas três grandes diferenças são os três primeiros anos da competição de cadeiras de rodas, 1977, 1978 e 1979. Geralmente, os anos iniciais de novos eventos são diferentes; mais tarde, mais atletas treinam e competem. Se omitirmos esses três anos, o resumo estatístico muda como segue:

Resumo das cadeiras de rodasF – corridaM
N = 28
Média = 12,1780
DP = 19,5116

a) Comente sobre as suposições e condições.
b) Assumindo que esses tempos são representativos de tais corridas, construa e interprete um intervalo de confiança de 95% para a diferença média entre os tempos finais.
c) Um teste de hipótese com $\alpha = 0{,}05$ rejeitaria a hipótese nula de que não existe diferença? A que conclusão você chegaria?

17. Funcionário atleta. Um consultor de ergonomia foi contratado por uma grande empresa de produtos de consumo para analisar o que poderia ser feito para aumentar a produtividade. O consultor recomenda um programa de "funcionário atleta", incentivando cada funcionário a dedicar 5 minutos de cada hora para atividade física. A empresa teme que os ganhos em produtividade possam ser compensados por perda de tempo de trabalho. Ela quer saber se o programa aumenta ou diminui a produtividade. Para mensurar o problema, uma amostra aleatória de 145 funcionários que processam texto foi monitorada, mensurando a quantidade de teclas que eles apertam por hora antes e depois do programa ter sido instituído. Aqui estão os dados:

	Teclas por hora		
	Antes	Depois	Diferença (Antes – Depois)
Média	1543,2	1556,9	22,7
DP	168,5	149,5	113,6
N	145	145	145

a) Qual é a hipótese nula e qual é a alternativa?
b) O que você pode concluir? Explique.
c) Dê um intervalo de confiança de 95% para a mudança média da produtividade (conforme medido pelas teclas pressionadas por hora).

18. Funcionário atleta. Uma pequena empresa, sabendo do programa do funcionário atleta (veja Exercício 17) da grande empresa situada na mesma rua, decidiu tentar o programa também. Para medir a diferença em produtividade, eles mensuraram a média de teclas pressionadas por hora de 23 funcionários antes e depois do programa de 5 minutos por hora ter sido instituído. Os dados estão na tabela a seguir:

	Teclas por hora		
	Antes	Depois	Diferença (Antes – Depois)
Média	1497,3	1544,8	47,5
DP	155,4	136,7	122,8
N	23	23	23

a) Existe evidência para sugerir que o programa aumenta a produtividade?
b) Dê um intervalo de confiança de 95% para a mudança média de produtividade (conforme foi medido por teclas pressionadas por hora).
c) Dado essa informação e os resultados do Exercício 17, que recomendação você daria à empresa sobre a eficácia do programa?

19. Produtividade. Uma academia de ginástica nacional afirma que uma empresa pode aumentar a produtividade dos funcionários implementando um dos seus programas de condicionamento físico no local de trabalho. Como evidência, a academia relata que uma empresa foi capaz de aumentar a produtividade no trabalho de uma amostra aleatória de 30 funcionários de 57 a 70 (numa escala de 100). O desvio padrão dos aumentos foi de 7,9. A academia de ginástica quer estimar o aumento médio que uma empresa pode esperar após a implementação do programa de condicionamento físico.
a) Verifique as suposições e condições para inferência.
b) Encontre um intervalo de confiança de 95%.
c) Explique o que o seu intervalo significa nesse contexto.

20. Produtividade, parte 2. Após a implementação do programa de condicionamento físico descrito no Exercício 19, outra empresa descobriu que uma amostra aleatória de 48 funcionários aumentou o seu escore de produtividade de 49 para 56, com um desvio padrão de 6,2. Essa empresa acredita que a academia de ginástica havia exagerado o potencial dos resultados do seu programa. Existe evidência de que a média da melhoria vista por essa empresa é menor do que a reivindicada pela academia de ginástica do Exercício 19? Verifique as suposições e condições para a inferência.

21. BST. Muitas vacas leiteiras recebem injeções de BST, um hormônio para aumentar a produção de leite. Após a primeira injeção, um rebanho testado de 60 vacas Ayrshire aumentou sua produção média diária de 47 onças para 61 onças de leite. O desvio padrão do aumento foi de 5,2 onças. Queremos estimar o aumento médio que um fazendeiro poderia esperar do seu rebanho.
a) Verifique as suposições e condições para inferência.
b) Escreva um intervalo de confiança de 95%.
c) Explique o que o seu intervalo significa nesse contexto.
d) Dado o custo do BST, um fazendeiro quer usá-lo somente se tiver certeza de que irá alcançar um aumento de 25% na produção de leite. Com base no seu intervalo de confiança, que conselho você daria a ele?

22. BST, parte 2. Num experimento sobre injeções de hormônio em vacas descrito no Exercício 21, um grupo de 52 vacas Jersey aumentou a produção média de leite de 43 onças para 52 onças por dia, com um desvio padrão de 4,8 onças. Isso é evidência de que o hormônio pode ser mais eficaz em uma raça do que em outra? Teste a hipótese apropriada e formule sua conclusão. Certifique-se de discutir todas as suposições que você fizer.

23. Temperaturas europeias. A tabela a seguir fornece a média das temperaturas máximas (em graus Fahrenheit) de janeiro e julho para várias cidades europeias. Encontre um intervalo de confiança de 90% para a diferença das temperaturas médias entre o verão e inverno na Europa. Verifique as condições para inferência e explique claramente o que o seu intervalo significa dentro do contexto da situação.

Média das temperaturas máximas (°F)		
Cidade	Janeiro	Julho
Viena	34	75
Copenhagen	36	72
Paris	42	76
Berlim	35	74
Atenas	54	90
Roma	54	88
Amsterdã	40	69
Madri	47	87
Londres	44	73
Edimburgo	43	65
Moscou	21	76
Belgrado	37	84

434 Parte II – Entendendo Dados e Distribuições

T 24. Maratona de 2007. Apresentamos aqui os tempos vencedores (em minutos) de homens e mulheres da Maratona de Nova York entre 1978 e 2007. Assumindo que os desempenhos na Big Apple assemelham-se aos desempenhos em outros lugares, podemos pensar nesses dados como uma amostra do desempenho em competições de maratona. Crie um intervalo de confiança de 90% para a diferença média dos tempos dos competidores vencedores homens e mulheres de maratonas (www.nycmarathon.org).

Ano	Hom.	Mul.	Ano	Hom.	Mul.
1978	132,2	152,5	1993	130,1	146,4
1979	131,7	147,6	1994	131,4	147,6
1980	129,7	145,7	1995	131,0	148,1
1981	128,2	145,5	1996	129,9	148,3
1982	129,5	147,2	1997	128,2	148,7
1983	129,0	147,0	1998	128,8	145,3
1984	134,9	149,5	1999	129,2	145,1
1085	131,6	148,6	2000	130,2	145,8
1986	131,1	148,1	2001	127,7	144,4
1987	131,0	150,3	2002	128,1	145,9
1988	128,3	148,1	2003	130,5	142,5
1989	128,0	145,5	2004	129,5	143,2
1990	132,7	150,8	2005	129,5	144,7
1991	129,5	147,5	2006	130,0	145,1
1992	129,5	144,7	2007	129,1	143,2

T 25. Equipamento para exercício. Um fabricante líder em equipamentos para exercícios queria coletar dados sobre a eficácia dos seus equipamentos. Em agosto de 2001, um artigo na revista *Medicine and Science in Sports and Exercise* comparou quanto tempo levaria para homens e mulheres queimarem 200 calorias durante um treino leve ou pesado em vários tipos de equipamentos de exercícios. Os resultados resumidos na tabela a seguir são os tempos médios para um grupo de homens e mulheres jovens, fisicamente ativos, cujos desempenhos foram mensurados numa amostra representativa de equipamentos para exercícios.

Média de minutos para queimar 200 calorias				
	Esforço pesado		Esforço leve	
	Hom.	Mul.	Hom.	Mul.
Esteira	12	17	14	22
X-C skier	12	16	16	23
Stair climber	13	18	20	37
Remador	14	16	21	25
Exercise rider	22	24	27	36
Bicicleta	16	28	29	44

a) Em média, quantos minutos a mais do que um homem uma mulher deve se exercitar, com um esforço leve, para queimar 200 calorias? Encontre um intervalo de confiança de 95%.

b) Estime o número médio de minutos a mais que uma mulher deve se exercitar com um esforço leve em comparação a um esforço pesado para conseguir o mesmo benefício. Encontre um intervalo de confiança de 95%.

c) Esses dados são, na verdade, médias, em vez de tempos individuais. Como isso pode afetar a margem de erro desses intervalos de confiança?

T 26. Valor de mercado. Os agentes imobiliários querem estipular corretamente o preço de uma casa que será colocada no mercado. Eles querem um equilíbrio entre um preço muito alto, que dificulta a venda da casa, e um muito baixo, que diminui o valor destinado ao proprietário. Um método de avaliação é a "Análise Comparativa de Mercado", uma abordagem em que o valor de mercado de uma casa é baseado em vendas recentes de casas similares da vizinhança. Como não existem duas casas iguais, os avaliadores devem equiparar as casas semelhantes com características extras, como pés quadrados, quartos, lareiras, aprimoramentos, facilidades de estacionamento, piscina, tamanho do terreno, localização e assim por diante. Aqui estão os valores de mercado de avaliação e os preços de venda de 45 casas da mesma região.

Valor de mercado	Preço de venda	Preço de venda – valor de mercado
296700	420000	123300
273333	285500	12167
124778	165000	40222
170000	190400	20400
181793	276000	94207
154400	200000	45600
261300	292000	30700
153625	159695	6070
140000	137000	–3000
157000	158000	1000
497460	502420	4960
161900	165000	3100
195500	195500	0
119800	183900	64100
191489	170000	–21489
206900	226500	19600
193000	215000	22000
118000	116000	–2000
105000	168000	63000
342400	341500	–900
106300	151000	44700
96250	110000	13750
52000	90000	38000
262500	332750	70250
270100	379900	109800
104900	109900	5000
283200	335000	51800
251250	305000	53750
145600	123000	-22600
558100	625000	66900
176900	245000	68100
355400	330500	–24900
262500	240000	–22500
100375	118000	17625
111600	196100	84500

184600	195000	10400
184600	195000	10400
206300	230000	23700
488700	605000	116300
99800	132000	32200
150500	185000	34500
167875	152000	-15875
298500	420000	121500
155000	195000	40000
220800	231000	10200
194247	260000	65753

a) Teste a hipótese de que, em média, o valor de mercado e o preço de venda das casas dessa região são os mesmos.
b) Encontre um intervalo de confiança de 95% para a diferença média.
c) Explique as suas descobertas em uma ou duas frases no contexto.

T 27. Satisfação no emprego. (Quando você leu sobre este plano pela primeira vez, no Capítulo 13, não conhecia um método de inferência que funcionaria. Tente novamente agora.) Uma empresa institui um intervalo para exercícios para os seus trabalhadores a fim de verificar se essa medida irá melhorar a satisfação no emprego, conforme por um questionário de satisfação. Os escores para 10 trabalhadores selecionados aleatoriamente antes e depois do programa de exercício são exibidos na tabela.

Número do trabalhador	Índice da satisfação no emprego	
	Antes	Depois
1	34	33
2	28	36
3	29	50
4	45	41
5	26	37
6	27	41
7	24	39
8	15	21
9	15	20
10	27	37

a) Identifique o procedimento que você usaria para avaliar a eficácia do programa de exercícios e verifique se as condições permitem o uso desse procedimento.
b) Teste uma hipótese apropriada e formule a sua conclusão.

T 28. Curso de férias. Depois de irem mal nos exames finais de matemática, em junho, seis estudantes repetiram o curso nas férias e fizeram outro exame em agosto.

Se considerarmos que esses estudantes são representativos de todos os estudantes que possam vir a frequentar o curso de verão nos próximos anos, estes resultados fornecem evidências de que o programa vale a pena?

Junho	54	49	68	66	62	62
Agosto	50	65	74	64	68	72

a) Identifique o procedimento que você usaria para avaliar se o programa vale a pena e verifique se as condições permitem o uso desse procedimento.
b) Teste a hipótese apropriada e formule a sua conclusão.

T 29. Eficiência. Muitos motoristas de carros que utilizam gasolina comum compram gasolina aditivada acreditando que o automóvel terá um melhor desempenho. Para testar essa crença, um grupo de pesquisa de consumidores avaliou o uso de 10 carros de uma frota de uma empresa na qual todos os automóveis usavam a gasolina comum. Cada carro foi abastecido com gasolina comum ou aditivada, de acordo com o lançamento de uma moeda, e a milhagem para o tanque cheio foi registrada. Depois, a milhagem foi registrada novamente para os mesmos carros com o tanque abastecido pelo outro tipo de gasolina. O grupo de pesquisa não informou os motoristas sobre o experimento. Aqui estão os resultados (em milhas por galão):

# Carro	1	2	3	4	5	6	7	8	9	10
Comum	16	20	21	22	23	22	27	25	27	28
Aditivada	19	22	24	24	25	25	26	26	28	32

a) Existem evidências de que esses carros conseguem mais milhagem, em média, com gasolina aditivada?
b) Quão grande pode ser essa diferença? Determine um intervalo de confiança de 90%.
c) Mesmo se a diferença for significativa, por que a frota de carros da empresa deve permanecer com a gasolina comum?
d) Suponha que você erroneamente tratou esses dados como duas amostras independentes, em vez de dados pareados. O que o teste de significância teria encontrado? Explique detalhadamente por que os resultados são tão diferentes.

30. Propaganda. Uma empresa que está desenvolvendo uma campanha publicitária para seu refrigerante investiga o impacto da cafeína no estudo, na esperança de encontrar evidências de que a cafeína ajuda a memória. A empresa solicitou a 30 sujeitos, aleatoriamente divididos em dois grupos, para fazer um teste de memória. Os sujeitos beberam dois copos de refrigerante comum (com cafeína) ou sem cafeína. Trinta minutos depois, cada um deles fez a outra versão do teste de memória e as mudanças nos seus escores foram registradas. Entre os 15 sujeitos que tomaram cafeína, os escores caíram em média –0,933 pontos, com um desvio padrão de 2,988 pontos. Entre o grupo sem cafeína, os escores subiram em média 1,429 pontos, com um desvio padrão de 2,441 pontos. As suposições de Normalidade foram consideradas razoáveis com base em histogramas das diferenças nos escores.
a) Os escores mudaram significativamente para o grupo que bebeu cafeína? Teste a hipótese adequada e formule a sua conclusão.
b) Os escores mudaram significativamente para o grupo sem cafeína? Teste uma hipótese apropriada e formule a sua conclusão.
c) Isso indica que alguma substância misteriosa no refrigerante descafeinado pode ajudar na memória? Que outra explicação é plausível?

T 31. Controle de qualidade. Num experimento sobre o desempenho dos freios, um fabricante de pneus mensurou a distância da freada para um dos seus modelos de pneus. Numa pista de teste, um carro fez repetidas paradas de 60 milhas por hora. Vinte testes

436 Parte II – Entendendo Dados e Distribuições

foram executados, cada 10 em pavimentos molhados e secos, com os resultados exibidos na tabela a seguir (observe que *a distância de freada* real, que leva em consideração o tempo de reação do motorista, é muito maior, aproximadamente 300 pés a 60 mph!).

a) Encontre um intervalo de confiança de 95% para a distância média da freada num pavimento seco. Verifique as suposições e condições apropriadas e explique o que o seu intervalo significa.

b) Encontre um intervalo de confiança de 95% para a distância média da freada num pavimento molhado. Verifique as suposições e as condições apropriadas e explique o que o seu intervalo significa.

Distância da freada (pés)	
Pavimento seco	Pavimento molhado
145	211
152	191
141	220
143	207
131	198
148	208
126	206
140	177
135	183
133	223

T **32. Controle de qualidade, parte 2.** Para outro teste de pneus do Exercício 31, a empresa experimentou os pneus em 10 carros diferentes, registrando as distâncias das paradas para cada carro em pavimentos secos e molhados. Os resultados estão exibidos na tabela a seguir.

Distância da freada (pés)		
# carro	Pavimento seco	Pavimento molhado
1	150	201
2	17	220
3	136	192
4	134	146
5	130	182
6	134	173
7	134	202
8	128	180
9	136	192
10	158	206

a) Encontre um intervalo de confiança de 95% para a distância média da freada num pavimento seco. Verifique as suposições e condições apropriadas e explique o que o seu intervalo significa.

b) Encontre um intervalo de confiança de 95% para a distância média da freada num pavimento molhado. Verifique as suposições e condições apropriadas e explique o que o seu intervalo significa.

T **33. Meio ambiente.** A emissão de CO_2 por usinas nucleares representa um grande impacto no meio ambiente. O Texas e a Califórnia são os dois estados que mais produzem gás carbônico. Ambos afirmam que suas usinas nucleares estão melhorando. Uma amostra aleatória das usinas nucleares no estado do Texas permite comparar as emissões de CO_2 (em toneladas) entre os anos de 2000 e 2007. Usando os dados fornecidos no arquivo do computador, teste se houve uma mudança significativa nas emissões de CO_2 dessas usinas nucleares.

T **34. Satisfação do aluno.** Os levantamentos de dados sobre alunos geralmente são usados para avaliar a satisfação do estudante no *final* do curso. Num artigo recente no *Journal of the Academy of Business Education*, de C. Comm and D. Mathaisel, os autores sugerem usar a "Análise de Hiato", como é aplicada na metodologia de *marketing,* para mensurar a expectativa (ou importância) e subsequente percepção de um cliente em relação a um produto específico. Se considerarmos um curso universitário como um "produto", podemos mensurar a expectativa de um estudante antes do curso começar e compará-la à percepção dos estudantes após o término do curso. O levantamento de dados dos estudantes compreendia 26 afirmações. Uma escala Likert de 5 pontos foi usada para cada afirmação, em que 1 = concordo plenamente, 2 = concordo, 3 = neutro, 4 = discordo e 5 = discordo plenamente. Os dados no arquivo do computador incluem uma subamostra de um conjunto de dados maior e representam as respostas de 30 estudantes num curso quantitativo de uma instituição privada a uma pergunta avaliando o "interesse no assunto". Com base nesses dados, avalie o hiato do interesse médio do estudante antes e depois do curso. Assumindo que o hiato é calculado como um pré-escore menos um pós-escore, o que um hiato ou diferença positiva sugere sobre o curso?

T **35. Afirmações publicitárias.** As propagandas de um vídeo institucional afirmam que as técnicas irão aprimorar a habilidade dos jogadores da Liga Mirim de obter *strikes* e que, após submeterem-se ao treino, os jogadores serão capazes de obter *strikes* em pelo menos 60% dos seus arremessos. Para testar essa afirmação, registramos o número de *strikes* em 50 arremessos de cada um de 20 jogadores da Liga Mirim. Após a participação dos jogadores no programa de treinamento, repetimos o teste. A tabela a seguir mostra o número de *strikes* que cada jogador conseguiu antes e depois do treinamento.

a) Existe evidência de que, após o treinamento, os jogadores podem obter *strikes* mais de 60% das vezes?

b) Existem evidências de que o treino melhora a habilidade de o jogador obter *strikes*?

Capítulo 14 – Amostras Pareadas e Blocos **437**

Número de *Strikes* (em 50 arremessos)			
Antes	Depois	Antes	Depois
28	35	33	33
29	36	33	35
30	32	34	32
32	28	34	30
32	30	34	33
32	31	35	34
32	32	36	37
32	34	36	33
32	35	37	35
33	36	37	32

T **36. Custo dos medicamentos.** Num anúncio de página inteira veiculado em muitos jornais dos Estados Unidos, em agosto de 2002, uma farmácia canadense de descontos listou os preços dos medicamentos que poderiam ser encomendados de um *site* no Canadá. A tabela a seguir compara os preços (em dólares americanos) para medicamentos comumente prescritos.

Nome do medicamento	Custo por 100 Comprimidos		
	Estados Unidos	Canadá	Percentual economizado
Cardizem	131	83	37
Celebrex	136	72	47
Cipro	374	219	41
Pravachol	370	166	55
Premarin	61	17	72
Prevacid	252	214	15
Prozac	263	112	57
Tamoxifen	349	50	86
Voixx	243	134	45
Zantac	166	42	75
Zocor	365	200	45
Zoloft	216	105	51

a) Encontre um intervalo de confiança de 95% para a economia média em dólares.
b) Encontre um intervalo de confiança de 95% para a economia média em percentual.
c) Qual análise é mais apropriada? Por quê?
d) Em letras pequenas, o anúncio do jornal informa: "A lista completa dos 1500 medicamentos está disponível mediante solicitação". Como esse comentário afeta a sua conclusão anterior?

T **37. Propaganda, parte 2.** No Exercício 3, você examinou se as imagens eróticas em propagandas afetam a capacidade de lembrar o produto anunciado. Para investigar, um grupo de estudantes de estatística recortou os anúncios das revistas. Eles tiveram o cuidado de encontrar dois anúncios para cada 10 itens similares, um com uma imagem erótica e outro sem. Eles organizaram os anúncios numa ordem aleatória e solicitaram a 39 sujeitos que olhassem para eles por um minuto. Depois, eles pediram aos sujeitos que listassem o máximo de produtos que conseguiam lembrar. Os dados estão exibidos na tabela. Existe evidência de que as imagens eróticas foram significativas?

Número do sujeito	Anúncios lembrados		Número do sujeito	Anúncios lembrados	
	Imagem erótica	Sem sexo		Imagem erótica	Sem sexo
1	2	2	21	2	3
2	6	7	22	4	2
3	3	1	23	3	3
4	6	5	24	5	3
5	1	0	25	4	5
6	3	3	26	2	4
7	3	5	27	2	2
8	7	4	28	2	4
9	3	7	29	7	6
10	5	4	30	6	7
11	1	3	31	4	3
12	3	2	32	4	5
13	6	3	33	3	0
14	7	4	34	4	3
15	3	2	35	2	3
16	7	4	36	3	3
17	4	4	37	5	5
18	1	3	38	3	4
19	5	5	39	4	3
20	2	2			

T **38. Calouro 15.** O professor de nutrição da Universidade de Cornell, David Levitsky, recrutou estudantes de duas grandes seções de um curso introdutório de saúde para testar a validade da teoria "Calouro 15", de que os alunos ganham 15 onças de peso durante seu primeiro ano. Embora fossem voluntários, eles pareciam se igualar ao restante da turma dos calouros em termos de variáveis demográficas como sexo e etnia. Os alunos foram pesados na primeira semana do semestre e novamente 12 semanas mais tarde. Com base nos dados do professor Levitsky, estime o ganho médio de peso dos calouros do primeiro semestre e comente sobre a teoria "Calouro 15" (os pesos estão em onças).

Número do sujeito	Peso Inicial	Peso Final	Número do sujeito	Peso Inicial	Peso Final
1	171	168	35	148	150
2	110	111	36	164	165
3	134	136	37	137	138
4	115	119	38	198	201
5	150	155	39	122	124
6	104	106	40	146	146
7	142	148	41	150	151
8	120	124	42	187	192
9	144	148	43	94	96
10	156	154	44	105	105
11	114	114	45	127	130
12	121	123	46	142	144
13	122	126	47	140	143
14	120	115	48	107	107
15	115	118	48	104	105
16	110	113	50	111	112
17	142	146	51	160	162
18	127	127	52	134	134
19	102	105	53	151	151
20	125	125	54	127	130
21	157	158	55	106	108
22	119	126	56	185	188
23	113	114	57	125	128
24	120	128	58	125	126
25	135	139	59	155	158
26	148	150	60	118	120
27	110	112	61	149	150
28	160	163	62	149	149
29	220	224	63	122	121
30	132	133	64	155	158
31	145	147	65	160	161
32	141	141	66	115	119
33	158	160	67	167	170
34	135	134	68	131	131

T 39. Vendas das lojas. Uma empresa proprietária de uma rede de lojas de alimentos especiais quer ver se as suas vendas aumentaram durante o mesmo período de tempo do ano anterior. Uma amostra aleatória de lojas produziu a média semanal das vendas para o semestre atual em comparação à média semanal das vendas do mesmo semestre do ano anterior para uma amostra de 15 lojas. Usando os dados fornecidos, determine se a média das vendas semanais aumentou no ano que passou para as lojas dessa rede.

T 40. Lucros da loja. Os gerentes das lojas da amostra do Exercício 39 acreditam que suas lojas estão indo melhor este ano, apesar das vendas relativamente fracas. O argumento é que eles conseguiram reduzir os custos por meio de uma equipe mais eficiente e pelo gerenciamento do estoque. Usando os dados fornecidos, determine se

a média dos lucros semanais para um trimestre aumentou para essas lojas ao longo do ano passado (do ano 1 para o ano 2). Os seus resultados apoiam a afirmação dos gerentes das lojas?

T 41. Iogurte. Estes dados sugerem que existe diferença das calorias de porções de iogurte de morango e baunilha? Teste a hipótese apropriada e formule sua conclusão, incluindo uma verificação das suposições e conclusões.

	Calorias por porção	
Marca	**Morango**	**Baunilha**
America's Choice	210	200
Breyer's Lowfat	220	220
Columbo	220	180
Dannon Light'n Fit	120	120
Dannon Lowfat	210	230
Dannon LaCrème	140	140
Great Value	180	80
La Yogurt	170	160
Montain High	200	170
Stonyfield Farm	100	120
Yoplait Custard	190	190
Yoplait Light	100	100

T 42. Casas novas. A população dos Estados Unidos vem se deslocando para as regiões oeste e sul. A maioria dos estados nessas regiões tem tido um crescimento populacional rápido. Uma medida do crescimento econômico compilado pelo governo federal é o número de novas unidades habitacionais particulares sendo construídas. Para determinar se o número de casas novas aumentou, em média, entre 2000 e 2004, o número de casas novas foi registrado para seis estados da região oeste.

Casas novas nos estados do oeste		
Estado	**2000**	**2004**
Arizona	59400	64400
Colorado	52500	35900
Idaho	11300	13500
Nevada	31100	37800
Oregon	18800	19200
Utah	18100	20200

a) Houve um aumento de novas habitações entre 2000 e 2004?
b) Você ficou surpreso com a descoberta? Para responder a pergunta, compare as diferenças para cada estado da amostra. Que diferença em particular pode afetar os resultados do teste? Você pode pensar em razões por que um estado teve um grande decréscimo de novas casas, enquanto muitos dos outros estados tiveram aumentos?

Entre 2004 e 2005, o crescimento de novas unidades de casas paralisou. O número de novas residências em 2005 foi de 600 a menos, em média, do que o número de novas casas em 2005. Para determinar se o declínio de construção de novas casas continuou em 2006, as seguintes comparações foram feitas:

Capítulo 14 – Amostras Pareadas e Blocos **439**

Casas novas nos estados do oeste

Estado	2005	2006
Arizona	61900	60100
Colorado	36800	37700
Idaho	13100	12800
Nevada	36100	35000
Oregon	19600	20000
Utah	19900	19800

c) Existe evidência de que o número de novas casas em 2006 diminuiu mais de 600 unidades, em média, desde 2005? (www. census.gov/pro/2007pubs/08abstract/construct.pdf)

T 43. Pequenos negócios. Muitos economistas consideram os pequenos negócios a espinha dorsal da economia norte-americana, mas a maioria deles fracassa nos primeiros cinco anos. Num relatório anual emitido para o presidente, as diferenças entre o desempenho dos pequenos negócios foram comparadas entre 2003 e 2004. Uma estatística investigada foi a mudança das falências em cada estado. A tabela a seguir mostra o número de falências nos estados da Nova Inglaterra em 2003 e 2004.

Falência de pequenos negócios

Estado	2003	2004
Connecticut	187	132
Maine	105	138
Massachusetts	396	315
New Hampshire	178	158
Rhode Island	48	74
Vermont	78	65

Fonte: The Small Business Economy, 2005 Report to the President, United States Government Printing Office, Washington D.C. www.sba. gov/idc/groups/public/documents/sba_homepageebeconomy2005.pdf

Houve alguma mudança nos valores das falências na Nova Inglaterra entre os anos 2003 e 2004? Execute o teste e discuta se a diferença média é estatisticamente significativa.

T 44. Automecânica. Certos negócios e profissões têm uma reputação desonesta no que diz respeito ao relacionamento com o cliente. Uma área preocupante é a honestidade das mecânicas de automóveis. Muitos estados exigem o teste de verificação de poluentes. Um veículo que não passa na verificação deve ser consertado. Em um estado, o departamento de trânsito tem recebido várias reclamações sobre uma determinada cadeia de mecânica automotiva. O estado decidiu verificar as lojas e ver se elas estavam emitindo ilegalmente relatórios de "sem licença" para cobrar dos clientes taxas de reparos desnecessários. O estado adquiriu oito veículos. Cada veículo foi inicialmente testado no equipamento que mede a poluição do departamento de trânsito. Os oito veículos foram, então, enviados aleatoriamente a mecânicas automotivas para a verificação da emissão de poluentes. Como parte da verificação da honestidade das me-

cânicas, a emissão de hidrocarbonetos (HC) em partes por milhão foi comparada.

Veículo	1	2	3	4	5	6	7	8
Nível de HC oficial	7	10	3	1	5	8	30	7
Nível de HC das mecânicas	20	11	5	10	5	7	42	15

a) Existe uma diferença entre os níveis mensurados na mecânica de automóveis e os mensurados no departamento de trânsito? Encontre um intervalo de confiança adequado.

b) Você acha que o departamento de trânsito tem evidências de que as leituras das mecânicas de automóveis diferem das leituras do departamento? Execute o teste apropriado.

c) Se você achou significativo o resultado do teste, o departamento de trânsito pode assumir automaticamente que as mecânicas de automóveis estão fraudando seus clientes? Que outra explicação possível poderia causar as diferenças na leitura?

T 45. Companhias aéreas. Nos últimos anos, a indústria aérea tem sido muito criticada por vários problemas relacionados aos serviços, incluindo falta de pontualidade, voos cancelados e perda de bagagens. Alguns acreditam que os serviços das companhias aéreas estão declinando enquanto os preços das tarifas aéreas estão aumentando. Uma amostra das mudanças das tarifas aéreas em 10 terceiros trimestres é apresentada a seguir.

	3° trimestre de 2006	3° trimestre de 2007	Percentual da mudança do 3° trimestre de 2007/2006
Cincinnati, OH	511,11	575,67	12,6
Salt Lake City, UT	319,29	344,48	7,9
Dallas Love, TX	185,12	198,74	7,4
Nova York, JFK, NY	324,75	345,97	6,5
Hartford, CT	341,05	363,17	6,5
Charleston, SC	475,10	367,08	–22,7
Columbus, OH	322,60	277,24	–14,1
Kona, HI	206,50	180,40	–12,6
Memphis, TN	418,70	382,29	–8,7
Greensboro/ High Point, NC	411,95	377,41	–8,4

(Origem)

Fonte: Agência da Estatística do Transporte. Top Five Third Quarter U.S. Domestic Average Itinerary Fare Increases and Decreases, 3rd Qtr 2007 – Top 100 Airports Based on 2006 U. S. Originating Domestic Passengers. Preços baseados nas tarifas norte-americanas de itinerários domésticos ou viagens de ida e volta e de ida para a qual nenhum retorno é comprado. As médias não incluem tarifas para viagens frequentes. www.bts.gov/press_releases/2008

a) O percentual da mudança nas tarifas aéreas, terceira coluna da tabela, representa dados pareados? Por quê?

b) Houve uma mudança real, em média, nas tarifas aéreas entre os dois trimestres? Execute o teste nas diferenças reais e percentuais. Discuta os resultados do teste e explique como você escolheu entre as tarifas e as diferenças do percentual como dados para o teste.

T 46. Preços do supermercado. A WinCo Foods, varejista de descontos por quantidade localizado no oeste dos Estados Unidos, declara em seus anúncios ser o varejista com os menores preços. Em anúncios de jornais impressos e distribuídos durante o mês de janeiro de 2008, a empresa publicou uma comparação de seus preços com vários outros varejistas concorrentes. Um dos varejistas comparados com a WinCo foi o Wal-Mart, também conhecido como um competidor de preços baixos. A WinCo selecionou uma variedade de produtos, listou o preço do produto cobrado em cada loja e mostrou o recibo das vendas para provar que seus preços eram os mais baixos da área. Uma amostra do produto e a comparação do seu preço na WinCo e no Wal-Mart estão apresentados na tabela a seguir:

Item	Preço da WinCo	Preço do Wal-Mart
Bananas (lb)	0,42	0,56
Cebolas vermelhas (lb)	0,58	0,98
Minicenouras descascadas (saco 1 lb)	0,98	1,48
Tomates roma (lb)	0,98	2,67
Batata fatiada gourmet (lb)	1,18	1,78
Carne de gado em cubos (lb)	3,83	4,18
Carne de gado para assar (lb)	3,48	4,12
Mistura para bolo Pillsbury (18,25 oz)	0,88	0,88
Arroz Lipton c/mistura de tempero (5,6 oz)	0,88	1,06
Cerveja Sierra Nevada (garrafas 12 –12 oz)	12,68	12,84
Cereais da GM (11,3 oz)	1,98	2,74
Papel higiênico Charmin (12 rolos)	5,98	7,48
Salmão Bumble Bee Pink (14,75 oz)	1,58	1,98
Molho suave Pace Thick & Chunky (24 oz)	2,28	2,78
Chili Nalley, normal c/ feijão (15 oz)	0,78	0,78
Manteiga Callenger (quarto de lb)	2,18	2,58
Kraft American Singles (12 oz)	2,27	2,27
Café Yuban FAC (36 oz)	5,98	7,56
Pãozinho de *pizza* Totino, linguiça (19,8 oz)	2,38	2,42
Feijão Rosarita, Original (16 oz)	0,68	0,73
Espaguete Barilla (16 oz)	0,78	1,23
Miniuva-passa Sun-Maid (14 – 0,5 oz)	1,18	1,36
Manteiga de amendoim Jif, Cremosa (28 oz)	2,54	2,72
Pote com mistura de frutas Dole (4 – 4 oz)	1,68	1,98
Sopa de galinha Progresso (19 oz)	1,28	1,38
Muzzarela Precious, diet (16 oz)	3,28	4,23
Croutons temperados Mrs. Cubbison (6 oz)	0,88	1,12
Uva-passa Kellog's (20 oz)	1,98	2,50
Creme de tomates Campbell's (10,75 oz)	1,18	1,26

a) Os preços listados indicam que, em média, os preços da WinCo são mais baixos que os do Wal-Mart?
b) No final da lista dos preços, a seguinte declaração aparece: "Embora esta lista não pretenda ser um pedido semanal típico ou uma lista aleatória de itens de supermercado, a WinCo continua sendo o líder de preços na área". Por que você acha que a WinCo acrescentou essa declaração?
c) Que outros comentários poderiam ser feitos sobre a validade estatística do teste da comparação dos preços dados nos anúncio?

RESPOSTAS DO TESTE RÁPIDO

1 Esses são grupos independentes amostrados aleatoriamente; portanto, use um intervalo de confiança *t* de duas amostras para estimar o tamanho da diferença.

2 Se a mesma amostra aleatória de estudantes foi amostrada no primeiro ano e novamente no quarto ano da sua experiência universitária, esse seria um teste *t* pareado.

3 Um homem e uma mulher são selecionados de cada grupo. A questão pede um teste *t* pareado.

4 Como a amostra das empresas é diferente em cada uma das indústrias, esse seria um teste de duas amostras.

5 Como é feito um levantamento de dados das mesmas 50 empresas duas vezes para examinar a mudança nas variáveis ao longo do tempo, esse seria um teste *t* pareado.

Inferência para Frequências: Testes Qui-Quadrado

SAC CAPITAL

Os fundos de *hedge*, assim como os fundos mútuos e os de pensão, reúnem o dinheiro dos investidores numa tentativa de ter lucro. Ao contrário destes dois últimos fundos, entretanto, os fundos de *hedge* não precisam ser registrados na U.S. Securities and Exchange Comission (SEC – Comissão de Valores e Títulos dos EUA), porque eles emitem ações em "ofertas particulares" e somente para "investidores qualificados" (investidores com $1 milhão em ativos ou uma renda anual de pelo menos $200000). Os fundos de *hedge* não necessariamente "limitam" seus investimentos contra os movimentos do mercado. Porém, normalmente, estes fundos usam estratégias múltiplas e geralmente complexas para explorar ineficiências no mercado. Por estas razões, os gerentes dos fundos de *hedge* têm uma reputação de serem negociantes obsessivos.

Um dos fundos de *hedge* de maior sucesso é o SAC Capital, que foi fundado por Steve (Stevie) A. Cohen em 1992, com nove funcionários e $25 milhões de ativos sob gerenciamento (ASG). A SAC Captial retornou ganhos anuais de 40% ou mais durante os anos 1990 e, em 2007, ela tinha mais de 800 funcionários e acima de $14 bilhões em ativos sob gerenciamento.

Cohen, uma figura lendária em Wall Street, é conhecido por tirar vantagem de qualquer informação que possa descobrir e por transformar esta informação em lucro. A SAC Capital é uma das organizações de comércio mais ativas no mundo. De acordo com a *Business Week* (21/7/2003), a empresa de Cohen "rotineiramente é responsável por até 3% das transações médias diárias da bolsa de Nova York e mais de 1% das da NASDAQ – um total de pelo menos 20 milhões de cotas diárias".

Num negócio tão competitivo como o gerenciamento dos fundos de *hedge*, a informação vale ouro. Ser o primeiro a ter a informação e saber como agir com ela pode significar a diferença entre sucesso e fracasso. Os gerentes dos fundos de *hedge* procuram por pequenas vantagens em todos os lugares, esperando explorar ineficiências do mercado e transformar estas ineficiências em lucro.

Wall Street tem muita "sabedoria" sobre os padrões do mercado. Por exemplo, os investidores são aconselhados a ter cuidado com os "efeitos de calendário", certos períodos do ano ou dias da semana que são particularmente bons ou ruins: "Conforme o movimento de janeiro, podemos prever o ano inteiro" e "Venda em maio e vá embora". Alguns analistas afirmam que o "período ruim" para reter ações é do sexto dia de negócios de junho até o quinto ao último dia de negociações de outubro. É claro, também tem o conselho de Mark Twain.

> "Outubro. Este é um dos meses particularmente perigosos para especular com ações. Os outros são julho, janeiro e setembro, abril, novembro, maio, março, junho, dezembro, agosto e fevereiro."
>
> —Pudd'nhead Wilson's Calendar

Uma reclamação comum é que as ações exibem um padrão semanal. Por exemplo, alguns argumentam que existe um *efeito do fim de semana* no qual as ações que retornam na segunda-feira são geralmente mais baixas do que aquelas da sexta-feira imediatamente anterior. Padrões como esse são verdadeiros? Temos os dados, portanto podemos verificar. Entre 1º de outubro de 1928 e 6 de junho de 2007, houve 19755 seções de compra e venda de ações. Vamos ver primeiro quantos dias de negócios na bolsa caiu em cada dia da semana. Não são exatamente 20% para cada dia por causa dos feriados. A distribuição dos dias está exibida na Tabela 15.1

Tabela 15.1 A distribuição dos dias da semana entre 19775 dias de negócios na bolsa de 1º de outubro de 1928 a 6 de junho de 2007. Esperamos que 20% tenham ocorrido em cada um dos dias da semana, com pequenas flutuações devido a feriados e outros eventos

Dia da semana	Contagem	% dos dias
Segunda-feira	3820	19,34
Terça-feira	4002	20,26
Quarta-feira	4024	20,37
Quinta-feira	3063	20,06
Sexta-feira	3946	19,97

Destas 19775 sessões de negócios da bolsa, 10272, ou aproximadamente 52%, dos dias tiveram ganhos no Dow Jones Industrial Average (DJIA) (Índice Dow Jones). Para testar um padrão, precisamos de um modelo. O modelo vem da suposição de que é provável que um dia qualquer possa mostrar um ganho como qualquer outro. Em qualquer amostra de dias positivos ou "de subida", devemos esperar ver a mesma distribuição de dias como na Tabela 15.1 – em outras palavras, aproximadamente 19,34% de dias de alta seriam nas segundas-feiras, 20,26% seriam nas terças-feiras e assim por diante. Aqui está a distribuição de dias de uma amostra aleatória de 1000 dias de alta.

Tabela 15.2 A distribuição dos dias da semana para uma amostra de 1000 dias de negócios da bolsa em alta, selecionados aleatoriamente entre 1° de outubro de 1928 a 6 de junho de 2007. Se não existir um padrão, esperamos que as proporções aqui se equiparem estreitamente às proporções observadas entre todos os dias de negócios da bolsa da Tabela 15.1

Dia da semana	Contagem	% de dias na amostra de dias de alta
Segunda-feira	192	19,2
Terça-feira	189	18,9
Quarta-feira	202	20,2
Quinta-feira	199	19,9
Sexta-feira	218	21,8

É claro que esperamos alguma variação. Nós não esperaríamos que as proporções dos dias nas duas tabelas fossem exatamente as mesmas. No nosso exemplo, a percentagem de segundas-feiras da Tabela 15.2 é levemente mais baixa que na Tabela 15.1 e as proporções das sextas-feiras é um pouco mais alta. Estes desvios são o suficiente para que declaremos que existe um padrão reconhecível?

15.1 Testes de aderência

Para tratar desta questão, testamos a **aderência da tabela**, em que *aderir* se refere ao modelo nulo proposto. Aqui, o modelo nulo é que não existe padrão, que a distribuição de dias de *alta* deveria ser a mesma da distribuição geral dos dias de negócios. (Se não houvesse feriados ou outros eventos, isto seria simplesmente os 20% para cada dia da semana.)

Suposições e condições

Os dados para um teste de aderência são organizados em tabelas, e as suposições e condições refletem isto. Ao invés de ter uma organização para cada indivíduo, nós normalmente trabalhamos com o sumário das contagens em categorias. Aqui, os indivíduos são os dias de negócios da bolsa, mas, ao invés de listar todos os 1000 dias de negócios na amostra, temos totais para cada dia da semana.

Condição dos dados de contagem.   Os dados devem ser contagem (frequências) para as categorias de uma variável categórica. Isto pode ser uma condição tola para ser checada. Mas muitos tipos de valores podem ser atribuídos às categorias e infelizmente é comum encontrar os métodos deste capítulo aplicados incorretamente (até mesmo por profissionais de negócios) às proporções ou quantidades apenas porque elas estão organizadas numa tabela de duas entradas.

Suposição de independência

Suposição de independência. As frequências das células devem ser independentes umas das outras. Você deveria pensar se isto é razoável. Se os dados são de uma amostra aleatória, você pode simplesmente verificar a condição de aleatoriedade.

Frequências esperadas das células

As empresas muitas vezes querem avaliar o sucesso relativo dos seus produtos em diferentes regiões. Entretanto, uma empresa com 100, 200, 300 e 400 representantes em cada região de vendas não pode esperar vendas iguais em todas as regiões. Ela pode esperar que as vendas sejam proporcionais ao tamanho da força das vendas. A hipótese nula, neste caso, seria de que as vendas fossem proporcionais a 1/10, 2/10, 3/10 e 4/10, respectivamente. Com 500 unidades de vendas totais, suas frequências esperadas seriam de 50, 100, 150 e 200, respectivamente.

ALERTA DE NOTAÇÃO:

Comparamos as frequências *observadas* em cada célula com as frequências que *esperamos* encontrar. A notação usual é *Obs* e *Esp*, como utilizadas aqui. As frequências esperadas são encontradas a partir do modelo nulo.

ALERTA DE NOTAÇÃO:

O único uso da letra grega χ (qui) em estatística é para representar a estatística qui-quadrado e a distribuição amostral associada. Esta é outra violação da regra geral de que as letras gregas representam parâmetros de populações. Aqui, estamos usando uma letra grega simplesmente para denominar uma família de modelos de distribuição e uma estatística.

Condição de aleatoriedade. Os sujeitos contados na tabela devem ser de uma amostra aleatória extraída de alguma população. Precisamos desta condição se quisermos generalizar nossas conclusões para a população. Coletamos uma amostra aleatória de 1000 dias de negócios nos quais o DJIA subiu. Isto nos permite assumir que o desempenho do mercado em um dia qualquer independe do desempenho de outro. Se tivéssemos selecionado 1000 dias de negócios consecutivos, haveria um risco de que o desempenho do mercado em um dia poderia afetar o desempenho no próximo ou que um evento externo poderia afetar o desempenho de vários dias consecutivos.

Suposição do tamanho da amostra

Suposição do tamanho da amostra. Devemos ter dados suficientes para que os métodos funcionem. Geralmente verificamos apenas a seguinte condição:

Condição da frequência esperada da célula. Devemos esperar ter pelo menos 5 elementos em cada célula. A condição da frequência esperada da célula deve lembrá-lo – e é, de fato, bem similar – da condição de que np e nq sejam pelo menos 10 quando testamos proporções.

Modelo qui-quadrado

Observamos uma contagem em cada categoria (dia da semana). Podemos calcular o número de dias de alta que *esperamos* ver para cada dia da semana se o modelo nulo fosse verdadeiro. Para o exemplo dos dias de negócios na bolsa, as contagens esperadas vêm da hipótese nula de que os dias de alta estão distribuídos entre os dias da semana assim como os dias de negócios estão. É claro, poderíamos imaginar quase qualquer tipo de modelo e basear a hipótese nula nele.

Para decidir se o modelo nulo é plausível, olhamos as diferenças entre os valores esperados do modelo e das frequências que observamos. Queremos saber: estas diferenças são tão grandes que colocam em dúvida o modelo ou elas podem ter surgido da variabilidade amostral natural? Representamos as *diferenças* entre as frequências observadas e esperadas como ($Obs - Esp$). Como fizemos com a variância, nós elevamos a diferença ao quadrado. Isto nos dá valores positivos e destaca as células com grandes diferenças. Pelo fato de que as diferenças entre as frequências observadas e as esperadas geralmente ficam maiores quanto mais dados tivermos, também precisamos ter uma ideia dos tamanhos *relativos* das diferenças. Para fazer isto, dividimos cada diferença elevada ao quadrado pela contagem esperada de cada célula.

A estatística denominada de **qui-quadrado** é encontrada somando-se os quadrados dos desvios entre as frequências observadas e esperadas divididas pelas frequências esperadas:

$$\chi^2 = \sum_{todas\ células} \frac{(Obs - Esp)^2}{Esp}.$$

A estatística qui-quadrado é representada por χ^2, onde χ é a letra grega (qui) correspondente ao c latino. A família de modelos de distribuição amostral resultante é denominada de **modelos qui-quadrado.**

Os membros desta família de modelos diferem no número de graus de liberdade. O número de graus de liberdade para um teste de aderência é $k - 1$, onde k é o número de células – neste exemplo, os 5 dias da semana.

Iremos usar a estatística qui-quadrado somente para testar hipóteses, não para construir intervalos de confiança. Uma estatística qui-quadrado pequena significa que nosso modelo adere bem os dados, assim um valor pequeno não fornece razão para duvidarmos da hipótese nula. Se as frequências observadas não se assemelham em magnitude às frequências esperadas, a estatística será grande. Se a estatística calculada é grande o suficiente, rejeitaremos a hipótese nula. Portanto, o teste qui-quadrado é sempre unilateral. O que poderia ser mais simples? Vejamos como ele funciona.

O cálculo do qui-quadrado

Aqui estão os passos para calcular a estatística qui-quadrado:

1. **Encontre os valores esperados.** Eles vêm da hipótese nula do modelo. Cada modelo nulo fornece uma proporção hipotética para cada célula. O valor esperado é o produto do número total de observações vezes esta proporção. (O resultado não precisa ser um número inteiro.)
2. **Calcule os resíduos.** Uma vez que você tenha os valores esperados para cada célula, encontre os resíduos, $Obs - Esp$.
3. **Eleve os resíduos ao quadrado.** $(Obs - Esp)^2$
4. **Calcule os valores relativos.** Encontre $\dfrac{(Obs - Esp)^2}{Esp}$ para cada célula
5. **Encontre a soma dos valores relativos.** Isto é a estatística do qui-quadrado,
$$\chi^2 = \sum_{\text{todas células}} \frac{(Obs - Esp)^2}{Esp}.$$
6. **Encontre os graus de liberdade.** É igual ao número de célula menos um.
7. **Teste a hipótese.** Valores altos do qui-quadrado implicam um grande desvio do modelo suposto, assim, eles dão valores-P baixos. Procure pelo valor crítico em uma tabela de valores qui-quadrado como a tabela X no Apêndice C ou use a tecnologia para encontrar o valor-P diretamente.

Os passos dos cálculos do qui-quadrado são geralmente colocados fora da tabela. Use uma linha para cada categoria e as colunas para as contagens observadas, resíduos, resíduos ao quadrado e as contribuições para o total do qui-quadrado.

Tabela 15.3 Cálculos para a estatística qui-quadrado do exemplo dos dias de negócios da bolsa

	Observado	Esperado	Resíduo = $Obs - Esp$	$(Obs - Esp)^2$	$\dfrac{(Obs - Esp)^2}{Esp}$
Segunda-feira	192	193,369	-1,369	1,879	0,0097
Terça-feira	189	202,582	-13,582	184,461	0,9105
Quarta-feira	202	203,695	-1,695	2,874	0,0141
Quinta-feira	199	200,607	-1,607	2,584	0,0129
Sexta-feira	218	199,747	18,253	333,176	1,6680

EXEMPLO ORIENTADO — Padrões do mercado de ações

Temos as frequências dos dias de alta para cada dia da semana. A teoria econômica que queremos investigar é se existe um padrão dos dias de alta. Assim, nossa hipótese nula é que, ao longo dos dias nos quais o DJIA subiu, os dias da semana estão distribuídos da mesma forma que estão ao longo dos dias de negócios da bolsa. (Como vimos, os dias de negócios não são *uniformemente* distribuídos por causa dos feriados, assim, usamos os percentuais dos *dias de negócios* como o modelo nulo.) Referimo-nos a isto como *uniforme*, respondendo pelos feriados. A hipótese alternativa é que os percentuais observados *não* são uniformes. O teste estatístico verifica quão bem os dados observados se aproximam desta situação idealizada.

PLANEJAR

Especificação declare o que você querer saber.
Identifique as variáveis e o contexto.

Queremos saber se a distribuição dos dias de alta difere do modelo nulo (a distribuição dos dias de negócios na bolsa). Temos o número de vezes que cada dia da semana apareceu em uma amostra aleatória de 1000 dias de alta.

continua...

continuação

	Hipótese Declare a hipótese nula e a alternativa. Para testes χ^2, é geralmente mais fácil declarar a hipótese em palavras do que em símbolos.	H_O: Os dias da semana de trabalho estão distribuídos entre os dias de alta assim como estão todos os dias de negócios na bolsa. H_A: O modelo dos dias de negócios da bolsa não adere à distribuição dos dias de alta.
	Modelo Pense sobre as suposições e verifique as condições.	✓ **Condição de dados de contagem:** Temos as contagens dos dias da semana para todos os dias de negócios da bolsa e para os dias de alta. ✓ **Suposição de independência:** Não temos motivos para esperar que o desempenho de um dia irá afetar o dos outros, mas, para não corrermos riscos, coletamos uma amostra aleatória dos dias. A aleatoriedade deve colocá-los longe o suficiente para atenuar qualquer preocupação com a dependência. ✓ **Condição de aleatoriedade:** Temos uma amostra aleatória de 1000 dias do período de tempo. ✓ **Condição da frequência esperada da célula:** Todas as frequências esperadas das células são maiores do que cinco.
	Especifique o modelo de distribuição amostral. Nomeie o teste que você irá usar.	As condições estão satisfeitas, assim iremos utilizar o modelo χ^2 com $5 - 1 = 4$ graus de liberdade e fazer um **teste qui-quadrado de aderência**.

	Mecânica Cada célula contribui com um valor igual a $\dfrac{(Obs - Esp)^2}{Esp}$ para a soma do qui-quadrado.	Para encontrar o número esperado de dias, tomamos uma fração de cada dia da semana de todos os dias e multiplicamos pelos dias de alta.
		
		Por exemplo, havia 3820/19755 segundas-feiras no total, ou 19,34% dos dias.
		
		Assim, esperamos encontrar 1000 × 19,34%, ou 193,4 segundas-feiras entre os 1000 dias de alta.
		
		Os valores esperados são:
		    Segunda-feira: 193,4
		    Terça-feira: 202,6
		    Quarta-feira: 203,7
		    Quinta-feira: 200,6
		    Sexta-feira: 199,7
		
		E observamos:
		    Segunda-feira: 192
		    Terça-feira: 189
		    Quarta-feira: 202
		    Quinta-feira: 199
		    Sexta-feira: 218

	Some estes elementos. Se você fizer à mão, pode ser útil organizar os cálculos numa tabela.	$$\chi^2 = \dfrac{(192 - 193,4)^2}{193,4} + \cdots + \dfrac{(218 - 199,7)^2}{199,7} = 2{,}62$$

	O valor-p é a probabilidade na cauda superior do modelo χ^2. Ele pode ser encontrado usando um *software* ou uma tabela (veja a tabela X do Apêndice C).	Usando a Tabela X do Apêndice C, descobrimos que, para um nível de significância de 5% e com 4 graus de liberdade, precisaríamos de um valor de 9,488 ou maior para ter um valor-P menor que 0,05. Nosso valor de 2,62 é bem menor do que isto.
	Os modelos χ^2 são assimétricos na cauda superior. Valores estatísticos grandes correspondem a valores-p pequenos, o que nos leva a rejeitar a hipótese nula.	Usando um computador para gerar o valor-P, encontramos: $$\text{valor-P} = P(\chi^2_4 > 2{,}62) = 0{,}62$$
RELATAR	**Conclusão:** Conecte o valor-P à sua conclusão. Tenha certeza de dizer mais do que um fato sobre a distribuição das frequências. Declare a sua conclusão em termos do que os dados significam.	**Memorando:** **Re: Padrões do mercado de ações** Nossa investigação sobre a existência de padrões de dias da semana no comportamento do DJIA, no qual um dia ou outro tem uma maior probabilidade de ser de alta, não encontrou evidências de tal comportamento. Nosso teste estatístico indicou que um padrão como o encontrado na nossa amostra de dias de negócios na bolsa iria acontecer ao acaso aproximadamente 62% das vezes. Concluímos que não existe evidências de um padrão que poderia ser usado para orientar os investimentos no mercado. Não conseguimos detectar um efeito de "fim de semana" ou outro dia da semana no mercado.

15.2 Interpretando os valores do qui-quadrado

Quando calculamos o χ^2 para o exemplo dos dias de negócios na bolsa, obtivemos 2,62. Aquele valor não era grande para os 4 graus de liberdade, assim não foi possível rejeitar a hipótese nula. Em geral, o que *é* grande para a estatística χ^2?

Pense em como o χ^2 é calculado. Em cada célula, qualquer desvio da frequência esperada contribui para a soma. Desvios grandes geralmente contribuem mais, mas se houver muitas células, mesmo pequenos desvios podem, quando somados, tornar o valor χ^2 grande. Portanto, quanto maior o número de células, maior deve ser o valor de χ^2 antes de ele ser tornar significativo. Para o χ^2, a decisão de quão grande ele é depende do número de graus de liberdade.

Ao contrário da Normal e das famílias *t*, os modelos χ^2 são assimétricos. As curvas da família χ^2 mudam tanto a forma quanto o centro à medida que os graus de liberdade aumentam. Aqui, por exemplo, estão as curvas dos modelos χ^2 para 5 e 9 graus de liberdade.

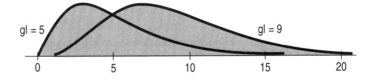

Figura 15.1 Modelos χ^2 para 5 e 9 graus de liberdade.

Note que um valor do $\chi^2 = 10$ pode parecer um pouco extremo quando existem 5 graus de liberdade, mas parece ser bem normal para 9 graus de liberdade. Aqui estão dois fatos simples para ajudá-lo a avaliar valores dos modelos χ^2.

◆ A moda está no ponto $\chi^2 = gl - 2$. (Olhe para as curvas anteriores; seus picos estão em 3 e 7.)

◆ O valor esperado (média) de um modelo χ^2 é seu número de graus de liberdade. Isto é um pouco à direita da moda – como seria o esperado para uma distribuição assimétrica.

Os testes de aderência são geralmente executados por pessoas que têm uma teoria de que proporções *deveriam* ocorrer em cada categoria e que acreditam que a sua teoria é verdadeira. Em alguns casos, ao contrário do nosso exemplo do mercado, não existe uma hipótese nula óbvia contra a qual queremos testar o modelo proposto. Assim, nestes casos, infelizmente, a única hipótese nula disponível é que a teoria proposta é verdadeira. E como sabemos, o procedimento de testar hipóteses nos permite rejeitar a hipótese nula ou não ser capaz de rejeitá-la. Nós nunca podemos confirmar que uma teoria é, de fato, verdadeira; nunca podemos confirmar a hipótese nula.

Na melhor das hipóteses, podemos ressaltar que os dados são consistentes com a teoria proposta. Contudo, isto não prova a teoria. Os dados *poderiam* ser consistentes com o modelo mesmo se a teoria estivesse errada. Neste caso, não é possível rejeitar a hipótese nula, mas não podemos concluir nada com certeza sobre se a teoria é verdadeira.

Por que não podemos provar a hipótese nula?

Um estudante afirma que realmente não faz diferença para o seu salário inicial o desempenho na disciplina de estatística. Ele faz um levantamento de dados com graduados recentes, categoriza-os de acordo com os conceitos obtidos, se um A, B ou C, em estatística e, também, conforme o salário inicial, acima ou abaixo da mediana para a sua turma. Ele calcula a proporção acima da mediana salarial para cada conceito. A hipótese nula é que em cada categoria (conceito), 50% dos estudantes estão acima da mediana. Com 40 respondentes, ele consegue um valor-P de 0,07 e declara que as notas de estatística não importam. Porém, mais questionários são devolvidos e ele descobre que, com um tamanho da média de 70, seu valor-P é de 0,04. Ele pode ignorar o segundo grupo de dados? É claro que não. Se ele pudesse fazer isto, poderia afirmar que quase qualquer modelo nulo seria verdadeiro apenas por ter poucos dados para refutá-lo.

15.3 Examinando os resíduos

Os testes qui-quadrado são sempre unilaterais. A estatística qui-quadrado é sempre positiva e um valor grande fornece evidência contra a hipótese nula (porque ela mostra que a aderência ao modelo *não* é boa), enquanto valores menores fornecem pouca evidência de que o modelo não adere. Em outro sentido, entretanto, os testes qui-quadrado são realmente multilaterais; uma estatística grande não nos diz *como* o modelo nulo não adere. No nosso exemplo da teoria do mercado, se tivéssemos rejeitado o modelo uniforme, não saberíamos *como* ele falhou. Foi por que não havia segundas-feiras o suficiente representadas ou por que todos os cinco dias exibiram algum desvio do modelo uniforme?

Quando rejeitamos a hipótese nula num teste de aderência, podemos examinar os resíduos em cada célula para aprender mais. Na verdade, sempre que rejeitamos a hipótese nula, é uma boa ideia examinar os resíduos. (Não precisamos fazer isto quando não foi possível rejeitá-la, porque, quando o valor de χ^2 é pequeno, todos os seus componentes devem ter sido pequenos.)

Pelo fato de que queremos comparar os resíduos entre células que podem ter frequências muito diferentes, padronizamos os resíduos. Sabemos que a média dos resíduos é zero,[1] mas precisamos saber o desvio padrão de cada resíduo. Quando testamos proporções, vimos uma ligação entre a proporção esperada e o seu desvio padrão. Para frequências, existe uma ligação similar. Para padronizar um resíduo de uma célula, dividimos pela raiz quadrada do seu valor esperado.[2]

$$\frac{(Obs - Esp)}{\sqrt{Esp}}.$$

Observe que estes **resíduos padronizados** são a raiz quadrada dos componentes que calculamos para cada célula, com o sinal de mais (+) ou menos (–) indicando se observamos mais ou menos casos do que esperávamos.

Os resíduos padronizados nos dão a chance de pensar sobre os padrões subjacentes e considerar como as distribuições diferem do modelo. Agora que dividimos cada resíduo por seu desvio padrão, eles são escores-z. Se a hipótese nula fosse verdadeira, poderíamos até mesmo ter usado a Regra 68-95-99,7. A regra julga quão extraordinários são os grandes resíduos.

Aqui estão os resíduos padronizados para os dados dos dias negociados na bolsa:

Tabela 15.4 Resíduos padronizados

	Resíduo Padronizado $= \dfrac{(Obs - Esp)}{\sqrt{Esp}}$
Segunda-feira	−0,0984
Terça-feira	−0,9542
Quarta-feira	−0,1188
Quinta-feira	−0,1135
Sexta-feira	1,2920

Nenhum destes valores é extraordinário. O maior, da sexta-feira, com 1,292, não é impressionante quando visualizado como um escore-z. Os desvios estão na direção sugerida pelo "efeito fim de semana", mas eles não são grandes o suficiente para concluirmos que são verdadeiros.

15.4 O teste qui-quadrado de homogeneidade

Os produtos para cuidados com a pele são um ótimo negócio. De acordo com a Academia Americana de Dermatologia, "o adulto médio usa pelo menos sete produtos diferentes ao dia", incluindo loções, removedores de maquiagem e produtos para o cabelo.[3] O crescimento do mercado para produtos para a pele na China durante 2006 foi de 15%, estimulado pelo tamanho da sua população e um crescimento econômico massivo. Mas nem todas as culturas e mercados são iguais. As empresas globais devem entender as diferenças culturais, na importância dos vários produtos para cuidados da pele, a fim de competir efetivamente.

Os levantamento de dados da *GfK Roper Reports*®, que vimos inicialmente no Capítulo 4, perguntou a 30000 consumidores em 23 países sobre a sua atitude em relação à saúde, beleza e outros valores pessoais. Uma pergunta feita aos participantes foi quão importante é "procurar por uma aparência extremamente atraente" para você? As respostas foram avaliadas em uma escala com 1 = Não é importante a 7 = Extremamente importante. A concordância com esta pergunta é igual entre os cinco continentes para os quais temos dados (China, França, Índia, Reino Unido e EUA)? Aqui está uma tabela com as frequências.

Quem Respondentes do relatório do levantamento de dados mundial da GfK Roper

O quê Respostas às perguntas relacionadas às percepções sobre alimentos e saúde

Quando Outono de 2005; publicado em 2006

Onde Por todo o mundo

Como Dados coletados pela GfK Roper Consulting usando um delineamento com vários estágios

Por quê Para entender as diferenças culturais na percepção dos produtos alimentares e de beleza que compramos e como eles afetam nossa saúde.

---

[1] Resíduo = observado - esperado. Pelo fato de que o total dos valores esperados é o mesmo que o total observado, os resíduos devem somar zero.

[2] Pode ser demonstrado matematicamente de que a raiz quadrada do valor esperado estima o desvio padrão correto.

[3] www.aad.org/public/Publications/pamphlets/Cosmetics.htm.

Tabela 15.5 Respostas para quão importante é: "procurar por uma aparência extremamente atraente"

		\multicolumn{6}{c}{País}
		China	França	Índia	RU	EUA	Total
Aparência	7 – Extremamente importante	197	274	642	210	197	**1520**
	6	257	405	304	252	203	**1421**
	5	315	364	196	348	250	**1473**
	4 – Importância média	480	326	263	486	478	**2033**
	3	98	82	41	125	100	**446**
	2	63	46	36	70	58	**273**
	1 – Não é importante	92	38	53	62	29	**274**
	Total	**1502**	**1535**	**1535**	**1553**	**1315**	**7440**

Podemos comparar os países mais facilmente examinando as colunas dos percentuais.

Tabela 15.6 Respostas como percentuais dos respondentes por país

		\multicolumn{6}{c}{País}
		China	França	Índia	RU	EUA	Total
Aparência	7 – Extremamente importante	13,12	17,85	41,82	13,52	14,98	**20,43%**
	6	17,11	26,38	19,80	16,23	15,44	**19,10**
	5	20,97	23,71	12,77	22,41	19,01	**19,80**
	4 – Importância média	32,96	21,24	17,13	31,29	36,35	**27,33**
	3	6,52	5,34	2,67	8,05	7,60	**5,99**
	2	4,19	3,00	2,35	4,51	4,41	**3,67**
	1 – Não é importante	6,13	2,48	3,45	3,99	2,21	**3,68**
	Total	**1502**	**1535**	**1535**	**1553**	**1315**	**7440**

O diagrama de barras empilhadas das respostas por país mostra os padrões mais distintamente:

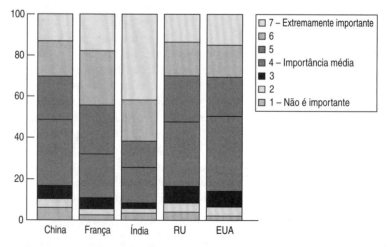

Figura 15.2 Respostas à pergunta sobre quão importante é "procurar por uma aparência extremamente atraente" por país. A Índia se destaca pelas proporções de respondentes que disseram ser importante ou extremamente importante.

Parece que a Índia se destaca dos outros países. Existe uma proporção maior de respondentes da Índia que responderam ser *Extremamente Importante*. Mas as diferenças observadas em percentuais são reais ou apenas uma variação natural da amostragem? Nossa hipótese nula é que as proporções escolhendo cada alternativa são as mesmas para todos os países. Para testar esta hipótese, usamos o **teste do qui-quadrado de homogeneidade.** Este é apenas outro teste utilizando o modelo qui-quadrado. Acontece que a mecânica do teste desta hipótese é praticamente igual ao teste de aderência qui-quadrado que acabamos de ver na Seção 15.1. A diferença é que o teste de aderência comparou as contagens observadas às contagens esperadas por um modelo *suposto*. O teste de homogeneidade, ao contrário, tem como hipótese nula que as frequências são as mesmas para todos os grupos. O teste examina as diferenças entre as frequências observadas e as frequências esperadas sob a suposição de homogeneidade.

Por exemplo, 20,43% (a linha do total) de *todos* os 7440 respondentes disseram que ter uma boa aparência era extremamente importante para eles. Se a distribuição for homogênea por todos os cinco países (como a hipótese nula supõe), então esta proporção deve ser a mesma para todos os países. Assim, 20,43% dos 1315 respondentes dos EUA, ou 268,66, deveriam ter dito que ter uma boa aparência era extremamente importante. Este é o número que *esperaríamos* sob a hipótese nula.

Se trabalharmos desta forma, (ou, mais provavelmente, o computador) podemos preencher cada célula com os valores esperados. A tabela seguinte mostra os valores esperados para cada resposta em cada país.

Tabela 15.7 Valores esperados para as respostas. Pelo fato de que estes são valores teóricos, eles não precisam ser inteiros

		País					
		China	França	Índia	RU	EUA	Total
Aparência	7 – Extremamente importante	306,86	313,60	313,60	317,28	268,66	20,43
	6	286,87	293,18	293,18	296,61	251,16	19,10
	5	297,37	303,91	303,91	307,47	260,35	19,80
	4 – Importância média	410,43	419,44	419,44	424,36	359,33	27,33
	3	90,04	92,02	92,02	93,10	78,83	5,99
	2	55,11	56.32	56,32	56.99	48,25	3,67
	1 – Não é importante	55,32	56,53	56.53	57,19	48,43	3,68
	Total	1502	1535	1535	1553	1315	7440

O termo *homogeneidade* significa que as coisas são as mesmas. Aqui, nós perguntamos se a distribuição das respostas sobre a importância de ter uma boa aparência é a mesma entre os cinco países. O teste qui-quadrado procura por diferenças grandes o suficiente para ir além do que poderíamos esperar de uma variação aleatória de amostra para amostra. Ele pode revelar uma diferença grande em uma categoria ou pequenas diferenças persistentes sobre todas as categorias – ou, ainda, nada no centro.

Suposições e condições

As suposições e as condições são as mesmas do teste do qui-quadrado de aderência. A **condição de dados de contagem** diz que estes dados devem ser frequências. Você não pode executar um teste qui-quadrado com uma variável quantitativa. Por exemplo, se a empresa de opinião pública Roper tivesse registrado o quanto cada respondente gastou em produtos para cuidar da pele, você não seria capaz de usar o teste qui-quadrado para determinar se a média dos gastos nos cinco países seria a mesma.[4]

Suposição de independência. Para que possamos generalizar, precisamos que as frequências sejam independentes uma das outras. Podemos verificar a **condição de**

---
[4] Para fazer isto, você usaria um método chamado de Análise da Variância (veja Capítulo 23).

452 Parte II – Entendendo Dados e Distribuições

Como encontrar os valores esperados

Numa tabela de contingência, para testar a homogeneidade, precisamos encontrar os valores esperados quando a hipótese nula é verdadeira. Para encontrar o valor esperado para a linha i e a coluna j, fazemos:

$$Esp_{ij} = \frac{Total_{Linha} \times Total_{Col\,j}}{Total\ Tabela}.$$

Aqui está um exemplo:

Suponha que pedimos a 100 pessoas, 40 homens e 60 mulheres, para indicar sua revista preferida entre: *Sports Illustrated, Comopolitan* ou *The Economist*, com os seguintes resultados:

	Revista preferida			
	Sports Illustr.	**Cosmopolitan**	**Economist**	**Total**
Homens	25	5	10	**40**
Mulheres	10	45	5	**60**
Total	35	50	15	**100**

Então, por exemplo, o valor esperado sob homogeneidade para *Homens* que preferem a *The Economist* seria:

$$Esp_{13} = \frac{40 \times 15}{100} = 6$$

Executando cálculos similares para todas as células, obtemos a tabela dos valores esperados:

	Sports Illustr.	**Cosmopolitan**	**Economist**	
Homens	14	20	6	**40**
Mulheres	21	30	9	**60**
	35	50	15	**100**

aleatoriedade. Aqui, temos amostras aleatórias, portanto, *podemos* assumir que as observações são independentes e tirar uma conclusão comparando as populações de onde as amostras foram coletadas.

Precisamos ter certeza de que temos dados suficientes para este método funcionar. A **suposição do tamanho da amostra** pode ser verificada com a **condição da frequência esperada da célula**, que diz que a contagem esperada em cada célula deve ser de pelo menos 5. Aqui, nossas amostras são certamente grandes o suficiente.

Seguindo o padrão do teste da aderência, calculamos a componente para cada célula da tabela:

$$\text{Componente} = \frac{(Obs - Esp)^2}{Esp}.$$

A soma destes componentes por todas as células dá o valor do qui-quadrado:

$$\chi^2 = \sum_{todas\ as\ células} \frac{(Obs - Esp)^2}{Esp}.$$

Os graus de liberdade são diferentes do que eles eram para o teste de aderência. Para um teste de homogeneidade, existem $(R - 1) \times (C - 1)$ graus de liberdade, onde R é o número de linhas e C é o número de colunas.

Para o exemplo, temos $6 \times 4 = 24$ graus de liberdade. Precisaremos dos graus de liberdade para determinar o valor-P da estatística qui-quadrado.

EXEMPLO ORIENTADO | *Atitudes sobre a aparência*

PLANEJAR

Especificação Declare o que você querer saber.
Identifique as variáveis e o contexto.

Queremos saber se a distribuição das respostas de quão importante é "procurar por uma aparência extremamente atraente" é a mesma para os cinco países dos quais temos os dados: China, França, Índia, Reino Unido e EUA.

Hipótese Declare a hipótese nula e a alternativa.

H_O: As respostas são homogêneas (têm a mesma distribuição para todos os cinco países).

H_A: As respostas não são homogêneas.

	Modelo Pense sobre as suposições e verifique as condições	Temos as frequências de respondentes em cada país que escolheu cada resposta. ✓ **Condição de dados de contagem:** os dados são frequências de pessoas escolhendo cada resposta possível. ✓ **Condição de aleatoriedade:** os dados foram obtidos de uma amostra aleatória por uma empresa profissional global de marketing. ✓ **Condição da frequência esperada da célula:** os valores esperados em cada célula são todos maiores ou iguais a 5.
	Declare o modelo de distribuição amostral. Nomeie o teste que você irá usar.	As condições são satisfeitas, então podemos usar o modelo χ^2 com $(7-1) \times (5-1) = 24$ graus de liberdade e realizar um teste qui-quadrado de homogeneidade.
FAZER	**Mecânica** Mostre as frequências esperadas para cada célula da tabela. Você poderia fazer tabelas separadas para as frequências observadas e as esperadas ou colocar ambas as frequências em cada célula. Um diagrama de barras empilhado é geralmente uma boa forma de exibir os dados.	As frequências observadas e esperadas estão nas Tabelas 15.5 e 15.7. O gráfico de colunas empilhadas mostra os percentuais. 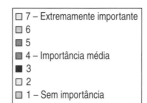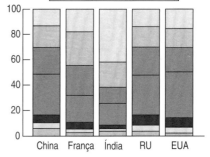
	Use um *software* para calcular χ^2 e o valor-P associado.	$\chi^2 = 810{,}65$
	Aqui, o valor calculado da estatística χ^2 é extremamente alto, assim o valor-P é bem pequeno.	Valor-$P = P(\chi^2_{24} > 810{,}65) < 0{,}001$; portanto, rejeitamos a hipótese nula.
RELATAR	**Conclusão** Declare a sua conclusão no contexto dos dados. Discuta se as distribuições para os grupos parecem ser diferentes. Para uma tabela pequena, examine os resíduos.	**Memorando** **Re: Importância da Aparência** Nossa análise dos dados da Roper mostra uma diferença grande entre os países na distribuição de quão importante os respondentes dizem que é para eles parecerem atraentes. Os comerciantes de cosméticos são aconselhados a observar estas diferenças, especialmente quando vender produtos para a Índia.

Se você acha que simplesmente rejeitar a hipótese de homogeneidade é um pouco insatisfatório, você não está sozinho. Não chega a ser surpresa que as respostas a esta pergunta difiram de país para país. O que realmente gostaríamos de saber é onde estavam as diferenças e quão grande elas eram. O teste para homogeneidade não responde estas perguntas interessantes, mas fornece evidências que podem nos ajudar. Uma olhada nos resíduos padronizados pode ajudar a identificar as células que não se encaixam no padrão de homogeneidade.

15.5 Comparando duas proporções

Muitos empregadores exigem o diploma do Ensino Médio. Em outubro de 2000, os pesquisadores do Departamento de Comércio dos EUA contataram mais de 25000 norte-americanos de 24 anos para ver se eles tinham terminado o Ensino Médio e descobriram que 84,9% dos 12460 homens e 88,1% de 12678 das mulheres relataram ter diplomas do Ensino Médio. Devemos concluir que as mulheres têm maior probabilidade de completar o Ensino Médio do que os homens?

O Departamento de Comércio dos EUA fornece os percentuais, mas é fácil encontrar as frequências e colocá-las em uma tabela. Ela seria semelhante a esta.

Tabela 15.8 Número de homens e mulheres com o diploma do Ensino Médio, em 2000, numa amostra de 25138 norte-americanos de 24 anos

	Homens	Mulheres	Total
Com Diploma de EM	10579	11169	21748
Sem Diploma de EM	1881	1509	3390
Total	12460	12678	25138

No geral, $\frac{21748}{25138} = 86,5144\%$ da amostra têm diplomas do Ensino Médio. Assim, sob a suposição da homogeneidade, esperaríamos que o mesmo percentual dos 12460 homens (ou $0,865144 \times 12460 = 10779,7$ homens) tivessem diplomas. Completando a tabela, as frequências esperadas se assemelham a esta tabela.

Tabela 15.9 Os valores esperados

	Homens	Mulheres	Total
Com Diploma de EM	10779,7	10968,3	21748
Sem Diploma de EM	1680,3	1709,7	3390
Total	12460	12678	25138

A estatística qui-quadrado com $(2-1) \times (2-1) = 1$ gl é:

$$\chi^2_1 = \frac{(10579 - 10779,7)^2}{10779,7} + \frac{(11169 - 10968,3)^2}{10968,3} + \frac{(1881 - 1680,3)^2}{1680,3}$$
$$+ \frac{(1509 - 1709,7)^2}{1709,7} = 54,941$$

Este resultado tem um valor-P < 0,001, portanto, rejeitamos a hipótese nula e concluímos que a distribuição de diplomas do Ensino Médio é diferente para homens e mulheres.

Um teste qui-quadrado em uma tabela 2x2, que tem apenas 1 gl, é equivalente a testar se duas proporções (neste caso, a proporção de homens e mulheres com diplomas) são iguais. Existe uma forma equivalente de testar a igualdade de duas proporções que usa a estatística-z e fornece exatamente o mesmo valor-P. Você pode encontrar o teste-z para duas proporções, assim lembre-se que ele é o mesmo teste qui-quadrado de uma tabela 2x2.

Embora o teste-z e o teste qui-quadrado sejam equivalentes para testar se duas proporções são iguais, o teste-z pode também fornecer um intervalo de confiança. Esta é uma vantagem importante, como mostra o exemplo a seguir.

Intervalos de confiança para a diferença entre duas proporções

Como vimos, 88,1% das mulheres e 84,9% dos homens obtiveram diplomas do Ensino Médio nos Estados Unidos no ano de 2000, de acordo com o levantamento de dados. Isto é uma diferença de 3,2%. Se conhecêssemos o erro padrão desta quantidade, poderíamos usar uma estatística-z para construir um intervalo de confiança para a verdadeira diferença na população. Não é difícil encontrar o erro padrão. Tudo o que precisamos é a fórmula[5]:

$$EP(\hat{p}_1 - \hat{p}_2) = \sqrt{\frac{\hat{p}_1 \hat{q}_1}{n_1} + \frac{\hat{p}_2 \hat{q}_2}{n_2}}$$

O intervalo de confiança tem a mesma forma do intervalo de confiança para uma única proporção, com este novo erro padrão:

$$(\hat{p}_1 - \hat{p}_2) \pm z^* EP(\hat{p}_1 - \hat{p}_2).$$

Intervalos de confiança para a diferença entre duas proporções

Quando as condições estiverem satisfeitas, podemos encontrar o intervalo de confiança para a diferença entre duas proporções, $p_1 - p_2$. O intervalo de confiança é dado por:

$$(\hat{p}_1 - \hat{p}_2) \pm z^* EP(\hat{p}_1 - \hat{p}_2),$$

onde encontramos o erro padrão da diferença por:

$$EP(\hat{p}_1 - \hat{p}_2) = \sqrt{\frac{\hat{p}_1 \hat{q}_1}{n_1} + \frac{\hat{p}_2 \hat{q}_2}{n_2}}$$

das proporções observadas.

O valor crítico z^* depende do nível de confiança particular que você especifica.

Para a formação ao nível do Ensino Médio, um intervalo de 95% para a verdadeira diferença entre as taxas de homens e mulheres é:

$$(0,881 - 0,849) \pm 1,96 \times \sqrt{\frac{(0,881)(0,119)}{12678} + \frac{(0,849)(0,151)}{12460}}$$

$$= (0,0236, 0,0404), \text{ ou } 2,36\% \text{ a } 4,04\%.$$

Podemos estar 95% confiantes de que as taxas de graduação das mulheres em 2000 eram 2,36 a 4,04% mais altas do que as dos homens. Com uma amostra deste tamanho, podemos estar muito confiantes de que a diferença não é zero. Mas é a diferença que importa? Isto, é claro, depende da *razão* pela qual estamos fazendo as perguntas. O intervalo de confiança nos mostra o tamanho do efeito – ou, pelo menos, o intervalo de valores plausíveis para o tamanho do efeito. Se estivermos considerando mudanças na contratação ou políticas de recrutamento, esta diferença pode ser muito pequena para justificar um ajuste, embora a diferença seja estatisticamente "significativa". Certifique-se de considerar o tamanho do efeito se você planeja tomar decisões de negócios baseadas na rejeição da hipótese nula usando os métodos qui-quadrado.

---

[5] O erro padrão da diferença é encontrado do fato geral de que a variância de uma diferença de duas quantidades independentes é a soma das suas variâncias. Veja Capítulo 21 para mais detalhes.

15.6 O teste qui-quadrado de independência

Vimos que a importância que as pessoas dão à aparência pessoal varia muito de um país para outro, um fato que pode ser crucial para o departamento de *marketing* de uma empresa global de cosméticos. Suponha que o departamento de *marketing* quer saber se a idade da pessoa também é importante. Isto pode afetar o tipo de canais de mídia que eles usam para anunciar os seus produtos. As pessoas mais velhas acham que a aparência pessoal é importante tanto quanto as mais jovens?

Tabela 15.10   Respostas à pergunta sobre aparência pessoal por faixa etária

		Idade						
		13-19	20-29	30-39	40-49	50-59	60+	Total
Aparência	**7 – Extremamente importante**	396	337	300	252	142	93	**1520**
	6	325	326	307	254	123	86	**1421**
	5	318	312	317	270	150	106	**1473**
	4 – Importância média	397	376	403	423	224	210	**2033**
	3	83	83	88	93	54	45	**446**
	2	37	43	53	58	37	45	**273**
	1 – Não é importante	40	37	53	56	36	52	**274**
	Total	**1596**	**1514**	**1521**	**1406**	**766**	**637**	**7440**

Quando examinamos os cinco países, nós os consideramos como cinco grupos diferentes, ao invés de níveis de uma variável. Mas aqui, podemos (e provavelmente devemos) considerar *Idade* como uma segunda variável, cujo valor foi mensurado para cada respondente junto com a sua resposta à pergunta sobre aparência. Perguntar se a distribuição das respostas muda conforme a *Idade* aumenta, agora, a questão de se as variáveis *Aparência* pessoal e *Idade* são independentes.

Sempre que tivermos duas variáveis numa tabela de contingência como esta, o teste natural é um **teste qui-quadrado de independência**. Mecanicamente, este teste é idêntico ao de homogeneidade. A diferença entre eles está em como consideramos os dados e, desta forma, na conclusão a que chegamos.

Aqui, indagamos se a resposta à pergunta sobre aparência pessoal é independente da idade. Lembre-se que, para quaisquer dois eventos, **A** e **B**, serem independentes, a probabilidade do evento **A** dado que o evento **B** ocorreu deve ser a mesma do evento **A**. Aqui, isso significa a probabilidade de que um respondente aleatoriamente selecionado achar que a aparência é extremamente importante seja a mesma para todas as faixas etárias. Isso mostraria que a resposta à pergunta sobre *Aparência* pessoal é independente da *Idade* daquele respondente. É claro, em uma tabela de dados, as probabilidades nunca serão exatamente as mesmas. Porém, para dizer se elas são diferentes o suficiente, usamos um teste qui-quadrado de independência.

> A única diferença entre o teste de homogeneidade e o de independência está na decisão que você deve tomar.

Agora temos duas variáveis categóricas mensuradas numa única população. Para o teste de homogeneidade, tínhamos uma única variável mensurada independentemente em duas ou mais populações. Agora fazemos uma pergunta diferente: "As variáveis são independentes?", ao invés de "Os grupos são homogêneos?". Estas são diferenças sutis, mas são importantes quando chegamos nas conclusões.

Suposições e condições

Ainda precisamos, é claro, de frequências e dados suficientes para que as frequências esperadas sejam de, pelo menos, cinco em cada célula.

Se estivermos interessados na independência das variáveis, geralmente é porque queremos generalizar dos dados para uma população. Neste caso, precisaremos verificar se os dados são uma amostra aleatória representativa da população.

EXEMPLO ORIENTADO | *Aparência pessoal e idade*

PLANEJAR

Especificação Declare o que você querer saber.
Identifique as variáveis e o contexto.

Hipótese Declare a hipótese nula e a alternativa.

Executamos um teste de independência quando suspeitamos que as variáveis podem não ser independentes. Nós estamos afirmando que, sabendo a idade dos respondentes, irá mudar a distribuição da sua resposta à pergunta sobre *Aparência* pessoal e testar a hipótese nula que isto *não* é verdadeiro.

Modelo Verifique as condições

Esta tabela exibe as frequências esperadas para cada célula. As frequências esperadas são calculadas exatamente como foram para o teste de homogeneidade; na primeira célula, por exemplo, nós esperamos $\frac{1520}{7440}$ = 20,43% de 1596, que é 326,06.

Queremos saber se as variáveis categóricas *Aparência pessoal* e *Idade* são independentes. Para isso, temos uma tabela de contingência de 7440 respondentes de uma amostra de cinco países.

H_0: Aparência pessoal e Idade são independentes.[6]

H_A: Aparência pessoal e Idade não são independentes.

✓ **Condição de dados de contagem:** Temos frequências de indivíduos categorizados em duas variáveis.

✓ **Condição de aleatoriedade:** Estes dados são de um levantamento aleatório conduzido em 30 países. Temos dados de cinco deles. Embora eles não sejam uma AAS, foram selecionados para evitar tendenciosidade.

✓ **Condição da frequência esperada da célula:** Os valores esperados são todos maiores do que 5.

Valores Esperados

		Idade					
		13-19	20-29	30-39	40-49	50-59	60+
Aparência	7 – Extremamente importante	326,065	309,312	310,742	287,247	156,495	130,140
	6	304,827	289,166	290,03	268,538	146,302	11,664
	5	315,982	299,748	301,133	278,365	151,656	126,116
	4 – Importância média	436,111	413,705	415,617	384,193	209,312	174,062
	3	95,674	90,759	91,178	84,284	45,919	38,186
	2	58,563	55,554	55,811	51,591	28,107	23,374
	1 – Não é importante	58,777	55,758	56,015	51,780	28,210	23,459

O gráfico de colunas empilhadas mostra que a resposta parece ser dependente da Idade. Pessoas mais

continua...

---

[6] Como em outros testes qui-quadrado, as hipóteses são geralmente expressas em palavras, sem parâmetros. A hipótese de independência diz como encontrar os valores esperados para cada célula da tabela de contingência. Isso é tudo o que precisamos.

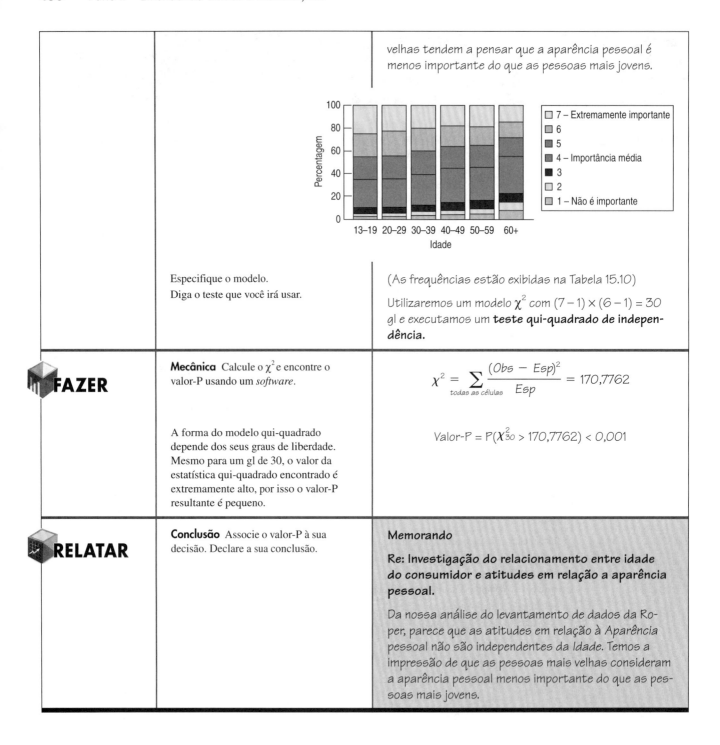

		velhas tendem a pensar que a aparência pessoal é menos importante do que as pessoas mais jovens.
	Especifique o modelo. Diga o teste que você irá usar.	(As frequências estão exibidas na Tabela 15.10) Utilizaremos um modelo χ^2 com $(7-1) \times (6-1) = 30$ gl e executamos um **teste qui-quadrado de independência**.
FAZER	**Mecânica** Calcule o χ^2 e encontre o valor-P usando um *software*.	$\chi^2 = \sum_{\text{todas as células}} \frac{(Obs - Esp)^2}{Esp} = 170{,}7762$ Valor-P $= P(\chi^2_{30} > 170{,}7762) < 0{,}001$
	A forma do modelo qui-quadrado depende dos seus graus de liberdade. Mesmo para um gl de 30, o valor da estatística qui-quadrado encontrado é extremamente alto, por isso o valor-P resultante é pequeno.	
RELATAR	**Conclusão** Associe o valor-P à sua decisão. Declare a sua conclusão.	**Memorando** **Re: Investigação do relacionamento entre idade do consumidor e atitudes em relação a aparência pessoal.** Da nossa análise do levantamento de dados da Roper, parece que as atitudes em relação à Aparência pessoal não são independentes da Idade. Temos a impressão de que as pessoas mais velhas consideram a aparência pessoal menos importante do que as pessoas mais jovens.

Rejeitamos a hipótese nula de independência entre *Idade* e atitudes em relação à *Aparência* pessoal. Com um tamanho da amostra tão grande, detectamos poucos desvios da independência; portanto, é quase certo que o teste qui-quadrado irá rejeitar a hipótese nula. Examinar os resíduos pode ajudá-lo a ver as células que mais se desviam da independência. Para tomar uma decisão de negócios significativa, você terá que olhar também para o tamanho do efeito.

Suponha que a empresa estava especialmente interessada em decidir como dividir os recursos publicitários entre o mercado adolescente e o mercado entre 30-39 anos de idade. Qual a diferença nas proporções dos que, em cada grupo, avaliaram a *Aparência* pessoal como sendo muito importante (respondendo 6 ou 7)?

TESTE RÁPIDO

Quais dos três tipos de testes qui-quadrado você usaria em cada uma das seguintes situações – aderência, homogeneidade ou independência?

1. Um gerente de restaurante deseja saber se os clientes que jantam as sextas-feiras têm as mesmas preferências entre os quatro pratos principais especiais do *chef* do que os que jantam aos sábados. Em um fim de semana, ele solicitou aos garçons que registrassem quais os pratos que foram pedidos a cada noite. Assumindo que estes clientes sejam regulares em todos os jantares dos fins de semana, ele irá comparar as distribuições das refeições escolhidas na sexta-feira e no sábado.
2. A política de uma empresa exige que os espaços do estacionamento sejam designados aleatoriamente a cada pessoa, mas você suspeita que não é bem assim. Existem três áreas de igual tamanho: área A, próximo ao prédio; área B, um pouco mais longe; e área C, do outro lado da autoestrada. Você coleta dados sobre os funcionários de gerência de nível médio e acima para ver quantos foram designados para cada uma das áreas.
3. A vida social de um estudante é afetada pelo lugar onde ele reside? Um levantamento de dados do *campus* perguntou a uma amostra aleatória de estudantes se eles moravam num dormitório, num alojamento fora do *campus* ou na sua casa e se eles tinham tido um encontro 0, 1-2, 3-4 ou 5 ou mais vezes nas duas últimas semanas.

Para fazer isso, precisaremos construir um intervalo de confiança para a diferença. A partir da Tabela 15.10, encontramos que os percentuais daqueles que responderam 6 e 7 são 45,17% e 39,91% para os grupos de adolescentes e para os de a 30-39 anos de idade, respectivamente. O intervalo de confiança de 95% é:

$$(\hat{p}_1 - \hat{p}_2) \pm z^* EP(\hat{p}_1 - \hat{p}_2)$$
$$= (0,4517 - 0,3991) \pm 1,96 \times \sqrt{\frac{(0,4517)(0,5483)}{1596} + \frac{(0,3991)(0,6009)}{1521}}$$
$$= (0,018, 0,087), \text{ ou } (1,8\% \text{ a } 8,7\%)$$

Esta é uma diferença estatisticamente significativa, mas agora podemos ver que a diferença pode ser tão pequena quanto 1,8%. Quando decidimos como determinar a distribuição dos gastos da propaganda, é importante manter estas estimativas do tamanho do efeito em mente.

Testes qui-quadrado e causação

Os testes qui-quadrado são comuns. Os testes para independência são especialmente difundidos. Infelizmente, muitas pessoas interpretam um valor-P pequeno como prova de causa e efeito. Nós temos um conhecimento maior. Assim, como a correlação entre variáveis quantitativas não demonstra relação de causa e efeito, uma falha de independência entre duas variáveis quantitativas não mostra um relacionamento de causa e efeito entre elas, nem devemos dizer que uma variável *depende* da outra.

O teste do qui-quadrado para independência trata as duas variáveis simetricamente. Não existe maneira de diferenciar a direção de qualquer causação possível de uma variável para outra. Embora possamos ver que as atitudes em relação a *Aparência* pessoal e *Idade* estão relacionadas, não podemos dizer que ficar mais velho *causa* a mudança nas suas atitudes. E certamente não é correto dizer que mudar as atitudes em relação à aparência pessoal torna você mais velho.

Não existe, é claro, forma de eliminar a possibilidade de que uma variável oculta seja responsável para a falta de independência observada. De alguma maneira, uma falha de independência entre duas variáveis categóricas é menos impressionante do que uma associação linear forte e consistente entre duas variáveis quantitativas. Duas variáveis categóricas podem falhar no teste de independência de muitas formas, incluindo a de não ter um padrão consistente de falhas. Um exame dos resíduos padronizados do qui-quadrado pode ajudá-lo a pensar sobre os padrões subjacentes.

O QUE PODE DAR ERRADO?

- **Não use os métodos qui-quadrado, a não ser que você tenha frequências.** Todos os três testes envolvendo o qui-quadrado se aplicam somente a contagens. Outros tipos de dados podem ser colocados em tabelas de dupla entrada. Apenas porque os números estão em uma tabela deste tipo não os torna adequados para uma análise pelo qui-quadrado. Os dados relatados como proporções ou percentuais podem ser adequados para os procedimentos com o qui-quadrado, *mas somente após eles terem sidos convertidos em frequências.* Se você tentar fazer os cálculos sem antes encontrar as frequências, seus resultados estarão errados.

- **Tenha cuidado com as amostras grandes.** Tenha cuidado com as amostras *grandes*? Este não é o conselho que você está acostumado a ouvir. Os testes qui-quadrado, entretanto, são incomuns. Você deve ser cuidadoso com os testes qui-quadrado executados em amostras muito grandes. Nenhuma distribuição hipotética adere perfeitamente, ou dois grupos são exatamente homogêneos e duas variáveis são raramente perfeitamente independentes. Os graus de liberdade para os testes com o qui-quadrado não aumentam com o tamanho da amostra. Com um tamanho da amostra suficientemente grande, um teste qui-quadrado pode sempre rejeitar a hipótese nula. Porém, nós não temos nenhuma mensuração de quão longe os dados estão do modelo nulo. Não existem intervalos de confiança para nos ajudar a julgar o tamanho do efeito, exceto no caso de duas proporções.

- **Não diga que uma variável "depende" de outra apenas porque elas não são independentes.** "Depender" pode sugerir um modelo ou um padrão, mas as variáveis podem não ser independentes de muitas formas diferentes. Quando as variáveis não passam no teste de independência, seria melhor dizer que elas estão "associadas".

ÉTICA EM AÇÃO

A *Deliberately Different* é especialista em acessórios domésticos únicos, como espelhos de interruptores pintados à mão e lençóis bordados à mão, oferecidos por um catálogo e por um *site*. Seus clientes tendem a ser mulheres, geralmente mais velhas, com renda familiar relativamente alta. Embora o número de visitas dos clientes ao *site* tenha permanecido estável, a gerência notou que a proporção dos clientes que fazem compras tem diminuído. Megan Cally, a gerente de produtos para a *Deliberately Different*, foi encarregada de trabalhar com uma empresa de pesquisa de mercado contratada para examinar o problema. No seu primeiro encontro com Jason Esgro, o consultor da empresa contratada, ela dirigiu a conversa na direção do *design* do *site*. Jason mencionou várias razões para os clientes abandonarem as compras *on-line*, as duas mais comuns sendo a preocupação com a segurança da transação e as cobranças não antecipadas de envio. Pelo fato das taxas de envio da *Deliberately Different* serem razoáveis, Megan pediu que ele olhasse mais a fundo o problema da preocupação com a segurança. Eles desenvolveram um levantamento de dados que aleatoriamente amostrou os cientes que visitaram o *site*. Eles contataram estes clientes por *e-mail* e pediram a eles para responder uma breve pesquisa, oferecendo a eles a chance de ganhar um prêmio, que seria concedido ao acaso entre os respondentes. Foi recebido um total de 2450 respostas. A análise das respostas inclui o teste qui-quadrado de independência, para verificar se as respostas da pergunta sobre segurança eram independentes das categorias de gênero e renda. Ambos os testes foram significativos, rejeitando a hipótese nula de independência. Megan relatou à gerência que a preocupação sobre a segurança das transações *on-line* era dependente do gênero e renda, assim a *Deliberately Different* começou a explorar maneiras de assegurar às suas clientes mais velhas que as transações feitas no *site* são realmente seguras. Como gerente de produto, Megan ficou aliviada de que a diminuição das compras não estava relacionada à oferta dos produtos.

PROBLEMA ÉTICO *A chance de rejeitar a hipótese nula num teste qui-quadrado de independência aumenta com o tamanho da amostra. Aqui, o tamanho da amostra é grande demais. Alem disso, é equivocado declarar que a preocupação com a segurança depende do gênero, idade e renda. Além do mais, padrões de associação não foram examinados (por exemplo, com categorias de variação de idade). Finalmente, como gerente de produto, Megan intencionalmente desviou a atenção da oferta de produtos, que poderia ser um fator na diminuição das compras. Ao contrário, ela relatou à gerência que eles localizaram o problema sem observar que eles não tinham explorado outros fatores potenciais. (Relacionado ao Item C, ASA Ethical Guidelines.)*

SOLUÇÃO ÉTICA *Interpretar os resultados corretamente, tendo cautela com o tamanho da amostra e procurar por padrões de associação, percebendo que não existe maneira de estimar o tamanho do efeito.*

O que aprendemos?

Aprendemos a testar hipóteses sobre variáveis categóricas. Usamos um dos três métodos relacionados. Todos trabalham com frequências dos dados em categorias e todos dependem do modelo qui-quadrado, uma nova família indexada pelos graus de liberdade.

- Os testes de aderência comparam a distribuição observada de uma única variável categórica a uma distribuição esperada baseada em uma teoria ou modelo.
- Os testes de homogeneidade comparam a distribuição de vários grupos para a mesma variável categórica.
- Os testes de independência examinam as frequências de um único grupo para evidências de uma associação entre duas variáveis categóricas.

Vimos que, mecanicamente, esses testes são quase idêntico. Embora os testes pareçam ser unilaterais, aprendemos que, de forma conceitual, eles são multilaterais, porque existem muitas maneiras de uma tabela de frequências pode se desviar significativamente do que supomos. Quando isto acontece e rejeitamos a hipótese nula, aprendemos a examinar os resíduos padronizados para melhor entender os padrões na tabela.

Termos

Aderência   Um teste para verificar se a distribuição das frequências de uma variável categórica se distribui de acordo com um modelo. Um teste qui-quadrado de aderência encontra

$$\chi^2 = \sum_{todas\ as\ células} \frac{(Obs - Esp)^2}{Esp},$$

onde as frequências esperadas são obtidas de acordo com o modelo suposto. Ele calcula o valor-p de um modelo qui-quadrado com $n - 1$ grau de liberdade, onde n é o número de categorias da variável categórica.

Célula   Uma célula de uma tabela de dupla entrada é um elemento da tabela correspondente a uma linha específica e uma coluna específica. As células da tabela podem conter frequências, percentuais ou mensurações em outras variáveis ou podem conter vários valores.

Estatística do qui-quadrado   A estatística do qui-quadrado é encontrada somando os componentes do qui-quadrado. Os testes do qui-quadrado podem ser usados para testar a aderência, a homogeneidade ou a independência.

Homogeneidade   Um teste comparando a distribuição das frequências para dois ou mais grupos da mesma variável categórica. Um teste qui-quadrado de homogeneidade encontra

$$\chi^2 = \sum_{todas\ as\ células} \frac{(Obs - Esp)^2}{Esp},$$

onde as frequências esperadas são baseadas nas frequências gerais, ajustadas para os totais em cada grupo. Encontramos o valor-P em uma distribuição qui-quadrado com $(R - 1) \times (C - 1)$ graus de liberdade, onde R dá o número de categorias (linhas) e C o número de grupos independentes (colunas).

Independência   Um teste que verifica se duas variáveis categóricas são independentes. Ele examina a distribuição das frequências para um grupo de indivíduos classificados de acordo com ambas as variáveis. Um teste qui-quadrado de independência usa os mesmos cálculos do teste de homogeneidade. Encontramos um valor-P de uma distribuição do qui-quadrado com $(R - 1) \times (C - 1)$ graus de liberdade, onde R dá o número de categorias em uma variável e C dá o número de categorias na outra.

462 Parte II – Entendendo Dados e Distribuições

Modelos qui-quadrado	Os modelos qui-quadrado são assimétricos à direita. Eles são parametrizados por seus graus de liberdade e se tornam menos assimétricos conforme o aumento dos graus de liberdade.
Resíduo padronizado	Em cada célula de uma tabela de dupla entrada, um resíduo padronizado é a raiz quadrada do componente do qui-quadrado para aquela célula com o sinal da diferença de *Observado – Esperado*

$$\frac{(Obs - Esp)}{\sqrt{Esp}}$$

	Quando rejeitamos um teste qui-quadrado, um exame dos resíduos padronizados pode, algumas vezes, revelar mais sobre como os dados se desviam do modelo nulo.
Tabela de contingência	Uma tabela de dupla entrada que classifica indivíduos de acordo com duas variáveis categóricas.

Habilidades

- Ser capaz de reconhecer quando um teste de aderência, de homogeneidade ou de independência é apropriado para uma tabela de frequências.
- Entender que os graus de liberdade para um teste qui-quadrado dependem das dimensões da tabela e não do tamanho da amostra. Entender que isto significa que, aumentando o tamanho da amostra, aumenta o potencial dos procedimentos qui-quadrado rejeitarem a hipótese nula.

- Ser capaz de exibir e interpretar as frequências numa tabela de dupla entrada.
- Saber como usar as tabelas qui-quadrado para executar os testes com base no modelo.
- Saber como executar um teste qui-quadrado usando um *software* estatístico ou uma calculadora.
- *Saber como encontrar um intervalo de confiança para a diferença de duas proporções.
- Ser capaz de examinar os resíduos padronizados para explicar a natureza dos desvios da hipótese nula.

- Saber como comunicar os resultados dos testes qui-quadrado, quer sejam de aderência, homogeneidade ou independência, em poucas palavras.

Ajuda tecnológica: qui-quadrado

A maioria dos pacotes estatísticos associa os testes qui-quadrado com as tabelas de contingência. Geralmente, o qui-quadrado está disponível como uma opção somente quando você faz uma tabela de contingência. Esta organização pode tornar difícil localizar o teste qui-quadrado e pode confundir as três diferentes funções que o teste qui-quadrado pode assumir. Em particular, os testes qui-quadrado de aderência podem ser difíceis de encontrar ou estar totalmente perdidos. Os testes qui-quadrado de homogeneidade são computacionalmente idênticos aos de independência, assim você deve executá-los como se fossem testes de independência e interpretá-los mais tarde como testes de homogeneidade.

A maioria dos pacotes funciona com dados individuais, ao invés de resumo de contagens. Se as únicas informações que você tem estão contidas na tabela de frequências, pode ser difícil achar um pacote estatístico para calcular o qui-quadrado. Alguns pacotes oferecem uma forma de reconstruir os dados a partir do resumo das frequências para que eles possam, então, passar novamente pelos cálculos do qui-quadrado, encontrando as frequências das células novamente. Muitos pacotes oferecem os resíduos padronizados do qui-quadrado (embora eles possam ser denominados de outra forma).

Capítulo 15 – Inferência para Frequências: Testes Qui-Quadrado **463**

Excel

O Excel oferece a função **TESTE.QUI (intervalo_real, intervalo_esperado),** que calcula o valor-P do qui-quadrado para homogeneidade. Os dois intervalos são da forma da Célula Superior Esquerda a Célula Inferior Direita, especificando duas tabelas retangulares que devem conter frequências (embora o Excel verifique se os valores são inteiros). As duas tabelas devem ser do mesmo tamanho e forma. O DDXL oferece os três testes. Use o comando **Tables.**

Comentários

A documentação do Excel afirma que este é um teste de independência e rotula a entrada dos intervalos de acordo, mas o Excel não oferece nenhuma forma de encontrar as frequências esperadas, assim, a função não é particularmente útil para testar a independência. Você pode usar esta função somente se já conhece os valores esperados ou está disposto a realizar cálculos adicionais.

Minitab

Do menu **Start,** escolha o submenu **Tables.** Deste menu, escolha **Chi Square Test....** Na caixa de diálogos, identifique as colunas para construir a tabela. O Minitab irá exibir a tabela e imprimir o valor do qui-quadrado e o valor-P correspondente.

Comentários

Alternativamente, selecione o comando **Cross Tabulation ...** para ver mais opções para a tabela, incluindo as frequências esperadas e os resíduos padronizados.

SPSS

Do menu **Analyze**, escolha o submenu **Descriptive Statistics**. Deste menu, escolha **Crosstabs...** Na caixa de diálogo **Crosstabs**, atribua à linha e coluna as variáveis da lista. Ambas as variáveis devem ser categóricas. Clique em **Cells** para especificar que os resíduos padronizados devem ser exibidos. Clique em **Statistics** para especificar um teste qui-quadrado.

Comentários

O SPSS disponibiliza somente as variáveis que ele reconhece como categóricas na lista de variáveis da caixa de diálogos **Crosstabs**. Se as variáveis que você quer estão faltando, verifique se elas foram identificadas com o tipo certo.

JMP

Do menu **Analyze,** selecione **Fit Y by X.** Escolha uma variável como Y, variável resposta, e a outra como X, variável fator. Ambas as variáveis selecionadas devem ser do tipo Nominal ou Ordinal. O JMP irá fazer um diagrama e uma tabela de contingência. Abaixo da tabela de contingência, o **JMP** oferece um painel **Tests.** Neste painel, o qui-quadrado para independência é chamado de **Pearson ChiSquare.** A tabela também oferece o valor-P.

Clique na barra de títulos da tabela de contingência para obter um menu que permite incluir os desvios (**Deviation**) e uma célula qui-quadrado (**Chi square**) em cada célula da tabela.

Comentário

O JMP irá realizar uma análise qui-quadrado para **Fit Y by X** se ambas as variáveis forem nominais ou ordinais (marcadas com um N ou O), mas de outra forma, não. Tenha certeza de que as variáveis tenham o tipo certo. Os desvios são as diferenças observadas – esperadas das frequências. As células qui-quadrado são os quadrados dos resíduos padronizados. Verifique os desvios para ver o sinal da diferença. Olhe em **Distributions** no menu **Analyze** para encontrar um teste qui-quadrado de aderência.

DATA DESK

Selecione as variáveis.
Do menu **Calc,** escolha **Contingency Table.** Do menu HyperView da tabela, escolha **Table Options** (ou escolha **Calc > Calculations Options > Table Options.**) Na caixa de diálogos, verifique as caixas para **Chi Square** e para **Standardized Residuals.** O Data Desk irá exibir o qui-quadrado e seu valor-P abaixo da tabela e os resíduos padronizados dentro da tabela.

Comentário

O Data Desk automaticamente trata as variáveis selecionadas para este comando como categóricas, mesmo se os seus elementos não forem numéricos.

O comando **Compute Counts** do menu HyperView da tabela irá criar variáveis que contém os conteúdos da tabela (como o selecionadas na caixa de diálogo **Table Options**), incluindo os resíduos padronizados.

Projetos de estudo de pequenos casos

Seguro Saúde

Com a elevação dos custos do seguro médico e o declínio do interesse e capacidade dos empregadores de manter uma cobertura médica apropriada para os seus empregados, os empresários e empregados estão se perguntando: quem irá segurar os futuros trabalhadores norte-americanos? O governo tem gasto décadas debatendo diferentes iniciativas para expandir a cobertura do seguro saúde, mas nenhum projeto de lei abrangente passou. Simplesmente qual é a extensão da falta de cobertura médica? Os meios de comunicação afirmam que os segmentos da população mais em risco são as mulheres, crianças e os idosos. As tabelas dão o número de não segurados (em milhares) por sexo e por idade em 2004.[7] Usando o teste qui-quadrado apropriado e o *software* estatístico de sua escolha, investigue a exatidão da afirmação dos meios de comunicação usando estes dados. Certifique-se de discutir suas suposições, métodos, resultados e conclusões.

	Sexo		
	Masculino	Feminino	Total
Segurado	86176	93329	179505
Não segurado	16026	15117	31143
Total	102202	108446	210648

	Faixa etária					
	0-17	18-24	25-44	45-64	65-80	Total
Segurado	57375	12755	47850	41176	20349	179505
Não segurado	6755	5464	6607	6607	212	31143
Total	64130	18219	59995	47783	20561	210648

Programa de fidelidade

Uma executiva de *marketing* testou dois incentivos para ver qual o percentual de clientes que iria se cadastrar num novo programa de fidelidade baseado na Web. Foi solicitado aos clientes que acessassem as suas contas na Web e fornecessem informações demográficas e sobre seus gastos. Como um incentivo, foi oferecido a eles nada (Nenhuma Oferta), seguro aéreo grátis para o seu próximo voo (Seguro Grátis) ou uma passagem aérea grátis para um acompanhante (Passagem Grátis). Os clientes foram segmentados de acordo com o seu padrão de gastos do último ano, gastos principalmente em uma das cinco áreas: *Viagem, Entretenimento, Refeições, Moradia* ou *Saldo*. A executiva queria saber se o incentivo resultou em diferentes taxas de registros (*Resposta*). Particularmente, ela queria saber o quanto foi mais alta a taxa de registro para a passagem aérea comparada ao seguro grátis. Ela também queria ver se o *Padrão do Gasto* estava associado com a *Resposta*. Usando os dados do **ch15_MCSP_Loyalty_Program,** escreva um relatório para a executiva de *marketing* usando os gráficos apropriados, resumos estatísticos, testes estatísticos e intervalos de confiança.

---

[7] Fonte: U.S. Census Bureau, Current Population Survey, Annual Social and Economic Supplement, 2005.

EXERCÍCIOS

1. Conceitos. Para cada uma das seguintes situações, declare se você iria usar um teste qui-quadrado de aderência, de homogeneidade, de independência ou, então, algum outro teste estatístico.

a) Uma empresa de corretagem quer ver se o tipo de conta que o cliente tem (Prata, Ouro, *Platinum*) afeta o tipo de transações que o cliente faz (pessoalmente, por telefone ou pela Internet). Ela coleta uma amostra aleatória de transações feita por seus clientes no último ano e aplica um teste.

b) A empresa de corretagem também queria saber se o tipo de conta afeta o tamanho da conta (em dólares). Ele aplica um teste para ver se o tamanho médio da conta é o mesmo para os três tipos de contas.

c) O gabinete de pesquisa acadêmica de uma grande faculdade comunitária quer ver se a distribuição dos cursos escolhidos (Humanas, Ciência Sociais ou Ciências) é diferente para seus alunos residentes ou não residentes. Ele reúne os dados do último semestre e executa um teste.

2. Conceitos, parte 2. Para cada uma das seguintes situações, declare se você iria usar um teste qui-quadrado de aderência, de homogeneidade, de independência ou, então, algum outro teste estatístico.

a) A qualidade de um carro é afetada pelo dia em que ele foi montado? Um fabricante de carros examina uma amostra aleatória de pedidos de garantia preenchidos nos últimos dois anos para testar se os defeitos estão aleatoriamente distribuídos entre os dias da semana de trabalho.

b) Um pesquisador da American Booksellers Association (Associação Americana de Livreiros) quer saber se as vendas a varejo/pés quadrados estão relacionadas ao café e lanches servidos no local. Ela examina um banco de dados de 10000 livrarias independentes para testar se as vendas a varejo (dólares/pés quadrados) estão relacionadas ao fato de a livraria ter ou não uma cafeteria.

c) Um pesquisador quer descobrir se o nível educacional (ensino médio incompleto, ensino médio, universitário, pós-graduado) está relacionado a um tipo de transação mais provável de ser efetuado usando a Internet (compras, bancário, reserva de viagens, leilões). Ele faz um levantamento de dados com 500 adultos aleatoriamente escolhidos e aplica um teste.

3. Dados. Após ser derrotado por seu irmão pequeno num jogo de crianças, você suspeita que o dado que ele deu a você é desonesto. Para verificar, você lança o dado 60 vezes, registrando o número de vezes que cada face aparece. Estes resultados colocam em dúvida a honestidade do dado?

a) Se o dado for honesto, quantas vezes você esperaria que cada face aparecesse?

b) Para ver se os resultados são incomuns, você testaria a aderência, a homogeneidade ou a independência?

c) Declare a sua hipótese.

d) Verifique as condições.

e) Quantos graus de liberdade existem?

f) Encontre χ^2 e o valor-P.

g) Declare a sua conclusão.

Face	Frequência
1	11
2	7
3	9
4	15
5	12
6	6

4. Controle de qualidade. A Mars, Inc. diz que as cores dos seus chocolates M&M® são 14% amarelos, 13% vermelhos, 20% laranjas, 24% azuis, 16% verdes e 13% marrons. (www.mms.com/us/about/products/milkchocolate). No seu caminho para casa, no dia em que estava escrevendo estes exercícios, um dos autores trouxe um saquinho de M&M®. Ele continha 29 amarelos, 23 vermelhos, 12 laranjas, 14 azuis, 8 verdes e 20 marrons. Esta amostra é consistente com as proporções anunciadas? Teste uma hipótese apropriada e declare a sua conclusão.

a) Se os M&M®s são embalados nas proporções anunciadas, quantos de cada cor o autor deveria esperar encontrar no seu saquinho de M&M®s?

b) Para ver se o seu saquinho era incomum, ele deveria testar a aderência, a homogeneidade ou a independência?

c) Declare a sua hipótese.

d) Verifique as condições.

e) Quantos graus de liberdade existem?

f) Encontre χ^2 e o valor-P.

g) Declare a sua conclusão.

5. Controle de qualidade, parte 2. Uma empresa anuncia que sua mistura de nozes *Premium* contém 10% de castanhas-do-pará, 20% de castanha de caju, 20% de amêndoas, 10% de avelãs e que o restante é amendoins. Você separa os vários tipos de nozes de uma lata grande. Após pesá-las, você encontra 112 gramas de castanhas-do-pará, 183 gramas de castanha de caju, 207 gramas de amêndoas, 71 gramas de avelãs e 446 gramas de amendoins. Você fica em dúvida se a proporção da mistura é significativamente diferente do que a empresa anuncia.

a) Explique por que o teste de aderência do qui-quadrado não é a forma apropriada de descobrir.

b) O que você poderia fazer, ao invés de pesar as nozes, para usar um teste χ^2?

6. Viagem do representante de vendas. Um representante de vendas que viaja visitando clientes acha que, em média, ele dirige a mesma distância a cada dia da semana. Ele mantém um registro da sua milhagem durante várias semanas e descobre que fez, em média, 122 milhas nas segundas-feiras, 203 milhas nas terças-feiras, 176 milhas nas quartas-feiras, 181 milhas nas quintas-feiras e 108 milhas nas sextas-feiras. Ele se pergunta se esta evidência contradiz sua crença numa distribuição uniforme da milhagem pelos dias da semana. Seria adequado testar essa hipótese usando o teste de aderência do qui-quadrado? Explique.

466 Parte II — Entendendo Dados e Distribuições

7. Loteria da Maryland. Para uma loteria ter sucesso, o público deve ter confiança na sua honestidade. Uma das loterias de Maryland é a *Pick-3 Lottery*, em que três dígitos aleatórios são sorteados a cada dia.[8] Um jogo honesto depende que cada dígito (de 0 a 9) seja igualmente provável em cada uma das três posições. Caso contrário, alguém que detectar um padrão poderia tirar vantagem disto e vencer a loteria. Para investigar a aleatoriedade, iremos examinar os dados coletados num período recente de 32 semanas. Embora os números vencedores pareçam ser números de três dígitos, na verdade, cada dígito é um numeral sorteado aleatoriamente. Temos 654 dígitos aleatórios no total. Cada um dos dígitos de 0 a 9 são igualmente prováveis? Aqui está uma tabela de frequências.

Grupo	Frequência	%
0	62	9,480
1	55	8,410
2	66	10,092
3	64	9,786
4	75	11,468
5	57	8,716
6	71	10,856
7	74	11,315
8	69	10,550
9	61	9,327

a) Selecione o procedimento apropriado.
b) Verifique as suposições
c) Declare a hipótese
d) Teste uma hipótese apropriada e apresente os resultados.
e) Interprete o significado dos resultados e formule a conclusão.

8. Discriminação no emprego? Dados do censo de Nova York indicam que 29,2% da população abaixo de 18 anos é branca, 28,2% é negra, 31,5% é latina, 9,1% é asiática e 2% são de outras etnias. A União de Liberdades Civis de Nova York aponta que, dos 26181 policiais, 64,8% são brancos, 14,5% são negros, 19,1% são hispânicos e 1,4% são asiáticos. Os policiais refletem a composição étnica dos jovens da cidade?
a) Selecione o procedimento apropriado.
b) Verifique as suposições
c) Declare a hipótese
d) Teste uma hipótese apropriada e apresente os resultados.
e) Interprete o significado dos resultados e formule a sua conclusão.

T 9. Titanic. Aqui está uma tabela exibindo quem sobreviveu ao naufrágio do *Titanic* baseado em se eles eram da tripulação ou passageiros viajando em cabines de primeira, segunda ou terceira classe.

	Tripulação	Primeira	Segunda	Terceira	Total
Vivos	212	202	118	178	**710**
Mortos	673	123	167	528	**1491**
Total	**885**	**325**	**285**	**706**	**2201**

a) Se selecionarmos um indivíduo ao acaso desta tabela, qual a probabilidade de selecionarmos um membro da tripulação?
b) Qual a probabilidade de selecionarmos aleatoriamente um sobrevivente da terceira classe?
c) Qual e a probabilidade de selecionarmos aleatoriamente um sobrevivente dado que ele estava numa cabine da primeira classe?
d) Se as chances de sobrevivência de alguém fossem as mesmas sem levar em consideração seu *status* no navio, quantos membros da tripulação você esperaria que tivessem sobrevivido?
e) Declare a hipótese nula e a alternativa que testaríamos aqui.
f) Determine os graus de liberdade do teste.
g) O valor do qui-quadrado para a tabela é de 187,8 e o valor-P correspondente é dificilmente maior do que zero. Formule conclusões sobre as hipóteses.

T 10. Discriminação nas promoções? A tabela mostra a posição alcançada por policiais homens e mulheres no Departamento de Polícia da Cidade de Nova York (NYPD). Estes dados indicam que homens e mulheres estão equitativamente representados em todos os níveis do departamento?

		Homem	Mulher
Posição	**Policial**	21900	4281
	Detetive	4058	806
	Sargento	3898	415
	Tenente	1333	89
	Capitão	359	12
	Posições mais altas	218	10

a) Qual a probabilidade de que uma pessoa selecionada ao acaso da NYPD seja uma mulher?
b) Qual a probabilidade de que uma pessoa selecionada ao acaso da NYPD seja um detetive?
c) Assumindo que não há tendenciosidade nas promoções, quantas mulheres detetives você esperaria que a NYPD tivesse?
d) Para ver se existe diferenças em posições obtidas por homens e mulheres, você testaria a aderência, a homogeneidade ou a independência?
e) Declare a hipótese.
f) Teste as condições.
g) Quantos graus de liberdade existem?
h) Encontre o valor do qui-quadrado e o valor-P associado.
i) Formule sua conclusão.
j) Se você concluir que as distribuições não são as mesmas, analise as diferenças usando os resíduos padronizados dos seus cálculos.

11. Ordem de nascimento e escolha da faculdade. Os estudantes de uma turma de Estatística Introdutória de uma grande universidade foram classificados pela sua ordem de nascimento e pela faculdade que cursam.

---

[8] Fonte: Agência lotérica do estado de Maryland, www.mdlottery.com.

Capítulo 15 – Inferência para Frequências: Testes Qui-Quadrado **467**

	Ordem de nascimento (1 = mais velho ou filho único)				
	1	**2**	**3**	**4 ou mais**	**Total**
Artes e ciências	34	14	6	3	57
Agronomia	52	27	5	9	93
Ciências sociais	15	17	8	3	43
Cursos tecnológicos	13	11	1	6	31
Total	114	69	20	21	224

(coluna lateral: **Faculdade**)

	Valores esperados ordem de nascimento (1 = mais velho ou filho único)			
	1	**2**	**3**	**4 ou mais**
Artes e ciência	29,0089	17,5580	5,0893	5,3438
Agronomia	47,3304	28,6473	8,3036	8,7188
Ciências sociais	21,839	13,2455	3,8393	4,0313
Cursos tecnológicos	15,7768	9,5491	2,76,79	2,9063

(coluna lateral: **Faculdade**)

a) Que tipo de teste do qui-quadrado é apropriado – de aderência, de homogeneidade ou de independência?
b) Formule as hipóteses.
c) Declare e verifique as condições.
d) Quantos graus de liberdade existem?
e) Os cálculos produzem $\chi^2 = 17{,}178$, com P = 0,0378. Formule a conclusão.
f) Examine e comente sobre os resíduos padronizados. Eles desafiam a conclusão? Explique.

	Resíduos padronizados ordem de nascimento (1 = mais velho ou filho único)			
	1	**2**	**3**	**4 ou mais**
Artes e ciência	0,92667	–0,84913	0,40370	–1,01388
Agronomia	0,67876	–0,30778	–1,14640	0,09525
Ciências sociais	–1,47155	1,03160	2,12350	–0,51362
Cursos tecnológicos	–0,69909	0,46952	–1,06261	1,81476

(coluna lateral: **Faculdade**)

12. Fabricantes de automóveis. A *Consumer Reports* usa os levantamentos de dados obtidos dos assinantes da revista e do *site* (www.ConsumerReports.org) para mensurar a confiança nos automóveis. Este levantamento de dados anual pergunta sobre os problemas que os consumidores tiveram com os seus carros, vans, uti-

litários ou caminhões durante os últimos 12 meses. Cada análise é baseada no número de problemas por 100 veículos.

	Origem do fabricante			
	Ásia	**Europa**	**EUA**	**Total**
Sem problemas	88	79	83	250
Problemas	12	21	17	50
Total	100	100	100	300

	Valores esperados		
	Ásia	**Europa**	**EUA**
Sem problemas	83,33	83,33	83,33
Problemas	16,67	16,67	16,67

a) Formule as hipóteses.
b) Declare e verifique as condições.
c) Quantos graus de liberdade existem?
d) Os cálculos produzem $\chi^2 = 2{,}928$, com P = 0,231. Formule a conclusão.
e) Você esperaria que uma amostra maior pudesse encontrar uma significância estatística? Explique.

T 13. Suco de amora. É uma crença popular de que as amoras podem ajudar a prevenir infecções do trato urinário da mulher. Um dos principais produtores de suco de amora gostaria de usar esta informação na sua próxima campanha publicitária, por isso precisam de evidências desta afirmação. Em 2002, o *British Medical Journal* relatou os resultados de um estudo finlandês no qual três grupos de 50 mulheres foram monitorados por 6 meses em relação a estes tipos de infecções. Um grupo tomou suco de amora diariamente, outro grupo tomou uma bebida com lactobacilos e o terceiro grupo não tomou nenhuma destas bebidas, servindo como um grupo de controle. No grupo de controle, 18 mulheres desenvolveram pelo menos uma infecção, comparado com 20 das que ingeriram a bebida com lactobacilos e com somente 8 daquelas que tomara o suco de amora. Este estudo fornece evidências que corroboram que o suco de amora preveniu de infecções do trato urinário em mulheres?
a) Selecione o procedimento adequado.
b) Verifique as suposições.
c) Declare a hipótese.
d) Teste a hipótese apropriada e relate os resultados.
e) Interprete o significado dos resultados e formule a conclusão.
f) Se você concluiu que os grupos não são os mesmos, analise as diferenças usando os resíduos padronizados dos seus cálculos.

T 14. Companhia automobilística. Um fabricante europeu de automóveis afirma que seus carros são os preferidos da geração mais jovem e gostaria de ter como alvo da sua próxima campanha os estudantes universitários. Suponha que nós testamos a afirmação com um levantamento aleatório próprio de dados nos estacionamentos de uma grande universidade. As marcas por país de origem observadas

468 Parte II – Entendendo Dados e Distribuições

no estacionamento dos estudantes e no dos funcionários estão na próxima tabela. Existem diferenças de procedência dos carros dirigidos pelos estudantes e pelos funcionários?

		Estudante	Funcionário
Origem	**Americano**	107	105
	Europeu	33	12
	Asiático	55	47

a) Este é um teste de independência ou de homogeneidade?
b) Escreva hipótese apropriada.
c) Verifique as suposições e as condições necessárias.
d) Encontre o valor-P do seu teste.
e) Formule sua conclusão e análise.

❶ 15. Segmentação do mercado. O *Chicago Female Fashion Study*[9] fez um levantamento de dados com consumidores para determinar as características dos compradores "frequentes" em diferentes lojas de departamentos na área de Chicago. Suponha que você seja um gerente de *marketing* de uma das lojas de departamentos. Você gostaria de saber se a frequência de compras de uma consumidora e a sua idade estão relacionados.

		Idade			
		18-24	**25-44**	**45-54**	**55 ou mais**
Frequência de compras	**Nunca/Raramente**	32	171	45	24
	1-2 vezes/ano	18	134	40	37
	3-4 vezes/ano	21	109	48	27
	≥ 5 vezes/ano	39	134	71	50

		Resíduos padronizados idade			
		18-24	**25-44**	**45-54**	**55 ou mais**
Frequência das compras	**Nunca/ Raramente**	0,3803	1,7974	−1,4080	-2,2094
	1-2 vezes/ano	−1,4326	0,7595	−0,9826	0,9602
	3-4 vezes/ano	−0,3264	−0,3151	0,9556	−0,2425
	≥ 5 vezes/ano	1,1711	−2,1360	1,4235	1,4802

a) Este é um teste de independência ou de homogeneidade?
b) Escreva as hipóteses adequadas.
c) As condições para inferência foram satisfeitas?
d) Os cálculos produzem $\chi^2 = 26{,}084$, com P = 0,002. Formule a conclusão.
e) Considerando os resíduos padronizados dados na tabela, formule a conclusão completa.

❶ 16. Empresa de frutos do mar. Uma grande empresa do nordeste dos Estados Unidos que compra peixes de pescadores locais e os

---

[9] *Exercício de Segmentação de Mercado* original preparado por K. Matsuno, D. Kopcso e D. Tigert, Babson College em 1997 (Babson Case Series #133-C97A-U).

---

distribui para grandes firmas e restaurantes está estudando o lançamento de uma nova campanha publicitária sobre os benefícios do peixe para a saúde. Como evidência, eles gostariam de citar o seguinte estudo. Pesquisadores médicos acompanharam 6272 homens suecos durante 30 anos para ver se havia alguma associação entre a quantidade de peixe na sua dieta e câncer de próstata ("*Fatty Fish Consumption and Risk of Prostate Câncer,*" *Lancet,* Junho 2001).

		Câncer de próstata	
		Não	**Sim**
Consumo de peixe	**Nunca/Raramente**	110	14
	Pequena parte da dieta	2420	201
	Parte moderada	2769	209
	Grande parte	507	42

a) Iste é um levantamento de dados, um estudo prospectivo ou um experimento? Explique.
b) Este é um teste de homogeneidade ou de independência?
c) Você vê evidência de uma associação entre a quantidade de peixe na dieta de um homem e o seu risco de desenvolver câncer de próstata?
d) Este estudo prova que comer peixe não previne do câncer de próstata? Explique.

17. Compras. Um levantamento de dados entre 430 adultos escolhidos aleatoriamente encontra que 47 dos 222 homens e 37 de 208 mulheres tinham comprado livros *on-line*.
a) Existe evidência de relacionamento entre o sexo da pessoa e a compra de livros *on-line*?
b) Se a sua conclusão, de fato, estiver errada, você cometeu um erro do Tipo I ou do Tipo II?
c) Construa um intervalo de confiança de 95% para a diferença entre as proporções de compras *on-line* para homens e mulheres.

18. Tecnologia da informação. Um relatório recente sugere que os Diretores Executivos de Informação (CIO) que prestam contas diretamente ao Diretor Financeiro (CFO) ao invés de ao Diretor Geral (CEO) tem maior probabilidade de ter programas de trabalho em Tecnologia da Informação (IT) que tratam do corte de custos e controle (SearchCIO.com, 14 de março de 2006). Numa amostra aleatória de 535 empresas, foi encontrado que os CIOs prestaram contas diretamente aos CFOs em 173 das 335 empresas de serviços e em 95 das 200 empresas de manufatura.
a) Existe evidência de que o tipo de negócios (serviço *versus* manufatura) e a quem o CIO presta contas diretamente estão associados?
b) Se sua conclusão estiver errada, você cometeu um erro do Tipo I ou do Tipo II?
c) Dê um intervalo de confiança de 95% para a diferença das proporções das empresas nas quais o CIO presta contas diretamente ao CFO entre empresas de serviço e de manufatura.

19. *Fast food.* A GfK Roper coleta informação das preferências dos consumidores por todo o mundo para ajudar as empresas a monitorar atitudes sobre saúde, comida e medicamentos. Eles perguntaram às pessoas em muitas culturas diferentes o que eles achavam da seguinte afirmação: *Eu tento evitar comer fast food.*

Numa amostra aleatória de 800 respondentes, 411 pessoas tinham 35 anos ou menos e, destes, 197 concordaram (completamente ou de certa forma) com a afirmação. Das 389 pessoas acima de 35 anos, 246 pessoas concordaram com a afirmação.

a) Existe evidência de que o percentual de pessoas evitando comida rápida é diferente entre as duas faixas etárias?

b) Dê um intervalo de confiança de 90% para a diferença entre as proporções.

20. Jogos de computador. Para comercializar efetivamente jogos eletrônicos, um gerente queria saber qual a faixa etária de meninos que mais jogavam. Um levantamento de dados em 2006 encontrou que 154 de 223 meninos com idade entre 12-14 anos que disseram que "jogavam jogos de computador ou de vídeo games como Xbox ou Playstation ... ou jogos *on-line*". De outros 248 meninos com idade entre 15-17 anos, 154 também disseram que jogavam estes mesmos jogos.

a) Existe evidência de que o percentual de meninos que jogam estes tipos de jogos é diferente nas duas faixas etárias?

b) Dê um intervalo de confiança de 90% para a diferença entre as proporções.

21. Taxas de execução de hipoteca. Os dois estados com as taxas de hipotecas imobiliárias mais altas, em março de 2008, foram Nevada e Colorado (realestate.msn.com, Abril 2008). No segundo trimestre de 2008, houve 8 execuções de hipoteca numa amostra aleatória de 1098 casas em Nevada e 6 numa amostra de 1460 casas no Colorado.

a) Existe evidência de que o percentual de execução de hipotecas é diferente nos dois estados?

b) Dê um intervalo de confiança de 90% para a diferença entre as proporções.

22. Força de trabalho. A reforma da lei de imigração se concentrou em dividir os imigrantes em dois grupos: trabalhadores de longo prazo e de curto prazo. De acordo com um relatório recente, trabalhadores de curto prazo, sem autorização, constituem aproximadamente 6% da força de trabalho norte-americana na construção (*Pew Hispanic Center Fact Sheet*, 13 de abril de 2006). As regiões do país com o percentual mais baixo de imigrantes de curto prazo não autorizados são o nordeste e o meio-oeste. Numa amostra aleatória de 958 trabalhadores da construção do nordeste, 66 são imigrantes ilegais de curto prazo. No meio-oeste, 42 de uma amostra de 1070 são imigrantes ilegais de curto prazo.

a) Existe evidência de que o percentual de trabalhadores da construção que são imigrantes ilegais de curto prazo difere nas duas regiões?

b) Dê um intervalo de confiança de 90% para a diferença entre as proporções.

① 23. Segmentação do mercado, parte 2. O levantamento de dados descrito no Exercício 15 também investigou o estado civil dos consumidores. Usando as mesmas definições para a *Frequência das Compras* do Exercício 15, os cálculos forneceram a seguinte tabela. Teste a hipótese apropriada para o relacionamento entre o estado civil e a frequência de compras na mesma loja de departamentos do Exercício 15 e formule suas conclusões.

	Frequências			
	Solteiro	**Viúvo**	**Casado**	**Total**
Nunca/Raramente	105	5	162	**272**
1-2 vezes/ano	53	15	161	**229**
3-4 vezes/ano	57	8	140	**205**
≥ 5 vezes/ano	72	15	207	**294**
Total	**287**	**43**	**670**	**1000**

24. Opções de investimentos. A desaceleração econômica do início de 2008 e a possibilidade de uma inflação futura motivaram uma firma de corretagem a avaliar o nível de interesse em opções de investimentos para derrotar a inflação entre os seus clientes. Eles fizeram um levantamento de dados com uma amostra aleatória de 1200 clientes, pedindo que eles indicassem a probabilidade de que eles fossem acrescentar fundos de previdência ligados à inflação e títulos aos seus portfólios no próximo ano. A tabela abaixo exibe a distribuição das respostas dos investidores quanto à tolerância ao risco. Teste a hipótese apropriada para o relacionamento entre a tolerância ao risco e a probabilidade de investir em opções ligadas à inflação.

		Tolerância ao risco			
		Contrário	**Neutro**	**Procura**	**Total**
Probabilidade de investimento em opções ligadas à inflação	**Certo que irá investir**	191	93	40	**324**
	Propenso investir	82	106	123	**311**
	Não propenso investir	64	110	101	**275**
	Certo que não irá investir	63	91	136	**290**
	Total	**400**	**400**	**400**	**1200**

25. Contabilidade. A Lei *Sarbanes Oxley* (SOX) foi aprovada em 2002, como consequência dos escândalos das corporações e numa tentativa de recuperar a confiança do público nas práticas de contabilidade e prestação de contas. Foi feito um levantamento de dados de duas amostras aleatórias com 1015 executivos cada e foi perguntada a opinião sobre a prática contábil realizada em 2000 e em 2006. A tabela abaixo resume todas as 2030 respostas à pergunta "Quais dos seguintes você considera mais crítico para estabelecer uma contabilidade e prestação de contas ética e legais?". A distribuição das respostas mudou de 2000 para 2006?

		2000	**2006**
Respostas	**Treinamento**	142	131
	Segurança da TI	274	244
	Auditoria periódica	152	173
	Políticas de TI	396	416
	Sem opinião	51	51

470 Parte II – Entendendo Dados e Distribuições

a) Selecione o procedimento apropriado.
b) Verifique as suposições.
c) Declare a hipótese.
d) Teste a hipótese apropriada e apresente os resultados.
e) Interprete o significado dos resultados e formule uma conclusão.

26. Executivos empreendedores. Uma importante organização de tutoria para CEO oferece um programa para diretores executivos, presidentes e proprietários de negócios com um foco no desenvolvimento das habilidades empresariais. Executivos homens e mulheres que recentemente completaram o programa avaliaram o seu valor. As percepções do valor do programa são as mesmas para homens e mulheres?

		Homens	Mulheres
Valor percebido	**Excelente**	3	9
	Bom	11	12
	Médio	14	8
	Marginal	9	2
	Ruim	3	1

a) Você irá testar a aderência, a homogeneidade ou a independência?
b) Escreva a hipótese apropriada.
c) Encontre as frequências apropriadas para cada célula e explique por que os procedimentos do qui-quadrado não são apropriados para esta tabela.

T 27. Segmentação do mercado, novamente. O levantamento de dados descrito no Exercício 15 também investigou a ênfase dos consumidores na *Qualidade* perguntando a eles: "Pela mesma quantia de dinheiro eu geralmente comprarei um bom item ao invés de vários com preço e qualidade mais baixa". Usando as mesmas definições de *Frequência das Compras* do Exercício 15, os cálculos geraram a seguinte tabela. Teste uma hipótese apropriada para o relacionamento entre a ênfase do consumidor na *Qualidade* e a *Frequência das Compras* nesta mesma loja de departamentos.
a) Selecione o procedimento apropriado.
b) Verifique as suposições.
c) Declare a hipótese.
d) Teste uma hipótese apropriada e declare os seus resultados.
e) Interprete o significado dos resultados e declare uma conclusão.

	Frequência			
		Concorda/Discorda		
	Discorda	**moderadamente**	**Concorda**	**Total**
Nunca/ Raramente	15	97	160	**272**
1-2 vezes/ano	28	107	94	**229**
3-4 vezes/ano	30	90	85	**205**
≥ 5 vezes/ano	35	140	119	**294**
Total	**108**	**434**	**458**	**1000**

28. Compras *on-line*. Um relatório recente conclui que, embora os usuários da Internet gostem da conveniência das compras *on-line*, eles realmente têm preocupações em relação a privacidade e

a segurança. (*On-line Shopping, Washington DC, Pew Internet & American Life Project*, fevereiro 2008). Foi solicitado aos respondentes que indicassem o nível de concordância com a declaração: "Eu não gosto de fornecer o número do meu cartão de crédito ou informações pessoais *on-line*". A tabela fornece um subconjunto de respostas. Teste uma hipótese apropriada para a relação entre idade e nível de preocupação sobre a privacidade e a segurança *on-line*.

	Idades	Concorda forte-mente	Concorda	Discorda	Discorda forte-mente	**Total**
Faixa etária	**18-29**	127	147	138	10	**422**
	30-49	141	129	78	55	**403**
	50-64	178	102	64	51	**395**
	65 ou mais	180	132	54	14	**380**
	Total	**626**	**510**	**334**	**130**	**1600**

a) Selecione o procedimento apropriado.
b) Verifique as suposições.
c) Declare a hipótese.
d) Teste a hipótese apropriada e apresente os resultados.
e) Interprete o significado dos resultados e formule uma conclusão.

29. Executivos empreendedores, novamente. Em algumas situações em que as frequências esperadas são muito pequenas, como no Exercício 26, podemos completar a análise de qualquer maneira. Nós podemos, geralmente, proceder após combinar células de alguma maneira que faça sentido e também produza uma tabela na qual as condições são satisfeitas. Aqui está uma nova tabela exibindo os mesmos dados, mas combinando "Marginal" e "Ruim" numa nova categoria chamada de "Abaixo da Média".

		Homens	Mulheres
Valor percebido	**Excelente**	3	9
	Bom	11	12
	Médio	14	8
	Abaixo da média	12	3

a) Encontre as frequências esperadas para cada célula nesta nova tabela e explique por que o procedimento do qui-quadrado é agora apropriado.
b) Com esta mudança na tabela, o que aconteceu com o número dos graus de liberdade?
c) Teste a sua hipótese sobre os dois grupos e declare a conclusão apropriada.

30. Pequenos negócios. A diretora de um centro de desenvolvimento de pequenos negócios, localizado numa cidade de tamanho médio, está revisando os dados dos seus clientes. Em particular, ela está interessada em examinar se a distribuição dos donos de negócios ao longo dos vários estágios do ciclo da vida do negócio é a mesma para proprietários brancos e hispânicos. Os dados estão exibidos na tabela seguinte.

		Proprietário	
		Branco	**Hispânico**
Estágio dos negócios	**Planejando**	11	9
	Começando	14	11
	Administrando	20	2
	Fechando	15	1

a) Você irá testar aderência, a homogeneidade ou a independência?
b) Escreva a hipótese apropriada.
c) Encontre as frequências esperadas para cada célula e explique por que os procedimentos do qui-quadrado não são apropriados para esta tabela.
d) Crie uma nova tabela combinando as categorias para que o procedimento do qui-quadrado possa ser usado.
e) Com esta mudança na tabela, o que aconteceu com os graus de liberdade?
f) Teste a sua hipótese sobre os dois grupos e declare a conclusão apropriada.

T 31. Discriminação racial. Uma forma sutil de discriminação racial nas vendas de residências é o "direcionamento das raças". Ele ocorre quando corretores de imóveis mostram a compradores em potencial somente casas em bairros já dominados pela raça daquela família. Isso viola a Lei da Moradia Justa, de 1968. De acordo com um artigo na revista *Chance* (Vol. 14, n. 2, 2001), inquilinos de um grande condomínio de apartamentos recentemente entraram com uma ação judicial alegando direcionamento de raças. O condomínio é dividido em duas partes: Seção A e Seção B. Os autores da ação alegam que os potenciais locatários brancos foram direcionados para a Seção A, enquanto os afro-americanos foram direcionados para a Seção B. A tabela seguinte exibe os dados que foram apresentados no tribunal para mostrar as localizações de apartamentos alugados recentemente. Você acha que existe evidência de direcionamento de raças?

	Novos locatários		
	Branco	**Negros**	**Total**
Seção A	87	8	**95**
Seção B	83	34	**117**
Total	**170**	**42**	**212**

32. *Titanic*, novamente. As manchetes de jornais da época e a crença popular nas décadas seguintes levam a crer que as mulheres e as crianças escaparam do naufrágio do *Titanic* em maiores proporções. Aqui está uma tabela com dados relevantes. Você acha que a sobrevivência é independente do sexo do sobrevivente? Defenda a sua conclusão.

	Mulher	**Homem**	**Total**
Vivo	343	367	**710**
Morto	127	1364	**1491**
Total	**470**	**1731**	**2201**

33. Discriminação racial, revisitada. Encontre um intervalo de confiança de 95% para a diferença entre a proporção de locatários negros nas duas seções para os dados do Exercício 31.

34. *Titanic*, uma vez mais. Encontre um intervalo de confiança de 95% para a diferença entre as proporções de homens e mulheres que sobreviveram considerando os dados do Exercício 32.

35. Setor da indústria e terceirização. Muitas empresas têm escolhido terceirizar segmentos dos seus negócios para fornecedores externos para cortar custos e melhorar a qualidade ou a eficiência. Segmentos comuns de negócios que são terceirizados incluem a Tecnologia da Informação (TI) e Recursos Humanos (RH). Os dados abaixo exibem os tipos de decisões de terceirização feitas (sem terceirização, somente TI, somente RH, ambos TI e RH) de uma amostra de empresas de vários setores da indústria.

		Sem terceirização	**Somente TI**	**Somente RH**	**TI e RH**
Setor da indústria	**Saúde**	810	6429	4725	1127
	Financeiro	263	1598	549	117
	Bens industriais	1031	1269	412	99
	Bens de consumo	66	341	305	197

Estes dados destacam diferenças significativas na terceirização por setor da indústria?
a) Selecione o procedimento apropriado.
b) Verifique as suposições.
c) Formule a hipótese.
d) Teste a hipótese apropriada e apresente os resultados.
e) Interprete o significado dos resultados e formule a conclusão.

36. Setor da indústria e terceirização, parte 2. Considere somente as empresas que tenham terceirizado seus segmentos de negócios de TI e RH. Estes dados sugerem diferenças significativas entre empresas dos setores financeiros e de bens industriais quanto às suas decisões sobre terceirização?

		Somente TI	**Somente RH**	**Ambos TI e RH**
Setor da indústria	**Financeiro**	1598	549	117
	Bens industriais	1269	412	99

a) Selecione o procedimento apropriado.
b) Verifique as suposições.
c) Declare a hipótese.
d) Teste uma hipótese apropriada e declare seus resultados.
e) Interprete o significado dos resultados e declare a conclusão.

472 Parte II – Entendendo Dados e Distribuições

		Estilo de Gestão				
		Autoritário explorador	**Autoritário benevolente**	*Laissez faire*	**Consultivo**	**Participativo**
Satisfação do funcionário no emprego	**Muito satisfeito**	27	50	52	71	101
	Satisfeito	82	19	88	83	59
	Pouco satisfeito	43	56	26	20	20
	Não satisfeito	48	75	34	26	20

37. Estilos de gestão. Use o resultado do levantamento de dados da próxima tabela para investigar as diferenças na satisfação dos funcionários com o emprego entre organizações americanas com diferentes estilos de gestão.
a) Selecione o procedimento apropriado.
b) Verifique as suposições.
c) Declare a hipótese.
d) Teste a hipótese apropriada e apresente os resultados.
e) Interprete o significado dos resultados e formule a conclusão

38. Classificação da empresas. A cada ano, a revista *Fortune* lista as 100 melhores empresas para se trabalhar, baseado no critério como salário, benefícios, taxa de rotatividade e diversidade. Em 2008, as três melhores foram Google, Quicken Loans e Wegmans Food Market (*Fortune*, 4 de fevereiro de 2008). Das 100 melhores empresas para se trabalhar, 33 tiveram um crescimento de dois dígitos na oferta de empregos (10%-68%), 49 tiveram um crescimento de um digito na oferta de emprego (1%-9%) e 18 nenhum crescimento ou um declínio. Um exame mais minucioso das 30 melhores mostra que 15 tiveram um crescimento na oferta de emprego de dois dígitos, 11 de um dígito e somente 4 não tiveram crescimento ou apresentaram um declínio. Existe algo incomum sobre o crescimento da oferta de emprego entre as 30 melhores empresas?
a) Selecione o procedimento apropriado.
b) Verifique as suposições.
c) Declare a hipótese.
d) Teste a hipótese apropriada e apresente os resultados.
e) Interprete o significado dos resultados e formule a conclusão

39. Negócios e Blogs. O projeto Pew Internet & American Life repetidamente conduz levantamentos de dados para avaliar o impacto da Internet e da tecnologia na vida cotidiana. Um levantamento de dados recente perguntou aos respondentes se eles liam jornais *on-line* e *blogs*, uma atividade da Internet de interesse potencial para muitos negócios. Um subconjunto dos dados deste levantamento (*February-March 2007 Tracking Data Set*) exibe as respostas a esta pergunta. Teste se ler jornais *on-line* ou *blogs* é independente da geração.

		Lê jornal *on-line* ou *blog*			
		Sim, ontem	**Sim, mas não ontem**	**Não**	**Total**
Geração	**Ger-Y (18-30)**	29	35	62	**126**
	Ger X (31-42)	12	34	137	**183**
	Trailing boomers (43-52)	15	34	132	**181**
	Leading boomers (53-61)	7	22	83	**112**
	Maduros (62 +)	6	21	111	**138**
	Total	69	146	525	**740**

40. Negócios e *blogs*, novamente. O levantamento de dados da Pew Internet & American Life Project descrito no Exercício 39 também perguntou aos respondentes se eles já tinham criado ou trabalhado no seu próprio jornal ou *blog on-line*. Novamente, um subconjunto de dados deste levantamento de dados (*February-March 2007 Tracking Data Set*) exibe respostas a esta pergunta. Teste se criar jornais *on-line* ou *blogs* é independente da geração.

		Criar jornal *on-line* ou blog ...			
		Sim/ ontem	**Sim / Não ontem**	**Não**	**Total**
Geração	**Ger-Y (18 – 30)**	18	24	85	**127**
	Ger X (31 – 42)	6	15	162	**183**
	***Boomers* (43 – 61)**	5	15	273	**293**
	Maduros (62 ou +)	3	3	132	**138**
	Total	32	57	652	**741**

41. Sistemas de informação. Num estudo recente sobre a eficácia do sistema de planejamento de recursos para empreendimentos (PRE), os pesquisadores perguntaram às empresas sobre como elas avaliavam o sucesso dos seus sistemas de PRE. De 335 empresas de manufatura pesquisadas, eles encontraram que 201 usaram o retorno do investimento (RDI), 100 usaram reduções nos níveis de estoque, 28 usaram melhoria na qualidade dos dados e 6 usaram entregas *on-line*. Num levantamento de dados de 200 empresas de serviços, 40 usaram RDI, 40 usaram níveis de estoque, 100 usaram melhoria na qualidade dos dados e 20 usaram fornecimento pontual. Existe

	Oeste (Extremo Oeste, Sudoeste e M. Rochosas)	Meio-oeste (Grandes Lagos e Estados das Planícies)	Sudeste	Nordeste (Meio Leste e os Estados da Nova Inglaterra)	Total
Quintil Os dois quintis mais altos (top 40%)	5	5	5	5	20
Os três quintis mais baixos (60% mais baixos)	10	7	7	7	31
Total	15	12	12	12	51

evidência de que as medidas usadas para avaliar a eficácia do sistema do PRE diferem entre empresas de serviço e de manufatura? Execute um teste apropriado e apresente a conclusão.

42. Produto interno bruto dos EUA. A Agência de Análise Econômica dos EUA fornece informações do Produto Interno Bruto (PIB) dos Estados Unidos por estado (veja o *site* www.bea.gov). A Agência recentemente liberou os números que mostram o PIB real por estado de 2007. Usando os dados da tabela, examine se existe independência entre o PIB e a região do país. (Observe que tanto o Alasca quanto o Havaí são considerados parte da Região Oeste e o distrito federal (D.C.) está incluído na Região Nordeste.)

43. Crescimento econômico. A Agência de Análise Econômica também fornece informações sobre o crescimento da economia dos EUA (veja o *site* www.bea.gov). A Agência recentemente liberou números que, segundo eles, mostram um aumento no crescimento da região oeste dos Estados Unidos. Usando a tabela e o mapa abaixo, determine se a mudança no percentual do PIB real por estado para 2005-2006 foi independente da região do país. (Observe que tanto o Alasca quanto o Havaí são considerados parte da Região Oeste e o distrito federal (D.C.) está incluído na Região do Nordeste.)

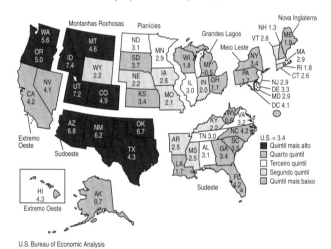

Mudança no percentual do PIB real por Estado, 2005-2006

U.S. Bureau of Economic Analysis

	Oeste (Extremo Oeste, Sudoeste e M. Rochosas)	Meio-Oeste (Grandes Lagos e Estados das Planícies)	Sudeste	Nordeste (Meio Leste e os Estados da Nova Inglaterra)	Total
Quintil Os dois quintis mais altos (40% superior)	13	2	4	2	21
Os três mais baixos (60% inferior)	2	10	8	10	30
Total	15	12	12	12	51

474 Parte II – Entendendo Dados e Distribuições

44. Crescimento econômico, revisitado. A Agência de Análise Econômica dos EUA fornece informação sobre o PIB dos EUA por área metropolitana (veja o *site* www.bea.gov). A Agência recentemente liberou os números que mostram um aumento no percentual do PIB real por área metropolitana para 2004-2005. Usando os dados da tabela a seguir, verifique se existe independência do crescimento do PIB com a área metropolitana e região do país. (Observe que tanto o Alasca quanto o Havaí são considerados parte da Região Oeste e o distrito federal (D. C.) está incluído na Região Nordeste.)

		Oeste (Extremo Oeste, Sudoeste e M. Rochosas)	Meio-oeste (Grandes Lagos e Estados das Planícies)	Sudeste	Nordeste (Meio Leste e os Estados da Nova Inglaterra)	Total
Quintil	Os dois quintis mais altos (40% superior)	62	9	38	12	121
	Os três mais baixos (60% inferior)	46	87	58	36	227
	Total	**108**	**96**	**96**	**48**	**348**

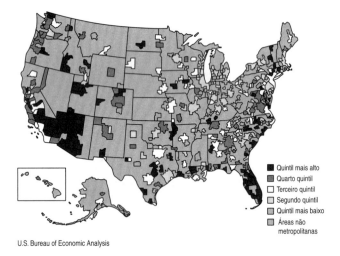

Mudança no percentual no PIB real por área metropolitana, 2004-2005

- Quintil mais alto
- Quarto quintil
- Terceiro quintil
- Segundo quintil
- Quintil mais baixo
- Áreas não metropolitanas

U.S. Bureau of Economic Analysis

RESPOSTAS DO TESTE RÁPIDO

1 Este é um teste de homogeneidade. A dica é que a pergunta indaga se as distribuições são semelhantes.

2 Este é um teste de aderência. Queremos testar o modelo de mesma atribuição para todas as áreas de estacionamento com o que realmente aconteceu.

3 Este é um teste de independência. Temos respostas de duas variáveis para os mesmos indivíduos.

PARTE III

Explorando Relações entre Variáveis

Inferência para a Regressão

Entendendo os Resíduos

Regressão Múltipla

Construindo Modelos de Regressão Múltipla

Análise de Séries Temporais

Inferência para a Regressão

Nambé Mills

Nambé (nam 'bei) Mills, Inc. foi fundada em 1951, próxima à pequena vila de Nambé Pueblo, aproximadamente 15 quilômetros ao norte de Santa Fé, Novo México. Conhecida por utensílios funcionais e elegantes para a cozinha e por sua cutelaria, a Nambé Mills agora vende seus produtos em lojas luxuosas em todo o mundo. Muitas das suas mercadorias são feitas de uma liga de oito metais, criada no Laboratório Nacional de Los Alamos (onde a bomba atômica foi desenvolvida, durante a Segunda Guerra Mundial) e, agora, usada exclusivamente pela Nambé Mills. A liga tem o brilho da prata e a solidez do aço, mas seu componente principal é o alumínio. Ela não contém prata, chumbo ou peltre (uma liga de estanho e cobre) e não mancha. Por ser um segredo comercial, a Nambé Mills não divulga o restante da fórmula. Mais de 15 artesãos podem estar envolvidos no processo de produção de um item que inclui modelar, misturar, esmerilhar, polir e lustrar.

Os produtos de metal da Nambé Mills são fundidos em moldes de areia, assim, passam por um processo de produção muito lento. Para racionalizar sua programação de produção, a gerência examinou o total de horas de polimento de 59 utensílios para a cozinha. Aqui está um diagrama de dispersão exibindo o preço dos itens no varejo e a quantidade de tempo (em minutos) gasto na fase de polimento (Figura 16.1).

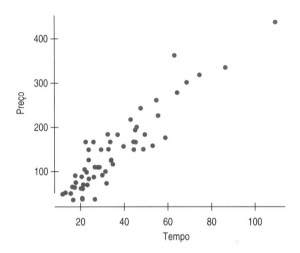

Figura 16.1 Um diagrama de dispersão do *Preço* ($) versus o *Tempo* (minutos) de polimento para os produtos de cutelaria da Nambé mostra que os itens que levam mais tempo para serem polidos custam mais, em média.

No Capítulo 8, modelamos relações como esta ajustando uma linha reta. A equação da linha dos mínimos quadrados para esses dados é:

$$\widehat{Preço} = -4{,}871 + 4{,}200 \times Tempo$$

A inclinação indica que, em média, o preço sobe $4,20 para cada minuto extra do tempo de polimento.

Qual é a utilidade desse modelo? Quando ajustamos modelos lineares anteriormente, os usamos para descrever as relações entre as variáveis e interpretamos a inclinação e o intercepto como descrições dos dados. Agora queremos saber o que o modelo de regressão pode nos informar além da amostra que usamos para gerar essa regressão. Para tanto, estabeleceremos intervalos de confiança e testaremos hipóteses sobre a inclinação e o intercepto da linha de regressão.

16.1 A população e a amostra

Nossos dados provêm de uma amostra de 59 itens. Se colhermos outra amostra, esperamos que a linha de regressão seja similar àquela que encontramos aqui, mas sabemos que ela não será exatamente a mesma. As observações variam de amostra para amostra. Porém, podemos imaginar uma linha verdadeira que resuma a relação entre *Preço* e *Tempo*. Seguindo nossas convenções, escrevemos a linha idealizada com letras gregas e consideramos os coeficientes (inclinação e intercepto) como parâmetros: β_0 é o intercepto e β_1 é a inclinação. Correspondendo à nossa linha ajustada de $\hat{y} = b_0 + b_1 x$, escrevemos $\mu_y = \beta_0 + \beta_1 x$. Escrevemos μ_y em vez de y porque a linha de regressão assume que as *médias* dos valores de y para cada valor de x caem exatamente na linha. Podemos representar a relação como a que aparece na Figura 16.2. As médias caem exatamente na linha (para o nosso modelo idealizado) e os valores de y em cada x estão distribuídos em volta delas.

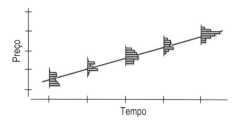

Figura 16.2 Existe uma distribuição de *Preços* para cada valor de *Tempo* de polimento. O modelo de regressão assume que as médias se alinham perfeitamente como esta.

ALERTA DE NOTAÇÃO:

Usamos a letra grega beta minúscula (β) para representar os coeficientes do modelo da regressão. Estimamos esses coeficientes com os *b* na equação de regressão ajustada. Usamos β anteriormente para a probabilidade de um erro Tipo II, mas o β aqui não está relacionado ao seu uso anterior.

Agora, se simplesmente tivéssemos todos os valores da população, poderíamos encontrar a inclinação e o intercepto dessa *linha de regressão idealizada* usando os mínimos quadrados.

É claro, nem todos os indivíduos *y* estão nessas médias. Na verdade, a linha não conterá a maioria – e geralmente todos – os pontos traçados. Alguns *y* estão acima da linha e alguns, abaixo; assim como todos os modelos, este comete erros. Se quisermos incluir todos os valores de *y* no nosso modelo, temos de incluir esses erros, que representamos por ε:

$$y = \beta_0 + \beta_1 x + \varepsilon.$$

Essa equação tem um ε para absorver o desvio em cada ponto, assim, o modelo fornece um valor de *y* para cada valor de *x*.

Estimamos os βs encontrando a linha de regressão, $\hat{y} = b_0 + b_1 x$, como fizemos no Capítulo 8. Os resíduos, $e = y - \hat{y}$, são a versão baseada na amostra dos erros, ε. Usaremos os resíduos para ajudar na avaliação do modelo de regressão.

Sabemos que a regressão dos mínimos quadrados fornecerá estimativas razoáveis dos parâmetros desse modelo a partir de uma amostra aleatória dos dados. Também sabemos que as estimativas não serão iguais aos parâmetros no modelo idealizado ou "verdadeiro". O desafio é gerenciar a incerteza das estimativas criando intervalos de confiança, como fizemos para as médias e as proporções. Para tanto, precisamos fazer suposições sobre o modelo e os erros.

16.2 Suposições e condições

No Capítulo 8, quando ajustamos linhas aos dados, usamos a **Linearidade** e as **Suposições de Igualdade de Variâncias** para verificar quatro condições. Agora, quando quisermos fazer inferências sobre os coeficientes da linha, teremos de assumir mais hipóteses, assim, adicionaremos mais condições.

Além disso, precisamos ter cuidado com a ordem na qual checamos as condições. Portanto, numeramos as suposições e verificamos as condições para cada uma ordenadamente: (1) Suposição de Linearidade, (2) Suposição de Independência, (3) Suposição da Igualdade de Variâncias e (4) Suposição de Normalidade.

1. Suposição de linearidade

Se a relação verdadeira entre duas variáveis quantitativas está longe de ser linear e usamos uma linha reta para ajustar os dados, toda a nossa análise será inútil; portanto, sempre verificamos primeiro a linearidade (e verificamos a **Condição da Variável Quantitativa** para as variáveis envolvidas, também).

A **Condição de Linearidade** é satisfeita se um diagrama de dispersão parecer linear. Normalmente, não é recomendável traçar uma linha através do diagrama de dispersão quando estamos verificando. Isso pode enganar os nossos olhos ao vermos o gráfico mais linear do que ele realmente é. Lembre-se dos erros, ou resíduos, que calculamos no Capítulo 8 para cada observação. Às vezes, é mais fácil enxergar as violações dessa condição analisando um diagrama de dispersão dos resíduos *versus x* ou *versus* os valores previstos $\hat{y}$. Esse gráfico não deve ter um padrão se a condição estiver satisfeita.

Se o diagrama de dispersão é linear o suficiente, podemos continuar com as suposições sobre os erros. Se não, paramos por aqui ou tentamos transformar as variáveis para tornar o diagrama de dispersão linear.[1]

2. Suposição de independência

Os erros no modelo de regressão subjacente verdadeiro (os εs) devem ser independentes um dos outros. Como sempre, não há como ter certeza de que a Suposição de Independência seja verdadeira.

Quando consideramos a inferência para os parâmetros de regressão, geralmente é porque achamos que nosso modelo de regressão pode ser aplicado a uma população maior. Em tais casos, podemos verificar a **Condição de Aleatoriedade** de que os indivíduos formam uma amostra aleatória daquela população.

Podemos também verificar diagramas dos resíduos da regressão para a existência de padrões, tendências ou aglomerações, situações que poderiam sugerir uma falha na suposição de independência. No caso especial de termos uma série temporal, uma violação comum da Suposição de Independência é a ocorrência de erros correlacionados uns aos outros (autocorrelacionados). (O erro que o nosso modelo comete hoje pode ser similar ao que ele já cometeu antes.) Podemos verificar essa violação fazendo um diagrama dos resíduos *versus* o tempo (normalmente, a variável *x* para uma série temporal) e procurar por padrões.

3. Suposição de igualdade de variâncias

A variabilidade de *y* deve ser aproximadamente a mesma para todos os valores de *x*. No Capítulo 8, analisamos os desvios padrão dos resíduos (s_e) para mensurar o tamanho do espalhamento. Agora precisamos desse desvio padrão para construir os intervalos de confiança e testar as hipóteses. O desvio padrão dos resíduos é o suporte para os erros padrão de todos os parâmetros da regressão. No entanto, ele faz sentido somente se a dispersão dos resíduos é a mesma em todo o lugar. Na verdade, o desvio padrão dos resíduos "combina" informação ao longo das distribuições individuais de *y* para cada valor de *x* e as estimativas combinadas são apropriadas somente quando combinam informações para grupos com mesma variância. Um diagrama de dispersão dos resíduos *versus* os valores previstos pode ajudar a ver se o espalhamento muda de alguma forma (você pode também traçar os resíduos *versus x*).

Sempre verificamos a **Condição de mesma dispersão** analisando o diagrama de dispersão dos resíduos contra *x* ou $\hat{y}$. Certifique-se de que a dispersão em torno da linha seja quase constante. Fique alerta para a forma de "chapéu" ou outra tendência de a variação aumentar ou diminuir ao longo do diagrama de dispersão.

Se o diagrama é linear o suficiente, os dados são independentes e a dispersão não muda, podemos seguir para a suposição final e sua condição associada.

4. Suposição de normalidade

Assumimos que os erros em torno da linha da regressão idealizada para cada valor de *x* seguem um modelo Normal. Precisamos dessa suposição para utilizar um modelo *t* de Student na inferência.

---

[1] Vimos, nos Capítulos 7 e 8, que transformar variáveis pode ajudar a entender as relações em vários contextos. O Capítulo 17 discute as transformações para a regressão mais detalhadamente.

Como das outras vezes que usamos o *t* de Student, verificaremos se os resíduos satisfazem a **condição de Normalidade**.[2] Como observamos anteriormente, a Suposição de Normalidade se torna menos importante à medida que o tamanho da amostra aumenta, já que o modelo diz respeito às médias e o Teorema Central do Limite está no comando. Um histograma dos resíduos é uma maneira de verificar se eles são aproximadamente Normais. Alternadamente, podemos analisar o **diagrama de probabilidade Normal** dos resíduos (veja a Figura 16.3). Ele destaca os desvios do modelo Normal de modo mais eficiente do que um histograma. Se a distribuição dos dados é Normal, o diagrama de probabilidade Normal irá parecer aproximadamente como uma linha reta na diagonal. Desvios dessa linha reta indicam que a distribuição não é Normal. Esse diagrama geralmente é capaz de exibir desvios da Normalidade de maneira mais clara do que um histograma, mas, em geral, é mais fácil de entender *como* a distribuição não consegue ser Normal analisando o seu histograma. Outra falha comum da Normalidade é a presença de um valor atípico. Assim, ainda devemos verificar a **Condição do valor atípico** para assegurarmos que nenhum ponto está exercendo influência demasiada no modelo ajustado.

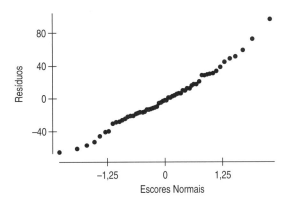

Figura 16.3 Um diagrama de probabilidade Normal exibe os resíduos padronizados reais *versus* aqueles esperados (escores Normais) para uma amostra da Normal padrão contendo o mesmo número de observações.

◆ **Como funciona o diagrama da probabilidade Normal?** Um diagrama de probabilidade Normal compara cada valor (no nosso caso, cada um dos 59 resíduos) com o valor que *esperaríamos* conseguir se tivéssemos simplesmente coletado uma amostra dos 59 valores de um modelo Normal Padronizado. O importante é que a ordem dos nossos valores corresponda à ordem esperada dos valores Normais.

É útil pensarmos em termos de valores padronizados. Por exemplo, o resíduo mais baixo (o mais negativo), no nosso exemplo, tem um valor de –$69,48. Padronizando, verificamos que ele está 2,03 desvios padrão abaixo da média, dando um escore-*z* de –2,03. Podemos verificar, da teoria, que, se coletarmos uma amostra de 59 valores ao acaso de um modelo Normal padrão, esperaríamos que o menor deles tivesse um valor de –2,39. Como estamos amostrando de um modelo Normal padrão, isso já é um escore-*z*. Podemos ver, então, que o nosso resíduo mais baixo não está tão longe da média como poderíamos ter esperado (se os resíduos fossem perfeitamente Normais).

Podemos continuar dessa forma, comparando cada valor observado com o valor que esperamos de um modelo Normal. A maneira mais fácil de fazer tais comparações é representá-las graficamente. Se nossos valores observados se parecem com uma

---

[2] É *por isso* que verificamos as condições em ordem. Verificamos que os resíduos são independentes e que a variação é a mesma para todos os valores *x* antes que possamos agrupar todos os resíduos para verificar a condição de Normalidade.

amostra de um modelo Normal, o diagrama de probabilidade se estende em linha reta do canto inferior esquerdo para o canto superior direito. No entanto, se nossos valores se desviam do que esperamos, o diagrama irá se curvar ou terá interrupções.

Os valores que esperamos de um modelo Normal são chamados de **escores Normais** ou, às vezes, de escores *n*. Como programas estatísticos podem traçar os escores normais tanto no eixo *x* quanto no eixo *y*, você precisa verificar qual é a situação. No entanto, visto que geralmente queremos simplesmente verificar se o diagrama é linear ou não, isso não tem importância.

Um diagrama de probabilidade Normal é uma ótima forma de verificar se a distribuição é aproximadamente Normal. Entretanto, quando ele não é linear, geralmente é recomendável fazer também um histograma dos valores, para ter uma ideia de qual é a distribuição dos dados.

O melhor conselho no uso do diagrama de probabilidade Normal é verificar se ele é linear. Se for, os seus dados se parecem com os dados do modelo Normal. Se não for, faça um histograma para entender como eles diferem do modelo.

Resumo das suposições e condições

Se todas as quatro suposições forem verdadeiras, o modelo da regressão idealizado irá se parecer com a Figura 16.4.

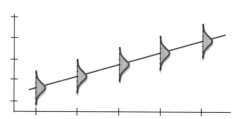

Figura 16.4 O modelo de regressão linear tem uma distribuição de valores *y* para cada valor *x*. Essas distribuições seguem um modelo Normal com as médias distribuídas ao longo da linha e com os mesmos desvios padrão.

Para cada valor de *x*, existe uma distribuição de valores *y* que segue um modelo Normal e cada um desses modelos Normais está centrado na linha e tem o mesmo desvio padrão. É claro, não esperamos que as suposições sejam exatamente verdadeiras. Como George Box afirmou: "todos os modelos estão errados". No entanto, o modelo linear é, muitas vezes, bom o suficiente para ser útil.

Na regressão, existe uma pequena armadilha. A melhor forma de verificar muitas das condições é com os resíduos, mas obtemos os resíduos somente *após* fazermos a regressão. Antes de calcularmos a regressão, entretanto, deveríamos verificar pelo menos uma das condições.

"A verdade irá emergir mais rapidamente do erro do que da desordem."

—Francis Bacon (1561-1626)

Portanto, trabalhamos nesta ordem:

1. **Faça um diagrama de dispersão dos dados** para verificar a Condição de Linearidade (e sempre verifique também se as variáveis são quantitativas). (Isso dá conta da **suposição de linearidade**.)
2. Se os dados forem lineares o suficiente, **faça uma regressão e encontre os resíduos, *e*, e os valores previstos, *ŷ*.**
3. Se você sabe quando as mensurações foram feitas, **faça um diagrama dos resíduos *versus* o tempo** para verificar a existência de padrões sugerindo que elas não são independentes (**suposição de independência**).
4. **Faça um diagrama de dispersão dos resíduos *versus* x ou valores previstos.** Esse diagrama não deve apresentar padrões. Verifique, em particular, qualquer curva (o que sugeriria que os dados não são tão lineares), alargamento (ou estreitamento) e, é claro, observações incomuns. (Se você descobrir erros, corrija-os

ou omita os pontos atípicos e retorne à etapa 1. Caso contrário, considere executar duas regressões – uma com e outra sem as observações incomuns.) (**Suposição da igualdade de variâncias.**)

5. Se os diagramas de dispersão parecem adequados, **faça um histograma e um diagrama de probabilidade Normal dos resíduos** para verificar as **condições de Normalidade** e dos **valores atípicos** (**suposição de Normalidade**).

16.3 O erro padrão da inclinação

Existe apenas um modelo de regressão para a população. As regressões da amostra tentam estimar os parâmetros β_0 e β_1. Esperamos que a inclinação estimada a partir de uma amostra, b_1 esteja próxima – mas não seja igual – à inclinação do modelo, β_1. Se pudéssemos analisar o conjunto de inclinações de muitas amostras (imaginárias ou reais), veríamos a distribuição de valores em torno da inclinação verdadeira. Isso é a distribuição amostral da inclinação.

Qual é o desvio padrão dessa distribuição? Que aspectos dos dados afetam o quanto a inclinação varia de amostra para amostra?

- **A dispersão em torno da linha.** A Figura 16.5 exibe as amostras de duas populações. Que população subjacente geraria inclinações mais consistentes?

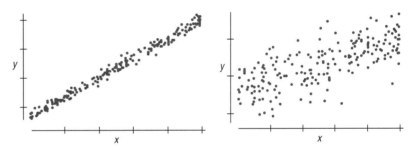

Figura 16.5 Qual desses diagramas de dispersão forneceria uma estimativa mais consistente da inclinação da regressão se coletássemos amostras repetidamente da sua população subjacente?

Menos dispersão em torno da linha significa que a inclinação será mais consistente de amostra para amostra. Lembre que mensuramos a dispersão em torno da linha com o **desvio padrão dos resíduos:**

$$s_e = \sqrt{\frac{\sum(y - \hat{y})^2}{n - 2}}.$$

Quanto menos dispersão existir em torno da linha, menor será o desvio padrão dos resíduos e mais forte será a relação entre x e y.

- **A dispersão da variável x:** Aqui estão as amostras de mais duas populações (Figura 16.6). Qual delas geraria inclinações mais consistentes?

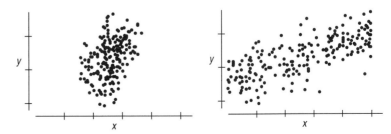

Figura 16.6 Qual desses diagramas de dispersão forneceria uma estimativa mais consistente da inclinação da regressão se coletássemos amostras repetidamente da sua população subjacente?

Um diagrama como o da direita tem um intervalo de valores *x* maior, assim, ele fornece uma base mais estável para a inclinação. Podemos esperar que inclinações de situações como essa variem menos de amostra para amostra. Um desvio padrão grande de *x*, s_x, como na figura à direita, fornece uma regressão mais estável.

◆ **Tamanho da amostra:** E os dois diagramas de dispersão na Figura 16.7?

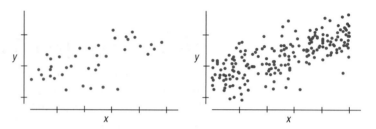

Figura 16.7 Qual desses diagramas de dispersão forneceria uma estimativa mais consistente da inclinação da regressão se coletássemos amostras repetidamente da sua população subjacente?

Não deve ser surpresa que uma amostra de tamanho maior (o diagrama de dispersão à direita), *n*, fornece estimativas mais consistentes de amostra para amostra.

Vamos resumir o que vimos nestas três figuras:

O erro padrão da inclinação da regressão

Os três aspectos do diagrama de dispersão que afetam o erro padrão da inclinação da regressão são:

- Dispersão em torno da linha: s_e
- Dispersão dos valores *x*: s_x
- Tamanho da amostra: *n*

Estes são, na verdade, os *únicos* aspectos que afetam o erro padrão da inclinação. A fórmula para o erro padrão da inclinação é:

$$EP(b_1) = \frac{s_e}{s_x \sqrt{n-1}}.$$

O desvio padrão do erro, s_e, está no *numerador*, visto que uma dispersão maior em torno da linha *aumenta* a inclinação do erro padrão. Por outro lado, o *denominador* tem tanto um termo do tamanho da amostra ($\sqrt{n-1}$), quanto um do desvio padrão de x, s_x, porque, se aumentarmos qualquer um deles, *diminuiremos* o erro padrão da inclinação.

16.4 Um teste para a inclinação da regressão

Sabemos que b_1 varia de amostra para amostra. Como você esperaria, seu modelo de distribuição amostral está centrado em β_1, a inclinação da linha de regressão idealizada. Agora podemos estimar seu desvio padrão com $EP(b_1)$. E a sua forma? Aqui o Teorema Central do Limite e Gosset (Student) vêm nos auxiliar novamente. Quando padronizamos as inclinações subtraindo a média do modelo e dividindo pelo seu erro padrão, temos um modelo *t* de Student, desta vez com *n* – 2 graus de liberdade.

$$\frac{b_1 - \beta_1}{EP(b_1)} \sim t_{n-2}.$$

A distribuição amostral para a inclinação da regressão

Quando as condições são satisfeitas, a inclinação da regressão padronizada estimada,

$$t = \frac{b_1 - \beta_1}{EP(b_1)},$$

segue um modelo t de Student com $n - 2$ graus de liberdade. Estimamos o erro padrão com $EP(b_1) = \dfrac{s_e}{s_x \sqrt{n - 1}}$, onde $s_e = \sqrt{\dfrac{\sum (y - \hat{y})^2}{n - 2}}$, n é o número de valores e s_x é o desvio padrão dos valores x.

O mesmo raciocínio se aplica ao intercepto. Escrevemos:

$$\frac{b_0 - \beta_0}{EP(b_0)} \sim t_{n-2}.$$

Poderíamos usar essa estatística para construir um intervalo de confiança e testar hipóteses, mas geralmente o valor do intercepto não é interessante. A maioria dos testes de hipótese e intervalos de confiança para regressão diz respeito à inclinação. No entanto, caso você realmente queira ver a fórmula para o erro padrão e o intercepto, a colocamos na nota de rodapé.[3]

Agora que temos o erro padrão da inclinação e sua distribuição amostral, podemos testar a hipótese sobre ele e construir intervalos de confiança. A hipótese nula comum sobre a inclinação é que ela seja igual a zero. Por quê? Uma inclinação de zero diria que y não tende a mudar linearmente quando x muda – em outras palavras, não existe associação linear entre as duas variáveis. Se a inclinação fosse zero, não sobraria muito da nossa equação da regressão.

Uma hipótese nula de uma inclinação zero questiona a afirmação de uma relação linear entre as duas variáveis e, geralmente, é isso o que queremos saber. Na verdade, cada pacote de *software* ou calculadora que faz regressão simplesmente assume que você quer testar a hipótese nula de que a inclinação é realmente zero.

> ### E se a inclinação for 0?
>
> Se $b_1 = 0$, nossa previsão é $\hat{y} = b_0 + 0x$, e a equação se reduz a apenas $\hat{y} = b_0$. Agora o x não está à vista, assim, y não depende de x.
>
> Neste caso, b_0 se tornaria $\bar{y}$. Por quê? Porque sabemos que $b_0 = \bar{y} - b_1\bar{x}$, e quando $b_1 = 0$, isso se torna simplesmente $b_0 = \bar{y}$. Acontece que, quando a inclinação for 0, toda a equação da regressão é apenas $\hat{y} = \bar{y}$, assim, para cada valor de x, prevemos o valor médio ($\bar{y}$) para y.

O teste t para a inclinação da regressão

Quando as suposições e condições foram satisfeitas, podemos testar a hipótese H_0: $\beta_1 = 0$ *versus* H_A: $\beta_1 \neq 0$ (ou uma hipótese unilateral alternativa) usando a inclinação padronizada da regressão estimada,

$$t = \frac{b_1 - \beta_1}{EP(b_1)},$$

que segue o modelo t de Student com $n - 2$ graus de liberdade. Podemos usar o modelo t para encontrar o valor-P do teste.

É como qualquer outro teste t que vimos: a diferença entre a estatística e seu valor hipotético dividido pelo seu erro padrão. Esse é o teste t para o qual a inclinação da regressão é 0, comumente referido como **teste t para a inclinação da regressão.**

Outro uso desses valores pode ser a construção de um intervalo de confiança para a inclinação. Podemos construir um intervalo de confiança da forma comum, como uma estimativa mais ou menos uma margem de erro. Como sempre, a margem de erro é apenas o produto do erro padrão por um valor crítico.

---

[3] $EP(b_0) = s_e \sqrt{\dfrac{1}{n} + \dfrac{\bar{x}^2}{\sum (x - \bar{x})^2}}$

> **O intervalo de confiança para a inclinação da regressão**
>
> Quando as suposições e condições forem satisfeitas, podemos encontrar um intervalo de confiança para β_1 a partir de:
>
> $$b_1 \pm t^*_{n-2} \times EP(b_1),$$
>
> onde o valor crítico t^* depende do nível de confiança e tem $n - 2$ graus de liberdade.

EXEMPLO ORIENTADO | *Nambé Mills*

Agora que temos um método para fazer inferências com a nossa equação da regressão, vamos testá-lo nos dados da Nambé Mills. A inclinação da regressão fornece o impacto do *Tempo* sobre o *Preço*. Vamos testar a hipótese de que a inclinação seja diferente de zero.

PLANEJAR

Especificação Declare os objetivos.
Identifique o parâmetro que você deseja estimar.
Identifique as variáveis e o seu contexto.

Queremos testar a teoria de que o preço de determinado item da Nambé Mills está relacionado ao tempo que leva para ser polido. Temos dados de 59 itens vendidos pela empresa. A inclinação dessa relação irá indicar o impacto do *Tempo* no *Preço*. Nossa hipótese nula será que a inclinação da regressão é 0.

Hipóteses Escreva a hipótese nula e a alternativa.

H_0: O *Preço* de um item não está relacionado ao *Tempo* de polimento: $\beta_1 = 0$.

H_A: O *Preço* está relacionado ao *Tempo*: $\beta_1 \neq 0$.

Modelo Verifique as suposições e as condições.

✓ **Condição da Linearidade:** Não existe uma curva óbvia no diagrama de dispersão de y versus x.

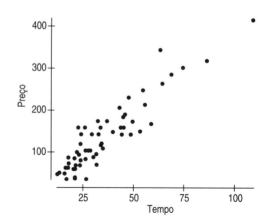

✓ **Suposição da independência:** Esses dados são de 59 itens diferentes manufaturados pela empresa. Não há motivo para sugerir que o erro no preço de um item deveria ser influenciado por outro.

Construa diagramas. Como nosso diagrama de dispersão de *y* versus *x* parece linear o suficiente, podemos encontrar a regressão dos mínimos quadrados e representar os resíduos.

Geralmente, verificamos a suspeita de que a Suposição de Independência não se verifica representando os resíduos *versus* o tempo. Padrões ou tendências no diagrama confirmam as nossas suspeitas.

✓ **Condição de aleatoriedade:** Os dados não são uma amostra aleatória, mas assumimos que eles sejam representativos dos preços e tempos de polimento dos itens da Nambé Mills.

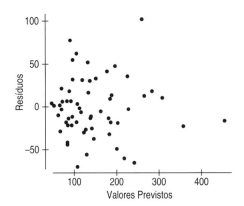

✓ **Condição da mesma dispersão:** O diagrama dos resíduos *versus* os valores previstos não mostra padrões óbvios. A dispersão é aproximadamente a mesma para todos os valores previstos e o espalhamento parece aleatório.

✓ **Condição de Normalidade:** Um histograma dos resíduos é unimodal e simétrico e o diagrama da probabilidade Normal é razoavelmente linear.

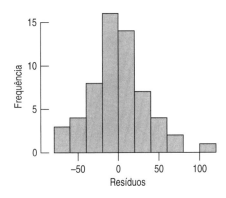

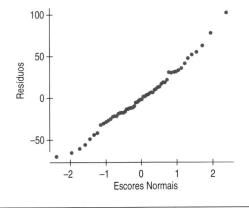

continua...

continuação

	Especifique o modelo da distribuição amostral.	Sob essas condições, a distribuição amostral da inclinação da regressão pode ser modelada por um modelo t de Student com $n - 2 = 59 - 2 = 57$ graus de liberdade; por isso, iremos proceder com um teste t da inclinação da regressão.
	Escolha o método.	

FAZER

	Mecânica A equação da regressão pode ser encontrada a partir das fórmulas do Capítulo 8, mas as regressões são quase sempre encontradas por um programa de computador ou uma calculadora.	Aqui está a saída do computador para essa regressão.

Variável	Coeficiente	EP(coef.)	Razão t	valor-P
Intercepto	−4,871	9,654	−0,50	0,6159
Tempo	4,200	0,2385	17,61	<0,0001

$s = 32,54$ $R^2 = 84,5\%$

	Os valores-P fornecidos na tabela de saída da regressão são da distribuição t de Student em $n - 2 = 57$ graus de liberdade. Eles são adequados para alternativas bilaterais.	O valor-P < 0,0001 significa que é improvável que a associação vista nos dados tenha acontecido por acaso. Portanto, rejeitamos a hipótese nula e concluímos que existe uma forte evidência de que o *Preço* está linearmente relacionado ao *Tempo* de polimento.
	Crie um intervalo de confiança para a inclinação verdadeira. Para obter o valor t para 57 graus de liberdade, use a tabela t do final do livro. A inclinação estimada e o EP para a inclinação são obtidos da saída da regressão.	Um intervalo de confiança de 95% para β_1 é: $$b_1 \pm t^*_{n-2} \times EP(b_1) = (3,722,\ 4,678)\ \$/\text{minuto}$$
	Interprete o intervalo. Simplesmente rejeitar a hipótese nula padrão não garante que o tamanho do efeito seja grande o suficiente para ser importante.	Estou 95% confiante de que o preço aumenta, em média, entre $3,72 e $4,68 para cada minuto adicional do tempo de polimento. (Tecnicamente: estou 95% confiante de que o intervalo de $3,72 a $4,68 por minuto captura o índice verdadeiro no qual o *Preço* aumenta com o *Tempo* de polimento.)

RELATAR

	Conclusão Formule a conclusão no contexto apropriado.	**Memorando:** **Re: Formação de preço na Nambé Mills** Investigamos a relação entre o tempo de polimento e a formação dos preços de 59 itens da Nambé Mills. A análise da regressão mostrou que, em média, o preço aumenta em $4,20 para cada minuto adicional do tempo de polimento. Assumindo que esses itens sejam representativos, estamos 95% confiantes de que o preço atual de um item de metal manufaturado pela Nambé Mills aumenta, em média, entre $3,72 a $4,68 para cada minuto adicional de trabalho de polimento requerido.

16.5 Um teste de hipótese para a correlação

Acabamos de testar se a inclinação, β_1, era 0. Para testá-la, estimamos a inclinação dos dados e, usando o seu erro padrão e a distribuição t, mensuramos quão longe a inclinação estava de 0: $t = \dfrac{b_1 - 0}{EP(b_1)}$. E se quiséssemos testar se a *correlação* entre x e y é 0? Utilizamos ρ para o parâmetro (o valor da correlação na população), assim, estamos testando H_0: $\rho = 0$. Lembre-se que a estimativa da inclinação da regressão é $b_1 = r\dfrac{s_y}{s_x}$. O mesmo é verdadeiro para a versão do parâmetro dessa estatística: $\beta_1 = \rho\dfrac{\sigma_y}{\sigma_x}$. Isso significa que, se a inclinação for realmente 0, a correlação também tem de ser 0. Portanto, testar H_0: $\beta_1 = 0$ é o mesmo que testar H_0: $\rho = 0$. Às vezes, contudo, um pesquisador pode querer testar a correlação sem fazer a regressão. Nesse caso, você verá o teste de correlação como um teste separado (ele também é um pouco mais geral), mas os resultados são matematicamente os mesmos, embora a forma pareça um pouco diferente. Aqui está o teste t para o coeficiente da correlação.

> **O teste t para o coeficiente da correlação**
> Quando as condições são satisfeitas, podemos testar a hipótese H_0: $\rho = 0$ *versus* H_A: $\rho \neq 0$ usando o teste estatístico:
> $$t = r\sqrt{\dfrac{n-2}{1-r^2}},$$
> que segue um modelo t de Student com $n-2$ graus de liberdade. Podemos utilizar o modelo t para encontrar o valor-P do teste.

TESTE RÁPIDO

A teoria econômica geral sugere que, à medida que o desemprego aumenta e se torna difícil conseguir um emprego, mais estudantes se inscrevem nas universidades. Os pesquisadores analisaram as inscrições na Universidade do Novo México e os dados de desemprego no estado para determinar se existe ou não uma relação estatística entre as duas variáveis. Os dados foram coletados pela Universidade do Novo México num período de 29 anos, começando em 1961 e terminando em 1989. A variável *Inscrição* é um número de alunos e a variável *Desempr* é um percentual. Aqui está a saída da regressão para estes dados.

Previsor	Coef.	EP(coef.)	razão t	valor-P
Intercepto	3957	4000	0,99	0,331
Desempr	1133,8	513,1	2,21	0,036

s = 3049,50 R^2 = 15,3%

1. O que você gostaria de ver antes de proceder com a inferência para essa regressão? Por quê?
2. Assumindo que as suposições e as condições para a regressão foram satisfeitas, encontre um intervalo de confiança de 95% para a inclinação.
3. Formule, de uma forma clara, a hipótese nula e a alternativa para testar a inclinação. Interprete o valor-P.
4. Existe uma forte relação entre inscrição e desemprego?
5. Interprete o valor de R^2 da saída.
6. A correlação entre inscrição e desemprego para essa amostra é de 0,391, o que dá um valor t de 2,21 com 27 graus de liberdade e um valor-P bilateral de 0,036. O que isso indica sobre a correlação verdadeira entre inscrição e desemprego? Isso lhe fornece novas informações?

16.6 Erro padrão para os valores previstos

Vimos como construir o intervalo de confiança para a inclinação e o intercepto, mas geralmente estamos interessados em uma previsão. Sabemos como calcular valores previstos de y para qualquer valor de x. Fizemos isso no Capítulo 8. Esse valor previsto seria nossa melhor estimativa, mas ainda é um palpite. Agora, entretanto, temos os erros padrão. Podemos usar esses EPs para construir intervalos de confiança para as previsões e embasar nossa incerteza honestamente.

Do nosso modelo de itens da Nambé Mills, podemos usar o *Tempo* de polimento para conseguir uma estimativa razoável do *Preço*. Suponha que queremos prever o *Preço* de um item que leva um *Tempo* de 40 minutos para ser polido. Um intervalo de confiança pode informar quão precisa é essa previsão. A precisão depende da pergunta realizada e existem duas perguntas diferentes que podemos fazer:

Queremos saber o *Preço* médio de *todos os itens* que têm um *Tempo* de polimento de 40 minutos?

Queremos estimar o *Preço* de um item *específico* cujo *Tempo* de polimento é de 40 minutos?

Qual é a diferença entre essas duas perguntas? Se fôssemos o fabricante, poderíamos estar mais interessados no *Preço médio* de todos os itens que levam certo *Tempo* de polimento. Por outro lado, se queremos comprar um item, poderíamos estar mais interessados em saber quanto o *Preço* de um item *individual* irá variar com o *Tempo* de polimento. Ambas as perguntas são interessantes. O *Preço* previsto é o mesmo para ambas, mas uma pergunta leva a um intervalo muito mais preciso do que a outra. Se sua intuição indica que é mais fácil ser mais preciso sobre a média do que sobre indivíduos, você está no caminho certo. Como os itens individuais variam muito mais do que as médias, podemos prever o *Preço médio* para todos os itens com muito mais precisão do que podemos prever o *Preço* de um item específico com o mesmo *Tempo* de polimento.

Vamos começar prevendo o *Preço* para um novo *Tempo,* que não fazia parte do conjunto de dados original. Para enfatizar esse aspecto, chamaremos esse valor x de "novo x" e escreveremos x_v. Como um exemplo, vamos fazer x_v igual a 40 minutos. A equação da regressão prevê *Preço* por $\hat{y}_v = b_0 + b_1 x_v$. Agora que temos o preço previsto, podemos construir intervalos de confiança em torno desse número. Ambos os intervalos tomam a forma:

$$\hat{y}_n \pm t^*_{n-2} \times EP.$$

Inclusive o valor t^* é o mesmo para ambos. Ele é o valor crítico (encontrado na Tabela T ou com auxílio da tecnologia) para $n-2$ graus de liberdade e um nível de confiança especificado. A diferença entre os dois intervalos está nos erros padrão.

O intervalo de confiança para o valor médio previsto

Quando as condições são satisfeitas, encontramos o intervalo de confiança para o valor médio previsto μ_v dado um valor x_v como:

$$\hat{y}_n \pm t^*_{n-2} \times EP,$$

onde o erro padrão é

$$EP(\hat{\mu}_n) = \sqrt{EP^2(b_1) \times (x_n - \bar{x})^2 + \frac{s_e^2}{n}}.$$

Os detalhes por trás do erro padrão podem ser encontrados no Quadro Matemático na página 492, mas as ideias por trás do intervalo são mais bem compreendidas com um exemplo. A Figura 16.8 mostra o intervalo de confiança para as previsões médias. Neste diagrama, os intervalos para todos os *Preços* médios em todos os valores do *Tempo* são mostrados juntos como faixas de confiança. Observe que as faixas ficam mais largas à medida que tentamos prever valores que estão mais longe do *Tempo* médio (35,8 minutos). (Isso é consequência do termo $(x_n - \bar{x})^2$ na fórmula do EP.) À medida que nos distanciamos do valor médio de *x*, existe mais incerteza em relação à nossa previsão. Podemos ver, por exemplo, que um intervalo de confiança de 95% para o *Preço* médio de um item que leva 40 minutos para ser polido varia de aproximadamente $150 a $170. (Na verdade, $153,90 a $172,34.) O intervalo é muito maior para itens que levam 100 minutos para serem polidos.

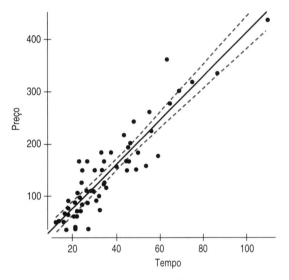

Figura 16.8 Os intervalos de confiança para o *Preço* médio, dado um *Tempo* de polimento, estão exibidos com linhas laranjas pontilhadas. Próximo do *Tempo* médio (35,8 minutos), nosso intervalo de confiança para o *Preço* médio é muito mais estreito do que para os valores longe da média, como 100 minutos.

Como todos os intervalos de confiança, a largura desses varia com o tamanho da amostra. Uma amostra maior do que 59 itens resultaria em intervalos mais estreitos. Uma regressão com 10 mil itens teria faixas muito mais estreitas. O último fator que afeta nossos intervalos de confiança é a dispersão dos dados em torno da reta. Se hover mais dispersão em torno da reta, as previsões são menos exatas e as faixas do intervalo de confiança são maiores.

Da Figura 16.8, é fácil de ver que a maioria dos *pontos* não cai entre as faixas do intervalo de confiança – e não deveríamos esperar que caíssem. Essas faixas mostram os intervalos de confiança para a *média*. Uma amostra ainda maior teria fornecido faixas ainda mais estreitas. Assim, esperaríamos que um percentual ainda menor de pontos caísse entre elas.

Se quisermos capturar um preço individual, precisamos usar um intervalo maior, chamado de **intervalo de previsão.** A Figura 16.9 mostra esses intervalos de previsão para os dados da Nambé Mills. Os intervalos de previsão são baseados nas mesmas quantidades que os intervalos de confiança, mas, para capturar o percentual de todas as previsões futuras, eles incluem um termo extra para a dispersão em torno da reta. Como podemos ver na Figura 16.9, essas faixas também aumentam à medida que nos afastamos da média de *x*, mas é menos óbvio, porque a largura extra ao longo do alcance de *x* torna a mudança mais difícil de ver.

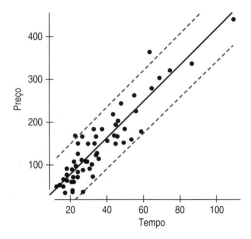

Figura 16.9 Os intervalos de previsão (em laranja) estimam os intervalos que contêm, digamos, 95% da distribuição dos valores *y* que podem ser observados num dado valor de *x*. Se as suposições e condições são verdadeiras, existe uma chance de aproximadamente 95% de que um valor *y* específico para um dado x_v estará coberto pelo intervalo.

Os erros padrão para a previsão dependem do mesmo tipo de elementos que formam os erros padrão dos coeficientes da regressão. Se existir mais dispersão em torno da reta, estaremos menos seguros quando tentarmos prever a resposta. É claro, se estamos menos seguros da inclinação, estaremos menos seguros sobre nossa previsão. Se tivermos mais dados, nossa estimativa será mais precisa. Há ainda mais uma parte. Se estivermos longe do centro dos nossos dados, nossa previsão será menos precisa. É muito mais fácil prever um ponto dos dados perto do centro do conjunto de dados do que extrapolar para longe do centro.

O intervalo de previsão para um valor individual

Quando as condições estão satisfeitas, podemos encontrar o intervalo de previsão para todos valores individuais *y* para um dado x_v, como:

$$\hat{y}_n \pm t^*_{n-2} \times EP,$$

onde o erro padrão é

$$EP(\hat{y}_n) = \sqrt{EP^2(b_1) \times (x_n - \bar{x})^2 + \frac{s_e^2}{n} + s_e^2}.$$

O valor crítico *t** depende no nível de confiança que você especificar.

Lembre-se de distinguir entre os dois tipos de intervalos quando analisar uma saída de computador. Os mais estreitos são intervalos de confiança para a *média* e os mais largos são intervalos de previsão para valores *individuais*.

QUADRO DA MATEMÁTICA

Alguma compreensão adicional sobre as diferenças entre os dois intervalos pode ser obtida por meio da análise das fórmulas para os erros padrão e como elas foram obtidas.

Para prever um valor y dado um novo valor de x, x_v, temos:

$\hat{y}_v = b_0 + b_1 x_v$, o qual, como $b_0 = \bar{y} - b_1\bar{x}$, pode ser escrito como: $\hat{y}_v = b_1(x_v - \bar{x}) + \bar{y}$.

Usamos $\hat{y}_v$ de duas formas. Primeiro, para estimar o valor médio de todos os y em x_v, neste caso chamado de $\hat{\mu}_v$.

Para criar um intervalo de confiança para o valor médio, precisamos mensurar a variabilidade desta previsão

$$Var(\hat{\mu}_v) = Var(b_1(x_v - \bar{x}) + \bar{y}).$$

Agora apelamos para o Teorema Pitagórico de Estatística: a inclinação, b_1, e a média, $\bar{y}$, são independentes, assim, suas variâncias são somadas.

$$Var(\hat{\mu}_v) = Var(b_1(x_v - \bar{x})) + Var(\bar{y}).$$

A distância horizontal do nosso valor x específico até a média, $x_n - \bar{x}$, é uma constante, assim, ela pode ser "retirada" da variância.

$$Var(\hat{\mu}_v) = (Var(b_1))(x_v - \bar{x})^2 + Var(\bar{y}).$$

Vamos escrever essa equação em termos de desvios padrão.

$$DP(\hat{\mu}_v) = \sqrt{(DP^2(b_1))(x_v - \bar{x})^2 + DP^2(\bar{y})}.$$

Como precisamos estimar esses desvios padrão usando amostras estatísticas, estamos lidando com erros padrão.

$$EP(\hat{\mu}_v) = \sqrt{(EP^2(b_1))(x_v - \bar{x})^2 + EP^2(\bar{y})}.$$

Sabemos que o desvio padrão da média, $\bar{y}$, é $\dfrac{\sigma}{\sqrt{n}}$. Aqui iremos estimar σ usando s_e, que descreve a variabilidade da reta que traçamos pela média da amostra estar acima ou abaixo da média verdadeira.

$$EP(\hat{\mu}_v) = \sqrt{(EP^2(b_1))(x_v - \bar{x})^2 + \left(\frac{s_e}{\sqrt{n}}\right)^2}.$$

$$= \sqrt{(EP^2(b_1))(x_v - \bar{x})^2 + \frac{s_e^2}{n}}.$$

E aqui está – o erro padrão que precisamos para criar um intervalo de confiança para um valor médio previsto.[4]

Quando tentamos prever um valor *individual* de y, também temos de nos preocupar com quão longe o ponto verdadeiro pode estar acima ou abaixo da linha de regressão. Representamos essa incerteza acrescentando outro termo, e, à equação original para ter:

$$y = \hat{\mu}_v + e = b_1(x_v - \bar{x}) + \bar{y} + e.$$

Para encurtar a história, aquele termo adicional simplesmente adiciona um erro padrão à soma das variâncias.

$$EP(\hat{y}_v) = \sqrt{(EP^2(b_1))(x_v - \bar{x})^2 + \frac{s_e^2}{n} + s_e^2}.$$

Escrevemos o valor previsto como $\hat{y}_v$, em vez de $\hat{\mu}_v$, desta vez, não porque ele é um valor diferente, mas para enfatizar que estamos *usando-o* para prever um valor individual, não a média de todos os valores y para um dado x_v.

---

[4] Você poderá encontrar as expressões do erro padrão escritas de outras formas equivalentes. As alternativas mais comuns são:

$$EP(\hat{\mu}_v) = s_e\sqrt{\frac{1}{n} + \frac{(x_v - \bar{x})^2}{\sum(x - \bar{x})^2}} \quad \text{e} \quad EP(\hat{y}_v) = s_e\sqrt{1 + \frac{1}{n} + \frac{(x_v - \bar{x})^2}{\sum(x - \bar{x})^2}}.$$

16.7 Usando intervalos de previsão e de confiança

Agora que temos os erros padrão, podemos perguntar quão bem nossa análise pode prever o preço médio para objetos que levam 25 minutos para serem polidos. A saída da tabela da regressão fornece a maioria dos números que precisamos.

Variável	Coeficiente	EP(Coef)	Razão t	Valor-P
Intercepto	−4,871	9,654	−0,50	0,6159
Tempo	4,200	0,2385	17,61	<0,0001

$S = 32,54 \; R^2 = 84,5\%$

O modelo de regressão fornece um valor previsto em $x_v = 25$ minutos de:

$$-4,871 + 4,200(25) = \$100,13$$

Usando isso, primeiro encontramos um intervalo de confiança de 95% para o *Preço* médio de todos os objetos cujo *Tempo* de polimento é de 25 minutos. Encontramos o erro padrão utilizando a fórmula com os valores da saída da regressão.

$$EP(\hat{\mu}_v) = \sqrt{(EP^2(b_1))\,(x_v - \bar{x})^2 + \left(\frac{s_e}{\sqrt{n}}\right)^2}$$

$$= \sqrt{(0,2385)^2\,(25 - 335,82)^2 + \left(\frac{32,54}{\sqrt{59}}\right)^2} = \$4,96$$

O valor t^* que exclui 2,5% em ambas as caudas com $59 - 2 = 57$ gl é (de acordo com a tabela) 2,002.

Unindo tudo, encontramos a margem de erro como:

$$ME = 2,002(4,96) = \$9,93$$

Portanto, estamos 95% confiantes de que o intervalo

$$\$100,13 \pm \$9,93 = (\$90,20, \$110,06)$$

inclui o *Preço* médio verdadeiro dos objetos cujo *Tempo* de polimento é de 25 minutos.

Suponha, entretanto, que, em vez do preço médio, queremos saber quanto irá custar um item que precisa de 25 minutos de polimento. O intervalo de confiança que acabamos de encontrar é muito estreito. Ele pode conter o preço médio, mas é improvável que cubra muitos dos preços de itens individuais. Para fazer um intervalo de previsão para o preço de um item *individual* com um tempo de polimento de 25 minutos, precisamos da fórmula que tem um erro padrão maior para levar em conta a maior variabilidade. Usando essa fórmula, tem-se:

$$EP(\hat{y}_v) = \sqrt{(EP^2(b_1))\,(x_v - \bar{x})^2 + \frac{s_e^2}{n} + s_e^2} = \$32,92,$$

Encontramos ME como sendo:

$$ME = t^*EP(\hat{y}_v)\; y = 2,002 \times 32,92 = \$65,91,$$

assim, o intervalo de previsão é:

$$\hat{y}_v \pm ME = 100,13 \pm 65,91 = (\$34,22, \$166,04).$$

Observe quão maior esse intervalo é do que o intervalo de confiança de 95% para o valor médio. Na maior parte do tempo, usaremos um pacote de *software* para calcular e exibir esses intervalos. A maioria dos pacotes gera representações que mostram a linha de regressão junto aos intervalos de previsão e de confiança de 95% (combinando o que mostramos nas Figuras 16.8 e 16.9). Isso facilita a visualização de quão maiores são os intervalos de previsão do que os intervalos de confiança correspondentes (veja a Figura 16.10).

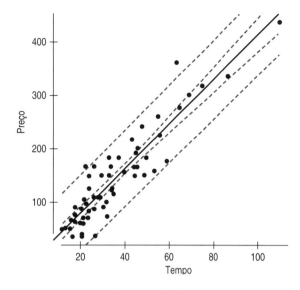

Figura 16.10 Um diagrama de dispersão do *Preço* versus *Tempo* com uma linha de regressão dos mínimos quadrados. As linhas internas (cinzas) próximas à linha de regressão mostram os limites do intervalo de confiança de 95% para os valores médios e as linhas externas (laranjas) mostram os limites do intervalo de previsão. A maioria dos pontos está contida dentro do intervalo de previsão (como deveria acontecer), mas não dentro do intervalo de confiança para os valores médios.

O QUE PODE DAR ERRADO?

Neste capítulo, acrescentamos a inferência às explorações da regressão que fizemos no Capítulo 8. Tudo o que pode dar errado com a regressão também pode acontecer com os assuntos deste capítulo.

Com a inferência, colocamos números nas nossas estimativas e previsões, mas esses números são somente tão bons quanto o modelo. Eis os principais fatores de precaução:

- **Não ajuste uma regressão linear aos dados que não sejam lineares.** Esta é a suposição fundamental. Se a relação entre *x* e *y* não for aproximadamente linear, não faz sentido ajustar uma linha reta a eles.

- **Cuidado com a mudança da dispersão.** A parte comum dos intervalos de confiança e previsão é a estimativa do desvio padrão do erro, o espalhamento em torno da reta. Se ele muda com *x*, a estimativa não fará sentido. Imagine fazer um intervalo de previsão para estes dados:

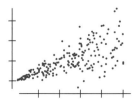

Quando x for pequeno, podemos prever y precisamente, mas, à medida que x aumenta, torna-se mais difícil especificar y. Infelizmente, se a dispersão muda, o único valor de s_e não irá encontrar essa mudança. O intervalo de previsão irá usar a dispersão média em torno da reta, assim, ficaremos muito pessimistas sobre nossa previsão para valores baixos de x e muito otimistas para valores altos de x. Uma transformação de y (veja o Capítulo 17) é geralmente um bom ajuste para a mudança de dispersão.

- **Cuidado com erros não Normais.** Quando criamos um intervalo de previsão para um valor individual de y, o Teorema Central do Limite não pode nos ajudar. Para acreditarmos no intervalo de previsão, os erros devem seguir o modelo Normal. Verifique o histograma e o diagrama de probabilidade Normal dos resíduos para verificar se essa suposição é razoável.

- **Cuidado com a extrapolação.** É tentador pensar que, porque temos *intervalos* de previsão, eles tomarão conta de toda a nossa incerteza e que não precisamos nos preocupar com a extrapolação. Errado. O intervalo é somente tão bom quanto o modelo. A incerteza que nossos intervalos preveem é correta apenas se nosso modelo for verdadeiro. Não existe forma de ajustar modelos errados. Por isso, é sempre perigoso prever para valores x que estão longe do centro dos dados.

- **Cuidado com pontos de alta influência e observações incomuns.** Devemos sempre estar atentos a alguns pontos que têm influência exagerada nas nossas estimativas e a análise de regressão não é uma exceção.

- **Cuidado com testes unilaterais.** Como os testes de hipóteses sobre os coeficientes da regressão são geralmente bilaterais, os pacotes de *software* relatam valores-p bilaterais. Se você está usando esse tipo de *software* para conduzir um teste unilateral sobre a inclinação, precisará dividir o valor-P apresentado por dois.

ÉTICA EM AÇÃO

A demanda por instituições na área de cuidados para idosos que ofereçam companhia e serviços domiciliares não médicos cresce à medida que a população dos Estados Unidos envelhece. Uma dessas franquias, a Independent Senior Care, tenta se diferenciar dos seus concorrentes oferecendo um serviço adicional aos futuros franqueados. Além dos pacotes padrão que fornecem ferramentas, treinamento e aconselhamento, a empresa tem na sua equipe um analista, Allen Ackman, para ajudar os futuros franqueados a avaliar a possibilidade de abrir um negócio para cuidar de idosos na região de interesse. Allen foi contatado recentemente por Kyle Sennefeld, recém-graduada em economia com especialização em gerontologia, que está interessada em abrir uma franquia para cuidar de idosos no nordeste da Pensilvânia. Allen decide usar o modelo de regressão que relaciona o lucro anual ao número de residentes acima de 65 anos de idade que vive num raio de 100 milhas da localização da franquia. Embora o R^2 para o modelo seja pequeno, a variável é estatisticamente significativa e o modelo é fácil de explicar aos futuros franqueados. Allen envia um relatório a Kyle que estima o lucro anual na localização proposta por ela. Kyle ficou animada ao ver que abrir uma franquia da Independent Senior Care no nordeste da Pensilvânia seria uma ótima decisão de negócios.

PROBLEMA ÉTICO *Como o modelo de regressão tem um R^2 pequeno, sua capacidade de previsão é questionável (relacionado ao Item C, ASA Ethical Guidelines).*

SOLUÇÃO ÉTICA *Revele o valor de R^2 junto aos valores previstos e revele se a regressão está sendo usada para extrapolar fora do alcance dos valores de* x. *Allen deveria fornecer um intervalo de previsão, assim como uma estimativa do lucro. Visto que Kyle estará avaliando as chances de sua franquia obter lucro nesse intervalo, Allen deveria deixar claro que se trata de um intervalo de previsão e não de um intervalo de confiança para o lucro médio de todas as localizações similares.*

O que aprendemos?

Neste capítulo, estendemos nosso estudo dos métodos de inferência aplicando-os aos modelos de regressão. Descobrimos que os métodos que usamos para as médias – modelos t de Student – funcionam para a regressão da mesma forma que funcionam para as médias. Vimos que, embora os cálculos sejam conhecidos, precisamos verificar as novas condições e ter cuidado quando descrevemos a hipótese que testamos e os intervalos de confiança que construímos.

- Aprendemos que, sob certas suposições, a distribuição amostral para a inclinação de uma linha de regressão pode ser modelada por um modelo t de Student com $n - 2$ graus de liberdade.

- Aprendemos a verificar quatro condições antes de procedermos com a inferência. Aprendemos a importância de verificar essas condições em ordem e vimos que a maioria das verificações pode ser feita por meio de um gráfico dos dados e dos resíduos.

- Aprendemos a usar o modelo t apropriado para testar uma hipótese sobre a inclinação. Se a inclinação da nossa linha de regressão é significativamente diferente de zero, temos forte evidência de que existe uma associação entre as duas variáveis.

- Também aprendemos a criar e interpretar um intervalo de confiança para a verdadeira inclinação.

Termos

Desvio padrão do resíduo

A medida, representada s_e, da dispersão dos dados em torno da linha de regressão:

$$s_e = \sqrt{\frac{\sum (y - \hat{y})^2}{n - 2}} = \sqrt{\frac{\sum e^2}{n - 2}}.$$

Intervalo de confiança para a inclinação da regressão

Quando as suposições são satisfeitas, podemos encontrar um intervalo de confiança para o parâmetro da inclinação por: $b_1 \pm t^*_{n-2} \times EP(b_1)$. O valor crítico, t^*_{n-2}, depende do intervalo de confiança especificado e do modelo t de Student com $n - 2$ graus de liberdade.

Intervalo de confiança para o valor médio previsto

Amostras diferentes fornecerão estimativas diferentes do modelo de regressão e, assim, valores previstos diferentes para o mesmo valor de x. Encontramos um intervalo de confiança para a média desses valores previstos para um valor específico de x, x_v, como:

$$\hat{y}_v \pm t^*_{n-2} \times EP(\hat{\mu}_v),$$

onde

$$EP(\hat{\mu}_v) = \sqrt{EP^2(b_1) \times (x_v - \bar{x})^2 + \frac{s_e^2}{n}}.$$

O valor crítico t^*_{n-2} depende do nível de confiança especificado e do modelo t de Student com $n - 2$ graus de liberdade.

Intervalo de previsão para uma observação futura

Um intervalo de confiança para valores individuais. Os intervalos de previsão estão para as observações assim como os intervalos de confiança estão para os parâmetros. Elem preveem a distribuição dos valores individuais, enquanto os intervalos de confiança especificam valores prováveis para um parâmetro verdadeiro. O intervalo de previsão toma a forma de:

$$\hat{y}_v \pm t^*_{n-2} \times EP(\hat{y}_v),$$

onde

$$EP(\hat{y}_v) = \sqrt{EP^2(b_1) \times (x_n - \bar{x})^2 + \frac{s_e^2}{n} + s_e^2}.$$

498 Parte III – Explorando Relações entre Variáveis

O valor crítico, t^*_{n-2}, depende do nível de confiança especificado e do modelo t de Student com $n-2$ graus de liberdade. O s_e^2 extra em $EP(\hat{y}_v)$ torna o intervalo maior que o intervalo de confiança correspondente para a média.

Teste t para o coeficiente da correlação

Quando as condições estão satisfeitas, podemos testar as hipóteses H_0: $\rho = 0$ vs. H_A: ρ 0 usando estatística de teste:

$$t = r\sqrt{\frac{n-2}{1-r^2}},$$

que segue um modelo t de Student com $n-2$ graus de liberdade. Podemos usar o modelo t para encontrar o valor-P do teste.

Teste t para a inclinação da regressão

A hipótese nula comum é que o valor verdadeiro da inclinação é zero. A alternativa é que não é. Uma inclinação de zero indica uma completa falta de relação linear entre x e y.

Para testar H_0: $\beta_1 = 0$, utilizamos:

$$t = \frac{b_1 - 0}{EP(b_1)},$$

onde $EP(b_1) = \dfrac{s_e}{s_x\sqrt{n-1}}$ e $s_e = \sqrt{\dfrac{\sum(y-\hat{y})^2}{n-2}}$, n é o número de casos e s_x é o desvio padrão dos valores x. Encontramos o valor-P do modelo t de Student com $n-2$ graus de liberdade.

Habilidades

 PLANEJAR

- Entender que a linha de regressão "verdadeira" não se ajusta perfeitamente aos dados da população, mas, de certa forma, é um resumo idealizado daqueles dados.

- Saber como examinar seus dados e um diagrama de dispersão de y *versus* x para as violações das suposições que poderiam levar a inferências imprudentes ou inválidas para a regressão.

- Saber como examinar os diagramas dos resíduos de uma regressão para fazer uma dupla checagem de que as condições requeridas para a regressão tenham sido satisfeitas. Em particular, saber como julgar a linearidade e a variância constante de um diagrama de dispersão dos resíduos *versus* os valores previstos. Saber como julgar a Normalidade de um histograma e de um gráfico de probabilidade Normal.

- Ser especialmente cauteloso na verificação de falhas na Suposição de Independência ao trabalhar com dados registrados ao longo do tempo. Para procurar padrões, examine os diagramas de dispersão de x *versus* o tempo e dos resíduos *versus* o tempo.

 FAZER

- Saber como testar a hipótese padrão de que a regressão verdadeira seja zero. Ser capaz de declarar a hipótese nula e a alternativa. Saber onde encontrar os números relevantes numa saída padrão de regressão de computador.

- Ser capaz de encontrar um intervalo de confiança para a inclinação de uma regressão com base nos valores registrados numa saída de uma tabela padrão de regressão.

 RELATAR

- Ser capaz de resumir a regressão com palavras. Especificamente, ser capaz de declarar o significado da inclinação verdadeira da regressão, o erro padrão da inclinação estimada e o desvio padrão dos erros.

- Ser capaz de interpretar o valor-P da estatística t da inclinação para testar a hipótese nula padrão.

- Ser capaz de interpretar o intervalo de confiança para a inclinação de uma regressão.

Ajuda tecnológica: análise da regressão

Todos os pacotes estatísticos fazem uma tabela dos resultados para a regressão. Essas tabelas diferem levemente de um pacote para outro, mas todas são basicamente as mesmas. Já vimos dois exemplos dessas tabelas.

Todos os pacotes oferecem análises dos resíduos. Com alguns, você precisa solicitar o diagrama dos resíduos do mesmo modo que requisitou a regressão. Outros deixam você encontrar a regressão primeiro e analisam os resíduos posteriormente. De qualquer forma, sua análise não é completa se você não verificar os resíduos com um histograma ou um gráfico de probabilidade Normal e um diagrama de dispersão dos resíduos *versus x* ou valores previstos.

Você deve, é claro, sempre analisar o diagrama de dispersão das variáveis antes de calcular a regressão.

As regressões são quase sempre encontradas com um computador ou uma calculadora. Os cálculos são muito extensos para serem feitos facilmente à mão para um conjunto de dados de tamanho razoável. Independentemente de como a regressão for calculada, os resultados são geralmente apresentados numa tabela que tem um formato padrão. Aqui está uma parte dos resultados de uma tabela de regressão comum, com anotações mostrando de onde os números vêm.

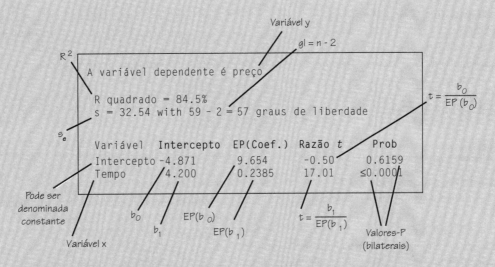

A tabela de regressão fornece os coeficientes (se você encontrá-los em meio a toda essa informação). Essa regressão prevê *Preço versus Tempo*. A equação da regressão é:

$$\widehat{Preço} = -4{,}871 + 4{,}220\ Tempo$$

E o R^2 da regressão é 84,5%.

A coluna das razões *t* fornece o teste estatístico para a hipótese nula respectiva de que os valores verdadeiros dos coeficientes são zero. Os valores-P correspondentes em geral também são apresentados.

Excel

- No Excel 2003 e anteriores, selecione **Análise de dados** do menu **Ferramentas.** No Excel 2007, selecione **Análise de dados** do **Grupo análise** do painel Dados.
- Selecione **Regressão** da lista **Análise de dados.**
- Clique em **OK.**
- Entre com o intervalo dos dados mantendo a variável Y no espaço denominado "Intervalo Y de entrada".
- Entre com os valores da variável X na caixa rotulada "Intervalo X de entrada".
- Selecione a opção **Nova planilha.**
- Selecione a opção **Resíduos.** Clique em **OK.**

Comentários

Os intervalos dos valores de Y e de X não precisam estar nas mesmas linhas da planilha, embora devam cobrir o mesmo número de células. Porém, é recomendável arranjar seus dados em colunas paralelas como numa tabela de dados.

Embora a caixa de diálogo ofereça a opção de um gráfico de probabilidade Normal dos resíduos, o suplemento da análise de dados não faz um diagrama da probabilidade correto; portanto, não use essa opção.

500 Parte III – Explorando Relações entre Variáveis

Minitab

- Selecione **Regression** do menu **Stat.**
- Selecione **Regression...** do submenu **Regression.**
- Na caixa de diálogo **Regression**, atribua a variável Y à caixa **Response** e atribua a variável X à caixa **Predictors.**
- Clique na tecla **Graphs.**
- Na caixa de diálogo **Regression-Graphs**, selecione **Standardized residuals** e marque o **Normal plot of residuals, Residuals versus fit** e **Residuals versus order.**

- Clique em **OK** para retornar à caixa de diálogo **Regression**.
- Clique em **OK** para determinar a regressão.

Comentários

Você pode também começar escolhendo um diagrama de aderência linear do submenu **Regression** para ver o diagrama de dispersão primeiro – em geral uma boa prática.

SPSS

- Selecione **Regression** do menu **Analyze.**
- Selecione **Linear** do submenu **Regression.**
- Na caixa de diálogo **Linear Regression** (Regressão Linear), selecione a variável Y e mova-a para o objetivo (*target*) dependente. Depois, mova a variável X para o objetivo (*target*) independente.
- Clique na tecla **Plots.**

- Na caixa de diálogo Diagrama da Regressão Linear (Linear Regression Plots), escolha o diagrama dos valores *SRESIDs *versus* *ZPRED.
- Clique na tecla **Continue** para retornar à caixa de diálogo Regressão Linear.
- Clique em **OK** para determinar a regressão.

JMP

- Do menu **Analyze,** selecione **Fit Y by X.**
- Selecione as variáveis: uma Y, variável Resposta, e uma X, variável Fator. Ambas devem ser contínuas (quantitativas).
- O JMP faz um diagrama de dispersão.
- Clique no triângulo vermelho ao lado do cabeçalho rotulado **Bivariate Fit...** e escolha **Fit Line.** O JMP traça a linha da regressão dos mínimos quadrados no diagrama de dispersão e exibe os resultados da regressão nas tabelas abaixo do diagrama.
- A parte da tabela rotulada "**Parameter Estimates**" (Estimativas dos Parâmetros) fornece os coeficientes e seus erros padrão, razões t e valores-P.

Comentários

O JMP escolhe uma análise de regressão quando ambas as variáveis são "Contínuas". Se você tiver uma análise diferente, verifique o tipo das variáveis.

A tabela do Parâmetro não inclui o desvio padrão dos resíduos, s_e. Você pode encontrá-lo como a Raiz Quadrada do Erro Quadrado Médio no Resumo do **Fit Panel** da saída.

DATA DESK

- Selecione as variáveis Y e X.
- Do menu **Calc,** escolha **Regression.**
- O Data Desk exibe a tabela da regressão.
- Selecione os diagramas dos resíduos da tabela de Regressão do menu **HyperView.**

Comentários

Você pode mudar a regressão arrastando o ícone de outra variável sobre a variável Y ou X nomeada na tabela e deixando-a ali. A regressão irá calcular automaticamente.

Capítulo 16 – Inferência para a Regressão **501**

Projetos de estudo de pequenos casos

Pizza congelada

O gerente de produto de uma subsidiária da Kraft Foods, Inc. está interessado em saber quão suscetíveis estão as vendas às mudanças no preço unitário de uma *pizza* congelada em Dallas, Denver, Baltimore e Chicago. Foram fornecidos ao gerente de produto dados dos volume de *Preço* e *Vendas* a cada quarta semana por um período de aproximadamente quatro anos para as quatro cidades (**ch16_MCSP_Frozen_Pizza**).

Examine a relação entre *Preço* e *Vendas* para cada cidade. Discuta a natureza e a validade dessa relação. Ela é linear? É negativa? É significativa? As condições de regressão foram satisfeitas? Alguns colaboradores na divisão do gerente de produto suspeitam que as vendas da *pizza* congelada são mais suscetíveis ao preço em algumas cidades do que em outras. Existe alguma evidência que sugira isso? Escreva um breve relatório sobre o que você encontrou. Inclua intervalos de confiança de 95% para as *Vendas* médias se o *Preço* for de $2,50 e discuta como esse intervalo muda se o *Preço* for de $3,50.

Aquecimento global?

A cada primavera, a cidade de Nenana, no Alasca, organiza uma competição em que os participantes tentam adivinhar o minuto exato em que um tripé de madeira colocado no Rio Tananá congelado cairá no gelo quebradiço. A competição começou em 1917 como uma diversão para os engenheiros da estrada de ferro, com um prêmio de $800 para a aposta mais certeira. Em pouco tempo, se transformou em um evento com centenas de milhares de participantes apostando pela Internet e competindo por mais de $300000.

Como muito dinheiro depende do tempo da quebra do gelo, ele tem sido registrado até o minuto mais próximo com grande precisão desde 1917 (**ch_16_MCSP_Global_Warning**). Pelo fato de que uma medida padrão tem sido usada ao longo de todos esses anos, os dados são consistentes. Um artigo na *Science* ("Climate Change in Nontraditional Data Sets", *Science,* n. 294, Outubro 2001) usou os dados para investigar o aquecimento global. Os pesquisadores estão interessados nas seguintes questões: qual é a taxa de mudança na data da quebra do gelo durante o tempo (se houver)? Se o gelo quebrar mais cedo, qual é a sua conclusão? Isso necessariamente sugere um aquecimento global? Quais seriam outras razões para essa tendência? Qual é a data prevista para o ano de 2015? (Inclua uma previsão apropriada ou um intervalo de confiança.) Escreva um breve relatório com as suas respostas.

EXERCÍCIOS

1. Compras *on-line*. Vários estudos constataram que a frequência com que os consumidores navegam nas lojas varejistas da Internet está relacionada à frequência com que realmente compram produtos e/ou serviços *on-line*. Eis os dados mostrando a idade dos consumidores e sua resposta à pergunta: "Quantos minutos por semana você navega pelas lojas *on-line*?".

Idade	Tempo de navegação (min/semana)
22	492
50	186
44	180
32	384
55	120
60	120
38	276
22	480
21	510
45	252
52	126
33	360
19	570
17	588
21	498

a) Faça um diagrama de dispersão para esses dados.
b) Você acha que um modelo linear é adequado? Explique.
c) Encontre a equação da linha de regressão.
d) Verifique os resíduos para ver se as condições para inferência foram satisfeitas.

T 2. El Niño. A preocupação em relação ao tempo associado com o El Niño tem aumentado o interesse na possibilidade de que o clima na Terra esteja esquentando. A teoria mais comum relaciona o crescimento dos níveis de dióxido de carbono (CO_2) na atmosfera, um gás do efeito estufa, ao aumento na temperatura. Aqui está parte de uma análise de regressão da concentração média anual de CO_2 na atmosfera, mensurada em partes por milhares, no topo do Mauna Loa, no Havaí, e a média anual da temperatura sobre a terra e o mar em todo o globo, em graus Celsius. Os diagramas de dispersão e os diagramas dos resíduos indicavam que os dados eram apropriados para inferência e a variável resposta é *Temp*.

Variável	Coef.	EP(Coef.)
Intercepto	16,4328	0,0557
CO_2	0,0405	0,0116

$R^2 = 25,8\%$
S = 0,0854 com 37 − 2 = 35 graus de liberdade

a) Escreva a equação da linha de regressão.
b) Encontre o valor da correlação e teste se a correlação verdadeira é zero. Existe evidência de uma associação entre o nível de CO_2 e a temperatura global?
c) Encontre o valor *t* e o valor-P para a inclinação. Existe evidência de uma associação entre o nível de CO_2 e a temperatura global? O que você sabe da inclinação e do teste *t* que não poderia saber a partir do teste da correlação?
d) Você acha que as previsões feitas por essa regressão serão precisas? Explique.

T 3. Orçamento dos filmes. Até que ponto o custo de um filme depende da sua duração? Os dados do custo (em milhões de dólares) e o tempo de duração (em minutos) para a maioria dos filmes lançados em 2005 estão resumidos nestes diagramas e na saída do computador.

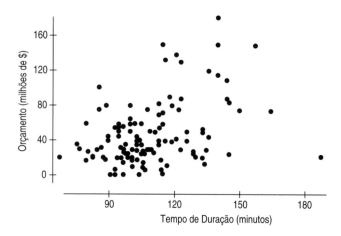

A variável dependente é: Orçamento (milhões de $)
$R^2 = 15,4\%$
S = 32,95 com 120 − 2 = 118 graus de liberdade

Variável	Coef.	EP(Coef.)	Razão t	Valor-P
Intercepto	−31,39	17,12	−1,83	0,0693
Tempo de duração	0,71	0,15	4,64	≤0,0001

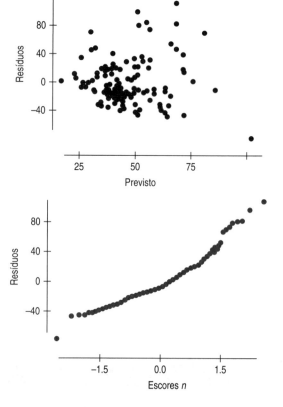

a) Explique em palavras e números o que a regressão indica.
b) O intercepto é negativo. Discuta seu valor, anotando o valor-P.

c) A saída relata s = 32,95. Explique o que isso significa neste contexto.
d) Qual é o valor do erro padrão da inclinação da linha de regressão?
e) Explique o que isso significa neste contexto.

T 4. Preço das casas. Como o preço de uma casa depende do seu tamanho? Os dados de Saratoga, Nova York, de 1604 casas aleatoriamente selecionadas, que foram vendidas, incluem os dados do preço (milhares de $) e do tamanho (em 1000 pés quadrados), produzindo os seguintes gráficos e saídas do computador.

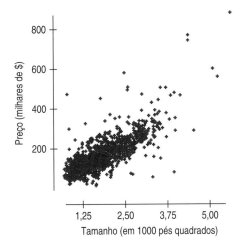

A variável dependente é: Preço
R² = 59,5%
S = 53,79 com 1064 − 2 = 1062 graus de liberdade

Variável	Coef.	EP(Coef.)	Razão t	Valor-P
Intercepto	−3,1169	4,688	−0,665	0,5063
Tempo de duração	94,4539	2,393	39,465	≤0,0001

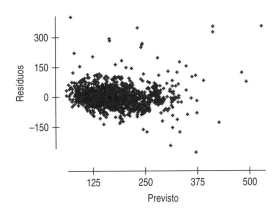

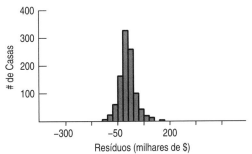

a) Explique em palavras e números o que a regressão indica.
b) O intercepto é negativo. Discuta seu valor, anotando o valor-P.
c) A saída relata s = 53,79. Explique o que isso significa neste contexto.
d) Qual é o valor do erro padrão da inclinação da linha de regressão?
e) Explique o que isso significa neste contexto.

T 5. Orçamento dos filmes, o retorno. O Exercício 3 mostra a saída do computador examinando a associação entre o tempo de duração de um filme e seu custo.
a) Verifique as suposições e as condições para a inferência.
b) Encontre um intervalo de confiança de 95% para a inclinação e interprete-o.

T 6. Segunda casa. O Exercício 4 mostra a saída do computador examinando a associação entre os tamanhos das casas e seu preço de venda.
a) Verifique as suposições e as condições para a inferência.
b) Encontre um intervalo de confiança de 95% para a inclinação e interprete-o.

T 7. Dureza da água. Em uma investigação sobre as causas ambientais de doenças, foram coletados dados sobre a taxa anual de mortalidade (mortes por 100000) de homens em 61 cidades grandes da Inglaterra e do País de Gales. Além disso, a dureza da água foi registrada como concentração de cálcio (partes por milhão, ou ppm) na água potável. Aqui estão o diagrama de dispersão e a análise de regressão da relação entre a mortalidade e a concentração de cálcio, onde a variável dependente é *Mortalidade*.

Variável	Coef.	EP(Coef.)
Intercepto	1676,36	29,30
CO_2	−3,226	0,485

R2 = 42,9%
s = 143,0 com 61 − 2 = 59 graus de liberdade

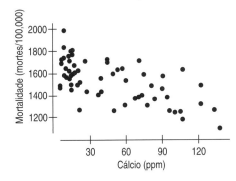

a) Existe uma associação entre a dureza da água e a taxa de mortalidade? Escreva a hipótese apropriada.
b) Assumindo que as condições para a inferência da regressão foram satisfeitas, o que você conclui?
c) Crie um intervalo de confiança de 95% para a inclinação da verdadeira linha relacionando a concentração de cálcio e a mortalidade.
d) Interprete seu intervalo no contexto.

T 8. Fundos mútuos. Em março de 2002, a Consumer Report listou a taxa de retorno de vários grandes fundos mútuos durante o período anterior de 3 e 5 anos (aqui, os grandes fundos se referem às empresas que valem mais de $10 bilhões). É comum as propagandas conterem a ressalva de que "retornos passados podem não ser um indicativo de um desempenho futuro". Esses dados indicam que houve uma associação entre as taxas de retorno de 3 e 5 anos?

Nome do fundo	Retorno anualizado (%) 3 anos	5 anos
Ameristock	7,9	17,1
Clipper	14,1	18,2
Credit Suisse Strategic Value	5,5	11,5
Dodge & Cox Stock	15,2	15,7
Excelsior Value	13,1	16,4
Harbor Large Cap Value	6,3	11,5
ICAP Discretionary Equity	6,6	11,4
ICAP Equity	7,6	12,4
Neuberger Berman Focus	9,8	13,2
PBHG Large Cap Value	10,7	18,1
Pelican	7,7	12,1
Price Equity Income	6,1	10,9
USAA Cornerstone Strategy	2,5	4,9
Vanguard Equity Income	3,5	11,3
Vanguard Windsor	11,0	11,0

T 9. Desemprego entre jovens. As Nações Unidas desenvolveram um conjunto de objetivos de desenvolvimento do milênio para países e a Divisão de Estatística das Nações Unidas (UNSD) mantém um banco de dados para mesurar o progresso econômico voltado para esses objetivos (unstats.un.org/unsd/mdg). Os dados extraídos dessa fonte estão no DVD. Uma medida localizada é a taxa de desemprego entre os jovens (idades entre 15-24) em diferentes países. A taxa de desemprego dos homens jovens está relacionada à taxa de desemprego das mulheres jovens?
a) Encontre um modelo de regressão prevendo a *Taxa Masculina* a partir da *Taxa Feminina* em 2005 para uma amostra de 57 países, fornecida pelo UNSD.
b) Examine os resíduos para determinar se a regressão linear é apropriada.
c) Teste a hipótese apropriada para determinar se a associação é significativa.
d) Qual percentual da variabilidade da *Taxa Masculina* é de responsabilidade do modelo de regressão?

T 10. Desemprego entre homens. Usando os dados de desemprego fornecidos pelas Nações Unidas, investigue a associação entre as taxas de desemprego entre os homens em 2004 e 2005 para uma amostra de 52 países. (A amostra é menor que a do Exercício 9, já que nem todos os países relataram as taxas nos dois anos.)
a) Encontre um modelo de regressão prevendo a taxa de *2005-Homens* a partir da taxa de *2004-Homens*.
b) Examine os resíduos para determinar se a associação é significativa.
d) Qual percentual da variabilidade na taxa de *2005-Homens* pode ser creditada ao *modelo de regressão*?

T 11. Carros usados de 2007. Anúncios classificados num jornal ofereceram vários Toyota Corollas usados para vender. As idades dos carros e os preços anunciados estão listados a seguir.

Idade (anos)	Preços anunciados ($)
1	13990
1	13495
3	12999
4	9500
4	10495
5	8995
5	9495
6	6999
7	6950
7	7850
8	6999
8	5995
10	4950
10	4495
13	2850

a) Faça um diagrama de dispersão para esses dados.
b) Você acha que um modelo linear é adequado? Explique.
c) Encontre a equação da linha da regressão.
d) Verifique os resíduos para analisar se as condições para inferência foram satisfeitas.

T 12. Estimativas de propriedade. A seguinte saída de computador fornece informações sobre o tamanho (em pés quadrados) de 18 casas em Ithaca, Nova York, e o valor estimado pela cidade para essas casas, onde a variável resposta é *Avaliação*.

Variável	Coef.	EP(Coef.)	Razão t	Valor-P
Intercepto	37108,85	8664,33	4,28	0,0006
Tamanho	11,90	4,29	2,77	0,0136

s = 4682,10 R^2 = 32,5%

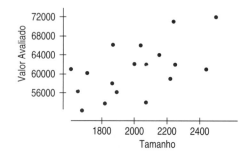

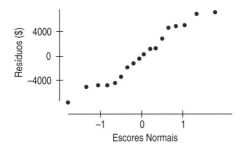

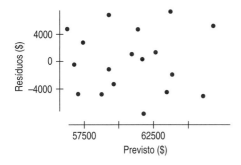

a) Explique por que a inferência para a regressão linear é adequada para esses dados.
b) Existe uma associação linear significativa entre o *Tamanho* da casa e sua *Avaliação*? Teste uma hipótese adequada e formule sua conclusão.
c) Qual percentual da variabilidade do valor *avaliado* pode ser atribuído à regressão?
d) Dê um intervalo de confiança de 90% para a inclinação da verdadeira linha de regressão e explique o seu significado no contexto.
e) A partir dessa análise, podemos concluir que acrescentar um quarto à casa aumentará sua *avaliação*? Por quê?
f) O proprietário de uma casa medindo 2100 pés quadrados apresentou uma apelação, alegando que o valor avaliado de $70200 é muito alto. Você concorda? Explique seu raciocínio.

T 13. Carros usados de 2007, novamente. Com base na análise dos preços dos carros usados que você fez no Exercício 11, se apropriado, crie um intervalo de confiança de 95% para a inclinação da linha da regressão e explique o que o seu intervalo significa no contexto.

T 14. Ativos e vendas. Uma analista de negócios está analisando os ativos e as estimativas de vendas de uma empresa para determinar a relação (se houver) entre as duas medidas. Ela tem os dados (em milhões de $) de uma amostra aleatória de 79 empresas da *Fortune 500* e obteve a reta de regressão abaixo:

A equação da regressão é Balanço = 1867,4 + 0,975 Vendas

Variável	Coef.	EP(Coef.)	Razão t	Valor-P
Intercepto	1867,4	804,5	2,32	0,0230
Tamanho	0,975	0,099	9,84	≤0,0001

s = 6132,59 R^2 = 55,7% R^2 (ajust.) = 55,1%

Utilize os dados fornecidos para encontrar um intervalo de confiança de 95%, se apropriado, para a inclinação da linha de regressão e interprete o intervalo no contexto.

T 15. Economia de combustível. Uma organização de consumidores relatou dados do teste de 50 modelos de carros. Examinaremos a associação entre o peso do carro (em milhares de onças) e o consumo de combustível (em milhas por galão). Use os dados fornecidos no DVD para responder as seguintes perguntas, onde a variável resposta é *Consumo de Combustível* (mpg).
a) Crie um diagrama de dispersão para obter a equação da regressão.
b) As suposições para a regressão foram satisfeitas?
c) Escreva a hipótese apropriada para testar a inclinação.
d) Teste a hipótese e formule a sua conclusão.

16. *Consumer Reports*. Em outubro de 2002, a *Consumer Reports* listou o preço (em dólares) e a capacidade (na partida a frio em ampères) de baterias de carros. Queremos saber se as baterias mais caras são geralmente melhores em termos de poder de arranque. Aqui estão a regressão e os resíduos, onde a variável resposta é *Capacidade*.

A variável dependente é: Capacidade
R^2 = 25,2%
s = 1116,0 com 33 − 2 = 31 graus de liberdade

Variável	Coef.	EP(Coef.)	Razão t	Valor-P
Intercepto	384,594	93,55	4,11	0,0003
Tempo de duração	4,146	1,282	3,23	0,0029

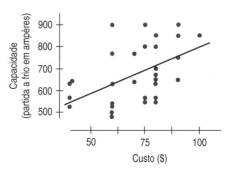

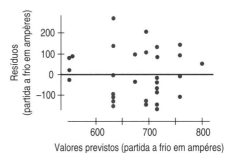

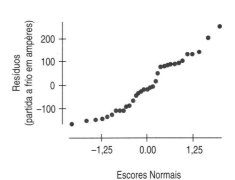

a) Quantas baterias foram testadas?
b) As condições para inferência foram satisfeitas? Explique.
c) Existem evidências de uma associação linear entre o custo e a capacidade de partida a frio das baterias dos carros? Teste a hipótese apropriada e formule a sua conclusão.
d) A associação é forte? Explique.
e) Qual é a equação da linha de regressão?
f) Crie um intervalo de confiança de 90% para a inclinação da verdadeira linha de regressão.
g) Interprete seu intervalo no contexto.

T 17. Escores do SAT. Quão forte é a associação entre os escores dos alunos nas seções de Matemática e Verbal do antigo SAT? Os escores desse exame variavam de 200 a 800 e eram muito usados como critérios de entrada no Ensino Superior. Eis o resumo estatístico, a análise de regressão e os diagramas dos escores para uma turma de formandos de 162 estudantes da Escola de Ensino Médio Ithaca, onde a variável resposta é *Escore de Matemática*.

Variável	Coef.	EP(Coef.)	Razão t	Valor-P
Intercepto	209,55	34,35	6,10	< 0,0001
Tamanho	0,675	0,057	11,88	< 0,0001

s = 71,75 R^2 = 46,9%

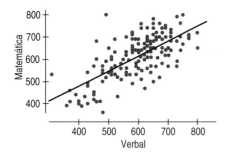

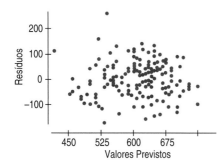

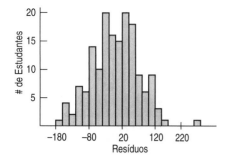

a) Existe evidência de uma associação linear entre os escores de *Matemática* e os *Verbais*? Escreva uma hipótese apropriada.
b) Discuta as suposições para a inferência.
c) Teste sua hipótese e formule uma conclusão apropriada.

18. Produtividade. Quão forte é a associação entre a produtividade do trabalho e os custos do trabalho? Os dados da Agência da Estatística do Trabalho (Bureau of Labor Statistics), principalmente os valores dos índices de 2006 (calculados usando 1997 como ano base), para a produtividade do trabalho e o custo da unidade de trabalho de 53 indústrias, são usados para examinar essa relação (ftp://ftp.bls.gov; acessado em maio de 2008). Eis os resultados de uma análise de regressão em que a variável resposta é *Produtividade do Trabalho*.

Variável	Coef.	EP(Coef.)	Razão t	Valor-P
Intercepto	212,67	12,18	17,46	< 0,0001
Tamanho	–0,768	0,111	–6,92	< 0,0001

s = 14,39 R^2 = 48,4%

a) Existe evidência de uma associação linear entre a *Produtividade do Trabalho* e o *Custo da Unidade do Trabalho*? Escreva a hipótese apropriada.
b) Teste sua hipótese nula e formule uma conclusão apropriada (assuma que as suposições e condições foram satisfeitas).

T 19. Salários no futebol americano. Os proprietários de times de futebol americano estão constantemente competindo por bons jogadores. Quanto maior o percentual de vitórias, maior a probabilidade de o time fornecer um bom retorno aos proprietários. Os recursos disponíveis por cada um dos 32 times da Liga Nacional de Futebol (NFL) variam, é claro. O tamanho da folha de pagamento é importante? Eis um diagrama de dispersão e uma regressão mostrando a associação entre os salários dos times da NFL, em 2006, e o percentual de vitórias.

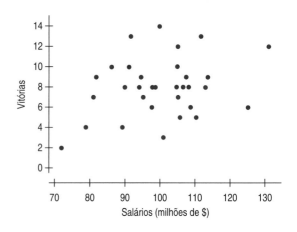

Variável	Coef.	EP(Coef.)	Razão t	Valor-P
Intercepto	212,67	12,18	17,46	< 0,0001
Salários (milhões de $)	–0,768	0,111	–6,92	< 0,0001

s = 2,82 R^2 = 7,7%

a) Declare a hipótese sobre a inclinação.
b) Execute o teste da hipótese e formule sua conclusão no contexto.

20. Pesquisa de opinião pública Gallup. O Gallup tem feito sistematicamente, ao longo de seis décadas, a seguinte pergunta:

Caso o seu partido lançasse um candidato muito bem qualificado que, por acaso, fosse mulher, você votaria nessa pessoa?

Queremos saber se a proporção do público "sem opinião" sobre esse assunto mudou durante os anos. Aqui está uma regressão para a proporção dos respondentes cuja resposta era "sem opinião." Assuma que as condições para inferência estão satisfeitas e que a variável resposta é *Sem Opinião*.

Variável	Coef.	EP(Coef.)	Razão t	Valor-P
Intercepto	7,693	2,445	3,15	<0,0071
Tamanho	−0.042	0,035	−1,21	0,2460

s = 2, 28 R^2 = 9,5%

a) Declare a hipótese sobre a inclinação (numericamente e em palavras) que descreve como o pensamento dos eleitores mudou sobre votar em uma mulher.
b) Assumindo que as suposições para inferência foram satisfeitas, execute o teste da hipótese e formule a sua conclusão.
c) Examine o diagrama de dispersão correspondente à regressão para os *Sem Opinião*. Como ele muda a sua percepção da tendência das respostas "sem opinião"? Você acha que a inclinação verdadeira é negativa, como mostra a saída da regressão?

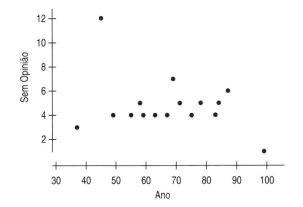

21. Economia de combustível, parte 2. Considere novamente os dados do Exercício 17 sobre o consumo de combustível e o peso dos carros.
a) Crie um intervalo de confiança de 95% para a inclinação da linha de regressão.
b) Explique nesse contexto o que o seu intervalo significa.

22. Escores do SAT, parte 2. Considere os dados dos escores do SAT do Ensino Médio do Exercício 17.
a) Encontre um intervalo de confiança de 90% para a inclinação da linha verdadeira descrevendo a associação entre os escores de Matemática e Verbais.
b) Explique nesse contexto o que o seu intervalo significa.

23. Fundos mútuos. É uma teoria comum da economia que o dinheiro que entra e sai dos fundos mútuos (fluxo do fundo) está relacionado ao desempenho do mercado de ações. Ou seja, é mais provável que os investidores apliquem dinheiro nos fundos mútuos quando o mercado está tendo um bom desempenho. Uma forma de mensurar o desempenho do mercado é por meio do Retorno Total do Mercado Wilshire 5000 (%), um retorno bem valorizado (o retorno de cada ação no índice é ponderado pelo seu percentual do valor de mercado para todas as ações). Aqui estão o diagrama de dispersão e a análise de regressão, em que a variável resposta é *Fluxos do Fundo* (milhões de $) e a variável explanatória é *Retorno do Mercado* (%), usando os dados de janeiro de 1990 a outubro de 2002.

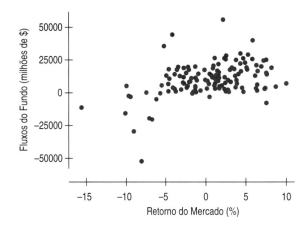

A variável dependente é: Fluxos do Fundo
R^2 = 17,9%
s = 10999 com 154− 2 = 152 graus de liberdade

Variável	Coef.	EP(Coef.)	Razão t	Valor-P
Intercepto	9599,10	896,9	10,7	≤ 0,0001
Tempo de duração	1156,40	201,1	5,75	≤ 0,0001

a) Declare quais são a hipótese nula e a alternativa dessa investigação.
b) Assumindo que as suposições para a inferência da regressão são razoáveis, teste a hipótese.
c) Declare a sua conclusão.

24. Gerentes de *marketing*. Os salários de várias posições de gerências de *marketing* estão relacionados? Uma forma de determinar isso é examinar o relacionamento entre salários médios por hora para duas ocupações em *marketing*: gerente de vendas e gerente de propaganda. A média do salário por hora das duas ocupações, nos Estados Unidos e seus territórios, são analisadas (data.bls.gov/oes; Occupational Employment Statistics; acessado em maio de 2008). Eis os resultados da análise de regressão.

Variável	Coef.	EP(Coef.)	Razão t	Valor-P
Constante	10,317	4,382	2,35	0,0227
Salário médio por hora do gerente de vendas	0,56349	0,09786	5,76	< 0,0001

a) Declare a hipótese nula e a alternativa sob investigação.
b) Assumindo que as suposições para a inferência da regressão são razoáveis, teste a hipótese.
c) Declare a sua conclusão.

508 Parte III – Explorando Relações entre Variáveis

25. Índice do custo de vida. Lembre-se do Worldwide Cost of Living Survey, do Capítulo 8, que determinava o custo de vida nas cidades mais caras do mundo como um índice. Esse índice tem a cidade de Nova York como base da escala (= 100) e expressa o custo de vida das outras cidades como um percentual do custo de vida de Nova York. Por exemplo, em 2007, o índice do custo de vida em Tóquio era de 122,1, o que significa que estava 22% acima do de Nova York. A saída mostra a regressão do índice de 2006 sobre o de 2007 para as cidades mais caras em 2007, onde *Índice de 2007* é a variável resposta.

Variável	Coef.	EP(Coef.)	Razão t	Valor-P
Intercepto	12,02	12,25	0,98	0,3446
Índice de 2007	0,943	0,115	8,17	< 0,0001

s = 4,45 R² = 83,7%

a) Declare a hipótese sobre a inclinação (numericamente e em palavras).
b) Execute o teste das hipóteses e formule sua conclusão no contexto.
c) Explique o que o R^2 significa nessa regressão.
d) Esses resultados indicam que, em geral, as cidades com os índices mais altos em 2006 terão também os índices mais altos em 2007? Explique.

26. Crescimento do emprego. A revista *Fortune* publica as 100 melhores empresas para se trabalhar a cada ano. Entre as informações apresentadas, está o percentual de crescimento de empregos em cada empresa. A saída abaixo mostra a regressão do crescimento do emprego (%) de 2008 sobre o crescimento do emprego (%) em 2006 para uma amostra de 29 empresas. Observe que *Crescimento do Emprego em 2008* é a variável resposta (*money.cnm.com/magazines/fortune/bestcompanies /full_list*; acessado em maio de 2008).

A variável dependente é: Crescimento do emprego em 2008
R² = 25,6% R² (ajustado)= 22,9%
s = 6,129 com 29– 2 = 27 graus de liberdade

Variável	Coef.	EP(Coef.)	Razão t	Valor-P
Intercepto	2,993	1,441	2,08	0,0475
Crescimento do emprego em 2008	0,399	0,131	3,05	0,0051

a) Declare a hipótese sobre a inclinação (numericamente e em palavras).
b) Assumindo que as suposições para inferência estão satisfeitas, execute o teste de hipóteses e declare sua conclusão no contexto.
c) Explique o que o R^2 significa nessa regressão.
d) Esses resultados indicam que, em geral, as empresas com um crescimento de emprego mais alto em 2006 terão também um crescimento mais alto em 2008? Explique.

27. Preço do petróleo. A Organização dos Países Produtores de Petróleo (OPEP) é um cartel, assim, ela artificialmente determina os preços. Porém, os preços estão relacionados à produção? Usando os dados fornecidos no DVD para os preços do petróleo cru ($/barril) e a produção de petróleo (mil barris por dia) entre 2001 e 2007, responda as seguintes perguntas. Use o *Preço Cru* como a variável resposta e a *Produção* como a variável previsora.

a) Examine um diagrama de dispersão para as duas variáveis e teste as condições para regressão.
b) Você acha que existe uma associação linear entre os preços do petróleo cru e a sua produção? Explique.

28. Comparecimento em 2006. Tradicionalmente, times que têm um melhor desempenho aumentam a sua base de torcedores e geram um maior comparecimento aos jogos e competições. Isso deve ser verdadeiro qualquer que seja o esporte – futebol, futebol americano ou beisebol. Usando os dados fornecidos para o número de vitórias e comparecimento em 2006 de 14 times da Liga Americana de Beisebol, responda as seguintes perguntas. Use *Comparecimento Local* como a variável dependente e *Vitórias* como a variável explanatória.

a) Examine o diagrama de dispersão para as duas variáveis e teste as condições para a regressão.
b) Você acha que existe uma associação linear entre *Comparecimento Local* e *Vitórias*?

29. Impressoras. Em março de 2002, a Consumer Reports revisou vários modelos de impressoras a jato de tinta. A tabela a seguir mostra a velocidade da impressora (em páginas por minuto) e o custo por página impressa. Existe evidência de uma associação entre *Velocidade* e *Custo*? Teste uma hipótese adequada e formule sua conclusão.

Velocidade (ppm)	Custo (cent/página)
4,6	12,0
5,5	8,5
4,5	6,2
3,8	3,4
4,6	2,6
3,7	4,0
4,7	5,8
4,7	8,1
4,0	9,4
3,1	14,9
1,9	2,6
2,2	4,3
1,8	4,6
2,0	14,8
2,0	4,4

30. Teste de produto. Lembra o vídeo institucional da Liga Mirim discutido no Capítulo 14? Os anúncios afirmavam que as técnicas melhorariam o desempenho dos arremessadores da Liga Mirim. Para testar essa afirmação, 20 jogadores da Liga Mirim fizeram 50 arremessos cada um e registraram os números de *strikes*. Depois de os jogadores terem participado do programa de treinamento, repetimos o teste. A tabela a seguir mostra o número de *strikes* que cada jogador conseguiu antes e depois do treinamento. Um teste das diferenças pareadas não conseguiu mostrar que esse treinamento era eficaz para aprimorar a habilidade de o jogador obter *strikes*. Existe evidência de que a *Eficácia (Antes – Depois)* do vídeo depende da *Habilidade Inicial (Depois)* do jogador para obter *strikes*? Teste a hipótese apropriada e declare a sua conclusão. Proponha uma explicação para o que você encontrar.

Número de *strikes* (em 50 arremessos)			
Antes	Depois	Antes	Depois
28	35	33	33
29	36	33	35
30	32	34	32
32	28	34	30
32	30	34	33
32	31	35	34
32	32	36	37
32	34	36	33
32	35	37	35
33	36	37	32

T 31. Economia do combustível, revisitada. Considere novamente os dados do Exercício 15 sobre a economia de combustível e o peso dos carros.
a) Crie um intervalo de confiança de 95% para o consumo médio de combustível de carros pesando 2500 libras e explique o que seu intervalo significa.
b) Crie um intervalo de confiança de 95% para o consumo de combustível que você irá obter dirigindo seu utilitário novo de 3450 libras e explique o que o intervalo significa.

T 32. Escores do SAT, novamente. Considere os dados dos escores do Ensino Médio do SAT do Exercício 17 uma vez mais. O escore Verbal médio era de 596,30.
a) Encontre um intervalo de confiança de 95% para o escore médio do SAT em Matemática para todos os estudantes com um escore Verbal no SAT de 500.
b) Encontre um intervalo de previsão de 90% para o escore do SAT em Matemática da líder da classe, se você sabe que ela obteve um escore Verbal de 710.

T 33. Fundos mútuos, parte 2. Usando os mesmos dados do fluxo do fundo mútuo fornecido no Exercício 23, responda as seguintes perguntas.
a) Encontre um intervalo de previsão de 95% para o mês que registre um retorno do mercado de 8%.
b) Você acha que as previsões feitas por essa regressão serão precisas? Explique.
c) Suas previsões seriam mais ou menos precisas se você omitisse os pontos observados no Exercício 23?

T 34. Ativos e vendas, revisitado. Uma analista de negócios estava interessada no relacionamento entre os ativos de uma empresa e suas vendas. Ela coletou dados (em milhões de dólares) de uma amostra aleatória de 79 empresas da *Fortune 500* e criou a análise de regressão apresentada na tabela a seguir. Assim como o fazem comumente os economistas, ela utilizou o logaritmo dessas variáveis para tornar a relação mais linear. A variável dependente é *LogVendas*. As suposições para a inferência da regressão parecem satisfeitas.

A variável dependente é: LogVendas
R^2 = 33,9%
s = 0,4278 com 79– 2 = 77 graus de liberdade

Variável	Coef.	EP(Coef.)	Razão t	Valor-P
Intercepto	1,303	0,3211	4,06	0,0001
LogVendas	0,578	0,0919	6,28	≤ 0,0001

a) Existe uma associação linear significativa entre *LogAtivos* e *Log Vendas*? Encontre o valor *t* e o valor-P para testar uma hipótese apropriada e formular sua conclusão no contexto.
b) Você acha que os ativos de uma empresa servem como uma previsão útil das suas vendas?

T 35. Toda a eficiência que o dinheiro pode comprar. Uma amostra de 84 carros, modelos 2004, de um serviço de informação *on-line* foi examinada para ver se o consumo de combustível (numa autoestrada em milhas por galão) se relaciona ao custo (preço sugerido pelo fabricante – PSPF – em dólares) dos carros. Aqui estão as saídas fornecidas por um computador:

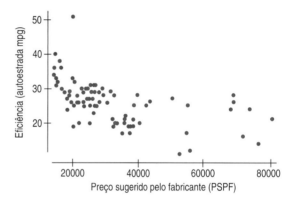

A variável dependente é: Mpg na autoestrada
R^2 = 30,1%
s = 5,298 com 84 – 2 = 82 graus de liberdade

Variável	Coef.	EP(Coef.)	Razão t	Valor-P
Intercepto	33,06	1,299	25,5	≤ 0,0001
PSPF	–2,165e–4	3,639e-5	-5,95	≤ 0,0001

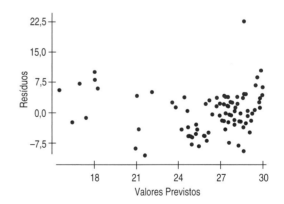

a) Declare o que você quer saber, identifique as variáveis e forneça a hipótese apropriada.
b) Verifique as suposições e as condições.
c) Se as condições foram satisfeitas, complete a análise.

36. Uso da energia. Com base nos dados coletados a partir do Banco de Dados dos Indicadores do Milênio das Nações Unidas relacionados à mensuração do objetivo de *assegurar um meio ambiente sustentável*, investigue a associação entre o uso da energia (kg de petróleo equivalente por $1000 PIB) em 1990 e 2004 para uma amostra de 96 países (unstats.un.org/unsd/mi/mi_goal.asp; acessado em maio de 2008).

a) Encontre um modelo de regressão mostrando uma relação entre *Uso da Energia* em *2004* (variável resposta) e *Uso da Energia em 1990* (variável previsora)
b) Examine os resíduos para determinar se a regressão linear é apropriada.
c) Teste a hipótese apropriada para determinar se a associação é significativa.
d) Qual percentual da variabilidade no *Uso de Energia em 2004* é explicado pelo *Uso da Energia em 1990*?

37. Desemprego entre os jovens, parte 2. Consulte os dados das Nações Unidas do Exercício 9. Aqui está um diagrama de dispersão mostrando a linha de regressão, um intervalo de confiança de 95% e um intervalo de previsão de 95%, usando os dados do desemprego entre os jovens para uma amostra de 57 nações. A variável resposta é *Taxa Masculina* e a variável previsora é *Taxa Feminina*.

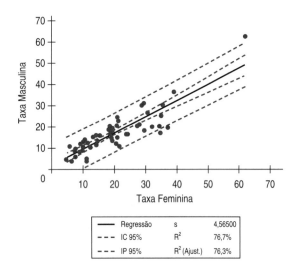

a) Explique o significado do intervalo de previsão de 95% nesse contexto.
b) Explique o significado do intervalo de confiança de 95% nesse contexto.
c) Identifique a observação incomum e discuta o seu impacto potencial na regressão.

38. Desemprego masculino, parte 2. Consulte os dados das Nações Unidas referidos no Exercício 10. Aqui está um diagrama de dispersão mostrando a linha de regressão, o intervalo de confiança de 95% e o intervalo de previsão de 95%, usando os dados de desemprego masculino de 2005 e 2004 para uma amostra de 52 nações. A variável resposta é *Taxa Masculina-2005* e a variável previsora é *Taxa Masculina-2004*.

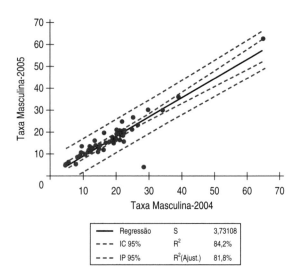

a) Explique o significado do intervalo de previsão de 95% nesse contexto.
b) Explique o significado do intervalo de confiança de 95% nesse contexto.
c) Identifique a observação incomum e discuta o seu impacto potencial na regressão.

39. Uso da energia, novamente. Examine a regressão e o diagrama de dispersão mostrando a linha de regressão, o intervalo de confiança de 95% e o intervalo de previsão de 95% aplicando o *uso da energia de 1990* e *2004* (kg petróleo por $1000 PIB) para uma amostra de 96 países. A variável resposta é *Uso da Energia 2004*.

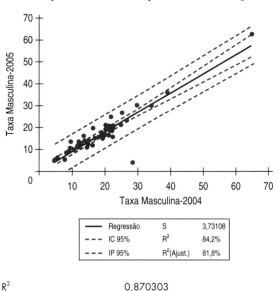

R^2		0,870303
R^2(Ajust.)		0,868923
s		43,6401

Variável	Coef.	EP(Coef.)	Razão t	Valor-P
Intercepto	23,979345	9,148568	2,62	0,0102
Uso 1990	–0,8073999	0,032148	25,12	< 0,0001

a) Explique o significado do intervalo de previsão de 95% nesse contexto.
b) Explique o significado do intervalo de confiança de 95% nesse contexto.

40. Alcance global. A Internet está revolucionado os negócios e oferecendo oportunidades sem precedentes para a globalização. Entretanto, a capacidade de acessar a Internet varia muito entre diferentes regiões do mundo. Uma das variáveis que as Nações Unidas avaliam a cada ano é *Computadores pessoais por 100 habitantes* (unstats.un.org/unsd/CDB_help/CDB_quick_start.asp) para vários países. Abaixo está um diagrama de dispersão mostrando a linha de regressão, o intervalo de confiança de 95% e o intervalo de previsão de 95% utilizando a variável adoção de computadores (computador pessoal para cada 100 habitantes) para uma amostra de 85 países. A variável resposta é *PC/100 2004*.

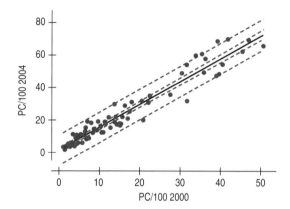

a) Encontre o modelo de regressão mostrando a relação entre a adoção de computadores pessoais em 2004 – PC/100 2004 (a variável resposta) e a adoção de computadores pessoais em 2000 – PC/100 2000 (a variável previsora).
b) Explique o significado do intervalo de previsão de 95% nesse contexto.
c) Explique o significado do intervalo de confiança de 95% nesse contexto.

41. Gasto sazonal, revisitado. Os gastos no cartão de crédito diminuíram após a época do Natal (como foi mensurado pela quantia gasto com cartões de crédito em dezembro). O conjunto de dados no DVD contém os gastos mensais com cartão de crédito de uma amostra aleatória de 99 proprietários.
a) Construa um modelo de regressão para prever o gasto em janeiro a partir do gasto de dezembro.
b) Quanto, em média, os proprietários de cartão de crédito que gastaram $2000 em dezembro irão gastar em janeiro?
c) Forneça um intervalo de confiança de 95% para a média dos gastos de janeiro de proprietários de cartão de crédito que gastaram $2000 em dezembro.
d) Do exercício **c**, forneça um intervalo de confiança de 95% para o decréscimo médio dos gastos dos proprietários de cartão de crédito que gastaram $2000 em dezembro.
e) Que restrições, se houver alguma, você tem sobre os intervalos de confiança que você fez na parte **c** e **d**?

42. Gasto sazonal revisitado, parte 2. Os analistas financeiros sabem que os gastos com o cartão de crédito de janeiro serão, geralmente, bem mais baixos do que no mês anterior. E a diferença entre o mês de janeiro e o próximo mês? A tendência continua? O conjunto de dados do DVD contém os gastos mensais de uma amostra aleatória de 99 proprietários de cartão de crédito.
a) Construa um modelo de regressão para prever os gastos em fevereiro a partir dos gastos em janeiro.
b) Quanto, em média, os proprietários de cartões de crédito que gastaram $2000 em janeiro irão gastar em fevereiro?
c) Forneça um intervalo de confiança de 95% para o gasto médio em fevereiro de proprietários de cartões de crédito que gastaram $2000 em janeiro.
d) A partir do exercício **c**, forneça um intervalo de confiança de 95% para o decréscimo médio do gasto de proprietários de cartões de crédito que debitaram $2000 em janeiro.
e) Que restrições, se houver alguma, você tem sobre os intervalos de confiança que fez na parte **c** e **d**?

43. Meio ambiente. A Agência de Proteção ao Meio Ambiente está examinando o relacionamento entre o nível de ozônio (em partes por milhão) e a população (em milhões) das cidades dos Estados Unidos. Parte da análise de regressão é apresentada na tabela e a variável dependente é *Ozônio*.

A variável dependente é: Ozônio
$R^2 = 84,4\%$
s = 5,454 com 16 – 2 = 14 gl

Variável	Coef.	EP(Coef.)
Intercepto	18,892	2,395
Pop	6,650	1,910

a) Suspeitamos que, quanto maior a população de uma cidade, maior o nível de ozônio. A relação é significativa? Assumindo que as condições para inferência foram satisfeitas, encontre o valor *t* e o valor-P para testar a hipótese. Formule a sua conclusão no contexto.
b) Você acha que a população de uma cidade é um previsor útil para o nível de ozônio? Use os valores de R^2 e *s* na sua explicação.

44. Meio ambiente, parte 2. Considere novamente a relação entre a população e o nível de ozônio das cidades dos Estados Unidos que você analisou no Exercício 43.
a) Forneça um intervalo de confiança de 90% para o aumento aproximado no nível de *Ozônio* associado ao milhão adicional de habitantes da cidade.
b) Para as cidades estudadas, a média da população era de 1,7 milhão de pessoas. A população de Boston é aproximadamente 0,6 milhão de pessoas. Faça uma previsão do nível médio de ozônio para cidades desse tamanho com um intervalo no qual você tenha 90% de confiança.

RESPOSTAS DO TESTE RÁPIDO

1 Seria necessário ver um diagrama de dispersão para analisar se a suposição de linearidade é razoável, para se ter certeza de que não existem valores atípicos, e ver um diagrama dos resíduos, para verificar a condição da igualdade da dispersão. Também seria interessante ver um histograma ou diagrama de probabilidade Normal dos resíduos, para ter certeza de que a condição de normalidade é satisfeita. Finalmente, seria apropriado ver os resíduos traçados no tempo, para verificar se os resíduos são independentes. Sem verificar essas condições, não seria possível saber se a análise é válida.

2 O IC de 95% para a inclinação é 1133,8 ± 2,052 (513,1) ou (80,9; 2186,7).

3 H_0: a inclinação $_1$ = 0. H_A: a inclinação $\beta_1 \neq 0$. Visto que o valor-P = 0,036, rejeitamos a hipótese nula (com $\alpha = 0,05$) e concluímos que existe uma relação linear entre inscrição e desemprego.

4 A força é uma questão de julgamento, mas hesitaríamos em chamar de relação um valor do R^2 com somente 15% de força.

5 Aproximadamente 15% da variação nas inscrições na Universidade do Novo México é responsável pela variação da taxa de desemprego no Novo México.

6 O teste indica que podemos rejeitar a hipótese de que a correlação é 0 (com $\alpha = 0,05$) e concluir que existe uma relação linear entre as inscrições e o desemprego. É exatamente o que o teste da inclinação na parte 3 nos informou. A correlação é 0 somente se a inclinação for 0. Não existe informação nova aqui.

Entendendo os Resíduos

Kellogg's

John Harvey Kellogg era um médico que dirigia a Casa de Saúde Battle Creek. Ele era um defensor das dietas vegetarianas e de viver sem cafeína, álcool ou sexo. Ele foi um dos primeiros defensores da manteiga de amendoim, patenteando um dos primeiros aparelhos para fazê-la. Porém, ele é mais lembrado pelo trabalho com o seu irmão Will Keith Kellogg. Juntos, em 1897, eles fundaram a Sanitas Food Company para produzir cereais integrais.

No início do século XX, o café da manhã era tipicamente uma refeição pesada, com alto teor de gordura, com ovos e carne para os ricos, e uma refeição menos nutritiva, de mingau ou papa, para os pobres. Os irmãos Kellogg introduziram os sucrilhos de milho tostados como uma alternativa de preço acessível. Porém, em 1906, eles tiveram uma discussão, quando Will queria adicionar açúcar à receita – uma ideia que chocou John Harvey. Will fundou a empresa Battle Creek Toasted Corn Flake Company, que, mais tarde, se tornou a Kellogg Company, usando a assinatura do seu fundador "W. K. Kellogg" como um logotipo – um conceito de *marketing* que sobreviveu como o nome Kellogg's escrito nas suas caixas até hoje.

Fiel às suas raízes de alimentação saudável, as marcas da Kellogg's incluem os alimentos saudáveis Kashi®, alimentos vegetarianos Mornigstar Farms® e as barras de cereais Nutri-Grain®. (Entretanto, eles também fazem Cocoa Krispies®, Froot Loops®, Cheez-Its® e Kleeber® Cookies.) Em 1923, a Kellogg contratou o primeiro nutricionista para trabalhar na indústria alimentícia e, em 1930, a Kellogg's foi a primeira empresa a imprimir a informação nutricional nas suas caixas. O Instituto W. K. Kellogg para Alimentos e Pesquisa da Nutrição, uma instituição de pesquisa do mais alto nível, foi fundado em 1997. A empresa continua a defender uma nutrição saudável, oferecendo conselhos e educação no seu *site* e tendo como parceiros organizações como a Associação Americana do Coração.

A regressão talvez seja o método estatístico mais amplamente usado. Ele é empregado diariamente em todo o mundo como auxílio na tomada de boas decisões de negócios. As aplicações da regressão linear são ilimitadas. Ela pode ser usada para prever a lealdade do cliente, as necessidades do grupo de trabalho em hospitais, vendas de automóveis e quase tudo o que pode ser quantificado. Pelo fato de a regressão ser tão amplamente usada, ela é também amplamente usada de modo inapropriado e mal interpretada. Este capítulo apresenta exemplos de regressão nos quais as coisas não são tão simples como podem parecer de início e mostra como você ainda pode usar a regressão para descobrir o que os dados têm a dizer.

Os resíduos do ajuste de uma regressão linear contêm uma quantidade incrível de informação sobre o modelo. Lembre-se que um resíduo é a diferença entre os dados reais e os valores previstos com o modelo: $e = y - \hat{y}$. Os resíduos podem ajudá-lo a dizer quão bem o modelo está se comportando e fornecem pistas para reformulá-lo se ele não estiver funcionando tão bem quanto poderia. Neste capítulo, iremos mostrar uma variedade de formas para detectar padrões nos resíduos que podem ajudá-lo a aprimorar o modelo. Examinar os resíduos pode revelar mais sobre os dados do que estava aparente à primeira ou à segunda vista. Por isso, nenhuma análise de regressão estará completa sem uma representação gráfica dos resíduos e um exame completo do que eles têm a dizer.

17.1 Examinando resíduos de grupos

Parece que, desde que os irmãos Kellogg discutiram sobre o açúcar nos cereais matinais, ele tem sido uma preocupação. Usando os dados dos rótulos nutricionais introduzidos pela Kellogg, podemos examinar a relação entre as calorias de uma porção e a sua quantidade de açúcar (em gramas). A Figura 17.1 parece satisfazer as condições para a regressão; a relação é linear, sem valores atípicos.

O modelo de regressão dos mínimos quadrados,

$$\widehat{Calorias} = 89,5 + 2,50 \ açúcar$$

tem um R^2 de 32%. A Figura 17.2 mostra os resíduos.

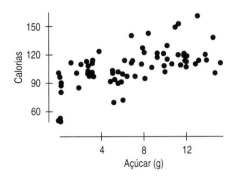
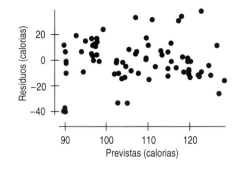

Figura 17.1 *Calorias versus* conteúdo de *Açúcar* (em gramas) por porção de cereal matinal.

Figura 17.2 Resíduos para a regressão traçados *versus* as *Calorias* previstas.

À primeira vista, o diagrama de dispersão não parece ter uma estrutura particular e, como você deve se lembrar do Capítulo 8, isto é exatamente o que esperamos ver. Porém, vamos verificar um histograma dos resíduos.

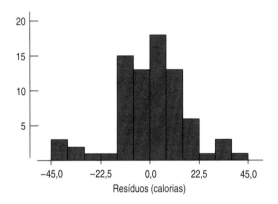

Figura 17.3 A distribuição dos resíduos da regressão mostra modas acima e abaixo da moda central maior. Isto pode valer uma observação mais atenta.

Como você descreveria a forma do histograma? Parece existir pequenas modas em ambos os lados do corpo central dos dados. Alguns cereais se destacam com maiores resíduos negativos – isto é, menos calorias do que poderíamos ter previsto. E alguns se destacam com maiores resíduos positivos. É claro, aqui o tamanho da amostra não é muito grande. Não podemos dizer com certeza que existem três modas, mas vale a pena fazer um exame mais minucioso.

Vamos olhar com mais atenção os resíduos. A Figura 17.4 repete o diagrama de dispersão da Figura 17.2, mas com os pontos marcados nestas modas. Agora podemos ver que estes dois grupos estão distantes do padrão central no diagrama de dispersão. Trabalhando um pouco mais e examinando o conjunto de dados, encontramos que os cereais com altos resíduos (x em laranja) são Just Right Fruit & Nut; Muesli Raisins, Dates & Almonds; Peaches & Pecans; Mueslix Crispy Blend e Nutri-Grain Almond Raisin. Estes cereais têm algo em comum? Todos os cereais com muitas calorias são comercializados como "saudáveis". Isto pode ser surpreendente, mas, de fato, os cereais "saudáveis" geralmente contêm mais gordura. Eles geralmente contêm nozes e óleos "naturais" e não necessariamente contêm açúcar, mas têm um teor mais alto de gordura do que os grãos e o açúcar. Portanto, eles podem ter mais calorias do que poderíamos esperar olhando somente para o seu conteúdo de açúcar.

Os cereais com resíduos mais baixos (pontos cinzas) são Puffed Rice, Puffed Wheat, três cereais de milho e Golden Crisps. Estes cereais têm menos calorias do que poderíamos esperar baseados no seu conteúdo de açúcar. Provavelmente, esses cereais não foram agrupados antes. O que eles têm em comum é um baixo conteúdo calórico

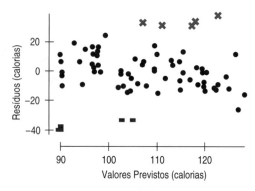

Figura 17.4 Um diagrama de dispersão dos resíduos *versus* valores previstos para a regressão do cereal. Os valores de x laranjas-claros são os cereais cujo conteúdo de calorias é mais alto do que o modelo linear prevê. Os vermelhos mostram cereais com menos calorias do que o modelo prevê. Existe algo especial sobre estes cereais?

comparado ao seu conteúdo de açúcar – embora as quantidades de açúcar sejam bem diferentes. (Eles têm baixa caloria por causa da sua forma e estrutura.)

Estas observações podem não nos levar a questionar todo o modelo linear, mas elas realmente nos ajudam a entender que outros fatores podem fazer parte da história. Uma exploração dos resíduos geralmente nos leva a descobrir mais sobre os casos individuais. Quando descobrimos que existem grupos nos nossos dados, podemos decidir analisá-los separadamente, usando um modelo diferente para cada grupo.

Muitas vezes, mais pesquisa pode nos ajudar a descobrir por que certos casos tendem a se comportar similarmente. Aqui, certos cereais se agrupam no diagrama dos resíduos porque os fabricantes de cereais direcionam os cereais a diferentes segmentos do mercado. Uma técnica comum, usada para atrair diferentes consumidores, é colocar diferentes tipos de cereais em certas prateleiras. Os cereais para crianças tendem a estar na "prateleira das crianças", no nível dos seus olhos. Não é provável que os bebês agarrem uma caixa desta prateleira e peçam: "Mamãe, podemos pegar o All-Bran com Extra Fiber?"

Como podemos levar em consideração esta informação adicional em nossa análise? A Figura 17.5 mostra um diagrama de dispersão de *Calorias* e *Açúcar*, coloridos de acordo com a prateleira que os cereais são encontrados, com uma linha de regressão ajustada para cada uma. Agora podemos ver que a prateleira de cima é

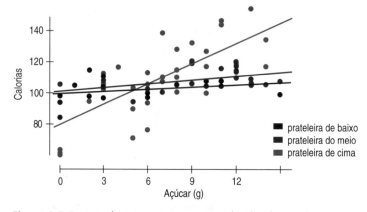

Figura 17.5 As calorias e o açúcar estão coloridos de acordo com a prateleira na qual o cereal foi encontrado no supermercado, com linhas de regressão ajustadas individualmente para cada uma. Estes dados parecem homogêneos? Isto é, todos os cereais parecem vir da mesma população de cereais? Ou existem alguns tipos de cereais que poderemos considerar separadamente?

diferente das duas prateleiras de baixo. Devemos relatar duas regressões, uma para a prateleira de cima e uma para as duas de baixo.[1]

17.2 Extrapolações e previsões

Os modelos lineares fornecem um valor previsto para cada caso dos dados. Coloque um novo valor x na equação e ele fornece um valor previsto, $\hat{y}$, correspondente a ele. Mas, quando o novo valor x está longe dos dados que usamos para construir a regressão, quão confiável é a previsão?

A resposta simples é que, quanto mais longe o novo valor x está de $\bar{x}$ (o centro* dos valores x), menos confiança devemos ter no valor previsto. Uma vez que nos aventuramos num novo território de x, tal previsão é chamada de uma **extrapolação**. As extrapolações são perigosas, porque requerem uma suposição adicional – e questionável – de que nada muda na relação entre x e y mesmo para valores extremos de x. As extrapolações podem nos trazer grandes problemas, especialmente se tentamos prever um futuro distante.

Como um exemplo preventivo, vamos examinar os preços do petróleo de 1972 a 1981, em dólares constantes de 2005.[2] Em meados da década de 1970, em meio à crise de energia, os preços do petróleo aumentaram e longas filas eram comuns nos postos de gasolina. Em 1970, o preço do petróleo era aproximadamente $3 o barril. Alguns anos depois, ele aumentou para $15. Em 1975, um levantamento de dados de 15 dos melhores modelos de previsão econométricos (construídos por grupos que incluíam economistas ganhadores do Prêmio Nobel) encontrou previsões para os preços de petróleo de 1985 que variavam de $50 a $200 o barril (ou $181 a $726(!) dólares por barril, em dólares de 2005). Qual era a precisão destas previsões? Vejamos a Figura 17.6.

Quando os dados são anos

Não costumamos utilizar anos com números de quatro dígitos. Aqui, usamos 0 para 1970, 10 para 1980 e assim por diante. É comum designar 0 à primeira observação de dados temporais, isto é, dados que representam tempo. Outra opção é entrar com dois dígitos para o ano, usando 88 para 1988, por exemplo. Redimensionar os anos assim geralmente torna os cálculos mais fáceis e as equações mais simples. Mas tenha cuidado; se 1988 for 88, então 2004 é 104(e não 4).

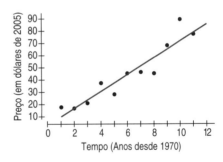

Figura 17.6 O preço do petróleo por barril em dólares constantes de 2005 para os anos de 1971 a 1982 mostra uma tendência linear, aumentando aproximadamente $7 por ano.

O modelo de regressão para *Preço versus Tempo* (Anos desde 1970) para estes dados é:

$$\widehat{Preço} = -0{,}85 + 7{,}39\ Tempo,$$

o que mostra que os preços aumentaram, em média, $7,39 por ano, ou aproximadamente $75 em 10 anos. Se eles continuassem a aumentar linearmente, seria fácil de prever os preços do petróleo. E realmente, muitos previsores fizeram esta suposição. Portanto, como eles se saíram? Bem, no período de 1982 a 1998, os preços do petróleo

---

[1] Outra alternativa é ajustar um modelo de regressão múltipla adicionando variáveis (chamadas de variáveis auxiliares ou indicadoras) que distinguem os grupos. Esse método será discutido no Capítulo 19.

* N. de T.: A média é o valor central se os dados forem simétricos, como é requerido pela regressão. Caso isto não aconteça, a média não estará necessariamente no centro do conjunto.

[2] Discutiremos modelos especiais para ajustar dados quando x for tempo no Capítulo 20, mas modelos de regressão simples são geralmente usados. Mesmo quando métodos mais sofisticados são usados, os perigos da extrapolação não desaparecem.

não continuaram exatamente naquele aumento constante. Na verdade, eles baixaram tanto que, por volta de 1998, os preços (ajustados pela inflação) eram os mais baixos desde antes da Segunda Guerra Mundial (Figura 17.7).

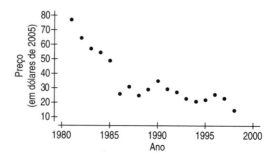

Figura 17.7 O diagrama de séries temporais para o petróleo, em dólares constantes de 2005, mostra um decréscimo razoavelmente constante ao longo do tempo.

Por exemplo, o preço médio do petróleo em 1985 acabou sendo menos de $30 por barril – não exatamente os $100 previstos pelo modelo. A extrapolação além dos dados originais por apenas quatro anos produziu previsões muito imprecisas. Enquanto o diagrama de séries temporais da Figura 17.7 mostra um declínio razoavelmente constante, este padrão claramente não continuou (ou o petróleo seria de graça agora).

Nos anos 1990, o governo norte-americano decidiu incluir cenários nas suas previsões. O resultado foi que a Energy Information Administration (EIA – Administração da Informação de Energia) ofereceu *duas* previsões para 20 anos para os preços do petróleo após 1998 no seu *Annual Energy Outlook* (AEO). Ambos cenários, entretanto, indicavam aumentos relativamente modestos nos preços do petróleo (Figura 17.8).

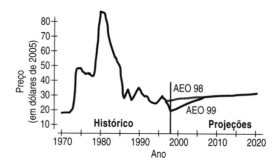

Figura 17.8 Este gráfico, adaptado da EIA, mostra os preços do petróleo de 1970 a 1998 com dois conjuntos de previsões para o período de 1999 a 2020.

Assim, quão precisas foram estas previsões? Vamos comparar estas previsões aos preços atuais em dólares constantes de 2005 (Figura 17.9).

Figura 17.9 Aqui estão as mesmas previsões da EIA da Figura 17.8, junto com os preços atuais de 1981 a 2007. Nenhuma previsão anteviu o brusco aumento dos últimos anos.

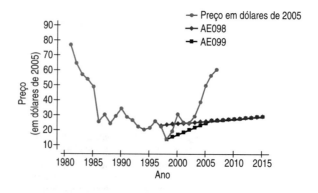

Os especialistas parecem ter deixado escapar este aumento acentuado dos preços do petróleo da primeira década do século XXI. Para onde você acha que os preços do petróleo irão na *próxima* década? Sua estimativa é tão boa quanto a de qualquer pessoa. Evidentemente, estas previsões não levam em conta muitos dos eventos globais e econômicos inesperados que ocorreram desde 2000. Fornecer previsões precisas a longo prazo é extremamente difícil.

A extrapolação para longe dos dados é perigosa. Os modelos lineares são baseados nos valores x dos dados à mão e podem não ser confiáveis além daquele intervalo. Alguns fenômenos realmente exibem um tipo de inércia que nos permite estimar que o comportamento sistemático atual observado irá continuar fora do intervalo. Quando x for tempo, você deveria ser especialmente cuidadoso. Tal regularidade não pode ser confiável para fenômenos como preços das ações, vendas, ocorrências de tempestades ou opinião pública.

"É difícil fazer previsões, especialmente sobre o futuro."
—Niels Bohr, físico dinamarquês

Extrapolar a partir de tendências atuais é um erro cometido não somente por iniciantes em regressão ou pelos ingênuos. Os previsores profissionais são passíveis dos mesmos erros e algumas vezes os erros são impressionantes. Todavia, pelo fato de a tentação de prever o futuro ser forte, nosso conselho mais realista é:

Se você extrapolar para o futuro distante, esteja preparado para que os valores reais sejam (possivelmente muito) diferentes das suas previsões.

FOXTROT © 2002 Bill Amend. Reproduzido com a permissão de UNIVERSAL PRESS SYNDICATE. Todos os direitos reservados.

17.3 Observações incomuns e extraordinárias

Sua empresa de cartão de crédito ganha dinheiro cada vez que você usa o seu cartão. Para encorajá-lo a usar o seu cartão, o emissor do cartão pode oferecer um incentivo como milhas aéreas, descontos ou presentes.[3] É claro, isto é lucrativo para a empresa somente se o aumento do uso trouxer renda o suficiente pra compensar o custo dos incentivos. As novas ideias de ofertas (referidas como "criativas") são normalmente testadas numa amostra de proprietários de cartões de crédito antes de serem apresentadas a todo o segmento da população, um processo chamado de "campanha". Normalmente, a nova oferta (o "desafio") é testada contra um grupo de controle que pode não receber nada ou a melhor oferta atual ("a campeã").

Uma campanha ofereceu a um dos segmentos do mercado, com um dos mais altos desempenhos, um incentivo para três meses: uma milha aérea resgatável a qualquer momento para cada dólar gasto. Eles esperavam que os proprietários de cartões de

---
[3] Existem *sites* dedicados a encontrar "pechinchas" dos cartões de crédito. Procure por "prêmios de cartões de crédito".

crédito fossem aumentar seus gastos o suficiente para pagar pela campanha, mas eles receavam que alguns donos de cartões de crédito fossem gastar mais durante o período de incentivo e apresentassem queda nos gastos após o período de incentivo.

Para este segmento em especial, o usuário típico de cartão de crédito gastou aproximadamente $1700 por mês. Durante o período da campanha, o grupo teve uma média por volta de $1919,61 por mês, uma diferença que era significativa tanto estatisticamente quanto financeiramente. Porém, os analistas ficaram surpresos em ver que o aumento nos gastos continuou além do período da oferta. Para investigar isto, eles fizeram um diagrama de dispersão como o exibido na Figura 17.10.

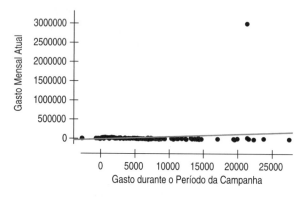

Figura 17.9 O gasto após a campanha traçado *versus* o gasto durante o período da campanha revela um valor surpreendente e uma inclinação positiva da regressão.

O ponto atípico no topo do gráfico representa um usuário de cartão de crédito que gastou aproximadamente $3 milhões no mês depois de terminado o período de milhas grátis. O interessante é que o ponto foi verificado e foi uma compra real! No entanto, este usuário não é típico e não representa o resto do segmento. Para responder a pergunta da empresa, precisamos examinar o diagrama sem o ponto atípico (Figura 17.11).

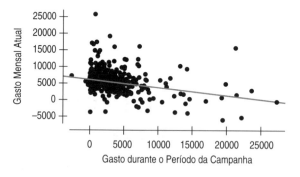

Figura 17.11 Um diagrama do gasto mensal atual *versus* o gasto durante o período da campanha, com o ponto atípico retirado. Agora a inclinação é significativamente negativa.

O diagrama realmente mostra que os que gastaram mais durante a campanha gastaram menos no mês após a campanha. Apenas um valor atípico foi capaz de mudar a direção da inclinação de fortemente negativa para fortemente positiva. Com base nesta descoberta, os analistas decidiram se concentrar apenas nos clientes cujos gastos durante *os dois* períodos foram menores do que $10000 mensais, entendendo que, se alguém gastou mais de $10000 no cartão de crédito, sua motivação principal, provavelmente, não foi o incentivo da milhas aéreas.

Valores atípicos, alavancagem e influência

"Dê-me um ponto de apoio e eu moverei o mundo."
—Arqhimedes (287 – 211 AC)

Fornecendo uma descrição simples de como os dados se comportam, os modelos nos ajudam a ver como e quando os dados são incomuns. Na regressão, um ponto pode se destacar de duas maneiras. Um caso pode ter um grande resíduo, como nosso gastador de $3 milhões. Visto que eles não são iguais aos outros casos, os pontos com grandes resíduos sempre merecem uma atenção especial e são chamados de **valores atípicos.**

Um ponto de dados também pode ser incomum se sua coordenada x estiver longe da média dos valores x. Tal ponto é dito como tendo uma **alavancagem** alta. A imagem física de uma alavanca é exatamente correta. A linha dos mínimos quadrados deve passar por $(\bar{x}, \bar{y})$, você pode visualizar aquele ponto como o ponto de apoio da alavanca. Assim como sentar longe do centro de uma gangorra dá a você mais impulso, os pontos com valores longe de $\bar{x}$ puxam mais fortemente a linha de regressão.

Um ponto com uma alavancagem alta tem o potencial de mudar a linha de regressão, mas isto nem sempre ocorre. Se o ponto se ajusta ao padrão dos demais, ele não muda a estimativa da linha. Contudo, por estar longe de $\bar{x}$, ele reforça a relação, inflacionando a correlação e o R^2.

Como você pode saber se um ponto de alavancagem alta muda o modelo? Apenas ajuste o modelo linear duas vezes, uma das vezes com e a outra sem o ponto em questão. Dizemos que um ponto é **influente** se, com a sua retirada da análise, o modelo obtido é muito diferente (como o grande gastador fez no nosso exemplo).[4]

> A influência depende da alavancagem e do resíduo; um caso com alta alavancagem cujo valor y está sobre a linha que se ajusta ao restante dos dados não é influente. Um caso com alavancagem baixa, mas com um resíduo muito grande, pode ser influente. A única forma de termos certeza é ajustar a regressão com e sem o ponto potencialmente influente.

Os pontos incomuns numa regressão geralmente nos dizem mais sobre os dados e o modelo do que quaisquer outros casos. Sempre que você tiver – ou suspeita que tenha – pontos influentes, você deve ajustar o modelo linear para os dados com e sem os pontos influentes e então comparar os dois modelos para entender como eles diferem. Um modelo dominado por um único ponto provavelmente não é útil para a compreensão do restante dos dados. A melhor forma de entender os pontos incomuns é comparar com o modelo fornecido pelos outros valores dos dados. Não caia na tentação de deletar os pontos simplesmente porque eles não se ajustam à linha. Isto pode dar uma falsa ideia de quão bem o modelo se ajusta aos dados. Todavia, geralmente a melhor forma para identificar casos e subgrupos interessantes é observar se eles são influentes e descobrir o que os torna especiais.

"Para quem conhece os caminhos da Natureza, será mais fácil notar seus desvios; e, por outro lado, quem conhece seus desvios descreverá mais precisamente seus caminhos."
—Francis Bacon (1561 – 1616)

Nem todos os pontos com grande influência têm grandes resíduos. Algumas vezes, a sua influência puxa a linha de regressão para perto, o que torna o resíduo ilusoriamente pequeno. Os pontos influentes como estes podem ter um efeito surpreendente na regressão. A Figura 17.12 mostra o QI representado em relação ao número do sapato de um estudo imaginário relacionando inteligência com o tamanho do pé. O valor atípico é Bozo, o palhaço, conhecido por seu pé grande e saudado como um cômico genial.

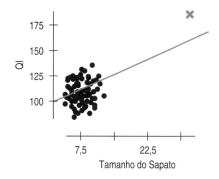

Figura 17.12 O sapato extraordinariamente grande do Bozo, o palhaço, fornece o ponto de alavancagem alta dos dados da regressão de: QI = 93,3 + 2,08 número do sapato, embora o R^2 seja de 25%. Não importa qual seja o QI do Bozo, a linha de regressão irá segui-lo.

---

[4] Alguns livros textos usam o termo *ponto de influência* para qualquer observação que influencia a inclinação, o intercepto ou o R^2. Nós reservamos o termo apenas para os pontos que influenciam a inclinação.

Embora este seja um exemplo bobo, ele ilustra um problema potencial, importante e comum. Quase toda a variância responsável por ($R^2 = 25\%$) deve-se a *um* ponto, a saber, Bozo. Sem o Bozo, existe pouca correlação entre o número do sapato e o QI. Se executarmos a regressão retirando o Bozo, teremos um R^2 de apenas 0,7% – uma relação linear muito fraca (como poderíamos esperar). Um único ponto exerce uma grande influência na análise de regressão.

TESTE RÁPIDO

Cada um destes diagramas de dispersão mostra um ponto incomum. Para cada um, diga se o ponto é de alavancagem alta, de grande resíduo ou é influente.

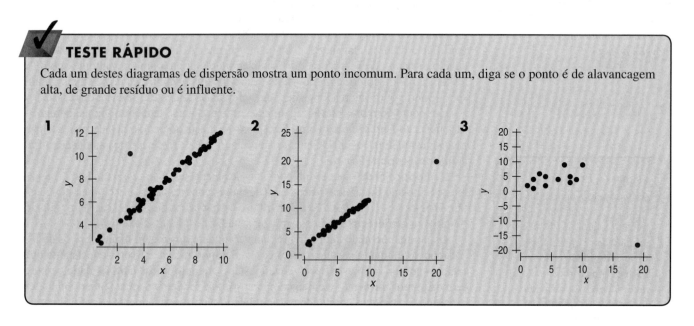

O que você faria com um ponto de alavancagem alta? Algumas vezes, esses valores são importantes (eles podem ser clientes com rendas extremamente altas ou empregados com tempo de serviço excepcionalmente longo na empresa) e podem dizer mais sobre a relação entre *y* e *x* do que quaisquer outros valores dos dados. Entretanto, em outras ocasiões, pontos de alavancagem alta são valores que realmente não pertencem ao restante dos dados. Tais pontos provavelmente deveriam ser omitidos e um modelo linear deveria ser encontrado sem eles para fazer uma comparação. Quando houver dúvida, o melhor é ajustar as regressões com e sem os pontos e comparar os dois modelos.

◆ **Advertência:** Os pontos influentes podem passar despercebidos nos diagramas de resíduos. Como pontos com alavancagem alta puxam a linha para perto deles, eles geralmente têm pequenos resíduos. Você verá os pontos influentes mais facilmente em diagramas de dispersão dos dados originais e verá seus efeitos encontrando um modelo de regressão com o sem eles.

17.4 Trabalhando com resumos de valores

Os diagramas de dispersão para resumos estatísticos de grupos tendem a mostrar menos variabilidade do que veríamos se mensurássemos as mesmas variáveis em indivíduos. Isto porque os resumos estatísticos variam menos que os dados individuais.

A energia eólica está chamando muita atenção como um método de geração de eletricidade alternativo e livre de carbono. É claro, deve haver vento suficiente para torná-la rentável. Num estudo para encontrar a localização para uma turbina eólica, as velocidades do vento foram coletadas quatro vezes por dia (às 6h, ao meio-dia, às 18h e a meia-noite) durante um ano em vários locais possíveis. A Figura 17.13 faz um diagrama das velocidades do vento para dois destes lugares. A correlação é de 0,736.

Capítulo 17 – Entendendo os Resíduos **523**

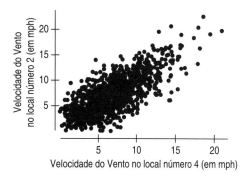

Figura 17.13 A velocidade do vento nas localizações 2 e 4 estão correlacionadas.

O que iria acontecer com o valor da correlação se usássemos somente uma mensuração diária? Se, ao invés de fazer um diagrama das quatro mensurações diárias, fosse registrada apenas a média das quatro velocidades do vento medidas diariamente, o diagrama de dispersão resultante mostraria menos variação, como mostra a Figura 17.14. A correlação entre estes valores aumentaria para 0,844.

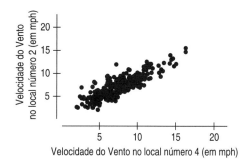

Figura 17.14 A média diária das velocidades do vento mostra menos variação.

Vamos fazer a média sobre um período de tempo ainda maior. A Figura 17.15 mostra as médias *mensais* do ano (representadas na mesma escala). Agora a correlação é 0,942.

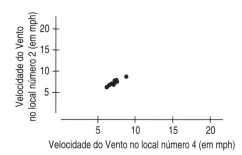

Figura 17.15 As médias mensais são ainda menos variáveis.

O que estes diagramas de dispersão mostram é que resumos estatísticos indicam menos dispersão do que os dados individuais nos quais eles são baseados e podem nos dar uma falsa impressão de quão bem uma linha resume os dados. Não existe uma correção simples para este fenômeno. Se nos forem fornecidos dados resumidos, geralmente não conseguimos obter os valores originais de volta. Você deveria ficar um pouco desconfiado de conclusões baseadas em regressões com resumo de dados. Eles podem parece melhor do que realmente são.

Outra forma de reduzir o número dos pontos de um conjunto de dados é selecionar ou fazer uma amostra dos pontos, ao invés de fazer uma média deles. Isto pode ser especialmente importante com dados como os das velocidades do vento, que são mensuradas ao longo do tempo. Por exemplo, suponha que, ao invés de encontrarmos a *média* diária, nós selecionamos apenas uma das quatro mensurações diárias – digamos a efetuada ao meio-dia de cada dia. Nós teríamos tantos pontos quantos os da Figura 17.14, mas a correlação é de 0,730 – essencialmente a mesma que para os dados completos. A Figura 17.16 mostra a relação.

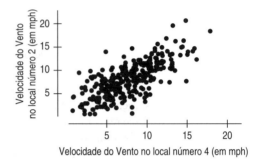

Figura 17.16 Selecionar as mensurações realizadas ao meio-dia não reduz a variação. Compare este diagrama de dispersão com o das Figuras 17.13 e 17.14.

Por que a autocorrelação é um problema?

Quando os dados são altamente correlacionados ao longo do tempo, cada ponto dos dados é similar aos que estão ao seu redor. Assim, os dados fornecem menos informação adicional do que se os pontos fossem independentes. Toda a inferência da regressão é baseada em erros independentes, por isso precisamos verificar a autocorrelação.

17.5 Autocorrelação

Os dados de séries temporais são coletados em pontos regulares do tempo e geralmente têm a propriedade de que os pontos próximos uns dos outros estão relacionados. Quando os valores no tempo t estão correlacionados com os valores no tempo $t-1$, diremos que os valores apresentam uma **autocorrelação** de primeira ordem. Se os valores estão correlacionados com valores de dois períodos de tempo para trás, diremos que uma correlação de segunda ordem está presente, e assim por diante.

Um modelo de regressão aplicado a dados autocorrelacionados terá erros que não são independentes e isso viola esta suposição da regressão. Os testes estatísticos e intervalos de confiança para a inclinação dependem da independência e sua violação pode tornar estes testes e intervalos inválidos. Felizmente, existe uma estatística chamada de estatística de Durbin-Watson, que pode detectar a autocorrelação de primeira ordem dos resíduos de uma análise de regressão.

O projeto de estudo de pequenos casos do Capítulo 16 fornece dados sobre o *Preço* e o volume de *Vendas* da *pizza* congelada de várias cidades de uma semana a cada mês. Temos os dados de *cada* semana num mesmo período de três anos. Aqui está a regressão do volume de *Vendas versus* o *Preço* para a cidade de Dallas.

	Coef.	EP(Coef.)	Razão t	Valor-P
Intercepto	139547	11302	12,347	< 0,0001
Preço	–33527	4308	–7,783	< 0,0001

Um diagrama dos resíduos *versus* os valores previstos não mostra nada particularmente incomum.

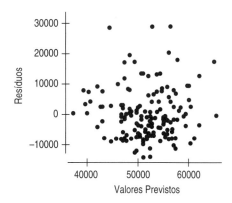

Figura 17.17 Um diagrama de dispersão dos resíduos *versus* valores previstos para as 156 semanas de vendas de *pizza* não revela padrões óbvios.

Entretanto, pelo fato de que estes valores são dados semanais consecutivos, devemos investigar os resíduos *versus* tempo. Aqui, fizemos um diagrama dos *Resíduos versus Semana,* consecutivamente, da semana 1 até a semana 156.

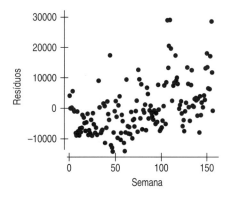

Figura 17.18 Um diagrama de dispersão dos *Resíduos* versus *Semana* para as 156 semanas das vendas de *pizza* parece mostrar certa tendência.

Pode não parecer óbvio que exista um padrão aqui. A autocorrelação pode ser difícil de ver nos resíduos. Parece, entretanto, que existe uma tendência na Figura 17.18 de os resíduos estarem relacionados a pontos próximos. Observe a tendência positiva geral. Nós não deveríamos observar tal tendência em resíduos que fossem independentes entre si. A estatística de **Durbin-Watson** estima a autocorrelação somando os quadrados das diferenças consecutivas e compara a soma com o seu valor esperado sob a hipótese nula da inexistência de autocorrelação. A estatística Durbin-Watson é calculada da seguinte forma:

$$D = \frac{\sum_{t=2}^{n}(e_t - e_{t-1})^2}{\sum_{t=1}^{n}e_t^2}$$

onde e_t é o resíduo no tempo t. A estatística sempre irá variar no intervalo de 0 a 4. Quando a hipótese nula da inexistência de autocorrelação for verdadeira, o valor de D deve ser 2. Valores de D abaixo de 2 são evidência de uma correlação positiva, enquanto os valores de D acima de 2 indicam uma possível autocorrelação negativa.

Por que 0 ou 4?

Observe que, se os resíduos adjacentes são iguais (perfeitamente correlacionados), então o numerador e o valor de D são iguais a 0. Se, por outro lado, os resíduos são iguais, mas apresentam sinais opostos (perfeitamente correlacionados negativamente), então cada diferença é o dobro do resíduo. Então, após elevar ao quadrado, o numerador será 2^2, ou quatro vezes, o denominador.

A autocorrelação positiva é mais comum do que a autocorrelação negativa. Quanto acima ou abaixo de 2 o D precisa estar para apresentar uma autocorrelação "forte" ou significativa? Pode ser surpreendente, mas a resposta para esta pergunta depende somente do tamanho da amostra, n, e do número de previsores do modelo de regressão, k, que, para uma regressão simples, é igual a 1.

Uma tabela padrão Durbin-Watson (veja Apêndice C) mostra o tamanho da amostra à esquerda, de forma que cada linha corresponda a um tamanho diferente de amostra, n, com o número de previsores k na linha superior. Para cada k existem duas colunas: d_L e d_U. (O nível de significância da tabela também é exibido no topo da página.) O teste tem vários resultados possíveis:

> Se $D < d_L$ (valor crítico inferior), então existe evidência de autocorrelação positiva.
>
> Se $d_L < D < d_U$, então o teste é inconclusivo.
>
> Se $D > d_U$ (valor crítico superior), então não existe evidência de autocorrelação positiva.

Para testar a autocorrelação negativa, usamos os mesmos valores de d_L e d_U, mas os subtraímos de 4:

> Se $D > 4 - d_L$ (valor crítico inferior), então existe evidência de autocorrelação negativa.
>
> Se $4 - d_L < D < 4 - d_U$, então o teste é inconclusivo.
>
> Se $D < 4 - d_U$ (valor crítico superior), então não existe evidência de autocorrelação positiva.

Geralmente dependemos da tecnologia para calcular esta estatística. Para o exemplo da *pizza*, temos $n = 156$ semanas e um previsor (*Preço*), portanto, $k = 1$. O valor de D é $D = 0,8812$. Usando a tabela no Apêndice C, encontramos que o maior valor de n tabelado é $n = 100$ e em $\alpha = 0,05$, $d_L = 1,65$. Devido ao nosso valor ser menor que este, concluímos que existe evidência de autocorrelação positiva. (Um pacote de *software* iria encontrar um valor-P inferior a 0,0001.) Concluímos que os resíduos *não* são independentes, isto é, que os resíduos de uma determinada semana têm uma correlação positiva com os resíduos da semana precedente. Os erros padrão e o teste da inclinação não são válidos, já que não temos independência.

Os métodos de séries temporais (veja Capítulo 20) tentam tratar do problema de autocorrelação modelando os erros. Outra solução é encontrar uma variável previsora que seja responsável por parte da correlação e que remova a dependência nos resíduos (veja Capítulo 19). Uma solução simples que geralmente funciona é coletar uma amostra das séries temporais, para que os valores estejam mais distantes no tempo e, portanto, menos propensos a estarem correlacionados. Se tomarmos cada quarta semana (como fizemos no Capítulo 16), iniciando na semana 4, dos dados da *pizza* de Dallas, nossa regressão se torna:

	Coef.	EP(Coef.)	Razão t	Valor-P
Intercepto	148350	22266	6,663	8,01e-08
Preço	−36762	8583	−4,283	0,000126

Agora, $D = 1,617$. Com $n = 39$, o valor crítico superior d_U é 1,54. Visto que nosso novo valor de D é maior que o valor tabelado, não temos evidência de autocorrelação. A saída com recursos tecnológicos mostra o valor-P:

Teste de Durbin-Watson

$D = 1,6165$, p = 0,098740

Devemos ficar mais confortáveis baseando nossos intervalos de confiança e previsão neste modelo.

17.6 Linearidade

O aumento dos preços do combustível e a preocupação com o meio ambiente levaram a uma crescente atenção com a economia de combustível dos carros.

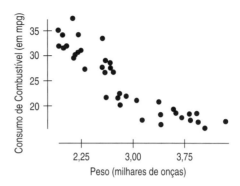

Figura 17.19 Consumo de combustível (em mpg) *versus* peso (milhares de onças) mostra uma tendência negativa forte e aparentemente linear.

A relação é forte ($R^2 = 81,6\%$), claramente negativa e aparentemente linear. A equação da regressão

$$\widehat{Consumo\ de\ combustível} = 48,7 - 8,4\ Peso$$

diz que o consumo de combustível cai 8,4 mpg para cada 100 onças de peso, iniciando de um valor de 48,7 mpg. Verificamos a **Condição da Linearidade** fazendo um gráfico dos resíduos *versus* a variável *x* ou os valores previstos.

O diagrama de dispersão dos resíduos *versus* o *Peso* (Figura 17.20) contém uma surpresa. Os gráficos de resíduos não devem ter um padrão, mas este apresenta uma curva. Olhe de novo para o diagrama de dispersão original. Os pontos não estão realmente alinhados. O diagrama mostra uma pequena curva, mas ela é mais fácil de ser vista no gráfico dos resíduos.

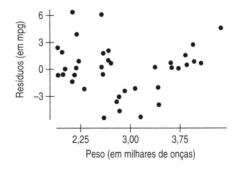

Figura 17.20 O diagrama dos resíduos *versus* o peso mostra um padrão curvo. A curva pode ser vista se você olhar cuidadosamente o diagrama de dispersão original, mas aqui ela é vista mais facilmente.

Quando a relação não é linear, nós não devemos ajustar uma regressão ou resumir a força da associação com a correlação. Porém, geralmente, podemos tornar a relação linear. Tudo o que temos de fazer é transformar uma ou ambas as variáveis por intermédio de uma função simples. Neste caso, existe uma função natural. Nos Estados Unidos, o consumo de combustível dos carros é mensurado em milhas por galão. Porém, no resto do mundo, as coisas são diferentes. Não somente os outros países usam sistemas métricos, e assim quilômetros e litros, mas eles também mensuram o consumo de combustível em litros por 100 quilômetros. Isto é o *inverso* de milhas por galão (multiplicada por uma constante de escala). Isto é, a quantia gasta de combustível (em galões ou litros) está no numerador e a distância percorrida (em milhas ou quilômetros) está agora no denominador.

Não há motivo para preferir uma forma ou a outra, assim, vamos tentar a forma recíproca (negativa).

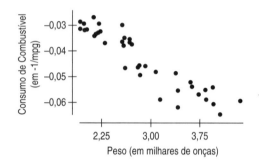

Figura 17.21 A recíproca do *Consumo* de combustível versus *Peso* é mais linear.

Os resíduos também parecem melhores.

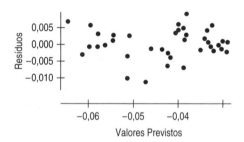

Figura 17.22 Os resíduos da regressão do *Consumo* de combustível (em –1/mpg) versus *Peso* mostram uma inclinação menor.

Existe uma melhora clara usando os valores inversos e, assim, devemos usá-los como a variável resposta no nosso modelo de regressão.

17.7 Transformando os dados

Podemos transformar o consumo de combustível pelo seu inverso? Para estes dados, parece ser uma boa ideia. Afinal, escolhemos uma forma de expressar a variável que é utilizada pela maioria das pessoas no mundo. A ideia geral de transformar os dados para melhorar e simplificar sua estrutura vai além de tornar lineares os diagramas de dispersão. Na verdade, você usa a transformação no seu dia a dia. Quão rápido você pode andar de bicicleta? Se você mensurar sua velocidade, provavelmente fará em distância por tempo (milhas por hora ou quilômetros por hora). Em 2005, durante uma etapa de contra-relógio de 12 milhas do Tour de France, Dave Zabriskie fez uma média de aproximadamente 35 mph (54,7 km/h) batendo Lance Armstrong por 2 segundos. Você provavelmente se deu conta de que é uma façanha difícil de ser batida. É bem rápido. Você pode perceber isso de imediato porque não tem problemas para pensar em termos de distância percorrida por tempo.

Se você fizesse uma média de 12,5 mph (20,1 km/h) em uma corrida de uma milha, isto seria rápido? Seria rápido para uma arrancada de 100 metros? Mesmo se você geralmente correr a milha, provavelmente tem de parar e calcular. Embora a velocidade das bicicletas seja mensurada em distância por tempo, normalmente não medimos a velocidade de uma corrida desta forma. Ao contrário, transformamos para a *recíproca* – tempo pela distância (minutos por milha, segundos por 100 metros, etc.). Correr uma milha em menos de 5 minutos (12 mph) é rápido. Uma milha a 16 mph seria um recorde mundial (isto é 3 minutos e 45 segundos a milha).

A questão é que não existe uma forma única natural para mensurar a velocidade. Em alguns casos, usamos a distância percorrida pelo tempo e em outros usamos a recíproca. É apenas porque estamos acostumados a pensar daquela forma em cada caso e não porque uma forma é a correta. É importante entender que a forma na qual estas quantidades são mensuradas não é consagrada. É, geralmente, apenas conveniente ou hábito. Quando transformamos uma quantidade para que ela satisfaça certas condições, podemos deixá-la nesta nova unidade quando explicamos a análise para outras pessoas ou convertê-la novamente à unidade original.

Objetivos da transformação

Os dados são transformados por várias razões. Cada objetivo ajuda a tornar os dados mais adequados para análise pelos nossos métodos. Iremos ilustrar cada objetivo examinando dados de grandes empresas.

Objetivo 1. *Tornar a distribuição de uma variável (como foi visto no histograma, por exemplo) mais simétrica.* É mais fácil determinar medidas de tendência central de uma distribuição simétrica e, para distribuições aproximadamente simétricas, podemos usar a média e o desvio padrão. Se a distribuição for unimodal, então a distribuição resultante pode estar próxima do modelo Normal, nos permitindo usar a Regra 68-95-99,7.

Aqui estão os *Ativos* das empresas que vimos inicialmente no Capítulo 4.

Quem	77 empresas grandes
O quê	*Ativos*, *Vendas* e *Setor do Mercado*
Unidades	$100000
Quando	1986
Por quê	Para examinar a distribuição dos *Ativos* das principais empresas da *Fortune 500*.

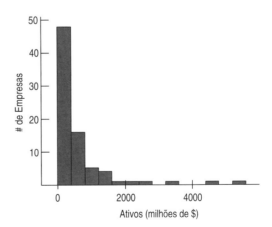

Figura 17.23 A distribuição dos *Ativos* de grandes empresas é assimétrica à direita. Os dados sobre bens geralmente se parecem com estes.

A distribuição assimétrica se torna muito mais simétrica tomando os logaritmos.

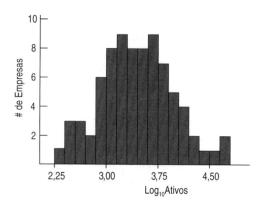

Figura 17.24 Tomando os logaritmos dos dados, temos uma distribuição mais simétrica.

Objetivo 2. *Obter a dispersão dos vários grupos (como foi visto em diagramas de caixa e bigodes lado a lado) que tenham mais semelhanças,* mesmo se os seus centros diferem. Os grupos de mesma dispersão são fáceis de comparar. Veremos mais adiante no livro métodos que podem ser aplicados somente a grupos que apresentam um desvio padrão comum. Vimos um exemplo de transformação para comparar grupos com diagramas de caixa e bigodes no Capítulo 6.

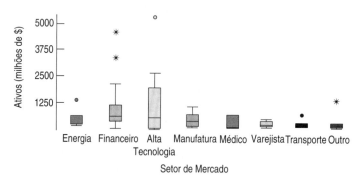

Figura 17.25 Ativos de grandes empresas por *Setor de Mercado*. É difícil comparar os centros ou as dispersões, e parecem existir alguns valores atípicos altos.

Tomar os logaritmos torna os diagramas de caixa e bigodes individuais mais simétricos e dá a eles dispersões mais semelhantes.

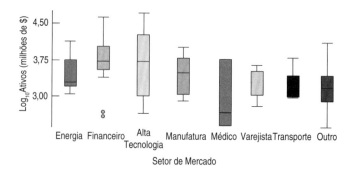

Figura 17.26 Após a transformação usando logaritmos, é mais fácil comparar os *Setores de Mercado*. Os diagramas de caixa e bigodes são mais simétricos, a maioria tem dispersões similares e as empresas que pareciam ser valores atípicos não são mais extraordinárias. Dois novos valores atípicos apareceram no setor financeiro. Elas são as únicas empresas daquele setor que não são bancos.

Isto torna mais fácil comparar os *Ativos* entre os *Setores de Mercado*. Pode também revelar problemas nos dados. Algumas empresas que pareciam representar valores atípicos no final revelaram-se mais típicas. Porém, duas empresas no setor financeiro agora se destacam. Elas não são bancos. Diferente do restante das empresas daquele setor, elas podem ter sido colocadas no setor errado, mas não poderíamos ter visto isto nos dados originais.

Objetivo 3. *Tornar a forma de um diagrama de dispersão mais linear.* Os diagramas de dispersão lineares são mais fáceis de descrever. Vimos um diagrama de dispersão se tornando mais linear no exemplo inicial deste capítulo. O valor de transformar os dados para tornar uma relação praticamente linear é que podemos ajustar um modelo deste tipo uma vez que os dados tenham sido transformados.

Aqui estão os *Ativos* representados *versus* o logaritmo das *Vendas*.

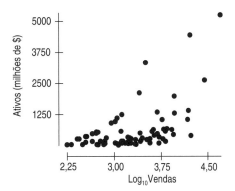

Figura 17.27 O diagrama dos *Ativos* versus log$_{10}$(*Vendas*) mostra uma associação positiva (vendas maiores são acompanhadas de ativos maiores) no formato de uma curva.

Observe que o diagrama de *Ativos versus* o log$_{10}$(*Vendas*) mostra que os pontos vão de bem agrupados à esquerda a amplamente dispersos à direita – num formato de cone. A forma do diagrama é curva. Tomar os logaritmos torna a relação muito mais linear (veja Figura 17.28). Se transformarmos os *Ativos* da empresa usando logaritmos, conseguiremos um gráfico exibindo uma associação mais linear. Observe, também, que a forma de cone desapareceu e a variabilidade em cada valor de *x* é aproximadamente a mesma.

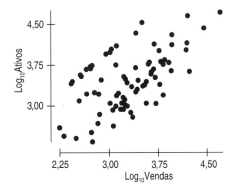

Figura 17.28 O log$_{10}$(*Ativos*) versus o log$_{10}$(*Vendas*) mostra uma associação linear positiva.

Objetivo 4. *Fazer a dispersão em um diagrama de dispersão ou gráfico de resíduos se distribuir uniformemente, ao invés de seguir a forma de um cone.* Ter uma dispersão uniforme é a condição de muitos métodos estatísticos, como veremos nos próximos capítulos. Este objetivo está intimamente ligado ao Objetivo 2, mas ele geralmente vem junto com o Objetivo 3. Na verdade, uma olhada no diagrama de dispersão (Figura 17.27) mostra que o diagrama para os *Ativos* está muito mais disperso à direita do que à esquerda, enquanto o diagrama para $\log_{10}(Ativos)$ (Figura 17.28) tem aproximadamente a mesma variação para qualquer valor x.

17.8 A escada dos poderes

Vimos que tomar os logaritmos ou os inversos dos dados pode aprimorar a análise das relações. Outras transformações também podem ser úteis, mas como saber qual a transformação a ser usada? Podemos usar tentativas e erro para escolher uma transformação, mas existe uma forma mais fácil. Podemos escolher nossa transformação de uma família de expressões matemáticas simples, que levam os dados na direção dos nossos objetivos de uma forma consistente. Esta família inclui as formas mais comuns de transformar os dados. Mais importante, os membros da família estão em ordem, assim, quanto mais você se distanciar dos dados originais (a posição "1"), maior será o efeito nos dados. Este fato permite procurar sistematicamente por uma transformação que funcione – indo para longe de "1" ou voltando atrás na direção de "1" à medida que se observa os resultados.

Por onde iniciar? Acontece que certos tipos de dados têm maior probabilidade de ficarem mais bem comportados por determinadas transformações. Saber disso fornece um bom início para a procura de uma expressão matemática. Chamamos esta coleção de transformações de **Escada de Poderes.** A tabela a seguir mostra alguns dos poderes mais úteis com cada um especificado como um único valor.

Poder	Nome	Comentário
2	O quadrado dos valores dos dados, y^2.	Tente isto para distribuições unimodais que são assimétricas à esquerda.
1	Os dados originais sem nenhuma mudança. Isto é a "base". Quanto mais longe você vai deste ponto, para cima ou para baixo da escada, maior será o efeito.	Os dados que podem assumir valores tanto positivos quanto negativos sem limites têm maior probabilidade de tirar proveito de uma transformação.
1/2	Extrair a raiz quadrada dos dados $\sqrt{y}$.	As frequências geralmente se beneficiam de uma transformação pela raiz quadrada. Para dados de frequência, comece aqui.
"0"	Embora os matemáticos definam o "$0^{ésimo}$" poder diferentemente, para nós, o lugar é do logaritmo.	Mensurações que não podem ser negativas e, especialmente, valores que crescem percentualmente, tal como os salários ou a população, geralmente se beneficiam de uma transformação logarítmica. Quando estiver em dúvida, comece por aqui. Se os seus dados tiverem zeros, tente somar uma constante pequena a todos os valores antes de passar para logaritmos.
–1/2	A raiz quadrada do inverso (negativo) $-1/\sqrt{y}$	Uma transformação incomum, mas algumas vezes útil. Mudar o sinal tomando o negativo da raiz quadrada do inverso preserva a direção da relação, que pode ser um pouco mais simples.
–1	O inverso (negativo), $-1/y$.	As razões de duas quantidades (milhas por hora, por exemplo) geralmente se beneficiam de uma inversão. (Você tem aproximadamente 50-50 de chance de que a razão original foi obtida na ordem "errada" para uma análise estatística simples e irá se beneficiar da transformação.) Geralmente, o inverso terá unidades simples (horas por milha). Mude o sinal se você quer preservar a direção da relação. Se seus dados tiveram zeros, tente somar uma constante pequena a todos os valores antes de determinar o inverso.

A Escada de Poderes ordena os *efeitos* que as transformações têm nos dados. Se você tentar, digamos, tirar a raiz quadrada de todos os valores de uma variável e isto ajudar, mas não o suficiente, então se você continuar descendo a escala, tomando o logaritmo ou a raiz do inverso, você obterá um efeito similar nos dados, mas ainda mais forte. Se você for muito longe, sempre pode voltar. Mas não esqueça – quando você toma um poder negativo, a *direção* da relação irá mudar. Você sempre pode mudar o sinal da variável resposta se quiser manter a mesma direção.

TESTE RÁPIDO

4 Você quer modelar a relação entre preços de vários itens em Paris e Hong Kong. O diagrama de dispersão dos preços de Hong Kong *versus* os de Paris mostra um padrão geralmente linear com uma pequena dispersão. Com qual transformação (se alguma) sobre os preços de Hong Kong você começaria?

5 Você quer modelar o crescimento da população dos Estados Unidos dos últimos 200 anos com um percentual de crescimento que é aproximadamente constante. O diagrama de dispersão mostra um forte padrão curvado para cima. Com qual transformação (se alguma) da população você começaria?

O QUE PODE DAR ERRADO?

Todo este capítulo fez advertências sobre coisas que podem dar errado numa análise de regressão. Portanto, vamos recapitular. Quando você fizer um modelo linear:

- **Tenha certeza de que a relação seja linear o suficiente para ajustar um modelo de regressão.** Verifique a Condição da Linearidade no diagrama de dispersão de *y versus x* e sempre examine os resíduos para verificar se a Suposição de Linearidade não falhou. Geralmente, é mais fácil ver desvios de uma linha reta no diagrama de resíduos do que no diagrama de dispersão dos dados originais. Preste atenção especial aos resíduos mais extremos, porque eles devem ter algo a acrescentar à história contada pelo modelo linear.

- **Cuidado com grupos diferentes.** Verifique a evidência de que os dados consistem de subconjuntos separados. Se você encontrar subconjuntos que se comportam diferentemente, considere ajustar um modelo linear para cada subconjunto.

- **Tenha cuidado com a extrapolação.** Tenha cuidado com a extrapolação além dos valores *x* que foram usados para ajustar o modelo. Embora seja comum usar modelos lineares para extrapolar, faça isso com cautela.

- **Tenha cuidado com a extrapolação para o futuro distante.** Tenha uma cautela especial sobre extrapolar muito além no futuro com modelos lineares. Um modelo linear assume que os custos ao longo do tempo irão continuar para sempre na mesma taxa que você observou no passado. Prever o futuro é particularmente tentador e particularmente perigoso.

- **Procure por pontos incomuns.** Os pontos incomuns sempre merecem atenção e podem revelar mais sobre os dados do que o resto dos pontos combinados. Sempre procure por eles e tente entender por que eles se mantêm afastados. Fazer um diagrama de dispersão dos dados é uma boa forma de revelar uma alavancagem alta e pontos influentes. Um diagrama de dispersão dos resíduos *versus* os valores previstos é uma boa ferramenta para encontrar pontos com grandes resíduos.

534 Parte III – Explorando Relações entre Variáveis

- **Tenha cuidado com pontos com alta alavancagem, especialmente aqueles que são influentes.** Os pontos influentes podem alterar muito o modelo de regressão. O modelo resultante pode dizer mais sobre um ou dois pontos do que sobre a relação total.

- **Considere colocar de lado os valores atípicos e executar novamente a regressão.** Para ver o impacto nos valores atípicos na regressão, tente executar duas regressões, uma com e outra sem os pontos extraordinários e, então, discuta as diferenças.

- **Trate os pontos incomuns com honestidade.** Se você remover pontos cuidadosamente selecionados suficientes, conseguirá uma regressão com um alto R^2. Mas você não irá muito longe. Alguns dados não são simples o bastante para se ajustar muito bem a um modelo linear. Quando isto acontecer, relate a falha e pare.

- **Esteja atento à autocorrelação.** Os dados mensurados ao longo do tempo podem não satisfazer a Suposição de Independência. Um teste Durbin-Watson pode checar isto.

- **Cuidado quando tratar com os dados que estão resumidos.** Seja cauteloso quando trabalhar com valores de dados que são, eles próprios, resumos, como médias ou medianas. Como tais estatísticas são menos variáveis do que os dados nos quais elas são baseadas, elas tendem a aumentar a impressão da força da relação.

- **Transforme seus dados quando necessário.** Quando os dados não têm a forma correta para o modelo que você está ajustando, sua análise não pode ser válida. Esteja alerta para as oportunidades de transformar os dados para conseguir formas mais simples.

ÉTICA EM AÇÃO

Alguns tipos de peixe e mariscos, como o peixe-espada e o tubarão, são conhecidos por conter altos níveis de mercúrio. O FDA e EPA publicam orientações para o consumo recomendado por semana para vários tipos de peixe para proteger a saúde pública, particularmente a saúde das crianças e mulheres grávidas. Houve um recente ressurgimento da atenção da mídia nos níveis potencialmente altos de mercúrio no atum. Alguns anos atrás, o estado da Califórnia tentou sem sucesso incluir advertências sobre o mercúrio nos rótulos do atum enlatado. Mais recentemente, o *The New York Times* (23 de janeiro de 2008) publicou um estudo que mostrava que os níveis de mercúrio no *sushi* de atum de ótima qualidade estão acima do limite recomendado pelo FDA. Isto motivou James Halibut, diretor da Associação do Atum da Costa do Pacífico dos EUA, a verificar o progresso do pesquisador Gary Waters. Gary, um biólogo de uma universidade regional, está examinando os fatores que afetam os níveis de mercúrio no atum. Seu trabalho está sendo financiado, em parte, por um subsídio da associação. Visto que a maior parte do atum pescado na Costa do Pacífico dos EUA é de tamanho relativamente pequeno, James disse a Gary que ele está particularmente interessado na relação entre o peso do atum e os níveis de mercúrio. Gary encontrou uma relação linear significativa entre os níveis de mercúrio e o peso do atum, mas não era muito forte. Além disso, quando ele analisou os resíduos da regressão com o peso do atum, descobriu um valor atípico influente. Na verdade, o Gary executou a análise da regressão duas vezes, incluindo e excluindo este ponto. Omitir este ponto mais adiante reduziria a força da relação. Sentindo-se um pouco pressionado por James, Gary decidiu somente discutir com ele os resultados da regressão incluindo este ponto.

PROBLEMA ÉTICO *Um valor atípico influente precisa ser mais bem examinado; incluindo-o para fazer a relação linear parecer mais forte do que seria de outra forma não é ético. (Relacionado ao Item C, ASA Ethical Guidelines.)*

SOLUÇÃO ÉTICA *Os resultados, embora não tão favoráveis quanto o esperado pela agência financiadora, precisam ser discutidos honestamente. O Gary deve revelar o valor atípico e seus efeitos na relação. O James não deve fazer nenhuma pressão no pesquisador.*

O que aprendemos?

Aprendemos que existem muitas formas nas quais os conjuntos de dados podem ser inadequados para uma análise de regressão.

- Tenha cuidado com mais do que um grupo oculto na sua análise de regressão. Se você encontrar subconjuntos de dados com comportamentos diferenciados, considere ajustar um modelo de regressão diferente para cada subconjunto.
- A **Condição de Linearidade** diz que a relação deve ser razoavelmente linear para se ajustar à regressão. Paradoxalmente, pode ser mais fácil ver que a relação não é linear *após* você ajustar a regressão e examinar os resíduos.
- A **Condição do Valor Atípico** se refere a duas formas nas quais os casos podem ser extraordinários. Eles podem ter resíduos grandes ou alavancagem alta (ou, é claro, as duas coisas). Os casos com os dois tipos de comportamento extraordinário podem influenciar significativamente o modelo de regressão.

Termos

Extrapolação Embora os modelos lineares forneçam uma forma fácil de prever os valores de y para um valor dado de x, não é seguro prever para valores de x longe daqueles usados para encontrar a equação do modelo linear.

Influência Se a omissão de um ponto dos dados muda o modelo de regressão substancialmente, este ponto é considerado um ponto influente.

Ponto de alavanca Os pontos de dados cujos valores x estão longe da média de x funcionam como uma alavanca num modelo linear. Os pontos de alta alavancagem puxam a linha para perto deles; assim, eles podem ter um grande efeito na regressão, algumas vezes determinando a inclinação e o intercepto. Os pontos com alavancagem alta o suficiente podem ter resíduos enganosamente pequenos.

Transformação Uma função – tipicamente uma potenciação simples ou uma radiciação – aplicada aos valores de uma variável quantitativa para tornar sua distribuição mais simétrica e/ou para simplificar seu relacionamento com outras variáveis.

Valor atípico Qualquer ponto dos dados que está longe da linha de regressão e tem um resíduo grande é chamado de valor atípico.

Habilidades

- Entender que não podemos ajustar modelos lineares ou usar a regressão linear se a relação entre as variáveis não é linear.
- Entender que os dados usados para encontrar um modelo devem ser homogêneos. Procure por subgrupos nos dados antes de fazer a regressão e analise cada um separadamente.
- Saber do perigo de extrapolar além do intervalo dos valores de x usados para encontrar o modelo linear, especialmente quando a extrapolação tenta prever o futuro.
- Entender que os pontos podem ser incomuns tanto por ter um grande resíduo quanto por ter uma alta alavancagem.
- Entender que um ponto influente pode mudar a inclinação e o intercepto da linha de regressão.
- Ser capaz de identificar variáveis que podem se beneficiar de uma transformação para torná-las mais simétricas, equalizar a dispersão entre os grupos ou torná-las mais lineares quando traçadas contra outra variável.

- Saber como procurar por pontos de alta alavancagem e pontos influentes examinando um diagrama de dispersão dos dados. Saber como procurar por pontos com grandes resíduos examinando um diagrama de dispersão dos resíduos *versus* os valores previstos ou *versus* a variável *x*. Entender como ajustar uma linha de regressão com ou sem pontos influentes pode ajudar no entendimento de um modelo de regressão.

- Saber como procurar por pontos de alta alavancagem examinando a distribuição dos valores de *x* ou reconhecendo-os num diagrama de dispersão dos dados e entender como eles podem afetar um modelo linear.
- Estar alerta a subgrupos nos dados.
- Saber como procurar a transformação apropriada na Escada dos Poderes movendo-se acima e abaixo para conseguir um aperfeiçoamento melhor na forma da variável e na sua relação com as outras variáveis.

 RELATAR

- Incluir informações de diagnóstico como diagramas de resíduos e de alavancagem como parte do relatório da regressão.
- Relatar todos os pontos com alta alavancagem.
- Relatar todos os valores atípicos. Considere relatar a análise com e sem os valores atípicos incluídos para avaliar sua influência na regressão.
- Incluir cuidados apropriados sobre extrapolação quando relatar as previsões sobre um modelo linear.
- Ser capaz de descrever um modelo que inclua variáveis transformadas.

Ajuda tecnológica

A maior parte da tecnologia estatística oferece formas simples de verificar se os dados satisfazem as condições para regressão e para transformações quando necessário. Nós já vimos que estes programas podem fazer um diagrama de dispersão simples. Eles também podem nos ajudar a verificar as condições fazendo um diagrama dos resíduos. A maioria dos pacotes estatísticos oferece uma forma de transformar e calcular com as variáveis. Alguns pacotes permitem que você especifique a potência da transformação com um cursor ou outro controle móvel, possivelmente ao mesmo tempo em que observa as consequências da transformação num diagrama ou análise. Esta é uma forma efetiva de encontrar uma boa transformação.

Excel

O suplemento Análise de Dados inclui um procedimento para a Regressão.
A caixa de diálogos exibe opções para se fazer um diagrama dos resíduos. O Excel é um lugar excelente para se transformar os dados. Basta usar as funções fornecidas como você faria para qualquer outro cálculo. Mudar um valor na coluna original irá alterar o valor transformado.

Comentários
Não use o diagrama de probabilidade Normal oferecido na caixa de diálogo da regressão. Ele não é o que afirma ser e está errado.

Minitab

Do menu **Stat,** selecione **Regression.** Do submenu **Regression**, selecione **Regression** novamente. Na caixa de diálogo Regression (Regressão), entre com o nome da variável resposta na caixa "Response" (Resposta) e o nome da variável previsora na caixa "Predictor" (Previsora). Para especificar resultados salvos, na caixa de diálogo Regressão clique **Storage.** Verifique "Residuals" (Resíduos) e "Fits" (Ajustes). Clique **OK.** Para especificar as representações gráficas, na caixa de diálogos Regressão, clique em **Graphs** (Gráficos). Sob "Residuals Plots" (Diagramas de Resíduos) selecione "Individual Plots" (Diagramas Individuais) e verifique "Residuals versus fits". Clique **OK.**

Agora de volta à caixa de diálogos Regressão, clique **OK.** O Minitab calcula a regressão, determina os gráficos e salva os valores solicitados.
Para transformar uma variável no Minitab, escolha **Calculator (Calculadora)** do menu **Calc.** Na caixa de diálogos Calculator, especifique um nome para a nova variável transformada. Use a **Function List** (Lista de Funções), as teclas da calculadora e a caixa da lista de variáveis (**Variables list**) para construir a expressão. Clique **OK.**

SPSS

Do menu **Analyze,** selecione **Regression.** Do submenu Regressão, selecione **Linear.** Após atribuir as variáveis aos seus papéis na regressão, clique na tecla **"Plots...".**

Na caixa de diálogos **Plots**, você pode especificar um diagrama de probabilidade Normal dos resíduos e diagramas de dispersão de várias versões de resíduos padronizados e valores previstos.

Para transformar uma variável no SPSS, selecione **Compute** do menu **Transform.** Entre com um nome no campo da Variável Alvo (**Target Variable**). Use a calculadora e lista de funções (**Function List**) para construir a expressão.

Mova uma variável a ser transformada da lista fonte (**source list**) para o campo Expressão Numérica (**Numeric Expression**). Clique na tecla **OK.**

Comentários

Um diagrama de *SRESID *versus* *PRED irá se parecer mais com os diagramas dos resíduos que discutimos. O SPSS padroniza os resíduos dividindo-os pelo desvio padrão. (Não existe necessidade de subtrair a média, pois ela deve ser zero.) A padronização não afeta o diagrama de dispersão.

JMP

Do menu **Analyze,** selecione **Fit Y by X.** Sob a **Linear Fit** (Aderência Linear), selecione **Plot Residual** (Diagrama dos Resíduos). Você pode também selecionar para **Save Residuals** (Salvar Resíduos).

Logo após, do menu **Distribution** (Distribuição), selecione **Normal quantile plot** (Diagrama do quantil Normal) ou **histogram (**histograma) para os resíduos.

Para transformar uma variável no JMP, clique duas vezes à esquerda da última coluna dos dados para criar uma nova

coluna. Nomeie a nova coluna e a selecione. Selecione **Formula** (Fórmula) do menu **Cols.** No menu Formula, selecione transformação e a variável que você deseja atribuir à nova coluna. Clique no **OK.**

Comentários

As transformações pelo logaritmo e pela raiz quadrada são encontradas no menu **Transcendental** de funções na caixa de diálogos fórmula.

Data Desk

Clique no menu **HyperView** na saída da tabela da **Regression.** Um menu aparece para oferecer diagramas dos resíduos *versus* os valores previstos, diagramas de probabilidade Normal dos resíduos ou apenas a possibilidade de salvar os resíduos e os valores previstos. Clique no nome de uma variável previsora na tabela de regressão para que seja oferecido um diagrama dos resíduos *versus* aquela variável previsora. Para transformar uma variável no Data Desk, selecione a variável e escolha a função para transformá-la do menu **Manip > Transform.** A raiz quadrada, o logaritmo, o inverso e o inverso da raiz estão imediatamente disponíveis. Para outras, crie uma variável derivada e digite a função. O Data Desk cria uma nova variável derivada contendo os valores transformados. Qualquer valor que for

alterando na variável original irá imediatamente refletir na variável derivada.

Comentários

Se você mudar qualquer uma das variáveis da análise de regressão, o Data Desk irá oferecer a possibilidade de atualizar o diagrama dos resíduos. Uma forma alternativa para transformar uma variável é selecioná-la e escolher **Manip > Transform > Dynamic > Box Cox** para gerar uma variável que muda continuamente e um controle deslizante que especifica a potência. Especifique a atualização automática dos diagramas (**Automatic Update)** nos menus HyperView e observe-os mudar dinamicamente à medida que você manipula o controle deslizante.

Projetos de estudo de pequenos casos

Produto Interno Bruto

O Produto Interno Bruto (PIB) *per capita* é uma medida da economia de um país (ou estado) amplamente usada. Ela é definida como o valor total de mercado de todos os produtos e serviços produzidos num país (ou estado) num período de tempo específico. O cálculo mais comum do PIB inclui cinco itens: consumo, investimento bruto, gastos

do governo, exportações e importações (que causam um impacto negativo no total). Nos Estados Unidos, a Agência do Censo relata trimestralmente o PIB para cada estado. O governo também relata os totais anuais das rendas pessoais (sazonalmente ajustados em milhões de $) por estado e para a população de cada estado. Vamos examinar como a renda pessoal está relacionada ao PIB no nível estadual. Use os dados do arquivo **ch_17_MCSP_GDP** para investigar a relação entre o PIB e a renda pessoal.

Encontre um modelo para prever *Renda Pessoal* a partir do *PIB*. Escreva um breve relatório detalhando o que você encontrou. Certifique-se de incluir os diagramas apropriados, procure por pontos de influência e considere transformar uma ou ambas as variáveis.

Repita a análise após dividir ambas as variáveis pela população do estado em 2005 para criar versões *per capita* das variáveis. Discuta qual das regressões, em sua opinião, descreve melhor como a renda pessoal e o PIB estão relacionados. Tenha certeza de examinar os resíduos e discutir as suposições da regressão.

Fontes de Energia

Fontes de energia renováveis estão ganhando importância na economia. O governo norte-americano (www.stst-usa.gov) relata a quantia de energia renovável (em milhares de quilowatts-hora) em cada um dos estados para cada uma das várias fontes renováveis. Alguns estados não têm relatórios, então existem valores faltando nos dados. Os dados para 2004 estão no arquivo **ch_17_MSCP_Alternative_Energy**.

Considere a relação da energia hidroelétrica com a energia eólica. Encontre um modelo para esta relação. Certifique-se de tratar os pontos extraordinários ou de influência. Você pode querer transformar uma ou ambas as variáveis. Discuta a sua análise dos resíduos e as suposições da regressão.

Agora faça um gráfico da relação entre a energia hidroelétrica (transformada) e a energia eólica. Localize os subgrupos dos estados dentro deste diagrama e discuta como eles diferem. Você acha que um modelo simples para a relação para estas fontes renováveis é apropriado? Resuma suas conclusões num relatório.

EXERCÍCIOS

1. Idade para casamento 2003. Casamentos são um dos negócios em rápido crescimento; aproximadamente $ 40 bilhões são gastos em casamentos a cada ano nos EUA. Porém, a demografia pode estar mudando e isto poderia afetar os planos de *marketing* dos varejistas de casamentos. Existe evidência de que a idade com que as mulheres se casam mudou ao longo dos últimos 100 anos? O diagrama de dispersão mostra a tendência, em idade, do primeiro casamento das mulheres norte-americanas (www.census.gov)

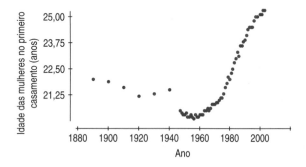

a) Você acha que existe um padrão claro? Descreva a tendência?
b) A associação é forte?
c) A correlação é alta? Explique.

d) Você acha que um modelo linear é apropriado para estes dados? Explique.

2. Fumo 2004. Mesmo com campanhas para reduzir o fumo, os norte-americanos ainda consomem mais do que quatro pacotes de cigarros por mês por adulto (ssdc.ucsd.edu/tobacco/Sales/). Os Centros para Controle e Prevenção de Doenças rastreiam os fumantes de cigarros nos EUA. De que modo o percentual das pessoas que fumam mudou desde que o perigo ficou claro, durante a última metade do século XX? O diagrama de dispersão mostra o percentual de fumantes entre homens de 18-24 anos, estimado por levantamentos de dados, de 1965 até 2004. (www.cdc.gov/nchs)

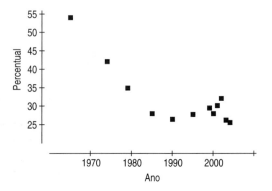

a) Você acha que existe um padrão claro? Descreva a tendência?
b) A associação é forte?
c) A correlação é alta? Explique.

T 3. Índice do Desenvolvimento Humano. O Programa de Desenvolvimento das Nações Unidas (PDNU) coleta dados sobre o desenvolvimento dos países para ajudá-los resolver desafios de desenvolvimento global e nacional. No Relatório do Desenvolvimento Humano anual do PDNU, você pode encontrar dados de mais de 100 variáveis para cada um dos 177 países de todo o mundo. Uma medida de resumo usada pela agência é o Índice de Desenvolvimento Humano (IDH), que tenta resumir num único número o progresso na saúde, educação e economia de um país. Em 2006, o IDH era tão alto quanto 0,965 para a Noruega e tão baixo quanto 0,331 para a Nigéria. O produto interno bruto *per capita* (PIBPC), ao contrário, é geralmente usado para resumir a força *geral* da economia de um país. O IDH está relacionado ao PIBPC? Aqui está um diagrama de dispersão do *IDH versus* o *PIBPC*?

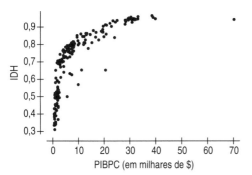

a) Explique por que ajustar um modelo linear a estes dados seria equivocado.
b) Se você ajustar um modelo linear a estes dados, como você acha que um diagrama de dispersão dos resíduos *versus* IDH iria se parecer?
c) Existe um valor atípico (Luxemburgo) com um PIBPC de aproximadamente $70000. Colocar este ponto de lado irá melhorar substancialmente o modelo? Explique.

T 4. IDH, parte 2. O Programa de Desenvolvimento das Nações Unidas (PDNU) usa o Índice do Desenvolvimento Humano (IDH) numa tentativa para resumir em um número o progresso na saúde, educação e economia de um país. O número de assinantes de telefones celular por 1000 pessoas é associado positivamente com o progresso econômico de um país. O número de assinantes de telefones celulares pode ser usado para prever o IDH? Aqui está um diagrama de dispersão do IDH *versus* assinantes de telefone celular.

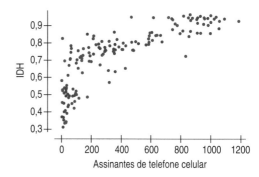

a) Explique por que ajustar um modelo linear a estes dados seria equivocado.
b) Se você ajustar um modelo linear a estes dados, como você acha que um diagrama de dispersão dos resíduos *versus* IDH iria se parecer?

5. Bom modelo? Na justificativa da sua escolha de um modelo, um consultor diz: "Eu sei que este é o modelo certo porque $R^2 = 99,4\%$".
a) Este raciocínio está correto? Explique.
b) Este modelo permite ao consultor fazer previsões precisas? Explique.

6. Mau modelo? Uma estagiária que criou um modelo linear está desapontada ao descobrir que seu valor do R^2 é de apenas 13%.
a) Isto significa que um modelo linear não é apropriado?
b) Este modelo permite que a estagiária faça previsões precisas? Explique.

T 7. Filmes dramáticos. Aqui está um diagrama de dispersão dos orçamentos de produção (em milhões de dólares) *versus* tempo de execução (em minutos) para os principais lançamentos de filmes de 2005. Os dramas estão traçados em cinza e todos os outros gêneros estão traçados em laranja. Uma linha de regressão dos mínimos quadrados separada foi ajustada para cada grupo. Para responder as questões seguintes, simplesmente examine o diagrama:

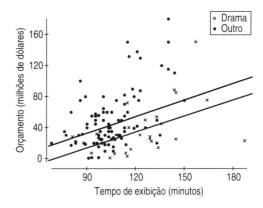

a) Quais são as unidades para a inclinação destas linhas?
b) De que forma os dramas e outros filmes são similares no que diz respeito a esta relação?
c) De que forma os dramas são diferentes de outros gêneros de filmes no que diz respeito a esta relação?

T 8. Censura dos filmes. O custo de fazer um filme depende da sua audiência? Aqui está um diagrama de dispersão dos mesmos dados que examinamos no Exercício 7. Filmes com censura para maiores de 18 anos estão coloridos de laranja-escuro, aqueles com censura para maiores de 14 anos são cinza, e aqueles com censura livre (acompanhados pelos pais) estão em laranja. As linhas de regressão foram encontradas para cada grupo. (Os pontos laranjas-claros são filmes com censura livre, mas havia muito poucos para ajustar a linha com segurança.)

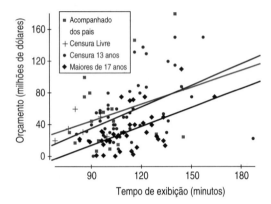

a) De que formas a relação entre tempo de exibição e orçamento é similar para os três grupos de censura?
b) Como os custos dos filmes com censura para maiores de 18 anos difere daqueles com censura para maiores de 13 anos e filmes com censura livre? Discuta ambas as inclinações e o intercepto.
c) O filme *King Kong,* com um tempo de exibição de 187 minutos, é o ponto cinza no canto inferior direito. Se ele for omitido desta análise, como isto poderia mudar suas conclusões sobre os filmes com censura para maiores de 13 anos?

T 9. Passageiros de Oakland. Muita atenção tem sido dada aos desafios encarados pela indústria aérea. Os padrões da demanda de clientes são uma variável importante de se observar. O diagrama de dispersão abaixo mostra o número de passageiros partindo do aeroporto de Oakland (CA) mês a mês, desde o início de 1977. O tempo é apresentado em anos desde 1990, com anos fracionários usados para representar cada mês. (Assim, junho de 1997 é 7,5 – metade do caminho ao longo do 7° ano após 1990.) www.oaklandairport.com

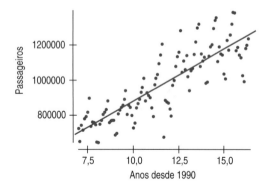

Aqui está uma regressão e os resíduos representados contra os *Anos desde* 1990:

A variável dependente é: Passageiros
R^2 = 71,1% s = 104330

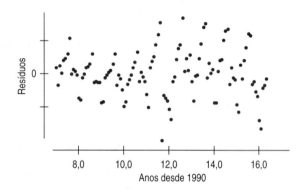

Variável	Coef.
Constante	282584
Ano-1990	59704,4

a) Interprete a inclinação e o intercepto do modelo de regressão.
b) O que o valor do R^2 diz sobre o sucesso do modelo?
c) Interprete s_e neste contexto.
d) Calcule a estatística de Durbin-Watson e comente.
e) Você usaria este modelo para prever os números de passageiros em 2010 (*Anos desde 1990* =20)? Explique.
f) Existe um ponto no meio do intervalo de tempo com um resíduo negativo grande. Você pode explicar este valor atípico?

T 10. Rastreando furacões. Como muitos negócios, O Centro Nacional de Furacões também participa de um programa para melhorar a qualidade dos dados e as previsões das agências do governo. Eles relatam os erros na previsão da rota dos furacões. O diagrama de dispersão seguinte mostra a tendência dos erros do rastreamento de 48 horas desde 1970. (www.nhc.noaa.gov)

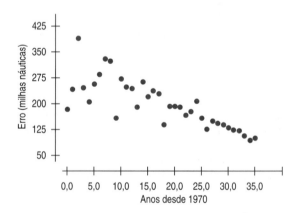

A variável dependente é: Erro
R^2 = 63,0% s = 42,87

Variável	Coef.
Intercepto	292,089
Anos-1970	-5,22924

a) Interprete a inclinação e o intercepto do modelo de regressão.
b) Interprete s_e neste contexto.

c) O Centro tem um objetivo declarado de alcançar um erro médio de rastreamento de 125 milhas náuticas em 2009. Eles irão conseguir? Explique.
d) Calcule a estatística de Durbin-Watson e comente.
e) E se o objetivo deles fosse um erro médio de rastreamento de 90 milhas náuticas?
f) Quais as precauções que você declararia sobre as suas conclusões?

11. Pontos incomuns. Cada um dos quatro diagramas de dispersão a-d que segue mostra um aglomerado de pontos e um ponto "isolado". Para cada um, responda as perguntas de 1-4:
1) De que forma o ponto é incomum? Ele tem uma alavancagem alta, um resíduo grande ou ambos?
2) Você acha que o ponto é de influência?
3) Se o ponto fosse removido dos dados, a correlação seria mais forte ou mais fraca? Explique.
4) Se o ponto fosse removido dos dados, a inclinação da linha da regressão iria aumentar, diminuir ou permanecer a mesma? Explique.

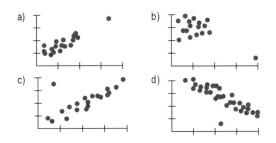

12. Mais pontos incomuns. Cada um dos seguintes diagramas de dispersão a-d mostra um aglomerado de pontos e um ponto "isolado". Para cada um, responda as perguntas de 1-4:
1) De que forma o ponto é incomum? Ele tem uma alavancagem alta, um resíduo grande ou ambos?
2) Você acha que o ponto é de influência?
3) Se o ponto fosse removido dos dados, a correlação seria mais forte ou mais fraca? Explique.
4) Se o ponto fosse removido dos dados, a inclinação da linha da regressão iria aumentar, diminuir ou permanecer a mesma? Explique.

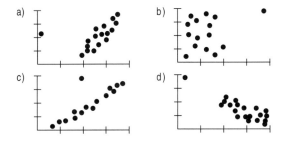

13. O ponto extra. O diagrama de dispersão mostra cinco pontos laranjas dos dados à esquerda. Não surpreendentemente, a correlação para estes pontos é de $r = 0$. Suponha que *um* ponto adicional é acrescentado em uma das cinco posições sugeridas em laranja-claro no diagrama. Relacione cada ponto (a-e) com a nova correlação correta da lista dada.
1) −0,90
2) −0,40
3) 0,00
4) 0,05
5) 0,75

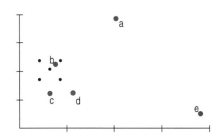

14. O ponto extra, parte 2. Os cinco pontos originais no Exercício 13 produzem uma linha de regressão com uma inclinação de zero. Relacione cada um dos pontos laranjas-claros (a-e) com a inclinação da linha após ele ter sido acrescentado:
1) −0,45
2) −0,30
3) 0,00
4) 0,05
5) 0,85

15. Qual é a causa? Um pesquisador, coletando dados para uma empresa farmacêutica, mede a pressão sanguínea e o percentual de gordura do corpo de vários homens adultos e encontra uma forte associação positiva. Descreva três relações diferentes de causa e efeito possíveis que possam estar presentes.

16. Qual é o efeito? Relatórios publicados sobre a violência nos jogos de computador têm se tornado uma preocupação para os criadores e distribuidores destes jogos. Uma empresa encomendou um estudo sobre o comportamento violento em crianças do Ensino Fundamental. O pesquisador perguntou aos pais das crianças quanto tempo cada criança passava jogando jogos de computador e solicitou aos seus professores que avaliassem o nível de agressividade de cada criança quando joga com as outras crianças. O pesquisador descobriu uma correlação positiva moderadamente forte entre o tempo do jogo de computador e o escore da agressividade. Mas isto significa que jogar jogos de computador aumenta a agressividade das crianças? Descreva três explicações diferentes de causa e efeito possíveis para esta relação.

17. Custo do aquecimento. Os pequenos negócios devem registrar cada despesa. Uma proprietária de uma floricultura registrou seus custos de aquecimento e os relacionou à temperatura média diária em Fahrenheit, encontrando o modelo $\widehat{Custo} = 133 - 2,13 Temp$. O diagrama dos resíduos para os seus dados é exibido.

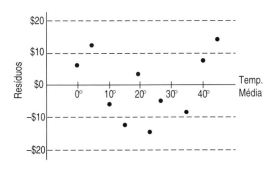

a) Interprete a inclinação da linha neste contexto.

b) Interprete o intercepto y da linha neste contexto.
c) Durante os meses em que a temperatura está próxima de zero, você esperaria que as previsões de custo baseadas neste modelo fossem precisas, muito baixas ou muito altas? Explique.
d) Qual o custo do aquecimento que o modelo prevê para um mês que tem uma média de 10°?
e) Durante um dos meses no qual o modelo foi baseado, a temperatura realmente teve uma média de 10°. Quais foram os custos reais de aquecimento para aquele mês?
f) Você acha que o proprietário da casa deveria usar este modelo? Explique.
g) Este modelo teria mais sucesso se a temperatura fosse expressa em graus Celsius? Explique.

18. Economia de combustível. Como a velocidade na qual um carro é dirigido afeta o consumo de combustível? Os proprietários de uma frota de táxis, vendo seus lucros afundarem com os custos de combustível, contrataram uma empresa de pesquisa para lhes dizer a velocidade ótima para os seus táxis. Os pesquisadores dirigiram um carro compacto por 200 milhas com velocidades variando de 35 a 75 milhas por hora. Dos seus dados, eles criaram o modelo $\overline{\text{Consumo de Combustível}} = 32 - 0{,}1\,\text{Velocidade}$ e criaram o seguinte diagrama dos resíduos:

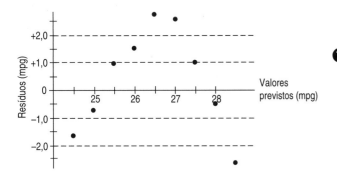

a) Interprete a inclinação da linha neste contexto.
b) Explique por que é tolo atribuir qualquer significado ao intercepto y.
c) Quando este modelo prevê um consumo de combustível alto, o que você pode dizer sobre estas previsões?
d) Que consumo de combustível o modelo prevê quando o carro for dirigido a 50 mph?
e) Qual foi o consumo de combustível real quando o carro era dirigido a 45 mph?
f) Você acha que parece ter uma forte associação entre a velocidade e o consumo de combustível? Explique.
g) Você acha que este é o modelo apropriado para esta associação? Explique.

T 19. Taxas de juros. Aqui está um diagrama mostrando a taxa federal para as Letras do Tesouro de 3 meses de 1950 a 1980 e um modelo de regressão ajustado ao relacionamento entre *Taxa* (em %) e *Anos desde 1950*. (www.gpoaccess.gov/eop/)

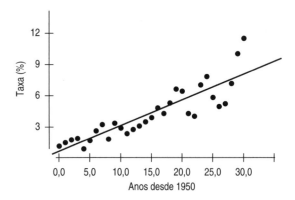

A variável dependente é: Taxa
$R^2 = 77{,}4\%$ s = 1,239

Variável	Coef.
Intercepto	0,640282
Anos-1950	0,247637

a) Qual é a correlação entre *Taxa* e *Ano*?
b) Interprete a inclinação e o intercepto.
c) O que o modelo prevê para a taxa de juros no ano de 2000?
d) Calcule a estatística de Durbin-Watson e comente.
e) Você esperaria que esta previsão fosse mais precisa? Explique.

T 20. Idades dos casais 2003. No Exercício 1, examinamos as idades com que as mulheres casavam como uma das variáveis considerada por aqueles que vendem serviços para casamentos. Outra variável em questão é a *diferença* de idade dos dois parceiros. O gráfico mostra as idades dos homens e mulheres no primeiro casamento. (www.census.gov)

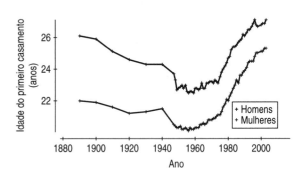

Claramente, o padrão para os homens é similar ao das mulheres. Mas as linhas irão se juntar?

Na próxima página está um diagrama de tempo mostrando a *diferença* na média da idade (idade dos homens – idade das mulheres) do primeiro casamento, a análise de regressão e o diagrama associado dos resíduos.

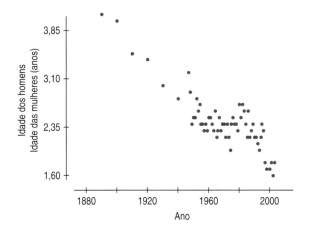

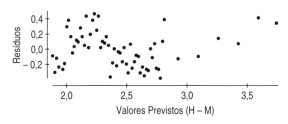

A variável dependente é: Diferença de idade
R² = 75,1% s = 0,2333

Variável	Coef.
Constante	35,0167
Ano	−0,016585

a) Qual é a correlação entre a *Diferença de Idade* e o *Ano*?
b) Interprete a inclinação desta linha.
c) Faça a previsão da diferença média de idade para 2015.
d) Calcule a estatística de Durbin-Watson e comente.
e) Descreva as razões pelas quais você não coloca muita fé nesta previsão.

T 21. Taxas de juros, parte 2. No Exercício 19, você investigou a taxa federal das Letras do Tesouro de 3 meses entre 1950 e 1980. O diagrama de dispersão abaixo mostra que a tendência mudou drasticamente após 1980; assim, construímos um novo modelo de regressão que inclui somente os dados desde 1980 (de x = 30 e adiante no diagrama abaixo.)

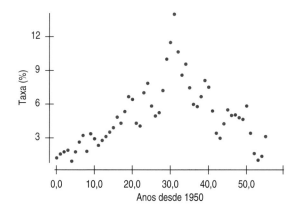

A variável dependente é: Taxa
R² = 74,5% s = 1,630

Variável	Coef.
Intercepto	21,0688
Anos-50	−0,356578

a) Como este modelo se compara àquele do Exercício 19?
b) Segundo este modelo, qual a estimativa da taxa de juro em 2000? Como isto se compara à taxa que você previu no Exercício 19?
c) Você confia neste novo valor previsto? Explique.
d) Dados estes dois modelos, qual a sua previsão para a taxa de juros das Letras do Tesouro de 3 meses para 2010?

T 22. Idades dos casais, parte 2. A tendência da diminuição na diferença de idade no primeiro casamento vista no Exercício 20 ficou mais forte recentemente? Aqui está um diagrama de dispersão e um diagrama dos resíduos para os dados de 1975 a 2003, junto com uma regressão para apenas estes anos.

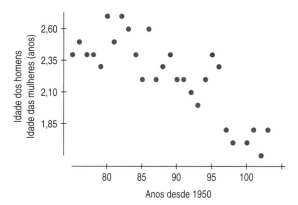

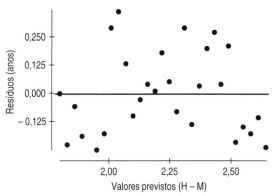

A variável dependente é: Idades dos homens − Idades das mulheres
R² = 65,6% s = 0,1869

Variável	Coef.
Intercepto	4,88424
Ano	−0,029959

a) Por que o R² é mais alto para o primeiro modelo (Exercício 20)?
b) Este modelo linear é apropriado para os dados depois de 1975? Explique.
c) O que a inclinação diz sobre as idades dos casamentos desde 1975?
d) Explique por que não é seguro interpretar o intercepto *y*.

23. Daltônico. Embora algumas mulheres sejam daltônicas, esta condição é encontrada primordialmente em homens. Um anúncio de meias com marcas, para ser fácil sua combinação para alguém que fosse daltônico, publicou: "Existe uma forte correlação entre sexo e a incapacidade de ver as cores". Explique em termos estatísticos por que esta não é uma afirmação correta (não importando que ela pudesse ser um bom anúncio).

24. Casas novas. Um agente imobiliário coleta dados para desenvolver um modelo que irá usar o *Tamanho* de uma casa nova (em pés quadrados) para prever seu *Preço de Venda* (em milhares de dólares). Quais destes valores têm maior probabilidade de ser a inclinação da linha de regressão: 0,008, 0,08 ou 8? Explique.

25. Resíduos. Suponha que você ajustou um modelo aos dados e agora observa os resíduos. Para cada um dos seguintes diagramas dos resíduos possíveis, diga se você tentaria uma transformação e, se tentaria, por que:

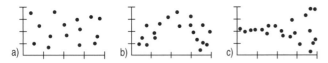

26. Resíduos, parte 2. Suponha que você ajustou um modelo aos dados e agora observa os resíduos. Para cada um dos seguintes diagramas dos resíduos possíveis, diga se você tentaria uma transformação e se tentaria, por que:

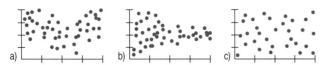

27. Passageiros de Oakland, parte 2. No Exercício 9, criamos um modelo linear descrevendo a tendência em número de passageiros partindo do aeroporto de Oakland (CA) a cada mês desde o início de 1977. Aqui está o diagrama dos resíduos, mas acrescido de linhas para mostrar a ordem dos valores no tempo:

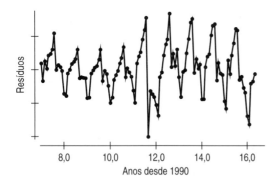

a) Você pode explicar o padrão exibido aqui?
b) Uma transformação iria ajudar a lidar com este padrão? Explique.

28. Vendas da Home Depot. A indústria varejista de material de construção tem experimentado um crescimento anual relativamente consistente ao longo das últimas décadas. Aqui está um diagrama de dispersão das *Vendas Líquidas* (bilhões de $) da *Home Depot* de 1995 até 2004, junto com uma regressão e um diagrama de séries temporais dos resíduos.

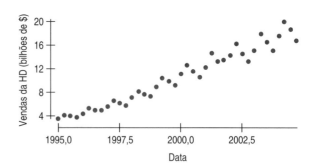

A variável dependente é: Vendas da HD
$R^2 = 95,5\%$
s = 1,044 com 40 − 2 = 38 graus de liberdade

Variável	Coef.	EP(Coef.)	Razão t	Valor-P
Constante	−3234,87	114,4	−28,3	≤ 0,0001
Data	1,62283	0,0572	28,4	≤ 0,0001

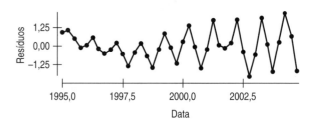

a) O que o valor do R^2 significa na regressão?
b) Quais as características dos resíduos deveriam ser observadas com relação a esta regressão?
c) Quais características dos resíduos podem ser tratadas com uma transformação? Quais não seriam ajudadas pela transformação?
d) Você pode usar o modelo de regressão para ajudar na sua compreensão sobre o crescimento deste mercado?

29. Modelos. Para cada um dos modelos listados a seguir, faça a previsão para *y* quando *x* = 2.
a) $\hat{y} = 1,2 + 0,8x$.
b) $\ln(\hat{y}) = 1,2 + 0,8x$
c) $\sqrt{\hat{y}} = 1,2 + 0,8x$
d) $\dfrac{1}{\hat{y}} = 1,2 + 0,8x$
e) $\hat{y} = 1,2x^{0,8}$

30. Mais modelos. Para cada um dos modelos listados a seguir, faça uma previsão para *y* quando *x* = 2.
a) $\hat{y} = 1,2 + 0,8\log(x)$
b) $\log(\hat{y}) = 1,2 + 0,8x$
c) $\hat{y} = 1,2 + 0,8\sqrt{\hat{y}}$
d) $\hat{y} = 1,2.0,8^x$
e) $\hat{y} = 0,8^2 + 1,2x + 1$

31. Modelos, novamente. Encontre o valor previsto de *y*, usando cada um dos modelos, para *x* = 10.
a) $\hat{y} = 2 + 0,8\ln(x)$
b) $\log(\hat{y}) = 5 - 0,23x$
c) $\dfrac{1}{\sqrt{\hat{y}}} = 17,1 - 1,66x$

32. Modelos, última vez. Encontre o valor previsto de *y*, usando cada um dos modelos, para *x* = 4.
a) $\hat{y} = 10 + \sqrt{x}$
b) $\dfrac{1}{y} = 14,5 - 3,45x$
c) $\sqrt{y} = y3,0 + 0,5x$

T 33. Indústria da lagosta. De acordo com o Departamento de Recursos Marinhos do Maine, em 2004, mais de 72666,846 onças de lagostas foram descarregadas no Maine – uma captura que vale mais de $297164,000. A indústria pesqueira da lagosta é cuidadosamente controlada e licenciada e fatos sobre ela foram registrados por mais de um século; portanto, ela é uma indústria importante, que podemos examinar em detalhes. Examinaremos os dados anuais (disponíveis em www..maine.gov/dmr) de 1950 até 2006.

O valor da captura anual da lagosta subiu. Aqui está um diagrama de dispersão do valor em milhões de dólares ao longo do tempo.

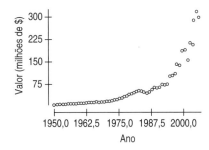

a) Quais as suposições e condições da regressão que parecem ter sido violadas de acordo com este diagrama?

Aqui está um diagrama de dispersão do *log* do valor:

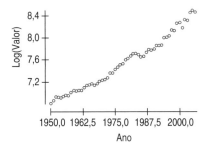

b) Discuta as mesmas suposições da parte **a**. A utilização dos logaritmos torna os dados adequados para a regressão?

Após executar uma regressão com os valores dos logaritmos, obtemos o seguinte diagrama dos resíduos:

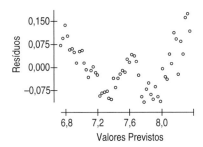

c) Discuta o que este diagrama exibe. Uma transformação diferente seria mais provável de ser melhor do que o *log*? Explique.

T 34. Armadilhas para lagostas. As lagostas são pegas em armadilhas preparadas e deixadas em mar aberto. As licenças para pescar lagostas são limitadas, existe uma taxa adicional para cada armadilha em uso e existem limites no número de armadilhas que podem ser colocadas em cada uma das sete zonas de pesca. Contudo, estes limites mudaram ao longo do tempo. Aqui está um diagrama de dispersão do número de armadilhas para cada pescador de lagosta ao longo do tempo.

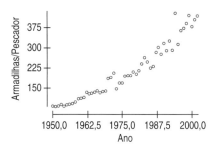

a) Este diagrama satisfaz as suposições e as condições de uma regressão? Explique.

Uma regressão de *Armadilhas/Pescador* vs. *Ano* gera o seguinte diagrama dos resíduos:

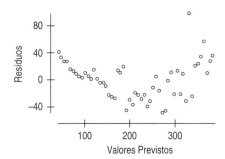

b) O que você pode ver no diagrama dos resíduos que pode não estar claro no diagrama de dispersão dos dados originais?

T 35. Valor da lagosta. Aqui está um modelo de regressão relacionando o *log(Valor)* da pesca anual da lagosta no Maine ao número de *Pescadores* licenciados.

A variável dependente é: Log(Valor)
R^2 = 18,9% R^2 (ajustado) = 17,3%
s = 0,4306 com 56 − 2 = 54 graus de liberdade

Variável	Coef.	EP(Coef.)	Razão t	Valor-P
Intercepto	6,43619	0,3138	20,5	≤ 0,0001
Pescadores	1,56021e-4	0,0000	3,54	0,0008

a) O número de pescadores de lagosta licenciados tem flutuado ao longo dos anos entre aproximadamente 5000 e 10000. Recentemente, o número tem estado apenas acima de 7000. Mas as licenças estão em demanda (e severamente restritas). O que este modelo prevê sobre qual seria o valor da captura num ano se houvesse 10000 pescadores licenciados? (Tenha cuidado de interpretar o coeficiente corretamente e calcular o inverso da transformação logarítmica.)

b) Interprete o coeficiente da inclinação. Os pescadores causam uma pescaria de um valor mais alto? Sugira explicações alternativas.

36. Preço da lagosta. É claro, o que mais interessa ao empresário individual – o pescador comercial de lagosta licenciado – é o preço da lagosta. Aqui está uma análise relacionando o preço ($/lb) ao número de armadilhas (em milhões):

A variável dependente é: Preço/lb
$R^2 = 93,7\%$ R^2 (ajustado) = 93,6%
s = 0,2890 com 56 − 2 = 54 graus de liberdade

Variável	Coef.	EP(Coef.)	Razão t	Valor-P
Intercepto	−0,276454	0,0812	−3,40	0,0013
Armadilhas (milhões)	1,25210	0,0441	28,4	≤ 0,0001

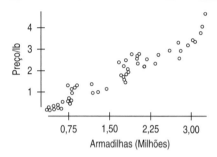

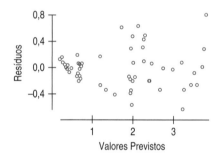

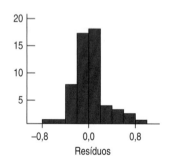

a) As suposições e condições para a inferência da regressão estão satisfeitas?
b) O que o coeficiente de *Armadilhas* significa neste modelo? Ele prevê que licenciar mais armadilhas iria causar um aumento no preço da lagosta? Sugira algumas explicações alternativas.

37. PIB. O diagrama de dispersão mostra o produto interno bruto (PIB) dos Estados Unidos em bilhões de dólares em relação ao tempo (em anos) desde 1950.

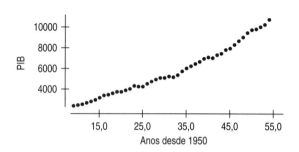

Um modelo linear ajustado ao relacionamento se parece com o seguinte:

A variável dependente é: PIB
$R^2 = 97,2\%$ s = 406,6

Variável	Coef.
Intercepto	240,171
Ano-1950	177,889

a) O valor de 97,1% sugere que este é um bom modelo? Explique.
b) Aqui está um diagrama de dispersão dos resíduos. Agora, você acha que este é um bom modelo para estes dados? Explique.

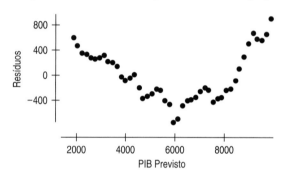

38. Um modelo melhor do PIB? Considere novamente a tendência pós 1950 do PIB norte-americano que examinamos no Exercício 35. Aqui estão um diagrama de regressão e um diagrama dos resíduos quando usamos o logaritmo do PIB no modelo. Este é um modelo melhor para o PIB? Explique.

A variável dependente é: Log(PIB)
$R^2 = 99,4\%$ s = 0,0150

Variável	Coef.
Intercepto	3,29092
Ano-1950	0,013881

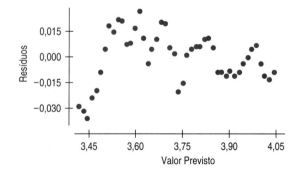

Capítulo 17 – Entendendo os Resíduos **547**

39. Toras. Muitas profissões usam tabelas para determinar quantidades chaves. O valor de uma tora é baseado no número de uma tábua de pés quadrados de madeira que a tora possa conter. (Uma tábua de um pé quadrado é o equivalente a uma polegada de grossura, 12 polegadas de largura e 1 pé de comprimento. Por exemplo, um pedaço de madeira de 2"×4" que tem 12 pés de comprimento contém 8 tábuas de um pé.) Para estimar a quantidade de madeira numa tora, os compradores mensuram o diâmetro dentro da casca da árvore na ponta menor. Então eles olham uma tabela baseada na Escala Logarítmica de Doyle. A tabela abaixo mostra as estimativas para toras de 16 pés de comprimento.

Diâmetro da tora	8″	12″	16″	20″	24″	28″
Tábua de pés quadrados	16	64	144	256	400	576

a) Qual a transformação da *Tábua de pés quadrados* que torna esta relação linear?
b) Quanta madeira você estima que uma tora de 10 polegadas de diâmetro contém?
c) O que este modelo sugere sobre toras com 36 polegadas de diâmetros?

T 40. Expectativa de vida. As taxas do seguro de vida são estimadas com base em valores da expectativa de vida compilados para grandes grupos demográficos. Porém, com a melhoria nos cuidados médicos e nutrição, as expectativas de vida têm mudado. Aqui está uma tabela do National Vital Statistics Report, que dá a Expectativa de Vida para homens brancos dos Estados Unidos para cada década durante o último século (1 = 1900 a 1910, 2 = 1911 a 1920, etc.) Considere um modelo linear para prever futuros aumentos na expectativa de vida. A transformação das duas variáveis tornaria o modelo melhor?

Década	1	2	3	4	5	6	7	8	9	10
Expec. de vida	48,6	54,4	59,7	62,1	66,5	67,4	68,0	70,7	72,7	74,9

T 41. OECD PIB. A Organization for Economic Cooperation and Development (OECD – Organização para a Cooperação e Desenvolvimento Econômico) é uma organização que engloba trinta países. Para entrar nesta organização, um país deve apoiar os princípios da democracia representativa e uma economia de mercado livre. Como estes países cresceram na década entre 1988 e 1998-2000? Aqui está o PIB *per capita* para 24 membros do OECD (ambas em dólares de 2000). (www.sba.gov/idc/groups/public/documents/sbahomepage/rs264tot.pdf)

País	1988 PIB/Capita	1998-2000 PIB/Capita
Austrália	18558	23713
Áustria	25626	31192
Bélgica	24204	30506
Canadá	19349	22605
Dinamarca	31517	38136
Finlândia	25682	31246
França	24663	29744
Alemanha	27196	32256
Grécia	10606	13181
Irlanda	13050	27282
Itália	17339	20710
Japão	36301	44154
Coreia	7038	12844
México	3024	3685
Holanda	23159	30720
Nova Zelândia	15480	17979
Noruega	28241	37934
Portugal	8935	12756
Espanha	12879	17197
Suécia	26634	30873
Suíça	43375	46330
Turquia	2457	2947
Reino Unido	17676	22153
Estados Unidos	25324	31296

Faça um modelo do 1998-2000 PIB/Capita em termos de 1988PIB/Capita. Faça um diagrama dos resíduos e discuta quaisquer preocupações que você possa ter.

T 42. Produção de laranja. Os produtores de laranjas sabem que, quanto maior a laranja, mais alto o preço que ela terá. Mas à medida que o número de laranjas aumenta numa árvore, a fruta tende a ser menor. Aqui está uma tabela desta relação. Crie um modelo para esta relação e expresse quaisquer preocupações que você possa ter.

Número de laranjas/Árvore	Peso Médio/Fruta (lb)
50	0,60
100	0,58
150	0,56
200	0,55
250	0,53
300	0,52
350	0,50
400	0,49
450	0,48
500	0,46
600	0,44
700	0,42
800	0,40
900	0,38

43. Índice do Desenvolvimento Humano, novamente. No Exercício 3, vimos que o Programa de Desenvolvimento das Nações Unidas (PDNU) usa o Índice do Desenvolvimento Humano (IDH) numa tentativa de resumir o progresso na saúde, educação e economia de um país com um número. O produto interno bruto *per capita* (PIBPC) tenta resumir a riqueza produzida por um país em um número. Aqui está um diagrama do PIBPC *versus* IDH para 172 países por todo o mundo.

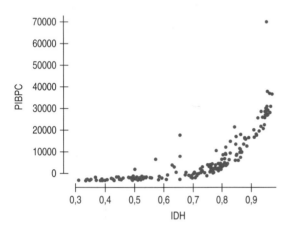

O PIBPC é mensurado em dólares. As rendas e outras medidas econômicas tendem a ser altamente assimétricas à direita. Tomar os logs geralmente torna a distribuição mais unimodal e simétrica. Compare o histograma do *PIBPC* ao histograma do *log(PIBPC)*.

44. Índice do Desenvolvimento Humano, última vez. No Exercício 41, examinamos a relação entre *log(PIBPC)* e *IDH* para 172 países. O número de assinantes de telefones celulares (por 1000 pessoas) está também associado positivamente com o progresso econômico de um país. Aqui está um diagrama de dispersão de *TelefonesCel* (assinantes por 1000 pessoas) contra *IDH* para 154 países.

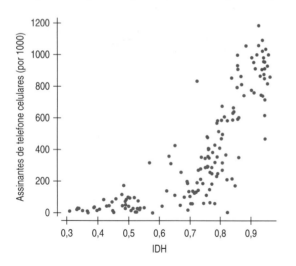

a) Os *TelefoneCel* é a frequência de assinantes (por 1000). Qual é a transformação que geralmente é útil para frequências? Examine o histograma da variável *TelefoneCel* e o histograma da *TelefoneCel* transformada por você. Comente.
b) Use a transformação em **a** para o diagrama de dispersão *versus IDH*. Comente.
c) Por que você pode estar cético em usar esta relação para prever o número de usuários de telefones celulares baseado no *IDH*?

45. Pescadores de lagosta. Como mudou o número de pescadores de lagosta licenciados? Aqui está um diagrama do número de *Pescadores vs. Ano*:

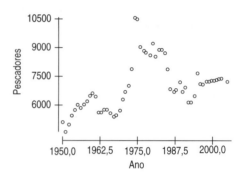

Este diagrama não é linear. Uma transformação ajudaria? Neste caso, qual? Caso contrário, por quê?

46. Preço da lagosta. Como mudou o preço da lagosta? Aqui está um diagrama rastreando o preço da lagosta em libras expresso em dólares constantes de 2000?

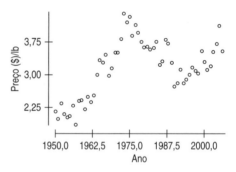

Este diagrama não é linear. Uma transformação ajudaria? Neste caso, qual? Caso contrário, por quê?

RESPOSTAS DO TESTE RÁPIDO

1 Não é um ponto de alta alavancagem, não é influente, resíduos grandes.
2 Tem alta alavancagem, não é influente, resíduos pequenos.
3 Tem alta alavancagem, é influente, resíduos pequenos.
4 Nenhuma
5 Logarítmica

Regressão Múltipla

Zillow.com

Zillow.com é um *site* de pesquisa imobiliário, fundado em 2005 por Richard Barton e Lloyd Fink. Ambos são ex-executivos da Microsoft e fundadores da Expedia.com, uma agência de viagens *on-line*. A Zillow coleta dados publicitários disponíveis e fornece uma estimativa (chamada de Zestimate®) do valor da casa. A estimativa é baseada num modelo dos dados que a Zillow coletou de muitas variáveis previsoras, incluindo o passado histórico das vendas de casas, sua localização e suas características, como seu tamanho e o número de quartos e banheiros.

O *site* é muito popular entre os compradores em potencial e os vendedores de casas. De acordo com Rismedia.com, a Zillow é um dos *sites* imobiliários norte-americanos mais visitados na rede, com aproximadamente 5 milhões de usuários diferentes mensalmente. Estes usuários incluem mais de um terço de todos os profissionais de hipotecas dos EUA – ou aproximadamente 125000 – num dado mês. Além disso, 90% dos usuários da Zillow são proprietários de casas e dois terços estão ou comprando e vendendo agora ou planejando fazê-lo num futuro próximo.

Quem	Casas
O quê	Preço de Venda (dólares de 2002) e outros fatos sobre as casas
Quando	2002-2003
Onde	Estado de Nova York, próximo a Saratoga Springs
Por quê	Para entender o que influencia os preços das casas e como prevê-los.

Como, exatamente, a Zillow decide o valor de uma casa? De acordo com o *site* Zillow.com: "Nós calculamos este valor coletando zilhões de pontos de dados – a maioria destes dados é público – e os colocamos numa fórmula. Esta fórmula é construída usando o que nossos estatísticos chamam de 'um algoritmo proprietário', uma expressão complicada para 'fórmula secreta'. Quando nossos estatísticos desenvolveram o modelo para determinar o valor das casas, eles exploraram como as casas em certas áreas eram similares (isto é, número de quartos e banheiros e uma miríade de outros detalhes) e então examinaram a relação entre os preços reais e aqueles detalhes das casas". Estes relacionamentos formam um padrão, o qual foi usado para desenvolver um modelo para estimar o valor de mercado para uma casa. Em outras palavras, os estatísticos da Zillow usam um modelo, mais provavelmente um modelo de regressão, para prever o valor de uma casa a partir das suas características. Vimos como prever uma variável resposta baseada num único previsor. Isto foi útil, mas os tipos de decisões que queremos tomar são geralmente mais complexos para uma regressão simples.[1] Neste capítulo, iremos expandir o poder do modelo de regressão para levar em consideração muitas variáveis previsoras no que é chamado de um modelo de regressão múltipla. Com o nosso entendimento de uma regressão simples como base, chegar à regressão múltipla não é um passo grande, mas é um passo importante e valioso. A regressão múltipla é provavelmente a ferramenta mais poderosa e amplamente usada hoje.

Qualquer pessoa que já verificou preços de casas sabe que eles dependem do mercado local. Para controlar isto, iremos restringir nossa atenção a um único mercado. Temos uma amostra aleatória de 1057 casas dos registros públicos do estado de Nova York, numa região em torno da cidade de Saratoga Springs. A primeira coisa que geralmente é mencionada na descrição de uma casa à venda é o número de quartos. Vamos começar com apenas uma variável previsora. Podemos usar *Quartos* para prever o *Preço* da casa?

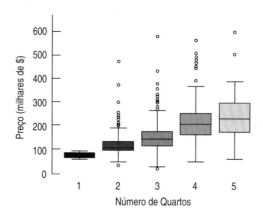

Figura 18.1 Diagramas de caixa e bigodes, lado a lado, do *Preço* versus *Quartos* mostram que o preço aumenta, em média, com o número de quartos.

O número de *Quartos* é uma variável quantitativa, mas ela contém somente alguns valores (de 1 a 5 neste conjunto de dados). Assim, um diagrama de dispersão pode não ser a melhor maneira de examinar uma relação entre o número de *Quartos* e os *Preços*. Na verdade, para cada valor de *Quartos* existe toda uma distribuição de preços. Os diagramas de caixa e bigodes lado a lado do *Preço versus Quartos* (Figura 18.1) mostram um aumento geral no preço à medida que cresce o número de quartos, e o crescimento é aproximadamente linear.

---

[1] Quando precisamos observar a diferença, uma regressão com um único previsor é chamada de **regressão simples.**

A Figura 18.1 mostra, também, um aumento claro na dispersão da esquerda para a direita, violando a condição de mesma dispersão, e isto é um sinal de problemas. Por ora, iremos prosseguir com precaução. Iremos ajustar o modelo de regressão, mas teremos precaução ao usar os métodos de inferência para o modelo. Mais tarde, iremos acrescentar mais variáveis para aumentar o poder e a utilidade do nosso modelo.

A saída de um modelo de regressão linear do Preço por *Quartos* mostra que:

Variável resposta: Preço

$R^2 = 21,4\%$
$s = 68432,21$ com $1057 - 2 = 1055$ graus de liberdade

Tabela 18.1 Saída da regressão múltipla para o modelo linear prevendo *Preço de Quartos* e *Área Habitável*

Variável	Coeficiente	EP(Coeficiente)	Razão t	Valor-p
Intercepto	14349,48	9297,69	1,54	0,1230
Quartos	48218,91	2843,88	16,96	# 0,0001

Aparentemente, sabendo apenas o número de quartos, temos algumas informações úteis sobre o preço de venda. O modelo nos diz que, em média, esperamos que o preço aumente aproximadamente \$50000 para cada quarto adicional da casa, como podemos ver pelo valor da inclinação, que é \$48219,90:

$$\widehat{Preço} = 14349,48 + 48218,91 \times Quartos.$$

Embora o modelo realmente nos diga algo, observe que o R^2 para esta regressão é de apenas 21,4%. A variação no número de quartos é responsável por somente 21% da variação dos preços das casas. Talvez alguns dos outros fatos sobre estas casas possam ser responsáveis por porções da variação remanescente.

18.1 O modelo de regressão múltipla

Para uma regressão simples, escrevemos os valores previstos em termos de uma variável previsora:

$$\hat{y} = b_0 + b_1 x.$$

Para incluir mais previsores no modelo, basta escrevermos o modelo de regressão com mais variáveis previsoras. A **regressão múltipla** resultante fica assim:

$$\hat{y} = b_0 + b_1 x_1 + b_2 x_2 + \ldots + b_k x_k$$

onde b_0 é ainda o intercepto e cada b_k é o coeficiente estimado do seu previsor correspondente x_k. Embora o modelo não pareça ser muito mais complicado do que uma regressão simples, ele não é prático para determinar uma regressão múltipla manualmente. Este é um trabalho para um pacote estatístico computacional. Lembre-se que, para a regressão simples, encontramos os coeficientes do modelo utilizando o método dos mínimos quadrados, que fornece coeficientes que tornam a soma dos quadrados dos resíduos tão pequena quanto possível. Para a regressão múltipla, um pacote estatístico faz a mesma coisa e pode encontrar facilmente os coeficientes pelo método dos mínimos quadrados.

Se você souber como encontrar a regressão do *Preço* por *Quartos* usando um pacote estatístico, você pode, provavelmente, apenas acrescentar outra variável à lista das previsoras em seu programa para obter a regressão múltipla. Uma regressão múl-

Parte III – Explorando Relações entre Variáveis

tipla do *Preço* sobre as duas variáveis *Quartos* e *Área Habitável* gera uma tabela de regressão múltipla semelhante a seguinte.

Variável resposta: Preço

$R^2 = 57,8\%$
s = 50142,4 com 1057 – 3 = 1054 graus de liberdade

Tabela 18.2 Regressão linear do Preço *versus* Quartos

Variável	Coeficiente	EP(Coeficiente)	Razão t	Valor-P
Intercepto	20986,09	6816,3	3,08	0,0021
Quartos	–7483,10	2783,5	–2,69	0,0073
Área Habitável	93,84	3,11	30,18	≤ 0,0001

Você deve reconhecer a maioria dos números desta tabela e a maioria deles significa o que você espera que eles signifiquem. O valor do R^2 para uma regressão sobre duas variáveis dá a fração da variabilidade do *Preço* responsável pelas duas variáveis previsoras em conjunto. Com somente *Quartos* prevendo *Preço*, o valor do R^2 era de 22,1%, mas este modelo é responsável por 57,8% da variabilidade do *Preço*. Não deveríamos ficar surpresos que a variabilidade explicada pelo modelo tenha aumentado. E foi por este motivo – a esperança de que o restante da variabilidade seja explicada – que tentamos um segundo previsor. Tampouco deveríamos ficar surpresos que o tamanho da casa, mensurado como *Área Habitável*, também contribua para uma boa previsão dos preços das casas. Utilizando os coeficientes da regressão múltipla do *Preço* por *Quartos* e *Área Habitável* da Tabela 18.2, podemos escrever a regressão estimada como:

$$\widehat{Preço} = 20986,09 - 7483,10 Quartos + 93,84 Área\ Habitável$$

Como antes, definimos os resíduos como:

$$e = y - \hat{y}$$

O desvio padrão dos resíduos é ainda representado por *s* (ou, algumas vezes, como s_e como na regressão simples – pelo mesmo motivo– para distingui-lo do desvio padrão s_y de *y*). O cálculo dos graus de liberdade segue direto da nossa definição. O grau de liberdade é o número de observações (*n* = 1057) menos um para cada coeficiente estimado.

$$gl = n - k - 1$$

onde *k* é o número de variáveis previsoras e *n* é o número de casos. Para este modelo, subtraímos 3 (os dois coeficientes e o intercepto). Para encontrar o desvio padrão dos resíduos, usamos aquele número de graus de liberdade no denominador:

$$s_e = \sqrt{\frac{\sum (y - \hat{y})^2}{n - k - 1}}.$$

Para cada previsor, a saída da regressão mostra o coeficiente, o erro padrão, a razão *t* e o valor-P correspondente. Como ocorreu com a regressão simples, a razão *t* mensura quantos erros padrão o coeficiente está distante de 0. Usando um modelo *t* de Student, podemos usar o seu valor-P para testar a hipótese nula de que o valor verdadeiro do coeficiente é 0.

O que é diferente? Com a regressão múltipla simplesmente se parecendo com a regressão simples até agora, por que dedicar um capítulo inteiro ao assunto?

Existem várias respostas a esta pergunta. Primeiro, e mais importante, é que o significado dos coeficientes no modelo de regressão mudou de uma forma sutil, mas importante. Pelo fato de que esta mudança não é óbvia, os coeficientes da regressão múltipla são geralmente mal interpretados. Mostraremos alguns exemplos para explicar esta mudança no significado.

Segundo, a regressão múltipla é um modelo extraordinariamente versátil, tendo como base muitos métodos estatísticos amplamente usados. Uma compreensão completa do modelo de regressão múltipla irá ajudá-lo a entender também estas outras aplicações.

Terceiro, a regressão múltipla oferece a você um primeiro vislumbre dos modelos estatísticos que usam mais do que duas variáveis quantitativas. O mundo real é complexo. Os modelos simples do tipo que mostramos até agora são ótimos para começar, mas eles não são detalhados o suficiente para serem úteis para entender, prever e tomar decisões de negócios em muitas situações reais. Os modelos que usam muitas variáveis podem ser um grande passo em direção à modelagem realista e útil de fenômenos complexos e relações.

18.2 Interpretando os coeficientes da regressão múltipla

Faz sentido que o número de quartos e o tamanho da área habitável influenciem o preço de uma casa. Esperamos que ambas as variáveis tenham um efeito positivo no preço – casas com mais quartos normalmente são vendidas por mais dinheiro, assim como as casas maiores. Mas olhe o coeficiente de *Quartos* na equação da regressão múltipla. Ele é negativo: –$7483,09. Como pode o coeficiente de *Quartos* na regressão múltipla ser negativo? E não apenas um pouco negativo, sua razão *t* é grande o suficiente para estarmos muito confiantes de que o valor verdadeiro é realmente negativo. Porém, na Tabela 18.1, vimos que o coeficiente também nitidamente positivo quando *Quartos* era o único previsor no modelo (veja Figura 18.2).

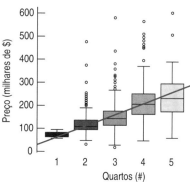

Figura 18.2 A inclinação do coeficiente de *Quartos* é positiva. Para cada quarto adicional, prevemos $48000 adicionais no valor de uma casa por meio do modelo de regressão simples da Tabela 18.1.

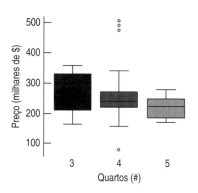

Figura 18.3 Para as 96 casas com Área Habitável entre 2500 e 3000 pés quadrados, a inclinação do *Preço* em *Quartos* é negativa. Para cada quarto adicional, restringindo os dados para casas deste tamanho, preveríamos que o *Preço* da casa será aproximadamente $17800 mais baixo.

A explicação para este aparente paradoxo é que, numa regressão múltipla, os coeficientes têm um significado mais sutil. Cada coeficiente leva em consideração o(s) outro(s) previsor(es) do modelo.

Pense num grupo de casas com aproximadamente o mesmo tamanho. Para o *mesmo tamanho* de área habitável, uma casa com mais quartos terá provavelmente cômodos menores. Isto pode diminuir o seu valor. Para perceber isto nos dados, examinemos um grupo de casas com tamanhos similares entre 2500 e 3000 pés quadrados de área habitável e examinar a relação entre *Quartos* e *Preço* apenas para as casas nesta faixa de tamanho (veja Figura 18.3)

Para casas entre 2500 e 3000 pés quadrados de área habitável, parece que as que possuem *menos* quartos têm um preço maior, em média, do que aquelas com mais quartos. Quando pensamos em casas considerando as duas variáveis, podemos ver que isto

TESTE RÁPIDO

O percentual de gordura é um indicador de saúde importante, mas difícil de ser mensurado com precisão. Uma forma de se mensurá-lo é fazer uma IRM (Imagem por Ressonância Magnética), com um custo de aproximadamente $1000 por imagem. As companhias de seguros querem saber se o percentual de gordura corporal pode ser estimado de características mais fáceis de serem mensuradas, como a *Altura* e o *Peso*. Um diagrama de dispersão do *Percentual de Gordura Corporal* versus *Altura* não mostra qualquer padrão, e a correlação é de –0,03 e não é estatisticamente significativa. Uma regressão múltipla usando a *Altura (em polegadas)*, a *Idade (em anos)* e o *Peso (em libras)* encontra o seguinte modelo:

	Coef.	EP(Coef.)	Razão t	Valor-P
Intercepto	57,27217	10,39897	5,507	< 0,0001
Altura	−1,27416	0,15801	−8,064	< 0,0001
Peso	0,25366	0,01483	17,110	< 0,0001
Idade	0,13732	0,02806	4,895	< 0,0001

s = 5,382 com 246 graus de liberdade
R2 Múltiplo = 0,584
Estatística F: 115,1 com gls de 3 e 246, valor-P: < 0,0001

1. Interprete o R^2 deste modelo de regressão.
2. Interprete o coeficiente da *Idade*.
3. Como pode o coeficiente da *Altura* ter um valor-P tão pequeno na regressão múltipla quando a correlação entre a *Altura* e o *Percentual de Gordura Corporal* não era estatisticamente distinguível de zero?

faz sentido. Uma casa com 2500 pés quadrados com cinco quartos teria quartos relativamente pequenos, ou apertados ou, então, pouca área comum habitável. Uma casa do mesmo tamanho com somente três quartos poderia ter quartos maiores e mais atrativos e ainda ter um área comum habitável adequada. O que o coeficiente de *Quartos* está dizendo na regressão múltipla é que, quando a área habitável é levada em consideração, as casas com mais quartos tendem a ser vendidas por um preço *mais baixo*. Em outras palavras, o que vimos, *restringindo* nossa atenção a casas de certo tamanho, é que o impacto de quartos adicionais no preço tem um efeito negativo para todos os tamanhos de casas. O que parece confuso, inicialmente, é que, sem levar em consideração a *Área Habitável,* o preço tende a *subir* com mais quartos. Entretanto, isto ocorre porque a *Área Habitável* e o número de *Quartos* estão também relacionados. Os coeficientes da regressão múltipla devem sempre ser interpretados em termos de outros previsores no modelo. Isto pode tornar sua interpretação mais sutil, mais complexa e mais desafiadora do que quando tínhamos somente um previsor. É isso, também, o que torna a regressão múltipla tão versátil e efetiva. As interpretações são mais sofisticadas e mais apropriadas.

Existe uma segunda armadilha comum na interpretação dos coeficientes. Tenha cuidado de não interpretar os coeficientes de forma causal. Por exemplo, esta análise não pode dizer a um proprietário de uma casa quanto o preço da sua casa irá mudar se ele combinar dois dos seus quatro quartos em um quarto principal novo. E ela não pode ser usada para prever se acrescentar 100 pés quadrados ao quarto de criança na casa irá aumentar ou diminuir seu valor. O modelo simplesmente relata a relação entre o número de *Quartos* e *Área Habitável* e *Preço* para casas existentes. Como sempre com a regressão, devemos ter cuidado de não assumir causação entre as variáveis previsoras e a variável resposta.

18.3 Suposições e condições para um modelo de regressão múltipla

Podemos escrever o modelo de regressão múltipla da seguinte maneira: numerando as variáveis previsoras arbitrariamente (a ordem não interessa), representando por betas os coeficientes do modelo (que iremos estimar dos dados) e incluindo os erros no modelo:

$$y = \beta_0 + \beta_1 x_1 + \beta_2 x_2 + \ldots + \beta_k x_k + \varepsilon.$$

As suposições e as condições do modelo de regressão múltipla são aproximadamente as mesmas da regressão simples, mas com mais variáveis no modelo, teremos de fazer algumas mudanças, como as descritas nas próximas seções.

Suposição de linearidade

Estamos ajustando um modelo linear.[2] Para que ele seja o tipo certo de modelo para a análise, precisamos identificar uma relação linear subjacente. Mas agora estamos utilizando muitas variáveis previsoras. Para verificar se a suposição é razoável, vamos verificar a Condição de Linearidade para *cada uma* das variáveis previsoras.

Condição de Linearidade. Os diagramas de dispersão de *y versus* cada uma das variáveis previsoras são razoavelmente lineares. Os diagramas de dispersão não precisam mostrar uma inclinação (se existir) forte; estamos apenas verificando para termos certeza de que não existe uma curva ou outra não linearidade. Para os dados do setor imobiliário, o diagrama de dispersão é linear entre *Quartos* e *Área Habitável*, como vimos no Capítulo 16.

Como na regressão simples, é uma boa ideia fazer o diagrama dos resíduos para verificar violações da condição da linearidade. Podemos ajustar a regressão e fazer um gráfico dos resíduos *versus* os valores previstos (Figura 18.4), para termos certeza de que não existem padrões – especialmente curvas ou outras não linearidades.

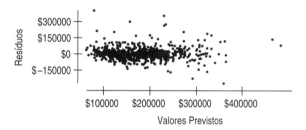

Figura 18.4 Um diagrama de dispersão dos resíduos *versus* os valores previstos não mostra um padrão óbvio.

Suposição de independência

Como com a regressão simples, os erros do verdadeiro modelo de regressão subjacente devem ser independentes uns dos outros. Como sempre, não existe maneira de estar certo de que a Suposição de Independência seja verdadeira, mas devemos pensar em como os dados foram coletados para ver se a suposição é razoável. Devemos verificar também a condição de aleatoriedade.

Condição de Aleatoriedade. Em condições ideais, os dados devem vir de uma amostra aleatória ou um experimento aleatório. A aleatoriedade nos assegura que os dados são representativos de uma população identificável. Se você não puder identificar a população, pode interpretar o modelo de regressão como uma descrição dos dados que você tem, mas não pode interpretar os testes de hipóteses, porque tais testes dizem respeito a um modelo de regressão para uma população específica. Os métodos de regressão são geralmente aplicados aos dados que não foram coletados com aleatoriedade. Os modelos de regressão, se ajustados a tais dados, podem ainda funcionar

---

[2] Por *linear* queremos dizer que cada *x* aparece simplesmente multiplicado pelo seu coeficiente e adicionado ao modelo e que nenhum *x* aparece num expoente ou alguma outra função complicada. Isto assegura que, à medida que nos movemos ao longo de qualquer variável *x*, nossa previsão para *y* irá mudar numa taxa constante (dada pelo coeficiente) se nada mais mudar.

Parte III – Explorando Relações entre Variáveis

bem na modelagem dos dados à mão, mas, sem alguma razão para acreditar que os dados sejam representativos de uma população em particular, você deve relutar em acreditar que o modelo generaliza outras situações.

Verificamos também os resíduos da regressão quanto à existência de padrões, tendências ou agrupamentos, pois qualquer um deles irá sugerir uma falha na independência. No caso especial da variável x estar relacionada ao tempo (ou ela própria é *Tempo*), certifique-se que os resíduos não tenham um padrão quando traçados *versus* a variável. Além de verificar o diagrama dos resíduos *versus* os valores previstos, recomendamos que você verifique os diagramas individuais dos resíduos *versus* cada uma das variáveis explanatórias, ou x, variáveis no modelo. Estes diagramas individuais podem gerar informações importantes sobre que transformações podem ser necessárias nas variáveis previsoras.

Os dados do setor imobiliário foram amostrados de um conjunto maior de registros públicos para vendas durante um período limitado de tempo. Como as casas não estavam relacionadas, podemos estar confiantes de que as mensurações são independentes.

Suposição de igualdade das variâncias

A variabilidade dos erros deve ser aproximadamente a mesma para todos os valores de *cada* variável previsora. Para ver se esta suposição é válida, examinamos os diagramas de dispersão e verificamos a Condição da Mesma Dispersão.

Condição da Mesma Dispersão. O mesmo diagrama de dispersão dos resíduos *versus* os valores previstos (Figura 18.4) é um bom controle da consistência da dispersão. Vimos o que parecia ser uma violação da condição da mesma dispersão quando o *Preço* foi representado contra o número de *Quartos* (Figura 18.2). Mas aqui na regressão múltipla, o problema se dissipou quando verificamos os resíduos. Aparentemente, muito da tendência das casas com mais quartos de ter uma variabilidade maior nos preços foi explicada no modelo pela inclusão da *Área Habitável* como uma variável previsora.

Se os diagramas de resíduos não mostram padrões, se os dados são, de forma plausível, independentes, e se os diagramas não alargarem, podemos nos sentir bem sobre a interpretação do modelo de regressão. Antes de testarmos as hipóteses, entretanto, devemos verificar uma suposição final: a de Normalidade.

Suposição de Normalidade

Assumimos que os erros em torno do modelo de regressão idealizado para quaisquer valores especificados das variáveis x seguem um modelo Normal. Precisamos validar esta suposição para que possamos usar o modelo t de Student na inferência. Assim como das outras vezes que usamos o t de Student, iremos arranjar os resíduos para satisfazer a Condição de Normalidade. Como com as médias, a suposição é menos importante à medida que o tamanho da amostra aumenta. Nossos métodos de inferência funcionarão bem, mesmo quando os resíduos forem moderadamente assimétricos, se o tamanho da amostra for grande. Se a distribuição dos resíduos for unimodal e simétrica, existe pouca coisa para se preocupar.[3]

Condição de Normalidade. Pelo fato de termos somente um conjunto de resíduos, este é o mesmo conjunto de condições que tínhamos para a regressão simples. Olhe para o histograma ou o diagrama da probabilidade Normal dos resíduos.

---

[3] O único procedimento que precisa de uma aderência rígida à Normalidade dos erros é para encontrar intervalos de previsão individuais na regressão múltipla. Por se basearem nas probabilidades Normais, os erros devem seguir à risca o modelo Normal.

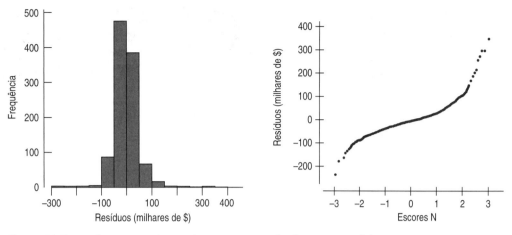

Figura 18.5 Um histograma dos resíduos mostra uma distribuição unimodal e simétrica, mas com caudas que parecem maiores do que se poderia esperar de um modelo Normal. O diagrama de probabilidade Normal confirma isto.

O histograma dos resíduos no exemplo do setor imobiliário certamente parece unimodal e simétrico. O diagrama da probabilidade Normal é curvado em ambos os lados, o que indica que existem mais resíduos nas caudas do que teriam os dados Normalmente distribuídos. Entretanto, como dissemos anteriormente, a Suposição de Normalidade se torna menos importante à medida que o tamanho da amostra cresce, e aqui não temos assimetria e temos mais do que 1000 casos. (O Teorema Central do Limite irá ajudar nossos intervalos de confiança e testes baseados na estatística *t* com amostras grandes.)

Vamos resumir todas as verificações das condições que fizemos e na ordem na qual as fizemos.

1. Verifique a Condição da Linearidade com diagramas de caixa e bigodes da variável *y versus* cada variável *x*.
2. Se os diagramas de caixa e bigodes são lineares o suficiente, ajuste um modelo de regressão múltipla aos dados. (Caso contrário, pare ou considere transformar uma variável *x* ou a variável *y*.)
3. Encontre os resíduos e os valores previstos.
4. Faça um diagrama de dispersão dos resíduos *versus* os valores previstos (e, em condições ideais, *versus* cada variável previsora separadamente). Estes diagramas não devem apresentar padrões. Procure particularmente por curvaturas (que sugerem que nem todos os dados são lineares, afinal de contas) e por alargamentos. Se existir uma curva, considere transformar o *y* e/ou as variáveis *x*. Se a variação no diagrama cresce de um lado para outro, considere transformar a variável *y*. Se você transformar uma das variáveis, inicie um novo ajustamento do modelo.
5. Pense em como os dados foram coletados. Eles devem ser independentes? Uma aleatoriedade adequada foi usada? Os dados são representativos de uma população identificável? Se os dados foram mensurados ao longo do tempo, verifique por evidências de padrões que possam sugerir que eles não sejam independentes fazendo um diagrama dos resíduos *versus* o tempo para identificar padrões.
6. Se as condições se mantiverem até então, sinta-se à vontade para interpretar o modelo de regressão e usá-lo para a previsão.
7. Faça um histograma e um diagrama de probabilidade Normal pra verificar a Condição de Normalidade. Se o tamanho da amostra é grande, a Normalidade é menos importante para a inferência, mas esteja sempre alerta para assimetrias e valores atípicos.

EXEMPLO ORIENTADO | Preço das casas

A Zillow.com atrai milhões de usuários a cada mês interessados em descobrir quanto vale a sua casa. Vejamos a precisão de um modelo de regressão múltipla pode funcionar. As variáveis disponíveis incluem:

Preço   O preço de uma casa vendida em 2002

Área Habitável   O tamanho da área habitável da casa em pés quadrados
Quartos   O número de quartos
Banheiros   O número de banheiros (meio banheiro é somente um vaso e uma pia)
Idade   Idade da casa em anos
Lareiras   Número de lareiras na casa

PLANEJAR

Especificação Declare os objetivos do estudo. Identifique as variáveis.

Queremos construir um modelo para prever os preços das casas para uma região do estado de Nova York. Temos dados dos Preços ($), Área Habitável (em pés quadrados), Quartos (#), Banheiros (#), Lareiras (#) e Idade (em anos).

Modelo Pense sobre as suposições e verifique as condições.

Condição da Linearidade

Para ajustar um modelo de regressão, em primeiro lugar, precisamos de linearidade. Os diagramas de dispersão (ou diagramas de caixa e bigodes lado a lado) do Preço versus todas as variáveis previsoras possíveis são apresentados.

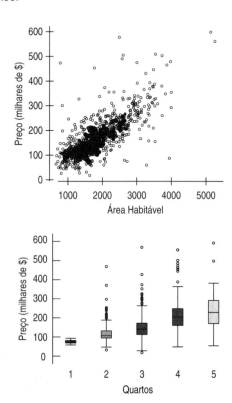

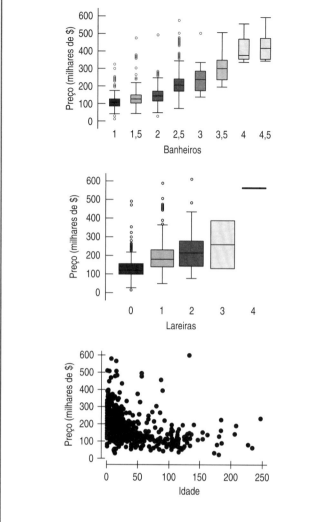

Observações:

Existem poucas anomalias nos diagramas que mereçam discussão. O diagrama de *Preço* versus *Banheiros* mostra uma relação positiva, mas não é bem linear. Parece haver duas inclinações, uma de 1 a 2 banheiros e então, uma mais inclinada de 2 a 4. Por ora, prosseguiremos com cuidado, entendendo que qualquer inclinação que encontrarmos será a média das duas. O diagrama de *Preço* versus *Lareiras* mostra um valor atípico – uma casa cara com quatro lareiras. Tentamos retirar esta casa e executamos a regressão sem ela, mas a sua influência nas inclinações se mostrou pequena; assim, decidimos deixá-la no modelo.

✓ **Suposição de Independência:** Podemos supor que os preços destas casas sejam independentes uns dos outros, uma vez que elas provêm de uma grande área geográfica.

✓ **Condição de Aleatoriedade:** Estas 1057 casas são uma amostra aleatória de um conjunto maior.

✓ **Condição de Mesma Dispersão:** Um diagrama de dispersão dos resíduos versus valores previstos não mostra evidência de mudança na dispersão. Existe um grupo de casas cujos resíduos são maiores (tanto negativos quanto positivos) do que a grande maioria. Isto também é visto nas longas caudas do histograma dos resíduos.

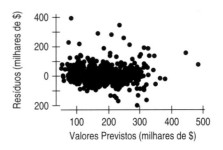

Precisamos da Condição de Normalidade somente se quisermos fazer inferência, e o tamanho da amostra não é grande. Se o tamanho da amostra for grande, precisamos que a distribuição seja Normal somente se planejarmos produzir intervalos de previsão.

✓ **Condição de Normalidade e de Valores Atípicos:** O histograma dos resíduos é unimodal e simétrico, mas com caudas longas. O diagrama de probabilidade Normal confirma isto.

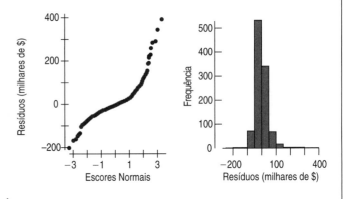

Sob estas condições, podemos prosseguir com cuidado para uma análise de regressão múltipla. Retornaremos a algumas das nossas preocupações na discussão.

Mecânica Sempre ajustamos modelos de regressão múltipla utilizando o computador. Uma tabela de resultados como a apresentada aqui não é exatamente o que os principais pacotes produzem, mas ela é similar o suficiente a todos eles para parecer familiar.

Aqui está a saída do computador a regressão múltipla, usando cinco variáveis previsoras.

	Coef.	EP(Coef.)	Razão t	Valor-P
Intercepto	15712,702	7311,427	2,149	0,03186
Área Hab.	73,446	4,009	18,321	< 0,0001
Quartos	−6361,311	2749,503	−2,314	0,02088
Banheiros	19236,678	3669,080	5,243	< 0,0001
Lareiras	9162,791	3194,233	2,869	0,00421
Idade	−142,740	48,276	−2,95	0,00318

Erro padrão residual: 48615,95 com 1051 graus de liberdade R^2 múltiplo = 0,6049
Estatística F: 321,8 com 5 e 1051 GLs Valor-p: < 0,0001

		A equação estimada é: $\widehat{Pre\varsigma o}$ = 15712,70 + 73,45Área Habitável – $\quad$ 6361,31Quartos + 19236,68Banheiros + $\quad$ 9162,79Lareiras – 142,74Idade Todos os valores-P são pequenos, o que indica que, mesmo com cinco previsoras no modelo, todas estão contribuindo. O valor R^2 de 60,49% indica que mais de 60% da variação geral do preço das casas foram de responsabilidade deste modelo. O erro padrão residual de \$48620 nos dá uma indicação de que podemos prever o preço de uma casa dentro de aproximadamente 2 x \$48620 = \$97240. Se este resultado está próximo o suficiente, então nosso modelo é potencialmente útil como um guia de preços.
RELATAR	**Resumo e conclusões** Resuma seus resultados e declare quaisquer limitações do seu modelo no contexto de seus objetivos originais.	**Memorando:** **Re: Análise de regressão para a previsão de preços de casas** Um modelo de regressão do Preço sobre a Área Habitável, o número de Quartos, de Banheiros, de Lareiras e a Idade é responsável por 60,5% da variação no preço de casas de uma região do estado de Nova York. Um teste estatístico em cada coeficiente mostra que eles são quase certamente diferentes de zero, assim, cada uma destas variáveis parece contribuir para a previsão do preço de uma casa desta região. Este modelo reflete a voz corrente no setor imobiliário sobre a importância dos vários aspectos de uma casa. Uma variável importante não incluída é a localização, que cada corretor de imóveis sabe ser crucial para determinar o preço de uma casa. Isto é atenuado pelo fato de que todas as casas estão na mesma região. Contudo, a informação sobre localizações específicas iria quase que certamente ajudar o modelo. O preço encontrado a partir deste modelo deve ser usado como um ponto de partida para comparar uma casa com outras similares na área. O modelo pode ser aprimorado transformando-se uma ou mais das variáveis previsoras, especialmente a Idade e o número de Banheiros. Recomendamos precaução na interpretação das inclinações ao longo de todo o intervalo das variáveis previsoras.

18.4 Testando o modelo de regressão múltipla

Existem vários testes de hipóteses apresentados na saída de uma regressão múltipla, mas todos eles falam da mesma coisa. Cada um está interessado em verificar se os parâmetros subjacentes do modelo (as inclinações e o intercepto) são realmente zero. A primeira destas hipóteses é uma que não mencionamos na regressão simples (por razões que ficarão claras em breve).

Agora que temos mais que uma variável previsora, existe um teste geral que devemos executar antes de analisarmos a inferência para os coeficientes. Fazemos a pergunta global: este modelo de regressão múltipla é bom mesmo? Se os preços das casas foram fixados aleatoriamente ou baseados em outros fatores do que estes que temos como variáveis previsoras, então a melhor estimativa seria simplesmente o preço médio.

Para responder a pergunta global, testaremos a hipótese nula de que todos os coeficientes das inclinações são zero:

$$H_0: \beta_1 = \ldots = \beta_k = 0 \; vs \; H_A: \text{pelo menos um } \beta \neq 0.$$

Podemos testar esta hipótese com um **teste F.** (É a generalização do teste t para mais de uma variável previsora.) A distribuição amostral da estatística é representada pela letra F (em homenagem a Sir Ronald Fisher). A distribuição F tem dois parâmetros (graus de liberdade), k, o número de variáveis previsoras e $n - k - 1$. No nosso Exemplo Orientado, temos $k = 5$ variáveis previsoras e $n = 1057$ casas, o que significa que o valor-F de 321,8 tem 5 e $1057 - 5 - 1 = 1051$ graus de liberdade. A saída da regressão mostra que ela tem um valor-P $< 0,0001$. A hipótese nula é que o modelo de regressão não prevê melhor do que a média. A alternativa é que ele prevê melhor. O teste é unilateral – valores-F maiores significam valores-P menores. Se a hipótese nula fosse verdadeira, a estatística F estaria próxima a um. A estatística F aqui é bem grande, assim, podemos facilmente rejeitar a hipótese nula e concluir que o modelo de regressão múltipla para prever os preços das casas com cinco variáveis é melhor do que simplesmente usar a média.[4]

Uma vez que o teste F rejeita a hipótese nula – e, se estivermos sendo cautelosos, *somente* neste caso – podemos seguir e verificar os testes estatísticos para os coeficientes individuais. Estes testes se parecem com o que fizemos para a inclinação de uma regressão simples, no Capítulo 16. Para cada coeficiente, testamos a hipótese nula de que a inclinação é zero *versus* a alternativa (bilateral) de que ela não é zero. A tabela da regressão dá o erro padrão de cada coeficiente e a razão do coeficiente estimado para o seu erro padrão. Se as suposições e condições são satisfeitas (e agora precisamos da Condição de Normalidade ou de uma amostra grande), estas razões seguem uma distribuição t de Student:

$$t_{n-k-1} = \frac{b_j - 0}{EP(b_j)}.$$

De onde vêm os graus de liberdade $n - k - 1$? Temos uma regra prática que funciona aqui. O número de graus de liberdade é o total de dados menos o número de parâmetros estimados (incluindo o intercepto). Para a regressão do preço das casas com cinco variáveis previsoras, ele é $n - 5 - 1$. Quase todo o relatório de regressão inclui as estatísticas t e seus valores-P correspondentes.

Podemos construir um intervalo de confiança da maneira usual, com uma estimativa mais ou menos uma margem de erro. Como sempre, a margem de erro é o produto do erro padrão por um valor crítico. Aqui, o valor crítico vem da distribuição t em $n - k - 1$ graus de liberdade e os erros padrão estão na tabela de regressão. Assim, um intervalo de confiança para cada inclinação β_j é dado por:

$$b_j \pm t_{n-k-1}^* \times EP(b_j).$$

As partes complicadas destes testes são que os erros padrão dos coeficientes agora requerem cálculos mais difíceis (portanto, deixe para a tecnologia) e o significado de um coeficiente, como vimos, depende de todas as variáveis previsoras do modelo de regressão múltipla.

O último tópico é importante. Se não conseguirmos rejeitar a hipótese nula para um coeficiente da regressão múltipla, isto *não* significa que a variável previsora correspondente não tenha uma relação linear com y. Significa que a variável previsora correspondente não contribui para modelar y *após levarmos em conta as demais variáveis previsoras*.

O modelo de regressão múltipla parece tão simples e objetivo. *Parece* que cada β_j nos diz o efeito do seu previsor associado, x_j, na variável resposta, y. Mas isto não é

> ### Teste *F* para a regressão simples?
>
> Por que não verificamos o teste F para a regressão simples? Na verdade, verificamos. Se você fizer uma regressão simples com um *software* estatístico, verá a estatística F na saída. Mas para a regressão simples, ela dá a mesma informação que o teste t para a inclinação. Ele testa a hipótese nula de que o coeficiente da inclinação é zero e nós acabamos de testar isto com a estatística t para a inclinação. Na verdade, o quadrado da estatística t é igual à estatística F na regressão simples, assim, realmente os dois testes são idênticos.

---

[4] Existem tabelas F no final do livro e a maioria das tabelas de regressão inclui um valor-P para a estatística F.

Capítulo 18 – Regressão Múltipla **563**

verdade. Isto é, sem dúvida, o erro mais comum que as pessoas fazem com a regressão múltipla. Na verdade:

◆ O coeficiente β_j numa regressão múltipla pode ser bem diferente de zero, mesmo com a possibilidade de que não exista uma relação linear simples entre y e x_j.

◆ É até mesmo possível que a inclinação da regressão múltipla mude de sinal quando uma nova variável entra na regressão. Vimos isto para o exemplo do setor imobiliário do *Preço* versus *Quartos* quando a variável *Área Habitável* foi acrescentada à regressão.

Portanto, diremos uma vez mais: o coeficiente de x_j numa regressão múltipla depende tanto das demais variáveis previsoras quanto ela depende de x_j. Não interpretar os coeficientes de modo apropriado é o erro mais comum quando se trabalha com modelos de regressão múltipla.

18.5 O R^2 ajustado e a estatística F

No Capítulo 16, para o modelo de regressão linear simples, interpretamos o R^2 como a variação em y que é de responsabilidade do modelo. A mesma interpretação é mantida para a regressão múltipla, em que, agora, o modelo contém mais do que uma variável previsora. O valor do R^2 nos diz quanto (em percentual) da variação de y é de responsabilidade do modelo com todas as variáveis previsoras incluídas.

Existem algumas relações entre o erro padrão dos resíduos, s_e, a razão F e o R^2 que são úteis para o entendimento de como avaliar o valor do modelo de regressão múltipla. Para iniciar, podemos escrever o erro padrão dos resíduos como sendo:

$$s_e = \sqrt{\frac{SQE}{n-k-1}},$$

> ## Média dos quadrados
>
> Sempre que a soma dos quadrados é dividida pelos seus graus de liberdade, o resultado é chamado média dos quadrados ou média quadrática. Por exemplo, o Erro Quadrado Médio, ou Erro Quadrático Médio, que você pode ver escrito como MQE é encontrado como sendo: $SQE/(n-k-1)$. Esse resultado estima a variância dos erros.
>
> De forma similar, $SQT/(n-1)$ divide a soma dos quadrados total por seus graus de liberdade. Isto é, às vezes, chamado de Média dos Quadrados para o Total e representado por MQT. Já vimos este valor antes; o MQT é apenas a variância de y.
>
> E SQR/k é o Quadrado Médio da Regressão.

onde $SQE = \sum e^2$ é chamado de **Soma dos Quadrados dos Resíduos (o E é de erro).** Como sabemos, um SQE maior (e, portanto, s_e) significa que os resíduos são mais variáveis e que nossas previsões serão correspondentemente menos precisas.

Podemos olhar para a variação total da variável resposta, y, que é chamada de **Soma dos Quadrados Total** e é representada por SQT: $SQT = \sum (y - \hat{y})^2$. Em qualquer modelo de regressão, não temos controle sobre o SQT, mas gostaríamos que o SQE fosse tão pequeno quanto possível encontrando variáveis previsoras que sejam responsáveis por tanta variação quanto possível. Na verdade, podemos escrever uma equação que relaciona a variação total SQT com a variação residual SSE:

$$SQT = SQR + SQE,$$

onde $SQR = \sum (\hat{y} - \bar{y})^2$ é chamada de **Soma dos Quadrados da Regressão**, porque ela vem de variáveis previsoras e nos diz quanto da variação total da variável resposta se deve ao modelo de regressão. Para um modelo ser responsável por uma grande porção da variabilidade em y, precisamos que SQR seja grande e SQE seja pequeno. Na verdade, o R^2 é apenas a razão entre a SQR e a SQT:

$$R^2 = \frac{SQR}{SQT} = 1 - \frac{SQE}{SQT}.$$

Quando o SQE é aproximadamente 0, o valor do R^2 estará próximo de 1.

No Capítulo 16, vimos que, para a relação entre duas variáveis quantitativas, testar a hipótese nula padrão sobre o coeficiente de correlação, H_0: $\rho = 0$, era o equivalente a testar a hipótese nula padrão sobre a inclinação, H_0: $\beta_1 = 0$. Um resultado similar é mantido aqui para a regressão múltipla. Testar a hipótese geral testada pela estatística F, H_0: $\beta_1 = \beta_2 = ... = \beta_k = 0$, é o equivalente a testar se a regressão múltipla verdadeira R^2 é zero. De fato, a estatística F para testar se todas as inclinações são zero pode ser determinada como:

$$F = \frac{R^2/k}{(1-R^2)/(n-k-1)} = \frac{\dfrac{SQR}{SQT}\dfrac{1}{k}}{\dfrac{SQE}{SQT}\dfrac{1}{n-k-1}} = \frac{SQR/K}{SQE/(n-k-1)} = \frac{MQR}{MQE}.$$

Em outras palavras, usar um teste F para conferir se qualquer um dos coeficientes verdadeiros é diferente de 0 é o equivalente a testar se o valor R^2 é diferente de zero. A rejeição de ambas as hipóteses diz que pelo menos uma das variáveis previsoras é responsável por suficiente variação em y para distingui-la do ruído. Infelizmente, o teste não diz qual a inclinação é a responsável. Você precisa olhar os testes t individuais das inclinações para determinar isto. Pelo fato de que a remoção de uma variável previsora da equação de regressão pode mudar qualquer um dos coeficientes da inclinação, não é direta a determinação do subconjunto certo de previsores a ser utilizado. Retornaremos a este problema quando discutirmos a seleção do modelo, no Capítulo 19.

R^2 e R^2 ajustado

Acrescentar uma variável previsora a uma equação de regressão múltipla nem sempre irá aumentar a quantidade de variação de responsabilidade do modelo, mas ela nunca poderá reduzi-la. Acrescentar novas variáveis previsoras irá manter o mesmo valor do R^2 ou aumentá-lo. Elas nunca poderão diminuí-lo. Porém, mesmo se o valor do R^2 aumentar, isto não significa que o modelo resultante seja um modelo melhor ou que ele tenha uma maior capacidade de previsão. Se tivermos um modelo com k variáveis previsoras (todas tendo coeficientes significativos a um nível α) e desejamos ver se a inclusão de uma nova variável, x_{k+1}, é justificável, poderíamos ajustar o modelo com todas as variáveis $k + 1$ e simplesmente testar a inclinação da variável incluída com um teste t.

Este método pode testar se a última variável adicionada acrescenta significância ao modelo, mas escolher o "melhor" subconjunto de previsores não é necessariamente simples. Discutiremos estratégias para a seleção de modelos no Capítulo 19. A troca entre um modelo pequeno (parcimonioso) e um que se ajusta aos dados é um dos grandes desafios de qualquer esforço sério para a construção de um modelo. Várias estatísticas foram propostas para fornecer orientação para esta procura, e uma das mais comuns é a chamada de R^2 ajustado. **O R^2 ajustado** impõe uma "penalidade" para cada termo novo que é adicionado ao modelo na tentativa de fazer modelos de tamanhos diferentes (número de variáveis previsoras) comparáveis. Ele difere do R^2 porque pode diminuir quando uma variável previsora é adicionada ao modelo de regressão ou crescer quando um previsor é removido, se ele não contribui para melhorar o modelo. Na verdade, ele pode até mesmo ser negativo.

Para uma regressão múltipla com k variáveis previsoras e n casos, ele é definido como:

$$R^2_{ajust} = 1 - (1 - R^2)\frac{n-1}{n-k-1} = 1 - \frac{SQE/(n-k-1)}{SQT/(n-1)}.$$

No Exemplo Orientado, vimos que a regressão do *Preço* sobre *Quartos, Banheiros, Área Habitável, Lareiras* e *Idade* resultou num R^2 de 0,6049. Todos os coeficientes tinham valores-P bem abaixo de 0,05. O R^2 ajustado para este modelo é de 0,6030. Se adicionarmos a variável *Tamanho do Lote* ao modelo, teremos o seguinte modelo de regressão múltipla:

	Coeficiente	EP(Coef.)	Razão t	Valor-P
Intercepto	15360,011	7334,804	2,094	0,03649
Área Habitável	73,388	4,043	18,154	< 0,00001
Quartos	−6096,387	2757,736	−2,211	0,02728
Banheiros	18824,069	3676,582	5,120	< 0,00001
Lareiras	9226,356	3191,788	2,891	0,00392
Idade	−152,615	48,224	−3,165	0,00160
Tamanho do Lote	847,764	1989,112	0,426	0,67005

Erro padrão residual: 48440 em 1041 graus de liberdade
R2 múltiplo = 0,6081, R2 ajustado: 0,6059
Estatística F: 269,3 com 6 e1041 GL, Valor-p: < 0,0001

A característica mais surpreendente desta saída, comparada com a saída do Exemplo Orientado da página 560, é que, embora a maioria dos coeficientes tenha mudado um pouco, o coeficiente do *Tamanho do Lote* está longe de ser significativo, com um valor-P de 0,670. Mesmo assim, o R^2 ajustado é mais alto do que o do modelo anterior. Por isso alertamos sobre confiar demais nessa estatística. Especialmente para grandes amostras, o R^2 ajustado nem sempre diminui o suficiente para escolhas lógicas do modelo. O outro problema com a comparação desses dois modelos é que para nove casas faltam os valores do *Tamanho do Lote*, ou seja, não estamos comparando modelos sobre o mesmo conjunto de dados. Quando determinamos os dois modelos sobre o conjunto menor de dados, o valor do R^2 ajustado "assume o valor correto", mas a diferença é pouca, 0,6059 (com a variável) *versus* 0,6060 (sem a variável *Tamanho do Lote*). Esperaríamos que essa diferença fosse maior considerando que adicionamos uma variável cuja razão *t* é bem menor do que 1.

A lição a ser aprendida aqui é que não existe um conjunto "correto" de variáveis previsoras para usar em qualquer problema real de decisão de negócios, e encontrar um modelo razoável é um processo que emprega uma combinação de ciência, arte, conhecimento de negócios e senso comum. Olhe para o valor do R^2 ajustado para qualquer modelo de regressão múltipla que você ajusta, mas tenha certeza de pensar sobre todas as outras razões para incluir ou não incluir outra variável previsora dada. Teremos muito mais a dizer sobre este importante assunto no Capítulo 19.

*18.6 O modelo de regressão logístico

As decisões de negócios geralmente dependem se algo irá acontecer ou não. Os meus clientes irão abandonar meu serviço sem fio no final da sua assinatura? Quão provável é que meus clientes irão responder à oferta que eu recém enviei? A variável resposta é Sim ou Não – uma resposta dicotômica. Por definição, isto é uma resposta categórica; portanto, não podemos usar os métodos de regressão linear para prevê-la.

Se codificarmos a variável resposta categórica com os valores 1 para o Sim e 0 para o Não, poderíamos "supor" que ela é quantitativa e tentar ajustar um modelo linear. Vamos imaginar que estamos tentando modelar se alguém irá responder a uma oferta com base no quanto gastou no ano anterior na empresa. A regressão de *Compra* (*1 = Sim: 0 = Não*) por *Gastos* pode se parecer com isto.

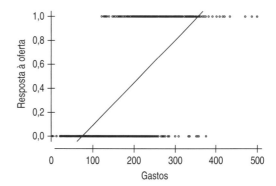

Figura 18.6 Um modelo linear de *Resposta à Oferta* mostra que, à medida que os *Gastos* aumentam, a proporção de clientes que responderam à oferta aumenta também. Infelizmente, a linha prevê valores fora do intervalo (0, 1), mas estes são os únicos valores lógicos para proporções ou probabilidades.

O modelo mostra que, à medida que os gastos anteriores aumentam, algo a ver com a resposta à oferta aumenta. Olhe para *Gastos* próximo a $500. Aproximadamente todos os clientes que gastaram tanto responderam à oferta, enquanto daqueles

clientes que gastaram menos de $100 no ano anterior, quase ninguém respondeu. A reta parece mostrar as proporções daqueles que respondem por diferentes valores de *Gastos*. Olhando para o diagrama, qual seria a sua previsão da proporção de respondentes para aqueles que gastaram aproximadamente $225? Você poderia dizer que a proporção é de aproximadamente de 0,50.

O que está errado com esta interpretação? Sabemos que as proporções (ou probabilidades) devem estar entre 0 e 1. Porém, o modelo linear não tem tais restrições. A linha ultrapassa 1,0 aproximadamente no valor $350 dos *Gastos* e fica abaixo de 0 aproximadamente no valor $75 dos *Gastos*. Entretanto, pela transformação dos valores das probabilidades, podemos fazer o modelo se comportar melhor e conseguir previsões mais lógicas para todos os valores dos *Gastos*. Poderíamos simplesmente eliminar todos os valores maiores que 1 em 1 e todos os valores menores que 0. Isto funcionaria bem para valores intermediários, mas sabemos que coisas como o comportamento dos clientes não mudam tão abruptamente. Assim, iríamos preferir um modelo que é curvo nas extremidades para se aproximar de 0 e 1 suavemente. Este seria provavelmente um modelo melhor para o que realmente acontece. Uma função simples é tudo o que precisamos. Existem várias que podem fazer o serviço, mas um modelo comum é o modelo de regressão logística. Aqui está um diagrama das previsões por um modelo de regressão logística para os mesmos dados.

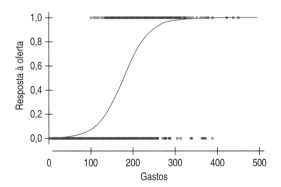

Figura 18.7 Um modelo logístico para as *Respostas à Oferta* em função dos *Gastos* prevê valores entre 0 e 1 para a proporção de clientes que *Respondem a oferta* para todos os valores dos *Gastos*.

Para muitos valores dos *Gastos*, especialmente aqueles próximos ao valor médio, as previsões da probabilidade de resposta são similares ao modelo linear, mas a transformação logística aproxima os limites em 0 e 1 suavemente. Uma regressão logística é um exemplo de um modelo de regressão não linear. O computador encontra os coeficientes resolvendo um sistema de equações que, de alguma forma, imitam os cálculos dos mínimos quadrados que foram feitos para a regressão linear. O modelo de **regressão logística** se parece com isto:

$$\log\left(\frac{p}{1-p}\right) = \beta_0 + \beta_1 x_1 + \ldots + \beta_k x_k.$$

Em outras palavras, não são as probabilidades elas próprias que são ajustadas a um modelo de regressão (múltipla), mas a transformação (a função logística) das probabilidades que são ajustadas usando uma regressão linear nas variáveis previsoras. Quando as probabilidades são transformadas de volta e apresentadas em um diagrama, temos uma curva em foram de S (em cada previsor), como visto na Figura 18.7.

Como com a regressão múltipla, a saída do computador para um modelo de regressão logística fornece estimativas para cada coeficiente, erros padrão e um teste para ver se o coeficiente é diferente de zero. Diferente da regressão múltipla, os coeficientes para

Capítulo 18 – Regressão Múltipla **567**

cada variável são testados pela estatística do qui-quadrado,[5] ao invés da estatística t, e o R^2 geral não está mais disponível. (Alguns programas de computador usam a estatística-z para testar coeficientes de inclinações individuais. Os testes são equivalentes.) Devido ao fato das probabilidades não serem função linear dos previsores, é mais difícil interpretar os coeficientes. A equação da regressão logística ajustada pode ser escrita como:

$$\log\left(\frac{\hat{p}}{1 - \hat{p}}\right) = b_0 + b_1 x_1 + \ldots + b_k x_k.$$

Alguns pesquisadores tentam interpretar a equação da regressão logística diretamente, entendendo que a expressão à esquerda da equação da regressão logística, $\log\left(\frac{\hat{p}}{1 - \hat{p}}\right)$[6], pode ser pensada como os valores previstos do logaritmo das chances. Quanto mais alto o logaritmo das chances, mais alta será a probabilidade. Um valor negativo do logaritmo das chances indica que a probabilidade é menor que 0,5, porque $\frac{\hat{p}}{1 - \hat{p}}$ será menor do que 1 e, dessa forma, tem um logaritmo negativo. O valor positivo do logaritmo das chances indica uma probabilidade maior que 0,5. Se um coeficiente de um previsor, em particular, for positivo, significa que valores maiores dele estão associados com o logaritmo das chances maiores e, assim, uma probabilidade maior da resposta. Portanto, a *direção* é interpretável da mesma forma que o coeficiente da regressão múltipla. Porém, o aumento de uma unidade do previsor *aumenta* o *logaritmo das chances* por uma quantia igual ao coeficiente daquele previsor, depois de considerados os efeitos dos demais previsores. Ele não aumenta a *probabilidade* pelo mesmo valor.

A obtenção das probabilidades (transformação inversa) é direta, mas não linear. Uma vez ajustada a equação da regressão logística:

$$\log\left(\frac{\hat{p}}{1 - \hat{p}}\right) = b_0 + b_1 x_1 + \ldots + b_k x_k$$

podemos encontrar as estimativas da probabilidade individuais por meio da equação:

$$\hat{p} = \frac{1}{1 + e^{-(b_0 + b_1 x_1 + \ldots + b_k x_k)}} = \frac{e^{(b_0 + b_1 x_1 + \ldots + b_k x_k)}}{1 + e^{(b_0 + b_1 x_1 + \ldots + b_k x_k)}}.$$

As suposições e condições para ajustar uma regressão logística são similares à regressão múltipla. Ainda precisamos da suposição de independência e da condição de aleatoriedade. Precisamos mais da condição de linearidade ou de mesma dispersão. Entretanto, é uma boa ideia fazer um gráfico da variável resposta *versus* cada variável previsora para ter certeza de que não existem valores atípicos que poderiam influenciar desnecessariamente o modelo. Um cliente que gastou \$10000 e respondeu à oferta poderia mudar a forma da curva exibida na Figura 18.7. Contudo, a análise dos resíduos dos modelos de regressão logística está além dos objetivos deste livro.

EXEMPLO ORIENTADO | *Tempo no mercado*

Uma corretora de imóveis usou a informação de 1115 casas, como as que usamos na nossa regressão múltipla do exemplo orientado. Ela quer prever se cada casa disponível no mercado foi vendida nos primeiros 3 meses com base em outras variáveis. As variáveis disponíveis incluem:

---

[5] Sim, a mesma distribuição amostral que usamos no Capítulo 15.

[6] A função $\log\left(\frac{\hat{p}}{1 - \hat{p}}\right)$ é também chamada de função *logit*.

Venda	1 = Sim- a casa que foi vendida nos primeiros 3 meses estava listada; 0 = Não, não foi vendida em 3 meses.	*Quartos* *Banheiros*	O número de quartos. O número de banheiros (meio banheiro é somente um vaso e uma pia).
Preço	O preço da casa vendida em 2002.	*Idade*	Idade da casa em anos.
Área Habitável	O tamanho da área habitável da casa em pés quadrados.	*Lareiras*	Número de lareiras na casa.

PLANEJAR

Especificação Declare o objetivo do estudo.
Identifique as variáveis.

Modelo Pense sobre as suposições e verifique as condições.

Queremos construir um modelo para prever se uma casa será vendida nos 3 primeiros meses em que está no mercado baseada no Preço ($), Área Habitável (pés quadrados), Quartos (#), Banheiros (#), Lareiras (#) e Idade (em anos). Observe que agora o Preço é uma variável previsora na regressão.

Condição do valor atípico

Para ajustar um modelo de regressão logística, verificamos que não existem valores atípicos nos previsores que possam desnecessariamente influenciar o modelo.

Aqui estão os diagramas de dispersão de Venda (1 = Sim; 0 = Não) versus cada previsor: (Diagramas da Venda versus as variáveis Banheiros, Quartos e Lareiras não são informativas, porque estes previsores são discretos.)

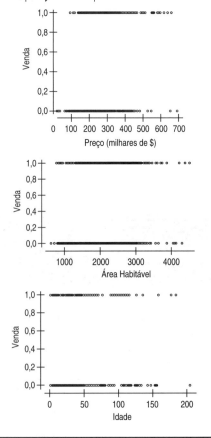

✓ **Condição de valor atípico**: Parecem não existir valores atípicos nos previsores. É claro, não pode haver na variável resposta, uma vez que assume somente os valores 0 ou 1.

✓ **Suposição de independência**: Podemos estimar os preços das casas como sendo independentes um dos outros, já que eles vêm de uma área geográfica muito grande.

✓ **Condição de aleatoriedade:** Essas 1115 casas são uma amostra aleatória de uma coleção maior de casas.

Podemos ajustar uma regressão logística prevendo a Venda a partir das seis variáveis previsoras.

Mecânica Sempre ajustamos modelos de regressão logística com o computador. Uma tabela de resultados como esta não é exatamente o que os principais pacotes produzem, mas é similar o suficiente a todos para parecer familiar.

Aqui está a saída do computador para a regressão logística, usando todos os seis previsores.

	Coeficiente	EP(coef.)	Valor z	Valor-P
Intercepto	−3,222e+00	3,826e+01	−8,422	< 0,0001
Área Hab.	−1,444e−03	2,518e−04	−5,734	< 0,0001
Idade	4,900e−03	2,823e−03	1,736	0,082609
Preço	1,693e−05	1,444e−06	11,719	< 0,0001
Quartos	4,805e−01	1,366e−01	3,517	0,000436
Banheiros	−1,813e−01	1,829e−01	−0,991	0,321493
Lareiras	−1,253e−01	1,633e−01	−0,767	0,442885

A equação estimada é:

Logit($\hat{p}$) = −3,22 − 0,00144Área Habitável
          + 0,0049Idade + 0,00000169Preço
          + 0,481Quartos − 0,181Banheiros
          − 0,125 Lareiras

Estratégias para a seleção de modelos serão discutidas no Capítulo 19.

Três dos valores-P são bem pequenos, dois são grandes (*Banheiros* e *Lareiras*) e um é marginal (*Idade*). Após examinar várias alternativas, escolhemos o seguinte modelo.

	Coeficiente	EP(coef.)	Valor z	Valor-P
Intercepto	−3,351e+00	3,601e−01	−9,305	< 0,0001
Área Hab.	−1,547e−03	2,342e−04	−6,719	< 0,0001
Idade	6,106e−03	2,668e−03	2,289	0,022102
Quartos	4,631e−01	1,354e−01	3,421	0,000623
Preço	1,672e−05	1,428e−06	11,704	< 0,0001

A equação logit estimada é:

Logit($\hat{p}$) = −3,351 − 0,00157Área Habitável
          + 0,00611Idade + 0,00000167Preço
          + 0,463Quartos

Embora a interpretação seja difícil, parece que, para uma casa de um determinado tamanho (e idade e quartos), casas com preços mais altos têm uma chance maior de serem vendidas dentro de três meses. Para uma casa com um determinado tamanho, preço e idade dados, ter mais quartos pode estar associado com uma chance maior de ser vendida em três meses.

 **RELATAR**	**Resumo e conclusões** Resuma seus resultados e declare quaisquer limitações do seu modelo no contexto de seus objetivos originais	**Memorando** **Re: Análise de regressão logística da venda** *Um modelo de regressão logístico da Venda com vários previsores foi ajustado e o modelo baseado na Área Habitável, Quartos, Preço e Idade encontrou que estes quatro previsores eram estatisticamente significativos em prever a probabilidade de que a casa seria vendida dentro de três meses. Uma análise mais completa é necessária para entender o significado dos coeficientes, mas cada uma destas variáveis parece ser um previsor importante para prever se a casa será vendida rapidamente.* *Entretanto, conhecer informações mais específicas sobre outras características da casa e onde está localizada iria certamente melhorar o modelo.*

O QUE PODE DAR ERRADO?

Interpretando coeficientes

- **Não afirme "para manter todo o resto constante" para um único indivíduo.** Geralmente, não faz sentido dizer que o coeficiente da regressão indica o que esperamos que aconteça se todas as variáveis menos uma foram mantidas constantes para um indivíduo e o previsor em questão mudou. Embora matematicamente correto, geralmente não faz sentido. Por exemplo, numa regressão do salário *versus* anos de experiência, anos de educação e idade, os sujeitos não podem ganhar um ano de experiência ou ter outro ano de educação sem ficar um ano mais velhos. Ao contrário, nós *podemos* pensar em todos que se ajustam, dado certo critério em alguns previsores, e perguntar sobre a relação condicional entre y e um x para estes indivíduos.

- **Não interprete a regressão causalmente.** As regressões são geralmente aplicadas a dados de observação. Sem tratamentos deliberadamente designados, aleatoriedade e controle, não podemos tirar conclusões sobre causas e efeitos. Jamais poderemos ter certeza de que não existem variáveis ocultas causando tudo o que se viu. Não interprete o b_1, o coeficiente de x_1 na regressão múltipla, dizendo: "Se fossemos trocar o x_1 de um indivíduo por uma unidade (mantendo o outro x constante), ele trocaria seu y pela unidades do b_1". Não temos como saber o que aconteceria se aplicássemos uma mudança num indivíduo.

- **Tenha cuidado ao interpretar a regressão como um modelo preditivo.** Sim, nós chamamos as variáveis x de previsores e você certamente pode inserir valores para cada x e encontrar o *valor previsto*, $\hat{y}$, correspondente. Porém, o termo "previsão" sugere uma extrapolação para o futuro ou além dos dados, e nós sabemos que podemos nos complicar quando usamos modelos para estimar os valores de $\hat{y}$ para os de x que não estão na faixa dos dados. Tenha cuidado de não extrapolar muito longe da amplitude dos seus dados. Na regressão simples, era fácil de perceber quando você extrapolava. Com muitas variáveis previsoras, geralmente é mais difícil saber quando você está fora dos limites dos seus dados originais.[7] Nós

---

[7] Com muitas variáveis previsoras, podemos ir além dos dados por causa da combinação dos valores, mesmo quando valores individuais não são extraordinários. Por exemplo, casas com 1 banheiro e casas com 5 banheiros podem, ambas, ser encontradas nos registros do setor imobiliário, mas uma única casa com 5 quartos e 1 banheiro seria bem incomum. O modelo que nós encontramos não é apropriado para prever o preço desta casa fora do comum.

geralmente pensamos em ajustar modelos aos dados mais para modelar do para que prever, assim, geralmente este é o melhor termo.

- **Não pense que o sinal de um coeficiente é especial.** Algumas vezes, nosso interesse principal numa variável previsora é se ela tem uma associação positiva ou negativa com *y*. Como vimos, entretanto, o sinal do coeficiente também depende das outras previsoras do modelo. Não olhe para o sinal isoladamente e conclua que "a direção do relacionamento é positiva (ou negativa)". Assim como o valor do coeficiente, o sinal diz respeito à relação após permitir os efeitos lineares das outras previsoras. O sinal de uma variável pode mudar dependendo de quais outras previsoras estão dentro ou fora do modelo. Por exemplo, no modelo de regressão para os preços das casas, vimos o coeficiente de *Quartos* mudar de sinal quando a *Área Habitável* foi acrescentada ao modelo como uma previsora. Não é correto dizer que as casas com mais quartos são vendidas por mais, em média, ou que elas são vendidas por menos. A verdade é mais sutil e requer que entendamos o modelo de regressão múltipla.

- **Se o coeficiente de uma estatística *t* não é significativo, não o interprete.** Você não pode ter certeza de que o valor do parâmetro correspondente no modelo de regressão subjacente não é realmente zero.

O QUE *Mais* PODE DAR ERRADO?

- **Não ajuste um modelo de regressão linear a dados que não sejam lineares.** Esta é a suposição da regressão mais fundamental. Se a relação entre os valores de *x* e de *y* não é aproximadamente linear, não faz sentido ajustar um modelo linear a ele. O que queremos dizer por "linear" é um modelo da forma que temos escrito para a regressão. Quando temos duas variáveis previsoras, ele é a equação de um plano, que é linear no sentido de ser plano em todas as direções. Com mais previsoras, a geometria é difícil de ser visualizada, mas a estrutura simples do modelo é consistente; os valores previstos mudam consistentemente com mudanças iguais de tamanho em todas as variáveis previsoras.

    Geralmente, estamos satisfeitos quando os diagramas de *y versus* cada um dos *x* são lineares o suficiente. Também iremos verificar um diagrama de dispersão dos resíduos *versus* os valores previstos para identificar sinais de não linearidade.

- **Cuidado com o formato do gráfico.** A estimativa do desvio padrão do erro aparece em todas as fórmulas de inferência. Entretanto, aquela estimativa assume que o desvio padrão do erro é o mesmo para toda a faixa dos *x* para que possamos combinar todos os resíduos quando o estimamos. Se s_e muda com qualquer *x*, estas estimativas não farão sentido. A verificação mais comum é um diagrama dos resíduos *versus* os valores previstos. Se os diagramas dos resíduos *versus* muitas das variáveis previsoras mostram todos um engrossamento e especialmente se eles também mostram uma curva, então considere uma transformação sobre *y*. Se o diagrama de dispersão *versus* somente uma variável previsora mostra um engrossamento, então considere transformar a variável previsora.

- **Tenha certeza de que os erros sejam aproximadamente Normais.** Todas as suas inferências requerem que os erros verdadeiros sejam bem modelados por uma Normal. Verifique o histograma e o diagrama de probabilidade Normal dos resíduos para ver se esta suposição é razoável.

- **Cuidado com pontos de alta influência e valores atípicos.** Sempre devemos estar atentos a alguns pontos que tenham uma influência imprópria no nosso modelo, e a regressão certamente não é uma exceção. O Capítulo 19 discute este assunto em maior profundidade.

ÉTICA EM AÇÃO

A *Alpine Medical Systems, Inc.* é um grande fornecedor de medicamentos hospitalares e suprimentos para hospitais, médicos, clínicas e outros profissionais da saúde. O vice-presidente de *marketing* e vendas da Alpine, Kenneth Jadik, pediu que uma das analistas da empresa, Nicole Haly, desenvolvesse um modelo que pudesse ser usado para prever o desempenho da equipe de vendas da empresa. Baseada em dados coletados ao longo do ano anterior, como também de registros mantidos pelo departamento de recursos humanos, ela considerou cinco variáveis independentes potenciais: (1) gênero, (2) salário base inicial, (3) anos de experiência em vendas, (4) escore do teste de personalidade e (5) média das notas do Ensino Médio. A variável dependente (desempenho nas vendas) é mensurada como dólares das vendas gerados por trimestre. Discutindo os resultados com Nicole, Kenneth pediu para ver todo o modelo de regressão com todas as cinco variáveis independentes incluídas. Kenneth observa que um teste *t* para um coeficiente de gênero não mostra um efeito significativo no desempenho das vendas e recomenda que ele seja eliminado do modelo. Nicole lembrou a ele o histórico da empresa de oferecer salário base inicial mais baixo para mulheres, recentemente corrigido por ordem judicial. Se, ao contrário, o salário base for removido do modelo, o gênero é estatisticamente significativo e seu coeficiente indica que as mulheres na equipe de vendas superam os homens (levando em consideração as outras variáveis). Kenneth argumentou que, pelo fato de o gênero não ser significativo quando todas as variáveis estão incluídas, é a variável que deveria ser omitida.

PROBLEMA ÉTICO *A escolha de variáveis previsoras para o modelo de regressão é motivada politicamente. Pelo fato de que o gênero e o salário base estão relacionados, é impossível separar seus efeitos no desempenho das vendas e inapropriado concluir que um ou outro sejam irrelevantes. (Relacionado ao Item C, ASA Ethical Guidelines.)*

SOLUÇÃO ÉTICA *A situação é mais complexa do que um modelo simples pode explicar. Tanto o modelo com gênero, mas não com o salário base, quanto o com salário base devem ser relatados. Então, a discussão destes dois modelos deveria apontar que as duas variáveis estão relacionadas por causa da política anterior da empresa e observar que a conclusão de que aqueles com o salário base mais baixo tem vendas melhores e a conclusão de que as mulheres tendem a ter melhor desempenho nas vendas são equivalentes no que diz respeito a estes dados.*

O que aprendemos?

No Capítulo 16, aprendemos a aplicar nossos métodos de inferência a modelos de regressão linear. Agora, vimos que muito do que sabemos sobre estes modelos é também verdadeiro para a regressão múltipla.

- As suposições e condições são as mesmas: linearidade (verificada agora com diagramas de dispersão de *y versus* cada *x*), independência (pense sobre ela), variância constante (verificada com um diagrama dos resíduos contra os valores previstos) e resíduos aproximadamente Normais (verificados com um histograma ou um diagrama da probabilidade).

- O R^2 é ainda uma fração da variação de *y* que é explicada pelo modelo de regressão.

- O s_e é ainda o desvio padrão dos resíduos – uma boa indicação da precisão do modelo.

- Os graus de liberdade (no denominador de s_e e para cada um dos testes *t*) seguem a mesma regra: *n* menos o *número de parâmetros estimados*.

- A tabela de regressão produzida por qualquer pacote estatístico mostra uma linha para cada coeficiente, dando a sua estimativa, um erro padrão, uma estatística *t* e um valor-P.

- Se todas as condições foram satisfeitas, podemos testar cada coeficiente contra a hipótese nula de que o valor do parâmetro correspondente seja zero com o teste *t* de Student.

Capítulo 18 – Regressão Múltipla **573**

E nós aprendemos algumas coisas novas que são úteis agora que temos múltiplos previsores.

- Podemos executar um teste geral para ver se o modelo de regressão múltipla fornece um resumo melhor para y do que sua média usando a distribuição F.
- Aprendemos que o R^2 talvez não seja apropriado para comparar modelos de regressão múltipla com diferentes números de previsores. O R^2 ajustado é uma solução para este problema.

Finalmente, aprendemos que os modelos de regressão múltipla aumentam nossa habilidade de modelar o mundo a mais situações, mas temos de tomar muito cuidado quando interpretamos seus coeficientes. Para interpretar um coeficiente de um modelo de regressão múltipla, lembre que ele estima a relação linear entre y e o previsor *depois de ser responsável por duas coisas:* 1) os efeitos lineares de todos os outros previsores em y e 2) a relação linear entre o previsor e todos os outros x.

Termos

Mínimos quadrados

Ainda ajustamos modelos de regressão múltipla escolhendo os coeficientes que fazem a soma dos resíduos ao quadrado tão pequena quanto possível. Isto é chamado de o *método dos mínimos quadrados.*

R^2 ajustado

Um ajuste da estatística R^2 que tenta levar em consideração o número de previsores no modelo. Ele é usado, algumas vezes, quando comparamos modelos de regressão com diferentes números de previsores:

$$R^2_{adj} = 1 - (1 - R^2)\frac{n-1}{n-k-1} = 1 - \frac{SQE/(n-k-1)}{SQT/(n-1)}.$$

Razões t para os coeficientes.

As razões t para os coeficientes podem ser usadas para testar a hipótese nula de que o valor verdadeiro de cada coeficiente é zero contra a alternativa de que ele não é. A distribuição t é também usada na construção de intervalos de confiança para cada coeficiente da inclinação.

Regressão múltipla

Uma regressão linear com dois ou mais previsores cujos coeficientes são encontrados pelos mínimos quadrados. Quando a distinção for necessária, uma regressão linear dos mínimos quadrados com um único previsor é chamada de *regressão simples*. O modelo de regressão múltipla é $y = \beta_0 + \beta_1 x_1 + \ldots + \beta_k x_k + \varepsilon$.

Soma dos Quadrados da Regressão, SQR

Uma medida da variação total na variável resposta devido ao modelo.
$SQR = \sum (\hat{y} - y)^2$.

Soma dos Quadrados dos Resíduos, SQE

Uma medida da variação nos resíduos. $SQE = \sum (y - \hat{y})^2$.

Soma dos Quadrados Total, SQT

Uma medida da variação da variável resposta. $SQT = \sum (y - \bar{y})^2$. Observe que aquele $\dfrac{SQT}{n-1} = Var(y)$.

Teste F

O teste F é usado para testar a hipótese nula de que a regressão não é uma melhoria sobre usar apenas a média para modelar y:

$$H_0: \beta_1 = \ldots = \beta_k = 0 \ vs \ H_A: \text{pelo menos um } \beta \neq 0.$$

Se a hipótese nula não for rejeitada, então você não deve proceder para testar os coeficientes individuais.

Habilidades

Quando você completar este capítulo você deve:

 PLANEJAR

- Entender que o modelo de regressão "verdadeiro" é um resumo idealizado dos dados.
- Saber como examinar os diagramas de dispersão de *y versus* cada *x* para violações das suposições que fariam a inferência pouco prudente ou inválida para a regressão.
- Saber como examinar diagramas dos resíduos de uma regressão múltipla para verificar se as condições foram satisfeitas. Em particular, saber como julgar a linearidade e a constância da variação em um diagrama de dispersão dos resíduos *versus* os valores previstos. Saber como julgar a Normalidade em um histograma e em um diagrama de probabilidade Normal.
- Lembrar de ser especialmente cuidadoso na verificação das falhas da suposição de independência quando trabalhar com dados coletados ao longo do tempo. Examinar diagramas de dispersão dos resíduos *versus* o tempo e procurar por padrões.

 FAZER

- Ser capaz de usar um pacote estatístico para executar os cálculos e representar graficamente a regressão múltipla incluindo um diagrama de dispersão da variável resposta *versus* cada previsora, um diagrama de dispersão dos resíduos *versus* os valores previstos e um histograma e um diagrama de probabilidade Normal dos resíduos.
- Saber como usar o teste *F* para verificar se o modelo de regressão é melhor do que apenas usar o valor médio de *y*.
- Saber como testar a hipótese padrão de que cada coeficiente da regressão é realmente zero. Ser capaz de declarar a hipótese nula e a hipótese alternativa. Saber onde encontrar os dados relevantes numa saída padrão da regressão feita por um computador.

 RELATAR

- Ser capaz de resumir uma regressão em palavras. Em particular, se capaz de declarar o significado dos coeficientes da regressão, levando em consideração os outros previsores do modelo.
- Ser capaz de interpretar a estatística *F* e o R^2 para a regressão.
- Ser capaz de interpretar o valor-P da estatística *t* para os coeficientes para testar a hipótese nula padrão.

Ajuda tecnológica: análise da regressão

Todos os pacotes estatísticos fazem uma tabela dos resultados para a regressão. A tabela para a regressão múltipla parece bem similar à tabela da regressão simples. Você deveria olhar a tabela da Análise de Variância (ANOVA) para ver as informações de cada um dos coeficientes.

A maioria dos pacotes faz um diagrama dos resíduos *versus* os valores previstos. Alguns também irão fazer diagramas dos resíduos *versus* os valores *x*. Com alguns pacotes, você deve solicitar o diagrama dos resíduos quando solicita a regressão. Outros deixam você encontrar a regressão primeiro e, então, analisam os resíduos depois. De qualquer modo, sua análise não é completa se você não verificar os resíduos com um histograma ou um diagrama de probabilidade Normal e um diagrama de dispersão dos resíduos *versus* os *x* ou os valores previstos.

Uma boa forma de verificar as suposições antes de iniciar uma análise da regressão múltipla é com um diagrama matricial de dispersão. Ele é, algumas vezes, abreviado de SPLOM (*Matrix Plot*) ou Matriz de dispersão.

As regressões múltiplas são sempre encontradas com um computador ou uma calculadora programável. Antes que os computadores estivessem disponíveis, uma análise de regressão completa poderia levar meses ou até mesmo anos para funcionar.

Excel

- No Excel 2003 e anterior, selecione Análise de Dados do menu **Ferramentas.**
- No Excel 2007, selecione Análise de Dados do **Análise** no painel (menu) Dados.
- Selecione **Regressão** da lista **Análise de dados** (caixa de diálogos que abrir).
- Clique na tecla **OK.**
- Entre com o intervalo dos dados contendo a variável Y na caixa rotulada de "Intervalo Y de entrada".
- Entre com o intervalo das células contendo as variáveis X na caixa rotulada de "Intervalo X de entrada".
- Selecione a opção **Nova planilha.**
- Selecione a opção **Resíduos.** Clique na tecla **OK.**

Comentários

As variáveis X e a Y não precisam estar nas mesmas linhas da planilha, embora elas devam cobrir o mesmo número de células (ter o mesmo número de elementos). Porém, é uma boa ideia arranjar os seus dados em colunas paralelas como em uma tabela de dados. As variáveis X devem estar em colunas adjacentes. Nenhuma célula no intervalo de dados deve conter valores não numéricos ou estar em branco.

Embora a caixa de diálogos ofereça um diagrama de probabilidade Normal dos resíduos, o suplemento "Análise de dados" não faz um diagrama de probabilidade correto, portanto, não use esta opção.

Minitab

- Escolha **Regression** do menu **Stat.**
- Escolha **Regression ...** do submenu **Regression.**
- Na caixa de diálogo *Regression*, atribua a variável Y à caixa *Response* (Resposta) e as variáveis X à caixa *Predictors* (Previsoras).
- Clique na tecla **Graphs (Gráficos).**
- Na caixa de diálogos *Regression-Graphs* (Gráficos da Regressão), selecione **Standardized residuals** (Resíduos padronizados) e verifique o **Normal plot of residuals** (Diagrama Normal dos resíduos) e **Residuals versus fits** (Resíduos *versus* Ajuste).
- Clique na tecla **OK** para retornar para a caixa de diálogo Regressão.
- Clique na tecla **OK** para calcular a regressão.

SPSS

- Escolha **Regression** do menu **Analyze.**
- Escolha **Linear** do submenu **Regression.**
- Quando a caixa de diálogos Regressão Linear aparecer, selecione a variável Y e mova-a para o espaço denominado *dependent*. Então mova as variáveis X para o espaço denominado de *independent(s)* (utilize as setas disponíveis antes dos espaços).
- Clique na tecla **Plots**.
- Na caixa de diálogos que abrir (*Linear Regression: Plots*), faça um diagrama de *SRESIDs *versus* os valores *ZPRED.
- Clique na tecla **Continue** para retornar à caixa de diálogos Regressão Linear.
- Clique na tecla **OK** para obter a regressão.

JMP

- Do menu **Analyze**, selecione **Fit Model**.
- Especifique a variável resposta,Y. Atribua as variáveis previsoras, X, na caixa de diálogos **Construct Models Effect**.
- Clique em **Run Model** (Executar modelo).

Comentário

O JMP escolhe a análise de regressão quando a variável resposta for "*Continuous*" (Contínua). As variáveis previsoras podem ser qualquer combinação de quantitativas ou categóricas. Se você conseguir uma análise diferente, verifique os tipos de variáveis.

DATA DESK

- Selecione os ícones da variável Y e X.
- Do menu **Calc,** selecione **Regression.**
- O Data Desk exibe a tabela da regressão.
- Selecione os diagramas dos resíduos da tabela da Regressão do menu *HyperView*.

Comentário

Você pode mudar a regressão arrastando o ícone de outra variável tanto sobre o nome da variável Y quanto da variável X na tabela. Você pode acrescentar uma previsora arrastando seu ícone naquela parte da tabela. A regressão será recalculada automaticamente.

576 Parte III – Explorando Relações entre Variáveis

Projetos de estudo de pequenos casos

Sucesso no golfe

Os esportes profissionais, como muitas outras profissões, requerem uma variedade de habilidades, o que torna difícil avaliar e prever o sucesso. Felizmente, os esportes fornecem exemplos que podemos usar para aprender sobre modelar o sucesso pela grande quantidade de dados que estão disponíveis. Aqui está um exemplo.

O que faz de um jogador de golfe um sucesso? O jogo de golfe requer muitas habilidades. Dar ótimas tacadas ou dar longas tacadas não irá, por si só, levar ao sucesso. O sucesso no golfe requer uma combinação de habilidades. Isto torna a regressão múltipla uma boa candidata para modelar o desempenho no golfe.

Vários *sites* na Internet publicam estatísticas para os jogadores atuais do PGA. Temos dados de 204 jogadores de 2006 no arquivo **ch18_MCSP_Golfers.**

Todos estes jogadores ganharam dinheiro na temporada, mas eles não jogaram o mesmo número de eventos. E a distribuição dos ganhos é bem assimétrica. (Tiger Woods ganhou $662000 por evento. Em segundo lugar, Jim Furyk ganhou somente $300000 por evento. Os ganhos medianos por evento foram de $36600.) Portanto, é uma boa ideia tomar os logaritmos dos Ganhos/Evento como a variável resposta.

As variáveis no arquivo de dados incluem:

Log$/E O logaritmo de ganhos por evento.

GIR *Greens in Regulation.* O percentual de buracos jogados no qual a bola está no *Green* (zona próxima a um buraco) com duas ou mais tacadas deixadas para o par.

Putts Número médio de tacadas curtas por buraco no qual o *Green* foi alcançado dentro do par.

Save% Cada vez que um golfista atinge um obstáculo fora do *Green*, mas precisa de somente uma ou duas tacadas adicionais para alcançar o buraco, lhe é creditado um *save*. Isto é o percentual de oportunidades de *saves* que são realizadas.

DDist Distância média da tacada (em jardas). Mensurada como uma média sobre pares de tacadas em direções opostas (para levar em consideração o vento).

DAcc Precisão da tacada. O percentual das tacadas que chegam ao *fairway*, a parte lisa do campo de golfe.

Investigue estes dados. Encontre um modelo de regressão para prever o sucesso dos jogadores de golfe (mensurado em log de ganhos por evento). Escreva um relatório apresentando seu modelo incluindo uma avaliação e suas limitações. Observação: embora você possa considerar vários modelos intermediários, um bom relatório é sobre o modelo que você acha ser o melhor, não necessariamente sobre todos os modelos que você tentou ao longo do tempo enquanto procurava por ele.

EXERCÍCIOS

Os primeiros 12 exercícios consistem de dois conjuntos de seis (um com números pares e o outro com números ímpares). Cada conjunto o orienta na direção de uma análise de regressão. Sugerimos que você faça todos os seis exercícios de um conjunto. Lembre-se que as respostas dos exercícios com números ímpares podem ser encontradas ao final do livro.

🔵 1. Salário da polícia. A quantidade de crimes violentos está relacionada com os salários dos policiais? A Agência da Estatística do Trabalho dos EUA publica dados de ocupações com as estimativas dos salários (www.bls.gov/oes/). Aqui estão os dados disponibilizados pelos estados em 2006. As variáveis são:

Crimes violentos (crimes por 100000 habitantes)
Salários dos policiais (média $/h)
Taxa de graduação (%)

Uma pergunta natural a ser feita sobre estes dados é como os salários dos policiais estão relacionados aos crimes violentos cometidos nestes estados.

Primeiro, aqui estão os diagramas e as informações básicas.

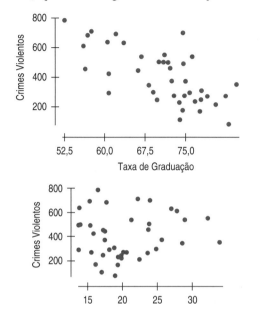

	Correlações		
	Crime violento	**Taxas de graduação**	**Salários dos policiais**
Crimes violentos	1000		
Taxas de graduação	-0,682	1000	
Salários dos policiais	0,103	0,213	1000

a) Declare e verifique (na medida do possível) as suposições da regressão e suas condições correspondentes.
b) Se encontrarmos uma regressão para prever *Crimes Violentos* apenas do *Salários dos Policiais*, qual seria o R^2 da regressão?

T 2. Preços dos ingressos. Numa noite típica em Nova York, aproximadamente 25000 pessoas comparecem a um *show* na Broadway, pagando um preço médio maior que $75 por ingresso. A *Variety* (www.variety.com), uma revista semanal que informa sobre a indústria do entretenimento, publica estatísticas sobre o *show business* da Broadway. Os arquivos do disco contêm dados sobre os *shows* na Broadway para a maioria das semanas de 2006-2008. (Algumas semanas estão faltando nos dados.) As variáveis seguintes estão disponíveis para cada semana:
Receita (milhões de $)
Expectadores Pagantes (milhares)
 # Shows
Preço Médio do Ingresso ($)

Visualizando isto como um negócio, gostaríamos de modelar a *Receita* em termos das outras variáveis.

Primeiro, aqui estão os diagramas e as informações básicas.

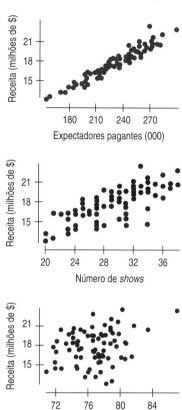

	Correlações			
	Receita	**Expectadores pagantes**	**# Shows**	**Preço médio dos ingressos**
Receita (milhões de $)	1,000			
Expectadores pagantes	0,961	1,000		
# Shows	0,745	0,640	1,000	
Preço médio dos ingressos	0,258	0,331	-0,160	1,000

a) Declare e verifique (na medida do possível) as suposições da regressão e suas condições correspondentes.
b) Se encontrarmos uma regressão para preverá *Receita* apenas com os *Expectadores Pagantes*, qual seria o R^2 da regressão?

T 3. Salário da polícia, parte 2. Aqui está um modelo de regressão múltipla para as variáveis consideradas no Exercício 1.

A variável dependente é: Crimes Violentos
R^2 = 53,0% R^2 (ajustado) = 50,5%
s = 129,6 com 37 graus de liberdade

Fonte	Soma dos quadrados	gl	Quadrado Médio	Razão F
Regressão	701648	2	350824	20,9
Resíduo	621060	37	16785,4	

Variável	Coef.	EP(Coef.)	Razão t	Valor-P
Intercepto	1390,83	185,9	7,48	< 0,0001
Salário do policial	9,33	4,125	2,26	0,0297
Taxa de graduação	−16,64	2,600	−6,40	< 0,0001

a) Escreva o modelo de regressão.
b) O que o coeficiente de *Salários dos Policiais* significa no contexto deste modelo de regressão?
c) Num estado onde a média salarial dos policiais é de $20/hora e a taxa de graduação do Ensino Médio é de 70%, qual é a estimativa deste modelo para a taxa de crimes violentos?
d) É provável que esta seja uma boa previsão? Por que você pensa assim?

T 4. Preço dos ingressos, parte 2. Aqui está um modelo de regressão múltipla para as variáveis consideradas no Exercício 2:[8]

A variável dependente é: Receita (milhões de $)
R^2 = 99,9% R^2 (ajustado) = 99,9%
s = 0,0931 com 74 graus de liberdade

Fonte	Soma dos quadrados	gl	Quadrado Médio	Razão F
Regressão	484,789	3	161,596	18634
Resíduo	0,641736	74	0,008672	

Variável	Coef.	EP(Coef.)	Razão t	Valor-P
Intercepto	−18,320	0,3127	−58,6	< 0,0001
Expectadores pagantes	0,076	0,0006	126,7	< 0,0001
	0,0070	0,0044	1,59	0,116
# Shows	0,24	0,0039	61,5	< 0,0001
Preço médio do ingresso				

a) Escreva o modelo de regressão.
b) O que o coeficiente de *Expectadores pagantes* significa no contexto deste modelo de regressão? Ele faz sentido?
c) Numa semana na qual os expectadores pagantes foram 200000, assistindo a 30 *shows* com um ingresso médio de $70, qual seria a sua estimativa da receita?
d) É provável que esta seja uma boa previsão? Por que você pensa assim?

T 5. Salário da polícia, parte 3. Usando a tabela de regressão do Exercício 4, responda as seguintes perguntas.
a) Como foi encontrada a razão *t* de 2,26 para os *Salários dos Policiais?* (Mostre o que é calculado usando os números encontrados na tabela.)
b) Quantos estados são usados neste modelo? Como você sabe?
c) A razão *t* para a *Taxa de Graduação* é negativa. O que isto significa?

T 6. Preço dos ingressos, parte 3. Utilizando a tabela de regressão do Exercício 4, responda as seguintes questões.
a) Como foi encontrada a razão *t* de 126,7 para os *Expectadores Pagantes?* (Mostre o que é calculado usando números encontrados na tabela.)
b) Quantas semanas estão incluídas nesta regressão? Como você sabe?
c) A razão *t* para o intercepto é negativa. O que isto significa?

---
[8] Alguns valores são arredondados para simplificar estes exercícios. Se você recalcular a análise com o seu *software* estatístico, pode encontrar números um pouco diferentes.

T 7. Salário da polícia, parte 4. Considere o coeficiente dos *salários dos policiais.*
a) Declare a hipótese nula e a alternativa para o coeficiente verdadeiro dos *salários dos policiais.*
b) Teste a hipótese nula (α = 0,05) e declare a sua conclusão.
c) Uma assessora da Assembleia Legislativa Estadual desafia sua conclusão. Ela observa que podemos ver do diagrama de dispersão e correlação (veja Exercício 1) que quase não existe uma relação linear entre os salários dos policiais e crimes violentos. Portanto, ela alega, a sua conclusão da parte **a** deve estar errada. Explique a ela por que isto não é uma contradição.

T 8. Preços dos ingressos, parte 4. Considere o coeficiente de *# de Shows.*
a) Declare a hipótese nula padrão e a alternativa para o verdadeiro coeficiente do *# de Shows.*
b) Teste a hipótese nula (α = 0,05) e declare a sua conclusão.
c) Um investidor da Broadway desafia a sua análise. Ele observa que o diagrama de dispersão da *Receita* versus *# de Shows* no Exercício 2 mostra uma forte relação linear e alega que o seu resultado da parte **a** não pode estar certo. Explique a ele por que isto não é uma contradição.

T 9. Salário da polícia, parte 5. A assessora da Assembleia Legislativa do Exercício 7 aceita, agora, a sua análise, mas alega que ela demonstra que, se o estado pagar mais para a polícia, ele irá, na verdade, *aumentar* a taxa de crimes violentos. Explique por que esta interpretação não é um uso válido deste modelo de regressão. Ofereça algumas explicações alternativas.

T 10. Preços dos ingressos, parte 5. O investidor do Exercício 8 aceita, agora, a sua análise, mas alega que ela demonstra que não interessa quanto *shows* estão sendo apresentados na Broadway; a receita será essencialmente a mesma. Explique por que esta interpretação não é um uso válido deste modelo de regressão. Seja específico.

T 11. Salário da polícia, parte 6. Aqui estão alguns diagramas dos resíduos para a regressão do Exercício 3.

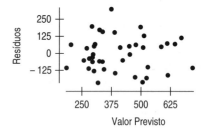

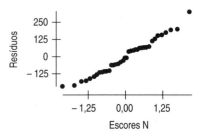

Quais das condições da regressão você pode verificar com estes diagramas? Você acha que estas condições foram satisfeitas?

T 12. Preços dos ingressos, parte 6. Aqui estão alguns diagramas dos resíduos para a regressão do Exercício 4.

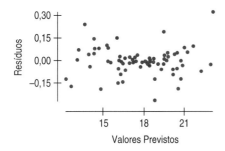
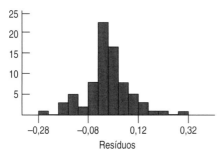
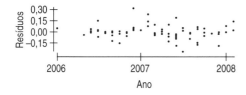

Quais das condições da regressão você pode verificar com estes diagramas? Você acha que estas condições foram satisfeitas?

13. Preços do setor imobiliário. Uma regressão foi executada para prever o preço de venda, em dólares, de casas com base na *Área*, em pés quadrados, *Tamanho do Lote*, em pés quadrados e *Idade* do imóvel, em anos. O R^2 é de 92%. A equação para esta regressão é a seguinte:

Preço = 169,328 + 35,3 *Área* + 0,718 *Tamanho do Lote* − 6543*Idade*

Uma das seguintes interpretações está correta. Qual é? Explique o que está errado com as demais.
a) A cada ano que a casa fica mais velha, ela vale $6543 a menos.
b) Cada pé quadrado extra de área está associado com $35,50 adicional no preço médio, para casas com um tamanho do lote e idade dados.
c) Cada dólar adicional no preço significa que o tamanho do lote aumenta 0,718 pés quadrados.
d) Este modelo ajusta exatamente 92% dos dados.

14. Preço dos vinhos. Muitos fatores afetam o preço de um vinho, incluindo características qualitativas como a variedade da uva, localização da vinícola e o rótulo. Os pesquisadores desenvolveram um modelo de regressão considerando duas variáveis quantitativas: o escore da degustação do vinho e a idade do vinho (em anos) quando lançado no mercado. Eles encontraram a seguinte equação da regressão, com um R^2 de 65%, para prever o preço (em dólares) de uma garrafa de vinho.

Preço = 6,25 + 1,22*Escore de Degustação* + 0,55*Idade*

Uma das seguintes interpretações está correta. Qual é? Explique o que está errado com as demais.

a) A cada ano que a garrafa de vinho envelhece, seu preço aumenta aproximadamente $0,55.
b) Este modelo ajusta exatamente 65% dos dados.
c) Para cada unidade de aumento no escore de degustação, o preço da garrafa de vinho aumenta aproximadamente $1,22.
d) Após considerar a idade de uma garrafa de vinho, um vinho com uma unidade adicional no escore da degustação pode custar aproximadamente $1,22 a mais.

15. Vendas de aparelhos elétricos. Um fabricante de eletrodomésticos quer analisar a relação entre o total das vendas e os três principais meios de propaganda da empresa (televisão, revistas e rádio). Todos os valores estão em milhões de dólares. Eles encontraram a seguinte equação de regressão:

Vendas = 250 + 6,75*TV* + 3,5*Rádio* + 2,3*Revista*

Uma das seguintes interpretações está correta. Qual é? Explique o que está errado com as demais.
a) Se eles não anunciassem, sua renda seria de $250 milhões.
b) Para cada milhão de dólares gasto no rádio, as vendas aumentam em $3,5 milhões, todas as demais variáveis permanecendo constantes.
c) Cada milhão de dólares gasto em revistas aumenta o gasto em TV em $2,3 milhões.
d) As vendas aumentam, em média, cerca de $6,75 milhões para cada milhão gasto na TV, após considerar os efeitos de outros tipos de propaganda.

16. Preços do vinho, parte 2. Aqui estão mais interpretações do modelo de regressão para prever o preço do vinho desenvolvido no Exercício 14. Uma destas interpretações está correta. Qual delas? Explique o que está errado com as outras.
a) O preço mínimo para uma garrafa de vinho que não envelheceu é de $6,25.
b) O preço de uma garrafa de vinho aumenta, em média, aproximadamente $0,55 para cada ano que envelhece, após considerar o efeito do escore de degustação.
c) Cada ano que a garrafa de vinho envelhece, seu escore de degustação aumenta 1,22.
d) Cada dólar de aumento no preço do vinho aumenta seu escore de degustação em 1,22.

17. Custo da poluição. Qual é o impacto financeiro da redução da poluição em pequenas empresas? A Administração de Pequenos Negócios do governo dos EUA estudou isto e relatou o seguinte modelo.

Diminuição da poluição/empregado = −2,494 − 0,431*ln*(*Número de Empregados*) + 0,698 *ln*(*Vendas*)

A *Diminuição da poluição* está em dólares por empregado (CRAIN, M. W. *The Impact of Regulatory Costs on Small Firms,* disponível em: www.sba.gov/idc/groups/public/documents/sba_homepage/rs264tot.pdf).
a) O coeficiente de *ln*(*Número de Empregados*) é negativo. O que isto significa no contexto deste modelo? O que significa ter um coeficiente de *ln*(*Vendas*) positivo?
b) O modelo usa os logaritmos naturais nos dois previsores. O que o uso desta informação diz sobre seus efeitos nos custos da diminuição da poluição?

18. Regulamentos econômicos da OCDE.* Um estudo da Administração de Pequenos Negócios dos EUA modelou o PIB *per capita* de 24 países da Organização para a Cooperação e Desenvolvimento Econômico (OCDE) (CRAIN, M. W. *The Impacto f Regulatory Costs on Small Firms*, disponível em www.sba.gov/idc/groups/public/documents/sba_homepage/rs264tot.pdf). Uma análise estimou o efeito no PIB dos regulamentos econômicos, usando um índice do grau do regulamento econômico da OCDE e outras variáveis. Eles encontraram o seguinte modelo de regressão:

PIB(1998-2002) = 10487 –1343Índice do Regulamento Econômico da OCDE + 1,078 PIB/Capita(1988) – 69,99 Índice de Diversidade Etnolinguística + 44,71 Comércio como participação do PIB (1998-2002) – 58,4Educação Primária (% da População Elegível).

Todas as estatísticas *t* dos coeficientes individuais têm valores-P < 0,005, exceto o coeficiente da *Educação Primária*.

a) O coeficiente do Índice do Regulamento Econômico da OCDE indica que mais regulamentos levam a um PIB mais baixo? Explique.
b) A estatística *F* para este modelo é 129,61 (5, 17 *gl*). O que você conclui sobre o modelo?
c) Se o *PIB/Capita (1988)* é removido dos previsores, então a estatística *F* cai para 0,694 e nenhuma das estatísticas *t* é significativa (todos os valores-P > 0,22). Reconsidere sua interpretação em **a**.

19. Preços das casas. Muitas variáveis têm um impacto na determinação do preço de uma casa. Algumas delas são o tamanho da casa (em pés quadrados), o tamanho do lote e o número de banheiros. A informação para uma amostra aleatória de casas à venda em Statesboro, estado da Geórgia, foi obtida da Internet. A saída do modelo de regressão do preço pedido sobre pés quadrados e números de banheiros forneceu o seguinte resultado.

A variável dependente é: Preço pedido
s = 67013 R^2 = 71,1% R^2 (ajustado) = 64,6%

Previsor	Coef.	EP(Coef.)	Razão t	Valor-P
Intercepto	–152037	85619	–1,78	0,110
Banheiros	9530	40826	0,23	0,821
Área	139,87	46,67	3,00	0,015

Análise da Variância

Fonte	GL	SS	MS	F	Valor-P
Regressão	2	99303550067	49651775033	11,06	0,004
Resíduo	9	40416679100	4490742122		
Total	11	1,39720E+11			

a) Escreva a equação da regressão.
b) Quanto da variação no preço pedido é de responsabilidade do modelo?
c) Explique no contexto o que significa o coeficiente da variável Área.
d) O proprietário de uma empresa de construção, após ver o modelo, contesta por que o modelo indica que o número de banheiros não tem efeito no preço da casa. Ele diz que, quando *ele* acrescenta outro banheiro, ela aumenta o valor. É verdade que o número de banheiros não está relacionado com o preço da casa? (*Dica*: você acha que casas maiores têm mais banheiros?)

---

* N. de T.: A OCDE (Organização para a Cooperação e Desenvolvimento Econômico) é uma organização internacional composta por 30 países, que tem como objetivos, coordenar políticas econômicas e sociais nos países membros.

20. Preços das casas, parte 2. Aqui estão diagramas de diagnóstico para os dados de preços de casas do Exercício 19. Eles foram gerados por um pacote de computador e podem parecer diferentes dos diagramas gerados pelos pacotes que você usa. (Em particular, observe que os eixos do diagramas de probabilidade Normal foram trocados em relação aos diagramas que fizemos no texto. Como nos importamos apenas com o padrão deste diagrama, ele não deverá afetar sua interpretação.) Examine estes diagramas e discuta se as suposições e condições para a regressão múltipla parecem razoáveis.

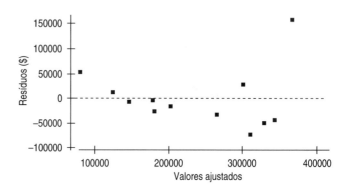

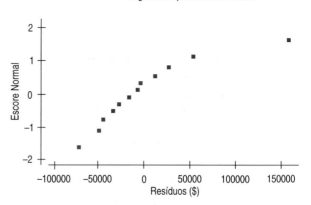

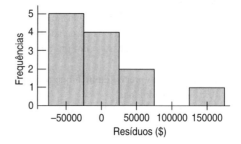

21. Desempenho da secretária. A AFL-CIO realizou um estudo do salário anual de 30 secretárias (em milhares de dólares). A organização quer prever os salários a partir de outras variáveis. As variáveis que são consideradas previsoras potenciais do salário são:

X1 = meses de serviço

X2 = anos de escolaridade

X3 = escore no teste padrão

X4 = número de palavras por minuto (ppm) digitadas

X5 = habilidade de tomar notas em palavras por minuto

Um modelo de regressão múltipla com as cinco variáveis foi executado num pacote de computador, resultando na seguinte saída:

Variável	Coeficiente	Erro Padrão	Valor t
Intercepto	9,788	0,377	−25,960
X1	0,110	0,019	5,178
X2	0,053	0,038	1,369
X3	0,071	0,064	1,119
X4	0,004	0,0307	0,013
X5	0,065	0,038	1,734

s = 0,430 R^2 = 0,863

Assuma que os diagramas de resíduos não mostram violações das condições para o uso de um modelo de regressão linear.
a) Qual é a equação da regressão?
b) Deste modelo, qual é o salário previsto (em milhares de dólares) de uma secretária com 10 anos (120 meses) de experiência, 9 anos de escolaridade, 50 no teste padronizado, 60 ppm na velocidade de digitação e a habilidade de escrever 30 palavras por minuto?
c) Teste se o coeficiente do número de palavras por minuto digitadas (X4) é significativamente diferente de zero considerando α = 0,05.
d) Como este modelo pode se aprimorado?
e) Uma correlação de idade com salário encontra r = 0,682 e o diagrama de dispersão mostra uma associação linear positiva moderadamente forte. Entretanto, se X6 = Idade é acrescentado à regressão múltipla, o coeficiente estimado da idade é b_6 = −0,154. Explique as possíveis causas por esta mudança aparente na direção do relacionamento entre idade e salário.

T 22. Receita do Wal-Mart. Aqui está uma regressão da receita mensal do Wal-Mart, relacionando esta receita ao Total das Vendas a Varejo nos EUA, o Índice de Consumo Pessoal e o Índice de Preços ao Consumidor.

A variável dependente é: Receita do Wal-Mart
R^2 = 66,7% R^2 (ajustado) = 63,8%
s = 2,327 com 39 − 4 = 35 graus de liberdade

Fonte	Soma dos quadrados	gl	Quadrado médio	Razão-F
Regressão	378,749	3	126,250	23,3
Resíduo	189,474	35	5,41354	

Variável	Coeficiente	EP(Coef.)	razão t	valor-P
Intercepto	87,0089	33,60	2,59	0,0139
Vendas a varejo	0,000103	0,000015	6,67	< 0,0001
Consumo Pessoal	0,00001108	0,000004	2,52	0,0165
IPC	−0,344795	0,1203	−2,87	0,0070

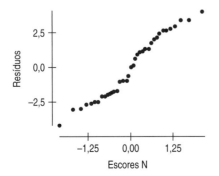

a) Escreva o modelo da regressão.
b) Interprete o coeficiente do Índice de Preços ao Consumidor (IPC). É surpresa para você que o sinal deste coeficiente seja negativo? Explique.
c) Teste a hipótese nula padrão para o coeficiente do IPC e declare suas conclusões.

T 23. Retorno dos fundos mútuos. No Capítulo 16, o Exercício 23 considerou a relação entre o *Wilshire 5000 Total Market Return* e a quantia de dinheiro entrando e saindo dos fundos mútuos (flutuações dos fundos) mensalmente de janeiro de 1990 até outubro de 2002. O arquivo dos dados incluía dados da taxa de desemprego em cada um dos meses. O modelo original se parecia com este.

A variável dependente é: Flutuação_Fundos
R2 = 17,9%   R2 (ajustado) = 17,3%
s = 10999 com 154 − 2 = 152 graus de liberdade

Fonte	Soma dos Quadrados	gl	Quadrado médio	Razão-F
Regressão	4002044231	1	4002044231	33,1
Resíduo	18389954453	152	120986542	

Variável	Coeficiente	EP(Coef.)	razão t	valor-P
Intercepto	9599,10	896,9	10,7	< 0,0001
Wilshire	1156,40	201,1	5,75	< 0,0001

Acrescentando a *Taxa de Desemprego* ao modelo temos:

A variável dependente é: Flutuação_Fundos
R^2 = 28,8% R^2 (ajustado) = 27,8%
s = 10276 com 154 −3 = 151 graus de liberdade

Fonte	Soma dos Quadrados	gl	Quadrado médio	Razão-F
Regressão	6446800389	2	3223400194	30,5
Resíduo	15945198295	151	105597340	

Variável	Coeficiente	EP(Coef.)	razão t	valor-P
Intercepto	30212,2	4365	6,92	≤0,0001
Wilshire	1183,29	187,9	6,30	< 0,0001
Desemprego	−3719,55	773,0	−4,81	< 0,0001

a) Interprete o coeficiente da *Taxa de Desemprego*.
b) A razão *t* para a *Taxa de Desemprego* é negativa. Explique por quê.
c) Declare e complete o teste da hipóteses padrão para a *Taxa de Desemprego*.

T 24. Valor da lagosta, revisitado. No Capítulo 17, o Exercício 33 previu o valor anual da pesca da indústria da lagosta do Maine a partir do número de pescadores de lagostas licenciados. A indústria da lagosta é muito importante no Maine, com uma captura anual no valor aproximado de $300000000 e com efeitos no emprego que abrangem a economia do estado. Vimos no Capítulo 17 que era melhor transformar o Valor por logaritmos. Aqui está uma regressão múltipla mais sofisticada para prever o log(Valor) de outras variáveis publicadas pelo Departamento de Recursos Marinhos do Maine (maine.gov/dmr). Os previsores são o número de *Armadilhas* (em milhões), o número de *Pescadores* licenciados e a *Temperatura da Água* (°F).

A variável dependente é: log(Valor)
R^2 = 97,4% R^2 (ajustado) = 97,3%
s = 0,0782 com 56 −4 = 52 graus de liberdade

Fonte	Soma dos Quadrados	gl	Quadrado médio	Razão-F
Regressão	12,0200	3	4,00667	656
Resíduo	0,317762	52	0,006111	

Variável	Coeficiente	EP(Coef.)	razão t	valor-P
Intercepto	7,70207	0,3706	20,8	< 0,0001
Armadilhas (M)	0,575390	0,0152	37,8	< 0,0001
Pescadores	–0,0000532	0,00001	–5,43	< 0,0001
Temp. Água	–0,015185	0,0074	–2,05	0,0457

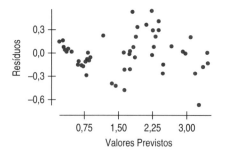

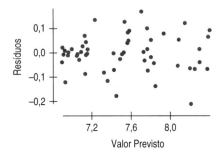

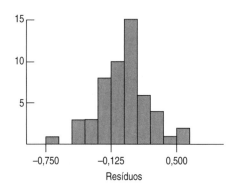

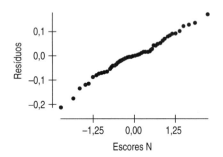

a) Escreva o modelo de regressão.
b) As suposições e as condições foram satisfeitas?
c) Interprete o coeficiente de *Pescadores*. Você esperaria que restringir o número de licenças para a pesca da lagosta para menos pescadores iria aumentar o valor da safra?
d) Declare e teste a hipótese nula padrão para o coeficiente da *Temperatura da Água*. Os cientistas afirmam que ela é um previsor importante para a safra. Você concorda?

T 25. Preço da lagosta, revisitado. No Capítulo 17, o Exercício 34 previu o preço ($/lb) da lagosta colhida pela indústria pesqueira do Maine. Aqui está uma regressão múltipla para prever o *Preço* a partir do número de *Armadilhas* (milhões), do número de *Pescadores* e da *Captura/Armadilha* (em toneladas métricas).

A variável dependente é: Preço/lb
R^2 = 94,4% R^2 (ajustado) = 94,1%
s = 0,2462 com 53 –4 = 49 graus de liberdade

Fonte	Soma dos Quadrados	gl	Quadrado médio	Razão-F
Regressão	50,43337	3	16,8112	277
Resíduo	2,96960	49	0,060604	

Variável	Coeficiente	EP(Coef.)	razão t	valor-P
Intercepto	0,845123	0,3557	2,38	0,0215
Armadilhas (M)	1,20094	0,0619	19,4	≤ 0,0001
Pescadores	–0,0001218	0,00004	–3,30	0,0018
Cap./Armadilha	–22,0207	10,96	–2,01	0,0500

a) Escreva o modelo de regressão.
b) As suposições e condições foram satisfeitas?
c) Declare e teste a hipótese nula padrão para o coeficiente de *Captura/Armadilha*. Use o nível α padrão de 0,05 e declare a sua conclusão.
d) O coeficiente de *Captura/Armadilha* significa que quando a captura por armadilha diminui o preço irá aumentar?
e) Este modelo tem um R^2 ajustado de 94,1%. O modelo anterior do Capítulo 17, Exercício 34, tem um R^2 ajustado de 93,6%. Explique por que esta é uma estatística apropriada para usar para comparar os dois modelos.

T 26. Preço da carne. Como o preço da carne está relacionado a outros fatores? Os dados da Tabela 18.1 dão a informação do preço da carne (PC) e as variáveis explanatórias possíveis: consumo de carne *per capita* (CCP), índice do preço do alimento no varejo (PAL), índice do consumo de alimento *per capita* (CAL) e um índice da renda real disponível *per capita* (RRDISP) para os anos de 1925 a 1941 nos Estados Unidos.
a) Use um *software* de computador para encontrar a equação da regressão para prever o preço da carne baseado em todas as variáveis explanatórias dadas. Qual é a equação da regressão?
b) Produza os diagramas dos resíduos apropriados para verificar a suposições. Esta inferência é apropriada para o modelo? Explique.
c) Quanta variação no preço da carne pode ser explicada por este modelo?
d) Considere o coeficiente de consumo de carne *per capita* (CCP). Ele diz que o preço da carne sobe quando as pessoas comem menos carne? Explique.

Tabela 18.1

Ano	PC	CCP	PAL	CAL	RRDISP
1925	59,7	58,6	65,8	90,9	68,5
1926	59,7	59,4	68,0	92,1	69,6
1927	63,0	53,7	65,5	90,9	70,2
1928	71,0	48,1	64,8	90,9	71,9
1929	71,0	49,0	65,6	91,1	75,2
1930	74,2	48,2	62,4	90,7	68,3
1931	72,1	47,9	51,4	90,0	64,0
1932	79,0	46,0	42,8	87,8	53,9
1933	73,1	50,8	41,6	88,0	53,2
1934	70,2	55,2	46,4	89,1	58,0
1935	82,2	52,2	49,7	87,3	63,2
1936	68,4	57,3	50,1	90,5	70,5
1937	73,0	54,4	52,1	90,4	72,5
1938	70,2	53,6	48,4	90,6	67,8
1939	67,8	53,9	47,1	93,8	73,2
1940	63,4	54,2	47,8	95,5	77,6
1941	56,0	60,0	52,2	97,5	89,5

T 27. Receita do Wal-Mart, parte 2. O Wal-Mart é o segundo maior varejista do mundo. O arquivo de dados no disco contém valores mensais da receita do Wal-Mart junto com muitas variáveis econômicas possíveis.
  a) Usando um *software* de computador, encontre a equação da regressão prevendo as receitas do Wal-Mart a partir do *Índice do Varejo*, do índice de *Preços ao Consumidor* (IPC) e do *Consumo Pessoal*.
  b) Parece que a receita do Wal-Mart está estreitamente ligada ao estado geral da economia?

T 28. Receita do Wal-Mart, parte 3. Considere o modelo que você ajustou no Exercício 27 para prever a receita do Wal-Mart a partir do Índice do Varejo, do IPC e do índice de Consumo Pessoal.
  a) Faça um diagrama dos resíduos *versus* os valores previstos e comente o que você vê.
  b) Identifique e remova os quatro casos correspondendo à receita de dezembro e encontre a regressão com os resultados de dezembro removidos.
  c) Parece que a receita do Wal-Mart está estreitamente ligada ao estado geral da economia?

*29. Lei do direito ao trabalho. As leis estaduais do direito ao trabalho estão relacionadas ao percentual de empregados do setor público em sindicatos e o percentual de empregados do setor privado em sindicatos? Estes dados examinam estes percentuais para os estados norte-americanos em 1982. A variável dependente é se o estado tinha a lei do direito ao trabalho ou não. A saída do computador para a regressão logística é dada aqui. (Fonte: MELTZ, N. M. Interstate and Interprovincial Differences in Union Density, *Industrial Relations*. V. 28, n. 2, Spring 1989, p. 142-58, por intermédio da DASL.*)

Tabela da Regressão Logística

Previsor	Coeficiente	EP(Coef.)	z	p
Intercepto	6,19951	1,78724	3,47	0,001
Público	–0,106155	0,0474897	–2,24	0,025
Privado	–0,222957	0,0811253	–2,75	0,006

  a) Escreva a equação da regressão estimada.
  b) Os seguintes são diagramas de dispersão da variável resposta *versus* cada uma das variáveis explanatórias. Examine-as para a condição requerida para a regressão logística. A regressão logística é apropriada aqui? Explique.

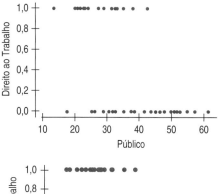

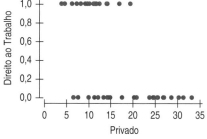

*30. Custo do Ensino Superior. Existe uma diferença fundamental entre faculdades de artes liberais e universidades? Neste caso, temos informações sobre as 25 mais importantes faculdades de artes liberais e as 25 universidades mais importantes dos Estados Unidos. Iremos considerar o tipo de faculdade como a variável resposta e iremos usar o percentual dos estudantes que estavam no topo dos 10% da sua turma no Ensino Médio e a quantia de dinheiro gasta por estudante para a faculdade ou universidade como nossas variáveis explanatórias. A saída desta regressão logística é fornecida aqui.

Tabela da Regressão Logística

Previsor	Coeficiente	EP(Coef.)	z	P
Intercepto	–13,1461	3,98629	–3,30	0,001
10% do topo	0,0845469	0,0396345	2,13	0,033
$/Estudante	0,0002594	0,0000860	3,02	0,003

  a) Escreva a equação da regressão estimada.
  b) O percentual de estudantes nos 10% do topo da sua turma do Ensino Médio é estatisticamente significativo para prever se a instituição é ou não uma universidade?

---

* N. de T.: A DASL (Data and Story Library) é uma biblioteca *on-line* de arquivos de dados com a finalidade de ilustrar o uso dos métodos estatísticos básicos. Foi criada e é mantida pela Universidade de Cornell, situada em Ithaca, Nova York.

c) A quantia de dinheiro gasta por estudante é estatisticamente significativa para prever se a instituição é ou não uma universidade? Explique.

T 31. Motocicletas. Mais de um milhão de motocicletas são vendidas anualmente. (www.webbikeworld.com). Motocicletas *off-road* (geralmente chamadas de "motos de trilha") são um segmento do mercado (aproximadamente 18%) que é altamente especializado e oferece uma grande variedade de características. Isto torna um segmento bom a ser estudado para aprender sobre quais características são responsáveis pelo custo (preço ao varejo sugerido pelo fabricante, PVSF) de uma moto de trilha. Os pesquisadores coletaram dados do modelo de 2005 de motos de trilha. (lib.stat.cmu.edu/datasets/dirtbike_aug.csv) Seu objetivo original era estudar a diferenciação entre as marcas no mercado (*The Dirt on Bikes: An Illustration of CART Models for Brand Differentiation,* Jiang Lu, Joseph B. Kadame e Peter Boatwright, server1.tepper.cmu.edu/gsiadoc/WP/2006-E57.pdf), mas podemos usar estes dados para prever o PVSF de outras variáveis.

Aqui estão três previsores potenciais, *Distância entre Eixos (em polegadas), Cilindrada (em polegadas cúbicas)* e *Diâmetro do Cilindro (em polegadas).*

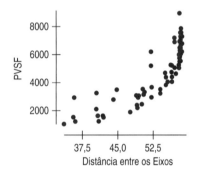

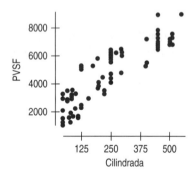

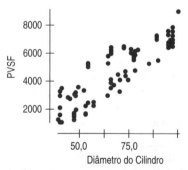

Quais destas variáveis você iria escolher primeiro como um previsor do modelo de regressão PVSF? Explique.

T 32. Motocicletas, parte 2. No Exercício 31, vimos dados sobre as motocicletas *off-roads* e examinamos os diagramas de dispersão. Revise estes diagramas de dispersão. Aqui está uma regressão do PVSF em relação a *Cilindrada* e ao *Diâmetro do Cilindro*. Ambos os previsores são medidas do tamanho do motor. A cilindrada é o volume total do ar e mistura do combustível que um motor pode extrair durante um ciclo.

A variável dependente é: PVSF
$R^2 = 77{,}0\%$ R^2 (ajustado) = 76,5%
s = 979,8 com 98 – 3 = 95 graus de liberdade

Previsor	Coef.	EP(Coef.)	z	P
Intercepto	318,352	1002	0,318	0,7515
Diâmetro do cilindro	41,1650	25,37	1,62	0,1080
Cilindrada	6,57069	3,232	2,03	0,0449

a) Declare e teste a hipótese nula padrão para o coeficiente de *Diâmetro do Cilindro*.
b) Ambos os previsores parecem estar linearmente relacionados a PVSF. Explique o que o seu resultado em **a** significa.

33. Motocicleta, parte 3. Aqui está outro modelo para o PVSF das motocicletas *off-road*.

A variável dependente é: PVSF
$R^2 = 90{,}9\%$ R^2 (ajustado) = 90,6%
s = 617,8 com 95 – 4 = 91 graus de liberdade

Fonte	Soma dos Quadrados	gl	Quadrado médio	Razão-F
Regressão	346795061	3	115598354	303
Resíduo	34733372	91	381685	

Variável	Coeficiente	EP(Coef.)	razão t	valor-P
Intercepto	–2682,38	371,9	–7,21	< 0,0001
Diâmetro do cilindro	86,5217	5,450	15,9	< 0,0001
Folga	237,731	30,94	7,68	< 0,0001
Tempos do motor	–455,897	89,88	–5,07	< 0,0001

a) Este seria um bom modelo para prever o preço de uma motocicleta *off-road* se você conhecesse o diâmetro do cilindro, a folga e os tempos do motor? Explique.
b) A Suzuki DR650SE tinha um PVSF de $4999 e um motor de 4 tempos com um calibre de 100 polegadas. Você pode usar este modelo para estimar a *Folga*? Explique.

T 34. Demografia. Aqui está um conjunto de dados de várias mensurações de 50 estados dos Estados Unidos. A taxa de *Homicídio* é por 100000, a taxa de *Graduação no EM* está em %, a *Renda* é *per capita* em dólares, a taxa de *Analfabetismo* é por 1000 e a *Expectativa de Vida* está em anos. Encontre um modelo de regressão para a *Expectativa de Vida* com três variáveis previsoras tentando todos os quatro dos modelos possíveis deste caso.

Nome do Estado	Mortes	Grad. no EM	Renda	Analfabetismo	Expectativa de vida
Alabama	15,1	41,3	3624	2,1	69,05
Alasca	11,3	66,7	6315	1,5	69,31
Arizona	7,8	58,1	4530	1,8	70,55
Arkansas	10,1	39,9	3378	1,9	70,66
Califórnia	10,3	62,6	5114	1,1	71,71
Carolina do Norte	11,1	38,5	3875	1,8	69,21
Carolina do Sul	11,6	37,8	3635	2,3	67,96
Colorado	6,8	63,9	4884	0,7	72,06
Connecticut	3,1	56,0	5348	1,1	72,48
Dakota do Norte	1,4	50,3	5087	0,8	72,78
Dakota do Sul	1,7	53,3	4167	0,5	72,08
Delaware	6,2	54,6	4809	0,9	70,06
Flórida	10,7	52,6	4815	1,3	70,66
Georgia	13,9	40,6	4091	2	68,54
Hawaii	6,2	61,9	4963	1,9	73,6
Idaho	5,3	59,5	4119	0,6	71,87
Illinois	10,3	52,6	5107	0,9	70,14
Indiana	7,1	52,9	4458	0,7	70,88
Iowa	2,3	59,0	4628	0,5	72,56
Kansas	4,5	59,9	4669	0,6	72,58
Kentucky	10,6	38,5	3712	1,6	70,1
Louisiana	13,2	42,2	3545	2,8	68,76
Maine	2,7	54,7	3694	0,7	70,39
Maryland	8,5	52,3	5299	0,9	70,22
Massachusetts	3,3	58,5	4755	1,1	71,83
Michigan	11,1	52,8	4751	0,9	70,63
Minnesota	2,3	57,6	4675	0,6	72,96
Mississippi	12,5	41,0	3098	2,4	68,09
Missouri	9,3	48,8	4254	0,8	70,69
Montana	5	59,2	4347	0,6	70,56
Nebraska	2,9	59,3	4508	0,6	72,6
Nevada	11,5	65,2	5149	0,5	69,03
Nova Hampshire	3,3	57,6	4281	0,7	71,23
Nova Jersey	5,2	52,5	5237	1,1	70,93
Nova York	10,9	52,7	4903	1,4	70,55
Novo México	9,7	55,2	3601	2,2	70,32
Ohio	7,4	53,2	4561	0,8	70,82
Oklahoma	6,4	51,6	3983	1,1	71,42
Oregon	4,2	60,0	4660	0,6	72,13
Pensilvânia	6,1	50,2	4449	1	70,43
Rhode Island	2,4	46,4	4558	1,3	71,9
Tennessee	11	41,8	3821	1,7	70,11
Texas	12,2	47,4	4188	2,2	70,9
Utah	4,5	67,3	4022	0,6	72,9
Vermont	5,5	57,1	3907	0,6	71,64
Virginia	9,5	47,8	4701	1,4	70,08
Washington	4,3	63,5	4864	0,6	71,72
West Virginia	6,7	41,6	3617	1,4	69,48
Wisconsin	3	54,5	4468	0,7	72,48
Wyoming	6,9	62,9	4566	0,6	70,29

a) Qual modelo aparenta ser o melhor?
b) Você deixaria todos os três previsores no modelo?
c) Este modelo significa que, mudando o nível dos previsores nesta equação, poderíamos afetar a expectativa de vida naquele estado? Explique.
d) Tenha certeza de verificar as condições para a regressão múltipla. O que você conclui?

35. Valor nutritivo do Burger King. Como muitas cadeias de restaurantes de comida rápida, o Burger King (BK) fornece dados sobre o conteúdo nutritivo dos itens do seu menu no seu *site*. Aqui está uma regressão múltipla prevendo calorias para os alimentos dado o conteúdo de *Proteína* (g), *Gordura Total* (g), *Carboidrato* (g) e *Sódio* (mg) por porção.

A variável dependente é: Calorias
$R^2 = 100,0\%$ R^2 (ajustado) $= 100,0\%$
$s = 3,140$ com $31 - 5 = 26$ graus de liberdade

Fonte	Soma dos Quadrados	gl	Quadrado médio	Razão-F
Regressão	1419311	4	354828	35994
Resíduo	256,307	26	9,85796	

Variável	Coeficiente	EP(Coef.)	razão t	valor-P
Intercepto	6,53412	2,425	2,69	0,0122
Proteína	3,83855	0,0859	44,7	< 0,0001
Gordura total	9,14121	0,0779	117	< 0,0001
Carboidrato	3,94033	0,0338	117	< 0,0001
Na/Porção	−0,69155	0,2970	−2,33	0,0279

a) Você acha que este modelo seria bom para prever as calorias para um novo item do menu do BK? Por quê?
b) A média de *Calorias* é de 455,5 com um desvio padrão de 217,5. Discuta o que o valor de *s* na regressão significa sobre quão bem o modelo se ajusta aos dados.
c) O valor do R^2 de 100,0% significa que todos os resíduos são realmente iguais a zero?

RESPOSTAS DO TESTE RÁPIDO

1 58,4% da variação no *Percentual de Gordura Corporal* podem ser responsáveis pelo modelo de regressão múltipla usando *Altura, Idade* e *Peso* como previsores.

2 Para uma *Altura* e *Peso* dados, um aumento de um ano na *Idade* está associado com um aumento de 0,137% na *Gordura Corporal*, em média.

3 O coeficiente de regressão múltipla é interpretado por valores *dados* das outras variáveis. Isto é, para pessoas com o *mesmo Peso* e *Idade*, um aumento de uma polegada na *Altura* está associado a uma *diminuição* média de 1,274% na *Gordura Corporal*. O mesmo não pode ser dito quando olhamos para pessoas de todos os *Pesos* e *Idades*.

Construindo Modelos de Regressão Múltipla

Bolliger e Mabillard

Diz a história que, quando John Wardley, o premiado *designer* conceitual de parques temáticos e montanhas-russas, incluindo *Nitro* e *Oblivion*, estava para testar a montanha-russa *Nemesis* pela primeira vez, ele perguntou a Walter Bollinger, o presidente da empresa que fabricou a montanha-russa, B&M, "E se a montanha-russa travar? Como levaremos os trens de volta à estação?". Bollinger respondeu: "Nossas montanhas-russas nunca travam. Elas sempre funcionam perfeitamente na primeira vez". E, é claro, ela realmente funcionou perfeitamente.

Os especialistas em montanhas-russas sabem que Bollinger & Mabillard Consulting Engineers, Inc (B&M) é responsável por algumas das montanhas-russas mais inovadoras em atividade. A empresa foi fundada no final de 1980, quando Walter Bollinger e Claude Mabillard deixaram a Intamin AG, onde tinham projetado a primeira montanha-russa na posição vertical da empresa. Eles projetaram a primeira montanha-russa "invertida" na qual os trens andam embaixo dos trilhos com seus bancos presos na roda do vagão, e foram os pioneiros nas "máquinas de mergulho", que têm como característica uma queda vertical, introduzida, primeiramente, pela *Oblivion*.

As montanhas-russas B&M são famosas entre os entusiastas por passeios suaves e por sua segurança, fácil manutenção e excelente histórico de segurança. Diferente de outros fabricantes, a B&M não usa lançamentos motorizados, preferindo, como muitos peritos, montanhas-russas movidas pela gravidade. A B&M é um líder internacional no campo de projetos de montanhas-russas, tendo projetado 24 das 50 principais montanhas-russas de aço da lista do *Golden Ticket Awards* de 2006 e quatro das 10 principais.

Os parques temáticos são um grande negócio. Somente nos Estados Unidos, existem aproximadamente 500 parques temáticos e de diversão, que geram acima de $10 bilhões de renda por ano. Este ramo é bem desenvolvido nos Estados Unidos, mas os parques no resto do mundo ainda estão crescendo. A Europa agora gera mais de $1 bilhão por ano dos seus parques e a indústria da Ásia está crescendo rapidamente. Embora os parques temáticos tenham começado a se diversificar para incluir parques aquáticos e zoos, os passeios ainda são a atração principal na maioria dos parques, e no centro dos passeios está a montanha-russa. Os engenheiros e projetistas competem para fazê-las maiores e mais velozes. Para dar um passeio de dois minutos nas melhores e mais rápidas montanhas-russas, os fãs irão esperar horas.

Podemos aprender o que torna uma montanha-russa rápida? Quais são as considerações de projeto mais importantes para conseguir a montanha-russa mais rápida? Aqui estão dados de algumas das mais rápidas montanhas-russas do mundo atualmente.

Capítulo 19 – Construindo Modelos de Regressão Múltipla

Tabela 19.1 Fatos sobre algumas montanhas-russas

Nome	Parque	País	Tipo	Duração (s)	Velocid. (mph)	Altura (pés)	Queda (pés)	Compr. (pés)	Inversão?
New Mexico Rattler	Cliff's Amusement Park	EUA	Madeira	75	47	80	75	2750	Não
Fujiyama	Fuji-Q Highlands	Japão	Aço	216	80,8	259,2	229,7	6708,67	Não
Goliath	Six Flags Magic Mountain	EUA	Aço	180	85	235	255	4500	Não
Great American Scream Machine	Six Flags Great Adventure	EUA	Aço	140	68	173	155	3800	Sim
Hangman	Wild Adventures	USA	Aço	125	55	115	95	2170	Sim
Hayabusa	Tokyo SummerLand	Japão	Aço	108	60,3	137,8	124,67	2559,1	Não
Hercules	Dorney Park	EUA	Madeira	135	65	95	151	4000	Não
Hurricane	Myrtle Beach Pavilion	EUA	Madeira	120	55	101,5	100	3800	Não

Fonte: Banco de dados das montanhas-russas em www.rcdb.com.

Quem Montanhas-russas.
O quê Veja a Tabela 19.1 para as variáveis e suas unidades.
Onde Por todo o mundo.
Quando Todas as que estavam em operação em 2003
Por quê Para entender as características que afetam a velocidade e a duração.

◆ *Tipo* indica que tipo de trilhos a montanha-russa tem. Os valores possíveis são "madeira" e "aço" (A estrutura geralmente é da mesma construção dos trilhos, mas não necessariamente.)
◆ *Duração* é o tempo da volta em segundos.
◆ *Velocidade* é a velocidade máxima em milhas por hora.
◆ *Altura* é a altura máxima acima do nível do chão em pés.
◆ *Queda* é a queda máxima em pés.
◆ *Comprimento* é o comprimento total dos trilhos em pés.
◆ *Inversões* informa se existem trechos de cabeça para baixo durante o percurso. Essa variável assume apenas os valores "sim" ou "não".

Os clientes não somente querem que a volta seja rápida; eles também querem que ela dure. Faz sentido que, quanto mais longo são os trilhos, maior a duração da volta. Vamos olhar para *Duração* e *Comprimento* para ver qual é a relação.

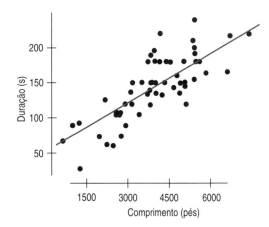

Figura 19.1 A relação entre *Duração* e *Comprimento* parece forte e positiva. Em média, a *Duração* aumenta linearmente com o *Comprimento*.

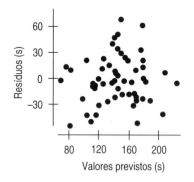

Tabela 19.2 A regressão de *Duração* em *Comprimento* parece forte e as condições parecem ter sido satisfeitas

A variável dependente é: Duração
$R^2 = 62,0\%$ R^2 ajustado = 61,4%
s = 27,23 com 63 − 2 = 61 graus de liberdade

Fonte	Soma dos quadrados	GL	Quadrado Médio	Razão F
Regressão	73901,7	1	73901,7	99,6
Resíduo	45243,7	61	741,700	

	Coeficiente	EP(Coef.)	Razão t	Valor-P
Intercepto	53,9348	9,488	5,68	< 0,0001
Comprimento	0,0231	0,0023	9,98	< 0,0001

Como os diagramas de dispersão das variáveis (Figura 19.1) e dos resíduos (Figura 19.2) mostram, as condições da regressão parecem ter sido satisfeitas e a regressão faz sentido. Esperamos que trilhos mais longos acarretem voltas mais longas. Iniciando do intercepto em aproximadamente 53,9 segundos, a duração da volta aumenta, em média, 0,0231 segundos por pé adicional de trilhos – ou 23,1 segundos a mais para cada 1000 pés adicionais de trilhos.

19.1 Variáveis indicadoras (ou auxiliares)

É claro, há mais destes dados. Uma variável interessante pode não ser aquela que você naturalmente iria pensar. Muitas montanhas-russas modernas têm "inversões" onde os passeios são de cabeça para baixo, com *loopings*, parafusos, ou outros recursos. Estas inversões acrescentam excitação, mas elas devem ser projetadas cuidadosamente e isto força os limites de velocidade naquela parte do percurso. As pessoas gostam de velocidade, mas elas também gostam das inversões que afetam tanto a velocidade quanto a duração do passeio. Gostaríamos de acrescentar ao modelo a informação de que a montanha-russa tem ou não uma inversão. Até agora, todas as variáveis previsoras têm sido quantitativas. Se a montanha-russa tem uma inversão ou não é uma variável categórica ("sim" ou "não"). Vamos ver como introduzir a variável categórica *Inversões* como uma previsora no nosso modelo de regressão. A Figura 19.2 mostra o mesmo diagrama de dispersão da *Duração versus* o *Comprimento*, mas agora com pontos **x** laranjas-claros indicando a montanha-russa que tem inversões e com pontos laranjas indicando as que não têm inversões. Existe uma linha de regressão separada para cada tipo de montanha-russa.

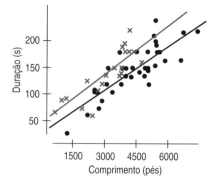

Figura 19.2 As duas linhas ajustadas às montanhas-russas com e sem inversões são aproximadamente paralelas.

É fácil ver que, para um determinado comprimento, as montanhas-russas com inversões demoram um pouco mais, e isto para cada tipo de montanha-russa, as inclinações da relação entre duração e comprimento não são bem iguais, mas são similares. Se dividirmos os dados em dois grupos – as montanhas-russas sem inversões e aquelas com inversões – e calcular a regressão para cada grupo, a saída fica assim:

Capítulo 19 – Construindo Modelos de Regressão Múltipla **591**

Tabela 19.3 As regressões calculadas separadamente para os dois tipos de montanhas-russas mostram inclinações similares, mas interceptos diferentes

A variável dependente é: Duração
Casos selecionados de acordo com: Sem inversões
$R^2 = 69,4\%$ R^2 ajustado = 68,5%
s = 25,12 com 38 – 2 = 36 graus de liberdade

	Coeficiente	EP(Coef.)	Razão t	Valor-P
Intercepto	25,9961	14,10	1,84	0,0734
Comprimento	0,0274	0,003	9,03	< 0,0001

A variável dependente é: Duração
Casos selecionados de acordo com: Inversões
$R^2 = 70,5\%$ R^2 ajustado = 69,2%
s = 23,20 com 25 – 2 = 23 graus de liberdade

	Coeficiente	EP(Coef.)	Razão t	Valor-P
Intercepto	47,6454	12,50	3,81	0,0009
Comprimento	0,0299	0,004	7,41	< 0,0001

Como o diagrama de dispersão mostrou, as inclinações são muito similares, mas os interceptos são diferentes. Quando temos uma situação como esta, com regressões aproximadamente paralelas para cada grupo,[1] existe uma forma fácil para acrescentar a informação do grupo a um modelo de regressão única. Criamos uma nova variável, que *indica* o tipo de montanha-russa, dando a uma delas o valor 1, por exemplo, a que tem inversões, e o valor 0 para a outra (a que não tem inversões), ou vice-versa.[2] Tais variáveis são chamadas de **variáveis indicadoras** ou *indicadores,* porque elas indicam em qual categoria cada caso está. Elas também são chamadas de **variáveis auxilia-res.** Quando acrescentamos nosso novo indicador, *Inversões*, ao modelo de regressão como uma segunda variável, o modelo de regressão múltipla irá se parece com isto.

Tabela 19.4 O modelo de regressão com uma variável auxiliar ou indicadora para Inversões

> *Inversões* = 1 se a montanha-russa apresenta inversões.
> *Inversões* = 0 se não tiver inversões.

A variável dependente é: Duração
Casos selecionados de acordo com: Inversões
$R^2 = 70,4\%$ R^2 ajustado = 69,4%
s = 24,24 com 63 – 3 = 60 graus de liberdade

	Coeficiente	EP(Coef.)	Razão t	Valor-P
Intercepto	22,3909	11,39	1,97	0,0539
Comprimento	0,0282	0,0024	11,7	< 0,0001
Inversões	30,0824	7,290	4,13	< 0,0001

Isto parece um modelo melhor do que uma regressão simples para todos os dados. O R^2 é maior, as razões *t* de ambos os coeficientes são maiores e agora podemos entender o efeito das inversões com um modelo único sem ter de comparar as duas regressões. (Os resíduos parecem também razoáveis.) Mas o que o coeficiente para *Inversões* significa? Vejamos como uma variável indicadora funciona quando calculamos os valores previstos para as duas das montanhas-russas listadas na Tabela 19.1.

Nome	Parque	País	Tipo	Duração (s)	Velocidade (mph)	Altura (pés)	Queda (pés)	Compr. (pés)	Inversão?
Hangman	Wild Adventures	USA	Aço	125	55	115	95	2170	Sim
Hayabusa	Tokyo SummerLand	Japão	Aço	108	60,3	137,8	124,67	2559,1	Não

---

[1] O fato de que as linhas de regressão individuais são aproximadamente paralelas é parte da Condição de Linearidade. Você deve verificar esta condição antes de usar este método ou prosseguir para ver o que fazer se elas não forem paralelas o suficiente.

[2] Algumas implementações de variáveis indicadoras usam 1 e –1 para rotular as duas categorias.

Ignorando a variável *Inversões* por ora, o modelo (na Tabela 19.4) diz que, para todas as montanhas-russas, a *Duração* prevista é:

$$22,39 + 0,0282\ Comprimento + 30,08 Inversões$$

Lembre-se que, para esta variável indicadora, o valor 1 significa que uma montanha-russa tem uma inversão, enquanto 0 significa que ela não tem. Para a *Hayabusa*, sem inversão, o valor de *Inversões* é 0, assim o coeficiente de *Inversões* não afeta a previsão. Com um comprimento de 2259,1 pés, prevemos a sua duração como:[3]

$$22,39 + 0,0282(2559,1) + 30,08 \times 0 = 94,56\ segundos,$$

que está próximo da sua duração real de 108 segundos. A *Hangman* (com um comprimento de 2170 pés) tem uma inversão, e, assim, o modelo prevê um "adicional" 30,0824 segundos para a sua duração:

$$22,39 + 0,0282(2170,0) + 30,08 \times 1 = 113,66\ segundos.$$

Isto se equipara bem com a duração real de 125 segundos.

Observe como o indicador funciona no modelo. Quando existe uma inversão (como na *Hangman*), o valor 1 para a indicadora soma o valor do coeficiente da variável indicadora, 30,08, a variável previsora. Quando não existe inversão (como na *Hayabusa*), o valor da variável indicadora é 0, e, portanto, nada é somado. Olhando novamente para o diagrama de dispersão, podemos ver que isto é exatamente o que precisamos. A diferença entre as duas linhas é um deslocamento vertical de aproximadamente 30 segundos. Isto pode parecer um pouco confuso inicialmente, porque geralmente consideramos os coeficientes numa regressão múltipla como inclinações. Para variáveis indicadoras, entretanto, eles agem diferentemente. Eles são deslocamentos verticais que mantêm as inclinações para as demais variáveis.

Uma variável indicadora que é 0 ou 1 pode somente deslocar a linha para cima e para baixo. Ela não pode mudar a inclinação; assim, ela funciona somente quando temos linhas com a mesma inclinação e diferentes interceptos.

19.2 Ajustando para diferentes inclinações – termos de interação

Os consumidores, mesmo de comida rápida, estão incrivelmente interessados com a nutrição dos alimentos. Assim, como muitas cadeias de restaurantes, o Burger King publica os detalhes dos nutrientes dos itens do seu menu no seu *site* (www.bk.com/Nutrition/). Muitos clientes contam as calorias ou carboidratos. É claro, eles provavelmente estão relacionados entre si. Podemos examinar esta relação nos alimentos do Burger King olhando o diagrama de dispersão.

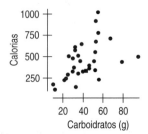

Figura 19.3 As calorias dos alimentos do Burger King quando representados *versus* os *Carboidratos* parecem se espalhar.

---

[3] Arredondamos os valores dos coeficientes quando escrevemos o modelo, mas devemos calcular com precisão total, arredondando somente no final dos cálculos.

Burger King

James McLamore e David Edgerton, formandos da Cornell University School of Hotel Administation, abriram seu primeiro restaurante Burger King (BK) em 1954. McLamore tinha ficado impressionado com o sistema de produção baseado numa linha de montagem inovado por Dick e Mac, do MacDonald. O BK originalmente cresceu na área de Miami e então se expandiu nacionalmente usando um sistema de franquia. Ele foi adquirido pela Pillsbury em 1967 e se expandiu internacionalmente. Após uma sucessão de proprietários, o BK foi comprado por investidores privados e teve seu capital aberto. A oferta pública inicial (OPI) em 2006 arrecadou $425 milhões – a maior OPI registrada por uma cadeia de restaurantes norte-americana.

Não é surpreendente ver que um aumento nos *Carboidratos* está associado com mais *Calorias*, mas o diagrama parece engrossar da esquerda para a direita. Poderia ter mais alguma coisa acontecendo?

Dividimos os alimentos do Burger King em dois grupos, **colorindo** aqueles com carne (incluindo galinha e peixe) de **laranja-claro** e sem carne de **laranja**. Olhando as regressões para cada grupo, vemos uma figura diferente:

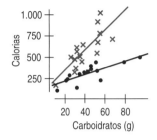

Figura 19.4 Fazendo um diagrama dos itens com base em carne e sem carne separadamente, vemos dois padrões lineares distintos.

Pelo visto, os itens que possuem carne contribuem com mais calorias por seu conteúdo de carboidrato do que outro alimento do Burger King. Porém, diferente da situação da Figura 19.2, quando as linhas eram paralelas, não podemos levar em contar o tipo de diferença que vemos aqui para simplesmente incluir uma variável auxiliar na regressão. Neste caso, não são apenas as alturas das linhas que são diferentes; elas também têm inclinações bem diferentes.

Iremos iniciar, como antes, construindo a variável indicadora para os dois grupos, *Carne*, que é representado por 1, para os alimentos que contêm carne e 0 para os demais. A variável *Carne* pode ajustar os interceptos das duas linhas. Para ajustar as inclinações, temos que construir outra variável – o *produto* de *Carne* pela variável prevísora *Carbs*. O coeficiente deste **termo interação,** numa regressão múltipla, ajusta a inclinação para os casos no grupo indicado. A variável resultante *Carbs*Carne* tem o valor de *Carbs* para alimentos contendo carne (aqueles denotados com 1 no indicador de *Carne*) e de 0 para os outros. Incluindo esta variável de interação no modelo, podemos ajustar a inclinação do modelo para os alimentos que contêm carne. Aqui está a análise resultante:

Tabela 19.5 O modelo de regressão com uma variável indicadora e um termo de interação

A variável dependente é: Calorias
$R^2 = 78,1\%$ R^2 ajustado $= 75,7\%$
$s = 106,0$ com $32 - 4 = 28$ graus de liberdade

Fonte	Soma dos quadrados	GL	Quadrado Médio	Razão F
Regressão	1119979	3	373326	33,2
Resíduo	314843	28	11244,4	

	Coeficiente	EP(Coef.)	Razão t	Valor-P
Intercepto	137,395	58,72	2,34	0,0267
Carbs(g)	3,93317	1,113	3,53	0,0014
Carne	–26,1567	98,48	–0,266	0,7925
Carbs*Carne	7,87530	2,179	3,61	0,0012

O que o coeficiente da variável indicadora *Carne* faz? Ele fornece um intercepto diferente para separar os itens com carne dos sem carne na origem (onde *Carbs* = 0). Cada grupo tem a sua própria inclinação, mas como as duas linhas quase se encontram na origem, parece não haver necessidade para um ajuste adicional do intercepto. A diferença de 26,16 calorias é pequena. Por isso, o coeficiente para a variável indicadora *Carne* tem uma estatística *t* pequena (–0,266).

Por outro lado, o coeficiente do termo interação, *Carbs*Carne*, diz que a inclinação relacionando as calorias aos carboidratos é mais acentuada por 7,88 calorias por grama de carboidrato para os alimentos que contêm carne daqueles que não contêm. O valor-P pequeno sugere que esta diferença é real. Em geral, o modelo de regressão prevê as calorias como sendo:

$$137,40 + 3,93 \ Carbs - 26,16 \ Carne + 7,88 \ Carbs*Carne.$$

Vamos ver como o ajuste funciona. Um sanduíche *Whopper* do BK tem 53 gramas de carboidratos e é um alimento com carne. O modelo prevê suas *Calorias* como sendo:

$$137,40 + 3,93x53 - 26,16 \times 1 + 7,88x53 \times 1 = 737,2 \text{ calorias,}$$

não muito além das calorias contadas de 680. Em contrapartida, o Burger Vegetariano, com 43 gramas de carboidratos, tem o valor 0 para *Carne* e, assim, tem um valor 0 para *Carbs*Carne,* também. Estes indicadores não contribuem em nada para as suas calorias previstas:

$$137,40 + 3,93 \times 43 - 26,16 \times 0 + 7,88 \times 53 \times 0 = 306,4 \text{ calorias,}$$

próximo das 330 oficialmente mensuradas.

Indicadores para três ou mais categorias

É fácil construir indicadores para uma variável com duas categorias; apenas designamos 0 para um nível e 1 para o outro. Porém, variáveis de negócios e econômicas como *Mês* ou *Classe Social* podem ter vários níveis. Você pode construir indicadores para uma variável categórica com vários níveis construindo um indicador separado para cada um dos níveis. Existe apenas uma coisa para se ter em mente. Se a variável tiver *k* níveis, você pode criar somente *k –1* indicadores. Você deve escolher uma das categorias *k* como uma "referência" e *deixá-la de fora* o seu indicador. Então, os coeficientes dos outros indicadores podem ser interpretados como a quantia pela qual as diferentes categorias diferem da categoria de referência, após levar em contas os efeitos lineares das outras variáveis do modelo.

Para a variável de duas categorias *Inversões,* usamos a categoria "sem inversão" como referência e as montanhas-russas que tinham inversão como sendo 1. Assim, para dois níveis, precisamos somente de uma variável. Se quiséssemos representar *Mês* com variáveis indicadoras, precisaríamos de 11 delas. Poderíamos, por exemplo, definir *Janeiro* como o mês de referência e atribuir indicadores para *Fevereiro, Março, ..., Novembro* e *Dezembro.* Cada um destes indicadores seria 0 em todos os casos, exceto um, que é o que detém o valor para a variável *Mês.*

Por que não poderíamos usar uma única variável com "1" para *janeiro,* "2" para *fevereiro* e assim por diante? Isto iria requerer uma suposição muito restrita de que as respostas para os meses são lineares e igualmente espaçadas – isto é, que a mudança na nossa variável resposta de janeiro a fevereiro é a mesma em ambas as direções e tem o mesmo valor que a mudança de julho a agosto. Isto é uma restrição muito severa e geralmente não é verdadeira. Usando 11 indicadores, liberamos o modelo desta restrição, embora ele fique mais complexo.

Para os dados do setor imobiliário do Capítulo 18, vamos introduzir uma variável para o *Tipo de Combustível* utilizado para aquecer a casa. A variável é codificada da seguinte forma: 1 = Nenhum; 2 = Gás; 3 = Eletricidade; 4 = Óleo; 5 = Lenha; 6 = Solar; 7 = Desconhecido/Outro.

Em virtude de termos 7 níveis, precisamos de 6 variáveis indicadoras. Utilizaremos Nenhum = 1 como a categoria referência. Combustível2 teria o valor 1 para o Gás e 0 para os demais tipos de combustível, Combustível3 teria o valor 1 para Eletricidade e 0 para todos os demais, etc. Entretanto, quando foi feito um diagrama de barras das variáveis, encontrou-se que, embora existissem 7 níveis possíveis, somente 6 casas tinham, de fato, valores diferentes de 2, 3 e 4. Assim, decidimos deixar somente 2 indicadores, *Combustível2* e *Combustível3* representando Gás e Eletricidade, respec-

Capítulo 19 – Construindo Modelos de Regressão Múltipla **595**

tivamente, deixando o Óleo como a categoria de referência. Com este procedimento, tivemos de abandonar 6 casas (das 1700) que usavam outros tipos de combustíveis, mas o impacto no modelo é pequeno.

Uma vez que você tenha criado múltiplas variáveis indicadoras (até no máximo $k - 1$) para representar uma variável categórica com k níveis, geralmente ajuda combinar níveis com características semelhantes e com relações similares com a resposta. Isto pode impedir que o número de variáveis, numa regressão múltipla, exploda.

19.3 Diagnósticos na regressão múltipla

Geralmente usamos a análise de regressão para tomar decisões de negócios importantes. Trabalhando com os dados e criando modelos, podemos aprender muito sobre as relações entre as variáveis. Como vimos com a regressão simples, algumas vezes podemos aprender tanto dos casos que *não* se ajustam ao modelo quanto da maioria que se ajusta. Casos extraordinários geralmente nos dizem mais apenas pelas formas nas quais eles falham em se adequar e pelas razões que podemos descobrir destes desvios. Se um caso não se ajusta aos outros, devemos identificá-lo e, se possível, entender por que ele é diferente. Na regressão simples, um caso pode ser extraordinário por ficar longe do modelo na direção de y ou por ter valores incomuns na variável x. Na regressão múltipla, ele pode também ser extraordinário por ter *combinações* incomuns de valores nas variáveis x. Assim como na regressão simples, grandes desvios na direção de y aparecem nos resíduos como valores atípicos. Os desvios nas variáveis x aparecem como *alavancagem*.

Alavancagem

Numa regressão de um único previsor, é fácil ver se um valor tem uma alavancagem alta, porque ele estará longe da média de x e se destacará num diagrama de dispersão. Numa regressão múltipla com k variáveis previsoras, as coisas são mais complicadas. Um ponto pode realmente não estar longe de quaisquer das médias das variáveis x e ainda assim exercer uma alavancagem grande, porque ele tem uma *combinação* incomum dos valores dos previsores. Mesmo um programa gráfico projetado para exibir pontos em espaços de altas dimensões pode não conseguir destacá-los. Felizmente, existem valores de alavanca que podem ser calculados e são padrão na maioria dos programas de regressão múltipla.

A **alavancagem** é definida da seguinte forma. Para qualquer caso, some (ou subtraia) 1 ao valor de y. Calcule novamente a regressão e veja como o valor *previsto* do caso muda. A valor da mudança é a alavancagem. Ela nunca pode ser maior do que 1 e nem menor do que 0. Um ponto com alavancagem zero não tem nenhum efeito na inclinação da regressão, embora ele participe dos cálculos do R^2, s e das estatísticas F e t. (A alavancagem do i-*ésimo* valor de um conjunto de dados é geralmente representada por h_i.)

Um ponto com alavancagem alta pode, de fato, não influenciar os coeficientes da regressão se ele seguir o padrão do modelo ajustado por outros pontos, mas vale a pena examiná-lo, simplesmente por causa do seu *potencial* de agir assim. Olhar para pontos de alavancagem pode ser uma forma efetiva de descobrir casos que são extraordinários numa combinação de variáveis x. Nos negócios, tais casos geralmente merecem uma atenção especial.

Não existem testes para ver se a alavancagem de um caso é muito grande. O valor médio da alavancagem entre todos os casos de uma regressão é $1/n$, mas isto não nos ajuda muito. Alguns pacotes usam regras práticas para indicar valores com alta alavancagem,[4] mas outra abordagem comum é simplesmente fazer um histograma das alavancagens. Qualquer caso cuja alavancagem se destaca num histograma de alavan-

---

[4] Uma regra comum para determinar quando uma alavancagem é alta é indicar qualquer valor de alavancagem maior do que 3 $(k + 1)/n$, onde k é o número de previsores.

cagens provavelmente merece atenção especial. Você pode decidir deixar o caso na regressão ou ver como o modelo de regressão muda quando você retira o caso, mas deve estar atento ao seu potencial de influenciar a regressão.

Já vimos que a *Duração* de uma volta da montanha-russa depende linearmente do seu *Comprimento*. Porém, mais do que uma volta mais demorada, os usuários das montanhas-russas gostam da velocidade. Portanto, ao invés de prever a duração de uma volta de montanha-russa, vamos construir um modelo para quão rápido ela anda. Um modelo de regressão múltipla em duas variáveis mostra que tanto a *Altura* quanto a *Queda* (a distância máxima do topo ao chão da maior queda do percurso) são fatores importantes.

Tabela 19.6 A regressão da velocidade em *Altura* e *Queda* mostra ambas as variáveis previsoras sendo altamente significativas

Variável	Coeficiente	EP(Coef.)	Razão t	Valor-P
Intercepto	37,01333	1,47723	25,056	< 0,0001
Altura	0,06581	0,01911	3,444	0,000953
Queda	0,12540	0,01888	6,643	< 0,0001

R^2 Múltiplo = 0,855 R^2 ajustado = 0,851
Estatística F = 215,2 com 2 e 73 GL, valor-P < 0,0001

A regressão certamente parece razoável. O valor do R^2 é alto e o diagrama do resíduo não apresenta padrões:

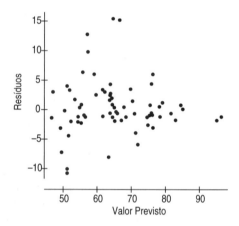

Figura 19.5 O diagrama de dispersão dos resíduos *versus* os valores previstos não mostra nada incomum para a regressão da velocidade *versus* a *Altura* e a *Queda*.

Um histograma dos valores da alavancagem, entretanto, mostra algo interessante:

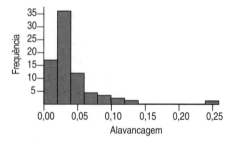

Figura 19.6 A distribuição dos valores da alavancagem mostra alguns valores altos e um ponto de alavancagem extraordinariamente alta.

O caso com alavancagem muito alta é de uma montanha-russa inglesa, chamada de *Oblivion*, feita de aço e que foi inaugurada, em 1998, como sendo a primeira "montanha-russa de queda vertical" do mundo. O que existe de incomum sobre a *Oblivion* é que sua *Altura* é de apenas 65 pés acima do nível do chão (colocando-a abaixo da mediana), mas, ainda assim, ela tem uma queda de 180 pés, na qual atinge uma velocidade de 68 mph. A característica exclusiva da *Oblivion* é que ela mergulha aproximadamente 120 pés abaixo da superfície.

Os pontos de alavancagem podem afetar não somente os coeficientes do modelo, mas também nossa decisão de incluir um previsor no modelo de regressão. Quanto mais complexo o modelo de regressão, mais importante é olhar para os valores de alta alavancagem, bem como para seus efeitos.

Resíduos e resíduos padronizados

Os resíduos não são todos iguais. Considere um ponto com alavancagem de 1,0. Esta é a maior alavancagem possível e significa que a linha segue o ponto perfeitamente. Assim, um ponto como este deve ter um resíduo de zero. E, visto que conhecemos exatamente o resíduo, este resíduo tem um desvio padrão de zero. Esta tendência é verdadeira em geral: quanto maior a alavancagem, menor o desvio padrão do seu resíduo. Quando queremos comparar valores que têm desvios padrão diferentes, é uma boa ideia padronizá-los. Podemos fazer isto com os resíduos da regressão, dividindo cada um pela estimativa do seu próprio desvio padrão. Quando fazemos isto, os valores resultantes seguem uma distribuição *t* de Student. Na verdade, estes resíduos padronizados são chamados de **resíduos stutentizados**.[5] É uma boa ideia examinar os resíduos studentizados (ao invés dos resíduos simples) para verificar a Condição de Normalidade e a Condição de mesma dispersão. Qualquer resíduo studentizados que se destaca dos outros merece nossa atenção.

Pode ter ocorrido a você que sempre traçamos os resíduos *não padronizados* quando fizemos modelos de regressão. Os tratamos como se todos tivessem o mesmo desvio padrão quando verificamos a Condição de Normalidade. Acontece que isto era uma simplificação. Não tinha muita importância para a regressão simples, mas para modelos de regressão múltipla é uma boa ideia usar os resíduos studentizados quando verificamos a Condição de Normalidade e quando fazemos diagramas de dispersão dos resíduos *versus* os valores previstos.

Medidas de influência

Um caso que tenha tanto uma alavancagem alta quanto um grande resíduo studentizado tem maior probabilidade de ter alterado substancialmente o modelo de regressão. Tal caso é denominado **influente.** Um caso influente pede uma atenção especial, porque sua remoção muito provavelmente irá resultar em um modelo de regressão bem diferente. A forma mais certa de identificar se um caso é influente é deixá-lo fora[6] e verificar o quanto

---

[5] Existe mais de uma forma de studentizar os resíduos de acordo como se estima *s*. Pode-se encontrar pacotes estatísticos referindo-se a *resíduos externamente studentizados* e *resíduos internamente studentizados*. É a versão *externamente studentizados* que segue a distribuição *t*, portanto, são estes os que recomendamos.

[6] Ou, de modo equivalente, incluir uma variável indicadora que selecione apenas o caso em questão. Veja a discussão na próxima seção.

o modelo de regressão muda. Você deve chamar um caso de "influente" se sua omissão mudar o modelo de regressão o suficiente para ser importante para aos *seus* propósitos.

Para identificar possíveis casos influentes, verifique a alavancagem e os resíduos studentizados. Duas estatísticas que combinam alavancagem e resíduos studentizados em uma única medida de influência são a **Distância de Cook** (D de Cook) e o DFFITs, e elas são fornecidas por muitos programas estatísticos. Se ambas as medidas forem extraordinariamente grandes para um caso, este caso deve ser verificado como um possível ponto influente. O D de Cook é encontrado a partir da alavancagem, do resíduo, do número de previsores e do erro padrão do resíduo:

$$D_i = \frac{e_i^2}{ks_e^2}\left[\frac{h_i}{(1-h_i)^2}\right].$$

Um histograma das distâncias de Cook do modelo da Tabela 19.6 mostra alguns valores influentes:

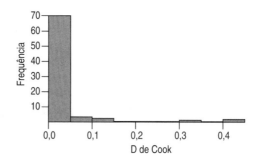

Aqui estão as montanhas-russas com os quatro valores mais altos do D de Cook.

Tabela 19.7 Montanhas-russas com um alto D de Cook

Nome	Tipo	Duração (s)	Velocidade (mph)	Altura (pés)	Queda (pés)	Comprimento (pés)	Inversão?	D de Cook
Hypersonic XLC	Aço	NA	80	165	133	1560	0	0,1037782
Oblivion	Aço	NA	68	65	180	1222	0	0,1124114
Volcano, The Blast Coaster	Aço	NA	70	155	80	2757	1	0,3080218
Xcelerator	Aço	62	82	205	130	2202	0	0,4319336

Além da *Oblivion*, a distância de Cook aponta outras três montanhas-russas: *HyperSonic XLC*; *Volcano, The Blast Coaster* e *Xcelerator*. Um pouco de pesquisa descobre que estas três montanhas-russas *são* diferentes também. Nosso modelo descobriu que a *Altura* e a *Queda* influenciam significativamente a *Velocidade* da montanha-russa. Porém, estas três montanhas-russas têm algo extra – uma catapulta hidráulica que as acelera mais do que somente a gravidade. Na verdade, a *Xcelerator* alcança 82 mph em 2,3 segundos usando somente 157 pés dos trilhos para lançá-la. Removendo do modelo estas três montanhas-russas com aceleradores, temos um efeito impressionante.

Tabela 19.8 Removendo-se as três montanhas-russas aceleradas, a *Altura* perdeu importância para o modelo. Um modelo de regressão simples, como o da Tabela 19.9, pode ser um sumário mais eficiente do que o com duas variáveis previsoras

Variável	Coeficiente	EP(Coef.)	Razão t	Valor-P
Intercepto	36,47453	1,06456	34,262	< 0,0001
Queda	0,17519	0,01493	11,731	< 0,0001
Altura	0,01600	0,01507	1,062	0,292

Erro padrão residual: 3,307 em 70 graus de liberdade
R^2 Múltiplo = 0,9246 R^2 ajustado = 0,9225
Estatística F = 429,5 com 2 e 70 GL, valor-P < 0,0001

Capítulo 19 – Construindo Modelos de Regressão Múltipla **599**

A altura da montanha-russa não é mais um previsor estatisticamente significativo, assim, podemos deixar de lado esta variável.

Tabela 19.9   Um modelo de regressão linear simples sem as três montanhas-russas aceleradas e sem a variável *Altura*

Variável	Coeficiente	EP(Coef.)	Razão t	Valor-P
Intercepto	36,743925	1,034798	35,51	< 0,0001
Queda	0,189474	0,006475	29,26	< 0,0001

Erro padrão residual: 3,31 em 71 graus de liberdade
R^2 Múltiplo = 0,934 R^2 ajustado = 0,9224
Estatística F = 856,3 com 1 e 71 GL, valor-P < 0,0001

Indicadores de influência

Uma boa forma de examinar o efeito de um caso extraordinário numa regressão é construir uma variável indicadora especial que é zero para todos os casos, *exceto* aquele que queremos isolar. Incluir tal indicadora no modelo de regressão tem o mesmo efeito que remover o caso dos dados, mas tem duas vantagens especiais. Primeiro, torna claro para todos os que olharem o modelo de regressão que aquele caso foi tratado de forma especial. Segundo, a estatística *t* para o coeficiente da variável indicadora pode ser usada como um teste para ver se o caso é influente. Se o valor-P for pequeno, então aquele caso realmente não se ajusta bem ao restante dos dados. Tipicamente, nomeamos tal indicador com o identificador do caso que queremos remover. Aqui está o último modelo da montanha-russa no qual removemos a influência das três montanhas-russas aceleradas construindo indicadores para elas, ao invés de removê-las dos dados.

Tabela 19.10   Os valores-P para estas três variáveis indicadoras confirmam que cada uma destas montanhas-russas não se ajusta às demais

A variável dependente é: Velocidade
$R^2 = 92,7\%$ R^2 (ajustado) = 92,3%
s = 3,310 com 76 – 5 = 71 graus de liberdade

Variável	Coef.	EP(Coef.)	Razão t	Valor-P
Intercepto	36,7439	1,035	35,5	< 0,0001
Queda	0,189474	0,0065	29,3	< 0,0001
Xcelerator	20,6244	3,334	6,19	< 0,0001
HyperSonic	18,0560	3,334	5,42	< 0,0001
Volcano	18,0981	3,361	5,38	< 0,0001

Diagnóstico final

O que aprendemos diagnosticando a regressão? Descobrimos quatro montanhas-russas que podem estar influenciando fortemente o modelo. E, para cada uma delas, fomos capazes de entender por que e como elas se diferenciavam das demais. A singularidade da *Oblivion* mergulhando num buraco no chão pode nos induzir a valorizar a *Queda* como um previsor da *Velocidade* mais do que a *Altura*. Os três casos influentes com altos valores D de Cook resultaram ser diferentes das outras montanhas-russas porque elas são artificialmente "aceleradas", isto é, não dependem só da gravidade para a sua aceleração. Embora não possamos confiar sempre em descobrir por que os casos influentes são especiais, o diagnóstico deles suscita a pergunta sobre o que pode ser diferente sobre eles e isto pode nos ajudar entender melhor o nosso modelo.

Quando uma análise de regressão apresenta casos com alta alavancagem e grandes resíduos studentizados, seria irresponsável relatar somente a regressão com todos os dados. Você deve também calcular e discutir a regressão encontrada com estes casos removidos e discutir os casos extraordinários individualmente, caso ofereçam uma compreensão adicional. Se seu interesse é entender o mundo, os casos extraordinários podem dizer mais sobre ele do que o resto do modelo. Se seu único interesse está no modelo (por exemplo, porque você espera usá-lo para previsão), então você deve se assegurar de que o modelo não foi determinado por apenas alguns casos influentes, mas, ao contrário, foi construído na base mais ampla do corpo dos seus dados.

19.4 Construindo modelos de regressão

Quando muitos previsores possíveis estão disponíveis, naturalmente queremos selecionar somente alguns para o modelo de regressão. Mas qual deles? A primeira coisa e a mais importante a ser entendida é que, geralmente, não existe esta coisa de "melhor" modelo de regressão. Na verdade, nenhum modelo de regressão está "certo". Geralmente, vários modelos alternativos podem ser úteis ou informativos. O "melhor" para um propósito pode não ser o melhor para outro, e aquele com o R^2 mais alto pode não ser o melhor para muitos propósitos.

As regressões múltiplas são sutis. Os coeficientes geralmente não significam o que podem parecer significar a princípio. A escolha de quais variáveis previsoras usar determina quase tudo sobre a regressão. Os previsores interagem uns com os outros, o que complica a interpretação e a compreensão. Assim, normalmente é melhor construir um modelo parcimonioso, usando o mínimo possível de previsores. Por outro lado, não queremos deixar de fora previsores que são teoricamente ou praticamente importantes. Fazer esta concessão é o âmago do desafio de selecionar um bom modelo.[7] Os melhores modelos de regressão, além de satisfazer as suposições e condições da regressão múltipla, têm:

◆ Relativamente poucos previsores, para manter o modelo simples.

◆ Um R^2 relativamente alto, indicando que muita da variabilidade em y é explicada pelo modelo de regressão.

◆ Um valor relativamente pequeno do s_e, o desvio padrão dos resíduos, indicando que a magnitude dos erros é pequena.

◆ Valores-P relativamente pequenos para as estatísticas F e t, mostrando que o modelo geral é melhor do que o simples uso da média e que os coeficientes individuais são significativamente diferentes de zero.

◆ Nenhum caso com alavancagem extraordinariamente alta, que possa dominar e alterar o modelo.

◆ Nenhum caso com resíduos extraordinariamente altos e resíduos studentizados que pareçam estar próximos do Normal. Os valores atípicos podem alterar o modelo e certamente enfraquecer o poder de quaisquer testes estatísticos, e a Condição de Normalidade é requerida para a inferência.

◆ Previsores que são mensurados com confiança e relativamente não relacionados entre si.

O termo "relativamente" nesta lista tem o propósito de sugerir que você deve preferir modelos com estes atributos a outros que atendam apenas alguns, mas é claro que existem muitas concessões e nenhuma regra. Além de favorecer previsores que possam ser mensurados com confiança, você deve favorecer aqueles que custam menos para mensurar, especialmente se seu modelo for para previsões com valores ainda não mensurados.

Deve ficar claro desta discussão que a seleção de um modelo de regressão requer julgamentos. Contudo, essa é outra dessas decisões em estatística que simplesmente não pode ser feita automaticamente. Na verdade, é uma que não queremos fazer automaticamente; existem tantos aspectos do que torna um modelo útil que o julgamento humano é necessário para tomar a decisão final. Entretanto, existem ferramentas que podem ajudar a identificar modelos potencialmente interessantes.

---

[7] Esta concessão é, algumas vezes, denominada de Navalha de Occam, em homenagem ao filósofo medieval William de Occam.

Melhores subconjuntos e regressão passo a passo

Como podemos encontrar o melhor modelo de regressão múltipla? A lista de características desejáveis que acabamos de ver deve deixar claro que não existe uma definição simples do "melhor modelo". A escolha de um modelo de regressão múltipla sempre requer uma avaliação para escolher dentro dos modelos potenciais. Algumas vezes, pode ajudar olhar os modelos que são "bons" num sentido arbitrário para entender algumas possibilidades, mas tais modelos nunca devem ser aceitos cegamente.

Se escolhermos um critério único, tal como encontrar o modelo com o R^2 ajustado mais alto, então, para um conjunto de dados de tamanho modesto e com um número modesto de previsores em potencial, é realmente possível para os computadores procurarem por *todos* os modelos possíveis. O método é chamado de **Regressão dos Melhores Subconjuntos.** Geralmente, o programa computacional apresenta uma coleção de "melhores" modelos: o melhor com três previsores, o melhor com quatro e assim por diante.[8] É claro, à medida que você acrescenta previsores, o R^2 nunca pode diminuir, mas a melhoria pode não justificar a complexidade acrescentada pelos previsores adicionais. Um critério que pode ajudar é usar o R^2 ajustado. Os programas de regressão dos melhores subconjuntos geralmente oferecem uma escolha de critérios e, é claro, diferentes critérios normalmente levam a diferentes "melhores" modelos.

Embora os programas dos melhores subconjuntos sejam muito espertos para calcular poucos de todos os modelos alternativos possíveis, eles realmente se tornam completamente inoperantes além de algumas dúzias de possíveis previsores ou por muitos casos. Assim, infelizmente, eles não são úteis em muitas aplicações de exploração de dados. (Discutiremos mais sobre isto no Capítulo 24.)

Outra alternativa é fazer o computador construir uma regressão "passo a passo". Numa **regressão passo a passo**, a cada etapa, um previsor é adicionado ou removido do modelo. O previsor escolhido para ser adicionado é aquele cuja adição mais aumenta o R^2 ajustado (ou similarmente, melhora outras medidas). O previsor escolhido para ser removido é aquele cuja remoção menos reduz o R^2 ajustado (ou similarmente, diminui menos outras medidas). A esperança é que, seguindo este caminho, o computador possa determinar um bom modelo. O modelo irá ganhar ou perder um previsor somente se a mudança no modelo causa uma alteração grande o suficiente na medida. As mudanças param quando elas não mais atendem este critério.

Os melhores subconjuntos e a regressão passo a passo fornecem tanto um modelo final quanto informações sobre as etapas seguidas. Os modelos de estágios intermediários podem levantar questões interessantes sobre os dados e sugerir relações sobre os quais você pode não ter pensado. Alguns programas oferecem a oportunidade de você fazer escolhas à medida que o processo evolui. Interagindo com o processo em cada estágio de decisão, você pode excluir uma variável que julga inapropriada para o modelo (mesmo se a sua inclusão ajudasse na otimização da estatística) ou incluir uma variável que não seria a primeira escolha na próxima etapa, se você achar que ela é importante para os seus propósitos. Não deixe uma variável que não faz sentido entrar no modelo apenas porque ela tem uma alta correlação, mas ao mesmo tempo, não exclua um previsor apenas porque você inicialmente pensou que ele não era importante. (Isto seria uma boa forma de assegurar que você nunca aprende nada novo.) Encontrar um equilíbrio entre estas duas escolhas é o fundamento da arte da bem-sucedida construção de modelos e o que a torna desafiadora.

Diferente do método dos melhores subconjuntos, os métodos passo a passo podem funcionar mesmo quando o número de previsores potenciais é tão grande que você não pode examiná-los individualmente. Nestes casos, usar um método passo a passo pode ajudá-lo a identificar previsores potencialmente interessantes, sobretudo quando você usá-lo sequencialmente.

---

[8] As regressões dos melhores subconjuntos, na verdade, não calculam cada regressão. Ao contrário, elas inteligentemente excluem modelos que sabem que serão piores do que alguns que já foram examinados. Mesmo assim, existem limites do conjunto de dados e do número de variáveis que eles podem tratar confortavelmente.

Os dois métodos são poderosos. Porém, como ocorre com muitas ferramentas poderosas, elas requerem cuidado quando você as utiliza. Você dever estar ciente do que os métodos automáticos *não* fazem: eles não verificam suposições e condições. Algumas situações, como a independência dos casos, você pode verificar antes de executar a análise. Outras, como a condição de linearidade e a preocupação com os valores atípicos e os casos influentes, devem ser verificadas para cada modelo. Existe o risco de que os métodos automáticos sejam influenciados pela não linearidade, por valores atípicos, por pontos de alta alavancagem, por aglomerados e pela necessidade da utilização de variáveis auxiliares para lidarem com os grupos.[9] E estas influências afetam não somente os coeficientes no modelo final, mas a *seleção* dos previsores. Se existe um caso que é influente para um único modelo de regressão múltipla possível, o método dos melhores subconjuntos considerará tal modelo (porque ele considera *todos* os possíveis modelos) e terá sua decisão influenciada pelo tal caso influente.

◆ **Escolher o "melhor" modelo errado.** Aqui está um exemplo simples de como as regressões passo a passo e os melhores subconjuntos podem desviar-se. Queremos encontrar a regressão para modelar a *Potência* de uma amostra de carros a partir do tamanho do motor do carro (*Cilindrada*) e o seu *Peso*. As correlações simples são como segue:

	Potência	Cilindrada	Peso
Potência	1,000		
Deslocamento	0,872	1,000	
Peso	0,917	0,951	1,000

Pelo fato de que o *Peso* tem uma correlação levemente mais alta com a *Potência*, a regressão passo a passo irá escolhê-lo primeiro. Então, como o *Peso* e o tamanho do motor (*Cilindrada*) são altamente correlacionados, uma vez que *Peso* está no modelo, a *Cilindrada* não será adicionada ao modelo. E a regressão dos melhores subconjuntos irá preferir a regressão ao *Peso*, porque ela tem tanto um R^2 quanto um R^2 ajustado mais alto. Mas o *Peso* é, na melhor das hipóteses, uma variável oculta levando à necessidade de mais potência e um motor maior. Não tente dizer a um engenheiro que a melhor forma de aumentar a potência é acrescentar peso ao carro e que o tamanho do motor não é importante! Do ponto de vista da engenharia, *Cilindrada* é um previsor mais apropriado da *Potência*, mas a regressão passo a passo não consegue encontrar este modelo.

Desafios na construção de modelos de regressão

O conjunto de dados usado para construir a regressão no Exemplo Orientado do Capítulo 18 continha originariamente mais de 100 variáveis e mais de 10000 casas na área norte do estado de Nova York. Parte do desafio da construção de modelos é simplesmente preparar os dados para a análise. Um diagrama de dispersão simples pode, geralmente, revelar um valor dos dados erroneamente codificado, mas com centenas de variáveis potenciais, a tarefa de verificar a acurácia dos dados, os valores que faltam, a consistência e a racionalidade pode se tornar a parte principal do esforço. Retornaremos a este assunto quando discutirmos a mineração de dados, no Capítulo 24.

Outro desafio na construção de modelos grandes é o erro do Tipo I. Embora tenhamos alertado sobre o uso do valor 0,05 como um guia inquestionável da significância estatística, temos de iniciar em algum lugar, e este valor crítico é geralmente usado para testar se a variável pode entrar (ou sair) de um modelo de regressão. É claro que, usando 0,05, significa que aproximadamente 1 em 20 vezes uma variável cuja contri-

---

[9] O risco cresce drasticamente com conjunto de dados maiores e mais complexos – simplesmente o tipo de dados para os quais estes métodos podem ser de maior utilidade.

Capítulo 19 – Construindo Modelos de Regressão Múltipla **603**

buição ao modelo pode ser insignificante aparecerá como significativa. Usar algo mais limitado do que 0,05 pode fazer com que variáveis potencialmente valiosas sejam negligenciadas. Sempre que usamos métodos automáticos (passo a passo, melhores subconjuntos ou outros), o número real de diferentes modelos que serão considerados se torna enorme e a probabilidade de um erro do Tipo I cresce com este número. Não existe uma solução fácil para este problema. Construir um modelo que inclui previsores que realmente contribuem para a redução da variação da variável resposta e evitar previsores que simplesmente adicionam ruídos às previsões é o desafio na construção de modelos modernos. Muitas das pesquisas recentes estão direcionadas aos critérios e aos métodos automáticos que tornam esta busca mais fácil e mais confiável, mas a curto prazo, você ainda precisará usar seu próprio julgamento e sabedoria, além do seu conhecimento de estatística, para construir regressões úteis e lógicas.

EXEMPLO ORIENTADO | *Preços de residências*

Vamos retornar ao conjunto dos dados do norte do estado de Nova York para prever o preço de residências, usando, desta vez, uma amostra de 1734 casas e 16 variáveis.

As variáveis incluem:

Preço   O preço de uma casa vendida em 2002
Tamanho do lote   O tamanho da área em *acres*
Margem de mar/rio   Uma variável indicadora codificada como 1, se a propriedade fica à margem de mar/rio, se não, 0.
Valor da Terra   O valor avaliado da propriedade sem as estruturas
Construção Nova   Uma variável indicadora codificada como 1, se a casa é uma construção nova, se não, 0.
Ar Central   Uma variável indicadora codificada como 1, se a casa tiver ar condicionado central, se não, 0.
Tipo de Combustível   Uma variável categórica descrevendo o tipo principal de combustível usado para aquecer a casa:

1 = Nenhum; 2 = Gás; 3 = Eletricidade; 4 = Óleo;
5= Lenha; 6 = Solar; 7 = Desconhecido/Outro
Tipo de Aquecimento   A variável categórica descrevendo o sistema de aquecimento da casa:

1 = Nenhum; 2 = Ar Quente Comprimido;
3 = Água Quente; 3 = Eletricidade
Tipo de Esgoto   Uma variável categórica descrevendo o sistema de esgoto da casa:

1 = Nenhum/Desconhecido; 2 = Privado (Sistema Séptico); 3 = Comercial/Público
Área Habitável   O tamanho da área habitável da casa em *pés quadrados*
Perc. Faculdade   O percentual de residentes da área de endereçamento postal que cursaram uma faculdade de quatro anos (do Serviço de Recenseamento dos EUA)
Banheiros Completos   O *número* de banheiros completos
Lavabos   O *número* de lavabos
Quartos   O *número* de quartos
Lareiras   O *número* de lareiras

◆ PLANEJAR

Especificação   Declare o objetivo do estudo.
Identifique as variáveis.
Modelo   Pense sobre as suposições e verifique as condições. Um diagrama matricial de dispersão é uma boa forma de examinar as relações entre as variáveis quantitativas.

Queremos construir um modelo para prever os preços das casas para uma região do norte do estado de Nova York. Temos dados sobre o *Preço* ($) e sobre 15 variáveis previsoras potenciais selecionadas de uma lista maior.

✓ **Condição da linearidade:** Para ajustar um modelo de regressão, o primeiro requisito é a linearidade. (Os diagramas de dispersão do *Preço* versus a *Área Habitável*, a *Idade*, os *Quartos*, os *Banheiros* e as *Lareiras* são similares aos diagramas apresentados na regressão do Capítulo 18 e não são mostrados aqui.)

continua...

continuação

✓ **Suposição de independência:** Podemos considerar os preços das casas como sendo independentes uns dos outros visto que elas estão distribuídas numa área geográfica muito grande.

✓ **Condição de aleatoriedade:** Estas 1728 casas são uma amostra aleatória de um conjunto muito maior. Isto apoia a ideia de que estas casas são independentes.

Para verificar a condição de mesma variância e de Normalidade, geralmente determinamos a regressão e examinamos os resíduos. A linearidade é tudo o que precisamos para isto.

Comentários

O exame do *Tipo de Combustível* utilizado mostrou que existem somente 6 casas que não se enquadravam nas categorias 2, 3 ou 4.

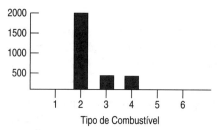

Duas delas apresentavam o *Tipo de Aquecimento* desconhecido. Decidimos colocar de lado estas 6 casas, ficando apenas com estas três categorias. Assim, podemos usar duas variáveis auxiliares para cada uma. Combinamos as duas variáveis que envolvem *Banheiros* em uma única variável *Banheiro* que é igual a soma de um banheiro completo mais 0,5*lavabo. Ficamos então com 17 potenciais variáveis previsoras.

Iniciamos ajustando o modelo para todas elas.

A variável dependente é: Preço
$R^2 = 65,1\%$ R^2(ajustado) = 64,8%
s = 58408 com 1728 − 18 = 1710 graus de liberdade

Variável	Coeficiente	EP(Coef)	Razão t	Valor-P
Intercepto	18794,0	23333	0,805	0,4207
Tam. Lote	777,34	2246	3,46	0,0006
Margem rio/mar	119046	15577	7,64	≤ 0,0001
Idade	−131,642	58,54	−2,25	0,0246
Valor toda terra	0,9258	0,048	19,4	0,0001
Const. Nova	−45234,8	7326	−6,17	≤ 0,0001
Ar Central	9864,30	3487	2,83	0,0047
Combust. Tipo[2]	4225,35	5027	0,840	0,4008
Combust. Tipo[3]	−8148,11	12906	−0,631	0,5279
Aquecim. Tipo[2]	−1185,54	12345	−0,096	0,9235
Aquecim. Tipo[3]	−11974,4	12866	−0,931	0,3521
Esgoto Tipo[2]	4051,84	17110	0,237	0,8128
Esgoto Tipo[3]	5571,89	17165	0,325	0,7455
Área Habit	75,769	4,24	17,9	≤ 0,0001
Perc. Faculdade	−112,405	151,9	−0,740	0,4593
Quartos	−4963,36	2405	−2,06	0,0392
Lareiras	768,058	2992	0,257	0,7975
Banheiros	23077,4	3378	6,83	≤ 0,0001

✓ **Condição de mesma dispersão:** Um diagrama de dispersão dos resíduos studentizados versus os valores previstos não mostra espessamento ou outros padrões. Existe um grupo de casas cujos resíduos são maiores (negativos e positivos) do que a maioria, cujos valores residuais studentizados são maiores que 3 ou 4 em valores absolutos. Iremos revisitá-los após selecionarmos o modelo.

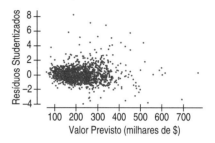

Precisamos da condição de Normalidade se quisermos fazer inferência e se o tamanho da amostra não for grande. Se o tamanho da amostra for grande, precisamos que a distribuição seja Normal somente se planejarmos produzir intervalos de previsão.

✓ **Condição de Normalidade, Condição de valores atípicos:** O histograma dos resíduos é unimodal e simétrico, mas com uma cauda levemente longa. O diagrama de probabilidade Normal mostra isto.

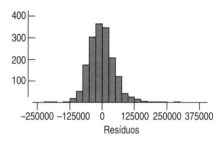

Sob estas condições, podemos continuar na procura de um modelo de regressão múltipla adequado. Retornaremos a algumas das nossas preocupações ao longo da discussão.

FAZER

Mecânica Em primeiro lugar, deixaremos o programa passo a passo seguir em ordem inversa a partir do modelo completo com todas as 14 variáveis previsoras.

Aqui está a saída do computador para a regressão múltipla, iniciando com todas as 14 variáveis previsoras e procedendo de forma inversa até que nenhum candidato seja apontado para ser excluído.

A variável dependente é: Preço
R^2 = 65,1% R^2(ajustado) = 64,9%
s = 58345 com 1728 − 12 = 1716 graus de liberdade

Variável	Coeficiente	EP(Coef)	Razão t	Valor-P
Intercepto	9643,14	6546	1,47	0,1409
Tam. Lote	7580,42	2049	3,70	0,0002
Margem rio/mar	119372	15365	7,77	≤ 0,0001
Idade	−139,704	57,18	−2,44	0,0147
Valor terra	0,921838	0,0463	19,9	≤ 0,0001
Const. Nova	−44172,8	7159	−6,17	≤ 0,0001
Ar Central	9501,81	3402	2,79	0,0053
Aquec Tipo[2]	10099,9	4048	2,50	0,0127
Aquec. Tipo[3]	−791,243	5215	−0,152	0,8794
Aquec. Tipo[2]	−1185,54	12345	−0,096	0,9235
Área Hab.	75,9000	4,124	18,4	≤ 0,0001
Quartos	−4943,89	2387	−2,03	0,0426
Banheiros	23041,0	3333	6,91	≤ 0,0001

continua...

continuação

A equação estimada é:

$\widehat{Preço}$ = 9643,14 + 7580TamanhoLote
 + 119,372Margem rio/mar − 139,70Idade
 + 0,922ValorTerra
 − 44172,8Constr.Nova
 + 9501,81ArCentral
 + 10099,9Aquec.Tipo2
 − 791,24Aquec.Tipo3
 + 75,90Área Habitável
 − 4843,89Quartos
 + 23041Banheiros

Todos os valores-P são pequenos, o que indica que, mesmo com 11 previsoras no modelo, todas estão contribuindo. O valor R^2 de 65,1% indica que mais de 65% da variação geral no preço das casas são explicados por este modelo e o fato de que o R^2 ajustado realmente aumentou sugere que não removemos previsor importante algum do modelo. O erro padrão residual de $58345 dá uma indicação aproximada de que podemos prever o preço de uma casa em aproximadamente 2 × $58345 = $116690. Se isto é próximo o suficiente, então nosso modelo é potencialmente útil como um guia de preços de casas na região.

Comentários

Também tentamos executar o programa da regressão passo a passo ao inverso e obtivemos o mesmo modelo. Existem algumas casas que têm valores residuais studentizados grandes e algumas têm alguma forma de alavancagem alta, mas omiti-las do modelo não muda significativamente os coeficientes. Usaremos este modelo como uma base inicial para prever o preço das casas na área.

RELATAR

Resumo e conclusões Resuma seus resultados e declare quaisquer limitações do seu modelo no contexto de seus objetivos originais.

Memorando:

Re: Análise de regressão das previsões dos preços de casas

Um modelo de regressão com 11 previsores explica aproximadamente 65% da variação no preço de casas com dados do norte do estado de Nova York. Testes de cada coeficiente mostram que cada uma destas variáveis parece ser um aspecto do preço de uma casa.

Este modelo reflete a voz corrente no setor imobiliário sobre a importância de vários aspectos de uma casa. Uma variável importante não incluída é a localização, que todos os corretores de imóveis sabem ser crucial para determinar o preço de uma casa. Isto é aperfeiçoado pelo fato de todas estas casas estarem na mesma área geral. Entretanto, o conhecimento de informações específicas sobre a localização iria quase que certamente melhorar o modelo. O preço encontrado por este modelo deve ser usado como um ponto de partida para comparar uma casa com casas similares na área.

Assim como com todos os coeficientes de regressão múltipla, quando interpretamos o efeito de um previsor, devemos levar em conta os demais e ter cuidado em não sugerir uma relação causal entre a previsora e a variável resposta. Aqui estão algumas características importantes do modelo. Torna-se aparente que, entre as casas com os mesmos valores das demais variáveis, aquelas nas margens de rio/mar valem, em média, $119000 a mais. Entre as casas com os mesmos valores nas demais variáveis, aquelas com mais quartos têm preços médios de venda mais baixos em $4843 para cada quarto, enquanto entre aquelas com os mesmos valores nas demais variáveis, as com mais banheiros têm preços médios mais altos em $23000 por banheiro. Não surpreendentemente, o valor do terreno está associado positivamente com o preço de venda, sendo responsável, em média, por cerca de $0,92 do preço de venda para cada $1 adicional do valor do terreno entre as casas com valores semelhantes nas demais variáveis.

Este modelo reflete os preços de 1728 casas de uma amostra aleatória de casas coletadas no norte do estado de Nova York.

19.5 Colinearidade

Do Capítulo 18, sabemos que as casas com mais quartos geralmente custam mais que as casas com menos quartos. Uma regressão simples de *Preços* sobre *Quartos* mostrou:

	Coeficiente	EP(Coef.)	Razão t	Valor-P
Intercepto	53015,6	6424,3	8,252	< 0,0001
Quartos	22572,9	866,7	26,046	< 0,0001

Um quarto adicional parece "valer" aproximadamente $22500, em média, para estas casas. Também sabemos que a *Área Habitável* de uma casa é uma previsora importante, que associa cada pé quadrado extra com um aumento médio de $113,12.

	Coeficiente	EP(Coef.)	Razão t	Valor-P
Intercepto	11349,394	4992,353	2,692	0,00717
Área Habitável	113,123	2,682	42,173	< 0,0001

Finalmente, vimos que uma regressão simples de *Quartos* também mostra um aumento de preço com o número de *Quartos*, com um *Quarto* adicional associado com um aumento, em média, de $48218:

	Coeficiente	EP(Coef.)	Razão t	Valor-P
Intercepto	59863	8657	6,915	< 0,0001
Quartos	48218	2656	18,151	< 0,0001

Porém, quando colocamos mais que uma destas variáveis numa equação de regressão simultaneamente, as coisas podem mudar. Aqui está uma regressão com a *Área Habitável* e *Quartos*:

Parte III – Explorando Relações entre Variáveis

	Coeficiente	EP(Coef.)	Razão t	Valor-P
Intercepto	36667,895	6610,293	5,547	< 0,0001
Área Habitável	125,405	3,527	35,555	< 0,0001
Quartos	–14196,769	2675,159	–5,307	< 0,0001

Agora, parece que um quarto extra está associado a um *Preço* de venda *mais baixo*.

Este tipo de mudança dos coeficientes geralmente aparece em regressões múltiplas e pode parecer absurda. Quando duas variáveis previsoras estão correlacionadas, seus coeficientes numa regressão múltipla (com ambas presentes) podem ser bem diferentes das suas inclinações da regressão simples. Na verdade, o coeficiente pode mudar de significativamente positivo para significativamente negativo com a inclusão de uma previsora correlacionada, como é o caso aqui com *Quartos* e *Área Habitável*. O problema surge quando uma das variáveis previsoras pode ser prevista a partir de outras. Este fenômeno é chamado de **colinearidade**.[10]

A colinearidade das variáveis previsoras pode ter outras consequências numa regressão múltipla. Se, ao invés de adicionar *Quartos* ao modelo, adicionamos *Ambientes,* veremos um resultado diferente:

	Coeficiente	EP(Coef.)	Razão t	Valor-P
Intercepto	11691,586	5521,253	2,118	0,0344
Área Habitável	110,974	3,948	28,109	< 0,0001
Ambientes	783,579	1056,568	0,742	0,4584

O coeficiente para *Área Habitável* quase não mudou. Ele ainda mostra um aumento de aproximadamente $111 por pé quadrado, mas o coeficiente para *Ambientes* é indistinguível de 0. Com o acréscimo de *Área Habitável* ao modelo, o coeficiente para *Ambientes* mudou de uma estatística *t* acima de 25 com um valor-P muito pequeno (na regressão simples) para um valor-P de 0,458. Observe também que os erros padrão dos coeficientes aumentaram. O erro padrão de *Área Habitável* aumentou de 2,68 para 3,95. Isto pode não parecer muito, mas, neste caso, é um aumento de aproximadamente 50%.

> Algumas vezes, podemos entender o que os coeficientes estão nos dizendo mesmo nestas situações paradoxais. Aqui, parece que uma casa que aloca mais da sua área habitável para os quartos (e, correspondentemente, menos a outras funções) irá valer menos.
>
> No segundo exemplo, vemos que mais ambientes não fazem a casa valer mais se eles apenas dividem a área habitável existente. O valor de mais ambientes que vimos anteriormente foi, provavelmente, porque as casas com mais ambientes tendem a ter, também, uma área habitável maior.

A inflação da variância dos coeficientes é outra consequência da colinearidade. Quanto mais forte a correlação entre os previsores, maior a variância dos seus coeficientes quando ambas são incluídas no modelo. Algumas vezes, este efeito pode mudar um coeficiente de estatisticamente significativo para indistinguível de zero.

Os conjuntos de dados nos negócios geralmente têm variáveis previsoras relacionadas. Variáveis econômicas gerais, como taxas de juros, taxas de desemprego, PIB e outras medidas de produtividade são altamente correlacionadas. A escolha de quais subconjuntos incluir no modelo pode mudar significativamente os coeficientes, seus erros padrão e seus valores-P, tornando difícil tanto a seleção dos modelos quanto sua interpretação.

Como podemos detectar e lidar com a colinearidade? Examinemos para uma regressão entre variáveis previsoras apenas. Se fizermos uma regressão de *Ambientes* versus *Quartos* e *Área Habitável*, encontramos:

	Coeficiente	EP(Coef.)	Razão t	Valor-P
Intercepto	0,680	0,141	4,821	< 0,0001
Quartos	0,948	0,057	16,614	< 0,0001
Área Habitável	0,009	0,000	25,543	< 0,0001

Erro padrão residual: 1,462 com 1725 graus de liberdade
R^2 múltiplo: 0,602 R^2 ajustado: 0,6015
Estatística F: 1304 com 2 e 1725 GL, valor-P: < 0,0001

Observe o R^2 para esta regressão. O que ele nos diz? Visto que o R^2 é a fração da variabilidade explicada pela regressão, neste caso, esta é a fração da variação em *Ambientes* que é explicada pelas outras duas variáveis.

Agora podemos ser precisos quanto à colinearidade. Se aquele R^2 fosse 100%, teríamos uma colinearidade perfeita. A variável *Ambientes* seria, então, perfeitamente prevista a partir das outras duas previsoras e, assim, não poderiam nos dizer nada novo

---

[10] Você também pode ver este problema ser chamado de "multicolinearidade".

sobre o *Preço*, porque ela não varia de nenhuma forma que já não seja explicada pelos previsores que já estão no modelo. Na verdade, nem poderíamos efetuar os cálculos. Seus coeficientes seriam indeterminados e seu erro padrão seria infinito. (Pacotes estatísticos normalmente imprimem advertências quando isto acontece.[11]) Ao contrário, se o R^2 fosse 0%, então *Aposentos* traria uma informação nova totalmente diferente ao modelo e não teríamos colinearidade.

Evidentemente, existe um leque de possíveis colinearidades para cada previsor. A estatística que mensura o grau de colinearidade do $j^{-ésimo}$ previsor com os outros é chamada de **Fator da Inflação da Variância (FIV)** e é determinada como:

$$FIV_j = \frac{1}{1 - R_j^2}.$$

O R^2 mostra, aqui, quão bem o $j^{-ésimo}$ previsor pode ser previsto por outros previsores. O termo $1 - R^2$ mensura o que aquele previsor deixou para trazer para o modelo de regressão. Se o R^2 é alto, então não somente aquele previsor é supérfluo, mas ele pode prejudicar o modelo do previsor. O FIV diz quanto a variância do coeficiente foi inflacionada devido a esta colinearidade. Quanto maior o FIV, maior o erro padrão do seu coeficiente e menos ele pode contribuir para o modelo de regressão. Visto que o R^2 não pode ser menor do que zero, o valor mínimo do FIV é 1,0. O FIV leva em consideração todos os outros previsores. No entanto, toda vez que existir uma alta correlação entre dois previsores, fique atento para a colinearidade.

Finalmente, quando um previsor é colinear com outros previsores, geralmente é difícil descobrir o que o coeficiente, deste previsor, significa na regressão múltipla. Displicentemente falamos sobre "remover os efeitos dos outros previsores", mas agora, quando fazemos isto, pode não ter restado muito. Não é provável que o que sobrou seja do previsor original, mas sim a fração do previsor que não está associada com os outros. Numa regressão de *Potência* sobre *Peso* e *Tamanho do Motor*, quando removemos o efeito do *Peso* sobre a *Potência,* o *Tamanho do Motor* não nos diz nada *mais* sobre a *Potência*. Isto não é certamente o mesmo que dizer que o *Tamanho do Motor* não nos diz nada sobre a *Potência*. É apenas que a maioria dos carros com motores grandes também pesam muito.

Resumindo, quando um previsor é colinear com outros previsores do modelo, duas coisas podem acontecer:

1. Seu coeficiente pode ser surpreendente, tendo um sinal imprevisto ou ser inesperadamente grande ou pequeno.
2. O erro padrão do seu coeficiente pode ser grande, levando a uma estatística *t* pequena e, como consequência, a um valor um valor-P alto.

Um indicador de colinearidade é a situação paradoxal na qual o teste *F* global para o modelo de regressão múltipla é significativo, mostrando que pelo menos um dos coeficientes é significativamente diferente de zero e, ainda assim, a maioria ou todos os coeficientes individuais apresentam valores *t* pequenos, indicando que *ele* não é o significativo.

O que você deveria fazer sobre um modelo de regressão colinear? A cura mais simples é remover alguns previsores. Isto simplifica o modelo e geralmente aprimora as estatísticas *t*. Se vários previsores dão a mesma informação, remover alguns deles não irá causar prejuízo algum ao modelo. Quais previsores você deve remover? Mantenha os previsores que são mais confiáveis, com menor custo para serem obtidos ou, até mesmo, aqueles que são politicamente importantes. Outra alternativa que pode fazer sentido é construir um novo previsor combinando variáveis. Por exemplo, várias medidas diferentes da durabilidade de um produto (talvez de diferentes partes dele) poderiam ser adicionadas para criar uma medida única de durabilidade.

---

[11] O Excel não imprime. Ele fornece 0 como a estimativa da maioria dos valores e uma advertência NUM! para o erro padrão do coeficiente.

Fatos sobre a colinearidade

◆ A colinearidade de qualquer previsor com os outros do modelo pode ser mensurada com o Fator de Inflação da Variância.

◆ A alta colinearidade leva a uma estimativa pobre do coeficiente e a um grande erro padrão (e, consequentemente, a uma estatística *t* pequena). O coeficiente pode parecer ter o tamanho errado ou apresentar até mesmo o sinal errado.

◆ Consequentemente, se um modelo de regressão múltipla tem um R^2 alto e um F grande, mas as estatísticas *t* individuais não são significativas, você deve suspeitar da colinearidade.

◆ A colinearidade é mensurada em termos do R_j^2 entre um previsor e *todos* os outros previsores no modelo. Ela não é mensurada em termos da correlação entre quaisquer dois previsores. É claro, se dois previsores estão altamente correlacionados, então o R_j^2 com ainda mais previsores deve ser pelo menos do mesmo valor e normalmente maior.

19.6 Termos quadráticos

Após o evento de descida de montanha de esqui para mulheres, nos Jogos Olímpicos de Inverno, de 2002, em Salt Lake City, a competidora Picabo Street, do time dos EUA, estava desapontada com seu 16º lugar, após ter registrado o melhor tempo do treino. As mudanças das condições da neve podem afetar os tempos finais, e, na verdade, os principais atletas podem escolher suas posições iniciais e tentar adivinhar quando as condições estarão melhores. Mas quanto impacto havia lá? No dia da competição feminina, estava extraordinariamente ensolarado. As esquiadoras esperaram que as condições melhorassem e, então, à medida que o dia passava, se deteriorassem, para que tentassem conseguir o tempo ótimo. Mas seus cálculos foram complicados por um atraso de duas horas. Picabo Street escolheu correr na 26ª posição. Naquela altura, as condições tinham virado e as inclinações começaram a deteriorar. Foi este o motivo por seu final decepcionante?

A regressão da Tabela 19.11 parece apoiar seu argumento. Os tempos realmente ficaram mais lentos à medida que o dia passou.

Tabela 19.11 Tempo da descida de esqui para mulheres nos Jogos Olímpicos de Inverno de 2002 dependendo da posição de largada

A variável dependente é: Tempo

R^2: 37,9% R^2 ajustado: 36,0%
s = 1,577 com 35 – 2 = 33 graus de liberdade

	Coeficiente	EP(Coef.)	Razão t	Valor-P
Intercepto	100,069	0,5597	179	< 0,0001
Ordem de Largada	0,108563	0,0242	4,49	< 0,0001

Porém, um diagrama dos resíduos nos informa que a suposição de linearidade não foi satisfeita.

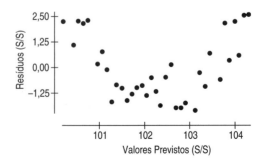

Figura 19.7 Os resíduos revelam uma curva.

Se retornarmos para fazer um diagrama dos dados, podemos ver que uma transformação não pode nos ajudar, já que os tempos primeiro diminuem e então mudam de direção e aumentam.

Figura 19.8 Os dados originais diminuem e então aumentam. Este tipo de curva não pode ser linearizado com uma transformação.

Como podemos usar a regressão aqui? Podemos introduzir um termo quadrático ao modelo:

$$\hat{y} = b_0 + b_1 ordemdelargada + b_2 ordemdelargada^2.$$

A função ajustada é a *quadrática*, que pode representar curvas como as que estes dados apresentam. A Tabela 19.12 fornece a regressão.

Tabela 19.12 Um modelo de regressão com um termo quadrático se ajusta melhor a estes dados

A variável dependente é: Tempo

R^2: 83,3% R^2 ajustado: 82,3%
s = 0,8300 com 35 − 2 = 33 graus de liberdade

Fonte	Soma dos quadrados	GL	Média dos Quadrados	Razão F
Regressão	110,139	2	55,0694	79,9
Resíduo	22,0439	32	0,688871	

	Coeficiente	EP(Coef.)	Razão t	Valor-P
Intercepto	103,547	0,4749	218	< 0,0001
Ordem de Largada	−0,367408	0,0525	−6,99	< 0,0001
Ordem de Largada^2	0,011592	0,0012	9,34	< 0,0001

Este modelo ajusta melhor os dados. O R^2 ajustado é de 82,3% acima dos 36,0% da versão linear. E os resíduos parecem, de modo geral, sem estruturas, como mostra a Figura 19.9.

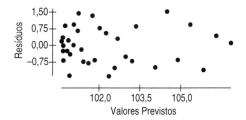

Figura 19.9 Os resíduos do modelo quadrático não mostram estrutura.

Entretanto, permanece um problema. No novo modelo, o coeficiente de *Ordem de Largada* mudou de significativo e positivo a significativo e negativo. Como acabamos de ver, isto é um sinal de possível colinearidade. Os modelos quadráticos têm problemas de colinearidade, porque, para muitas variáveis, x e x^2 estão altamente correlacionadas. Nestes dados, a *Ordem de Largada* e a *Ordem de Largada*^{2} têm uma correlação de 0,97.

Existe uma solução simples para este problema. Ao invés de usar *Ordem de Largada*^{2}, podemos usar $(\textit{Ordem de Largada} - \overline{\textit{Ordem de Largada}})^2$. A variável subtraída de sua média tem uma correlação *zero* com o termo linear. A Tabela 19.13 mostra a tabela resultante.

Tabela 19.13 Utilizando-se o termo quadrático centrado, elimina-se a colinearidade

A variável dependente é: Tempo
R^2: 83,3% R^2 ajustado: 82,3%
$s = 0{,}8300$ com $35 - 2 = 33$ graus de liberdade

Fonte	Soma dos quadrados	GL	Média dos Quadrados	Razão F
Regressão	110,139	2	55,0694	79,9
Resíduo	22,0439	32	0,688871	

	Coeficiente	EP(Coef.)	Razão t	Valor-P
Intercepto	98,7493	0,3267	302	< 0,0001
Ordem de Largada	0,104239	0,0127	8,18	< 0,0001
Ordem de (Largada)^2	0,011592	0,0012	9,34	< 0,0001

Os valores previstos e os resíduos são os mesmos para os dois modelos,[12] mas os coeficientes do segundo são mais fáceis de interpretar.

Portanto, Picabo Street tem uma reclamação válida? Bem, os tempos realmente aumentam com a ordem de largada, mas (do termo quadrático) eles diminuem antes de mudarem de direção e aumentarem. A ordem de largada de Picabo de 26 tem um tempo previsto de 101,83 segundos. Seu desempenho de 101,17 foi melhor do que o previsto, mas seu resíduo de –0,66 não é grande quando comparado com alguns dos outros esquiadores. Os esquiadores que tinham posições de largada mais tarde *estavam* em desvantagem, mas a posição de largada de Picabo foi somente um pouco mais tarde do que a melhor possível (aproximadamente a 16^a de acordo com este modelo) e seu desempenho não foi extraordinário pelos padrões Olímpicos.

Uma observação final: os modelos quadráticos podem fazer um ótimo trabalho no ajuste de padrões curvos como este. Mas eles são particularmente perigosos para extrapolar além do leque dos valores *x*. Portanto, use-os com cuidado.

Os papéis da regressão

Construímos modelos de regressão por vários motivos. Uma razão é modelar como as variáveis estão relacionadas umas com as outras na esperança de entender as relações. Outra é construir um modelo que possa ser usado para prever valores de uma variável resposta conhecidos os valores das variáveis previsoras. Quando esperamos entender, estamos geralmente interessados em amostrar modelos objetivos e simples, nos quais os previsores não estão relacionados uns com os outros tanto quanto possível. Ficamos especialmente felizes quando as estatísticas *t* são grandes, indicando que cada previsor contribui para o modelo.

Por outro lado, quando a previsão é o nosso objetivo, é mais provável que nos preocupemos com o R^2 global. Boas previsões ocorrem quando boa parte da variabilidade de *y* é explicada pelo modelo. Estamos dispostos a manter variáveis no nosso modelo que apresentem estatísticas *t* relativamente pequenas simplesmente pela estabilidade que vários previsores podem fornecer. Não nos importamos se os previsores estão relacionados uns com os outros, já que não pretendemos interpretar os coeficientes; assim; a colinearidade não é uma preocupação.

Em ambos os papéis, podemos incluir alguns previsores "para tirá-los do caminho". A regressão oferece uma forma de controle para fatores quando temos dados observacionais, porque cada coeficiente estima uma relação *depois de remover os efeitos* dos outros previsores. É claro, seria melhor controlar os fatores num experimento aleatório, mas, no mundo real dos negócios, isto geralmente não é possível.

---

[12] Isto pode ser mostrado algebricamente para qualquer modelo quadrático com um termo ao quadrado centrado.

O QUE PODE DAR ERRADO?

Remover um ponto de alta influência pode surpreendê-lo com uma colinearidade inesperada. Por outro lado, um único caso que é extremo sobre vários previsores pode fazê-los parecer ser colineares quando, de fato, eles não seriam se o ponto fosse removido. Eliminar o ponto pode fazer com que colinearidades aparentes desapareçam (e provavelmente resultaria num modelo de regressão mais útil).

- **Tenha cuidado com dados que faltam.** Os valores podem estar faltando ou não estar disponíveis para qualquer caso em qualquer variável. Na regressão simples, quando os casos estão faltando por razões que não estão relacionadas à variável que estamos tentando prever, isto não é um problema. Apenas analisamos os casos para os quais temos os dados. Porém, quando muitas variáveis participam numa regressão múltipla, qualquer caso com dados que faltam em qualquer uma das variáveis será omitido da análise. Você pode, de modo inesperado, deparar-se com um conjunto de dados muito menor do que você iniciou. Tenha um cuidado especial quando comparar modelos de regressão com previsores diferentes, para que os casos que participam nos dois modelos sejam os mesmos.

- **Não esqueça a linearidade.** A **suposição de linearidade** requer relações lineares entre as variáveis num modelo de regressão. À medida que você constrói e compara modelos de regressão, tenha certeza de fazer um diagrama dos dados para verificar que eles sejam lineares. A violação desta suposição torna tudo o mais sobre um modelo de regressão inválido.

- **Verifique as linhas de regressão paralelas.** Quando você introduz uma variável indicadora para uma categoria, verifique a suposição subjacente de que os outros coeficientes no modelo são essencialmente os mesmos para ambos os grupos. Se não forem, considere a adição de um termo de interação.

ÉTICA EM AÇÃO

Fred Barolo dirige uma agência de viagens que oferece, entre outros serviços, pacotes de viagens personalizados. Estes pacotes fornecem uma margem de lucro relativamente alta para a sua empresa, mas Fred está preocupado como a previsão de que uma economia enfraquecida irá afetar desfavoravelmente este segmento dos seus negócios. Ele leu num recente relatório da Associação da Indústria do Turismo que existe um aumento de interesse entre turistas de lazer dos EUA em viagens focadas numa experiência única relacionada à culinária e ao vinho. Para obter uma compreensão das tendências do turismo neste nicho do mercado, ele procura aconselhamento do analista de mercado Smith Nebbiolo, cuja empresa também trata de campanhas promocionais. Smith tem acesso a vários bancos de dados, alguns como membro da Associação da Indústria de Turismo e outros por meio da Agência do Censo dos EUA e da Agência de Análise Econômica. Smith sugere o desenvolvimento de um modelo para prever a demanda de viagens relacionadas à culinária e ao vinho e o Fred concorda. Como variável dependente, Smith usa a quantia mensal de dólares gasta em pacotes de turismo anunciados como experiências culinárias e de vinho. Ele considera um número mensal de indicadores econômicos como produto interno bruto (PIB) e gastos de consumo pessoal (GCP); variáveis relacionadas à indústria de turismo (por exemplo, o Índice Americano de Satisfação do Cliente (IASC) para empresas aéreas e hotéis, etc.); e fatores específicos às experiências de viagens de culinária e vinho, como o gasto com propaganda e preço. Com tantas variáveis, Smith usa o procedimento automático passo a passo para selecionar entre elas. O modelo final que Smith apresenta a Fred não inclui nenhum indicador mensal; o IASC para empresas aéreas e hotéis estão incluídos como gastos de propaganda para estes tipos de viagens. Fred e Smith discutem como parece que a economia tem pouco efeito neste nicho de mercado de viagens e como Fred deve começar a pensar em como irá promover seus novos pacotes de turismo relacionados à culinária e ao vinho.

PROBLEMA ÉTICO *Embora o uso de um procedimento automático passo a passo seja útil na diminuição do número de variáveis independentes a serem consideradas para o modelo, geralmente uma análise mais cuidadosa é necessária. Neste caso, muitas das variáveis independentes potenciais estão altamente correlacionadas umas com as outras. Constata-se que o IASC é um previsor forte dos indicadores econômicos como o PIB e o GCP. Sua presença no modelo iria impedir a entrada do PIB e GCP, mas dizer que os fatores econômicos não afetam a variável dependente é equivocado. Além disso, estes dados são dependentes do tempo. Nenhuma variável que capture tendência ou sazonalidade potencial é considerada. (Relacionado ao Item C, ASA Ethical Guidelines.)*

SOLUÇÃO ÉTICA *O inter-relacionamento entre as variáveis independentes precisa ser examinado. Mais perícia é necessária na parte da construção do modelo; os resíduos precisam ser examinados para determinar se existem padrões dependentes do tempo (isto é, sazonalidade).*

614 Parte III – Explorando Relações entre Variáveis

O que aprendemos?

No Capítulo 18, aprendemos que a regressão múltipla é uma forma natural para estender o que sabíamos sobre os modelos de regressão linear de modo a incluir vários previsores. Agora aprendemos que a regressão múltipla é mais poderosa e mais complexa do que ela possa parecer de início. Como em outros capítulos deste livro cujos títulos falavam de uma maior "sabedoria", este capítulo nos levou mais profundamente aos usos e cuidados com a regressão múltipla. Vislumbramos o poder de um modelo de regressão múltipla. Podemos incorporar dados categóricos usando variáveis indicadoras, modelando relações que tenham inclinações paralelas, mas com interceptos diferentes para grupos diferentes. Com os termos de interação, podemos permitir, também, inclinações diferentes. Podemos criar variáveis identificadoras que isolam casos individuais para remover sua influência do modelo, enquanto demonstram como elas diferem dos outros pontos, e testar se esta diferença é estatisticamente significativa.

Aprendemos a ter cuidado com os casos incomuns. Um único caso com alta alavancagem pode influenciar indevidamente toda a regressão. Tais casos devem ser tratados de forma especial, possivelmente ajustando o modelo com e sem eles ou incluindo variáveis indicadoras para isolar a sua influência.

Aprendemos que, com modelos complexos, devemos ter cuidado na interpretação dos coeficientes. As associações entre os previsores podem mudar os coeficientes a valores que podem ser bem diferentes do coeficiente na regressão simples de um previsor e uma resposta, até mesmo mudar o sinal. E aprendemos que construir modelos de regressão múltipla é uma arte que diz respeito ao objetivo central da análise estatística: entender o mundo por meio de dados. Os métodos gráficos são os mesmos que aprendemos nos capítulos iniciais e os métodos de inferência são aqueles que originalmente desenvolvemos para as médias. Em resumo, tem havido uma história consistente de como entendemos os dados aos quais adicionamos mais e mais detalhes, mas que tem se mantido consistente.

Termos

Alavancagem   Uma medida da influência que um caso individual tem na regressão. Mover um caso na direção de y por uma unidade (mantendo tudo o mais constante) irá mover seu valor previsto pela alavancagem, representada por h.

Caso influente   Um caso é *influente* em um modelo de regressão múltipla se, quando ele for omitido, o modelo muda o suficiente para ser importante para os nossos propósitos. (Não existe um valor específico de mudança para se determinar se um caso é influente.) Os casos com alta alavancagem e com resíduos studentizados também altos têm maior probabilidade de serem influentes.

Colinearidade   Quando um ou mais previsores podem ser ajustados precisamente por uma regressão nos outros previsores, temos a colinearidade. Quando previsores colineares estão num modelo de regressão, eles podem ter coeficientes inesperados e geralmente têm erros padrão inflados (e correspondentemente estatísticas t pequenas).

Distância de Cook   Uma medida da influência de um único caso nos coeficientes de uma regressão múltipla.

Fator da Inflação da Variância (FIV)   Uma medida do grau que um previsor num modelo de regressão múltipla é colinear com os outros previsores. Ela é baseado no R^2 da regressão daquele previsor em todos os outros previsores no modelo:

$$FIV_j = \frac{1}{1 - R_j^2}.$$

Regressão dos Melhores Subconjuntos	Um método de regressão que verifica todas as combinações possíveis dos previsores disponíveis para identificar a combinação que otimiza uma medida arbitrária do sucesso da regressão.
Regressão passo a passo	Um método automático de construir modelos de regressão nos quais os previsores são adicionados ou removidos do modelo um de cada vez na tentativa de aperfeiçoar uma medida do sucesso da regressão. Os métodos passo a passo raramente encontram o melhor modelo e são facilmente afetados por casos influentes, mas eles podem ser valiosos na seleção de uma grande coleção de candidatos a previsor.
Resíduo studentizado	Quando um resíduo é dividido por uma estimativa independente do seu desvio padrão, o resultado é um resíduo studentizado. O tipo de resíduo studentizado que tem uma distribuição t é um *resíduo studentizado externo*.
Termo de interação	Uma variável construída pela multiplicação de uma variável previsora por uma variável indicadora. Um termo de interação ajusta a inclinação da previsora para os casos identificados pela indicadora.
Variável auxiliar	Uma variável indicadora.
Variável indicadora	Uma variável construída para indicar para cada caso se ele está ou não em um grupo. Geralmente, os valores são 0 e 1, em que 1 indica pertinência ao grupo.

Habilidades

- Entender como casos individuais podem influenciar um modelo de regressão.
- Saber como definir e usar as variáveis indicadoras para introduzir variáveis categóricas como previsoras num modelo de regressão múltipla.
- Saber como examinar histogramas de alavancagens e dos resíduos studentizados para identificar casos extraordinários que mereçam atenção especial.
- Saber reconhecer quando um modelo de regressão sofre de colinearidade.

- Saber como verificar os casos de alta alavancagem, identificando aqueles cuja alavancagem se destaca das demais.
- Saber como verificar os casos com grandes resíduos studentizados.
- Ser capaz de usar um pacote estatístico para diagnosticar um modelo de regressão múltipla.
- Saber como construir um modelo de regressão múltipla, selecionando previsores dentre uma grande seleção de potenciais previsores.

- Ser capaz de interpretar os coeficientes encontrados para variáveis indicadoras numa regressão múltipla.
- Ser capaz de discutir a influência que um caso com alavancagem alta ou com resíduo studentizado grande possa ter numa regressão.
- Ser capaz de reconhecer quando a colinearidade entre os previsores está presente. Ser capaz de verificar e discutir suas consequências.
- Ter cuidado na interpretação dos coeficientes da regressão quando os previsores são colineares. Evite armadilhas na interpretação do sinal do coeficiente como se ele fosse especial. Se você não é capaz de interpretar o primeiro dígito do coeficiente, provavelmente não conseguirá interpretar o sinal também.

Ajuda tecnológica: análise da regressão no computador

Os pacotes estatísticos diferem na quantidade de informação que fornecem para diagnosticar a regressão múltipla. A maioria dos pacotes fornece os valores de alavancagem. Muitos fornecem mais, incluindo estatísticas que não discutimos. Mas para todos, o princípio é o mesmo. Esperamos descobrir casos que não se comportam como os outros no contexto do modelo de regressão e, então, entender por que eles são especiais.

Muitas das ideias deste capítulo dependem do conceito de examinar um modelo de regressão e então encontrar um novo baseado no conhecimento crescente do modelo e dos dados. O diagnóstico da regressão tem a intenção de fornecer passos ao longo desta caminhada. Uma análise de regressão completa inclui encontrar e diagnosticar vários modelos.

Excel

O Excel não oferece estatísticas de diagnóstico com a sua função de regressão múltipla.

Comentários

Embora a caixa de diálogo ofereça um diagrama de probabilidade Normal dos resíduos, o suplemento da análise dos dados não faz um diagrama de probabilidade correto; por-

tanto, não use esta opção. Os "resíduos padronizados" são apenas os resíduos divididos pelo seu desvio padrão (com o gl errado), assim, eles também devem ser ignorados.

O suplemento DDXL fornece a maioria das estatísticas de diagnóstico e diagramas discutidos neste capítulo, mas não fornece a regressão passo a passo ou a dos melhores subconjuntos.

Minitab

- Escolha **Regression** do menu **Stat.**
- Escolha **Regression ...** do submenu **Regression.**
- Na caixa de diálogo **Regression**, atribua a variável Y à caixa **Response** (Resposta) e atribua as variáveis X à caixa **Predictors** (Previsoras).
- Clique na tecla **Options (Opções)** para obter o FIV na saída da regressão.
- Na caixa de diálogos **Regression Storage**, você pode selecionar uma variedade de estatísticas de diagnóstico. Elas vão estar armazenadas nas colunas da sua planilha.
- Clique na tecla **OK** para retornar à caixa de diálogo Regressão.
- Para especificar diagramas, clique em **Graphs (Gráficos)** e determine os gráficos que você deseja.

- Clique na tecla **OK** para retornar à caixa de diálogo Regressão.
- Clique na tecla **OK** para calcular a regressão.

Comentários

Você provavelmente quer obter representações das estatísticas de diagnóstico armazenadas. Utilize os métodos do Minitab usuais para criar estes diagramas.

O Minitab também oferece a regressão passo a passo e a de melhores subconjuntos na caixa de diálogos **Regression (Regressão).** Indique a variável resposta, os previsores que podem ser incluídos e outros que você deseja forçar a entrada no modelo.

SPSS

- Escolha **Regression (Regressão)** do menu **Analyze (Analisar).**
- Escolha **Linear** do submenu **Regression (Regressão).**
- Quando a caixa de diálogos Regressão Linear aparecer, selecione a variável Y e mova-a para o objetivo dependente. Em seguida, mova as variáveis X para o objetivo independente.
- Clique na tecla **Save (Salvar).**
- Na caixa de diálogos **Save**, escolha as estatísticas de diagnóstico. Elas serão apresentadas na planilha junto com seus dados.
- Clique na tecla **Continue** para retornar à caixa de diálogos da Regressão Linear.

- Clique na tecla **OK** para obter a regressão.

Comentários

O SPSS oferece os métodos passo a passo (Use o menu suspenso **Method (Método)**), mas não a de melhores subconjuntos (na versão do estudante). Clique na tecla **Statistics** para obter diagnósticos de colinearidade e em **Save** para um diagnóstico de pontos influentes. (Os resíduos que o SPSS chama de "studentizados deletados" são os resíduos studentizados externos que recomendamos neste capítulo.) Você pode fazer um diagrama dos diagnósticos salvos usando os métodos gráficos do SPSS.

JMP

- Do menu **Analyze,** selecione **Fit Model.**
- Especifique a variável resposta, Y. Atribua as variáveis previsoras, X, na caixa de diálogos **Construct Models Effects.**
- Clique em **Run Model.**
- Clique no triângulo vermelho no título da saída do Modelo para encontrar uma variedade de diagramas e diagnósticos disponíveis.

Comentários

O JMP escolhe a análise de regressão quando a variável resposta for Contínua (Continuous). No JMP, a regressão passo a passo é uma *entidade* da plataforma **Model Fitting**; é uma das possíveis seleções do menu flutuante Fitting Personality na caixa de diálogos Model Specification (Especificação do Modelo). O passo a passo fornece os melhores subconjuntos com um comando situado em **All Possible Models (Todos os Modelos Possíveis)**, acessível a partir do menu suspenso do triângulo vermelho no painel de controle do passo a passo após você ter calculado uma análise de regressão passo a passo.

DATA DESK

Solicite estatísticas diagnósticas e gráficos a partir dos menus HyperView na tabela de saída da regressão. A maioria irá se atualizar e pode ser ajustada para atualização automática quando o modelo ou dados mudarem.

Comentários

Você pode adicionar um previsor à regressão arrastando o seu ícone para dentro da tabela ou substituir uma variável arrastando o ícone de outra sobre o nome da variável na tabela. Clique no nome do previsor para obter um menu suspenso que irá permitir removê-lo do modelo.

O Data desk não fornece uma regressão automática passo a passo, mas você pode usar o seus atributos de atualização e de arrastar e largar para construir modelos. Calcule a correlação de y com todos os previsores x promissores. Da tabela de regressão do menu HyperView, calcule os resíduos e largue-os na tabela de correlação. Agora as variáveis x pretendentes remanescentes que estão altamente correlacionadas com os resíduos são bons previsores para serem investigados. Faça um diagrama de dispersão dos resíduos *versus* qualquer pretendente clicando no valor da correlação. Arraste o previsor que você selecionar para dentro da tabela de regressão. À medida que você adiciona as variáveis ao modelo, pode atualizar as correlações.

Projetos de estudo de pequenos casos

O Veteranos Paraplégicos da América (VPA) é uma organização filantrópica sancionada pelo governo dos EUA para representar os interesses dos veteranos deficientes. (Para mais informações sobre a VPA, veja o início do Capítulo 24.) Para obter doações, a VPA envia periodicamente cartões comemorativos e etiquetas de endereços com suas solicitações de doações. Para aumentar a eficiência, eles gostariam de ser capazes de modelar a quantidade de doações baseados nas doações do passado e em variáveis demográficas dos seus doadores. O conjunto de dados **ch19_ MCSP_pva.txt** contém dados de 3648 colaboradores que doaram devido a uma solicitação recente. Existem 26 variáveis previsoras e uma variável resposta. A variável resposta (GIFTAMNT) é a quantia de dinheiro doada pelo colaborador na última solicitação. Encontre um modelo a partir das 26 variáveis previsoras usando qualquer procedimento de seleção do modelo que você quiser para prever esta quantia. As variáveis incluem:

Variáveis baseadas no código de área do doador:

MALEVET (% de veteranos homens)
VIETVETS (% de veteranos do Vietnã)
WWIIVETS (% de veteranos da Segunda Guerra)
LOCALGOV (% de veteranos empregados pelo governo local)

Parte III – Explorando Relações entre Variáveis

STATEGOV (% de veteranos empregados pelo governo estadual)

FEDGOV (% de veteranos empregado pelo governo federal)

Variáveis específicas ao doador individual

CARDPROM (Número total de promoções de cartões recebidas)

MAXADATE (Data da promoção mais recente recebida no formato de ano/mês)

NUMPROM (Número total de promoções recebidas)

CARDPRM12 (Número de cartões promocionais recebidos nos últimos 12 meses)

NUMPRM12 (Número de promoções recebidas nos últimos 12 meses)

NGIFTALL (Número de presentes dados até agora)

CARDGIFT (Número de presentes de promoções de cartões dados até agora)

MINRAMNT (Quantia do menor presente até agora em $)

NINRDATE (Data associada ao menor presente até agora – no formato de ano/mês)

MAXRDATE (Data associada ao maior presente até agora – no formato de ano/mês)

LASTGIFT (Quantia do presente mais recente em $)

AVGGIFT (Quantia média de presentes até agora em $)

CONTROLN (Número de controle – identificador único de registro)

HPHONE_D (Variável indicando a presença de um número telefônico domiciliar público: 1 = Sim; 0 = Não)

CLUSTER2 (Código de agrupamento clássico – campo nominal)

CHILDREN (Número de filhos morando em casa)

Variável resposta

GIFTMNT (Variável resposta – valor da última doação em $)

Tenha certeza de incluir a análise exploratória dos dados e avaliar a relação entre estas variáveis usando a análise gráfica e de correlação para guiá-lo na construção dos modelos de regressão. Escreva um relatório resumindo a sua análise.

EXERCÍCIOS

T 1. Avaliações das *pizzas*. Os fabricantes de alimentos congelados geralmente reformulam seus produtos para manter e aumentar a satisfação dos clientes e as vendas. Assim, eles prestam uma atenção especial às avaliações dos seus produtos em comparação aos produtos dos seus competidores. As *pizzas* congeladas são um setor importante do mercado de alimentos congelados, responsável por $2,84 bilhões em vendas, em 2007 (www.aibon-line.org/resources/statistics/2007pizza.htm). O prestigioso Sindicato dos Consumidores avaliou as *pizzas* congeladas por sabor e qualidade, atribuindo um escore geral para cada marca testada. Um modelo de regressão para prever o escore do Sindicato dos Consumidores a partir das Calorias, do Tipo (1 = queijo, 0 = calabresa) e do conteúdo de gordura fornece o seguinte resultado:

A variável dependente é: Escore
R^2: 28,7% R^2 ajustado: 20,2%
s = 19,79 com 29 – 4 = 25 graus de liberdade

Fonte	Soma dos quadrados	gl	Média dos quadrados	Razão F
Regressão	3947,34	3	1315,78	3,36
Resíduo	9791,35	25	391,654	

	Coeficiente	EP(Coef.)	Razão t	Valor-P
Intercepto	−148,817	77,99	−1,91	0,0679
Calorias	0,743023	0,3066	2,42	0,0229
Tipo	15,6344	8,103	1,93	0,0651
Gordura	−3,89135	2,138	−1,82	0,0807

a) Qual é a interpretação do coeficiente do *Tipo* nesta regressão? De acordo com esses resultados, que tipo você esperaria que vendesse mais – queijo ou calabresa?

b) Quais diagramas você gostaria de ver para verificar as suposições e condições deste modelo?

T 2. Atrasos no trânsito. O Instituto de Transporte do Texas (tti.tamu.edu) estuda os atrasos no trânsito. Eles estimam que, no ano 2000, as 75 maiores áreas metropolitanas tiveram 3,6 bilhões de horas de atrasos de veículos, resultando em 5,7 bilhões de galões de combustível desperdiçados e $6,7 bilhões em perda de produtividade. Isto é aproximadamente 0,7% do PIB do país daquele ano. Os dados que o instituto publicou para o ano de 2001 incluem informações sobre *Total de Atrasos por Pessoa* (horas por ano gastos em atrasos no trânsito), a *Velocidade Média da Estrada Principal* (mph), a *Velocidade Média da Autoestrada* (mph) e o *Tamanho* da cidade (pequena, média, grande, muito grande). O modelo de regressão baseado nestas variáveis fica assim. As variáveis *Pequena*, *Grande* e *Muito Grande* são indicadores construídos para ser 1 para cidades do tamanho representado e 0 de outra forma.

A variável dependente é: Atraso/Pessoa
R^2: 79,1% R^2 ajustado: 77,4%
s = 6,474 com 68 − 6 = 62 graus de liberdade

Fonte	Soma dos quadrados	gl	Média dos quadrados	Razão F
Regressão	9808,23	5	1961,65	46,8
Resíduo	2598,64	62	41,9135	

	Coeficientes	EP(Coef.)	Razão t	Valor-P
Intercepto	139,104	16,69	8,33	< 0,0001
Autoestrada MPH	−1,07347	0,2474	−4,34	< 0,0001
Estr.Principal MPH	−2,04836	0,6672	−3,07	0,0032
Pequena	−3,58970	2,953	−1,22	0,2287
Grande	5,00967	2,104	2,38	0,0203
Muitogrande	3,41058	3,230	1,06	0,2951

a) Por que não existe coeficiente para *Média*?
b) Explique como os coeficientes de *Pequena*, *Grande* e *Muito Grande* são responsáveis pelo tamanho da cidade neste modelo.

T 3. Avaliações das *pizzas*, parte 2. Aqui está um diagrama de dispersão dos resíduos *versus* os valores previstos para o modelo de regressão encontrado no Exercício 1.

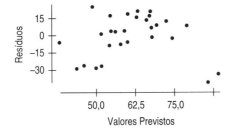

a) Os dois pontos extraordinários na parte mais baixa à direita são *Reggio* e *Michelin*, duas marcas *gourmet*. Interprete estes pontos.
b) Você acha que estas duas *pizzas* são provavelmente influentes na regressão? Retirá-las iria provavelmente mudar os coeficientes? Que outras estatísticas poderiam ajudá-lo a decidir?

T 4. Atrasos no trânsito, parte 2. Aqui está um diagrama de dispersão dos resíduos da regressão do Exercício 2 traçada contra a velocidade média na *Autoestrada* (*mph*).

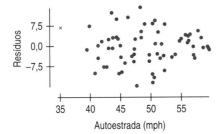

a) O ponto representado por um "x" é Los Angeles. Veja o gráfico e explique o que ele diz sobre os atrasos no trânsito em Los Angeles e sobre o modelo de regressão.
b) Los Angeles é provavelmente um ponto influente nesta regressão?

T 5. Receita do Wal-Mart. A cada semana, aproximadamente 100 milhões de clientes – cerca de um terço da população dos EUA – visita uma das lojas norte-americanas do Wal-Mart. Como a receita do Wal-Mart está relacionada ao estado da economia em geral? Aqui está uma tabela de regressão prevendo a receita mensal do Wal-Mart ($bilhões) do final de 2003 até o início de 2007, do índice de preço ao consumidor (IPC), e um diagrama de dispersão da relação.

A variável dependente é: Receita_WM
R^2: 11,4% R^2 ajustado: 9,0%
s = 3,689 com 39 − 2 = 37 graus de liberdade

	Coeficiente	EP(Coef.)	Razão t	Valor-P
Intercepto	−24,4085	19,25	−1,27	0,2127
IPC	0,071792	0,0330	2,18	0,0358

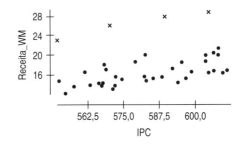

a) Os pontos representados por "x" são os quatro valores dos meses de dezembro. Podemos construir uma variável que é "1" para estes quatro valores e "0" de outra forma. Como é denominada tal variável?

Aqui está a regressão resultante.

A variável dependente é: Receita_WM
R^2: 80,3% R^2 ajustado: 79,2%
s = 1,762 com 39 − 3 = 36 graus de liberdade

	Coeficiente	EP(Coef.)	Razão t	Valor-P
Intercepto	−34,7755	9,238	−3,76	0,0006
IPC	0,087707	0,0158	5,55	≤ 0,0001
Dezembro	10,4905	0,9337	11,2	≤ 0,0001

b) Qual é a interpretação do coeficiente da variável *Dezembro* construída?
c) Que suposição adicional é necessária para incluir a variável *Dezembro* neste modelo? Existe razão para acreditar que ela foi satisfeita?

T 6. Comparecimento ao beisebol. Os proprietários de times de beisebol querem atrair torcedores aos jogos. O New York Mets adquiriu o lançador Pedro Martinez em 2005. Martinez é considerado um dos melhores lançadores da sua era, tendo ganho o prêmio Cy Young três vezes. Martinez tem seus próprios torcedores. Possivelmente, ele atrai mais torcedores ao estádio quando ele lança em casa, ajudando a justificar seu contrato de $53 milhões por 4 anos. Existe realmente um "efeito Pedro" no comparecimento? Temos dados para os jogos em casa dos Mets da temporada de 2005. A regressão tem os seguintes previsores:

Fim de semana   1 se o jogo é no sábado ou domingo, 0 de outra forma.
Yankees   1 se o jogo é contra os Yankees (uma rivalidade regional), 0 de outra forma.

Atraso Chuva — 1 se o jogo atrasou devido à chuva (o que pode ter diminuído o comparecimento), 0 de outra forma

Dia de Abertura — 1 para o dia de abertura dos jogos, 0 para os outros

Início com Pedro — 1 se Pedro iniciava lançando, 0 de outra forma

Aqui está a regressão.

A variável dependente é: Comparecimento
R^2: 53,9% R^2 ajustado: 50,8%
s = 6998 com 80 − 6 = 74 graus de liberdade

	Coeficiente	EP(Coef.)	Razão t	Valor-p
Intercepto	28896,9	1161	24,9	≤ 0,0001
Fim de Semana	9960,50	1620	6,15	≤ 0,0001
Yankees	15164,3	4218	3,59	0,0006
Atraso Chuva	−17427,9	7277	−2,39	0,0192
Dia de abertura	24766,1	7093	3,49	0,0008
Início com Pedro	5428,02	2017	2,69	0,0088

a) Todos estes previsores são de um tipo especial. Como eles são chamados?
b) Qual é a interpretação do coeficiente da variável *Início com Pedro*?
c) Se estivermos principalmente interessados no efeito Pedro de comparecimento, por que é importante ter as outras variáveis no modelo?
d) O agente de Pedro poderia afirmar, baseado nesta regressão, que seu cliente atrai mais torcedores ao estádio? Que estatísticas ele deveria citar?

T 7. Avaliação das *pizzas*, parte 3. No Exercício 3, levantamos questões sobre duas *pizzas gourmet*. Depois de removê-las, a regressão resultante fica assim:

A variável dependente é: Escore
R^2 = 64,4% R^2 ajustado = 59,8%
s = 14,41 com 27 − 4 = 23 graus de liberdade

Fonte	Soma dos quadrados	gl	Média dos quadrados	Razão F
Regressão	8649,29	3	2883,10	13,9
Resíduo	4774,56	23	207,590	

	Coeficiente	EP(Coef.)	Razão t	Valor-P
Intercepto	−363,109	72,15	−5,03	≤ 0,0001
Calorias	1,56772	0,2824	5,55	≤ 0,0001
Tipo	25,1540	6,214	4,05	0,0005
Gordura	−8,82748	1,887	−4,68	0,0001

Um diagrama dos resíduos contra os valores previstos para esta regressão fica assim. Ela foi colorida de acordo com o *Tipo* de *pizza*.

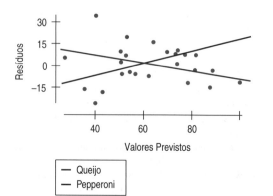

a) O que este diagrama diz sobre como o modelo de regressão trata destes dois tipos de *pizza*?

Construímos outra variável consistindo da variável indicadora *Tipo* multiplicada por *Calorias*. Aqui está a regressão resultante.

A variável dependente é: Escore
R^2 = 73,1% R^2 ajustado = 68,2%
s = 12,82 com 27 − 5 = 22 graus de liberdade

Fonte	Soma dos quadrados	gl	Média dos quadrados	Razão F
Regressão	9806,53	4	2451,63	14,9
Resíduo	3617,32	22	164,424	

	Coeficiente	EP(Coef.)	Razão t	Valor-P
Intercepto	−464,498	74,73	−6,22	≤ 0,0001
Calorias	1,92005	0,2842	6,76	≤ 0,0001
Tipo	183,634	59,99	3,06	0,0057
Gordura	−10,3847	1,779	−5,84	≤ 0,0001
Tipo*Cals	−0,461496	0,1740	−2,65	0,0145

b) Interprete o coeficiente de *Tipo*Cals* neste modelo de regressão.
c) Este é um modelo melhor que aquele dos Exercícios 1 e 3?

T 8. Atrasos no trânsito, parte 3. Aqui está um diagrama dos resíduos studentizados do modelo de regressão do Exercício 2 *versus Estrada PrincipalMPH*. O diagrama está colorido de acordo com o *Tamanho da Cidade* (Pequena, Média, Grande e Muito Grande) e as linhas da regressão estão ajustadas para cada tamanho de cidade.

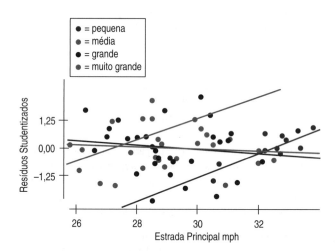

a) O modelo do Exercício 2 inclui indicadores para o tamanho da cidade. Considerando este diagrama, estas variáveis indicadoras efetuaram o que é necessário para o modelo de regressão? Explique.

Aqui está outro modelo que adiciona duas novas variáveis construídas ao modelo do Exercício 2. Elas são o produto de *Estrada PrincipalMPH* por *Pequena* e o produto de *Estrada PrincipalMPH* por *Muito Grande*.

A variável dependente é: Atraso/Pessoa
R^2 = 80,7% R^2 = ajustado: 78,5%
s = 6,316 com 68 − 8 = 60 graus de liberdade

Fonte	Soma dos quadrados	gl	Média dos quadrados	Razão F
Regressão	10013,0	7	1430,44	35,9
Resíduo	2393,82	60	39,8970	

Variável	Coeficiente	EP(Coef.)	Razão t	Valor-P
Intercepto	153,110	17,42	8,79	≤ 0,0001
Autoestrada MPH	−1,02104	0,2426	−4,21	≤ 0,0001
Estr.Principal MPH	−2,60848	0,6967	−3,74	0,0004
Pequena	−125,979	66,92	−1,88	≤ 0,0646
Grande	4,89837	2,053	2,39	0,0202
Muito grande	-89,4993	63,25	−1,41	0,1623
ESM*pequena	3,81461	2,077	1,84	0,0712
ESM*Muito grande	3,38139	2,314	1,46	0,1491

b) O que o previsor ESM*Pequena (*Estrada PrincipalMPH* por *Pequena*) faz neste modelo? Interprete o coeficiente.
c) Este modelo aperfeiçoa o modelo do Exercício 2? Explique.

T 9. Seguro (Expectativa de Vida). As companhias de seguros baseiam seus prêmios em muitos fatores, mas basicamente todos os fatores são variáveis que preveem a expectativa de vida. A expectativa de vida varia de lugar para lugar. Aqui está uma regressão que modela a *Expectativa de Vida* em termos de outras variáveis demográficas que vimos no Exercício 34 do Capítulo 18. (Consulte aquele exercício para as definições das variáveis e das unidades.)

A variável dependente é: Expec. Vida
$R^2 = 67,0\%$ R^2 ajustado = 64,0%
s = 0,8049 com 50 − 5 = 45 graus de liberdade

Fonte	Soma dos quadrados	gl	Média dos quadrados	Razão F
Regressão	59,1430	4	14,7858	22,8
Resíduo	29,1560	45	0,647910	

Variável	Coeficiente	EP(Coef.)	Razão t	Valor-P
Intercepto	69,4833	1,325	52,4	≤ 0,0001
Assassinato	−0,261940	0,0445	−5,89	≤ 0,0001
Ensino Médio Compl.	0,046144	0,0218	2,11	0,0403
Renda	1,24948e4	0,0002	0,516	0,6084
Analfabetismo	0,276077	0,3105	0,889	0,3787

a) O estado com a alavancagem mais alta e a distância de Cook maior é o Alasca. Ele é representado por um "x" no diagrama dos resíduos. Que evidência você tem destes diagramas de diagnóstico que o Alasca possa ser um ponto influente?

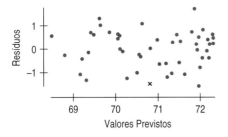

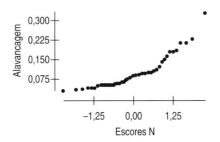

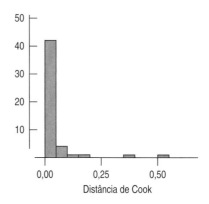

Aqui está outra regressão com uma variável auxiliar para o Alasca adicionada ao modelo de regressão.

A variável dependente é: Expec. Vida

$R^2 = 70,8\%$ R^2 ajustado = 67,4%
s = 0,7660 com 50 − 6 = 44 graus de liberdade

Fonte	Soma dos quadrados	gl	Média dos quadrados	Razão F
Regressão	62,4797	5	12,4959	21,3
Resíduo	25,8193	44	0,586802	

	Coeficiente	EP(Coef.)	Razão t	Valor-P
Intercepto	67,6377	1,480	45,7	≤ 0,0001
Assassinato	−0,250395	0,0426	−5,88	≤ 0,0001
Ensino Médio Compl.	0,055792	0,0212	2,63	0,0116
Renda	0,458607	0,3053	1,50	0,1401
Analfabetismo	3,68218e-4	0,0003	1,46	0,1511
Alasca	−2,23284	0,9364	−2,38	0,0215

b) O que o coeficiente para a variável auxiliar Alasca significa? Existe evidência de que o Alasca é um valor atípico neste modelo?
c) Que modelo você iria preferir para entender ou prever a *Expectativa de Vida*? Explique.

T 10. Valor nutritivo do cereal. Os fabricantes de cereais para o café da manhã publicam as informações sobre os nutrientes em cada caixa do seu produto. Como vimos no Capítulo 17, existe uma longa história dos cereais sendo associados com a nutrição. Aqui está uma regressão para prever o número de *Calorias* dos cereais para o café da manhã do seu conteúdo de *Sódio*, *Potássio* e *Açúcar* e alguns diagramas de diagnóstico.

A variável dependente é: Calorias

$R^2 = 38,4\%$ R^2 ajustado = 35,9%
s = 15,60 com 77 − 4 = 73 graus de liberdade

	Coeficiente	EP(Coef.)	Razão t	Valor-P
Intercepto	83,0469	5,198	16,0	≤ 0,0001
Sódio	0,057211	0,0215	2,67	0,0094
Potássio	−0,019328	0,0251	−0,769	0,4441
Açúcar	2,38757	0,4066	5,87	≤ 0,0001

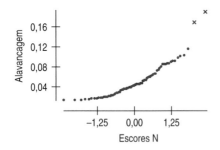

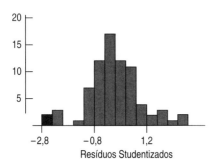

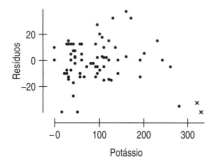

A parte sombreada do histograma corresponde aos dois cereais traçados com os valores x no diagrama de probabilidade normal das alavancagens. Eles são *All-Bran with Extra Fiber* e *All-Bran*.

a) O que os diagramas dizem sobre a influência destes dois cereais nesta regressão? (O histograma é dos resíduos studentizados.)

Aqui está outra regressão com variáveis auxiliares definidas para cada um dos dois tipos de cereais.

A variável dependente é: Calorias
R^2 = 50,7% R^2 ajustado = 47,3%
s = 14,15 com 77 − 6 = 71 graus de liberdade

	Coeficiente	EP(Coef.)	Razão t	Valor-P
Intercepto	79,0874	4,839	16,3	≤ 0,0001
Sódio	0,068341	0,0198	3,46	0,0009
Potássio	0,043063	0,0272	1,58	0,1177
Açúcar	2,03202	0,3795	5,35	≤ 0,0001
All-Bran	−50,7963	15,84	−3,21	0,0020
All-Bran Extra	−52,8659	16,03	−3,30	0,0015

b) Explique o que os coeficientes das variáveis auxiliares do cereal de milho (bran) significam.
c) Qual a regressão que você iria selecionar para entender a interação entre os componentes dos nutrientes? Explique. (Observação: ambos são defensáveis.)
d) Como você pode ver dos diagramas de dispersão, existe outro cereal com potássio alto. Não tão surpreendentemente, ele é *100% Bran*. Mas ele não tem a alavancagem tão alta quanto os outros dois cereais. Você acha que ele deve ser tratado como os outros (isto é, removê-lo do modelo, ajustá-lo com a sua própria variável auxiliar ou deixar o modelo sem atenção especial, dependendo da sua resposta em c)? Explique.

T 11. Diagnóstico do valor da lagosta. No Capítulo 18, Exercício 24, construímos o seguinte modelo de regressão para prever o log do valor anual da pesca da lagosta do Maine.

A variável dependente é: LogValor
R^2 = 97,4% R^2 (ajustado) = 97,3%
s = 0,00782 com 56 −4 = 52 graus de liberdade

	Coeficiente	EP(Coef.)	Razão t	Valor-P
Intercepto	7,70207	0,3706	20,8	≤ 0,0001
Armadilhas (M)	0,575390	0,0152	37,8	≤ 0,0001
Pescadores	−5,32221e-5	0,0000	−5,43	≤ 0,0001
Temp. água	−0,015185	0,0074	−2,05	0,0457

Naquele momento, também examinamos diagramas dos resíduos que pareciam satisfazer as suposições e condições para a inferência da regressão. Analisemos mais profundamente. Aqui está um histograma das distâncias de Cook para este modelo.

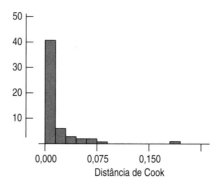

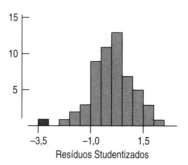

O caso com a distância de Cook maior é 1994. (Você pode encontrar um diagrama de dispersão do *logValor* ao longo do tempo no Exercício 31 do Capítulo 17.) O que isto sugere sobre este modelo? O que você recomendaria?

T 12. Diagnóstico do preço da lagosta. No Capítulo 18, Exercício 25, construímos o seguinte modelo de regressão para prever o *Preço* da lagosta colhida pela indústria da pesca da lagosta do Maine.

A variável dependente é: Preço/lb
R^2 = 94,4% R^2 (ajustado) = 94,1%
s = 0,2462 com 53 −4 = 49 graus de liberdade

	Coeficiente	EP(Coef.)	Razão t	Valor-P
Intercepto	0,845123	0,3557	2,38	0,0215
Armadilhas (M)	1,20094	0,0619	19,4	≤ 0,0001
Pescadores	−0,0001218	0,00004	−3,30	< 0,0018
Cap/Armadilha	−22,0207	10,96	−2,01	0,0500

Naquele momento, também examinamos diagramas dos resíduos que pareciam satisfazer as suposições e condições para inferência da regressão. Analisemos mais profundamente. Aqui está um histograma das distâncias de Cook para este modelo.

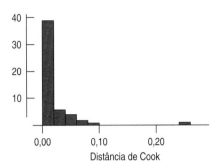

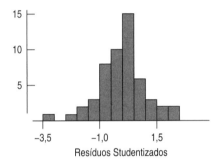

O caso com a distância de Cook maior é 1994, que foi também o ano com o resíduo studentizado com o menor resíduo. O que isto sugere sobre este modelo? O que você recomendaria?

T 13. Construção de um modelo de ajuste econômico. Um estudo da U.S. Small Business Administration (Administração dos Pequenos Negócios dos EUA) modelou o PIB *per capita* de 24 países da Organização para a Cooperação e Desenvolvimento Econômico (OCDE) (Crain, M. W. *The Impact of Regulatory Costs on Small Firms*, disponível em www.sba.gov/idc/groups/public/documents/sba_homepage/rs264tot.pdf). Uma análise estimou o efeito no PIB nos ajustes econômicos e outras variáveis. (Consideramos este modelo no Exercício 18 do Capítulo 18.) Eles encontraram o seguinte modelo.

A variável dependente é: PIB/*Capita*

R^2 = 97,4% R^2 (ajustado) = 96,6%
s = 2084 com 24 −6 = 18 graus de liberdade

Fonte	Soma dos quadrados	gl	Média dos quadrados	Razão F
Regressão	2895078376	5	579015675	133
Resíduo	78158955	18	4342164	

	Coeficiente	EP(Coef.)	Razão t	Valor-P
Intercepto	10487,3	9431	1,11	0,2808
Índice de ajuste da OCDE	−1343,28	626,4	−2,14	0,0459
Diversidade etnolinguística	−69,9875	23,26	−3,01	0,0075
Comércio Internacional/PIB	44,7096	14,00	3,19	0,0050
Educação Primária (%)	−58,4084	86,11	−0,678	0,5062
PIB/*Capita* de 1988	1,07767	0,0448	24,1	≤ 0,0001

a) Se removermos *Educação Primária* do modelo, o R^2 diminui para 97,3%, mas o R^2 ajustado *aumenta* para 96,7%. Como isto pode acontecer? O que isto significa? Você incluiria *Educação Primária* neste modelo?

Aqui está parte daquela regressão.

A variável dependente é: PIB/*Capita*
R^2 = 97,3% R^2 (ajustado) = 96,7%
s = 2054 com 24 −5 = 19 graus de liberdade

	Coeficiente	EP(Coef.)	Razão t	Valor-P
Intercepto	4243,21	2022	2,10	0,0495
OCDE Índice Reg.	−1244,20	600,4	−2,07	0,0521
Diversidade etnolinguística	−64,4200	21,45	−3,00	0,0073
Comércio Internacional/PIB	40,3905	12,29	3,29	0,0039
PIB 1988/*Capita*	1,08492	0,0429	25,3	≤ 0,0001

b) Considere a estatística *t* para o *Ajuste da OCDE* no modelo reduzido. Aquele foi o previsor de interesse deste autor. Você concorda com a sua conclusão de que o ajuste da OCDE reduziu o PIB/*Capita* nestes países? Por que você acha que ele escolheu incluir *Educação Primária* como um previsor? Explique.

T 14. Motocicletas de Trilha. Motocicletas *off-road* (geralmente chamadas de motocicletas de trilha) são um segmento (aproximadamente 18%) do mercado crescente de motocicletas. Pelo fato de que as motos de trilha oferecerem uma grande variação de características, elas são um bom segmento do mercado a se estudar para aprender sobre quais características são responsáveis pelo custo (preço de varejo sugerido pelo fabricante, PVSPF) de uma motocicleta. Os pesquisadores coletaram dados do modelo de 2005 das motocicletas sujas (lib.stat.cmu.edu/datasets/dirtbike_aug.csv). Seu objetivo original era estudar as diferenças no mercado entre as marcas. (*The Dirt on Bikes: Na Illustration of CART Models for Brand Differentiation*. Jiang Lu, Joseph B. Kadane e Peter Boatwright). No Capítulo 18, os Exercícios 31, 32 e 33 trataram destes dados, mas várias motocicletas foram removidas para simplificar a análise. Agora utilizaremos o conjunto completo.[1]

Aqui está o modelo de regressão e alguns gráficos associados.

A variável dependente é: PVSPF
R^2 = 91,0% R^2 (ajustado) = 90,5%
s = 606,4 com 100 − 6 = 94 graus de liberdade

Fonte	Soma dos quadrados	gl	Média dos quadrados	Razão F
Regressão	349911096	5	69982219	190
Resíduo	34566886	94	367733	

	Coeficiente	EP(Coef.)	Razão t	Valor-P
Intercepto	−5514,66	826,2	−6,67	≤ 0,0001
Diâmetro do cilindro	83,7950	6,145	13,6	≤ 0,0001
Folga	152,617	52,02	2,93	0,0042
Tempos do motor	−315,812	89,83	−3,52	0,0007
Peso Total	−13,8502	3,017	−4,59	≤ 0,0001
Cilindrada	119,138	34,26	3,48	0,0008

---
[1] Bem, honestamente, removemos uma motocicleta luxuosa, feita à mão, cujo PVSPF era de $19500 como um valor atípico claramente identificado.

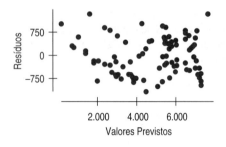
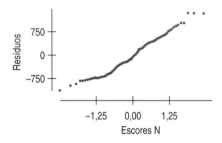
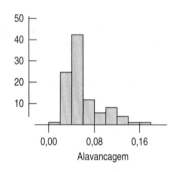

a) Liste os aspectos deste modelo de regressão que levam a concluir que é provável que seja um modelo útil.
b) Quais aspectos das exibições indicam que o modelo seja um modelo bom?

15. Aviões no horário. As companhias aéreas se esforçam para serem pontuais, em parte, porque os clientes podem recorrer às estatísticas publicadas pelo governo para selecionar voos que, na maioria das vezes, estão no horário. Temos os dados de março de 2006, de 19 companhias aéreas onde foram coletadas seguintes variáveis:

No horário	(número de chegadas no horário)
Cancelado	(número de voos cancelados)
Desviados	(número de voos desviados)
Carga	(número de atrasos devido à carga)
Condições do tempo	(número de atrasos devido ao tempo)
Atrasos SAN	(atrasos devidos ao controle de tráfego do Sistema de Espaço Aéreo Nacional)
Chegada tarde	(número de atrasos devido ao atraso de equipamentos ou da tripulação)

Aqui está o modelo de regressão.

A variável dependente é: No horário
$R^2 = 93{,}9\%$ R^2 (ajustado) $= 90{,}8\%$
$s = 5176$ com $19 - 7 = 12$ graus de liberdade

Fonte	Soma dos quadrados	gl	Média dos quadrados	Razão F
Regressão	4947151273	6	824525212	30,8
Resíduo	321546284	12	26795524	

	Coeficiente	EP(Coef.)	Razão t	Valor-P
Intercepto	1357,10	2316	0,586	0,5687
Cancelado	–18,5514	6,352	–2,92	0,0128
Desviado	39,5623	95,59	0,414	0,6863
Carga	10,9620	3,104	3,53	0,0041
Tempo	10,4637	9,462	1,11	0,2905
Atraso SAN	2,46727	1,091	2,26	0,0431
Chegada tarde	4,64874	1,445	3,22	0,0074

a) Interprete o coeficiente de Desviado. (Dica: esta é uma questão enganosa.)

Aqui está outra regressão e um diagrama de dispersão de *No horário vs. Desviado*. Observe que *Desviado* é a variável resposta nesta segunda regressão.

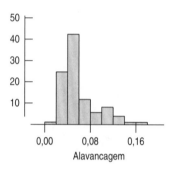

A variável dependente é: Desviado
$R^2 = 85{,}6\%$ R^2 (ajustado) $= 80{,}0\%$
$s = 1502$ com $19 - 6 = 12$ graus de liberdade

	Coeficiente	EP(Coef.)	Razão t	Valor-P
Intercepto	–1,67088	6,703	–0,246	0,8093
Cancelado	–0,016896	0,0178	–0,948	0,3604
Carga	0,013823	0,0081	1,70	0,1136
Tempo	0,050714	0,0236	2,15	0,0509
Atraso SAN	6,33917e-3	0,0038	1,67	0,1196
Chegada tarde	7,90830e-3	0,0025	2,86	0,0133

b) Do diagrama de dispersão parece que *Desviado* seria um bom previsor para *No Horário*, mas este parece não ser o caso. Por que você acha que o coeficiente de *Desviado* não é significativo na primeira regressão?
c) Como a segunda regressão explica esta aparente contradição?
d) Encontre o valor da estatística Fator da Inflação da Variância para *Desviado* na primeira regressão.

16. Motocicletas de Trilha, parte 2. No modelo no Exercício 14, está faltando um previsor que esperaríamos ver. A *Cilindrada* está altamente correlacionada ($r = 0{,}783$) com PVSF, mas esta variável não entrou no modelo (e, realmente, teria um valor-P de 0,54 se fosse adicionada ao modelo). Aqui estão algumas evidências para explicar o que isto seria. (Dica: observe que *Cilindrada* é a variável resposta nesta regressão.)

A variável dependente é: Cilindrada
$R^2 = 95{,}9\%$ R^2 (ajustado) $= 95{,}7\%$
$s = 35{,}54$ com $100 - 6 = 94$ graus de liberdade

	Coeficiente	EP(Coef.)	Razão t	Valor-P
Intercepto	–8,05901	48,42	–0,166	0,8682
Diâmetro do cilindro	9,10890	0,3601	25,3	≤ 0,0001
Folga	3,55912	3,048	1,17	0,2460
Tempos do motor	–27,3943	5,264	–5,20	≤ 0,0001
Peso Total	1,03749	0,1768	5,87	≤ 0,000
Cilindrada	–10,0612	2,008	–5,01	≤ 0,0001

a) Que termo descreve a razão pela qual *Cilindrada* não contribui com o modelo de regressão para PVSF?
b) Encontre o valor do Fator de Inflação da Variância para *Cilindrada* na regressão em PVSF.

T 17. Diagnóstico da indústria do entretenimento. Exercícios do Capítulo 18 consideraram a receita semanal de *shows* da Broadway, na cidade de Nova York. Para simplificar, omitimos algumas semanas daqueles dados. Aqui está a mesma regressão com todos os dados presentes.

A variável dependente é: Receita (milhões de $)
$R^2 = 93,3\%$ R^2 (ajustado) = 93,1%
s = 0,9589 com 92 – 4 = 88 graus de liberdade

Fonte	Soma dos quadrados	gl	Média dos quadrados	Razão F
Regressão	1130,43	3	376,811	410
Resíduo	80,9067	88	0,919395	

	Coeficiente	EP(Coef.)	Razão t	Valor-P
Intercepto	−22,1715	2,221	−9,98	≤ 0,0001
Expectadores pagantes	0,087031	0,0046	19,0	≤ 0,0001
# Shows	−0,024934	0,0338	−0,737	0,4632
Preço médio do ingresso	0,265756	0,0286	9,29	≤ 0,0001

Aqui estão alguns diagramas de diagnóstico.

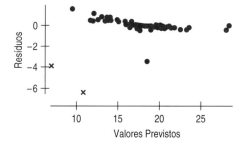

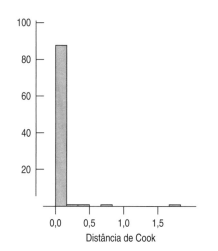

a) Os dois pontos que estão representados por um "x" no diagrama dos resíduos *versus* valores previstos são os dois com as distâncias de Cook mais altas. O que esta informação diz sobre como estes pontos podem estar afetando a análise?

Na verdade, estes pontos são os relatórios publicados na última semana de novembro e da primeira semana de dezembro de 2007 – um período em que o Sindicato dos Ajudantes de Palco *Local One* estava em greve, fechando quase todos os *shows* da Broadway. Parece que estas não são semanas representativas para os negócios na Broadway. Removê-las resulta na seguinte regressão.

A variável dependente é: Receita (milhões de $)
$R^2 = 98,5\%$ R^2 (ajustado) = 98,5%
s = 0,3755 com 90 – 4 = 86 graus de liberdade

Fonte	Soma dos quadrados	gl	Média dos quadrados	Razão F
Regressão	809,793	3	269,931	1015
Resíduo	12,1250	86	0,14098	

	Coeficiente	EP(Coef.)	Razão t	Valor-P
Intercepto	−21,3165	0,8984	−23,7	≤ 0,0001
Expectadores pagantes	0,071955	0,0019	37,4	≤ 0,0001
# Shows	−0,045793	0,0137	3,35	0,0012
Preço médio do ingresso	0,2674503	0,0115	23,8	≤ 0,0001

b) Que mudanças nestes modelos estimados apoiam a conclusão de que estas duas semanas eram pontos influentes? (Dica: o aumento no R^2 ajustado não é uma das razões.)
c) Qual modelo seria o melhor para usar na análise dos negócios dos *shows* da Broadway: aquele com todos os dados ou aquele com os dois pontos influentes removidos?

T 18. Construção de modelo de ajuste econômico, parte 2. O Exercício 13 levantou algumas questões sobre o modelo de regressão construído para entender o efeito do ajuste da OCDE no PIB/*Capita* em 24 países da OCDE. Analisemos mais profundamente. Aqui está um histograma das distâncias de Cook para aquele modelo.

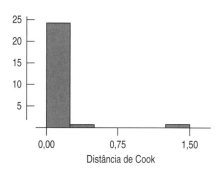

O país com distância de Cook alta é a Irlanda.
a) O que o valor da distância de Cook sugere sobre a Irlanda neste modelo?

Dos previsores disponíveis para este modelo, de longe o melhor (previsor com R^2 mais alto) é *PIB 1988/Capita*. Num diagrama de dispersão de *PIB/Capita versus PIB 1988/Capita*, a Irlanda está longe da tendência linear geral.

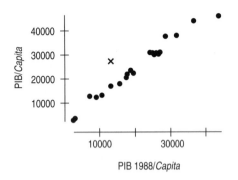

Podemos definir uma variável auxiliar que é "1" para a Irlanda e "0" para os demais países. O modelo resultante fica assim.

A variável dependente é: PIB/Capita
$R^2 = 98,3\%$ R^2 (ajustado) $= 97,7\%$
s = 1713 com 24 −7 = 17 graus de liberdade

	Coeficiente	EP(Coef.)	Razão t	Valor-P
Intercepto	13609,0	7818	1,74	0,0998
PIB 1988/Capita	1,10397	0,0378	29,2	≤ 0,0001
Índice Ajuste da OCDE	−520,181	579,2	−0,898	0,3816
Comércio Internacional/PIB	21,0171	13,81	1,52	0,1463
Diversidade etnolinguística	−49,8210	20,19	−2,47	0,0245
Educação Primária	−99,3369	72,00	−1,38	0,1856
Irlanda	8146,64	2624	3,10	0,0064

b) Explique o que a variável auxiliar para a Irlanda realiza neste modelo.
c) O que você conclui agora sobre os efeitos do ajuste da OCDE nestes dados?

T 19. *Pesca da lagosta. No Capítulo 17, vimos dados sobre a indústria da pesca da lagosta no Maine. Temos dados anuais de 1950 até 2006. A pesca anual (em toneladas métricas) aumentou, mas isto é devido ao maior número de pescadores licenciados ou a uma pescaria mais eficiente? Pelo fato de que tanto os pescadores quanto as armadilhas são licenciados individualmente, temos dados detalhados. Aqui está um diagrama de dispersão de *Pesca/Pescador* (tonelada) *versus* o número de *Armadilhas* (em milhões).

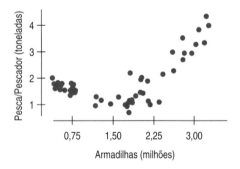

a) Considere as suposições e condições para a regressão. Transformar ambas as variáveis iria ajudar? Explique.

Aqui está um modelo que inclui um termo quadrático.

A variável dependente é: Pesca//Pescador
$R^2 = 85,1\%$ R^2 (ajustado) $= 84,5\%$
s = 0,3343 com 56 − 3 = 53 graus de liberdade

Fonte	Soma dos quadrados	gl	Média dos quadrados	Razão F
Regressão	33,8265	2	16,9132	151
Resíduo	5,92352	53	0,111765	

	Coeficiente	EP(Coef.)	Razão t	Valor-P
Intercepto	2,82971	0,1699	16,7	≤ 0,0001
Armadilhas	−2,45241	0,2286	−10,7	≤ 0,0001
Armadilhas^2	0,874513	0,0647	13,5	≤ 0,0001

b) Em 2001, aproximadamente 3 milhões de armadilhas de lagostas foram licenciadas no Maine para 7327 pescadores. O que este modelo iria estimar como o total pescado para o ano?
c) O coeficiente de *Armadilhas* neste modelo é negativo, mas podemos ver do diagrama de dispersão que a pesca tem aumentado substancialmente à medida que o número de armadilhas aumentou. O que é responsável para esta aparente anomalia?

20. *Temperatura da água. Como muitos negócios, a indústria da pesca da lagosta do Maine é sazonal. Porém, o pico da estação da lagosta vem se transferindo para mais tarde no outono. De acordo com os cientistas, o maior fator na época do pico é a temperatura da água. Os dados em www.maine.gov/dmr incluem a temperatura da água. Ela mudou durante os últimos 50 anos? Aqui está um diagrama de dispersão da *Temperatura da Água* (°F) *versus Ano*.

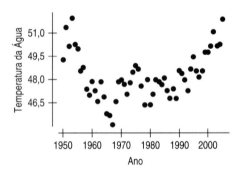

a) Considere as suposições e condições para a regressão. Transformar ambas as variáveis iria ajudar? Explique.

Um modelo de regressão para *Temperatura da Água* por *Ano* fica assim.

	Coeficiente	EP(Coef.)	Razão t	Valor-P
Intercepto	17,7599	24,88	0,714	0,4784
Ano	0,015437	0,0126	1,23	0,2251

b) As estatísticas associadas a este modelo indicam que não existe relação entre *Temperatura da Água* e *Ano*? Explique.

Aqui está um modelo de regressão incluindo um termo quadrático.

Capítulo 19 – Construindo Modelos de Regressão Múltipla **627**

A variável dependente é: Temperatura da Água
Total de casos 57 com 1 faltando
R^2 = 60,0% R^2 (ajustado) = 58,5%
s = 0,9852 com 56 – 3 = 53 graus de liberdade

	Coeficiente	EP(Coef.)	Razão t	Valor-P
Intercepto	19208,2	2204	8,71	≤ 0,0001
Ano	–19,3947	2,229	–8,70	≤ 0,0001
Ano^2	4,9077e-3	0,0006	8,71	≤ 0,0001

c) Este modelo ajusta melhor, mas o coeficiente de *Ano* é agora fortemente negativo. Podemos ver do diagrama de dispersão que a temperatura não tem caído a 19 graus por ano. Explique esta aparente anormalidade.

Aqui está o mesmo modelo,[14] mas com o termo quadrático na forma de $(Ano - \overline{Ano})^2$.

A variável dependente é: Temperatura da Água
R^2 = 60,0% R^2 (ajustado) = 58,5%
s = 0,9852 com 56 – 3 = 53 graus de liberdade

	Coeficiente	EP(Coef.)	Razão t	Valor-P
Intercepto	6,77149	16,16	0,419	0,6768
Ano	0,020345	0,0082	2,49	0,0159
(Ano-média)^2	4,90774e-3	0,00006	8,71	≤ 0,0001

d) Usando o segundo modelo, faça uma previsão de qual será a temperatura da água em 2015 e, então, explique por que você não confiaria nesta previsão.

---

[14] Observe que, embora matematicamente o valor-P do coeficiente de *Ano* deva ser o mesmo nesta tabela como na regressão anterior, ele não é. Isto é porque *Ano* e *Ano*^{2} estão tão altamente correlacionados (sua correlação é de 0,99999309) que a colinearidade causou um erro de arredondamento grande o suficiente para afetar os cálculos da regressão anterior.

Análise de Séries Temporais

Whole Foods Market ®

Em 1978, John Mackey, com 25 anos, e Rene Lawson Hardy, com 21 anos, pediram emprestados $45000 a familiares e amigos para abrir as portas de uma pequena loja de alimentos que eles chamaram de SaferWay, em Austin, no Texas. Dois anos depois, eles juntaram forças com a Clarksville Natural Grocery para abrir a primeira Whole Foods Market. Com 10500 pés quadrados de área ocupada e com 19 empregados, sua loja era grande em comparação a outras lojas de alimentos naturais da época.

Em meados dos anos 1980, a *Whole Foods Market* começou a se expandir para fora de Austin e abriu lojas por todo o sul dos Estados Unidos e Califórnia. Durante os próximos 15 anos, a *Whole Foods Market* cresceu rapidamente, em parte, devido a várias fusões e aquisições. Entre as lojas que eles adquiriram, estavam a Wellspring Grocery, Bread & Circus, Mrs. Gooch's Natural Foods e Fresh Fields Markets. Desde 2000, a Whole Foods Market se expandiu para fora da América do Norte, com a compra de sete lojas da Fresh & Wild, no Reino Unido. Hoje, a Whole Foods Market, Inc. tem 53000 empregados e mais de 270 lojas. Em

2005, eles foram classificados em quinto lugar entre os melhores lugares para se trabalhar, de acordo com a *Fortune 100*. Em 2007, eles se uniram com a Wild Oats, de Boulder, Colorado. A empresa continuou a crescer, tanto por abrir novas lojas, quanto por adquirir empresas relacionadas.[1]

A década de 1990 foi um período de crescimento para a maioria das empresas, mas, diferente das empresas em muitas outras indústrias, a Whole Foods Market continuou a crescer na década seguinte. Aqui está um diagrama de séries temporais mostrando as vendas trimestrais ($) desde 1995. Se fosse solicitado que você resumisse a tendência das *Vendas* para esta década, o que você diria?

Quem	Vendas Trimestrais
O quê	Milhões de dólares americanos
Quando	1995 a 2007
Onde	Estados Unidos, Canadá e Reino Unido
Por quê	Para prever as vendas da Whole Foods Market, Inc.

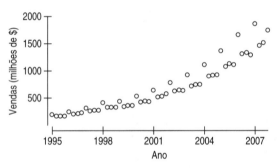

Figura 20.1 Vendas trimestrais (em milhões de $) da Whole Foods no período de 1995 a 2007.

Como se vê, as vendas da Whole Foods Market, Inc. cresceram entre 1995 a 2007, começando com menos de $250 milhões e alcançando aproximadamente $2 bilhões por trimestre. Mas gostaríamos de ser capazes de dizer mais do que isto e, essencialmente, gostaríamos de *modelar* o crescimento. Os modelos de séries temporais são antes de mais nada construídos para prever o futuro próximo. Alguns também oferecem coeficientes interpretáveis.

As corporações geralmente examinam os diagramas de séries temporais para procurar padrões anteriores nos dados e para prever valores futuros. Os executivos da Whole Foods Market, Inc. podem estar interessados em entender os padrões das *Vendas* para:

◆ Planejar o estoque e a distribuição de alimentos;

◆ Programar as contratações e a equipe de trabalho;

◆ Entender o impacto das estações ou do período do ano nas vendas;

◆ Desenvolver campanhas de propaganda;

◆ Prever lucros e planejar estratégias para a corporação.

Suponha que você seja um analista da Whole Foods Market, Inc. e recebeu uma solicitação para prever as *Vendas* para os próximos quatro trimestres. Como você pode analisar as séries temporais e produzir previsões precisas das próximas *Vendas*? Como você pode mensurar a precisão e comparar os seus diferentes modelos de previsão?

---

[1] Fonte: *Site* oficial da Whole Foods Market: www.wholefoodsmarket.com.

20.1 O que é uma série temporal?

As vendas da Whole Foods são registradas a cada trimestre financeiro e estamos interessados no crescimento das vendas ao longo do tempo. Sempre que tivermos dados registrados sequencialmente ao logo do tempo e considerarmos o *Tempo* um importante aspecto dos dados, temos uma **série temporal**.[2] A maioria das séries temporais são igualmente espaçadas em intervalos aproximadamente regulares, como mensal, trimestral e anual.[3] Os dados da Whole Foods da Figura 20.1 são uma série temporal mensurada trimestralmente. O ano fiscal da Whole Foods Market, Inc. começa em ou próximo de 30 de setembro, assim, diferente de muitas empresas, o primeiro trimestre fiscal registra as vendas do final do calendário anual e inclui a época das festas de fim de ano.

Pelo fato de que uma série temporal é provavelmente apresentada sequencialmente, e somente em direção ao presente, a maioria dos métodos de análise de séries temporais usa os valores prévios de uma série para prever o(s) próximo(s). Alguns métodos descrevem o padrão geral da série e preveem que ele irá continuar, pelo menos por algum tempo. Outros métodos estimam **modelos de séries temporais** que identificam estruturas como tendências e flutuações sazonais nas séries e as modelam. Alguns introduzem variáveis externas para ajudar a prever a resposta, como na regressão, enquanto outros simplesmente examinam os valores prévios nas séries para tentar discernir padrões.[4] O objetivo da maioria das análises das séries temporais é fornecer **previsões** de valores futuros. E como a previsão futura é valiosa para decisores em negócios, os métodos de séries temporais são amplamente usados.

20.2 Componentes de uma série temporal

Quando examinamos a distribuição de uma única variável, olhamos sua forma, centro e dispersão. Quando analisamos os diagramas de dispersão de duas variáveis, perguntamos sobre a direção, forma e força. Para uma série temporal, procuramos pela tendência, padrões sazonais e ciclos a longo prazo. Algumas séries temporais exibem alguns destes componentes, algumas mostram todos eles e outras não têm uma estrutura particular de grande escala.

A componente tendência

Veja o diagrama das séries temporais dos dados das *Vendas* da Whole Foods da Figura 20.1. Que padrão geral elas estão seguindo? As vendas da Whole Foods Market não somente têm aumentado, mas parecem estar acelerando também. É claro, existem flutuações em volta deste padrão, mas observado por mais de uma década, a tendência geral está clara. Descreveríamos a direção como positiva e a forma como uma curva ascendente (veja Figura 20.2). Este padrão geral é a **componente tendência** das séries temporais. Este é, geralmente, o aspecto mais importante de uma série temporal. Por exemplo, isto é do que um investidor gostaria de tomar conhecimento.

A maioria das séries tem uma tendência crescente ou decrescente com outras flutuações em torno da tendência. Algumas, entretanto, apenas flutuam aleatoriamente, muito similares a diagramas dos resíduos de uma regressão de sucesso. Se uma série não apresenta qualquer tendência em especial ao longo do tempo, e tem uma média relativamente consistente, ela é denominada de **estacionária na média**.

---

[2] Na verdade, os métodos deste capítulo irão funcionar para quaisquer valores que estejam ordenados.

[3] Algumas séries, como aqueles valores registrados para os dias de negócios ou para o primeiro dia de cada mês, não são igualmente espaçadas. Se uma série temporal não for equiespaçada, os pesquisadores usam uma variedade de métodos para preencher as observações que faltam antes de analisar os dados.

[4] Os modelos avançados, como o de regressão dinâmica ou o de distribuição defasada, estão fora do escopo deste livro.

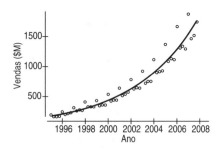

Figura 20.2 A tendência nos dados da Whole Foods parece não linear. Na verdade, ela está aumentando e é uma curva.

Se a tendência cresce aproximadamente de forma linear, podemos usar os métodos da regressão linear do Capítulo 16 para estimar o componente linear. Faremos isto mais adiante neste capítulo. (Talvez você se pergunte se podemos usar a regressão para dados nos quais valores sucessivos não são prováveis de ser independentes. Porém, se não planejamos testar os coeficientes *versus* a regressão padrão da hipótese nula, não precisamos das suposições da regressão a não ser a da linearidade.)

A componente sazonal

Muitas séries temporais flutuam regularmente. As vendas de esquis, por exemplo, são sempre altas no outono e baixas na primavera. O pico das vendas de biquínis ocorre no verão. O **componente sazonal** de uma série temporal é a parte da variação que flutua de uma forma aproximadamente estável ao longo do tempo com relação ao ritmo, direção e magnitude. Na Figura 20.2, você pode facilmente encontrar aquele tipo de padrão de consistência em torno da tendência geral. Em particular, o primeiro trimestre de cada ano registra mais vendas do que os demais trimestres, mas estas flutuações são relativamente pequenas comparadas à tendência geral. Visto que os componentes sazonais estão geralmente relacionados a padrões externos, eles são geralmente estáveis e previsíveis. Por exemplo, uma loja de vendas a varejo pode prever as vendas para a próxima época de feriados a partir das informações referentes aos feriados anteriores e à tendência geral. Embora o ambiente do varejo possa mudar, eles sabem que a época dos feriados deste ano irá ser mais parecida com a mesma do ano anterior do que as vendas do último mês de abril. Normalmente, os componentes sazonais se repetem anualmente, mas os padrões que se repetem mais frequentemente (por exemplo, o uso a cada hora da energia por uma empresa durante um período de 24 horas) são ainda chamados de componentes sazonais e são modelados com os mesmos métodos. Uma série **desazonalizada** ou sazonalmente ajustada é uma da qual o componente sazonal foi removida.

O tempo entre picos da componente sazonal é referido como o **período**. O período é independente do tempo real dos picos e vales. Por exemplo, muitas vendas de empresas varejistas têm seu pico durante as festas de fim de ano, e a venda de esqui aquático tem seu no início do verão, mas ambos têm um período sazonal de um ano.

A componente cíclica

Os ciclos regulares nos dados com períodos mais longos que um ano são denominados **componentes cíclicos**. Os ciclos econômicos e de negócios podem, algumas vezes, serem modelados, mas geralmente fazemos um pouco mais do que descrevê-los. Quando uma componente cíclica pode ser relacionada a um fenômeno previsível, então ela pode ser modelada com base em um comportamento regular ou com a introdução de uma variável que represente aquele fenômeno previsível, e o adicionamos a qualquer modelo que estamos construindo para as séries temporais.

A componente aleatória

Iremos usar várias maneiras para modelar as séries temporais. Assim como fizemos com os modelos lineares e a regressão no Capítulo 8, constataremos neste capítulo que os resíduos – a parte dos dados que *não* é ajustada pelo modelo – podem ser informativos. Na modelagem das séries temporais, estes resíduos são denominados de **componente aleatório.** Assim como os resíduos da regressão, é uma boa ideia fazer um diagrama do componente aleatório para procurar por casos extraordinários ou outros padrões inesperados. Geralmente, nosso interesse no componente aleatório é em qual variável ele está, se aquela variabilidade muda ao longo do tempo e se existem valores atípicos ou picos que mereçam atenção especial. Uma série temporal que tem uma variância relativamente constante é denominada **estacionária na variância.** Se uma série temporal é considerada simplesmente estacionária, isso quase sempre significa que ela tem uma variância estacionária.

Para resumir, identificamos quatro *componentes* de uma série temporal:

1. Componente da tendência (T)
2. Componente sazonal (S)
3. Componente cíclico (C)
4. Componente aleatório (A)

A Tabela 20.1 fornece um resumo dos componentes como foram aplicados aos dados das *Vendas* da Whole Foods.

Tabela 20.1 Termos as componentes das séries temporais aplicados as *Vendas* da Whole Foods no período de 1995 a 2007

Componente	Descrição	Argumento	Duração do tempo
Tendência	Positiva e não linear	Aumento geral das vendas, com uma mudança na taxa de crescimento das vendas nos últimos 7 anos.	
Sazonal	Picos em cada primeiro trimestre de 1995 a 2007.	Vendas maiores no primeiro trimestre; razão desconhecida até o presente.	Trimestrais-anuais
Cíclico	Dados insuficientes para observar picos a cada 2 a 10 anos.	Pode ser devido aos ciclos econômicos e fatores como inflação, taxas de juros e emprego, que podem influenciar os gastos dos consumidores.	Dados insuficientes para observar ciclos.
Aleatório	Flutuação aleatória dos dados.	Devido a eventos irregulares ou imprevisíveis como fusões e aquisições de outras empresas ou desastres naturais como enchentes.	Nenhum padrão repetido regularmente, nenhum período.

Embora algumas séries exibam somente um ou dois dos componentes, ou até mesmo nenhum, um entendimento deles pode nos ajudar a estruturar o nosso conhecimento da série temporal. Assim como olhamos para a direção, a forma e a força de um diagrama de dispersão, um exame sobre a tendência, a sazonalidade e a parte cíclicas de uma série temporal pode clarear nossa visão de uma série temporal.

Modelando as séries temporais

Os métodos para prever uma série temporal recaem dento de duas classes gerais. Os métodos de alisamento funcionam de baixo para cima. Eles tentam "alisar" os componentes irregulares para que quaisquer padrões subjacentes sejam mais fáceis de ver. Eles têm a vantagem de que não assumem que exista uma tendência ou uma componente sazonal – e, realmente, eles irão funcionar mesmo quando nenhum componente sazonal estiver presente e a tendência for complexa. Por exemplo, podemos usar os métodos de alisamento em uma série temporal que tenha somente um componente geral cíclico, mas nenhuma tendência clara ou flutuações sazonais para serem modeladas. A desvantagem dos métodos de alisamento é que eles podem prever somente o futuro imediato. Tirando do modelo comportamentos que podemos ter certeza de continuar (como um componente sazonal baseado em padrões de compra do calendário ou variações de temperatura ao longo do ano), eles não têm uma base para uma previsão de longo prazo. Ao contrário, eles se baseiam nas suposições de que a maioria das séries temporais apresenta padrões que variam mais devagar do que as observações sucessivas, assim, o próximo valor futuro irá se parecer com os mais recentes.

Quando podemos enxergar uma tendência ou uma tendência e um componente sazonal, geralmente preferimos os métodos de modelagem com base na regressão. Eles

Previsão a longo prazo versus a curto prazo
Os métodos de alisamento não podem ser usados para previsões a longo prazo, porque eles não têm componentes estruturais. Embora previsões a curto prazo possam ser úteis, geralmente é prudente olhar para o futuro, e isto requer comportamentos que possamos ter certeza de que irão continuar. Durante a crise financeira de 2008, Denis Lockhardt, do Conselho de Diretores do Banco Central Americano, criticou as agências de taxas de crédito, porque elas não tinham usado modelos de longo prazo para prever o risco. Os modelos da Agência "não eram de longo prazo em termos de dados", afirmou Lockhart "A História provou que eles estavam errados."
Wall Street Jornal On-line, 20 de outubro de 2008.

usam métodos de regressão múltipla que aprendemos no Capítulo 18 e 19 para estimar a contribuição de cada componente à série temporal e para construir um modelo para a série temporal. Assim como com qualquer modelo baseado na regressão, os modelos deste tipo podem ser usados para prever qualquer valor do *Tempo* e, assim, podem gerar previsões mais a longo prazo do que apenas um período de tempo. Entretanto, como sempre, precisaremos ser cautelosos com tais extrapolações.

As próximas seções discutem vários tipos de métodos de alisamento, seguido de uma discussão dos modelos baseados na regressão. Embora os métodos de alisamento não usem explicitamente os componentes das séries temporais, é uma boa ideia lembrar-se deles.

20.3 Métodos de suavização (alisamento)

A maioria das séries contém algumas flutuações aleatórias que variam bruscamente para cima e para baixo – geralmente em observações consecutivas. Entretanto, precisamente porque elas são aleatórias, estas flutuações fornecem ajuda na previsão. Mesmo se acreditamos que uma série temporal continuará a flutuar aleatoriamente, não podemos prever *como* ela fará isto. Os únicos aspectos de uma série temporal que temos esperança de prever são aqueles que variam tanto regularmente quanto vagarosamente. Uma forma de identificar estes aspectos é suavizar as flutuações aleatórias rápidas.[5] Para prever o valor futuro de uma série temporal, vamos identificar o comportamento consistente subjacente. Em muitas séries temporais, estas mudanças lentas têm um tipo de inércia. Elas mudam e flutuam, mas um comportamento recente é geralmente uma boa indicação de um comportamento num futuro próximo. Como os métodos de alisamento impedem flutuações aleatórias e tentam revelar o comportamento subjacente, podemos usá-lo para prever valores num futuro imediato.

A Corporação Intel
A Corporação Intel, localizada em Santa Clara, Califórnia, foi fundada por três engenheiros, em 1968, para desenvolver tecnologia para *chips* eletrônicos derivados de silício, e atualmente está listada na NASDAQ como INTC.

A série temporal para o preço diário da ação da Intel em 2002 (Figura 20.3) não apresenta padrões regulares repetitivos ou qualquer evidência de um efeito sazonal regular. Todavia, ela mostra flutuações rápidas e alguma evidência de movimentos a longo prazo.

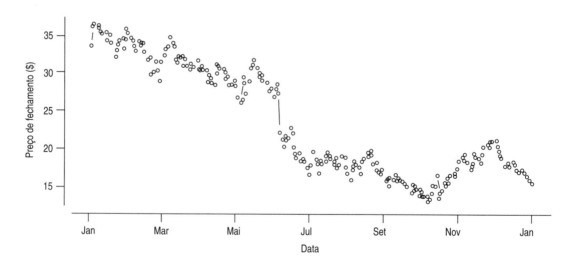

Figura 20.3 Os preços diários do fechamento da ação da Intel em 2002 não apresentam sazonalidade ou outros padrões regulares.

---

[5] Para um engenheiro, isto seria separar do sinal qualquer ruído de variação rápida.

Os métodos para o alisamento de flutuações aparentemente aleatórias geralmente funcionam fazendo a média de valores adjacentes nas séries. Sabemos, do Capítulo 12, que as médias variam menos do que os dados subjacentes. Podemos usar este princípio para encontrar valores que são típicos do valor local das séries, embora variem menos que os dados originais.

20.4 Método das médias móveis

O método de suavização mais comumente usado é o método das **médias móveis.** Uma média móvel substitui cada valor de uma série temporal por uma média dos valores adjacentes. O número de valores que usamos para construir estas médias é chamado de *comprimento* da média móvel (C). Quase todo o serviço de rastreamento de ações na Internet oferece uma variedade de médias móveis (geralmente com 50, 100 ou 200 dias de comprimento) para ajudar a rastrear os movimentos da ação.

Uma média móvel simplesmente usa a média dos C valores prévios como o valor ajustado em cada tempo. Pelo fato de que ela enfoca somente os valores recentes, a média móvel com um comprimento pequeno pode responder a rápidas mudanças numa série temporal. Uma média móvel com um comprimento grande irá responder mais vagarosamente. A forma geral de uma média móvel é:

$$\tilde{y}_t = \frac{\sum_{i=t-L+1}^{t} y_i}{L}$$

O comprimento, C, de uma média móvel é uma escolha subjetiva, mas deve ser especificada quando discutimos uma média móvel. Escrevemos $MM(C)$ para uma média móvel de comprimento C e usamos o til para representar a média móvel calculada de uma sequência de valores.

Vamos começar usando uma média móvel de comprimento 5 na série de preços da ação da Intel para ilustrar os cálculos. Os dados estão na Tabela 20.2 e as fórmulas para calcular o preço suavizado da ação para o quinto e sexto dia na série são:

$$\widetilde{\text{Preço}}_5 = \frac{\sum_1^5 \text{Preço}_t}{5} = \frac{33,00 + 35,52 + 35,79 + 35,27 + 35,58}{5} = 35,03$$

e

$$\widetilde{\text{Preço}}_6 = \frac{\sum_2^6 \text{Preço}_t}{5} = \frac{35,52 + 35,79 + 35,27 + 35,58 + 35,36}{5} = 35,50$$

A $MM(5)$ do preço suavizado da ação para cada dia nas séries, em 2002, é calculado a partir do preço de fechamento do dia e os quatro preços de fechamento diários precedentes usando fórmulas similares. Se, ao contrário, selecionamos $C = 15$ para as nossas médias móveis, então os cálculos irão ter uma média dos 15 preços de fechamento prévios (incluído o preço de hoje). A Tabela 20.2 mostra os valores calculados para as duas médias móveis usando $C = 5$ e $C = 15$ e o preço real de fechamento da ação diária da Intel para os 30 primeiros dias em que o mercado estava aberto em 2002.

Não existem médias móveis para os primeiros ($C - 1$) dias das séries para cada modelo de média móvel. O que acontece à média móvel à medida que o comprimento, C, aumenta? As duas séries de suavização

---

Resumir e prever

Se nós simplesmente queremos resumir os padrões de uma série temporal, uma média móvel centrada será geralmente a melhor escolha. Uma média móvel (MM) centrada resume cada valor de uma série temporal com a média de L/2 valores de cada lado. Uma MM centrada irá rastrear uma série temporal com uma tendência forte melhor que uma que use somente os valores prévios, mas ela não pode fornecer uma previsão, porque seriam necessários os L/2 valores futuros para fornecer um valor suavizado para a observação mais recente.

Valores suavizados e previstos

Para modelar o padrão suavizado que achamos que possa sustentar uma série temporal, faz sentido incluir o valor observado no tempo t no cálculo do valor suavizado do qual iremos fazer um gráfico naquele ponto do tempo. Não faz sentido ignorar a informação que temos.

Quando prevemos o próximo valor, o valor suavizado mais recente é uma boa escolha, visto que ele é recente e incorpora informação de vários períodos de tempo recentes, diminuindo as flutuações de curto prazo.

Usaremos um til para representar os valores suavizados. Seguimos a convenção da regressão, na qual usamos um chapéu para representar um valor previsto.

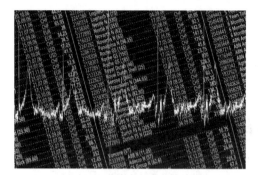

Tabela 20.2 Médias móveis para C = 5 ou MM(5) e C = 15 ou MM(15) para o preço do fechamento da ação da Intel durante os primeiros 30 dias de negócios de 2002

Data	Preço	MM(5)	MM(15)
2-jan-02	$33,00	*	*
3-jan-02	$35,52	*	*
4-jan-02	$35,79	*	*
7-jan-02	$35,27	*	*
8-jan-02	$35,58	$35,03	*
9-jan-02	$35,36	$35,50	*
10-jan-02	$34,65	$35,33	*
11-jan-02	$34,55	$35,08	*
14-jan-02	$34,84	$35,00	*
15-jan-02	$34,68	$34,82	*
16-jan-02	$33,71	$34,49	*
17-jan-02	$34,53	$34,46	*
18-jan-02	$33,48	$34,25	*
22-jan-02	$31,70	$33,62	*
23-jan-02	$32,45	$33,17	$34,34
24-jan-02	$33,20	$33,07	$34,35
25-jan-02	$33,68	$32,90	$34,23
28-jan-02	$33,92	$32,99	$34,11
29-jan-02	$32,68	$33,19	$33,93
30-jan-02	$33,86	$33,47	$33,82
31-jan-02	$35,04	$33,84	$33,80
1-Fev-02	$34,67	$34,03	$33,80
4-Fev-02	$33,98	$34,05	$33,76
5-Fev-02	$33,80	$34,27	$33,69
6-Fev-02	$32,92	$34,08	$33,57
7-Fev-02	$32,31	$33,54	$33,48
8-Fev-02	$32,52	$33,11	$33,35
11-Fev-02	$33,57	$33,02	$33,35
12-Fev-02	$32,97	$32,86	$33,44
13-Fev-02	$33,98	$32,95	$33,50

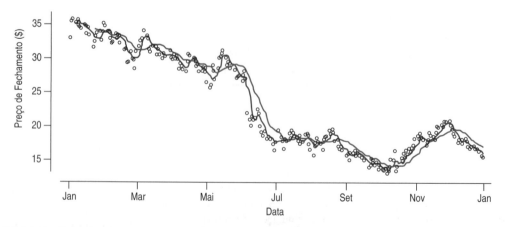

Figura 20.4 Um diagrama de séries temporais de previsões sobrepostas para os preços diários do fechamento da ação da Intel, em 2002, com MM(5) (em laranja) e MM(15) (em cinza). A média móvel com o comprimento menor, C = 5, segue os dados mais de perto, enquanto a média móvel com o comprimento mais longo é mais suave.

Capítulo 20 – Análise de Séries Temporais **637**

produzidas pelo cálculo das médias móveis para o preço diário da ação da Intel usando $C = 5$ e $C = 15$ da Figura 20.4 mostram que as séries das médias móveis com o maior comprimento são mais alisadas. Isto deveria ser o que você esperava. É claro, uma série mais suavizada não é necessariamente um modelo melhor para os dados, porque ele tem dificuldade em seguir a série quando ela muda rapidamente. Observe, por exemplo, as duas séries no mês de junho. O preço da ação caiu rapidamente, mas a MM(15) suavizada mudou muito vagarosamente, correndo acima da série dos dados por várias semanas, até "alcançá-la".

Para obter uma previsão para um novo ponto no tempo, os analistas usam a última média da série:

$$\widetilde{y}_{t+1} = \widetilde{y}_t$$

Isto é a **previsão simples por média móvel**. É claro, este método pode prever somente um período de tempo futuro, que é o *tempo = t + 1*. (Você pode repetir o valor como uma previsão além do período *t + 1*, mas, a não ser que a série temporal seja essencialmente sem estrutura e horizontal, não será uma previsão muito boa.) Se o comprimento da média móvel for 1 ($C = 1$), então a previsão é simplesmente que o próximo valor será o mesmo do anterior, $\widetilde{y}_{t+1} = \widetilde{y}_t$. Como uma previsão mais simples possível, esta é chamada de **previsão ingênua**.

Geralmente, as médias móveis são usadas acima de tudo como resumos de como uma série temporal está mudando. O comprimento selecionado depende do propósito da análise. Se o foco for um comportamento a longo prazo, uma média móvel mais longa é apropriada. Mas um analista interessado em mudanças a prazos mais curtos iria escolher um comprimento menor. Algumas vezes (como você pode ver no quadro ao lado), os analistas comparam uma média móvel de comprimento menor com uma de comprimento maior, esperando aprender algo de como elas se assemelham.

Um problema potencial com a média móvel é que, como sabemos do Capítulo 6, as médias podem ser afetadas por valores atípicos. Um valor atípico numa série temporal seria um pico na série longe dos valores adjacentes. Tal pico irá contaminar todas as médias nas quais esse pico participa, espalhando sua influência sobre vários valores.

Os investidores e as médias móveis

As médias móveis podem ajudar a identificar tendências a curto prazo para uma ação em particular ou fundo mútuo. Muitos analistas irão considerar um mercado em alta quando a média móvel de 50 dias estiver acima da média móvel de 200 dias e um mercado em baixa quando o oposto for verdadeiro. Quando a média móvel de 50 dias cruzar acima da média de 200 dias, isto indica que os valores recentes aumentaram acima do nível estabelecido pela média a longo prazo, e isso é recebido como um sinal pelos investidores para comprar. É referido como uma "cruz dourada". Quando a média móvel de 50 dias se move abaixo da média de 200 dias, então é um sinal de "venda", e é chamado de uma "cruz da morte".

—*Fedelity Outlook*, Agosto de 2002, p. 6

20.5 Médias móveis ponderadas

Numa média móvel simples, apenas fazemos a média dos valores C mais recentes. No entanto, podemos nos beneficiar de um esquema mais sofisticado de calcular a média. O resultado é uma média *ponderada*. Numa média ponderada, cada valor é multiplicado por uma *ponderação* antes de ser somado, e o total é dividido pela soma dessas ponderações:

$$\widetilde{y}_t = \frac{\sum w_i y_{t-i}}{\sum w_i}$$

As ponderações podem ser especificadas ou podem ser encontradas como parte do processo de suavização.

As médias móveis ponderadas formam uma classe muito geral de suavizadores.[6] Iremos considerar dois tipos de suavizadores de médias móveis ponderadas que são comumente usados em dados de séries temporais, suavizadores exponenciais e médias móveis autorregressivas.

---

[6] Nesta forma geral, estes suavizadores são conhecidos como suavizadores lineares. Eles são importantes na engenharia e nas finanças.

20.6 Método de alisamento exponencial

Os métodos suavizadores resumem cada valor de uma série temporal com uma média dos valores recentes. Em muitas séries, os valores recentes das séries são mais relevantes para a modelagem do que os antigos. Assim, uma média móvel ponderada que atribui ponderações maiores aos valores mais recentes faz sentido. O alisamento exponencial faz exatamente isto. O **alisamento exponencial** é uma média ponderada com pesos que declinam exponencialmente no passado. Os dados mais recentes recebem uma ponderação maior e o mais distantes, menor. Este modelo é o **modelo de alisamento exponencial simples (AES)**:

$$\widetilde{y}_t = \alpha y_t + (1 - \alpha)\widetilde{y}_{t-1}$$

A escolha do peso α é com o analista de dados, embora seja geralmente restrito a $0 < \alpha < 1$. Quando $\alpha = 0{,}50$, o ponto dos dados atual e todo o conjunto de dados históricos (todos os pontos antes do atual) são ponderados igualmente. Se $\alpha = 0{,}75$, então os dados históricos são ponderados somente em 25% e o valor atual em 75%. Se o objetivo é produzir previsões que sejam estáveis e mais alisadas, então escolha um coeficiente de alisamento próximo a zero. Se, entretanto, o objetivo é reagir a eventos voláteis rapidamente, então escolha em coeficiente de alisamento próximo de um.[7]

Ao contrário da média móvel simples, o alisamento exponencial usa *todos* os valores prévios, embora os distantes normalmente obtenham um peso muito pequeno. Se expandirmos o cálculo, podemos ver que o valor alisado no tempo t é uma média *ponderada* do valor atual e de todos os valores prévios, com os pesos dependendo do coeficiente de alisamento ou suavização, α:

$$\widetilde{y}_t = \alpha y_t + \alpha(1-\alpha)y_{t-1} + \alpha(1-\alpha)^2 y_{t-2} + \alpha(1-\alpha)^3 y_{t-3} + \cdots$$

Assim como o modelo da média móvel, usamos $\widetilde{y}_t$, como nossa previsão para o tempo $t = 1$.

A Figura 20.5 mostra novamente os preços da ação da Intel, desta vez com valores exponenciais alisados, usando $\alpha = 0{,}75$ e $\alpha = 0{,}10$. Você pode ver que a curva calculada usando um α maior segue a série original de perto. Por outro lado, a curva calculada usando o α menor é mais suave, mas não segue as mudanças rápidas na série, como a queda acentuada do preço em junho.

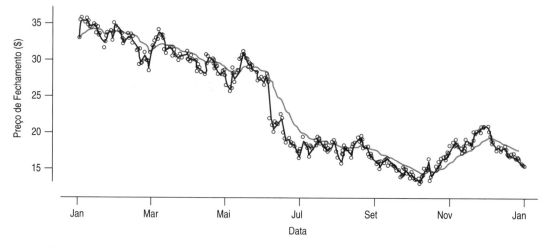

Figura 20.5 Os preços da ação da Intel junto com os modelos de alisamento exponenciais ($\alpha = 0{,}75$ em vermelho, $\alpha = 0{,}10$ em verde). O modelo com o alfa maior segue os dados mais de perto e o modelo com o alfa menor é mais suave.

---

[7] O valor suavizado inicial para que o algoritmo comece é ou o valor observado inicial ($\widetilde{y}_1 = y_1$) ou a média de alguns dos valores iniciais. No Minitab, por exemplo, o valor inicial suavizado é igual à média das seis primeiras observações.

20.7 Resumindo o erro de previsão

Sempre que modelamos uma série temporal, é natural perguntar quão bem o modelo se ajusta às séries. Uma pergunta relacionada é quão bem o modelo *prevê* as séries. Para modelos de alisamento, usamos o valor do modelo mais recente como o previsor para o próximo período de tempo. Quando fazemos um diagrama dos dados e das séries alisadas, geralmente fazemos um gráfico do valor $\tilde{y}_t$ no tempo t. Porém, se estivermos interessados no erro que o modelo comete quando tenta estimar cada valor, devemos comparar o valor dos dados y_t não com $\tilde{y}_t$, mas com $\hat{y}_t$ que é, na verdade, igual a $\tilde{y}_{t-1}$. Podemos encontrar um erro de previsão para cada tempo nas séries para o qual temos a previsão:

$$e_t = (y_t - \hat{y}_t)$$

Quando existe uma previsão em particular de interesse, faz sentido olhar para o erro de previsão, e_t. Frequentemente perguntamos sobre o sucesso geral de um modelo na previsão de uma série temporal. Isso requer um resumo dos erros de previsão e, como geralmente acontece em estatística, temos vários resumos para escolher.

No Capítulo 18, encontramos o **erro quadrado médio (EQM)** para resumir a magnitude dos erros. Podemos fazer o mesmo com os erros de previsão:

$$EQM = \frac{1}{n}\sum(y_t - \hat{y}_t)^2$$

O EQM penaliza os grandes erros de previsão, porque eles estão ao quadrado. Ele também tem o problema de não ser expresso na mesma unidade dos dados, mas ao invés disso, é expresso em unidades quadradas. Podemos resolver os dois problemas somando os *valores absolutos* dos erros. Isto fornece o **desvio médio absoluto (DMA):**

$$DMA = \frac{1}{n}\sum|y_t - \hat{y}_t|$$

A abordagem mais comum para mensurar os erros de previsão compara os erros absolutos à magnitude das quantidades reais e soma os resultados. Este resultado é denominado de **erro percentual absoluto (EPA), pois ele é um percentual.** Se calcularmos a média do EPA para todas as previsões, temos a **erro percentual médio absoluto (EPMA):**

$$EPMA = \frac{1}{n}\sum\frac{|y_t - \hat{y}_t|}{|y_t|}$$

Como o EPMA é expresso em percentual, é independente das unidades da variável y. Se você escolher transformar y, tanto o EQM quanto o DMA irão mudar, mas o EPMA irá permanecer o mesmo.

Em resumo, EQM se parece com as medidas do erro que usamos para os modelos de regressão, mas ele não está nas mesmas unidades que os dados. O DMA está nas mesmas unidades que os dados, mas isto significa que ele irá ser transformado se as mensurações são transformadas. O EPMA é um percentual relacionando o tamanho dos erros à magnitude dos valores dos dados.

A Tabela 20.3 mostra o erro de previsão para dois modelos simples de alisamento exponencial (SAE) durante os 30 dias finais da série da ação da Intel junto com o DMA, EQM e EPMA calculados para toda a série temporal. O modelo de alisamento que usa o maior coeficiente de alisamento ($\alpha = 0{,}75$) prevê com mais precisão o preço diário da ação durante este período de tempo.

Tabela 20.3 Os preços da ação da Intel junto com os valores alisados relatados como previsões de um período adiante para os dois modelos. Para esta série, o modelo simples de alisamento exponencial (SAE) com o coeficiente maior ($\alpha = 0,75$) tem um erro de previsão menor

Data	AES $\alpha = 0,75$	Erro de Previsão	AES $\alpha = 0,10$	Erro de Previsão	Preço
31-Out-02	17,19	0,11	15,74	1,56	$17,30
1-Nov-02	18,02	0,28	16,00	2,30	$18,30
4-Nov-02	18,58	0,19	16,27	2,50	$18,77
5-Nov-02	18,41	- 0,06	16,48	1,87	$18,35
6-Nov-02	18,96	0,19	16,75	2,40	$19,15
7-Nov-02	18,57	- 0,13	16,92	1,52	$18,44
8-Nov-02	18,26	- 0,11	17,04	1,11	$18,15
11-Nov-02	17,57	- 0,23	17,07	0,27	$17,34
12-Nov-02	17,73	0,06	17,14	0,65	$17,79
13-Nov-02	18,02	0,10	17,24	0,88	$18,12
14-Nov-02	18,91	0,30	17,44	1,77	$19,21
15-Nov-02	18,83	- 0,03	17,57	1,23	$18,80
18-Nov-02	18,62	- 0,07	17,67	0,88	$18,55
19-Nov-02	18,27	- 0,12	17,72	0,43	$18,15
20-Nov-02	18,93	0,22	17,86	1,29	$19,15
21-Nov-02	19,89	0,32	18,10	2,11	$20,21
22-Nov-02	20,01	0,04	18,29	1,76	$20,05
25-Nov-02	20,36	0,12	18,51	1,97	$20,48
26-Nov-02	20,24	- 0,04	18,68	1,52	$20,20
27-Nov-02	20,74	0,16	18,90	2,00	$20,90
29-Nov-02	20,84	0,04	19,10	1,78	$20,88
2-Dez-02	21,00	0,05	19,29	1,76	$21,05
3-Dez-02	20,48	- 0,17	19,40	0,91	$20,31
4-Dez-02	19,87	- 0,20	19,42	0,25	$19,67
5-Dez-02	19,19	- 0,23	19,38	- 0,42	$18,96
6-Dez-02	18,83	- 0,12	19,31	- 0,60	$18,71
9-Dez-02	17,97	- 0,29	19,15	- 1,47	$17,68
10-Dez-02	18,09	0,04	19,05	- 0,92	$18,13
11-Dez-02	18,14	0,02	18,96	- 0,80	$18,16
12-Dez-02	18,18	0,01	18,88	- 0,69	$18,19
DMA		$0,135		$1,321	
EQM		0,026		2,162	
EMAP		0,714%		6,91%	

20.8 Modelos autorregressivos

Os métodos de médias móveis simples e alisamentos exponenciais são boas escolhas para as séries temporais com padrões não regulares de longo prazo. Contudo, se alguns padrões estão presentes – mesmo se eles não atingem o nível de flutuações sazonais bem estruturadas –, podemos escolher pesos que facilitem a modelagem daquela estrutura, algo que, com o alisamento exponencial, é difícil de fazer. Tais pesos podem até mesmo ser negativos. (Imagine uma série com valores que se alternam para cima e para baixo sucessivas vezes. Uma boa média ponderada iria dar um peso negativo para o valor mais recente e um peso positivo para aquele anterior a este.)

Contudo, como poderíamos encontrar pesos apropriados e como poderíamos escolher entre o grande número de possíveis pesos? Acontece que podemos usar os métodos de regressão múltipla que vimos no Capítulo 19, junto com o fato de que os dados vêm em sequências de tempo ordenadas, para descobrir pesos para uma média móvel ponderada mais suave. Deslocamos os dados um período de tempo ou alguns períodos de tempos. Esta mudança é conhecida como *defasagem* e as variáveis resultantes são chamadas de *variáveis defasadas*. Por exemplo, a Tabela 20.4 mostra os 15 primeiros

Capítulo 20 – Análise de Séries Temporais **641**

valores dos preços diários da ação da Intel em 2002, junto com os valores defasados de um, dois, três e quatro dias.

Tabela 20.4 Os valores defasados para os primeiros 15 dias da série temporal dos preços da ação da Intel para um, dois, três e quatro dias

Data	Preço	Preço$_{Defas1}$	Preço$_{Defas2}$	Preço$_{Defas3}$	Preço$_{Defas4}$
2-Jan-02	$33,00	*	*	*	*
3-Jan-02	$35,52	$33,00	*	*	*
4-Jan-02	$35,79	$35,52	$33,00	*	*
7-Jan-02	$35,27	$35,79	$35,52	$33,00	*
8-Jan-02	$35,58	$35,27	$35,79	$35,52	$33,00
9-Jan-02	$35,36	$35,58	$35,27	$35,79	$35,52
10-Jan-02	$34,65	$35,36	$35,58	$35,27	$35,79
11-Jan-02	$34,55	$34,65	$35,36	$35,58	$35,27
14-Jan-02	$34,84	$34,55	$34,65	$35,36	$35,58
15-Jan-02	$34,68	$34,84	$34,55	$34,65	$35,36
16-Jan-02	$33,71	$34,68	$34,84	$34,55	$34,65
17-Jan-02	$34,53	$33,71	$34,68	$34,84	$34,55
18-Jan-02	$33,48	$34,53	$33,71	$34,68	$34,84
22-Jan-02	$31,70	$33,48	$34,53	$33,71	$34,68
23-Jan-02	$32,45	$31,70	$33,48	$34,53	$33,71

Se ajustarmos a regressão para prever uma série temporal a partir das versões defas1 e defas2,

$$\hat{y} = b_0 + b_1 y_{defas1} + b_2 y_{defas2},$$

cada valor previsto, $\hat{y}_t$, é simplesmente uma soma dos dois valores prévios, y_{defas1} e y_{defas2} (mais uma constante) ponderados pelos coeficientes ajustados b_1 e b_2. Isto é simplesmente uma média móvel ponderada com pesos encontrados pela regressão.

Mas espere. Os métodos de regressão assumem que os valores dos dados sejam mutuamente independentes. E este método funciona somente se os valores dos dados *não* são independentes – isto é, se os valores recentes podem ajudar a prever os atuais. Isto não é uma violação do modelo de regressão? Bem, sim e não. A suposição de independência é certamente requerida para a inferência dos coeficientes, por exemplo, para testar a hipótese nula padrão de que a coeficiente verdadeiro é zero. Mas não estamos fazendo inferência aqui; estamos apenas construindo um modelo. E para este propósito, a falha da independência é realmente mais uma oportunidade que um problema.

Na verdade, podemos especificamente atribuir a associação dos casos aos anteriores. A correlação entre a série e a versão (defasada) da mesma série que é contrabalançada por um número de períodos de tempo é chamada de autocorrelação.[8] A Tabela 20.5 mostra algumas autocorrelações para a série da Intel.

Tabela 20.5 Autocorrelações dos preços de fechamento da ação da Intel para todo o ano de 2002 para defasagens 1, 2 e 3

	Preço	Defas1	Defas2	Defas3	Defas4
Preço	1,000				
Defas1	0,992	1,000			
Defas 2	0,984	0,992	1,000		
Defas 3	0,978	0,984	0,992	1,000	
Defas 4	0,973	0,977	0,984	0,992	1,00

---

[8] Relembre que avaliamos a presença da autocorrelação usando a estatística de Durbin-Watson no Capítulo 17.

Um modelo de regressão baseado em uma média de valores anteriores da série ponderados de acordo com a regressão em versões defasadas da série é denominado de **modelo autorregressivo**. Um modelo baseado somente na primeira variável defasada é chamado de modelo autorregressivo de primeira ordem, geralmente abreviado como AR(1).

Um modelo regressivo de $p^{ésima}$ ordem tem a forma:

$$\hat{y} = b_0 + b_1 y_{defas1} + \ldots + b_p y_{defas\,p}.$$

Para os preços da ação da Intel, encontramos os coeficientes para um modelo autorregressivo de quarta ordem de uma regressão múltipla das séries nos seus primeiros quatro valores defasados, como mostra a Tabela 20.6.

Tabela 20.6 Um modelo autorregressivo de quarta ordem para os preços da ação da Intel. Observe que existem 240 valores na série, mas, pelo fato de que as variáveis defasadas não têm valores no início das séries, existem somente 236 casos completos.

A variável dependente é: Preço
$R^2 = 98,4\%$ R^2 ajustado = 98,4%
s = 0,8793 com 236 − 5 = 231 graus de liberdade

Variável	Coeficiente	EP(Coef.)	Razão t	Valor-P
Intercepto	0,126434	0,2032	0,622	0,5344
Defas1	0,963981	0,0655	14,7	≤ 0,0001
Defas2	−0,046396	0,0911	−0,509	0,6110
Defas3	−0,056936	0,0905	−0,629	0,5300
Defas4	0,134714	0,0641	2,10	0,0368

O modelo autorregressivo de quarta ordem resultante é:

$$\hat{y}_t = 0,126434 + 0,963981 y_{defas1} - 0,046396 y_{defas2} - 0,056936 y_{defas3} + 0,134714 y_{defas4}$$

Olhando para os coeficientes, podemos ver que o modelo coloca a maior parte do seu peso no valor dos dados imediatos que precedem o que estamos estimando (o valor defas1), algum no defas4 e relativamente pouco nos outros dois valores defasados.

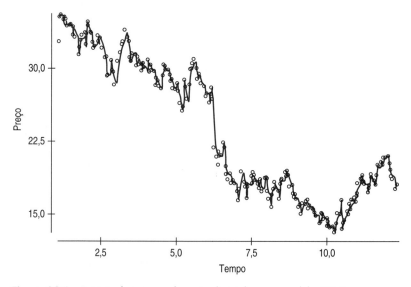

Figura 20.6 A série dos preços da ação da Intel com o modelo AR(4).

Podemos usar um modelo de média móvel autorregressivo para prever o próximo valor numa série temporal, mas podemos somente prever até onde o modelo permite.

Um modelo que usa dados de defasagem 1 pode prever somente um período de tempo no futuro. Um modelo em que a menor defasagem é a defas 4 pode prever quatro períodos à frente.

As previsões, erros de previsões e EPA produzidos pelos dois modelos de médias móveis (MA(5) e MA(15)), os modelos exponenciais alisados ($\alpha = 0{,}10$) e ($\alpha = 0{,}75$) e o modelo autorregressivo de quarta ordem ou AR(4) são mostrados na Tabela 20.7.

Tabela 20.7 As previsões e os erros de previsão para cada uma das médias móveis, alisamento exponencial simples e modelos autorregressivos para o preço diário da ação da Intel, em 13 de dezembro de 2002

Modelo	Previsão ($\hat{y}_t$)	Preço Atual (y_t)	Erro de previsão ($y_t - \hat{y}_t$)	Erro Percentual Absoluto (EPA) $\|y_t - \hat{y}_t\|/\|y_t\|$
MM-5	$17,95	$17,58	–$0,37	2,10%
MM-15	$19,40	$17,58	–$1,82	10,35%
AES ($\alpha = 0{,}10$)	$18,75	$17,58	–$1,17	6,66%
AES ($\alpha = 0{,}75$)	$17,45	$17,58	$0,13	0,74%
AR(4)	$18,17	$17,58	–$0,59	3,36%

TESTE RÁPIDO

A J. Crew é uma empresa de vestuário conhecida por suas roupas da moda, incluindo *jeans*, calças cáquis e outros itens básicos vendidos a jovens profissionais por meio de seus catálogos, *sites* e 260 lojas varejistas e lojas de descontos nos Estados Unidos. Ela se tornou recentemente conhecida porque a primeira dama Michelle Obama compra lá. Temos seu relatório da receita dos primeiros trimestres de 2003 até 2007. Aqui está um diagrama de série temporal:

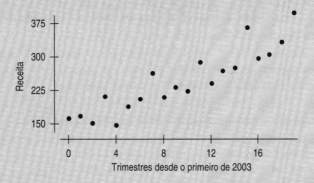

1 Quais os componentes da série temporal você vê neste diagrama?
2 Os quatro valores finais desta série são
 T1 2007 297,312
 T2 2007 304,731
 T3 2007 332,744
 T4 2007 399,936
Sem calcular nada, aproximadamente onde estaria, no gráfico, o valor final de uma média móvel simples de 4 pontos?
3 Se o valor exponencial alisado para T3 de 2007 é 319,3, qual é o valor exponencial alisado do T4 quando um α de 0,5 é usado?
4 Se você deseja ajustar um modelo autorregressivo, quantos termos você deveria incluir? Por quê?

Ao contrário dos modelos de médias móveis simples e métodos exponenciais simples de alisamento, os modelos AR podem seguir séries temporais que tenham flutuações sazonais. O método AR irá designar um peso maior às defasagens que correspondam ao período de flutuação. Por exemplo, os modelos AR tenderão a prever as vendas trimestrais que mostram um ciclo sazonal atribuindo um peso grande à versão defas4 das séries; assim, as vendas no mesmo trimestre do ano anterior têm uma grande importância.

20.9 Passeios aleatórios

Todos os modelos de médias móveis incluem o modelo ingênuo especial que prevê que o próximo valor será o mesmo que o atual. Para um modelo autorregressivo, quando o coeficiente de y_{defas1} está próximo de um e o intercepto estimado está perto de zero, o modelo autorregressivo de primeira ordem é aproximadamente

$$\hat{y}_{t+1} = y_t$$

O modelo de previsão ingênuo é, algumas vezes, chamado de **passeio aleatório**, pois cada valor novo pode ser pensado como um passo aleatório longe do valor prévio. As séries temporais que são modeladas por um passeio aleatório podem ter mudanças rápidas e repentinas na direção, mas elas podem ter também longos períodos de subidas e descidas que podem ser confundidas com ciclos.[9] Os passeios aleatórios incluem séries como as vantagens de um jogador ao longo do tempo, a localização de uma molécula num gás e o caminho tomado por um animal à procura de alimento. A hipótese do passeio aleatório nas finanças prevê que num mercado eficiente, os preços da ação devem seguir um passeio aleatório.[10,11] Existe uma extensa literatura tratando de passeios aleatórios. Eles aparecem na matemática, economia, finanças e física, assim como em outros campos.

EXEMPLO ORIENTADO	Comparando modelos de séries temporais

No Capítulo 8, foi a primeira vez que observamos as vendas da Home Depot. Naquele momento, relacionamos as vendas a outras variáveis externas. Mas estes valores são uma série temporal. Assim, vamos retornar a eles e considerar formas de modelar as vendas ao longo do tempo.

PLANEJAR	**Especificação** Declare o seu objetivo. Identifique as variáveis quantitativas que você deseja examinar. Relate o intervalo de tempo no qual os dados foram coletados e defina cada variável.	Queremos construir modelos de séries temporais para as vendas trimestrais da Home Depot de 1995 até 2004. Temos as vendas por trimestre (bilhões de $).

---

[9] Esta é uma razão para recomendarmos que as identificações dos ciclos sejam baseadas na teoria, em padrões estabelecidos ou em outras variáveis.

[10] No caso de modelos autorregressivos de primeira ordem ou em casos em que a autocorrelação representa um problema, uma solução é modelar uma série temporal de difrenças. Por exemplo, neste caso, podemos modelar a mudança no preço diário da Intel ($y_t - y_{t-1}$) como a variável resposta.

[11] O economista de Priceton, Burton Malkiel, tornou famosa a teoria do passeio aleatório do mercado de ações no seu livro *A Random Walk Down Wall Street: The Time-Tested Strategy for Successful Investing*, publicado inicialmente em 1973. A teoria teve origem nos anos 1950, com Maurice Kendall, um estatístico britânico.

	Representar graficamente Faça um gráfico das séries temporais e rotule claramente os eixos para identificar a escala e as unidades.	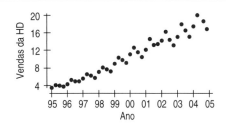
	Modelo Pense sobre as suposições e verifique as condições.	Estes são dados quantitativos mensurados ao longo do tempo em intervalos consistentes. Assim, é apropriado usar métodos de séries temporais. Existe uma tendência de crescimento consistente com flutuações em volta dela que parecem ser sazonais, porque elas se repetem a cada quatro trimestres. Alguns métodos de alisamento podem ter dificuldade com este tipo de séries.
FAZER	**Mecânica, Parte 1** Tente uma média móvel. Para dados com um forte componente sazonal, como estes, um comprimento da média móvel que seja um múltiplo do período é uma boa ideia. Mas as séries com uma forte tendência, como esta, não se ajustarão bem por uma média móvel não centrada.	Aqui está uma média móvel simples de comprimento 4 calculada por um programa estatístico: 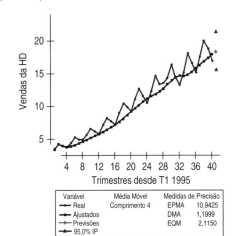
	Avalie quão bem este método se ajusta na série.	O programa informa: DMA = 1,1999 E.QM = 2,115 EPMA = 10,9425
	Faça uma previsão para o T1 2005 (t = 40).	O programa oferece uma previsão de 18,2735 $B para o primeiro trimestre de 2005.
	Mecânica, Parte 2 O alisamento exponencial pode ser um bom compromisso entre uma média móvel simples mais alisada e um ajuste com um componente sazonal.	Vamos tentar um alisamento exponencial. Agora precisamos escolher um peso para o alisamento. Usaremos $\alpha = 0{,}5$, que pondera o valor atual dos dados igualmente com todo o passado.

continua...

continuação

	Numa série com uma forte tendência como esta, alisamentos exponenciais irão inevitavelmente ficar defasados para atrás dos dados.	Aqui está o resultado de um alisamento gerado pelo computador: 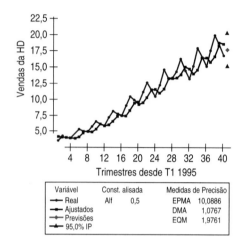
	Avalie quão bem o modelo se ajusta.	O pacote estatístico informa: DMA = 1,0767 EQM = 1,9761 EPMA = 10,0886
	Faça uma previsão das vendas para o T1 de 2005.	O pacote gera a previsão de 17,6770 \$B para o primeiro trimestre de 2005.
	Mecânica, Parte 3 Um modelo autorregressivo é uma regressão múltipla sobre a mesma série defasada, ou contrabalançada, por 1, 2 ou mais períodos de tempo. Quando sabemos que existe um componente sazonal, é importante incluir a defasagem correspondente – aqui defas4. Este modelo tem termos para cada defasagem.	Agora vamos ajustar um modelo autorregressivo. Pelo fato de que sabemos que o padrão sazonal tem um comprimento de 4 trimestres, iremos ajustar quatro termos, usando a regressão múltipla para encontrar os pesos alisados: A variável dependente é: Vendas da HD $R^2 = 98{,}7\%$ R^2 ajustado = 98,6% s = 0,5412 com 36 –5 = 31 graus de liberdade | Variável | Coef | EP (Coef) | Razão t | Valor-P | |---|---|---|---|---| | Intercepto | 0,947082 | 0,2469 | 3,84 | 0,0006 | | Defas1 | 0,428426 | 0,1455 | 2,94 | 0,0061 | | Defas2 | −0,396168 | 0,1548 | −2,56 | 0,0156 | | Defas3 | 0,353743 | 0,1612 | 2,19 | 0,0358 | | Defas4 | 0,646243 | 0,1552 | 4,16 | 0,0002 | O modelo AR (4) é $$\hat{y}_t = 0{,}947 + 0{,}428\, y_{t-1} - 0{,}396 y_{t-2} + 0{,}354 y_{t-3} + 0{,}646 y_{t-4}$$ Faça um gráfico do ajuste.

	Faça um diagrama do ajuste.	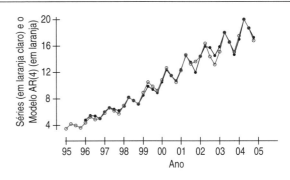
	Faça um diagrama dos resíduos.	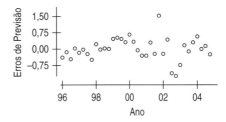

Os erros de previsão mostram alguma perturbação próxima e logo após o T4 de 2001. Já tínhamos observado este trimestre como um valor atípico alto. Observe aqui como seus efeitos se propagam através do ajuste e resíduos. A falta de resistência aos valores atípicos é uma desvantagem dos modelos autorregressivos. |
| | Calcule as medidas de ajuste e uma previsão. | DMA = 0,32667
EQM = 0,227
EPMA = 3,46

Um valor previsto para o primeiro trimestre de 2005 é:

0,9470 + 0,4284 × 16,812 − 0,39617
× 18,772 + 0,3537 × 9,96 + 0,6462
× 17,55 = 19,11 |
|  RELATAR | **Conclusão** Compare as vantagens e desvantagens dos métodos de séries temporais. Certifique-se de declarar suas interpretações num contexto apropriado. | **Memorando:**

Re: Análise das séries temporais das vendas trimestrais da The Home Depot

Comparamos vários métodos de séries temporais para ajustar dados trimestrais das vendas da The Home Depot para o período de 1995 a 2004. As vendas reais no T1 de 2005 foram de $19B.

Os métodos diferentes tinham virtudes e fraquezas diferentes. O método da média móvel alisou todos os efeitos sazonais, mas forneceu uma boa descrição da tendência e uma boa previsão.

O método de alisamento exponencial seguiu mais o padrão sazonal, mas isto não melhorou a sua previsão.

O método autorregressivo funcionou bem e fez uma boa previsão, mas ele foi claramente afetado pelo trimestre atípico simples, que contaminou o ajuste de vários trimestres subsequentes. |

20.10 Regressão múltipla – modelos básicos

Observamos anteriormente que algumas séries temporais têm componentes identificáveis; uma tendência, um componente sazonal e possivelmente um componente cíclico. Os modelos de médias móveis funcionam melhor em séries temporais que não tenham estruturas consistentes como estas. Os modelos de alisamento exponencial geralmente não seguem bem uma componente sazonal também. As médias móveis autorregressivas podem seguir todas estas componentes desde que o comprimento do suavizador seja pelo menos tão longo quanto o período do componente sazonal ou cíclico.

Quando alguns ou todos estes componentes estão presentes, podemos obter duas vantagens distintas modelando-os diretamente. Primeiro, podemos ser capazes de prever além do próximo período de tempo imediato – algo que os modelos alisados não conseguem fazer facilmente. Segundo, podemos ser capazes de entender os componentes e alcançar uma compreensão mais profunda da própria série temporal.

Modelando a componente tendência

Quando a série temporal tem uma tendência linear, a coisa natural a ser feita é modelá-la com uma regressão. Se a tendência for linear, uma regressão linear de y_t no *Tempo* pode modelar a tendência. Os resíduos seriam então uma versão *sem tendência* da série temporal.

Os dados das vendas da The Home Depot que examinamos no Exemplo Orientado parecem ter aproximadamente uma tendência linear. A regressão para estimar a tendência está apresentada na Tabela 20.8.

Tabela 20.8 Estimando a componente tendência nos dados das vendas da Home Depot pela regressão.

A variável dependente é: Vendas da HD
$R^2 = 95,5\%$ R^2 ajustado = 95,4%
$s = 1,044$ com $40 - 2 = 38$ graus de liberdade

Variável	Coeficiente	EP(Coef.)	Razão t	Valor-P
Intercepto	2,67102	0,3241	8,24	≤ 0,0001
Tempo	0,405707	0,0143	28,4	≤ 0,0001

Uma característica atrativa de um modelo baseado na regressão é que o coeficiente do *Tempo* pode ser interpretado diretamente como a mudança em *y* (aqui, Vendas da Home Depot) *por* unidade de tempo (neste caso, trimestres). A tendência nas vendas da Home Depot era de que elas aumentavam por 0,405 bilhões de dólares por trimestre.

Por outro lado, vimos na Figura 20.1 que as vendas da Whole Foods *não* têm uma tendência linear. Como aprendemos no Capítulo 17, geralmente podemos melhorar a linearidade de uma relação com uma transformação. A transformação que na maior parte das vezes funciona para as séries temporais é a logarítmica. Isto porque muitas séries temporais aumentam ou diminuem exponencialmente. Tipicamente, quanto maior você for, maior o aumento absoluto nos seus lucros. O crescimento num percen-

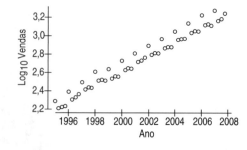

Figura 20.7 O logaritmo das vendas trimestrais da Whole Foods é linear ao longo do tempo.

Qual logaritmo?

Modelos financeiros que falam do crescimento exponencial geralmente os descrevem usando a constante $e = 2,71828$, e sua função inversa correspondente é o logaritmo natural, escrito como ln. Quando transformamos dados para aprimorar a linearidade, geralmente preferimos o logaritmo com base 10, escrito como log ou log10, porque ele é um pouco mais fácil de ser interpretado. Qual você deve usar? Na verdade, não faz diferença nenhuma. Para todos os valores, $ln(y) = log(y) \times ln(10)$, assim, as duas funções diferem somente pelo fator da escala – uma constante que não afeta nossa análise. Por coerência com nossa análise anterior, usaremos aqui logaritmos com base 10.

tual consistente é um *crescimento exponencial*. Por exemplo, se as vendas a cada ano são 5% mais altas do que o ano anterior, então o crescimento geral será exponencial. E o logaritmo torna o crescimento exponencial linear. A Figura 20.7 mostra o resultado de tomar os logaritmos dos dados da *Whole Foods*. O modelo correspondente para a tendência é:

A variável dependente é: Log das Vendas da WF
$R^2 = 96,5\%$ R^2 ajustado = 96,4%
s = 0,0574 com 52 – 2 = 50 graus de liberdade

Variável	Coeficiente	EP(Coef.)	Razão t	Valor-P
Intercepto	-154,663	4,243	-36,4	≤ 0,0001
Ano	0,078650	0,0021	37,1	≤ 0,0001

Agora, a interpretação do coeficiente da tendência é diferente. Adicionar 0,07865 ao logaritmo das vendas a cada ano é o mesmo que multiplicar as vendas por $10^{0,07865} \approx 1,20$. E isto é um aumento de 20%. Portanto, podemos dizer que as vendas da Whole Foods Market aumentaram em 20% ao ano.[12]

Transformar os dados das vendas trimestrais da Whole Foods para logaritmos revela uma segunda vantagem da transformação. As flutuações sazonais evidentes na Figura 20.1 cresceram em magnitude como as próprias vendas cresceram. Porém, na Figura 20.7, estas flutuações são aproximadamente constantes em tamanho. Isto as tornará muito mais fáceis de modelar.

Modelando o componente sazonal

A Figura 20.7 mostra que os dados da Whole Foods têm um forte componente sazonal. Em cada quarto trimestre existe um pico. Isto não é incomum nas séries temporais relacionadas às vendas a varejo. A versão mais simples do componente sazonal é um que adiciona um valor diferente às séries (em adição à tendência) para cada estação.

Podemos ver que isto é uma boa descrição dos dados da Whole Foods; o primeiro trimestre está acima da tendência geral por aproximadamente a mesma quantia a cada ano. A Figura 20.8 mostra o padrão.

Registrando o Tempo

As Vendas da Whole Foods Market são registradas trimestralmente, mas a variável tempo é o *Ano*. Muitas vezes, a variável tempo numa série temporal é simplesmente uma contagem dos períodos de tempo (semanas, meses, trimestres, etc.) desde que as séries iniciaram. Assim, os períodos são geralmente registrados como 1, 2, 3, ... como fizemos para os dados de vendas da Home Depot. Se quisermos usar as datas reais como a variável prevísora e temos dados trimestrais, precisamos expressar cada período de tempo como uma fração do ano, como 1995,0, 1995,25, 1995,50, ... A única diferença que isto irá fazer é na interpretação dos coeficientes. Os métodos das médias móveis não são sensíveis à forma que o tempo é registrado, mas quando você usa um modelo baseado na regressão, deve estar ciente disto para que possa interpretar o coeficiente do *Tempo* corretamente.

Por exemplo, se tivéssemos usado a variável Tempo contando como 1, 2 3, ... na regressão, ao invés da fração do ano, o coeficiente da curva teria sido ¼ daquele que encontramos (0,07865/4 = 0,01966) e teria estimado o crescimento do trimestre em log das vendas, ao invés do crescimento anual.

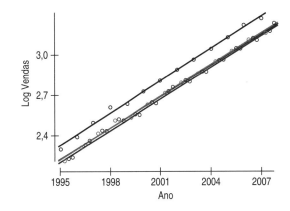

Figura 20.8 O logaritmo das vendas trimestrais da Whole Foods. Cada trimestre está representado por uma cor própria e tem uma linha de regressão ajustado a ele. As linhas diferem quase que exclusivamente por um desvio acima ou abaixo.

---

[12] É claro, se você usar logaritmos naturais, ao invés de logaritmos com base 10, a função que retorna às unidades originais é e^b, onde b é o coeficiente da Tendência. Mas a interpretação do resultado (e, arredondando o erro, o valor propriamente dito) será o mesmo.

Como aprendemos no Capítulo 19, um padrão como o mostrado na Figura 20.8 pode ser modelado introduzindo-se um indicador ou uma variável auxiliar para cada estação. Por exemplo, podemos definir nossa variável auxiliar como:

$$T_1 = 1 \text{ no trimestre 1 e 0, caso contrário}$$
$$T_2 = 1 \text{ no trimestre 2 e 0, caso contrário, e}$$
$$T_3 = 1 \text{ no trimestre 3 e 0, caso contrário.}$$

Recorde do Capítulo 19 que, para uma variável categórica com k níveis entrar num modelo de regressão, usamos $k - 1$ variáveis auxiliares. Não podemos usar todos os k níveis porque isto iria criar uma colinearidade. Portanto, deixamos fora um deles. Realmente não faz diferença qual escolhemos para deixar fora. O coeficiente do intercepto irá estimar um nível para o período "deixado de fora" e o coeficiente de cada variável auxiliar estima um desvio acima ou abaixo nas séries relativo àquele nível base. Com quatro trimestres, usamos três variáveis auxiliares. Para este exemplo, iremos escolher arbitrariamente deixar de fora a variável auxiliar para T4. Então, os casos no T4 terão o valor zero para todas as três variáveis auxiliares (T_1, T_2 e T_3) e o ajuste da média relativo à tendência será estimado pelo intercepto (b_0). Em qualquer outro trimestre, o ajuste relativo a T_4 será o coeficiente para aquela variável auxiliar do trimestre.

20.11 Modelos aditivo e multiplicativo

Adicionar variáveis auxiliares a uma regressão de uma série sobre o *Tempo* torna o que era uma regressão simples de uma previsora, como a que tratamos no Capítulo 8, em uma regressão múltipla, como aquelas que aprendemos no Capítulo 18. Isto, combinado com a pergunta se trabalhamos com a série temporal original ou o logaritmo das séries, suscita uma nova pergunta. Se modelarmos os valores originais, adicionamos o componente sazonal (na forma de uma variável auxiliar) ao componente da tendência (na forma de um coeficiente do intercepto e uma regressão com a variável *Tempo* como a previsora). Podemos escrever $\hat{y}_t = T + S$.

Este é um **modelo aditivo**, porque as componentes do modelo são somadas. Por exemplo, vimos que as Vendas da Home Depot parecem crescer linearmente com um padrão sazonal. A Tabela 20.9 mostra a regressão que modela estas vendas em termos de uma componente de tendência e três variáveis auxiliares trimestrais.

Tabela 20.9 Uma regressão para modelar as vendas da Home Depot com um componente de tendência e três variáveis auxiliares representando um componente sazonal num modelo aditivo

A variável dependente é: Vendas da HD
$R^2 = 98,7\%\%$ R^2 ajustado = 98,5%
s = 0,5915com 40 − 5 = 35 graus de liberdade

Variável	Coeficiente	EP(Coef.)	Razão t	Valor-P
Intercepto	1,38314	0,2534	5,46	≤ 0,0001
Tempo	0,410336	0,0081	50,4	≤ 0,0001
T1	1,22191	0,2657	4,60	≤ 0,0001
T2	2,41907	0,2650	9,13	≤ 0,0001
T3	1,14944	0,2647	4,34	0,0001

O modelo contém um componente de tendência que prevê um crescimento de aproximadamente \$0,41B por trimestre com ajustes para cada trimestre que são consistentes ao longo de todo o período de tempo. Por exemplo, pelo fato de que T4 é o trimestre sem uma variável auxiliar, as vendas no T4 são previstas como, em média,

1,38 + 0,41*Tempo* bilhões de dólares. Os coeficientes da variável auxiliar sazonal ajustam as previsões para cada trimestre somando o valor dos seus coeficientes ao intercepto. Por exemplo, as vendas no T1 são previstas como 1,38 + 0,41 *Tempo* + 1,22 = $2,60B + 0,41 *Tempo* (veja Figura 20.9). Mas você pode ver da Figura 20.9 que as flutuações sazonais são pequenas no começo da série e maiores no final da série – um padrão que este modelo não ajusta.

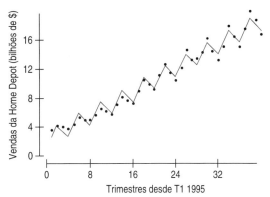

Figura 20.9 As vendas da The Home Depot com previsões do modelo aditivo. O modelo prevê um componente sazonal consistente, embora o componente sazonal dos dados varie.

Quando examinamos os dados das vendas da Whole Foods, vimos que poderíamos alinhar a tendência e tornar as flutuações sazonais aproximadamente do mesmo tamanho encontrando o *logaritmo*. Ainda podemos encontrar a regressão múltipla, mas agora a variável resposta é transformada pelos logaritmos. O modelo está na Tabela 20.10.

Tabela 20.10 Um modelo de regressão para o logaritmo dos dados das Vendas trimestrais da Whole Foods com os componentes de tendência e sazonais

A variável dependente é: Log das Vendas da WF
R^2 = 99,6%% R^2 ajustado = 99,6%
s = 0,0188 com 52 – 5 = 47 graus de liberdade

Variável	Coeficiente	EP(Coef.)	Razão t	Valor-P
Intercepto	-156,488	1,396	-112	≤ 0,0001
Ano	0,079541	0,0007	114	≤ 0,0001
T1	0,132511	0,0074	17,9	≤ 0,0001
T2	0,016969	0,0074	2,30	0,0261
T3	0,012885	0,0074	1,75	0,0874

Agora, entretanto, existe uma diferença no modelo. Pelo fato de que estamos modelando o logaritmo das vendas, quando pensamos em termos das vendas propriamente ditas, os componentes do modelo são multiplicados, ao invés de somados; assim, temos um **modelo multiplicativo**,

$$\hat{y} = T \times S.$$

Embora reconheçamos que os termos de um modelo multiplicativo são multiplicados, sempre ajustamos o modelo multiplicativo transformando para logs, mudando a forma para um modelo aditivo que pode ser ajustado pela regressão múltipla.

Como observamos anteriormente, as flutuações sazonais são geralmente proporcionais ao nível geral dos valores nas séries; o T1 que é superior em vendas em um modelo de regressão multiplicativo é uma *proporção* do total das vendas, não um incremento aditivo fixo. Especificamente, ele é $10^{0,1325} \cong 1,36$ – aproximadamente 36%

> Os termos *modelo exponencial* e *modelo multiplicativo* são equivalentes para estes modelos e podem ser usados alternadamente.

mais alto do que as vendas naquele período. Pelo fato de que as vendas estavam crescendo (em 20% ao ano), estes 36% de elevação também cresceram, em termos de dólares. Mas depois de transformar para logs, a alta é uma constante e é fácil de modelar.

Olhe novamente para as vendas da Whole Foods na Figura 20.1 (p.630). Você pode ver este crescimento no tamanho do componente sazonal no diagrama bem como na tendência. Transformar para logs não somente torna um crescimento exponencial em linear, mas também estabiliza o tamanho das flutuações sazonais. Na verdade, se você olhar novamente para os dados da Home Depot na Figura 20.9, pode notar um aumento similar nas flutuações sazonais. Embora a tendência já seja linear e possamos ajustar um modelo aditivo a estes dados, um modelo multiplicativo provavelmente será ainda melhor.

20.12 As componentes cíclica e irregular

Muitas séries temporais são mais complexas do que os componentes de tendência e sazonal podem modelar. Os dados dos preços da ação da Intel da Figura 20.3 são um exemplo. Os modelos das componentes das séries temporais incluem geralmente duas componentes adicionais, uma cíclica e uma irregular ou aleatória. Consistente com o formato para as componentes tendência e sazonal, escrevemos para um modelo aditivo:

$$\hat{y}_t = T + S + C + I,$$

e para um multiplicativo:

$$\hat{y}_t = T \times S \times C \times I.$$

A componente cíclica

Ciclos de negócios de longo prazo podem influenciar séries temporais econômicas e financeiras. Outras séries temporais podem ser influenciadas por outras flutuações de longo prazo. Sempre que houver um ciclo de negócios, econômico ou físico cuja causa é compreendida e que pode ser confiável, devemos procurar por uma variável externa ou **exógena** para modelar o ciclo. Os modelos de regressão que estávamos considerando podem acomodar tais previsores adicionais naturalmente.

Simplesmente chamar uma flutuação de longo prazo nos dados que não é ajustada pela componente da tendência ou sazonal de uma "componente cíclica" não acrescenta muito ao nosso entendimento. Como os padrões cíclicos podem não ser imediatamente evidentes nos dados, é de bom senso calcular e fazer um gráfico dos resíduos, conhecidos dos modelos das séries temporais como a componente irregular.

A componente irregular

A componente irregular são os resíduos – o que sobra depois que ajustamos todas as outras componentes. Devemos examiná-los para verificar todas as suposições e também para ver se podem existir outros padrões aparentes nos resíduos que poderíamos modelar. Para a regressão múltipla, a maioria dos programas estatísticos faz um gráfico dos resíduos contra os valores previstos, mas para os modelos das séries temporais, é essencial fazer um gráfico deles *versus* o *Tempo*. A Figura 20.10 mostra os resíduos dos dados da Whole Foods traçados *versus* o tempo avaliado trimestralmente. Dois trimestres estão fora. Os dois trimestres extraordinários são os quartos trimestres dos seus próprios anos, o que sugere que nosso modelo sazonal precise ser aperfeiçoado.[13] Também é possível ver um padrão cíclico com um período de aproximadamente quatro anos. Isto pode ser algo que vale a pena investigar para ver se podemos adicionar este componente ao nosso modelo.

---

[13] É possível incluir uma variável auxiliar para modelar um evento específico no tempo. Isso é conhecido como análise de intervenção.

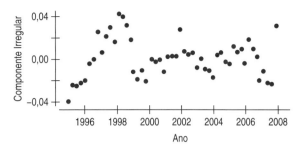

Figura 20.10 O componente irregular, ou resíduos, do modelo multiplicativo para as vendas da Whole Foods. Nos primeiros anos, o crescimento era aparentemente mais rápido do que depois de 1999. Há também dois trimestres que merecem atenção: T4 de 2001 e T4 de 2007, que foram subestimados.

TESTE RÁPIDO

Continuando nossa análise dos dados da receita da J. Crew do Teste Rápido anterior, aqui está uma regressão ajustando um modelo linear para prever a *Receita* ($).

A variável dependente é: Receita
$R^2 = 96,1\%\%$ R^2 ajustado = 95,0%
s = 15,83 com 20 – 5 = 15 graus de liberdade

Variável	Coeficiente	EP(Coef.)	Razão t	Valor-P
Intercepto	193,037	9,87	19,6	≤ 0,0001
T desde 03	10,2338	0,6255	16,4	≤ 0,0001
T1	-64,0281	10,18	-6,29	≤ 0,0001
T2	-52,8349	10,09	-5,24	0,0001
T3	-57,5810	10,03	-5,74	≤ 0,0001

5 Localize o intercepto e o coeficiente da tendência.
6 Por que não existe um termo para o T4? Este termo teria um coeficiente positivo ou negativo?

20.13 Prevendo com modelos baseados na regressão

Os modelos de regressão são fáceis de usar para a previsão, porque eles nos dão uma fórmula. É fácil substituir valores futuros no *Tempo*, para as variáveis auxiliares apropriadas e para quaisquer variáveis exógenas e calcular um valor previsto. Ao contrário dos modelos de suavização, os modelos baseados na regressão podem prever além do próximo período de tempo. Mas como qualquer tipo de previsão é incerto, e como a incerteza cresce quanto mais extrapolamos, é prudente limitar as previsões ao termo mais próximo. As medidas do erro da previsão que discutimos na Seção 20.7 se aplicam igualmente bem aos modelos de regressão e são calculadas a partir dos resíduos (ou componente irregular).

A parte mais confiável de um modelo de regressão de séries temporais é a componente sazonal, porque ela é provavelmente induzida por fenômenos econômicos e ambientais regulares. Podemos esperar, de modo lógico, que estes padrões continuem no futuro, assim podemos ficar confortáveis em basear termos de previsão mais longos neles. Uma empresa que vê grandes vendas no quarto trimestre, que inclui as festas de fim de ano, pode provavelmente contar com vendas do quarto trimestre mesmo em vários anos no futuro.

654 Parte III – Explorando Relações entre Variáveis

Anos de prosperidades dos fabricantes de carros agora se parecem com uma bolha

Por Neal E. Boudette e Norihito Shirouzu

... Durante quase toda a década de 1990, os fabricantes de carros venderam um pouco acima de 15 milhões de carros e caminhões leves no mercado norte-americano. Isto mudou no final dos anos 1990: com os preços baixos da gasolina e muitos consumidores norte-americanos empolgados com o crescimento acelerado das ações de tecnologia, as vendas de carros aumentaram repentinamente. O apogeu das vendas foi de 17,4 milhões em 2000, e permaneceu próximo a 17 milhões por mais cinco anos. Os diretores da General Motors Corp. e da Toyota disseram que os EUA estavam entrando na era de ouro do automóvel. Em 2003, o diretor de vendas da Toyota para a América do Norte previu que a indústria logo estaria vendendo 20 milhões de veículos por ano.

Eles estavam errados. As vendas começaram a cair em 2006 e espera-se que este ano voltem a ser o que eram nos anos 1990, ou seja, um pouco acima dos 15 milhões.[14]

Fonte: Wall Street Journal. 20 de maio de 2008, p.1

O componente da tendência é menos confiável. Por mais que quiséssemos acreditar que uma empresa em crescimento continuará a crescer, deveria estar claro que nenhuma empresa cresce para sempre. O crescimento exponencial é ainda mais difícil de manter. As mudanças na tendência podem ser bem repentinas. As notícias sobre a economia estão repletas de histórias de empresas cujo crescimento "rápido" parou ou diminuiu, de produtos cujas vendas inesperadamente cresceram muito e, então, inesperadamente caíram e de previsões econômicas de especialistas que, em retrospecto, pareciam mal informados. Enquanto previsões governamentais de longo prazo podem ser encontradas por indicadores confiáveis como o Produto Interno Bruto (PIB) e Renda Disponível (RD), as previsões a longo prazo devem ser feitas com muito cuidado. As mudanças na economia ou no mercado não podem ser antecipadas pelo componente da tendência e podem mudar os negócios da empresa muito subitamente.

A confiabilidade dos componentes cíclicos para a previsão é algo que você deve simplesmente julgar por você mesmo baseado no seu conhecimento e entendimento do ciclos econômicos subjacentes. Um ciclo empírico que não é entendido é uma base de risco para a previsão. Um ciclo que é entendido e que se deve a fenômenos subjacentes que estão estáveis ao longo do tempo seria um componente mais confiável de uma previsão.

A Tabela 20.11 compara as previsões de quatro modelos baseados na regressão para as *Vendas* trimestrais da Whole Foods Markets às vendas reais do primeiro trimestre de 2008. Quando o erro da previsão é negativo, o modelo fornece uma *super*estimativa. Quando o erro é negativo, ele fornece uma *sub*estimativa para a previsão. O primeiro modelo é o de tendência linear simples (modelo aditivo). O segundo modelo é o modelo aditivo com componentes sazonais trimestrais. O terceiro modelo é o modelo de tendência multiplicativa e o quarto modelo é o modelo multiplicativo com componentes de tendência e sazonalidade trimestral.

Tabela 20.11   As previsões e o erro de previsão para o primeiro trimestre de 2008 usando modelos aditivos e multiplicativos com e sem componentes sazonais

Modelo	Previsão ($M) ($\hat{y}_t$)	Vendas Reais ($M) T1 2008 ($y_t$)	Erro de previsão ($y_t - \hat{y}_t$)	Erro Absoluto Percentual $y_t - y_t|/|y_t|$
Modelo linear simples da tendência	1489,717	2457,258	967,541	39,4%
Modelo aditivo das componentes tendência e sazonal	1652,760	2457,258	804,498	32,7%
Modelo multiplicativo da tendência	1930,640	2457,258	526,618	21,4%
Modelo multiplicativo das componentes tendência e sazonal	2419,637	2457,258	37,621	1,5%

Do diagrama de dispersão original, vimos que a tendência não era linear, assim, não é surpresa que os dois modelos aditivos subestimem grosseiramente o T1 de 2008. O modelo multiplicativo da tendência com componentes sazonais não leva em consi-

---

[14] A estimativa de maio também estava errada. As vendas ficaram abaixo de $13,7 milhões.

deração que o T1 é, tipicamente, um trimestre grande para a Whole Foods, assim, ele irá subestimá-lo por mais de 21%. O modelo multiplicativo com tendência e componente sazonal segue perto, ficando distante 1,5% das vendas reais.

EXEMPLO ORIENTADO | *Comparando modelos de séries temporais, parte 2*

No primeiro Exemplo Orientado, examinamos os modelos alisados para as vendas da The Home Depot. Mas aquela mesma série mostra uma clara tendência linear e uma componente sazonal. Assim, vamos tentar os modelos de regressão e ver quão bem eles se saem na comparação.

PLANEJAR

Especificação Declare o seu objetivo. Identifique as variáveis quantitativas que você deseja examinar. Relate o intervalo de tempo no qual os dados foram coletados e defina cada variável.

Representar graficamente Faça um gráfico das séries temporais e rotule claramente os eixos para identificar a escala e as unidades.

Modelo Pense sobre as suposições e verifique as condições.

Queremos construir modelos de séries temporais baseados na regressão para as vendas trimestrais da Home Depot de 1995 até 2004. Temos as vendas por trimestres (bilhões de $).

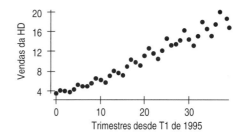

Esta é uma série temporal registrando valores quantitativos.

Existe uma tendência crescente e consistente com flutuações em volta da série e isto pode ser sazonal.

Podemos iniciar estimando a tendência.

FAZER

Mecânica, Parte 1 Ajuste um modelo aditivo para a tendência usando a regressão.

A variável dependente é: Vendas da HD
$R^2 = 95{,}5\%$ R^2 ajustado $= 95{,}4\%$
$s = 1{,}044$ com $40 - 2 = 38$ graus de liberdade

Variável	Coeficiente	EP(Coef.)	Razão-t	Valor-P
Intercepto	2,67102	0,3241	8,24	0,0001
Tempo	0,40707	0,0143	28,4	≤ 0,0001

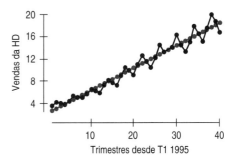

A série laranja rastreia os dados. O modelo é uma linha reta, exibida aqui em laranja-claro.

continua...

continuação

	Faça um gráfico dos resíduos.	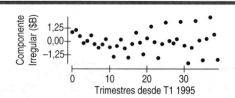
	Avalie quão bem este modelo se ajusta à série.	Existe uma curva no componente irregular e um espalhamento crescente. Uma flutuação sazonal é mais fácil de ser vista na componente irregular.
	Faça uma previsão para o T1 de 2005 ($t = 40$).	Podemos examinar várias mensurações de quão bem este modelo se ajusta à série. Estes resumos são mais úteis para comparar modelos, como faremos aqui. DMA = 0,7706 EQM = 1,0356 EPMA= 8,1697 Previsão = 2,671 + 0,4057×40 = 18,899 ($B)
	Mecânica, Parte 2 Ajuste um modelo multiplicativo com as componentes tendência e sazonalidade.	Ajustamos um modelo multiplicativo pela regressão múltipla do log da série nas variáveis *Tempo* e auxiliares para três dos quatro trimestres.[15] A variável dependente é: Log das Vendas da HD R^2 = 97,2% R^2 ajustado = 96,9% s = 0,0393 com 40 – 5 = 35 graus de liberdade | Variável | Coef | EP(Coef) | razão t | Valor-P | |---|---|---|---|---| | Intercepto | 0,556994 | 0,0168 | 22,1 | ≤ 0,0001 | | Tempo | 0,018850 | 0,0005 | 34,8 | ≤ 0,0001 | | T1 | 0,049673 | 0,0177 | 2,81 | 0,0080 | | T2 | 0,096707 | 0,0176 | 5,49 | ≤ 0,0001 | | T3 | 0,046880 | 0,0176 | 2,67 | 0,0116 |
	Faça um diagrama do ajuste *versus* os dados (aqui na escala log) e dos resíduos.	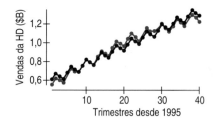 Novamente, os dados são a série laranja e o modelo é o padrão laranja-claro mais regular.
	Este padrão de longo prazo pode ser um ciclo, mas precisaríamos vê-lo se repetir nos próximos 40 trimestres para ter certeza disto e sermos capazes de ajustá-lo. Na verdade, provavelmente não se trata de um ciclo de negócios.	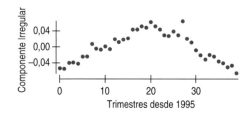

---

[15] Se você não lembra por que temos que deixar fora um dos trimestres ou como as variáveis auxiliares funcionam, veja o Capítulo 19.

		O componente irregular mostra que o crescimento das vendas da Home Depot diminuiu no meio deste período. Existe também um ponto que se destaca acima do padrão na componente irregular. É o T4 de 2001. Possivelmente, os eventos de 11/09/01 encorajaram as pessoas a reformar suas casas.
	Para fazer uma previsão com um modelo multiplicativo, usamos a função inversa do logaritmo. Observe que, para ser possível a comparação, eles devem ser calculados nos resíduos transformados de volta às unidades originais: $10^{\text{resíduos}}$. Faça uma previsão para o T4 de 2005.	DMA = 1,077 EQM = 1,0144 EPMA = 12,0386 Previsão = $10^{(0,556994 + 0,018850 \cdot 40 + 0,049673)}$ = 22,94 \$B
RELATAR	**Conclusão** Compare as vantagens e desvantagens dos métodos de ajuste de séries temporais. Certifique-se de declarar suas interpretações num contexto próprio.	**Memorando:** **Re: Análise da série temporal das vendas trimestrais da The Home Depot** Comparamos vários métodos de ajuste de séries temporais para ajustar os trimestrais das vendas da The Home Depot para o período de 1995 a 2004. As vendas reais no T1 de 2005 foram de \$19B, assim, a melhor previsão foi feita pelo modelo mais simples – o modelo aditivo com tendência linear. Os métodos diferentes tinham comprimentos e fraquezas diferentes. O método da tendência linear é simples de encontrar e, para estes dados, foi o melhor previsor. Isto pode ter sido em parte porque as vendas médias no T1 estão próximas da média anual. Se estivéssemos prevendo o T2 ou T4, iríamos esperar que o modelo multiplicativo com variáveis auxiliares sazonais fosse melhor. O modelo multiplicativo ofereceu a previsão e o ajuste menos precisos, mas, fornecendo um modelo, ele revelou um crescimento lento nas vendas da Home Depot e um trimestre atípico de vendas altas inesperadas no T4 de 2001, possivelmente relacionadas ao evento de 11/9/01. Ambas as observações podem ser importantes no entendimento da série.

20.14 Escolhendo um modelo de previsão das séries temporais

Consideramos vários métodos para modelar e prever as séries temporais. Como podemos escolher entre eles o que se ajusta às nossas necessidades? Sua escolha depende tanto da natureza dos seus dados quanto no que você espera aprender dos dados.

As **médias móveis simples** exigem menos dos dados. Você pode aplicá-las para aproximadamente qualquer série temporal. Entretanto:

◆ Elas podem prever bem somente o próximo período de tempo. As previsões mais longas apenas repetem o valor único da previsão.

◆ Elas são sensíveis a picos ou valores atípicos na série e podem obscurecer o choque de um pico por vários períodos de tempo adjacentes.

◆ Elas não se dão bem em séries que têm uma tendência forte, tendendo a ficar atrás da tendência.

Os **métodos de alisamento exponencial** também fazem algumas suposições sobre os dados. Eles têm a vantagem de controlar a importância relativa de valores recentes em relação aos antigos e fazer um bom trabalho seguindo o movimento de uma série temporal. Entretanto:

◆ Eles podem prever bem somente para o próximo período de tempo. As previsões mais longas apenas repetem o valor único da previsão.

◆ Eles são sensíveis a picos ou valores atípicos na série.

◆ Eles não se dão bem em séries que têm uma tendência forte, tendendo a ficar atrás da tendência.

Os **modelos de médias móveis autorregressivas** usam pesos automaticamente determinados para permitir que eles se adaptem às séries temporais que tenham flutuações regulares, como um componente sazonal ou séries com uma tendência consistente. Entretanto:

◆ Eles podem prever um intervalo de tempo limitado, dependendo do valor da defasagem do modelo.

◆ Eles são sensíveis a picos ou valores atípicos de duas formas diferentes. Estes valores atípicos irão influenciar a regressão que determina as ponderações de suavização. E então, novamente, quando a suavização tiver sido realizada, o efeito dos picos na série pode se espalhar contaminando outros pontos.

Os **modelos baseados na regressão** estimam a tendência e as componentes sazonais pela regressão sobre o *Tempo* e usam variáveis auxiliares para modelar o período sazonal. Eles podem incorporar variáveis exógenas para ajudar a modelar ciclos econômicos e outros fenômenos. E, diferente das médias móveis, eles podem prever um futuro mais longo. Entretanto:

◆ Você deve decidir entre ajustar um modelo aditivo às séries temporais (se a tendência for linear e as flutuações sazonais têm um tamanho consistente) ou transformar a série por logaritmos e ajusta o modelo multiplicativo.

◆ Pelo fato de que eles são baseados na regressão, estes modelos são sensíveis aos valores atípicos e falhas de linearidade. Devido ao uso de variáveis auxiliares para estimar os efeitos sazonais, estes efeitos devem ser consistentes em magnitude durante o tempo coberto pelos dados.

◆ As previsões dependem da continuação da tendência e padrões sazonais. Embora os padrões sazonais possam ser confiáveis, as tendências são difíceis de prever e é arriscado assumi-las além do futuro próximo. Os ciclos são melhor previstos quando eles forem baseados em alguns fenômenos identificáveis (e previsíveis).

20.15 Interpretando modelos de séries temporais: os dados da Whole Foods revisitados

Quando você usa um modelo de série temporal baseado em médias móveis, você pode (e deve) resumir os padrões vistos na série e quaisquer padrões observados nos resíduos em volta da tendência alisada. Mas os modelos de séries temporais baseados na regressão nos encorajam a interpretar os coeficientes.

Muitas séries temporais de vendas a varejo têm um componente sazonal forte. Vimos dois neste capítulo. Mas um deles, as vendas trimestrais da Whole Foods, é problemático. Não, não existe problema com os modelos que ajustamos. Mas existe um problema se os interpretarmos sem pensar.

Por que deve ter um pico sazonal nas vendas da Whole Foods? A comida não é um item sazonal. Para ser honesto, os autores levaram algum tempo antes de fazer estas perguntas. Porém, isto nos leva de volta aos dados. Acontece que a Whole Foods Market divide seu ano financeiro em três trimestres de 12 semanas e um de 16 semanas. O pico é inteiramente devido a esta anormalidade da escrituração contábil. Você mesmo pode verificar; os picos sazonais são 16/12 = 1,33 vezes tão grande quanto os outros trimestres – quase exatamente o que o modelo multiplicativo estimou que eles fossem.

Isto não invalida nenhum dos nossos modelos. Ainda temos de permitir que o pico sazonal modele as vendas da Whole Foods. Mas este exemplo nos adverte a não tirar conclusões precipitadas quando interpretamos nossos modelos.

O QUE PODE DAR ERRADO?

- **Não use um modelo de tendência linear para descrever uma tendência não linear.** Tenha certeza de examinar a dispersão das observações em volta da linha de tendência linear para determinar se existe um padrão. Um padrão curvo pode indicar a necessidade de transformar a série. Faça um diagrama dos resíduos. A variação nos resíduos que aumenta quando o valor central é mais alto é um sinal da necessidade de tomar os logaritmos. As séries que aumentam ou diminuem por um percentual constante a cada período de tempo são exponenciais e devem ser transformadas antes de se ajustar um modelo.

- **Não use um modelo de tendência para uma previsão a curto prazo.** Os modelos de tendência são mais efetivos para previsões a longo prazo e raramente são modelos para prever um ou dois períodos a frente. Não se esqueça que os erros de previsão são maiores para previsões a longo prazo.

- **Não use uma média móvel, um alisamento exponencial ou um modelo autorregressivo para previsões a longo prazo.** Os modelos de alisamento são mais efetivos para previsões a curto prazo, porque eles requerem atualização contínua como valores novos na série que são observados. Entretanto, é menos importante transformar uma série de tendência exponencial para estes modelos, porque eles baseiam suas previsões em valores recentes.

- **Não ignore a autocorrealção se ela estiver presente.** Examine as correlações entre as versões defasadas das séries temporais. Calcule a estatística de Durbin-Watson e faça diagrama dos resíduos para identificar a autocorrelação. Se presente, então tente usar variáveis defasadas para modelar a série temporal.

660 Parte III – Explorando Relações entre Variáveis

ÉTICA EM AÇÃO

Kevin Crammer, um corretor de uma grande empresa de serviços financeiros, está se preparando para se encontrar com Sally, uma nova cliente. Sally acabou de herdar uma grande soma de dinheiro e está procurando investi-la a longo prazo. Ela não é uma investidora experiente e, embora Kevin enviasse a ela informações sobre várias opções de investimentos financeiros, ela está confusa e ainda quer encontrá-lo para ouvir o seu conselho. A empresa de Kevin tem seus próprios produtos de fundos mútuos que eles gostariam que seus corretores promovessem. Kevin selecionou um destes fundos e, baseado nos seus retornos históricos, preparou um gráfico mostrando como uma quantia inicial de $10000 investida em 20 anos iria crescer ao longo do tempo. Embora algumas flutuações cíclicas ligadas a condições econômicas fossem evidentes, a tendência subjacente era ascendente. Kevin decidiu ajustar uma linha de tendência linear ao gráfico. Verificando os resíduos, ele notou um padrão indicando uma curvatura. A transformação dos dados em logaritmos, gerou um modelo melhor. Sob um exame mais detalhado, ele foi capaz de ver que a linha reta não se ajustava tão bem aos dados brutos quanto aos dados transformados. Embora o padrão do passado não seja indicativo de um comportamento futuro, ele usou ambos os métodos para projetar valores futuros para um investimento inicial do tamanho que Sally estava considerando. A linha da tendência linear forneceu valores mais altos. Enquanto se preparava para o encontro com Sally, ele pensou que seria uma boa ideia manter a análise da tendência linear à mão quando discutisse esta opção de investimento.

PROBLEMA ÉTICO *Uma tendência linear não deve ser usada para modelar uma tendência não linear. Neste caso, a tendência linear produziu previsões que se adequavam aos propósitos de Kevin e ele ignorou a variação cíclica observada nos dados. (Relacionado ao Item C, ASA Ethical Guidelines.)*

SOLUÇÃO ÉTICA *Apresente todos os modelos relevantes. Cuidado com a previsão de valores futuros baseados em padrões do passado.*

O que aprendemos?

Termos

Alisamento exponencial, alisamento exponencial simples (Modelo AES)

Um alisador (suavizador) exponencial tem a forma:

$$\widetilde{y}_t = \alpha y_t + (1 - \alpha)\widetilde{y}_{t-1}$$

ou equivalentemente,

$$\widetilde{y}_t = \alpha y_t + \alpha(1 - \alpha)y_{t-1} + \alpha(1 - \alpha)^2 y_{t-2} + \alpha(1 - \alpha)^3 y_{t-3} \ldots$$

O parâmetro α determina como o suavizador se comporta. Valores maiores de α fornecem mais peso aos valores recentes e valores menores fornecem mais peso aos valores mais distantes.

Autocorrelação

A correlação entre uma sequência de dados, como uma série temporal e aquela mesma sequência defasada por um ou mais períodos de tempo. A autocorrelação é uma medida da ausência de independência dos casos individuais.

Componente cíclico

A parte de um modelo de série temporal que descreve flutuações repetitivas regulares com um período de 2 a 10 anos.

Componente irregular

A parte de um modelo de série temporal que descreve um comportamento aleatório ou imprevisível; os resíduos.

Componente sazonal

A parte de um modelo para uma série temporal que ajusta um padrão regular que tem um período menor ou igual a 12 meses.

Capítulo 20 – Análise de Séries Temporais **661**

Componente da tendência A parte de um modelo para uma série temporal que ajusta mudanças a longo prazo na média das séries.

Desazonalizada Uma série temporal que tinha um componente sazonal que foi estimado e retirado.

Desvio médio absoluto (DMA) Uma medida do erro da previsão da forma:

$$DMA = \frac{1}{n}\Sigma |y_t - \hat{y}_t|.$$

Erro de previsão A diferença entre o valor observado e o valor da previsão para um tempo específico numa série temporal:

$$e_t = y_t - \hat{y}_t.$$

Erro quadrado médio (EQM) Uma medida do erro da previsão da forma:

$$EQM = \frac{1}{n}\Sigma (y_t - \hat{y}_t)^2.$$

Erro percentual absoluto (EPA) Uma medida do erro de uma previsão:

$$EPA = \frac{|y_t - \hat{y}_t|}{|y_t|}$$

Erro percentual médio absoluto (EPMA) Uma medida do erro da previsão da forma:

$$EPMA = 100 \times \frac{1}{n}\Sigma \frac{|y_t - \hat{y}_t|}{|y_t|}.$$

Estacionária na média Uma série temporal que tem um valor da média relativamente constante ao longo de um intervalo de tempo da série é denominada estacionária na média.

Estacionária na variância Uma série temporal que tem uma variância relativamente constante é denominada estacionária na variância. Isto é equivalente a homocedasticidade. (Se a série temporal é simplesmente denominada estacionária, quase sempre o que se quer dizer é que ela tem uma variância estacionária.)

Exógenas Variáveis que não fazem parte de uma série temporal mas que, ainda assim, pode ser útil modelá-las.

Média móvel Uma estimativa que usa a média aritmética dos valores C anteriores numa série temporal para prever o próximo valor:

$$\widetilde{y}_t = \frac{\displaystyle\sum_{i=t-C+1}^{t} y_i}{C}.$$

Modelo aditivo Um modelo para uma série temporal que modela uma série temporal com uma soma de todos ou alguns dos seguintes termos: uma tendência, um padrão sazonal e um padrão cíclico.

Modelo autorregressivo Um modelo autorregressivo de p-ésima ordem tem a forma:

$$\hat{y} = b_0 + b_1 y_{defas1} + \ldots + b_p y_{defasp}.$$

Modelos de alisamento exponencial simples (AES) (Veja Alisamento exponencial.)

Modelo de tendência linear Um modelo de série temporal que assume uma taxa constante de crescimento (ou decréscimo) ao longo do tempo:

$$\hat{y} = b_0 + b_1 t.$$

Modelo exponencial	Um modelo para uma série temporal que cresce exponencialmente. Ele é estimado transformando-se a variável resposta pelo logaritmo. $$\widehat{log(y)} = b_0 + b_1 Tempo + outros\ termos$$
Modelo multiplicativo	Um modelo clássico de séries temporais composto de quatro componentes, $$\hat{y} = T \times S \times C \times I,$$ onde T é o componente da tendência, S é o componente da sazonalidade, C é o componente cíclica e I é o componente irregular.
Passeio aleatório	Uma série temporal que exibe períodos aleatórios de subidas e descidas e é mais bem modelada usando-se uma previsão ingênua.
Período	O tempo entre os picos de uma oscilação regular numa série temporal.
Previsão	Muitas análises de séries temporais tentam prever valores futuros. Representamos o valor da previsão $\hat{y}_t$.
Previsão com média móvel simples	Uma média móvel simples calcula a média de C valores consecutivos de uma série temporal, onde C é o comprimento da média móvel. Quando for calculada a média dos valores finais de C, o valor alisado resultante para o tempo t pode ser usado para prever a série para o período $t + 1$. (Veja Média móvel.)
Previsão ingênua	Previsão de que o próximo valor de uma série temporal será igual ao atual: $$\hat{y}_{t+1} = y_t.$$
Série temporal	Uma série temporal são dados registrados de modo sequencial ao longo do tempo em intervalos de espaçamento aproximadamente iguais.

Habilidades

Quando você completar este capítulo você deve:

- Ser capaz de reconhecer quando os dados são uma série temporal.
- Saber como identificar se um modelo de tendência linear ou não linear é apropriado.
- Ser capaz de julgar se uma série temporal é estacionária na média e/ou variância.
- Ser capaz de reconhecer quando um componente sazonal ou cíclico está presente na série temporal.
- Entender o impacto da mudança de coeficientes alisados em um modelo de alisamento exponencial simples.

- Saber como desenvolver modelos de tendência linear e não linear.
- Ser capaz de calcular médias móveis de diferentes comprimentos para obter previsões.
- Ser capaz de calcular um modelo de alisamento exponencial simples usando diferentes coeficientes.
- Saber como calcular o erro de previsão, incluindo o DMA, o EQM e o EPMA.
- Sabe como verificar se a autocorrelação está presente.
- Ser capaz de desenvolver modelos autorregressivos sazonais e não sazonais.
- Saber como e quando usar as variáveis auxiliares para desenvolver modelos sazonais.

- Saber como usar o erro da previsão para comparar modelos de séries temporais alternativos.
- Saber como determinar quais variáveis defasadas são significativas num modelo autorregressivo.
- Saber como identificar diferentes vantagens para modelos de séries temporais alternativos dependendo do objetivo.

Ajuda tecnológica

Excel

O Excel oferece alguns, mas não todos, os métodos de séries temporais deste capítulo.

Alisamento exponencial:
Ferramentas > Análise de dados > Ajuste exponencial e entre com o intervalo de entrada e de saída, assim como o coeficiente do alisamento (Fator de amortecimento no Excel).

Médias Móveis:
Ferramentas > Análise de dados > Média Móvel e entre com o intervalo de entrada e de saída, assim como o Comprimento (Intervalo no Excel).

Minitab

Os comandos das séries temporais estão no submenu **Time Series (Séries Temporais)** do menu **Stat**. Eles são geralmente autoexplicativos. A maioria dos comandos abre uma caixa de diálogos na qual você especifica as séries para analisar, especifica os parâmetros (por exemplo, os suavizadores) e solicita as previsões.

SPSS

Os comandos relacionados às séries temporais são encontrados no submenu **Time Series (Séries Temporais)** do menu **Analyze.** Escolha **Create Models** para a escolha dos métodos.

Para fazer um diagrama das séries temporais, escolha **Analyze > Time Series > Create Models** e especifique a variável que você deseja traçar. Clique em **Plots Tab** e verifique **Series.**

Análise das Tendências:
Transform > Date/Time > Assign Periodicity > Days, para criar a variável. Então escolha **Analyze > Regression > Linear.** Entre com a variável que você deseja analisar como a variável dependente e os dias como a variável independente.

Médias Móveis:
Analyze > Time Series > Create Model e entre a variável que você deseja analisar. Então selecione **ARIMA > Criteria** e entre com o período de comprimento da média móvel na caixa de diálogo critério.

Alisamento Exponencial:
Analyze > Time Series > Create Model e entre a variável que você deseja analisar. Então selecione **Exponential Smoothing > Criteria** e entre com o peso (coeficiente do alisamento) a ser usado.

Variáveis Defasadas:
Transform > Create Time Series e entre a variável para a qual você deseja criar uma função defasada. Selecione **Lag** e entre com o comprimento da nova variável defasada.

DATA DESK

Use o comando **Lineplot** para exibir uma série temporal e o comando **Muliple Lineplot** para comparar as séries.

O menu **Hyperview** num diagrama de dispersão ou diagrama de linhas oferece opções de alisamento, embora eles sejam alisadores mais sofisticados que aqueles discutidos aqui.

Para defasar uma série, selecione seu ícone e escolha **Manip > Transform > Dynamic > Lag**. Então deslize o cursor para especificar os períodos de defasagem. Você pode ajustar a defasagem mesmo após ter usado a variável num modelo de regressão e visualizar as consequências do ajuste ou os resíduos dinamicamente.

Projetos de estudo de pequenos casos

A corporação Intel

A Corporação Intel, localizada em Santa Clara, Califórnia, foi fundada por três engenheiros, em 1968, para desenvolver tecnologia para *chips* eletrônicos de silício. A Intel tem uma reputação de empresa inovadora, e sua receita líquida mais que triplicou no período de 1993 a 2002. Embora a Intel permaneça como a maior fabricante de *chips*, a indústria de semicondutores sofre o impacto da volatilidade nas vendas de computadores pessoais, de outros eletrônicos e outros dispositivos para computadores. Como as vendas de PC se estabilizaram nos EUA, um crescimento modesto de semicondutores foi o resultado das vendas de *videogames*, telefones sem fio e *smartphones*, equipamentos de rede de comunicações e aparelhos portáteis. Em 2002, as vendas mundiais de semicondutores estavam acima de $150 bilhões. Faça um *download* dos preços da ação da Intel no mês de maior de 2007. Compare as previsões para maio de 2007 obtidas com o uso dos seus modelos de séries temporais com o preço de fechamento real usando as medidas do erro de previsão discutido neste capítulo. Quais modelos são mais apropriados e/ou mais eficazes para prever os preços diários da ação da Intel em 2007? Explique.

Tiffany & Co.

A Tiffany foi fundada em 1837, quando Charles Lewis Tiffany abriu sua primeira loja, no centro de Manhattan. A Tiffany vende a varejo e distribui uma seleção da marca de joias Tiffany & Co abrangendo uma variedade de preços. Hoje, mais de 150 lojas da Tiffany & Co vendem a clientes nos EUA e em mercados internacionais. Além das joias, ela vende mercadorias com a marca da Tifanny & Co nas seguintes categorias: relógios de pulso e parede; mercadorias de prata de lei; talheres de aço inoxidável; cristais, artigos de vidro, porcelanas e outros utensílios de mesa; artigos de papelaria personalizados; instrumentos para a escrita; e acessórios de moda. Perfumes são vendidos sob as marcas registradas Tiffany, Pure Tiffany e Tiffany for Men. A Tiffany também vende outras marcas de relógios e utensílios de mesa nas suas lojas nos EUA.[15]

As vendas trimestrais da Tiffany de 1995 a 2002 estão no arquivo **Ch20_MCSP_Tiffany**. As vendas trimestrais da Tiffany (em milhões de $) de 1995 a 2002 estão mostradas aqui.

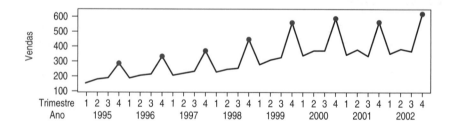

Construa modelos de séries temporais alternativos para as vendas da Tiffany e faça uma previsão das vendas futuras. Além disto, desenvolva modelos causais ou de regressão múltipla para prever as vendas da Tiffany usando dados da economia, como o

---
[16] Fonte: www.shareholder.com/tiffany.

Capítulo 20 – Análise de Séries Temporais **665**

Produto Interno Bruto (PIB), índice do preço ao consumidor (IPC), renda disponível, desemprego e taxas de juros sobre este mesmo período de tempo. Estes dados econômicos são também fornecidos no arquivo dos dados. Como a Tiffany é conhecida por sua alta qualidade e preço, foi de interesse dos executivos da corporação ver quão sensíveis as vendas da Tiffany eram aos indicadores econômicos. Desenvolva uma hipótese antes de desenvolver seus modelos. Compare as previsões dos seus modelos de séries temporais e dos modelos de regressão para as vendas trimestrais de 2003. (Elas também estão incluídas no arquivo dos dados.) Use medidas alternativas dos erros de previsão e recomende um modelo para os executivos da Tiffany usarem para prever suas vendas trimestrais.

EXERCÍCIOS

1. Conceitos.
a) Qual média móvel será mais suave, a de 50 dias ou a de 200 dias?
b) Qual modelo será mais suave, um modelo de alisamento exponencial simples (AES) usando $\alpha = 0,10$ ou um modelo usando $\alpha = 0,80$?
c) Qual é a diferença no uso dos dados históricos quando o coeficiente de suavização num modelo de alisamento exponencial simples (AES) for aumentado de 0,10 para 0,80?

2. Conceitos, novamente. Estamos tentando prever as vendas trimestrais de uma empresa que vende equipamentos e roupas de esqui. Assuma que o pico das vendas da empresa ocorra a cada mês de dezembro e que as vendas mensais têm crescido numa taxa de 1% por mês. Responda as seguintes perguntas.
a) Baseado na descrição destes dados, quais componentes da série temporal você pode identificar?
b) Se você identificou uma componente sazonal, qual é o período?
c) Se você identificou variáveis auxiliares sazonais, especifique as variáveis auxiliares que você usaria.
d) Após examinar os resíduos e usar a informação fornecida, você decide transformar os dados das vendas. Que transformação você provavelmente sugerirá? Por quê?

3. Mais conceitos. Para cada uma das seguintes séries temporais, sugira um modelo apropriado:
a) Preços semanais de uma ação que revelam períodos erráticos de oscilações para cima e para baixo.
b) Vendas anuais que revelam um aumento percentual anual consistente.
c) Vendas trimestrais para uma loja de bicicletas que revelem um padrão sazonal em que o pico das vendas é no T2 de cada ano.

4. Conceitos finais. Para cada uma das seguintes séries temporais sugira um modelo apropriado:
a) Preços diários de uma ação que revelam períodos erráticos de oscilações para cima e para baixo.
b) Vendas mensais que revelam um aumento percentual consistente mês a mês.
c) Vendas trimestrais de uma empresa de roupas femininas que revelam um pico anual em dezembro.

5. Ativos líquidos. O Bank of New York Company foi fundado por Alexander Hamilton em 1784, e foi um importante banco comercial até a sua fusão com a Mellon Financial Corporation, em 2007. Seu relatório financeiro de final de ano para os últimos cinco anos de operações independentes dá os seguintes valores para os seus ativos líquidos (Fonte: *The Financial Times*).

Ano	Ativos Líquidos ($M)
2002	18546
2003	22364
2004	22413
2005	19881
2006	26670

a) Use uma média móvel de três anos para prever quais seriam os ativos líquidos em 2007.
b) Faça uma previsão do valor para 2007 usando um alisamento exponencial simples com um parâmetro de suavização $\alpha = 0,2$.

6. Lucros da padaria. Sara Lee Corp., fabricante de alimentos, bebidas e produtos para a casa, é conhecida especialmente por seus produtos de padaria, comercializados sob o nome da sua corporação. Para os cinco anos terminando em 1^0 de julho de cada ano, de 2002 a 2006, sua divisão da padaria relatou os seguintes lucros:

Ano Fiscal	Lucros ($M)
2002	97
2003	98
2004	156
2005	-4
2006	-197

a) Use uma média móvel de 4 anos para prever os lucros para 2007.
b) Faça uma previsão dos lucros para 2007 usando um alisamento exponencial simples com um parâmetro de suavização $\alpha = 0,5$.
c) Pense sobre o alisamento exponencial. Se o parâmetro fosse 0,8, você esperaria que a previsão fosse mais alta ou mais baixa? E se fosse 0,2? Explique.

7. **Preço da banana.** O preço das bananas flutua no mercado mundial. Aqui estão os preços ($/ton) para os anos 2000-2004. (Fonte: *Holy See Country Review*, 2008)

2000	2001	2002	2003	2004
422,27	584,70	527,61	375,19	524,84

a) Encontre uma previsão da média móvel de três anos para o preço em 2005.
b) Encontre uma previsão para 2005 com um modelo de alisamento exponencial com $\alpha = 0,4$.
c) O preço real das bananas em 2005 era de 577 $/ton métrica (www.imf.org/external/np/res/commod/table3.pdf). Calcule o erro percentual absoluto para cada uma das previsões feitas.

8. **Lucros da Target.** A Target Corp. opera "mega lojas" que vendem a cada dia mercadorias essenciais e de moda diferenciadas. Ela também opera um negócio *on-line* em target.com. Os lucros brutos da Target relatados por quota para os anos de 2003-2006 são dados aqui.

2003	2004	2005	2006
$1,82	2,02	2,17	2,73

a) Encontre uma previsão para 2007 baseada em uma média móvel de 3 anos e em uma média móvel de 4 anos.
b) Encontre uma previsão para 2007 por meio de um modelo de alisamento exponencial com $\alpha = 0,8$.
c) Os lucros por quota em 2007 foram, de fato, $3,18. Calcule o erro percentual absoluto para cada previsão.

T 9. Preços da ação da Toyota. O gráfico da série temporal a seguir mostra os preços diários de fechamento da ação (ajustado para separações e dividendos) para a Toyota Motor Manufacturing de 1º de abril de 2008 até 3 de julho de 2008 (Fonte: *Yahoo!Finance*).

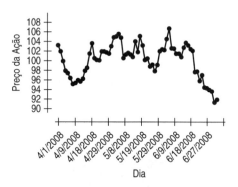

a) Quais componentes de uma série temporal parecem estar presentes?

O método das médias móveis foi aplicado a estes dados. Aqui estão gráficos de séries temporais mostrando resultados da média móvel usando dois comprimentos diferentes.

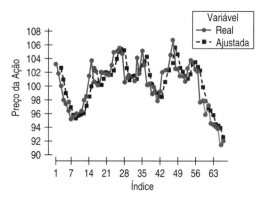

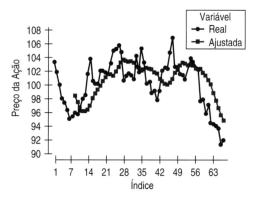

b) Em qual aplicação foi utilizada a média móvel de maior comprimento?

10. **Alisamento exponencial.** O seguinte gráfico da série temporal mostra os preços diários de fechamento (ajustados para separações e dividendos) para a Google Inc. de 1º de fevereiro de 2008 a 30 de junho de 2008 (Fonte: Yahoo! Finance).

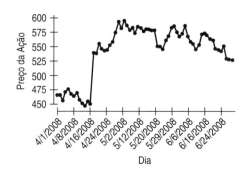

a) Quais componentes das séries temporais estão evidentes?

Os modelos de alisamento exponencial simples (AES) foram encontrados para estes dados. Examine os gráficos da série temporal seguintes mostrando dois valores diferentes do coeficiente de suavização ($\alpha = 0,2$ e $\alpha = 0,8$).

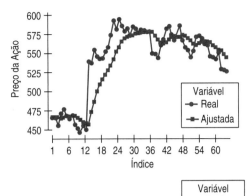

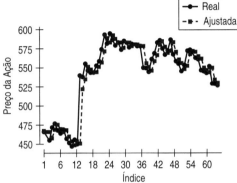

b) Em qual gráfico é usado o maior valor de α?

11. Ganhos semanais dos homens. Este gráfico mostra os ganhos semanais medianos trimestrais do primeiro trimestre de 2000 até o quarto trimestre de 2007 de homens norte-americanos com 25 anos ou mais velhos (www.bls.gov).

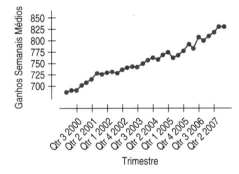

Aqui estão diagramas de séries temporais mostrando uma média móvel de 2 trimestres e uma média móvel de 8 trimestres.

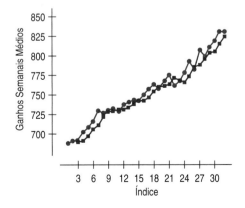

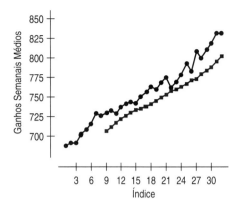

Identifique em qual diagrama está a média móvel do trimestre 2 e em qual está a média móvel do trimestre 8. Explique por que o modelo do melhor ajuste ajusta melhor.

12. Ganhos semanais das mulheres. O gráfico mostra os ganhos semanais medianos trimestrais do primeiro trimestre de 2000 até o quarto trimestre de 2007 para mulheres norte-americanas com 25 anos ou mais velhas. (www.bls.gov).

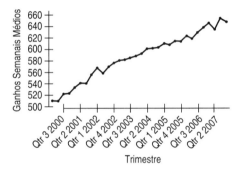

Aqui está um modelo de alisamento exponencial simples para estes dados usando α = 0,2.

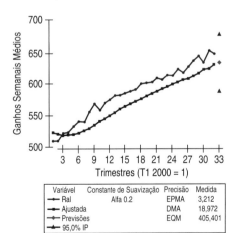

Aqui está um modelo de alisamento exponencial usando α = 0,8:

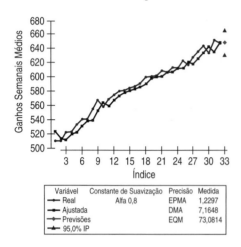

Por que o alisamento exponencial com o coeficiente mais alto se ajusta melhor à série? O que é importante sobre esta série para este resultado? O que isto sugere sobre o uso do alisamento exponencial para este tipo de série temporal.

13. Modelo autorregressivo. Suponha que um modelo autorregressivo é usado para dados nos quais as vendas trimestrais em 2005 foram: 1,9, 1,7, 2,2 e 2,3 (bilhões de $).

a) Se um modelo autorregressivo de primeira ordem é desenvolvido com parâmetros estimados de $b_0 = 0,100$ e $b_1 = 1,12$, calcule a previsão para o T4 de 2006.

b) Compare esta previsão ao valor real ($2,9B) calculando o erro percentual absoluto (EPA). Você sobre ou subestimou?

c) Assumindo que estas vendas trimestrais têm um componente sazonal de comprimento 4, use o seguinte modelo para calcular uma previsão para o T4 de 2006: $y_t = 0,410 + 1,35 y_{t-4}$. Compare o EPA para esta previsão com a da questão **a**. Compare adequabilidade dos diferentes modelos.

14. Outro modelo autorregressivo. Suponha que um modelo autorregressivo é usado para modelar as vendas para uma empresa que tem seu pico duas vezes por ano (em junho e dezembro).

a) Quais variáveis defasadas você iria tentar numa regressão para prever as vendas? Explique.

b) Como você determinaria qual das suas variáveis defasadas deveria permanecer no modelo? Explique.

T 15. Preço do café. O café é a segunda maior *commodity* legal exportada no mundo (depois do petróleo) e a segunda maior fonte de comércio exterior para nações em desenvolvimento. Os Estados Unidos consomem aproximadamente um quinto do café do mundo. A Organização Internacional do Café (OIC) calcula o índice do preço do café usando os dados da Colômbia, Brasil e uma mistura de outros dados do café. Os dados são fornecidos pelo índice de preço da OIC (em $) de janeiro de 2001 a dezembro de 2005.

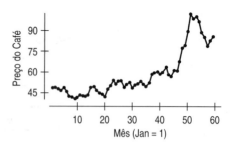

Aqui está um modelo autorregressivo para a combinação dos preços.

A variável dependente é: Combinação
$R^2 = 94,8\%$ R^2 (ajustado) = 94,6%
s = 3,892 com 57 – 3 = 54 graus de liberdade

Previsor	Coeficiente	EP(Coef.)	Razão t	Valor-P
Intercepto	1,59175	1,941	0,820	0,4157
Defas1	1,22856	0,1327	9,26	≤ 0,0001
Defas2	-0,247256	0,1350	-1,83	0,0725

a) Aqui estão alguns dos últimos valores da série: 88,48, 85,31, 78,79, 82,55 e 85,93. Que preço este modelo prevê para o próximo valor da série?

b) O próximo valor na série era, na verdade, 86,85. Calcule o EPA.

c) Encontre uma previsão baseada na média móvel de 2 pontos. Como ela se compara com o modelo AR?

T 16. Preços suavizados da gasolina. Temos dados do preço de varejo médio semanal (centavos por galão) da gasolina regular por todo o país de 2002 até o início de 2007. Aqui está o diagrama da série temporal.

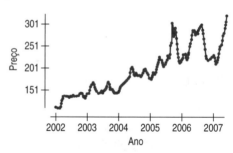

Aqui estão uma média móvel de 3 pontos e um modelo autorregressivo de 3 termos ajustado a estes dados.

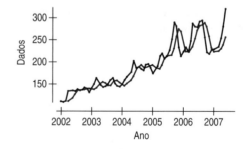

A variável dependente é: Preço
$R^2 = 92,5\%$ R^2 (ajustado) = 92,2%
s = 14,60 com 63 − 4 = 59 graus de liberdade

Previsor	Coeficiente	EP(Coef.)	Razão t	Valor-P
Intercepto	7,93591	7,504	1,06	0,2946
Preço 1	1,47044	0,1250	11,8	≤ 0,0001
Preço 2	-0,896360	0,2003	-4,47	≤ 0,0001
Preço 3	0,400086	0,1270	3,15	0,0026

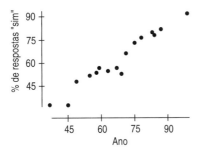

Qual modelo é o melhor ajuste para os dados?

17. Levantamento de dados do Gallup. A organização Gallup periodicamente faz a seguinte pergunta:

Se o seu partido indicasse uma pessoa, de modo geral, bem qualificada para presidente que, por acaso, é uma mulher, você votaria nesta pessoa?

Aqui está uma série temporal do percentual que respondeu "sim" *versus* o ano do século (XX). A linha da tendência dos mínimos quadrados é dada por: $\hat{y}_t = 5{,}58 + 0{,}999\,Ano$, onde Ano = 37, 45, ..., 99 para representar os anos durante os quais a pesquisa foi feita.

a) O R^2 para esta linha da tendência é de 94%. Um estudante decidiu usar este modelo linear para obter uma previsão para o percentual de quem irá responder "sim" em 2012. Que valor o estudante deveria usar para *Ano*?
b) Encontre o valor previsto para o ano 2012. Ele é realista?

❶ 18. Índice do preço ao consumidor. O índice do preço ao consumidor (IPC) representa as mudanças nos preços de todas as mercadorias e serviços comprados para o consumo por todas as famílias urbanas.[17] O uso mais comum do IPC é como um indicador econômico para prever a inflação e avaliar a eficácia das políticas governamentais. Seguindo este diagrama da série temporal para o IPC mensal (não ajustado sazonalmente) de janeiro de 2001 para março de 2007. A linha da tendência linear é: IPC = 173 + 0,414t, onde t = 0, 1, ... 74 representa os meses na série.

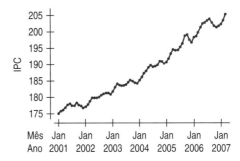

a) O que o intercepto de 173 representa nesta linha da tendência? O que a inclinação representa?
b) O R^2 para esta linha da tendência é de 97%. Use este modelo linear para obter uma previsão para o IPC de abril de 2007.
c) O IPC real de abril de 2007 era de 206,686. Calcule o erro percentual absoluto para a sua previsão.

❶ 19. Preços a varejo da gasolina. Temos dados sobre o preço médio semanal no varejo (em centavos por galão) da gasolina comum, de todo o país, de 2002 ao início de 2007. Aqui está um diagrama de série temporal:

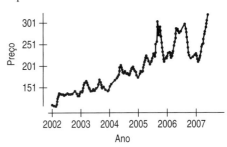

a) Quais componentes você pode ver neste diagrama?

Aqui está um modelo linear da tendência ajustado para estes dados.

A variável dependente é: Preço
$R^2 = 82,3\%$ R^2 (ajustado) = 82,2%
s = 21,88 com 282 − 2 = 280 graus de liberdade

Previsor	Coeficiente	EP(Coef.)	Razão t	Valor-P
Intercepto	-60025,3	1668	-36,0	≤ 0,0001
Ano	30,388	0,8322	36,1	≤ 0,0001

b) Interprete o coeficiente da tendência deste modelo.
c) Como você interpretaria o intercepto?

Aqui está um diagrama dos resíduos da série temporal.

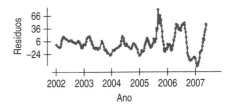

d) Comente sobre quaisquer padrões que você vê.

---

[16] Serviços (como os de água e esgoto), vendas e o imposto sobre a circulação de mercadorias pagas pelos consumidores estão incluídos também. Imposto de renda e itens de investimentos (como ações, títulos e seguros saúde) não estão incluídos. A maioria dos índices específicos do IPC tem como base de referência 1982-1984. Isto é, o BLS (Agência de Estatísticas do Trabalho americana) ajusta a base do índice (= 100) (representando o nível médio dos preços) em um período de 36 meses cobrindo os anos de 1982, 1983 e 1984 e, então, mensura as mudanças em relação a este número. Um índice de 110, por exemplo, significa que houve um aumento de 10% no preço desde o período de referência. Veja www.bls.gov/cpi para mais informações.

20. Taxas de juros. As taxas médias de juros anuais (taxa básica dos juros) nos Estados Unidos de 1980 a 2006 estão exibidas no seguinte gráfico de série temporal (unstats.un.org).

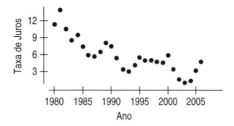

a) Quais componentes você vê nesta série?

Aqui está um modelo linear da tendência ajustado para estes dados.

A variável dependente é: Taxa de juros
R2 = 69,9%   R2 (ajustado) = 68,7%
s = 1,732 com 27 − 2 = 25 graus de liberdade

Previsor	Coeficiente	EP(Coef.)	Razão t	Valor-P
Intercepto	656,539	85,30	7,70	≤ 0,0001
Ano	−0,326490	0,0428	−7,63	≤ 0,0001

b) Interprete a média do coeficiente da tendência neste modelo.
c) Faça uma previsão da taxa de juros para 2006. Você confia na previsão? Por quê?

Aqui está um diagrama dos resíduos da série temporal deste modelo.

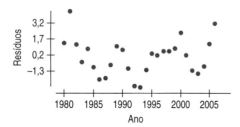

d) Discuta todos os padrões que você vê neste diagrama.
e) Um modelo exponencial seria melhor para estes dados? Explique.

21. Modelo sazonal. Use o seguinte modelo para prever as vendas trimestrais (milhões de $) para uma empresa (onde o tempo é rescalonado para começar em zero e T_2, T_3 e T_4 são variáveis auxiliares para os trimestres indicados) e responda as seguintes questões.

$$\hat{y}_t = 1,1 + 0,2t - 0,1\,T_2 - 0,5\,T_3 + 0,5\,T_4$$

a) Para o primeiro trimestre da série temporal, quais são as vendas?
b) Qual trimestre tem, em média, o nível mais baixo de vendas sobre o período de tempo da série?
c) Qual trimestre tem, em média, o nível mais alto de vendas durante o período de tempo da série?
d) Interprete o coeficiente da variável auxiliar denominada de T_4.

22. Outro modelo sazonal. Use o seguinte modelo para prever as vendas trimestrais (milhares de $) para uma empresa recém criada (onde o tempo é rescalonado para começar em zero e T_2, T_3 e T_4 são variáveis auxiliares para os trimestres indicados) e responda as seguintes questões.

$$\hat{y}_t = 15,1 + 10,5t - 5,0\,T_2 - 7,2\,T_3 + 7,5\,T_4$$

a) Quais são as vendas para o primeiro trimestre da série temporal?
b) Qual trimestre tem, em média, o nível mais baixo de vendas sobre o período de tempo da série?
c) Qual trimestre tem, em média, o nível mais alto de vendas sobre o período de tempo da série?
d) Interprete o coeficiente da variável auxiliar representada por T_4.

23. Receita da Wal-Mart. A Wal-Mart cresceu rapidamente nos anos recentes. Aqui está a receita mensal (bilhões de $) de novembro de 2003 a janeiro de 2007.

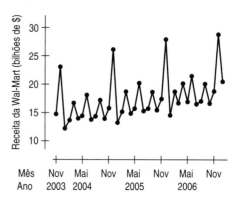

a) Quais componentes da série temporal você vê neste diagrama de tempo?

Aqui está um modelo de regressão usando variáveis auxiliares para meses e a variável *Tempo* que conta a partir de 1 para o primeiro valor dos dados na série.

A variável dependente é: Receita da WM
$R^2 = 94,3\%$ R^2 (ajustado) = 91,6%
s = 1,121 com 39 − 13 = 26 graus de liberdade

Variável	Coeficiente	EP(Coef.)	Razão t	Valor-P
Intercepto	12,0322	0,6562	18,30	≤ 0,0001
Tempo	0,145241	0,0163	8,93	≤ 0,0001
Fev	1,46096	0,8799	1,70	0,1013
Mar	2,84671	0,8585	3,32	0,0027
Abr	1,67981	0,8574	1,96	0,0609
Maio	0,870232	0,8567	1,02	0,3191
Jun	4,99999	0,8562	5,84	≤ 0,0001
Jul	0,106417	0,8560	0,124	0,9020
Ag	0,434176	0,8562	0,507	0,6164
Set	3,25327	0,8567	3,80	0,0008
Out	−0,219640	0,8574	−0,256	0,7998
Nov	1,87023	0,7932	2,36	0,0262
Dez	11,5625	0,7927	14,6	≤ 0,0001

b) Interprete o coeficiente do *Tempo*.
c) Interprete o coeficiente de *Dez*.
d) Que receita você preveria para a Wal-Mart em fevereiro de 2007 (o 40^0 mês na série)?
e) O que significa o único valor negativo do coeficiente de *Out* no modelo?

24. Arrecadação do filme. O filme *Harry Potter e a pedra filosofal* estreou como um grande sucesso. Porém, todo o filme tem um declínio na arrecadação ao longo do tempo. Aqui estão as arrecadações diárias para o filme nos seus primeiros 17 dias de exibição.

Dia	Data	Lucros
Sexta-feira	16/11/01	35
Sábado	17/11/01	30
Domingo	18/11/01	25
Segunda-feira	19/11/01	9
Terça-feira	20/11/01	10
Quarta-feira	21/11/01	10
Quinta-feira	22/11/01	10
Sexta-feira	23/11/01	22
Sábado	24/11/01	23
Domingo	25/11/01	13
Segunda-feira	26/11/01	3
Terça-feira	27/11/01	3
Quarta-feira	28/11/01	3
Quinta-feira	29/11/01	2
Sexta-feira	30/11/01	9
Sábado	01/12/01	9
Domingo	02/12/01	6

a) Sem fazer um gráfico dos dados, quais componentes você vê nesta série? Seja específico.

Para algumas séries, um efeito "sazonal" é repetido semanalmente, ao invés de mensalmente. Aqui está um modelo de regressão ajustado a estes dados com variáveis auxiliares para dias da semana. (*Dia#* conta os dias iniciando em 1.)

A variável dependente é: Lucros
$R^2 = 96,9\%$ R^2 (ajustado) = 94,6%
s = 2,365 com 17 − 8 = 9 graus de liberdade

Variável	Coeficiente	EP(Coef.)	Razão t	Valor-P
Intercepto	21,000	2,090	10,0	≤ 0,0001
Dia#	−1,42857	0,1194	−12,0	≤ 0,0001
Sexta-feira	12,4286	2,179	5,70	0,0003
Sábado	12,5238	2,166	5,78	0,0003
Domingo	7,95238	2,160	3,68	0,0051
Segunda-feira	−4,28571	2,392	−1,79	0,1068
Terça-feira	−2,35714	2,377	−0,992	0,3473
Quarta-feira	−0,928571	2,368	−0,392	0,7041

b) Interprete o coeficiente de *Dia#*.
c) Interprete o coeficiente de *Sábado* neste modelo.
d) Faça uma previsão de quais seriam provavelmente os lucros para a segunda-feira, dia 03/12/01. O que isto diz sobre o modelo?
e) O que provavelmente aconteceu aos lucros após os 17 dias iniciais?

T 25. Turismo no Havaí. A maioria da indústria pública e privada do Havaí depende do turismo. O seguinte diagrama de série temporal mostra o número total de visitantes que chegaram ao Havaí por avião procedentes de outras partes dos Estados Unidos, por mês, de janeiro de 2002 a dezembro de 2006.

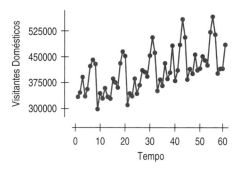

Aqui está um modelo de regressão ajustado a estes dados com variáveis auxiliares para meses e uma variável *Tempo* que inicia em 0 e conta os meses.

A variável dependente é: Visitantes Domésticos
$R^2 = 95,5\%$ R^2 (ajustado) = 94,4%
s = 14336 com 60 − 13 = 47 graus de liberdade

Variável	Coeficiente	EP(Coef.)	Razão t	Valor-P
Intercepto	312,312	6925	45,1	≤ 0,0001
Tempo	2016,84	109,1	18,5	≤ 0,0001
Fev	8924,36	9068	0,984	0,3301
Mar	58693,7	9070	6,47	≤ 0,0001
Abr	20035,3	9073	2,21	0,0321
Maio	19501,0	9078	2,15	0,0369
Jun	90440,8	9084	9,96	≤ 0,0001
Jul	132893	9091	14,6	≤ 0,0001
Ago	96037,3	9099	10,6	≤ 0,0001
Set	−27919,7	9109	−3,07	0,0036
Out	1244,42	9120	0,136	0,8921
Nov	−12181,4	9133	−1,33	0,1887
Dez	39201,9	9146	4,29	≤ 0,0001

a) Interprete o valor-P para o coeficiente da tendência.
b) Você está planejando visitar o Havaí e espera evitar as multidões. Quando você deve ir? (Diga os dois melhores meses.)
c) Você está planejando anunciar o seu produto (uma combinação de um novo filtro solar com óleo de massagem) para turistas que visitam o Havaí. Quais meses seriam os melhores para anunciar o produto?
d) Quantos turistas você preveria para o Havaí em abril de 2007 (o mês 63 da série)?

T 26. Turismo no Havaí, parte 2. No Exercício 25, examinamos turistas domésticos que visitam o Havaí. Agora, vamos considerar o turismo internacional. Aqui está um diagrama de série temporal para os visitantes internacionais.

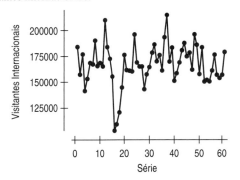

Aqui está um modelo linear da tendência com variáveis auxiliares para os meses.

A variável dependente é: Visitantes Internacionais
$R^2 = 62,9\%$ R^2 (ajustado) = 53,4%
s = 13684 com 60 – 13 = 47 graus de liberdade

Variável	Coeficiente	EP(Coef.)	Razão t	Valor-P
Intercepto	185963	6610	28,1	≤ 0,0001
Tempo	73,1937	104,1	0,703	0,4854
Fev	–23134,8	8655	–2,67	0,0103
Mar	–14961,8	8657	–1,73	0,0905
Abr	–50026,4	8660	–5,78	≤ 0,0001
Maio	–41912,4	8664	–4,84	≤ 0,0001
Jun	–33370,4	8670	–3,85	0,0004
Jul	–21521,2	8677	–2,48	0,0168
Ago	–5021,56	8685	–0,578	0,5659
Set	–22294,3	8694	–2,56	0,0136
Out	–20751,5	8705	–2,38	0,212
Nov	–27338,9	8717	–3,14	0,0029
Dez	6075,27	8730	0,696	0,4899

a) Interprete o valor-P para o coeficiente do *Tempo*.
b) O R^2 para este modelo é mais baixo do que para o modelo ajustado para os visitantes domésticos do exercício 25. Isto significa que um modelo exponencial da tendência seria melhor?
c) Os turistas internacionais geralmente visitam o Havaí em janeiro. Como você pode afirmar isto a partir deste modelo?
d) Embora o R^2 para este modelo seja mais baixo do que o R^2 correspondente ajustado no Exercício 25 para turistas domésticos, você pode estar mais à vontade fazendo uma previsão do número de turistas internacionais para abril de 2007 com este modelo do que com o modelo usado anteriormente para prever o número de turistas domésticos. Explique por quê.

T 27. Passageiros de Oakland. O aeroporto Port of Oakland registra o número de passageiros a cada mês. À primeira vista, isto é um crescimento simples, mas, reconhecendo a série como uma série temporal, podemos aprender mais.

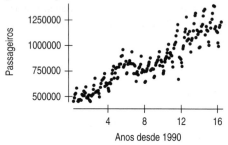

O crescente espalhamento dos dados sugere que um modelo multiplicativo pode se ajustar melhor.

Aqui está um modelo de tendência exponencial com variáveis auxiliares sazonais (mensais).

A variável dependente é: LogPassageiros
$R^2 = 92,4\%$ R^2 (ajustado) = 91,9%
s = 0,0358 com 194 – 13 = 181 graus de liberdade

Variável	Coeficiente	EP(Coef.)	Razão t	Valor-P
Intercepto	5,64949	0,0101	558	≤ 0,0001
Anos desde 1990	0,024929	0,0006	45,2	≤ 0,0001
Fev	–0,013884	0,0127	–1,10	0,2747
Mar	0,048429	0,0127	3,82	0,0002
Abr	0,049028	0,0125	3,93	0,0001
Maio	0,066227	0,0125	5,30	≤ 0,0001
Jun	0,082862	0,0127	6,54	≤ 0,0001
Jul	0,095295	0,0127	7,52	≤ 0,0001
Ago	0,121779	0,0127	9,61	≤ 0,0001
Set	0,029382	0,0127	2,32	0,0216
Out	0,049596	0,0127	3,91	0,0001
Nov	0,039649	0,0127	3,13	0,0020
Dez	0,043545	0,0127	3,44	0,0007

a) Interprete a inclinação.
b) Interprete o intercepto.
c) Quais os meses têm o menor tráfego no aeroporto de Oakland? (Dica: considere todos os 12 meses.)

Aqui está um diagrama dos resíduos do modelo ajustado aos passageiros do aeroporto de Oakland.

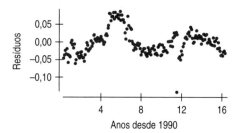

d) Quais as componentes você diria, agora, que estão presentes nesta série?

T 28. Preço a varejo da gasolina, parte 2. No Exercício 16, vimos os dados do preço médio no varejo da gasolina comum, para uma semana de cada mês, de janeiro de 2002 a maio de 2007.

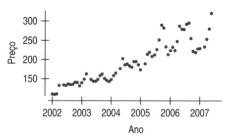

A curva no diagrama e a variação crescente sugerem um modelo multiplicativo. Aqui está um modelo multiplicativo com variáveis sazonais para os meses.

A variável dependente é: LogPreço
$R^2 = 92,0\%$ R^2 (ajustado) = 90,2%
s = 0,0377 com 66 − 13 = 53 graus de liberdade

Variável	Coeficiente	EP(Coef.)	Razão t	Valor-P
Intercepto	2,04566	0,0164	125	≤ 0,0001
Anos desde 1990	0,071754	0,0030	24,2	≤ 0,0001
Fev	0,002682	0,0210	0,128	0,8988
Mar	0,030088	0,0210	1,43	0,1574
Abr	0,053455	0,0210	2,55	0,0138
Maio	0,058316	0,0210	2,78	0,0075
Jun	0,044912	0,0221	2,03	0,0471
Jul	0,055008	0,0221	2,49	0,0159
Ago	0,061186	0,0221	2,77	0,0077
Set	0,057329	0,0221	2,60	0,0122
Out	0,039903	0,0221	1,81	0,0764
Nov	0,012609	0,0221	0,571	0,5704
Dez	−0,085243	0,0221	−0,386	0,7011

a) Interprete a inclinação.
b) Interprete o intercepto.
c) Em qual mês do ano os preços da gasolina estão mais altos?

29. Valor atípico de Oakland. O diagrama dos resíduos no Exercício 27 mostra um valor atípico que não estava evidente nos dados. O valor atípico é setembro de 2001. Evidentemente, este não era um mês típico para as viagens de avião. Aqui estão três modelos ajustados para esta série, um alisamento exponencial simples, uma média móvel de 12 pontos e os valores ajustados do modelo de regressão sazonal do Exercício 27. Discuta como cada um trata o valor atípico.

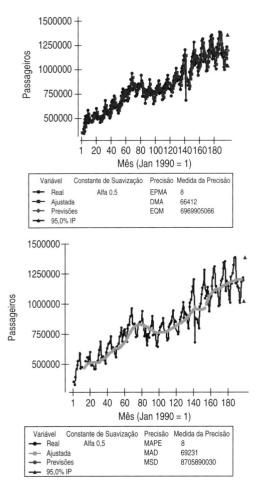

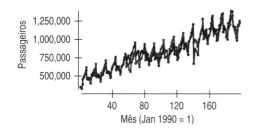

Os exercícios restantes requerem o uso de um software estatístico. Os pacotes estatísticos variam nas suas capacidades e das decisões de projeto que alguns tomam. Como resultado, dependendo de qual pacote você escolher, suas respostas podem diferir daquelas no final do livro.

T 30. E-comércio. As vendas a varejo trimestrais do e-comércio (em milhões) nos Estados Unidos são fornecidas. (Fonte: www.census.gov.) Use esta série temporal para responder as seguintes perguntas.
a) Ajuste um modelo de tendência linear a esta série, mas não use os últimos dois trimestres (T4 2007 e T1 2008).
b) Ajuste um modelo de tendência exponencial a esta série, mas não use os últimos dois trimestres.
c) Use ambos os modelos para prever os valores trimestrais para o T4 2007 e T1 2008. Que modelo produz melhores previsões?
d) Quais outros componentes da série temporal (além da tendência) são mais prováveis de fazerem parte desta série?

T 31. E-comércio, parte 2.
a) Ajuste um modelo de tendência linear com variáveis auxiliares para o efeito sazonal dos dados de e-comércio do Exercício 30.
b) Ajuste uma modelo de tendência exponencial (multiplicativa) com variáveis auxiliares para estes dados.
c) Qual o modelo que se ajusta melhor?

T 32. Receita da J. Crew. A J. Crew lançou seu primeiro catálogo em 1983, e a primeira loja da J. Crew foi aberta em 1989, na South Street Seaport, em Nova York. Desde então a J. Crew se expandiu para 198 lojas a varejo e 65 lojas de descontos por todo o país. As *Receitas* trimestrais (milhões de $) para a J. Crew vêm a seguir; use os dados fornecidos para responder as perguntas.

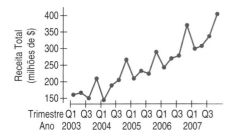

a) Identifique os componentes da série temporal que você vê nos dados. Se você ver sazonalidade, qual é o período?
b) Use suas respostas da parte (a) para desenvolver um modelo autorregressivo.
c) Examine os resíduos ao longo do tempo para avaliar a Suposição da Independência.

T 33. Preços a varejo da gasolina, parte 3. Usando os dados do Exercício 28, desenvolva e compare os seguintes modelos.
a) Um autorregressivo apropriado testando a significância de cada termo autorregressivo.

b) Obtenha uma previsão para a mesma semana que você fez no Exercício 28 (28 de maio de 2007).
c) Compare sua previsão com o valor real (calculando o APE) e previsões obtidas no Exercício 28.
d) Recomende um modelo apropriado para prever esta série temporal.

T 34. Preços do petróleo. Recorde dos dados do preço do petróleo bruto do Capítulo 16. Um diagrama de série temporal do preço mensal do petróleo bruto ($/barril) de janeiro 2001 a março 2007 é apresentado aqui.

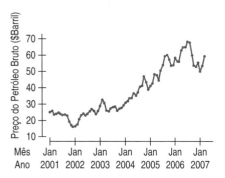

Usando estes dados,
a) Ajuste um modelo autorregressivo apropriado testando a significância de cada termo autorregressivo.
b) Obtenha uma previsão para março de 2007.

T 35. Preços do petróleo, novamente. Retorne aos dados do preço do petróleo do Exercício 34.
a) Encontre um modelo linear para a série.
b) Encontre um modelo exponencial (multiplicativo) para esta série.
c) Use estes métodos para prever o preço do petróleo bruto para março de 2007.
d) O preço real para março de 2007 foi de $58,70. Calcule as medidas do erro da previsão (por exemplo, DMA e EPMA) e compare a precisão das previsões para os modelos de Exercício 34 e 35.

T 36. Taxa de desemprego dos EUA. A seguir, é apresentado um diagrama de séries temporais para a *Taxa de Desemprego (%)* mensal dos EUA de janeiro de 1997 a março de 2007. Estes dados foram ajustados sazonalmente (significando que a componente sazonal já foi removida).

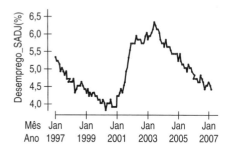

a) Quais das componentes da série você observa nestes dados?
b) Desenvolva um modelo de média móvel de seis meses e outro de 12 meses para esta série.
c) Ajuste um modelo de alisamento exponencial simples para estas séries.

d) Use estes modelos para prever a *Taxa de Desemprego* para o mês de março de 2007.
e) Calcule as medidas do erro da previsão (isto é, DMA e EMAP) e compare a precisão das previsões para estes dois modelos.

T 37. Fundos mútuos. O dinheiro que é investido em fundos mútuos é geralmente referido com "Fluxo do Fundo." O diagrama de série temporal seguinte mostra o *Fluxo do Fundo* (milhões de $) mensal de janeiro de 1990 a outubro de 2002.

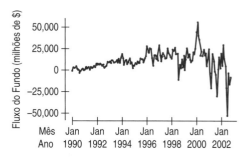

a) Quais as componentes da série você observa nestes dados?
b) Desenvolva um modelo de média móvel de 6 meses e outro de 12 meses para esta série.
c) Ajuste um modelo de alisamento exponencial simples para estas séries.
d) Use estes modelos para prever o *Fluxo do Fundo* para o mês de outubro de 2002.
e) Calcule as medidas do erro da previsão (isto é, DMA e EPMA) e compare a precisão das previsões para estes dois modelos.

T 38. Taxa de Desemprego dos EUA, parte 2. Usando os dados do Exercício 36, desenvolva e compare os seguintes modelos.
a) Ajuste um modelo autorregressivo apropriado testando a significância de cada termo do modelo autorregressivo (assuma que $\alpha = 0,05$).
b) Obtenha uma previsão para março de 2007.
c) Compare sua previsão para março ao valor real (calculando o APE) e as previsões obtidas no Exercício 36.
d) Recomende um modelo apropriado para prever esta série temporal.

T 39. Taxas de ocupação hoteleira. As taxas mensais de ocupação dos hotéis em Honolulu, Havaí, de janeiro de 2000 a dezembro de 2004, estão disponíveis para o mesmo período que examinamos nos Exercícios 25 e 26.

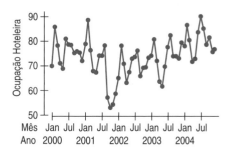

Use os dados para responder as seguintes perguntas.
a) Identifique as componentes da série temporal que você vê no gráfico. Se você identificar sazonalidade, qual é o período? Use suas respostas para desenvolver um modelo autorregressivo.

b) Examine os resíduos ao longo do tempo para avaliar a Suposição da Independência.
c) Obtenha uma previsão para janeiro de 2005.

40. Produção da OPEP. Lembre dos dados da produção de óleo da OPEP do Capítulo 16, Exercício 27. Um diagrama da série temporal da produção mensal da OPEP (milhares de barris/dia) é apresentado aqui.

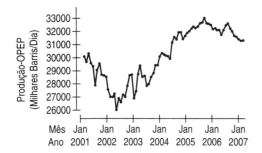

a) Quais as componentes da série que você observa nestes dados?
b) Desenvolva um modelo de média móvel de 6 meses e outro de 12 meses para esta série.
c) Ajuste um modelo de alisamento exponencial simples para estas séries.
d) Use estes modelos para prever a produção de petróleo da OPEP para o mês de março de 2007.
e) Calcule as medidas do erro da previsão (isto é, DMA e EPMA) e compare a precisão das previsões para estes dois modelos.

41. Produção da OPEP, parte 2. Usando os dados para o Exercício 40, desenvolva e compare os seguintes modelos.
a) Ajuste um modelo apropriado testando a significância de cada termo autorregressivo.
b) Obtenha uma previsão para março de 2007.
c) Compare sua previsão para março com a previsão real (calculando o APE) e as previsões obtidas no Exercício 40.
d) Recomende um modelo apropriado para prever esta série temporal.

42. Taxas de juros, parte 2. Considere a taxa média de juros anual que vimos no Exercício 20. Aquele exercício mostrou um modelo linear ajustado a estes dados.
a) Ajuste um modelo linear para a tendência desta série, mas não use os valores para 2005 e 2006.
b) Ajuste um modelo exponencial para a tendência desta série, mas não use os valores para 2005 e 2006.
c) Use os dois modelos para prever uma taxa média de juros para 2005 e 2006. Qual dos modelos produz a melhor previsão?
d) Que outras componentes da série temporal (além da tendência) são mais prováveis de estarem presentes nesta série?

RESPOSTAS DO TESTE RÁPIDO

1 Tendência e sazonalidade.

2 O valor é a média dos 4 valores finais, aproximadamente 333. Ele pode ser um pouco baixo como um previsor.

3 (319,3 + 399,9)/2 = 359,6.

4 Os quatro termos, porque existe um componente sazonal forte com período 4.

5 10,2338. A receita cresceu aproximadamente 10,2 milhões de dólares por trimestre.

6 As variáveis auxiliares requerem que deixemos um de fora. O coeficiente do T4 será positivo.

PARTE IV

Construindo Modelos para a Tomada de Decisões

Variáveis Aleatórias e Modelos Probabilísticos

Tomada de Decisão e Risco

Análise e Projeto de Experimentos e Estudos Observacionais

Introdução à Mineração de Dados

Variáveis Aleatórias e Modelos Probabilísticos

Companhia de seguros Metropolitan Life

Em 1863, no ápice da Guerra Civil norte-americana, um grupo de homens de negócios da cidade de Nova York decidiu formar uma nova empresa para fazer seguros para os soldados da Guerra Civil contra incapacidades e ferimentos sofridos na guerra. Após o final da guerra, eles mudaram de direção e decidiram se concentrar na venda de seguros de vida. A nova empresa foi chamada de Metropolitan Life (MetLife), porque a maior parte dos seus clientes era da área "metropolitana" da cidade de Nova York.

Embora uma depressão econômica dos anos 1870 tenha arruinado muitas companhias de seguro, a MetLife sobreviveu, modelando seus negócios com programas de sucesso similares na Inglaterra. Tirando vantagem da expansão do industrialismo e dos métodos de venda dos agentes britânicos, a empresa logo estava registrando até 700 novas apólices por dia. Por volta de 1909, a MetLife era a maior companhia de seguros de vida dos Estados Unidos.

Durante a Grande Depressão dos anos 1930, a MetLife expandiu seus serviços promovendo campanhas de saúde pública, focando na educação dos pobres dos centros urbanos nas principais cidades dos EUA sobre o risco da tuberculose. Pelo fato de que a empresa investiu principalmente em hipotecas urbanas e de fazendas, ao invés de no mercado de ações, ela sobreviveu à quebra da bolsa de 1929 e acabou investindo fortemente no *boom* imobiliário do pós-guerra dos EUA. Ela foi os principais investidores tanto do Empire State Buiding (1929) quanto do Rockefeller Center (1931). Durante a Segunda Guerra Mundial, a empresa era a maior contribuinte da causa Aliada, investindo mais da metade do total do seu espólio em bônus de guerra.

Hoje, além do seguro de vida, a MetLife gerencia pensões e investimentos. Em 2000, a empresa realizou uma oferta pública inicial e entrou no negócio de bancos varejistas, em 2001, com a inauguração do MetLife Bank. A face pública da empresa é muito conhecida por causa do uso do Snoopy, o cachorro da história em quadrinho.

A s companhias de seguros fazem apostas o tempo todo. Por exemplo, elas apostam que você irá viver uma vida longa. Ironicamente, você aposta que irá morrer em breve. Ambos, você e a companhia de seguros, querem que a companhia permaneça nos negócios, assim, é importante encontrar "um preço justo" para a sua aposta. É claro, o preço justo para *você* depende de muitos fatores, e ninguém pode prever exatamente o quanto você irá viver. Porém, quando a companhia faz uma média de suas apostas suficientes com os clientes, ela pode fazer estimativas razoavelmente precisas da quantia que ela esperar coletar com uma apólice antes de ter de pagar um benefício. Para fazer isto com eficácia, ela precisa modelar a situação com um modelo de probabilidade. Usando probabilidades, a empresa pode encontrar o preço justo de quase todas as situações envolvendo risco e incerteza.

Aqui está um exemplo. Uma companhia de seguros oferece uma apólice por "morte e incapacidade" que paga $100000 quando o cliente morre ou $50000 quando o cliente ficar permanentemente incapacitado. Ela cobra um prêmio de somente $500 por ano para este benefício. É provável que a companhia tenha lucro vendendo este plano? Para responder esta pergunta, a companhia precisa saber a *probabilidade* de que o cliente irá morrer ou ficar incapacitado em qualquer ano. A partir dessa informação atuarial e do modelo apropriado, a companhia pode calcular o valor esperado da sua apólice.

21.1 Valor esperado de uma variável aleatória

Para modelar o risco da companhia de seguro, precisamos definir alguns termos. A quantia que a companhia paga em uma apólice inicial é um exemplo de uma **variável aleatória**, assim chamada porque seu valor é baseado no resultado de um evento aleatório. Usamos uma letra maiúscula, neste caso, X, para representar uma variável aleatória. Representaremos um *valor* em particular que ela possa ter pela letra minúscula correspondente, neste caso, x. Para a companhia de seguros, x pode ser $100000 (se você morrer naquele ano), $50000 (se você ficar incapacitado) ou $0 (se nenhum deles ocorrer). Pelo fato de que podemos listar todos os resultados, podemos chamar esta variável aleatória uma **variável aleatória discreta.** Uma variável aleatória que pode assumir qualquer valor entre outros dois é denominada de **variável aleatória contínua.** As variáveis

Capítulo 21 – Variáveis Aleatórias e Modelos Probabilísticos **681**

aleatórias contínuas são comuns nas aplicações de negócios para modelar quantidades físicas como alturas e pesos e quantias monetárias como lucros, receitas e gastos.

Algumas vezes, é óbvio saber se tratamos uma variável aleatória como discreta ou contínua, mas, em outras vezes, a escolha é mais sutil. A idade, por exemplo, pode ser observada como discreta se mensurada somente para a próxima década com valores possíveis 10, 20, 30, ... Em um contexto científico, entretanto, ela pode ser mensurada mais precisamente e tratada como contínua.*

Para as variáveis discretas e as contínuas, a coleção de todos os valores possíveis com as probabilidades associadas a eles é denominada de **modelo probabilístico** para a variável aleatória. Para uma variável aleatória discreta, podemos listar todos os valores possíveis e apresentá-los conjuntamente com as probabilidades em uma tabela ou então determinar as probabilidades por uma fórmula. Por exemplo, para modelar os possíveis resultados de um dado honesto, podemos fazer X como sendo o número que aparece na face superior. O modelo probabilístico para X é simplesmente:

$$P(X = x) = \begin{cases} 1/6 & se \ x = 1, 2, 3, 4, 5, \ ou \ 6 \\ 0 & caso \ contrário \end{cases}$$

Suponha que, no nosso exemplo do risco do seguro, a taxa de morte em qualquer ano é de uma em 1000 pessoas e que outras 2 em 1000 sofrem algum tipo de incapacidade. A perda, que iremos representar como X, é uma variável aleatória discreta, porque ela assume somente três valores possíveis. Podemos exibir o modelo probabilístico para X numa tabela como a 21.1

> **ALERTA DE NOTAÇÃO:**
>
> As letras mais comuns para representar variáveis aleatórias são X, Y e Z, mas qualquer outra letra maiúscula poderá ser utilizada.

Tabela 21.1   Modelo probabilístico para uma apólice de seguro

Resultado do segurado	Pagamento x (custo)	Probabilidade P(X = x)
Morte	100000	1/1000
Incapacidade	50000	2/1000
Nada	0	997/1000

Obviamente, não podemos prever exatamente o que *irá* acontecer durante um dado ano, mas podemos dizer o que *esperamos* que aconteça – neste caso, o que esperamos ser o lucro de uma apólice. O valor esperado de uma apólice é um parâmetro do modelo probabilístico. Na verdade, é a média. Iremos representar isto com a notação $E(X)$, para valores esperados (ou, algumas vezes, VE, ou algumas vezes, μ). Usamos o termo "média" para esta quantidade, assim como fizemos para os dados, mas tenha cuidado. Isto não é uma média dos valores dos dados, assim não iremos estimá-la. Ao contrário, calculamo-na diretamente do modelo probabilístico para as variáveis aleatórias. Pelo fato de que ela vem de um modelo e não de dados, usamos o parâmetro μ para representá-la (e *não* $\bar{y}$ ou $\bar{x}$).

Para ver o que a companhia de seguros pode esperar, pense sobre o número (conveniente) dos resultados. Por exemplo, imagine que temos exatamente 1000 clientes e que os resultados em um ano seguem exatamente o modelo probabilístico: 1 morreu, 2 ficaram incapacitadas e 997 sobreviveram incólumes. Então, nosso pagamento total seria:

> **ALERTA DE NOTAÇÃO:**
>
> O valor esperado (ou média) de uma variável aleatória é escrito como $E(X)$ ou μ. (Tenha certeza de não confundir a média de uma variável aleatória, calculada das probabilidades, com a média de uma coleção de dados que são representados por $\bar{y}$ ou $\bar{x}$.)

$$E(X) = \frac{100.000(1) + 50.000(2) + 0(997)}{1000} = 200$$

Assim, nosso pagamento (custo) total chega a $200 por apólice.

Ao invés de escrever o valor esperado como uma fração grande, podemos escrevê-lo como termos separados, cada um dividido por 100.

---

* N. de R. T.: De fato, na prática, não existem variáveis contínuas, pois sempre teremos a limitação do instrumento de medida. Assim, é conveniente pensar em termos teóricos apenas, para caracterizar se uma variável é discreta ou contínua.

$$E(X) = \$100000\left(\frac{1}{1000}\right) + \$50000\left(\frac{2}{1000}\right) + \$0\left(\frac{997}{1000}\right)$$
$$= \$200$$

Escrevendo-o desta forma, podemos ver que, para cada apólice, existe uma chance de 1/1000 de que teremos de pagar $100000 para cada morte e uma chance de 2/1000 de que teremos de pagar $50000 para uma incapacidade. Existe, é claro, uma chance de 997/1000 de que não tenhamos de pagar nada.

Assim, o **valor esperado** de uma variável aleatória (discreta) é encontrado multiplicando-se cada valor possível da variável pela probabilidade de que ela ocorra e, então, somando-se todos os produtos resultantes. Isto fornece a fórmula geral para o valor esperado de uma variável aleatória discreta:[1]

$$E(X) = \sum x \cdot P(x).$$

Tenha certeza de que *cada* resultado possível esteja incluído na soma. Verifique que você tenha um modelo probabilístico válido – cada uma das probabilidades deve estar entre 0 e 1 e devem somar um (lembre das regras da probabilidade do Capítulo 5).

21.2 O desvio padrão de uma variável aleatória

Obviamente, este valor esperado (ou média) não é exatamente o que acontece para cada segurado *especificamente*. Nenhuma apólice individual realmente custa para a companhia $200. Estamos tratando com eventos aleatórios, assim, alguns segurados recebem altos pagamentos e outros nada. Pelo fato de que a companhia de seguros deve antecipar esta variabilidade, ela necessita saber o desvio padrão da variável aleatória.

Para o nosso modelo, determinamos o desvio padrão inicialmente calculando o desvio de cada valor em relação ao valor esperado (média) e elevando o resultado ao quadrado. Executamos um cálculo similar quando calculamos o **desvio padrão** de uma variável aleatória (discreta) também. Primeiro, encontramos o desvio de cada pagamento a partir da média (valor esperado). (Veja a Tabela 21.2.)

Tabela 21.2 Desvios entre o valor esperado e cada pagamento (custo)

Resultado do segurado	Pagamento x (custo)	Probabilidade $P(X = x)$	Desvio $(x - \mu)$
Morte	100000	1/1000	$(100000 - 200) = 99800$
Incapacidade	50000	2/1000	$(50000 - 200) = 49800$
Nenhum	0	997/1000	$(0 - 200) = -200$

A seguir, elevamos ao quadrado cada desvio. A **variância** é o valor esperado destes desvios elevados ao quadrado. Para encontrá-la, multiplicamos cada um pela probabilidade apropriada e somamos estes produtos:

$$Var(X) = 99800^2\left(\frac{1}{1000}\right) + 49800^2\left(\frac{2}{1000}\right) + (-200)^2\left(\frac{997}{1000}\right)$$
$$= 14960000.$$

---

[1] O conceito de valor esperado para uma variável aleatória contínua é similar, mas, para obtermos o resultado, é necessário o uso do cálculo, que está além do alcance deste livro.

Capítulo 21 – Variáveis Aleatórias e Modelos Probabilísticos **683**

Finalmente, extraímos a raiz quadrada para obter o desvio padrão:

$$SD(X) = \sqrt{14960000} \approx \$3867,82$$

A companhia de seguros pode esperar um pagamento médio de $200 por apólice, com um desvio padrão de $3867,82.

Pense sobre isto. A companhia cobra $500 para cada apólice e espera pagar $200 por apólice. Parece uma forma fácil de ganhar $300. (Na verdade, a maior parte do tempo – provavelmente 997/1000 – a companhia embolsa todos os $500.) Porém, você estaria disposto de correr o risco e vender para os seus amigos apólices como esta? O problema é que, ocasionalmente, a companhia perde muito dinheiro. Com a probabilidade de 1/1000, ela irá pagar $100000 e com a probabilidade de 2/1000, ela irá pagar $50000. Isto pode ser mais risco do que você esteja disposto a correr. O desvio padrão de $3867,82 dá uma indicação da incerteza do lucro e isto parece uma dispersão (e um risco) grande para um lucro médio de $300.

Aqui estão as fórmulas para estes argumentos. Pelo fato de que estas são características do modelo probabilístico, a variância e o desvio padrão podem também ser escritos como σ^2 e σ, respectivamente (algumas vezes, com o nome da variável aleatória como um subscrito). Você deve reconhecer ambos os tipos de representação:

$$\sigma^2 = Var(X) = \sum(x - VE)^2 P(x) = \sum(x - \mu)^2 P(x) \text{ e}$$
$$\sigma = DP(X) = \sqrt{Var(X)}.$$

EXEMPLO ORIENTADO | *Inventário de computadores*

Como chefe do estoque para uma empresa de computadores, você teve duas semanas desafiadoras. Um dos seus depósitos recentemente teve um incêndio, e você teve que identificar todos os computadores lá armazenados para serem reciclados. Olhando pelo lado positivo, você estava vibrante, porque tinha conseguido enviar dois computadores ao seu maior cliente na semana anterior. Mas, então, você descobriu que seu assistente não teve conhecimento do incêndio e, por engano, transportou um caminhão cheio de computadores do depósito incendiado para o centro de distribuição. Verificou-se que 30% dos computadores enviados na semana anterior tinham sido danificados. Você não sabe se seu maior cliente recebeu dois computadores danificados, dois computadores não danificados ou um de cada. Os computadores foram selecionados do centro de distribuição para a entrega.

Se seu cliente recebeu dois computadores não danificados, está tudo bem. Se o cliente recebeu um computador danificado, ele será devolvido às suas custas – $100 – e você pode substituí-lo. Entretanto, se ambos os computadores estão danificados, o cliente irá cancelar todos os outros pedidos este mês e você irá perder $10000. Qual é o valor esperado e o desvio padrão das suas perdas considerando este cenário?

| **PLANEJAR** | **Especificação** Declare o problema. | Queremos analisar as consequências potenciais do envio de computadores danificados a um grande cliente. Examinaremos o valor esperado e o desvio padrão da quantia que podemos perder.

Seja X = prejuízo. Representaremos o recebimento de um computador não danificado por **U** e o recebimento de um computador danificado por **D**. As três possibilidades são: dois computadores não danificados (**U** e **U**), dois computadores danificados (**D** e **D**) e um de cada (**UD** e **DU**). Pelo fato de que os computadores foram enviados aleatoriamente e o número de computadores dentro do depósito é grande, podemos assumir independência. |

continua...

continuação

FAZER	**Modelo** Liste os possíveis valores da variável aleatória e determine todas as possibilidades necessárias para determinar o modelo probabilístico.	Pelo fato de que os eventos são independentes, podemos usar a regra de multiplicação (Capítulo 5) e encontrar: $P(UU) = P(U) \times P(U)$ $= 0,7 \times 0,7 = 0,49$ $P(DD) = P(D) \times P(D)$ $= 0,3 \times 0,3 = 0,09$ Assim, $P(UD \text{ ou } DU) = 1 - (0,490 + 0,009) = 0,42$ Temos o seguinte modelo para a variável X. | Resultado	x	P(X = x)
Dois danificados	10000	P(**DD**)=0,09
Um danificado	100	P(**UD** ou **DU**) =0,42
Nenhum danificado	0	P(**UU**) = 0,49	
	Mecânica Encontre o valor esperado e a variância.	$E(X) = 0(0,49) + 100(0,42) + 10000(0,09)$ $= \$942,00$ $Var(X) = (0 - 942)^2 \times (0,49)$ $\quad + (100 - 942)^2 \times (0,42)$ $\quad + (10000 - 942)^2 \times (0,09)$ $= 8116.836$
	Determine o desvio padrão.	$DP(X) = \sqrt{8116.836} = \$2849,01$
RELATAR VERIFICAÇÃO DA REALIDADE	**Conclusão** Interprete seus resultados no contexto.	**Memorando:** **Re: Computadores danificados** O envio recente de dois computadores ao nosso maior cliente pode ter um impacto negativo sério. Embora exista uma chance de 50% de que ele irá receber dois computadores perfeitamente bons, existe uma chance de 9% de que ele irá receber dois computadores danificados e irá cancelar o restante do pedido semanal. Analisamos a perda esperada da firma como sendo $942 com um desvio padrão de $2849,01. O desvio padrão grande reflete o fato de que existe uma possibilidade real de uma perda de $10000 pelo erro cometido. Os números parecem razoáveis. O valor esperado está entre os extremos de $0 e $10000, e existe uma grande variabilidade nos valores resultantes.

21.3 Propriedades do valor esperado e da variância

No exemplo da companhia de seguros, ela espera pagar uma média de $200 por apólice, com um desvio padrão de aproximadamente $3868. O lucro esperado, será, então, de $500 – $200 = $300 por apólice. Suponha que a companhia decida diminuir o preço do prêmio em $50, para $450. Está bem claro que o lucro esperado irá cair, em média, $50 por apólice, para $450 – $200 = $250.

E o desvio padrão? Sabemos que somar ou subtrair uma constante aos dados move a média, mas não altera a variância e o desvio padrão. O mesmo é verdadeiro para as variáveis aleatórias?[2]

$$E(X \pm c) = E(X) \pm c,$$
$$Var(X \pm c) = Var(X) \text{ e}$$
$$DP(X \pm c) = DP(X).$$

E se a companhia decide *dobrar* todos os pagamentos – isto é, pagar $200000 para morte e $100000 para incapacidade? Isto iria dobrar o pagamento médio por apólice e também aumentar a variabilidade dos pagamentos. Isto iria multiplicar cada valor da variável aleatória por uma constante e multiplicar o valor esperado (média) pela constante e multiplicar a variância pelo *quadrado* da constante:

$$E(aX) = aE(X) \text{ e}$$
$$Var(aX) = a^2 Var(X).$$

Tirar a raiz quadrada da última equação mostra que o desvio padrão é multiplicado pelo valor absoluto da constante:

$$DP(aX) = |a|DP(X)$$

Esta companhia de seguros vende apólices para mais que apenas uma pessoa. Simplesmente vimos como calcular as médias e as variâncias para uma pessoa a cada vez. O que acontece à média e à variância quando temos um grupo de clientes? O lucro em um grupo de clientes é a *soma* dos lucros individuais, assim, precisaremos saber como encontrar valores esperados e variâncias para as somas. Para iniciar, considere um caso simples com apenas dois clientes, que chamaremos de Mr. Ecks e Ms. Wye. Com um pagamento esperado de $200 para cada apólice, podemos esperar um total de $200 + $200 = $400 a ser pago pelas duas apólices – nada surpreendente aqui. Em outras palavras, temos a **regra da adição para os valores esperados de variáveis aleatórias:** *o valor esperado da soma (ou diferença) de variáveis aleatórias é a soma (ou diferença) dos seus valores esperados:*

$$E(X \pm Y) = E(X) \pm E(Y).$$

A variabilidade é outro assunto. O risco de segurar duas pessoas é o mesmo que o risco de segurar uma pessoa pelo dobro? Não iríamos esperar que ambos os clientes morressem ou se tornassem incapacitados no mesmo ano. Na verdade, pelo fato de que distribuímos o risco, o desvio padrão deve ser menor. De fato, este é o princípio fundamental por trás do seguro. Distribuindo o risco entre várias apólices, uma companhia pode manter o desvio padrão bem pequeno e prever os custos mais precisamente. É muito menos arriscado segurar milhares de clientes do que um cliente quando o pagamento total esperado for o mesmo, assumindo que os eventos sejam independentes. Os eventos catastróficos, como tempestades ou terremotos, que afetam grande número de clientes ao mesmo tempo, destroem a suposição de independência e geralmente a companhia de seguros junto com ela.

---

[2] As regras nesta seção são verdadeiras para as variáveis aleatórias discretas e contínuas.

Porém, quão menor é o desvio padrão da soma? Acontece que, se as variáveis aleatórias são independentes, temos a **regra da adição para as variâncias das variáveis aleatórias (independentes)**: *a variância da soma ou da diferença de duas variáveis aleatórias independentes é a soma das suas variâncias individuais:*

$$Var(X \pm Y) = Var(X) + Var(Y)$$

se X e Y forem independentes.

QUADRO DA MATEMÁTICA

Teorema Pitagórico da estatística

Geralmente, usamos o desvio padrão para mensurar a variabilidade, mas, quando adicionamos variáveis aleatórias independentes, usamos as suas variâncias. Pense no Teorema de Pitágoras. Num triângulo retângulo, o *quadrado* do comprimento da hipotenusa é a soma dos *quadrados* dos comprimentos dos outros dois lados:

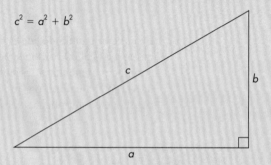

Para variáveis aleatórias independentes, o *quadrado* do desvio padrão é a soma dos *quadrados* dos seus desvios padrão:

$$DP^2(X + Y) = DP^2(X) + DP^2(Y).$$

É mais simples escrever isto com as *variâncias:*

$$Var(X + Y) = Var(X) + Var(Y),$$

mas usaremos, às vezes, também a fórmula do desvio padrão:

$$DP(X + Y) = \sqrt{Var(X) + Var(Y)}.$$

Para Mr. Ecks e Ms. Wye, a companhia de seguros pode esperar que seus resultados sejam independentes, assim (usando X para o pagamento de Mr. Ecks e Y para o de Ms. Wye):

$$\begin{aligned} Var(X + Y) &= Var(X) + Var(Y) \\ &= 14960000 + 14960000 \\ &= 29920000. \end{aligned}$$

Comparemos as variâncias de duas apólices independentes à variância de somente uma com o dobro do valor. Se a companhia tivesse segurado somente Mr. Ecks pelo dobro, a variância seria:

$$Var(2X) = 2^2 Var(X) = 4 \times 14960000 = 59840000 \text{ ou}$$

o dobro do valor de duas apólices independentes, mesmo que o pagamento esperado seja o mesmo.

É claro, as variâncias são unidades quadradas. A companhia iria preferir saber os desvios padrão, que estão em dólares. O desvio padrão do pagamento das duas apólices independentes é $DP(X + Y) = \sqrt{Var(X + Y)} = \sqrt{29920000} = \$5469{,}92$. Mas o desvio padrão do pagamento de uma única apólice com o dobro do valor tem um desvio padrão igual ao dobro de uma única apólice: $DP(2X) = 2DP(X) = 2(3867,82) = 7735,64$, ou aproximadamente 40% a mais do que o desvio padrão da soma de duas apólices independentes, que é $5469,92.

Se a companhia tiver dois clientes, então ela terá um pagamento total anual esperado (custo) de $400 com um desvio padrão de aproximadamente $5470. Se eles vendem uma apólice com um pagamento anual esperado de $400, eles aumentam o desvio padrão em aproximadamente 40%. Distribuir o risco segurando muitos clientes independentes é um dos princípios fundamentais dos seguros e das finanças.

Revisemos as regras dos valores esperados e variâncias para as somas e diferenças.

◆ *O valor esperado da soma de duas variáveis aleatórias é a soma dos valores esperados.*

◆ *O valor esperado da diferença das duas variáveis aleatórias é a diferença dos valores esperados:*

$$E(X \pm Y) = E(X) \pm E(Y).$$

◆ *Se as variáveis aleatórias são independentes, a variância da soma ou diferença é sempre a soma das variâncias:*

$$Var(X \pm Y) = Var(X) + Var(Y).$$

Sempre somamos as variâncias? Mesmo quando tomamos a *diferença* de duas quantidades aleatórias? Sim! Pense nas duas apólices de seguro. Suponha que queremos saber a média e o desvio padrão da *diferença* nos pagamentos para os dois clientes. Como cada apólice tem um pagamento esperado de $200, a diferença esperada é $200 – $200 = $0. Se calcularmos a variância da diferença subtraindo as variâncias, obteríamos $0 para a variância. Mas isto não faz sentido. A sua diferença não será sempre exatamente $0. Na verdade, a diferença nos pagamentos poderia variar de $100000 até – $100000, uma dispersão de $200000. A variabilidade nas diferenças *aumenta* tanto quanto a variabilidade nas somas. Se a companhia tem dois clientes, a diferença nos pagamentos tem uma média de $0 e um desvio padrão de aproximadamente $5470.

◆ **Para variáveis aleatórias, $X + X + X = 3X$?** Talvez, mas tenha cuidado. Como vimos, segurar uma pessoa por $300000 não tem o mesmo risco do que segurar três pessoas por $100000 cada. Entretanto, quando cada ocorrência representa um resultado diferente para a mesma variável aleatória, é fácil cair na armadilha de escrever todas elas com o mesmo símbolo. Não cometa este erro comum. Tenha certeza de que você registrou cada ocorrência como uma variável aleatória *diferente*. Só porque cada variável aleatória descreve uma situação similar, não significa que cada resultado aleatório será o mesmo. O que o resultado realmente significa é $X_1 + X_2 + X_3$. Escrito desta forma, fica claro que a soma não deveria ser necessariamente igual a 3 vezes *algo*.

TESTE RÁPIDO

1 Suponha que o tempo que um cliente leva para pagar e pegar o ingresso na bilheteria de um estádio de beisebol seja uma variável aleatória com uma média de 100 segundos e um desvio padrão de 50 segundos. Quando você chega à bilheteria, você encontra somente duas pessoas na fila à sua frente.

a) Quanto tempo você supõe esperar para chegar a sua vez de comprar os ingressos?
b) Qual é o desvio padrão do seu tempo de espera?
c) Que suposições você fez sobre os dois clientes para encontrar o desvio padrão?

21.4 Modelos probabilísticos discretos

Vimos como calcular os valores esperados e os desvios padrão de variáveis aleatórias. Todavia, os planos baseados apenas em médias são, em média, errados. Pelo menos é o que Sam Savage, professor da Stanford University, diz no seu livro *The Flaw of Averages*. Infelizmente, muitos proprietários de negócios tomam decisões baseados somente nas médias – a quantia média vendida no ano anterior, o número médio de clientes no mês anterior, etc. Ao invés de contar com as médias, o tomador de decisões de negócios pode incorporar muito mais tratando a situação com um modelo probabilístico. Os modelos probabilísticos podem ter um papel importante e essencial, auxiliando os tomadores de decisão a prever melhor os resultados e as consequências das suas decisões. Nesta seção, iremos ver que alguns modelos bens simples fornecem um suporte para pensar sobre como modelar uma enorme variedade de fenômenos de negócios.

O modelo uniforme

Quando começamos a estudar probabilidade, no Capítulo 5, vimos que eventos igualmente prováveis eram o caso mais simples. Por exemplo, um único dado pode fornecer as faces 1, 2, ... 6 num arremesso. Um modelo probabilístico para o lançamento de um dado é **uniforme**, porque cada um dos resultados tem a mesma probabilidade (1/6) de ocorrer. Similarmente, se X for uma variável aleatória com resultados possíveis 1, 2, ... n e $P(X = i) = 1/n$ para cada valor de i, então dizemos que X tem uma **distribuição uniforme discreta, U[1, ..., n]**.

Tentativas de Bernoulli

Em setembro de 2008, o Google anunciou o lançamento do seu navegador *Chrome*, projetado para competir como o *Internet Explorer* da Microsoft, *Safari* da Apple e outros. Um dos objetivos do *Chrome* era isolar o navegador de *sites* que falham na sua exibição. Os criadores do *Chrome* trabalharam duro para minimizar a probabilidade de que o navegador apreentasse problemas na exibição dos *sites*. Antes de lançar o produto, eles tiveram de testar vários *sites* para descobrir aqueles que poderiam falhar. Embora os navegadores sejam relativamente novos, este tipo de *controle de qualidade* é comum na produção mundial e tem sido usada na indústria por aproximadamente 100 anos.

Os criadores do *Chrome* fizeram uma amostra dos *sites*, anotando se o navegador exibia o *site* corretamente ou se apresentava um problema. Denominamos o ato de inspecionar o *site* uma tentativa. Existem dois resultados possíveis – ou o *site* é exibido corretamente ou não. Por convenção, um dos resultados é representado como um "sucesso" e o outro como um "fracasso". Qual deles é chamado de sucesso é arbitrário, mas geralmente o resultado mais comum ou aquele que pede por ação é chamado de sucesso. Aqui, isto significaria que o *site* que *não* funciona seria um "sucesso". (Isto pode parecer estranho, mas, se você for inspetor de qualidade, vai querer encontrar problemas, para que possa consertá-los.) Pelo menos inicialmente neste trabalho, a probabilidade de um sucesso não mudou de tentativa para tentativa. As situações como esta geralmente ocorrem e são chamadas de **tentativas de Bernoulli**. Para resumir, tentativas são de Bernoulli se:

◆ Existem somente dois resultados possíveis (denominados de *sucesso* e *fracasso*) em cada **tentativa**. Por exemplo, ou você consegue um *site* que falhe na exibição correta (sucesso) ou não (fracasso).

◆ A probabilidade de sucesso, representada por p, é a mesma em cada tentativa. (A probabilidade de fracasso, $1-p$ é geralmente representada por q.)

◆ As tentativas são independentes. Descobrir que um *site* não tem uma exibição correta não muda o que pode acontecer com o próximo *site*.

Exemplos comuns das tentativas de Bernoulli incluem arremessar uma moeda, coletar respostas Sim/Não de levantamento de dados ou até mesmo lances livres num jogo de basquete. As tentativas de Bernoulli são notavelmente versáteis e podem ser

Daniel Bernoulli (1700 – 1782) era o sobrinho de Jakob, o qual você viu no Capítulo 5. Ele foi o primeiro a desenvolver o modelo que agora denominamos de tentativas de Bernoulli.

• ALERTA DE NOTAÇÃO:
Agora temos mais duas letras reservadas. Sempre que tratamos com as tentativas de Bernoulli, p representa a probabilidade de sucesso e q representa a probabilidade de fracasso. (É claro, $q = 1 - p$.)

usadas para modelar uma grande variedade de situações reais. A pergunta específica que você pode fazer em diferentes situações irá originar variáveis aleatórias diferentes que, sucessivamente, têm modelos probabilísticos diferentes.

O modelo geométrico

Qual é a probabilidade de que o primeiro *site* a fracassar na exibição seja o segundo *site* que testamos? Seja X o número de tentativas (*sites*) até o primeiro "sucesso". Para X ser 2, o primeiro *site* deve ter sido exibido corretamente (que tem a probabilidade $1 - p$) e, então, o segundo deve ter fracassado na exibição correta – um sucesso, com a probabilidade p. Como as tentativas são independentes, estas probabilidades podem ser multiplicadas e, assim, $P(X = 2) = (1 - p)(p)$ ou qp. Talvez você não encontre um sucesso até a quinta tentativa. Quais são as chances disto? Você teria de fracassar 4 vezes seguidas e, então, ter um sucesso, assim $P(X = 5) = (1 - p)^4(p) = q^4 p$. Veja o Quadro da Matemática para explicações adicionais.

Sempre que você quiser saber quantas tentativas serão necessárias para se alcançar o primeiro sucesso, o modelo que nos informa esta probabilidade é denominado de **modelo probabilístico geométrico**. Os modelos geométricos são especificados completamente por um único parâmetro, p, da probabilidade de sucesso e são representados como Geom(p).

O modelo geométrico pode dizer algo importante ao Google sobre o seu *software*. Nenhum programa complexo e grande está inteiramente livre de vírus. Assim, antes de lançar um programa ou atualizá-lo, os criadores normalmente não perguntam se ele está livre de vírus, mas quanto tempo provavelmente irá levar até que o próximo vírus seja descoberto. Se o número esperado de páginas exibidas até o próximo fracasso é alto o suficiente, então o programa está pronto para ser lançado.

O modelo probabilístico geométrico para as tentativas de Bernoulli: Geom(p)

P = probabilidade de sucesso (e $q = 1 - p$ = probabilidade de fracasso)
X = número de tentativas até que o primeiro sucesso ocorra

$$P(X = x) = q^{x-1} p$$

Valor esperado: $\mu = \dfrac{1}{p}$

Desvio padrão: $\sigma = \sqrt{\dfrac{q}{p^2}}$

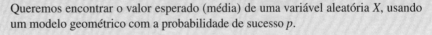

QUADRO DA MATEMÁTICA

Queremos encontrar o valor esperado (média) de uma variável aleatória X, usando um modelo geométrico com a probabilidade de sucesso p.

Primeiro escreva as probabilidades:

x	1	2	3	4	...
$P(X = x)$	p	qp	$q^2 p$	$q^3 p$	...

O valor esperado é: $E(X) = 1p + 2qp + 3q^2 p + 4q^3 p + ...$

Seja $p = 1 - q$: $= (1-q) + 2q(1-q) + 3q^2(1-q) + 4q^3(1-q) + ...$

Simplificando $= 1 - q + 2q - 2q^2 + 3q^2 - 3q^3 + 4q^3 - 4q^4 + ...$

Isto é uma série geométrica infinita com o primeiro termo igual a 1 e razão q:
$= 1 + q + q^2 + q^3 + ...$
$= \dfrac{1}{1 - q}$

Assim, finalmente $E(X) = \dfrac{1}{p}$.

Independência

Um dos requisitos importantes para as tentativas de Bernoulli é que elas sejam independentes. Algumas vezes, isto é uma suposição razoável. É verdadeiro para o nosso exemplo? É fácil de imaginar que *sites* relacionados possam ter problemas similares, mas, se os *sites* são selecionados ao acaso, se um tiver um problema, deve ser independente dos outros.

A condição dos 10%: As tentativas de Bernoulli devem ser independentes. Em teoria, precisamos coletar uma amostra da população que seja infinitamente grande. Entretanto, se a população for finita, ainda está correto proceder, contanto que a amostra seja menor do que 10% da população. No caso do Google, acontece que eles têm um diretório de milhões de *sites*, assim, a maioria das amostras satisfaz a condição dos 10%.

O modelo binomial

Suponha que o Google teste 5 *sites*. Qual a probabilidade de que *exatamente* 2 deles tenham problemas (2 "sucessos")? Quando estudamos o modelo geométrico, perguntamos quanto tempo levaria até a ocorrência do primeiro sucesso. Agora, queremos descobrir a probabilidade de conseguir exatamente 2 sucessos entre 5 tentativas. Estamos ainda falando sobre tentativas de Bernoulli, mas estamos fazendo, agora, uma pergunta diferente.

Desta vez, estamos interessados no *número de sucessos* nas 5 tentativas, que iremos representar por Y. Queremos encontrar $P(Y = 2)$. Sempre que a variável aleatória de interesse for o número de sucessos numa série de tentativas de Bernoulli, ela é chamada de **variável aleatória Binomial.** São necessários dois parâmetros para definir o **modelo probabilístico Binomial:** o número de tentativas, n, e a probabilidade de sucesso, p. Representamos este modelo como Binom(n; p).

Suponha que, nesta fase do desenvolvimento, 10% dos *sites* exibiram algum tipo de problema, assim $p = 0,10$. (No início da fase de desenvolvimento do produto, não é incomum que o número de defeitos seja bem mais alto do que quando o produto é lançado.) Exatamente 2 sucessos em 5 tentativas significa 2 sucessos e 3 fracassos. Parece lógico que a probabilidade deva ser $p^2(1 - p)^3$. Infelizmente, não é assim *tão* simples. Este cálculo daria a você a probabilidade de encontrar dois sucessos e, então, três fracassos – *nesta ordem*. Mas você poderia encontrar os dois sucessos de muitas outras formas, por exemplo, no segundo e quarto *site* que você testar. A probabilidade desta sequência é $(1 - p) p(1 - p)p(1 - p)$ que é também $p^2(1 - p)^3$. Na verdade, enquanto tiver dois sucessos e três fracassos, a probabilidade será sempre a mesma, apesar da ordem da sequência dos sucessos e dos fracassos. A probabilidade será de $p^2(1 - p)^3$. Para encontrar a probabilidade de conseguir 2 sucessos em 5 tentativas em qualquer ordem, precisamos saber de quantas maneiras este resultado pode ocorrer.

Felizmente, todas as sequências possíveis que levam ao mesmo número de sucessos são *disjuntas*. (Por exemplo, se os sucessos ocorreram nas primeiras duas tentativas, eles não podem ocorrer nas duas últimas.) Assim, uma vez que encontramos todas as sequências diferentes, podemos somar as suas probabilidades. E, visto que as probabilidades são todas iguais, precisamos apenas encontrar quantas sequências existem e multiplicar por $p^2(1 - p)^3$.

Cada ordem diferente na qual podemos obter k sucessos em n tentativas é chamada de "combinação". O número total de combinações é escrito como $\binom{n}{k}$, ou $_nC_k$, e é pronunciado "de n escolhe k".

$$\binom{n}{k} = {}_nC_k = \frac{n!}{k!(n - k)!} \text{ onde } n! = n \times (n - 1) \times \cdots \times 1.$$

Para dois sucessos em cinco tentativas,

$$\binom{5}{2} = \frac{5!}{2!(5 - 2)!} = \frac{(5 \times 4 \times 3 \times 2 \times 1)}{(2 \times 1 \times 3 \times 2 \times 1)} = \frac{(5 \times 4)}{(2 \times 1)} = 10.$$

Capítulo 21 – Variáveis Aleatórias e Modelos Probabilísticos **691**

Assim, existem 10 maneiras de obter 2 sucessos em 5 *sites* visitados e a probabilidade de cada sucesso é $p^2(1-p)^3$. Para encontrar a probabilidade de exatamente 2 sucessos em 5 tentativas, precisamos multiplicar a probabilidade de qualquer ordem em particular por este número:

$P(exatamente\ 2\ sucessos\ em\ 5\ tentativas) = 10p^2(1-p)^3 = 10(0,10)^2(0,90)^3 = 0,0729$

Em geral, podemos escrever a probabilidade de exatamente k sucessos em n tentativas como: $P(Y = k) = \binom{n}{k} p^k q^{n-k}$.

Se a probabilidade de que qualquer *site* tenha problema para ser exibido for de 0,10, qual é o número esperado de *sites* com problemas, se testarmos 100 *sites*? Você provavelmente disse 10. Suspeitamos que você não usou a fórmula para o valor esperado que envolve a multiplicação de cada valor vezes sua probabilidade e a soma deles. Na verdade, existe uma forma mais fácil de encontrar o valor esperado para uma variável aleatória Binomial. Você apenas multiplica a probabilidade de sucesso por n. Em outras palavras, $E(Y) = np$. Provaremos isto no próximo Quadro da Matemática.

O desvio padrão é menos óbvio e você não pode se basear apenas na sua intuição. Felizmente, a fórmula para o desvio padrão também se reduz a algo simples: $DP(Y) = \sqrt{npq}$. Se você está curioso para saber de onde isto vem, ela está no Quadro da Matemática também.

No nosso exemplo do *site*, com $n = 100$, $E(Y) = np = 100(0,10) = 10$, assim, esperamos encontrar 10 sucessos em 100 tentativas. O desvio padrão é

$$\sqrt{100 \times 0,10 \times 0,90} = 3\ sites.$$

Para resumir, um modelo probabilístico Binomial descreve a distribuição do número de sucessos em um número específico de tentativas.

Modelo binomial para as tentativas de Bernoulli: Binom(n, p)

n = número de tentativas
p = probabilidade de sucesso (e $q = 1 - p$ = probabilidade de fracasso).
X = número de sucessos em n tentativas

$$P(X = x) = \binom{n}{x} p^x q^{n-x},\ \text{onde}\ \binom{n}{x} = \frac{n!}{x!(n-x)!}$$

Média: $\mu = np$
Desvio padrão: $\sigma = \sqrt{npq}$

QUADRO DA MATEMÁTICA

Para derivar as fórmulas para o valor esperado e desvio padrão do modelo Binomial, iniciamos com a situação mais básica.

Considere uma única tentativa Bernoulli com a probabilidade de sucesso p. Vamos encontrar o valor esperado e a variância do número de sucessos.

Aqui está o modelo probabilístico para o número de sucessos:

x	0	1
$P(X = x)$	q	p

Encontre o valor esperado:
$$E(X) = 0q + 1p$$
$$E(X) = p$$

Agora a variância:
$$Var(X) = (0 - p)^2 q + (1 - p)^2 p$$
$$= p^2 q + q^2 p$$
$$= pq(p + q)$$
$$= pq(1)$$
$$Var(X) = pq$$

O que acontece quando existe mais de uma tentativa? Um modelo Binomial simplesmente conta o número de sucessos numa série de n tentativas independentes de Bernoulli. Isto torna fácil encontrar o valor esperado e o desvio padrão de uma variável aleatória binomial, Y.

$$\text{Seja } Y = X_1 + X_2 + X_3 + \cdots + X_n$$
$$E(Y) = E(X_1 + X_2 + X_3 + \cdots + X_n)$$
$$= E(X_1) + E(X_2) + E(X_3) + \cdots + E(X_n)$$
$$= p + p + p + \cdots + p (\text{Existem } n \text{ termos})$$

Assim, como pensamos, o valor esperado é $E(Y) = np$.

E, visto que as tentativas são independentes, as variâncias se somam:
$$Var(Y) = Var(X_1 + X_2 + X_3 + \cdots + X_n)$$
$$= Var(X_1) + Var(X_2) + Var(X_3) + \cdots + Var(X_n)$$
$$= pq + pq + pq + \cdots + pq (\text{Novamente, } n \text{ termos.})$$
$$Var(Y) = npq$$

Voilà! O desvio padrão é $DP(Y) = \sqrt{npq}$.

EXEMPLO ORIENTADO — *A Cruz Vermelha Americana*

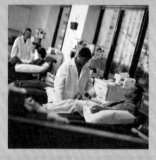

A cada dois segundos alguém na América necessita de sangue.

A Cruz Vermelha Americana é uma organização sem fins lucrativos administrada como um grande negócio. Ela serve acima de 3000 hospitais por todos os Estados Unidos, fornecendo uma grande variedade de produtos derivados do sangue, doadores de sangue e serviços de testes em pacientes. Ela coleta sangue de mais de 4 milhões de doadores e fornece sangue a milhões de pacientes com a dedicação para satisfazer as necessidades dos clientes.[3]

O equilíbrio entre o suprimento e a demanda é complicado, não somente pela logística de encontrar doadores que satisfaçam os critérios de saúde, mas pelo fato de que o tipo de sangue do doador e do paciente deve combinar. As pessoas com sangue O negativo são chamadas de "doadores universais", já que esse tipo sanguíneo pode ser recebido por pacientes com qualquer tipo de sangue. Somente cerca de 6% das pessoas têm sangue O negativo, o que representa um desafio na administração e planejamento. Isto é especialmente verdadeiro porque diferente de um fabricante que pode equilibrar o suprimento planejando produzir ou comprar mais ou menos de um item chave, a Cruz Vermelha obtém o seu suprimento de doadores voluntários que aparecem mais ou menos ao acaso (pelo menos, em termos de tipo de sangue). Modelar a chegada de doadores com os vários tipos de sangue ajuda a Cruz Vermelha a gerenciar o planejamento da distribuição do seu sangue.

Aqui está um pequeno exemplo do tipo de planejamento requerido. Dos próximos 20 doadores que chegarem a um centro de doação de sangue, quantos doadores universais podem ser esperados? Especificamente, qual é o valor esperado (média) e qual é o desvio padrão do número de doadores universais? Qual é a probabilidade de que existam 2 ou 3 doadores universais no grupo?

---
[3] Fonte: www.redcross.org.

Pergunta 1: Qual é o valor esperado e o desvio padrão do número de doadores universais?
Pergunta 2: Qual é a probabilidade de que existam exatamente 2 ou 3 doadores universais entre os próximos 20 doadores que chegarem?

PLANEJAR	**Especificação** Declare a pergunta. Confira se estas são tentativas de Bernoulli.	Queremos saber o valor esperado e o desvio padrão do número de doadores universais entre 20 pessoas e a probabilidade de que existem 2 ou 3 deles.
	Variável Defina a variável aleatória. **Modelo** Especifique o modelo.	✓ Existem apenas dois resultados: sucesso = O negativo fracasso = outro tipo de sangue ✓ p = 0,06 ✓ **Condição dos 10%:** menos de 10% de todos os doadores possíveis apareceram. Seja X = número de doadores O negativo entre n = 20 pessoas. Podemos modelar X com um modelo Binom(20; 0,06)
FAZER	**Mecânica** Encontre o valor esperado e o desvio padrão. Calcule a probabilidade de 2 ou 3 sucessos.	$E(X) = np = 20(0,06) = 1.2$ $DP(X) = \sqrt{npq} = \sqrt{20(0,06)(0,94)} \approx 1,06$ $P(X = 2 \text{ ou } 3) = P(X = 2) + P(X = 3)$ $= \binom{20}{2}(0,06)^2(0,94)^{18}$ $+ \binom{20}{3}(0,06)^3(0,94)^{17}$ $\approx 0,2246 + 0,0860$ $= 0,3106$
RELATAR	**Conclusão** Interprete seus resultados num contexto.	**Memorando:** **Re: Doação de sangue** Nos grupos de 20 doadores de sangue aleatoriamente selecionados, esperamos encontrar uma média de 1,2 doadores universais, com um desvio padrão de 1,06. Aproximadamente 31% das vezes, esperamos encontrar exatamente 2 ou 3 doadores universais em um grupo de 20 pessoas.

O modelo de Poisson

Nem todos os eventos discretos podem ser modelados como as tentativas de Bernoulli. Algumas vezes, estamos simplesmente interessados no número de eventos que ocorrem num intervalo de tempo ou espaço. Por exemplo, podemos querer modelar o número de clientes que chegam à nossa loja nos próximos dez minutos, o número

Simeon Denis Poisson foi um matemático francês interessado em eventos raros. Ele originalmente derivou seu modelo para aproximar o modelo Binomial quando a probabilidade de sucesso, p, é muito pequena e o número de tentativas, n, é muito grande. A contribuição de Poisson foi fornecer uma aproximação simples para encontrar aquela probabilidade. Quando você vê a fórmula, entretanto, você não necessariamente verá a conexão com a Binomial.

W. S. Gosset, o químico do controle de qualidade da cervejaria Guinness do início do século XX que desenvolveu os métodos do Capítulo 12, foi um dos primeiros a usar o modelo de Poisson na indústria. Ele o usou para modelar e prever o número de células da levedura para que ele soubesse quanto adicionar ao concentrado. O Poisson é um bom modelo a ser considerado sempre que seus dados consistirem em contagens de ocorrências. Ele requer somente que os eventos sejam independentes e de que o número médio de ocorrências permaneça constante.

de visitantes no nosso *site* no próximo minuto ou o número de defeitos que ocorrem num monitor do computador de certo tamanho. Em casos como estes, o número de ocorrências pode ser modelado pela **variável aleatória de Poisson.** O parâmetro do modelo de Poisson, a média da distribuição, é geralmente representado por λ.

Por exemplo, os dados mostram uma média de aproximadamente de 4 visitantes por minuto em um pequeno *site* de negócios durante à tarde, das 13h às 17h. Podemos usar o modelo de Poisson para encontrar a probabilidade de que qualquer de número visitantes irá ocorrer. Por exemplo, seja X o número de visitantes do próximo minuto, então:

$P(X = x) = \dfrac{e^{-\lambda}\lambda^x}{x!} = \dfrac{e^{-4}4^x}{x!}$, usando a taxa média

dada de 4 visitas por minuto. Assim, a probabilidade de não haver visitas durante o próximo minuto

será de $P(X = 0) = \dfrac{e^{-4}4^0}{0!} = e^{-4} = 0{,}0183$ (lembre-se que $e \approx 2{,}71828$).

Notação para o modelo probabilístico de Poisson: Poisson (λ)

λ = número médio de ocorrências.
X = número de ocorrências.

$$P(X = x) = \dfrac{e^{-\lambda}\lambda^x}{x!}$$

Valor esperado: $E(X) = \lambda$
Desvio padrão: $DP(X) = \sqrt{\lambda}$

Uma característica interessante e útil do modelo de Poisson é que ele representa em escala de acordo com o tamanho do intervalo. Por exemplo, suponha que queremos saber a probabilidade de não ocorrerem visitas ao nosso *site* nos próximos 30 segundos. Como a taxa média é de 4 visitas por minuto, são 2 visitas em 30 segundos, assim, podemos usar o modelo com $\lambda = 2$. Se fizermos Y como sendo o número de visitantes chegando nos próximos 30 segundos, então:

$$P(Y = 0) = \dfrac{e^{-2}2^0}{0!} = e^{-2} = 0{,}1353.$$

O modelo Poisson tem sido usado para modelar fenômenos como chegadas de clientes, ocorrências sucessivas nos esportes e grupos de doenças.

Quando e onde quer que os eventos raros aconteçam juntos, as pessoas querem saber se a ocorrência aconteceu ao acaso ou se uma chance subjacente causou a ocorrência incomum. O modelo Poisson pode ser usado para encontrar a probabilidade da ocorrência e pode ser a base para fazer julgamentos.

A distribuição Poisson foi o modelo usado no famoso julgamento de lixo tóxico de Woburn, de 1982, quando oito famílias de Woburn, Massachusetts, processaram a W. R. Grace & Company, alegando que a empresa contaminou o suprimento público de água jogando materiais tóxicos próximo aos reservatórios da cidade. As famílias argumentaram que oito casos recentes de leucemia haviam sido o resultado das ações da empresa. O julgamento resultante foi a base para o livro e o filme *A Qualquer Preço*. Para o caso da Woburn, a probabilidade (baseada em médias nacionais) para oito casos de leucemia numa cidade daquele tamanho num dado período de tempo foi determinado como aproximadamente 0,04. Isto é uma pequena chance, mas não surpreendentemente incomum.

21.5 Variáveis aleatórias contínuas

As variáveis aleatórias discretas são ótimas para modelar ocorrências, categorias ou pequenas frequências. Na indústria, porém, geralmente mensuramos dados com os quais uma variável discreta não consegue lidar. Por exemplo, o tempo que uma bateria de computador precisa ser recarregada pode assumir qualquer valor entre duas e quatro horas.

Quando uma variável aleatória pode assumir qualquer valor em um intervalo, não podemos mais modelá-la usando um modelo probabilístico discreto; devemos, ao contrário, usar um modelo probabilístico contínuo. Para qualquer variável aleatória contínua, a distribuição de sua probabilidade pode ser exibida com uma curva. Esta curva é chamada de **função da densidade da probabilidade (fdp)**, geralmente representada como $f(x)$. Você viu a curva Normal ou a curva em forma de sino. Tecnicamente, isto é conhecido como a função da densidade da probabilidade Normal.

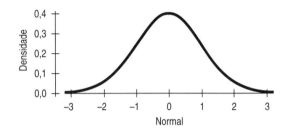

Figura 21.1 A função da densidade da probabilidade Normal padrão (uma normal com uma média zero e desvio padrão 1). A probabilidade de encontrar um escore-z em qualquer intervalo é simplesmente a área sobre aquele intervalo abaixo da curva. Por exemplo, a probabilidade de que o escore-z esteja entre −1 e 1 é aproximadamente 68%, o que pode ser visto da função de densidade ou encontrado mais precisamente pela tabela ou pela tecnologia.

As funções de densidade devem satisfazer dois requisitos. Elas devem permanecer não negativas para cada valor possível e a área total abaixo da curva deve ser exatamente 1,0. Este último requisito corresponde à Regra de Atribuição da Probabilidade do Capítulo 5, que dizia que a probabilidade total (igual a 1,0) deve ser atribuída de alguma forma.

Qualquer densidade pode dar a probabilidade de que uma variável está em um intervalo. Mas lembre-se: a probabilidade de que X pertença ao intervalo de a a b é a *área* abaixo da função densidade, $f(x)$, entre os valores a e b e não o valor $f(a)$ ou $f(b)$. Em geral, encontrar aquela área requer cálculo ou análise numérica e está além do escopo deste livro. Contudo, para os modelos que discutimos, as probabilidades são encontradas a partir de tabelas (Normal e Exponencial) ou por cálculos simples (Uniforme).

Existem muitas (na verdade, existe um número infinito) de distribuições contínuas possíveis, mas iremos explorar somente três das mais comumente usadas para modelar fenômenos de negócios: o **modelo Uniforme**, o **modelo Normal** e o **modelo Exponencial**.

O modelo uniforme

Já vimos a versão discreta do modelo uniforme. Um uniforme contínuo compartilha o princípio de que os eventos devem ser igualmente prováveis, mas, com um modelo contínuo, não podemos falar sobre a probabilidade de um valor em particular, porque cada valor individual tem a probabilidade zero. Ao contrário, para uma variável aleatória contínua X, dizemos que a probabilidade de que X está em um intervalo qualquer depende somente do comprimento do intervalo considerado. Não surpreendentemente, a função de densidade de uma variável aleatória uniforme contínua parece plana (veja Figura 21.1).

A função de densidade de uma variável aleatória uniforme contínua definida no intervalo de a para b pode ser definido pela fórmula (veja também a Figura 21.2).*

$$f(x) = \begin{cases} \dfrac{1}{b-a} & se \quad a \leq x \leq b \\ 0 & caso\ contrário \end{cases}$$

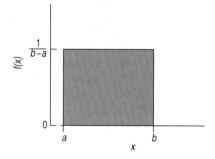

Figura 21.2 A função da densidade de uma variável aleatória uniforme contínua em um intervalo de a para b.

Da Figura 21.2, é fácil ver que a probabilidade de que X está em qualquer intervalo entre a e b é a mesma do que qualquer outro intervalo do mesmo comprimento. Na verdade, a probabilidade é apenas a razão do comprimento para o intervalo total: $b - a$. Em outras palavras:

Para valores c e d ($c \leq d$) ambos dentro do intervalo $[a, b]$:

$$P(c \leq X \leq d) = \frac{(d-c)}{(b-a)}$$

Como exemplo, suponha que você chegue à parada do ônibus e quer modelar quanto tempo você irá esperar pelo próximo ônibus. O cartaz diz que os ônibus chegam aproximadamente a cada 20 minutos, mas nenhuma outra informação é dada. Você poderia assumir que a chegada do ônibus fosse igualmente provável de acontecer em quaisquer dos próximos 20 minutos e assim, a função de densidade seria:

$$f(x) = \begin{cases} \dfrac{1}{20} & se \quad 0 \leq x \leq 20 \\ 0 & caso\ contrário \end{cases}$$

e ficaria como o apresentado na Figura 21.3.

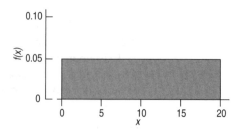

Figura 21.3 A função da densidade de uma variável aleatória uniforme contínua no intervalo [0, 20]. Observe que a média (o ponto de equilíbrio) da distribuição está em 10 minutos.

Assim como a média dos dados de uma distribuição de frequências é ponto de equilíbrio do histograma, a média de qualquer variável aleatória contínua é o ponto

---

* N. de T.: Convém lembrar que, embora os autores tenham destacado toda a área sob a curva, a densidade de probabilidade é apenas a linha superior das figuras, tanto na Figura 21.2 quanto na Figura 21.3.

de equilíbrio da função densidade. Olhando para a Figura 21.3, podemos ver que o ponto de equilíbrio está no meio dos pontos extremos em 10 minutos. Em geral, o valor esperado é:

$$E(X) = \frac{a + b}{2}$$

para uma distribuição uniforme no intervalo (a; b). Com $a = 0$ e $b = 20$ o valor esperado seria de 10 minutos.

A variância e o desvio padrão são menos intuitivos:

$$Var(X) = \frac{(b - a)^2}{12}; DP(X) = \sqrt{\frac{(b - a)^2}{12}}.$$

Usando estas fórmulas, a espera pelo ônibus terá um valor médio de 10 minutos com um desvio padrão de $\sqrt{\frac{(20 - 0)^2}{12}} = 5{,}77$ minutos.

Como pode *todos* os valores terem probabilidade 0?

A princípio pode parecer sem lógica que todos os valores de uma variável aleatória contínua tenham uma probabilidade igual a 0. Vamos olhar a variável aleatória Normal padrão, Z. O modelo Normal é um modelo contínuo com o qual você já está familiarizado do Capítulo 9. Poderíamos descobrir (de uma tabela, *site* ou programa de computador) que a probabilidade de que Z esteja entre 0 e 1 é:

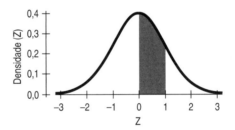

0,3413, que é a área abaixo da fdp Normal (em laranja-claro) entre os valores 0 e 1. Assim, qual é a probabilidade de que Z esteja entre 0 e 1/10?

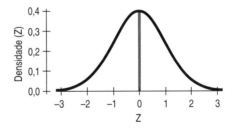

Aquela área é somente 0,0398. Qual é a chance, então, de que Z irá cair entre 0 e 1/100? Não existe muita área – a probabilidade é somente 0,0040. Se continuarmos, a probabilidade continuará diminuindo. A probabilidade de que Z esteja entre 0 e 1/100000 é menor do que 0,0001.

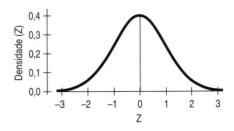

> Assim, qual é a probabilidade de que Z seja *exatamente* 0? Bem, *não* existe área sob a curva exatamente em *x* = 0, assim a probabilidade é 0. Apenas intervalos têm probabilidade positiva, mas isto está correto. Na vida real, nunca queremos dizer exatamente 0,0000000000 ou qualquer outro valor. Se você disser "exatamente 164 libras", você pode realmente querer dizer entre 163,5 e 164,5 ou até mesmo 163,9 e 164,1 libras, mas realisticamente não 164,0000000000 ... libras.

O modelo Normal

Os modelos Normais aparecem na estatística e geralmente são referidos de modo mais geral. Quando você ouve sobre uma "curva em forma de sino", a definição formal é geralmente um modelo Normal. Encontramos probabilidades relacionadas aos modelos Normais usando tabelas (como a Tabela Z no final do livro) ou a tecnologia. (O Capítulo 9 discute como fazer isto especificamente.)

Os modelos Normais aparecem frequentemente porque eles têm algumas propriedades especiais. Uma importante é que a soma ou diferença de duas variáveis aleatórias Normais independentes é também Normal.

Uma empresa manufatura pequenos equipamentos de som. No final da linha de produção, os aparelhos de som são empacotados e preparados para a expedição. O estágio 1 deste processo é chamado de "acondicionamento". Os trabalhadores devem coletar todos os componentes do aparelho de som (a unidade principal, dois alto-falantes, o fio da tomada, uma antena e alguns fios), colocar cada um em sacos plásticos, e, então, colocar tudo dentro de uma estrutura protetora. A estrutura empacotada passa para o estágio 2, chamado de "encaixotar", no qual os trabalhadores colocam a estrutura e um pacote de instruções dentro de uma caixa de papelão e, então, fecham, lacram e rotulam a caixa para o envio.

Pelo fato de que os tempos para acondicionar e encaixotar podem assumir qualquer valor, eles precisam ser modelados por uma variável aleatória contínua. Em particular, a empresa afirma que os tempos necessários para o estágio de acondicionamento são unimodais e simétricos e podem ser descritos por um modelo Normal com uma média de 9 minutos e um desvio padrão de 1,5 minutos. (Veja Figura 21.4.) Os tempos para a etapa de encaixotamento podem também serem modelados como Normal, com uma média de 6 minutos e um desvio padrão de 1 minuto.

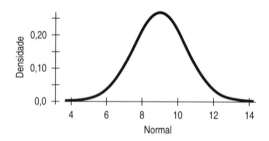

Figura 21.4 O modelo Normal para o estágio do acondicionamento com média de 9 minutos e desvio padrão de 1,5 minutos.

Como empresa está interessada no tempo total necessário para que um aparelho de som passe pelo acondicionamento e pelo encaixotamento, ela quer modelar a soma das duas variáveis aleatórias. Felizmente, a propriedade especial de que a soma de modelos Normais independentes gera outro modelo Normal nos permite aplicar nosso conhecimento das probabilidades Normais às questões sobre a soma ou diferença de variáveis aleatórias independentes. Para usar esta propriedade dos modelos Normais, precisaremos verificar a Suposição de Independência, bem como a Suposição do Modelo Normal para cada variável.

Capítulo 21 – Variáveis Aleatórias e Modelos Probabilísticos **699**

EXEMPLO ORIENTADO · *Acondicionado os aparelhos de som*

Considere a empresa que fabrica e envia pequenos aparelhos de som que discutimos previamente.

Se o tempo requerido para empacotar os aparelhos de som pode ser descrito por um modelo Normal, com uma média de 9 minutos e um desvio padrão de 1,5 minutos e os tempos de encaixotar também podem ser modelados como Normal, com uma média de 6 minutos e desvio padrão de 1 minuto, qual é a probabilidade de que empacotar um pedido de dois aparelhos de som leve mais do que 20 minutos? Qual o percentual dos aparelhos de som que levam mais tempo para serem acondicionados do que para serem encaixotados?

Pergunta 1: Qual é a probabilidade de que acondicionar um pedido de dois aparelhos de som leve mais do que 20 minutos?

PLANEJAR	**Especificação** Declare o problema.	Queremos estimar a probabilidade de que acondicionar um pedido de dois aparelhos de som leve mais do que 20 minutos.
	Variáveis Defina as suas variáveis aleatórias.	Seja P_1 = o tempo para acondicionar o primeiro aparelho de som e P_2 = o tempo para acondicionar o segundo aparelho de som T = o tempo total para acondicionar os dois aparelhos de som $T = P_1 + P_2$
	Escreva uma equação apropriada para as variáveis que você necessita. Pense sobre as suposições do modelo.	✓ **Suposição do Modelo Normal:** Fomos informados que os tempos de acondicionamento são bem modelados por um modelo Normal e sabemos que a soma de duas variáveis aleatórias Normais é também Normal. ✓ **Suposição de Independência:** Não existe razão para pensar que o tempo de acondicionamento para um aparelho de som irá afetar o tempo de acondicionamento do próximo, assim, podemos assumir, de modo lógico, que os dois são independentes.
FAZER	**Mecânica** Encontre o valor esperado. (Os valores esperados sempre são somados.)	$$\begin{aligned} E(T) &= E(P_1 + P_2) \\ &= E(P_1) + E(P_2) \\ &= 9 + 9 = 18 \text{ minutos} \end{aligned}$$
	Encontre a variância. Para somas de variáveis aleatórias independentes, as variâncias são somadas. (Em geral, não precisamos que a variáveis sejam Normais para isto ser verdadeiro – apenas independentes.)	Visto que os tempos são independentes, $$\begin{aligned} Var(T) &= Var(P_1 + P_2) \\ &= Var(P_1) + Var(P_2) \\ &= 1{,}5^2 + 1{,}5^2 \\ Var(T) &= 4{,}50 \end{aligned}$$
	Encontre o desvio padrão.	$$DP(T) = \sqrt{4{,}50} \approx 2{,}12 \text{ minutos}$$

continua...

continuação

	Agora, usamos o fato de que ambas as variáveis aleatórias seguem modelos Normais para dizer que a sua soma é também Normal. Faça um esboço do modelo Normal para o tempo total, sombreando a região que está acima de 20 minutos.	Podemos modelar o tempo, T, com um modelo N(18; 2,12). 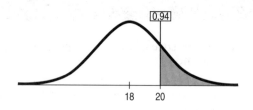
	Encontre o escore-z para 20 minutos. Use a tecnologia ou uma tabela para encontrar a probabilidade.	$z = \dfrac{20 - 18}{2{,}12} = 0{,}94$ $P(T > 20) = P(z > 0{,}94) = 0{,}1736$
RELATAR	**Conclusão** Interprete seu resultado no contexto.	**Memorando:** **Re: Sistema de acondicionamento de aparelhos de som** Usando dados históricos para construir um modelo, encontramos uma chance de pouco mais de 17% de que será necessário mais do que 20 minutos para acondicionar dois aparelhos de som.

Pergunta 2: Que percentual de aparelhos de som que levam mais tempo para serem acondicionados do que para serem encaixotados?

PLANEJAR	**Especificação** Declare o problema.	Queremos estimar a probabilidade dos aparelhos de som levarem mais tempo para ser acondicionados do que para ser encaixotados.
	Variáveis Defina suas variáveis aleatórias.	Seja $P =$ o tempo para acondicionar um aparelho de som $B =$ o tempo para encaixotar um aparelho de som $D =$ a diferença nos tempos para acondicionar e encaixotar um aparelho de som $D = P - B$
	Escreva uma equação apropriada. O que estamos tentando encontrar? Observe que podemos dizer qual das duas quantidades é maior subtraindo e perguntando se a diferença é positiva ou negativa. Não se esqueça de pensar sobre as suposições.	Um aparelho de som que leva mais tempo para ser acondicionado do que para ser encaixotado terá $P > B$ e, assim, D será positivo. Queremos encontrar $P(D > 0)$. ✓ **Suposição de Modelo Normal:** Fomos informados de que as variáveis são bem modeladas por um modelo Normal e sabemos que a diferença de duas variáveis aleatórias Normais é também Normal. ✓ **Suposição de Independência:** Não existe razão para pensar que o tempo de acondicionamento para um aparelho de som iria afetar o seu tempo de encaixotamento, assim, podemos assumir, de modo lógico, que os dois são independentes.
FAZER	**Mecânica** Encontre o valor esperado.	$E(D) = E(P - B)$ $ = E(P) - E(B)$ $ = 9 - 6 = 3$ minutos

	Para a diferença das variáveis aleatórias independentes, a variância é a soma das variâncias individuais.	Visto que os tempos são independentes, $$Var(D) = Var(P - B)$$ $$= Var(P) + Var(B)$$ $$= 1{,}5^2 + 1^2$$
	Encontre o desvio padrão. Declare qual modelo você irá usar. Faça um esboço do modelo Normal para a diferença nos tempos e sombreie a região que representa a diferença maior do que zero.	$Var(D) = 3{,}25$ $SD(D) = \sqrt{3{,}25} \approx 1{,}80$ minutos Podemos modelar D com um modelo $N(3, 1{,}80)$. 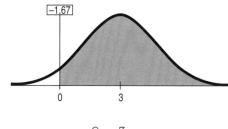
	Encontre o escore-z. Então, use a tabela ou tecnologia para encontrar a probabilidade.	$$z = \frac{0 - 3}{1{,}80} = -1{,}67$$ $$P(D > 0) = P(z > -1{,}67) = 0{,}9525$$
 RELATAR	**Conclusão** Interprete seu resultado em contexto.	**Memorando:** **Re: Sistema de acondicionamento de aparelhos de som.** Numa segunda análise, constatamos que um pouco mais de 95% de todos os aparelhos de som irão requerer mais tempo para serem acondicionados do que para serem encaixotados.

O modelo Normal para o Binomial

Embora a Normal seja um modelo contínuo, ela é geralmente usada como uma aproximação para eventos discretos quando o número de eventos possíveis é grande. Em particular, ela é um bom modelo para as somas de variáveis aleatórias independentes das quais a variável aleatória Binomial é um caso especial. Aqui está um exemplo de como a Normal pode ser usada para calcular as probabilidades Binomiais. Suponha que a Cruz Vermelha do Tennessee antecipe a necessidade de pelo menos 1850 unidades de sangue O negativo este ano. Ela estima que irá coletar sangue de 32000 doadores. Qual a probabilidade de que a Cruz Vermelha do Tennessee satisfaça a sua necessidade? Acabamos de aprender a calcular tais probabilidades. Poderíamos usar o modelo Binomial com $n = 32000$ e $p = 0{,}06$. A probabilidade de conseguir *exatamente* as 1850 unidades de sangue O negativo de 32000 doadores é $\binom{32000}{1850} \times 0{,}06^{1850} \times 0{,}94^{30150}$. Nenhuma calculadora na terra pode calcular o primeiro termo (ele tem mais de 100000 dígitos).[4] E isto é apenas o início. O problema mencionou *pelo menos* 1850, assim temos de fazer novamente para 1851, para 1852 e até 32000. (Não, obrigado.)

---

[4] Se a sua calculadora pode encontrar o Binom(32000, 0,06), então, aparentemente, ela é esperta o suficiente para usar uma aproximação.

Quando estamos tratando de um grande número de tentativas como esta, fazer cálculos diretos de probabilidades se torna entediante (ou completamente impossível). Mas o modelo Normal pode vir em nosso socorro.

O modelo Binomial tem uma média de $np = 1920$ e um desvio padrão $\sqrt{npq} \approx 42{,}48$. Poderíamos buscar uma aproximação de sua distribuição com o modelo Normal, usando a mesma média e desvio padrão. Notadamente, isto resulta em uma aproximação muito boa. Usando aquela média e desvio padrão, podemos encontrar a *probabilidade*:

$$P(X \geq 1850) = P\left(z \geq \frac{1850 - 1920}{42{,}48}\right) \approx P(z \geq -1{,}65) \approx 0{,}95$$

Parece existir uma chance de aproximadamente 95% de que esta filial da Cruz Vermelha terá suficiente sangue do tipo O negativo.

Podemos sempre usar o modelo Normal para fazer estimativas das probabilidades Binomiais? Não. Depende do tamanho da amostra. Suponha que estamos procurando por um prêmio dentro de uma caixa de cereais, onde a probabilidade de encontrar o prêmio é de 20%. Se comprarmos cinco caixas, as probabilidades Binomiais reais de que obteremos 0, 1, 2, 3, 4 ou 5 prêmios são de 33%, 41%, 20%, 5%, 1% e 0,03%, respectivamente. O histograma abaixo mostra que este modelo probabilístico é assimétrico. Isto torna claro que não devemos tentar estimar estas probabilidades usando um modelo Normal.

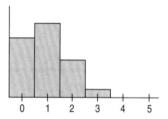

Se abrirmos 50 caixas deste cereal e contarmos o número de prêmios que encontramos, obtemos o histograma abaixo. Ele é centrado em $np = 50(0{,}2) = 10$ prêmios, como esperado, e parece ser bem simétrico em volta daquele centro.

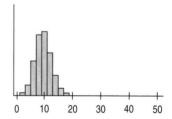

> **A correção de continuidade**
>
> Quando usamos um modelo contínuo para modelar um conjunto de eventos discretos, talvez seja preciso fazer um ajuste chamado de **correção de continuidade**. Aproximamos a distribuição Binomial (50, 0,2) com um modelo Normal. Mas o que o modelo Normal diz sobre a probabilidade de que $X = 10$? Cada valor específico no modelo probabilístico Normal tem uma probabilidade de 0. Esta não é a resposta que queremos.
>
>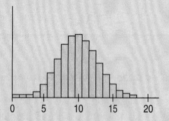
>
> Pelo fato de que X é realmente discreta, ela assume os valores exatos 0, 1, 2, ..., 50, cada um com probabilidade positiva. O histograma contém o segredo para a correlação. Olhe para a amplitude do retângulo correspondente a $X = 10$ no histograma. Ele vai de 9,5 até 10,5. O que realmente queremos é encontrar a área sob a curva normal entre 9,5 e 10,5. Assim, quando usamos o modelo Normal para aproximar eventos discretos, vamos até a metade dos valores adjacentes à esquerda e à direita. Aproximamos $P(X = 10)$ encontrando $P(9{,}5 \leq X \leq 10{,}5)$. Para uma Binomial (50, 0,2), $= 10$ e $\sigma = 2{,}83$.
>
> Assim $P(9{,}5 \leq X \leq 10{,}5) \approx P\left(\dfrac{9{,}5 - 10}{2{,}83} \leq z \leq \dfrac{10{,}5 - 10}{2{,}83}\right)$
> $= P(-0{,}177 \leq z \leq 0{,}177)$
> $= 0{,}1405$
>
> Para comparação, a probabilidade Binomial exata é 0,1398.

Vamos observar mais de perto. O terceiro histograma (o diagrama de colunas acima) mostra a mesma distribuição, mas, desta vez, um pouco aumentada e centrada no valor esperado de 10 prêmios. Ele se parece muito com o Normal, com certeza. Com este tamanho maior da amostra, parece que um modelo Normal pode ser uma aproximação útil.

Capítulo 21 – Variáveis Aleatórias e Modelos Probabilísticos **703**

Um modelo Normal é uma aproximação suficiente do Binomial somente para um número grande o suficiente de tentativas. E o que queremos dizer por "grande o suficiente" depende da probabilidade de sucessos. Precisaríamos uma amostra maior se a probabilidade de sucesso fosse muito baixa (ou muito alta). Resulta que um modelo Normal funciona muito bem se esperamos ver pelo menos 10 sucessos e 10 fracassos. Isto é, se verificarmos a Condição de Sucesso/Fracasso.

A Condição de Sucesso/Fracasso: Um modelo Binomial é aproximadamente Normal se esperamos pelo menos 10 sucessos e 10 fracassos.

$$np \geq 10 \text{ e } nq \geq 10.$$

Por que 10? Bem, na verdade é 9, como é mostrado no seguinte Quadro da Matemática.

QUADRO DA MATEMÁTICA

É fácil ver de onde vem o número mágico 10. Você apenas precisa lembrar como os modelos Normais funcionam. O problema é que um modelo Normal se estende infinitamente em ambas as direções. Porém, como um modelo Binomial deve ter entre 0 e n sucessos, se usarmos uma Normal para aproximar uma Binomial, temos de remover as suas caudas. Isto não é muito importante se o centro do modelo Normal estiver muito longe de 0 e n, de modo que as caudas retiradas tenham somente uma área insignificante. Mais do que três desvios padrão deve ser o suficiente, porque um modelo Normal tem pouca probabilidade além deles.

Assim, a média precisa estar a pelo menos 3 desvios padrão acima de 0 e pelo menos 3 desvios padrão abaixo de n. Vamos olhar para o 0.

Necessitamos:	$\mu - 3\sigma > 0$
Ou, em outras palavras:	$\mu > 3\sigma$
Para uma Binomial, tem-se:	$np > 3\sqrt{npq}$
Elevando ao quadrado, dá:	$np > 9q$
Simplificando:	$9q > np$
Visto que $q \leq 1$, requeremos:	$np > 9$

Por simplicidade, geralmente requeremos que np (e nq para a outra cauda) sejam de pelo menos 10 para usar a aproximação Normal, o que fornece a Condição de Sucesso/Fracasso.[5]

O Modelo Exponencial

Vimos anteriormente que o modelo de Poisson é bom para modelar a chegada ou ocorrência de eventos. Encontramos, por exemplo, a probabilidade de que x visitas ao nosso *site* irão ocorrer no próximo minuto. O modelo exponencial com parâmetro λ pode ser usado para modelar o tempo *entre* estes eventos. Sua função de densidade tem a forma:

$$f(x) = \lambda e^{-\lambda x} \quad \text{para} \quad x \geq 0 \text{ e } \lambda > 0$$

O uso do parâmetro λ novamente não é coincidência. Ele salienta a relação entre o modelo exponencial e o de Poisson.

---

[5] Olhando para a última etapa, vemos que necessitamos $np > 9$ na pior das hipóteses, quando q (ou p) está próximo de um, tornando o modelo Binomial bem assimétrico. Quando q e p estão próximos de 0,5 – por exemplo, entre 0,4 e 0,6 – o modelo Binomial é aproximadamente simétrico e $np > 5$ deve ser bom o suficiente. Embora sempre verifiquemos 10 sucessos e fracassos esperados, tenha em mente que, para valores de p próximos de 0,5, podemos ser de alguma forma mais complacentes.

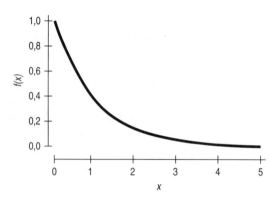

Figura 21.5 A função de densidade exponencial (com $\lambda = 1$).

Se uma variável aleatória discreta pode ser modelada por um modelo Poisson com taxa λ, então os tempos entre eventos podem ser modelados por um modelo exponencial com o mesmo parâmetro λ. A média da exponencial é $1/\lambda$. A relação inversa entre as duas médias faz sentido intuitivo. Se λ aumenta e esperamos *mais* ocorrências por minuto, então o tempo esperado entre ocorrências deve diminuir. O desvio padrão de uma variável aleatória exponencial é $1/\lambda$.

Como qualquer variável aleatória contínua, as probabilidades de uma variável aleatória exponencial podem ser encontradas por meio da função densidade. Felizmente, a área abaixo da densidade exponencial entre quaisquer dois valores, s e t ($s \leq t$), tem uma forma particularmente fácil:

$$P(s \leq X \leq t) = e^{-\lambda s} - e^{-\lambda t}.$$

Em particular, fazendo $s = 0$, podemos encontrar a probabilidade de que o tempo de espera seja menor do que t, de:

$$P(X \leq t) = P(0 \leq X \leq t) = e^{-\lambda 0} - e^{-\lambda t} = 1 - e^{-\lambda t}.$$

A função $P(X \leq t) = F(t)$ é chamada de **função de distribuição acumulada (fda)** da variável aleatória X. Se as visitas ao nosso *site* podem ser bem modeladas por um Poisson com $\lambda = 4$/minuto, então a probabilidade de que esperaremos menos que 20 segundos (1/3 de um minuto) por uma visita é $F(1/3) = P(0 \leq X \leq 1/3) = 1 - e^{-4/3} = 0,736$. Isto parece correto. As chegadas estão vindo aproximadamente a cada 15 segundos, em média, assim, não devemos ficar surpresos de que aproximadamente 75% do tempo não teremos de esperar mais que 20 segundos pela próxima visita.

TESTE RÁPIDO

A Roper Worlwide relata que é capaz de contatar 76% dos domicílios aleatoriamente selecionados coletados para um levantamento de dados por telefone.

2 Explique por que esses telefonemas podem ser considerados tentativas de Bernoulli.
3 Quais dos modelos deste capítulo (Geométrico, Binomial, Normal, Poisson, Exponencial ou Uniforme) você usaria para modelar o número de contatos de sucesso de uma lista de 1000 domicílios amostrados?
4 A Roper também relatou que, mesmo depois de ter contado um domicílio, somente 38% dos contatos concordam em ser entrevistados. Assim, a probabilidade de obter uma entrevista completa de domicílios aleatoriamente selecionados é de somente 0,29. Quais dos modelos deste capítulo você usaria para modelar o número de domicílios para quem a Roper tem de ligar antes que consiga a primeira entrevista completa?

O QUE PODE DAR ERRADO?

- **Modelos probabilísticos são apenas modelos.** Os modelos podem ser úteis, mas eles não são a realidade. Pense sobre as suposições por trás dos modelos. Questione as probabilidades assim como você faria com os dados.

- **Se o modelo estiver errado, tudo mais também estará.** Antes de você tentar encontrar a média ou o desvio padrão de uma variável aleatória, verifique para ter certeza de que o modelo é razoável. Inicialmente, as probabilidades no seu modelo devem todas estar entre 0 e 1, e elas devem somar 1. Caso contrário, você pode ter calculado a probabilidade de forma incorreta ou deixado de fora algum valor da variável aleatória.

- **Não assuma que tudo é Normal.** Apenas porque uma variável aleatória é contínua ou você por acaso sabe uma média ou um desvio padrão, não significa que um modelo Normal será útil. Você deve avaliar se a **suposição de Normalidade** é justificada. Usar um modelo Normal quando ele realmente não se aplica irá conduzir a respostas erradas e a conclusões equivocadas.

- **Cuidado com as variáveis que não são independentes.** Você pode somar valores esperados de *quaisquer* duas variáveis aleatórias, mas somente pode somar variâncias de variáveis aleatórias independentes. Suponha que um levantamento de dados inclua questões sobre o número de horas de sono das pessoas a cada noite e também o número de horas que elas estão acordadas a cada dia. Das suas respostas, encontramos a média e o desvio padrão das horas dormindo e das horas acordadas. O total esperado deve ser 24 horas; afinal, as pessoas ou estão dormindo ou estão acordadas. A média ainda soma muito bem. Visto que todos os totais são exatamente 24 horas, entretanto, o desvio padrão do total será 0. Não podemos somar variâncias aqui, porque o número de horas que você está acordado depende do número de horas que você está dormindo. Certifique-se de verificar a independência antes de somar as variâncias.

- **Não escreva as ocorrências independentes de uma variável aleatória com uma notação que pareça que elas são as mesmas variáveis.** Certifique-se que você escreveu cada ocorrência como uma variável aleatória diferente. Só porque cada variável aleatória descreve uma situação similar, não significa que cada resultado aleatório será o mesmo. Estas são variáveis *aleatórias,* não as variáveis que você viu em álgebra. Escreva $X_1 + X_2 + X_3$ ao invés de $X + X + X$.

- **Não esqueça:** As variâncias de variáveis aleatórias independentes são somadas. Desvios padrão não são.

- **Não esqueça:** As variâncias de variáveis aleatórias independentes são somadas, mesmo quando você estiver interessado nas diferenças entre elas.

- **Tenha certeza de que você tem tentativas de Bernoulli.** Tenha certeza de verificar primeiro os requisitos: dois resultados possíveis por tentativa ("sucesso" e "fracasso"), uma probabilidade constante de sucesso e independência. Lembre-se que a Condição dos 10% fornece um substituto razoável para a independência.

- **Não confunda os modelos Geométrico e Binomial.** Ambos envolvem tentativas de Bernoulli, mas os casos são diferentes. Se você estiver repetindo tentativas até obter o seu primeiro sucesso, isto é uma probabilidade Geométrica. Você não sabe de antemão de quantas tentativas você irá precisar – teoricamente, pode levar muito tempo. Se você estiver contando um número de sucessos em um número específico de tentativas, então trata-se um experimento Binomial.

- **Não use a aproximação Normal com um *n* pequeno.** Para usar uma aproximação Normal no lugar de um modelo Binomial, deve ter pelo menos 10 sucessos e 10 fracassos esperados.

706 Parte IV – Construindo Modelos para a Tomada de Decisões

ÉTICA EM AÇÃO

Embora os serviços eletrônicos do governo estejam disponíveis *on-line*, muitos norte-americanos, especialmente aqueles mais velhos, preferem tratar com as agências governamentais pessoalmente. Por esta razão, a Administração do Seguro Social dos EUA (SSA) tem escritórios locais distribuídos por todo o país. Pat Mennoza é o gerente de um dos maiores escritórios do SSA em Phoenix. Desde o início do *site* do SSA, sua equipe foi severamente reduzida. Apesar disso, por causa do número de aposentados na área, seu escritório é um dos mais movimentados. Embora não tenha havido reclamações formais, Pat supõe que o tempo de espera dos clientes aumentou. Ele decide registrar os tempos de espera dos clientes por um período de um mês, na esperança de justificar a contratação de empregados adicionais. Ele descobre que o tempo médio de espera é de 5 minutos, com um desvio padrão de 6 minutos. Ele argumenta que 50% dos clientes que visitam seu escritório esperam mais que 5 minutos para serem atendidos. A meta do tempo de espera é de 10 minutos ou menos. Aplicando o modelo probabilístico Normal, Pat descobre que mais de 20% dos clientes terão de esperar mais de 10 minutos! Ele descobriu o que ele suspeitava. Seu próximo passo é solicitar empregados adicionais baseado na sua descoberta.

PROBLEMA ÉTICO *Os tempos de espera são geralmente assimétricos e, portanto, nem sempre modelados usando a distribuição Normal. Pat deveria verificar os dados para ver se um modelo Normal era apropriado. Usar o Normal para dados que são muito assimétricos à direita irá aumentar a probabilidade de um cliente esperar mais de 10 minutos. (Relacionado ao Item C, ASA Ethical Guidelines.)*

SOLUÇÃO ÉTICA *Verifique a racionalidade de aplicar o modelo Probabilístico Normal.*

O que aprendemos?

Aprendemos a trabalhar com variáveis aleatórias. Podemos usar o modelo probabilístico para uma variável aleatória discreta para encontrar seu valor esperado e o seu desvio padrão.

Aprendemos que a média da soma ou diferença de duas variáveis, discretas ou contínuas, é apenas a soma ou diferença das suas médias. E aprendemos o Teorema Pitagórico da estatística: *para variáveis aleatórias independentes,* a variância da soma ou diferença é sempre a *soma* das variâncias. Também aprendemos que os modelos Normais são, mais uma vez, especiais: somas ou diferenças de variáveis aleatórias distribuídas Normalmente também seguem modelos Normais.

Finalmente, aprendemos que as tentativas de Bernoulli aparecem em vários lugares. Dependendo da variável aleatória de interesse, podemos usar um dos três modelos para estimar probabilidades para as tentativas de Bernoulli:

- um modelo Geométrico, quando estamos interessados no número de tentativas de Bernoulli até o próximo sucesso;

- um modelo Binomial, quando estamos interessados no número de sucessos em certo número de tentativas de Bernoulli;

- um modelo Normal pode aproximar um modelo Binomial quando esperamos pelo menos 10 sucessos e 10 fracassos.

Termos

Desvio padrão de uma variável aleatória	Descreve a dispersão no modelo e é a raiz quadrada da variância.
Função da densidade da probabilidade (fdp)	Uma função $f(x)$ que representa a distribuição da probabilidade de uma variável aleatória X. A probabilidade de que X esteja em um intervalo A é a área sob a curva $f(x)$ acima de A.
Função da distribuição acumulada (fda)	Para qualquer variável aleatória, X, e qualquer valor x, a função da distribuição acumulada é definida por: $F(x) = P(X \leq x)$.

Capítulo 21 – Variáveis Aleatórias e Modelos Probabilísticos **707**

Modelo de Poisson	Um modelo discreto geralmente usado para modelar o número de chegadas de eventos como clientes numa fila ou chamadas numa central de atendimento.
Modelo Normal	O modelo probabilístico contínuo mais famoso, a Normal é usada para modelar uma grande variedade de fenômenos cujas distribuições são unimodais e simétricas. O modelo Normal é também usado como uma aproximação para o modelo Binomial para n grande, quando np e $pq \geq 10$, e é usado para distribuições amostrais de somas e médias sob uma ampla variedade de condições.
Modelo probabilístico Binomial	Um modelo Binomial é apropriado para uma variável aleatória que conta o número de sucessos em um número fixo de tentativas de Bernoulli.
Modelo probabilístico Exponencial	Um modelo geralmente usado para modelar os tempos de espera entre eventos, especialmente quando o número de chegadas destes eventos são bem modelados por uma Poisson.
Modelo probabilístico Geométrico	Um modelo apropriado para uma variável aleatória que conta o número de tentativas de Bernoulli até o primeiro sucesso.
Modelo probabilístico	Uma função que associa uma probabilidade P a cada valor de uma variável discreta aleatória X, representada $P(X = x)$ ou a qualquer intervalo dos valores de uma variável aleatória contínua.
Modelo Uniforme	Para um modelo uniforme discreto sobre um conjunto de valores n, cada valor tem probabilidade $1/n$. Para uma variável aleatória uniforme contínua sobre um intervalo $[a, b]$, a probabilidade de que x esteja em qualquer subintervalo dentro de $[a, b]$ é a mesma e é simplesmente igual ao comprimento do intervalo dividido pelo comprimento de $[a, b]$, que é $b - a$.

Mudando uma variável aleatória por uma constante

$$E(X \pm c) = E(X) \pm c \qquad Var(X \pm c) = Var(X) \qquad DP(X \pm c) = DP(X)$$
$$E(aX) = aE(X) \qquad Var(aX) = a^2 Var(X) \qquad DP(aX) = |a|DP(X)$$

Regra da adição para valores esperados de variáveis aleatórias

$$E(X \pm Y) = E(X) \pm E(Y)$$

Regra da adição para variâncias de variáveis aleatórias

(Teorema Pitagórico da estatística)

$$\text{Se } X \text{ e } Y \text{ são } independentes: Var(X \pm Y) = Var(X) + Var(Y),$$
$$\text{e } DP(X \pm Y) = \sqrt{Var(X) + Var(Y)}.$$

Tentativas de Bernoulli

Uma sequência de tentativas é chamada de tentativas de Bernoulli se:

1. Existem exatamente dois resultados possíveis (geralmente representados como *sucesso* e *fracasso*).
2. A probabilidade de sucesso é constante.
3. As tentativas são independentes.

Valor esperado

O valor esperado de uma variável aleatória é seu valor médio teórico a longo prazo, o ponto de equilíbrio do seu modelo. Representado por μ ou $E(X)$, ele é encontrado (se a variável aleatória for discreta) somando-se os produtos dos valores da variável por suas probabilidades:

$$\mu = E(X) = \Sigma x P(x)$$

Variância

A variância de uma variável aleatória é o valor esperado dos desvios ao quadrado em relação a média. Para variáveis aleatórias discretas, ela pode ser calculada como:

$$\sigma^2 = Var(X) = \Sigma(x - \mu)^2 P(x)$$

Variável aleatória

Assume qualquer dos muitos valores diferentes resultantes de um evento aleatório. As variáveis aleatórias são representadas por uma letra maiúscula, como um X.

Variável aleatória contínua	Uma variável que pode assumir qualquer valor numérico num dado intervalo. O intervalo pode ser infinito, limitado em um lado ou limitado nos dois lados.
Variável aleatória discreta	A variável aleatória que pode assumir um número finito[6] de resultados distintos.

Habilidades:

PLANEJAR

Quando completar este capítulo, você deve:

- Ser capaz de reconhecer variáveis aleatórias.
- Entender que as variáveis aleatórias devem ser independentes para que se possa determinar a variabilidade da soma ou diferença somando-se as variâncias.

FAZER

- Ser capaz de encontrar o modelo probabilístico para uma variável aleatória discreta.
- Saber como encontrar o valor esperado (média) e a variância de uma variável aleatória.
- Sempre usar uma representação apropriada para estes parâmetros da população: μ ou $E(X)$ para a média e σ, $DP(X)$, σ^2, ou $Var(X)$ quando representar variabilidade.
- Saber como determinar a nova média e o novo desvio padrão após somar uma constante, multiplicar por uma constante ou somar ou subtrair duas variáveis

RELATAR

- Ser capaz de interpretar o significado do valor esperado e do desvio padrão de uma variável aleatória num contexto apropriado.

---

[6] Tecnicamente, pode existir um número infinito de resultados, contanto que eles sejam *contáveis*. Essencialmente, isto significa que podemos listá-los em ordem, como uma contagem do tipo 1, 2, 3, 4, 5, ...

Projetos de estudo de pequenos casos

Uma jovem empresária acabou de levantar uma quantia em dinheiro ($30000) com investidores, e ela gostaria de investi-lo enquanto continua arrecadando recursos na esperança de iniciar sua própria empresa daqui a um ano. Ela quer fazer um planejamento nos mínimos detalhes e entende o risco de cada uma das suas opções de investimento. Depois de conversar com seus colegas do financeiro, ela acredita que tem três escolhas: (1) pode comprar um certificado de depósito de $30000 (CD); (2) pode investir num fundo mútuo com um portfólio equilibrado; ou (3) pode investir numa ação de investimento que tem um potencial maior de retorno, mas também tem maior volatilidade. Cada uma das suas opções irá gerar um retorno diferente dos seus $30000, dependendo do estado da economia.

Durante o próximo ano, ela sabe que o CD irá gera uma taxa percentual anual constante, independente do estado da economia. Se ela investir em um fundo mútuo equilibrado, estima que irá ganhar 9% se a economia permanecer forte, mas irá ganhar somente 3% se a economia declinar. Finalmente, se ela investir todos os $30000 em uma ação de crescimento, investidores experientes dizem que ela pode ganhar até 50% numa economia forte, mas *perder* até 50% numa economia deficiente.

Estimar estes retornos, junto com a probabilidade de uma economia forte, é desafiador. Portanto, geralmente uma "análise de sensibilidade" é realizada, onde as cifras são calculadas usando-se um intervalo de valores para cada parâmetro incerto do problema. Seguindo este conselho, a investidora decide determinar medidas para uma faixa da taxas de juros para CDs, uma faixa de retornos para o fundo mútuo e uma faixa de retornos para a ação de crescimento. Além disso, como a probabilidade de uma economia forte é desconhecida, ela irá variar estas probabilidades também.

Capítulo 21 – Variáveis Aleatórias e Modelos Probabilísticos **709**

Assuma que a probabilidade de uma economia forte para o próximo ano é de 0,5, 0,3 ou 0,7. Para ajudar a investidora a tomar uma decisão embasada, avalie o valor esperado e a volatilidade de cada um dos seus investimentos usando os seguintes intervalos de taxas de crescimento:

CD: Considere a taxa anual atual para o retorno de um CD de três anos e use este valor ± 0,5%.
Fundo Mútuo: Use valores de 8%, 10% e 12% para uma economia forte e valores de 2%, 0% e -4% para uma economia fraca.
Ação de Crescimento: Use valores de 15%, 20% e 25% numa economia forte e valores –25%,-15% e –10% em uma economia fraca.

Discuta os valores esperados e a incerteza de cada uma das alternativas de opções de investimento em cada um dos cenários que você analisou. Certifique-se de comparar a volatilidade de cada uma das suas opções.

EXERCÍCIOS

1. Site novo. Você acabou de lançar o *site* para a sua empresa que vende produtos nutritivos *on-line*. Suponha que X = o número de páginas diferentes que um consumidor abre durante a visita ao *site*.
a) Assumindo que existe um total de n páginas diferentes no seu *site*, quais são os possíveis valores que esta variável aleatória pode assumir?
b) A variável aleatória é discreta ou contínua?

2. Site novo, parte 2. Para o *site* descrito no Exercício 1, seja Y = o tempo total (em minutos) que um cliente gasta durante uma visita ao *site*.
a) Quais são os possíveis valores para esta variável aleatória?
b) A variável aleatória é discreta ou contínua?

3. Entrevistas de emprego. Por meio de uma agência de empregos, você pode arranjar entrevistas preliminares em quatro empresas para empregos de verão. Cada empresa irá pedir ou não para você ir à sua sede para uma entrevista subsequente. Seja X a variável aleatória igual ao total do número de entrevistas subsequentes que você possa ter.
a) Liste todos os valores possíveis de X.
b) A variável aleatória é discreta ou contínua?
c) Você acha que uma distribuição uniforme pode ser apropriada como um modelo para esta variável aleatória? Explique brevemente.

4. Central de ajuda. Uma central de ajuda computacional possui uma equipe de estudantes durante o turno das 7h às 23h. Deixemos Y representar a variável aleatória que é o número de estudantes que procurou ajuda durante um período de 15 minutos das 22h às 22h 15min.
a) Quais são os possíveis valores de Y?
b) A variável aleatória é discreta ou contínua?

5. Ortodontista. Um ortodontista tem três pacotes de financiamento e cada um tem um preço diferente pelo serviço. Ele estima que 30% dos pacientes usam o primeiro plano, que tem $10 de taxa de financiamento; 50% usam o segundo plano, que tem $20 de taxa de financiamento; e 20% usam o terceiro plano, que tem $30 de taxa de financiamento.

a) Encontre o valor esperado da taxa de serviço.
b) Encontre o desvio padrão da taxa de serviço.

6. Compartilhamento. Uma agência de *marketing* desenvolveu três pacotes de férias para promover um plano de compartilhamento num novo *resort*. Eles estimam que 20% dos clientes em potencial irão escolher o Plano Diário, que não inclui acomodações noturnas; 40% irão escolher o Plano de Pernoite, que inclui uma noite no *resort*; e 40% irão escolher o Plano do Fim de Semana, que inclui duas noites.
a) Encontre o valor esperado do número de noites que os potenciais clientes irão necessitar.
b) Encontre o desvio padrão do número de noites que os potenciais clientes irão necessitar.

7. Conceitos I. Dadas as variáveis aleatórias independentes X e Y, com médias e desvios padrão como os exibidos, encontre a média e o desvio padrão de cada uma das variáveis nas partes **a** a **d**.
a) $3X$
b) $Y + 6$
c) $X + Y$
d) $X - Y$

	Média	DP
X	10	2
Y	20	5

8. Conceitos II. Considerando as variáveis aleatórias independentes X e Y, com médias e desvios padrão como os mostrados na tabela, encontre a média e o desvio padrão de cada uma das variáveis dos itens de **a** a **d**.
a) $X - 20$
b) $0,5Y$
c) $X + Y$
d) $X - Y$

	Média	DP
X	80	12
Y	12	3

9. Loteria. Iowa tem um jogo de loteria chamado Pick 3, no qual os clientes compram bilhetes por $1 e escolhem três números, cada um de zero a nove. Eles também precisam selecionar o tipo de jogo, que determina quais as combinações são vencedoras. Em um tipo de jogo, chamado de "Straight/Box", eles vencem se acertarem os três

Parte IV – Construindo Modelos para a Tomada de Decisões

números em qualquer ordem, mas o prêmio é maior se a ordem estiver correta. Para o caso de todos os três dos números selecionados serem diferentes, as probabilidades e os prêmios são:

	Probabilidade	Prêmio
Straight/Box Exatos	1 em 1000	$350
Straight/Box Qualquer	5 em 1000	$50

a) Encontre a quantia que um jogador de Straight/Box pode esperar ganhar.
b) Encontre o desvio padrão dos prêmios dos jogadores.
c) Os bilhetes para apostar neste jogo custam $1. Se subtrairmos $1 do resultado da parte **a**, qual é o resultado esperado de apostar neste jogo?

10. Empresa de *software*. Uma pequena empresa de *software* irá entrar numa concorrência de um grande contrato. Ela antecipa um lucro de $50000 se conseguir a concorrência, mas acha que tem somente 30% de chance de que isto aconteça.
a) Qual é o lucro esperado?
b) Encontre o desvio padrão para o lucro.

11. Dirigindo para o trabalho. Uma pessoa que viaja diariamente entre sua casa e o trabalho tem de passar por cinco sinais de trânsito no seu caminho para o trabalho e irá parar em cada um que estiver vermelho. Após manter um registro por vários meses, ela desenvolveu o seguinte modelo probabilístico para o número de sinais vermelhos que encontra:

$X = $ # de sinais vermelhos	0	1	2	3	4	5
$P(X = x)$	0,05	0,25	0,35	0,15	0,15	0,05

a) Quantos sinais vermelhos ela deve esperar encontrar a cada dia?
b) Qual é o desvio padrão?

12. Defeitos. Uma organização de consumidores que está inspecionando carros novos constatou que muitos têm defeitos na parte exterior (amassados, arranhões, lascas na pintura, etc.). Embora nenhum tenha mais de três destes defeitos, 7% tinham três, 11% tinham dois e 21% tinham um defeito.
a) Encontre o número esperado de defeitos na parte exterior em um carro novo.
b) Qual é o desvio padrão?

13. Competição de pesca. Foi solicitado a um fabricante de artigos esportivos o patrocínio para um menino local em duas competições de pesca. Eles afirmam que a probabilidade de que ele vença a primeira competição é de 0,4. Se ele vencer a primeira competição, eles estimam que a probabilidade de que ele também vença a segunda seja de 0,2. Eles estimam que, se ele perder a primeira competição, a probabilidade de que ele vença a segunda é de 0,3.
a) De acordo com as suas estimativas, as duas competições são independentes? Explique a sua resposta.
b) Qual é a probabilidade de que ele perca as duas competições?

c) Qual a probabilidade de que ele vença as duas competições?
d) Seja X a variável aleatória: qual número de competições que ele vence. Encontre o modelo probabilístico de X.
e) Qual é o valor esperado e o desvio padrão de X?

14. Contratos. Sua empresa entra numa concorrência para dois contratos. Você acredita que a probabilidade de que você consiga o contrato #1 é de 0,8. Se você conseguir o contrato #1, a probabilidade de que você consiga também o contrato #2 será de 0,2 e se você não conseguir o contrato #1, a probabilidade de que você consiga o contrato #2 será de 0,3.
a) Os resultados das duas concorrências são independentes? Explique.
b) Encontre a probabilidade de que você consiga os dois contratos.
c) Encontre a probabilidade de que você não consiga nenhum contrato.
d) Seja X o número de contratos que você consegue. Encontre o modelo probabilístico para X.
e) Encontre o valor esperado e o desvio padrão de X.

15. *Recall* de pilhas. Uma empresa descobriu que um lote recente de pilhas tem defeitos de fabricação e emitiu um *recall*. Você tem 10 pilhas cobertas pelo *recall* e 3 estão desenergizadas. Você escolhe 2 pilhas ao acaso do seu pacote de 10.
a) A suposição de independência foi satisfeita? Explique.
b) Crie um modelo probabilístico para o número de pilhas boas escolhidas.
c) Qual o número esperado de pilhas boas?
d) Qual é o desvio padrão?

16. Fornecedor de mercearia. Um fornecedor de mercearias acredita que o número médio de ovos quebrados por dúzia é de 0,6, com um desvio padrão de 0,5. Você compra 3 dúzias de ovos sem verificá-los.
a) Quantos ovos quebrados você espera obter?
b) Qual o desvio padrão?
c) É necessário assumir que as caixas de ovos são independentes? Por quê?

17. Dirigindo para o trabalho, parte 2. Uma pessoa que viaja diariamente entre sua casa e o trabalho descobre que ela espera em média 14,8 segundos em cada um dos cinco sinais de trânsito, com um desvio padrão de 9,2 segundos. Encontre a média e o desvio padrão da quantidade total do tempo que ela espera em todos os sinais de trânsito. O que você (se possível) assume?

18. Chamadas para conserto. Uma pequena loja de máquinas recebe uma média de 1,7 chamadas para conserto por hora, com um desvio padrão de 0,6. Qual é a média e o desvio padrão do número de chamadas que eles recebem em um dia de 8 horas? O que você (se é que) assumiu?

19. Companhia de seguros. Uma companhia de seguros estima que ela deva ter um lucro anual de $150 em cada apólice domiciliar vendida, com um desvio padrão de $6000.
a) Por que o desvio padrão é tão grande?
b) Se a companhia vende somente duas destas apólices, qual é a média e o desvio padrão do lucro anual?
c) Se a companhia vende 1000 destas apólices, qual é a média e o desvio padrão do lucro anual?

Capítulo 21 – Variáveis Aleatórias e Modelos Probabilísticos **711**

d) Qual é a probabilidade de que a companhia tenha lucro caso venda 1000 apólices?

e) Quais circunstâncias iriam violar a suposição de independências das apólices?

20. Cassino. Em um cassino, as pessoas jogam nos caça-níqueis na esperança de tirar a sorte grande, mas na maioria do tempo, elas perdem seu dinheiro. Uma certa máquina paga uma média de $0,92 (para cada dólar jogado), com um desvio padrão de $120.

a) Por que o desvio padrão é tão grande?

b) Se um jogador joga 5 vezes, qual é a média e o desvio padrão do lucro do cassino?

c) Se os jogadores jogarem nesta máquina 1000 vezes num dia, qual é a média e o desvio padrão do lucro do cassino?

21. Venda de bicicletas. Uma loja de bicicletas planeja oferecer 2 modelos de bicicletas para crianças com preços especiais, numa venda de calçada. O modelo básico terá um lucro de $120 e o modelo de luxo $150. Experiências passadas indicam que as vendas do modelo básico terão uma média de 5,4 bicicletas com um desvio padrão de 1,2, e as vendas do modelo de luxo terão uma média de 3,2 bicicletas com um desvio padrão de 0,8 bicicletas. O custo de organizar a venda de calçada é de $200.

a) Defina as variáveis aleatórias e use-as para expressar o lucro líquido da loja de bicicletas.

b) Qual é o lucro líquido médio?

c) Qual é o desvio padrão do lucro líquido?

d) Você precisou fazer suposições para calcular a média? E o desvio padrão?

22. Vendas do fazendeiro. Um fazendeiro tem 100 lbs de maçãs e 50 lbs de batata para vender. O preço de mercado das maçãs (por libra) a cada dia é uma variável aleatória com uma média de 0,5 dólares e um desvio padrão de 0,2 dólares. Da mesma forma, para uma libra de batatas, o preço médio é de 0,3 dólares e o desvio padrão é de 0,1 dólares. Ele também tem um custo de 2 dólares para trazer todas as maçãs e as batatas ao mercado. O mercado é movimentado com compradores ávidos, assim, podemos assumir que ele será capaz de vender todos os produtos ao preço daquele dia.

a) Defina suas variáveis aleatórias e use-as para expressar a renda líquida do fazendeiro.

b) Encontre a renda líquida média.

c) Encontre o desvio padrão da renda líquida.

d) Você precisou fazer suposições para calcular a média? E o desvio padrão?

23. NASCAR. Para um novo tipo de pneu, uma equipe da NASCAR descobriu que a distância média que um jogo de pneus iria fazer num percurso durante uma corrida é de 168 milhas, com um desvio padrão de 14 milhas. Assuma que aquela milhagem do pneu é independente e segue um modelo Normal.

a) Se a equipe planeja trocar os pneus duas vezes durante a corrida de 500 milhas, qual é o valor esperado e o desvio padrão das milhas que restaram após as duas trocas?

b) Qual é a probabilidade que eles não tenham de trocar os pneus uma terceira vez antes do final de uma corrida de 500 milhas?

24. Estilo *medley*. Em um evento de revezamento de nado *medley* 4x100, quatro nadadores nadam 100 jardas, cada um usando um estilo diferente. Uma equipe universitária, se preparando para um campeonato da associação, examinou os tempos que seus nadadores registraram e criou um modelo baseado nas seguintes suposições:

- Os desempenhos dos nadadores são independentes.
- Todos os tempos dos nadadores seguem um modelo Normal.
- A média e o desvio padrão dos tempos (em segundos) são como estes mostrados aqui:

Nadador	Média	DP
1 Nado de costas	50,72	0,24
2 Nado de peito	55,51	0,22
3 Nado borboleta	49,43	0,25
4 Estilo livre	44,91	0,21

a) Qual é a média e o desvio padrão para o tempo total da equipe de revezamento neste evento?

b) O melhor tempo da equipe até agora foi de 3:19,48.(Isto é 199,48 segundos.) Qual é a probabilidade que eles irão bater este tempo no próximo evento?

25. Locação de filmes. Para competir com a Netflix, o proprietário de uma locadora de filmes decidiu tentar enviar DVDs pelo correio. Para determinar quantas cópias de títulos recém lançados deve comprar, ele observou cuidadosamente os tempos de ida e volta. Visto que aproximadamente todos os seus clientes eram do seu bairro, ele testou os tempos de entrega enviando DVDs para os seus amigos. Ele constatou que a média dos tempos de entrega era de 1,3 dias, com um desvio padrão de 0,5 dias. Ele também observou que os tempos eram os mesmos na ida para os clientes ou na volta dos DVDs à loja.

a) Encontre a média e o desvio padrão dos tempos de ida e volta da entrega para um DVD (despachado ao cliente e, então, despachado de volta para a loja).

b) O proprietário da loja tenta processar um DVD que lhe é devolvido e colocá-lo de volta no correio em um dia, mas as circunstâncias, algumas vezes, não permitem. Assim, seu tempo de processamento é de 1,1 dias, com um desvio padrão de 0,3 dias. Encontre a média e desvio padrão dos tempos de processamento adicionado aos tempos de ida e volta da parte a.

c) O ciclo completo da locação é o mesmo quando um DVD é colocado no correio até o seu retorno, processado e colocado de volta no correio. Inicialmente, o proprietário da locadora estimou que o ciclo da locação levaria 9 dias. Se o tempo que os clientes mantêm os DVDs tem uma média de 3,7 dias e um desvio padrão de 2,0 dias, combine os tempos dos clientes com os de ida e volta mais os tempos de processamento da parte **b** e determine qual a proporção de locações de DVDs que levaria mais do que 9 dias para completar o ciclo. (Assuma que a distribuição do tempo do ciclo de locação seja um modelo Normal.)

26. Solicitações *on-line*. Os pesquisadores de uma empresa de *marketing on-line* sugerem que os novos clientes que podem se tornar membros antes de conferir o *site* são muito intolerantes com formulários longos. Uma maneira de avaliar um formulário é pelo número total de caracteres digitados para completá-lo.

a) Uma frustração comum é ter de entrar com o endereço do *e-mail* duas vezes. Se o comprimento médio de um *e-mail* é de 13,3 caracteres, com um desvio padrão de 2,8 caracteres, qual é a média e desvio padrão do total de caracteres digitados se for necessário fornecer o *e-mail* duas vezes?

b) A empresa encontrou que a média e o desvio padrão do comprimento do nome dos clientes (incluindo os espaços) era de 13,4 e 2,4 caracteres, respectivamente e para endereços, 30,8 e 6,3 caracteres. Qual é a média e o desvio padrão dos comprimentos combinados de entradas de endereços de *e-mail* digitados duas vezes e, então, o nome e endereço?

c) Os pesquisadores da loja sugeriram que o limite de frustração é de 80 caracteres, além do qual, um cliente em potencial tem grande chance de fechar o formulário sem completar a compra. Qual a proporção de aplicações encontradas na parte **b** que irá exceder a este limite? (Assuma que a distribuição dos comprimentos das aplicações tem um modelo Normal.)

27. eBay. Um colecionar comprou uma coleção de bonecos de super-heróis e irá vendê-las no eBay. Ele tem 19 bonecos do Hulk. Em leilões recentes, o preço médio de venda de bonecos similares tem sido de $12,11, com um desvio padrão de $1,38. Ele também tem 13 figuras do Homem de Ferro, que tem um preço de venda de $10,19, com um desvio padrão de $0,77. Sua taxa de inserção será de $0,55 em cada item e a taxa final será de 8,75% do preço de venda. Ele assume que tudo será vendido sem precisar ser anunciado novamente.

a) Defina suas variáveis aleatórias e use-as para criar uma variável aleatória para a renda líquida do colecionador.

b) Encontre a média (valor esperado) da renda líquida.

c) Encontre o desvio padrão da renda líquida.

d) Você deve assumir independência para as vendas no eBay? Explique.

28. Setor imobiliário. Um corretor de imóveis comprou 3 casas de dois quartos num mercado em crise por um preço combinado de $71000. Ele espera que os custos de limpeza e reparos em cada casa tenham uma média de $3700, com um desvio padrão de $1450. Quando ele as vender, após subtrair as taxas e outros custos de fechamento, ele espera conseguir uma média de $39000 por casa, com um desvio padrão de $1100.

a) Defina suas variáveis aleatórias e use-as para criar uma variável aleatória para a renda líquida do corretor de imóveis.

b) Encontre a média (valor esperado) da renda líquida.

c) Encontre o desvio padrão da renda líquida.

d) Você deve assumir independência para os reparos e preços de venda das casas? Explique.

29. Bernoulli. Podemos usar os modelos probabilísticos baseados nas tentativas de Bernoulli para investigar as seguintes situações? Explique.

a) A cada semana, um médico lança um dado para determinar qual dos seus seis membros da equipe fica com a vaga de estacionamento preferida.

b) Um laboratório de pesquisa médica tem amostras de sangue coletadas de 120 indivíduos diferentes. Qual a probabilidade de que a maioria seja de sangue do Tipo A, dado que o Tipo A é encontrado em 43% da população?

c) De uma força de trabalho de 13 homens e 23 mulheres, todas as cinco promoções vão para os homens. Quais as chances disso ocorrer, se as promoções são baseadas nas qualificações, ao invés do gênero?

d) Investigamos 500 dos 3000 donos de ações para ver qual a probabilidade de que o orçamento proposto seja aceito.

e) Uma empresa percebe que cerca de 10% dos seus pacotes não estão sendo selados apropriadamente. Em uma caixa com 24 pacotes, qual a probabilidade de que mais do que 3 não estejam selados de forma apropriada?

30. Bernoulli, parte 2. Podemos usar modelos probabilísticos baseados nas tentativas de Bernoulli para investigar as seguintes situações? Explique.

a) Você está lançando 5 dados. Qual a probabilidade de obter pelo menos dois 6 para vencer o jogo?

b) Você faz um levantamento de dados com 500 clientes em potencial para determinar sua cor preferida.

c) Um fabricante faz um *recall* de uma boneca porque aproximadamente 3% têm botões que não estão presos de modo apropriado. Os clientes retornam 37 destas bonecas à loja de brinquedos local. Qual a probabilidade de eles acharem botões que não estão presos de modo adequado?

d) Uma câmara municipal de 11 Republicanos e 8 Democratas escolhe um comitê com 4 pessoas ao acaso. Qual é a probabilidade de eles escolherem todos Democratas?

e) Um executivo lê que 74% dos empregados na sua indústria estão insatisfeitos com os seus empregos. Quantos empregados insatisfeitos ele pode esperar encontrar entre os 481 empregados da sua empresa?

31. Fechamento das vendas. Um vendedor normalmente faz uma venda (fechamento) em 80% das suas tentativas. Assumindo que as tentativas sejam independentes, encontre a probabilidade de ocorrência de cada uma das seguintes situações:

a) Ele não consegue fechar pela primeira vez na sua quinta tentativa.

b) Ele fecha sua primeira venda na sua quarta tentativa.

c) A primeira venda que ele fechar será na sua segunda tentativa.

d) A primeira venda que ele fechar será em uma das suas primeiras três tentativas.

32. Fabricante de *chips* para computador. Suponha que um fabricante de *chips* para computador rejeite 2% dos seus *chips* fabricados porque eles falham no teste de pré-vendas. Assumindo que os *chips* defeituosos sejam independentes, encontre a probabilidade de cada uma das seguintes situações:

a) O quinto *chip* que eles testam é o primeiro defeituoso que encontram.

b) Eles encontram um defeituoso entre os primeiros 10 que examinam.

c) O primeiro *chip* defeituoso que eles encontram será o quarto que testam.

d) O primeiro *chip* defeituoso que eles encontram será um dos primeiros três que testam.

33. Efeitos colaterais. Os pesquisadores, testando um novo medicamento, descobrem que 7% dos usuários têm efeitos colaterais. A quantos pacientes um médico espera prescrever o medicamento antes de encontrar o primeiro que tenha efeitos colaterais?

34. Cartões de crédito. Os estudantes universitários são o principal objetivo das propagandas de cartões de crédito. Em uma universidade, 65% dos estudantes pesquisados disseram que tinham aberto

Capítulo 21 – Variáveis Aleatórias e Modelos Probabilísticos **713**

uma nova conta de cartão de crédito desde o ano anterior. Se este percentual for correto, quantos estudantes você esperaria pesquisar antes de encontrar um que não abriu uma nova conta no ano anterior?

35. *Pixels* perdidos. Uma empresa que fabrica telas grandes de LCD sabe que nem todos os *pixels* das suas telas se iluminam, mesmo tomando muito cuidado ao fabricá-las. Numa placa de 6 pés por 10 pés (72 polegadas por 120 polegadas) que será cortada em placas menores, eles encontram uma média de 4,7 *pixels* apagados. Eles acreditam que as ocorrências de *pixels* apagados sejam independentes. Sua política de garantia afirma que eles irão substituir a tela que apresente mais do que 2 *pixels* apagados.
a) Qual é o número médio de *pixels* apagados por pé quadrado?
b) Qual é o desvio padrão de *pixels* apagados por pé quadrado?
c) Qual é a probabilidade de que uma tela de 2 por 3 pés tenha pelo menos um defeito (*pixel* apagado)?
d) Qual é a probabilidade de que uma tela de 2 por 3 pés tenha de ser substituída por ter muitos defeitos?

36. Sacos de grãos. O celofane que será transformado em sacos para itens como grãos secos ou sementes para pássaros é passado por um sensor de luz para testar se o alinhamento está correto antes de passar pelas unidades de aquecimento que selam os cantos. Pequenos ajustes podem ser feitos automaticamente pela máquina. Porém, se o alinhamento for muito ruim, o processo é interrompido e um operador tem de ajustá-lo manualmente. Estas paradas de desalinhamento ocorrem de forma aleatória e independente. Em uma linha, o número médio de paradas é de 52 por um turno de 8 horas.
a) Qual é o número médio das paradas por hora?
b) Qual é o desvio padrão das paradas por hora?
c) Quando a máquina recomeça após uma parada, qual é a probabilidade de que ela irá trabalhar pelo menos 15 minutos antes da próxima parada?

37. Seguro contra furacão. Uma companhia de seguros precisa avaliar os riscos associados ao fornecimento de seguros contra furacão. Entre 1990 e 2006, a Flórida foi atingida por 22 tempestades tropicais ou furacões. Se tempestades tropicais e furacões são independentes e a média não mudou, qual é a probabilidade de ter um ano na Flórida com cada um dos seguintes. (Observe que de 1990 a 2006 são 17 anos.)
a) Não ser atingida?
b) Atingida por exatamente um furacão?
c) Atingida por mais do que três furacões?

38. Seguro contra furacão, parte 2. Entre 1965 e 2007, aconteceram 95 grandes furacões (categoria 3 ou mais) na bacia do Atlântico. Assuma que os furacões são independentes e que a média não mudou.
a) Qual é o número médio de grandes furacões por ano? (Existem 43 anos de 1965 a 2007.)
b) Qual é o desvio padrão da frequência de grandes furacões?
c) Qual é a probabilidade de ter um ano sem grandes furacões?
d) Qual é a probabilidade de ter três anos seguidos sem um grande furacão?

39. Tênis profissional. Serena Williams conseguiu um primeiro serviço com sucesso 67% das vezes nas finais do campeonato de tênis de *Wimbledom* contra a sua irmã Venus. Se ela continuar sacando na mesma taxa na próxima vez que elas jogarem e sacar 6 vezes no primeiro jogo, determine as seguintes probabilidades. (Assuma que cada serviço é independente dos outros.)

a) Acertar todos os 6 primeiros serviços.
b) Acertar exatamente os 4 primeiros serviços.
c) Acertar pelo menos os 4 primeiros serviços.

40. Cruz Vermelha Americana. Somente 4% das pessoas têm sangue do Tipo AB. Uma viatura equipada para a coleta de sangue tem 12 frascos de sangue em uma prateleira. Se a distribuição de tipos de sangue nesta localização é consistente com a população em geral, qual é a probabilidade de que eles encontrem sangue do Tipo AB em:
a) Nenhuma das 12 amostras?
b) Pelo menos 2 amostras?
c) 3 ou 4 amostras?

41. Tênis profissional, parte 2. Suponha que Serena continue a conseguir 67% dos seus primeiros serviços como no Exercício 39 e que sirva 80 vezes num jogo.
a) Qual é a média e o desvio padrão do número de primeiros bons serviços esperados?
b) Justifique por que você pode usar um modelo Normal para aproximar a distribuição do número de primeiros bons serviços?
c) Use a Regra 68-95-99.7 para descrever esta distribuição.
d) Qual é a probabilidade de que ela consiga pelo menos 65 primeiros serviços nas 80 tentativas?

42. Cruz Vermelha Americana, parte 2. A viatura equipada para a coleta de sangue do Exercício 40 recebeu 300 doações em um dia.
a) Assumindo que a frequência de sangue AB é de 4%, determine a média e o desvio padrão do número de doadores que são AB.
b) Justifique por que você pode usar um modelo Normal para aproximar a distribuição do sangue do Tipo AB.
c) Qual é a probabilidade de encontrar 10 ou mais amostras com sangue do Tipo AB em 300 amostras?

43. Sem comparecimento. Pelo fato de que muitos passageiros que fazem reservas não aparecem, as companhias aéreas geralmente superlotam os voos (vendem mais passagens do que os lugares existentes). Um Boeing 767-4000ER comporta 245 passageiros. Se a companhia aérea acredita que a taxa de passageiros que não comparecem é de 5% e vende 255 passagens, é provável de que eles não terão lugares o suficiente e alguém vai ser excluído?
a) Use o modelo Normal para aproximar o Binomial para determinar a probabilidade de pelo menos 246 passageiros aparecerem.
b) A companhia aérea deveria mudar o número passagens que vende para este voo? Explique.

44. Euro. Logo após a introdução da moeda do euro da Bélgica, os jornais por todo o mundo publicaram artigos afirmando que as moedas eram tendenciosas. As histórias eram baseadas em relatórios de que alguém que tinha lançado a moeda 250 vezes e obtido 140 caras – isto 56% de caras.
a) Use o modelo Normal para aproximar o Binomial e determinar a probabilidade de se lançar uma moeda justa 250 vezes e obter pelo menos 140 caras.
b) Você acha que isto é evidência de que uma moeda de euro belga é tendenciosa? Você gostaria de usá-la no início de um evento esportivo? Explique.

45. Pesquisa de satisfação. Um fornecedor de TV a cabo quer contatar os clientes de uma determinada central telefônica para ver o quanto eles estão satisfeitos com o novo serviço de TV digital que

a empresa tem fornecido. Todos os números estão na central 452, assim existem 10000 números possíveis de 452-0000 a 452-9999. Se eles selecionarem os números com probabilidade igual:
a) Qual distribuição eles iriam usar para modelar a seleção?
b) Qual é a probabilidade de que o número selecionado seja par?
c) Qual é a probabilidade de que o número selecionado termine em 000?

46. Qualidade da produção. Em um esforço para verificar a qualidade dos seus telefones celulares, um gerente de produção decide coletar uma amostra aleatória de 10 telefones celulares da operação de produção do dia de ontem, que produziu telefones celulares com números de série variando (de acordo com quando eles foram produzidos) de 43005000 a 43005999. Se cada um dos 1000 telefones apresentar a mesma chance de ser selecionado:
a) Qual distribuição eles iriam usar para modelar a seleção?
b) Qual é a probabilidade de que um telefone celular aleatoriamente selecionado será um dos 100 últimos a serem produzidos?
c) Qual é a probabilidade de que o primeiro telefone celular selecionado é ou um dos últimos 200 a serem produzidos ou um dos primeiros 50 a serem produzidos?
d) Qual é a probabilidade de que os primeiros dois telefones celulares são ambos dos últimos 100 a serem produzidos?

47. Visitantes da Web. Uma gerente de um *site* notou que, durante as horas da noite, aproximadamente 3 pessoas por minuto fecham a conta do seu carrinho de compras e fazem uma compra *on-line*. Ela acredita que cada compra é independente das outras e quer modelar o número de compras por minuto.
a) Que modelo você pode sugerir para modelar o número de compras por minuto?
b) Qual é a probabilidade de que, a qualquer um minuto, pelo menos uma compra seja feita?
c) Qual a probabilidade de que alguém faça uma compra nos próximos 2 minutos?

48. Controle de qualidade. O fabricante do Exercício 46 notou que o número de telefones celulares com defeitos numa operação de produção de telefones celulares é geralmente pequeno e que a qualidade de um dia de produção parece não ter influência no dia seguinte.

a) Que modelo você poderia usar para modelar o número de telefones com defeito produzidos num dia.
b) Se o número de telefones com defeitos é de 2 por dia, qual é a probabilidade de que nenhum celular com defeito seja produzido amanhã?
c) Se o número médio de telefones com defeito é de 2 por dia, qual é a probabilidade de que 3 ou mais telefones celulares com defeitos sejam produzidos no dia de hoje?

49. Visitantes da Web. A gerente do *site* do Exercício 47 quer modelar o tempo entre as compras. Lembre-se de que o número médio de compras noturnas era de 3 por minuto.
a) Que modelo você iria usar para modelar o tempo entre as compras?
b) Qual é o tempo médio entre as compras?
c) Qual é a probabilidade de que o tempo até a próxima compra esteja entre 1 e 2 minutos?

50. Controle de qualidade, parte 2. O fabricante de telefone celular do Exercício 46 e 48 quer modelar o tempo entre os eventos. O número médio de telefones celulares com defeito é de 2 por dia.
a) Que modelo você iria usar para modelar o tempo entre os eventos?
b) Qual seria a probabilidade de que o tempo até o próximo defeito seja de um dia ou menos?
c) Qual é o tempo médio entre os defeitos?

RESPOSTAS DO TESTE RÁPIDO

1 100 + 100 = 200 segundos
b) $\sqrt{50^2 + 50^2} = 70,7$ segundos
c) Os tempos para os dois clientes são independentes.

2 Existem dois resultados (contato, sem contato): a probabilidade de contato permanece constante em 0,76 e as chamadas aleatórias devem ser independentes.

3 Binomial (ou aproximação Normal)

4 Geométrico.

Tomada de Decisão e Risco

22

Data Description, inc.

Os pequenos negócios representam 99,7% de todas as empresas norte-americanas. Eles geram mais da metade do produto particular interno bruto não agrícola e criam 60 a 80% de novos empregos líquidos (www.sba.gov). Aqui está a história de uma empresa como essas.

A Data Description foi fundada em 1985 por Paul Velleman para desenvolver, comercializar e dar suporte ao programa estatístico Data Desk®. Os computadores pessoais estavam se tornando cada vez mais disponíveis e as interfaces gráficas ofereciam oportunidades novas e instigantes para a análise de dados e gráficos. O Data Desk foi produzido, em 1986, para o recém lançado computador Macintosh e a versão para o PC, em 1977, com capacidades expandidas para análises e a habilidade de trabalhar com eficiência com grandes (vários milhões de casos) conjuntos de dados. A Data Description lançou, então, o *ActivStats*, um produto educacional multimídia, em DVD, que foi o pioneiro no ensino multimídia de estatística e levou ao desenvolvimento do MediaDX, uma plataforma de desenvolvimento formada por um conjunto completo de mídias que inclui narração, animação, vídeo, som e ferramentas interativas de ensino.

A Data Description emprega tanto uma equipe local quanto programadores que trabalham à distância, em outras partes do país, e "se comunicam *on-line*". Nos dias de hoje, é comum para muitos pequenos negócios centrados na tecnologia se basear na Internet para o seu desenvolvimento, *marketing* e apoio ao consumidor e competir com empresas maiores permanecendo rápidos e flexíveis.

O presidente da empresa, John Sammis, observa que a Internet permitiu que os pequenos negócios como o Data Description competissem com grandes empresas internacionais e as decisões sobre o melhor uso da Internet são a chave para competir com sucesso. No seu vigésimo aniversário, a Data Description (www.datadesk.com) com base em Ithaca, Nova York, fornece *software* e serviços para clientes nas áreas de educação e negócios em todo o mundo.

Tomamos decisões todos os dias, geralmente sem saber no que elas vão dar. A maioria das nossas decisões diárias não tem sérias consequências. Mas a decisão que uma empresa toma determina o sucesso ou o fracasso do negócio. As consequências das decisões de negócios podem ser geralmente quantificadas em termos monetários, mas os custos e benefícios, eles próprios, geralmente dependem de eventos além do controle ou da previsão dos tomadores de decisão. As decisões devem ser tomadas de qualquer forma. Como as pessoas podem tomar decisões inteligentes quando elas não sabem com certeza o que o futuro lhes reserva?

Uma decisão que a Data Description tem de enfrentar (como muitas empresas de alta tecnologia) é sobre como melhor fornecer suporte técnico para os seus clientes. No passado, a Data Description contava com uma documentação eficiente, um sistema de ajuda integrado e ligações gratuitas de suporte. Porém, à medida que sua base de usuários cresceu, o suporte por telefone se tornou uma despesa significativa. O presidente da Data Description, John Sammis, deve decidir se investe no desenvolvimento de um sistema FAQ (Perguntas Frequentes) *on-line* de ajuda como a primeira linha de defesa para suporte aos consumidores, continuar com o suporte telefônico gratuito por meio do *help desk* ou contratar e treinar uma equipe adicional para fornecer suporte telefônico e cobrar dos clientes pelo serviço. Para um pequeno negócio, decisões como esta têm custos significativos, mas tomar a decisão correta pode ser a diferença entre manter os clientes satisfeitos e perdê-los para os grandes competidores.

22.1 Ações, estados da natureza e resultados

Nos referimos às alternativas que podemos tomar em uma decisão como **ações**. As ações são mutuamente exclusivas; se você escolher um curso de ação, não escolhe os outros. Denominaremos as escolhas da Data Description como:

- FAQ *on-line*
- *Help Desk* gratuito
- *Help Desk* pago

Os fatos sobre o mundo que afetam as consequências de cada ação são chamados de **estados da natureza**, ou, algumas vezes, apenas **estados.** Geralmente simplifica-

Capítulo 22 – Tomada de Decisão e Risco **717**

mos o estado para ser mais fácil de entender as alternativas das decisões. Sabemos, por exemplo, que a economia não está apenas "boa" ou "ruim", e o número de clientes pode ser qualquer valor numa faixa razoável. Mas iremos simplificar agrupando os estados da natureza em algumas categorias e tratando-os como possibilidades discretas.

Para a Data Description, os *estados da natureza* relacionam-se ao tipo de questões que chegam ao *Help Desk*. A gerência as classifica em dois tipos básicos:

◆ Simples

   ou

◆ Complexa

Uma pergunta simples é aquela que pode ser respondida somente com um sistema FAQ *on-line*. Uma pergunta complexa requer ou um suporte técnico humano por telefone ou uma assistência por *e-mail* para os usuários da FAQ.

Cada *ação* tem consequências que dependem do *estado da natureza* que realmente ocorre. Estas consequências são chamadas de **resultados** ou **pagamentos** (porque, geralmente, nos negócios, a consequência pode ser mensurada em dinheiro).

Para tomar decisões embasadas, o presidente da Data Description, John Sammis, deve estimar os custos e benefícios de cada ação sob cada estado da natureza. De acordo com suas estimativas:

◆ O sistema FAQ pode responder uma pergunta simples por aproximadamente $3,50. Uma pergunta complexa não pode ser respondida pelo sistema FAQ e necessita de recursos adicionais. Infelizmente, o sistema de assistência é lento e o gerente de *marketing* estima que isto custe aproximadamente $15 em reputação e futuros negócios. Adicionando isto ao custo do sistema FAQ, o custo total de uma pergunta complexa é de $18,50.

◆ Um suporte telefônico pessoal custa aproximadamente $10 por pergunta, seja ela simples ou complexa.

◆ Cobrar do cliente $3 pelo suporte telefônico poderia cobrir algum custo, mas pode aborrecer o cliente com apenas uma pergunta simples. Esta má vontade resultante custará à empresa um valor estimado de $15 para cada pergunta simples. Por outro lado, os clientes com perguntas complexas podem ficar satisfeitos em pagar pelo suporte telefônico, assim, o custo líquido para eles seria de $7.

22.2 Tabelas de resultado e árvores de decisão

Podemos resumir as ações, os estados da natureza e os resultados correspondentes em uma **tabela de resultados.** A Tabela 22.1 mostra a tabela de resultados para a decisão da Data Description sobre o suporte para os clientes. O suporte para os clientes é uma despesa, assim as entradas da tabela de resultados são custos, os quais a Data Description espera manter num mínimo. A tabela mostra os custos para uma solicitação de suporte técnico.

Tabela 22.1 Uma tabela de resultados mostrando os custos das ações dos dois estados da natureza. Observe que estes são custos e não lucros. Como "resultados", eles devem ser escritos como valores negativos, mas é mais simples apenas lembrar que queremos minimizar os custos. Para tabelas de resultados com lucros os valores são maximizados

	Estados da natureza	
	Pergunta simples	**Pergunta complexa**
FAQ	$3,50	$18,50
Help desk **gratuito**	$10,00	$10,00
Help desk **pago**	15,00	$7,00

A tabela de resultados é fácil de ser lida, mas ela não exibe a natureza sequencial do processo de decisão. Outra maneira de exibir esta informação que mostra a dinâmica do processo de tomada da decisão é com a **árvore de decisão.** Ela imita o processo de tomada de decisão real mostrando primeiro as ações, seguidas pelos possíveis estados da natureza e, finalmente, os resultados originados de cada combinação (Figura 22.1).

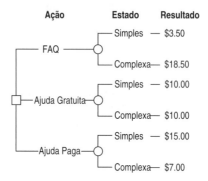

Figura 22.1 Uma árvore de decisão para o serviço de suporte ao cliente.

> O nó quadrado, ou nó da decisão, indica que a decisão deve ser tomada. O nó circular, ou nó da chance, indica uma escolha feita pela natureza.

O processo de decisão se move da esquerda para a direita pela árvore. O tomador de decisão escolhe uma ação (indicada por um nó quadrado), determinando qual ramo da árvore ele irá seguir. Os nós circulares indicam os ramos responsáveis pelos estados da natureza, que está fora do controle do tomador da decisão. A árvore pode se expandir para mostrar decisões com qualquer número (razoável) de ações e estados da natureza.

22.3 Minimizando perdas e maximizando ganhos

Uma abordagem conservadora para um tomador de decisão iria olhar para a pior perda possível e tentar minimizá-la. Aqui estão os resultados para cada decisão e o maior custo para cada uma delas.

Tabela 22.2 O maior custo para cada decisão

	Estado da natureza		
	Pergunta simples	**Pergunta complexa**	**Maior custo**
FAQ	$3,50	$18,50	$18,50
Help desk gratuito	$10,00	$10,00	$10,00
Help desk pago	$15,00	$7,00	$15,00

A decisão de optar pelo FAQ poderia custar à empresa até $18,50 quando as perguntas complexas entrarem, a decisão por um *Help Desk* pago poderia custar até $15,00. A escolha segura – aquela que minimiza o custo máximo – é o *Help Desk* gratuito. Isto é conhecido como a escolha **minimax.**

Obviamente, poderíamos tomar a outra posição extrema e tentar o ganho máximo (ou, de modo equivalente aqui, o custo mínimo). Nesta tabela, isto exigiria se comprometer com o sistema FAQ (e esperar que os telefonemas sejam simples). Tal escolha é conhecida como a escolha **maximax** (quando o retorno é maximizado) ou **minimim** (quando o custo é minimizado).

Escolher ações com base nos piores ou melhores cenários raramente leva à melhor decisão de negócios. Em vez disso, executivos de sucesso de pequenos negócios contam com o conhecimento do seu mercado; assim, eles podem tomar menos deci-

Capítulo 22 – Tomada de Decisão e Risco **719**

sões absolutas. Uma abordagem de modelagem mais realista leva em consideração a frequência com que o tomador de decisões espera vivenciar cada um dos estados da natureza, e encontra o melhor daquele modelo.

22.4 O valor esperado de uma ação

Como a Data Description pode escolher uma ação para maximizar o lucro (ou minimizar o prejuízo)? Eles podem estar bem certos de que eles terão uma combinação de ambas as perguntas, simples e complexas. Os tomadores de decisão geralmente estimam a *probabilidade* de um estado da natureza com base na compreensão do seu negócio. Tais probabilidades podem ser probabilidades *subjetivas* ou podem estar fundamentadas nos dados e visualizadas como as probabilidades *frequentistas* que usamos anteriormente neste livro. Em ambos os casos elas, expressam a opinião de um especialista e a crença da probabilidade relativa dos estados. Podemos escrever $P(s_j)$ para a probabilidade do $j^{ésimo}$ estado da natureza.

Assim como com todas as probabilidades, precisamos verificar que elas sejam *legítimas*. Se existir N estados da natureza, então requeremos que:

$$P(s_j) \geq 0 \text{ para todos os } j,$$

$$\sum_{j=1}^{N} P(s_j) = 1.$$

Se as probabilidades são legítimas, então podemos encontrar o **valor esperado (VE)** de uma ação a_i essencialmente da mesma forma que encontramos o valor esperado de uma variável aleatória discreta no Capítulo 21[1]:

$$VE(a_i) = \sum_{j=1}^{N} o_{ij} P(s_j),$$

onde existem N estados da natureza possíveis e o_{ij} é o resultado ou pagamento da ação i quando o estado da natureza for s_j.

> Existem três tipos gerais de tomadores de decisão:
> - um indivíduo avesso ao risco irá sacrificar o VE por uma variação mais baixa.
> - um indivíduo neutro ao risco irá tentar maximizar o VE.
> - um indivíduo tolerante ao risco pode querer absorver uma variação maior em troca de uma chance de um retorno maior.

Na Data Description, aproximadamente 40% das perguntas são simples; portanto, os gerentes determinaram uma probabilidade de 0,4 de que uma pergunta de suporte será simples e a probabilidade de 0,6 de que ela será complexa. Para calcular o valor esperado, começamos colocando as probabilidades na árvore de decisão no lugar apropriado. Com os valores nos seus lugares, podemos encontrar o valor esperado de cada uma das ações. As probabilidades estão associadas com cada estado da natureza e são as mesmas sem levar em consideração a ação. Colocamos estes valores nos ramos associados com cada estado da natureza, repetido para cada uma das ações possíveis (os nós circulares).

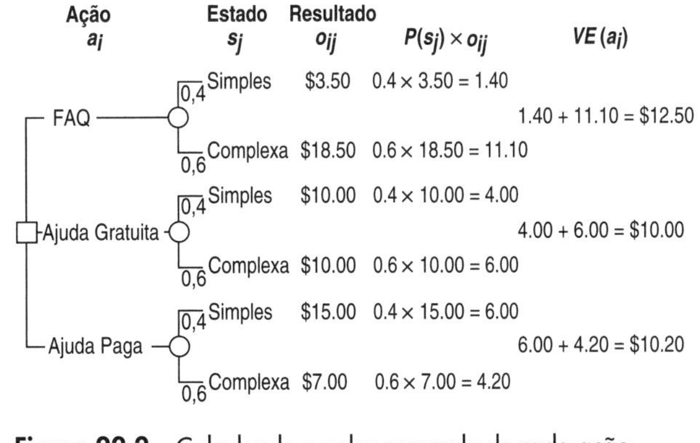

Figura 22.2 Calculando o valor esperado de cada ação usando uma árvore de decisão.

---

[1] No Capítulo 21, calculamos o VE de uma ação, como, por exemplo, investir em um CD (Certificado de Depósito). Este capítulo estende este conceito calculando e comparando valores esperados para diferentes ações.

Para cada combinação de resultado e probabilidade, calculamos sua contribuição ao valor esperado $P(s_j) \times o_{ij}$. Pelo fato de que somente um estado da natureza pode ocorrer a cada telefonema, os estados da natureza estão deslocados. Podemos, portanto, encontrar o valor esperado para cada ação somando as contribuições sobre todos os estados da natureza, neste caso, pergunta Simples e Complexa (veja Figura 22.2).

Dos valores esperados da Figura 22.2, torna-se visível que expandir o suporte grátis por telefone pode ser a melhor ação, porque ela custa *menos* à Data Description. O valor esperado daquela ação tem um custo de $10,00.

22.5 Valor esperado com a informação perfeita

Infelizmente, não podemos prever os estados da natureza com certeza. Mas pode ser informativo considerar o que nos custa viver na incerteza. Se conhecermos o estado da natureza verdadeiro – ao invés de apenas o estado da natureza provável – quanto mais isto pode valer para nós? Para ajudar a quantificar isto, vamos considerar uma pergunta de suporte simples de um cliente. Saber se foi simples ou complexa iria nos permitir tomar uma ação ótima em cada caso. Para uma pergunta simples, iríamos oferecer suporte FAQ *on-line* e o "pagamento" seria de $3,50. Para uma pergunta complexa, iríamos fornecer suporte telefônico, custando à empresa $7,00.

Usando as probabilidades dos dois estados da natureza, podemos calcular o valor esperado da estratégia ótima como:

$$0,6 \text{x} \$7,00 + 0,4 \text{x} \$3,50 = \$5,60$$

Isto é chamado de **valor esperado com a informação perfeita** e é, algumas vezes, representado por *VEcIP*.

Em contrapartida, o valor esperado da estratégia ótima que calculamos sem conhecer o estado da natureza era de $10,00. O valor absoluto da diferença entre estas duas quantidades é chamado de **valor esperado da informação perfeita.**

$$VEIP = |VEcIP - VE|$$

No nosso exemplo, essa diferença é $|\$5,60 - \$10,00| = \$4,40$. (Observe o valor absoluto naquele cálculo. A informação deveria aumentar o lucro ou, como no nosso exemplo, reduzir custos. De qualquer forma, o *valor* da informação é positivo.) Nossa falta de conhecimento perfeito sobre o estado da natureza nos custa $4,40 por telefonema. O valor esperado da informação, VEIP, fornece a quantia máxima que a empresa estaria disposta a pagar pela informação perfeita sobre o resultado.

22.6 Decisões tomadas com informação amostral

Geralmente, os custos e lucros – os resultados – de ações alternativas sob vários estados da natureza podem ser muito bem estimados, pois dependem de eventos relacionados aos negócios e ações que são bem entendidas. Em contrapartida, as probabilidades designadas aos estados da natureza podem ser baseadas somente em julgamento técnico. Estas probabilidades são, algumas vezes, chamadas de **probabilidades prévias**, porque elas são determinadas antes de obter qualquer informação adicional dos estados da natureza. Um levantamento de dados de clientes, entretanto, ou um experimento planejado pode fornecer informação que poderia trazer as probabilidades próximas à realidade e tornar a decisão mais embasada. As probabilidades revisadas são também chamadas de **probabilidades posteriores.** O tomador de decisão deve coletar primeiro dados para ajudar a estimar as probabilidades dos estados da natureza? Isto também é uma decisão. Os experimentos e os levantamentos de dados custam dinheiro e as informações resultantes podem não valer a despesa. Podemos incorporar a decisão de

coletar dados dentro do processo geral de decisão. Primeiro, vale a pena perguntar se a informação útil é mesmo possível. Se os estados da natureza no processo de decisão dizem respeito ao futuro da economia ou o valor futuro do Dow Jones Industrial Médio, não é provável que possamos aprender algo novo. Entretanto, pesquisas de mercado sobre clientes e tentativas de incentivos de *marketing* podem geralmente fornecer dados úteis.

Para aprimorar as estimativas das probabilidades e ajustar a combinação de perguntas simples e complexas, a Data Description poderia coletar dados sobre os seus clientes. A despesa adicional deste trabalho valeria a pena? Depende de se a informação sobre os clientes ajuda a prever a probabilidade de cada tipo de pergunta. Suponha que eles possam classificar seus usuários em aqueles que são usuários *tecnicamente sofisticados* e aqueles que são *iniciantes*. Esta informação pode ser útil porque para usuários *tecnicamente sofisticados*, a Data Description acha que 75% das perguntas serão complexas, mas, para os *iniciantes*, este percentual é de somente de 40%. Saber como classificar seus clientes irá ajudá-los a tomar a decisão correta.

Estas probabilidades são *condicionais* do tipo que vimos inicialmente no Capítulo 5. Escrevemos:

P(Complexa|Sofisticado) = 0,75; P(Simples|Sofisticado) = 0,25
P(Complexa|Iniciante) = 0,40; P(Simples|Iniciante) = 0,60

Em cada caso, conhecemos a probabilidade que falta para que a soma das probabilidades seja um.

Agora, nossa árvore da decisão deve incluir a decisão de conduzir ou não o estudo e os resultados possíveis do estudo (se ele for conduzido), cada um com sua probabilidade condicional apropriada. A Figura 22.3 mostra os resultados. Os custos na Figura 22.3 são os mesmos que usamos por toda a Tabela 22.1. Os valores esperados quando não existe estudo são aqueles calculados previamente na Figura 22.2.

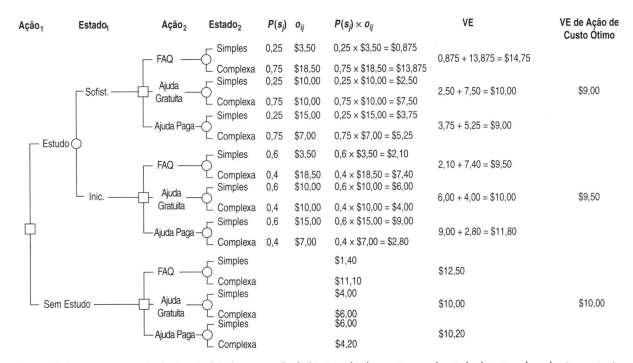

Figura 22.3 Uma árvore da decisão incluindo um estudo da história do cliente. Para cada nó da decisão sob cada circunstância, a alternativa ótima (neste exemplo, o custo mais baixo) está indicada e a consequência correspondente está determinada como o valor esperado para aquela alternativa.

Este processo de decisão tem dois conjuntos de nós de decisão. A primeira decisão é de conduzir o estudo. A segunda é que ação tomar dada a informação do estudo (se disponível). O resultado do estudo é um nó de chance, porque não sabemos *a priori* o que o estudo irá nos dizer.

Para determinar uma estratégia de decisão, calculamos o resultado esperado no final de cada ramo da árvore seguindo os mesmos métodos que usamos antes, e agora usamos as probabilidades estimadas que possam vir do estudo. Neste exemplo, se executarmos o estudo e ele mostrar que os usuários sofisticados são mais comuns, iremos escolher um *help desk* pago a um custo de $9,00. Se executarmos o estudo, mas ele mostrar que os iniciantes são a norma, iremos escolher o sistema FAQ, a um custo de $9,50. Se não executarmos o estudo, nossa escolha ótima será a ajuda gratuita por telefone a um custo de $10,00. Neste exemplo, ambas as alternativas seguindo o estudo custam menos do que a escolha de não fazer o estudo; assim, parece que toda a informação que o estudo pode fornecer irá economizar o dinheiro da empresa. Para ser mais preciso, entretanto, a empresa pode ir além e estimar a probabilidade do resultado do estudo. Isto dará à empresa uma estimativa do **valor esperado com informação amostral** e irá ajudá-los estimar o valor potencial do estudo.

Por exemplo, se eles acham que existe uma possibilidade de 0,8 de que o estudo irá mostrar que a maioria dos usuários é, agora, tecnicamente sofisticada (e, correspondentemente, uma probabilidade de 0,2 de encontrar que os iniciantes são a norma), então o valor esperado da decisão com aquela da informação amostral seria:

$$VEcIP = 0,8\text{x}\$9,00 + 0,2\text{x}\$9,50 = \$9,10$$

O valor esperado da diferença entre este resultado e o resultado sem o estudo é o **valor esperado da informação amostral.**

$$VEIP = |VEcIP - VE| = |\$9,10 - \$10,00| = \$0,90$$

Uma análise como esta pode nos ajudar a entender o valor da informação amostral. Ela nos diz que um estudo deste tipo provavelmente valerá cerca de $0,90 por pergunta de suporte técnico no seu potencial de ajudar a empresa escolher a ação ótima.

22.7 Estimando a variação

No Capítulo 6, dissemos que as médias devem sempre ser relatadas com um desvio padrão associado, mas, até aqui, encontramos os valores esperados (que são, afinal de contas, médias) sem encontrar os desvios padrão correspondentes. Os valores esperados dizem aos tomadores de decisão qual ação tem maior probabilidade de valer mais. Contudo, para avaliar o *risco* da decisão, um tomador de decisão deve entender se o provável resultado da decisão estará sempre próximo àquele valor esperado ou se ele pode ser bem diferente. Avaliamos este risco encontrando o desvio padrão do resultado.

Lembre-se que o cálculo do valor esperado de uma ação é:

$$VE(a_i) = \sum_{j=1}^{N} o_{ij}P(s_j),$$

onde existem N estados da natureza possíveis, o_{ij} é o resultado ou retorno da ação i quando o estado da natureza é s_j, e $P(s_j)$ é a probabilidade do $j^{ésimo}$ estado da natureza. Vimos a fórmula equivalente para o valor esperado no Capítulo 21. As fórmulas correspondentes para a variância e desvio padrão (também vistas no Capítulo 21) são:

$$Var(a_i) = \sum_{i=1}^{N} (o_{ij} - VE(a_i))^2 P(s_j),$$
$$\text{e } DP(a_i) = \sqrt{Var(a_i)}.$$

Capítulo 22 – Tomada de Decisão e Risco **723**

Para calcular alguns valores, precisaremos dos resultados e das probabilidades que vimos anteriormente e dos valores esperados que calculamos para as ações. Lembre-se que a Data Description acredita que a probabilidade de uma pergunta simples é de 0,40 e de uma pergunta complexa é de 0,60. Os pagamentos de cada estado da natureza e ação foram dados na Tabela 22.1. Agora temos também os valores esperados encontrados destes pagamentos e as probabilidades. A Tabela 22.3 os resume.

Tabela 22.3 A tabela do resultado para a decisão de suporte ao cliente junto com os valores esperados calculados anteriormente. Lembre-se que estes são custos e, portanto, poderiam ser escritos como valores negativos. É claro que, para encontrar o desvio padrão, escrever estes números como valores negativos daria o mesmo resultado

		Estado da natureza		
		Pergunta simples $P = 0,40$	Pergunta complexa $P = 0,60$	$VE(a_i)$
Ação	FAQ	$3,50	$18,50	$12,50
	Help desk **gratuito**	$10,00	$10,00	$10,00
	Help desk **pago**	$15,00	$7,00	$10,20

Agora, por exemplo, o desvio padrão do resultado para a ação da FAQ é:

$$DP(FAQ) = \sqrt{(3,50 - 12,50)^2 \times 0,40 + (18,50 - 12,50)^2 \times 0,60} = \$7,35$$

e o desvio padrão da opção pelo *Help Desk* pago é:

$$DP(Help\ Pago) = \sqrt{(15,00 - 10,20)^2 \times 0,4 + (7,00 - 10,20)^2 \times 0,6} = \$3,92.$$

O desvio padrão da opção pelo *Help Desk* gratuito é zero. (Você consegue ver por quê?)

No exemplo do suporte ao cliente, a escolha por um sistema FAQ *on-line* tem uma variabilidade mais alta. Isto a torna uma alternativa menos desejável, mesmo em situações em que seu valor esperado parece ser ótimo.

Uma forma para combinar o valor esperado e o desvio padrão é encontrar suas razões, o **coeficiente de variação.**

$$CV(a_i) = \frac{DP(a_i)}{VE(a_i)}.$$

Para o exemplo do suporte ao cliente, os CVs são 0,588 para o FAQ *on-line*, 0 para o *Help Desk* gratuito e 0,384 para o *Help Desk* pago. As ações com CVs menores são geralmente vistas como menos arriscadas e, por isso, podem ser preferidas por algumas pessoas. Você pode ver porque a Data Description pode preferir o *Help Desk* gratuito, embora ele possa ser mais caro; a empresa pode prever seu custo sem levar em consideração o estado da natureza.

Uma ação pode dominar outra se seu pior resultado é ainda melhor do que o melhor resultado para a outra. Em tais casos, a melhor ação deveria ser escolhida apesar da variação que ela possa ter. A **dominância** é definida como a situação na qual uma decisão alternativa nunca é uma ação ótima, apesar do estado da natureza. Uma ação dominada pode ser eliminada como uma variável opcional ou como uma estratégia.

Algumas discussões sobre risco preferem se concentrar no valor esperado, ao invés de no desvio padrão; assim, eles olham para o inverso do CV e dão a ele o nome de **retorno à razão de risco.**

$$RRR(a_i) = \frac{1}{CV(a_i)} = \frac{VE(a_i)}{DP(a_i)}.$$

O RRR não pode ser calculado para ações com desvio padrão zero, porque elas não têm risco. Geralmente, ações com RRR mais alto são preferidas, porque elas são menos arriscadas para o seu retorno esperado. As unidades do RRR são dólares retornados por dólar em risco.

22.8 Sensibilidade

Um ponto fraco dos métodos que discutimos aqui é que eles requerem que você estime – subjetivamente ou por pesquisa – as probabilidades dos estados da natureza. Você pode querer avaliar a *sensibilidade* das suas conclusões sobre o valor esperado e o desvio padrão de ações alternativas às probabilidades no seu modelo. Uma forma de fazer isto é transformar estes valores com probabilidades levemente (ou mesmo substancialmente) diferentes. Se a decisão aconselhada pelo modelo não muda, você pode estar mais confiante nela. Contudo, se pequenas mudanças nas probabilidades resultam em grandes diferenças no valor estimado das ações alternativas, você deveria ter muito cuidado em não se basear tanto nas sua análise de decisões.[2]

Por exemplo, se a probabilidade de uma pergunta complexa fosse 0,8, ao invés de 0,6, isto mudaria a decisão? A Tabela 22.4 mostra os cálculos.

Tabela 22.4 Cálculos alternativos (compare com a Tabela 22.3) com probabilidades diferentes para os estados da natureza

		Estado da natureza		
		Pergunta simples $P = 0{,}20$	**Pergunta complexa** $P = 0{,}80$	**VE(a_i)**
Ação	FAQ	\$3,50	\$18,50	\$15,50
	Help desk gratuito	\$10,00	\$10,00	\$10,00
	Help desk pago	\$15,00	\$7,00	\$8,60

Parece que a melhor decisão iria mudar se a probabilidade de uma pergunta complexa fosse tão alta quanto 0,8. Os tomadores de decisão da Data Description deveriam considerar o quanto esses estes valores esperados são sensíveis às suas probabilidades encontrando o DP e VE para um intervalo plausível de probabilidades e, então, pensar em qual o seu grau de certeza sobre estas probabilidades estimadas.

22.9 Simulação

Outra alternativa para avaliar a sensibilidade de um modelo de decisão para a escolha das probabilidades é simular o modelo para uma variedade de valores probabilísticos plausíveis. Ao invés de especificar probabilidades únicas, você pode especificar uma distribuição de valores plausíveis. Você pode executar uma *simulação* (como as que discutimos no Capítulo 5) na qual o computador extrai estados da natureza ao acaso de acordo com a sua distribuição de probabilidades e avalia as consequências. Esta abordagem pode lidar com modelos de decisão muito mais complexos do que aqueles que discutimos aqui. O resultado da simulação não é uma decisão única, mas uma distribuição de resultados. Tal distribuição pode ser mais apropriada para um tomador de decisão do que qualquer valor esperado único.

---

[2] Se você completou o Estudo de Pequenos Casos no final do Capítulo 21, já conduziu uma pequena análise de sensibilidade.

Capítulo 22 – Tomada de Decisão e Risco **725**

Programas como @*Risk* (www.palisade.com/) e Crystal Ball (www.oracle.com/appserver/business-intelligence/crystalball/index.html) fornecem maneiras para você especificar as ações, estados da natureza e as probabilidades associadas e os resultados e, então, usar métodos de simulação para gerar as distribuições dos resultados.

EXEMPLO ORIENTADO	*Serviço de seguros*

A InterCon Travel Health é uma empresa com base em Toronto, que fornece serviços de seguro saúde para turistas estrangeiros que viajam para os Estados Unidos e o Canadá.[3] O foco principal da InterCon é agir como uma interface entre os fornecedores de saúde locais e a companhia de seguros estrangeira que segurou o turista se o ele ou ela precisar de atenção médica. A base de clientes de turistas doentes ou machucados é potencialmente lucrativa, pois a maioria daqueles que ficam doentes requer somente um pequeno tratamento e raramente retorna para consultas caras de acompanhamento. Assim, a InterCon pode passar as economias para o segurador estrangeiro, facilitando o gerenciamento das indenizações e pagamentos e pode coletar taxas do processo das companhias de seguros em retorno.

Atualmente, a InterCon cobra um taxa de processo de 9,5%, coletada em parte dos fornecedores de serviços médicos e em parte das seguradoras estrangeiras. Ela tem experimentado um crescimento médio anual de 3%. Entretanto, para compensar o aumento dos custos, eles podem considerar um aumento na taxa de processo de 9,5% para 10,5%. Embora isto fosse gerar uma renda adicional, eles iriam também incorrer no risco de perder contratos com seguradoras e fornecedores de planos de saúde. A Tabela 22.5 fornece as estimativas da empresa para o impacto de uma mudança nas taxas do crescimento anual das indenizações dependendo da força do turismo estrangeiro.

Tabela 22.5 Estimativas da InterCon do impacto do crescimento anual em indenizações para duas ações diferentes (mudanças nas taxas) sob dois estados da natureza possíveis (turismo forte e fraco).

		Estado da natureza	
		Turismo fraco $P = 0,40$	**Turismo forte** $P = 0,60$
Ação	**Taxa de 9,5%**	\$54,07M	\$56,23M
	Taxa de 10,5%	\$52,97M	\$54,56M

Qual seria a melhor escolha para a empresa?

PLANEJAR	**Especificação** Declare o objetivo do estudo.	Queremos avaliar as duas ações alternativas que a empresa está estudando.
	Identifique as variáveis.	Temos as estimativas dos resultados e as probabilidades dos dois estados da natureza: turismo fraco ou forte.
	Modelo Pense sobre as suposições e verifique as condições.	A única condição a ser verificada é que as probabilidades sejam legítimas: $0,40 + 0,60 = 1,0$ e $0,4$ e $0,6$ ambas estão entre 0 e 1.
FAZER	**Mecânica** Os cálculos do valor esperado e do desvio padrão são honestos.	

continua...

---

[3] Este exemplo é baseado no caso de G. Truman, D. Pachamanova e M. Golstein, com o título de "InterCon Travel Health Case Study", publicado no *Journal of the Academy of Business Education*. v.8, verão de 2007, p. 17-32.

726 Parte IV – Construindo Modelos para a Tomada de Decisões

continuação

P	Ação	Estado	Resultado	$o_{ij}P(s)$	$VE(a_i)$
0,4		Fraco	$54,07M	$21,63M	
	9,5% Taxa				$55,37M
0,6		Forte	$56,23M	$33,74M	
0,4		Fraco	$52,97M	$21,188M	
	10,5% Taxa				$53,92M
0,6		Forte	$54,56M	$32,736M	

Pode ajudar fazer um diagrama do processo de decisão com um diagrama da árvore.

Por exemplo:

$$0,4 \times 54,07M = \$21,63M$$
$$\$21,63M + \$33,74M = \$55,37M$$

Desvios padrão:

Para a taxa de 9,5%:

$(o_{ij} - VE(a_i))$	$(o_{ij} - VE(a_i))^2 P(s_j)$
$(54,07 - 55,37) = -1,30$	$(-1,30)^2 \times 0,4 = 0,676$
$(56,23 - 55,37) = 0,86$	$(0,86^2) \times 0,6 = 0,444$

$$DP = \sqrt{0,676 + 0,444}$$
$$= \$1,06M$$

Para a taxa de 10,5%:

$DP = \$0,779M$

RRR(taxa de 9,5%) = 55,37/1,06 = 52,24

RRR(taxa de 10,5%) = 53,92/0,779 = 69,22

RELATAR

Sumário e conclusões Resuma seus resultados e declare quaisquer limitações do seu modelo no contexto dos seus objetivos originais.

Memorando:

Re: Recomendações para processar a taxa da comissão

O valor esperado da alternativa com a menor taxa de comissão é levemente mais alto ($55,37 milhões comparado a $53,92 milhões), mas é também uma decisão mais arriscada, já que a receita resultante será menor se o turismo permanecer forte. O retorno à razão do risco (RRR) na taxa de comissão mais alta (de 10,5%) é de 69,22; enquanto, com a taxa mais baixa, ele é somente de 52,24.

Pelo fato de que uma ação tem o melhor valor esperado e a outra parece menos arriscada, a empresa deveria determinar o impacto do lado negativo da sua decisão e avaliar as estimativas de probabilidade para a força da indústria do turismo estrangeiro.

22.10 Árvore de probabilidades

Algumas decisões envolvem uma avaliação mais sutil das probabilidades. Dada a probabilidade de vários estados da natureza, um analista pode usar as árvores de maneira similar àquelas apresentadas anteriormente para calcular a probabilidade de combina-

ções complexas de eventos. Isto pode capacitar o analista a comparar vários cenários possíveis. Aqui está um exemplo de manufatura.

Aparelhos eletrônicos pessoais, como o assistente eletrônico particular (PDAs) e o MP3 estão ficando cada vez menores. Os componentes de produção para estes aparelhos são um desafio e, ao mesmo tempo, os consumidores estão exigindo mais e mais funcionalidade e uma resistência crescente. Falhas microscópicas ou até mesmo submicroscópicas, que se desenvolvem durante a fabricação, podem apagar os *pixels* das telas ou causar falhas intermitentes no desempenho. Os defeitos vão ocorrer sempre, assim, o engenheiro de qualidade responsável pelo processo produtivo deve monitorar o número de defeitos e agir se o processo estiver fora do controle.

Vamos supor que o engenheiro é chamado à linha de produção porque o número de defeitos ultrapassou um limite e o processo foi declarado fora do controle. Ele deve decidir entre duas ações possíveis. Ele sabe que um pequeno ajuste nos robôs que montam os componentes pode resolver uma série de problemas, mas para situações mais complexas, toda a linha de produção deve ser parada para localizar o problema. O ajuste requer que a produção seja parada por aproximadamente uma hora. Mas parar a linha de produção requer, pelo menos, todo um turno (8 horas). Naturalmente, seu chefe iria preferir que ele fizesse o ajuste simples. Porém, sem conhecer a fonte ou a gravidade do problema, ele não pode ter certeza se terá sucesso.

Se o engenheiro quer prever se o pequeno ajuste irá funcionar, ele pode usar a árvore de probabilidades para ajudá-lo a tomar a decisão. Esta árvore é muito parecida com a árvore de decisão que vimos antes, exceto que agora cada nó corresponde a um estado da natureza que ocorre aleatoriamente, enquanto na árvore de decisão alguns dos nós representam decisões feitas para selecionar uma ação. Baseado na experiência, o engenheiro acha que existem três problemas possíveis: (1) a placa-mãe poderia ter conexões defeituosas, (2) a memória poderia ser a fonte das conexões defeituosas ou (3) alguns componentes podem simplesmente estar fixados incorretamente na linha de montagem. Ele sabe de experiências passadas a frequência de ocorrência de cada um dos problemas e a probabilidade de que apenas um ajuste irá resolvê-los. Os problemas com a *placa-mãe* são raros (10%), ajustes da *memória* têm aparecido aproximadamente 30% do tempo e problemas de alinhamento de *componentes* ocorrem com mais frequência (60%). Podemos colocar estas probabilidades no primeiro conjunto de ramos.

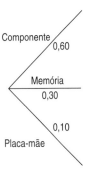

Figura 22.4 Possíveis problemas e suas possibilidades.

Observe que cobrimos todas as possibilidades e, assim, a soma das possibilidades é um. A este diagrama podemos adicionar agora as probabilidades *condicionais* de que um ajuste pequeno irá resolver cada tipo de problema. Mais provavelmente, o engenheiro irá se basear na sua experiência ou juntar uma equipe para ajudá-lo a determinar estas probabilidades. Por exemplo, o engenheiro sabe que, com um simples ajuste, provavelmente não solucionará os problemas de conexão da placa-mãe, assim: P(Consertar|Placa-mãe) = 0,10. Após alguma discussão, ele e sua equipe determinam que P(Consertar|Memória) = 0,50 e P(Consertar|Alinhamento) = 0,80. No final de cada ramo representando o tipo do problema, colocamos duas possibilidades (*Consertar* ou *Não Consertar*) e registramos as probabilidades condicionais nos ramos.

Figura 22.5 Estendendo o diagrama da árvore, podemos mostrar as duas categorias de problemas e as probabilidades dos resultados. As probabilidades dos resultados (Consertado ou Não Consertado) são condicionais ao tipo do problema e elas mudam dependendo do ramo que seguimos.

No final de cada segundo ramo, registramos o *evento conjunto* correspondente à combinação dos dois ramos. Por exemplo, o ramo do topo é a combinação do problema de alinhamento com a ação do pequeno ajuste é que o resultado é Consertado. Para cada um dos eventos conjuntos, podemos usar a regra geral da multiplicação para calcular a probabilidade da ocorrência conjunta. Por exemplo:

$$P(Alinhamento \text{ e } Consertado) = P(Alinhamento) \times P(Consertado \mid Alinhamento)$$
$$= 0,60 \times 0,80 = 0,48$$

Escrevemos esta probabilidade próxima ao evento correspondente. Fazendo isto para todas as combinações dos ramos dá a Figura 22.6.

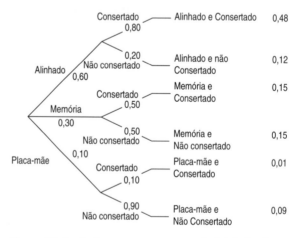

Figura 22.6 Podemos encontrar as probabilidades dos eventos compostos multiplicando as probabilidades ao longo do ramo da árvore que leva ao evento, exatamente como a Regra Geral da Multiplicação especifica.

Todos os resultados bem à direita são disjuntos, porque, em cada nó, todas as escolhas são alternativas disjuntas. E estas alternativas são *todas* as possibilidades, assim, as probabilidades bem à direita devem somar um.

Pelo fato de que os resultados finais são disjuntos, podemos somar qualquer combinação de possibilidades para encontrar as probabilidades dos eventos compostos. Em particular, o engenheiro pode responder a sua pergunta: qual é a probabilidade de

Capítulo 22 – Tomada de Decisão e Risco **729**

que o problema seja consertado por um ajuste simples? Ele encontra todos os resultados bem à direita, na qual o problema foi consertado. Existem três (cada um correspondendo a um tipo de problema) e ele soma as probabilidades: 0,48 + 0,15 + 0,01 = 0,64. Assim, somente 64% de todos os problemas serão consertados por um ajuste simples. Os outros 36% requerem uma investigação maior.

*22.11 Revertendo a condicionalidade: a regra de Bayes

O engenheiro da nossa história decidiu tentar o ajuste simples e, felizmente, funcionou. Agora ele precisa relatar ao engenheiro de qualidade do próximo turno o que ele imagina que tenha sido o problema. É mais provável que tenha sido um problema de alinhamento ou um problema da placa mãe? Conhecemos de antemão as probabilidades destes problemas, mas elas mudam agora que temos mais informação. Quais são as probabilidades de que cada um dos possíveis problemas fosse, de fato, aquele que ocorreu?

Infelizmente, não podemos ler estas probabilidades a partir da árvore na Figura 22.6. Por exemplo, a árvore nos dá P(*Consertado e Alinhado*) = 0,48, mas queremos P(*Alinhado | Consertado*). Sabemos que P(*Consertado | Alinhado*) = 0,80, mas isto não é a mesma coisa. Não é válido reverter a ordem do condicional numa afirmação de probabilidade condicional. Para mudar a probabilidade, precisamos voltar à definição da probabilidade condicional.

$$P(Alinhado\,|\,Consertado) \;=\; \frac{P(Alinhado\ e\ Consertado)}{P(Consertado)}$$

Podemos ler a probabilidade no numerador da árvore e já calculamos a probabilidade no denominador somando todas as probabilidades nos ramos finais que correspondem ao evento *Consertado*. Colocando estes eventos na fórmula, o engenheiro encontra:

$$P(Alinhado\,|\,Consertado) \;=\; \frac{0,48}{0,48\,+\,0,15\,+\,0,01} \;=\; 0,75$$

Ele sabia que 60% de todos os problemas eram devido ao alinhamento, mas agora que ele sabe que o problema foi consertado, ele sabe mais. Dada a informação adicional de que um ajuste simples era capaz de consertar o problema, ele agora pode aumentar a probabilidade de que o problema era de alinhamento para 0,75.

Geralmente, é mais fácil solucionar problemas como este lendo as probabilidades apropriadas da árvore. Entretanto, podemos escrever uma fórmula geral para encontrar a probabilidade condicional reversa. Para entendê-la, vamos rever nosso exemplo novamente. Seja A_1 = {Alinhamento}, A_2 = {Memória}, e A_3 = {Placa-mãe} representando os três tipos de problemas. Seja B = {Consertado}, significando que um ajuste simples consertou o problema. Sabemos que $P(B|A_1) = 0,80$, $P(B|A_2) = 0,50$ e $P(B|A_3) = 0,10$. Queremos encontrar as probabilidades reversas, $P(A_i|B)$, para os três tipos de possíveis problemas. Da definição da probabilidade condicional, sabemos que (para qualquer um dos três tipos de problemas):

$$P(A_i|B) \;=\; \frac{P(A_i\ e\ B)}{P(B)}$$

Ainda não conhecemos estas quantidades, mas usamos a definição da probabilidade condicional novamente para encontrar $P(A_i\ e\ B) = P(B|A_i)P(A_i)$, das quais já conhecemos ambas. Finalmente, encontramos P(B) somando as probabilidades dos três eventos.

$$P(B) = P(A_1\ e\ B) + P(A_2\ e\ B) + P(A_3\ e\ B) =$$
$$P(A_1|B)P(A_1) + P(A_2|B)P(A_2) + P(A_3|B)P(A_3)$$

Em geral, podemos escrever isto para *n* eventos A_i que sejam mutuamente exclusivos (cada par é disjunto) e exaustivos (sua união é todo o espaço). Então:

$$P(A_i|B) = \frac{P(B|A_i)P(A_i)}{\sum_j P(B|A_j)P(A_j)}$$

Esta fórmula é conhecida como a regra de Bayes, em homenagem ao Reverendo Thomas Bayes (1702 – 1761), embora os historiadores duvidem que realmente tenha sido Bayes o primeiro a apresentar a probabilidade condicional reversa. Quando você precisa encontrar as probabilidades condicionais reversas, recomendamos fazer uma árvore e encontrar as probabilidades apropriadas como fizemos no início desta seção; porém, a fórmula fornece a regra geral.

22.12 Decisões mais complexas

Os métodos deste capítulo podem ser estendidos às decisões que são mais complexas e que podem ter segundos ou terceiros estágios condicionais nos resultados das primeiras decisões. Por exemplo, as perguntas dos clientes podem ser mais bem tratadas com um sistema FAQ *on-line* inicial que, então, oferece aos clientes com perguntas complexas a opção de suporte grátis por *e-mail* ou suporte pago por telefone. Para calcular os valores esperados para estas escolhas, precisamos estimar a probabilidade de um cliente com uma pergunta complexa escolher um *e-mail* gratuito ou um telefonema pago de suporte – algo com que a empresa não tem experiência anterior.

Ou as probabilidades podem ser mudadas por uma mudança nas circunstâncias. Quando a empresa lança uma versão atualizada, os telefonemas ao suporte técnico aumentam, mas existe uma grande probabilidade de telefonemas com perguntas simples. À medida que a base dos clientes aprende a nova versão, suas perguntas geralmente se tornam mais sofisticadas.

O QUE PODE DAR ERRADO?

- **As árvores de decisões não dizem aos tomadores de decisões a decisão correta.** Os modelos podem ser úteis, mas eles são baseados em suposições. As árvores de decisões modelam o resultado esperado e o risco para cada decisão. A melhor decisão depende do nível de risco que o tomador de decisão deseja aceitar, bem como do estado da natureza que ocorre.

- **O cálculo dos valores esperados e dos desvios padrão são sensíveis às probabilidades.** As probabilidades requeridas pelos cálculos do valor esperado e do desvio padrão podem ter por base dados ou experiências passadas confiáveis ou podem simplesmente representar o julgamento subjetivo do tomador de decisões. Não confie nelas cegamente. Usar um modelo de decisão e ignorar a sensibilidade do modelo às diferentes probabilidades pode levar a decisões medíocres e conclusões equivocadas. Uma forma de tratar o problema é solucionar o modelo com um intervalo de probabilidades plausíveis para avaliar a sensibilidade das conclusões à escolha das probabilidades. Outra forma é usar um *software* que simula os resultados para probabilidades geradas aleatoriamente de uma distribuição apropriada.

- **Certifique-se de que as probabilidades sejam legítimas e de que as escolhas das ações sejam disjuntas.** Os cálculos neste capítulo dependem de que as duas hipóteses sejam verdadeiras. Os métodos para probabilidades condicionais existem, mas eles estão além do escopo deste livro.

Capítulo 22 – Tomada de Decisão e Risco **731**

ÉTICA EM AÇÃO

Nelson Greene constrói casas no sudoeste dos Estados Unidos. Seu próximo projeto é construir um conjunto habitacional num terreno no Novo México, não muito longe de Santa Fé. Entretanto, com o recente declínio dos preços das casas, especialmente em áreas do sudoeste, como Las Vegas, Nelson está reconsiderando a sua decisão. Ele organizou um encontro com algumas pessoas chave, incluindo Tom Barnick, um representante dos supervisores da municipalidade. Tom e o conselho da municipalidade estavam favoráveis sobre a construção proposta, desde que ela fornecesse um aumento na receita das taxas. Assim, Ele queria influenciar Nelson a ir adiante com a construção. Tom tinha algumas análises preparadas, as quais apresentou na reunião. Baseado em várias suposições, incluindo as probabilidades associadas com condições diferentes do mercado imobiliário no Novo México (melhorando, piorando ou se mantendo o mesmo), a análise mostrou um resultado esperado positivo para ir adiante com o projeto. Tom mencionou que as probabilidades foram obtidas de um pequeno grupo de especialistas do mercado imobiliário, embora eles tivessem certa dificuldade em alcançar um consenso. Nelson observou que nem todos os resultados associados com levar adiante o projeto eram positivos para cada condição possível de mercado, mas o resultado esperado positivo o fez ver o projeto de modo mais favorável.

PROBLEMA ÉTICO *O valor esperado é uma média a longo prazo e não um resultado real para a decisão. Embora o resultado esperado fosse positivo, não houve menção do resultado esperado em não seguir adiante com a construção.*

SOLUÇÃO ÉTICA *Se os especialistas não conseguiram concordar com as probabilidades, uma análise de sensibilidade deveria ser feita para um intervalo de probabilidades. (Relacionado ao Item A, ASA Ethical Guidelines.)*

O que aprendemos?

Aprendemos a avaliar os prováveis resultados das decisões quando enfrentamos resultados incertos. Podemos usar tabelas de resultados ou diagramas de árvores para ajudar a estruturar o pensamento sobre o processo de decisão. E aprendemos que os modelos de decisão ajudam o tomador de decisão fornecendo informações em relação ao resultado esperado (ou custo) e ao risco relativo de cada decisão; a decisão real que é feita depende do nível de risco que cada tomador de decisão está disposto a aceitar.

Termos

Ação Escolhas alternativas que se pode fazer para uma decisão.

Árvores de decisão Uma árvore de decisão organiza as ações, os estados da natureza e os resultados exibindo a sequência dos elementos em uma decisão.

Coeficiente de variação O coeficiente de variação (CV) de cada decisão mostra o "$ em risco" para cada "$ retornado":

$$CV(a_i) = DP(a_i)|VE(a_i).$$

Desvio padrão de uma ação, Variância de uma ação O desvio padrão de uma ação mensura a variabilidade dos resultados possíveis, calculados em termos das suas probabilidades estimadas de ocorrer. O desvio padrão é a raiz quadrada da variância:

$$Var(a_i) = \sum_{i=1}^{N} (o_{ij} - VE(a_i))^2 P(s_j)$$

$$DP(a_i) = \sqrt{Var(a_i)}$$

Dominância Uma alternativa é dominante quando paga tanto quanto (ou custa menos do que) a alternativa que ela domina.

Escolha (ou estratégia) maximax	A ação que maximiza um possível retorno ao longo de todos os estados da natureza numa tabela de resultados.
Escolha (ou estratégia) minimax	A ação que minimiza um possível custo ao longo de todos os estados da natureza numa tabela de resultados.
Estado da natureza	Os fatos sobre o mundo que afetam as consequências de uma ação, geralmente resumidas em alguns valores possíveis.
Resultado (ou pagamento)	A consequência de uma ação combinada com o estado da natureza expressa em unidades monetárias (positivas ou negativas).
Retorno à razão do risco	O retorno à razão do risco (RRR) mensura o retorno esperado de uma ação relativa ao risco, representada pelo seu desvio padrão:
Tabela de resultados	Uma tabela contendo as ações, os estados da natureza e os resultados correspondentes para cada combinação dos dois.

$$RRR(a_i) = 1/CV = VE(a_i)/DP(a_i)$$

Valor esperado	O valor esperado de uma ação sob estados da natureza incertos é:

$$VE(a_i) = \sum_{j=1}^{N} o_{ij} P(s_j)$$

onde existem N possíveis estados da natureza e o_{ij} é o resultado do pagamento da ação i quando o estado da natureza e s_j.

Valor esperado com a informação amostral (VEcIA)	O valor esperado de uma estratégia hipotética assumindo que as probabilidades dos estados da natureza são estimados.
Valor esperado com a informação perfeita (VEcIP)	O valor esperado de uma estratégia hipotética assumindo que as probabilidades dos estados da natureza sejam conhecidos.
Valor esperado da informação amostral (VEIA)	A diferença entre o valor esperado com a informação amostral (VEcIA) e o valor esperado (sem a informação amostral) da estratégia (VE):

$$VEIA = |VEcIA - VE|$$

Valor esperado da informação perfeita (VEIP)	A diferença entre o valor esperado com a informação perfeita (VEcIP) e o valor esperado (sem a informação perfeita) da estratégia (VE):

$$VEIP = |VEcIP - VE|$$

Habilidades:

Quando completar esta lição, você deve:

- Ser capaz de identificar ações alternativas e estados da natureza para um processo de decisão.
- Ser capaz de atribuir probabilidades aos estados da natureza baseado em julgamento ou dados e ser capaz de verificar que as probabilidades são legítimas (isto é, que cada uma está entre 0 e 1 e que a soma delas totaliza 1).

- Saber como fazer um diagrama da árvore de decisão para um conjunto de ações alternativas.
- Ser capaz de encontrar o valor esperado de uma ação sob estados incertos da natureza.
- Saber como encontrar o coeficiente da variação e o retorno à razão do risco para uma ação.

- Saber como avaliar o risco relativo de cada decisão alternativa e recomendar uma decisão para os tomadores de decisão que são avessos ao risco, neutros ao risco e os que se arriscam.

Projetos de estudo de pequenos casos

Texaco-Pennzoil

"O petróleo é um grande negócio." Um exemplo clássico disso é o caso judicial da *Texaco-Pennzoil*, que apareceu no livro *Making Hard Decisions*[4] e num estudo de caso subsequente por T. Reilly e N. Sharpe (2001). Em 1984, uma fusão foi modelada entre os dois gigantes do petróleo, Pennzoil e Getty Oil. Antes dos detalhes serem acertados por escrito e segundo as leis, outro gigante do petróleo – a Texaco – ofereceu à Getty Oil mais dinheiro. No final, a Getty foi vendida para a Texaco.

A Pennzoil imediatamente processou a Texaco por interferência ilegal e no final de 1985 foi adjudicado $11,1 bilhões – uma enorme recompensa na época. (Uma apelação subsequente reduziu a recompensa a $10,3 bilhões.) O CEO da Texaco ameaçou lutar contra o julgamento até a Suprema Corte dos EUA, mencionando negociações impróprias firmadas entre a Pennzoil e a Getty. Preocupada com a falência, se forçada a pagar a soma de dinheiro requerida, a Texaco ofereceu à Pennzoil $2 bilhões para liquidar o caso. A Pennzoil considerou a oferta, analisou as alternativas e decidiu que o valor de um acordo próximo a $5 bilhões seria mais razoável.

O CEO da Pennzoil tinha uma decisão a tomar. Ele poderia tomar a decisão de baixo risco de aceitar a oferta de $2 bilhões ou poderia decidir fazer a contraoferta de $5 bilhões. Se a Pennzoil ficasse com a contraproposta de $5 bilhões, quais são os resultados possíveis? Primeiro, a Texaco poderia aceitar a oferta. A Texaco poderia recusar a negociação e exigir o acordo em juízo. Suponha que o tribunal pudesse ordenar um dos seguintes:

- A Texaco deve pagar à Pennzoil $10,3 bilhões.
- A Texaco deve pagar o valor da Pennzoil de $5 bilhões.
- A Texaco vence e não paga nada à Pennzoil.

A recompensa associada com cada resultado – se ordenada pelo tribunal ou acordada pelas duas partes – é o que iremos considerar o "pagamento" para a Pennzoil. Para simplificar o processo de decisão da Pennzoil, fizemos algumas suposições. Primeiro, supomos que o objetivo da Pennzoil seja maximizar a quantia do acordo. Segundo, a probabilidade de cada um dos resultados neste caso importante é baseada em casos similares. Iremos supor que existem chances iguais (50%) de que a Texaco irá recusar a contraoferta e ir ao tribunal. Em um artigo da *Fortune*,[5] o CEO da Pennzoil declara que acredita que a oferta seria recusada, a Texaco tem a probabilidade de vencer o caso com apelações, o que deixaria a Pennzoil com altas taxas legais e sem o pagamento. Baseado em casos similares anteriores e opiniões de especialistas, suponha que também exista a probabilidade de 50% de que o tribunal irá ordenar um acordo e requerer que a Texaco pague à Pennzoil o preço sugerido de $5 bilhões. Quais são as opções restantes para o tribunal? Suponha que as outras duas alternativas – a Pennzoil receber a recompensa total original ($10,3 bilhões) ou a Pennzoil não receber nada – sejam quase iguais, com a probabilidade do veredicto original sendo mantido um pouco mais alto (30%) do que a probabilidade de reverter a decisão (20%).

Avalie o pagamento esperado e o risco de cada decisão para Pennzoil.

---

[4] Clemen, R. T., Reilly, T. *Making Hard Decisions*. Nova York: Brooks/Cole. 2001.

[5] *Fortune*, 11 de maio de 1987, p. 50-58.

734 Parte IV – Construindo Modelos para a Tomada de Decisões

Serviços de seguros, revisitado

A InterCon Travel Health é uma empresa baseada em Toronto, que fornece serviços de seguro saúde para turistas estrangeiros que viajam para os Estados Unidos e Canadá.[6] Como foi descrito no Exemplo Orientado neste capítulo, o foco principal da InterCon é agir como uma interface entre os fornecedores de saúde locais e a companhia de seguros estrangeira que segurou o turista se ele ou ela precisar de atenção médica. A base de clientes formada por turistas doentes ou machucados é potencialmente lucrativa, porque a maioria daqueles que ficam doentes requer somente um pequeno tratamento e raramente retorna para consultas caras de acompanhamento. Assim, a InterCon pode repassar o economizado para o segurador estrangeiro facilitando o pagamento e o gerenciamento das queixas e pode cobrar taxas do processamento das companhias de seguros como contrapartida.

Atualmente, a InterCon cobra um taxa de processamento de 9,5% (cobrada em parte dos fornecedores de assistência médica e em parte das seguradoras estrangeiras) e tem experimentado um crescimento médio anual de 3%. Entretanto, um acúmulo de atendimentos e um padrão cíclico desses eventos (devido à alta temporada de turistas) têm causado uma demora no preenchimento dos pedidos para as seguradoras estrangeiras, resultando em vários atendimentos não recebidos. Além disso, enquanto a empresa em crescimento tem tentado manter os custos no mínimo, eles estão considerando acrescentar um novo sistema tecnológico de informação para ajudá-los a aperfeiçoar o processo. A maior parte da receita da companhia vem dos atendimentos por estadias de pacientes nos hospitais, com uma média de aproximadamente $10000. Estes atendimentos representam 20% dos casos da InterCon, mas acima de 80% da sua receita de atendimentos. As reivindicações remanescentes vêm de visitas a clínicas e salas de emergências. Atualmente, a companhia tem cerca de 20000 casos anuais; portanto, estima-se que a receita associada é a seguinte:

Classe do atendimento	# Atendimento por classe	% do Total	Quantia média de atendimentos	Receita dos atendimentos ($M)	% do Total	Taxa cobrada (%)	Taxas ($M)
Classe A	4000	20%	$10000	$40,0	85%	9,5%	$3,8
Classe B	6000	30%	$1000	$6,0	13%	9,5%	$0,57
Classe C	10000	50%	$100	$1,0	2%	9,5%	$0,095
Total Anual	**20000**			**$47,0**			**$4,465**

Para ajudar com os custos crescentes, esta empresa pode considerar aumentar a taxa de processamento em até 11,0%. Embora isto fosse gerar uma receita adicional, também aumentaria o risco da empresa perder contratos com as seguradoras e fornecedores de assistência médica. Aqui estão as estimativas do impacto na mudança das taxas no crescimento anual de atendimentos dependendo da força do turismo estrangeiro (oposto ao crescimento da economia norte-americana) para uma taxa de processamento de 9,5%. Encontre os resultados (receita total) para uma taxa de processamento de 11,0% baseado na tabela a seguir e nas taxas de crescimento fornecidas.

---

[6] Este caso é baseado no caso de G. Truman, D. Pachamanova e M. Goldstein entitulado, "InterCon Travel Health Case Study", no *Journal of the Academy of Business Education*, vol. 8, Verão de 2007, p. 17-32.

Capítulo 22 – Tomada de Decisão e Risco **735**

Turismo estrangeiro	Probabilidade	Taxa de processamento de 9,5%		Taxa de processamento de 11,0%	
		Taxa de crescimento	Pagamentos ($)	Taxa de crescimento	Pagamentos ($)
Fraco	0,40	3%	54069129	1%	??
Forte	0,60	4%	56231894	3%	??

Qual é a receita esperada para as taxas alternativas baseadas na taxa de crescimento e renda total dos atendimentos e taxas? Suponha que o gerente obtenha novas informações e revise as probabilidades para a força do turismo ser 50-50. Quais são os novos valores para a renda esperada, CV e retorno da taxa de risco?

EXERCÍCIOS

1. Decisão de viagem. Você está planejando uma viagem para casa no final do semestre e precisa fazer logo a reserva do voo. Entretanto, você acabou de ter uma entrevista preliminar com uma firma de consultoria e parece ter ido muito bem. Existe uma probabilidade de que eles queiram que você permaneça por alguns dias no final do semestre para uma rodada de entrevistas nos seus escritórios, o que significa que você teria de mudar a data do voo se você fizer a reserva agora. Suponha que você possa comprar uma passagem aérea flexível por $750 ou uma passagem sem reembolso por $650 para a qual uma troca custa $150. Construa uma tabela de resultados para este conjunto de ações usando o custo total como o "pagamento".

2. Introdução de produto. Uma pequena empresa tem a tecnologia para desenvolver um novo assistente de dados pessoal (PDA), mas ela se preocupa com as vendas num mercado abarrotado. Eles estimam que vá custar $600000 para desenvolver, lançar e comercializar o produto. Os analistas produziram estimativas da receita para três cenários: se as vendas forem altas, eles irão vender a importância de $1,2 milhões em telefones; se as vendas forem moderadas, eles irão vender $800000; e se as vendas forem baixas, eles irão vender somente $300000. Construa uma tabela de resultados para este conjunto de ações usando o lucro líquido como "resultado". Não esqueça a ação possível de não fazer nada.

3. Estratégias publicitárias. Após uma série de extensas reuniões, vários dos tomadores de decisões chave de uma pequena empresa de *marketing* produziram a seguinte tabela de resultados (lucro esperado por cliente) para várias estratégias de propaganda e dois estados da economia possíveis.

		Confiança do consumidor	
		Crescente	Decrescente
Ação	**Anúncio do horário nobre**	$20,00	$2,00
	Web marketing direcionado	$12,00	$10,00
	Mala direta	$10,00	$15,00

Construa uma árvore da decisão para esta tabela de resultados.

4. Investimento em energia. Um banco de investimento está pensando em investir numa companhia de energia que está se lançando no mercado. Eles podem se tornar o maior investidor por $6 milhões, um investidor moderado por $3 milhões ou um pequeno investidor por $1,5 milhões. O valor do seu investimento em 12 meses irá depender do comportamento do preço do petróleo entre o investimento e agora. Um analista financeiro produz a seguinte tabela de resultados com o valor líquido do seu investimento (valor previsto – investimento inicial) como o pagamento.

		Confiança do consumidor		
		Substanc. alto	Aprox. o mesmo	Substanc. baixo
Ação	**Investimento grande**	$5000000	$3000000	-$2000000
	Investimento moderado	$2500000	$1500000	-$1000000
	Investimento pequeno	$1000000	$500000	-$100000

Construa uma árvore da decisão para esta tabela de resultados.

5. Árvore da decisão de viagem. Construa uma árvore da decisão para a tabela de resultados do Exercício 1.

6. Árvore da introdução de produto. Construa uma árvore da decisão para a tabela de resultados do Exercício 2.

7. Valor esperado da decisão de viagem. Se você acha que a probabilidade de ser chamado para uma entrevista é de 0,30, calcule o valor esperado de cada ação do Exercício 1. Qual é a melhor ação neste caso?

8. Valor esperado da introdução do produto. Um analista da pequena empresa do Exercício 2 acha que as probabilidades de vendas altas, moderadas e pequenas são de 0,2, 0,5 e 0,3, respectivamente. Neste caso, calcule o valor esperado de cada ação. Qual é a melhor ação neste caso?

9. Decisão de viagem, parte 4. Para a decisão do Exercício 1, você acabou de saber que está na lista dos candidatos e agora estima

736 Parte IV – Construindo Modelos para a Tomada de Decisões

que a chance de que seja chamado para uma entrevista é de 0,70. Isto muda a sua escolha de ações?

10. Introdução de produto, parte 4. Para a decisão do lançamento do produto do Exercício 2, a economia não está boa. Seu chefe, muito cauteloso, acha que existe uma probabilidade de 60% de que as vendas sejam baixas e de 30% de vendas moderadas. Qual o curso que a empresa deve seguir?

11. Estratégias de decisões publicitárias. Para a tabela de resultados do Exercício 3, encontre a ação com o valor esperado mais alto.

a) Se os previsores acham que a probabilidade de aumentar a confiança do consumidor é de 0,70, qual é o valor esperado?

b) Que ação teria o valor esperado mais alto se eles acham que a probabilidade de aumentar a confiança do consumidor é somente de 0,40?

12. Decisões de investimentos em energia.

a) Para a tabela de resultados do Exercício 4, encontre a estratégia de investimentos sob a suposição de que a probabilidade de um aumento substancial do petróleo seja de 0,4 e que a probabilidade de uma baixa substancial seja de 0,2.

b) E se estas duas probabilidades fossem invertidas?

13. Estratégias publicitárias VEIP.

a) Para as estratégias de propaganda do Exercício 11 e usando a probabilidade de 0,70 para a confiança crescente do consumidor, qual é o Valor Esperado da Informação Perfeita (VEcIP)?

b) Qual é o VEIP se a probabilidade de aumento da confiança do consumidor é de apenas 0,4.

14. Investimento na energia VEIP. Para o investimento na energia do Exercício 12 e usando ambas as probabilidades consideradas naquele exercício, encontre o Valor Esperado da Informação Perfeita.

15. Estratégias publicitárias com informação. A empresa dos Exercícios 3, 11 e 13 tem a opção de contratar uma firma de consultoria econômica para prever a confiança do consumidor. A empresa já considerou que a probabilidade de aumentar a confiança do consumidor poderia ser tão alta quanto 0,70 ou tão baixa quanto 0,40. Eles poderiam perguntar aos consultores qual a escolha entre estas duas probabilidades ou eles poderiam simplesmente escolher o valor médio, 0,50 e escolher uma estratégia baseada nela.

a) Faça uma árvore da decisão incluindo a de contratar os consultores.

b) A informação dos consultores seria útil? Explique.

c) A empresa acha que existe uma chance igual de que ambas as alternativas de consulta sejam o que os consultores relatam. Qual é o valor para a empresa (por consumidor) da informação extra?

16. Investimento na energia com informação. A empresa dos Exercícios 4, 12 e 14 poderia enviar uma equipe à Arábia Saudita para obter informações adicionais sobre as probabilidades de que o preço do petróleo suba ou desça. Eles esperam que a viagem para descobrir os fatos fosse escolher entre as duas alternativas consideradas no Exercício 12 ou eles poderiam estimar que as probabilidades fossem iguais.

a) Faça uma árvore para estas decisões.

b) A empresa deveria enviar uma equipe para a viagem de descoberta dos fatos? Explique.

c) Os especialistas da empresa estimam que, se eles enviarem a missão para a descoberta dos fatos, existe uma chance de 70% de que eles concluam que existe uma probabilidade de 0,4 de altos preços do petróleo. Qual seria o valor da informação adicional para a empresa?

17. Investindo no equipamento. *KickGrass Lawncare* é um serviço que cuida de gramados numa comunidade grande e influente. Shawn Overgrowth, o proprietário, está considerando a compra de um novo trator para cortar grama, que irá permitir que ele expanda o seu negócio. Os tratores custam $6300 cada, e ele iria comprar dois deles. Outra alternativa é comprar três máquinas de cortar grama do tipo comum e acrescentá-las ao seu equipamento atual. Estas máquinas iriam custar $475 cada. Ou ele poderia encarar a temporada de jardinagem com seu equipamento existente. Shawn estima que, numa boa época de crescimento, os tratores iriam permitir que ele expandisse seus negócios em torno de $40000. Mas se o verão for quente e seco (neste caso a grama não cresce) ou frio e úmido (idem), ele seria capaz de acrescentar aproximadamente $15000 em contratos. Se ele comprar as máquinas de cortar grama, ele poderia expandir seus negócios em torno de $10000 num bom ano ou por apenas $5000 num ano ruim. Se ele não gastar nada, ele não irá expandir seus negócios. Num péssimo ano, sua renda seria de aproximadamente $1000.

Construa uma tabela de resultados e um diagrama de árvore para a decisão de Shawn. Não esqueça de incluir as despesas nos cálculos.

18. Segmentação do mercado. A demanda e o preço estão relacionados; o aumento dos preços normalmente diminui a demanda. Muitas empresas entendem que, se podem *segmentar* o seu mercado e oferecer preços diferentes a diferentes segmentos, elas podem geralmente aumentar a receita. A *Aaron'sAir* é uma companhia aérea regional. Eles normalmente cobram $150 para uma passagem de ida entre uma ilha turística que eles servem e o continente. Em tempos de demanda baixa, moderada e alta, Aaron (proprietário e piloto) estima que ele vá vender 100, 200 ou 500 assentos por semana, respectivamente. Ele está considerando oferecer dois preços diferentes baseado em se os clientes permanecem o sábado à noite na ilha. Ele acha que os viajantes de negócios que vão à ilha para conferências normalmente não permanecem, mas as pessoas em férias ficariam. Ele espera que a passagem mais baixa atraia novos clientes. Entretanto, ele antecipa que alguns dos seus clientes regulares irão, também, pagar menos. As duas tarifas seriam de $90 e $120. Aaron estima que, em tempos de baixa demanda, ele vá vender 30 passagens de valor mais alto e 80 de valor mais baixo – uma renda de $80 \times \$90 + 30 \times \$210 = \$13500$. Em tempos de demanda média, ele estima que venda 110 passagens de valor mais alto e 250 passagens de valor mais baixo, para uma receita estimada de $45600. E em tempos de alta demanda, ele espera 500 clientes para a tarifa mais baixa e 250 clientes para a mais alta, gerando $97500.

Faça uma tabela de resultados e uma árvore para esta decisão.

19. Investindo em equipamento, maxis e mins. Shawn Overgrowth, que conhecemos no Exercício 17, é um empresário que está otimista sobre a época de crescimento. Que escolha ele deveria fazer para maximizar o retorno? Seu assistente, Lance Broadleaf, é muito conservador e argumenta que a *KickGrass* deveria minimizar o potencial de resultados negativos. Qual decisão alternativa ele está defendendo?

20. Segmentação do mercado minimax. Aaron, que conhecemos no Exercício 18, tende a ser otimista sobre as condições dos negócios. Qual é a estratégia maximax que iria maximizar seus resultados?

21. Investir ou não em equipamentos. Shawn Overgrowth, do Exercício 17, estima que a probabilidade de uma boa época de crescimento é de 0,70. Baseado nisto:
a) Encontre o VE para as suas ações.
b) Encontre os desvios padrão.
c) Calcule os RRR. Qual ação é a preferida baseado nos RRR?

22. Segmentação de mercado e chance. *Aaron'sAir* (veja Exercício 18 e 20) estima que em períodos de alta demanda (que dependem do tempo e das inscrições nas conferências) ocorrem com uma probabilidade 0,3 e períodos de demanda média ocorrem com a probabilidade 0,5. O restante são períodos de baixa demanda.
a) Qual é o valor esperado de cada uma das alternativas de ações de Aaron?
b) Quais são os desvios padrão para cada ação?
c) Quais são os RRR? Baseado nos RRR, qual a melhor ação?

23. Equipamento e dados. Shawn, dos Exercícios 17, 19 e 21, poderia obter previsões de longo prazo da melhoria das condições para o próximo verão. Ele acha que elas podem mostrar uma probabilidade de boas condições de crescimento tão baixas como 50% ou tão altas quanto 80%. Se ele não obtiver estas previsões, tomará uma decisão baseado nas suas estimativas prévias (veja Exercício 21).
a) Construa uma árvore da decisão.
b) Se Shawn acha que existe uma chance de 60% de que a previsão a longo prazo irá prever uma chance de 50% de boas condições, encontre o VEcIS correspondente.
c) Shawn deveria comprar as previsões a longo prazo?

24. Segmentos e pesquisa. *Aaron'sAir* (veja Exercício 18, 20 e 22), poderia comprar uma pesquisa de mercado de uma empresa que aconselhou a ilha turística e a agência de conferências. Ele acha que as projeções iriam ajudá-lo a determinar se a probabilidade de alta demanda poderia ser tão baixa quanto 0,2 ou tão alta quanto 0,5, com as probabilidades correspondentes para a demanda média sendo de 0,3 e 0,4. Se ele não comprar a pesquisa de mercado, tomará uma decisão nas suas melhores estimativas prévias (veja Exercício 22).
a) Construa uma árvore da decisão.
b) Aaron acha que é provável que a pesquisa de mercado seja otimista. Ele estima uma probabilidade de 65% de que ela vá prever uma probabilidade alta igual a 0,5 para uma alta demanda. Qual seria o VEcIS?
c) Se o relatório do consultor custa $200, Aaron deveria pagar por ele?

25. Estratégia de investimento. Uma investidora está considerando adicionar uma ação ao seu portfólio. Supondo que ela compre 100 quotas, aqui está uma tabela do resultado estimada para as ações alternativas se ela permanecer com elas por seis meses. O valor da ação depende se uma aquisição é ou não aprovada para uma das empresas, já que as empresas são, na verdade, competidoras. Ela estima que a probabilidade de uma aquisição seja de 0,3.

	Aquisição?	
	Sim (0,3)	**Não (0,7)**
Ação A	$5000	-$1000
Ação B	-$500	$3500

a) Calcule o VE para cada decisão alternativa.
b) Calcule o DP para cada decisão.
c) Calcule o VE e RRR para cada decisão.
d) Qual ação você escolheria e por quê?

26. Investindo em fundos mútuos. Uma investidora está considerando investir seu dinheiro. Ela tem duas opções – ações *blue chips* ou um fundo agressivo internacional que investe em novas empresas de tecnologia. O resultado (lucro) após um ano para estes investimentos depende do estado da economia.

	A Economia	
	Melhora (0,5)	**Piora (0,5)**
Fundo mútuo doméstico	$1500	$1000
Fundo mútuo internacional	$3500	-$1000

a) Calcule o VE para cada decisão alternativa.
b) Calcule o DP para cada decisão.
c) Calcule o VE e RRR para cada decisão.
d) Qual fundo mútuo você escolheria e por quê?

27. Vendas de bicicletas. O proprietário de uma loja de bicicletas está decidindo quais produtos estocar. Seu distribuidor fará um negócio com ele se ele comprar mais de um mesmo tipo de bicicleta. A tabela de resultado mostra as vendas mensais para uma bicicleta topo de linha (vendida a $950) e uma bicicleta de preço moderado (vendida a $500). Baseado na experiência passada, o proprietário da loja faz as seguintes suposições sobre a demanda para a bicicleta topo de linha. A demanda será baixa, moderada ou alta com probabilidades de 0,3, 0,5 e 0,2, respectivamente. Ele supõe que, se a demanda for baixa para a bicicleta topo de linha, ela será mais alta para a bicicleta de preço moderado.

	Demanda para a bicicleta topo de linha		
	Baixa (0,3)	**Moderada (0,5)**	**Alta (0,2)**
Bicicleta topo de linha	$1900	$4750	$7600
Bicicleta de preço moderado	$4000	$2500	$1000

a) Calcule VE para cada produto alternativo (decisão).
b) Calcule o DP para cada decisão.
e) Calcule o VC e RRR para cada decisão.

738 Parte IV – Construindo Modelos para a Tomada de Decisões

d) Qual a bicicleta que você iria estocar e por quê?

28. Vendas de bicicletas, parte 2. O proprietário da loja de bicicletas fez agora um pouco mais de pesquisa e acredita que a demanda para as bicicletas topo de linha mudou; portanto, agora a demanda baixa é 50% provável e a demanda alta é somente 10% provável. Como isto muda sua resposta ao Exercício 27? Encontre o novo RRR. A sua recomendação ao dono da loja muda?

29. Experimento de *site*. A Summit Projects fornece serviços de *marketing* e gerenciamento de *sites* para muitas empresas que se especializam em produtos e serviços para serem usados ao ar livre (www.summitprojects.com). Para entender o comportamento do cliente do *site*, a empresa faz experimentos com ofertas e *layouts* diferentes. O resultado para tais experimentos pode ajudar a maximizar a probabilidade de que os clientes comprem os produtos durante a visita ao *site*. As ações possíveis do *site* incluem a oferta de um desconto instantâneo ao cliente, a oferta da entrega grátis ao cliente ou não fazer nada. Um experimento recente descobriu que os clientes fazem compras 6% de tempo quando é oferecido o desconto instantâneo, 5% quando é oferecida a entrega grátis e 2% quando não há nenhuma oferta. Suponha que é oferecida aos clientes a oferta de desconto e 30% adicionais são oferecidos em entrega grátis.

a) Construa a árvore das probabilidades para este experimento.
b) Qual o percentual de clientes que visitaram o *site* e realizaram uma compra?
c) Dado que um cliente fez uma compra, qual é a probabilidade de que tenha sido oferecida a entrega grátis?

30. Experimento de *site*, parte 2. A empresa do Exercício 29 executou outro experimento no qual testou três *layouts* de *site* para ver se um teria uma probabilidade mais alta de induzir compras. O primeiro (*layout* A) usou uma informação aprimorada do produto, o segundo (*layout* B) usou uma iconografia extensa e o terceiro (*layout* C) permitiu aos clientes a sua própria avaliação do produto. Após 6 semanas de teste, os *layouts* forneceram as seguintes probabilidades de compras: 4,5%, 5,2% e 3,8%, respectivamente. Números iguais de clientes foram dirigidos a cada um dos *layouts* do *site*.

a) Construa a árvore da probabilidade para este experimento.
b) Qual o percentual de clientes que visitaram o *site* e realizaram uma compra?
c) Dado que um cliente fez uma compra, qual é a probabilidade de que aquele cliente tenha sido dirigido ao *layout* C?

31. Licitação de contratos. Como gerente de uma construtora, você está no comando das licitações de dois contratos grandes. Você acredita que a probabilidade de conseguir o contrato #1 é de 0,8. Se você conseguir o contrato #1, a probabilidade de que você também consiga o contrato #2 é de 0,2 e se você não conseguir o #1, a probabilidade de você conseguir o #2 será de 0,4.

a) Desenhe a árvore das probabilidades.
b) Qual é a probabilidade de que você consiga os dois contratos?
c) O seu concorrente ouve que você conseguiu o segundo contrato, mas não ouve nada sobre o primeiro contrato. Dado que você conseguiu o segundo contrato, qual é a probabilidade de que você também tenha conseguido o primeiro contrato?

32. Garantias estendidas. Uma empresa que manufatura e vende filmadoras vende duas versões da sua filmadora de disco rígido popular, uma filmadora básica por $750 e uma versão de luxo por $1250. Aproximadamente 75% dos clientes selecionam a filmadora básica. Destes, 60% compram a garantia estendida por $200 adicionais. Das pessoas que compram a versão de luxo, 90% compram uma garantia estendida.

a) Desenhe a árvore das probabilidades para o total das compras.
b) Qual é o percentual de clientes que compram uma garantia estendida?
c) Qual é a receita esperada da empresa da compra de uma filmadora (incluindo a garantia se aplicável)?
d) Dado que um cliente compra uma garantia estendida, qual é a probabilidade de que ele ou ela tenha comprado a filmadora de luxo?

33. Confiança nos computadores. Os *laptops* vêm crescendo em popularidade de acordo com um estudo da Current Analysis Inc. Os *laptops* agora representam mais que a metade das vendas de computadores nos Estados Unidos. Uma livraria do *campus* vende ambos os tipos e, no último semestre, vendeu 56% de *laptops* e 44% *desktops*. As taxas de confiança para os dois tipos de máquinas são bem diferentes, entretanto. No primeiro ano, 5% dos *desktops* requereram serviços, enquanto 15% dos *laptops* tiveram problemas requerendo assistência.

a) Desenhe a árvore das probabilidades para esta situação.
b) Qual o percentual de computadores vendidos pela livraria no último semestre que requereram assistência?
c) Dado que um computador requer assistência, qual é a probabilidade de que se tratava de um *laptop*?

34. Sobreviventes do Titanic. Dos 2201 passageiros do RMS *Titanic*, somente 711 sobreviveram. A prática de "primeiro as mulheres e crianças" foi usada primeiro para descrever a ação de cavalheirismo dos marinheiros durante o naufrágio do HMS *Birkenhead* em 1852, mas tornou-se popular após o naufrágio do *Titanic*, durante o qual 53% das crianças e 73% das mulheres sobreviveram, mas somente 21% dos homens sobreviveram. Parte do protocolo afirma que os passageiros entraram nos botes salva-vidas por classe de passagem também. Aqui está uma tabela mostrando os sobreviventes por classe de passagem.

		Classe				
		Primeira	Segunda	Terceira	Tripulação	Total
Passageiros	Vivos	203 (28,6%)	118 (16,6%)	178 (25,0%)	212 (29,8%)	711 (100%)
	Mortos	122 (8,2%)	167 (11,2%)	528 (35,4%)	673 (45,2%)	1490 (100%)

a) Encontre a probabilidade condicional de sobrevivência para cada tipo de passagem.
b) Construa a árvore das probabilidades para esta situação.
c) Dado que um passageiro sobreviveu, qual é a probabilidade que ele tivesse uma passagem de primeira classe?

23
Análise e Projeto de Experimentos e Estudos Observacionais

Capital One

Nem todo mundo se forma em primeiro lugar em uma escola de negócios de prestígio. Mas, mesmo conseguindo isto, não é garantido que a primeira empresa que você abra se tornará uma das 500 da revista *Fortune* dentro de uma década. Richard Fairbank conseguiu as duas proezas. Quando ele se formou, em 1981, na Stanford Business School, ele queria iniciar sua própria empresa, mas, como ele mesmo disse em uma entrevista para a *Stanford Business Magazine*, ele não tinha experiência, dinheiro e nenhuma ideia de negócio. Assim, ele foi trabalhar para uma empresa de consultoria. Como queria trabalhar por conta, ele deixou a empresa em 1987 e obteve um contrato para estudar as operações de um grande banco de cartões de crédito em Nova York. E foi então que ele percebeu que o segredo estava nos dados. Ele e seu sócio, Nigel Morris, se perguntaram: "Por que não utilizar as montanhas de dados que os cartões de crédito produzem para projetar cartões com preços e termos que satisfaçam diferentes tipos de clientes?". Mas eles tiveram muita dificuldade para vender esta ideia aos grandes emissores de cartões de crédito. Na época, todos os cartões tinham a mesma taxa de juros – 19,8%, com $20 de taxa anual, e quase a metade da população não atendia aos requisitos para ter um cartão. Os emissores de cartões eram, naturalmente, resistentes à novas ideias.

Finalmente, Fairbank e Morris assinaram um contrato com a Signet, um banco regional que esperava expandir suas modestas operações com cartões de crédito. Utilizando dados demográficos e financeiros sobre os clientes da *Signet*, eles projetaram e testaram combinações de características de cartões que permitiam oferecer crédito a consumidores que não estavam previamente qualificados. Os negócios com cartões de crédito da *Signet* cresceram e, por volta de 1994, ela originou a Capital One, com um valor de mercado de $1,1 bilhão. Por volta de 2000, a Capital One era a nona maior emissora de cartões de crédito, com $29,5 bilhões em movimentação de clientes.

Fairbank introduziu também a "testagem científica". A Capital One projeta experimentos para coletar dados sobre os clientes. Por exemplo, clientes que recebem uma oferta melhor do que a que o cartão atual lhe proporciona, pode telefonar ameaçando mudar para outro banco a menos que eles tenham uma oferta melhor do que a receberam. Para ajudar a identificar se o cliente está falando sério, Fairbank projetou um experimento. Quando um provável cliente desistente liga, o atendente deixa o computador selecionar aleatoriamente uma das três seguintes ações: iguala a oferta alegada pelo cliente; divide a diferença em taxas ou comissões ou apenas diz não. Desta forma, a empresa pode obter dados sobre quem mudou e quem ficou e como eles se comportaram. Agora, quando um cliente desistente potencial telefona, o computador pode dar ao operador um roteiro especificando os termos da oferta – ou instruir o operador a dar um cordial adeus ao cliente desistente.

Fairbank atribui o fenomenal sucesso da Capital One à utilização de tais experimentos. De acordo com ele, "qualquer um na empresa pode propor um teste e, se os resultados forem promissores, a Capital One irá colocar o novo produto ou abordagem em uso imediatamente". Por que isto funciona para a Capital One? Porque, como Fairbank diz, "não hesitamos porque o nosso teste já nos disse o que irá funcionar".

Em 2002, a Capital One ganhou o prêmio de transformação dos negócios Wharton Infosys, que reconhece empresas que transformaram seus negócios pelo investimento em tecnologia da informação.

23.1 Estudos observacionais

Fairbank iniciou pela análise dos dados que já tinham sido coletados pela empresa de cartão de crédito. Estes dados não eram de projetos de estudos de consumidores. Ele simplesmente observou o comportamento dos consumidores a partir dos dados que já estavam lá. Tais estudos são denominados de **observacionais**. Muitas empresas coletam dados de consumidores com cartões de "clientes frequentes", que permitem que a empresa registre cada compra. A empresa pode estudar os dados para identificar associações entre o comportamento do consumidor e suas informações demográficas. Por exemplo, consumidores com animais de estimação tendem a gastar mais. A empresa não pode concluir que o fato de ter um animal de estimação cause um gasto maior destes consumidores. Pessoas que possuem animais de estimação podem ter, em média, rendas mais altas ou ter maior probabilidade de terem residência própria. Todavia, a empresa pode decidir fazer uma oferta especial direcionada aos proprietários de animais de estimação.

Estudos observacionais são bastante utilizados em saúde pública e em *marketing,* já que podem revelar tendências e relações. Estudos observacionais que analisam um comportamento atual pela investigação de registros históricos são denominados de **estudos retrospectivos.** Quando Fairbank examinou a experiência acumulada dos consumidores do banco de cartão de crédito Signet, ele começou com a informação sobre qual consumidor dava o maior retorno ao banco e procurou fatos sobre estes clientes que pudessem identificar outros como eles; portanto, ele estava realizando um estudo retrospectivo. Estudos retrospectivos podem frequentemente gerar hipóteses testáveis, pois identificam relações interessantes, embora não possam demonstrar uma conexão causal.

Quando for prático, uma abordagem melhor é observar indivíduos ao longo do tempo, registrando as variáveis de interesse e vendo como as coisas acontecem. Por exemplo, se acreditássemos que a posse de animais de estimação é uma forma de identificar consumidores potencialmente lucrativos, poderíamos começar pela seleção de uma amostra aleatória de novos clientes e perguntar se eles possuem um animal de estimação. Podemos então observar como esses clientes se comportam e compará-los com os que não possuem animais de estimação. Identificar sujeitos de antemão e coletar dados à medida que os eventos ocorrem é um **estudo prospectivo**. Estudos prospectivos são frequentemente utilizados na saúde pública, em que, pelo acompanhamento de fumantes ou de corredores ao longo de um período de tempo, podemos determinar que um grupo ou outro desenvolve enfisema ou artrite nos joelhos (como você poderia esperar), ou cáries (que você não teria previsto).

Embora um estudo observacional possa identificar variáveis importantes relacionadas com os resultados que estamos interessados, não existe garantia de que ele irá encontrar a variável certa ou a mais importante. Pessoas que possuem animais domésticos podem diferir de outros consumidores de uma maneira que não identificamos. Pode ser esta diferença – que podemos conhecer ou não – ao invés do próprio fato de se possuir um animal de estimação, que torna estes consumidores mais lucrativos do que os demais. Não é possível a partir de um estudo observacional, quer ele seja retrospectivo ou prospectivo, demonstrar uma relação causal. Esta é a razão de necessitarmos dos experimentos.

TESTE RÁPIDO

No início de 2007, um grande número de gatos e cachorros maior do que o normal teve falência renal; muitos morreram. Inicialmente, os pesquisadores não sabiam a causa, assim, eles utilizaram um estudo observacional para investigar o fato.

1. Suponha que, como um pesquisador de um fabricante de comida para animais de estimação, você foi solicitado a planejar um estudo para identificar a causa do problema. Especifique como você procederia. O seu estudo seria prospectivo ou retrospectivo?

23.2 Experimentos comparativos e aleatorizados

Como os experimentos são a única forma de mostrar relações de causa e efeito de forma convincente, eles são recursos básicos para que se saiba quais produtos ou ideias

742 Parte IV – Construindo Modelos para a Tomada de Decisões

irão ter sucesso no mercado. Um **experimento** é um estudo no qual o pesquisador manipula atributos que estão sendo estudados e observa as consequências. Normalmente, os atributos, denominados de **fatores**, são manipulados por atribuições de níveis particulares e então alocados a indivíduos. Um pesquisador identifica pelo menos um fator para ser manipulado e uma variável resposta para mensurar. Frequentemente, a **resposta** observada é uma quantidade como o total vendido de um produto. Contudo, respostas podem ser categóricas ("o cliente comprou", "o cliente não comprou"). A combinação de níveis de fatores atribuídos a sujeitos é denominada de **tratamento**.

Os indivíduos com os quais realizamos o experimento são conhecidos por uma variedade de termos. Pessoas utilizadas em experimentos são normalmente denominadas de **sujeitos** ou **participantes**. Outros indivíduos (ratos, trimestres fiscais, divisões de empresas) são normalmente referidos pelo termo mais genérico de **unidades experimentais**.

Você já foi sujeito de experimentos de *marketing*. Cada oferta de um cartão de crédito que você recebe é, na verdade, uma combinação de vários fatores que especificam o seu "tratamento", a oferta particular que você recebeu. Por exemplo, os fatores podem ser a *Anuidade*, a *Taxa de Juros* e o *Canal de Comunicação* (*e-mail*, correspondência direta, telefonema, etc.). O tratamento particular que você recebe pode ser uma combinação de *sem Anuidade* e *Taxas de Juros moderadas* com a oferta sendo enviada por *e-mail*. Outros consumidores recebem tratamentos diferentes. A resposta pode ser categórica (você aceita a oferta daquele cartão?) ou quantitativa (quanto você gasta com o cartão durante os primeiros três meses de uso?).

Duas características básicas distinguem um experimento de outros tipos de investigação. Primeiro, o pesquisador ativa e deliberadamente manipula os fatores para especificar o tratamento. Segundo, o pesquisador atribuiu os sujeitos aos tratamentos *ao acaso*. A importância da **atribuição aleatória** pode não ser imediatamente óbvia. Especialistas, tais como executivos de negócios e médicos, podem pensar que eles sabem como sujeitos diferentes irão responder a vários tratamentos. Em particular, executivos de *marketing* podem querer enviar o que eles consideram a melhor oferta para os seus clientes, mas isto faz com que uma comparação justa entre os tratamentos se torne impossível e invalida a inferência a partir do teste. Sem uma atribuição aleatória, não podemos executar os testes de hipóteses que nos permitem concluir que as diferenças entre os tratamentos foram possíveis para todas as diferenças que observamos nas respostas. Usando atribuições aleatórias para assegurar que os grupos que recebem tratamentos diferentes são comparáveis, o experimentador pode ter certeza de que estas diferenças são *ocasionadas* pelos tratamentos. Existem muitas histórias de especialistas que estavam certos de que sabiam o efeito de um tratamento e provou-se que estavam errados por um estudo projetado de forma apropriada. Nos negócios, é importante obter os fatos, ao invés de apenas se basear no que você acha que sabe a partir da sua experiência.

23.3 Os quatro princípios do projeto experimental

Existem quatro **princípios do projeto experimental.**

1. **Controle.** Controlamos as fontes de variação, exceto os fatores que estamos testando, tornando as condições tão similares quanto possível para todos os grupos de tratamento. Em um teste de um novo cartão de crédito, todas as alternativas de oferta são enviadas aos clientes ao mesmo tempo e da mesma forma. Caso contrário, se o preço do petróleo aumentar, se o mercado de ações cair ou as taxas de juros aumentarem drasticamente durante o estudo, estes eventos poderiam influenciar as respostas dos clientes, tornando difícil avaliar os efeitos dos tratamentos. Assim, um experimentador tenta fazer todas as variáveis que não são manipuladas tão similares quanto possível. Controlar fontes externas de variação reduz a variabilidade das respostas, tornando mais fácil enxergar as diferenças entre os grupos de tratamento.

Existe um segundo significado do controle nos experimentos. Um banco testando uma nova ideia criativa, de oferecer um cartão com descontos especiais para a compra de chocolates para atrair mais clientes, irá querer comparar o desempenho deste cartão com um dos seus cartões padrão. Tal mensuração básica é chamada de um tratamento de controle, e o grupo que o recebe é chamado de **grupo de controle**.

2. **Aleatorizar**. Em qualquer experimento verdadeiro, os tratamentos são atribuídos aleatoriamente aos sujeitos. A aleatoriedade nos permite equalizar os efeitos desconhecidos e incontroláveis das fontes de variação. Embora a aleatorização não possa eliminar os efeitos destas fontes, ela os espalha pelos níveis do tratamento, para que possamos ver além delas. A aleatorização também torna possível usar os métodos poderosos da inferência para tirar conclusões do seu estudo. A aleatorização nos protege até mesmo dos efeitos que não conhecíamos. Talvez as mulheres tenham uma maior propensão a responderem a um cartão que oferece vantagens para a compra de chocolate. Não precisamos testar um número igual de homens e mulheres – nossa lista de mala direta pode não ter esta informação. Porém, se aleatorizarmos, esta tendência não irá contaminar nossos resultados. Existe um ditado que diz "controle o que você pode e torne aleatório o resto".

3. **Replicar**. A repetição aparece em diferentes formas nos experimentos. Pelo fato de que precisamos estimar a variabilidade das nossas mensurações, precisamos fazer mais de uma observação para cada nível de cada fator. Algumas vezes, simplesmente isto significa fazer observações repetidas. Mas, como veremos mais tarde, alguns experimentos combinam dois ou mais fatores de maneira que possam permitir uma única observação para cada *tratamento* – isto é, cada combinação dos níveis do fator. Quando um experimento é repetido inteiramente, ele é denominado replicado. As observações repetidas em cada tratamento são chamadas de **réplicas**. Se o número de réplicas é o mesmo para cada combinação de tratamento, dizemos que o experimento é **balanceado.**

Um segundo tipo de replicação é repetir todo o experimento para um grupo diferente de sujeitos, sob circunstâncias diferentes ou num tempo diferente. Os experimentos não requerem e, geralmente não conseguem obter, amostras aleatórias representativas de uma população identificada. Os experimentos estudam as consequências dos diferentes níveis dos seus fatores. Eles contam com a atribuição aleatória dos tratamentos aos sujeitos para gerar as distribuições amostrais e para controlar outras possíveis variáveis contaminantes. Quando detectamos uma diferença significativa numa resposta entre os grupos de tratamento, podemos concluir que ela se deve à diferença nos tratamentos. Entretanto, devemos ter cuidado em generalizar aquele resultado muito amplamente se estudamos somente uma população especializada. Uma oferta especial de filas rápidas para pagamento, para clientes regulares, pode atrair mais negócios em dezembro, mas pode não ser efetiva em julho. A repetição numa variedade de circunstâncias pode aumentar nossa confiança de que nossos resultados se aplicam a outras situações e populações.

4. **Blocagem**. Algumas vezes, podemos identificar um fator que não está sob nosso controle, cujo efeito não nos preocupa, mas que suspeitamos que possa ter um efeito na nossa variável resposta ou nas formas nas quais os fatores que estamos

TESTE RÁPIDO

Acompanhando as preocupações sobre a contaminação da comida para animais de estimação por melamina, que leva à insuficiência renal, um fabricante afirma que agora seus produtos são seguros. Você foi solicitado a projetar um estudo para demonstrar a segurança da nova fórmula.

2. Identifique o tratamento e a resposta.
3. Como você iria implementar o controle, a aleatorização e a réplica?

estudando afetam aquela resposta. Talvez os homens e as mulheres irão responder de maneira diferente à nossa oferta do cartão de desconto em chocolates. Ou talvez os clientes com crianças em casa se comportem de maneira diferente daqueles sem crianças. Os membros do cartão *Platinum* podem ficar mais tentados por uma oferta *Premium* do que os membros do cartão padrão. Fatores como estes podem ser responsáveis por alguma variação nas nossas respostas observadas, porque os sujeitos em níveis diferentes respondem de forma diferente. Todavia, não podemos *atribuí-los* ao acaso aos sujeitos. Assim, tratamos deles por meio de um agrupamento, ou **blocagem**, dos nossos sujeitos e, de fato, analisando o experimento separadamente em cada bloco. Tais fatores são chamados de **fatores bloqueadores** e seus níveis são chamados de **blocos**. Criar blocos em um experimento é como estratificar num delineamento de pesquisa. A blocagem reduz a variação comparando os sujeitos entre blocos mais homogêneos. Isto torna mais fácil distinguir quaisquer diferenças na resposta devido aos fatores de interesse. Além disso, podemos querer estudar o efeito do próprio fator de blocagem. A blocagem é um ajuste importante entre a aleatorização e o controle. Entretanto, diferente dos três princípios anteriores, a blocagem não é necessária em todos os experimentos.

23.4 Delineamentos experimentais

Delineamentos completamente aleatorizados

Quando cada um dos tratamentos possíveis é atribuído a pelo menos um sujeito ao acaso, o delineamento é chamado de um **delineamento completamente aleatorizado**. Este delineamento é o mais simples e mais fácil de analisar de todos os delineamentos experimentais. Um diagrama do procedimento pode ajudar a pensar sobre os experimentos. Neste experimento, os sujeitos são designados ao acaso aos dois tratamentos.

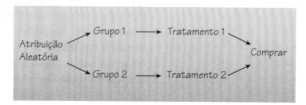

Figura 23.1 O delineamento aleatório mais simples tem dois grupos atribuídos aleatoriamente a dois tratamentos diferentes.

Delineamentos em blocos aleatorizados

Quando um dos fatores é um fator de blocagem, a aleatorização completa não é possível. Não podemos atribuir fatores ao acaso baseados no comportamento das pessoas, idade, sexo e outros atributos. Mas podemos querer colocar em blocos estes fatores para reduzir a variabilidade e entender seu efeito na resposta. Quando temos um fator de blocagem, atribuímos aleatoriamente os sujeitos aos tratamentos *dentro de cada bloco*. Isto é chamado de um **delineamento em blocos aleatorizados.** No experimento a seguir, um profissional de *marketing* queria saber o efeito de dois tipos de oferta em cada um de dois segmentos: um grupo com gastos altos e um grupo com gastos baixos. O profissional selecionou 12000 clientes de cada grupo ao acaso e, então, designou os três tratamentos aos 12000 clientes *em cada grupo,* de forma que 4000 clientes em cada segmento receberam cada um dos três tratamentos. Uma exibição torna o processo mais claro.

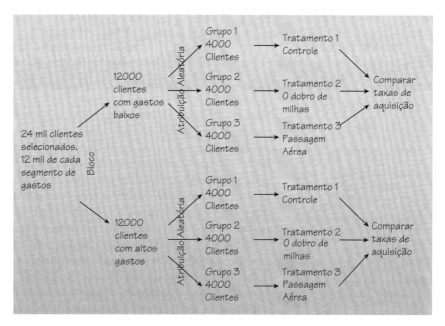

Figura 23.2 Este exemplo de um delineamento em blocos aleatorizados mostra que os clientes são designados ao acaso aos tratamentos dentro de cada segmento ou bloco.

Delineamentos fatoriais

Um experimento com mais de um fator manipulado é chamado de **delineamento fatorial**. Um delineamento fatorial completo contém tratamentos que representam todas as combinações possíveis de todos os níveis de todos os fatores. Isto pode totalizar muitos tratamentos. Com somente três fatores, um em 3 níveis, um em 4 e um em 5, seria $3 \times 4 \times 5 = 60$ combinações de tratamento diferentes. Assim, os pesquisadores normalmente limitam o número de níveis para apenas alguns.

Pode parecer que a complexidade adicionada por múltiplos fatores não vale a pena. Na verdade, o contrário é verdadeiro. Primeiro, se cada fator é responsável por alguma variação nas respostas, ter os fatores importantes no experimento torna mais *fácil* diferenciar os efeitos de cada um. Testar fatores múltiplos num único experimento torna o uso mais eficiente dos sujeitos disponíveis. E testar os fatores juntos é a única forma de ver o que acontece às *combinações* dos níveis.

Um experimento para testar a eficácia da oferta de um cupom de $50 para gasolina grátis pode descobrir que o cupom aumenta o gasto do cliente em 1%. Outro experimento descobre que baixar a taxa de juros aumenta o gasto em 2%. Entretanto, a não ser que fosse oferecido a alguns clientes *tanto* o cupom de $50 para gasolina grátis *quanto* os juros baixos, o analista não consegue saber se os dois juntos levariam a um gasto ainda maior ou menor.

Quando a combinação dos dois fatores tem um efeito diferente do que você esperaria da adição dos efeitos dos dois fatores juntos, este fenômeno é chamado de uma **interação.** Se o experimento não contém ambos os fatores, é impossível ver interações. Isto pode ser uma grande omissão, porque tais efeitos podem ter as consequências mais importantes e surpreendentes nos negócios.

EXEMPLO ORIENTADO | Delineando um experimento de mala direta

Num grande banco de cartão de crédito, a gerência está satisfeita com o sucesso de uma campanha recente para a venda complementar aos clientes do cartão Silver do novo cartão SkyWest Gold. Mas você, como um analista de *marketing*, acha que a receita do cartão pode ser aumentada acrescentando três meses de milhas em dobro no SkyWest à oferta e acha que o ganho adicional em gastos irá compensar as milhas em dobro. Você quer delinear um experimento de *marketing* para descobrir qual será a diferença na receita se você oferecer as milhas em dobro. Você também está pensando em oferecer uma nova versão das milhas chamada de "use as milhas em dobro em qualquer lugar", as quais podem ser transferidas a outras companhias aéreas; assim, você também quer testar esta versão.

Você também sabe que os clientes recebem tantas ofertas que eles tendem a desprezar a maior parte da sua mala direta. Por isso, você gostaria de ver o que acontece se você enviar a oferta num envelope dourado reluzente com o logotipo da SkyWest destacado na frente do envelope. Como podemos delinear um experimento para ver se cada um desses fatores tem um efeito nos gastos?

PLANEJAR

Declare o problema.

Queremos estudar dois fatores para ver seu efeito na receita gerada por uma nova oferta de um cartão de crédito.

Resposta Especifique a variável resposta.

A receita é um percentual da quantia gasta no cartão pelo seu proprietário. Para mensurar o sucesso, iremos usar os gastos mensais dos clientes que receberam as ofertas. Iremos usar os três meses após o envio da oferta como o período de coleta e a quantia total gasta por cliente durante este período como a variável resposta.

Fatores Identifique os fatores que você planeja testar.
Níveis Especifique os níveis dos fatores que você irá usar.

Iremos oferecer aos clientes três níveis do fator **milhas** para o cartão SkyWest: nenhuma milha, milhas em dobro e "use as milhas em dobro em qualquer lugar". Os clientes irão receber as ofertas num envelope padrão ou no novo envelope da SkyWest (fator **envelope**).

Delineamento do experimento
Observe os princípios do delineamento:

Controle quaisquer fontes de variabilidade que você conhece e pode controlar.

Aleatoriamente, designe unidades experimentais aos tratamentos para equalizar os efeitos de fontes desconhecidas e incontroláveis de variação.

Replique os resultados colocando mais de um cliente (geralmente muitos) em cada grupo de tratamento.

Iremos enviar as ofertas aos clientes ao mesmo tempo (no meio do mês de setembro) e avaliar a resposta como o gasto total no período de outubro a dezembro.

Um total de 30000 clientes atuais do cartão Silver serão selecionados aleatoriamente para receber uma das seis ofertas.

✓ Nenhuma milha com envelope padrão
✓ Milhas em dobro com envelope padrão
✓ "Use as milhas em dobro em qualquer lugar" com envelope padrão
✓ Nenhuma milha com envelope com logotipo
✓ Milhas em dobro com envelope com logotipo
✓ "Use as milhas em dobro em qualquer lugar" com envelope com logotipo

	Faça uma figura Um diagrama do seu delineamento pode ajudá-lo a pensar sobre ele.	
	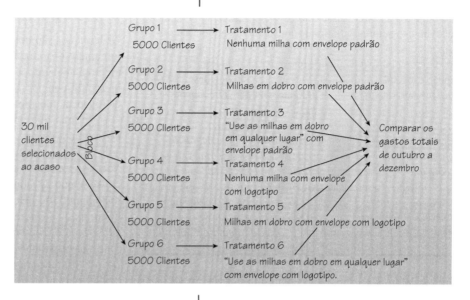	
	Especifique quaisquer outros detalhes sobre o experimento. Você deve dar detalhes suficientes para que outro pesquisador possa repetir exatamente o seu experimento. Geralmente, é melhor incluir detalhes que possam parecer irrelevantes, porque eles podem fazer diferença. Especifique como mensurar a variável resposta.	Em 15 de janeiro, iremos examinar os gastos totais do cartão para cada cliente no período de 1º de outubro a 31 de dezembro.
FAZER	Uma vez que você coletou os dados, precisará exibi-los (se apropriado) e comparar os resultados para os grupos de tratamento. (Os métodos de análise para delineamentos fatoriais serão tratados mais adiante no capítulo.)	
RELATAR	Para responder a questão inicial, perguntamos se as diferenças que observamos nas médias (ou proporções) dos grupos são significativas. Pelo fato de que este é um experimento aleatorizado, podemos atribuir diferenças significativas aos tratamentos. Para fazer isto corretamente, precisaremos de métodos da análise de delineamentos fatoriais tratados mais adiante no capítulo.	**Memorando:** **Re: Teste do envio para oferta criativa e envelope** O envio da correspondência para testar as ideias das milhas em dobro e do envelope com logotipo foi no dia 17 de setembro. Em 15 de janeiro, quando tivermos os gastos totais para todos nos grupos de tratamento, eu gostaria de chamar a equipe para juntos analisarmos os resultados para ver: ✓ Se oferecer as milhas em dobro vale o custo das milhas. ✓ Se a proposta "Use as milhas em qualquer lugar" valem o custo. ✓ Se o envelope com o logotipo aumentou o gasto o suficiente para justificar as despesas adicionais.

Parte IV – Construindo Modelos para a Tomada de Decisões

Cego por ilusão

Os experimentos das ciências sociais podem, algumas vezes, cegar os sujeitos do estudo, iludindo-os sobre o propósito do mesmo. Um dos autores participou como aluno de graduação voluntário num experimento da psicologia (hoje infame) usando o método cego. Foi dito aos sujeitos que o experimento era sobre a percepção espacial tridimensional e foi solicitado que desenhassem um modelo de um cavalo. Enquanto eles estavam ocupados desenhando, um barulho alto e a seguir um grunhido era ouvido vindo da sala ao lado. O verdadeiro propósito do experimento era ver como as pessoas reagiam a um desastre aparente. Os investigadores queriam ver se a pressão social de estar em grupos fazia com que as pessoas reagissem de forma diferente a um desastre. Os sujeitos foram aleatoriamente designados a desenhar em grupos ou sozinhos. O investigador não tinha interesse em quão bem os sujeitos poderiam desenhar um cavalo, mas os sujeitos estavam cegos para o tratamento, já que foram iludidos.

O efeito placebo é mais forte quando os tratamentos de placebo são administrados com autoridade ou por uma figura que pareça ser uma autoridade. "Médicos" em jalecos brancos geram um efeito mais forte do que vendedores em ternos de poliéster. Mas o efeito placebo não é muito reduzido, mesmo quando os sujeitos sabem que o efeito existe. As pessoas geralmente suspeitam que receberam o placebo se nada acontecer. Assim, recentemente, os fabricantes de remédios chegaram ao extremo de fazer os placebos tão reais que eles causam os mesmos efeitos colaterais que o medicamento sendo testado! Tais "placebos ativos" induzem a um efeito placebo mais forte. Quando estes efeitos colaterais incluem perda do apetite ou cabelo, a prática pode levantar questões éticas.

23.5 Experimentos cegos e placebos

Os humanos são notoriamente suscetíveis a erros de julgamento – todos nós. Quando sabemos qual tratamento é atribuído, é difícil não deixar este conhecimento influenciar nossa resposta ou nossa avaliação da resposta, mesmo quando tentamos ter cuidado.

Suponha que você estava tentando vender sua nova marca de refrigerante a base de cola para ser colocado nas máquinas automáticas de uma escola. Você espera convencer o comitê responsável pela escolha de que os estudantes preferem seu refrigerante mais barato, ou pelo menos, de que eles não conseguem notar a diferença. Você poderia executar um experimento para ver quais das três marcas concorrentes os estudantes preferem (ou se eles conseguem notar a diferença). Mas as pessoas têm lealdade para com uma marca. Se eles sabem qual a marca que estão testando, isto pode influenciar sua avaliação. Para evitar tendenciosidade, seria melhor disfarçar as marcas tanto quanto possível. Esta estratégia é chamada de **cegar** os participantes para o tratamento. Mesmo os provadores profissionais nos experimentos da indústria da alimentação são cegos ao tratamento para reduzir qualquer sentimento anterior que possa influenciar seu julgamento.

Mas não são somente os sujeitos que devem ser cegos. Os próprios pesquisadores geralmente se comportam de maneira inconsciente e favorecem o que eles acreditam. Não é apropriado executar um estudo se você tem um interesse no resultado. As pessoas são tão boas em assimilar pistas sutis sobre os tratamentos que a melhor (na verdade, a única) defesa contra tais tendenciosidades nos experimentos em sujeitos humanos é manter qualquer um que poderia afetar o resultado ou a mensuração da resposta sem saber quais sujeitos foram designados aos tratamentos. Assim, não somente os sujeitos que testam o seu refrigerante devem estar cegos, mas também você, como pesquisador, não deve saber qual bebida é qual – pelo menos até que você esteja pronto para analisar os resultados.

Existem duas categoriais principais de indivíduos que podem afetar o resultado de um experimento:

◆ Aqueles que poderiam influenciar os resultados (os sujeitos, administradores do tratamento ou técnicos)

◆ Aqueles que avaliam os resultados (juízes, pesquisadores, etc.)

Quando todos os indivíduos em uma das categorias são cegos, um experimento é chamado de **cego.** Quando todos em ambas as classes são cegos, chamamos o experimento de **duplo cego.** Duplo cego é o padrão ouro para qualquer experimento envolvendo tanto sujeitos humanos quanto julgamento humano sobre a resposta.

Geralmente basta aplicar *qualquer* tratamento para induzir uma melhora. Todo pai conhece o valor do beijo medicinal para parar de doer o arranhão ou um galo de uma criança. Alguma melhoria vista com um tratamento – mesmo um tratamento efetivo – pode ser devido simplesmente ao ato de tratar. Para separar estes dois efeitos, podemos, algumas vezes, usar um tratamento de controle que imite o tratamento propriamente dito. Um tratamento "falso" que se parece como o tratamento sendo testado é chamado de **placebo.** Os placebos são a melhor forma de cegar os sujeitos para que eles não saibam se estão recebendo o tratamento ou não. Uma versão comum de um placebo no teste de um medicamento é uma "pílula de açúcar". Especialmente quando uma atitude psicológica pode afetar os resultados, os grupos de controle de sujeitos tratados com um placebo podem apresentar algum progresso.

TESTE RÁPIDO

O fabricante de comida para animais de estimação que estamos acompanhando contrata você para executar um experimento para testar se a sua nova fórmula é segura e nutritiva para gatos e cachorros.

4. Como você estabeleceria um grupo de controle?
5. Você usaria o efeito cego? Como? (Você pode ou deveria usar o duplo cego?)
6. Tanto os gatos quanto os cachorros devem ser testados. Você deve usar blocos? Explique.

O fato é que os sujeitos tratados com um placebo algumas vezes melhoram. Não é incomum que 20% ou mais dos sujeitos tratados com um placebo relatem uma redução na dor, melhora no movimento ou maior prontidão ou, até mesmo, demonstram uma melhora na saúde ou desempenho. Este **efeito placebo** destaca tanto a importância da eficácia do delineamento cego quanto a importância de comparar tratamentos com um controle. Os controles do placebo são tão eficazes que você deveria usá-los como uma ferramenta essencial para o delineamento cego sempre que possível.

Os melhores experimentos são geralmente:

◆ Aleatorizados
◆ Duplo cegos
◆ Comparativos
◆ Controlados – placebo

23.6 Variáveis ocultas e de confusão

Um banco de cartão de crédito quer testar a sensibilidade do mercado para dois fatores: a anuidade cobrada para um cartão e a taxa percentual anual debitada. O banco selecionou, ao acaso, 100000 pessoas de uma mala direta e enviou 50000 ofertas com uma taxa de juros baixa e sem anuidade e 50000 ofertas com uma taxa de juros alta e uma anuidade de $50. Eles descobriram que as pessoas preferiram a taxa de juros baixa e o cartão sem anuidade. Nenhuma surpresa. Na verdade, os clientes se filiaram àquele cartão com uma taxa de juros acima de duas vezes o valor da oferta. Porém, a pergunta que o banco realmente queria responder era: "Quanto da mudança se devia à taxa de juros e quanto se devia à anuidade do cartão?". Infelizmente, não existe uma maneira simples de separar os dois efeitos com este projeto experimental.

Se o banco tivesse seguido um delineamento fatorial nos dois fatores e enviado todos os quatro tratamentos possíveis – taxa de juros baixa sem anuidade; taxa de juros baixa com uma anuidade de $50; taxa de juros alta sem anuidade; e taxa de juros alta com uma anuidade de $50 – cada um para 25.000 pessoas, ele poderia ter aprendido sobre os fatores e poderia também ter aprendido sobre a interação entre a taxa de juros e a anuidade. Mas não podemos separar estes dois efeitos, porque as pessoas às quais foi oferecida a taxa de juros baixa também receberam a oferta de um cartão sem anuidade. Quando os níveis de um fator estão associados aos níveis de outro fator, dizemos que os dois fatores estão **confundidos**.

A variável de confusão também pode aparecer em experimentos bem delineados. Se outra variável que não está sob o controle do pesquisador, mas está associada com o fator, tem um efeito na variável resposta, pode ser difícil saber qual a variável que é realmente responsável pelo efeito. Um choque numa situação econômica ou política que ocorre durante um experimento de *marketing* pode subjugar os efeitos dos fatores sendo testados. A aleatorização irá, geralmente, tomar conta da confusão distribuindo, ao acaso, os fatores incontroláveis sobre os tratamentos. Entretanto, tenha certeza de prestar atenção a efeitos de confusão potenciais mesmo num experimento muito bem projetado.

A variável de confusão pode lembrá-lo do problema das variáveis ocultas que discutimos no Capítulo 7. As variáveis de confusão e as variáveis ocultas são iguais, já que elas interferem na nossa capacidade de interpretar nossa análise de forma simples. Cada uma delas pode nos induzir ao erro, mas elas não são iguais. Uma variável oculta está associada a duas variáveis, de tal forma que ela cria uma relação aparente e possivelmente causal entre elas. Por sua vez, a variável de confusão aparece quando uma variável associada com um fator tem um efeito na variável resposta, tornando impossível separar o efeito do fator do efeito da confusão. Ambas as variáveis de confusão e variáveis ocultas são influências externas que tornam mais difícil entender a relação que estamos modelando.

23.7 Analisando o delineamento em um fator – a análise de variância de um fator

O delineamento experimental mais comum usado nos negócios é o experimento com um único fator com dois níveis. Geralmente, eles são conhecidos como delineamentos campeão/desafio, porque normalmente eles são usados para testar uma ideia nova (o desafio) *versus* a versão atual (o campeão). Neste caso, os clientes que receberam a oferta do campeão são o grupo de controle e os clientes que receberam a oferta do desafio (um negócio especial, uma nova oferta, um novo serviço, etc.) são o grupo de teste. Contanto que os clientes sejam aleatoriamente designados aos dois grupos, já sabemos como analisar os dados de experimentos como estes. Quando a resposta for quantitativa, podemos testar se as médias são iguais com um teste-t de duas amostras e se a resposta é $0-1$(sim/não) testaríamos se as duas proporções são iguais usando um teste-z de duas proporções.

Contudo, estes métodos podem comparar somente dois grupos. O que acontece quando introduzimos um terceiro nível no nosso experimento de um único fator? Suponha que um sócio de uma empresa de suprimentos de instrumentos de percussão, *Tom's Tom-Toms* quer testar formas de aumentar a quantia comprada do catálogo que a empresa envia a cada três meses. Ele decide por três tratamentos: um cupom para baquetas grátis em qualquer compra, uma almofada para praticar grátis e $50 de desconto em qualquer compra. A resposta será a quantia de dólares em vendas por cliente. Ele decide manter alguns clientes como um grupo de controle enviando a eles o catálogo sem oferta especial. O experimento é um delineamento de um único fator com quatro níveis: sem cupom, cupom para baquetas grátis, cupom para almofada de praticar grátis e um cupom de $50. Ele designa o mesmo número de clientes para cada tratamento aleatoriamente.

Agora o teste de hipótese não é bem o mesmo de quando testamos a diferença das médias entre dois grupos independentes. Para testar se k médias são iguais, a hipótese fica:

$$H_0: \mu_1 = \mu_2 = ... = \mu_k$$
$$H_A = pelo\ menos\ uma\ média\ é\ diferente$$

A estatística teste compara a variância das médias com a variância esperada se ela fosse baseada na variância das respostas individuais. A Figura 23.3 ilustra o conceito. As diferenças entre as médias são as mesmas para os dois conjuntos de diagramas de caixa e bigodes, mas é mais fácil ver que elas são diferentes quando a variabilidade subjacente é menor.

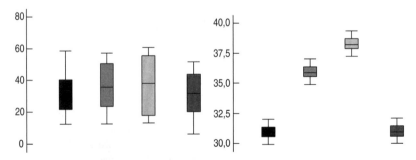

Figura 23.3 As médias dos quatro grupos dos diagramas à esquerda são as mesmas das médias dos quatro grupos dos diagramas à direita, mas as diferenças são muito mais fáceis de ver nos diagramas à direita, porque a variação dentro de cada grupo é menor.

Capítulo 23 – Análise e Projeto de Experimentos e Estudos Observacionais **751**

Por que é mais fácil de ver que as médias[1] dos grupos exibidos à direita são diferentes e muito mais difíceis de ver isto no da esquerda? É mais fácil porque naturalmente comparamos as diferenças *entre* as médias dos grupos em vez da variação *dentro* de cada grupo. Como na figura da parte inferior existe muito menos variação dentro de cada grupo, as diferenças entre as médias dos grupos são evidentes.

Isto é exatamente o que a estatística teste faz. É a razão da variação entre as médias dos grupos e a variação dentro dos grupos. Quando o numerador é grande o suficiente, podemos estar confiantes de que as diferenças entre as médias dos grupos são maiores do que esperamos por acaso e rejeitamos a hipótese nula de que elas são iguais. A estatística teste é chamada de estatística F em homenagem a Sir Ronald Fisher, que derivou a distribuição amostral para esta estatística. A estatística F apareceu na regressão múltipla (Capítulo 18) para testar a hipótese nula de que todas as inclinações eram zero. Aqui, ela testa a hipótese nula de que as médias de todos os grupos são iguais.

A **estatística F** compara duas quantidades que mensuram a variação, chamadas de *médias dos quadrados*. O numerador mensura a variação *entre* os grupos (tratamentos) e é chamado de *Média dos Quadrados devido aos Tratamentos (MQT)*. O denominador mensura a variação *dentro* dos grupos e é chamado de *Média dos Quadrados devido ao Erro (MQE)*. A estatística F é sua razão:

$$F_{k-1, N-k} = \frac{MQT}{MQE}$$

Rejeitamos a hipótese nula de que as médias são iguais se a estatística F for muito grande. O valor crítico para decidir se F é muito grande depende tanto dos seus graus de liberdade quanto do nível α que você escolher. Aqui, os graus de liberdade são $k-1$ (para o MQT) e $N-k$ (para o MQE), onde k é o número dos grupos e N é o total de observações. Alternativamente, podemos encontrar o valor-p desta estatística e rejeitar a hipótese nula quando este valor for pequeno.

Esta análise é chamada de uma **Análise de Variância (ANOVA),** mas a hipótese é realmente sobre *médias*. A hipótese nula é que as médias são iguais. A coleção de estatísticas – as somas dos quadrados, quadrados médios, estatística F e valor-P – são normalmente apresentadas numa tabela, chamada de **tabela ANOVA**, como esta:

Tabela 23.1   Uma tabela da ANOVA exibe o tratamento e a soma dos quadrados dos erros, quadrados médios, razão F e valor-P

Fonte	GL	Soma dos Quadrados	Média dos Quadrados	Razão F	Prob > F
Tratamento (entre)	$k-1$	SQT	MQT	MQT/MQE	Valor-P
Erro (dentro)	$N-k$	SQE	MQE		
Total	$N-1$	SQTotal			

◆ **Como funciona a Análise da Variância?** Quando olhamos os diagramas de caixa e bigodes lado a lado para ver se existem diferenças reais entre as médias dos tratamentos, naturalmente comparamos a variação *entre* os grupos com a variação *dentro* dos grupos. A variação entre os grupos indica quão grande é o efeito que o tratamento tem. A variação dentro dos grupos mostra a variabilidade subjacente. Para modelar estas variações, a ANOVA de um fator decompõe os dados em várias partes: a média geral, os efeitos do tratamento e os resíduos.

$$y_{ij} = \bar{\bar{y}} + (\bar{y}_i - \bar{\bar{y}}) + (y_{ij} - \bar{y}_i).$$

Podemos escrever isto como fizemos para a regressão da seguinte forma:

$$dados = previsto + resíduo$$

---

[1] Obviamente, os diagramas de caixa e bigodes mostram as medianas nos seus centros e estamos tentando encontrar diferenças entre as médias. Porém, para distribuições aproximadamente simétricas como estas, as médias e as medianas estão muito próximas.

Para estimar a variação *entre* os grupos olhamos quanto suas médias variam. O SQT (algumas vezes chamado de soma dos quadrados *entre*) captura esta variação assim:

$$SQT = \sum_{i=1}^{k} n_i (\bar{y}_i - \bar{\bar{y}})^2$$

onde $\bar{y}$ é a média do grupo i, n_i é o número de observações no grupo i e $\bar{\bar{y}}$ é a média geral de todas as observações.

Comparamos o SQT a quanta variação existe *dentro* de cada grupo. O SQE captura isto assim:

$$SQE = \sum_{i=1}^{k} (n_i - 1) s_i^2$$

onde s_i^2 é a variância amostral do grupo i.

Para tornar estas estimativas da variação em variâncias, dividimos cada soma dos quadrados por seus graus de liberdade associados:

$$MQT = \frac{SQT}{k-1}$$

$$MQE = \frac{SQE}{N-k}$$

Notadamente, (e esta é a contribuição real de Fisher), estas duas variâncias estimam a *mesma* variância quando a hipótese nula é verdadeira. Quando ela é falsa (e as médias dos grupos diferem), o MQT tende a ser maior.

A estatística F testa a hipótese nula tomando a razão destas médias dos quadrados:

$$F_{k-1, N-k} = \frac{MQT}{MQE}$$ e rejeitamos a hipótese se esta razão for muito grande.

O valor crítico e o valor-P dependem dos dois graus de liberdade $k-1$ e $N-k$.

Vamos olhar um exemplo. Para o catálogo de verão da empresa de suprimentos de percussão *Tom's Tom-Toms*, 4000 clientes foram selecionados ao acaso para receber uma das quatro ofertas[2]: *Nenhum cupom, Baquetas Grátis* com compras, *Almofada grátis* com compras ou *$50 de desconto na próxima compra*. Todos os catálogos foram enviados em 15 de março e os dados das vendas para o mês seguinte ao envio foram registrados.

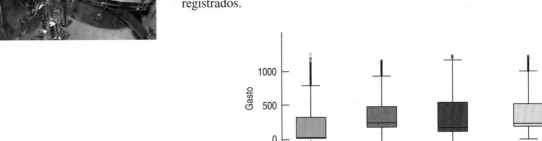

Figura 23.4 Os diagramas de caixa e bigodes do gasto dos quatro grupos mostram que os cupons parecem ter estimulado o gasto.

---

[2] Realisticamente, as empresas costumam selecionar grupos de tamanhos iguais (e relativamente pequenos) de tratamento e consideram todos os outros clientes como o controle. Para tornar a análise mais fácil, vamos supor que este experimento tenha considerado apenas 4000 clientes "controle". Acrescentar mais controles não iria aumentar muito o poder.

Capítulo 23 – Análise e Projeto de Experimentos e Estudos Observacionais **753**

Aqui estão os resumos estatísticos para os quatro grupos:

	Grupo			
	Nenhum cupom	Baquetas grátis	Almofada grátis	Cinquenta dólares
Mediana	$0,00	$233,00	$157,50	$232,00
Média	$216,68	$385,87	$339,54	$399,95
DP	$390,58	$331,10	$364,17	$337,07

A tabela da ANOVA mostra os componentes do cálculo do teste F.

Tabela 23.2 A tabela da ANOVA mostra que a estatística F tem um valor-P muito pequeno; por isso podemos rejeitar a hipótese nula de que as médias dos quatro tratamentos são iguais

Fonte	GL	Soma dos quadrados	Média dos quadrados	Razão F	Prob > F
Grupos (Entre)	3	20825966	6941988,66	54,6169	< 0,0001
Erro (Dentro)	3996	507905263	127103,42		
Total	3999	528731229			

O valor-P muito baixo é uma indicação de que as diferenças que vimos nos diagramas de caixa e bigodes não se devem ao acaso. Assim, rejeitamos a hipótese nula de médias iguais e concluímos que pelo menos uma das médias é diferente.

23.8 Suposições e condições para a ANOVA

Sempre que calculamos os valores-P e fazemos inferências sobre as hipóteses, precisamos fazer suposições e verificar as condições para ver se elas são razoáveis. A ANOVA não é uma exceção. Pelo fato de ela ser uma extensão do teste t de duas amostras, muitas das suposições se aplicam.

Suposição de independência

Os grupos devem ser independentes uns dos outros. Nenhum teste pode verificar esta suposição. Você deve pensar sobre como os dados foram coletados. As observações individuais devem ser independentes também.

Verificamos a **Condição de Aleatoriedade.** O delineamento experimental incorpora uma aleatoriedade adequada? Fomos informados de que os clientes foram designados a cada grupo de tratamento ao acaso.

Suposição de igualdade de variâncias

A ANOVA supõe que as variâncias verdadeiras dos grupos de tratamento são iguais. Podemos verificar a **condição de igualdade de variâncias** de várias formas:

◆ Examine os diagramas de caixa e bigodes lado a lado dos grupos para ver se eles têm aproximadamente a mesma dispersão. Pode ser mais fácil comparar as dispersões dos grupos quando eles têm o mesmo centro, assim, considere fazer diagramas de caixa e bigodes lado a lado dos resíduos. Se os grupos têm dispersões diferentes, isto pode tornar a variância agrupada – a MQE – maior, reduzindo o valor da estatística F e tornando menos provável que possamos rejeitar a hipótese nula. Assim, a ANOVA irá geralmente falhar por ser conservadora, isto é, rejeitando a H_0 menos vezes do que deveria. Por causa disto, geralmente requeremos que as dispersões sejam bem diferentes umas das outras antes de nos preocuparmos com a falha da condição. Se você rejeitou a hipótese nula, isto é especialmente verdadeiro.

- Examine novamente os diagramas de caixa e bigodes originais dos valores da resposta. Em geral, as dispersões parecem mudar sistematicamente com os centros? Um padrão comum é ter diagramas com centros maiores também com dispersões maiores. Este tipo de tendência sistemática na variância é um problema maior do que diferenças aleatórias na dispersão entre os grupos e não deve ser ignorado. Felizmente, tais violações sistemáticas são geralmente resolvidas por uma transformação nos dados. Se, em adição às dispersões que crescem com os centros, os diagramas de caixa e bigodes são assimétricos na cauda mais longa, se espalhando até o ponto mais alto, então os dados estão requerendo uma transformação. Tente tomar os logaritmos dos valores da variável dependente primeiro. Você provavelmente acabará com uma análise mais limpa.

- Examine os resíduos traçados *versus* os valores previstos. Geralmente, valores previstos maiores levam a resíduos maiores em magnitude. Este é outro sinal de que a condição foi violada. Se o diagrama dos resíduos exibe mais dispersão num lado ou outro, é geralmente uma boa ideia considerar a transformação da variável resposta. Tal mudança sistemática na dispersão é uma violação mais séria da suposição de igualdade de variâncias do que pequenas variações das dispersões dos grupos.

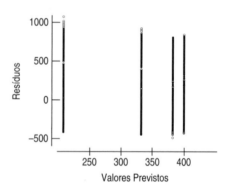

Figura 23.5 Um diagrama dos resíduos *versus* os valores previstos da ANOVA não exibe sinais de desigualdade nas dispersões.

Suposição de população Normal

Como os testes *t* de Student, o teste *F* requer que os erros subjacentes sigam um modelo Normal. Como antes, quando nos deparamos com esta suposição, iremos verificar a **condição de Normalidade** correspondente.

Tecnicamente, precisamos assumir que o modelo Normal é razoável para as populações subjacentes a cada grupo de tratamento. Podemos (e devemos) olhar para os diagramas de caixa e bigodes lado a lado para indicações de assimetria. Certamente, se eles todos (ou a maioria) são assimétricos na mesma direção, a condição da Normalidade falha (e é provável que uma transformação ajude). Entretanto, em muitas aplicações de negócios, os tamanhos da amostras são bem grandes e, quando isto é verdadeiro, o Teorema Central do Limite indica que a distribuição amostral das médias pode ser aproximadamente Normal, apesar da assimetria. Felizmente, o teste *F* é conservador. Isto significa que, se você ver um valor-P pequeno, é provavelmente seguro rejeitar a hipótese nula para amostras grandes, mesmo quando os dados são não Normais.

Verifique a Normalidade com um histograma ou um diagrama de probabilidade Normal de todos os resíduos juntos. Pelo fato de que realmente nos importamos com o modelo Normal dentro de cada grupo, a suposição de população Normal é violada se existem valores atípicos em qualquer um dos grupos. Verifique os valores atípicos nos diagramas de caixa e bigodes de cada tratamento.

O diagrama de probabilidade Normal para os resíduos da *Tom's Tom-Toms* tem uma surpresa.

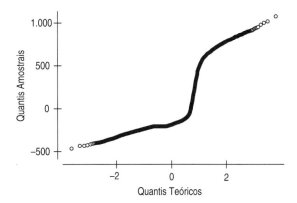

Figura 23.6 Um diagrama da probabilidade normal mostra que os resíduos da ANOVA dos dados da *Tom's Tom-Toms* são claramente não Normais.

Investigando mais a fundo com um histograma, vemos o problema.

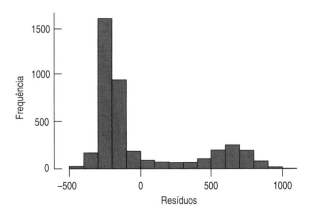

Figura 23.7 Um histograma dos resíduos revela bimodalidade.

O histograma mostra uma bimodalidade clara dos resíduos. Se olharmos de novo os histogramas dos gastos de cada grupo, podemos ver que os diagramas de caixa e bigodes falharam em revelar a natureza bimodal dos gastos.

O gerente da empresa não estava surpreso em saber que o gasto é bimodal. Na verdade, ele disse: "Normalmente temos clientes que ou encomendam uma bateria nova completa ou compram acessórios novos. E, é claro, temos um grande grupo de clientes que escolhem não comprar nada durante um dado trimestre".

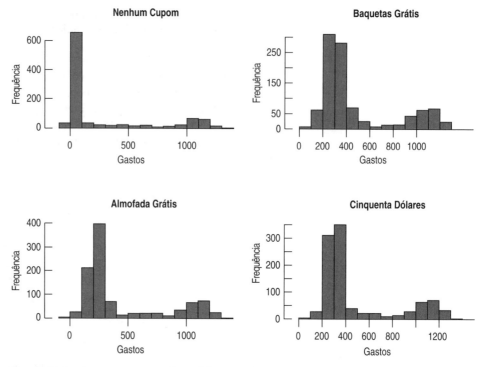

Figura 23.8 O gasto parece ser bimodal para todos os grupos de tratamento. Existe uma moda próxima a $1000 e outra moda maior entre $0 e $200 para cada grupo.

Estes dados (e os resíduos) claramente violam a condição de Normalidade. Isto significa que não podemos dizer nada sobre a hipótese nula? Não. Felizmente, os tamanhos das amostras são grandes e não existem valores atípicos individuais que tenham influência exagerada nas médias. Com tamanhos de amostras tão grandes, podemos apelar para o Teorema Central do Limite e ainda fazer inferências sobre as médias. Em particular, estamos seguros rejeitando a hipótese nula. Quando a condição da Normalidade não é satisfeita, o teste F terá a tendência de falhar por ser conservador e ter menor probabilidade de rejeitar a hipótese nula. Como temos um valor-P muito pequeno, podemos estar bem seguros de que as diferenças que vimos eram reais.

TESTE RÁPIDO

Seu experimento para testar a nova comida para animais de estimação foi completado. Uma hipótese que você testou é se a nova fórmula é diferente no valor nutritivo (mensurada pelos veterinários avaliando os animais testados) de uma comida padrão conhecida por ser segura e nutritiva. A ANOVA tem uma estatística F de 1,2, que (para os graus de liberdade do seu experimento) tem um valor-P de 0,87. Agora você precisa fazer um relatório para a empresa.

7. Escreva um breve relatório. Você pode concluir que a nova fórmula é segura e nutritiva?

*23.9 Comparações múltiplas

Simplesmente rejeitar a hipótese nula quase nunca é o final da Análise de Variância. Saber que as médias são diferentes levanta a questão de quais são diferentes e por quanto. Tom, o proprietário da *Tom's Tom-Toms*, dificilmente estaria satisfeito com o relatório do consultor que disse a ele que as ofertas geraram quantias diferentes de gastos, mas foi incapaz de indicar quais ofertas foram melhores e por quanto.

Gostaríamos de saber mais, mas a estatística F não nos oferece esta informação. O que podemos fazer? Se não podemos rejeitar a hipótese nula, não existe razão para testes adicionais. Mas, se podemos rejeitar a hipótese nula, podemos fazer mais. Em particular, podemos testar se todos os pares ou combinações das médias dos grupos diferem. Por exemplo, podemos querer comparar os tratamentos com um controle ou com o tratamento padrão atual.

Podemos executar testes t para todos os pares de médias dos tratamentos que queremos comparar. Porém, cada teste teria algum risco de um erro do Tipo I. À medida que realizamos mais e mais testes, o risco de cometermos um erro do Tipo I cresce. Se fizermos testes o suficiente, temos quase certeza de rejeitar uma das hipóteses nulas por engano – e nunca saberemos qual delas.

Existe uma solução para este problema. Na verdade, existem várias soluções. Como uma classe, eles são denominados de métodos para **comparações múltiplas.** Todos os métodos de comparações múltiplas requerem que primeiro rejeitemos a hipótese nula geral com o teste F da ANOVA. Uma vez rejeitada a hipótese nula geral, podemos pensar em comparar vários – ou até mesmo todos – pares de médias dos grupos.

Um destes métodos é denominado de **método Bonferroni.** Este método ajusta os testes e intervalos de confiança para permitir muitas comparações. O resultado é uma margem de erro maior (chamada de **diferença significativa mínima**, ou **DSM**) encontrada substituindo-se o valor crítico t por um número t^* levemente maior. Isto torna os intervalos de confiança maiores para cada diferença dos pares e as taxas mais baixas dos erros Tipo I correspondentes para cada teste, e mantém a taxa geral do erro Tipo I em ou abaixo de α.

O método de Bonferroni distribui a taxa de erro igualmente entre os intervalos de confiança. Ele divide a taxa do erro entre $\mathcal{J}$ intervalos de confiança, encontrando cada intervalo no nível de confiança $1 - \dfrac{\alpha}{\mathcal{J}}$ ao invés do original $1 - \alpha$. Para sinalizar este ajuste, rotulamos o valor crítico por t^* ao invés de t. Por exemplo, para fazer os seis intervalos de confiança para comparar todos os pares possíveis de ofertas no nosso risco geral α de 5%, ao invés de fazer seis intervalos de confiança de 95%, usamos

$$1 - \frac{0,05}{6} = 1 - 0,0083 = 0,9917$$

ao invés de 0,95. Assim, usamos o valor crítico t^* de 2,64 no lugar de t = 1,96. A ME se tornará, então:

$$ME = 2,642 \times 356,52 \sqrt{\frac{1}{1000} + \frac{1}{1000}} = 42,12$$

Esta mudança não afeta nossa decisão de que cada oferta aumenta as vendas médias comparada com o grupo que não recebeu *Cupom*, mas ela ajusta a comparação entre as vendas médias para a oferta *Baquetas Grátis* e a oferta de *Almofada Grátis*. Com uma margem de erro de $42,12, a diferença entre as vendas médias para estas duas ofertas é agora (385,87 – 339,54) ± 42,12, ou ($4,21; $88,45).

O intervalo de confiança diz que a oferta de *Baquetas Grátis* gerou entre $4,21 e $88,45 mais vendas por cliente do que a oferta *Almofada Grátis*. Para tomar uma decisão de negócios válida, a empresa deve, agora, calcular seu *lucro* esperado baseado no intervalo de confiança. Suponha que ela tenha um lucro de 8% nas vendas. Então, multiplicando os extremos do intervalo de confiança por 0,08, tem-se:

0,08 × $4,21 e 0,08 × $88,45 que fornece o intervalo de lucros de ($0,34; $7,08)

Assim, descobrimos que as *Baquetas Grátis* geraram, em média, um lucro entre $0,34 e $7,08 por cliente. Assim, se as *Baquetas Grátis* custam $1,00 a mais do que as almofadas, o intervalo de confiança para o lucro seria:

($0,34 – $1,00; $7,08 – $1,00) = (-$0,66; $6,08)

Carlo Bonferroni (1892-1960) foi um matemático que lecionou em Florença. Ele escreveu dois artigos em 1935 e 1936 apresentando a matemática por trás do método que leva o seu nome.

Parte IV – Construindo Modelos para a Tomada de Decisões

Existe a possibilidade de que as *Baquetas Grátis* possam, realmente, ser uma oferta menos lucrativa. A empresa pode decidir se arriscar ou tentar outro teste com um tamanho de amostra maior para obter um intervalo de confiança mais preciso.

Muitos pacotes estatísticos presumem que você gostaria de comparar todos os pares de médias. Alguns irão exibir o resultado destas comparações numa tabela como esta.

Tabela 23.3 O resultado mostra que as duas ofertas com melhor desempenho são indistinguíveis em termos da média dos gastos, mas que a *Almofada Grátis* é distinguível destas duas e de *Nenhum Cupom*

Cinquenta Dólares	\$399,95	A		
Baquetas Grátis	\$385,87	A		
Almofada Grátis	\$339,54		B	
Nenhum Cupom	\$216,68			C

Essa tabela indica que as duas primeiras são indistinguíveis, que todas são distinguíveis da oferta *Nenhum Cupom* e que a *Almofada Grátis* é também distinguível das outras três.

O tema de comparações múltiplas é amplo por causa das muitas formas nas quais os grupos podem ser comparados. Muitos pacotes estatísticos oferecem a escolha de vários métodos. Quando sua análise pede para comparar todos os pares possíveis, considere o método HSD de Tukey. Se um dos grupos for um grupo de controle e você quer comparar todos os outros grupos com ele, considere o método de Dunnett. Porém, sempre que você examinar as diferenças depois de rejeitar a hipótese nula de médias iguais, você deve considerar usar um método de comparações múltiplas que tenta preservar o risco α *global*.

23.10 ANOVA em dados observacionais

Até agora, aplicamos a ANOVA somente em dados de experimentos projetados. Esta aplicação é apropriada por várias razões. A primeira é que experimentos comparativos aleatórios são especialmente delineados para comparar os resultados de diferentes tratamentos. A hipótese nula geral e os testes subsequentes nos pares dos tratamentos na ANOVA tratam destas comparações diretamente. Além disso, a **Suposição de Igualdade das Variâncias** (que precisamos para todas as análises da ANOVA) geralmente é razoável num experimento aleatório, porque, quando designamos aleatoriamente os sujeitos aos tratamentos, todos os grupos de tratamento iniciam com a mesma variância subjacente das unidades experimentais.

Algumas vezes, porém, não conseguimos executar um experimento. Quando a ANOVA é usada para testar a igualdade das médias dos grupos de dados observacionais, não existe uma razão *a priori* para achar que as variâncias dos grupos devam ser iguais. Mesmo se a hipótese nula de médias iguais é verdadeira, os grupos podem muito bem ter variâncias diferentes. Mas você pode usar a ANOVA em dados observacionais se os diagramas de caixa e bigodes lado a lado das respostas para cada grupo mostrar dispersões aproximadamente iguais e simétricas e distribuições sem valores atípicos.

Os dados observacionais tendem a ser mais confusos do que os dados experimentais. Eles têm uma probabilidade muito maior de não serem balanceados. Se você não estiver designando os sujeitos aos grupos de tratamento, é difícil de garantir o mesmo número de sujeitos em cada grupo. E pelo fato de que você não está controlando as condições como faria num experimento, as coisas tendem a ser, digamos, menos controladas. A única forma que conhecemos para evitar os efeitos de possíveis variáveis ocultas é com atribuições controladas e aleatórias aos grupos de tratamento e, para dados observacionais, não temos nenhuma das duas.

> Lembre-se que um delineamento é chamado de balanceado se ele tiver um número igual de observações para cada nível de tratamento.

A ANOVA geralmente é aplicada aos dados observacionais quando um experimento seria impossível ou não ético. (Não podemos aleatoriamente quebrar as pernas de um sujeito, mas *podemos* comparar a percepção da dor entre aqueles com as pernas quebradas, aqueles com tornozelos torcidos e aqueles que deram uma topada com o dedo do pé coletando dados dos sujeitos que realmente sofreram tais ferimentos.) Em tais dados, os sujeitos já estão em grupos, mas não por atribuição aleatória.

Tenha cuidado; se você não atribuiu sujeitos aleatoriamente aos grupos de tratamento, não pode tirar conclusões *causais* mesmo quando o teste F é significativo. Você não tem como controlar as variáveis ocultas ou de confusão, assim, você não pode ter certeza se quaisquer diferenças que vê entre os grupos se devem à variável de agrupamento ou a alguma outra variável não observada que pode estar relacionada à variável de agrupamento.

Pelo fato de que os estudos observacionais têm o intuito de estimar parâmetros, existe uma tentação de usar intervalos de confiança combinados para as médias dos grupos para este propósito. Embora estes intervalos de confiança estejam estatisticamente corretos, tenha certeza de avaliar cuidadosamente a população sobre a qual se está fazendo a inferência. Os poucos sujeitos que você possa ter num grupo podem não ser uma amostra aleatória simples de qualquer população interessante, assim sua média "verdadeira" pode somente ter significado limitado.

23.11 Análise de delineamentos multifatores

No nosso exemplo da mala direta, examinamos dois fatores: *Milhas* e *Envelopes*. *Milhas* tinha três níveis: *Nenhuma Milha, Milhas em Dobro* e *Milhas em Dobro Utilizadas em Qualquer Lugar*. O fator *Envelope* tinha dois níveis: *Padrão* e com *Logotipo*. Os três níveis de *Milhas* e os dois níveis de *Envelope* resultaram em seis grupos de tratamento. Pelo fato de que este foi um delineamento completamente aleatório, os 30000 clientes foram selecionados ao acaso e 5000 foram designados ao acaso a cada tratamento.

Três meses após a oferta ter sido enviada, os gastos totais no cartão foram registrados para cada um dos 30000 proprietários de cartões no experimento. Aqui estão diagramas de caixa e bigodes para as respostas dos seis grupos de tratamento, traçados *versus* cada fator.

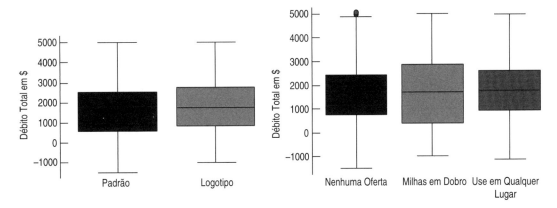

Figura 23.9 Diagramas de caixa e bigodes do *Gasto Total* por cada fator. É difícil de ver os efeitos dos fatores por duas razões. Primeiro, os outros fatores não foram considerados, e segundo, os efeitos são pequenos comparados à variação geral dos gastos.

Se você olhar atentamente, pode ser capaz de enxergar um aumento muito leve no *Total de Gastos* para alguns níveis dos fatores, mas é muito difícil de ver. Existem duas razões para isto. Primeiro, a variação devido a cada fator impede de ver o efeito no outro fator. Por exemplo, alguns dos clientes no diagrama de caixa e bigodes para o *Envelope com Logotipo* obtiveram cada uma das ofertas. Se estas ofertas tiveram um efeito nos gastos, então isto aumentou a variação dentro do grupo de tratamento *Logotipo*. Segundo, como é normal num experimento de *marketing* deste tipo, os efeitos são muito pequenos comparados com a variabilidade nos gastos das pessoas. É por isso que as empresas usam um tamanho da amostra tão grande.

A análise da variância para dois fatores remove os efeitos de cada fator em consideração do outro. Ela também pode modelar se os fatores interagem, aumentando ou diminuindo o efeito. No nosso exemplo, ela irá separar os efeitos de mudar os níveis de *Milhas* e o efeito de mudar os níveis de *Envelope*. Ela irá testar também se os efeitos do *Envelope* são os mesmos para os três níveis diferentes de *Milhas*. Se o efeito é diferente, isto é chamado de um efeito de interação entre os dois fatores.

Os detalhes dos cálculos para a ANOVA de dois fatores com interação são menos importantes do que entender o resumo, o modelo e as suposições e condições sob as quais é apropriado usar o modelo. Para uma ANOVA de um fator, calculamos três somas de quadrados (SQ); a SQ Total, a SQ do Tratamento e a SQ do Erro. Para este modelo, iremos calcular cinco: a SQ Total, a SQ devido ao Fator A, a SQ devido ao Fator B, a SQ devido a interação e a SQ do Erro.

Vamos supor que temos a níveis do fator A, b níveis do fator B e r replicações de cada combinação de tratamentos. No nosso caso, $a = 2$, $b = 3$, $r = 5000$ e $a \times b \times r = N$ é 30000. Então, a tabela da ANOVA irá ficar assim.

Tabela 23.4 Uma tabela da ANOVA para um delineamento de dois fatores replicado com uma linha para cada soma dos quadrados do fator, interação soma dos quadrados, erro e total

Fonte	GL	Soma dos Quadrados	Média dos Quadrados	Razão F	Prob > F
Fator A	$a - 1$	SQA	MQA	MQA/MQE	Valor-P
Fator B	$b - 1$	SQB	MQB	MQB/MQE	Valor-P
Interação	$(a - 1) \times (b - 1)$	SQAB	MQAB	MQAB/QSE	Valor-P
Erro	$ab(r - 1)$	SQE	MQE		
Total (Corrigido)	$N - 1$	SQTotal			

Existem agora três hipóteses nulas – uma que afirma que as médias dos níveis do fator A são iguais, uma que afirma que as médias do fator B são todas iguais e uma que afirma que os efeitos do fator A são *constantes* ao longo dos níveis do fator B (ou vice-versa). Cada valor-P é usado para testar a hipótese correspondente.

Aqui está a tabela da ANOVA para o experimento de *marketing*.

Tabela 23.5 Tabela da ANOVA para o experimento de *marketing*. Os efeitos de *Milhas* e *Envelope* são altamente significativos, mas o termo de interação não é

Fonte	GL	Soma dos Quadrados	Média dos Quadrados	Razão F	Prob > F
Milhas	2	201150000	100575000	66,20	< 0,0001
Envelope	1	203090000	203090000	133,68	< 0,0001
Milhas x Envelope	2	1505200	752600	0,50	0,61
Erro	29994	45568000000	1519237		

Da tabela da ANOVA, podemos ver que os efeitos de *Milhas* e *Envelope* são altamente significativos, mas o termo de interação não é. Um **diagrama de interação,** um diagrama das médias para cada grupo de tratamento, é essencial para classificar o que estes valores-P significam.

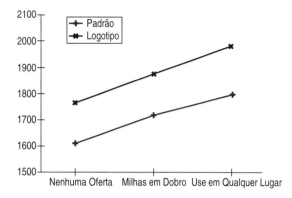

Figura 23.10 Um diagrama de interação dos efeitos de *Milhas* e *Envelope*. As linhas paralelas mostram que os efeitos das três ofertas de *Milhas* são aproximadamente os mesmos sobre os dois fatores diferentes de *Envelopes* e, portanto, que o efeito da interação é pequeno.

O diagrama de interação mostra a média dos *Gastos* em todos os seis grupos de tratamento. Os níveis de um dos fatores, neste caso, *Milhas*, estão exibidos nos eixos x e as médias dos *Gastos* dos grupos de cada nível de *Envelope* estão exibidas em cada nível de *Milhas*. As médias de cada nível de *Envelope* estão conectadas para facilitar a compreensão. Observe que o efeito de *Milhas em Dobro* sobre *Nenhuma Oferta* é aproximadamente o mesmo tanto para o envelope *Padrão* quanto com *Logotipo*. E o mesmo é verdadeiro para as milhas *Use em Qualquer Lugar*. Isto indica que o efeito de *Milhas* é constante para os dois fatores diferentes de *Envelopes*. As linhas são paralelas, o que indica que não existe efeito de interação.

Rejeitamos a hipótese nula de que a média dos *Gastos* nos três níveis diferentes de *Milhas* são iguais (com valores-P < 0,0001) e, também, rejeitamos que a média de *Gastos* para envelope *Padrão* e com *Logotipo* são as mesmas (com valor-P <0,0001). Não temos evidência, entretanto, para sugerir que existe uma interação entre os dois fatores.

Após rejeitar as hipóteses nulas, podemos criar intervalos de confiança para qualquer média de tratamento em particular ou executar um teste de hipótese para a diferença entre quaisquer duas médias. Se quisermos executar vários testes ou intervalos de confiança, precisaremos usar um método de comparações múltiplas que ajusta o tamanho do intervalo de confiança ou o nível de significância do teste para manter a taxa geral do erro Tipo I no nível que desejamos.

Quando o termo de interação não é significativo, podemos falar sobre o efeito geral de cada um dos fatores. Pelo fato de que o efeito de *Envelope* é aproximadamente o mesmo para todas as três ofertas de *Milhas* (como sabemos, em virtude de não rejeitarmos a hipótese de que o efeito da interação é zero), podemos calcular e interpretar um efeito geral de *Envelope*. As médias dos dois níveis de *Envelope* são:

Com logotipo $1871,75   *Padrão* $1707,19

e, assim, o envelope com *Logotipo* gerou uma diferença no gasto médio de $1871,75 – $1701,19 = $164,56. Um intervalo de confiança para esta diferença é ($136,66; $192,45), que os analistas podem usar para decidir caso a despesa adicionada do envelope com *Logotipo* compense o custo.

Contudo, quando um termo de interação *é* significativo, devemos ter muito cuidado em não falar sobre o efeito de um fator, *em média*, porque o efeito de um fator *depende* do nível do outro fator. Neste caso, sempre temos de falar sobre o efeito do fator num nível específico do outro fator, como veremos no próximo exemplo.

◆ **Como funciona a análise de variância de dois fatores?** Na ANOVA de dois fatores, cada tratamento consiste em um nível de cada um dos fatores, assim, escrevemos as respostas individuais como y_{ij} para indicar *i-ésimo* nível do primeiro fator e o *j-ésimo* nível do segundo fator. Ambos os fatores podem ser manipulados pelo pesquisador ou um poderia ser um fator de bloco. As fórmulas mais gerais não são mais informativas; apenas mais complexas. Iniciaremos com um delineamento não replicado com uma observação em cada grupo de tratamento. Chamaremos os fatores de A e B, cada um com níveis a e b, respectivamente. Então, o número total de observações é $n = a \times b$.

Para o primeiro fator (fator A), a *Soma dos Quadrados do Tratamento*, SQA, é a mesma que calculamos para a ANOVA de um fator:

$$SQA = \sum_{i=1}^{a} b(\bar{y}_i - \bar{\bar{y}})^2 = \sum_{j=1}^{b} \sum_{i=1}^{a} (\bar{y}_i - \bar{\bar{y}})^2$$

onde b é o número de níveis do fator B, $\bar{y}_i$ é a média de todos os sujeitos designados ao nível i do fator A (independente de qual nível do fator B que eles foram designados) e $\bar{\bar{y}}$ é a média *geral* de todas as observações. A média dos quadrados do tratamento A (MQA) é

$$MQA = \frac{SQA}{a-1}.$$

A soma dos quadrados do tratamento para o segundo fator (B) é calculada da mesma forma, mas, é claro, as médias do tratamento são, agora, as médias para cada nível deste segundo fator:

$$SQB = \sum_{j=1}^{b} a(\bar{y}_j - \bar{\bar{y}})^2 = \sum_{i=1}^{a} \sum_{j=1}^{b} (\bar{y}_j - \bar{\bar{y}})^2, \text{ e}$$

$$MQB = \frac{SQB}{b-1}$$

onde a é o número de níveis do fator A, e $\bar{\bar{y}}$, como antes, é a média geral de todas as observações, $\bar{y}_j$ é a média de todos os sujeitos designados ao *j-ésimo* nível do fator B.

O SQE pode ser encontrado subtraindo:

$$SQE = SQTotal - (SQA + SQB)$$

onde

$$SQTotal = \sum_{i=1}^{a} \sum_{j=1}^{b} (y_{ij} - \bar{\bar{y}})^2.$$

A média dos quadrados para o erro é $MQE = \dfrac{SQE}{N - (a + b - 1)}$, onde $N = a \times b$.

Existem agora duas estatísticas F, a razão de cada média dos quadrados dos tratamentos para a MQE, as quais estão associadas com cada hipótese nula.

Para testar se as médias de todos os níveis do fator A são iguais, encontramos um valor-P para $F_{a-1,N-(a+b-1)} = \dfrac{MQA}{MQE}$. Para o fator B, encontramos o valor-P para $F_{b-1,N-(a-b+1)} = \dfrac{MQB}{MQE}$.

Se o experimento for replicado (digamos r vezes), podemos também estimar a interação entre os dois fatores e testar se ele é zero. A soma dos quadrados para cada fator deve ser multiplicada por r. Por outro lado, elas podem ser escritas como uma soma (tripla) em que a soma é agora sobre o fator A, o fator B e as réplicas:

$$SQE = \sum_{k=1}^{r} \sum_{j=1}^{b} \sum_{i=1}^{a} (\bar{y}_i - \bar{\bar{y}})^2 \quad \text{e} \quad SQB = \sum_{k=1}^{r} \sum_{i=1}^{a} \sum_{j=1}^{b} (\bar{y}_j - \bar{\bar{y}})^2.$$

Encontramos a soma dos quadrados para o efeito da interação AB como:

$$SQAB = \sum_{k=1}^{r} \sum_{j=1}^{b} \sum_{i=1}^{a} (\bar{y}_{ij} - \bar{y}_i - \bar{y}_j - \bar{\bar{y}})^2, \text{ e}$$

$$MQAB = \frac{SQAB}{(a-1)(b-1)}.$$

A *SQE* é a soma dos quadrados dos resíduos:

$$SQE = \sum_{k=1}^{r} \sum_{j=1}^{b} \sum_{i=1}^{a} (y_{ijk} - \bar{y}_{ij})^2 \quad \text{e} \quad MQE = \frac{SQE}{ab(r-1)}.$$

Existem, agora, três estatísticas *F* associadas com as três hipóteses (fator A, fator B e a interação). Elas são as razões de cada uma das médias dos quadrados pelo MQE:

$$F_{a-1,\,ab(r-1)} = \frac{MQA}{MQE},\ F_{b-1,\,ab(r-1)} = \frac{MQB}{MQE}\ , \text{e}\ F_{(a-1)(b-1),\,ab(r-1)} = \frac{MQAB}{MQE}.$$

Observe que $N = r \times a \times b$ é o número total de observações no experimento.

EXEMPLO ORIENTADO	Um experimento de acompanhamento
Após analisar os dados, o banco decidiu usar o envelope com o *Logotipo*, mas um especialista de *marketing* achou que oferecer mais *Milhas* poderia aumentar ainda	mais os gastos. Um novo teste foi delineado para testar o tipo de *Milhas* e a *Quantia*. Novamente, o *Gasto* total em três meses é a variável resposta.

PLANEJAR

	Declare o problema.	Queremos estudar dois fatores, Milhas e a Quantia, para ver seu efeito na receita gerada por uma nova oferta do cartão de crédito.
	Resposta Especifique a variável resposta.	Para mensurar o sucesso, iremos usar os gastos mensais dos clientes que recebem várias ofertas. Iremos usar os três meses após o envio da oferta como o período de coleta e usaremos a quantia total gasta por cliente durante este período como a variável resposta.
	Fatores Identifique os fatores que você planeja testar. **Níveis** Especifique os níveis dos fatores que você irá usar.	Iremos oferecer aos clientes um dos dois níveis do fator Milhas para o cartão SkyWest Gold: Milhas SkyWest ou Use as Milhas em Qualquer Lugar. Os clientes irão receber ofertas de três níveis de Milhas: Milhas Regulares, Milhas Dobradas e Milhas Triplicadas.
		Iremos enviar a oferta aos clientes ao mesmo tempo (no meio do mês de março) e avaliar a resposta como o gasto total no período de abril a junho.
	Delineamento experimental Especifique delineamento.	Um total de 60000 clientes atuais do cartão Gold serão selecionados aleatoriamente a partir dos nossos registros de clientes para receber uma das seis ofertas.
		✓ Milhas SkyWest regulares
		✓ Milhas SkyWest dobradas
		✓ Milhas SkyWest triplicadas
		✓ Use as milhas em qualquer lugar regulares
		✓ Use as milhas em qualquer lugar em dobro
		✓ Use as milhas em qualquer lugar triplicadas

continua...

continuação

	Faça uma figura Um diagrama do seu delineamento pode ajudá-lo a pensar sobre ele. Poderíamos também traçar este diagrama como o da página 747, com seis grupos de tratamento, mas agora estamos considerando que o delineamento tenha dois fatores distintos que desejamos avaliar individualmente, assim, esta forma fornece a impressão correta.	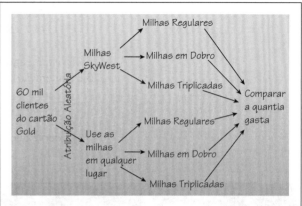 Em 15 de junho, iremos examinar os gastos totais do cartão para cada cliente no período de 1º de abril a 31 de junho. Queremos mensurar o efeito de dois tipos de Milhas e de três Quantias do prêmio.
	Especifique quaisquer outros detalhes sobre o experimento. Você deve dar detalhes o suficiente para que outro pesquisador possa repetir exatamente o seu experimento. Geralmente, é melhor incluir detalhes que possam parecer irrelevantes, porque eles podem fazer diferença. Especifique como mensurar a variável resposta.	As três hipóteses nulas são: H_O: Os gastos para as Milhas SkyWest e Use em Qualquer Lugar são os mesmos (as médias para as Quantias são iguais) H_O: Os gastos para Nenhuma Milha, Milhas Dobradas e Milhas Triplicadas são os mesmos (as médias da Quantias são iguais). H_O: O efeito de Milhas é o mesmo para todos os níveis de Quantia (e vice-versa) (nenhum efeito de interação). A alternativa para a primeira hipótese é que os Gastos médios para os dois níveis de Milhas são diferentes. A alternativa para a segunda hipótese é que pelo menos um dos gastos médios para os três níveis da Quantia é diferente. A alternativa para a terceira hipótese é que existe um efeito de interação.
	Diagrama Examine os diagramas de caixa e bigodes e os diagramas de interação.	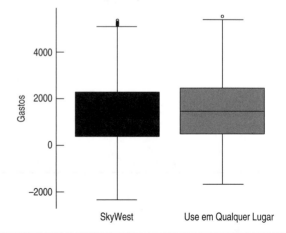

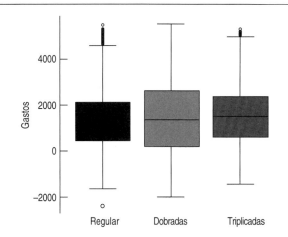

Os diagramas de caixa e bigodes para cada fator mostram que pode haver um pequeno aumento nos gastos devido às milhas Use em Qualquer Lugar e a Quantia de milhas oferecidas, mas as diferenças são difíceis de ver, por causa da variação intrínseca dos Gastos.

Existem alguns valores atípicos aparentes nos diagramas de caixa e bigodes, mas nenhum exerce uma grande influência na média do seu grupo, assim, não vamos retirá-los.

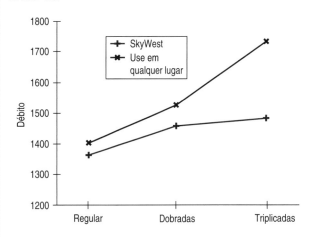

O diagrama de interação mostra que oferecer milhas Triplicadas pode ter um efeito muito maior para as milhas Use em Qualquer Lugar do que as milhas SkyWest.

Suposições e condições Pense nas suposições e verifique as condições.

✓ **Suposição de independência, condição de aleatoriedade:** O experimento foi aleatorizado para proprietários de cartão de crédito atuais.

✓ **Condição de igualdade das variâncias:** Os diagramas de caixa e bigodes mostram que as variâncias ao longo dos grupos são similares. (Podemos verificar novamente com um diagrama de resíduos após ajustar o modelo ANOVA.)

✓ **Condição do valor atípico:** Existem alguns valores atípicos, mas nenhum parece exercer influência exagerada nas médias dos grupos.

continua...

	Mostre a tabela ANOVA.	

Fonte	Gl	SQ	MQ	Razão F	Valor-P
Milhas	1	103576768	103576768	61,6216	< 0,0001
Quantia	2	253958660,1	126979330	75,5447	< 0,0001
Milhas x Quantia	2	64760963,01	32380481,51	19,2643	< 0,0001
Erro	29994	54415417459	1680850		
Total	29999	50837713850			

Verifique as condições remanescentes nos resíduos.	✓ **Condição de Normalidade:** Um histograma dos resíduos mostra que eles são moderadamente unimodais e simétricos.

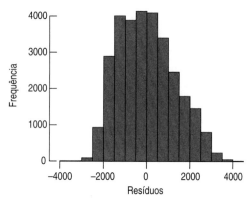

Sob estas condições, é apropriado interpretar as razões F e seus valores-P.

Discuta os resultados da tabela da ANOVA.	Todas as razões F são grandes e os valores-P são todos pequenos; portanto, rejeitamos todas as três hipóteses nulas. Pelo fato de que o efeito de interação é significativo, não podemos falar sobre o efeito geral da quantia de milhas, mas devemos tornar a discussão específica ao tipo de milhas oferecidas.
Mostre a tabela das médias, possivelmente com intervalos de confiança ou testes de um método de Comparações Múltiplas apropriado.	

Nível					Média
Use em Qualquer Lugar, Triplas	A				1732,21
Use em Qualquer Lugar, Dobradas		B			1526,93
SkyWest, Triplas		B			1484,34
SkyWest, Dobradas		B	C		1460,20
Use em Qualquer Lugar, Regular			C	D	1401,89
SkyWest, Regular				D	1363,94

Para responder a pergunta inicial, perguntamos se as diferenças que observamos nas médias dos grupos são significativas.	**Memorando:** **Re: Teste do envio para oferta criativa e envelope** O envio da correspondência para testar a iniciativa das Milhas Triplicadas saiu em março e os resultados de abril a junho estavam disponíveis no início de julho.

Pelo fato de que este é um experimento aleatório, podemos atribuir diferenças significativas aos tratamentos.	Descobrimos que oferta das milhas *Use em Qualquer Lugar* tiveram um desempenho melhor do que as milhas *SkyWest* Padrão, mas que a quantia que elas aumentaram nos gastos dependeu da quantia oferecida.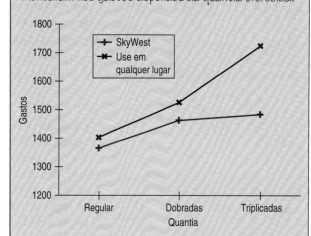Como podemos ver, as *Milhas Triplicadas* para a SkyWest não aumentaram significativamente os gastos e provavelmente não vale a despesa adicionada. Entretanto, as *Milhas Triplicadas* para o *Uso em Qualquer Lugar* gerou uma média de $205 a mais no gasto médio (com um intervalo de confiança de $131 a $279). Mesmo no extremo deste intervalo, achamos que a receita adicional das Milhas Triplicadas justifica o seu custo.
Certifique-se de fazer recomendações baseadas no contexto da sua decisão de negócios.	Em resumo, recomendamos a oferta das Milhas Triplas para a promoção das milhas de Uso em Qualquer Lugar, mas manteríamos a oferta das milhas em dobro para as milhas SkyWest

 O QUE PODE DAR ERRADO?

- **Não desista apenas porque você não pode conduzir um experimento.** Algumas vezes, não podemos conduzir um experimento porque não podemos identificar ou controlar os fatores. Algumas vezes, seria simplesmente não ético executar um experimento. (Considere atribuir de modo aleatório empregados a dois experimentos – um onde os trabalhadores fossem expostos a massivas quantidades de fumaça de cigarro e um num ambiente livre de cigarros – para ver as diferenças na saúde e na produtividade.) Se não conseguirmos conduzir um experimento, geralmente um estudo observacional é uma boa escolha.
- **Tenha cuidado com as variáveis de confusão.** Use a aleatoriedade sempre que possível para assegurar que os fatores que não estão no seu experimento não sejam confundidos com os seus níveis de tratamento. Esteja alerta a variáveis de confusão que não podem ser evitadas e relate-as junto com os seus resultados.
- **Coisas ruins podem acontecer até mesmo com experimentos bons.** Proteja a você mesmo relatando as informações adicionais. Um experimento no qual o ar condicionado falhou por duas semanas, afetando os resultados, foi salvo pelo registro da temperatura (embora este não fosse originalmente um dos fatores)

continua...

e a estimativa do efeito que a temperatura alta teve na resposta.[3] Geralmente, é uma boa prática coletar tanta informação quanto possível sobre as suas unidades experimentais e as circunstâncias do seu experimento. Por exemplo, no experimento da mala direta, seria prudente registrar os detalhes da economia geral e todos os eventos globais (como um declínio acentuado no mercado de ações) que podem afetar o comportamento do consumidor.

- **Não gaste todo o seu orçamento na primeira execução.** Assim como é uma boa ideia fazer um pré-teste da pesquisa, é sempre prudente tentar um pequeno experimento piloto antes de executar todo o experimento. Você pode descobrir, por exemplo, como escolher os níveis dos fatores mais eficazmente, sobre efeitos que você esqueceu de controlar e sobre variáveis de confusão imprevistas.

- **Cuidado com os valores atípicos.** Um valor atípico num grupo pode mudar tanto a média quanto a dispersão daquele grupo. Ele irá também aumentar a Média dos Quadrados do Erro, que pode influenciar o teste F. A boa notícia é que a ANOVA falha por ser conservadora, perdendo poder quando existem valores atípicos. Isto é, você tem menos probabilidade de rejeitar a hipótese nula geral se você tem (ou deixa) os valores atípicos nos seus dados, assim, eles provavelmente não vão deixá-lo cometer um erro do Tipo I.

- **Cuidado com alterações nas variâncias.** As conclusões da ANOVA dependem crucialmente das suposições de independência e de variâncias iguais entre os grupos e (de certa forma, menos importante à medida que n aumenta) da Normalidade. Se as condições nos resíduos são violadas, pode ser necessário transformar a variável resposta para satisfazer melhor estas condições. A ANOVA se beneficia tanto de uma transformação utilizada que a escolha da transformação pode ser considerada uma parte padrão da análise.

- **Seja cuidadoso em tirar conclusões sobre relações causais de estudos observacionais.** A ANOVA é geralmente aplicada a dados de experimentos aleatórios para os quais conclusões causais são apropriadas. Se os dados não forem de experimentos delineados, entretanto, a Análise de Variância não fornece mais evidência para a causalidade do que qualquer outro método que estudamos. Não tenha o hábito de supor que os resultados da ANOVA têm interpretações causais.

- **Seja cuidadoso na generalização de situações diferentes daquelas à mão.** Pense seriamente sobre como os dados foram gerados para entender o alcance das conclusões que você está autorizado a tirar.

- **Cuidado com comparações múltiplas.** Ao rejeitar a hipótese nula, você pode concluir que as médias não são *todas* iguais. Mas você não pode começar comparando cada par dos tratamentos no seu estudo com um teste t. Você corre o risco de aumentar a sua taxa do erro do Tipo I. Use o método das comparações múltiplas quando quiser testar muitos pares.

- **Tenha certeza de ajustar um termo de interação quando ele existir.** Quando o delineamento for replicado, é sempre uma boa ideia ajustar um termo de interação. Se ele acabar não tendo uma significância estatística, você pode, então, ajustar um efeito principal mais simples de um modelo de dois fatores.

- **Quando o efeito de interação é significativo, não interprete os efeitos principais.** Os efeitos principais podem ser enganosos na presença dos termos de interação. Veja este diagrama de interação:

---

[3] R. D. DeVeaux e M. Szelewski. "Optimizing Automatic Splitless Injection Parameters for Gas Chromatographic Analysis", *Journal of Cromotographic Science* 27, n. 9, 1989, p. 513-518.

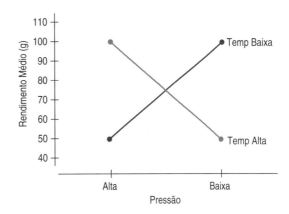

Figura 23.10 Um diagrama de interação de *Rendimento* por *Temperatura* e *Pressão*. Os efeitos são enganosos. Não existem efeitos (principais) de *Pressão*, porque a média do *Rendimento* nas duas pressões é a mesma. Isto não significa que a *Pressão* não tenha efeito no *Rendimento*. Na presença de um efeito de interação, tenha cuidado quando interpretar os efeitos principais.

O experimento foi executado com dois níveis de temperaturas e dois níveis de pressão. Grandes quantidades de material foram produzidas em alta pressão com temperatura alta e com baixa pressão e com temperatura baixa. Qual o efeito da *Temperatura*? E da *Pressão*? Ambos os efeitos principais são 0, mas seria tolo (e errado) dizer que nem a *Temperatura* e nem a *Pressão* eram importantes. A história verdadeira está na interação.

ÉTICA EM AÇÃO

Os professores de muitas universidades estaduais pertencem a um sindicato de professores. Os docentes sindicalizados de um sistema universitário estadual estão se preparando para fechar negociações. Cheryl McCrady, recentemente eleita presidente do sindicato de um dos *campi* de uma universidade estadual, há muito tem se preocupado com as diferenças salariais entre docentes homens e mulheres. Como presidente do sindicato, ela agora tem acesso às informações sobre os salários dos docentes e decidiu executar algumas análises. Após consultar alguns colegas que regularmente usam a estatística, ela decide usar a análise de variância para determinar se as diferenças em salários podem ser atribuídas ao gênero respondendo pela posição do corpo docente (professor assistente, professor associado e professor titular). Ela não ficou surpresa com os resultados. Embora não exista um efeito de interação significativo entre gênero e posição, ela descobre que gênero e posição são fatores significativos na explicação das diferenças salariais. Dado que a discriminação baseada em gênero é um assunto sério, ela está pensando em como deverá proceder.

PROBLEMA ÉTICO *Este é um estudo observacional desprovido do controle de um estudo experimental. As variáveis de confusão podem existir, mas não são discutidas. Por exemplo, as disciplinas com baixos salários (por exemplo, Educação) tendem a ter mais mulheres docentes do que disciplinas com maiores salários (por exemplo, Administração). (Relacionado ao ItemA, ASA Guidelines.) Ela deve também verificar os valores atípicos. Casos especiais, como um técnico de futebol famoso ou um ganhador do Prêmio Nobel, podem impor altos salários pouco comuns, mas não são relevantes ao pagamento dos membros normais da faculdade.*

SOLUÇÃO ÉTICA *Torne todas as advertências explícitas. Este é um assunto complexo que não deve ser tratado de forma simples.*

O que aprendemos?

Aprendemos a reconhecer pesquisas amostrais, estudos observacionais e experimentos comparativos aleatórios. Sabemos que estes métodos coletam dados de formas diferentes e nos levam a diferentes conclusões.

Aprendemos a identificar estudos observacionais retrospectivos e prospectivos e entender as vantagens e desvantagens de cada um.

Aprendemos que somente experimentos bem delineados nos permitem formular conclusões de causa e efeito. Manipulamos níveis de tratamentos para ver se o fator que identificamos produz mudanças na variável resposta.

Aprendemos os princípios do delineamento experimental:

- Queremos ter certeza de que a variação na variável resposta pode ser atribuída ao nosso fator, assim, identificamos tantas outras fontes de variabilidade quanto possível.

- Controlamos as fontes de variabilidade que podemos e consideramos fazer blocos para reduzir a variabilidade das fontes que reconhecemos, mas que não podemos controlar.

- Pelo fato de que existem muitas fontes possíveis de variabilidade que não podemos identificar, tentamos igualá-las atribuindo aleatoriamente unidades experimentais aos tratamentos.

- Replicamos o experimento em tantos sujeitos quanto possível. Aprendemos o valor de ter um grupo de controle e usar os controles cego e placebo.

Aprendemos, no Capítulo 13, como testar se as médias dos dois grupos são iguais. Agora, neste capítulo, estendemos isto testando se as médias de vários grupos são iguais. Primeiro, aprendemos, no Capítulo 4, que um bom primeiro passo em um exame de uma relação entre uma resposta quantitativa e uma variável de agrupamento categórica é olhar os diagramas de caixa e bigodes lado a lado. Acabamos de ver que esse ainda é um bom começo antes de formalmente testar a hipótese nula.

Aprendemos que o teste F é uma generalização do teste t que usamos para testar dois grupos. Vimos que, embora isto torne a mecânica familiar, existem novas condições a serem verificadas. Também aprendemos que, quando a hipótese nula é rejeitada e concluímos que existem diferenças, precisamos ajustar os intervalos de confiança para as diferenças dos pares entre as médias. Também precisamos ajustar os níveis alfa dos testes que executamos, uma vez rejeitada a hipótese nula.

- Aprendemos que, sob certas suposições, a estatística usada para testar se as médias de k grupos são iguais é distribuída como uma estatística F com $k-1$ e $N-k$ graus de liberdade.

- Aprendemos a verificar quatro condições para averiguar as suposições antes de procedermos com a inferência e vimos que a maioria das verificações pode ser feita fazendo um gráfico dos dados e dos resíduos com os métodos que aprendemos nos capítulos anteriores.

- Aprendemos que, se a estatística F é grande o suficiente, rejeitamos a hipótese nula de que todas as médias são iguais.

- Também aprendemos a criar e interpretar intervalos de confiança para as diferenças entre cada par de médias dos grupos, reconhecendo que precisamos ajustar os intervalos de confiança para o número de comparações que fizermos.

- Aprendemos que, algumas vezes, os fatores podem interagir uns com os outros. Quando temos pelo menos duas observações em cada combinação dos níveis dos fatores, podemos acrescentar um termo de interação ao nosso modelo para se responsabilizar pela possível interação.

- Finalmente, aprendemos a reconhecer os problemas apresentados pelas variáveis de confusão em experimentos e variáveis ocultas em estudos observacionais.

Termos

Análise de Variância (ANOVA) Um método de análise para testar a igualdade das médias em grupos de tratamento.

Atribuição aleatória Para ser válido, um experimento deve atribuir unidades experimentais aos grupos de tratamento ao acaso. Isto é chamado de atribuição aleatória.

Bloco Quando os grupos de unidades experimentais são similares, geralmente é uma boa ideia reuni-los em blocos. Colocando-os em blocos, isolamos a variabilidade atribuível às diferenças entre os blocos para que possamos ver as diferenças nas médias mais claramente devido aos tratamentos.

Cego Qualquer indivíduo associado com um experimento que não está ciente de como os sujeitos foram alocados aos grupos de tratamento é chamado de cego.

Cego e duplo cego Existem duas classes de indivíduos que podem afetar o resultado de um experimento:

> aqueles que podem *influenciar os resultados* (sujeitos, administradores de tratamento ou técnicos)

> aqueles que *avaliam os resultados* (juízes, médicos, etc.)

Quando todos os indivíduos *em uma ou outra* destas classes são cegos, um experimento é denominado como cego.

Quando todos em *ambas* as classes estão cegos, chamamos o experimento de duplo cego.

Comparações múltiplas Se rejeitamos a hipótese nula de que as médias são iguais, geralmente queremos investigar além e comparar pares de médias dos grupos de tratamento para ver quais diferem. Se quisermos testar vários destes pares, devemos fazer um ajuste para executar os vários testes mantendo o nível do erro do Tipo I e impedindo que ele cresça. Tais ajustes são chamados de métodos de comparações múltiplas.

Confusão Quando os níveis de um fator estão associados aos níveis de outro fator de modo que seus efeitos não possam ser separados, dizemos que estes dois fatores estão em confusão.

Controle Quando limitamos os níveis de um fator não explicitamente parte de um delineamento experimental, controlamos aquele fator. (Por outro lado, os fatores que estamos testando são chamados de *manipulados*.)

Delineamentos
- **Delineamento em blocos aleatorizados:** A aleatoriedade ocorre somente dentro dos blocos.
- **Delineamento completamente aleatorizado:** Todas as unidades experimentais têm uma chance igual de receber qualquer tratamento.
- **Delineamento fatorial:** Inclui mais do que um fator no mesmo delineamento e inclui cada combinação de todos os níveis de cada fator.

Desvio padrão do resíduo O desvio padrão do resíduo dá uma ideia da variabilidade subjacente dos valores da resposta.

Diagrama de interação Um diagrama que mostra as médias em cada combinação de tratamento, destacando os efeitos do fator e seu comportamento em todas as combinações.

Distribuição F A distribuição F é a distribuição amostral da estatística F quando a hipótese nula de que as médias do tratamento são iguais é verdadeira. Ela tem dois parâmetros denominados de graus de liberdade, um para o numerador ($k - 1$) e outro para o denominador, $N - k$, onde N é o número total de observações e k é o número de grupos.

Efeito placebo A tendência de muitos sujeitos humanos (geralmente 20% ou mais de sujeitos do experimento) de mostrar uma resposta mesmo tendo recebido um placebo.

Estatística F A estatística F é a razão MQT/MQE. Quando a estatística F é suficientemente grande, rejeitamos a hipótese nula de que as médias do grupo são iguais.

Estudo observacional Um estudo baseado em dados nos quais não houve manipulação dos fatores.

Estudo prospectivo Um estudo observacional no qual os sujeitos são seguidos para se observar futuros resultados. Pelo fato de que nenhum tratamento é deliberadamente aplicado, um estudo pros-

Parte IV – Construindo Modelos para a Tomada de Decisões

pectivo não é um experimento. No entanto, os estudos prospectivos geralmente buscam estimativa de diferenças entre grupos que podem aparecer à medida que os grupos são seguidos durante o curso do estudo.

Estudo retrospectivo
Um estudo observacional no qual os sujeitos são selecionados e então suas condições prévias ou comportamentos são determinados. Pelo fato de os estudos retrospectivos não se basearem em amostras aleatórias, eles geralmente têm como foco a estimativa das diferenças entre grupos ou associações entre variáveis.

Experimento
Um experimento *manipula* níveis de fatores para criar tratamentos, atribuindo *aleatoriamente* os sujeitos a estes níveis de tratamento e, então, *compara* as respostas dos grupos dos sujeitos ao longo dos níveis de tratamento.

Fator
Uma variável cujos níveis são controlados pelo experimento. Os experimentos tentam descobrir os efeitos que as diferenças nos níveis do fator podem ter nas respostas das unidades experimentais.

Grupo de controle
As unidades experimentais designadas ao nível de tratamento básico, normalmente o tratamento padrão, que é bem entendido, ou a hipótese nula com tratamento placebo. Suas respostas fornecem a base para a comparação.

Interação
Quando os efeitos dos níveis de um fator mudam dependendo do nível do outro fator, é dito que os dois fatores interagem. Quando os termos de interação estão presentes, é enganoso falar do efeito principal de um fator, porque o seu tamanho *depende* do nível de outro fator.

Média dos Quadrados
A soma dos quadrados dividida pelos seus graus de liberdade associados.

- **Média dos Quadrados devido ao Erro (MQE)** A estimativa da variância do erro obtida combinando a variância de cada grupo de tratamento. A raiz quadrada do MQE é a estimativa do desvio padrão do erro, s_p.

- **Média dos Quadrados devido ao tratamento (MQT)** A estimativa do erro da variância sob a hipótese nula de que as médias dos tratamentos são iguais. Se a hipótese nula não é verdadeira, o MQT será maior do que a variância do erro.

Método de Bonferroni
Um dos muitos métodos para ajustar a margem de erro para controlar o risco geral de cometer um erro do Tipo I quando testamos muitas diferenças dos pares entre as médias dos grupos.

Nível
Os valores específicos que o pesquisador escolhe para um fator são chamados de níveis do fator.

Placebo
Um tratamento conhecido por não ter nenhum efeito, administrado para que todos os grupos experimentem as mesmas condições. Vários sujeitos respondem a tal tratamento (uma resposta conhecida como o *efeito placebo*). Somente comparando com um placebo podemos ter certeza de que o efeito observado de um tratamento não se deve simplesmente ao efeito placebo.

Princípios de um projeto ou delineamento experimental
- **Controle** aspectos do experimento que você sabe que podem ter um efeito na resposta, mas não são fatores sendo estudados.

- **Torne aleatórios** a atribuição dos sujeitos aos tratamentos para ajustar os efeitos que não podemos controlar.

- **Replique** tantos sujeitos quanto possível. Resultados para um único sujeito são apenas particularidades.

- **Construa blocos** para reduzir os efeitos de atributos identificáveis dos sujeitos que não podem ser controlados.

Resposta
Uma variável cujos valores são comparados pelos diferentes tratamentos. Num experimento aleatório, as grandes diferenças da resposta podem ser atribuídas ao efeito das diferenças no nível dos tratamentos.

Sujeitos ou Participantes
Quando as unidades experimentais são pessoas, elas são geralmente denominadas de Sujeitos ou Participantes.

Capítulo 23 – Análise e Projeto de Experimentos e Estudos Observacionais

Tabela da ANOVA   A tabela da ANOVA é conveniente para mostrar os graus de liberdade, a média dos quadrados do tratamento, a média dos quadrados, sua razão, a estatística F e o seu valor-P. Existem geralmente outras quantidades de menor interesse incluídas também.

Teste F   O teste F testa a hipótese nula de que todas as médias do grupo são iguais *versus* a alternativa unilateral de que elas não são iguais. Rejeitamos a hipótese de médias iguais se a estatística F exceder o valor crítico da distribuição F correspondendo ao nível de significância especificado e aos graus de liberdade.

Tratamento   O processo, intervenção ou outra circunstância controlada aplicada a unidades experimentais atribuídas aleatoriamente. Os tratamentos são os níveis diferentes de um único fator ou são combinações de níveis de dois ou mais fatores.

Unidades experimentais   Indivíduos nos quais um experimento é executado. Geralmente chamados de sujeitos ou participantes quando eles são humanos.

Habilidades

- Reconhecer quando um estudo observacional seria apropriado.
- Ser capaz de identificar os estudos observacionais como retrospectivos ou prospectivos e entender as potencialidades de cada método.
- Conhecer os quatro princípios básicos de um delineamento experimental seguro: controle, aleatoriedade, réplica e bloco e ser capaz de explicar cada um.
- Ser capaz de reconhecer os fatores, tratamentos e a variável resposta numa descrição de um experimento delineado.
- Entender a importância essencial da aleatoriedade em tratamentos designados a unidades experimentais.
- Entender a importância da réplica para passar de particularidades a conclusões gerais.
- Entender o valor dos blocos para que a variabilidade devido às diferenças nos atributos dos sujeitos possa ser removida.
- Entender a importância de um grupo de controle e a necessidade de um tratamento de placebo em alguns estudos.
- Entender a importância dos delineamentos cego e duplo cego em estudos com sujeitos humanos e ser capaz de identificar o efeito cego e a necessidade de cegar na execução de experimentos.
- Entender o valor de um placebo em experimentos com participantes humanos.
- Reconhecer situações para as quais a ANOVA é a análise apropriada.
- Saber como examinar seus dados para violações das condições que tornariam a ANOVA imprudente ou inválida.
- Reconhecer quando uma análise adicional das diferenças entre as médias dos grupos seria apropriada.
- Entender as vantagens de um experimento com dois fatores.

- Ser capaz de executar um experimento completamente aleatório para testar o efeito de um único fator.
- Ser capaz de executar um experimento no qual blocos são utilizados para reduzir a variação.
- Saber como usar gráficos para comparar respostas para diferentes grupos de tratamento.
- Ser capaz de executar uma ANOVA usando um pacote estatístico ou uma calculadora para uma variável resposta e um fator com quaisquer números de níveis.
- Ser capaz de executar vários testes subsequentes usando um procedimento de comparações múltiplas.
- Ser capaz de usar um pacote estatístico para executar uma ANOVA de dois fatores.

- Saber como interpretar um diagrama de interação para dados replicados com dois fatores.

RELATAR
- Saber como relatar os resultados de um estudo observacional. Identificar os sujeitos, como os dados foram coletados e qualquer tendenciosidade potencial ou defeitos que você reconhecer. Identificar os fatores conhecidos e aqueles que possam ter sido revelados pelo estudo.

- Saber como relatar os resultados de um experimento. Dizer quem são os sujeitos e como sua designação para o tratamento foi determinada. Relatar como a variável resposta foi mensurada e em quais unidades de mensuração.

- Entender que a sua descrição de um experimento deve ser suficiente para outro pesquisador replicar o estudo com os mesmos métodos.

- Ser capaz de explicar os conteúdos da tabela da ANOVA, em especial o papel do MQT, MQE e o desvio padrão combinado, s_p.

- Ser capaz de interpretar um teste com a hipótese nula de que as médias verdadeiras de vários grupos independentes são iguais. (Sua interpretação deve incluir uma defesa da sua suposição de variâncias iguais.)

- Ser capaz de interpretar os resultados dos testes que usam métodos de comparações múltiplas.

- Ser capaz de interpretar os efeitos principais de uma ANOVA de dois fatores.

- Ser capaz de usar um diagrama de interação para explicar um efeito de interação.

- Ser capaz de distinguir quando uma discussão de efeitos principais é apropriada na presença de uma interação significativa.

Ajuda tecnológica

A maioria das análises de variância é feita com computadores e todos os pacotes estatísticos apresentam os resultados numa tabela da ANOVA muito parecida com as deste capítulo. A tecnologia também torna fácil examinar os diagramas de caixa e bigodes lado a lado e verificar os resíduos para violações das suposições e condições. Os pacotes estatísticos oferecem escolhas diferentes entre possíveis métodos de comparações múltiplas. Esta é uma área específica. Obtenha orientação ou leia mais se você precisar escolher um método para comparações múltiplas. Como vimos no Capítulo 13, existem duas formas de organizar os dados de vários grupos. Podemos colocar todos os valores da resposta numa única variável e usar uma segunda variável (por exemplo, "fator") para conter as identidades dos grupos. Isto é chamado, algumas vezes, de formato empilhado. A alternativa é um formato não empilhado, colocando os dados para cada grupo na sua própria coluna ou variável. Então, as identidades da variável se tornam os identificadores do grupo. O formato empilhado é necessário para experimentos com mais de um fator. Todos os níveis do fator são nomeados numa variável. Alguns pacotes podem funcionar com qualquer formato para delineamentos simples de um fator e alguns usam um formato para algumas coisas e outro para outras. (Tenha cuidado, por exemplo, quando você fizer diagramas de caixa e bigodes lado a lado; tenha certeza de dar a versão apropriada daquele comando para corresponder à estrutura dos seus dados.) A maioria dos pacotes oferece a opção de salvar os resíduos e os valores previstos para torná-los disponíveis para testes posteriores das condições. Em alguns pacotes, você deverá solicitar isto especificamente.

Alguns pacotes estatísticos têm comandos diferentes para modelos com um fator e para aqueles com dois ou mais fatores. Você deve estar alerta a estas diferenças quando realizar uma ANOVA de dois fatores. Não é incomum encontrar modelos de ANOVA em vários lugares diferentes no mesmo pacote. (Procure por termos como "Modelos Lineares".)

Capítulo 23 – Análise e Projeto de Experimentos e Estudos Observacionais **775**

Excel

Para calcular uma ANOVA de um fator:
- Do menu Ferramentas (ou o Painel Dados no Office 2007), selecione **Análise de dados**.
- Selecione **Anova: fator único** da lista Análise de dados.
- Clique na tecla **OK.**
- Entre com o intervalo dos dados em "Intervalo de entrada:".
- Marque a caixa **Rótulos na primeira linha,** se este for o caso.
- Entre com um nível alfa para o teste F se ele for diferente de 0,05.
- Clique na tecla **OK.**

Comentários

O intervalo dos dados deve incluir duas ou mais colunas de dados a serem comparados. Diferente dos pacotes estatísticos, o Excel espera que cada coluna dos dados represente um nível diferente do fator. Entretanto, ele não oferece uma forma para nomear estes níveis. As colunas não precisam ter o mesmo número de dados, mas as células selecionadas devem formar um retângulo grande o suficiente para manter a coluna com o maior número de dados.

O Excel não pode calcular a ANOVA Multifatores*, mas o *Excel Data Analysis Add-in* oferece a ANOVA de dois fatores "com e sem replicações". Este comando requer que os dados estejam num formato especial e não consegue tratar de dados não balanceados (isto é, números de valores diferentes nos grupos de tratamento).

Minitab

- Selecione **ANOVA** do menu **Stat**.
- Selecione **One-way ...** ou **Two-way ...** do submenu **ANOVA.**
- Na caixa de diálogo, atribua uma variável quantitativa Y à caixa Resposta e atribua o(s) fator(es) categórico(s) X à caixa Fator.
- Em uma ANOVA de dois fatores, especifique as interações.
- Verifique a caixa **Store Residuals**.
- Clique na tecla **Graphs**.
- Na caixa de diálogos **ANOVA-Graphs**, selecione **Standardized residuals** e verifique **Normal plot of residuals** e **Residuals versus fit**.
- Clique na tecla **OK** para retornar à caixa da ANOVA.
- Clique na tecla **OK** para calcular a ANOVA.

Comentários

Se os seus dados estão num formato não empilhado, com colunas separadas para cada nível de tratamento, o Minitab pode calcular a ANOVA de um fator diretamente. Escolha **One-way (não empilhado)** do submenu **ANOVA**. Para a ANOVA de dois fatores, você deve usar o formato empilhado.

SPSS

Para calcular a ANOVA de um fator:
- Selecione **Compare Means** do menu **Analyze**.
- Escolha **One-way Anova** do menu **Compare Means**.
- Na caixa de diálogos **One-way Anova**, selecione a variável Y e mova-a ao objetivo dependente. Então mova a variável X ao objetivo independente.
- Clique na tecla **OK**.
- Para calcular a ANOVA de dois fatores:
- Escolha **Analyze > General Linear Model > Univariate**.
- Atribua a resposta variável à caixa **Dependent Variable**.
- Atribua os dois fatores à caixa **Fixed Factor(s)**. Isto irá ajustar o modelo com interações por omissão.
- Para omitir interações, clique em **Models**. Selecione **Custom.** Destaque os fatores. Selecione **Main Effects** sob a flecha **Build Terms** e clique na flecha.
- Clique em **Continue** e **OK** para calcular o modelo.

Comentários

O SPSS espera que os dados estejam no formato empilhado. As teclas **Contrasts** e **Post Hoc** oferecem formas de testar contrastes e executar comparações múltiplas. Veja o seu manual do SPSS para mais detalhes.

---

* N. de R. T.: Ao contrário do que afirmam os autores, o Excel apresenta, no mesmo lugar da ANOVA de um fator, a possibilidade de executar a ANOVA com dois fatores, tanto com quanto sem repetições.

JMP

Para calcular a ANOVA de um fator:

- Do menu **Analyze,** selecione **Fit Y by X**.
- Selecione as variáveis: uma quantitativa Y, variável Resposta e uma categórica X, variável Fator.
- O JMP abre a janela **Oneway**.
- Clique no triângulo vermelho ao lado do cabeçalho, selecione **Display Options** e escolha **Boxplots**.
- Do mesmo menu, escolha o comando **Means/ANOVA t-test**.
- O JMP abre a saída ANOVA de um fator.

Para calcular a ANOVA de dois fatores:

- Do menu **Analyze,** selecione **Fit Y by X**.
- Selecione as variáveis as adicione (**Add**) à caixa **Construct Model Effects**.

- Para especificar uma interação, selecione ambos os fatores e pressione a tecla **Cross**.
- Clique em **Run Model**.
- O JMP abre a janela **Fit Least Squares**.
- Clique no triângulo vermelho ao lado de cada efeito para ver os diagramas das médias para aquele fator. Para o termo de interação, este é o diagrama de interação.
- Consulte a documentação do JMP para informações sobre outras características.

Comentários

O JMP espera que os dados estejam no formato "empilhado" com uma resposta contínua e duas variáveis (fatores) nominais.

DATA DESK

Para calcular a ANOVA de um fator ou de dois fatores:

- Selecione a variável resposta como Y e a variável fator como X.
- Do menu **Calc,** escolha **ANOVA > ANOVA** ou (para a ANOVA de dois fatores com interações) **ANOVA > ANOVA with interactions**.
- O Data Desk exibe a tabela da ANOVA.
- Selecione o diagrama dos resíduos da tabela da ANOVA do menu HiperView.

Comentários

O Data Desk espera que os dados estejam no formato "empilhado". Você pode mudar a ANOVA arrastando o ícone de outra variável sobre o nome da variável Y ou X na tabela e largando-a lá. A análise e quaisquer diagramas serão recalculados automaticamente.

Projetos de estudo de pequenos casos

Projete, execute e analise seu próprio experimento multifator. O experimento não deve envolver sujeitos humanos. Na verdade, um experimento projetado para encontrar o melhor ajuste para pipoca de micro-ondas, o melhor projeto para um avião de papel ou o peso e localização ótima de moedas num carro de brinquedo para fazê-lo andar mais longe e mais rápido num declive são todas boas ideias. Tenha certeza de definir sua variável resposta de interesse antes de começar o experimento e especifique como você irá executar o experimento, especialmente incluindo os elementos que você controla, como você usa a aleatoriedade e quantas vezes você replica o experimento. Analise os resultados do seu experimento e escreva sua análise e conclusões incluindo quaisquer recomendações para testes futuros.

EXERCÍCIOS

1. Sabão em pó. Um grupo de consumidores quer testar a eficácia de um novo sabão em pó. Eles pegam 16 peças brancas e mancham cada uma com a mesma quantidade de gordura. Eles decidem testar o sabão usando água quente e fria e na lavagem curta e longa. Metade das 16 peças será lavada com o novo sabão em pó e metade será lavada com um sabão em pó padrão. Eles irão comparar as camisas usando um escâner ótico para mensurar a brancura.
a) Quais são os fatores que eles estão testando?
b) Identifique os níveis dos fatores.
c) Qual/Quais é/são a(s) resposta(s)?

2. Roteiro de vendas. Uma empresa de produtos para o ar livre quer testar um novo projeto do seu *site*, onde os clientes podem obter informações sobre suas atividades favoritas ao ar livre. Eles enviam aleatoriamente a metade dos clientes que visitam o *site* para o novo projeto. Eles querem ver se os visitantes da rede gastam mais tempo no *site* e se fazem uma compra.
a) Quais são os fatores que eles estão testando?
b) Identifique os níveis do(s) fator(es),
c) Qual/Quais é/são a(s) resposta(s)?

3. Sabão em pó para roupas, parte 2. Um membro do grupo de consumidores do Exercício 1 está preocupado com o tempo que o experimento irá durar e faz algumas sugestões para encurtá-lo. Faça um breve comentário sobre cada ideia seguinte.
a) Reduza as execuções para 8 testando somente o novo detergente. Compare os resultados aos resultados do sabão de roupa padrão publicados pelo fabricante.
b) Reduza as execuções para 8 testando somente na água quente.
c) Mantenha o número de execuções em 16, mas economize tempo executando todos os testes com o sabão em pó padrão primeiro para evitar troca repetida do sabão em pó.

4. Trajes de natação. Um fabricante de trajes de natação quer testar a velocidade da sua nova roupa de $550. Eles projetam um experimento com 6 nadadores olímpicos aleatoriamente selecionados para nadarem o mais rápido que puderem com o traje de natação antigo e, então, nadar no mesmo evento com o novo e caro traje de natação. Eles irão usar as diferenças no tempo como a variável resposta. Critique o experimento e aponte alguns problemas para a generalização dos resultados.

5. Mozart. Ouvir a sonata para piano de Mozart deixará você mais inteligente? Num estudo de 1995, Rauscher, Shaw e Ky relataram que, quando os estudantes se submetiam a uma seção de raciocínio espacial de um teste de QI padrão, aqueles que ouviam Mozart por 10 minutos melhoravam seus escores mais do que aqueles que ficavam em silêncio.
a) Estes pesquisadores disseram que as diferenças eram estatisticamente significativas. Explique o que isto significa neste contexto.
b) Steele, Bass e Crook tentaram replicar o estudo original. Os sujeitos eram 125 estudantes universitários que participaram do experimento para ganhar créditos no curso. Os sujeitos primeiro fizeram o teste. Em seguida, foram designados a um dos três grupos: ouvir uma sonata para piano de Mozart, ouvir uma música de Philip Glass e sentar por 10 minutos em silêncio. Três dias após o tratamento, eles foram testados novamente. Faça um diagrama exibindo o delineamento deste experimento.
c) Os diagramas de caixa e bigode mostram as diferenças nos escore antes e depois do tratamento para os três grupos. O grupo de Mozart mostrou melhora?
d) Você acha que os resultados provam que ouvir a Mozart é benéfico? Explique.

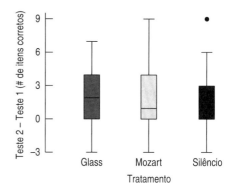

6. Mais Mozart. Um anúncio, vendendo CDs da música de Mozart especialmente projetados especificamente para "fortalecer sua mente, curar seu corpo e revelar seu espírito criativo", afirma que "no Japão, uma destilaria realmente relatou que seu melhor saquê é feito quando Mozart é tocado próximo à levedura". Suponha que você deseje projetar um experimento para testar se isto é verdadeiro. Suponha que você tenha completa cooperação da destilaria de saquê. Especifique como você projetaria o experimento. Indique os fatores e a resposta e como eles seriam mensurados, controlados ou aleatorizados.

7. *Marketing* de cereais. Os fabricantes de Frumpies, "o café da manhã da criançada", quer melhorar seu *marketing*; portanto, eles consultam você.
a) Inicialmente, eles querem saber qual a fração de crianças com idades entre 10 a 13 anos que gostam do seu cereal com sabor de aipo. Que tipo de estudo eles devem executar?
b) Eles estão pensando em introduzir um novo sabor, Frumpies de *marshmallow* e melado, e querem saber se as crianças irão preferir o novo sabor ao antigo. Projete um experimento completamente aleatório para investigar esta questão.
c) Eles suspeitam que as crianças que regularmente assistem o desenho animado do sábado de manhã estrelado por Frump, o rato guerreiro adolescente e voador e que come Frumpies em cada episódio, podem responder diferentemente ao novo sabor. Como você levaria isto em conta no seu delineamento?

8. *Marketing* de vinhos. Um estudo dinamarquês de 2001 publicado na *Archives of International Medicine* lança dúvidas significativas nas sugestões de que os adultos que bebem vinho têm níveis mais altos do colesterol "bom" e poucos ataques do coração. Estes pesquisadores acompanharam durante 40 anos um grupo de indivíduos nascidos em um hospital de Copenhagen entre 1959 e 1961. Seu estudo descobriu que, neste grupo, os adultos que bebiam vinho eram mais ricos e tinham uma melhor educação do que aqueles que não bebiam vinho.

a) Que tipo de estudo foi este?
b) Geralmente, é verdade que as pessoas com níveis mais elevados de educação e *status* socioeconômico são mais saudáveis do que os outros. Como isto tem a ver com o suposto benefício do vinho?
c) Estudos como este podem provar causação (que o vinho ajuda a prevenir ataques do coração, que beber vinho torna a pessoa mais rica, que ser rico ajuda a prevenir ataques do coração, etc.)? Explique.

9. Cursos de preparação para o SAT. Alguns cursos especiais podem realmente ajudar a melhorar os escores do SAT? Uma organização diz que os 30 estudantes que eles monitoraram alcançaram um ganho médio de 60 pontos quando refizeram o teste.
a) Explique por que isto não necessariamente prova que o curso especial causou o aumento dos escores.
b) Proponha um delineamento para um experimento que poderia testar a eficácia do curso tutorial
c) Suponha que você suspeita que o tutorial possa ser mais útil para estudantes cujos escores iniciais foram particularmente baixos. Como isto afetaria o seu delineamento?

10. Interruptor de segurança. Uma máquina industrial requer uma chave interruptora de emergência que deve ser projetada para que possa ser facilmente operada com as duas mãos. Projete um experimento para descobrir se os trabalhadores serão capazes de desativar a máquina tão rápido com a mão esquerda quanto com a mão direita. Assegure-se de explicar o papel da aleatoriedade no seu delineamento.

11. Economia de combustível. Estes diagramas de caixa e bigodes mostram a relação entre o número de cilindros do motor de um carro com a economia de combustível em um estudo conduzido por um grande fabricante de carros.
a) Qual é a hipótese nula e a alternativa? Fale sobre carros e economia de combustível em palavras, não com símbolos.
b) As condições para a ANOVA parecem ter sido satisfeitas? Por quê?

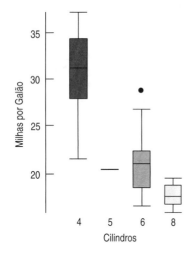

12. Produção de vinho. Os diagramas de caixa e bigodes exibem os preços das caixas (em dólares) de vinhos produzidos por vinícolas ao longo de três dos Lagos Finger, no estado de Nova York.
a) Qual é a hipótese nula e a qual alternativa? Fale sobre preços e localização em palavras, não com símbolos.

b) As condições para a ANOVA parecem ter sido satisfeitas? Por quê?

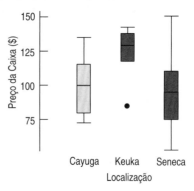

13. Adoção de telefone celular. As taxas de adoção do telefone celular estão disponíveis para vários países no Banco de Dados das Nações Unidas (unstats.un.org). Os países foram selecionados aleatoriamente de três regiões (África, Ásia e Europa) e as taxas da adoção do telefone celular (por 100 habitantes) processadas. Os diagramas de caixa e bigodes exibem os dados.

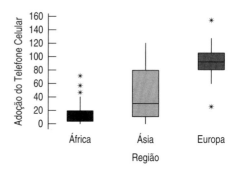

a) Quais são as hipóteses nula e a alternativa (em palavras, não símbolos)?
b) As condições para a ANOVA parecem ter sido satisfeitas? Por que ou por que não?

14. Salários dos gerentes de *marketing*. Uma amostra de oito estados foi selecionada aleatoriamente de cada uma das três regiões dos Estados Unidos (Nordeste, Sudeste e Oeste). Os salários médios anuais para gerentes de *marketing* foram coletados da U.S. Bureau of Labor Statistics (Agência da Estatística do Trabalho dos EUA) (data.bls.gov/oes). Os diagramas de caixa e bigodes exibem os dados.

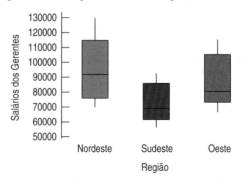

a) Quais são as hipóteses nula e a alternativa (em palavras, não símbolos)?
b) As condições para a ANOVA parecem ter sido satisfeitas? Por que ou por que não?

15. Caixa de banco. Um banco está estudando o tempo médio que cada um dos seus 6 caixas leva para atender um cliente. Os clientes ficam na fila e são atendidos pelo próximo caixa disponível. Aqui está um diagrama de caixa e bigodes dos tempos de atendimento dos últimos 140 clientes.

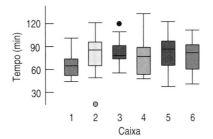

Fonte	GL	Soma dos Quadrados	Média dos quadrados	Razão F	Valor-P
Caixa	5	3315,32	663,064	1,508	0,1914
Erro	134	58919,1	439,695		
Total	139	62234,4			

a) Quais são as hipóteses nula e a alternativa (em palavras, não símbolos)?
b) O que você conclui?
c) Seria apropriado executar um teste de comparações múltiplas (por exemplo, um teste Bonferroni) para ver quais os caixas que diferem uns dos outros? Explique.

16. Desenvolvimento de produto. Os fornecedores de aparelhos auditivos os testam fazendo os pacientes ouvirem listas de palavras e repetir o que ouviram. As listas de palavras devem ser igualmente difíceis de serem ouvidas perfeitamente. Mas o desafio dos aparelhos auditivos é a percepção quando existe um ruído de fundo. Uma pesquisadora investigou quatro listas de palavras diferentes usadas na avaliação da audição (Loven, 1981). Ela queria saber se as listas eram igualmente difíceis de entender na presença de um ruído de fundo. Para descobrir, ela testou 24 sujeitos com audição normal e mensurou o número de palavras entendidas corretamente na presença de ruído de fundo. Aqui estão os diagramas de caixa e bigodes para as quatro listas.

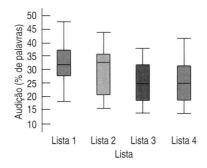

Fonte	GL	Soma dos Quadrados	Média dos quadrados	Razão F	Valor-P
Lista	3	920,4583	306,819	4,9192	0,0033
Erro	92	5738,1667	62,371		
Total	95	6658,6250			

a) Quais são as hipóteses nula e a alternativa (em palavras, não símbolos)?
b) O que você conclui?
c) Seria apropriado executar um teste de comparações múltiplas (por exemplo, um teste Bonferroni) para ver quais listas diferem umas das outras? Explique.

17. Segurança na Internet. Um relatório liberado pelo projeto Pew Internet & American Life denominado *The Internet & Consumer Choice* (A Internet & a Escolha do Consumidor) focado em problemas *on-line* atuais (www.pewinternet.org/data.asp). Solicitou-se que os respondentes indicassem seu nível de concordância (1 = concorda totalmente a 4 = discorda totalmente) em relação a diversas afirmações, incluindo: "Eu não gosto de dar meu número do cartão de crédito ou informação pessoal *on-line*". Uma parte do conjunto de dados foi usada para determinar se o tipo de comunidade que o indivíduo reside (Urbana, Suburbana ou Rural) afetou as respostas. Aqui estão os resultados na forma de uma tabela de Análise de Variância parcialmente completa.

Fonte	GL	Soma dos Quadrados	Média dos quadrados	Razão F	Valor-P
Comunidade	2	6,615			
Erro	183	96,998			
Total	185	103,613			

a) Este é um estudo experimental ou observacional? Explique.
b) Este é um estudo prospectivo ou retrospectivo? Explique.
c) Declare a hipótese nula e a alternativa.
d) Calcule a estatística F.
e) O valor-P para esta estatística constatou-se ser de 0,002. Formule a conclusão. Existe uma conexão causal? Explique.

18. Uso da Internet. As taxas de uso da Internet estão disponíveis para vários países no Banco de Dados Comum das Nações Unidas (unstats.un.org). Os países foram selecionados aleatoriamente de três regiões (África, Ásia e Europa) e os dados do uso da Internet (por 100 habitantes) de 2005 foram recuperados. Os dados foram analisados para determinar se as taxas de uso da Internet eram as mesmas nas diversas regiões. A tabela da Análise de Variância parcialmente completa é exibida a seguir.

Fonte	GL	Soma dos Quadrados	Média dos quadrados	Razão F	Valor-P
Região	2	21607			
Erro	93	20712			
Total	95	42319			

a) Este é um estudo experimental ou observacional? Explique.
b) Este é um estudo prospectivo ou retrospectivo? Explique.
c) Declare a hipótese nula e a alternativa.
d) Calcule a estatística F.
e) O valor-P para esta estatística constatou-se ser de < 0,001. Formule a conclusão. Existe uma conexão causal? Explique.

19. Experimento colorido? Num artigo recente publicado na *Quality Progress*, cada estudante de uma turma de estatística recebeu um pacote de amendoim da M&M's®, aleatoriamente distribuído, e contou a quantidade de cada cor (*Azul, Vermelho, Laranja, Verde, Marrom, Amarelo*). Os pacotes eram todos do mesmo tamanho (1,74 onças). Os investigadores afirmaram que usaram um delineamento de blocos aleatorizados, com *Pacote* como o fator de bloco. Eles contaram o número de amendoins de cada cor em cada pacote. Seus resultados estão reproduzidos aqui (Lin, T. e Sanders, M. S. "A Sweet Way do Learn DOE". *Quality Progress*. Fevereiro de 2006, p.88).

Fonte	Graus de Liberdade	Soma dos Quadrados	Média dos quadrados	Razão F	Valor-P
Saco	13	4,726	0,364	0,10	1,000
Cor	5	350,679	70,136	18,72	< 0,001
Erro	65	243,488	3,746		
Total	83	598,893			

a) Este foi um estudo experimental ou observacional? Explique.
b) Qual foi o tratamento? Quais os fatores que foram manipulados?
c) Qual foi a variável resposta?

20. Treinamento Seis Sigma. Uma grande instituição financeira está interessada em treinar sua força de trabalho com nível universitário nos princípios e métodos do Seis Sigmas. Uma parte do treinamento envolve conceitos e ferramentas básicas de estatística. A gerência está considerando três abordagens: *on-line, sala de aula tradicional* e *híbrida* (uma mistura das duas). Antes de lançar o programa em toda a organização, eles decidiram testar um piloto das três abordagens. Visto que eles acreditavam que o nível de educação poderia afetar os resultados, selecionaram 3 empregados de cada um dos 10 principais programas das faculdades (*humanas, contabilidade, economia, administração,* marketing, *finanças, sistemas de informação, ciência da computação, operações, outros*) e aleatoriamente atribuíram cada um a uma das três abordagens. Ao final do treinamento, cada participante prestou um exame. Os resultados estão apresentados aqui.

Fonte	Graus de Liberdade	Soma dos Quadrados	Média dos quadrados	Razão F	Valor-P
Faculdade	9	2239,47	248,830	21,69	< 0,001
Treinamento	2	171,47	85,735	7,47	0,004
Erro	18	206,53	11,474		
Total	29	2617,47			

a) Este foi um estudo experimental ou observacional? Explique.
b) Qual foi o propósito de usar o curso superior como um fator de bloco?
c) Dado os resultados, foi necessário usar o curso superior como um fator de bloco? Explique.
d) Formule sua conclusão a partir desta análise.

21. Confiança na Internet. Os varejistas *on-line* querem que os clientes confiem nos seus *sites* e querem atenuar quaisquer preocupações potenciais que os clientes possam ter sobre privacidade e segurança. Em um estudo investigando os fatores que afetam a confiança na Internet, os participantes foram aleatoriamente determinados a realizar transações em *sites* varejistas fictícios. Os *sites* foram configurados em uma das três formas: (1) *com um selo de segurança de terceiros* (por exemplo, BB*On-line*); (2) *uma garantia autoproclamada exibida*; ou (3) *sem garantia*. Além disso, os participantes realizaram uma transação envolvendo um dos seguintes três produtos (*livros, máquina fotográfica* ou *seguro*). Estes produtos representam um variado grau de risco. Após completar a transa-

ção, eles avaliaram o quanto o *site* era "confiável" numa escala de 1 (de modo algum) a 10 (extremamente confiável).
a) Este foi um estudo experimental ou observacional? Explique.
b) Qual é a variável resposta?
c) Quantos fatores estão envolvidos?
d) Quantos tratamentos estão envolvidos?
e) Formule as hipóteses (em palavras, não em símbolos).

22. Moldagem por injeção. Para melhorar a qualidade de peças moldadas, as empresas geralmente testam diferentes níveis de ajustes de parâmetros para encontrar as melhores combinações. As máquinas de moldagem por injeção têm muitos parâmetros ajustáveis. Uma empresa usou três temperaturas diferentes de moldes (25, 35 e 45 graus Celsius) e quatro tempos diferentes de resfriamento (10, 15, 20 e 25 minutos) para examinar como eles afetam a resistência à tensão das peças moldadas resultantes. Cinco peças foram amostradas aleatoriamente de cada combinação dos tratamentos.
a) Este foi um estudo experimental ou observacional? Explique.
b) Qual é a variável resposta?
c) Quais são os fatores?
d) Quantos tratamentos estão envolvidos?
e) Formule as hipóteses (em palavras, não símbolos).

23. Retorno das ações. As empresas que têm o certificado ISO 9000 alcançaram padrões que asseguram que elas têm um sistema de gerenciamento de qualidade comprometido com o aprimoramento contínuo. Passar pelo processo de certificação geralmente envolve um investimento substancial que inclui contratar auditoria externa. Um grupo destes auditores, querendo "provar" que o certificado ISO 9000 compensa, selecionou aleatoriamente uma amostra de pequenas e grandes empresas com e sem o certificado ISO 9000. O tamanho foi baseado no número de empregados. Eles calcularam o percentual de mudança no preço de fechamento da ação de agosto de 2006 a agosto de 2007. Os resultados da ANOVA de dois fatores estão presentes aqui (dados obtidos do *Yahoo! Finance*).

Fonte	Graus de Liberdade	Soma dos Quadrados	Média dos quadrados	Razão F	Valor-P
ISO 9000	1	2654,4	2654,41	5,78	0,022
Tamanho	1	0,2	0,18	0,004	0,984
Interação	1	1505,5	1505,49	3,28	0,079
Erro	36	16545,9	459,61		
Total	39	20705,9			

a) Este foi um estudo experimental ou observacional? Explique.
b) Formule as hipóteses.
c) Dado o pequeno valor-P associado ao fator ISO 9000 e que o retorno médio anual para as empresas com ISO 9000 é de 30,7% comparado com 14,4% para aquelas sem, os auditores afirmaram que obter o certificado ISO 9000 resulta em preços mais altos das ações. Você concorda com esta afirmação? Explique.

24. Bônus das empresas. Após reclamações quanto à discriminação de sexo em relação ao incentivo de bônus pago, uma grande empresa multinacional coletou dados dos bônus distribuídos no ano anterior (% da base paga). O Recursos Humanos (RH) aleatoriamente selecionou gerentes homens e mulheres de três níveis diferentes: *sênior, intermediário* e *supervisor*. Os resultados da ANOVA de dois fatores estão apresentados aqui.

Fonte	Graus de Liberdade	Soma dos Quadrados	Média dos quadrados	Razão F	Valor-P
Gênero	1	32,033	32,033	9,76	0,005
Nível	2	466,200	233,100	70,99	0,000
Interação	2	20,467	10,233	3,12	0,063
Erro	24	78,800	3,283		
Total	29	597,500			

a) Este é um estudo experimental ou observacional? Explique.
b) Formule as hipóteses.
c) Dado o pequeno valor-P associado com o gênero e que o percentual médio do bônus anual para mulheres é de 12,5% comparado com 14,5% para homens, o RH conclui que a discriminação de sexo existe. Você concorda? Explique.

25. Hora/salário dos gerentes. O que afeta o salário/hora dos gerentes de *marketing*? Para descobrir, a média do salário/hora foi retirada do U.S. Bureau of Labor Statistics (Agência da Estatística do Trabalho dos EUA) para duas ocupações de gerência em *marketing* (*Gerente de Vendas, Gerente de Publicidade*), uma amostra aleatória de estados de três regiões (*Meio-oeste, Sudeste, Oeste*). Aqui estão os diagramas de caixa e bigodes mostrando o salário/hora médio para as duas ocupações de *marketing* e as três regiões, bem como os resultados para a ANOVA de dois fatores.

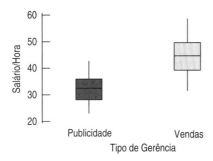

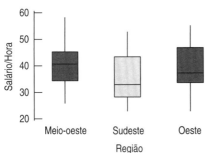

Fonte	GL	Soma dos Quadrados	Média dos quadrados	Razão F	Valor-P
Tipo de gerência	1	1325,93	1325,93	31,84	0,000
Região	2	153,55	76,78	1,84	0,176
Interação	2	32,74	16,37	0,39	0,678
Erro	30	1249,32	41,64		
Total	35	2761,55			

a) Quais são as hipóteses nula e alternativa (em palavras, não em símbolos)?
b) As condições para a ANOVA de dois fatores foram satisfeitas?
c) Se foram, execute testes de hipóteses e declare as suas conclusões em termos de salário/hora, tipo de ocupação e região.

d) É apropriado interpretar os efeitos principais neste caso? Explique.

26. Teste do concreto. Uma empresa especializada no desenvolvimento de concreto para a construção luta continuamente para melhorar as propriedades dos seus materiais. Para aumentar a resistência à compressão de uma das suas novas fórmulas, eles variaram a quantidade de álcali (*baixa, média, alta*). Visto que o tipo de areia pode, também, afetar a resistência do concreto, eles usaram três tipos diferentes de areia (Tipos I, II, III). Quatro amostras foram selecionadas aleatoriamente de cada combinação dos tratamentos para serem testadas. Os diagramas de caixa e bigodes mostram os resultados da resistência a compressão (em psi) para os três níveis de álcali e os três tipos de areia. Os resultados da ANOVA de dois fatores também são fornecidos.

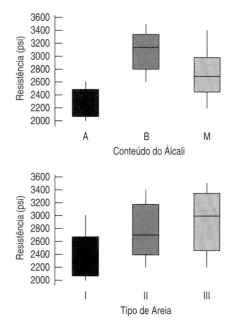

Fonte	GL	Soma dos Quadrados	Média dos quadrados	Razão F	Valor-P
Conteúdo de álcali	2	41016600	2008300	46,38	0,000
Tipo de areia	2	1547817	773908	17,87	0,000
Interação	4	177533	44383	1,02	0,412
Erro	27	1169250	43306		
Total	35	6911200			

a) Este é um estudo experimental ou observacional? Explique.
b) As condições para a ANOVA de dois fatores foram satisfeitas?
c) Se foram, execute testes de hipóteses e declare as suas conclusões em termos de resistência a compressão, conteúdo de álcali e tipo de areia.
d) É apropriado interpretar os efeitos principais neste caso? Explique.

T 27. Problemas de produção. Uma empresa que fabrica brocas dentárias estava com problemas com uma peça específica na linha de produção. A gerência suspeitou de um problema com uma máquina que resultou na variação do comprimento da peça além da especificação desejada. Dois fatores foram examinados: o ajuste da máquina (em três níveis) e o turno (manhã, tarde e noite). Os novos empregados contratados eram normalmente escalados para o turno da noite e a gerência acreditava que sua relativa inexperiência pode-

782 Parte IV – Construindo Modelos para a Tomada de Decisões

ria também contribuir para a variação. Três peças de cada tratamento foram selecionadas aleatoriamente e mensuradas. O desvio de um tamanho especificado foi mensurado em mícrons. Os dados e os resultados da ANOVA de dois fatores estão apresentados nas tabelas.

Tamanho do Erro	Ajuste da Máquina	Turno
1,1	1	Manhã
3,6	2	Manhã
3,3	3	Manhã
2,1	1	Manhã
0,9	2	Manhã
2,6	3	Manhã
0,6	1	Manhã
2,3	2	Manhã
3,2	3	Manhã
2	1	Tarde
2,4	2	Tarde
5	3	Tarde
1,8	1	Tarde
4,3	2	Tarde
3,2	3	Tarde
2,5	1	Tarde
5	2	Tarde
2,3	3	Tarde
3,8	1	Noite
5,5	2	Noite
5	3	Noite
2,9	1	Noite
6,7	2	Noite
5,8	3	Noite
2,8	1	Noite
3	2	Noite
5,3	3	Noite

Fonte	GL	Soma dos Quadrados	Média dos quadrados	Razão F	Valor-P
Ajuste da máquina	2	17,1119	8,55593	7,3971	0,0045
Turno	2	24,9607	12,4804	10,790	0,0008
Interação	4	1,4970	0,374259	0,32357	0,8585
Erro	18	20,8200	1,15667		
Total	26	64,3896			

a) Este é um estudo experimental ou observacional? Explique.
b) Qual é a variável resposta?
c) Quantos tratamentos estão envolvidos?
d) Baseado nos resultados da ANOVA de dois fatores, a gerência concluiu que o turno tem um impacto significativo no comprimento da peça e que, consequentemente, a inexperiência do operador é a origem do problema. Você concorda com esta conclusão? Explique.

28. Aprimoramento do processo. Uma forma de melhorar um processo é eliminar atividades adicionais sem valor (por exemplo, movimentos extras) e esforço desperdiçado (por exemplo, procurar por materiais). Uma consultora foi contratada para melhorar a eficiência

de uma operação de solo de uma grande loja. Ela testou três projetos diferentes de áreas de trabalho e dois sistemas de armazenamento/recuperação. Ela mensurou o tempo de processamento para três operações aleatoriamente selecionadas para cada combinação de projeto de área de trabalho e sistemas de armazenamento/recuperação. Os dados e os resultados da ANOVA estão apresentados nas tabelas seguintes.

Projeto da área de trabalho	Sistema de armazenamento	Tempo de processo (dias)
1	1	4,5
2	1	3,3
3	1	3,4
1	1	4,0
2	1	3,0
3	1	2,9
1	1	4,2
2	1	3,0
3	1	3,2
1	1	4,5
2	1	3,5
3	1	3,2
1	1	3,8
2	1	2,8
3	1	3,0
1	2	3,0
2	2	3,8
3	2	3,6
1	2	2,8
2	2	4,0
3	2	3,5
1	2	3,0
2	2	3,5
3	2	3,8
1	2	4,0
2	2	4,2
3	2	4,2
1	2	3,0
2	2	3,6
3	2	3,8

Fonte	GL	Soma dos Quadrados	Média dos quadrados	Razão F	Valor-P
Projeto da Área Trabalho	2	0,30867	0,15433	1,56	0,230
Sistema de armazenamento	1	0,07500	0,07500	0,76	0,392
Interação	2	4,87800	2,43900	24,72	< 0,001
Erro	24	2,36800	0,09867		
Total	29	7,62967			

a) Este é um estudo experimental ou observacional? Explique.
b) Qual é a variável resposta?
c) Quantos tratamentos estão envolvidos?

d) Baseado nos resultados da ANOVA de dois fatores, a gerência concluiu que nem o projeto da área de trabalho nem o sistema de armazenamento/recuperação têm impacto no tempo do processo (e que a consultora não valeu o dinheiro gasto). Você concorda com esta conclusão? Explique.

29. Pesquisa do iogurte. Um experimento para determinar o efeito de vários métodos para preparar culturas para usar em iogurtes comerciais foi conduzido por um grupo de pesquisa de ciências dos alimentos. Três lotes de iogurte foram preparados usando cada um dos três métodos: tradicional, ultrafiltração e osmose de reversa. Uma especialista treinada, então, provou cada uma das 9 amostras, apresentadas de forma aleatória, e as julgou numa escala de 1 a 10. Segue uma tabela de Análise de Variância parcialmente completa dos resultados.

Fonte	Soma dos Quadrados	GL	Média dos quadrados	Razão F	Valor-P
Tratamento	17,300				
Resíduo	0,460				
Total	17,769				

a) Calcule a média dos quadrados dos tratamentos e a média dos quadrados do erro.
b) Forme a estatística F dividindo os dois quadrados médios.
c) O valor-P desta estatística F é de 0,000017. O que isto diz sobre a hipótese nula de médias iguais?
d) Que suposições você fez para responder o item **c**?
e) O que você gostaria de ver para justificar as conclusões do teste F?
f) Qual é o tamanho médio do desvio padrão do erro na avaliação do juiz?

30. Purificadores de chaminé. As substâncias particuladas são uma forma grave de poluição do ar, geralmente surgindo da produção industrial. Uma forma de reduzir esta poluição é colocar um filtro ou depurador no final da chaminé para capturar as partículas. Um experimento para determinar qual é o melhor tipo de purificador de chaminé foi executado colocando quatro depuradores de diferentes tipos numa chaminé industrial numa ordem aleatória. Cada depurador foi testado 5 vezes. Para cada teste, o mesmo material foi produzido e as emissões de partículas saindo da chaminé foram mensuradas (em partes por bilhão). Uma Análise de Variância parcialmente completa é exibida aqui.

Fonte	Soma dos Quadrados	GL	Média dos quadrados	Razão F	Valor-P
Tratamento	81,2				
Resíduo	30,8				
Total	112,0				

a) Calcule a média dos quadrados dos tratamentos e a média dos quadrados do erro.
b) Determine a estatística F dividindo os dois quadrados médios.

c) O valor-P desta estatística F é de 0,00000949. O que isto diz sobre a hipótese nula de médias iguais?
d) Que suposições você fez para responder ao item **c**?
e) O que você gostaria de ver para justificar as conclusões do teste F?
f) Qual é o tamanho médio do desvio padrão do erro das emissões de partículas?

T 31. Disposição do cereal na prateleira. Os supermercados geralmente colocam tipos similares de cereais na mesma prateleira do supermercado. A colocação na prateleira para 77 cereais foi registrada por seu conteúdo de açúcar. O conteúdo de açúcar varia por prateleira? Aqui está um diagrama de caixa e bigodes e uma tabela da ANOVA.

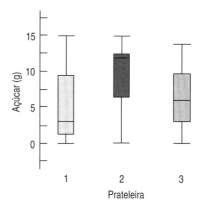

Fonte	GL	Soma dos Quadrados	Média dos quadrados	Razão F	Valor-P
Prateleira	2	248,4079	124,204	7,3345	0,0012
Erro	74	1253,1246	16,934		
Total	76	1501,5325			

Nível	n	Média	Desvio Padrão
1	20	4,80000	4,57223
2	21	9,61905	4,12888
3	36	6,52778	3,83582

a) Que tipo de delineamento ou estudo é este?
b) Quais são as hipóteses nula e a alternativa?
c) O que a tabela da ANOVA diz sobre a hipótese nula? (Certifique-se de relatar isto em termos de conteúdo de açúcar e posição na prateleira.)
d) Podemos concluir que os cereais na prateleira 2 têm um conteúdo médio de açúcar diferente do que os cereais na prateleira 3? Podemos concluir que os cereais na prateleira 2 têm um conteúdo médio de açúcar diferente do que os cereais na prateleira 1? O que podemos concluir?
e) Para verificar as diferenças significativas entre as médias das prateleiras, podemos usar um teste de Bonferroni, cujos resultados estão exibidos aqui. Para cada par de prateleiras, a diferença é exibida junto com seu erro padrão e o nível de significância. O que ele diz sobre as questões da parte **c**?

Variável Dependente: AÇÚCARES (Exercício 31)

	Pratel. (I)	Pratel.(J)	Diferença Média (I − J)	Erro Padrão	Valor-P	Intervalo de 95% de Confiança	
Bonferroni						Limite Inferior	Limite Superior
	1	2	−4,819	1,2857	0,001	−7,769	−1,670
		3	−1,728	1,1476	0,409	−4,539	1,084
	2	1	4,819	1,2857	0,001	1,670	7,969
		3	3,091	1,1299	0,023	0,323	5,859
	3	1	1,728	1,1476	0,409	−1,084	4,539
		2	−3,091	1,1299	0,023	−5,859	−0,323

32. Disposição do cereal na prateleira, parte 2. Também temos dados do conteúdo de proteína dos 77 cereais do Exercício 31. O conteúdo de proteína varia por prateleira? Aqui está um diagrama de caixa e bigodes e uma tabela da ANOVA.

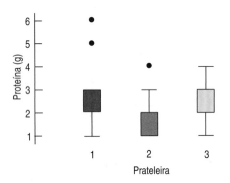

Fonte	GL	Soma dos Quadrados	Média dos quadrados	Razão F	Valor-P
Prateleira	2	12,4258	6,2129	5,8445	0,0044
Erro	74	78,6650	1,0630		
Total	76	91,0909			

Nível	n	Média	Desvio Padrão
1	20	2,65000	1,46089
2	21	1,90476	0,99523
3	36	2,86111	0,72320

a) Que tipo de delineamento ou estudo é este?
b) Quais são as hipóteses nula e a alternativa?
c) O que a tabela da ANOVA diz sobre a hipótese nula? (Certifique-se de relatar isto em termos de conteúdo de proteína e posição na prateleira.)
d) Podemos concluir que os cereais na prateleira 2 têm um conteúdo médio mais baixo de proteína do que os cereais na prateleira 3? Podemos concluir que os cereais na prateleira 2 têm um conteúdo médio menor de proteína do que os cereais na prateleira 1? O que podemos concluir?
e) Para verificar as diferenças significativas entre as médias das prateleiras, podemos usar um teste Bonferroni, cujos resultados estão exibidos aqui. Para cada par de prateleiras, a diferença é exibida junto com seu erro padrão e o nível de significância. O que ele diz sobre as questões na parte **c**?

Variável Dependente: PROTEÍNA
Bonferroni

Pratel. (I)	Pratel. (J)	Diferença Média (I − J)	Erro Padrão	Valor-P	Intervalo de 95% de Confiança	
					Limite Inferior	Limite Superior
1	2	0,75	0,322	0,070	−0,04	1,53
	3	−0,21	0,288	1,000	−0,92	0,49
2	1	−0,75	0,322	0,070	−1,53	0,04
	3	−0,96	0,283	0,004	−1,65	−0,26
3	1	0,21	0,288	1,000	−0,49	0,92
	2	0,96	0,283	0,004	0,26	1,65

33. Segurança automotiva. A National Highway Transportation Safety Administration (Administração Nacional de Segurança do Transporte em Autoestradas) executa testes de impacto nos quais automóveis de teste colidem contra uma parede a 35 mph com bonecos nos assentos do motorista e do passageiro. O boneco THOR Alpha é capaz de registrar 134 canais de dados do impacto da colisão nos vários lugares do boneco. Neste teste, 335 carros colidiram. A variável resposta é a mensuração dos ferimentos na cabeça. Os pesquisadores querem saber se o assento em que o boneco está afeta a gravidade do ferimento como também se o tipo de carro afeta a gravidade. Aqui estão os diagramas de caixa e bigodes para dois *Assentos* diferentes (*motorista, passageiro*) e 6 *Tamanhos* diferentes de automóveis (*compacto, leve, médio, mini, pickup, van*)

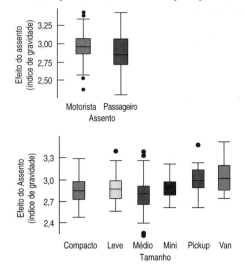

Um diagrama de interação mostra:

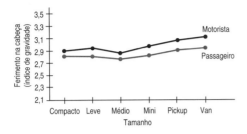

Um diagrama dos resíduos *versus* valores previstos mostra:

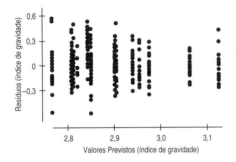

Segue a tabela da ANOVA:

Fonte	GL	Soma dos Quadrados	Média dos quadrados	Razão F	Valor-P
Assento	1	0,88713	0,88714	25,501	< 0,0001
Tamanho	5	1,49253	0,29851	8,581	< 0,0001
Assento x Tamanho	5	0,07224	0,01445	0,415	0,838
Erro	282	9,8101	0,03479		
Total	293	12,3853			

a) Declare a hipótese nula sobre os efeitos principais (em palavras, não em símbolos).
b) As condições para a ANOVA de dois fatores foram satisfeitas?
c) Se foram, execute os testes de hipóteses e declare a sua conclusão. Tenha certeza de declará-la em termos da gravidade dos ferimentos na cabeça, assentos e tipo de veículo.

34. Aditivos da gasolina. Um experimento para testar um novo aditivo para a gasolina, *Gasplus,* foi conduzido com três carros diferentes: um carro esporte, uma minivan e um híbrido. Cada carro foi testado com a *Gasplus* e com gasolina regular em 10 ocasiões diferentes e o consumo de gasolina foi registrado. Aqui estão os diagramas de caixa e bigodes.

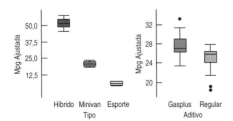

Uma ANOVA de dois fatores com um modelo de interação foi executado e resultou na seguinte tabela da ANOVA.

Fonte	GL	Soma dos Quadrados	Média dos quadrados	Razão F	Valor-P
Tipo	2	23175,4	11587,7	2712,2	< 0,0001
Aditivo	1	92,1568	92,1568	21,57	< 0,0001
Interação	2	51,8976	25,9488	6,0736	0,042
Erro	54	230,711	4,27242		
Total	59	23550,2			

Um diagrama dos resíduos *versus* valores previstos mostrou:

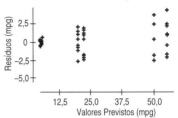

Quais as suas conclusões sobre o aditivo e os tipos de carros? Você vê problemas potenciais com esta análise?

RESPOSTAS DO TESTE RÁPIDO

1 Junte relatórios de veterinários e hospitais veterinários. Investigue histórias de animais doentes. Isto seria um estudo retrospectivo.

2 Tratamento: alimente os animais com uma nova comida e com a comida regular.

Resposta: julgue a saúde dos animais, possivelmente solicitando que um veterinário examine-os antes e depois do teste da alimentação

3 Controle usando animais similares. Talvez usar somente uma raça e testar os animais com a mesma idade e saúde. Por outro lado, trate-os da mesma forma em termos de exercícios, atenção, e assim por diante.

Respeite a aleatoriedade designando os animais aos tratamentos ao acaso.

Replique tendo mais que um animal sendo tratado com cada fórmula

4 O grupo de controle poderia ser tratado com uma comida padrão de laboratório, se conhecemos uma que é segura. De outra forma, poderíamos preparar uma comida especial nas nossas cozinhas para ter certeza da sua segurança.

5 O veterinário que avalia os animais deve ser cego para os tratamentos. Para o duplo cego, todos os técnicos tratando dos animais devem também ser cegos. Isto requer que a comida usada como controle seja tanto quanto possível semelhante à comida do teste.

6 Sim. Os cachorros e os gatos separadamente.

7 Não. Não conseguimos rejeitar a hipótese nula de uma diferença, mas isto é tudo o que podemos concluir. Existem evidências insuficientes para distinguir quaisquer diferenças. Mas isto deve ser suficiente para os propósitos da empresa.

24

Introdução à Mineração de Dados

Veteranos Paraplégicos da América

A Veteranos Paraplégicos da América (PVA – Paralyzed Veterans of America) é uma organização filantrópica e de serviço tutelada pelo governo norte-americano que atende às necessidades dos veteranos que sofreram problemas ou doenças na coluna. Desde 1946, a PVA arrecada dinheiro para atender a uma série de demandas, incluindo auxílio jurídico, cuidados com a saúde, pesquisa e educação em doenças e problemas da coluna, e luta por benefícios e direitos dos veteranos.

A maior parte da arrecadação da PVA é obtida por campanhas diretas via correio, nas quais selos com endereços ou cartões comemorativos são enviados a potenciais doadores que constam da sua lista de endereços, solicitadando doações em troca desses brindes.

A organização envia solicitações regulares a uma lista de mais de 4 milhões de doadores. Em 2006, a PVA recebeu cerca de $86 milhões em doações, mas o esforço custou mais de $34 milhões em postagem e despesas administrativas e com os brindes. Muito desse investimento foi gasto com correspondência a pessoas que nunca responderam. De fato, em qualquer uma dessas solicitações, grupos como a PVA têm sorte se receberem resposta de uma pequena percentagem das pessoas contatadas. Taxas de resposta para empresas comerciais, como grandes bancos de cartões de crédito, são tão baixas que são frequentemente medidas não em pontos percentuais, mas em centésimos de pontos percentuais. Se a PVA conseguir não enviar correspondência à metade das pessoas que não respondem, poderia economizar $17 milhões anualmente e reduzir o desperdício de papel pela metade. É possível que métodos estatísticos auxiliem a decidir quem deve receber a correspondência?

24.1 *Marketing* direto

Em vez de fazer publicidade em várias mídias, as empresas, às vezes, tentam apelar diretamente ao consumidor. O apelo em geral se dá na forma de uma oferta para comprar algo, participar de um programa especial, ou, no caso de um grupo filantrópico, doar dinheiro ou tempo. Você já deve ter percebido esses esforços na forma de correspondência, *e-mail* ou telefonemas. A correspondência direta, frequentemente denominada "correspondência indesejada", gera cerca de 4 milhões de toneladas de papel desperdiçado anualmente. O *e-mail* direto, comumente chamado de *spam*, é responsável por uma grande quantidade de todos os *e-mails*.

As empresas utilizam a correspondência direta ou *e-mail* porque, em comparação a outras opções, ela é barata e eficaz. Para torná-la mais eficaz, as empresas querem identificar pessoas que têm uma probabilidade maior de responder. Em outras palavras, querem "orientar" suas promoções e ofertas.

Para decidir o quão provável é que um consumidor responda a uma oferta específica, uma empresa pode construir um modelo para estimar a probabilidade. Os dados utilizados para construir o modelo em geral são uma combinação das informações sobre o cliente que a empresa coletou e outras informações que ela comprou. **Mineração de dados** é o nome do processo que utiliza uma variedade de ferramentas de análise de dados para descobrir padrões e relações em informações de modo a auxiliar a construir modelos úteis e a fazer previsões. A mineração de dados pode ajudar uma empresa a restringir suas correspondências a pessoas mais propensas a responder às suas solicitações. Esse objetivo é alcançado observando o comportamento passado do consumidor e outras informações demográficas para construir um modelo (ou modelos), a fim de prever quem tem a maior probabilidade de responder. Muitas das técnicas de modelagem vistas neste livro – principalmente a regressão múltipla e a logística – são utilizadas na mineração de dados. No entanto, como a mineração de dados tem se beneficiado de trabalhos em aprendizagem de máquina, ciência da computação e inteligência artificial, bem como em estatística, ela tem um conjunto mais rico de ferramentas que ainda não foram abordadas nesta obra.

24.2 Os dados

Empresas e organizações filantrópicas coletam uma quantidade incrível de informações sobre seus clientes. Você mesmo já contribuiu com essa coleta de dados, talvez até sem saber. Cada vez que você compra algo com um cartão de crédito, utiliza um cartão de fidelidade em um supermercado, compra por telefone ou pela Internet ou faz uma chamada para um número 0800, sua compra ou transação fica registrada. Para uma empresa de cartão de crédito, esses **dados transacionais** podem conter dúzias ou mesmo centenas de entradas anuais para cada cliente. Para uma organização filantrópica, os dados contêm uma história de para quem a solicitação foi enviada, se o doador respondeu a cada uma das solicitações e com quanto ele contribuiu. Para um banco de cartões de crédito, os dados das transações incluem cada compra que o cliente fez. Cada vez que uma compra é solicitada, informações são enviadas para uma base transacional, a fim de verificar se o cartão é válido, se não foi registrado como roubado e se o limite de crédito do cliente não foi ultrapassado – esse é o motivo da pequena espera antes de uma compra ser aprovada cada vez que você utiliza um cartão. Embora as empresas coletem esses dados para facilitar suas próprias transações, elas reconhecem que dados transacionais representam uma riqueza de informações sobre os seus negócios. O desafio é encontrar formas de extrair – minerar – essa informação.

Além dos dados transacionais, as empresas muitas vezes têm bases de dados separadas com informações sobre clientes e produtos (estoques, preços e custos de envio, por exemplo). As bases de dados são indexadas e podem ser conectadas umas as outras em uma base de dados relacional. As propriedades de uma base de dados relacional e alguns exemplos simples foram discutidos no Capítulo 2.

As variáveis em base de dados de clientes são de dois tipos: individuais e regionais. As variáveis individuais são obtidas principalmente quando o consumidor abre uma conta, se registra em um *site* ou preenche um cartão de garantia, e são específicas daquele cliente. Elas podem incluir variáveis demográficas como idade, renda e número de filhos. A empresa, então, adiciona a essas variáveis outras que surgem das interações do cliente com a empresa, incluindo algumas que podem resumir variáveis na base de dados transacional. Por exemplo, a quantia total gasta mensalmente pode ser uma variável na base de dados que é atualizada a partir das compras individuais de cada cliente, armazenada em uma base de dados transacional. A empresa pode ainda comprar dados demográficos adicionais. Alguns dados demográficos têm por base o código postal e podem ser obtidos de empresas estatais de recenseamento. Esses dados fornecem informações sobre renda média, educação, valores e composição étnica da vizinhança onde o cliente vive, mas não são específicos do cliente, e sim gerais daquele código postal ou bairro. Dados específicos de clientes também podem ser comprados de várias organizações comerciais. Por exemplo, uma empresa de cartões de crédito pode querer enviar uma oferta de um seguro de viagem aérea grátis para clientes que voam frequentemente. Para descobrir quem são esses clientes, a empresa pode comprar informações sobre assinaturas de revistas, a fim de ver quais clientes assinam revistas de viagens ou lazer. A venda ou compartilhamento de informações individuais é polêmica e levanta questões sobre privacidade, principalmente quando os dados comprados envolvem informações pessoais ou sobre saúde. De fato, a preocupação sobre o compartilhamento de dados sobre saúde nos Estados Unidos levou à criação de regras rígidas conhecidas como HIPAA (Health Insurance Portability and Accountability Act), ou Lei da Transferibilidade e Responsabilidade do Seguro Médico. A possibilidade de coletar e compartilhar informações sobre consumidores varia bastante de país para país.

A base de dados da PVA[1] é um exemplo típico de mistura de variáveis: contém 481 variáveis sobre cada doador. Existem 479 possíveis variáveis previsoras e duas variáveis resposta: TARGET_B, uma variável do tipo 0/1 que indica se o doador contribuiu na campanha mais recente e TARGET_D que informa o valor, em dólares, da contribuição. A Tabela 24.1 mostra os primeiros 18 registros para um subconjunto das 481 variáveis encontradas nos dados da PVA. Você pode adivinhar o significado de algumas dessas variáveis pelo nome, mas outras são mais misteriosas.

Informações sobre as variáveis, incluindo suas definições, como foram coletadas, a data da coleta, etc. são coletivamente denominadas **metadados**. As variáveis no conjunto de dados da PVA, apresentado a seguir, são típicas de dados encontrados em re-

---

[1] A PVA tornou alguns dos seus dados disponíveis para a competição Mineração de Dados e Descoberta de Conhecimento de 1998. O objeto da competição foi construir um modelo para prever quais doadores deviam receber a próxima solicitação com base nas variáveis demográficas e informações passadas. Os resultados foram apresentados na conferência KDD (www.kdnuggets.com). As variáveis discutidas neste capítulo são as que a PVA disponibilizou.

Capítulo 24 – Introdução à Mineração de Dados **789**

gistros de clientes de muitas empresas. É fácil descobrir que AGE é a idade do doador mensurada em anos e que ZIP é o código postal do doador. No entanto, sem os metadados, é difícil saber que TCODE é o código utilizado antes do nome no endereço (0 = branco; 1 = Sr.; 2 = Sra.; 28 = Srta., e assim por diante) ou que RFA_2A é uma estatística das doações anteriores.

Tabela 24.1 Parte dos registros dos clientes da base de dados da PVA. Aqui são apresentadas 15 das 481 variáveis e 18 dos aproximadamente 100 mil registros de clientes utilizados na competição[2] de mineração de dados KDD (Knowledge Discovery and Data Mining) de 1998. A base de dados real da PVA contém vários milhões de registros de clientes

ODATEDW	OSOURCE	TCODE	STATE	ZIP	DOB	RFA_2A	AGE	OWN	INC	SEX	WEALTH	AVGGIFT	TARGET_B	TARGET_D
9401	L16	2	GA	30738	6501	F	33	U	5	F	2	11,66667	0	0
9001	L01	1	MI	49028	2201	F	76	H	1	M	2	8,777778	0	0
8601	DNA	1	TN	37079	0	E		U	1	M		8,619048	1	10
8601	AMB	1	WI	53719	3902	G	59	H	2	M		16,27273	0	0
8601	EPL	2	TX	79925	1705	E	81	H	4	F	6	10,15789	0	0
8701	LIS	1	IN	46771	0	F		U	7	M		8,871333	0	0
9201	GRI	1	IL	60016	1807	F	79	H	7	M	6	13,8	0	0
9401	HOS	0	KS	67218	5001	G	48	H	2	F	7	18,33333	0	0
8901	DUR	0	MI	48304	1402	F	84	U	5	M	9	12,90909	0	0
8601	AMB	0	FL	34746	1412	F	83	U	7	F	3	9,090909	0	0
9501	CWR	2	LA	70582	0	D		H	1	F		5,8	0	0
9501	ARG	0	MI	48312	4401	E	54	U	2	F		8	0	0
8601	ASC	0	TX	75644	2401	G	74	H	5	F		13,20833	0	0
9501	DNA	28	CA	90059	2001	E	78	H	7	F		10	0	0
9201	SYN	0	FL	33167	1906	F	79	H	5	M	3	10,09091	0	0
9401	MBC	2	MO	63084	3201	F	66			F		10	0	0
9401	HHH	28	WI	54235	0	F				F		20	0	0
9101	L02	28	AL	36108	4006	F	58			F		10,66667	0	0

Cerca de 10% das variáveis da PVA descrevem o comportamento das doações passadas coletadas pela própria organização. Mais da metade das variáveis são dados regionais (tendo como base o código postal), provavelmente compradas da agência do Censo, e o restante é específico do doador, coletado pela PVA ou comprado de outras organizações.

Às vezes, diferentes bases de dados são coletadas e fundidas em um repositório central denominado **depósito de dados**. Manter um armazém de dados é um trabalho enorme e as empresas gastam milhões de dólares anualmente com *software*, *hardware* e equipe técnica para tanto. Uma vez que uma empresa investiu na criação e manutenção de um armazém de dados, é natural que ela queira obter o máximo retorno dele. Por exemplo, na PVA, os analistas podem querer utilizar os dados para construir modelos a fim de prever quem irá responder a uma campanha direta por correspondência; uma empresa de cartões de crédito, de maneira semelhante, pode querer prever quem tem a maior probabilidade de aceitar uma oferta para um novo serviço ou cartão de crédito.

24.3 Os objetivos da mineração de dados

O objetivo da mineração de dados é extrair informação útil que está oculta em grandes bases de dados. Com uma base de dados tão grande quanto um típico armazém de dados, essa busca pode ser como procurar uma agulha em um palheiro. Como os analistas esperam encontrar o que estão procurando? Eles podem começar a busca utilizando uma sequência de questões para deduzir fatos sobre o comportamento do consumidor, fazen-

---

[2] A copa KDD é a competição líder de Mineração de Dados no mundo. Ela é organizada pelo grupo de interesse SIGKDD da ACM (Association for Computing Machinery).

do perguntas específicas com base nos dados. Guiados pelo seu conhecimento sobre as especificidades do negócio, eles podem tentar uma abordagem de perguntas guiadas, solicitando questões específicas para encontrar padrões. Tal abordagem é o **processamento analítico** *on-line,* ou **OLAP**. Analistas de vendas, *marketing*, orçamentos, estoques e finanças frequentemente utilizam OLAP para responder a questões específicas envolvendo muitas variáveis. Uma questão OLAP para a PVA poderia ser: "Quantos clientes com menos de 65 anos com renda entre $40000 e $60000, da região Oeste, que não doaram nos dois anos passados, deram mais do que $25 na última campanha?". Embora o OLAP seja eficiente para responder perguntas mutivariadas, é específico para questões. O OLAP produz respostas para questões específicas, em geral, na forma de tabelas, mas não constrói um modelo preditivo; assim, não é adequado generalizar usando o OLAP.

Em contraste com uma consulta OLAP, a saída de uma análise de mineração de dados é um **modelo preditivo** – um modelo que utiliza variáveis preditoras para prever uma resposta. Para uma variável resposta quantitativa (como na regressão linear), o modelo prevê o valor de uma resposta; já para uma resposta categórica, o modelo estima a probabilidade que a variável resposta assuma certo valor (como na regressão logística). Tanto a regressão linear múltipla quanto a logística são ferramentas comuns da mineração de dados. Como todos os modelos estatísticos e diferentemente dos métodos com base em consultas como o OLAP, a mineração de dados generaliza para outras situações similares por meio do seu modelo preditivo. Por exemplo, um analista utilizando uma consulta OLAP pode descobrir que os consumidores de certa faixa etária responderam a uma promoção recente de um produto. Entretanto, sem a construção de um modelo, o analista não é capaz de compreender a relação entre a idade dos consumidores e o sucesso da promoção e, desse modo, ele não poderá prever como o produto irá se comportar com um grande conjunto de consumidores. O objetivo de um projeto de mineração de dados é aumentar o conhecimento e a compreensão do negócio por meio da construção de um modelo para responder a um conjunto específico de questões levantadas no início do projeto.

A mineração de dados é semelhante à análise estatística tradicional no sentido de que ela envolve modelagem e análise exploratória de dados. Contudo, vários aspectos da mineração de dados a distinguem da análise estatística tradicional. Embora não exista consenso do que seja exatamente a mineração de dados e como ela difere da estatística, algumas das diferenças mais importantes incluem:

- **O tamanho da base de dados.** Embora nenhum tamanho específico seja necessário para que uma análise seja considerada uma mineração de dados, uma análise envolvendo apenas algumas centenas de dados ou somente um punhado de variáveis, em geral, não é considerada mineração de dados.

- **A natureza exploratória da mineração de dados.** Diferentemente da análise estatística, que pode testar hipóteses ou produzir intervalos de confiança, a saída do esforço de uma mineração de dados é tipicamente um modelo usado para previsão. Normalmente, o minerador de dados não está interessado nos valores dos parâmetros de um modelo específico ou em testar hipóteses.

- **Os dados são "casuais".** Diferentemente dos dados obtidos de um projeto experimental ou de um levantamento de dados, os dados típicos da mineração de dados não são coletados de forma sistemática. Assim, não se deve confundir associação com relação causal na mineração de dados. Além disso, a grande quantidade de variáveis envolvidas torna qualquer busca por relações entre variáveis propensa a erros do Tipo I.

- **Os resultados do esforço da mineração de dados são "questionáveis".** Para aplicações de negócios, deve haver um consenso sobre qual é o problema de interesse e como o modelo irá auxiliar a resolvê-lo. Deve haver um plano de ação adequado para uma variedade de possíveis saídas do modelo. Explorar grandes bases de dados apenas por curiosidade ou para ver o que elas contêm não é produtivo.

- **As escolhas de modelagem são automáticas.** Tipicamente, o minerador de dados irá testar vários tipos de modelos para ver o que cada um pode informar, mas ele não quer perder muito tempo escolhendo quais variáveis serão incluídas no mo-

delo ou fazendo qualquer tipo de escolha realizada na análise estatística mais tradicional. Diferentemente do analista que quer entender os termos em uma regressão passo a passo, o minerador de dados está mais preocupado com a capacidade preditiva do modelo. Se o modelo resultante auxiliar a tomar decisões sobre quem deve receber a próxima oferta, quem será mais receptivo a um cupom *on-line* ou quem tem a maior probabilidade de mudar de provedor de Internet a cabo no próximo mês, o minerador de dados provavelmente se dará por satisfeito.

24.4 Mitos da mineração de dados

Pacotes de *software* de mineração de dados normalmente contêm um variedade de ferramentas exploratórias e de construção de modelos e uma interface gráfica projetada para guiar o usuário ao longo do processo de mineração. Algumas pessoas compram programas de mineração de dados esperando que o recurso encontre informações nas suas bases de dados e escreva relatórios que emitam conhecimento sem qualquer esforço ou poucas entradas do usuário. Os vendedores de *software* frequentemente tiram proveito dessas expectativas exagerando nas capacidades e na natureza automática da mineração de dados como forma de aumentar as vendas do seu produto. A mineração de dados pode ajudar o analista a encontrar padrões significativos e a prever o comportamento futuro dos clientes, mas quanto mais o analista souber sobre seu negócio, maior a probabilidade de ele ter sucesso na utilização do recurso. A mineração de dados não é uma varinha mágica que conserta dados de má qualidade. Um produto pode ter recursos para detectar valores atípicos e pode ser capaz de atribuir valores a dados que faltam, mas todas as questões que você aprendeu sobre uma boa análise estatística ainda são relevantes para a mineração de dados.

Veja alguns dos mitos mais comuns sobre o que a mineração de dados pode fazer.

◆ **Mito 1:** Encontra respostas para questões que não foram feitas.

Mesmo que a mineração de dados possa construir um modelo para responder a uma questão específica, ela não consegue responder perguntas que não foram formuladas. Na verdade, formular uma questão de modo preciso é o primeiro passo básico de qualquer projeto de mineração de dados.

◆ **Mito 2:** Monitora automaticamente uma base de dados em busca de padrões interessantes.

As técnicas de mineração de dados constroem modelos preditivos e podem responder a solicitações, mas, assim como os modelos de regressão, elas não encontram padrões interessantes por si só.

◆ **Mito 3**: Elimina a necessidade de entender o negócio.

Na verdade, quanto mais um analista entende o negócio, mais eficaz será o esforço de minerar os dados.

◆ **Mito 4:** Elimina a necessidade de coletar bons dados.

Bons dados são importantes para um modelo de mineração de dados tanto quanto para qualquer outro modelo estatístico que você já encontrou. Embora alguns programas de mineração de dados contenham ferramentas que auxiliam a lidar com dados que faltam (*missing data*) e com a transformação de dados, não existe substituto para a qualidade dos dados.

◆ **Mito 5:** Elimina a necessidade de boas habilidades de análise de dados.

Quanto mais habilidade de analisar dados o minerador tiver – as habilidades que você aprendeu em cada capítulo deste livro – melhor será o resultado da análise quando forem utilizadas ferramentas de mineração. Ferramentas de mineração de dados são mais poderosas e flexíveis do que ferramentas estatísticas como a regressão, mas são semelhantes na forma de funcionamento e em como são implementadas.

24.5 Mineração de dados bem-sucedida

O tamanho de um depósito de dados típico torna qualquer análise um desafio. A capacidade de armazenar dados cresce mais rapidamente do que a capacidade de utilizá-los de modo eficaz. Depósitos de dados comerciais frequentemente contêm *terabytes* (TB) – mais do que 1000000000000 (1 trilhão) de *bytes* de dados (um TB é equivalente a aproximadamente 260 mil músicas digitalizadas) – e depósitos contendo *petabytes* (PB – um PB = 1000 TB) agora são comuns. A base de dados de rastreamento da UPS (United Parcel Service) é estimada em 16 TB, ou aproximadamente o tamanho digital de todos os livros na Biblioteca do Congresso Norte-americano. De acordo com a revista *Wired*, cerca de 20 TB de fotos são carregadas no Facebook mensalmente. Todos os dados do Censo Americano entre 1790 a 2000 ocupam aproximadamente 600 TB. No entanto, é estimado que os servidores do Google processem um *petabyte* de dados a cada 72 minutos.[3] Os mineradores de dados esperam descobrir algumas informações estratégicas importantes ocultas dentro dessas massivas coleções de dados.

Para ter sucesso na mineração de dados, o primeiro passo é definir bem o problema de negócios. Com 500 variáveis, existem mais de 100 mil relações possíveis entre duas variáveis. O número de pares que estarão relacionados apenas por acaso é provavelmente alto. É da natureza humana dar importância a muitas dessas relações e mesmo pressupor uma razão plausível de por que as duas variáveis estão relacionadas. Algumas dessas variáveis parecem fornecer um modelo preditivo útil, quando, de fato, esse não é o caso. Um objetivo de negócios bem-definido pode auxiliá-lo a evitar caminhos cegos.

Como na pintura de uma casa, muito do esforço de um projeto de mineração de dados está na preparação, limpeza e conferência dos dados. É estimado que de 65% a 90% do tempo envolvido em um projeto de mineração seja gasto na **preparação de dados**. A preparação de dados envolve investigar valores omitidos, corrigir entradas erradas ou inconsistentes, restaurar definições dos dados e possivelmente criar novas variáveis a partir das originais. Os dados podem precisar ser extraídos de várias bases de dados e combinados. Os erros devem ser corrigidos e eliminados e os valores atípicos, identificados. Por exemplo, analise o histograma e o diagrama de caixa e bigodes da variável AGE para todos os 94649 registros do conjunto de dados da PVA.

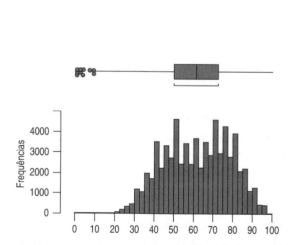

Figura 24.1 A saída gráfica e o resumo estatístico para a variável AGE (idade) ajuda a identificar valores questionáveis.

---

[3] *Wired*, Edição 16.07, junho de 2008.

Embora muitos dos valores pareçam razoáveis, há um grupo de casos com idade abaixo dos 20 anos. Uma verificação mais apurada revela que alguns têm idades abaixo de 15 anos, dos quais 17 tem idade inferior a cinco anos e nove tem um ano de idade. Claramente alguns desses valores estão errados. Existe também a ausência de 23479 valores para a variável AGE (Idade). Nosso conhecimento do domínio indica que valores abaixo de certa idade (provavelmente abaixo de 19, mas certamente abaixo de 10) ou acima de certa idade (100?, 110?) estão errados, mas para outras variáveis é difícil saber se os dados estão corretos. Embora seja possível examinar uma ou duas variáveis com diagramas de colunas, histogramas e diagramas de caixa e bigodes para verificar se os seus valores estão corretos, fazer o mesmo para 481 variáveis é uma tarefa árdua.

Uma mineração de dados bem-sucedida demanda grande quantidade de tempo para o exame básico, limpeza e preparação dos dados antes da execução de qualquer modelagem. É necessário ter um objetivo claro definido pela equipe que irá compartilhar o trabalho e a responsabilidade pela mineração de dados. É preciso estabelecer um plano de ação para quando os resultados do trabalho forem conhecidos, a fim de determinar se os resultados são ou não o que a equipe esperava. Finalmente, a mineração de dados deve ser acompanhada pelo máximo de conhecimento possível, tanto sobre os dados quanto sobre os negócios. Buscas cegas por padrões em grandes bancos de dados raramente são produtivas e gastam recursos analíticos valiosos.

24.6 Problemas da mineração de dados

A mineração de dados pode tratar de diferentes tipos de problemas, alguns já abordados neste livro. Quando o objetivo é prever respostas de variáveis contínuas, o problema é genericamente denominado **problema de regressão**, independentemente se uma regressão linear foi ou não utilizada (ou mesmo considerada) como um dos modelos. Quando a variável resposta é categórica, o problema é considerado como de **classificação,** pois o modelo irá adivinhar a categoria mais provável para cada ou atribuir uma probabilidade a cada classe para aquele código. Por exemplo, para o problema de classificação de prever se determinada pessoa será ou não um doador da próxima campanha, um modelo irá produzir a classe mais provável (*doar ou não*) ou as probabilidades de cada uma delas. Prever a quantidade de dinheiro que um doador irá doar é um problema de regressão.

Os dois problemas anteriores são denominados **problemas supervisionados**. Em um conjunto supervisionado, temos um conjunto de dados para o qual conhecemos a resposta. Isto é, para os dados da PVA, *conhecemos* os valores das respostas *TARGET-B* e *TARGET-D,* pelo menos para um grupo de doadores. Sabemos se eles doaram na última campanha e a quantia doada. O minerador de dados irá construir um modelo com base na porção dos dados originais, denominado conjunto de treinamento. Como forma de avaliar quão bem o modelo irá se comportar no futuro com dados que ainda não foram encontrados, o modelador usa o conjunto de dados original não utilizado na construção do modelo e testa as previsões do modelo com esses dados. Esse segundo conjunto de dados é denominado **conjunto de teste**.

Em contrapartida, existem problemas para os quais não existe uma variável resposta particular. Nesses problemas não supervisionados, o objetivo pode ser construir aglomerados de casos com atributos similares. Por exemplo, uma empresa pode querer agrupar seus consumidores em grupos com comportamentos e gostos similares. Tal análise é semelhante à análise de segmentação executada por analistas de *marketing*. Nesse caso, não existe uma variável resposta. Todos os previsores (ou um subconjunto deles) são utilizados para construir grupos com base em um índice que mede a similaridade entre os consumidores. Existem muitos algoritmos disponíveis para encontrar os grupos.

24.7 Algoritmos de mineração de dados

Os métodos utilizados para os problemas discutidos nas seções anteriores são frequentemente referidos como **algoritmos**, termo que descreve uma sequência de passos com um objetivo específico. Você verá um método (mesmo um como a regressão linear) referido

Parte IV – Construindo Modelos para a Tomada de Decisões

como um modelo, um algoritmo, uma ferramenta ou genericamente como um método. Os termos são usados intercambiavelmente. Esta seção aborda apenas alguns dos modelos utilizados na mineração de dados. Alguns dos métodos mais comuns empregados para previsão são as árvores de decisão e as redes neurais (discutidos a seguir), máquinas com suporte vetorial, redes de crenças (*belief nets*), métodos de regressão discutidos nos Capítulos 18 e 19 e florestas aleatórias (*random forests*). É um campo de pesquisa dinâmico na medida em que novos algoritmos aparecem constantemente.

Modelos de árvores

O Capítulo 22 discutiu árvores de decisão em que o analista examinou um pequeno número de ações e os possíveis estados da natureza em uma sequência para identificar a ação com o maior retorno. Na mineração de dados, o termo **árvore de decisão** é utilizado para descrever um *modelo preditivo*. Em sua forma, as árvores de decisão da mineração de dados são superficialmente similares àquelas que vimos no Capítulo 22, mas as semelhanças acabam por aí. Esses modelos de árvore utilizam *dados* para selecionar variáveis previsoras que fornecem previsões da resposta. Os modelos são totalmente dirigidos pelos dados sem entradas do usuário.

O modelo de árvore funciona de maneira bastante simples. Para ilustrar o processo, imagine que queremos prever se alguém não irá pagar a hipoteca. Para construir a árvore, utilizamos dados passados de um grupo de clientes dos quais temos informações similares e sabemos se pagaram ou não. Para este exemplo simplificado, vamos assumir que faremos a previsão apenas com o conhecimento das seguintes variáveis:

- ◆ Idade (em anos)
- ◆ Renda familiar ($)
- ◆ Tempo no emprego (em anos)
- ◆ Dívidas ($)
- ◆ Proprietário (sim/não)

O modelo de árvore tenta encontrar previsores que possam distinguir as pessoas que irão pagar a sua hipoteca daquelas que não irão. Para tanto, ele primeiro examina *todas* as variáveis previsoras potenciais e cada maneira possível de *separar* a variável nos dois grupos. Por exemplo, ele analisa a *Idade* e, para cada valor da *Idade*, calcula o índice de não pagamento para aqueles *acima* e *abaixo* desse valor. Registrando as diferenças entre os índices de não pagamento para os dois grupos definidos para cada possível variável previsora separada de todas as formas possíveis, ele escolhe o par de previsores e o ponto de divisão que produz a maior diferença nos índices de não pagamento.[4] O algoritmo decide que variáveis separar e onde separá-las tentando (essencialmente) todas as combinações de variáveis e *pontos de separação* até encontrar o melhor. Para um previsor categórico, o modelo considera cada possível forma de colocar as categorias em dois grupos. Vários critérios podem ser utilizados por diferentes algoritmos para definir "o melhor", mas todos têm em comum a tentativa de encontrar dois grupos cujos índices de não atendimento sejam melhores separados ao máximo pela divisão. Depois que o algoritmo encontra a primeira separação, ele continua procurando novamente nos dois grupos resultantes, encontrando a próxima melhor variável e o ponto de separação (possivelmente utilizando a mesma variável da divisão prévia novamente). Ele continua dessa forma até que um de vários critérios seja satisfeito (por exemplo, número de clientes muito pequeno ou não encontrar uma diferença grande o suficiente nos índices) e para no que é denominado **nodo terminal**, no qual o modelo produz uma previsão. As previsões nos nodos terminais são simplesmente a média (se a resposta é quantitativa) ou a proporção de cada categoria (para um problema de classificação) de casos no nodo.

---

[4] Isso está simplificado. Existem diversas variantes possíveis no critério de divisão. Se você quiser saber mais detalhes, consulte livros mais avançados sobre mineração de dados ou árvores de decisão.

A árvore para nosso exemplo da hipoteca é apresentada na Figura 24.3. Para entender a árvore, comece no topo e imagine estar sendo apresentado a um novo consumidor. A primeira questão que a árvore faz é "A Renda Familiar dessa unidade é maior do que $40000?". Se a resposta for sim, desça à direita. Para esses casos, *Dívida* é a próxima variável a ser dividida, desta vez em $10000. Se a *Dívida* do cliente exceder $10000 desça à direita novamente. A árvore estima que clientes como esses (com *Renda Familiar* > $40000 e *Dívidas* > $10000) apresentam uma taxa de não pagamento de 5% (0,05). Logo à esquerda estão consumidores cuja renda familiar é > $40000, mas com *Dívidas* ≤ $10000. Eles apresentam uma taxa de não pagamento de 1%. Para consumidores com rendas menores do que $40000 (o ramo esquerdo da primeira divisão), a próxima variável de divisão não é *Dívidas*, e sim *Tempo no Emprego*. Para aqueles que estão empregados a mais de cinco anos, a taxa de não pagamento foi de 6%, mas foi de 11% para aqueles com menos tempo no emprego atual. O modelador pode, neste ponto, rotular as saídas como categorias de risco, por exemplo, denominando 1% como muito baixo, 5% e 6% moderado e 11% de alto.

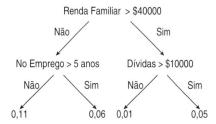

Figura 24.3 Parte de um modelo de árvore de um estudo hipotético de pagamentos de hipoteca. A árvore seleciona a *Renda Familiar* como a variável mais importante para o processo de divisão e seleciona o valor de $40000 como ponto de corte. Para os consumidores cuja renda está acima de $40000, *Dívidas* é a próxima variável mais importante; já para aqueles cuja renda está abaixo de $40000, o tempo no emprego é a mais importante.

Modelos de árvore são muito fáceis de programar e de interpretar. Eles mostram sua lógica de forma clara e são fáceis de explicar para quem não tem um conhecimento mais aprofundado em estatística. Mesmo quando não são utilizados como um modelo final em um projeto de mineração de dados, podem ser muito úteis para selecionar um pequeno subconjunto de variáveis para realizar análises adicionais. A Figura 24.4 mostra um modelo de árvore executado com os dados do PVA utilizando *TARGET_B* como variável resposta, que é igual a "YES" (Sim) se o doador contribuiu com a solicitação mais recente ou "NO" (Não) se ele não o fez.

O modelo de árvore do PVA começa no nodo raiz com todos os 94649 clientes (listados sob *Contagem* no primeiro quadro da figura). A única variável mais importante para prever *TARGET_B* é a variável RFA_4, que resume doações passadas. Assim, a primeira divisão ocorre pela separação dos níveis da variável em dois grupos, com 29032 clientes colocados à esquerda e os 65617 restantes à direita. A variável *RFA_4* é formada por códigos que contêm informações sobre quando a última solicitação foi recebida, com que frequência o cliente doa e quanto ele doou (exemplos desses códigos são A3C, S4B, etc., vistos no diagrama de saída). As percentagens próximas aos níveis 0 e 1 indicam a proporção daqueles que doaram ou não (*TARGET_B = 1 ou 0*, respectivamente) em cada nodo terminal. Os nodos terminais são encontrados na última linha. Observe o último nodo terminal à esquerda da figura mostrando que 12,4% dos doadores, nesse subgrupo, doaram. Isso representa uma grande melhoria sobre a média de 5,06% mostrada no nodo raiz no topo.

É interessante ver que das 479 potenciais variáveis previsoras, 3 das 4 principais variáveis envolvem histórico de doações anteriores e não são demográficas. A *RFA_4*

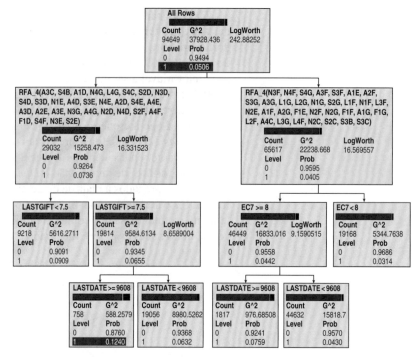

Figura 24.4 Parte do modelo de árvore executado nos dados da PVA utilizando o *software* JMP®.

Tabela 24.3 As 15 principais variáveis classificadas por importância pelo nodo rede neural no Clementine®. As percentagens indicam somente a importância e não devem ser interpretadas num sentido absoluto

RFA_2A	2,31%
RFA_2	1,64%
RFA_2F	1,27%
LASTDATE	1,18%
INCOME	1,03%
PEPSTRFL	1,00%
ADATE_4	0,83%
ADATE_3	0,74%
RDATE_7	0,73%
LIFESRC	0,73%
HVP1	0,69%
RDATE_6	0,61%
DMA	0,55%
GENDER	0,54%
RDATE_3	0,51%

é um resumo das doações anteriores, *LASTGIFT* informa o valor da última doação e *LASTDATE* relata quando o cliente fez a sua última doação. Somente *EC7* é uma variável demográfica, que mede o percentual de residentes na área do código postal do doador que têm pelo menos graduação. Deixando a árvore crescer mais, podemos aumentar a lista dos potenciais previsores para 20 ou 30, um número bem maior do que o mostrado aqui, mas ainda um subconjunto manejável das 479 variáveis originais. A árvore, diferentemente de muitos outros algoritmos de mineração de dados, pode manejar uma grande quantidade de potenciais variáveis previsoras tanto categóricas quanto quantitativas. Isso a torna um bom modelo para começar um projeto de mineração de dados. O modelador pode, então, escolher se quer utilizar esse modelo como um resultado final para prever doações ou utilizar as variáveis sugeridas pela árvore como entradas para outros modelos que são menos capazes de manejar um grande número de previsores.

Redes neurais

Outra ferramenta popular de mineração de dados é a *perceptron* multicamada, ou **rede neural** (artificial). Esse algoritmo parece mais impressionante do que realmente é. Embora tenha sido inspirado por modelos que tentam imitar o funcionamento do cérebro, ele é apenas uma regressão não linear automática e flexível. Isto é, modela uma única variável resposta como função de algumas variáveis previsoras, mas, diferentemente da regressão múltipla, constrói uma função mais complexa para a relação. Isso representa melhor aderência aos dados, mas funções complexas são mais difíceis de interpretar e entender. De fato, modeladores frequentemente nem mesmo analisam o próprio modelo. Certamente podemos aprender com o estudo de como as redes neurais constroem os modelos, mas, para nossos objetivos, iremos vê-las como "caixas pretas" – modelos que não produzem uma equação ou representação gráfica que podemos examinar, mas simplesmente preveem a resposta sem muita informação sobre *como* fazem isso.

Mesmo que sejam "caixas pretas", os algoritmos de redes neurais fornecem algumas pistas. Uma lista das variáveis mais importantes é uma característica comum da saída e alguns pacotes de *software* de redes neurais até mesmo fornecem gráficos das relações previstas entre a resposta e as variáveis mais importantes mensuradas de acordo com quanto a previsão muda quando a variável é eliminada. Na tabela, é apresentada uma lista das primeiras 15 variáveis no problema da VPA ordenadas por "importância" de uma saída de uma rede neural em um pacote de mineração de dados chamado Clementine®.

Muitos outros algoritmos são utilizados por mineradores de dados e novos são criados o tempo todo. Em geral, um minerador de dados constrói e testa vários modelos diferentes antes de escolher qual irá utilizar, ou forma um "comitê" de modelos, combinando a saída de vários modelos – o que é semelhante, em formato, ao processo feito por um executivo de levar em consideração as recomendações de um grupo de conselheiros para tomar uma decisão. Para um problema de classificação, a previsão final para um caso pode ser a classe que é prevista com maior frequência pelos modelos no comitê. Para um problema de regressão, a previsão pode ser simplesmente a previsão média de todos os modelos no comitê. Modelos que calculam a média fornecem proteção contra a escolha do modelo "errado", mas, normalmente, a um custo de não sermos capazes de interpretar as previsões resultantes. A melhor forma para combinar modelos diferentes é uma área ativa e excitante de pesquisas atuais na mineração de dados.

24.8 O processo de mineração de dados

Como os projetos de mineração de dados requerem diversas habilidades, eles devem ser desempenhados por um esforço em equipe. Uma única pessoa provavelmente não terá todas as habilidades computacionais, de negócios, de banco de dados, a experiência com *software* e o treinamento estatístico necessário para cumprir as etapas do processo. Em virtude da complexidade de projetos de mineração de dados, é útil mapear os passos para um projeto ser bem-sucedido. Um grupo de especialistas em mineração de dados compartilhou suas experiências em um projeto chamado *Cross Industry Standard Process for Data Mining* (CRISP-DM – Processo Industrial Intersetorial Padrão para Mineração de Dados). Um esquema do ciclo CRISP-DM de mineração de dados é fornecido na Figura 24.5.

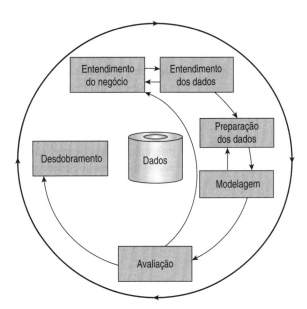

Figura 24.5 Um diagrama do processo de mineração de dados do CRISP-DM.

Nesse esquema, o processo começa com a fase de *entendimento do negócio*. Aqui é onde o problema é cuidadosamente articulado. É melhor especificar o problema antes de começar. Entender melhor como gerenciar clientes parece um bom objetivo, mas não é preciso o suficiente para um projeto de mineração de dados. Uma questão melhor e mais específica pode ser entender quais clientes têm maior probabilidade de trocar de provedor de telefonia celular nos próximos três meses. É importante envolver todos os membros da equipe de mineração de dados nesse estágio, e a equipe deve ser representada por todos os departamentos que podem ser afetados pelas decisões de negócios resultantes. Se constituintes-chave não estiverem representados, o modelo pode não responder a questão certa. É crucial ter consenso sobre a formulação correta do problema a ser resolvido antes de continuar com a mineração de dados. A fase do entendimento dos dados é central a todo projeto de mineração de dados. Se você quiser saber quais consumidores têm maior probabilidade de trocar de operadora de telefonia móvel, deve entender seus dados e ter dados que possam dar suporte a tal exploração. Por exemplo, você irá precisar de uma amostra que contenha tanto consumidores que fizeram a troca recentemente quanto clientes que foram leais por um determinado intervalo de tempo. Também devem existir variáveis na base de dados que possam explicar ou prever o comportamento de forma razoável. A escolha dessas variáveis deve ter por base o conhecimento de negócios da equipe. No início do projeto, é recomendável incluir todas as variáveis que possam ser úteis, mas tenha em mente que variáveis em demasia podem dificultar a fase de seleção do modelo. É crucial entender o depósito de dados, o que ele contém e quais são as limitações nesse estágio.

Depois que as variáveis foram selecionadas e que foi determinado qual(is) é(são) a(s) variável(is) resposta, é hora de começar a fase de preparação dos dados para a modelagem. Como mencionado anteriormente, essa pode ser a parte do projeto que consumirá mais tempo e esforço da equipe. Investigar valores que faltam, corrigir entradas inconsistentes ou erradas, reconciliar definições de dados e agrupar fontes de dados são tarefas desafiadoras. Algumas delas podem ser manejadas automaticamente, mas outras requerem análises minuciosas e detalhadas. A equipe terá de decidir o quanto de esforço é razoável para tornar o conjunto de dados tão completo e confiável quanto possível, dadas as restrições de tempo e recursos do projeto.

Uma vez que os dados foram preparados, o analista inicia a fase de *Modelagem* por meio da exploração e do desenvolvimento de modelos. Se o número de variáveis é muito grande, um modelo preliminar (como uma árvore) pode ser utilizado para reduzir as variáveis previsoras candidatas a um número razoável. Se a quantidade de previsores é pequena, os modeladores podem utilizar a análise gráfica tradicional (histogramas, diagramas de colunas) para cada variável e depois investigar a relação entre cada previsor e a resposta com gráficos bivariados (diagramas de dispersão, de caixa e bigodes ou diagramas de colunas segmentados, dependendo dos tipos de variáveis). Quanto maior for o conhecimento sobre os dados e as variáveis que farão parte do modelo, maiores serão as chances de sucesso do projeto.

Agora o analista deve ter vários modelos que se ajustam na variável resposta com diferentes níveis de precisão no conjunto de treinamento. Uma vez que o analista tem vários modelos que parecem razoáveis (com base no conhecimento do domínio e no desempenho no conjunto de treinamento), a fase de avaliação começa. Analisar a estrutura dos modelos e decidir quais previsores são importantes para cada modelo deve fornecer ao analista informações sobre quais previsores podem prever a variável resposta de interesse. Na fase de avaliação, os modelos candidatos são testados contra um conjunto de testes e vários critérios são utilizados para julgar os modelos. Por exemplo, para um problema de regressão com uma resposta quantitativa, a soma dos quadrados dos resíduos para prever a resposta no conjunto de teste pode ser comparada. Para um problema de classificação (de dois níveis), os dois tipos de erros que surgem (prever SIM quando a resposta verdadeira for NÃO e vice-versa) são ponderados. Custos diferentes para os dois tipos de erros podem ser justificados e o custo total da má classificação deve refletir isso. Nesse ponto, a questão de negócios que motivou o projeto deve ser revisitada. O modelo ajudou a responder a questão? Caso contrário, pode ser necessário voltar a um dos passos anteriores e investigar o que aconteceu.

Se o modelo (ou ponderação de vários modelos) parece fornecer uma percepção do problema de negócios, é o momento de passar para a fase de *Desdobramento*. Normalmente, isso significa utilizar o modelo para prever uma saída em um grande conjunto de dados além do original ou em dados mais recentes que não foram utilizados para construir o modelo. As fases no diagrama CRISP-DM contêm flechas de ida e volta porque o processo não é um movimento direto ao longo das fases – é um processo interativo e interconectado. O conhecimento obtido em cada fase pode desencadear uma reavaliação de uma fase preliminar. Mesmo a fase "final", o desdobramento, não é, de fato, final. Em muitas situações de negócios, o ambiente muda rapidamente, assim, os modelos podem tornar-se obsoletos. Embora o projeto de mineração de dados seja complexo e envolva o esforço de muitas pessoas, planejar minuciosamente as diferentes fases ajuda a garantir que o projeto seja o mais bem-sucedido possível.

24.9 Resumo

Existem muitas semelhanças entre o processo de modelagem da mineração de dados e a abordagem básica de modelagem que você aprendeu ao longo deste livro. O que torna a mineração de dados diferente é o grande número de algoritmos e tipos de modelos disponíveis para o minerador de dados e o tamanho e a complexidade dos conjuntos de dados. Contudo, muitos dos elementos de sucesso de um projeto de mineração de dados também servem para qualquer análise estatística. O mesmo princípio de entendimento e exploração de variáveis e suas relações são essenciais para os dois processos. Certa vez foi perguntado a um famoso estatístico, Jerry Friedman, se existia diferença entre estatística e mineração de dados. Antes de responder, Friedman perguntou ao formulador da questão se ele queria a resposta longa ou curta. Como a escolha foi pela curta, Jerry respondeu apenas "Não". Nunca ouvimos a resposta longa, mas suspeitamos que ela conteria algumas das diferenças discutidas neste capítulo.

Ter um bom conjunto de ferramentas estatísticas e de análise é um grande começo para tornar-se um minerador de dados de sucesso. Estar disposto a aprender novas técnicas, sejam elas provenientes da estatística, ciência da computação, aprendizagem de máquina ou outras disciplinas, é essencial. Aprender com outras pessoas cujas habilidades complementam as suas não apenas tornará a tarefa mais prazerosa, mas também será o essencial para o sucesso do projeto de mineração de dados. A necessidade de entender a informação contida em grandes bases de dados irá aumentar nos próximos anos; portanto, será muito importante entender esse campo de conhecimento em rápido crescimento.

O QUE PODE DAR ERRADO?

- **Tenha certeza de que a pergunta a ser respondida é específica.** A pergunta sobre os negócios deve ser específica o suficiente para que o modelo consiga respondê-la. O objetivo vago de "melhorar os negócios" não irá resultar em um projeto de mineração de dados bem-sucedido.

- **Assegure-se de que os dados tenham o potencial para responder a questão.** Verifique as variáveis para analisar se um modelo pode ser construído para prever a resposta. Por exemplo, se você quer saber que tipo de consumidor está acessando um *site* específico, certifique-se de que os dados coletados conectam a página da rede ao cliente que está visitando o *site*.

- **Cuidado com a superaderência dos dados.** Como a mineração de dados é uma ferramenta poderosa e os conjuntos de dados utilizados para treiná-la costumam ser grandes, é fácil pensar que os dados estão aderindo bem. Certifique-se de que o modelo seja validado por meio de um conjunto de teste – um conjunto de dados que não foi utilizado para ajustar os dados.

- **Certifique-se de que os dados estão prontos para serem usados no modelo de mineração de dados.** Em geral, depósitos de dados contêm dados de várias fontes. É importante verificar se variáveis com o mesmo nome medem exata-

Parte IV – Construindo Modelos para a Tomada de Decisões

mente o mesmo aspecto em bases de dados diferentes. Valores omitidos, entradas incorretas e escalas de tempo diferentes devem ser corrigidos antes de os dados serem utilizados na fase de construção do modelo.

- **Não faça tudo sozinho.** Projetos de mineração de dados requerem diferentes habilidades e muito trabalho. Montar uma equipe certa de pessoas para dividir a tarefa é fundamental.

ÉTICA EM AÇÃO

Com a crescente conscientização ambiental dos consumidores norte-americanos, tem ocorrido uma explosão de produtos ecológicos no mercado. O carro híbrido movido a eletricidade e a gás é um exemplo notável. Dados recentes mostram, contudo, que a taxa de crescimento das vendas de veículos híbridos nos Estados Unidos está diminuindo. Preocupado com essa tendência, um grande grupo ambiental sem fins lucrativos quer incentivar consumidores predispostos a comprar carros híbridos a fazê-lo o quanto antes. Eles acreditam que a correspondência postal direta é bastante eficaz para esse objetivo, mas, preocupados com o desperdício de papel, querem evitar o envio de correspondência em massa sem um direcionamento. A equipe executiva fez uma reunião para discutir a possibilidade de utilizar a mineração de dados como auxílio na identificação do público-alvo. A discussão inicial envolveu bases de dados. Embora o grupo tenha várias bases de dados com informações demográficas e transacionais de consumidores que já compraram produtos verdes e doaram

para organizações que promovem a sustentabilidade, alguém sugeriu a captação de dados sobre afiliação política. Afinal, já existiu um partido Verde e os Democratas, em geral, são mais preocupados com questões ambientais do que os Republicanos. Outro membro da equipe se surpreendeu com essa possibilidade, que ela nem imaginava existir. Ela questionou se seria ético utilizar essas informações supostamente confidenciais.

QUESTÃO ÉTICA. *As informações sobre os indivíduos devem ser coletadas sem que eles tenham conhecimento? A mineração de dados levanta preocupações sobre privacidade e confidencialidade. (Relacionado ao Item D, ASA Ethical Guidelines.)*

SOLUÇÃO ÉTICA. *Dados nunca devem ser utilizados sem o consentimento da pessoa a quem eles se referem a menos que cuidados tenham sido tomados para ocultar ou assegurar que a identidade da pessoa não possa ser inferida a partir das informações.*

O que aprendemos?

As técnicas estudadas neste livro estão sendo utilizadas de novas maneiras pela ciência, indústria e pelo governo, a fim de auxiliar na compreensão de fenômenos complexos para os quais uma quantidade gigantesca de dados está disponível.

Todos os princípios que aprendemos sobre coleta de dados, exploração e inferências são relevantes para enormes conjuntos de dados e problemas complexos.

Aprendemos, como nos capítulos sobre regressão múltipla, que a modelagem é uma arte essencial para o objetivo da análise estatística: entender o mundo com dados. Aprendemos que não existe o modelo "certo" e que cada modelo revela diferentes aspectos dos dados, que podem nos ajudar a entender o fenômeno de negócios com o qual estamos lidando.

Termos

Algoritmo
Conjunto de instruções utilizado para calcular e processar dados. O algoritmo especifica como o modelo é construído a partir dos dados.

Árvore de decisão
(versão mineração de dados)
Modelo que prevê tanto uma variável resposta quantitativa quanto categórica, no qual as ramificações representam divisões da variável e os nodos terminais fornecem os valores previstos.

Conjunto de teste
Conjunto de dados utilizado em um problema de classificação ou regressão supervisionada e que *não é utilizado* para construir o modelo preditivo. O conjunto de teste é excluído do estágio de construção do modelo e as previsões do modelo no conjunto de teste são utilizadas para avaliar o desempenho do modelo.

Conjunto de treinamento
Dados utilizados em um problema de classificação ou regressão supervisionada para construir um modelo preditivo.

Dados transacionais
Dados que descrevem um evento envolvendo uma transação, normalmente a compra de um bem ou serviço.

Depósito de dados
Repositório digital para várias bases de dados de grande porte.

Metadados
Informações sobre os dados que incluem quando e onde os dados foram coletados.

Mineração de dados
Processo que utiliza uma variedade de ferramentas de análise de dados para descobrir padrões e relações nos dados que são úteis para fazer previsões.

Modelo preditivo
Modelo que fornece previsões para a variável resposta.

Nodo terminal
Folha final da árvore onde as previsões para a variável resposta são encontradas.

Preparação de dados
Processo de limpeza dos dados e verificação da sua precisão antes da modelagem. Inclui a investigação de valores omitidos, correção de entradas erradas ou inconsistentes e restauração das definições dos dados.

Problema de classificação
Problema de previsão que envolve uma variável resposta categórica. (Veja também problema de regressão.)

Problema de regressão
Problema de previsão que tem uma variável resposta quantitativa. (Veja problema de classificação.)

Problema não supervisionado
Diferentemente de um problema de classificação ou de regressão, problema em que não existe variável resposta. Em geral, o objetivo de um problema não supervisionado é agrupar casos semelhantes em grupos ou aglomerados homogêneos.

Problema supervisionado
Problema de classificação ou regressão no qual o analista recebe um conjunto de dados para os quais a resposta é conhecida e utiliza esses dados para construir o modelo.

Processamento analítico *on-line* (OLAP – *On-line* Analytical Processing)
Abordagem para fornecer respostas a solicitações que tipicamente envolvem diversas variáveis simultaneamente.

Rede neural
Modelo com base na analogia do processamento do cérebro humano que utiliza combinações de variáveis previsoras e regressão não linear para prever tanto variáveis resposta categóricas quanto quantitativas.

Variável demográfica
Variável que contém informação sobre características pessoais de clientes ou da região em que o cliente vive. As variáveis demográficas mais utilizadas incluem idade, renda, raça e educação.

Respostas

Capítulo 2

1. As respostas irão variar.
3. *Quem* - 50 vazamentos recentes de petróleo; *O quê* - data, quantidade derramada (sem unidade especificada) e causa da perfuração; *Quando* – anos recentes; *Onde* – Estados Unidos; *Por quê* – para determinar se a quantidade derramada de petróleo por ocorrência decresceu desde que o Congresso aprovou a lei sobre Poluição por petróleo, em 1990, e utilizar essa informação no projeto de novos petroleiros; *Como* – não especificado; *Variáveis* – existem 3 variáveis. Quantidade derramada, e data são variáveis quantitativas e causa da perfuração é uma variável categórica.
5. *Quem* – lojas existentes; *O quê* - vendas ($), população da cidade (em milhares), idade mediana (anos), renda mediana ($) e se vende ou não cerveja/vinho; *Quando* - não especificado; *Onde* – Estados Unidos; *Por quê* – O varejista de alimentos está interessado em qualquer associação dessas variáveis que o auxilie a determinar onde abrir a próxima loja; *Como* – coleção das suas lojas; *Variáveis* - Vendas ($), população (em milhares), idade mediana (anos), renda mediana ($) são variáveis quantitativas. Se a loja vende ou não cerveja/vinho é categórica.
7. *Quem* – sanduíches Arby; *O quê* – tipo de carne, número de calorias (em calorias) e peso (em onças); *Quando* – não especificado; *Onde* – restaurantes Arby; *Por quê* – Esses dados podem ser utilizados para determinar o valor nutricional dos diferentes tipos de sanduíches; *Como* – A informação foi retirada de cada um dos sanduíches nos menus da Arby, resultando em um censo; *Variáveis* – Existem três variáveis. Número de calorias e peso são variáveis quantitativas e o tipo de carne é uma variável categórica.
9. *Quem* - 385 espécies de flores; *O quê* – data da primeira floração (em dias); *Quando* – durante um período de 47 anos; *Onde* – sul da Inglaterra; *Por quê* – Os pesquisadores acreditam que isso indica um aquecimento de todo o clima; *Como* - não especificado; *Variáveis* – Data da primeira floração é uma variável quantitativa; *Cuidados* – Espera-se que a data da primeira floração tenha sido mensurada em dias a partir de primeiro de janeiro, ou alguma outra convenção, para evitar problemas com anos bissextos.
11. *Quem* - estudantes; *O quê* - idade (provavelmente em anos, de qualquer modo em anos e meses), raça ou afiliação étnica, número de ausências, série, nota em leitura, nota em matemática e deficiências/necessidades especiais; *Quando* - corrente; *Onde* - não especificado; *Por quê* – Manter essas informações é uma exigência do estado; *Como* – A informação é coletada e armazenada como parte dos registros escolares; *Variáveis* – Existem sete variáveis. Raça ou afiliação étnica, série e deficiências/necessidades especiais são variáveis categóricas. Número de faltas, idade, nota em leitura, nota em matemática são variáveis quantitativas; *Cuidados* – Como os testes são utilizados para mensurar as habilidades em matemática e leitura e o quê são as unidades desses testes?
13. *Quem* – consumidores de uma companhia iniciante; *O quê* – nome do cliente, número do cliente, região do país, data da última compra, quantia gasta (provavelmente em dólares) e itens comprados; *Quando* – época presente; *Onde* - não especificado; *Por quê* – A empresa está montando uma base de dados com informações de vendas; *Como* – Presumivelmente a empresa registra a informação para cada novo consumidor; *Variáveis* – Existem seis variáveis. Nome, número do cliente, região do país e itens comprados são variáveis categóricas. Data e quantia gasta são variáveis quantitativas; *Cuidados* – Região é uma variável categórica e se presta a confusão se for registrada como um número.
15. *Quem* - vinhedo; *O quê* – tamanho do vinhedo (em acres), número de anos de existência, estado, variedades de uvas cultivadas, preço médio da caixa de vinhos (em dólares), vendas brutas (provavelmente em dólares) e percentual de lucro; *Quando* - não especificado; *Onde* - não especificado; *Por quê* – analistas de negócios esperam fornecer informações que sejam úteis as vinicultores norte-americanos; *Como* - não especificado; *Variáveis* - Existem cinco variáveis quantitativas e duas categóricas. Tamanho do vinhedo, número de anos de existência, preço médio da caixa de vinhos, vendas brutas e percentual de lucro são variáveis quantitativas. Estado e variedade de uvas são variáveis categóricas.
17. *Quem* - 1180 norte-americanos; *O quê* - região, idade (em anos), filiação a um partido político, se a pessoa possui ou não participação acionária e suas atitudes em relação aos sindicatos; *Quando* - não

804 Respostas

especificado; *Onde* – Estados Unidos; *Por quê* – A informação foi coletada para apresentação em uma pesquisa de opinião do Gallup; *Como* – levantamento por telefone; *Variáveis* – Existem cinco variáveis. Região, afiliação política e ter ou não participação acionária são variáveis categóricas. Idade e opinião sobre sindicatos são variáveis quantitativas.

19. *Quem* – cada modelo de automóvel nos Estados Unidos; *O quê* – fabricante do veículo, tipo do veículo, peso (provavelmente em libras), potência (em HP) e consumo (em milhas por galão) na cidade e na estrada; *Quando* – Essa informação é coletada atualmente; *Onde* - Estados Unidos; *Por quê* – A Agência de Proteção Ambiental utiliza essa informação para registrar a economia de combustível dos veículos; *Como* – Os dados são coletados junto aos fabricantes de cada modelo; *Variáveis* – Existem seis variáveis. Consumo na cidade, consumo na estrada, peso e potência são variáveis quantitativas. Fabricante e tipo de carro são variáveis categóricas.

21. *Quem* – estados nos Estados Unidos; *O quê* – nome do estado, se o estado patrocina ou não uma loteria, o total de números da loteria, o número de acertos para ganhar e a probabilidade de ter um bilhete vencedor; *Quando* - 1998; *Onde* - Estados Unidos; *Por quê* – É provável que esse estudo tenha sido feito para comparar as chances de ganhar na loteria em cada estado; *Como* – Embora não especificado, os pesquisadores simplesmente coletaram informações de várias fontes, tais como casas lotéricas, *sites* e publicações; *Variáveis* – Existem cinco variáveis. Nome do estado e se o estado patrocina ou não uma loteria são variáveis categóricas e o total de números, acertos para ganhar e probabilidade de ganhar são variáveis quantitativas.

23. *Quem* – estudantes de mestrado em uma disciplina de estatística; *O quê* – investimento pessoal total no mercado de ações ($), número de diferentes ações mantidas, total investido em fundos mútuos ($) e nome de cada fundo mútuo; *Quando* - não especificado; *Onde* - Estados Unidos; *Por quê* – A informação foi coletada para servir de exemplo em aula; *Como* – Um levantamento *on-line* foi realizado. Presumivelmente foi requerida a participação de todos os alunos da disciplina; *Variáveis* – Existem quatro variáveis. Nome do fundo mútuo é uma variável categórica. Número de ações possuídas, total investido no mercado de ações $) e em fundos mútuos ($) são variáveis quantitativas.

25. *Quem* – 500 corridas de Indianápolis; *O quê* - ano, vencedor, carro, tempo (horas), velocidade (mph) e número do carro. *Quando* - 1911–2007; *Onde* - Indianápolis, Indiana; *Por quê* – É interessante examinar a tendência nas 500 corridas da fórmula Indy; *Como* – Estatísticas oficiais são mantidas de cada corrida anualmente; *Variáveis* – Existem seis variáveis. Vencedor, carro e número do carro são variáveis categóricas. Ano, tempo e velocidade são variáveis quantitativas.

27. Cada linha deve ser um único empréstimo hipotecário. As colunas devem indicar o nome do tomador (o qual identifica as linhas) e a quantia.

29. Cada linha é uma semana. As colunas mantêm o número da semana (para identificar a linha), previsão de vendas e diferença.

31. Transversal.

33. Séries temporais.

Capítulo 3

1. a) Não. É praticamente impossível obter exatamente 500 homens e 500 mulheres por acaso.
    b) Uma amostra estratificada por sexo.
3. a) Resposta voluntária.
    b) Não temos confiança nas estimativas desses estudos.
5. a) A população de interesse são todos os adultos norte-americanos com idade de 18 anos ou acima.
    b) O plano amostral são adultos norte-americanos com telefones fixos.
    c) Alguns membros da população (p. ex. muitos alunos universitários) não têm telefones fixos e isso pode criar uma tendenciosidade.
7. a) População – Diretores de recursos humanos das 500 companhias da revista *Fortune*.

b) Parâmetro – Proporção dos que não se sentem importunados por levantamentos durante o seu dia de trabalho.
    c) Plano amostral – Lista dos diretores de RH das 500 empresas da revista *Fortune*.
    d) Amostra - 23% que responderam.
    e) Método – Questionário enviado por correio para todos (não aleatório).
    f) Tendenciosidade - Não Resposta. Difícil de generalizar, pois quem respondeu está relacionado com a própria questão.
9. a) População – Membros da associação dos consumidores.
    b) Parâmetro – Proporção dos que utilizaram e se beneficiariam da medicina alternativa.
    c) Plano amostral – Todos os consumidores da associação.
    d) Amostra – Aqueles que responderam (aleatória).
    e) Método – Questionário para todos (não aleatório).
    f) Tendenciosidade - Não Resposta. Aqueles que responderam podem ter sentimentos fortes em um sentido ou outro.
11. a) População - Adultos.
    b) Parâmetro – Proporção dos que pensam que beber e dirigir é um problema sério.
    c) Plano amostral – Clientes de bares.
    d) Amostra – Cada décima pessoa saindo do bar.
    e) Método – Amostragem sistemática.
    f) Tendenciosidade – Os entrevistados recém saíram de um bar. Eles provavelmente irão pensar que beber e dirigir não é um problema tanto quanto os demais adultos da população.
13. a) População – Solo em torno de um antigo aterro sanitário.
    b) Parâmetro – Concentração de produtos químicos tóxicos.
    c) Plano amostral – Solo acessível em torno do aterro.
    d) Amostra – 16 porções de solo.
    e) Método – Não está claro.
    f) Tendenciosidade – Não sabemos se as porções de solo foram selecionadas aleatoriamente. Se não, eles podem ter um viés de solo mais ou menos poluído.
15. a) População – Sacolas de supermercado.
    b) Parâmetro – Peso das sacolas, proporção das que passam na inspeção.
    c) Plano amostral – Todas as sacolas produzidas diariamente.
    d) Amostra - 10 casos selecionados aleatoriamente, 1 sacola de cada lote para inspeção.
    e) Método – Amostragem multiestágio.
    f) Tendenciosidade – Deve ser não tendenciosa.
17. Tendenciosidade. Somente as pessoas assistindo os telejornais responderão e sua preferência pode ser diferente de outros eleitores. O método de amostragem pode produzir sistematicamente amostras que não representam a população de interesse.
19. a) Resposta voluntária. Somente aqueles que vêm a notícia e que se sentem fortes o suficiente irão responder.
    b) Amostragem por aglomerados. Uma cidade pode não representar todas.
    c) Tentativa de censo. Não terá respostas tendenciosas.
    d) Amostragem estratificada com acompanhamento. Deve ser não tendenciosa.
21. a) Esse é um delineamento multiestágio com uma amostragem por aglomerados no primeiro estágio e uma amostragem aleatória simples para cada estágio.
    b) Se qualquer uma das três igrejas que você escolhe ao acaso não é representativa das demais, então você estará introduzindo um erro amostral pela escolha daquela igreja.
23. a) Essa é uma amostra sistemática.
    b) É provável que ela seja representativa daqueles esperando pela montanha-russa. Realmente, ela pode ainda ser bastante boa se aqueles no início da fila respondem de forma diferente (após uma longa espera) daqueles no final da fila.
    c) O plano amostral são os clientes dispostos a esperar para andar na montanha-russa naquele dia e naquele horário. Ela deve ser representativa das pessoas na fila, mas não de todas as pessoas no parque de diversões.

25. As respostas podem variar. A questão 1 tem um enunciado mais neutro. A questão 2 é mais tendenciosa no seu enunciado.
27. Somente daqueles que pensam que a espera vale a pena estarão provavelmente na fila. Aqueles que não gostam de montanha-russa terão pouca probabilidade de pertencer ao plano amostral, assim, o levantamento não terá um retrato fiel da opinião dos clientes de parques de diversões sobre a necessidade de mais montanhas-russas.
29. a) Tendencioso em relação ao sim em virtude da palavra "poluição". "As companhias devem ser responsáveis pelos custos da limpeza ambiental?"
    b) Tendencioso em relação ao não em virtude do "forçar" e "rígido". "As empresas devem ter regras sobre vestimenta dos funcionários?"
31. a) Nem todos têm a mesma chance. Pessoas sem números na lista, pessoas sem telefone e os que estão trabalhando não podem ser entrevistados.
    b) Gere números aleatórios e faça chamadas em tempos aleatórios.
    c) Sob o plano original, aquelas famílias na qual uma pessoa fica em casa têm mais chance de ser incluída. Sob o segundo plano, muitos mais são incluídos. Pessoas sem telefone ainda estarão excluídos.
    d) Ele aumenta a chance das famílias selecionadas ser incluídas.
    e) Isso resolve o problema dos números telefônicos. A hora do dia pode ser um problema. Pessoas sem telefone ainda estão excluídas.
33. a) As respostas podem variar.
    b) A quantidade de troco que você tipicamente carrega. O parâmetro é a verdadeira quantidade de troco. A população é a quantidade de cada dia em torno do meio-dia.
    c) A população é agora a quantidade de troco que seus amigos possuem. A média é uma estimativa dessa quantidade.
    d) Possivelmente para a sua turma. Provavelmente não para grupos grandes. Seus amigos têm provavelmente as mesmas necessidades de troco durante o dia.
35. a) Atribua números de 001 a 120 para cada ordem de pagamento. Utilize números aleatórios para selecionar as 10 transações diárias que serão examinadas.
    b) Amostra proporcional dentro de cada tipo. (Faça uma amostra aleatória estratificada.)
37. a) Selecione três caixas ao acaso; então selecione um vidro ao acaso de cada caixa.
    b) Utilize números aleatórios para escolher três caixas dos números 61 a 80; então utilize números aleatórios entre 1 e 12 para selecionar um vidro de cada caixa.
    c) Não. Amostragem multiestágio.
39. a) Depende do local das páginas amarelas sendo utilizado. Se de uma linha regular, isso é justo se todos os médicos estão listados. Se for de publicidade, provavelmente não, pois esses médicos não serão típicos.
    b) Não é apropriado. Essa amostragem por aglomerados irá conter provavelmente listas de um ou dois tipos de negócios.

Capítulo 4

1. As respostas irão variar.
3. As respostas irão variar.
5. a) Sim, as categorias dividem o todo.
   b) Coca-Cola.
7. a) O diagrama de *pizza* é melhor, pois mostra porções do todo.
   b) Não existe uma coluna para "Outros."
9. a) Sim, é razoável assumir que doenças respiratórias e cardíacas causaram aproximadamente 38% das mortes nos Estados Unidos nesse ano, uma vez que não existe possibilidade de sobreposição. Cada pessoa só pode ter uma causa de morte.
   b) Uma vez que os percentuais listados somam 73,7%, devem existir outras causas para a morte dos restantes 26,3%.
   c) Um diagrama de colunas ou de *pizza* são apropriados se uma categoria com 26,3% para "Outras" for acrescentada.
11. A Comunicações WebEx tem a maior participação no mercado de conferência pela rede (58,4%), e a Microsoft tem aproximadamente um quarto do mercado. Aparentemente existe lugar para o crescimento de ambas, porque outras empresas detêm 15% do mercado. Um diagrama de *pizza* ou de colunas seria apropriado.

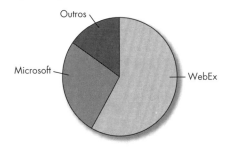

13. a) O total é mais do que 100%; categorias sobrepostas.
    b)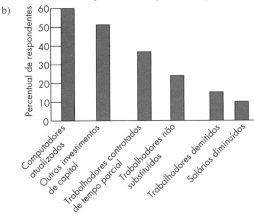
    c) Não, porque os percentuais não somam 100%.
    d) (As respostas irão variar). Mais do que 50% dos donos de negócios dizem que eles ou atualizaram seus computadores ou fizeram outros investimentos de capital não computacional ou ambos. Uma pequena percentagem de donos de negócios (de 10 a 37%) fez mudanças tanto na forma de contratar quanto na estrutura salarial.
15. O diagrama de colunas mostra que o encalhe é a causa mais frequente de vazamento de petróleo para esses 312 casos e permite que o leitor ordene os demais casos também. Se for necessário diferenciar entre essas frequências com valores próximos, utilize o diagrama de colunas. O diagrama de *pizza* é também aceitável para essa apresentação, mas é difícil dizer se, por exemplo, existe um maior percentual de vazamentos devido a encalhes ou colisões. Para mostrar as causas de vazamentos de petróleo como um percentual dos 312 casos, utilize um diagrama de *pizza*.
17. a) 31%
    b) Parece que o percentual da Índia é seis vezes maior, mas ele não é nem duas vezes maior.
    c) Inicie as percentagens em 0% no eixo vertical, não em 40%.
    d)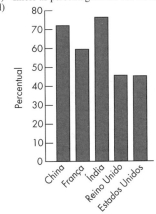

e) O percentual de pessoas que declaram que a saúde é importante para elas é maior na China e Índia (em torno de 70%), seguido pela França (em torno de 60%) e então os Estados Unidos e o Reino Unido, onde o percentual é de apenas 45%.

19. a) Eles devem estar como percentual das colunas, pois as somas estão acima de 100% ao longo das linhas e todas as colunas somam 100%.

b)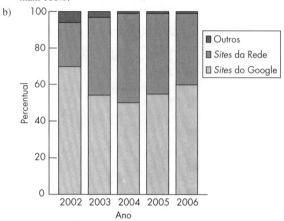

c) A principal fonte de receita para o Google é o próprio *site*, que em 2002, foi de 60%, caiu para 50% em 2004 e em 2006 voltou aos 60%. A segunda maior fonte de receita é de outros *sites* da rede. Licenciamentos e outras rendas foram de 6% em 2002, mas, desde 2004, elas têm sido de apenas 1%.

21. a) 62,5%
b) 35%
c) 15%
d) 50%
e) 61%
f) 65%
g) Parece não haver nenhuma relação entre o desempenho de uma ação em um único dia e seu desempenho ao longo do ano anterior.

23. a) 10,2%; 13,2%.
b) 1,8%; 1,5%.
c) As vendas diminuíram 1,3%.

25. a) 11,4% Livre; 14,3% Censura 12 anos; 48,6% Censura 14 anos; 25,7% Censura 18 anos
b) 0% Livre; 0% Censura 12 anos%; 57,9% Censura 14 anos; 42,1% Censura 18 anos
c)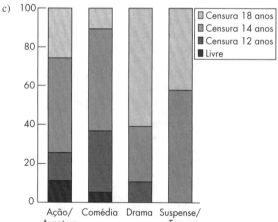

d) *Gênero* e *Classificação* não são independentes. Filmes de suspense/terror são todos de censura 14 ou 18 anos e dramas seguem aproximadamente a mesma classificação. Comédias são aproximadamente 40% classificadas como livre e de censura 12 anos e somente 10% têm censura de 18 anos. Filmes de ação/aventura são classificados aproximadamente 15% como livres e 15% com censura de 12 anos.

27. a) 62,7%
b) 62,8%
c) 62,5%
d) 23,9% da Ásia, 1,9% da Europa, 7,8% da América Latina, 3,7% do Oriente Médio e 62,7% América do Norte.
e) A coluna das percentagens é apresentada na tabela.

	Programa de mestrado		
	Dois anos	**Noturno**	**Total**
Ásia	18,90	31,73	**23,88**
Europa	3,05	0,00	**1,87**
América Latina	12,20	0,96	**7,84**
Oriente Médio	3,05	4,81	**3,73**
América do Norte	62,80	62,50	**62,69**
Total	**100,00**	**100,00**	**100,00**

f) Não. As distribuições parecem ser diferentes. Por exemplo, o percentual da América Latina entre aqueles no programa de dois anos é de aproximadamente 20%, enquanto para aqueles no programa noturno é menos do que 1%.

29. a) 7%
b) 5%
c) 3,5%
d) 57,5%
e) 36,3%
f) Aqui estão os percentuais por linha.

					Total
2000–2005	5,0%	21,7%	57, 5%	15,8%	100,0%
1996–1999	10,0%	17,5%	36,3%	36,3%	100,0%

Os filmes com censura até 14 anos aumentaram de 36,3% em 1996-1999 para 57,5% em 2000-2005 e os de censura 18 anos diminuíram de 36,3% para 15,8%.

31. O estudo do Centro Médico da University of Texas Southwestern fornece evidência de uma associação entre ter uma tatuagem e contrair hepatite C. Em torno de 33% dos sujeitos que foram tatuados em uma sala comercial tinham hepatite C comparado com 13% daqueles que foram tatuados em outros locais e apenas 3,5% dos que não tinham tatuagem. Se ter hepatite C e ter uma tatuagem fossem independentes, esperaríamos que essas percentagens fossem aproximadamente as mesmas.

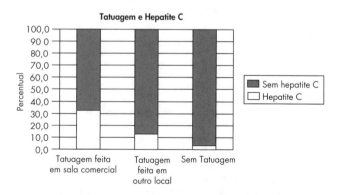

33. a) 8%
b) Não, porque não foram dadas frequências ou os totais.
c) 92%
d) Parece haver uma pequena relação, se existir, entre a categoria de renda e o nível de educação das mulheres executivas.

35. a) 14,5% hispânicos, 12,5% negros e 73,0% caucasianos.
b) Para 2006, 15,7% hispânicos, 12,0% negros e 72,3% caucasianos.
c)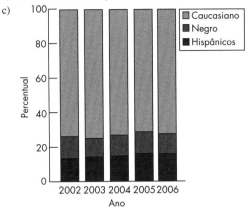
d) A distribuição (condicional) da *Condição Étnica* é quase a mesma ao longo dos cinco *Anos*, contudo parece haver um pequeno aumento no percentual de hispânicos que vão ao cinema de 13,1% em 2002 para 15,7% em 2006.

37. a) Percentuais por linha.
b) Uma percentagem levemente mais alta de centros comerciais femininos urbanos foram estabelecidos (com pelo menos cinco anos)

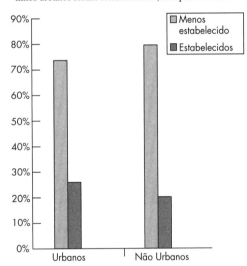

39. a) Percentuais por linha.
b) Não. Foram dadas apenas as distribuições condicionais. Não temos ideia de quanto é vendido na Europa e na América.
c)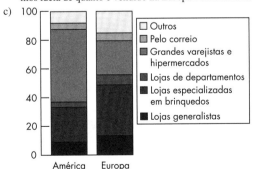
d) Na América, mais do que 50% de todos os brinquedos são vendidos por grandes atacadistas com descontos por quantidade e hipermercados e somente 25% são vendidos em lojas especializadas. Na Europa, 36% de todos os brinquedos são vendidos em lojas especializadas em brinquedos, enquanto uma fração relativamente pequena é vendida por grandes atacadistas com descontos por quantidade e hipermercados.

41. a) Os totais marginais foram adicionados a tabela:

	Tamanho do hospital		
	Grande	Pequeno	Total
Cirurgia de grande porte	120 de 800	10 de 50	130 de 850
Cirurgia de pequeno porte	10 de 200	20 de 250	30 de 450
Total	130 de 1000	30 de 300	160 de 1300

160 de 1300, ou aproximadamente 12,3% dos pacientes tiveram alta postergada.
b) Pacientes de grandes cirurgias tiveram alta retardada 15,3% das vezes e os de pequenos procedimentos tiveram alta retardada 6,7% das vezes.
c) Grandes hospitais têm uma taxa de altas retardadas de 13%. Pequenos hospitais têm uma taxa de altas retardadas de 10%. Os pequenos hospitais têm uma taxa global menor de altas retardadas.
d) Grandes hospitais: grandes cirurgias 15% e pequenos procedimentos 5%.
Pequenos hospitais: grandes cirurgias 20% e pequenos procedimentos 8%.
Embora os pequenos hospitais tenham uma taxa de altas retardadas global menor, os grandes hospitais têm taxas de altas retardadas menor para cada tipo de cirurgia.
e) Sim, enquanto a taxa global de altas retardadas é menor para pequenos hospitais, os grandes hospitais se saem melhor tanto com pequenas quanto grandes cirurgias.
f) Os pequenos hospitais têm um percentual maior de pequenas cirurgias do que de grandes cirurgias. 250 das 300 cirurgias dos pequenos hospitais são de pequeno porte (83%). Somente 200 das 1000 cirurgias dos grandes hospitais (20%) são de pequeno porte. Cirurgias de pequeno porte têm uma taxa de altas retardadas menor do que as de grande porte (6,7% contra 15,3%), assim a taxa global de altas retardadas dos pequenos hospitais está artificialmente inflada. Os grandes hospitais são os melhores quando se comparam as taxas de altas retardadas.

43. a) 1284 requerentes foram admitidos de um total de 3014 candidatos. 1284/3014 = 42,6%.

		Homens aceitos (se requerentes)	Mulheres aceitas (se requerentes)	Total
Programa	1	511 de 825	89 of 108	600 de 933
	2	352 de 560	17 of 25	369 de 585
	3	137 de 407	132 of 375	269 de 782
	4	22 de 373	24 of 341	46 of 714
	Total	1022 de 2165	262 de 849	1284 de 3014

b) 1022 de 2165 (47,2%) dos homens foram admitidos. 262 de 849 (30,9%) das mulheres foram admitidas.
c) Uma vez que existem quatro comparações para serem feitas, a tabela abaixo organiza os percentuais de homens e mulheres aceitos em cada programa. As mulheres são aceitas com maiores taxas em cada um dos programas.

Programa	Homens (%)	Mulheres (%)
1	61,9	82,4
2	62,9	68,0
3	33,7	35,2
4	5,9	7,0

808 Respostas

d) A comparação da taxa de aceitação dentro de cada programa é mais válida. A percentagem global é uma média injusta. Ela falha em pegar os diferentes números de candidatos e as diferentes taxas de aplicação de cada programa. Mulheres tendem a solicitar ingressos a programas no qual a aceitação de qualquer um é difícil. Esse é um exemplo do paradoxo de Simpson.

Capítulo 5

1. a) Resultados são igualmente prováveis e independentes.
    b) Essa é provavelmente uma probabilidade pessoal expressando seu grau de crença de que a taxa será cortada.
3. a) Não existe essa coisa de "lei das médias". A probabilidade global de um avião cair não muda devido a desastres recentes.
    b) Não existe essa coisa de "lei das médias". A probabilidade global de um avião cair não muda devido a um período em que não ocorreram desastres aéreos.
5. a) Seria tolo segurar a casa do seu vizinho por $300.
    Embora você simplesmente ganhe os $300, existe a chance de que você acabe pagando muito mais do que $300. Esse risco não vale os $300.
    b) A empresa de seguros faz seguros de muita gente. A grande maioria dos clientes paga e nunca precisa utilizar o seguro. Os poucos clientes que têm de ser ressarcidos são cobertos pela maioria que simplesmente pagam o prêmio e não o utilizam. O risco relativo da empresa de seguros é baixo.
7. a) Sim.
    b) Sim.
    c) Não, a soma das probabilidades é maior do que um.
    d) Sim.
    e) Não, a soma não é um e um valor é negativo.
9. 0,078
11. Os eventos são disjuntos. Utilize a regra da adição.
    a) 0,72.
    b) 0,89.
    c) 0,28.
13. a) 0,5184.
    b) 0,0784.
    c) 0,4816.
15. a) Os reparos necessários para os dois carros devem ser independentes.
    b) Isso pode não ser razoável. Um proprietário pode tratar os carros da mesma forma. Cuidando bem (ou não) dos dois. Isso pode diminuir (ou aumentar) a probabilidade de que cada carro precise de conserto.
17. a) 0,68.
    b) 0,32.
    c) 0,04.
19. a) 0,340.
    b) 0,080.
21. a) 0,4712.
    b) 0,7112.
    c) 1 - P(entrevistar) = 1 - 0,2888 = 0,7112.
23. a) Os eventos são disjuntos (um M&M não pode ter duas cores ao mesmo tempo), assim, utilize a regra da soma onde ela for aplicável.
    i) 0,30.
    ii) 0,30.
    iii) 0,90.
    iv) 0
    b) Os eventos são independentes (pegar um M&M não altera a probabilidade da próxima retirada), assim, utilize a regra da multiplicação.
    i) 0,027.
    ii) 0,128.
    iii) 0,512.
    iv) 0,271.

25. a) Disjunto.
    b) Independente.
    c) Não. Uma vez que você sabe que um dos valores de um par de eventos disjuntos ocorreu, o outro não pode ocorrer, assim a probabilidade torna-se zero.
27. a) 0,125.
    b) 0,125.
    c) 0,875.
    d) Independência.
29. a) 0,0225.
    b) 0,092.
    c) 0,00008.
    d) 0,556.
31. a) Seu raciocínio está correto. Existem 47 cartas restantes no baralho. 26 pretas e somente 21 vermelhas.
    b) Esse não é um exemplo da Lei dos Grandes Números. As cartas retiradas não são independentes.
33. a) 0,550.
    b) 0,792.
    c) 0,424.
    d) 0,918.
35. a) 0,333.
    b) 0,429.
    c) 0,667.
37. a) 0,11.
    b) 0,27.
    c) 0,407.
    d) 0,344
39. Não, 28,8% dos homens com pressão sanguínea OK têm colesterol alto, mas 40,7% dos homens com pressão alta têm colesterol alto.
41. a) 0,086.
    b) 0,437.
    c) 0,156.
    d) 0,174.
    e) 0,177.
    f) Não.
43. a) 0,47.
    b) 0,266.
    c) Ter uma garagem e uma piscina não são eventos independentes.
    d) Ter uma garagem e uma piscina não são eventos disjuntos.
45. a) 96,5%.
    b) A probabilidade de que um adulto americano tenha um telefone fixo, dado que ele tem um celular é 58,2/(58,2 + 2,8) ou aproximadamente 95,4%. Aproximadamente 96,6% dos norte-americanos adultos têm um telefone fixo. Parece que ter um telefone celular e um fixo são eventos independentes, uma vez que as probabilidades são, *grosso modo*, as mesmas.
47. Não. 12,5% dos carros são de origem europeia, mas aproximadamente 16,9% dos estudantes dirigem carros europeus.
49. a) 15,4%.
    b) 11,4%
    c) 73,9%.
    d) 18,5%.

Capítulo 6

1. As respostas irão variar.
3. A distribuição é aproximadamente simétrica e unimodal, centrada em torno de $2500. A amplitude é de aproximadamente $6000. Muitas das mensalidades estão entre $1000 e $4000.
5. a) A distribuição tem assimetria positiva (para a direita). Existem alguns valores negativos. A amplitude é aproximadamente $6000.
    b) A média será alta, pois a distribuição tem assimetria positiva (à direita).
    c) Em virtude da assimetria, a mediana será uma medida melhor.

7. A distribuição é unimodal e tem assimetria à direita com dois altos valores atípicos. A média está próxima de 10%.
9. a) Resumo dos cinco números. (As respostas podem variar dependendo do *software*.)

Mínimo	Primeiro Quartil	Mediana	Terceiro Quartil	Máximo
−10,820	7,092	11,270	17,330	94,940

b) Mediana = 11,275%; IIQ = 10,24%
c)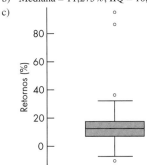
d) O histograma mostra claramente a assimetria da distribuição.

11. a) Assimetria à direita.
b) Sim, um valor atípico alto.
c) Não sabemos quão longe irá o bigode direito, pois não sabemos o último valor dentro do limite de 1,5 vezes o IIQ.

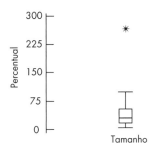

13. O diagrama de caule e folhas mostra que muitos dos tamanhos das áreas (em acres) terminam em 0 ou 5. Talvez isso seja uma evidência de que eles estão arredondando ou estimando os valores.

```
24 | 0
22 |
20 |
18 |
16 |
14 | 0
12 | 0
10 | 0
 8 | 0
 6 | 920
 4 | 553500
 2 | 8655210987520
 0 | 751000086
```
Chave: |8 0 = 80 acres

15. a) **Jogos que Wayne Gretzky disputou por temporada**

```
8 | 000000122
7 | 8899
7 | 0344
6 |
6 | 4
5 |
5 |
4 | 58
4 |
```
Chave: 7 | 8 = 78 jogos

b)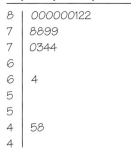

c) A distribuição do número de jogos disputados por temporada por Wayne Gretzky é assimétrica à esquerda e tem valores atípicos baixos. A mediana é 79 e a amplitude é 37 jogos.
d) Existem dois valores atípicos na estação com 45 e 48 jogos. Ele pode ter se contundido. A estação com 64 jogos está, também, separada por um salto.

17. a) A mediana, pois a distribuição é assimétrica.
b) Mais baixa.
c) O diagrama não é um histograma. É um diagrama de série temporal utilizando colunas para representar cada ponto. O histograma deve dividir o intervalo dos jogos em classes e não apresentar o número de jogos ao longo do tempo.

19. a) Estatística descritiva: Preço ($)

Mínimo	Primeiro Quartil	Mediana	Terceiro Quartil	Máximo
2,21	2,51	2,61	2,72	3,05

b) Intervalo = máximo − mínimo = 3,05 − 2,21 = $0,84; IIQ = Q3 − Q1 = 2,72 − 2,51 = $0,21
c)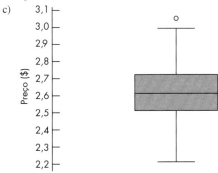
d) Simétrica com um valor atípico alto. A média é $2,62, com desvio padrão de $0,156.
e) Existe um preço alto não comum que é maior do que $3,00 por uma *pizza* congelada.

21. Como podemos ver do histograma e do diagrama de caixa e bigodes, a distribuição do uso da gasolina é unimodal e assimétrica à esquerda com dois valores atípicos baixos, o Distrito de Columbia e o Estado de Nova York. O D. C. é uma cidade e Nova York pode ser denominada por cidade de Nova York. Em virtude do transporte público o consumo de gasolina *per capita* é menor nas cidades. O consumo mediano é 485,7 galões/ano *per capita* com um IIQ de aproximadamente 81,75 galões/ano (valores de *softwares* diferentes podem variar levemente). O mínimo é o D. C com 209,5 e o máximo é Wyoming com 589,18 galões/ano.

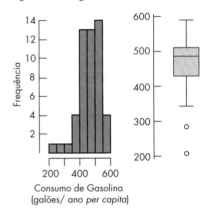

23.
a) 1611 jardas.
b) Entre o Quartil 1 = 5585,75 jardas e o Quartil 3 = 6131 jardas.
c) A distribuição do comprimento do campo de golfe parece ser aproximadamente simétrica, assim, a média e o desvio padrão são apropriados.
d) A distribuição dos comprimentos de todos os campos de golfe em Vermont é aproximadamente unimodal e simétrica. O comprimento médio dos campos de golfe é aproximadamente 5900 jardas e o desvio padrão é 386,6 jardas.

25. a) Um diagrama de caixa e bigodes é mostrado. Um histograma seria também adequado.

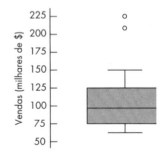

b) Estatísticas descritivas: vendas ($).(*Softwares* estatísticos diferentes podem resultar em resultados diferentes.)

Variável	N	N*	Média	Erro padrão da média	Desvio padrão	Mínimo
Vendas ($)	18	0	107845	11069	46962	62006

Q1	Mediana	Q3	Variável	Máximo
73111	95575	124439	Vendas ($)	224504

A venda média é $107,845 e a mediana é $95,975. A média é mais alta, pois os valores atípicos a puxam para cima.
c) A mediana, porque a distribuição apresenta valores atípicos.
d) O desvio padrão da distribuição é $46,962 e o IIQ é $51,328.
e) O IIQ, porque os valores atípicos aumentam o desvio padrão.
f) A média irá diminuir. O desvio padrão irá diminuir. A mediana e o IIQ não serão afetados.

27. (Para calcular a taxa de falha, divida o número dos que falharam pela soma do número dos que falharam com os que estavam OK para cada modelo.) O histograma mostra que a distribuição é unimodal e assimétrica para a esquerda. Aparentemente, não existem valores atípicos. A taxa mediana de falha para esses 17 modelos é 16,2%. Os 50% dos modelos (meio) têm taxas de falha entre 10,87% e 21,2%. A melhor taxa é 3,17% para o modelo 60GB Vídeo e a pior é 29,85% para o 40GB Click Wheel.

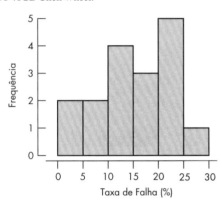

29. As vendas no local #1 foram maiores do que as vendas no local #2 em cada semana. A empresa pode querer comparar outras lojas em locais como esses para ver se esse fenômeno se mantém.

31. a) Os preços da gasolina aumentaram no período de três anos e a dispersão aumentou também. A distribuição dos preços em 2002 era assimétrica à esquerda com vários valores atípicos baixos. Desde então, a distribuição tem se mostrado cada vez mais assimétrica à direita. Existe um grande valor atípico em 2004, embora ele pareça estar bastante próximo do limite superior (1,5 vezes o IIQ).
b) A distribuição dos preços da gasolina em 2004 mostra a maior amplitude e o maior IIQ, assim, os preços apresentam uma grande variação.

33.
a) Lago Seneca.
b) Lago Seneca.
c) Lago Keuka.
d) O vinhedo Lago Cayuga e o Lago Seneca têm aproximadamente o mesmo preço médio por caixa que é aproximadamente $200, enquanto um vinhedo típico do Lago Keuka tem um preço de aproximadamente $260. O vinhedo Lago Keuka tem consistentemente maior preço por caixa de aproximadamente $170 a caixa. O vinhedo Lago Cayuga tem os preços das caixas variando de $140 a $270 e o vinhedo Lago Seneca está acima.

35. a) A velocidade mediana é a velocidade na qual 50% dos cavalos vencedores estão abaixo. Encontre 50% no eixo das ordenadas (vertical), mova-se em linha reta para à direita até encontrar a linha do gráfico e então desça (em direção ao eixo x) para encontrar uma velocidade de aproximadamente 36 mph.
b) Q1 = 34,5 mph e Q3 = 36,5 mph.
c) Intervalo = 7 mph e IIQ = 2 mph.
d)

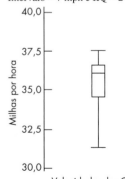

e) A distribuição das velocidades dos vencedores do Kentucky Derby tem assimetria à esquerda. A menor velocidade vencedora está logo abaixo das 31 mph e a maior é aproximadamente 37,5 mph. A velocidade mediana é aproximadamente 36 mph e 75% das velocidades vencedoras estão acima das 34,5 mph. Somente uma pequena percentagem dos vencedores tem velocidades abaixo das 33 mph.

37. a) Curso 3
b) Curso 3
c) Curso 3
d) Curso 1
e) Provavelmente o Curso 1 tenha. Mas sem os resultados reais é impossível calcular os valores exatos dos IIQs.

39. Existe um valor atípico extremo da máquina de perfurar lenta. Um furo foi feito quase uma polegada longe do centro do alvo! Se essa distância está correta, os engenheiros na fábrica de computadores devem investigar cuidadosamente o processo de baixa velocidade. Ele pode estar contaminado por uma falta de precisão intermitente extrema. O valor atípico no processo de perfuração de baixa velocidade é tão extremo que nenhum gráfico pode mostrar a distribuição de forma a fazer sentido se ele for incluído. Essa distância deve ser removida antes de se pensar em representar graficamente as distâncias de perfuração.

Com o valor atípico removido, podemos ver que o processo de perfuração lento é mais acurado. A maior distância do alvo para o processo de perfuração lento é de 0,000098 polegadas que é ainda mais acurada que a menor distância para o processo de perfuração rápido.

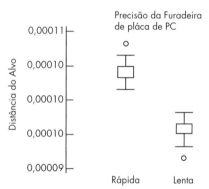

41. a) A média de 54,41 não faz sentido. Esses são valores categóricos.
b) Tipicamente a média e o desvio padrão são influenciados por valores atípicos e pela assimetria.
c) Não. Estatísticas resumo são apropriadas apenas para dados quantitativos.

43. Durante um período de três meses, o fundo Internacional geralmente teve um desempenho melhor do que os outros dois. Quase a metade dos fundos do Internacional tiveram melhor desempenho do que os fundos das outras duas categorias. O fundo doméstico americano Grande foi melhor do que o fundo doméstico Pequeno/médio em geral. O fundo Grande teve a menor variação entre os três tipos de fundos.

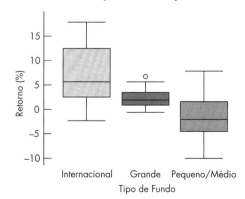

45. a) Embora os números MLS ID sejam identificadores categóricos, eles foram atribuídos sequencialmente; portanto, esse gráfico tem alguma informação. Muitas das casas listadas anteriormente foram vendidas e não estão mais listadas.
b) Um histograma não é geralmente um gráfico adequado para apresentar dados categóricos.

47. a)

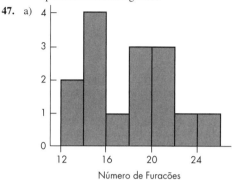

b) A distribuição é razoavelmente uniforme. Não parece haver qualquer década que possa ser considerada um valor atípico.

c)

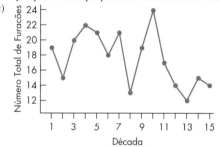

d) Esse gráfico não dá suporte à alegação de que o número de furacões aumentou nas últimas décadas.

49. O que é o eixo x? Se ele é o tempo, quais são as unidades? Meses? Anos? Décadas? Como a "produtividade" é mensurada?

51. a) A distribuição é assimétrica. Isso torna difícil estimar algo útil a partir do gráfico.
b) Transformar esses dados utilizando a raiz quadrada ou logaritmos.

53. A casa que é vendida por $400000 tem um escore-$z$ de (400000 − 167900)/77158 = 3,01, mas a casa com 4000 pés quadrados de espaço para morar tem um escore-z de (4000 − 1819)/663 = 3,29. Assim ela é menos comum.

55. Os escores-z norte-americanos são -0,04 e 1,63, total = 1,59. Os escores-z da Irlanda são 0,25 e 2,77, total 3,02. Assim, a Irlanda "vence" a batalha do consumo.

57. a) O histograma mostra que a distribuição dos preços tem uma assimetria forte para à direita.

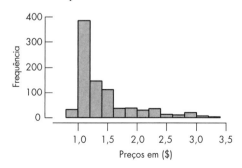

b) Os preços estavam relativamente estáveis até o final dos anos 1990, quando eles começaram a aumentar. Desde 2005, os preços têm sido mais elevados e instáveis.
c) O diagrama da série temporal.

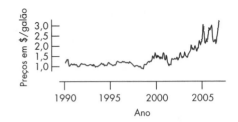

59. a) O fato de a distribuição ser bimodal.
b) A tendência ao longo do tempo.
c) O diagrama da série temporal.
d) O desemprego diminuiu regularmente de aproximadamente 5% em 1995 para menos de 4,0% em 2000 e então aumentou rapidamente entre 5,5 e 6,0% de 2002 a 2004.

Capítulo 7

1. a) Número de mensagens de texto: explicativa; custo: resposta. Para prever o custo a partir do número de mensagens de texto. Direção positiva. Forma linear. Possivelmente um valor atípico para contratos com custo fixo para envio de mensagens curtas.
b) Consumo de combustível: explicativa; volume de vendas: resposta. Para prever vendas a partir do consumo de combustível. Pode não existir associação entre mpg (milhas por galão) e volume de vendas. Ambientalistas esperam que uma mpg alta encoraje vendas altas, que seria uma associação positiva. Não temos informação sobre a forma do relacionamento.
c) Nenhuma variável é explicativa. Ambas são respostas da variável oculta temperatura.
d) Preço: variável explicativa; demanda: variável resposta. Para prever a demanda a partir do preço. Direção negativa. Forma linear em um intervalo estreito, mas curvilíneo sobre um grande intervalo de preços.

3. a) Nenhum.
b) 3 e 4.
c) 2, 3 e 4.
d) 1 e 2.
e) 3 e 1.

5. Não é uma forma linear. Moderadamente forte. A taxa de aumento de início até aproximadamente 1950 é mais abrupta do que de 1950 até o presente. Os cavalos podem estar atingindo os seus limites de velocidade.

7. a)

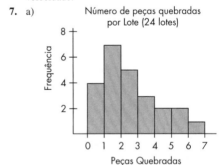

b) Unimodal, com assimetria à direita. A assimetria.
c) A relação positiva, algumas vezes linear, entre o número do lote e o número de peças quebradas

9. a) 0,006.
b) 0,777.
c) –0,923.
d) –0,487.

11. "Embalagem" não é uma variável. Na melhor das hipóteses é uma categoria. Não existe base para o cálculo de correlação.

13. A correlação estará próxima de zero. Existe uma forte relação, mas ela não é linear. As vendas são altas no início de cada semestre e baixas no meio.

15. a) As variáveis são ambas quantitativas (mensuradas em quilates e dólares); o gráfico é reto o suficiente e não existem valores atípicos. As condições foram satisfeitas.
b) Entre diamantes de melhor cor (D) e muito boa claridade (VS1), existe uma forte relação linear e positiva entre o peso do diamante e seu preço.

17. a) Existe uma forte relação linear negativo entre CO_2 e mpg na estrada.
b) As variáveis são quantitativas e a relação aproximadamente linear. O Prius está longe do resto dos dados. Mas está de acordo com o padrão linear. Se é correto considerá-lo como um valor atípico ou não, é uma questão de julgamento.
c) $r = -0.94$; remover o Prius reduz a correlação. Os valores dos dados que estão afastados do corpo principal dos dados e, de acordo com a tendência linear, tendem a aumentar a correlação e a tornam enganadora.

19. a) Sim, as variáveis são quantitativas e o diagrama é linear sem valores atípicos.
b) Existe uma forte relação linear positiva. A correlação é 0,80.

21. a) Duas variáveis quantitativas. Entretanto, o diagrama de dispersão mostra dois pontos distantes dos demais. Esses valores atípicos tornam a correlação problemática.
b) Com a exceção dos dois vinhedos mais velhos, não.
c) Esse gráfico somente incluiu vinhedos do estado de Nova York, assim essa é a única região geográfica sobre a qual podemos tirar conclusões.

23. a) Duas variáveis quantitativas. Mas o diagrama de dispersão mostra uma relação não linear, assim a correlação não é apropriada.
b) Para casas com entre 2 e 6 quartos, existe uma relação positiva entre o número de quartos e o preço. As poucas casas grandes dessa amostra não seguem esse padrão.

25. A variável *Estado* não é quantitativa, assim a correlação entre *Vendas* e *Estado* não faz sentido. A ordenação dos estados em ordem alfabética é arbitrária. Um diagrama de colunas pode ser uma maneira melhor de apresentar esses dados.

27. a) O diagrama de dispersão mostra uma relação aproximadamente linear positivo e moderadamente forte.
b) Sim, os estados onde os as faculdades comunitárias são mais caras tendem a cobrar mais pelo curso universitário completo, também.
c) Sim, a correlação é 0,66, um valor moderadamente forte.

29. a) Ele é negativo, moderadamente forte e aproximadamente linear.
b) Sim, considerando a resposta em a) e que as duas variáveis são quantitativas.
c) Primeiro, estes dados são todos de um único ano. Segundo, podem existir muitas razões para a relação ter essa forma. Não podemos concluir causação a partir da correlação.

31. a) A relação é positiva, com dispersão moderada e aproximadamente linear.
b) Sim, considerando a resposta em a) e o fato de que as duas variáveis são quantitativas.
c) Um valor alto da correlação não implica em relação causal.

33. a) Assumindo que a relação é linear, uma correlação de –0,772 mostra uma forte relação negativa.
b) Continente é uma variável categórica.

35. Se os dados apresentam um valor atípico que pode dominar a correlação e se a relação é curva, pode haver uma associação, mas uma pequena correlação.

37. a) Não, correlação não implica em causação.
b) É provável que países mais ricos consumam mais petróleo e tenham maiores expectativas de vida devido a alimentação, educação e cuidados médicos melhores.

39. a)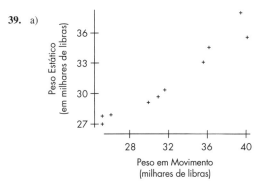

b) Positivo, linear e muito forte.
c) A nova escala pode prever o peso estático bastante bem, exceto possivelmente no extremo superior. Pode ser possível prever o peso estático com a nova escala acuradamente o suficiente para ser útil. Contudo, as medidas do peso em movimento parecem ser muito altas.
d) 0,965
e) A correlação não irá mudar.
f) No extremo final da escala, existe um ponto onde o peso em movimento é muito maior do que o peso estático. A nova escala deve ser recalibrada.

41. a) Existem duas variáveis quantitativas e o diagrama de dispersão é reto o suficiente e sem valores atípicos. Suposições e condições estão satisfeitas.
b) –0,574
c) Sim, mas isso não implica em causação.
d) Não. Mudanças de unidades não alteram o valor da correlação.

43. a) Existe um valor atípico no final do gráfico, assim a condição não está satisfeita.
b) Julho, 2008; $r = 0,396$

45. a) Sim, o diagrama de dispersão é alinhado o suficiente, as variáveis são quantitativas e não existem valores atípicos.
b) Equipes que fazem mais *home runs* geralmente têm mais público.
c) Existe uma associação positiva, mas correlação não implica causação.

47. A conclusão não está justificada. Tanto o *Estado Civil* quanto o *status* de *Doador* são categóricas e, portanto, não apropriadas para correlação. Elas devem ser examinadas em uma tabela 2x2.

49. a) -0,14
b) Não, a baixa correlação é porque a relação não é linear.

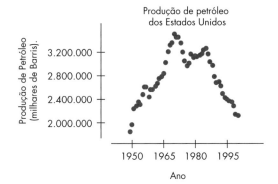

Capítulo 8

1. a) *Preço*
   b) *Vendas*
   c) Vendas diminuem por 24310 libras por dólar.
   d) Ele é apenas o valor base. Ele não tem significado, pois as lojas não vão fixar seus preços em $0.
   e) 56572,32 libras
   f) 3427,68 libras

3. a) *Salário*
   b) *Vitórias*
   c) Na média uma equipe vence 0,62 mais jogos para cada $10 milhões em salários.
   d) Número de vitórias previstas para uma equipe que gasta $0 em salários. Isso não tem significado aqui.
   e) 0,62 jogos a mais.
   f) 4,883 jogos. Melhor.
   g) 3,117 jogos.

5. 47084,23 libras

7. O modelo não tem sentido porque a variável Região não é quantitativa. Essa inclinação não faz sentido porque Região não tem unidades. A comparação por diagramas de caixa e bigodes faz sentido, mas a regressão não.

9. a) As variáveis são ambas quantitativas (com unidades % do PIB), o diagrama é razoavelmente alinhado, não existem valores atípicos e a dispersão é aproximadamente constante (embora seja grande).
   b) Cerca de 21% da variação nas taxas de crescimento dos países em desenvolvimento pode ser creditada pela taxa de crescimento dos países desenvolvidos.
   c) Anos 1970-2007.

11. a) $\overline{Crescimento\ (Países\ em\ Desenvlvimento)} = 3,46 + 0,433 \times Crescimento\ (Países\ Desenvolvidos)$.
    b) O crescimento previsto para os países em desenvolvimento em anos de crescimento 0 nos países desenvolvidos. Sim, isso faz sentido.
    c) Na média, o PIB dos países em desenvolvimento aumenta 0,433% para cada 1% de aumento do crescimento dos países desenvolvidos.
    d) 5,192%
    e) Mais; prevemos 4,61%.
    f) 1,48%

13. a) Positivo, aproximadamente alinhado (levemente curvo superiormente à direita) e moderadamente forte.
    b) Sim (embora as respostas possam variar). Faz sentido que as finanças estaduais influenciem as duas quantidades da mesma forma.
    c) $\overline{Pública\ 4\ anos} = 2826,00 + 1,216 \times Pública\ 2\ anos$
    d) Sim.
    e) O custo da educação pública de quatro anos, em média, $2.826 + 1,216 \times$ mensalidades médias de cursos de dois anos.
    f) 44,29% da variação na mensalidade média da universidade pública de quatro anos pode ser creditada pela regressão sobre o curso público de dois anos.

15. a) O valor previsto de investimentos nos fundos (*Fluxo*) se o *Retorno* for 0%.
    b) Um aumento de 1% no retorno dos fundos mútuos está associado com um aumento de $771 milhões no fluxo de investimentos nos fundos.
    c) $9747 milhões.
    d) –$4747 milhões, superestimado.

17. a) Bilhões de dólares por milhares de casas sendo construídas.
    b) 0,49.
    c) 0,70 desvio padrão abaixo da média de vendas.

19. a) 88,3% da variação das *vendas* trimestrais por ser creditada a variação da *taxa* norte-americana de desemprego.
    b) –0,94.
    c) Suas *Vendas* seriam menores por aproximadamente $2,9 bilhões.

21. a) O modelo parece apropriado. O diagrama dos resíduos está bom.
    b) O modelo não é apropriado. A relação não é linear.
    c) O modelo não é apropriado. A dispersão está aumentando.

23. a) *Vendas* aumentam, na média por $0,0535 bilhão (ou $53,5 milhões) por 1000 casas sendo construídas.
    b) $15,25 bilhões.
    c) Um resíduo.

25. Existem dois valores atípicos que inflacionam o valor do R^2 e afetam a inclinação e o intercepto. Sem esses dois pontos, o R^2 cai de 79% para aproximadamente 31%. O analista deve retirar esses dois consumidores e refazer a regressão.

27. a) Um modelo linear é marginalmente apropriado. As variáveis são quantitativas, a relação é aproximadamente linear, existe um possível valor atípico e a dispersão é influenciada por ele. Contudo, existem somente 10 pontos de dados, e dados de mais lojas podem fornecer informações que podem alterar essa resposta.
b) 0,75.
c) 56,9% da variabilidade nas vendas anuais em 2000 pode ser creditada à variação na população da cidade onde a loja está localizada.

29. 0,03

31. a) R^2 é um indicador da aderência do modelo, não da adequação do modelo.
b) O estudante deveria ter dito, "O modelo prevê que as vendas trimestrais serão de $10 milhões quando $1,5 milhões forem investidos em publicidade".

33. a) Condição de variável quantitativa: as duas variáveis são quantitativas (*GPA* e *Salário Inicial*).
b) Condição de linearidade: examinar o diagrama de dispersão do *Salário Inicial* pelo *GPA*.
c) Condição de valor atípico: examine o diagrama de dispersão.
d) Condição de mesma dispersão: um diagrama dos resíduos da regressão *versus* os valores previstos.

35. a) Linear, moderadamente forte e positiva.
b) Um estudante teve 500 no Verbal e 800 em Matemática. Esse conjunto de escores não parece se adequar ao padrão.
c) Uma associação positiva moderada.
d) $\overline{Matemática} = 209,6 + 0,675(Verbal)$
e) Para cada escore SAT Verbal adicional, esperamos que o escore de Matemática seja 0,675 pontos mais alto, em média.
f) 547,1 pontos
g) 50,4 pontos

37. a) r = 0,685
b) $\overline{Verbal} = 171,03 + 0,695Matemática$ (ou 171,33 + 0,694*Matemática* diretamente dos dados brutos).
c) O escore Verbal observado é mais alto do que o previsto.
d) 518,5
e) 559,6
f) Regressão para a média, porque nós sempre prevemos uma fração (a correlação) do desvio padrão da média, as previsões sucessivas irão se aproximar cada vez mais da média.

39. a)

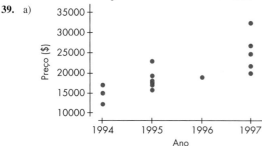

b) Existe uma forte relação linear positiva entre *Preço* e Ano para BMW 840s usadas.
c) Sim.
d) 0,757
e) 57,4% da variabilidade no *Preço* de uma BMW 840 s usada pode ser explicada pelo *Ano* em que o carro foi fabricado.
f) O relacionamento não é perfeito. Outros fatores, tais como opcionais, estado de conservação e quilometragem podem ser responsáveis por alguma variabilidade no preço.

41. a)

b) Um modelo linear é possível, mas com tão poucos pontos e com dois valores atípicos, devemos ter muito cuidado com seu uso. As variáveis são quantitativas e a variabilidade são aproximadamente as mesmas, exceto pelos dois valores atípicos.
c) $\overline{Vendas}$ (*em milhões* de $) = 24,114 – 0,4828 *Idade mediana*
d) $8664 milhões.
e) Sim, o único valor entre a idade mediana 30 e 36 anos são os dois valores atípicos e o modelo não é apropriado.

43. a) A associação entre o custo de vida em 2007 e 2006 é linear, positiva e forte. O alinhamento do diagrama de dispersão indica que o modelo linear é apropriado.
b) 83,7% da variabilidade no custo de vida em 2007 pode ser explicado pela variabilidade no custo de vida em 2006.
c) 0,915
d) Moscou teve um custo de vida de 123,9% do de Nova York em 2006. De acordo com o modelo, o custo de vida para Moscou, em 2007, seria de aproximadamente 128,8% do de Nova York. Moscou, de fato, teve um custo de vida, em 2007, que foi 134,4% do de Nova York, assim o seu resíduo foi aproximadamente de 5,6%.

45. O diagrama de dispersão das *Vendas* por *Ano* mostra uma associação que é fortemente positiva. Em geral, as *Vendas* cresceram ao longo do tempo. O diagrama de dispersão está alinhado o suficiente para justificar o uso do modelo linear.
a) O modelo linear para prever as vendas a partir dos anos tem um R^2 de 99,8% e é $\overline{Vendas} = 178,165 + 25,701Tempo$.
b) As *Vendas* crescem $25,7 bilhões ao ano, em média.
c) O intercepto é o valor líquido das vendas no início do tempo; as vendas em 2001 foram $178,165 bilhões de acordo com o modelo (utilizando 2001 = 0 para o tempo).

47. a) $332371 milhões.
b) O perigo em usar esse modelo para prever as vendas líquidas para 2010 é a extrapolação envolvida e o impacto de muitos outros fatores não previstos nas vendas do Wal-Mart.

49. a) 0,578
b) Os níveis de CO_2 são responsáveis por 33,4% da variação na temperatura média.
c) $\overline{Temperatura\ média} = 15,3066 + 0,004CO_2$
d) A temperatura média prevista está crescendo a uma taxa de 0,004 graus (C)/ppm de CO_2.
e) Alguém pode dizer que sem CO_2 na atmosfera existiria uma temperatura média de 15,3066 graus Celsius, mas essa é uma extrapolação a um ponto sem sentido.
f) Não.
g) Previsto 16,7626 graus Celsius.

51. a) $\overline{Salto\ em\ altura} = 2,681 – 0,00671\ Tempo\ nos\ 800\ m$. O salto em altura é menor, em média, por 0,0067 metros por segundo do tempo nos 800 metros.
b) 16,4%.
c) Sim, a inclinação é negativa. Corredores rápidos tendem a também saltar alto.
d) Existe uma leve tendência por uma menor variação na altura do salto entre os corredores mais lentos do que entre os mais rápidos.

e) Não especialmente, o desvio padrão dos resíduos é 0,060 metros, que não é muito menor do que o desvio padrão de todos os saltadores (0,066 metros). O modelo não parece fazer boas previsões.

Capítulo 9

1. a) 16%   b) 50%   c) 95%   d) 0,15%
3. a) 2,4%
   b) 8,0%
   c) 8–8,8%
   d) (−3,2% < x < 8,0%)
5. a) 50%
   b) 16%
   c) 2,5%
   d) Mais do que 1,542 não é comum.
7. a) x > 1,492
   b) x < 1,459
   c) (1,393 < x < 1,525)
   d) x > 1,393
9. a) 21,6% (usando tecnologia)
   b) 48,9%
   c) 59,9%
   d) 33,4%
11. a) x > 9,58%
    b) x < -2,31%
    c) (−0,54% < x < 5,34%)
    d) x > −2,31%
13. a) 0,98%
    b) 15,4%
    c) 7,56%
15. a) 79,58
    b) 18,50
    c) 95,79
    d) −2,79
17. z_{SAT} = 1,30; z_{ACT} = 2. O escore ACT é o melhor escore, pois está mais acima da média em desvios padrão do que o escore SAT.
19. a) Para saber sobre sua consistência e o quanto podem durar. O desvio padrão mede variabilidade, que se traduz em consistência no uso diário. Um tipo de bateria com um pequeno desvio padrão terá mais probabilidade de ter uma duração de vida próxima da média do que uma com um grande desvio padrão.
    b) As baterias da segunda empresa têm uma duração média de vida maior, mas um desvio padrão também maior, assim elas apresentam maior variabilidade. A decisão não é tão simples. As baterias da primeira empresa têm pouca probabilidade de falhar em menos do que 21 meses, mas isso não seria surpresa com a segunda empresa. Mas as baterias da segunda companhia podem facilmente durar mais do que 39 meses – uma duração bastante improvável para a primeira empresa.
21. CEOs podem ter entre 0 e 40 (ou possivelmente 50) anos de experiência. Um desvio padrão de ½ ano é impossível, porque muitos CEOs estariam 10 ou 20 desvios padrão afastados da média, qualquer que ela seja. Um desvio padrão de 16 anos significaria que dois desvios acima ou abaixo da média forneceriam um intervalo de 64 anos. Isso é muito alto. Assim o desvio padrão deve ser de 6 anos.
23. a)

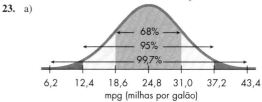

    b) Entre 18,6 e 31,0 mpg.
    c) 16%
    d) 13,5%
    e) Abaixo de 12,4 mpg.

25. Qualquer escore de Satisfação com o Trabalho além de dois desvios padrão abaixo da média 100 - 2(12) = 76 pode ser considerado surpreendentemente baixo. Esperamos encontrar alguém com um escore de Satisfação com o Trabalho menor do que 100 - 3(12) = 64 muito raramente.
27. a) Aproximadamente 16%.
    b) Um desvio padrão abaixo da média e -1,27 horas, que é impossível.
    c) Como o desvio padrão é maior do que a média, a distribuição tem uma forte assimetria à direita.
29. a)

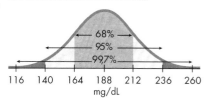

    b) 30,85%
    c) 17,00%
    d) IIQ = Q3 - Q1 = 32,38
    e) Acima dos 212,87 pontos
31. a) 0,657
    b) 0,584
    c) 0,507
    d) 0,275
33. a) 5,3 gramas
    b) 6,4 gramas
    c) Uma vez que 5,3 < 6,4, as galinhas jovens põe ovos com pesos mais consistentes do que os que são postos pelas galinhas mais velhas.
    d) De acordo com o modelo normal o peso médio dos ovos destas galinhas é de 62,7 gramas, com um desvio padrão de 6,2 gramas.
35. a) $\mu_{\hat{p}}$ = P = 7% e $\sigma(\hat{p})$ = 1,8%
    b) N(0,07; 0,018) Assumir que os novos clientes são uma amostra da mesma população na qual a percentagem padrão está baseada. Isso não é necessariamente verdadeiro. Assumir independência parece ser razoável. A condição do tamanho da amostra está satisfeita.
    c) 0,048
37. 0,212; razoável que aqueles entrevistados sejam independentes uns dos outros e representam menos do que 10% de todos os eleitores potenciais. Assumimos que a amostra foi selecionada ao acaso. A condição de sucesso/falha está satisfeita: np = 208 ≥ e nq = 194 ≥ 10.
39. 0,088 utilizando o modelo N(0,08; 0,022).
41. As respostas podem variar. Utilizando $\mu + 3\sigma$ para "com certeza", o restaurante deve ter 89 lugares para não fumantes. Assume-se que os clientes em qualquer tempo são independentes uns dos outros, a amostra é aleatória e representa menos do que 10% de todos os potencias clientes. np = 72, nq = 48, assim o modelo N(0,60; 0,0447) é razoável.
43. a) $N\left(\mu, \dfrac{\sigma}{\sqrt{n}}\right)$
    b) O desvio padrão será menor. O centro permanecerá o mesmo.
45.

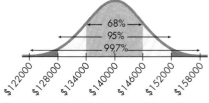

O modelo da distribuição amostral da média da amostra dos preços das casas é aproximadamente N(140000, 6000).
47. a) Algumas pessoas trabalham bem mais do que a média mais 2 ou 3 desvios padrão.
    b) O TCL diz que $\bar{y}$ é aproximadamente normal para amostras grandes, mas não para amostras de tamanho um (indivíduos). Além disso, as pessoas não podem trabalhar menos do que zero horas.
49. a) 0,0478

816 Respostas

   b) 0,863
   c) 0,0019
   d) Essencialmente 0.

Capítulo 10

1. Ele acredita que a verdadeira proporção está dentro de 4% de sua estimativa, com alguma probabilidade (provavelmente 95%) de confiança.

3. a) *População* – todos os carros na área; *amostra* - 134 carros, de fato, parados no ponto de checagem; p – proporção da população de todos os carros com problemas de segurança; problemas; $\hat{p}$ – proporção de carros na amostra que de fato tem problemas de segurança (10,4%); se a amostra (amostra por aglomerados) é representativa, então os métodos do Capítulo 10 se aplicam.

   b) *População* – público em geral; *amostra* - 602 observadores que *logam* no *site*; p – proporção na população do público em geral que pensa que a corrupção corporativa está "pior"; $\hat{p}$ - proporção que *logaram* no *site* e votaram que a corrupção corporativa está "pior" (81,1%); não se pode utilizar os métodos do Capítulo 10 – a amostra é tendenciosa e não aleatória.

5. a) *População* – todos os consumidores que compraram um carro novo recentemente; *amostra* - 167 pessoas indagadas sobre suas experiências; p – proporção de todos os compradores de carros novos que não estão satisfeitos com o vendedor; $\hat{p}$ – proporção de compradores de carros novos entrevistados que não estão satisfeitos com o vendedor (3%); não se pode utilizar os métodos do Capítulo 10, porque apenas 5 pessoas não estão satisfeitas. Pode-se utilizar o pseudo método de observação de 10.5, mas a amostra pode não ser representativa.

   b) *População* – todos os alunos da faculdade; *amostra* – os 2883 que foram entrevistados sobre seus telefones celulares no estádio de futebol; p – proporção de estudantes universitários com telefones celulares; $\hat{p}$ – proporção de estudantes universitários no estádio de futebol com telefones celulares (77,8%); tenha cuidado – estudantes que frequentam o estádio de futebol podem não representar todos os estudantes. A amostra pode ser tendenciosa.

7. a) Não está correto. Isso implica certeza.

   b) Não está correto. Diferentes amostras irão fornecer resultados diferentes. Muito provavelmente nenhuma das amostras terá exatamente 88% dos pedidos no prazo.

   c) Não está correto. Um intervalo de confiança diz algo sobre a proporção populacional desconhecida, não sobre a proporção amostral em diferentes amostras.

   d) Não está correto. Nessa amostra, sabemos que 88% dos períodos chegaram no prazo.

   e) Não está correto. O intervalo é para o parâmetro e não para os dias.

9. a) Falso

   b) Verdadeiro

   c) Verdadeiro

   d) Falso

11. Estamos 90% confiantes que entre 29,9 e 47,0% dos carros norte-americanos são feitos no Japão.

13. a) 0,025

   b) Os condutores da pesquisa estão 90% confiantes que a verdadeira proporção de adultos que não utilizam *e-mail* está a 2,5% dos estimados 38%.

   c) Um intervalo de 99% de confiança requer uma margem de erro grande. Para aumentar a confiança o intervalo deve ser maior.

   d) 0,039 ou 3,9%

   e) Margens de erro menores nos darão menos confiança no intervalo.

15. a) (12,7%, 18,6%)

   b) Estamos 95% confiantes de que o número de acidentes que envolvem motoristas adolescentes está entre 12,7% e 18,6% de todos os acidentes.

   c) Aproximadamente 95% de todas as amostras aleatórias de tamanho 582 irão produzir intervalos que contêm a verdadeira proporção de acidentes envolvendo motoristas adolescentes.

   d) Contradiz – o intervalo está completamente abaixo de 20%.

17. Provavelmente nada. Aqueles que se deram ao trabalho de responder a pesquisa podem formar uma amostra tendenciosa.

19. Essa foi uma amostra de menos do que 10% de todos os usuários da Internet; existem $703 \times 0,18 = 127$ sucesso e 576 falhas, ambas com pelos menos 10. Estamos 95% confiantes que o número de usuários da Internet que baixaram músicas sem autorização está entre 15,2% e 20,8%. (A resposta poderá ser de 15,2% a 20,9% se $n = 127$ for utilizada ao invés de 0,18.)

21. a) $385/550 = 0,70$; 70% de todas as companhias químicas norte-americanas da amostra estão certificadas.

   b) Essa foi uma amostra aleatória, mas não sabemos se ela é menor do que 10% de todas as empresas químicas norte-americanas. Existem $550 (0,70) = 385$ sucessos e 165 falhas e os dois resultados são superiores a 10. Temos 95% de certeza de que o número de empresas químicas norte-americanas certificadas está entre 66,2% e 73,8%. Parece que a proporção de empresas químicas certificadas nos Estados Unidos é menor do que no Canadá.

23. a) Pode existir uma resposta tendenciosa em virtude do enunciado da questão.

   b) (45,5%, 51,5%)

   c) A margem de erro baseada na amostra combinada é pequena, uma vez que a amostra é grande.

25. a) O intervalo com base no levantamento realizado pelos alunos universitários da disciplina de estatística terá uma grande margem de erro, uma vez que o tamanho da amostra é pequeno.

   b) As duas amostras são aleatórias e são provavelmente menores do que 10% dos eleitores da cidade (considerando que a cidade tenha mais do que 12000 eleitores); ocorreram 636 sucessos e 564 falhas para o jornal e os dois resultados são maiores do que 10; ocorreram 243 sucessos e 207 falhas para a turma de estatística e os dois resultados estão acima de 10; levantamento do jornal: (50,2%, 55,8%); turma de estatística: (49,4%, 58,6%).

   c) A turma de estatística deve concluir que o resultado é bem próximo, porque 50% pertencem a esse intervalo.

27. a) Essa foi uma amostra aleatória menor do que 10% de todas as crianças inglesas; ocorreram $2700 (0,20) = 540$ sucessos e 2160 falhas e os dois resultados estão acima de 10; (18,2%, 21,8%).

   b) Estamos 98% confiantes que entre 18,2% e 21,8% das crianças inglesas têm deficiência de vitamina D.

   c) Aproximadamente 98% das amostras aleatórias de tamanho 2700 irão produzir intervalos de confiança que contêm a verdadeira proporção de crianças inglesas que apresentem deficiência de vitamina D.

   d) Não. O intervalo não diz nada sobre causação.

29. a) Essa não é uma amostra aleatória; embora ela seja representativa, não estamos seguros se temos menos do que 10% de todos os WBCs; existem 8 sucessos, o que não é maior do que 10, assim a amostra não é grande o suficiente.

   b) Uma vez que as condições não estão satisfeitas, mas a amostra é representativa, podemos determinar um intervalo de confiança de pseudo observações adicionando dois sucessos e duas falhas aos dados. Então o IC de 90% será (0,251; 0,582).

31. a) Essa foi uma amostra aleatória de menos do que 10% de todas as empresas em Vermont; ocorreram 12 sucessos e 0 falhas, valor esse que não é superior a 10, assim a amostra não é grande o suficiente.

   b) Utilizando o IC com pseudo observações $\tilde{p} = 14/16 = 0,875$; (0,713; 1,037); assim, podemos dizer com 95% de confiança que a verdadeira proporção é de pelo menos 71,3%.

33. a) Essa foi uma amostra aleatória de menos de 10% de todos os pagadores de impostos autônomos; ocorreram 20 sucessos e 206 falhas e os dois valores estão acima de 10.

b) (5,2%, 12,6%)

c) Estamos 95% confiantes de que entre 5,1% e 12,6% de todos os indivíduos autônomos tiveram suas devoluções do imposto de renda auditadas no ano passado.

d) Se selecionarmos amostras repetidas 226 indivíduos, esperamos que aproximadamente 95% dos intervalos de confiança que determinarmos conterão a verdadeira proporção de autônomos que foram auditados.

35. a) Essa foi uma amostra aleatória de menos de 10% de todos os norte-americanos adultos; ocorreram 703(0,13) = 91 sucessos e 612 falhas e os dois valores são superiores a 10.

b) (10,5%, 15,5%)

37. a) O intervalo de confiança de 95% para a verdadeira proporção de todas as pessoas entre 18 e 29 anos que acreditam que os Estados Unidos estão prontos para ter uma mulher presidente terá aproximadamente o dobro da amplitude do intervalo de confiança para a verdadeira proporção dos adultos norte-americanos, uma vez que está baseado em uma amostra de aproximadamente um quarto do tamanho (presumindo proporções aproximadamente iguais).

b) Essa foi uma amostra aleatória de menos de 10% de todos os norte-americanos entre 15 e 29 anos de idade; encontrou-se 250 (0,62) = 155 sucessos e 95 falhas, os dois valores estão acima de 10. Estamos 95% confiantes de que entre 56,0% e 68,0% de todos os norte-americanos entre 18 e 29 anos de idade acreditam que os Estados Unidos estão prontos para ter uma mulher na presidência.

39. a) O parâmetro é a proporção de músicas digitais nas bibliotecas digitais dos estudantes que são legais. A população são todas as músicas em bibliotecas digitais. O tamanho da amostra é 117079 músicas, não 168 estudantes.

b) Essa é uma amostra por aglomerados (168 aglomerados de músicas em bibliotecas digitais); 117079 é menos do que 10% de todas as músicas digitais o número de músicas legais e ilegais na amostra são ambas bem maiores do que 10.

c) Estamos 95% confiantes que entre 22,9% e 23,3% das músicas digitais são compradas legalmente.

d) O grande tamanho da amostra tornou o intervalo de confiança excessivamente estreito. É difícil de acreditar que um intervalo tão estreito capture, realmente, o parâmetro de interesse. Além disso, esses dados foram coletados em amostras por aglomerados de apenas 168 estudantes. Isso nos dá menos certeza sobre a nossa capacidade de capturar o valor verdadeiro do parâmetro.

41. a) Essa foi uma amostra aleatória de menos do que 10% de todos os usuários da Internet; ocorreram 703 (0,64) = 450 sucessos e 253 falhas, os dois valores estão acima de 10. Estamos 90% confiantes de que entre 61,0% e 67,0% dos usuários da Internet ainda irão comprar um CD.

b) Como forma de cortar a margem de erro pela metade, a amostra deve ser quatro vezes maior; $4 \times 703 = 2812$ usuários.

43. a) 141

b) 318

c) 564

45. 1801

47. 384 no total, utilizando-se $p = 0,15$

49. Uma vez que $z^* = 1,634$, está próximo a 1,645, os condutores do levantamento estavam utilizando provavelmente 90% de confiança.

51. Essa foi uma amostra aleatória de menos do que 10% de todos os consumidores; ocorreram 67 sucessos e 433 falhas, os dois valores acima de 10. Dos valores $\hat{p} = 67/500 = 0,134$. Estamos 95% confiantes que a verdadeira proporção de consumidores que gastam $1000,00 ou mais ao mês está entre 10,4% e 16,4%.

53. a) Essa foi uma amostra aleatória de menos do que 10% de todos os homens de MA; observou-se 2662 sucessos e 398 falhas, os dois valores estão acima de 10.

b) (0,858; 0,882)

c) Estamos 95% confiantes que a proporção de homens de MA que têm seguro saúde está entre 85,8% e 88,2%.

Capítulo 11

1. a) Seja p o percentual de produtos enviando no prazo. $H_0: p = 0,90$ vs. $H_A: p > 0,90$

b) Seja p a proporção de casas que levam mais de três meses para serem vendidas. $H_0: p = 0,50$ vs. $H_A: p > 0,50$

c) Seja p a taxa de erro. $H_0: p = 0.02$ vs. $H_A: p < 0,02$

3. A afirmação **d** é correta.

5. Se a taxa de utilização do cinto de segurança após a campanha é a mesma de antes da campanha, existe uma chance de 17% de observarmos uma taxa de utilização do cinto de segurança desse valor ou maior em uma amostra do mesmo tamanho apenas pela variação amostral.

7. A afirmação **e** é correta.

9. Não, podemos dizer apenas que existe uma chance de 27% de vermos a efetividade observada apenas pela variação amostral se $p = 0,7$. Não existe *evidência* de que a nova formula é mais efetiva, mas não podemos concluir que elas são igualmente efetivas.

11. a) 0,186 (utilizando o modelo normal); 0,252 utilizando probabilidades exatas.

b) Parece razoável pensar que, de fato, existe meio de cada. Esperamos obter 12 ou mais vermelhos em 20 em mais do que 15% das vezes, assim não existe evidência real de que a afirmação da empresa não seja verdadeira. Os dois valores-P são maiores do que 0,30.

13. a) As condições estão satisfeitas: a amostra é aleatória; menor do que 10% da população; mais do que 10 sucessos e falhas; (1,9%, 4,1%)

b) Uma vez que 5% não pertence ao intervalo, existe uma forte evidência de que menos de 5% de todos os homens utilizem o trabalho como sua principal avaliação de sucesso.

c) $\alpha = 0,01$; é um teste unilateral à esquerda com base em um intervalo de confiança de 98%.

15. a) As condições estão satisfeitas: a amostra é aleatória; menor do que 10% da população; mais do que 10 sucessos e falhas; (0,223; 0,257); estamos 95% confiantes de que a verdadeira proporção de adultos americanos que avaliam a economia como Boa ou Excelente está entre 0,223 e 0,257.

b) Não. Uma vez que 0,28 não está dentro do intervalo, existe evidência de que a proporção não é 28%.

c) $\alpha = 0,05$; é um teste bilateral baseado em um intervalo de 95% de confiança.

17. a) Menos provável.

b) Os níveis alfa devem ser escolhidos antes do exame dos dados. Caso contrário, ele sempre poderá ser escolhido de forma a rejeitar a hipótese nula.

19. 1. Use p, não $\hat{p}$, em hipóteses.

2. A questão é sobre falhar em alcançar o objetivo. H_A deve ser $p < 0,96$.

3. Não verificou que $nq = 200 \times 0,04 = 8$. Uma vez que $nq < 10$, a condição de sucesso/falha foi violada. Não se verifica a condição dos 10%.

4. $\hat{p} = \dfrac{188}{200} = 0,94; DP(\hat{p}) = \sqrt{\dfrac{pq}{n}} = \sqrt{\dfrac{(0,96)(0,04)}{200}} = 0,014$

O estudante utilizou $\hat{p}$ e $\hat{q}$.

5. z está incorreto; deveria ser $z = \dfrac{0,94 - 0,96}{0,014} = -1,43$

6. $p = P(z < -1,43) = 0,076$.

7. Existe apenas uma fraca evidência de que o novo sistema falhou em alcançar os objetivos.

21. a) Seja p = o percentual de crianças com anomalias genéticas. $H_0: p = 0,05$ vs. $H_A: p > 0,05$.

b) SRS (não está claro das informações fornecidas); 384 < 10% de todas as crianças; $np = 384 (0,05) = 19,2 > 10$ e $nq = 384 (0,95) = 364,8 > 10$.

c) $z = 6,28$, $p < 0,0001$.

818 Respostas

d) Se 5% das crianças apresentam anomalias genéticas, a chance de observarmos 46 crianças com anomalias genéticas em uma amostra aleatória de 384 crianças é essencialmente 0.

e) Rejeite H_0. Existe uma forte evidência que mais de 5% das crianças têm anomalias genéticas.

f) Não sabemos que os produtos químicos ambientais causam anomalias genéticas, só que a taxa é maior agora de que no passado.

23. a) Seja p = o percentual de estudantes em 2000 sem faltas no mês anterior. H_0: $p = 0,34$ vs. H_A: $p < 0,34$

b) Embora não declarado especificamente, assume-se que o Centro Nacional para Educação Estatística utilize uma amostra aleatória; $8302 < 10\%$ de todos os estudantes; $np = 8302 \times 0,34 = 2822,68 > 10$ e $nq = 8302 \times 0,66 = 5479,32 > 10$.

c) $z = -1,92$, $P = 0,027$.

d) Rejeita H_0 a um nível $\alpha = 0,05$. Existe evidência para sugerir que o percentual de estudantes sem faltas no mês anterior tenha diminuído em 2000.

e) Esse resultado é estatisticamente significativo a um nível $\alpha = 0,05$, mas não fica claro que existe alguma significância prática uma vez que o percentual caiu apenas 1%, de 34% para 33%.

25. a) AAS (não fica claro pela informação fornecida); $1000 < 10\%$ de todos os trabalhadores; $n\hat{p} = 520 > 10$ e $n\hat{q} = 480 > 10$; (0,489, 0,551); estamos 95% confiantes de que entre 48,9% e 55,1% dos trabalhadores investiram em fundos individuais de aposentadoria.

b) Seja p = o percentual de trabalhadores que investiram.
H_0: $p = 0,44$ vs. H_A: $p \neq 0,4$; uma vez que 44% não está no intervalo de 95% de confiança, rejeitamos H_0 a um nível $\alpha = 0,05$. Existe uma forte evidência de que o percentual de trabalhadores que investiram em fundos individuais de aposentadoria não é igual a 44%. De fato, nossa amostra indica um crescimento no percentual de adultos que investiram em fundos individuais de aposentadoria.

27. Seja p = o percentual de carros com problemas de emissões. H_0: $p = 0,20$ vs. H_A: $p > 0,20$; duas condições não estão satisfeitas: $22 > 10\%$ da população de 150 carros e $np = 22 \times 0,20 = 4,4 < 10$. Não é uma boa ideia seguir com o teste de hipóteses.

29. Seja p = o percentual de produtos defeituosos. H_0: $p = 0,03$ vs. H_A: $p \neq 0,03$; AAS (não está claro a partir da informação fornecida); $469 < 10\%$ de todos os produtos; $np = 469 \times 0,03 = 14,07 > 10$ e $nq = 469 \times 0,97 = 454,93 > 10$; $z = -1,91$, $p = 0,0556$; uma vez que o valor-p $= 0,0556$ é tecnicamente superior a 0,05, não rejeitamos H_0.

31. Seja p = o percentual de leitores interessados em uma edição *on-line*. H_0: $p = 0,25$ vs. H_A: $p > 0,25$; SRS; $500 < 10\%$ de todos os assinantes potenciais; $np = 500.0,25 = 125 > 10$ e $nq = 500.0,75 = 375 > 10$; $z = 1,24$, $p = 0,1076$. Uma vez que o valor-P é alto, a hipótese nula não deve ser rejeitada. Não existem evidências suficientes para sustentar que a proporção de leitores interessados é maior do que 25%. A revista não deve publicar a edição *on-line*.

33. Seja p = a proporção de mulheres executivas. H_0: $p = 0,40$ vs. H_A: $p < 0,40$; os dados são para todos os executivos desta empresa e não podem ser generalizados para todas as empresas; $np = 43 \times 0,40 = 17,2 > 10$ e $nq = 43 \times 0,60 = 25,8 > 10$; $z = -1,31$, $p = 0,0951$. Uma vez que o valor-P é alto, não podemos rejeitar H_0. Não existem evidências suficientes para dizer que a proporção de mulheres executivas é diferente da proporção global de 40% de empregados mulheres da empresa.

35. Seja p = a proporção de abandonos nessa escola de Ensino Médio. H_0: $p = 0,109$ vs. H_A: $p < 0,109$; assuma que os estudantes dessa escola são representativos de todos os estudantes de Ensino Médio do país; $1792 < 10\%$ de estudantes de todo o país; $np = 1782 \times 0,109 = 194,238 > 10$ e $nq = 1782 \times 0,891 = 1587,762 > 10$; $z = -1,46$, $P = 0,072$. Uma vez que o valor-P $= 0,072 > 0,05$, não podemos rejeitar H_0. Não existem evidências suficientes para afirmar que a taxa de abandono seja menor do que 10,9%.

37. Seja p = a proporção de bagagens perdidas devolvidas no dia seguinte. H_0: $p = 0,90$ vs. H_A: $p < 0,90$; é razoável pensar que as pessoas entrevistadas sejam independentes com respeito às suas preocupações com a bagagem: embora não declarado, esperamos que o levantamento tenha sido realizado de forma aleatória ou que, pelo menos, esses viajantes sejam representativos de todos os clientes dessa empresa; $122 < 10\%$ de todos os clientes dessa empresa aérea; $np = 122 \times 0,90 = 109,8 > 10$ e $nq = 122 \times 0,10 = 12,2 > 10$; $z = -2,05$, $p = 0,0201$. Uma vez que o valor-P é baixo, nós rejeitamos H_0. Existe evidência de que a proporção de bagagens perdidas devolvidas no dia seguinte é menor do que os 90% declarados pela companhia aérea.

39. H_0: A proporção de estudantes de MBA que são expostos a práticas antiéticas é semelhante a outros estudantes do programa ($p = 0,30$).
H_A: A proporção de estudantes de MBA que são expostos a práticas antiéticas é diferente dos outros estudantes do programa ($p \neq 0,30$).
Não existe motivo para acreditar que essa taxa de estudantes irá influenciar outros; o professor considera essa turma como semelhante a outras turmas; $120 < 10\%$ de todos os alunos do programa de MBA; 27% de $120 = 32,4$ – utilize 32 pós-graduandos; $np = 36 > 10$ e $nq = 84 > 10$; $z = -0,717$, $p = 0,4733$. Uma vez que o valor-P é $> 0,05$, não rejeitamos a hipótese nula. Existe pouca evidência de que a taxa a qual esses estudantes são expostos a práticas antiéticas nos negócios seja diferente da que foi relatada no estudo.

41. a) $z = 11,8$

b) $11,8 > 3,29$, se nós assumirmos um nível de significância de 0,1% bilateral.

c) Concluímos que o percentual de adultos norte-americanos dando "grande importância" às próximas eleições é significantemente diferente em 2008 do que foi em 2004.

43. a) Os fiscais decidem que a oficina não está de acordo com o padrão quando ela, de fato, está.

b) Os fiscais certificam a oficina quando ela não está de acordo com os padrões.

c) Tipo I

d) Tipo II

45. a) A probabilidade de detectar que a oficina não está atendendo o padrão quando ela de fato não está.

b) 40 carros; n grande.

c) 10%; mais chance de rejeitar H_0.

d) Bastante, grandes problemas são fáceis de detectar.

47. a) Unilateral; estamos testando se a diminuição dos abandonos está ligada ao uso do *software*.

b) H_0: A taxa de abandono não se altera com a utilização do *software* ($p = 0,13$).
H_A: A taxa de abandono diminui com o uso do *software* ($p < 0,13$).

c) O professor compra o *software* quando a taxa de abandono, de fato, não diminuiu.

d) O professor não compra o *software* quando a taxa de abandono, de fato, diminuiu.

e) A probabilidade de comprar o *software* quando a taxa de abandono, de fato, diminuiu.

49. a) H_0: A taxa de abandono não se altera com a utilização do *software* ($p = 0,13$).
H_A: A taxa de abandono diminui com a utilização do *software* ($p < 0,13$).
A decisão de um estudante de abandonar o curso não deve influenciar a decisão de outro; a turma de 203 alunos desse ano deve ser representativa de todos os estudantes de estatística; $203 < 10\%$ de todos os estudantes; $np = 203 \times 0,13 = 26,39$ e $nq = 203 \times 0,87 = 176,61 > 10$; $z = -3,21$, $p = 0,0007$. Uma vez que o valor-P é muito baixo, rejeitamos H_0. Existe uma forte evidência de que a taxa de abandono tenha diminuído com a utilização do *software*. Desde que o professor tenha confiança de que essa turma de alunos de estatística seja representativa de todos os alunos em potencial, então ele deve comprar o programa.

b) A chance de se observar 11 ou menos desistências numa turma de 203 é de somente 0,07% se a taxa de desistência for de fato de 13%.

51. $\hat{p} = 67/500 = 0,134$; $z = 1,715$, $p = 0,043$; rejeitar H_0. Entretanto, o departamento financeiro pode também observar o intervalo de confiança de 95% que é (10,4%, 16,4%) e fazer os cálculos com base na amplitude das possíveis proporções para ver o impacto financeiro potencial.

Capítulo 12

1. a) 1,74   b) 2,37   c) 0,0524   d) 0,0889

3. Quando a variabilidade da amostra aumenta, o tamanho do intervalo de 95% de confiança também aumenta, assumindo que o tamanho da amostra permaneça o mesmo.

5. a) ($4382, $4598)
   b) ($4400, $4580)
   c) ($4415, $4565)

7. a) Não está correto. O intervalo de confiança é para o ganho médio de peso de todas as vacas. Ele não diz nada sobre um indivíduo em particular.
   b) Não está correto. O intervalo de confiança é para o ganho médio de peso de todas as vacas, não para vacas individualmente.
   c) Não está correto. Não precisamos de um intervalo de confiança para o ganho médio de peso para as vacas, neste estudo. Sabemos que o ganho médio de peso das vacas, neste estudo, é de 56 libras.
   d) Não está correto. A declaração implica que o ganho médio de peso varia, mas ele é fixo.
   e) Não está correto. Essa afirmação implica que existe alguma coisa especial com o nosso intervalo, quando ele é, de fato, um dos muitos que poderiam ser gerados, dependendo das vacas que tivessem sido sorteadas para a amostra.

9. As suposições e condições para um intervalo-t não foram satisfeitas. Com uma amostra de tamanho 20, apenas, a distribuição é muito assimétrica. Existe, ainda, um grande valor atípico que está aumentando o valor da média.

11. a) Os dados são uma amostra aleatória de todos os dias; a distribuição é unimodal e simétrica e não apresenta valores atípicos.
   b) ($122,20, $129,80)
   c) Estamos 90% confiantes de que o intervalo $122,20 a $129,80 contém a verdadeira receita média diária do estacionamento.
   d) 90% de todas as amostras aleatórias de tamanho 44 irão produzir intervalos que contêm a média real da receita diária do estacionamento.
   e) $128 é um valor plausível.

13. a) Podemos estar mais confiantes de que o nosso intervalo contém a receita média do estacionamento.
   b) Intervalo maior (e menos preciso).
   c) Retirando uma amostra maior, eles podem obter intervalos mais precisos sem sacrificar a confiança.

15. a) $2350 \pm 2,009$ (59,51) Intervalo: (2230,4; 2469,6)
   b) As suposições e condições que devem ser satisfeitas são:
      1) Independência: provavelmente OK.
      2) Condição de aproximadamente normal: não podemos dizer.
      3) Um tamanho de amostra de 51 é grande o suficiente.
   c) Estamos 95% confiantes de que o intervalo $2230,4 a $2469,6 contém a verdadeira média do aumento da receita de imposto sobre as vendas.
      Exemplos do que o intervalo não quer dizer: o aumento médio da receita com impostos sobre as vendas é $2350 em 95% das vezes. 95% de todos os aumentos na receita com impostos sobre as vendas estarão entre $2230,4 e $2469,6. Existe uma confiança de 95% de que o próximo pequeno varejista terá um aumento da receita com impostos sobre as vendas entre $2230,4 e $2469,6.

17. a) Desconsiderando a tendência, as taxas de partidas mensais no horário devem ser independentes. Embora não sendo uma amostra aleatória, esses meses devem ser representativos e eles constituem menos do que 10% de todos os meses. O histograma parece unimodal, mas com leve assimetria à direita; isso não constitui um problema em uma amostra grande.
   b) (80,57%, 81,80%)
   c) Podemos estar 90% confiantes que o intervalo de 80,57% a 81,80% contém a verdadeira percentagem média mensal de partidas de voos no horário.

19. Se, de fato, a venda média mensal devido a compras *on-line* não mudou, então seria esperado que somente uma em cada 100 amostras tivesse venda média diferente dos valores históricos observados para a média das vendas observadas na amostra.

21. a) $897,14 a $932,86
      Estamos 95% confiantes que o intervalo $897,14 a $932,86 contém o verdadeiro valor médio do benefício do Seguro Social para viúvos e viúvas no condado do Texas.
   b) Com um valor-P de 0,007, o resultado do teste de hipóteses é significativo e rejeitamos a hipótese nula. Concluímos que o pagamento médio do benefício para o condado do Texas é diferente dos $940 do estado. A estimativa para o intervalo de 95% de confiança é $897,14 a $932,86. Uma vez que o intervalo não contém a média suposta de $940, temos evidência de que é improvável que a média seja $940.

23. a) Cauda superior. Eles precisam provar que as estantes suportam facilmente 500 libras (ou mais).
   b) O inspetor certifica que as estantes são seguras, quando elas, de fato, não são.
   c) O inspetor decide que as estantes não são seguras quando elas, de fato, são.

25. a) Diminuir o α. Isso significa uma chance menor de declarar que as estantes são seguras se elas não forem.
   b) A probabilidade de detectar corretamente que as estantes podem suportar com segurança mais do que 500 libras.
   c) Diminuir o desvio padrão – provavelmente caro. Aumentar o número de estantes testadas – leva mais tempo para testar e é mais caro. Aumenta o α – mais erros do Tipo I. Fazer as estantes mais fortes – caro.

27. a) H_0: $\mu = 23,3$; H_A: $\mu > 23,3$
   b) **Condição de aleatoriedade:** os 40 compradores *on-line* selecionados aleatoriamente. **Condição de normalidade:** devemos examinar a distribuição da amostra para verificar assimetrias sérias e valores atípicos, mas, com uma amostra de 40 (grande) compradores, deve ser seguro ir adiante.
   c) 0,145
   d) Se a idade média dos compradores é ainda de 23,3 anos, existe uma chance de 14,5% de se obter uma média amostral de 24,2 anos ou mais velhos apenas pela variação natural da amostragem.
   e) Não existe evidência para sugerir que a média das idades dos compradores *on-line* é maior do que 23,3 anos.

29. a) H_0: $\mu = 55$; H_A: $\mu < 55$; **Suposição de independência:** uma vez que os tempos não foram selecionados aleatoriamente, vamos supor que os tempos são independentes e representativos de todos os tempos vencedores. **Condição de normalidade:** o histograma dos tempos é unimodal e aproximadamente simétrico; valor-P = 0,235; não é possível rejeitar H_0. Não existem evidências suficientes para concluir que o tempo médio é menor do que 55 segundos. Eles não devem comercializar a nova cera para esqui.
   b) Erro do tipo II. Eles não vão comercializar a cera e, assim, irão perder o lucro potencial por não tê-lo feito.

31. H_0: $\mu = 150$; H_A: $\mu < 150$; Condição de aleatoriedade: Os 44 telefones da amostra foram aleatoriamente selecionados. **Condição de normalidade:** não temos os dados reais e assim não podemos olhar para a representação gráfica. Mas como a amostra é razoavelmente grande, é seguro prosseguir. O valor-P é $< 0,001$; rejeitar H_0. Existe uma forte evidência de que o alcance médio deste telefone não é de 150 pés. Nossa evidência sugere que o alcance médio é menor do que 150 pés.

820 Respostas

33. a) Amostra aleatória; a condição de normalidade parece razoável a partir de um diagrama de probabilidade normal. O histograma é aproximadamente unimodal e simétrico e não apresenta valores atípicos.

  b) (1187,9; 1288,4) *chips.*

  c) Com base nesta amostra, o número médio de gotas de chocolate em um pacote de 18 onças está entre 1188 e 1288, com 95% confiança. O número *médio* de gotas de chocolate é claramente maior do que 1000. Contudo, se a reclamação é sobre pacotes individuais, então isso não é necessariamente verdadeiro. Se a média é 1188 e o DP está próximo de 94, então 2,5% dos pacotes terão menos do que 1000 gotas de chocolate, utilizando o modelo Normal. Se, de fato, a média é 1288, a proporção abaixo de 1000 será menor do que 0,1%, mas a reclamação é ainda falsa.

35. **Suposição de independência:** supomos que estes fundos mútuos foram selecionados ao acaso e os 35 fundos são menos do que 10% de todos os fundos. **Condição de normalidade:** um histograma mostra que a distribuição é aproximadamente normal.
  H_0: $\mu = 8$; H_A: $\mu > 8$; valor-P = 0,201; não é possível rejeitar H_0. Não existe evidência suficiente de que o retorno médio em 5 anos é maior do que 8% para os fundos.

37. Dado este intervalo de confiança, não podemos rejeitar a hipótese nula de uma cobrança média de \$200, utilizando $\alpha = 0,05$. Contudo, o intervalo de confiança sugere que pode existir um grande potencial na parte superior. A agência de cobrança pode estar cobrando tanto quanto \$250 por cliente, em média, ou tão pouco quanto \$190 em média. Se a possibilidade de cobrar \$250, em média, interessar a eles, então será necessário coletar mais dados.

39. Sim, existe um grande potencial superior (\$50). Uma grande amostra irá provavelmente estreitar o intervalo de confiança e tornar a decisão mais clara.

41. a) H_0: $\mu = 100$; H_A: $\mu < 100$

  b) Amostras diferentes fornecem médias diferentes; essa é uma amostra bastante pequena. A diferença pode ser consequência da variação amostral natural.

  c) De que as pilhas foram selecionadas aleatoriamente (são representativas); menos do que 10% das pilhas da empresa; que os tempos de vida são aproximadamente normais.

  d) $t = -1,0$; valor-P = 0,167; não rejeita H_0. Esta amostra não mostra que a vida média das pilhas é significativamente menor do que 100 horas.

  e) Sim; Tipo II.

43. a) A amostra é aleatória e os dados são aproximadamente normais, assim a $\alpha = 0,025$ podemos rejeitar a hipótese nula de que a média é 0,08 ppm e concluir que é maior.

  b) Um erro do tipo I seria decidir (como fizemos) que o nível médio de contaminação por Mirex é maior do que 0,08 ppm quando, de fato, ele não é. O boicote pode prejudicar os produtores de salmão sem necessidade. Um erro do Tipo II seria não rejeitar a hipótese nula quando ela é falsa. Nesse caso, o boicote não seria feito, mas o público estaria exposto ao risco de comer salmão com um nível elevado de Mirex.

45. a) O histograma das taxas de laboratório mostra dois valores atípicos extremos, assim as condições para se fazer a inferência foram violadas.

  b) H_0: $\mu = 55$
  H_A $\mu > 55$
  $t = (63,25 - 55,0)/8,35 = 0,99$ $p = 0,172$
  Não rejeitar H_0 porque 0,172 > 0,05. Não temos evidência (ao nível $\alpha = 0,05$) para concluir que o tempo médio gasto pelos estudantes no laboratório é maior do que 55 minutos.

  c) $t = (61,5 - 55)/3,03 = 2,14$ $p = 0,030$
  Quando os dois valores atípicos são eliminados, a decisão é rejeitar H_0 porque 0,03 < 0,05. Temos evidência a o nível $\alpha < 0,05$ que o tempo médio gasto pelos estudantes no laboratório é maior do que 55 minutos.

  d) Valores atípicos, especificamente os mais extremos, são problemáticos para a inferência, já que suas presenças violam a condição de normalidade e a suposição de população homogênea. Quando valores atípicos extremos estão presentes, os resultados da estimação e do testes de hipóteses podem mudar drasticamente. Os testes e a estimação devem, dessa forma, ser realizados tanto com quanto sem os valores atípicos para ver se ocorreram mudanças nos resultados estatísticos. Quanto um valor atípico é eliminado, uma observação da população é desconsiderada, assim alguns pesquisadores questionam se é apropriado utilizar esse recurso. Assim, realizar a análise com e sem os valores atípicos fornece resultados mais consistentes.

47. a) As suposições e condições que devem ser satisfeitas são:
  Os dados são de uma população aproximadamente normal.
  As amostras de ar foram selecionadas ao acaso e não existem tendenciosidades presentes na amostra.

  b) O histograma das amostras de ar não é aproximadamente normal, mas a amostra é grande, assim a inferência pode ser realizada.

49. a) 14,90 - 11,60 ou ±3,3 milhas por hora

  b) O tamanho da amostra para se ter uma margem de erro igual a 2 deve ser aumentada por $1,95.(8/2) = 7,84$.
  $(7,84)^2 = 61,466 \cong 62$

51. a) Intervalo: \$653 a \$707

  b) H_0: $\mu = 650$
  H_A: $\mu \neq 650$
  p = 0,031
  Rejeitar H_0. Existe uma forte evidência de que a média dos custos auditados é significativamente diferente de \$650.

  c) O intervalo de confiança não contém a média suposta de \$650. Isso fornece evidências de que o custo de auditoria para o ano corrente é significativamente diferente de \$650.

53. a) O diagrama não mostra um padrão, assim parece que as medidas são independentes. Embora esta não seja uma amostra aleatória, um ano inteiro foi mensurado, assim é bem provável que tenhamos valores representativos. Certamente temos menos do que 10% de todas as possíveis leituras de vento.

  b) Testando H_0: $\mu = 8$ mph vs. H_A: $\mu > 8$ mph com 1113 gl fornece $t = 0,1663$ para um valor-P de aproximadamente 0,43. Mesmo se a média da velocidade do vento é maior do que 8 mph, não podemos ter confiança de que velocidade anual média do vento excede a 8 mph. Não podemos recomendar que seja colocada uma turbina neste local.

Capítulo 13

1. O valor-P é muito alto para rejeitar H_0 a um nível α razoável.

3. a) 2,927 pontos

  b) Maior.

  c) Temos 95% de confiança de que o escore médio dos estudantes de matemática CPMP estará entre 5,573 e 11,427 pontos acima nessa avaliação do que o escore médio dos estudantes tradicionais.

  d) Uma vez que todo o intervalo está acima de zero, existe uma evidência forte de que os estudantes que aprenderam com o CPMP terão escores médios maiores em álgebra aplicada do que aqueles dos programas tradicionais.

5. a) H_0: $\mu_C - \mu_T = 0$; H_A: $\mu_C - \mu_T \neq 0$

  b) Se os escores médios para o CPMP e os estudantes tradicionais são realmente iguais, então existe menos do que uma chance em 10000 de vermos diferenças maiores ou iguais a diferença de 9,4 pontos observada apenas pela variação amostral natural.

  c) Existe uma forte evidência do que os estudantes CPMP tenham um escore médio diferente do que os estudantes tradicionais. A evidência sugere que os estudantes CPMP têm um escore médio maior.

7. H_0: $\mu_C - \mu_T = 0$; H_A: $\mu_C - \mu_T \neq 0$
  p = 0,1602; não é possível rejeitar H_0. Não existe evidência de que os estudantes CPMP tenham um escore médio diferente em testes com problemas de palavras do que os estudantes tradicionais.

9. a) (1,36, 4,64); gl = 33

  b) Uma vez que o IC não contém o zero, não existe evidência de que a Rota A é, em média, mais rápida.

Respostas **821**

11. a) $H_0: \mu_C - \mu_A = 0$; $H_A: \mu_C - \mu_A \neq 0$
    b) Suposição de grupos independentes: O percentual de açúcar no cereal das crianças não está relacionado com o percentual de açúcar no cereal dos adultos. **Condição de aleatoriedade**: é razoável assumir que os cereais são representativos tanto dos cereais dos adultos quanto das crianças, a despeito do conteúdo de açúcar. **Condição de normalidade**: o histograma do conteúdo de açúcar nos cereais dos adultos tem assimetria para a direita, mas os tamanhos das amostras são razoavelmente grandes. O teorema central do limite nos permite prosseguir.
    c) (32,15%; 40,82%)
    d) Uma vez que o intervalo de confiança de 95% não contém o zero, podemos concluir que o conteúdo médio de açúcar para os dois cereais é significantemente diferente ao nível de 5% de significância.

13. a) $H_0: \mu_C - \mu_D = 0$; $H_A: \mu_C - \mu_D \neq 0$
    b) (-0,256; 1,894)
    c) Uma vez que o intervalo de confiança não contém o zero, não existe evidência suficiente para concluir que o retorno médio sobre um período de 5 anos é diferente para os fundos de estilo consistente em relação a fundos de estilo flutuante.

15. $H_0: \mu_N - \mu_C = 0$; $H_A: \mu_N - \mu_C > 0$. Suposição de grupos independentes: as notas dos alunos de um grupo não devem ter um impacto nas notas dos estudantes do outro grupo. Suposição de grupos independentes: os estudantes foram atribuídos às turmas aleatoriamente. Condição de normalidade: os histogramas das notas são unimodais e simétricos. $p = 0,023$; rejeitar H_0. Existe evidência de que os alunos utilizando as novas atividades têm notas médias maiores no teste de compreensão de leitura do que os estudantes que tiveram aulas pelos métodos tradicionais.

17. a) $H_0: \mu_L - \mu_S = 0$; $H_A: \mu_L - \mu_S \neq 0$
    b) Suposição de grupos independentes: os níveis de pH dos dois tipos de riachos são independentes. Suposição de independência: uma vez que não sabemos se os dois riachos foram escolhidos aleatoriamente, podemos assumir que o nível de pH de um riacho não afeta o pH do outro riacho. Isto parece ser razoável. Condição de normalidade: os diagramas de caixa e bigodes fornecidos mostram que os níveis de pH dos riachos podem ser assimétricos (uma vez que a mediana é tanto do quartil superior quanto do inferior para os riachos argilosos e o bigode inferior dos riachos calcários é alongado) e existem valores atípicos. Contudo, uma vez que existem 133 graus de liberdade, sabemos que o tamanho da amostra é grande sendo, então, seguro prosseguir.
    c) p ≤ 0,0001; rejeita H_0. Existe uma forte evidência de que os riachos com substratos calcários têm um nível de pH diferente dos riachos com substratos argilosos. Os riachos calcários são em média menos ácidos.

19. a) Se a pontuação média de memória para as pessoas que estão tomando *ginkgo biloba* e das pessoas que não estão tomando são os mesmos, existe uma chance de 93,74% de vermos a diferença na pontuação média de memória dessa magnitude ou maior simplesmente pela variação natural.
    b) Uma vez que o valor-P é tão alto, não existe evidência de que a pontuação média no teste de memória para os usuários do *ginkgo biloba* seja maior do que a pontuação média no teste de memória dos não usuários.
    c) Tipo II

21. a) Homens: (18,67; 20,11) pinos; mulheres: (16,95; 18,87) pinos
    b) Aparentemente não existe diferença entre o número médio de pinos colocados por homens e mulheres, mas um intervalo-t de duas amostras deve ser construído para testar a diferença média no número de pinos colocados.
    c) (0,29; 2,67) pinos
    d) Estamos 95% confiantes de que o número médio de pinos colocados pelos homens está entre 0,29 e 2,67 pinos a mais do o número médio de pinos colocados pelas mulheres.
    e) Intervalo-T para duas amostras.
    f) Se você tentar utilizar dois intervalos de confiança para avaliar a média das diferenças você está de fato somando os desvios padrão. Mas são as variâncias que são somadas e não os desvios padrão. O procedimento para diferença entre as médias de duas amostras leva isto em consideração.

23. a) $H_0: \mu_A - \mu_N = 0$; $H_A: \mu_A - \mu_N > 0$
    b) Estamos 95% confiantes que o número médio de *runs* marcados pelas equipes da Liga Americana está entre 0,62 e 0,40 além do número médio de *runs* marcado pelas equipes da Liga Nacional.
    c) $t = 2,42$, $p = 0,013$; rejeitar H_0.
    d) Existem evidências de que o número de pontos realizados por jogos da Liga Americana é maior do que na Liga Nacional.

25. a) $H_0: \mu_N - \mu_S = 0$; $H_A: \mu_N - \mu_S \neq 0$. $t = 6,47$, gl = 53,49, $p < 0,001$ Uma vez que o valor-P é baixo, rejeitamos H_0. Existe uma forte evidência de que as taxas de mortalidade médias são diferentes para as cidades ao norte e sul de Derby. Existe evidência de que a taxa de mortalidade ao norte de Derby é maior.
    b) Uma vez que existe um valor atípico nos dados ao norte de Derby, as condições para a inferência não estão satisfeitas e é arriscado utilizar o teste-t para duas amostras. O valor atípico deve ser removido e o teste executado novamente.

27. O procedimento-t para duas amostras não é apropriado para estes dados, porque os dois grupos não são independentes. Eles são escores de satisfação antes e depois para os mesmos trabalhadores.

29. Suposição de independência dos grupos: assumimos que os pedidos em junho são independentes dos pedidos em agosto. Condição de independência: os pedidos são uma amostra aleatória. Condição de normalidade: difícil de verificar com uma amostra pequena, mas não existem valores atípicos. $H_0: \mu_J - \mu_A = 0$; $H_A: \mu_J - \mu_A \neq 0$; $t = -1,17$; $p = 0,274$; não é possível rejeitar H_0. Assim, embora o tempo médio de entrega durante agosto seja maior, a diferença no tempo de entrega para junho não é significativa. Uma amostra maior talvez possa produzir um resultado diferente.

31. a) Estamos 95% confiantes de que o número médio de comerciais lembrados pelos espectadores de *shows* com conteúdo violento estará entre 1,6 e 0,6 a menos do que o número médio de nomes de marcas lembradas pelos espectadores dos *shows* com conteúdo neutro.
    b) Se eles querem que os expectadores lembrem suas marcas, eles devem considerar em fazer publicidade em *shows* com conteúdos neutros e não em *shows* com conteúdo violento.

33. a) Ela pode tentar concluir que o número médio de marcas lembradas é maior após 24 horas.
    b) Os dois grupos não são independentes. Eles são as mesmas pessoas entrevistadas em tempos diferentes.
    c) Uma pessoa com altas lembranças logo após o *show* pode tender a ter altas lembranças 24 horas depois, também. Além disso, a primeira entrevista pode ter auxiliado as pessoas a lembrar os nomes das marcas por um tempo maior do que elas teriam de outra forma.
    d) Entrevistar aleatoriamente metade do grupo logo após assistir àquele tipo de conteúdo e entrevistar a metade restante 24 horas depois.

35. a) Utilizando gl ≥ 7536, estamos 95% confiantes que o escore médio em 2000 estava entre 0,61 e 5,39 pontos a menos do que o escore em 1996. Uma vez que o 0 não está contido no intervalo, isto fornece evidências de que o escore médio diminuiu de 1996 para 2000.
    b) Os dois tamanhos de amostras são grandes e isto torna os erros padrões destas amostras bastante pequenos. Elas são ambas bastante acuradas. A diferença no tamanho das amostras não deve tornar você mais certo ou menos certo.

37. a) As diferenças que foram observadas entre os grupos de estudantes com acesso a Internet e aqueles sem acesso foram muito grandes para serem debitadas apenas na variação amostral natural.
    b) Tipo I
    c) Não. Podem existir muitos outros fatores.

822 Respostas

d) Ele pode ser utilizado para comercializar serviços computacionais aos pais.

39. a) 8759 libras

b) Suposição de independência dos grupos: vendas nas diferentes estações devem ser independentes. Condição de aleatoriedade. Não é uma amostra aleatória de semanas, mas ela é de lojas. Condição de normalidade: não pode ser verificada, mas podemos prosseguir com cautela. Estamos 95% confiantes que o intervalo 3630,54 a 13887,39 libras contenha a verdadeira diferença das vendas médias no inverno e no verão.

c) O tempo e os eventos esportivos podem ter impacto nas vendas de *pizza*.

41. H_0: $\mu_2 - \mu_5 = 0$; H_A: $\mu_2 - \mu_5 \neq 0$. Hipótese da independência dos grupos: as duas corridas foram independentes. Condição de aleatoriedade: os corredores foram atribuídos aleatoriamente. Condição de normalidade: os diagramas de caixa e bigodes mostram um valor atípico na distribuição dos tempos na segunda corrida. Execute o teste duas vezes, uma com o valor atípico e outra sem. Com o valor atípico: $t = 0.035$; gl = 10,82; $p = 0,972$; não é possível rejeitar H_0. Sem o valor atípico na segunda corrida: $t = -1,141$; gl = 8,83; $p = 0,287$; não é possível rejeitar H_0. A despeito da inclusão ou não do valor atípico, não existe evidência que o tempo médio das duas provas sejam diferentes.

43. H_0: $\mu_S - \mu_R = 0$; H_A: $\mu_S - \mu_R > 0$, supondo que as condições estejam satisfeitas, é apropriado modelar a distribuição das diferenças das médias com o modelo-t de Student, com 7 graus de liberdade (pela fórmula de aproximação). $t = 4,57$; $p = 0,0013$; rejeitar H_0. Existem fortes evidências de que a velocidade média da bola para os suportes Stinger é maior do que a velocidade média para os suportes regulares.

45. a) H_0: $\mu_M - \mu_P = 0$; H_A: $\mu_M - \mu_R > 0$. Suposição de grupos independentes: os grupos não estão relacionados no que diz respeito ao escore de memória. Condição de aleatoriedade: os sujeitos foram aleatoriamente designados aos grupos. Condição de normalidade: não temos os dados reais. Iremos supor que as populações dos escores dos testes de memória sejam normais. $t = -0,70$; gl = 45,88; $p = 0,7563$; não é possível rejeitar H_0. Não existe evidência que o número médio de objetos lembrados por aqueles que ouvem Mozart é maior do que o número médio daqueles que ouvem rap.

b) Estamos 90% confiantes que a média do número de objetos lembrados por aqueles que ouvem Mozart está entre 0,189 e 5,352 a menos do que aqueles que não ouvem música.

47. a) Suposição de grupos independentes: os retornos entre 3 e 5 anos não são independentes. Estes dados são pareados e não são apropriados para o teste-t de duas amostras. Condição de aleatoriedade: amostra aleatória de fundos. Condição de normalidade: os histogramas são unimodais e simétricos e não apresentam valores atípicos.

b) H_0: $\mu_5 - \mu_3 = 0$; H_A: $\mu_5 - \mu_3 > 0$

c) Não é apropriado para o teste-t de duas amostras.

49. a) Suposição de grupos independentes: os preços nas duas cidades não estão relacionados. Condição de aleatoriedade: cada amostra de preços é aleatória. Condição de normalidade: os dois histogramas são razoavelmente unimodais e simétricos sem valores atípicos, assim podemos utilizar o teste-t de duas amostras.

b) H_0: $\mu_1 = \mu_2$; H_A: $\mu_1 \neq \mu_2$

c) $t = -0,58$; $p = 0,567$; não é possível rejeitar H_0.

d) Concluímos que o preço médio das casas nas duas cidades não são significativamente diferentes.

51. a) Suposição de grupos independentes: a realização de *home runs* nas duas ligas são independentes. Condição de aleatoriedade: não é uma amostra aleatória, mas vamos assumir que ela é representativa. Condição de normalidade. Os dois histogramas são razoavelmente simétricos e não apresentam valores atípicos. A unimodalidade é questionável, mas nós iremos tomar cuidado. Iremos utilizar o teste-t de duas amostras.

b) H_0: $\mu_{LA} - \mu_{LN} = 0$; H_A: $\mu_{LA} - \mu_{LN} > 0$

c) $t = 0,90$; $p = 0,376$.

d) Não existe evidência suficiente para concluir que o número médio de *home runs* seja diferente nas duas ligas. Não é possível rejeitar a hipótese nula.

Capítulo 14

1. a) Atribua aleatoriamente 50 galinhas para cada um dos dois tipos de ração. Compare a produção ao final do mês.

b) Dê a todas as 100 galinhas a nova ração por duas semanas e então a ração antiga por duas semanas, sorteie com qual das rações as galinhas irão se alimentar primeiro. Analise a diferença de produção para todas as 100 galinhas.

c) Pares combinados; as galinhas variam quanto à produção de ovos e o delineamento de pares combinados irá controlar isto.

3. a) Mostre às mesmas pessoas anúncios com e sem imagens sexuais e registre de quantos produtos eles se lembram em cada grupo. Decida aleatoriamente que anuncio a pessoa irá ver primeiro. Examine as diferenças para cada pessoa.

b) Divida aleatoriamente os voluntários em dois grupos. Mostre a um grupo anúncios com imagens sexuais e ao outro sem imagens sexuais. Compare de quantos produtos cada grupo lembra.

5. a) O teste-t pareado é apropriado. A taxa de participação na força de trabalho para dois anos diferentes foi pareada por cidade.

b) Uma vez que o valor-P = 0,0244, existe evidências de diferença nas taxas de participação na força de trabalho para mulheres entre 1968 e 1972. A evidência sugere um aumento na taxa de participação pelas mulheres.

7. a) O teste-t pareado é apropriado, uma vez que temos pares de sextas-feiras em cinco meses diferentes. Dados de sextas adjacentes dentro de um mesmo mês podem ser mais similares do que sextas selecionadas aleatoriamente.

b) Uma vez que o valor-P = 0,0212, existem evidências de que o número médio de carros na autoestrada M25 nas sextas-feiras 13 é menor do que o número médio de carros em sextas-feiras prévias.

c) Nós não sabemos se os pares de sextas-feiras foram selecionados ao acaso. Obviamente, se estas são as sextas com as maiores diferenças, isto irá afetar nossa conclusão. A condição de normalidade parece ter sido satisfeita pelas diferenças, mas uma amostra de apenas cinco pares é pequena.

9. Para somarmos as variâncias é necessário que as variáveis sejam independentes. Essas cotações de preços são para os mesmos carros, assim eles estão pareados. Motoristas que tiveram cotações de prêmios de seguros altas pela companhia local terão também maior probabilidade de ter uma cotação alta da companhia *on-line*.

11. a) O histograma – consideramos diferenças de preços.

b) O custo do seguro está baseado no risco, assim os motoristas irão receber provavelmente cotações similares de cada empresa, tornando as diferenças relativamente pequenas.

c) As cotações de preços são pareadas, elas representam uma amostra aleatória de menos do que 10% de clientes do corretor; o histograma das diferenças parece aproximadamente normal.

13. H_0: $\mu(\text{Local} - \text{On-line}) = 0$ vs. H_A: $\mu(\text{Local} - \text{On-line}) > 0$
$t = 0,826$ com 9 gl. Com um valor-P de 0,215 não podemos rejeitar a hipótese nula. Estes dados não fornecem evidência de que os prêmios *on-line* sejam, em média, menores.

15. a) Mesmo que os tempos individuais mostrem uma tendência de melhora da velocidade ao longo do tempo, as diferenças poderão ser independentes uma das outras. Elas estão sujeitas a flutuações aleatórias anuais e nós podemos acreditar que estes dados são representativos de raças similares. Não temos informações com as quais verificar a condição de normalidade.

b) Estamos 95% confiantes de que o intervalo -15,49 (homens mais rápidos) a +11,25 (mulheres mais rápidas) minutos contém a verdadeira diferença média entre os tempos de corrida de homens a pé e mulheres em cadeiras de rodas.

c) Não. O intervalo contém o zero, assim não podemos afirmar que existe diferença a um nível de significância de 0,05.

17. a) $H_0: \mu_d = 0$ vs. $H_A: \mu_d \neq 0$

b) $t_{144} = \dfrac{22,7}{113,6/\sqrt{145}} = 2,406$, P = 0,017 bilateral

Nós podemos rejeitar a hipótese nula (com o valor-P de 0,017) e concluir que o número médio de toques por hora mudou.

c) IC de 95% para o número médio horário de toques $22,7 \pm t_{0,025,144}$ $s/\sqrt{n} \rightarrow (4,05; 41,35)$.

19. a) **Hipótese de dados pareados:** estamos testando os funcionários antes e depois da implementação do programa de condicionamento físico. **Condição de aleatoriedade:** estes funcionários são provavelmente representativos de todos os funcionários da empresa. **Condição de normalidade:** não temos a lista das diferenças individuais, assim não podemos verificar o histograma. Entretanto, a amostra é razoavelmente grande, então podemos seguir adiante.

b) (10,05; 15,95)

c) Estamos 95% confiantes que o aumento médio de produtividade dos empregados após o programa de condicionamento físico está entre 10,05 e 15,95 pontos.

21. a) As mesmas vacas antes e depois da injeção; as vacas utilizadas devem ser representativas de outras de sua raça; as vacas são independentes umas das outras; não sabemos sobre diferenças aproximadamente normais.

b) (12,66; 15,34)

c) Com base nesta amostra, com 95% de confiança, o aumento médio da produção de leite para as vacas Ayrshire que tiveram BST está entre 12,66 e 15,34 libras por dia.

d) Um aumento de 25% é um aumento de 11,75 libras. Uma vez que o intervalo de confiança está acima deste valor, o fazendeiro deve pagar pelo BST.

23. **Hipótese de dados pareados:** os dados estão pareados por cidade. **Condição de aleatoriedade:** estas cidades podem não ser representativas de todas as cidades europeias, por isso tenha cautela na generalização dos resultados. **Condição de normalidade:** um histograma das diferenças entre as temperaturas médias de janeiro e julho é aproximadamente unimodal e simétrico. Estamos 90% confiantes que a média da temperatura alta das cidades europeias em julho está entre 32,3°F a 41,3°F acima de janeiro.

25. a) **Hipótese de dados pareados:** os dados estão pareados pelo tipo de equipamento de exercícios. **Condição de aleatoriedade:** suponha que os homens e mulheres participantes sejam representativos de todos os homens e mulheres em termos do número de minutos de exercícios necessários para queimar 200 calorias. **Condição de normalidade:** o histograma das diferenças entre os tempos de homens e mulheres é aproximadamente unimodal e simétrico. Estamos 95% confiantes que as mulheres levam uma média de 4,8 a 15,2 minutos a mais do que os homens para queimar 200 calorias quando se exercitam a uma taxa leve de esforço.

b) **Condição de normalidade:** não existe razão para pensar que este histograma não representa diferenças extraídas de uma população normal. Estamos 95% confiantes que mulheres se exercitando a uma taxa leve de esforço levam em média entre 4,9 a 20,4 minutos a mais para queimar 200 calorias do que mulheres que se exercitam com grande esforço.

c) Uma vez que estes dados são médias, esperamos que os tempos individuais sejam mais variáveis. O nosso erro padrão será maior, resultando em uma maior margem de erro.

27. a) **Hipótese de dados pareados:** os dados são de antes e depois de uma avaliação da satisfação com o trabalho dos mesmos trabalhadores. **Condição de aleatoriedade:** os trabalhadores foram aleatoriamente selecionados para participar. **Condição de normalidade:** um histograma das diferenças antes e depois da avaliação da satisfação com o trabalho é aproximadamente unimodal e simétrico.

b) $H_0: \mu_d = 0$; $H_A: \mu_d > 0$; $t = 3,60$; gl = 9; valor-P = 0,0029; rejeito H_0. Existe evidência de que a satisfação média com o trabalho aumentou desde a implantação do programa de exercícios físicos.

29. a) $H_0: \mu_d = 0$; $H_A: \mu_d > 0$

Hipótese de dados pareados: a milhagem é pareada por carro. **Condição de aleatoriedade:** tornamos aleatória a ordem em que os diferentes tipos de gasolina foram utilizados em cada carro. **Condição de normalidade:** um histograma das diferenças entre comum e aditivada é aproximadamente unimodal e simétrico. $t = 4,47$; gl = 9; valor-P = 0,0008; rejeitamos H_0. Existe uma forte evidência de um aumento médio da milhagem entre as gasolinas comum e aditivada.

b) Estamos 90% confiantes que o aumento médio da milhagem quando utilizamos a gasolina prêmio ao invés da regular está entre 1,18 e 2,82 milhas por galão.

c) A gasolina aditivada custa mais do que a comum. O aumento no preço pode não compensar o aumento na milhagem.

d) Com $t = 1,25$ e um valor-P = 0,1144, não podemos rejeitar a hipótese nula e concluir que não existe evidência de uma diferença média na milhagem. A variação no desempenho de carros individualmente é maior do que a variação relacionada ao tipo de gasolina. Isto mascara a verdadeira diferença na milhagem devido à gasolina. (Isto sem mencionar o fato de que o teste de duas amostras não é apropriado, porque nossas amostras não são independentes!)

31. a) **Condição de aleatoriedade:** estas distâncias de frenagem são provavelmente representativas de todas as distâncias de frenagem para este tipo de carro, mas não para todos os carros. **Condição de normalidade:** um histograma das distâncias de frenagem é aproximadamente unimodal e simétrico. Estamos 95% confiantes de que a distância média de frenagem em pavimento seco para este tipo de carro está entre 133,6 e 145,2 pés.

b) **Suposição de grupos independentes:** as frenagens em pavimentos úmidos e secos foram feitas sob condições diferentes e não foram pareadas. **Condição de aleatoriedade:** estas distâncias de frenagem são provavelmente representativas de todas as frenagens para este tipo de carro, mas não para todos os carros. **Condição de normalidade:** o histograma da distância de frenagem em pavimento úmido é mais uniforme do que unimodal, mas não apresenta valores atípicos. Estamos 95% confiantes de que a distância média de frenagem em pavimentos úmidos está entre 51,4 e 74,6 pés acima da distância média de frenagem em pavimentos secos.

33. $H_0: \mu_d = 0$; $H_A: \mu_d \neq 0$

Hipótese de dados pareados: Os dados estão pareados por usinas. **Condição de aleatoriedade:** as usinas foram amostradas aleatoriamente. **Condição de normalidade:** o histograma das diferenças é aproximadamente unimodal e simétrico. Existem vários valores atípicos, mas eles são simétricos e removê-los não irá alterar nossa conclusão.

$t = 1,14$; gl = 21; valor-P = 0,267; não rejeitamos H_0. Não temos evidências de mudanças significativas nas emissões de CO_2 para as usinas no Texas.

35. a) $H_0: \mu_A = 30$; $H_A: \mu_A > 30$

Condição de aleatoriedade: suponha que estes jogadores sejam representativos de todos os lançadores da Liga Mirim. **Condição de normalidade:** o histograma do número *strikes* é aproximadamente unimodal e simétrico. $t = 6,06$; gl = 19; valor-P < 0,0001; rejeitar H_0. Existe uma forte evidência de que o número médio de *strikes* que os lançadores da Liga Mirim podem fazer é maior do que 30. (Este teste não pode dizer nada sobre a efetividade do treinamento, mas apenas que os lançadores da Liga Mirim podem obter mais do que 60% de *strikes*, em média, após completarem o treinamento. Isto pode não representar uma melhoria.)

b) $H_0: \mu_d = 0$; $H_A: \mu_d > 0$

Hipótese de dados pareados: os dados estão pareados por lançador.

Condição de aleatoriedade: suponha que estes jogadores sejam representativos de todos os lançadores da Liga Mirim. **Condição de normalidade:** o histograma das diferenças é aproximadamente unimodal e simétrico. $t = 0,135$; gl = 19; valor-P = 0,4472; não é possível rejeitarmos H_0. Não existe evidência de uma diferença média no número de *strikes* antes e depois do treinamento. O treinamento não parece ser efetivo.

37. Suposições e condições para a inferência estão satisfeitas. Utilizando um teste-*t* para diferenças pareadas, $t = -0,86$ e o valor-P = 0,396 bilateral. Com um valor-P tão alto, nós falhamos ao rejeitar a hipótese nula de que não existe diferença. Não existem evidências de que imagens sexuais em anúncios afetam a habilidade das pessoas lembrarem do produto sendo anunciado.

39. H_0: $\mu_d = 0$; H_A: $\mu_d > 0$
    Hipótese de dados pareados: os dados estão pareados por lojas. **Condição de aleatoriedade:** suponha que as lojas sejam representativas das lojas da rede. **Condição de normalidade:** a distribuição das diferenças é levemente bimodal, mas o tamanho da amostra é pequeno. Iremos prosseguir com cautela. $t = -0.43$; gl = 14; valor-P = 0,336, não é possível rejeitar H_0. Não temos evidências de que as vendas aumentaram.

41. H_0: $\mu_D = 0$ vs. H_A: $\mu_D \neq 0$. Os dados estão pareados por marcas; as marcas são independentes umas das outras; o diagrama de caixa e bigodes para as diferenças mostra um valor atípico (100) para a Great Value:

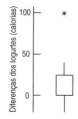

Com o valor atípico incluído, a diferença média (Morango – Baunilha) é de 12,5 calorias com uma estatística-*t* de 1,332, com 11 gl, para um valor-P de 0,2098. Eliminando o valor atípico, a diferença é ainda menor, 4,55 calorias com uma estatística-*t* de somente 0,833 e um valor-P de 0,4241. Com um valor-P tão grande, não rejeitamos H_0. Concluímos que os dados não fornecem evidências de uma diferença média de calorias.

43. H_0: $\mu_d = 0$; H_A: $\mu_d \neq 0$
    Os dados estão pareados. As diferenças são aproximadamente unimodais e simétricas. A diferença média é de -18,33; $t = -1,01$; P = 0,359. Não é possível rejeitar a hipótese nula de que as falências médias são as mesmas.

45. a) Sim. A mudança percentual é calculada utilizando dados pareados. Mesmas cidades nos dois anos.
    b) Os dados estão pareados. Diferenças (tanto a real quanto a mudança percentual) são aproximadamente unimodais e simétricas.
    Diferenças reais H_0: $\mu_d = 0$; H_A: $\mu_d \neq 0$
    Diferença média: (3T2007 – 3T2006) = -10,10; $t = -0,67$; P = 0,535; não rejeitar H_0. Não existem evidências de que as tarifas aéreas do terceiro trimestre de 2006 sejam significativamente diferentes das tarifas aéreas do terceiro trimestre de 2007.
    Teste-*t* para a mudança percentual:
    H_0: $\mu = 0$; H_A: $\mu \neq 0$
    A mudança percentual média da tarifa aérea entre o terceiro trimestre de 2006 e o terceiro trimestre de 2007 é -2,56%. As tarifas aéreas foram 2,56% mais baixas em 2007 do que foram em 2006. $t = -0,67$; P = 0,520; não rejeitar H_0. Não existem evidências de que o percentual médio de mudança nas tarifas aéreas difere entre os terceiros trimestres de 2006 e 2007.
    Ambos os testes permitem a mesma conclusão estatística. Entretanto, em geral, se existirem pares de observações extremas ou atípicas que tornam a diferença assimétrica, então a mudança percentual média pode ser um teste mais apropriado, porque elimina a variabilidade devida a diferenças extremas.

Capítulo 15

1. a) Teste qui-quadrado de independência; uma amostra, duas variáveis. Queremos verificar se a variável *Tipo de Conta* é independente da variável *Tipo de Compra*.
   b) Alguns outros testes estatísticos; a variável *Tamanho da Conta* é quantitativa e não contagens (frequências).
   c) Testes qui-quadrado de homogeneidade; temos duas amostras (estudantes que residem e estudantes que não residem) e uma variável, *Cursos*. Queremos ver se a distribuição de *Cursos* é a mesma para os dois grupos.

3. a) 10
   b) Aderência
   c) H_0: O dado é honesto (todas as faces têm $p = 1/6$.)
      H_A: O dado não é honesto. (algumas faces têm maior probabilidade de sair do que outras).
   d) Frequências; as jogadas são aleatórias e independentes umas das outras; as frequências esperadas são maiores do que cinco.
   e) 5
   f) $\chi^2 = 5,600$; P = 0,3471
   g) Uma vez que P = 0,3471 é alto, não rejeitamos H_0. Não existem evidências suficientes para concluir que o dado é viciado.

5. a) Peso é uma variável quantitativa e não contagens (frequências).
   b) Conte o número de cada tipo de noz, supondo que os percentuais alegados pela empresa são frequências e não pesos (o que não está claro).

7. a) Aderência.
   b) Frequências; suponha que o mecanismo lotérico utilizado seja aleatório e que garanta a independência; as frequências esperadas são todas maiores do que cinco.
   c) H_0: A probabilidade de retirar cada dígito é a mesma.
      H_A: A probabilidade de retirar cada dígito *não* é a mesma.
   d) $\chi^2 = 6,46$; gl = 9; P = 0,693; não é possível rejeitar H_0.
   e) O valor-P informa que se as extrações forem, de fato, honestas, um qui-quadrado observado de 6,46 ou maior irá ocorrer 69% das vezes. Isto não é incomum, de forma nenhuma, assim não rejeitamos a hipótese nula de que os valores estão uniformemente distribuídos. A variação que observamos parece típica do que seria esperado se os dígitos forem extraídos de forma igualmente provável.

9. a) 40,2%   b) 8,1%   c) 62,2%   d) 285,48
   e) H_0: Sobrevivência é independente do *status* no navio.
      H_A: Sobrevivência não é independente do *status* no navio.
   f) 3
   g) Rejeitamos a hipótese nula. A sobrevivência depende do *status*. Podemos ver que os passageiros da primeira classe tiveram uma probabilidade maior de sobreviver do que os passageiros de quaisquer outras classes.

11. a) Independência.
    b) H_0: A matrícula na universidade é independente da data de nascimento.
    c) Frequências; não é uma amostra aleatória dos estudantes, mas vamos assumir que seja representativa; frequências esperadas são baixas tanto para as Ciências Sociais quanto para Cursos Tecnológicos e para a terceira, quarta, ou mais alta ordem de nascimento. Prestaremos atenção nisto quando calcularmos os resíduos padronizados.
    d) 9
    e) Como o valor-P é baixo, rejeitamos a hipótese nula. Existem evidências de uma associação entre a ordem do nascimento e a matrícula na faculdade.
    f) Infelizmente, 3 dos 4 maiores resíduos padronizados estão em células com frequências esperadas menores do que 5. Devemos ser muito cuidadosos para tirar conclusões deste teste.

13. a) Teste qui-quadrado de homogeneidade.
    b) Frequências; vamos assumir uma atribuição aleatória aos tratamentos (embora não declarado); as frequências esperadas são todas maiores do que 5.

c) H_0: a proporção de infecção é a mesma para cada grupo.
   H_A: A proporção de infecção é diferente para cada grupo.

d) $\chi^2 = 7,776$; gl = 2; p = 0,02; rejeitar H_0.

e) Uma vez que o valor-P é baixo, rejeitamos a hipótese nula. Existe uma forte evidência de diferenças na proporção de infecções no trato urinário de mulheres que tomam suco de amora (*cranberrry*), lacto-bacilos e outras bebidas diferentes das duas anteriores.

f) Os resíduos padronizados são:

	Amora	Lactobacilo	Controle
Infecção	−1,87276	1,191759	0,681005
Não	1,245505	−0,79259	−0,45291

A diferença significativa aparenta ser primordialmente devida ao sucesso do suco de amora.

15. a) Independência

b) H_0: A idade é independente da frequência de compra nesta loja de departamentos.
   H_A: A idade não é independente da frequência de compra nesta loja de departamentos.

c) Frequências; suponha que o levantamento de dados foi realizado aleatoriamente (não declarado especificamente); as frequências esperadas são todas maiores do que cinco.

d) Uma vez que o valor-P é baixo, rejeitamos a hipótese nula. Existe evidência de uma associação entre a idade e a frequência de compras nesta loja de departamentos.

e) Considerando os resíduos negativos para as categorias de baixas frequências entre as mulheres mais velhas e os resíduos positivos para as categorias de altas frequências entre as mulheres mais velhas, neste levantamento de dados, concluímos que estas mulheres compram mais nesta loja de departamentos do que o esperado.

17. a) P = 0,3767. Como o valor-P é alto, nós não podemos rejeitar H_0. Não existem evidências suficientes para concluir que tanto homens quanto mulheres tenham maior probabilidade de comprar livros *on-line*.

b) Tipo II.

c) (-4,09%, 10,86%)

19. a) P < 0,001. Existem fortes evidências de que as proporções dos dois grupos não são iguais.

b) (0,096; 0,210) (proporção de velhos – proporção de jovens).

21. a) Não, o valor-P = 0,300.

b) Intervalo de confiança de 90% é (-0,0019; 0,00822).

23. H_0: O estado civil independe da frequência de compras.
   H_A: O estado civil não é independente da frequência de compras.
   Frequências; suponha que o levantamento de dados tenha sido realizado aleatoriamente (não foi especificamente declarado); frequências esperadas são todas maiores do que cinco.
   $\chi^2 = 23,858$; gl = 6; valor-P = 0,001
   Uma vez que o valor-P é baixo, rejeitamos a hipótese nula. Existem fortes evidências de uma associação entre o estado civil e a frequência de compras nesta loja de departamentos. Com base nos resíduos, consumidores casados compram mais frequentemente do que o esperado e mais mulheres solteiras compram pouco ou bem menos do que o esperado.

25. a) Teste qui-quadrado de homogeneidade.

b) Frequências; os executivos foram entrevistados ao acaso; as frequências esperadas estão todas acima de 5.

c) H_0: A distribuição das atitudes sobre fatores críticos éticos e legais que afetam as práticas contábeis foi a mesma em 2000 e 2006.
   H_A: A distribuição das atitudes sobre fatores críticos éticos e legais que afetam as práticas contábeis não foi a mesma em 2000 e 2006.

d) $\chi^2 = 4,030$; gl = 4; P = 0,4019

e) Uma vez que o valor-P é alto, não rejeitamos a hipótese nula. Não existem evidências de uma alteração da distribuição das atitudes sobre fatores éticos e legais que afetam as práticas contábeis entre 2000 e 2006.

27. a) Teste qui-quadrado de independência.

b) Frequências; suponha que o levantamento de dados foi realizado aleatoriamente (não está especificamente declarado); as frequências esperadas são todas maiores do que cinco.

c) H_0: A ênfase na qualidade é independente da frequência de compras.
   H_A: A ênfase na qualidade não é independente da frequência de compras.

d) $\chi^2 = 30,007$; gl = 6; P < 0,001

e) Uma vez que o valor-P é baixo, rejeitamos a hipótese nula. Existem fortes evidências de uma associação entre a ênfase em qualidade e a frequência de compras na loja de departamentos.

29. a)

	Homens	Mulheres
Excelente	6,667	5,333
Bom	12,778	10,222
Médio	12,222	9,778
Abaixo da média	8,333	6,667

Frequências; suponha que estes executivos sejam representativos de todos os executivos que já tenham completado o programa; as frequências esperadas são todas maiores do que 5.

b) Diminui de 4 para 3

c) $\chi^2 = 9,306$; gl = 0,0255. Uma vez que o valor-P é baixo, rejeitamos a hipótese nula. Existem evidências de que a distribuição das respostas sobre o valor do programa para executivos homens e mulheres são diferentes.

31. H_0: Não existe uma associação entre a raça e a seção do complexo de apartamentos na qual a pessoa mora.
   H_A: Existe uma associação entre a raça e a seção do complexo de apartamentos na qual a pessoa mora.
   Frequências; suponha que os apartamentos recentemente alugados sejam representativos de todos os aptos. do complexo; as frequências esperadas são todas maiores do que 5.

33. $\hat{p}_B - \hat{p}_A = 0,206$
   O IC de 95% é (0,107; 0,306)

35. a) Teste qui-quadrado de independência.

b) Frequências; suponha que a amostra foi selecionada aleatoriamente; as frequências esperadas são todas maiores do que 5.

c) H_0: A terceirização é independente do setor da indústria.
   H_A: Existe uma associação entre terceirização e setor da indústria.

d) $\chi^2 = 2815,968$; gl = 9; valor-P é essencialmente 0.

e) Uma vez que o valor-P é baixo, nós rejeitamos a hipótese nula. Existem fortes evidências de uma associação entre a terceirização e o setor da indústria.

37. a) Teste qui-quadrado de homogeneidade. (Pode haver independência se as categorias forem consideradas exaustivas.)

b) Frequências; suponha que a amostra foi selecionada aleatoriamente; as frequências esperadas são todas maiores do que 5.

c) H_0: A distribuição do nível de satisfação dos empregados com o trabalho é a mesma para os diferentes estilos de gerência.
   H_A: A distribuição do nível de satisfação dos empregados com o trabalho é diferente para os vários estilos de gerência.

d) $\chi^2 = 178,453$; gl = 12; o valor-P é essencialmente 0.

e) Uma vez que o valor-P é baixo, rejeitamos a hipótese nula. Existem fortes evidências de que o nível de satisfação dos empregados com o trabalho é diferente para cada estilo de gerência. Geralmente, o gerenciamento autoritário explorador tem maior probabilidade de ter níveis mais baixos de satisfação dos empregados com o trabalho do que os estilos consultivos ou participativos.

39. As suposições e condições do teste de independência estão satisfeitas.
    H_0: A leitura *on-line* de jornais ou *blogs* é independente da geração
    H_A: Existe uma associação entre a leitura de jornais ou *blogs* e a geração. $\chi^2 = 48{,}408$; gl = 8; P < 0,001. Rejeitamos a hipótese nula e concluímos que a leitura *on-line* de jornais ou *blogs* não é independente da geração ou da idade.
41. Teste qui-quadrado de homogeneidade (a menos que estes dois tipos de firmas sejam considerados os únicos dois tipos, neste caso, é um teste de independência).
    Frequências; suponha que a amostra é aleatória, as frequências esperadas são todas maiores do que 5.
    H_0: Os sistemas utilizados têm a mesma distribuição para os dois tipos de indústria.
    H_A: Distribuições do tipo de sistema diferem nas duas indústrias.
    $\chi^2 = 157{,}256$; gl = 3; o valor-P é essencialmente 0.
    Uma vez que o valor-P é baixo, podemos rejeitar H_0 e concluir que o tipo de sistema de PRE utilizado difere entre os tipos de indústria. As manufaturas parecem utilizar mais o gerenciamento de estoques e os sistemas RDI.
43. Teste qui-quadrado de independência.
    Frequências; supomos que este período de tempo é representativo; as frequências esperadas são menores do que 5 em três células, mas não muito menores.
    H_0: O crescimento econômico é independente da região dos Estados Unidos.
    H_A: O crescimento econômico não é independente da região dos Estados Unidos.
    $\chi^2 = 19{,}0724$; gl = 3; o valor-P < 0,001.
    O valor-P é baixo e assim podemos rejeitar a hipótese nula e concluir que o crescimento econômico não é independente da região. O resultado parece claro o suficiente, mesmo considerando as três células com frequências levemente inferiores a 5.

Capítulo 16

1. a)

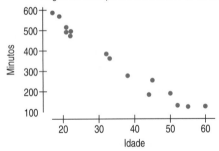

Diagramas de dispersão dos Minutos *versus* Idade

b) Este diagrama de dispersão parece ter uma curvatura nas duas extremidades da distribuição da idade, assim uma regressão linear pode não ser o modelo mais apropriado.
c) A equação de regressão é = 750 − 11,5*Idade*
d) Os diagramas dos resíduos são:

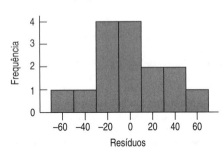

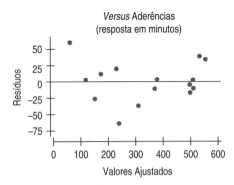

A condição de normalidade está satisfeita. Pode existir alguma curvatura no diagrama dos resíduos.

3. a) $\widehat{Orçamento} = -31{,}39 + 0{,}71\,Tempo\ de\ Exibição$. O modelo sugere que filmes custam aproximadamente $710000 por minuto para serem feitos.
   b) Um valor inicial negativo não faz sentido, mas o valor-P de 0,07 indica que não podemos distinguir a diferença entre nosso valor estimado e zero. A declaração de que um filme de duração zero custa $0 faz sentido.
   c) Previsões de custos dos filmes feitas por este modelo variam com um desvio padrão de $33 milhões.
   d) 0,15 $m/min.
   e) Se construíssemos outros modelos com base em amostras diferentes de filmes, esperaríamos que as inclinações da linha de regressão variassem com um desvio padrão de aproximadamente $150000 por minuto.

5. a) O diagrama de dispersão parece alinhado o suficiente, os resíduos parecem ser aleatórios e aproximadamente normais e não mostram nenhuma mudança visível na variabilidade, embora possa existir algum aumento na mesma.
   b) Estou 95% confiante de que o custo de fazer filmes longos cresce a uma taxa entre 0,41 e 1,01 milhões de dólares por minuto (IC é 0,41 a 1,02 utilizando os dados originais).

7. a) H_0: Não existe relação linear entre a concentração de cálcio na água e a taxa de mortalidades de homens ($\beta_1 = 0$)
   H_A: Existe uma relação linear entre a concentração de cálcio na água e a taxa de mortalidades de homens ($\beta_1 \neq 0$).
   b) $t = -6{,}65$, P < 0,0001; rejeitar a hipótese nula. Existe uma forte evidência de uma relação linear entre a concentração de cálcio e mortalidade. Cidades com altas concentrações de cálcio tendem a ter uma taxa de mortalidade menor.
   c) Para o intervalo de 95% de confiança, use $t^*_{59} \cong 2{,}001$, ou estime a partir da tabela $t^*_{50} \cong 2{,}009$; (-4,19; -2,27).
   d) Estamos 95% confiantes de que a taxa de mortalidade média decresce entre 2,27 e 4,19 mortes por 100000 para cada parte por milhão adicional de cálcio na água potável.

9. a) $\widehat{mortalidade\ masculina} = 2{,}376 + 0{,}75564*(taxa\ feminina)$.
   b) O diagrama de dispersão mostra um ponto de alavanca alto. O diagrama dos resíduos sugere que ele pode não se adequar aos outros pontos, assim a regressão deve ser executada tanto com quanto sem o ponto, para se ter uma ideia do seu impacto.
   c) H_0: Não existe relação linear entre as taxas de desemprego de homens e mulheres ($\beta_1 = 0$).
   H_A: Existe relação linear entre as taxas de desemprego de homens e mulheres ($\beta_1 \neq 0$).
   $t = 13{,}46$, gl = 55, P < 0,001; rejeitar a hipótese nula.
   Existe uma evidência forte de uma relação linear positiva entre as taxas de desemprego de homens e mulheres.
   d) 76,7%

11. a)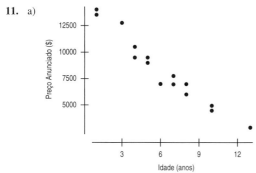
   b) Sim, o diagrama parece linear.
   c) $\overline{Preço\ anunciado} = 14286 - 959 \times Idade$
   d)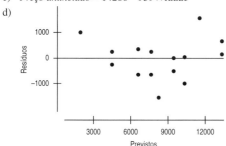

   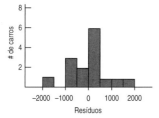

   O diagrama dos resíduos mostra uma possível curvatura. A inferência pode não ser válida neste caso, mas nós seguiremos (com cautela).

13. Com base nestes dados, estamos 95% confiantes que o preço de um carro usado diminui entre $819,50 e $1098,0 por ano.

15. a)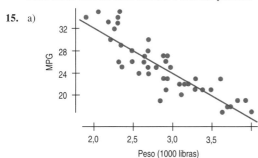
   b) Sim, as condições parecem satisfeitas. O histograma dos resíduos é unimodal e simétrico. O diagrama dos resíduos está OK, mas aparece algum "engrossamento" do diagrama com o aumento dos valores. Existe um possível valor atípico.
   c) H_0: Não existe relação linear entre peso de um carro e economia de combustível ($\beta_1 = 0$).
   H_A: Existe relação linear entre peso de um carro e economia de combustível ($\beta_1 \neq 0$).
   d) $t = -12,2$, gl = 48, P < 0,0001; rejeitar a hipótese nula. Existem fortes evidências de uma relação linear entre o peso de um carro e a economia de combustível. Carros mais pesados tendem a ser menos econômicos.

17. a) H_0: Não existe relação linear entre o SAT Verbal e os escores em Matemática ($\beta_1 = 0$).
   H_A: Existe uma relação linear entre o SAT Verbal e os escores em Matemática ($\beta_1 \neq 0$).
   b) As hipóteses parecem razoáveis e assim as condições estão satisfeitas. O diagrama dos resíduos não apresenta padrões (um valor atípico). O histograma é unimodal e aproximadamente simétrico.
   c) $t = 11,9$, gl = 160, P < 0,0001; rejeita a hipótese nula.
   Existe uma forte evidência de um relacionamento linear entre os escores no SAT Verbal e em Matemática. Estudantes com SAT Verbal altos tendem a ter notas altas em Matemática também.

19. a) H_0: Não existe relação linear entre os salários da equipe e o número de vitórias ($\beta_1 = 0$).
   H_A: Existe relação linear entre os salários da equipe e o número de vitórias. ($\beta_1 \neq 0$).
   b) $t = 1,58$; P = 0,124; não é possível rejeitar a hipótese nula.
   Não existem evidências de uma relação linear entre o salário da equipe e o número de vitórias em 2006.

21. a) (-9,57; -6,86) mpg por 1000 libras
   b) Estamos 95% confiantes de que o consumo médio dos carros diminui entre 6,86 e 9,57 milhas por galão para cada 1000 libras adicionais de peso.

23. a) H_0: Não existe relação linear entre retorno do mercado e o fluxo do fundo ($\beta_1 = 0$).
   H_A: existe relação linear entre retorno do mercado e o fluxo do fundo. ($\beta_1 \neq 0$).
   b) $t = 5,75$, p < 0,001; rejeita-se a hipótese nula. Existem fortes evidências de uma relação linear entre o dinheiro investido nos fundos mútuos e o desempenho de mercado.
   c) Grandes investimentos em fundos mútuos tendem a estar associados com altos retornos de mercado. Sugiro investigar a observação atípica e descobrir quando e por que ela ocorreu.

25. a) H_0: Não existe associação linear entre o Índice em 2006 e em 2007 ($\beta_1 = 0$).
   H_A: Existe associação linear entre o Índice em 2006 e em 2007 ($\beta_1 \neq 0$).
   b) t = 8,17; p < 0.001. A probabilidade de que a associação tenha ocorrido por acaso é pequena. Rejeitamos a hipótese nula. Existem fortes evidências de uma relação linear entre o índice em 2006 e em 2007.
   c) 83,7% da variação do índice em 2007 podem ser atribuídas a variação do índice em 2006.
   d) Em média, à medida que um cresce, o outro também cresce. Contudo, isto não significa que, se o índice é alto em um ano, ele será necessariamente alto no outro ano também.

27. a)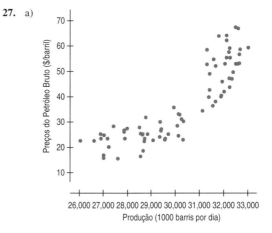

   As condições para a regressão falham, uma vez que o diagrama de dispersão é curvo.
   b) Não, a relação não parece ser linear.

29. H_0: Não existe relação linear entre velocidade e custo da impressora ($\beta_1 = 0$)

H_A: Existe relação linear entre velocidade e custo da impressora. (($\beta_1 \neq 0$))

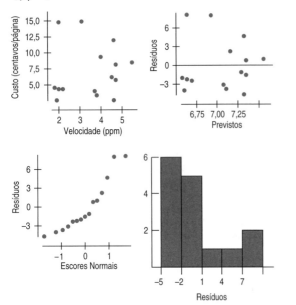

As suposições não parecem razoáveis. O diagrama de dispersão não é uma linha reta. O histograma dos resíduos apresenta assimetria à direita. As condições não estão satisfeitas e, assim, a inferência não é adequada.

31. a) Estamos 95% confiantes de que o consumo médio dos carros que pesam 2500 libras está entre 27,34 e 29,07 milhas por galão.
    b) Estamos 95% confiantes de que um carro pesando 3450 libras terá um consumo médio entre 15,44 e 25,37 milhas por galão.

33. a) (−3145; 40845)
    b) Uma vez que o EP da inclinação é relativamente grande e o R^2 é relativamente pequeno (18%), as previsões utilizando esta regressão serão imprecisas.
    c) Omitindo os valores atípicos torna o EP menor e o R^2 maior, assim as previsões serão mais precisas.

35. a) Gostaríamos de saber inicialmente se existe associação linear entre *Preço* e *Consumo* dos carros. Nós temos os dados dos modelos de 2004 com a milhagem em autoestrada e o preço ao consumidor.
    H_0: $\beta_1 = 0$ (não existe relação linear entre *Preço* e *Consumo de combustível*); H_A: $\beta_1 \neq 0$.
    b) O diagrama de dispersão não atende a condição de linearidade. Ele mostra uma curva e apresenta um valor atípico. Existe, também, alguma dispersão da direita para a esquerda, que viola a condição de não engrossamento do gráfico. Não podemos continuar a análise.
    c) As condições não estão satisfeitas, a equação de regressão não deve ser interpretada.

37. a) O intervalo de previsão de 95% mostra um intervalo de incerteza da previsão para a taxa de desemprego de um único homem, dada a taxa de desemprego específica de uma mulher.
    b) O intervalo de confiança de 95% mostra um intervalo de incerteza da previsão para a taxa média de desemprego dos homens, dada uma amostra da taxa de desemprego das mulheres. Em virtude deste intervalo ser para uma média, a variação ou incerteza é menor, assim o intervalo é mais estreito.
    c) A observação não usual é a antiga República Iugoslava da Macedônia. Além de ser um valor atípico ela é também um ponto potencial de alavanca, por isso sua taxa de desemprego de mulheres é removida da amostra dos países. Sem este ponto de alavanca, $\widehat{taxa\ dos\ homens}$ = 4,459 + 0,62951*(*taxa das mulheres*). Note que a inclinação permanece significativa (P < 0.001), e o R^2 diminui levemente comparado com a saída do Exercício 9, sem o ponto de alavanca.

39. a) O intervalo de previsão de 95% mostra um intervalo de incerteza para o uso da energia prevista em 2004 com base no uso da energia em 1999 para um único país.
    b) O intervalo de confiança de 95% mostra o intervalo de incerteza para o uso médio de energia em 2004 com base na mesma energia utilizada em 1999 para uma amostra de países. Em virtude de este ser um intervalo para uma média, a variação ou incerteza é menor, assim o intervalo é mais estreito.

41. a) $\widehat{Jan}$ = 120,73 + 0,6695*Dez*. Fomos informados de que esta é uma AAS. O gasto de um dono de cartão não deve afetar o de outro. Estes são dados quantitativos sem curvas aparentes no diagrama de dispersão. O diagrama dos resíduos mostra um aumento da variação para valores grandes dos gastos de janeiro. Um histograma dos resíduos é unimodal e levemente assimétrico para a direita com vários valores atípicos altos. Prosseguiremos com cautela.
    b) $1519,73
    c) ($1330,24, $1709,24)
    d) ($290,76, $669,76)
    e) Os resíduos mostram uma variabilidade crescente, assim os intervalos de confiança podem não ser válidos. Deve-se ter cuidado na interpretação dos resultados.

43. a) H_0: Não existe relação linear entre a população e o nível de ozônio ($\beta_1 = 0$).
    H_A: Existe uma relação linear positiva entre a população e o nível de ozônio. ($\beta_1 > 0$) t = 3,48, P = 0,0018; rejeita-se a hipótese nula. Existe uma forte evidência de uma relação linear positiva entre o nível de ozônio e a população. Cidades com grandes populações tendem a ter níveis de ozônio maiores.
    b) A população da cidade é um bom previsor do nível de ozônio. A população explica 84% da variabilidade do nível de ozônio e s é pouco maior do que 5 partes por milhão.

Capítulo 17

1. a) A tendência parece ser linear até 1940, mas de 1940 até aproximadamente 1970 a tendência não parece linear. De 1975 até aproximadamente 1995, a tendência parece ser novamente linear.
   b) Relativamente forte para certos períodos.
   c) Não, como um todo o gráfico é claramente não linear. Dentro de certos períodos (1975 a aproximadamente 1995) a correlação é alta.
   d) Globalmente, não. Você pode ajustar um modelo linear no período que vai de 1975 a aproximadamente 1995, mas por quê? Você não precisa interpolar, uma vez que cada ano está presente e a extrapolação parece perigosa.

3. a) A relação não é linear.
   b) Ele é curvado para baixo.
   c) Não. A relação ainda será curva.

5. a) Não. Nós precisamos ver o diagrama de dispersão primeiro para ver as condições estão satisfeitas.
   b) Não, um modelo linear não irá se ajustar aos dados.

7. a) Milhões de dólares por minuto de exibição.
   b) O orçamento para dramas aumenta a mesma taxa por minuto que os demais filmes.
   c) Sem considerar o tempo de exibição, dramas custam $20 milhões a menos.

9. a) O uso do aeroporto de Oakland está crescendo aproximadamente em 59700 passageiros/ano, iniciando com os 283000 de 1990.
   b) 71% da variação do número de passageiros pode ser creditada ao modelo.
   c) Erros nas previsões com base neste modelo têm um desvio padrão de 104330 passageiros.

d) DW = 0,912; valor-P < 0,001. Fortes evidências de autocorrelação.
e) Não, isto seria extrapolar muito longe dos anos observados e a série é autocorrelacionada.
f) O resíduo negativo é setembro de 2001. O tráfego aéreo foi artificialmente baixo em virtude dos ataques de 11/9.

11. a) 1) Alavancagem alta, pequenos resíduos.
2) Não, não é influente para a inclinação.
3) A correlação irá decrescer, porque um valor atípico tem um grande z_x e z_y, aumentando a correlação.
4) A inclinação não mudará muito, porque o valor atípico está alinhado com os demais pontos.

b) 1) Alavancagem alta, provavelmente pequenos resíduos.
2) Sim, influente.
3) A correlação ficará mais fraca e se tornará menos negativa porque a dispersão irá aumentar.
4) A inclinação irá aumentar em direção a 0, uma vez que o valor atípico a torna negativa.

c) 1) Alguma alavancagem, grandes resíduos.
2) Sim, um pouco influente.
3) A correlação ficará mais forte, uma vez que a variabilidade decresce.
4) A inclinação irá aumentar levemente.

d) 1) Pequena alavancagem, grandes resíduos.
2) Não, não é influente.
3) A correlação irá tornar-se mais forte e mais negativa, porque a dispersão diminuirá.
4) A inclinação mudará muito pouco.

13. 1) e 2) d 3) c 4) b 5) a

15. Talvez a pressão alta cause altos níveis de gordura e altos níveis de gordura causem pressão alta, ou ambos podem podem ser causados por uma variável oculta tal como a genética ou o estilo de vida.

17. a) O *Custo* diminui $2,13 por grau da *Temperatura* diária. Assim, temperaturas amenas indicam custos menores.
b) Para uma temperatura média mensal de 0°F, o custo está previsto em $133.
c) Muito alto; os resíduos (observados - previstos) em torno de 32°F são negativos, mostrando que o modelo superestima os custos.
d) $111,7
e) Aproximadamente $105,7.
f) Não, os resíduos mostram um padrão curvo definido. Os dados são provavelmente não lineares.
g) Não, não existirão diferenças. A relação não depende destas unidades.

19. a) 0,88
b) As taxas de juros durante este período cresce aproximadamente 0,25% por ano, iniciando a partir de um valor inicial de 0,64%.
c) Substituir 50 no modelo gera um valor previsto de aproximadamente 13%.
d) DW = 0,9527; valor-P = 0,002; forte evidência de autocorrelação.
e) Não realmente. Extrapolar 20 anos além do final destes dados será perigoso e improvável de ser acurado. Os erros são auto-correlacionados, também.

21. a) Os dois modelos aderem bem, mas eles têm inclinações bem diferentes.
b) Este modelo prevê a taxa de juros de 2000 como 3,24%, muito abaixo da previsão do outro modelo.
c) Podemos confiar no valor previsto, porque ele está no meio dos dados utilizados para a regressão.
d) A melhor resposta é "Eu não posso prever isto".

23. *Sexo* e *Daltonismo* são ambas variáveis categóricas, não quantitativas. A correlação não faz sentido para elas, mas podemos dizer se as variáveis apresentam associação.

25. a) Não é necessária uma transformação.
b) Uma transformação para alinhar a relação.
c) Transformar para equalizar a dispersão.

27. a) Existe um padrão anual, os resíduos apresentam ciclos para cima e para baixo.
b) Não, este tipo de padrão não ajuda na transformação dos dados.

29. a) 2,8 b) 16,44 c) 7,84 d) 0,36 e) 2,09
31. a) 3,842 b) 501,187 c) 4,0
33. a) A condição de linearidade foi violada. Aumento possível da variação para valores maiores. A independência não está sendo questionada, uma vez que estes dados são de uma série temporal.
b) Este diagrama parece tanto mais reto quanto mais consistente na variação.
c) Os resíduos mostram um padrão, ele sobe e desce e não pode ser melhorado por uma transformação alternativa.

35. a) Aproximadamente $100000000
b) log(valores) crescem a 0,00015 por *Pescador* licenciado. Possivelmente mais pescadores causem uma pescaria mais valiosa, mas grandes valores irão atrair mais pescadores, assim a causa deve ser vista de outra forma. Melhorar a tecnologia pode tanto levar a uma pescaria mais valiosa quanto atrair mais pescadores.

37. a) Embora mais do que 97% da variação do PIB possa ser creditada ao modelo, devemos examinar o diagrama de dispersão dos resíduos para ver se ele é apropriado.
b) Não. Os resíduos mostram uma curvatura bem clara.

39. a)

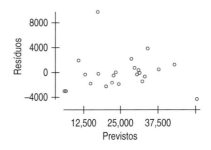

$\widehat{\sqrt{pq}}$ = -4 + Diâmetro

O modelo é exato.
b) 36 pés quadrados.
c) 1024 pés quadrados.

41. A variável dependente é: PIB/PC (PIB *per capita*) de 1998.

R^2 = 94.2% R^2 ajustado = 93,9%
s = 2803 com 24 - 2 = 22 graus de liberdade

Fonte	Soma dos quadrados	Gl	Média dos quadrados	Razão-F
Regressão	800375675	1	2800375675	356
Resíduos	172861656	22	7857348	

Variável	Coeficiente	EP(Coef.)	Razão-t	Valor-P
Intercepto	3295,80	1307	2,52	0,0194
PIC/PC de 88	1,090	0,058	18,9	<0,0001

A regressão tem um R^2 alto, mas os resíduos mostram alguns pontos de influência. A Irlanda tem o maior resíduo positivo e a Suíça o menor resíduo negativo. Assumindo que os dados para estes países estão corretos, eles devem ser colocados de lado da análise e um trabalho

830 Respostas

adicional deve ser feito para entender por que eles não são usuais. Relatórios com e sem os valores atípicos devem ser feitos e comparados.

43. O histograma é muito mais unimodal e simétrico após tomarmos os logaritmos.

45. O diagrama não pode ser alinhado por uma transformação, porque ele não apresenta uma forma monotônica cresceste ou decrescente, mas oscila para cima e para baixo.

Capítulo 18

1. a) Linearidade: o diagrama de dispersão parece ser linear.
Independência: estados não são uma amostra aleatória, mas eles podem ser independentes um do outro.
Igualdade de variâncias: o diagrama de dispersão de *Crimes Violentos* vs. *Salários dos Policiais* pode tornar-se menos variável à direita ou talvez isto ocorra apenas com alguns valores.
Normalidade: para verificar a condição de normalidade, precisamos olhar os resíduos, não podemos fazer isso com esses diagramas.
b) 1,1%

3. a) $\widehat{Crimes\ violentos}$ = 1390,83 + 9,33*Salários dos Policiais* – 16,64*taxa de formatura*
b) Após permitir os efeitos da taxa de formatura (ou alternativamente, entre estados com taxas de formaturas similares), estados com salários de policiais mais altos têm mais crime a uma taxa de 9,3 crimes por 100000 para cada dólar por hora de salário médio.
c) 412,63 crimes por 100000
d) Não muito bom; O R^2 é de somente 53%.

5. a) $2,26 = \dfrac{9,33}{4,125}$
b) 40, os graus de liberdade são 37 e isso é igual $n - k - 1$. Com dois previsores $40 - 2 - 1 = 37$.
c) A razão-t é negativa, porque o coeficiente é negativo.

7. a) $H_0: \beta_{Policiais} = 0\ H_A: \beta_{Policiais} \neq 0$
b) P = 0,0297; o valor p pequeno o suficiente para rejeitar a hipótese nula ao nível $\alpha = 0,05$ e concluir que o coeficiente é significativamente diferente de zero.
c) O coeficiente dos *Salários dos Policiais* relata a relação *após a permissão de efeitos* da *Taxa de Formaturas*. O diagrama de dispersão e o de correlação se ocupa apenas com a relação de duas variáveis.

9. Esta é uma interpretação causal, que não encontra suporte na regressão. Por exemplo, entre os estados com altas taxas de formaturas pode ser que aqueles com altas taxas de crimes violentos escolham (ou sejam obrigados a gastar) mais dinheiro para contratar policiais ou que estados com custos de vida altos devem pagar mais para atrair policiais qualificados, mas que também apresentam taxas de crimes maiores.

11. Condição de variação constante: satisfeita pelo diagrama dos resíduos vs. valores previstos.
Condição de normalidade: satisfeita pelo diagrama normal de probabilidade.

13. a) Não menciona outros previsores; sugere relacionamento direto.
b) Correto.
c) Não se pode prever x a partir de y.
d) Interpretação incorreta de R^2.

15. a) Extrapolação longe dos dados.
b) Sugere uma relação perfeita.
c) Não se pode prever uma variável explanatória a partir de outra.
d) Correto.

17. a) O sinal do coeficiente para *ln(número de empregados)* é negativo. Isto significa que, para negócios que apresentam a mesma taxa de vendas, aqueles com mais empregados gastam menos, em média, por empregado, para a redução da poluição. O sinal do coeficiente para *ln(vendas)* é positivo. Isto significa que, para negócios com o mesmo número de empregados, aqueles com maiores vendas gastam mais, em média, com a redução da poluição.

b) O logaritmo significa que os efeitos se tornam menos severos (em termos monetários) com o crescimento das empresas tanto em vendas quanto em número de empregados.

19. a) $\widehat{Preço}$ = - 152,037 + 9530*banheiros* + 139,87*área*
b) R^2 = 71,1%
c) Para casas com o mesmo número de banheiros, cada pé quadrado de área está associado com um aumento médio de $139,87 no preço da casa.
d) O modelo de regressão diz que, para casas do mesmo tamanho, aquelas com mais banheiros não têm um preço mais alto. Ele não diz nada sobre o que aconteceria se um banheiro fosse anexado à casa. Esta seria uma interpretação preditiva, que não encontra suporte no modelo de regressão.

21. a) A equação de regressão é: $\widehat{Salário}$ = 9,788 + 0,110*Serviço* + 0,053*Educação* + 0,071*Nota no teste* + 0,004*Palavras digitadas por minuto* + 0,065*Palavras ditadas por minuto*.
b) *Salário* = 29,205, ou $29205
c) o valor-t é 0,013 com 24 gl. Valor-P = 0,4949, que não é significativo a nível $a = 0,05$.
d) Retire a variável explicativa para a velocidade de digitação, uma vez que ela não é significativa.
e) A *Idade* pode ser colinear com várias outras previsoras que já estejam no modelo. Por exemplo, secretárias com longos anos de serviço serão naturalmente mais velhas.

23. a) Após permitir que os efeitos mensurados pelo índice *Wilshire 5000*, um aumento de um ponto na *Taxa de Desemprego* está associado a um decréscimo, em média, de aproximadamente 3719,55 milhões no *Fluxo dos Fundos*.
b) A razão-*t* divide o coeficiente pelo seu erro padrão. O coeficiente aqui é negativo.
c) $H_0: \beta = 0$, $H_A: \beta \neq 0$; valor-P < 0,0001 é muito pequeno, assim rejeitamos a hipótese nula.

25. a) $\widehat{Preço}$ = 0,845 + 1,2*Armadilhas* – 0,00012*Pescadores* – 22,0*Captura/Armadilha*
b) Os resíduos não mostram um padrão e apresentam mesma variação. O histograma dos resíduos é aproximadamente normal. Nós nos perguntamos se os valores de um ano para outro são mutuamente independentes.
c) $H_0: \beta_{Captura/armadilha} = 0$, $H_A: \beta_{captura/armadilha} \neq 0$; o valor-P é exatamente 0,0500. Com um coeficiente tão grande, parece que a *Captura/Armadilha* contribui para o modelo. As respostas podem variar, mas nós rejeitamos a hipótese nula.
d) Não, isto significa que, quando a captura por armadilha é baixa (considerando as outras variáveis), os preços tendem a ser maiores, em média. Ele não prevê o que pode acontecer no próximo ano.
e) O R^2 considera o número de previsores. Estes modelos têm diferentes números de previsores, assim é apropriado uma comparação.

27. a) R^2 = 66,7% R^2 ajustado = 63,8%
s = 2,327 com 39 - 4 = 35 graus de liberdade.

Variável	Coeficiente	EP (Coeficiente)	Razão- t	Valor-P
Intercepto	87,0089	33,60	2,59	0,0139
CPI	-0,344795	0,1203	-2,87	0,0070
Consumo pessoal	1,10842e-5	0,0000	2,52	0,0165
Vendas a varejo	1,02152e-4	0,0000	6,67	≤ 0,0001

$\widehat{Receita}$ = 87,0 – 0,344*CPI* + 0,000011*Consumo Pessoal* + 0,0001*Vendas no Varejo*
b) R^2 é 66,7%, e todos os valores de *t* são significativos. Parece que estas variáveis podem ser responsabilizadas pela variação da receita do Wal-Mart.

Respostas **831**

29. a) $\overline{\text{Logit}(\textit{Direito-ao-trabalho})} = 6,19951 - 0,106155\textit{público} - 0,222957\textit{privado}$
b) Sim.

31. *Cilindrada* e *Diâmetro do cilindro* serão bons previsores. A relação com a *Distância entre eixos* não é linear.

33. a) Sim, um R^2 de 90,9% diz que muita da variabilidade do *PVSF* pode ser atribuída a este modelo.
b) Não, um modelo de regressão não pode ser invertido desta forma.

35. a) Sim, o R^2 é bem alto.
b) O valor de *s*, 3,140 calorias, é bem pequeno comparado com o desvio padrão inicial de *Calorias*. Isto indica que o modelo adere bem aos dados, deixando muito pouca variação não explicada.
c) Um verdadeiro valor de 100% indicaria zero resíduo, mas com dados reais como estes, é bem provável que o valor calculado de 100% tenha sido arredondado para cima de um valor levemente inferior.

Capítulo 19

1. a) As *pizzas* de queijo (*Tipo* 1) tiveram cerca de 15,6 pontos a mais, após a consideração dos efeitos das calorias e da gordura. É esperado que as *pizzas* de queijo vendam melhor do que as *pizzas* de calabresa com base nestes resultados.
b) Diagramas de dispersão dos dados e dos resíduos para verificar a linearidade e a constância da variação; um histograma ou digrama de probabilidade dos resíduos para verificar a normalidade.

3. a) As duas *pizzas* têm previsão de altos escores. Porém, ambas têm escores de mais do que 30 pontos abaixo do previsto.
b) Sim, seus valores grandes não usuais indicam que elas devem ser diferentes das outras *pizzas* de alguma forma e seus grandes resíduos (negativos) indicam que elas devem ser retiradas da regressão. Pode ser útil ver a influência e a distância de Cook para estes pontos.

5. a) Um indicador ou variável "auxiliar".
b) As vendas são aproximadamente 10,5 bilhões mais altas em dezembro, após levar em consideração o IPC (Índice de Preços ao Consumidor).
c) Deve-se supor que a inclinação é a mesma para os pontos de dezembro como para os demais. Isto parece ser verdade no diagrama de dispersão.

7. a) Existem inclinações diferentes para os dois tipos.
b) Existe um termo interação. Ele diz que as *pizzas* de queijo (Tipo 1) têm escores que crescem menos rapidamente com calorias (uma inclinação 0,46 menor) do que as *pizzas* de calabresa.
c) O R^2 ajustado para este modelo é maior do que o R^2 ajustado para o modelo anterior. Ainda, as razões-t são maiores. No geral, este parece ser um modelo de regressão mais bem-sucedido.

9. a) Grandes distâncias de Cook sugerem que o Alasca é influente. Sua alavancagem é alta e seu resíduo é um dos menores.
b) Após levar em consideração os demais previsores, a expectativa de vida do Alasca é 2,33 anos menor do que a prevista pelo modelo. O valor-P de 0,02 diz que o Alasca é um valor atípico, porque o coeficiente da variável auxiliar é significativamente diferente de zero.
c) O modelo é melhor (R^2 ajustado maior e menor desvio padrão dos resíduos) quando o Alasca é removido do modelo com uma variável auxiliar.

11. O *Valor* para 1994 não é especialmente baixo, mas aparentemente, a julgar pelo seu resíduo studentizado, ele foi inesperadamente baixo para o número de armadilhas e pescadores e a temperatura da água. Qualquer ponto com uma grande distância de Cook é potencialmente influente, assim podemos deixar 1994 de lado, para ver o que muda no modelo.

13. a) O R^2 ajustado leva em consideração o número de previsores. Se a remoção de um previsor acarreta seu aumento, então o previsor

tem pouca ou nenhuma contribuição para o modelo. Retirar a *Educação Primária* do modelo seria melhor.
b) Se o valor-P para *Regulamento da OECD* é tecnicamente menor do que 0,05 ou maior do 0,05 depende da inclusão da *Educação Primária* no modelo. Podemos suspeitar que o autor, no seu desejo de declarar que a regulamentação prejudica o PIB/*per capita*, encontrou um previsor irrelevante que tem o efeito de puxar levemente o valor-P para um pouco menos de 0,05.

15. a) Com um valor-P de 0,686, não podemos concluir que o verdadeiro coeficiente é diferente de zero. Ele não pode ser interpretado.
b, c) O R^2 da segunda regressão mostra que *Desviados* está linearmente relacionado aos outros previsores e desta forma sofre de colinearidade.
d) 6,9

17. a) Valores altos da distância de Cook indicam que os pontos podem ser influentes. Os pontos apresentam tanto valores previstos não usuais quanto grandes resíduos, assim isto é bem provável.
b) Dois dos coeficientes não mudaram muito, mas o coeficiente de #*Shows* mudou de um valor negativo e não significativo para um valor positivo e altamente significativo. Um ponto é influente se a sua remoção do modelo muda qualquer coeficiente de uma forma importante.
c) O segundo modelo seria melhor. O primeiro é influenciado por eventos extraordinários, que não são o tipo de semanas que nós queremos modelar.

19. a) A condição de linearidade é violada. Como a curva não é monotônica (aumentando ou diminuindo consistentemente), nenhuma transformação poderá ajudar.
b) Cerca de 24494,8 toneladas (24745 por uma calculadora manual).
c) *Armadilhas* e *Armadilhas*^{2} estão altamente correlacionadas. A colinearidade é responsável pela mudança no coeficiente de *Armadilhas*.

Capítulo 20

1. a) A média móvel de 200 dias será mais suave.
b) O modelo AES utilizando um $\alpha = 0,10$ é mais suave.
c) Quando o α é aumentado de 0,10 para 0,80, o dado mais recente sofre uma ponderação maior, assim o modelo responde mais rapidamente e não é tão suave.

3. a) Caminho aleatório, assim utilize o AR(1) ou a previsão ingênua.
b) Modelo exponencial
c) Modelo sazonal com variável auxiliar, ou modelo AR que utilize vendas do mesmo trimestre nos anos anteriores (defasagem 4)

5. a) 22,988
b) 21,239 $M

7. a) 475,88 $/tonelada
b) 448,37 $/tonelada
c) 0,1753; 0,2229

9. a) Irregular
b) Segundo gráfico.

11. A média móvel de dois trimestres é mostrada em A e adere melhor. Essa série temporal tem uma componente tendência forte e consistente, assim uma média móvel de muitos períodos é puxada para abaixo da série.

13. a) $2,676 Bilhões
b) EPA = 7,7% (previsão subestimada)
c) A previsão é $2,975 B; EPA = 2.6% (previsão superestimada).

15. a) 86,75
b) 0,00115
c) 84,24; A previsão pelo modelo AR está mais próxima.

17. a) 112
b) A previsão ficará acima dos 100%, o que não é possível.

19. a) Tendência linear e componente irregular.
b) Os preços aumentaram em torno de 30 centavos por ano.
c) O intercepto não tem interpretação, porque o ano zero não tem sentido nessa série.
d) Existe uma variabilidade crescente iniciando no meio de 2005.

832 Respostas

21.
a) $1,1 milhão.
b) Q3
c) Q4
d) As vendas estão, em média, $0,5 milhão acima no Q4 do que em Q1.

23.
a) Uma componente tendência positiva e uma componente sazonal.
b) As receitas do Wal-Mart estão aumentando em cerca de $0,145 bilhão por mês.
c) A receita em dezembro tende a ser aproximadamente $11,56 bilhões maior do que a de janeiro (o mês base).
d) $19,3028 bilhões
e) Outubro é o único mês no qual as receitas do Wal-Mart são tipicamente menores do que elas são em janeiro, após observarmos a tendência global de crescimento da receita.

25.
a) O valor-P indica que a tendência temporal é significativamente diferente de zero.
b) Setembro e novembro
c) Junho e agosto
d) 459408,22

27.
a) O logaritmo do número de passageiros cresceu a 0,0249 por mês.
b) Em janeiro de 1990, existiam aproximadamente $10^{5,64949} = 446159$ passageiros.
c) Janeiro e fevereiro; nós não podemos dizer que janeiro é mais baixa porque ele é a base das variáveis auxiliares e os outros coeficientes são positivos.
d) Tendência, sazonalidade e possivelmente uma componente cíclica de oito anos.

29. O alisamento exponencial simples é destruído pelo valor atípico. A média móvel espalha o efeito do valor atípico ao longo de vários meses. A regressão sazonal não é afetada de forma a ser notada. (O coeficiente auxiliar de setembro absorve o efeito e o espalha pelos demais meses de setembro, mas isso não fica evidente no gráfico.)

31.
a) A variável dependente é: vendas pelo E-comércio (em $ milhões)
$R^2 = 96,9\%$ R^2 ajustado $= 96,4\%$
$s = 1740$ com $34 - 5 = 29$ graus de liberdade

Variável	Coeficiente	EP (Coeficiente)	Razão-t	Valor-P
Intercepto	2022,8	777,4	2,60	0,014
Tempo	900,138	30,45	29,6	0,0001
Q2	-486,223	845,9	-0,575	0,5699
Q3	-709,611	845,4	-0,839	0,4081
Q4	3288,03	820,7	4,01	0,0004

Obs.: Escolhendo um trimestre diferente como base, teremos um modelo diferente, mas um com o mesmo R^2.

b) A variável dependente é: vendas pelo log(E-comércio) (em $ milhões)
$R^2 = 98,7\%$ R^2 ajustado $= 98,5\%$
$s = 0,0297$ com $34 - 5 = 29$ graus de liberdade

Variável	Coeficiente	EP (Coeficiente)	Razão-t	Valor-P
Intercepto	3,73222	0,0136	274	$\leq 0,0001$
Tempo	0,024502	0,0005	47,1	$\leq 0,0001$
Q2	-2,63795e-3	0,0145	-0,182	0,8566
Q3	-5,43049e-3	0,0145	-0,376	0,7099
Q4	0,072158	0,0140	5,14	$\leq 0,0001$

c) O modelo multiplicativo adere melhor se julgarmos pelo R^2 ou pelo R^2 ajustado.

33.
a) A equação de regressão é:
Preço da gasolina no varejo (centavos/galão) = $0,253 + 1,40\text{defas}_1 - 0,400\text{defas}_2$
b) A previsão é $3,27.

c)

Modelo	Previsão ($)	Real	APE (%)
Linear	2,38	3,19	25,4
Exponencial	2,43	3,19	23,8
AR(1)	3,27	3,19	2,5

d) O modelo AR(2) é o melhor dos que foram comparados aqui.

35. a–c)

Modelo	Previsão($)	Real	APE (%)
Linear	60,95	58,70	3,8
Exponencial	65,94	58,70	12,3
AR(1)	53,07	58,70	9,6

d) O modelo linear parece aderir melhor.

37.
a) Somente a componente irregular; é mais provável ser um caminho aleatório, que é uma das razões desses modelos não serem efetivos.
b) Veja a saída amostra computacional em Soluções.
c) Veja a saída amostra computacional em Soluções.
d) e e)

Modelo	EPMA	Previsão ($M)	Real
MA(6)	79%	-12342,3	-7709
MA(12)	81%	-27,67	-7709
AES*	98%	-15886,0	-7709

*Utilizando um alfa ótimo de 0,47; os modelos AES utilizando diferentes coeficientes irão produzir diferentes valores do EPMA.

39.
a) Ocupação do hotel = $11,6 + 0,550\text{defas}_1 + 0,293\text{defas}_6$
b) Os resíduos ao longo do tempo parecem aleatórios, exceto por setembro de 2001.
c) 80,04 %

41.
a) A equação de regressão é:
Produção da OPEP (Milhares de Barris/Dia) = $1148 + 0,962\text{defas}_1$
b) A previsão é 31245,6
c)

Modelo	Previsão (Milhares de Barris/Dia)	Real	EPA (%)
MA(6)	31689,8	31286,5	1,29
MA(12)	31937,5	31286,5	2,08
AES	31300,2	31286,5	0,04
AR(1)	31245,6	31286,5	0,13

d) Um modelo simples de suavização exponencial parece ser o que adere melhor.

Capítulo 21

1.
a) 1, 2, ... ,n
b) Discreta

3.
a) 0, 1, 2, 3, 4
b) Discreta
c) Não, os resultados não são equiprováveis.

5.
a) $19
b) $7

7.
a) $\mu = 30; \sigma = 6$
b) $\mu = 26; \sigma = 5$
c) $m = 30; \sigma = 5,39$
d) $\mu = -10; \sigma = 5,39$

9.
a) $0,60
b) $11,60
c) $- $0,40

11. a) 2,25 lâmpadas
  b) 1,26 lâmpadas
13. a) Não, a probabilidade de ele vencer a segunda muda dependendo de ter ganho ou não a primeira.
  b) 0,42
  c) 0,08
  d)

x	0	1	2
$P(X = x)$	0,42	0,50	0,08

  e) $E(X) = 0,66$ torneios; $\sigma = 0,62$ torneios
15. a) Sim, porque a probabilidade de uma pilha estar sem carga não afeta a outra.
  b)

Boas	0	1	2
P(Boa)	$\left(\dfrac{3}{10}\right)\left(\dfrac{2}{9}\right) = \dfrac{6}{90}$	$\left(\dfrac{3}{10}\right)\left(\dfrac{7}{9}\right) + \left(\dfrac{7}{10}\right)\left(\dfrac{3}{9}\right) = \dfrac{42}{90}$	$\left(\dfrac{7}{10}\right)\left(\dfrac{6}{9}\right) = \dfrac{42}{90}$

  c) $\mu = 1,4$ pilhas
  d) $\sigma = 0,61$ pilhas
17. a) $\mu = E$(tempo de espera total) $= 74,0$ segundos
  $\sigma = DP$(tempo de espera total) $\cong 20,57$ segundos
  (O cálculo do desvio padrão pode variar ligeiramente devido ao arredondamento para o número de luzes vermelhas diariamente.) O desvio padrão pode ser calculado apenas se os dias forem independentes entre eles. Isso parece razoável.
19. a) O desvio padrão é alto porque os lucros nos seguros são altamente variáveis. Embora existam muitos ganhos pequenos, ocasionalmente existirão grande perdas quando a companhia de seguro terá que pagar o prêmio.
  b) $\mu = E$(dois planos) $= \$300$
  $\sigma = DP$(dois planos) $\cong \$8485,28$
  c) $\mu = E$(1000 planos) $= \$150000$
  $\sigma = DP$(1000 planos) $= \$189736,66$
  d) 0,785
  e) Um desastre natural afetando muitos segurados tais como um grande incêndio ou furacão.
21. a) $B =$ número básico; $D =$ número de luxo
  Lucro líquido $= 120B + 150D - 200$
  b) $\$928000$
  c) $\$187,45$
  d) Média - não; DP - sim (vendas são independentes)
23. a) $\mu = E$(milhas restantes) $= 164$ milhas
  $\sigma = DP$(milhas restantes) $\cong 19799$ milhas
  b) 0,566
25. a) $\mu = E$(tempo) $= 2,6$ dias
  $\sigma = DP$(tempo) $\cong 0,707$ dias
  b) $\mu = E$(tempo combinado) $= 3,7$ dias
  $\sigma = DP$(tempo combinado) $\cong 0,768$ dias
  c) 22,76% (22,66% com a tabela)
27. a) Seja $X_i =$ preço do i-ésimo boneco do Hulk vendida; $Y_i =$ preço do i-ésimo boneco do Homem de Ferro vendido; Taxa de inserção $= \$0,55$; $T =$ Taxa de encerramento $= 0,8751(X_1 + X_2 + \ldots + X_{19} + Y_1 Y_2 + \ldots + Y_{13})$
  Receita líquida $= (X_1 + X_2 + \ldots + X_{19} + Y_1 + Y_2 + \ldots + Y_{13}) - 32(0,55) - 0,0875(X_1 + X_2 + \ldots + X_{19} + Y_1 + Y_2 + \ldots + Y_{13})$
  b) $\mu = E$(receita líquida) $= \$313,24$
  c) $\sigma = DP$(receita líquida) $= \$6,5$
  d) Sim, para calcular o desvio padrão.
29. a) Não, esses não são experimentos de Bernoulli. Os possíveis resultados são 1, 2, 3, 4, 5 e 6. Existem mais do que dois resultados possíveis.
  b) Sim, eles podem ser considerados experimentos de Bernoulli. Existem apenas dois resultados possíveis: do Tipo A e não do Tipo A. Supondo que os 120 doadores são representativos da população, a probabilidade de ter sangue do tipo A é 43%. As tentativas não são independentes, porque a população é finita, mas os 120 doadores representam menos do que 10% de todos os doadores possíveis.
  c) Não, essas não são tentativas de Bernoulli. A probabilidade de escolher um homem muda após cada promoção e a condição dos 10% é violada.
  d) Não, essas não são tentativas de Bernoulli. Estamos fazendo amostragem sem reposição, assim as tentativas não são independentes. Amostras sem reposição poderão ser consideradas tentativas de Bernoulli se o tamanho da amostra é menor do que 10% do tamanho da população, mas 500 é maior do que 10% de 3000.
  e) Sim, essas podem ser consideradas tentativas de Bernoulli. Existem apenas dois possíveis resultados: fechados adequadamente e não fechados adequadamente. A probabilidade que um pacote não seja adequadamente fechado é constante e vale aproximadamente 10%, contanto que os pacotes amostrados representem todos.
31. a) 0,0819
  b) 0,0064
  c) 0,16
  d) 0,992
33. $E(X) = 14,28$, assim 15 pacientes
35. a) 0,078 pixels
  b) 0,280 pixels
  c) 0,375
  d) 0,012
37. a) 0,274
  b) 0,355
  c) 0,043
39. a) 0,090
  b) 0,329
41. a) $\mu = 53,6$ servidores
  $\sigma = 4,2$ servidores
  b) $np \geq 10$; $nq \geq 10$; assume-se que os servidores sejam independentes.
  c) De acordo com o modelo normal, em um jogo com 80 saques, é esperado que ela acerte entre 49, 4 e 57,8 na primeira tentativa aproximadamente 68% do tempo, entre 45,2 e 62,0 na primeira tentativa 95% do tempo e entre 41,0 e 66,2 na primeira tentativa em 99,7% do tempo.
  d) 0,0034 (0,0048 com a correção de continuidade).
43. a) 0,141 (0,175 com a correção de continuidades).
  b) As respostas podem variar. É uma proporção bastante alta, mas a decisão depende do custo relativo de não vender os assentos e da superlotação.
45. a) A uniforme; todos os números devem ter a mesma probabilidade de ser selecionados.
  b) 0,5
  c) 0,001

47. a) O modelo de Poisson
b) 0,9502
c) 0,0025

49. a) O modelo exponencial
b) 1/3 minutos
c) 0,0473

Capítulo 22

1.

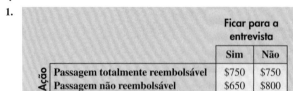

3.

5.

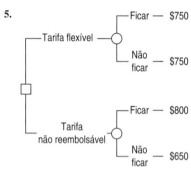

7. VE(Tarifa totalmente flexível) = $ 750
VE(Tarifa não reembolsável) = $ 695
Escolha a tarifa não reembolsável, porque queremos minimizar o custo esperado.

9. VE(Tarifa totalmente flexível) = $525, VE(Tarifa não reembolsável) é agora $ 755, assim a tarifa totalmente flexível é a melhor escolha.

11. Se P(Confiança aumentar) = 0,70, VE(Horário nobre) = $14,60.
VE(Propaganda na rede) = $11,40; VE(Mala direta) = $11,50
Escolha o horário nobre, uma vez que o retorno é maior.
Se P(Confiança aumentar) = 0,40, VE(Horário nobre) = $9,20;
VE(Propaganda na rede) = $10,80; VE(Mala direta) = $13,00.
Nesse caso, escolha a mala direta que apresenta maior retorno.

13. a) $3,90
b) $4,00

15. a)

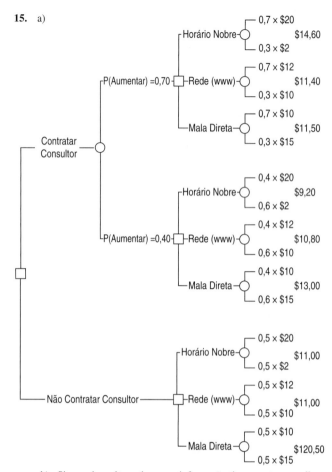

b) Sim, as duas alternativas com informação têm um retorno melhor.
c) $1,30

17.

	Período de plantio	
	Boa	Ruim
2 Tratores	$27400	$2400
3 Cortador de grama	$8575	$3575
Sem compras	$0	-$1000

(Decisão de compra)

19. Shawn prefere os tratores com um ganho superior a $27400. Lance prefere os cortadores de grama cujo pior resultado é $3575.

21. a) e b)

	VE	DP	RRR
2 Tratores	$19900,00	11456,44	1,737
3 Cortadores de grama	$7075	2291,28	3,088
Sem compras	– $300,00	458,26	–0,655

c) Comprar cortadores de grama tem o RRR mais alto, o que é preferido.

Respostas **835**

23. a)
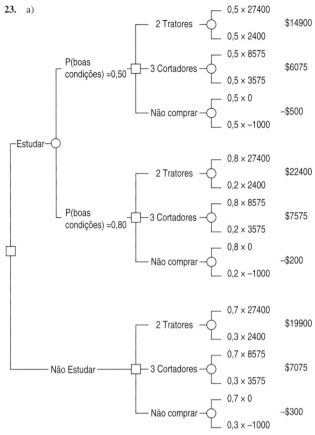

b) $17900
c) Não. Em todos os cenários, o investimento em tratores parece ser a melhor opção a ser tomada.

25. a) VE(Ação) = $800; VE(Ação B) = $2300
b) DP(Ação A) = $2749,55; DP(Ação B) = $1833,03
c) CV(Ação A) = 3,437; CV(Ação B) = 0,797; RRR(Ação A) = 0,291; RRR(Ação) = 1,255
d) A ação B; tem o maior valor esperado e um DP apenas levemente maior. A RRR é muito alta, o que mostra que ela tem uma melhor recompensa à razão de risco.

27. a) VE(Bicicleta Avançada) = $4465; VE(Bicicleta de preço médio) = $2650
b) DP(Bicicleta Avançada) = $1995; DP(Bicicleta de preço médio) = $1050
c) CV(Bicicleta avançada) = 0,447; CV(Bicicleta de preço médio) = 0,396; RRR(Bicicleta avançada) = 2,238; RRR(Bicicleta de preço médio) = 2,524
d) As respostas podem variar, a bicicleta avançada tem um preço médio, mas também um desvio padrão alto. Seu RRR é menor, mas está bem próximo da bicicleta de preço moderado. A decisão irá depender do risco que o dono da loja está disposto a correr.

29. a)
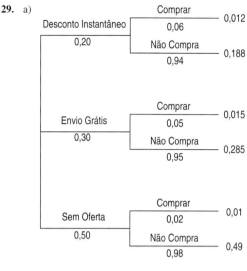

b) 3,7%
c) 0,405

31. a)
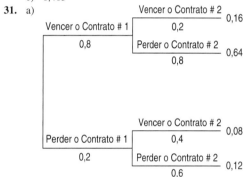

b) 0,16
c) 0,667

33. a)
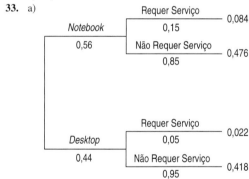

b) 10,6%
c) 0,792

Capítulo 23

1. a) Temperatura, Tempo de lavagem e Detergente
   b) Temperatura (Quente, Fria), Tempo de lavagem (Curto, Longo), Detergente (Padrão, Novo).
   c) Brancura mensurada por um escâner ótico.
3. a) Os dois detergentes devem ser testados sob as mesmas condições para assegurar que os resultados são comparáveis.
   b) Será impossível generalizara para a lavagem com água fria.
   c) Os tratamentos devem ser realizados em ordem aleatória para assegurar que nenhuma outra influência afete a resposta de uma forma sistemática.
5. a) A diferença entre os grupos Mozart e Em Silêncio foram maiores do que seria esperado apenas pela variação Amostral.
   b)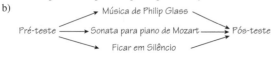
   c) O grupo que ouviu Mozart parece ter a menor diferença mediana e assim o *menor* rendimento, mas não parece ser uma diferença significativa.
   d) Não, a diferença não parece ser significativa comparada com a variação usual.
7. a) Observacional; selecione ao acaso um grupo de crianças com idades entre 10 e 13 anos, ofereça o sucrilhos para provar e pergunte se elas gostaram do produto.
   b) As respostas podem variar. Pegue voluntários com idades entre 10 e 13 anos. Cada voluntário prova o sucrilhos atribuído aleatoriamente. Compare os percentuais de preferências para cada um dos produtos.
   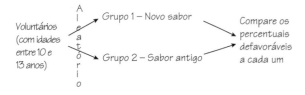
   c) As respostas podem variar. Dos voluntários, identifique as crianças que assistem *Frump* e as que não assistem *Frump*. Utilize o delineamento de bloco para reduzir a variação nas preferências pelos sucrilhos que pode estar associada com o fato de assistir o desenho *Frump*.
   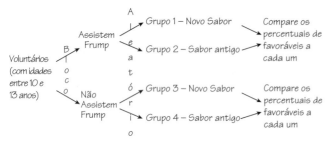
9. a) Os estudantes não foram atribuídos aleatoriamente. Aqueles que se inscreveram para o curso preparatório podem ser um grupo especial cujos resultados melhorariam de qualquer modo.
   b) As respostas podem variar. Encontre um grupo de voluntários que estejam dispostos a participar. Aplique em todos os voluntários o teste SAT. Atribua ao acaso cada voluntário a um dos grupos (com revisão e sem revisão). Forneça tutoria a um dos grupos. Após um tempo razoável, reteste os dois grupos. Verifique se o grupo que teve a tutoria teve uma melhoria significativa nos resultados comparados com o grupo que não teve a tutoria.
   c) Após os voluntários terem sido submetidos ao teste SAT, separe-os em blocos de acordo com o desempenho no SAT (baixo, médio e alto desempenho). Atribua metade de cada bloco ao grupo com revisão. Faça a tutoria. Agora teste novamente todos os grupos. Verifique as diferenças de tratamentos em cada bloco.
11. a) A hipótese nula é a de que o consumo de combustível para todos os níveis de números de cilindros é a mesma. A alternativa é que o consumo não é o mesmo.
    b) Aleatorização não especificada, assim a inferência não está clara. A dispersão para os quatro grupos parece bem diferente. A variável resposta deve provavelmente ser modificada antes de seguir com a análise de variância. Considere omitir o carro de cinco cilindros do estudo, uma vez que ele é o único do seu grupo. Os diagramas de caixa e bigodes parecem simétricos, mas outros diagramas devem ser utilizados para verificar a condição de normalidade.
13. a) H_0: As taxas médias de adoção de telefones celulares são iguais nas três regiões.
    H_A: As taxas médias de adoção de telefones celulares não são iguais nas três regiões.
    b) Os países foram selecionados aleatoriamente das três regiões, assim a condição de aleatoriedade está satisfeita. Contudo, os diagramas de caixa e bigodes sugerem que as dispersões variam e mostram vários valores atípicos, que podem requerer cuidados. Outros diagramas devem ser utilizados para verificar a condição de normalidade.
15. a) H_0: $\mu_1 = \mu_2 = \mu_3 = \mu_4 = \mu_5 = \mu_6$ (isto é, cada um dos caixas leva, em média, o mesmo tempo para atender a um cliente) vs. a alternativa que não todas as médias são iguais. Aqui μ_k refere-se ao *Tempo* médio que o *Caixa k* leva para atender a um cliente.
    b) Com um valor-P de 0,19, nós não podemos rejeitar a hipótese nula.
    c) Não, porque se não rejeitamos a hipótese nula, não podemos realizar as comparações múltiplas.
17. a) Observacional; o fator não foi deliberadamente manipulado.
    b) Retrospectivo, utilizando dados coletados previamente.
    c) H_0: A resposta média para questões de e-segurança são iguais para os três tipos de comunidade.
    H_A: A resposta média para questões de e-segurança não é a mesma para os três tipos de comunidades.
    d) $F = 6,24$
    e) Com um valor-P tão pequeno, podemos rejeitar a hipótese nula e concluir que a resposta média para questões de e-segurança não é a mesma nos três tipos de comunidade. Uma conexão causal não pode ser estabelecida, porque esse é um estudo observacional.
19. a) Observacional
    b) Não existe tratamento. Nenhum fator foi manipulado.
    c) Números de doces de cada cor.
21. a) Experimento; os fatores são deliberadamente manipulados para especificar tratamentos e os sujeitos são atribuídos aos tratamentos aleatoriamente.
    b) A confiança do *site* mensurada em uma escala de 10 pontos.
    c) Existem dois fatores: (1) configuração do *site* com respeito a garantia e (2) tipo de produto comprado.
    d) Existem nove tratamentos.
    e) H_0: Os valores médios do índice de confiança dos *sites* são os mesmos tanto para aqueles que apresentam um selo de garantia dada por terceiros, um selo de garantia autoaplicado e sem nenhum selo de garantia.
23. a) Um estudo observacional.
    b) H_0: O percentual médio de mudanças nos preços das ações são os mesmos para empresas com e sem a certificação ISO 9000.
    H_0: O percentual médio de mudanças nos preços das ações são os mesmos para empresas de pequeno e grande porte.

H_0: Não existe efeito interação (o efeito de cada fator é o mesmo em todos os níveis do outro fator).

c) É difícil estabelecer uma conexão causal, não somente porque esse é estudo observacional, mas também pela possibilidade de variáveis ocultas ou de confusão. Por exemplo, o setor da indústria pode estar relacionado às alterações percentuais nos preços das ações e ser confundido com a certificação ISO 9000, mas ele não está sendo considerado nesse estudo.

25. a) Estudo observacional; os fatores não são deliberadamente manipulados para especificar tratamentos.

b) Diagramas de caixa e bigodes dos salários horários por tipo de gerente e região indicam que a hipótese de variâncias iguais é razoável. Os diagramas de caixa e bigodes indicam, também, distribuições aproximadamente simétricas. Contudo, outros diagramas devem ser utilizados para verificar a condição de normalidade quando o modelo tiver sido ajustado. Os estados foram aleatoriamente selecionados das três regiões, assim a condição de aleatorização está satisfeita.

c) Com base nos valores-P, podemos concluir que não existe efeito de interação significativo. Não existe evidência de que o salário horário médio seja diferente entre as três regiões para gerentes de vendas e de *marketing*.

d) Sim, porque o efeito interação não é significativo.

27. a) Experimento; o fator de ajuste da máquina foi deliberadamente manipulado. Turno é um fator de bloco.

b) O tamanho do erro da peça é a variável resposta.

c) Existem nove tratamentos.

d) Não existe efeito de interação significativo, assim podemos concluir que tanto o turno quanto o ajuste da máquina aparentam um efeito significativo. Contudo, apenas dessa tabela, não podemos determinar qual dos efeitos é o mais importante.

29. a) SQT = 8,65; SQE = 0,0767

b) $F = 112,78$

c) Os dados fornecem uma forte evidência de que as médias não são iguais.

d) Assumimos que os experimentos foram executados em ordem aleatória, que as variâncias dos grupos de tratamentos são semelhantes e que os resíduos são aproximadamente normal.

e) Um diagrama de caixa e bigodes dos *Escores* pelos *Métodos*, um diagrama dos resíduos vs. valores previstos, um diagrama normal de probabilidade e um histograma dos resíduos.

f) $s_p = \sqrt{0,0767} = 0,27$ pontos

31. a) Um estudo observacional

b) A hipótese nula é que o *Conteúdo de Açúcar* médio é o mesmo para todos os cereais em cada *Prateleira*. A alternativa é que as medias não são iguais.

c) Um valor-P de 0,0012 fornece uma evidência bastante forte de que o *Conteúdo de Açúcar* médio não é o mesmo para cada prateleira.

d) Não podemos concluir que os cereais na *Prateleira 2* tenham um conteúdo médio de açúcar diferente dos cereais na *Prateleira 3* ou dos cereais da *Prateleira 1*. Nós podemos concluir, apenas, que as médias não são iguais.

e) O teste de Bonferroni mostra que a um nível a = 0,05 as prateleiras são diferentes, exceto as *Prateleiras 1* e *3* que não apresentam uma diferença discernível. Agora, podemos concluir que o *Conteúdo de Açúcar* médio dos cereais na *Prateleira 2* não é o mesmo que o *Conteúdo de Açúcar* médio dos cereais das *Prateleiras 1* e *3*. Em outras palavras, podemos concluir desse teste, o que desejávamos concluir na parte **d**.

33. a) H_0: Ferimentos na cabeça são, em média, os mesmos, não importa o tamanho do carro.

H_0: O assento que você ocupa não afeta a gravidade do ferimento na cabeça.

b) As condições aparentemente foram satisfeitas. Assumimos que os dados foram coletados independentemente, os diagramas de caixa e bigodes mostram variâncias aproximadamente constantes e que não existem padrões no diagrama de dispersão dos resíduos vs.os valores previstos.

c) Não existe interação significativa. Os valores-P tanto para *Assento* quanto para *Tamanho* são < 0,0001. Assim, rejeitamos as hipóteses e concluímos que tanto o *Assento* quanto o *Tamanho* do carro afetam a severidade de ferimentos na cabeça.

Apêndice B

Agradecimentos pelas fotografias

Capítulo 1

Página 45 (Captura de tela do Financial Times), Captura de tela do *Financial Times* de 3 de abril de 2008, foi reproduzido com a permissão do *Financial Times*; (Wall Street), ©Bob Jacobson/Corbis; (diagrama), ©Comstock/Corbis.

Capítulo 2

Página 51 (botão de teclado), ©iStockphoto: (captura de tela), ©Gregory Bajor/iStockphoto; (sacola de *shopping*), ©Feng Yu/iStockphoto; (Amazon.com distribuição do *Harry Potter*), ©Justin Sullivan/Getty Images News; **Página 55** (disco de telefone), ©Shutterstock; (cartão perfurado), domínio público; **Página 60** (estatísticas de seguros), ©Shutterstock; **Página 64** (captura de tela), ©Gregory Bajor/iStockphoto; (cartão de crédito), ©Konstantin Inozemtsev/iStockphoto.

Capítulo 3

Página 67 (mulher ao telefone), ©Digital Vision; (espectadores agitando a bandeira norte-americana), ©Stockbyte; (Manchete de jornal "Dewey derrota Truman"), domínio público; **Página 70** (panela de sopa), ©PhotoDisc/Getty Images; **Página 76** (grupo de executivos), ©Digital Vision; **Página 77** (quebra-cabeça universitário), ©Shutterstock; **Página 79** (*Calvin and Hobbes* 9.20.1993), ©Universal Press Syndicate; **Página 83** (*The Wizard ID* 2.23.1991), ©Creators Syndicate; **Página 88** (mulher ao telefone), Digital Vision; (pesquisa de mercado), ©iStockphoto.

Capítulo 4

Página 93 (homem correndo), ©image100/Corbis; (pé com sapato amarelo), ©Woods Wheatcroft, Keen, Inc.; (mulher correndo na água), ©Mike Watson Images/Corbis; (silhueta de sapato verde/sapato Barcelona), ©Keen, Inc.; (silhueta de sapato verde /sapato laranja) ©Keen, Inc.; **Página 95** (Tela do Google Analytics), domínio público; **Página 97** (Sandália laranja com flores), ©Keen, Inc.; **Página 115** (pé com sapato laranja), ©Woods Wheatcroft, Keen, Inc.; (casal agachado no rio), ©Tetra Images/Corbis.

Capítulo 5

Página 125 (casa grande isolada), ©Phillip Spears/Digital Vision; (dinheiro com caneta e calculadora) ©Sean Russell/fStop (Getty); (Homen de negócios afro-americano), ©DreamPictures (Getty); (notas de dólares amassadas), ©Frank Bean/ UpperCut Images (Getty); **Página 129** (Jacob Bernouilli), domínio público/St Andrews Univ MacTutor Archives; (Keno), ©Jean-Loup Gautreau/AFP/Imagens Getty; **Página 138** (pessoa no banheiro) ©Digital Vision; **Página 143** (cabides de roupa), ©Martin Mcelligott/iStockphoto; (compradoras femininas), ©Jacob Wackerhausen/iStockphoto.

Capítulo 6

Página 151 (homem com a mão na cabeça), ©Getty; (Tela de LCD com valores de ações), ©Andrey Volodin/iStockphoto; (Símbolo da Enron), ©James Nielsen/Stringer/Getty Images; **Página 163** (comprando e gastando), ©Shutterstock; **Página 167** (melhor lugar para se trabalhar em 2007: Google), ©Kimberly White/Corbis; **Página 172** (riqueza), ©Photodisc; **Página 183** (piscina de hotel de luxo), ©Klaas Lingbeek-van Kranen/iStockphoto; (Centro de Honolulu), ©Aimin Tang/iStockphoto.

Capítulo 7

Página 199 (Home Depot), ©Tim Boyle/Getty Images; (fundo azul de metal), ©KPT Power Photos; (ferramentas de construção), ©iStockphoto; **Página 213** (criança lendo), ©Shutterstock; **Página 221** (pincéis e latas de tinta), ©Kutay Tanir/ iStockphoto; (pequeno conjunto de chaves de boca), ©Jan Paul Schrage /iStockphoto.

Capítulo 8

Página 233 (Best Buy), ©Scott Olson/Getty Images News; (TV de LCD), ©Tomasz Pietryszek/iStockphoto (guitarrista de rock), ©Robert Kohlhuber/iStockphoto; (CPU e vídeo de computador em uma caixa), ©Rafal Zdeb/iStockphoto; **Página 239** (número do sapato/correlação com altura), ©Shutterstock; **Página 240** (Sir Francis Galton), domínio público/St Andrews Univ MacTutor Archives; **Página 253** (Edifício de Nova York), ©Klaas Lingbeek-van Kranen/iStockphoto; (material financeiro), ©Pali Rao/iStockphoto.

Capítulo 9

Página 263 (Símbolo da MBNA), ©Scott Boehm/Getty Images Sport; (coluna neoclássica), ©Rena Schild/iStockphoto; (pilha de cartões de crédito), ©Ilya Genkin/iStockphoto; **Página 270** (caixa de cereais), ©Blend Images/Getty RF; **Página 276** (local do centro da Califórnia), ©Shutterstock; **Página 287** (sala de estar), ©M. Eric Honeycutt/iStockphoto; (varanda da frente), ©iStockphoto.

Capítulo 10

Página 295 (painel de notícias na Times Square), © iStockphoto; (gráfico de negócios), ©José Luis Gutiérrez/iStockphoto; (posse de Franklin D. Roosevelt), ©National Archives/Handout/Getty Images; **Página 300** (*Garfield*) Veja o texto na página para os créditos; **Página 302** (empregado preocupado), ©Photodisc; **Página 307** (pilha de correspondência não solicitada), ©Digital Vision; **Página 312** (dinheiro e relógio), ©Clint Hild/iStockphoto; (gráfico de desempenho de ações), ©iStockphoto.

Capítulo 11

Página 319 (Bolsa de Nova York), ©Mario Tama/Staff/Getty Images; (taxas de mercado), ©Mike Bentley/iStockphoto; (relógio), ©Alan Crosthwaite/iStockphoto; **Página 322** (tribunal), ©Digital Vision; **Página 326** (mudando de plano de telefonia móvel), ©Digital Vision; **Página 327** (Beisebol em 2006), ©Getty Images Sport; **Página 345** (jato), ©Mark Evans/iStockphoto; (metal derretido), ©iStockphoto.

Capítulo 12

Página 353 (retrato histórico de Arthur Guiness), Arthur_Guinness.jpg, Wikipedia:Direitos autorais para maiores detalhes; (garrafa e copo), ©Roulier/Turiot/photocuisine/Corbis; (Eugene Hackett, trabalhador de cervejaria), ©Bert Hardy/Hulton Archive/Getty Images; **Página 355** (William Gossett), Departamento de Matemática da Universidade de York; **Página 373** (placa de à venda), ©Andy Dean/iStockphoto; (vale de San Fernando), © Scott Leigh/iStockphoto.

Capítulo 13

Página 383 (Bank of America), ©Stephen Chernin/Stringer/Getty Images; (Visa vai a público), ©Chris Hondros/Staff/Getty Images News; (cartão de crédito), ©iStockphoto; **Página 385** (criança e cereal), ©Digital Vision; **Página 391** (olhos e flores), ©Shutterstock; **Página 394** (batendo foto), ©Shutterstock; **Página 396** (relacionamento entre amigos), ©Shutterstock; **Página 405** (planta), ©Nicholas Belton/iStockphoto; (casa à noite), ©M. Eric Honeycutt/iStockphoto.

Capítulo 14

Página 415 (latas de Pepsi), ©Tim Boyle/Staff/Getty Images News; (garrafas de Coca-Cola), ©Justin Sullivan/Staff/Getty Images News; (copo de Coca), ©Christine Balderas/iStockphoto; **Página 422** (consumidores de feriado), ©Blend Image/Getty RF; **Página 429** (teste cego de sabor), ©Andy Reynolds/Stone/Getty Images; (refrigerante), ©Andy Hwang/iStockphoto; **Página 432** (corrida de cadeira de rodas), ©AP Wideworld Photos.

Capítulo 15

Página 441 (bola de cristal de investidor), ©Paul Cowan/iStockphoto; (corretor de ações), ©Jonathan Kirn/Stone/Getty Images; (Símbolo de Wall Street), ©Christine Balderas/iStockphoto; **Página 451** (Belo ritual de noiva indiana), ©Stone/Getty Images; **Página 454** (formandas do Ensino Médio), ©Digital Vision; **Página 464** (registros médicos), ©Mark Kostich/iStockphoto; (cuidados com idosos), ©Alexander Raths/iStockphoto.

Agradecimentos pelas fotografias **841**

Capítulo 16

Página 477 (aciaria), ©iStockphoto; (placa de metal), ©Bill Noll/iStockphoto; (produtos Nambé), ©Nambé Mills, Santa Fe, New Mexico; **Página 489** (estudante universitária mais velha), ©Digital Vision/Getty Images; **Página 496** (profissional de saúde e idoso ativo), ©Photodisc/Getty Images; **Página 501** (*pizza* congelada), ©Associated Photo; (rio congelado derretendo), ©Josh Webb/iStockphoto.

Capítulo 17

Página 513 (tijela de sucrilhos), ©Christine Balderas/iStockphoto; (campo de trigo), ©Hougaard Malan/iStockphoto; (Logotipo da Kellogg com o tigre Tony), ©Lawrence Lucier/Stringer/Getty Images; **Página 517** (preço da gasolina com frase irônica), ©Shutterstock; **Página 519** (*Foxtrot* 5.10.2002), ©2002 Bill Amend. Reimpresso com a permissão da Universal Press Syndicate. Todos os direitos reservados; **Página 522** (cata-ventos), ©Digital Vision/Getty Images; **Página 528** (Tour de France), ©Getty Images Sport; **Página 538** (navio cargueiro), ©iStockphoto/Dan Barnes; (cata-ventos), ©iStockphoto/ Nicolas Skaanild; **Página 539** (aula em um país em desenvolvimento), ©PhotoDisc.

Capítulo 18

Página 549 (vendendo a casa), ©Sean Locke/iStockphoto; (casa nova), ©M. Eric Honeycutt/iStockphoto; (Logotipo da Zillow.com), ©Zillow; **Página 553** (casa à venda), ©Shutterstock; **Página 566** (consumidores na loja de eletrodomésticos), ©Digital Vision/Getty Images; **Página 576** (bola de golfe na grama com taco), ©iStockphoto; (tacada), ©Andrew Penner/ iStockphoto.

Capítulo 19

Página 587 (homem de negócios pensando), ©Suprijono Suharjoto/iStockphoto; (construção de montanha-russa), ©Manfred Steinbach/iStockphoto; **Página 588** (montanha-russa), ©Marcio Silva/iStockphoto; **Página 590** (montanha-russa), ©Shutterstock; **Página 592** (cheeseburger), ©Shutterstock; **Página 597** (montanha-russa com queda abrupta), domínio público, Wikipedia; **Página 610** (Picabo Street), Photographer's Choice/Getty Images; **Página 617** (bandeira norte-americana), ©RichVintage/ Privativo de iStockphoto; (pilha de correspondência indesejada e contas não pagas), ©ShaneKato/Privativo de iStockphoto.

Capítulo 20

Página 629 (Whole Foods Market/Glendale California), ©Whole Foods Market; (garfo com salada fresca), ©Ranplett/iStockphoto; (berinjela japonesa), ©Alison Stieglitz/iStockphoto; (alho-poró), ©Alison Stieglitz/iStockphoto; **Página 632** (flores da estação), ©Shutterstock; **Página 636** (mercado de ações), ©Shutterstock; **Página 659** (mercearia), ©Shutterstock; **Página 664** (colar de diamantes), ©Andrew Manley/Privativo de iStockphoto; (*chip* de computador), ©Andrey Volodin/Privativo de iStockphoto.

Capítulo 21

Página 679 (Edifício da Met Life projetado por Walter Gropius), ©Howard Architectural Models, Inc.; (caneta), ©AlbertSmirnov/iStockphoto; (contratos), ©Pali Rao/iStockphoto; (balanço), ©Julien Bastide/iStockphoto; **Página 688** (*Calvin and Hobbes* 4.13.1993), Universal Press Syndicate; **Página 689** (Bernouille), domínio público/ Arquivos de história da matemática da St. Andrew's University; **Página 692** (doadores de sangue), ©PhotoDisc; **Página 694** (cena de um filme de ação cível), ©Touchstone/The Kobal Collection/ James, David; **Página 698** (caixas em uma esteira rolante), ©Getty RF; **Página 708** (títulos do governo norte-americano), ©Richard Cano/Privativo de iStockphoto; (bolsa de valores), ©Frank van den Bergh/ iStockphoto.

Capítulo 22

Página 715 (várias imagens e logotipos), ©Data Description, Inc.; (estudando com o computador), ©iStockphoto/Chris Schmidt; **Página 721** (suporte tecnológico), ©Shutterstock; **Página 725** (turistas e seguro saúde), ©Shutterstock; **Página 727** (manfatura de PDAs ou MP3s), ©Photodisc; **Página 733** (posto de gasolina), ©Privativo de iStockphoto; (martelo de leiloeiro e escala), ©iStockphoto/Christine Balderas.

Capítulo 23

Página 739 (dinheiro), © Privativo de iStockphoto; (gráfico de negócios), ©Privativo de iStockphoto; (cartão de crédito), ©Shutterstock; **Página 746** (oferta de cartão de crédito por correspondência), ©Getty RF; **Página 752** (comprar ou tocar tambor), ©Shutterstock; **Página 757** (Carlo Bonferroni), domínio público/Arquivos de história da matemática da St. Andrew's University; **Página 760** (viagem de avião), ©Digital Vision/Getty Images; **Página 776** (avião de papel), ©iStockphoto/Iain Sarjeant; (tijela de pipoca), ©iStockphoto/Martin Trebbin.

Capítulo 24

Página 786 (envelopes), ©Privativo de iStockphoto/Jarek Szymanski; (selo em homenagem aos veteranos), © Privativo de iStockphoto/Clifford Mueller; (medalhas militares norte-americanas), © Privativo de iStockphoto/Laura Young; **Página 790** (executivos revisando dados), ©Photodisc/Getty Images.

Apêndice C

Tabelas e fórmulas selecionadas

Linha	Tabela de números aleatórios									
1	96299	07196	98642	20639	23185	56282	69929	14125	38872	94168
2	71622	35940	81807	59225	18192	08710	80777	84395	69563	86280
3	03272	41230	81739	74797	70406	18564	69273	72532	78340	36699
4	46376	58596	14365	63685	56555	42974	72944	96463	63533	24152
5	47352	42853	42903	97504	56655	70355	88606	61406	38757	70657
6	20064	04266	74017	79319	70170	96572	08523	56025	89077	57678
7	73184	95907	05179	51002	83374	52297	07769	99792	78365	93487
8	72753	36216	07230	35793	71907	65571	66784	25548	91861	15725
9	03939	30763	06138	80062	02537	23561	93136	61260	77935	93159
10	75998	37203	07959	38264	78120	77525	86481	54986	33042	70648
11	94435	97441	90998	25104	49761	14967	70724	67030	53887	81293
12	04362	40989	69167	38894	00172	02999	97377	33305	60782	29810
13	89059	43528	10547	40115	82234	86902	04121	83889	76208	31076
14	87736	04666	75145	49175	76754	07884	92564	80793	22573	67902
15	76488	88899	15860	07370	13431	84041	69202	18912	83173	11983
16	36460	53772	66634	25045	79007	78518	73580	14191	50353	32064
17	13205	69237	21820	20952	16635	58867	97650	82983	64865	93298
18	51242	12215	90739	36812	00436	31609	80333	96606	30430	31803
19	67819	00354	91439	91073	49258	15992	41277	75111	67496	68430
20	09875	08990	27656	15871	23637	00952	97818	64234	50199	05715
21	18192	95308	72975	01191	29958	09275	89141	19558	50524	32041
22	02763	33701	66188	50226	35813	72951	11638	01876	93664	37001
23	13349	46328	01856	29935	80563	03742	49470	67749	08578	21956
24	69238	92878	80067	80807	45096	22936	64325	19265	37755	69794
25	92207	63527	59398	29818	24789	94309	88380	57000	50171	17891
26	66679	99100	37072	30593	29665	84286	44458	60180	81451	58273
27	31087	42430	60322	34765	15757	53300	97392	98035	05228	68970
28	84432	04916	52949	78533	31666	62350	20584	56367	19701	60584
29	72042	12287	21081	48426	44321	58765	41760	43304	13399	02043
30	94534	73559	82135	70260	87936	85162	11937	18263	54138	69564
31	63971	97198	40974	45301	60177	35604	21580	68107	25184	42810
32	11227	58474	17272	37619	69517	62964	67962	34510	12607	52255
33	28541	02029	08068	96656	17795	21484	57722	76511	27849	61738
34	11282	43632	49531	78981	81980	08530	08629	32279	29478	50228
35	42907	15137	21918	13248	39129	49559	94540	24070	88151	36782
36	47119	76651	21732	32364	58545	50277	57558	30390	18771	72703
37	11232	99884	05087	76839	65142	19994	91397	29350	83852	04905
38	64725	06719	86262	53356	57999	50193	79936	97230	52073	94467
39	77007	26962	55466	12521	48125	12280	54985	26239	76044	54398
40	18375	19310	59796	89832	59417	18553	17238	05474	33259	50595

Tabela Z
Áreas sob a curva normal padrão

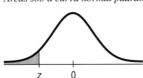

Segunda casa decimal de z

0,09	0,08	0,07	0,06	0,05	0,04	0,03	0,02	0,01	0,00	z
									0,0000[†]	-3,9
0,0001	0,0001	0,0001	0,0001	0,0001	0,0001	0,0001	0,0001	0,0001	0,0001	-3,8
0,0001	0,0001	0,0001	0,0001	0,0001	0,0001	0,0001	0,0001	0,0001	0,0001	-3,7
0,0001	0,0001	0,0001	0,0001	0,0001	0,0001	0,0001	0,0001	0,0002	0,0002	-3,6
0,0002	0,0002	0,0002	0,0002	0,0002	0,0002	0,0002	0,0002	0,0002	0,0002	-3,5
0,0002	0,0003	0,0003	0,0003	0,0003	0,0003	0,0003	0,0003	0,0003	0,0003	-3,4
0,0003	0,0004	0,0004	0,0004	0,0004	0,0004	0,0004	0,0005	0,0005	0,0005	-3,3
0,0005	0,0005	0,0005	0,0006	0,0006	0,0006	0,0006	0,0006	0,0007	0,0007	-3,2
0,0007	0,0007	0,0008	0,0008	0,0008	0,0008	0,0009	0,0009	0,0009	0,0010	-3,1
0,0010	0,0010	0,0011	0,0011	0,0011	0,0012	0,0012	0,0013	0,0013	0,0013	-3,0
0,0014	0,0014	0,0015	0,0015	0,0016	0,0016	0,0017	0,0018	0,0018	0,0019	-2,9
0,0019	0,0020	0,0021	0,0021	0,0022	0,0023	0,0023	0,0024	0,0025	0,0026	-2,8
0,0026	0,0027	0,0028	0,0029	0,0030	0,0031	0,0032	0,0033	0,0034	0,0035	-2,7
0,0036	0,0037	0,0038	0,0039	0,0040	0,0041	0,0043	0,0044	0,0045	0,0047	-2,6
0,0048	0,0049	0,0051	0,0052	0,0054	0,0055	0,0057	0,0059	0,0060	0,0062	-2,5
0,0064	0,0066	0,0068	0,0069	0,0071	0,0073	0,0075	0,0078	0,0080	0,0082	-2,4
0,0084	0,0087	0,0089	0,0091	0,0094	0,0096	0,0099	0,0102	0,0104	0,0107	-2,3
0,0110	0,0113	0,0116	0,0119	0,0122	0,0125	0,0129	0,0132	0,0136	0,0139	-2,2
0,0143	0,0146	0,0150	0,0154	0,0158	0,0162	0,0166	0,0170	0,0174	0,0179	-2,1
0,0183	0,0188	0,0192	0,0197	0,0202	0,0207	0,0212	0,0217	0,0222	0,0228	-2,0
0,0233	0,0239	0,0244	0,0250	0,0256	0,0262	0,0268	0,0274	0,0281	0,0287	-1,9
0,0294	0,0301	0,0307	0,0314	0,0322	0,0329	0,0336	0,0344	0,0351	0,0359	-1,8
0,0367	0,0375	0,0384	0,0392	0,0401	0,0409	0,0418	0,0427	0,0436	0,0446	-1,7
0,0455	0,0465	0,0475	0,0485	0,0495	0,0505	0,0516	0,0526	0,0537	0,0548	-1,6
0,0559	0,0571	0,0582	0,0594	0,0606	0,0618	0,0630	0,0643	0,0655	0,0668	-1,5
0,0681	0,0694	0,0708	0,0721	0,0735	0,0749	0,0764	0,0778	0,0793	0,0808	-1,4
0,0823	0,0838	0,0853	0,0869	0,0885	0,0901	0,0918	0,0934	0,0951	0,0968	-1,3
0,0985	0,1003	0,1020	0,1038	0,1056	0,1075	0,1093	0,1112	0,1131	0,1151	-1,2
0,1170	0,1190	0,1210	0,1230	0,1251	0,1271	0,1292	0,1314	0,1335	0,1357	-1,1
0,1379	0,1401	0,1423	0,1446	0,1469	0,1492	0,1515	0,1539	0,1562	0,1587	-1,0
0,1611	0,1635	0,1660	0,1685	0,1711	0,1736	0,1762	0,1788	0,1814	0,1841	-0,9
0,1867	0,1894	0,1922	0,1949	0,1977	0,2005	0,2033	0,2061	0,2090	0,2119	-0,8
0,2148	0,2177	0,2206	0,2236	0,2266	0,2296	0,2327	0,2358	0,2389	0,2420	-0,7
0,2451	0,2483	0,2514	0,2546	0,2578	0,2611	0,2643	0,2676	0,2709	0,2743	-0,6
0,2776	0,2810	0,2843	0,2877	0,2912	0,2946	0,2981	0,3015	0,3050	0,3085	-0,5
0,3121	0,3156	0,3192	0,3228	0,3264	0,3300	0,3336	0,3372	0,3409	0,3446	-0,4
0,3483	0,3520	0,3557	0,3594	0,3632	0,3669	0,3707	0,3745	0,3783	0,3821	-0,3
0,3859	0,3897	0,3936	0,3974	0,4013	0,4052	0,4090	0,4129	0,4168	0,4207	-0,2
0,4247	0,4286	0,4325	0,4364	0,4404	0,4443	0,4483	0,4522	0,4562	0,4602	-0,1
0,4641	0,4681	0,4721	0,4761	0,4801	0,4840	0,4880	0,4920	0,4960	0,5000	-0,0

[†]Para $z \leq -3{,}90$, as áreas são zero com precisão de até quatro decimais.

Tabela Z (Cont.)
Áreas sob a curva normal padrão

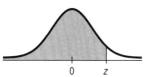

z	0,00	0,01	0,02	0,03	0,04	0,05	0,06	0,07	0,08	0,09
0,0	0,5000	0,5040	0,5080	0,5120	0,5160	0,5199	0,5239	0,5279	0,5319	0,5359
0,1	0,5398	0,5438	0,5478	0,5517	0,5557	0,5596	0,5636	0,5675	0,5714	0,5753
0,2	0,5793	0,5832	0,5871	0,5910	0,5948	0,5987	0,6026	0,6064	0,6103	0,6141
0,3	0,6179	0,6217	0,6255	0,6293	0,6331	0,6368	0,6406	0,6443	0,6480	0,6517
0,4	0,6554	0,6591	0,6628	0,6664	0,6700	0,6736	0,6772	0,6808	0,6844	0,6879
0,5	0,6915	0,6950	0,6985	0,7019	0,7054	0,7088	0,7123	0,7157	0,7190	0,7224
0,6	0,7257	0,7291	0,7324	0,7357	0,7389	0,7422	0,7454	0,7486	0,7517	0,7549
0,7	0,7580	0,7611	0,7642	0,7673	0,7704	0,7734	0,7764	0,7794	0,7823	0,7852
0,8	0,7881	0,7910	0,7939	0,7967	0,7995	0,8023	0,8051	0,8078	0,8106	0,8133
0,9	0,8159	0,8186	0,8212	0,8238	0,8264	0,8289	0,8315	0,8340	0,8365	0,8389
1,0	0,8413	0,8438	0,8461	0,8485	0,8508	0,8531	0,8554	0,8577	0,8599	0,8621
1,1	0,8643	0,8665	0,8686	0,8708	0,8729	0,8749	0,8770	0,8790	0,8810	0,8830
1,2	0,8849	0,8869	0,8888	0,8907	0,8925	0,8944	0,8962	0,8980	0,8997	0,9015
1,3	0,9032	0,9049	0,9066	0,9082	0,9099	0,9115	0,9131	0,9147	0,9162	0,9177
1,4	0,9192	0,9207	0,9222	0,9236	0,9251	0,9265	0,9279	0,9292	0,9306	0,9319
1,5	0,9332	0,9345	0,9357	0,9370	0,9382	0,9394	0,9406	0,9418	0,9429	0,9441
1,6	0,9452	0,9463	0,9474	0,9484	0,9495	0,9505	0,9515	0,9525	0,9535	0,9545
1,7	0,9554	0,9564	0,9573	0,9582	0,9591	0,9599	0,9608	0,9616	0,9625	0,9633
1,8	0,9641	0,9649	0,9656	0,9664	0,9671	0,9678	0,9686	0,9693	0,9699	0,9706
1,9	0,9713	0,9719	0,9726	0,9732	0,9738	0,9744	0,9750	0,9756	0,9761	0,9767
2,0	0,9772	0,9778	0,9783	0,9788	0,9793	0,9798	0,9803	0,9808	0,9812	0,9817
2,1	0,9821	0,9826	0,9830	0,9834	0,9838	0,9842	0,9846	0,9850	0,9854	0,9857
2,2	0,9861	0,9864	0,9868	0,9871	0,9875	0,9878	0,9881	0,9884	0,9887	0,9890
2,3	0,9893	0,9896	0,9898	0,9901	0,9904	0,9906	0,9909	0,9911	0,9913	0,9916
2,4	0,9918	0,9920	0,9922	0,9925	0,9927	0,9929	0,9931	0,9932	0,9934	0,9936
2,5	0,9938	0,9940	0,9941	0,9943	0,9945	0,9946	0,9948	0,9949	0,9951	0,9952
2,6	0,9953	0,9955	0,9956	0,9957	0,9959	0,9960	0,9961	0,9962	0,9963	0,9964
2,7	0,9965	0,9966	0,9967	0,9968	0,9969	0,9970	0,9971	0,9972	0,9973	0,9974
2,8	0,9974	0,9975	0,9976	0,9977	0,9977	0,9978	0,9979	0,9979	0,9980	0,9981
2,9	0,9981	0,9982	0,9982	0,9983	0,9984	0,9984	0,9985	0,9985	0,9986	0,9986
3,0	0,9987	0,9987	0,9987	0,9988	0,9988	0,9989	0,9989	0,9989	0,9990	0,9990
3,1	0,9990	0,9991	0,9991	0,9991	0,9992	0,9992	0,9992	0,9992	0,9993	0,9993
3,2	0,9993	0,9993	0,9994	0,9994	0,9994	0,9994	0,9994	0,9995	0,9995	0,9995
3,3	0,9995	0,9995	0,9995	0,9996	0,9996	0,9996	0,9996	0,9996	0,9996	0,9997
3,4	0,9997	0,9997	0,9997	0,9997	0,9997	0,9997	0,9997	0,9997	0,9997	0,9998
3,5	0,9998	0,9998	0,9998	0,9998	0,9998	0,9998	0,9998	0,9998	0,9998	0,9998
3,6	0,9998	0,9998	0,9999	0,9999	0,9999	0,9999	0,9999	0,9999	0,9999	0,9999
3,7	0,9999	0,9999	0,9999	0,9999	0,9999	0,9999	0,9999	0,9999	0,9999	0,9999
3,8	0,9999	0,9999	0,9999	0,9999	0,9999	0,9999	0,9999	0,9999	0,9999	0,9999
3,9	1,0000[†]									

[†] Para $z \geq 3,90$, as áreas são 1 com precisão de até quatro decimais.

Probabilidade bilateral	0,20	0,10	0,05	0,02	0,01	
Probabilidade unilateral	0,10	0,05	0,025	0,01	0,005	

Tabela T

Valores de t_α

gl						gl
1	3,078	6,314	12,706	31,821	63,657	1
2	1,886	2,920	4,303	6,965	9,925	2
3	1,638	2,353	3,182	4,541	5,841	3
4	1,533	2,132	2,776	3,747	4,604	4
5	1,476	2,015	2,571	3,365	4,032	5
6	1,440	1,943	2,447	3,143	3,707	6
7	1,415	1,895	2,365	2,998	3,499	7
8	1,397	1,860	2,306	2,896	3,355	8
9	1,383	1,833	2,262	2,821	3,250	9
10	1,372	1,812	2,228	2,764	3,169	10
11	1,363	1,796	2,201	2,718	3,106	11
12	1,356	1,782	2,179	2,681	3,055	12
13	1,350	1,771	2,160	2,650	3,012	13
14	1,345	1,761	2,145	2,624	2,977	14
15	1,341	1,753	2,131	2,602	2,947	15
16	1,337	1,746	2,120	2,583	2,921	16
17	1,333	1,740	2,110	2,567	2,898	17
18	1,330	1,734	2,101	2,552	2,878	18
19	1,328	1,729	2,093	2,539	2,861	19
20	1,325	1,725	2,086	2,528	2,845	20
21	1,323	1,721	2,080	2,518	2,831	21
22	1,321	1,717	2,074	2,508	2,819	22
23	1,319	1,714	2,069	2,500	2,807	23
24	1,318	1,711	2,064	2,492	2,797	24
25	1,316	1,708	2,060	2,485	2,787	25
26	1,315	1,706	2,056	2,479	2,779	26
27	1,314	1,703	2,052	2,473	2,771	27
28	1,313	1,701	2,048	2,467	2,763	28
29	1,311	1,699	2,045	2,462	2,756	29
30	1,310	1,697	2,042	2,457	2,750	30
32	1,309	1,694	2,037	2,449	2,738	32
35	1,306	1,690	2,030	2,438	2,725	35
40	1,303	1,684	2,021	2,423	2,704	40
45	1,301	1,679	2,014	2,412	2,690	45
50	1,299	1,676	2,009	2,403	2,678	50
60	1,296	1,671	2,000	2,390	2,660	60
75	1,293	1,665	1,992	2,377	2,643	75
100	1,290	1,660	1,984	2,364	2,626	100
120	1,289	1,658	1,980	2,358	2,617	120
140	1,288	1,656	1,977	2,353	2,611	140
180	1,286	1,653	1,973	2,347	2,603	180
250	1,285	1,651	1,969	2,341	2,596	250
400	1,284	1,649	1,966	2,336	2,588	400
1000	1,282	1,646	1,962	2,330	2,581	1000
∞	1,282	1,645	1,960	2,326	2,576	∞
Níveis de confiança	80%	90%	95%	98%	99%	

Probabilidades da cauda direita

Tabela X

Valores do χ_α^2

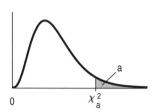

gl	0,10	0,05	0,025	0,01	0,005
1	2,706	3,841	5,024	6,635	7,879
2	4,605	5,991	7,378	9,210	10,597
3	6,251	7,815	9,348	11,345	12,838
4	7,779	9,488	11,143	13,277	14,860
5	9,236	11,070	12,833	15,086	16,750
6	10,645	12,592	14,449	16,812	18,548
7	12,017	14,067	16,013	18,475	20,278
8	13,362	15,507	17,535	20,090	21,955
9	14,684	16,919	19,023	21,666	23,589
10	15,987	18,307	20,483	23,209	25,188
11	17,275	19,675	21,920	24,725	26,757
12	18,549	21,026	23,337	26,217	28,300
13	19,812	22,362	24,736	27,688	29,819
14	21,064	23,685	26,119	29,141	31,319
15	22,307	24,996	27,488	30,578	32,801
16	23,542	26,296	28,845	32,000	34,267
17	24,769	27,587	30,191	33,409	35,718
18	25,989	28,869	31,526	34,805	37,156
19	27,204	30,143	32,852	36,191	38,582
20	28,412	31,410	34,170	37,566	39,997
21	29,615	32,671	35,479	38,932	41,401
22	30,813	33,924	36,781	40,290	42,796
23	32,007	35,172	38,076	41,638	44,181
24	33,196	36,415	39,364	42,980	45,559
25	34,382	37,653	40,647	44,314	46,928
26	35,563	38,885	41,923	45,642	48,290
27	36,741	40,113	43,195	46,963	49,645
28	37,916	41,337	44,461	48,278	50,994
29	39,087	42,557	45,722	59,588	52,336
30	40,256	43,773	46,979	50,892	53,672
40	51,805	55,759	59,342	63,691	66,767
50	63,167	67,505	71,420	76,154	79,490
60	74,397	79,082	83,298	88,381	91,955
70	85,527	90,531	95,023	100,424	104,213
80	96,578	101,879	106,628	112,328	116,320
90	107,565	113,145	118,135	124,115	128,296
100	118,499	124,343	129,563	135,811	140,177

848 Tabelas e Fórmulas Selecionadas

Tabela F
$\alpha = 0{,}01$

Numerador gl

Denominador gl	1	2	3	4	5	6	7	8	9	10	11	12	13	14	15	16	17	18	19	20	21	22
1	4052,2	4999,3	5403,5	5624,3	5764,0	5859,0	5928,3	5981,0	6022,4	6055,9	6083,4	6106,7	6125,8	6143,0	6157,0	6170,0	6181,2	6191,4	6200,7	6208,7	6216,1	6223,1
2	98,50	99,00	99,16	99,25	99,30	99,33	99,36	99,38	99,39	99,40	99,41	99,42	99,42	99,43	99,43	99,44	99,44	99,44	99,45	99,45	99,45	99,46
3	34,12	30,82	29,46	28,71	28,24	27,91	27,67	27,49	27,34	27,23	27,13	27,05	26,98	26,92	26,87	26,83	26,79	26,75	26,72	26,69	26,66	26,64
4	21,20	18,00	16,69	15,98	15,52	15,21	14,98	14,80	14,66	14,55	14,45	14,37	14,31	14,25	14,20	14,15	14,11	14,08	14,05	14,02	13,99	13,97
5	16,26	13,27	12,06	11,39	10,97	10,67	10,46	10,29	10,16	10,05	9,96	9,89	9,82	9,77	9,72	9,68	9,64	9,61	9,58	9,55	9,53	9,51
6	13,75	10,92	9,78	9,15	8,75	8,47	8,26	8,10	7,98	7,87	7,79	7,72	7,66	7,60	7,56	7,52	7,48	7,45	7,42	7,40	7,37	7,35
7	12,25	9,55	8,45	7,85	7,46	7,19	6,99	6,84	6,72	6,62	6,54	6,47	6,41	6,36	6,31	6,28	6,24	6,21	6,18	6,16	6,13	6,11
8	11,26	8,65	7,59	7,01	6,63	6,37	6,18	6,03	5,91	5,81	5,73	5,67	5,61	5,56	5,52	5,48	5,44	5,41	5,38	5,36	5,34	5,32
9	10,56	8,02	6,99	6,42	6,06	5,80	5,61	5,47	5,35	5,26	5,18	5,11	5,05	5,01	4,96	4,92	4,89	4,86	4,83	4,81	4,79	4,77
10	10,04	7,56	6,55	5,99	5,64	5,39	5,20	5,06	4,94	4,85	4,77	4,71	4,65	4,60	4,56	4,52	4,49	4,46	4,43	4,41	4,38	4,36
11	9,65	7,21	6,22	5,67	5,32	5,07	4,89	4,74	4,63	4,54	4,46	4,40	4,34	4,29	4,25	4,21	4,18	4,15	4,12	4,10	4,08	4,06
12	9,33	6,93	5,95	5,41	5,06	4,82	4,64	4,50	4,39	4,30	4,22	4,16	4,10	4,05	4,01	3,97	3,94	3,91	3,88	3,86	3,84	3,82
13	9,07	6,70	5,74	5,21	4,86	4,62	4,44	4,30	4,19	4,10	4,02	3,96	3,91	3,86	3,82	3,78	3,75	3,72	3,69	3,66	3,64	3,62
14	8,86	6,51	5,56	5,04	4,69	4,46	4,28	4,14	4,03	3,94	3,86	3,80	3,75	3,70	3,66	3,62	3,59	3,56	3,53	3,51	3,48	3,46
15	8,68	6,36	5,42	4,89	4,56	4,32	4,14	4,00	3,89	3,80	3,73	3,67	3,61	3,56	3,52	3,49	3,45	3,42	3,40	3,37	3,35	3,33
16	8,53	6,23	5,29	4,77	4,44	4,20	4,03	3,89	3,78	3,69	3,62	3,55	3,50	3,45	3,41	3,37	3,34	3,31	3,28	3,26	3,24	3,22
17	8,40	6,11	5,19	4,67	4,34	4,10	3,93	3,79	3,68	3,59	3,52	3,46	3,40	3,35	3,31	3,27	3,24	3,21	3,19	3,16	3,14	3,12
18	8,29	6,01	5,09	4,58	4,25	4,01	3,84	3,71	3,60	3,51	3,43	3,37	3,32	3,27	3,23	3,19	3,16	3,13	3,10	3,08	3,05	3,03
19	8,18	5,93	5,01	4,50	4,17	3,94	3,77	3,63	3,52	3,43	3,36	3,30	3,24	3,19	3,15	3,12	3,08	3,05	3,03	3,00	2,98	2,96
20	8,10	5,85	4,94	4,43	4,10	3,87	3,70	3,56	3,46	3,37	3,29	3,23	3,18	3,13	3,09	3,05	3,02	2,99	2,96	2,94	2,92	2,90
21	8,02	5,78	4,87	4,37	4,04	3,81	3,64	3,51	3,40	3,31	3,24	3,17	3,12	3,07	3,03	2,99	2,96	2,93	2,90	2,88	2,86	2,84
22	7,95	5,72	4,82	4,31	3,99	3,76	3,59	3,45	3,35	3,26	3,18	3,12	3,07	3,02	2,98	2,94	2,91	2,88	2,85	2,83	2,81	2,78
23	7,88	5,66	4,76	4,26	3,94	3,71	3,54	3,41	3,30	3,21	3,14	3,07	3,02	2,97	2,93	2,89	2,86	2,83	2,80	2,78	2,76	2,74
24	7,82	5,61	4,72	4,22	3,90	3,67	3,50	3,36	3,26	3,17	3,09	3,03	2,98	2,93	2,89	2,85	2,82	2,79	2,76	2,74	2,72	2,70
25	7,77	5,57	4,68	4,18	3,85	3,63	3,46	3,32	3,22	3,13	3,06	2,99	2,94	2,89	2,85	2,81	2,78	2,75	2,72	2,70	2,68	2,66
26	7,72	5,53	4,64	4,14	3,82	3,59	3,42	3,29	3,18	3,09	3,02	2,96	2,90	2,86	2,81	2,78	2,75	2,72	2,69	2,66	2,64	2,62
27	7,68	5,49	4,60	4,11	3,78	3,56	3,39	3,26	3,15	3,06	2,99	2,93	2,87	2,82	2,78	2,75	2,71	2,68	2,66	2,63	2,61	2,59
28	7,64	5,45	4,57	4,07	3,75	3,53	3,36	3,23	3,12	3,03	2,96	2,90	2,84	2,79	2,75	2,72	2,68	2,65	2,63	2,60	2,58	2,56
29	7,60	5,42	4,54	4,04	3,73	3,50	3,33	3,20	3,09	3,00	2,93	2,87	2,81	2,77	2,73	2,69	2,66	2,63	2,60	2,57	2,55	2,53
30	7,56	5,39	4,51	4,02	3,70	3,47	3,30	3,17	3,07	2,98	2,91	2,84	2,79	2,74	2,70	2,66	2,63	2,60	2,57	2,55	2,53	2,51
32	7,50	5,34	4,46	3,97	3,65	3,43	3,26	3,13	3,02	2,93	2,86	2,80	2,74	2,70	2,65	2,62	2,58	2,55	2,53	2,50	2,48	2,46
35	7,42	5,27	4,40	3,91	3,59	3,37	3,20	3,07	2,96	2,88	2,80	2,74	2,69	2,64	2,60	2,56	2,53	2,50	2,47	2,44	2,42	2,40
40	7,31	5,18	4,31	3,83	3,51	3,29	3,12	2,99	2,89	2,80	2,73	2,66	2,61	2,56	2,52	2,48	2,45	2,42	2,39	2,37	2,35	2,33
45	7,23	5,11	4,25	3,77	3,45	3,23	3,07	2,94	2,83	2,74	2,67	2,61	2,55	2,51	2,46	2,43	2,39	2,36	2,34	2,31	2,29	2,27
50	7,17	5,06	4,20	3,72	3,41	3,19	3,02	2,89	2,78	2,70	2,63	2,56	2,51	2,46	2,42	2,38	2,35	2,32	2,29	2,27	2,24	2,22
60	7,08	4,98	4,13	3,65	3,34	3,12	2,95	2,82	2,72	2,63	2,56	2,50	2,44	2,39	2,35	2,31	2,28	2,25	2,22	2,20	2,17	2,15
75	6,99	4,90	4,05	3,58	3,27	3,05	2,89	2,76	2,65	2,57	2,49	2,43	2,38	2,33	2,29	2,25	2,22	2,18	2,16	2,13	2,11	2,09
100	6,90	4,82	3,98	3,51	3,21	2,99	2,82	2,69	2,59	2,50	2,43	2,37	2,31	2,27	2,22	2,19	2,15	2,12	2,09	2,07	2,04	2,02
120	6,85	4,79	3,95	3,48	3,17	2,96	2,79	2,66	2,56	2,47	2,40	2,34	2,28	2,23	2,19	2,15	2,12	2,09	2,06	2,03	2,01	1,99
140	6,82	4,76	3,92	3,46	3,15	2,93	2,77	2,64	2,54	2,45	2,38	2,31	2,26	2,21	2,17	2,13	2,10	2,07	2,04	2,01	1,99	1,97
180	6,78	4,73	3,89	3,43	3,12	2,90	2,74	2,61	2,51	2,42	2,35	2,28	2,23	2,18	2,14	2,10	2,07	2,04	2,01	1,98	1,96	1,94
250	6,74	4,69	3,86	3,40	3,09	2,87	2,71	2,58	2,48	2,39	2,32	2,26	2,20	2,15	2,11	2,07	2,04	2,01	1,98	1,95	1,93	1,91
400	6,70	4,66	3,83	3,37	3,06	2,85	2,68	2,56	2,45	2,37	2,29	2,23	2,17	2,13	2,08	2,05	2,01	1,98	1,95	1,92	1,90	1,88
1000	6,66	4,63	3,80	3,34	3,04	2,82	2,66	2,53	2,43	2,34	2,27	2,20	2,15	2,10	2,06	2,02	1,98	1,95	1,92	1,90	1,87	1,85

Tabela F (cont.)

$\alpha = 0{,}01$

Numerador gl

Denominador gl	23	24	25	26	27	28	29	30	32	35	40	45	50	60	75	100	120	140	180	250	400	1000
1	6228,7	6234,3	6239,9	6244,5	6249,2	6252,9	6257,1	6260,4	6266,9	6275,3	6286,4	6295,7	6302,3	6313,0	6323,7	6333,9	6339,5	6343,2	6347,9	6353,5	6358,1	6362,8
2	99,46	99,46	99,46	99,46	99,46	99,46	99,46	99,47	99,47	99,47	99,48	99,48	99,48	99,48	99,48	99,49	99,49	99,49	99,49	99,50	99,50	99,50
3	26,62	26,60	26,58	26,56	26,55	26,53	26,52	26,50	26,48	26,45	26,41	26,38	26,35	26,32	26,28	26,24	26,22	26,21	26,19	26,17	26,15	26,14
4	13,95	13,93	13,91	13,89	13,88	13,86	13,85	13,84	13,81	13,79	13,75	13,71	13,69	13,65	13,61	13,58	13,56	13,54	13,53	13,51	13,49	13,47
5	9,49	9,47	9,45	9,43	9,42	9,40	9,39	9,38	9,36	9,33	9,29	9,26	9,24	9,20	9,17	9,13	9,11	9,10	9,08	9,06	9,05	9,03
6	7,33	7,31	7,30	7,28	7,27	7,25	7,24	7,23	7,21	7,18	7,14	7,11	7,09	7,06	7,02	6,99	6,97	6,96	6,94	6,92	6,91	6,89
7	6,09	6,07	6,06	6,04	6,03	6,02	6,00	5,99	5,97	5,94	5,91	5,88	5,86	5,82	5,79	5,75	5,74	5,72	5,71	5,69	5,68	5,66
8	5,30	5,28	5,26	5,25	5,23	5,22	5,21	5,20	5,18	5,15	5,12	5,09	5,07	5,03	5,00	4,96	4,95	4,93	4,92	4,90	4,89	4,87
9	4,75	4,73	4,71	4,70	4,68	4,67	4,66	4,65	4,63	4,60	4,57	4,54	4,52	4,48	4,45	4,41	4,40	4,39	4,37	4,35	4,34	4,32
10	4,34	4,33	4,31	4,30	4,28	4,27	4,26	4,25	4,23	4,20	4,17	4,14	4,12	4,08	4,05	4,01	4,00	3,98	3,97	3,95	3,94	3,92
11	4,04	4,02	4,01	3,99	3,98	3,96	3,95	3,94	3,92	3,89	3,86	3,83	3,81	3,78	3,74	3,71	3,69	3,68	3,66	3,64	3,63	3,61
12	3,80	3,78	3,76	3,75	3,74	3,72	3,71	3,70	3,68	3,65	3,62	3,59	3,57	3,54	3,50	3,47	3,45	3,44	3,42	3,40	3,39	3,37
13	3,60	3,59	3,57	3,56	3,54	3,53	3,52	3,51	3,49	3,46	3,43	3,40	3,38	3,34	3,31	3,27	3,25	3,24	3,23	3,21	3,19	3,18
14	3,44	3,43	3,41	3,40	3,38	3,37	3,36	3,35	3,33	3,30	3,27	3,24	3,22	3,18	3,15	3,11	3,09	3,08	3,06	3,05	3,03	3,02
15	3,31	3,29	3,28	3,26	3,25	3,24	3,23	3,21	3,19	3,17	3,13	3,10	3,08	3,05	3,01	2,98	2,96	2,95	2,93	2,91	2,90	2,88
16	3,20	3,18	3,16	3,15	3,14	3,12	3,11	3,10	3,08	3,05	3,02	2,99	2,97	2,93	2,90	2,86	2,84	2,83	2,81	2,80	2,78	2,76
17	3,10	3,08	3,07	3,05	3,04	3,03	3,01	3,00	2,98	2,96	2,92	2,89	2,87	2,83	2,80	2,76	2,75	2,73	2,72	2,70	2,68	2,66
18	3,02	3,00	2,98	2,97	2,95	2,94	2,93	2,92	2,90	2,87	2,84	2,81	2,78	2,75	2,71	2,68	2,66	2,65	2,63	2,61	2,59	2,58
19	2,94	2,92	2,91	2,89	2,88	2,87	2,86	2,84	2,82	2,80	2,76	2,73	2,71	2,67	2,64	2,60	2,58	2,57	2,55	2,54	2,52	2,50
20	2,88	2,86	2,84	2,83	2,81	2,80	2,79	2,78	2,76	2,73	2,69	2,67	2,64	2,61	2,57	2,54	2,52	2,50	2,49	2,47	2,45	2,43
21	2,82	2,80	2,79	2,77	2,76	2,74	2,73	2,72	2,70	2,67	2,64	2,61	2,58	2,55	2,51	2,48	2,46	2,44	2,43	2,41	2,39	2,37
22	2,77	2,75	2,73	2,72	2,70	2,69	2,68	2,67	2,65	2,62	2,58	2,55	2,53	2,50	2,46	2,42	2,40	2,39	2,37	2,35	2,34	2,32
23	2,72	2,70	2,69	2,67	2,66	2,64	2,63	2,62	2,60	2,57	2,54	2,51	2,48	2,45	2,41	2,37	2,35	2,34	2,32	2,30	2,29	2,27
24	2,68	2,66	2,64	2,63	2,61	2,60	2,59	2,58	2,56	2,53	2,49	2,46	2,44	2,40	2,37	2,33	2,31	2,30	2,28	2,26	2,24	2,22
25	2,64	2,62	2,60	2,59	2,58	2,56	2,55	2,54	2,52	2,49	2,45	2,42	2,40	2,36	2,33	2,29	2,27	2,26	2,24	2,22	2,20	2,18
26	2,60	2,58	2,57	2,55	2,54	2,53	2,51	2,50	2,48	2,45	2,42	2,39	2,36	2,33	2,29	2,25	2,23	2,22	2,20	2,18	2,16	2,14
27	2,57	2,55	2,54	2,52	2,51	2,49	2,48	2,47	2,45	2,42	2,38	2,35	2,33	2,29	2,26	2,22	2,20	2,18	2,17	2,15	2,13	2,11
28	2,54	2,52	2,51	2,49	2,48	2,46	2,45	2,44	2,42	2,39	2,35	2,32	2,30	2,26	2,23	2,19	2,17	2,15	2,13	2,11	2,10	2,08
29	2,51	2,49	2,48	2,46	2,45	2,44	2,42	2,41	2,39	2,36	2,33	2,30	2,27	2,23	2,20	2,16	2,14	2,12	2,10	2,08	2,07	2,05
30	2,49	2,47	2,45	2,44	2,42	2,41	2,40	2,39	2,36	2,34	2,30	2,27	2,25	2,21	2,17	2,13	2,11	2,10	2,08	2,06	2,04	2,02
32	2,44	2,42	2,41	2,39	2,38	2,36	2,35	2,34	2,32	2,29	2,25	2,22	2,20	2,16	2,12	2,08	2,06	2,05	2,03	2,01	1,99	1,97
35	2,38	2,36	2,35	2,33	2,32	2,30	2,29	2,28	2,26	2,23	2,19	2,16	2,14	2,10	2,06	2,02	2,00	1,98	1,96	1,94	1,92	1,90
40	2,31	2,29	2,27	2,26	2,24	2,23	2,22	2,20	2,18	2,15	2,11	2,08	2,06	2,02	1,98	1,94	1,92	1,90	1,88	1,86	1,84	1,82
45	2,25	2,23	2,21	2,20	2,18	2,17	2,16	2,14	2,12	2,09	2,05	2,02	2,00	1,96	1,92	1,88	1,85	1,84	1,82	1,79	1,77	1,75
50	2,20	2,18	2,17	2,15	2,14	2,12	2,11	2,10	2,08	2,05	2,01	1,97	1,95	1,91	1,87	1,82	1,80	1,79	1,76	1,74	1,72	1,70
60	2,13	2,12	2,10	2,08	2,07	2,05	2,04	2,03	2,01	1,98	1,94	1,90	1,88	1,84	1,79	1,75	1,73	1,71	1,69	1,66	1,64	1,62
75	2,07	2,05	2,03	2,02	2,00	1,99	1,97	1,96	1,94	1,91	1,87	1,83	1,81	1,76	1,72	1,67	1,65	1,63	1,61	1,58	1,56	1,53
100	2,00	1,98	1,97	1,95	1,93	1,92	1,91	1,89	1,87	1,84	1,80	1,76	1,74	1,69	1,65	1,60	1,57	1,55	1,53	1,50	1,47	1,45
120	1,97	1,95	1,93	1,92	1,90	1,89	1,87	1,86	1,84	1,81	1,76	1,73	1,70	1,66	1,61	1,56	1,53	1,51	1,49	1,46	1,43	1,40
140	1,95	1,93	1,91	1,89	1,88	1,86	1,85	1,84	1,81	1,78	1,74	1,70	1,67	1,63	1,58	1,53	1,50	1,48	1,46	1,43	1,40	1,37
180	1,92	1,90	1,88	1,86	1,85	1,83	1,82	1,81	1,78	1,75	1,71	1,67	1,64	1,60	1,55	1,49	1,47	1,45	1,42	1,39	1,35	1,32
250	1,89	1,87	1,85	1,83	1,82	1,80	1,79	1,77	1,75	1,72	1,67	1,64	1,61	1,56	1,51	1,46	1,43	1,41	1,38	1,34	1,31	1,27
400	1,86	1,84	1,82	1,80	1,79	1,77	1,76	1,75	1,72	1,69	1,64	1,61	1,58	1,53	1,48	1,42	1,39	1,37	1,33	1,30	1,26	1,22
1000	1,83	1,81	1,79	1,77	1,76	1,74	1,73	1,72	1,69	1,66	1,61	1,58	1,54	1,50	1,44	1,38	1,35	1,33	1,29	1,25	1,21	1,16

850 — Tabelas e Fórmulas Selecionadas

Tabela F (cont.)

$\alpha = 0{,}01$

Denominador gl	\multicolumn{22}{c}{Numerador gl}																				
	1	2	3	4	5	6	7	8	9	10	11	12	13	14	15	16	17	18	19	20	21	22
1	161,4	199,5	215,7	224,6	230,2	234,0	236,8	238,9	240,5	241,9	243,0	243,9	244,7	245,4	245,9	246,5	246,9	247,3	247,7	248,0	248,3	248,6
2	18,51	19,00	19,16	19,25	19,30	19,33	19,35	19,37	19,38	19,40	19,40	19,41	19,42	19,42	19,43	19,43	19,44	19,44	19,44	19,45	19,45	19,45
3	10,13	9,55	9,28	9,12	9,01	8,94	8,89	8,85	8,81	8,79	8,76	8,74	8,73	8,71	8,70	8,69	8,68	8,67	8,67	8,66	8,65	8,65
4	7,71	6,94	6,59	6,39	6,26	6,16	6,09	6,04	6,00	5,96	5,94	5,91	5,89	5,87	5,86	5,84	5,83	5,82	5,81	5,80	5,79	5,79
5	6,61	5,79	5,41	5,19	5,05	4,95	4,88	4,82	4,77	4,74	4,70	4,68	4,66	4,64	4,62	4,60	4,59	4,58	4,57	4,56	4,55	4,54
6	5,99	5,14	4,76	4,53	4,39	4,28	4,21	4,15	4,10	4,06	4,03	4,00	3,98	3,96	3,94	3,92	3,91	3,90	3,88	3,87	3,86	3,86
7	5,59	4,74	4,35	4,12	3,97	3,87	3,79	3,73	3,68	3,64	3,60	3,57	3,55	3,53	3,51	3,49	3,48	3,47	3,46	3,44	3,43	3,43
8	5,32	4,46	4,07	3,84	3,69	3,58	3,50	3,44	3,39	3,35	3,31	3,28	3,26	3,24	3,22	3,20	3,19	3,17	3,16	3,15	3,14	3,13
9	5,12	4,26	3,86	3,63	3,48	3,37	3,29	3,23	3,18	3,14	3,10	3,07	3,05	3,03	3,01	2,99	2,97	2,96	2,95	2,94	2,93	2,92
10	4,96	4,10	3,71	3,48	3,33	3,22	3,14	3,07	3,02	2,98	2,94	2,91	2,89	2,86	2,85	2,83	2,81	2,80	2,79	2,77	2,76	2,75
11	4,84	3,98	3,59	3,36	3,20	3,09	3,01	2,95	2,90	2,85	2,82	2,79	2,76	2,74	2,72	2,70	2,69	2,67	2,66	2,65	2,64	2,63
12	4,75	3,89	3,49	3,26	3,11	3,00	2,91	2,85	2,80	2,75	2,72	2,69	2,66	2,64	2,62	2,60	2,58	2,57	2,56	2,54	2,53	2,52
13	4,67	3,81	3,41	3,18	3,03	2,92	2,83	2,77	2,71	2,67	2,63	2,60	2,58	2,55	2,53	2,51	2,50	2,48	2,47	2,46	2,45	2,44
14	4,60	3,74	3,34	3,11	2,96	2,85	2,76	2,70	2,65	2,60	2,57	2,53	2,51	2,48	2,46	2,44	2,43	2,41	2,40	2,39	2,38	2,37
15	4,54	3,68	3,29	3,06	2,90	2,79	2,71	2,64	2,59	2,54	2,51	2,48	2,45	2,42	2,40	2,38	2,37	2,35	2,34	2,33	2,32	2,31
16	4,49	3,63	3,24	3,01	2,85	2,74	2,66	2,59	2,54	2,49	2,46	2,42	2,40	2,37	2,35	2,33	2,32	2,30	2,29	2,28	2,26	2,25
17	4,45	3,59	3,20	2,96	2,81	2,70	2,61	2,55	2,49	2,45	2,41	2,38	2,35	2,33	2,31	2,29	2,27	2,26	2,24	2,23	2,22	2,21
18	4,41	3,55	3,16	2,93	2,77	2,66	2,58	2,51	2,46	2,41	2,37	2,34	2,31	2,29	2,27	2,25	2,23	2,22	2,20	2,19	2,18	2,17
19	4,38	3,52	3,13	2,90	2,74	2,63	2,54	2,48	2,42	2,38	2,34	2,31	2,28	2,26	2,23	2,21	2,20	2,18	2,17	2,16	2,14	2,13
20	4,35	3,49	3,10	2,87	2,71	2,60	2,51	2,45	2,39	2,35	2,31	2,28	2,25	2,22	2,20	2,18	2,17	2,15	2,14	2,12	2,11	2,10
21	4,32	3,47	3,07	2,84	2,68	2,57	2,49	2,42	2,37	2,32	2,28	2,25	2,22	2,20	2,18	2,16	2,14	2,12	2,11	2,10	2,08	2,07
22	4,30	3,44	3,05	2,82	2,66	2,55	2,46	2,40	2,34	2,30	2,26	2,23	2,20	2,17	2,15	2,13	2,11	2,10	2,08	2,07	2,06	2,05
23	4,28	3,42	3,03	2,80	2,64	2,53	2,44	2,37	2,32	2,27	2,24	2,20	2,18	2,15	2,13	2,11	2,09	2,08	2,06	2,05	2,04	2,02
24	4,26	3,40	3,01	2,78	2,62	2,51	2,42	2,36	2,30	2,25	2,22	2,18	2,15	2,13	2,11	2,09	2,07	2,05	2,04	2,03	2,01	2,00
25	4,24	3,39	2,99	2,76	2,60	2,49	2,40	2,34	2,28	2,24	2,20	2,16	2,14	2,11	2,09	2,07	2,05	2,04	2,02	2,01	2,00	1,98
26	4,23	3,37	2,98	2,74	2,59	2,47	2,39	2,32	2,27	2,22	2,18	2,15	2,12	2,09	2,07	2,05	2,03	2,02	2,00	1,99	1,98	1,97
27	4,21	3,35	2,96	2,73	2,57	2,46	2,37	2,31	2,25	2,20	2,17	2,13	2,10	2,08	2,06	2,04	2,02	2,00	1,99	1,97	1,96	1,95
28	4,20	3,34	2,95	2,71	2,56	2,45	2,36	2,29	2,24	2,19	2,15	2,12	2,09	2,06	2,04	2,02	2,00	1,99	1,97	1,96	1,95	1,93
29	4,18	3,33	2,93	2,70	2,55	2,43	2,35	2,28	2,22	2,18	2,14	2,10	2,08	2,05	2,03	2,01	1,99	1,97	1,96	1,94	1,93	1,92
30	4,17	3,32	2,92	2,69	2,53	2,42	2,33	2,27	2,21	2,16	2,13	2,09	2,06	2,04	2,01	1,99	1,98	1,96	1,95	1,93	1,92	1,91
32	4,15	3,29	2,90	2,67	2,51	2,40	2,31	2,24	2,19	2,14	2,10	2,07	2,04	2,01	1,99	1,97	1,95	1,94	1,92	1,91	1,90	1,88
35	4,12	3,27	2,87	2,64	2,49	2,37	2,29	2,22	2,16	2,11	2,07	2,04	2,01	1,99	1,96	1,94	1,92	1,91	1,89	1,88	1,87	1,85
40	4,08	3,23	2,84	2,61	2,45	2,34	2,25	2,18	2,12	2,08	2,04	2,00	1,97	1,95	1,92	1,90	1,89	1,87	1,85	1,84	1,83	1,81
45	4,06	3,20	2,81	2,58	2,42	2,31	2,22	2,15	2,10	2,05	2,01	1,97	1,94	1,92	1,89	1,87	1,86	1,84	1,82	1,81	1,80	1,78
50	4,03	3,18	2,79	2,56	2,40	2,29	2,20	2,13	2,07	2,03	1,99	1,95	1,92	1,89	1,87	1,85	1,83	1,81	1,80	1,78	1,77	1,76
60	4,00	3,15	2,76	2,53	2,37	2,25	2,17	2,10	2,04	1,99	1,95	1,92	1,89	1,86	1,84	1,82	1,80	1,78	1,76	1,75	1,73	1,72
75	3,97	3,12	2,73	2,49	2,34	2,22	2,13	2,06	2,01	1,96	1,92	1,88	1,85	1,83	1,80	1,78	1,76	1,74	1,73	1,71	1,70	1,69
100	3,94	3,09	2,70	2,46	2,31	2,19	2,10	2,03	1,97	1,93	1,89	1,85	1,82	1,79	1,77	1,75	1,73	1,71	1,69	1,68	1,66	1,65
120	3,92	3,07	2,68	2,45	2,29	2,18	2,09	2,02	1,96	1,91	1,87	1,83	1,80	1,78	1,75	1,73	1,71	1,69	1,67	1,66	1,64	1,63
140	3,91	3,06	2,67	2,44	2,28	2,16	2,08	2,01	1,95	1,90	1,86	1,82	1,79	1,76	1,74	1,72	1,70	1,68	1,66	1,65	1,63	1,62
180	3,89	3,05	2,65	2,42	2,26	2,15	2,06	1,99	1,93	1,88	1,84	1,81	1,77	1,75	1,72	1,70	1,68	1,66	1,64	1,63	1,61	1,60
250	3,88	3,03	2,64	2,41	2,25	2,13	2,05	1,98	1,92	1,87	1,83	1,79	1,76	1,73	1,71	1,68	1,66	1,65	1,63	1,61	1,60	1,58
400	3,86	3,02	2,63	2,39	2,24	2,12	2,03	1,96	1,90	1,85	1,81	1,78	1,74	1,72	1,69	1,67	1,65	1,63	1,61	1,60	1,58	1,57
1000	3,85	3,00	2,61	2,38	2,22	2,11	2,02	1,95	1,89	1,84	1,80	1,76	1,73	1,70	1,68	1,65	1,63	1,61	1,60	1,58	1,57	1,55

Tabela F (cont.)

$\alpha = 0{,}01$

Denominador gl	Numerador gl																					
	23	24	25	26	27	28	29	30	32	35	40	45	50	60	75	100	120	140	180	250	400	1000
1	248,8	249,1	249,3	249,5	249,6	249,8	250,0	250,1	250,4	250,7	251,1	251,5	251,8	252,2	252,6	253,0	253,3	253,4	253,6	253,8	254,0	254,2
2	19,45	19,45	19,46	19,46	19,46	19,46	19,46	19,46	19,46	19,47	19,47	19,47	19,48	19,48	19,48	19,49	19,49	19,49	19,49	19,49	19,49	19,49
3	8,64	8,64	8,63	8,63	8,63	8,62	8,62	8,62	8,61	8,60	8,59	8,59	8,58	8,57	8,56	8,55	8,55	8,55	8,54	8,54	8,53	8,53
4	5,78	5,77	5,77	5,76	5,76	5,75	5,75	5,75	5,74	5,73	5,72	5,71	5,70	5,69	5,68	5,66	5,66	5,65	5,65	5,64	5,64	5,63
5	4,53	4,53	4,52	4,52	4,51	4,50	4,50	4,50	4,49	4,48	4,46	4,45	4,44	4,43	4,42	4,41	4,40	4,39	4,39	4,38	4,38	4,37
6	3,85	3,84	3,83	3,83	3,82	3,82	3,81	3,81	3,80	3,79	3,77	3,76	3,75	3,74	3,73	3,71	3,70	3,70	3,69	3,69	3,68	3,67
7	3,42	3,41	3,40	3,40	3,39	3,39	3,38	3,38	3,37	3,36	3,34	3,33	3,32	3,30	3,29	3,27	3,27	3,26	3,25	3,25	3,24	3,23
8	3,12	3,12	3,11	3,10	3,10	3,09	3,08	3,08	3,07	3,06	3,04	3,03	3,02	3,01	2,99	2,97	2,97	2,96	2,95	2,95	2,94	2,93
9	2,91	2,90	2,89	2,89	2,88	2,87	2,87	2,86	2,85	2,84	2,83	2,81	2,80	2,79	2,77	2,76	2,75	2,74	2,73	2,73	2,72	2,71
10	2,75	2,74	2,73	2,72	2,72	2,71	2,70	2,70	2,69	2,68	2,66	2,65	2,64	2,62	2,60	2,59	2,58	2,57	2,57	2,56	2,55	2,54
11	2,62	2,61	2,60	2,59	2,59	2,58	2,58	2,57	2,56	2,55	2,53	2,52	2,51	2,49	2,47	2,46	2,45	2,44	2,43	2,43	2,42	2,41
12	2,51	2,51	2,50	2,49	2,48	2,48	2,47	2,47	2,46	2,44	2,43	2,41	2,40	2,38	2,37	2,35	2,34	2,33	2,33	2,32	2,31	2,30
13	2,43	2,42	2,41	2,41	2,40	2,39	2,39	2,38	2,37	2,36	2,34	2,33	2,31	2,30	2,28	2,26	2,25	2,25	2,24	2,23	2,22	2,21
14	2,36	2,35	2,34	2,33	2,33	2,32	2,31	2,31	2,30	2,28	2,27	2,25	2,24	2,22	2,21	2,19	2,18	2,17	2,16	2,15	2,15	2,14
15	2,30	2,29	2,28	2,27	2,27	2,26	2,25	2,25	2,24	2,22	2,20	2,19	2,18	2,16	2,14	2,12	2,11	2,11	2,10	2,09	2,08	2,07
16	2,24	2,24	2,23	2,22	2,21	2,21	2,20	2,19	2,18	2,17	2,15	2,14	2,12	2,11	2,09	2,07	2,06	2,05	2,04	2,03	2,02	2,02
17	2,20	2,19	2,18	2,17	2,17	2,16	2,15	2,15	2,14	2,12	2,10	2,09	2,08	2,06	2,04	2,02	2,01	2,00	1,99	1,98	1,98	1,97
18	2,16	2,15	2,14	2,13	2,13	2,12	2,11	2,11	2,10	2,08	2,06	2,05	2,04	2,02	2,00	1,98	1,97	1,96	1,95	1,94	1,93	1,92
19	2,12	2,11	2,11	2,10	2,09	2,08	2,08	2,07	2,06	2,05	2,03	2,01	2,00	1,98	1,96	1,94	1,93	1,92	1,91	1,90	1,89	1,88
20	2,09	2,08	2,07	2,07	2,06	2,05	2,05	2,04	2,03	2,01	1,99	1,98	1,97	1,95	1,93	1,91	1,90	1,89	1,88	1,87	1,86	1,85
21	2,06	2,05	2,05	2,04	2,03	2,02	2,02	2,01	2,00	1,98	1,96	1,95	1,94	1,92	1,90	1,88	1,87	1,86	1,85	1,84	1,83	1,82
22	2,04	2,03	2,02	2,01	2,00	2,00	1,99	1,98	1,97	1,96	1,94	1,92	1,91	1,89	1,87	1,85	1,84	1,83	1,82	1,81	1,80	1,79
23	2,01	2,01	2,00	1,99	1,98	1,97	1,97	1,96	1,95	1,93	1,91	1,90	1,88	1,86	1,84	1,82	1,81	1,81	1,79	1,78	1,77	1,76
24	1,99	1,98	1,97	1,97	1,96	1,95	1,95	1,94	1,93	1,91	1,89	1,88	1,86	1,84	1,82	1,80	1,79	1,78	1,77	1,76	1,75	1,74
25	1,97	1,96	1,96	1,95	1,94	1,93	1,93	1,92	1,91	1,89	1,87	1,86	1,84	1,82	1,80	1,78	1,77	1,76	1,75	1,74	1,73	1,72
26	1,96	1,95	1,94	1,93	1,92	1,91	1,91	1,90	1,89	1,87	1,85	1,84	1,82	1,80	1,78	1,76	1,75	1,74	1,73	1,72	1,71	1,70
27	1,94	1,93	1,92	1,91	1,90	1,90	1,89	1,88	1,87	1,86	1,84	1,82	1,81	1,79	1,76	1,74	1,73	1,72	1,71	1,70	1,69	1,68
28	1,92	1,91	1,91	1,90	1,89	1,88	1,88	1,87	1,86	1,84	1,82	1,80	1,79	1,77	1,75	1,73	1,71	1,71	1,70	1,68	1,67	1,66
29	1,91	1,90	1,89	1,88	1,88	1,87	1,85	1,85	1,84	1,83	1,81	1,79	1,77	1,75	1,73	1,71	1,70	1,69	1,68	1,67	1,66	1,65
30	1,90	1,89	1,88	1,87	1,86	1,85	1,84	1,84	1,83	1,81	1,79	1,77	1,76	1,74	1,72	1,70	1,68	1,68	1,66	1,65	1,64	1,63
32	1,87	1,86	1,85	1,85	1,84	1,83	1,82	1,82	1,80	1,79	1,77	1,75	1,74	1,71	1,69	1,67	1,66	1,65	1,64	1,63	1,61	1,60
35	1,84	1,83	1,82	1,82	1,81	1,80	1,79	1,79	1,77	1,76	1,74	1,72	1,70	1,68	1,66	1,63	1,62	1,61	1,60	1,59	1,58	1,57
40	1,80	1,79	1,78	1,77	1,77	1,76	1,75	1,74	1,73	1,72	1,69	1,67	1,66	1,64	1,61	1,59	1,58	1,57	1,55	1,54	1,53	1,52
45	1,77	1,76	1,75	1,74	1,73	1,73	1,72	1,71	1,70	1,68	1,66	1,64	1,63	1,60	1,58	1,55	1,54	1,53	1,52	1,51	1,49	1,48
50	1,75	1,74	1,73	1,72	1,71	1,70	1,69	1,69	1,67	1,66	1,63	1,61	1,60	1,58	1,55	1,52	1,51	1,50	1,49	1,47	1,46	1,45
60	1,71	1,70	1,69	1,68	1,67	1,66	1,66	1,65	1,64	1,62	1,59	1,57	1,56	1,53	1,51	1,48	1,47	1,46	1,44	1,43	1,41	1,40
75	1,67	1,66	1,65	1,64	1,63	1,63	1,62	1,61	1,60	1,58	1,55	1,53	1,52	1,49	1,47	1,44	1,42	1,41	1,40	1,38	1,37	1,35
100	1,64	1,63	1,62	1,61	1,60	1,59	1,58	1,57	1,56	1,54	1,52	1,49	1,48	1,45	1,42	1,39	1,38	1,36	1,35	1,33	1,31	1,30
120	1,62	1,61	1,60	1,59	1,58	1,57	1,56	1,55	1,54	1,52	1,50	1,47	1,46	1,43	1,40	1,37	1,35	1,34	1,32	1,30	1,29	1,27
140	1,61	1,60	1,58	1,57	1,57	1,56	1,55	1,54	1,53	1,51	1,48	1,46	1,44	1,41	1,38	1,35	1,33	1,32	1,30	1,29	1,27	1,25
180	1,59	1,58	1,57	1,56	1,55	1,54	1,53	1,52	1,51	1,49	1,46	1,44	1,42	1,39	1,36	1,33	1,31	1,30	1,28	1,26	1,24	1,22
250	1,57	1,56	1,55	1,54	1,53	1,52	1,51	1,50	1,49	1,47	1,44	1,42	1,40	1,37	1,34	1,31	1,29	1,27	1,25	1,23	1,21	1,18
400	1,56	1,54	1,53	1,52	1,51	1,50	1,50	1,49	1,47	1,45	1,42	1,40	1,38	1,35	1,32	1,28	1,26	1,25	1,23	1,20	1,18	1,15
1000	1,54	1,53	1,52	1,51	1,50	1,49	1,48	1,47	1,46	1,43	1,41	1,38	1,36	1,33	1,30	1,26	1,24	1,22	1,20	1,17	1,14	1,11

Tabela F (cont.)

α = 0,01

Numerador gl

Denominador gl	1	2	3	4	5	6	7	8	9	10	11	12	13	14	15	16	17	18	19	20	21	22
1	39,9	49,5	53,6	55,8	57,2	58,2	58,9	59,4	59,9	60,2	60,5	60,7	60,9	61,1	61,2	61,3	61,5	61,6	61,7	61,7	61,8	61,9
2	8,53	9,00	9,16	9,24	9,29	9,33	9,35	9,37	9,38	9,39	9,40	9,41	9,41	9,42	9,42	9,43	9,43	9,44	9,44	9,44	9,44	9,45
3	5,54	5,46	5,39	5,34	5,31	5,28	5,27	5,25	5,24	5,23	5,22	5,22	5,21	5,20	5,20	5,20	5,19	5,19	5,19	5,18	5,18	5,18
4	4,54	4,32	4,19	4,11	4,05	4,01	3,98	3,95	3,94	3,92	3,91	3,90	3,89	3,88	3,87	3,86	3,86	3,85	3,85	3,84	3,84	3,84
5	4,06	3,78	3,62	3,52	3,45	3,40	3,37	3,34	3,32	3,30	3,28	3,27	3,26	3,25	3,24	3,23	3,22	3,22	3,21	3,21	3,20	3,20
6	3,78	3,46	3,29	3,18	3,11	3,05	3,01	2,98	2,96	2,94	2,92	2,90	2,89	2,88	2,87	2,86	2,85	2,85	2,84	2,84	2,83	2,83
7	3,59	3,26	3,07	2,96	2,88	2,83	2,78	2,75	2,72	2,70	2,68	2,67	2,65	2,64	2,63	2,62	2,61	2,61	2,60	2,59	2,59	2,58
8	3,46	3,11	2,92	2,81	2,73	2,67	2,62	2,59	2,56	2,54	2,52	2,50	2,49	2,48	2,46	2,45	2,45	2,44	2,43	2,42	2,42	2,41
9	3,36	3,01	2,81	2,69	2,61	2,55	2,51	2,47	2,44	2,42	2,40	2,38	2,36	2,35	2,34	2,33	2,32	2,31	2,30	2,30	2,29	2,29
10	3,29	2,92	2,73	2,61	2,52	2,46	2,41	2,38	2,35	2,32	2,30	2,28	2,27	2,26	2,24	2,23	2,22	2,22	2,21	2,20	2,19	2,19
11	3,23	2,86	2,66	2,54	2,45	2,39	2,34	2,30	2,27	2,25	2,23	2,21	2,19	2,18	2,17	2,16	2,15	2,14	2,13	2,12	2,12	2,11
12	3,18	2,81	2,61	2,48	2,39	2,33	2,28	2,24	2,21	2,19	2,17	2,15	2,13	2,12	2,10	2,09	2,08	2,08	2,07	2,06	2,05	2,05
13	3,14	2,76	2,56	2,43	2,35	2,28	2,23	2,20	2,16	2,14	2,12	2,10	2,08	2,07	2,05	2,04	2,03	2,02	2,01	2,01	2,00	1,99
14	3,10	2,73	2,52	2,39	2,31	2,24	2,19	2,15	2,12	2,10	2,07	2,05	2,04	2,02	2,01	2,00	1,99	1,98	1,97	1,96	1,96	1,95
15	3,07	2,70	2,49	2,36	2,27	2,21	2,16	2,12	2,09	2,06	2,04	2,02	2,00	1,99	1,97	1,96	1,95	1,94	1,93	1,92	1,92	1,91
16	3,05	2,67	2,46	2,33	2,24	2,18	2,13	2,09	2,06	2,03	2,01	1,99	1,97	1,95	1,94	1,93	1,92	1,91	1,90	1,89	1,88	1,88
17	3,03	2,64	2,44	2,31	2,22	2,15	2,10	2,06	2,03	2,00	1,98	1,96	1,94	1,93	1,91	1,90	1,89	1,88	1,87	1,86	1,86	1,85
18	3,01	2,62	2,42	2,29	2,20	2,13	2,08	2,04	2,00	1,98	1,95	1,93	1,92	1,90	1,89	1,87	1,86	1,85	1,84	1,84	1,83	1,82
19	2,99	2,61	2,40	2,27	2,18	2,11	2,06	2,02	1,98	1,96	1,93	1,91	1,89	1,88	1,86	1,85	1,84	1,83	1,82	1,81	1,81	1,80
20	2,97	2,59	2,38	2,25	2,16	2,09	2,04	2,00	1,96	1,94	1,91	1,89	1,87	1,86	1,84	1,83	1,82	1,81	1,80	1,79	1,79	1,78
21	2,96	2,57	2,36	2,23	2,14	2,08	2,02	1,98	1,95	1,92	1,90	1,87	1,86	1,84	1,83	1,81	1,80	1,79	1,78	1,78	1,77	1,76
22	2,95	2,56	2,35	2,22	2,13	2,06	2,01	1,97	1,93	1,90	1,88	1,86	1,84	1,83	1,81	1,80	1,79	1,78	1,77	1,76	1,75	1,74
23	2,94	2,55	2,34	2,21	2,11	2,05	1,99	1,95	1,92	1,89	1,87	1,84	1,83	1,81	1,80	1,78	1,77	1,76	1,75	1,74	1,74	1,73
24	2,93	2,54	2,33	2,19	2,10	2,04	1,98	1,94	1,91	1,88	1,85	1,83	1,81	1,80	1,78	1,77	1,76	1,75	1,74	1,73	1,72	1,71
25	2,92	2,53	2,32	2,18	2,09	2,02	1,97	1,93	1,89	1,87	1,84	1,82	1,80	1,79	1,77	1,76	1,75	1,74	1,73	1,72	1,71	1,70
26	2,91	2,52	2,31	2,17	2,08	2,01	1,96	1,92	1,88	1,86	1,83	1,81	1,79	1,77	1,76	1,75	1,73	1,72	1,71	1,71	1,70	1,69
27	2,90	2,51	2,30	2,17	2,07	2,00	1,95	1,91	1,87	1,85	1,82	1,80	1,78	1,76	1,75	1,74	1,72	1,71	1,70	1,70	1,69	1,68
28	2,89	2,50	2,29	2,16	2,06	2,00	1,94	1,90	1,87	1,84	1,81	1,79	1,77	1,75	1,74	1,73	1,71	1,70	1,69	1,69	1,68	1,67
29	2,89	2,50	2,28	2,15	2,06	1,99	1,93	1,89	1,86	1,83	1,80	1,78	1,76	1,75	1,73	1,72	1,71	1,69	1,68	1,68	1,67	1,66
30	2,88	2,49	2,28	2,14	2,05	1,98	1,93	1,88	1,85	1,82	1,79	1,77	1,75	1,74	1,72	1,71	1,70	1,69	1,68	1,67	1,66	1,65
32	2,87	2,48	2,26	2,13	2,04	1,97	1,91	1,87	1,83	1,81	1,78	1,76	1,74	1,72	1,71	1,69	1,68	1,67	1,66	1,65	1,64	1,64
35	2,85	2,46	2,25	2,11	2,02	1,95	1,90	1,85	1,82	1,79	1,76	1,74	1,72	1,70	1,69	1,67	1,66	1,65	1,64	1,63	1,62	1,62
40	2,84	2,44	2,23	2,09	2,00	1,93	1,87	1,83	1,79	1,76	1,74	1,71	1,70	1,68	1,66	1,65	1,64	1,62	1,61	1,61	1,60	1,59
45	2,82	2,42	2,21	2,07	1,98	1,91	1,85	1,81	1,77	1,74	1,72	1,70	1,68	1,66	1,64	1,63	1,62	1,60	1,59	1,58	1,58	1,57
50	2,81	2,41	2,20	2,06	1,97	1,90	1,84	1,80	1,76	1,73	1,70	1,68	1,66	1,64	1,63	1,61	1,60	1,59	1,58	1,57	1,56	1,55
60	2,79	2,39	2,18	2,04	1,95	1,87	1,82	1,77	1,74	1,71	1,68	1,66	1,64	1,62	1,60	1,59	1,58	1,56	1,55	1,54	1,53	1,53
75	2,77	2,37	2,16	2,02	1,93	1,85	1,80	1,75	1,72	1,69	1,66	1,63	1,61	1,60	1,58	1,57	1,55	1,54	1,53	1,52	1,51	1,50
100	2,76	2,36	2,14	2,00	1,91	1,83	1,78	1,73	1,69	1,66	1,64	1,61	1,59	1,57	1,56	1,54	1,53	1,52	1,50	1,49	1,48	1,48
120	2,75	2,35	2,13	1,99	1,90	1,82	1,77	1,72	1,68	1,65	1,63	1,60	1,58	1,56	1,55	1,53	1,52	1,50	1,49	1,48	1,47	1,46
140	2,74	2,34	2,12	1,99	1,89	1,82	1,76	1,71	1,68	1,64	1,62	1,59	1,57	1,55	1,54	1,52	1,51	1,50	1,48	1,47	1,46	1,45
180	2,73	2,33	2,11	1,98	1,88	1,81	1,75	1,70	1,67	1,63	1,61	1,58	1,56	1,54	1,53	1,51	1,50	1,50	1,47	1,46	1,46	1,44
250	2,73	2,32	2,11	1,97	1,87	1,80	1,74	1,69	1,66	1,62	1,60	1,57	1,55	1,53	1,51	1,50	1,49	1,47	1,46	1,45	1,44	1,43
400	2,72	2,32	2,10	1,96	1,86	1,79	1,73	1,69	1,65	1,61	1,59	1,56	1,54	1,52	1,50	1,49	1,47	1,46	1,45	1,44	1,43	1,42
1000	2,71	2,31	2,09	1,95	1,85	1,78	1,72	1,68	1,64	1,61	1,58	1,55	1,53	1,51	1,49	1,48	1,46	1,45	1,44	1,43	1,42	1,41

Tabela F (cont.)

Numerador gl

$\alpha = 0{,}01$ Denominador gl	23	24	25	26	27	28	29	30	32	35	40	45	50	60	75	100	120	140	180	250	400	1000
1	61,9	62,0	62,1	62,1	62,1	62,2	62,2	62,3	62,3	62,4	62,5	62,6	62,7	62,8	62,9	63,0	63,1	63,1	63,1	63,2	63,2	63,3
2	9,45	9,45	9,45	9,45	9,45	9,46	9,46	9,46	9,46	9,46	9,47	9,47	9,47	9,47	9,48	9,48	9,48	9,48	9,49	9,49	9,49	9,49
3	5,18	5,18	5,17	5,17	5,17	5,17	5,17	5,17	5,17	5,16	5,16	5,16	5,15	5,15	5,15	5,14	5,14	5,14	5,14	5,14	5,14	5,1
4	3,83	3,83	3,83	3,83	3,82	3,82	3,82	3,82	3,81	3,81	3,80	3,80	3,80	3,79	3,78	3,78	3,78	3,77	3,77	3,77	3,77	3,76
5	3,19	3,19	3,19	3,18	3,18	3,18	3,18	3,17	3,17	3,16	3,16	3,15	3,15	3,14	3,13	3,13	3,12	3,12	3,12	3,11	3,11	3,11
6	2,82	2,82	2,81	2,81	2,81	2,81	2,80	2,80	2,80	2,79	2,78	2,77	2,77	2,76	2,75	2,75	2,74	2,74	2,74	2,73	2,73	2,72
7	2,58	2,58	2,57	2,57	2,56	2,56	2,56	2,56	2,55	2,54	2,54	2,53	2,52	2,51	2,51	2,50	2,49	2,49	2,49	2,48	2,48	2,47
8	2,41	2,40	2,40	2,40	2,39	2,39	2,39	2,38	2,38	2,37	2,36	2,35	2,35	2,34	2,33	2,32	2,32	2,31	2,31	2,30	2,30	2,30
9	2,28	2,28	2,27	2,27	2,26	2,26	2,26	2,25	2,25	2,24	2,23	2,22	2,22	2,21	2,20	2,19	2,18	2,18	2,18	2,17	2,17	2,16
10	2,18	2,18	2,17	2,17	2,17	2,16	2,16	2,16	2,15	2,14	2,13	2,12	2,12	2,11	2,10	2,09	2,08	2,08	2,07	2,07	2,06	2,06
11	2,11	2,10	2,10	2,09	2,09	2,08	2,08	2,08	2,07	2,06	2,05	2,04	2,04	2,03	2,02	2,01	2,00	2,00	1,99	1,99	1,98	1,98
12	2,04	2,04	2,03	2,03	2,02	2,02	2,01	2,01	2,01	2,00	1,99	1,98	1,97	1,96	1,95	1,94	1,93	1,93	1,92	1,92	1,91	1,91
13	1,99	1,98	1,98	1,97	1,97	1,96	1,96	1,96	1,95	1,94	1,93	1,92	1,92	1,90	1,89	1,88	1,88	1,87	1,87	1,86	1,86	1,85
14	1,94	1,94	1,93	1,93	1,92	1,92	1,92	1,91	1,91	1,90	1,89	1,88	1,87	1,86	1,85	1,83	1,83	1,82	1,82	1,81	1,81	1,80
15	1,90	1,90	1,89	1,89	1,88	1,88	1,88	1,87	1,87	1,86	1,85	1,84	1,83	1,82	1,80	1,79	1,79	1,78	1,78	1,77	1,76	1,76
16	1,87	1,87	1,86	1,86	1,85	1,85	1,84	1,84	1,83	1,82	1,81	1,80	1,79	1,78	1,77	1,76	1,75	1,75	1,74	1,73	1,73	1,72
17	1,84	1,84	1,83	1,83	1,82	1,82	1,81	1,81	1,80	1,79	1,78	1,77	1,76	1,75	1,74	1,73	1,72	1,71	1,71	1,70	1,70	1,69
18	1,82	1,81	1,80	1,80	1,80	1,79	1,79	1,78	1,78	1,77	1,75	1,74	1,74	1,72	1,71	1,70	1,69	1,69	1,68	1,67	1,67	1,66
19	1,79	1,79	1,78	1,78	1,77	1,77	1,76	1,76	1,75	1,74	1,73	1,72	1,71	1,70	1,69	1,67	1,67	1,66	1,65	1,65	1,64	1,64
20	1,77	1,77	1,76	1,76	1,75	1,75	1,74	1,74	1,73	1,72	1,71	1,70	1,69	1,68	1,66	1,65	1,64	1,64	1,63	1,62	1,62	1,61
21	1,75	1,75	1,74	1,74	1,73	1,73	1,72	1,72	1,71	1,70	1,69	1,68	1,67	1,66	1,64	1,63	1,62	1,62	1,61	1,60	1,60	1,59
22	1,74	1,73	1,73	1,72	1,72	1,71	1,71	1,70	1,69	1,68	1,67	1,66	1,65	1,64	1,63	1,61	1,60	1,60	1,59	1,59	1,58	1,57
23	1,72	1,72	1,71	1,70	1,70	1,69	1,69	1,69	1,68	1,67	1,66	1,64	1,64	1,62	1,61	1,59	1,59	1,58	1,57	1,57	1,56	1,55
24	1,71	1,70	1,70	1,69	1,69	1,68	1,68	1,67	1,66	1,65	1,64	1,63	1,62	1,61	1,59	1,58	1,57	1,57	1,56	1,55	1,54	1,54
25	1,70	1,69	1,68	1,68	1,67	1,67	1,66	1,66	1,65	1,64	1,63	1,62	1,61	1,59	1,58	1,56	1,56	1,55	1,54	1,54	1,53	1,52
26	1,68	1,68	1,67	1,67	1,66	1,66	1,65	1,65	1,64	1,63	1,61	1,60	1,59	1,58	1,57	1,55	1,54	1,54	1,53	1,52	1,52	1,51
27	1,67	1,67	1,66	1,65	1,65	1,64	1,64	1,64	1,63	1,62	1,60	1,59	1,58	1,57	1,55	1,54	1,53	1,53	1,52	1,51	1,50	1,50
28	1,66	1,66	1,65	1,64	1,64	1,63	1,63	1,63	1,62	1,61	1,59	1,58	1,57	1,56	1,54	1,53	1,52	1,51	1,50	1,50	1,49	1,48
29	1,65	1,65	1,64	1,63	1,63	1,62	1,62	1,62	1,61	1,60	1,58	1,57	1,56	1,55	1,53	1,52	1,51	1,50	1,49	1,48	1,48	1,47
30	1,64	1,64	1,63	1,63	1,62	1,62	1,61	1,61	1,60	1,59	1,57	1,56	1,55	1,54	1,52	1,51	1,50	1,49	1,49	1,48	1,47	1,46
32	1,63	1,62	1,62	1,61	1,60	1,60	1,59	1,59	1,58	1,57	1,56	1,54	1,53	1,52	1,50	1,49	1,48	1,47	1,47	1,46	1,45	1,44
35	1,61	1,60	1,60	1,59	1,58	1,58	1,57	1,57	1,56	1,55	1,53	1,52	1,51	1,50	1,48	1,47	1,46	1,45	1,44	1,43	1,43	1,42
40	1,58	1,57	1,57	1,56	1,56	1,55	1,55	1,54	1,53	1,52	1,51	1,49	1,48	1,47	1,45	1,43	1,42	1,42	1,41	1,40	1,39	1,38
45	1,56	1,55	1,55	1,54	1,53	1,53	1,52	1,52	1,51	1,50	1,48	1,47	1,46	1,44	1,43	1,41	1,40	1,39	1,38	1,37	1,37	1,36
50	1,54	1,54	1,53	1,52	1,52	1,51	1,51	1,50	1,49	1,48	1,46	1,45	1,44	1,42	1,41	1,39	1,38	1,37	1,36	1,35	1,34	1,33
60	1,52	1,51	1,50	1,50	1,49	1,49	1,48	1,48	1,47	1,45	1,44	1,42	1,41	1,40	1,38	1,36	1,35	1,34	1,33	1,32	1,31	1,30
75	1,49	1,49	1,48	1,47	1,47	1,46	1,45	1,45	1,44	1,43	1,41	1,40	1,38	1,37	1,35	1,33	1,32	1,31	1,30	1,29	1,27	1,26
100	1,47	1,46	1,45	1,45	1,44	1,43	1,43	1,42	1,41	1,40	1,38	1,37	1,35	1,34	1,32	1,29	1,28	1,27	1,26	1,25	1,24	1,22
120	1,46	1,45	1,44	1,43	1,43	1,42	1,41	1,41	1,40	1,39	1,37	1,35	1,34	1,32	1,30	1,28	1,26	1,26	1,24	1,23	1,22	1,20
140	1,45	1,44	1,43	1,42	1,42	1,41	1,41	1,40	1,39	1,38	1,36	1,34	1,33	1,31	1,29	1,26	1,25	1,24	1,23	1,22	1,20	1,19
180	1,43	1,43	1,42	1,41	1,40	1,40	1,39	1,38	1,38	1,36	1,34	1,33	1,32	1,29	1,27	1,25	1,23	1,22	1,21	1,20	1,18	1,16
250	1,42	1,41	1,41	1,40	1,39	1,39	1,38	1,37	1,36	1,35	1,33	1,31	1,30	1,28	1,26	1,23	1,22	1,21	1,19	1,18	1,16	1,14
400	1,41	1,40	1,39	1,39	1,38	1,37	1,37	1,36	1,35	1,34	1,32	1,30	1,29	1,26	1,24	1,21	1,20	1,19	1,17	1,16	1,14	1,12
1000	1,40	1,39	1,38	1,38	1,37	1,36	1,36	1,35	1,34	1,32	1,30	1,29	1,27	1,25	1,23	1,20	1,18	1,17	1,15	1,13	1,11	1,08

Valores críticos d_L e d_U da estatística D de Durbin-Watson (os valores são unilaterais)[a]

	α = 0,05										α = 0,01									
	k = 1		k = 2		k = 3		k = 4		k = 5		k = 1		k = 2		k = 3		k = 4		k = 5	
n	d_L	d_u	d_L	d_u	d_L	d_u	d_L	d_u	d_L	d_u	d_L	d_u	d_L	d_u	d_L	d_u	d_L	d_u	d_L	d_u
15	1,08	1,36	,95	1,54	,82	1,75	,69	1,97	,56	2,21	,81	1,07	,70	1,25	,59	1,46	,49	1,70	,39	1,96
16	1,10	1,37	,98	1,54	,86	1,73	,74	1,93	,62	2,15	,84	1,09	,74	1,25	,63	1,44	,53	1,66	,44	1,90
17	1,13	1,38	1,02	1,54	,90	1,71	,78	1,90	,67	2,10	,87	1,10	,77	1,25	,67	1,43	,57	1,63	,48	1,85
18	1,16	1,39	1,05	1,53	,93	1,69	,82	1,87	,71	2,06	,90	1,12	,80	1,26	,71	1,42	,61	1,60	,52	1,80
19	1,18	1,40	1,08	1,53	,97	1,68	,86	1,85	,75	2,02	,93	1,13	,83	1,26	,74	1,41	,65	1,58	,56	1,77
20	1,20	1,41	1,10	1,54	1,00	1,68	,90	1,83	,79	1,99	,95	1,15	,86	1,27	,77	1,41	,68	1,57	,60	1,74
21	1,22	1,42	1,13	1,54	1,03	1,67	,93	1,81	,83	1,96	,97	1,16	,89	1,27	,80	1,41	,72	1,55	,63	1,71
22	1,24	1,43	1,15	1,54	1,05	1,66	,96	1,80	,86	1,94	1,00	1,17	,91	1,28	,83	1,40	,75	1,54	,66	1,69
23	1,26	1,44	1,17	1,54	1,08	1,66	,99	1,79	,90	1,92	1,02	1,19	,94	1,29	,86	1,40	,77	1,53	,70	1,67
24	1,27	1,45	1,19	1,55	1,10	1,66	1,01	1,78	,93	1,90	1,04	1,20	,96	1,30	,88	1,41	,80	1,53	,72	1,66
25	1,29	1,45	1,21	1,55	1,12	1,66	1,04	1,77	,95	1,89	1,05	1,21	,98	1,30	,90	1,41	,83	1,52	,75	1,65
26	1,30	1,46	1,22	1,55	1,14	1,65	1,06	1,76	,98	1,88	1,07	1,22	1,00	1,31	,93	1,41	,85	1,52	,78	1,64
27	1,32	1,47	1,24	1,56	1,16	1,65	1,08	1,76	1,01	1,86	1,09	1,23	1,02	1,32	,95	1,41	,88	1,51	,81	1,63
28	1,33	1,48	1,26	1,56	1,18	1,65	1,10	1,75	1,03	1,85	1,10	1,24	1,04	1,32	,97	1,41	,90	1,51	,83	1,62
29	1,34	1,48	1,27	1,56	1,20	1,65	1,12	1,74	1,05	1,84	1,12	1,25	1,05	1,33	,99	1,42	,92	1,51	,85	1,61
30	1,35	1,49	1,28	1,57	1,21	1,65	1,14	1,74	1,07	1,83	1,13	1,26	1,07	1,34	1,01	1,42	,94	1,51	,88	1,61
31	1,36	1,50	1,30	1,57	1,23	1,65	1,16	1,74	1,09	1,83	1,15	1,27	1,08	1,34	1,02	1,42	,96	1,51	,90	1,60
32	1,37	1,50	1,31	1,57	1,24	1,65	1,18	1,73	1,11	1,82	1,16	1,28	1,10	1,35	1,04	1,43	,98	1,51	,92	1,60
33	1,38	1,51	1,32	1,58	1,26	1,65	1,19	1,73	1,13	1,81	1,17	1,29	1,11	1,36	1,05	1,43	1,00	1,51	,94	1,59
34	1,39	1,51	1,33	1,58	1,27	1,65	1,21	1,73	1,15	1,81	1,18	1,30	1,13	1,36	1,07	1,43	1,01	1,51	,95	1,59
35	1,40	1,52	1,34	1,58	1,28	1,65	1,22	1,73	1,16	1,80	1,19	1,31	1,14	1,37	1,08	1,44	1,03	1,51	,97	1,59
36	1,41	1,52	1,35	1,59	1,29	1,65	1,24	1,73	1,18	1,80	1,21	1,32	1,15	1,38	1,10	1,44	1,04	1,51	,99	1,59
37	1,42	1,53	1,36	1,59	1,31	1,66	1,25	1,72	1,19	1,80	1,22	1,32	1,16	1,38	1,11	1,45	1,06	1,51	1,00	1,59
38	1,43	1,54	1,37	1,59	1,32	1,66	1,26	1,72	1,21	1,79	1,23	1,33	1,18	1,39	1,12	1,45	1,07	1,52	1,02	1,58
39	1,43	1,54	1,38	1,60	1,33	1,66	1,27	1,72	1,22	1,79	1,24	1,34	1,19	1,39	1,14	1,45	1,09	1,52	1,03	1,58
40	1,44	1,54	1,39	1,60	1,34	1,66	1,29	1,72	1,23	1,79	1,25	1,34	1,20	1,40	1,15	1,46	1,10	1,52	1,05	1,58
45	1,48	1,57	1,43	1,62	1,38	1,67	1,34	1,72	1,29	1,78	1,29	1,38	1,24	1,42	1,20	1,48	1,16	1,53	1,11	1,58
50	1,50	1,59	1,46	1,63	1,42	1,67	1,38	1,72	1,34	1,77	1,32	1,40	1,28	1,45	1,24	1,49	1,20	1,54	1,16	1,59
55	1,53	1,60	1,49	1,64	1,45	1,68	1,41	1,72	1,38	1,77	1,36	1,43	1,32	1,47	1,28	1,51	1,25	1,55	1,21	1,59
60	1,55	1,62	1,51	1,65	1,48	1,69	1,44	1,73	1,41	1,77	1,38	1,45	1,35	1,48	1,32	1,52	1,28	1,56	1,25	1,60
65	1,57	1,63	1,54	1,66	1,50	1,70	1,47	1,73	1,44	1,77	1,41	1,47	1,38	1,50	1,35	1,53	1,31	1,57	1,28	1,61
70	1,58	1,64	1,55	1,67	1,52	1,70	1,49	1,74	1,46	1,77	1,43	1,49	1,40	1,52	1,37	1,55	1,34	1,58	1,31	1,61
75	1,60	1,65	1,57	1,68	1,54	1,71	1,51	1,74	1,49	1,77	1,45	1,50	1,42	1,53	1,39	1,56	1,37	1,59	1,34	1,62
80	1,61	1,66	1,59	1,69	1,56	1,72	1,53	1,74	1,51	1,77	1,47	1,52	1,44	1,54	1,42	1,57	1,39	1,60	1,36	1,62
85	1,62	1,67	1,60	1,70	1,57	1,72	1,55	1,75	1,52	1,77	1,48	1,53	1,46	1,55	1,43	1,58	1,41	1,60	1,39	1,63
90	1,63	1,68	1,61	1,70	1,59	1,73	1,57	1,75	1,54	1,78	1,50	1,54	1,47	1,56	1,45	1,59	1,43	1,61	1,41	1,64
95	1,64	1,69	1,62	1,71	1,60	1,73	1,58	1,75	1,56	1,78	1,51	1,55	1,49	1,57	1,47	1,60	1,45	1,62	1,42	1,64
100	1,65	1,69	1,63	1,72	1,61	1,74	1,59	1,76	1,57	1,78	1,52	1,56	1,50	1,58	1,48	1,60	1,46	1,63	1,44	1,65

[a] n = número de observações, k = número de variáveis independentes

Fonte: a tabela é reproduzida da *Biometrika*, n. 41, 1951, p. 173-75 com a permissão dos detentores dos direitos autorais.

Tabelas e Fórmulas Selecionadas **855**

Fórmulas selecionadas

Intervalo = Max − Min

IIQ = Q3 − Q1

Regra prática para detecção de valores atípicos: $y < Q1 - 1{,}5 \times IIQ$ ou $y > Q3 + 1{,}5 \cdot IIQ$

$$\bar{y} = \frac{\sum y}{n}$$

$$s = \sqrt{\frac{\sum (y - \bar{y})^2}{n - 1}}$$

$$z = \frac{y - \mu}{\sigma} \text{ (com base no modelo)} \qquad z = \frac{y - \bar{y}}{s} \text{ (com base nos dados)}$$

$$r = \frac{\sum z_x z_y}{n - 1}$$

$$\hat{y} = b_0 + b_1 x \qquad \text{onde } b_1 = r \frac{s_y}{s_x} \text{ e } b_0 = \bar{y} - b_1 \bar{x}$$

$$P(\mathbf{A}) = 1 - P(\mathbf{A}^C)$$

$$P(\mathbf{A} \text{ ou } \mathbf{B}) = P(\mathbf{A}) + P(\mathbf{B}) - P(\mathbf{A} \text{ e } \mathbf{B})$$

$$P(\mathbf{A} \text{ e } \mathbf{B}) = P(\mathbf{A}) \times P(\mathbf{B}|\mathbf{A})$$

$$P(\mathbf{B}|\mathbf{A}) = \frac{P(\mathbf{A} \text{ e } \mathbf{B})}{P(\mathbf{A})}$$

Se **A** e **B** são independentes, $P(\mathbf{B}|\mathbf{A}) = P(\mathbf{B})$

$$E(X) = \mu = \sum x \cdot P(x) \qquad\qquad Var(X) = \sigma^2 = \sum (x - \mu)^2 P(x)$$

$$E(X \pm c) = E(X) \pm c \qquad\qquad Var(X \pm c) = Var(X)$$

$$E(aX) = aE(X) \qquad\qquad Var(aX) = a^2 Var(X)$$

$$E(X \pm Y) = E(X) \pm E(Y) \qquad\qquad Var(X \pm Y) = Var(X) + Var(Y)$$
$$\text{se } X \text{ e } Y \text{ forem independentes}$$

Geométrica: $P(x) = q^{x-1} p \qquad \mu = \dfrac{1}{p} \qquad \sigma = \sqrt{\dfrac{q}{p^2}}$

Binomial: $P(x) = {}_n C_x p^x q^{n-x} \qquad \mu = np \qquad \sigma = \sqrt{npq}$

$$\hat{p} = \frac{x}{n} \qquad \mu(\hat{p}) = p \qquad DP(\hat{p}) = \sqrt{\frac{pq}{n}}$$

Probabilidades de sucesso de Poisson: Poisson(λ)

λ = número médio de sucessos.

X = número de sucessos.

$$P(X = x) = \frac{e^{-\lambda} \lambda^x}{x!}$$

$$\text{Valor esperado:} \qquad E(X) = \lambda$$

$$\text{Desvio padrão:} \qquad DP(X) = \sqrt{\lambda}$$

Distribuição amostral de $\bar{y}$:

(TCL) À medida que n cresce, a distribuição amostral se aproxima de uma Normal com

$$\mu(\bar{y}) = \mu_y \qquad DP(\bar{y}) = \frac{\sigma}{\sqrt{n}}$$

Inferência:

Intervalos de confiança para o parâmetro = **estatística ± valor crítico x DP(estatística)**

$$\text{Estatística teste} = \frac{estatística - parâmetro}{DP(estatística)}$$

Parâmetro	Estatística	DP(estatística)	EP(estatística)
p	$\hat{p}$	$\sqrt{\dfrac{pq}{n}}$	$\sqrt{\dfrac{\hat{p}\hat{q}}{n}}$
μ	$\hat{y}$	$\dfrac{\sigma}{\sqrt{n}}$	$\dfrac{s}{\sqrt{n}}$
$\mu_1 - \mu_2$	$\hat{y}_1 - \hat{y}_2$	$\sqrt{\dfrac{\sigma_1^2}{n_1} + \dfrac{\sigma_2^2}{n_2}}$	$\sqrt{\dfrac{s_1^2}{n_1} + \dfrac{s_2^2}{n_2}}$
μ_d	$\bar{d}$	$\dfrac{\sigma_d}{\sqrt{n}}$	$\dfrac{s_d}{\sqrt{n}}$
σ_s	$s_e = \sqrt{\dfrac{\sum(y - \hat{y})^2}{n - 2}}$	Divide por $n - k - 1$ na regressão múltipla	
β_1	b_1	Na regressão simples	$\dfrac{s_e}{s_x\sqrt{n - 1}}$
μ_v	$\hat{y}_v$	Na regressão simples	$\sqrt{EP^2(b_1) \cdot (x_v - \bar{x})^2 + \dfrac{s_e^2}{n}}$
y_v	$\hat{y}_v$	Na regressão simples	$\sqrt{EP^2(b_1) \cdot (x_v - \bar{x})^2 + \dfrac{s_e^2}{n} + s_e^2}$

Combinada (ponderada): Para testar diferenças entre proporções: $\hat{p}_{comb.} = \dfrac{y_1 + y_2}{n_1 + n_2}$

Para testar diferenças entre médias: $s_p = \sqrt{\dfrac{(n_1 - 1)s_1^2 + (n_2 - 1)s_2^2}{n_1 + n_2 - 2}}$

Substitua essas estimativas combinadas nas respectivas fórmulas dos EP para os dois grupos quando as hipóteses e condições forem satisfeitas.

Qui-quadrado: $\chi^2 = \sum \dfrac{(Obs - Esp)^2}{Esp}$

| Hipóteses para inferência | E as condições que devem ser satisfeitas |

Proporções (z)

- **Uma amostra**
  1. Os elementos são independentes.
  2. A amostra é suficientemente grande.

  1. AAS (Amostragem Aleatória Simples) e n < 10% da população.
  2. Número de sucessos e falhas ≥ 10.

Médias (t)

- **Uma amostra** (gl = $n - 1$)
  1. Os elementos são independentes.
  2. A população tem uma distribuição normal.

  1. AAS e n < 10% da população.
  2. O histograma é unimodal e simétrico.

- **Pares emparelhados** (gl = $n - 1$)
  1. Os dados são emparelhados.
  2. Os elementos são independentes.
  3. A população das diferenças tem uma distribuição normal.

  1. (Pense sobre o delineamento).
  2. AAS e n < 10% ou distribuição aleatória.
  3. O histograma das diferenças é unimodal e simétrica.[*]

- **Duas amostras independentes** (gl por tecnologia)
  1. Os grupos são independentes.
  2. Os dados em cada grupo são independentes.
  3. As duas populações têm distribuição normal.

  1. (Pense sobre o delineamento).
  2. AASs e n < 10% ou distribuição aleatória.
  3. Os dois histogramas são unimodais e simétricos.[*]

Distribuições/Associações (χ^2)

- **Aderência** (gl = # de células – 1) uma variável, uma amostra comparada com o modelo populacional.
  1. Os dados são contagens (frequências).
  2. Os dados da amostra são independentes.
  3. A amostra é suficientemente grande.

  1. (São mesmo?)
  2. AAS e n < 10% da população.
  3. Todas as frequências esperadas ≥ 5.

- **Homogeneidade** [gl = $(r - 1)(c - 1)$; vários grupos comparados em uma variável].
  1. Os dados são contagens (frequências).
  2. Os dados são independentes.
  3. A amostra é suficientemente grande.

  1. (São mesmo?)
  2. AAS e n < 10% ou distribuição aleatória.
  2. Todas as frequências esperadas ≥ 5.

- **Independência** [gl = $(r - 1)(c - 1)$; amostra de uma população classificada em duas variáveis].
  1. Os dados são contagens (frequências).
  2. Os dados são independentes.
  3. A amostra é suficientemente grande.

  1. (São mesmo?)
  2. AAS e n < 10% da população.
  3. Todas as frequências esperadas ≥ 5.

Regressão com k previsores (t, $gl = n - k - 1$)

- **Associação** de cada previsor quantitativo com a variável resposta.
  1. Forma da relação linear.

  1. Diagramas de dispersão de y *versus* cada x são aproximadamente lineares. Diagramas de dispersão dos resíduos *versus* valores previstos não apresentam uma estrutura determinada.

  2. Os erros são independentes.

  2. Não existe um padrão aparente no diagrama de resíduos *versus* os valores previstos.

  3. A variabilidade dos erros é constante.

  3. O diagrama dos resíduos *versus* os valores previstos tem uma variabilidade constante, não alarga e nem afina.

  4. Os erros seguem o modelo normal.

  4. O histograma dos resíduos é aproximadamente unimodal e simétrico, ou o diagrama probabilístico normal é razoavelmente linear.[*]

Análise de variância (F, gl depende do número de fatores e do número de níveis em cada fator.)

- **Homogeneidade** da resposta medida nos níveis dos previsores categóricos.
  1. Modelo aditivo (se existem dois fatores sem termo de interação).
  2. Os erros são independentes.
  3. Mesma variância entre os diferentes níveis de tratamento.
  4. Os erros seguem o modelo normal.

  1. Os diagramas de interação mostram linhas paralelas (de outra forma, inclui um termo de interação se possível).
  2. Experimento aleatório ou outra aleatorização apropriada.
  3. O diagrama dos resíduos contra os valores previstos tem uma variabilidade constante. Diagramas de caixa e bigodes (parcial para dois fatores) mostram variabilidades semelhantes.
  4. O histograma dos resíduos é aproximadamente unimodal e simétrico, ou o diagrama probabilístico normal é razoavelmente linear.

[*] (Torna-se menos crítico com o aumento do valor de n).

858 Tabelas e Fórmulas Selecionadas

Guia rápido para a inferência

Planejar			Fazer				Relatar
Inferência sobre?	**Um grupo ou dois?**	**Procedimento**	**Modelo**	**Parâmetro**	**Estimativa**	**Erro Padrão (EP)**	**Capítulo**
Proporções	Uma amostra	1 – Proporção Intervalo-z	z	p	$\hat{p}$	$\sqrt{\dfrac{\hat{p}\hat{q}}{n}}$	10
		1 – Proporção Teste-z				$\sqrt{\dfrac{p_0 q_0}{n}}$	11
Médias	Uma amostra	Intervalo-t Teste-t	t gl $= n - 1$	μ	$\bar{y}$	$\dfrac{s}{\sqrt{n}}$	12
	Dois grupos independentes	Teste-t pareado Intervalo-t pareado	t gl (com tecnologia)	$\mu_1 - \mu_2$	$\bar{y}_1 - \bar{y}_2$	$\sqrt{\dfrac{s_1^2}{n_1} + \dfrac{s_2^2}{n_2}}$	13
	Pares emparelhados	Teste-t pareado	t gl $= n - 1$	μ_d	$\bar{d}$	$\dfrac{s_d}{\sqrt{n}}$	14
Distribuições (uma variável categórica)	Uma amostra	Aderência	χ^2 gl $= células - 1$			$\sum \dfrac{(Obs - Esp)^2}{Esp}$	15
	Muitos grupos independentes	Teste χ^2 de homogeneidade					
Independência (duas variáveis categóricas)	Uma amostra	Teste χ^2 de independência	gl $= (r-1)(c-1)$				
Associação (duas variáveis quantitativas)	Uma amostra	Teste-t para a regressão linear ou Intervalo de confiança para β	t gl $= n - 2$	β_1	B_1	$\dfrac{s_e}{s_x \sqrt{n-1}}$ (calcule com tecnologia)	16
		* Intervalo de confiança para μ_v		μ_v	$\bar{y}_v$	$\sqrt{EP^2(b_1) \cdot (x_v - \bar{x})^2 + \dfrac{s_e^2}{n}}$	
		* Intervalo de previsão para y_v		y_v	$\bar{y}_v$	$\sqrt{EP^2(b_1) \cdot (x_v - \bar{x})^2 + \dfrac{s_e^2}{n} + s_e^2}$	
Associação (uma variável quantitativa modelada por k variáveis quantitativas)	Uma amostra	Teste-t para regressão múltipla ou Intervalo de confiança para cada β_j	t gl $= n - (k+1)$	β_j	b_j	(Com tecnologia)	17, 18, 19
		Teste F para o modelo de regressão	F gl $= k$ e $n - (k+1)$			MQT/MQE	18, 19
Associação (uma quantitativa e duas ou mais variáveis categóricas)	Duas ou mais	ANOVA	F gl $= k - 1$ e $n - k$			MQT/MQE	23

Nota: Número de páginas em **negrito** indicam tópicos no nível de capítulo, PE indica referências, exemplos; n indica uma nota de rodapé.

68-95-99.7 regra
definição, 266–267
valores críticos e, 331n

A

Abscissa (eixo x), 202
Ações
definição, 716
desvio padrão das, 722–724
estimando a variação das, 722–724
na tomada de decisões, 716
resultados das, 717
valores esperados das, 719–720
Aglomerados, 75–76
Aleatoriedade, 125–150
Aleatorização
definição, 69–71
em experimentos, 743
para levantamentos amostrais, 69–71
Algoritmos, mineração de dados, 793–798
Alisamento (suavização) exponencial, 638, 658
Amazon.com, 51–52
Amostra resposta, 81–82
Amostra(s)
aleatória estratificada, 74–76
aleatória simples, 73–75
conglomerados, 75–76
conveniência, 82
de resposta voluntária, 81–82
definindo, 69
multiestágios, 75–76
regressão e, 478–479
representativa, 73–74
representativas da população, 70–71
sistemática, 75–77
viés em, 69
Amostragem, **67–92**
aglomerado, 75–76
aleatorizada, 69–71
conveniência, 82
examinando parte do todo, 69
sistemática, 75–77
tamanho da amostra na, 70–73
variabilidade na, 74–75
Amostras aleatórias
em computadores, 87
Análise de dados, regras de, 94–96
ANOVA (Análise de Variância)
análise de delineamentos multifator, 759–763

comparações múltiplas, 756–758
condição de aleatoriedade, 753
condição de igualdade de variâncias, 753–754
condição de normalidade, 754–756
dois fatores, 761–763
estatística F, 564
funcionalidade, 750–753
média dos quadrados devido ao erro, 751–752
média dos quadrados devido ao tratamento, 751–752
no computador, 574–575, 773–776
sobre dados de observação, 750–759
suposição de igualdade de variâncias, 753–754, 758
suposição de independência, 753
suposição de população normal, 754–756
suposições e condições, 753–756
Armazenagem de dados, 789
Armstrong, Lance, 528–529
Arqimedes, 521
Árvores de decisão
árvores de possibilidades, 726–729
definição, 717–718, 794
Assistente multimídia ActivStats, xvi, 715
Associação linear
coeficiente de correlação e, 211
correlação e, 208, 212
em diagramas de dispersão, 202
Associação(ões), **199–231**
direção da, 201–202
direção negativa, 201
direção positiva, 201
estudo de pequenos casos, 221–222
força da, 202
forma da, 202
linear, 208, 211–212
AT&T, 55–56
Atribuição aleatória, 742
Autocorrelação, 524–527, 641
Auxílio tecnológico. *Ver* Computadores

B

Bacon, Francis, 482, 521
Bases de dados, 53–54
Bases de dados relacionais, 53–54
Bayes, Thomas, 730
Bernoulli, Daniel, 689
Bernoulli, Jacob, 129, 689
Berra, Yogi, 129

Best Buy Co., Inc., 233–234
Blocos em delineamentos experimentais, 743–744
Bohr, Niels, 519
Bolliger, Walter, 587
Box, George, 482

C

Capital One, 739–740
Cartão de crédito Visa, 383–384
Caso influente, 597–600
Casos
definição, 53
em tabelas, 54
influentes, 597–600
Castle, Mike, 264
Caudas da distribuição, 156
Caule e folhas. *Ver* diagrama de caule e folhas
Causação
correlação e, 213
testes qui-quadrado e, 459
variáveis ocultas e, 213–214
Células de tabelas
definição, 100–101
testes de aderência, 443–444
Células de tabelas de contingência, 100–101
como percentuais de coluna, 100–101
como percentual da linha, 100–101
como percentual do total, 100–101
construindo, 138–139
definição, 100–101
diagramas de colunas segmentados, 104–105
distribuições condicionais, 102–105
e a probabilidade conjunta, 136, 139
e testes qui-quadrado, 456
encontrando valores esperados, 451–452
examinado, 99–103
Censo
definição, 72–73
intervalos de confiança, 359
Centro de pesquisa Pew, 72–73
Centros de distribuições, 157–161
Coca-Cola, 415–416
Códigos de área, 55–56
Coeficiente de correlação
calculando manualmente, 207–208
definição, 206
propriedades, 210
teste-t para, 489

860 Índice

Coeficiente de variação, 723
Coeficiente(s)
   da inflação da variância, 608–610
   para razão-t, 552
   regressão múltipla, 552–554
Colinearidade, 607–610
Coluna do percentual, 100–101
Combinação, 394–396, 398–400
Comparações múltiplas, 756–758
Compensação, 717
Componente cíclica, 632–633, 652
Componente irregular, 632–633, 652–653
Componente sazonal, 632–633, 649–650
Componente tendência, 631–633, 648–649
Computadores
   amostras aleatórias, 87
   análise de regressão, 499–500, 574–575, 616–617
   análise pareada t, 427–428
   ANOVA, 574–575
   apresentando dados categóricos, 113–114
   apresentando dados quantitativos, 179–182
   diagramas de dispersão e correlação, 219–221
   experimentos e, 773–776
   inferência para médias, 371–373
   intervalo de confiança para a proporção, 311
   métodos de séries temporais, 662–663
   métodos para duas amostras, 403–405
   regressão linear, 251–252
   resumindo dados quantitativos, 179–182
   testes de hipóteses, 343–344
   testes qui-quadrado, 461–463
   transformando dados, 536–538
Condição da amostra grande o suficiente, 281
Condição da frequência esperada de uma célula
   para testes de aderência, 444
   para testes de homogeneidade, 451–452
   para testes qui-quadrado, 444, 451–452
Condição de aleatoriedade
   para a regressão, 480
   para a regressão múltipla, 555–556
   para ANOVA, 753
   para comparar médias, 388–389
   para dados pareados, 418
   para intervalos de confiança, 301
   para modelos de distribuições amostrais, 275, 281

para o modelo t de Student, 357
para testes de aderência, 444
para testes de homogeneidade, 451–452
para testes qui-quadrado, 444, 451–452
Condição de dados de contagem para testes qui-quadrado, 443, 451
   para testes de aderência, 443
   para testes de homogeneidade, 451
Condição de dados quantitativos
   para a regressão linear, 241
   verificando, 155
Condição de linearidade
   para a correlação, 208
   para a regressão, 479, 482
   para a regressão linear, 238, 241–242
   para a regressão múltipla, 555
   para os resíduos, 526–529
Condição de mesma dispersão
   para a regressão, 480
   para a regressão linear, 242–243
   para a regressão múltipla, 556
Condição de normalidade
   para a regressão, 481, 483
   para a regressão múltipla, 556–557
   para ANOVA, 754–756
   para comparar médias, 388–389
   para dados pareados, 418
   para o modelo t de Student, 357–359
Condição de sucesso/fracasso
   modelos de distribuição amostral, 275
   para intervalos de confiança, 302
   para modelos binomial, 703
Condição de valor atípico (*outlier*)
   for correlação, 208
   for regressão linear, 238, 241–242
   para a regressão, 481, 483
Condição de variâncias semelhantes, 753–754
Condição de variáveis quantitativas
   para a regressão, 479
   para correlação, 208
   para regressão linear, 238
Condição dos 10%
   independência e, 690
   modelos de distribuições amostrais, 275, 281
   para comparar médias, 388–389
   para dados pareados, 418
   para intervalos de confiança, 301
   para modelos t de Student, 357
Condição dos 10%
   independência e, 690
   modelos de distribuição amostral, 275, 281
   para comparar médias, 388–389
   para dados pareados, 418

para intervalos de confiança, 301
para o modelo t de Student, 357
Condição sobre dados categóricos, 98–100
Condição(ões)
   de aleatoriedade, 275, 281, 301, 357, 389–390, 418, 444, 451–452, 480, 555–556, 753
   de igual dispersão, 242–243, 480, 556
   de linearidade, 208, 238, 241–242, 479, 482, 526–529, 555
   de sucesso/fracasso, 275, 302
   de valores atípicos, 208, 238, 241–242, 481, 483
   de variâncias similares, 753–754
   definição, 241
   dos 10%, 275, 281, 301, 357, 389–390, 418, 690
   frequência esperada em uma célula, 444, 451–452
   normalidade, 357–359, 389–390, 418, 481, 483, 556–557, 754–756
   para a ANOVA, 753–756
   para a regressão linear, 241–242
   para comparar médias, 387–389
   para dados categóricos, 98–100
   para dados de contagem, 443, 451
   para dados pareados, 417–418
   para dados quantitativos, 155, 241
   para intervalos de confiança, 301–302
   para modelos de distribuição amostral, 275, 276PE–277PE, 281
   para o modelo t de Student, 357–359
   para os testes qui-quadrado, 443–444, 456
   para regressão, 479–483
   para regressão múltipla, 554–557
   para testes de aderência, 443–444
   para testes de hipóteses, 357–359
   para testes de homogeneidade, 451–452
   para testes de independência, 456
   para uma amostra grande o suficiente, 281
   para variáveis quantitativas, 208, 238, 479
Confusão, 749–750
Conjunto de teste, 793
Conjunto de treinamento, 793
Constantes, alterando a escala de variáveis aleatórias por, 685
Consultoria GfK Roper, 68–69, 72–73, 88, 106PE–107PE
Contexto para dados, 53
Coordenadas, 203–204
Corporação Enron, 151

Corporação Intel, 634, 664
Correção de continuidade, 702
Correlação, 199–231
  autocorrelação, 524–527
  condição de linearidade, 208
  condição de valor atípico, 208
  condição de variáveis quantitativas, 208
  definição, 208
  e a linha dos mínimos quadrados, 236–239
  e associação linear, 208, 212
  e causação, 213
  e regressão, 238, 489
  e valores atípicos, 522
  em computadores, 219–221
  em diagramas de dispersão, 204–208, 524–525
  estudo de pequenos casos, 221–222
  teste de hipóteses para, 489

D

Dados, **51–63**
  agrupados, 398–400, 403–404
  alterando a assimetria, 172–173
  categóricos. *Ver* Características categóricas dos dados, 52–56
  considerações éticas, 61
  contagem, 56–58
  contexto, 53
  estudo de pequenos casos, 63–64
  na Internet, 59
  não agrupados, 403–404
  para identificadores, 57–59
  pareados, 415–440
  problemas potenciais, 60
  tipos de variáveis para, 55–59
  transacional, 787–789
  transformação de, 172–173, 528–532
  transversais, 58–59
Dados categóricos, **93–124**
  apresentando em computadores, 113–114
  considerações éticas, 111
  diagramas de barras, 96–99
  diagramas de barras segmentado, 104–105
  diagramas de *pizza*, 98–100
  estudo de pequenos casos, 115
  paradoxo de Simpson, 110
  princípio da área, 96–98
  problemas potenciais, 107–109
  questões de segurança alimentar, 106PE–107PE
  regras de análise de dados, 94–96

tabelas de contingência, 99–105
tabelas de frequência, 95–97
Dados pareados, **415–440**
  considerações éticas, 425
  definindo, 417
  estudo de pequenos casos, 429
  exemplo da doçura de refrigerante, 419PE, 421PE
  intervalo-t pareado, 419
  no computador, 427–428
  problemas potenciais, 425
  suposição de dados pareados, 417–418
  suposições e condições, 417–418
  teste-t pareado, 418–424
Dados quantitativos, **151–195**
  apresentando distribuições, 152–155
  apresentando em computadores, 179–182
  centro da distribuição, 157–161
  comparando grupos, 164–165
  considerações éticas, 176
  diagramas de caixa e bigodes, 161–162
  diagramas de séries temporais, 169–172
  dispersão das distribuições, 159–161
  estudo de pequenos casos, 183
  exemplo do banco de cartão de crédito, 163PE–164PE
  exemplo NYSE, 165PE–166PE
  formas das distribuições, 155–157, 160–161
  histogramas, 152–153
  identificando valores atípicos, 166–167
  padronização, 167–170
  problemas potenciais, 174–176
  representações caule e folhas, 154–155
  resumo dos cinco números, 161–162
  transformando dados com assimetria, 172–173
Dados quantitativos padronizados, 167–170
Data Description, 715–716
Data Desk, pacote estatístico para ANOVA, 776
  análise de regressão, 500, 575, 617
  apresentando dados categóricos, 114
  apresentando dados quantitativos, 181
  diagramas de dispersão e correlação, 221
  inferência para médias, 373
  intervalos de confiança para proporções, 311
  métodos de séries temporais, 662–663
  métodos para duas amostras, 405
  regressão linear, 252

testes de hipóteses para proporções, 344
testes qui-quadrado, 463
teste-t pareado, 428
transformando dados, 537–538
De Moivre, Abraham, 266n
Defasagem, 641
Delimitadores, 63–64
Delineamentos. *Ver* Delineamentos experimentais
Delineamentos em blocos casualizados, 744–745
Delineamentos experimentais
  análise multifator, 759–763
  blocos aleatórios, 744–745
  com controle, 742
  completamente aleatorizados, 744
  em blocos, 743–744
  exemplo de delineamento por correspondência direta, 746PE–747PE
  fatorial, 745
  princípios do, 742–744
  replicações, 743
  sobre aleatorização, 743
  tipos de, 744–745
Descartes, René, 202
Desvio médio absoluto (DMA), 639
Desvio(s) padrão
  da média, 159
  de resíduos, 242–243, 483
  de uma ação, 722–724
  de variáveis aleatórias, 682–684
  definindo, 160, 682
  encontrando manualmente, 160
  escores-z, 169–170
  lei dos retornos decrescentes, 282
  medindo a dispersão, 159
  modelos normal, trabalhando com, 267–269, 270PE–272PE
  teste de hipóteses e, 322, 332
Dewey, Thomas, 67
Diagrama de caixa e bigodes
  definição, 161
  resumo dos cinco números e, 161–162
  transformando dados, 529–531
  Tukey e, 399–400n
Diagrama de caule e folhas
  definindo, 154
  para apresentar dados quantitativos, 154–155
  Tukey e o, 399–400n
Diagrama de colunas de frequências relativas, 98–99
Diagrama de série temporal
  definição, 169–170, 201
  explicação, 169–172

862 Índice

Diagramas de colunas
  definição, 96–99
  frequência relativa, 98–99
  lado a lado, 103–104
  princípio da área, 96–97
  segmentado, 104–105
Diagramas de dispersão, **199–231**
  associação linear em, 202
  atribuindo valores para variáveis em, 202–204
  considerações éticas, 217
  correlação em, 204–208, 524–525
  definição, 201
  direção da associação, 201–202
  dos resíduos, 482–483, 524–527
  endireitando, 211–212
  estudo de pequenos casos, 221–222
  exemplo de gasto do consumidor, 209PE–210PE
  força da relação em, 202
  forma do, 202
  nos computadores, 219–221
  padronizando, 205–206
  problemas potenciais, 214–216
  transformando dados, 530–532
  valores atípicos em, 202
  valores resumo em, 522–525
  variáveis ocultas em, 213–214
Diagramas de *pizza*
  de distribuições condicionais, 103–104
  definindo, 98–100
Diagramas de pontos, 181, 405
Diagramas de probabilidade normal
  de resíduos, 483
  definição, 481
  funcionalidade, 481–482
Diferença significativa mínima (DSM), 757
Diners Club International, 383
Direção da associação, 201–202
Dispersão da distribuição
  explicação, 160–161
  intervalo interquartílico, 159
  intervalos e, 159
  quartis e, 159
  variância e, 159
Distância de Cook, 598
Distribuição bimodal, 155–156
Distribuição condicional de dados categóricos, 102–105
  de diagramas de *pizza*, 103–104
  definição, 102–103
Distribuição marginal, 100–101
Distribuição multimodal, 155
Distribuição normal padrão, 266
Distribuição triangular, 278
Distribuição uniforme
  definindo, 156, 278
  discreta, 688–689

Distribuição unimodal. 155. *Ver também* Condição aproximadamente normal
Distribuição-*F*, 751–754
Distribuições, **263–293**
  amostragem, 263–293
  apresentando dados quantitativos, 152–155
  assimétricas, 156, 172–173
  bimodal, 155–156
  caudas da, 156
  centro de, 157–161
  comparando grupos com histogramas, 164–165
  condicional, 102–105, 326
  de variáveis categóricas, 96–97
  definição, 96–97
  dispersão de, 159–161
  F, 751–754
  formas de, 155–157, 160–161
  marginal, 100–101
  multimodal, 155
  Normal, 263–293
  normal padrão, 266
  qui-quadrado, 441–474
  simétricas, 156, 528–530
  transformando dados, 528–530
  triangulares, 278
  uniformes, 156, 278, 688–689
  unimodais, 155
  valores atípicos em, 157
Distribuições assimétricas
  definindo, 156
  transformando, 172–173
  transformando para melhorar a simetria, 529–530
Distribuições simétricas
  definindo, 156
  transformando dados, 528–530
Dow, Charles, 319

E

Efeito placebo, 748–749
Eixos
  coordenadas de, 203–204
  eixo x, 202
  eixo y, 202
  origem, 203–204
Emparelhando amostras a populações, 70–71
Erro Absoluto Percentual (EAP), 639
Erro amostral. *Ver também* Variabilidade amostral
  definição, 70–71, 273
  viés vs., 74–75
Erro de previsão, 639–640

Erro do Tipo I
  definindo, 335–336
  reduzindo o, 338–339
  tamanho do efeito e, 337–338
Erro do Tipo II
  definindo, 335–336
  reduzindo o, 338–339
  tamanho do efeito e, 337–338
Erro percentual absoluto médio (EPAM), 639
Erro quadrado médio (EQM), 639
Erro(s)
  absoluto percentual, 639
  do Tipo II, 335–336
  e amostragem, 70–71, 74–75, 273
  margem de, 299–300, 308
  médio absoluto percentual, 639
  na extrapolação, 519
  padrão. *Ver* erro padrão do Tipo I, 335–336
  previsão, 639–640
  quadrado médio, 639
  tamanho do efeito e, 337–338
Erro(s) padrão
  definindo, 282–283
  para a inclinação da regressão, 483–484
  para valores previstos, 490–493
  valores críticos, 300–301
Escada de poderes, 531–533
Escolha maximax, 718
Escolha minimax, 718
Escolha minimin, 718
Escores normal, 482
Escores-*z*
  definindo, 169–170
  em diagramas de dispersão, 206
  modelos normal e, 268–269
  percentis normais e, 268–269
Espaço amostral, 128
Estacionário na média, 631
Estacionário na variância, 633
Estados da natureza, 717, 724
Estatística
  amostra, 73–74
  definição, 73–74
Estatística de Durbin-Watson, 524–527
Estatística qui-quadrado
  cálculo, 445
  definição, 444
  interpretação dos valores, 447–448
Estatística-*F*, 563–565, 751
Estatísticas, **45–50**
  variação e, 45–46
Estatísticas resumo, 522–525
Estratégia cega, 748–749
Estrato
  conglomerados vs., 75–76
  definindo, 74–75

Estudos observacionais, **739–785**
  definição, 741
  funcionalidade, 740–741
  na ANOVA, 750–759
Estudos prospectivos, 741
Estudos retrospectivos, 741
Eventos
  definição, 127
  disjunto, 132–133
  espaço amostral e, 128
  independentes, 128, 132, 137–138
  probabilidade de, 128, 131–133
Eventos disjuntos
  definição, 132
  regra da adição, 133
  vs. independentes, 138
Eventos independentes
  e a lei dos grandes números, 128
  e a regra da multiplicação, 132, 138
  probabilidade condicional, 137
  vs. disjuntos, 138
Eventos mutuamente exclusivos. *Ver*
  Eventos disjuntos
Excel 2007
  apresentado dados categóricos, 113–114
  apresentado dados quantitativos, 181
  diagramas de dispersão e correlação, 220
  regressão linear, 252
Exemplo do M&M, 133PE–135PE
Experimento(s), **739–785**
  atribuição aleatória em 741–743
  balanceados, 743
  cego, 748
  cegos, 748–749
  confusão e, 749–750
  considerações éticas, 769
  definição, 741
  duplo cego, 748
  e os computadores, 773–776
  em blocos, 743–744
  estudo de pequenos casos, 776
  exemplo do seguimento, 763PE–767PE
  fatores nos, 741
  placebos em, 748–749
  problemas potenciais, 767–769
  variáveis respostas em, 742
Experimentos de Bernoulli
  definição, 688–689
  independência e, 690
  modelo de probabilidade binomial, 690–692
  modelo de probabilidade de Poisson, 693–694
  modelo de probabilidade geométrico, 689

Extrapolação
  definição, 517
  previsão e, 517–519

F

Fair Isaacs Corporation (FICO), 125–126
Falta de cobertura, 83
Fator de Inflação da Variância (FIV), 609
Fator(es)
  blocos, 744
  confusão e, 749–750
  definidos, 741
  níveis dos, 741
Fenômeno aleatório
  definição, 126
  probabilidade de, 126–128, 131–132
Fisher, Ronald Aylmer, 325, 329
FIV. *Ver* Fator de Inflação da Variância
Formas das distribuições
  definindo, 155
  explicando, 160–161
  histogramas simétricos, 156
  modas de histogramas, 155
  valores atípicos, 157
Formato de dados agrupados, 403–404
Frequências, 441–474
  para o modelo qui-quadrado, 441–474
  usos, 56–58
Frequências relativas, 128–129
Função de distribuição acumulada (fda), 704
Função densidade de probabilidade (fdp), 695
Fundos de *hedge*, 441–442

G

Gallup, George, 295–296
Galton, Francis, 240
Gauss, Karl Friedrich, 236
Gerenciamento do risco, **715–738**
Google Analytics, 94
Gosset, William S. (“Student”), 354–355
Gráfico da interação, 760–761
Graus de liberdade (gl) na ANOVA, 751
  definição, 355, 367
  e o qui-quadrado, 444, 447–448, 451–452
  e o t de duas amostras, 421
  e o teste-t na regressão, 562
  modelos t de Student, 355, 367
Grupos
  comparando, 164–165
  controle, 743
  examinando os resíduos dos, 514–517
Guinness, Arthur, 353–354

H

Hipótese
  alternativa, 321, 326–327
  nula, 321, 324
Hipótese alternativa unilateral, 327
Hipótese de pesquisa. *Ver* Hipótese alternativa
Hipótese nula
  definição, 321
  inocente como, 324
  no testes de hipóteses, 325–326, 329–330
  regressão múltipla e, 562
  rejeição da, 324, 329–330
  teste-F, 562
  testes qui-quadrado e, 447–448
  teste-z para uma proporção, 325
  valores-P e, 323–324, 329
Hipóteses alternativas
  bilateral, 326
  definição, 321
  unilateral, 327
  valor-P e, 326–327
Histogramas
  assimétricos, 156, 172–173
  bimodal, 155–156
  comparando grupos com, 164–165
  de frequências, 153
  de frequências relativas, 153
  definidos, 152
  e as distâncias de Cook, 598
  inferência para a regressão, 483
  modos de, 155
  multimodal, 155
  para apresentar dados quantitativos, 152–153
  simétricos, 156, 528–530
  transformando dados, 528–530
  uniforme, 156
  unimodal, 155
Histogramas, 153
Home Depot, 199–200
Homocedasticidade, 242–243
Hunter, Stu, 330

I

Inclinação
  ajustando para, 592–596
  definindo, 236
  em modelos lineares, 236–237
  erro padrão da, 483–484
Inclinação da regressão
  distribuição amostral da, 485
  erro padrão da, 483–484
  intervalo de confiança para, 486
  teste-t para, 485

864 Índice

Independência
  condição dos 10%, 690
  de eventos, 128, 137
  definição, 128
  experimentos de Bernoulli e, 690
  regra da multiplicação, 132, 138
Indústria de Cartões de Crédito, 263–264, 383–384
Inflação da variância dos coeficientes, 608–610
Influência
  definição, 521, 595–596
  na regressão linear, 521
  na regressão múltipla, 595–598
Interação, 745
Intercepto
  definição, 236
  em modelos lineares, 236–237
Internet, dados na, 59
Intervalo de Agresti-Coull, 304n
Intervalo de previsão
  definição, 491
  para um valor individual, 491
  para uma observação futura, 497–498
  vs. intervalos de confiança, 492–494
Intervalo em dados quantitativos, 159
Intervalo Interquartil (IIQ), 159
Intervalos de confiança, **295–318, 353–382**
  aleatoriedade, 301
  censo e, 359
  condição dos 10%, 301
  considerações éticas, 309, 369
  definição, 296–297
  determinando o tamanho da amostra 305–307
  e a condição de sucesso/fracasso, 302
  e a margem de erro, 299–300
  e a suposição sobre o tamanho da amostra, 302
  e o exemplo da opinião pública, 302PE–304PE
  estudo de pequenos casos, 312, 373–374
  exemplo de lucros com seguros, 360PE–361PE, 363PE–364PE
  exemplo do cartão de crédito, 392PE–395PE
  interpretando, 362
  no computador, 311
  nos modelos t de Student, 356–357
  para a inclinação da regressão, 486
  para a média, 356–357
  para diferenças entre médias, 391–393
  para diferenças entre proporções, 455
  para o valor previsto médio, 490
  para pequenas amostras, 304–305

para proporções, 295–318
problemas potenciais, 307–308, 368–369
suposição de independência, 301
suposições e condições, 301–302
t combinado, 395–396
t pareado, 419
testes de hipóteses e, 332–333
valores críticos, 300–301, 331
vs. intervalos de previsão, 492–494
Intervalo-t
  combinado, 395–396
  de duas amostras, 392–393
  de uma amostra, 356
  pareado, 419
Intervalo-t pareado
  definição, 419
  exemplo dos gastos sazonais, 422PE–424PE
Intervalo-z, uma proporção, 298, 302, 325
Intervalo-z de uma proporção
  definição, 298, 302
  no testes de hipóteses, 325
Itens de menu do Burger King, 592–596

J

Jogos de dados, 70–71, 278–279
Jones, Edward, 319

K

KEEN Inc., 93–94, 115
Kellogg, John Harvey, 513–514
Keno (jogo), 129

L

Laplace, Pierre-Simon, 279
Legendre, Adrien-Marie, 236
Lei das médias, 128–129
Lei dos Grandes Números (LGN)
  definição, 128
  lei das médias e, 128–129
Lei dos retornos decrescentes, 282
Levantamento amostral
  aleatorizado, 69–71
  amostra aleatória simples, 73–75
  considerações censitárias, 72–73
  considerações éticas, 84
  definindo, 69
  definindo populações, 79
  examinando partes do todo, 69
  não cobertura em, 83
  parâmetros da população, 73–74

tamanho da amostra para, 70–73
válido, 80–81
Levantamento de opinião comercial, 68
Levantamento de opinião pública, 68
Levantamentos, **67–92**
  amostra. *Ver* Levantamentos amostrais
  demanda de mercado, 76PE–78PE
  estudo de pequenos casos, 88
  respondentes, 53
LGN. *Ver* Lei dos Grandes Números
Logaritmo natural, 649
  transformando dados, 173, 530–533
  transformando séries temporais, 648–651
Lowell, James Russell, 326

M

Mabillard, Claude, 587
Margem de erro
  definição, 299–300
  problemas potenciais, 308
Matriz de dispersão, 211n
MBNA, 263–264
Média(s), 353–414. *Ver também* Centro de distribuições; Valor esperado
  comparando, 383–414
  considerações éticas, 401–402
  de valores previstos na regressão, 490
  de variáveis aleatórias, 681–682
  definição, 158
  desvio padrão e, 159
  estacionária na, 631
  estudo de pequenos casos, 405
  exemplo do cartão de crédito, 388PE–392PE
  inferências sobre, 371–373
  intervalo de confiança para, 356–357, 391–393
  intervalo-t de uma amostra para a média, 356
  intervalo-t para a diferença entre as medias de duas amostras, 392–393
  modelo t de Student, 356–357
  modelos de distribuições amostrais para, 277–281, 354–356
  no computador, 403–405
  papel da amizade em negociações, 395PE–399PE
  problemas potenciais, 400–401
  suposições e condições para inferência, 387–389
  Teorema Central do Limite e, 277–279
  testando diferenças entre, 384–387
  teste de Tukey, 399–400
  testes de hipóteses para, 353–382

testes-*t* combinados, 394–396, 398–400

teste-*t* de uma amostra para a média, 363

teste-*t* para a diferença entre as medias de duas amostras, 387

Mediana
definição, 158
encontrando manualmente, 158

Médias móveis
definição, 635
investidores e, 637
ponderada, 637
previsão com médias móveis simples, 635–637

Médias móveis ponderada, 637

Medida de gordura corporal, 554

Metadados, 788–789

Método de Bonferroni, 757

Métodos de combinação, 67–68

Métodos de suavização
exponencial, 638, 658
médias móveis ponderadas, 637
medias móveis simples, 635–637, 658
modelo SES, 638
séries temporais, 634–635

Métodos-*t* para duas amostras
graus de liberdade e, 421
intervalo-*t* de duas amostra para a diferenças de médias, 392–393
no computador, 403–405
teste-*t* de duas amostras para a diferença de médias, 387

Metropolitan Life Insurance Company, 679–680

Mineração de dados, **786–801**
algoritmos utilizados, 793–798
considerações éticas, 800–801
dados transacionais, 787–789
definição, 787
etapas, 797–799
mitos da, 791–792
modelos em árvore, 794–796
objetivos da, 789–792
problemas de classificação, 793
problemas de regressão, 793
problemas não supervisionados, 793
problemas potenciais, 799–800
problemas supervisionados, 793
recomendações, 791–793
redes neurais, 796–798
testando conjuntos na, 793
treinando conjuntos na, 793

Mínimos quadrados
correlação e, 236–239
definição, 236

encontrando a inclinação, 236–237
encontrando o intercepto, 236–237
regressão múltipla e, 551
solução de Legendre, 236

Moda(s)
de histogramas, 155
definição, 155

Modelo aditivo, 650–651

Modelo autorregressivo, 640–644, 658

Modelo binomial de probabilidade
condição de sucesso/fracasso, 703
definição, 690
em tentativas de Bernoulli, 690–692
exemplo do doador de sangue universal, 692PE–693PE

Modelo de alisamento exponencial simples (AES), 638

Modelo de probabilidade de Poisson, 693–694

Modelo de regressão logística, 565–567

Modelo exponencial de probabilidade, 695, 703–704

Modelo geométrico de probabilidade, 689

Modelo linear
definição, 235
inclinação do, 236–237
influência no, 521
intercepto no, 236–237
linha da melhor aderência, 236–239
regressão para a média, 239–241
resíduos do, 235, 241–243
variação no, 242–245

Modelo linear, 631–633, 648–649

Modelo multiplicativo, 651–652

Modelo normal padrão, 266

Modelo preditivo, 790, 794

Modelo *t* de Student
condição de aleatoriedade, 357
condição de aproximadamente normal, 357–359
condição dos 10%, 357
definição, 355
determinado manualmente, 365–366
Gosset e, 355
graus de liberdade e, 355, 367
hipótese de independência, 357
problemas potenciais, 368–369
suposição de população normal, 357–359
suposições e condições, 357–359
teste para a inclinação da regressão, 485
testes de hipóteses e, 355–359

Modelo uniforme, 688–689, 695

Modelo(s)
aditivo, 650–651
autorregressivo, 640–644, 658
distribuições amostrais, 263–293
linear, 235–239
modelo *t* de Student, 355–359
multiplicativo, 651–652
normal, 73–74, 266, 280
preditivo, 790, 794
probabilidade. *Ver* Modelos de probabilidade
probabilidade binomial, 690–692
probabilidade de Poisson, 693–694
probabilidade exponencial, 695, 703–704
probabilidade geométrica, 689
qui-quadrado, 444
regressão logística, 565–567
regressão múltipla, 561–563, 600–603
séries temporais, 633–634, 659
suavização exponencial simples, 638
tendência linear, 631–633, 648–649
uniforme, 688–689, 695

Modelo(s) normal, **263–293**
condição de sucesso/fracasso, 275
considerações éticas, 285
definição, 266, 695
diagrama de probabilidade normal, 481–482
escores-*z* e, 268–269
estudo de pequenos casos, 287–288
exemplo de embalar aparelhos de som, 699PE–701PE
exemplos dos peso da caixa de Sucrilhos, 270PE–272PE
exemplos SAT, 267–269
padrão, 266
parâmetros no, 266, 280
problemas potenciais, 284
Regra 68-95-99,7, 266–267
Teorema Central do Limite e, 277–280
valores críticos do, 300–301
variáveis aleatórias binomial e, 701–703
variáveis aleatórias contínuas e, 695, 698–699

Modelos de distribuição amostral, **263–293**
condição da amostra grande o suficiente, 281
condição de aleatoriedade, 275, 281
condição de sucesso/falha, 275
condição dos 10%, 275, 281
considerações éticas, 285
estudo de pequenos casos, 287–288

866 Índice

exemplo do peso do pacote de sucrilhos, 270PE–272PE
exemplos SAT, 267–269
lei dos retornos decrescentes, 282
para a diferença entre médias, 387
para a inclinação da regressão, 485
para a proporção, 264–265, 272–274
para a proporção amostral, 273
para médias, 277–281, 354–356
parâmetros em, 266, 280
problemas potenciais, 284
simulações, 265
suposição de independência, 275, 281
suposição do tamanho amostral, 275, 281
suposições e condições, 275, 276PE–277PE, 281
Teorema Central do Limite, 277–281, 355
trabalhando com, 282–283
Modelos de probabilidade, **679–714**
binomial, 690–692, 703
considerações éticas, 706–708
definição, 681
discreta, 687–694
estudo de pequenos casos, 706–709
exemplo do doador de sangue universal, 692PE–693PE
exponencial, 695, 703–704
geométrica, 689
independência e, 690
Poisson, 693–694
problemas potenciais, 705
variáveis aleatórias e, 681, 687–694
Modelos de probabilidades discretos, 687–694
Modelos qui-quadrado, 444

N

Nambé Mills, 477–478, 486PE–488PE
Natureza, estados da, 717, 724
Níveis alfa
definição, 329
no teste de hipóteses, 329–331
Níveis de um fator, 741
Nível de significância
definindo, 329
no testes de hipóteses, 329–331
Nodo terminal, 794
Números pseudoaleatórios, 70–71

O

Ordenada (eixo y), 202
Origem, 203–204

P

Pacote estatístico JMP
análise de regressão, 500, 575, 617
apresentando dados categóricos, 114
apresentando dados quantitativos, 181
diagramas de dispersão e correlação, 221
inferência para médias, 372
intervalos de confiança para proporções, 311
métodos para duas amostras, 405
para ANOVA, 776
regressão linear, 252
teste qui-quadrado, 463
testes de hipóteses para proporções, 344
teste-*t* pareado, 428
transformando dados, 537–538
Pacote estatístico Minitab
análise de regressão, 500, 575, 616
apresentado dados categóricos, 114
apresentado dados quantitativos, 181
diagramas de dispersão e correlação, 220
inferência para médias, 372
intervalos de confiança para proporções, 311
métodos de duas amostras, 405
métodos de séries temporais, 662–663
para ANOVA, 775
regressão linear, 252
testes de hipóteses para proporções, 344
testes qui-quadrado, 463
teste-*t* pareado, 428
transformando dados, 536–537
Pacote estatístico SPSS
análise de regressão, 500, 575, 616
apresentando dados categóricos, 114
apresentando dados quantitativos, 181
diagramas de dispersão e correlação, 220
inferência para médias, 372
intervalos de confiança para proporções, 311
métodos de duas amostras, 405
métodos de séries temporais, 662–663
para ANOVA, 775
regressão linear, 252
testes de hipóteses para proporções, 344
testes qui-quadrado, 463
teste-*t* pareado, 428
transformando dados, 536–537
Paradoxo de Simpson, 110
Parâmetros. *Ver também* Modelo(s)
definindo, 73–74, 266
populacionais, 73–74

Participantes, 53, 742. *Ver também* Sujeitos em experimentos
Passeios aleatórios, 644
Pepsi-Cola, 415–416
Percentis Normais
definição, 267
exemplos SAT, 267–269
Percentuais, esclarecendo, 102–103
Percentual da linha, 100–101
Percentual total, 100–101
Período, 632
Pesquisa de opinião pública viciada (*push polls*), 83
Placebo, 748–749
Planilha Excel
análise de regressão, 499, 575, 616
apresentando dados categóricos, 113–114
apresentando dados quantitativos, 181
diagrama de dispersão e correlação, 219
e a transformação de dados, 536–537
inferência para médias, 372
intervalos de confiança para proporções, 311
métodos de séries temporais, 662–663
métodos para duas amostras, 403–404
para ANOVA, 775
regressão linear, 252
suplemento DDXL, xvi, 181, 219, 311 344, 372, 463, 616
testes de hipóteses para proporções, 344
testes qui-quadrado, 463
teste-*t* pareado, 428
Planilhas, 54
Plano amostral
definindo, 73–74
para levantamentos válidos, 80
viés em, 82
Plano cartesiano, 202
Poder do teste de hipóteses, 336–339
Poisson, Denis, 693–694
Pontos influentes, 521
População(ões)
agrupamentos em, 75–76
definindo para levantamentos amostrais, 79
estratos, 74–75
falta de cobertura da, 83
parâmetros para. *Ver* Parâmetros populacionais
pareando amostras a, 70–71
plano amostral, 80
regressão e, 478–479
Preparação de dados, 792–793

Previsão
  com médias móveis simples, 635–637, 658
  com métodos de suavização, 635
  com modelos baseados na regressão, 653–655
  escolhendo o método, 658
  ingênua, 637
  vs. termos de curto e longo prazos, 634
Princípio da área, 96–98
Probabilidade, **125–150**
  a posteriori, 720
  a priori, 720
  condicional, 137, 721, 726–730
  conjunta, 136, 139
  contínua, 695
  de espaço amostral, 128
  de eventos, 128, 131–133
  de fenômenos aleatórios, 126–128, 131–132
  definição, 128
  e a lei dos grandes números, 128–129
  empírica, 128
  estudo de pequenos casos, 143
  exemplo da M&M, 133PE–135PE
  marginal, 136
  no testes de hipóteses, 323
  pessoal, 131
  problemas potenciais, 140
  regra da adição, 132
  regra da multiplicação, 132
  regra de atribuição de, 132
  regra do complemento, 132
  regra geral da adição, 133
  regra geral da multiplicação, 137
  regras para trabalhar com, 131–133
  teórica, 130–131
  tipos de, 130–131
Processamento analítico (OLAP), 790
Projeto fatorial, 745
Proporção(ões), **295–351**
  comparando, 454–455
  definição, 96–97, 296n, 297–298
  estudo de pequenos casos, 345
  intervalos de confiança para, 295–318, 455
  intervalo-z para uma proporção, 298, 302
  modelos de distribuição amostral para, 264–265, 272–274
  no computador, 311, 344
  testando hipóteses sobre, 319–351

Q

Quadrado médio devido ao erro (MSE), 751

Quadrado médio devido ao tratamento (MST), 751–752
Quartis
  definição de, 159
  encontrando manualmente, 159
  questionários em levantamentos válidos, 80–81

R

R^2
  ajustados, 563–565
  considerações sobre o valor, 245
  definição, 244
  variações nos resíduos, 242–245
R^2 ajustado, 563–565
Redes neurais, 796–798
Registros, 53
Regra 68-95-99.7
  definindo, 266–267
  valores críticos e, 331n
Regra da adição
  definição, 132
  para valores esperados de variáveis aleatórias, 685
  para variâncias de variáveis aleatórias, 685–686
  regra geral da adição, 133
Regra da multiplicação
  definição, 132
  para eventos independentes, 132, 138
  regra geral da multiplicação, 137
Regra de atribuição de probabilidades, 132
Regra de Bayes, 728–730
Regra de Bayes para probabilidades condicionais, 728–730
  como valor-P, 326
  definição, 137
  eventos independentes vs. disjuntos, 138
  na tomada de decisões, 721, 726–730
  para eventos independentes, 137
Regra do algo deve acontecer. *Ver* Regra da atribuição de probabilidade
Regra do complemento, 132
Regra empírica, 266n. *Ver também* 68-95-99;7 Regra
Regressão, **477–512**. *Ver também* Regressão múltipla
  condição da mesma dispersão, 480
  condição de aleatoriedade, 480
  condição de aproximadamente normal, 481, 483
  condição de linearidade, 479–480
  condição de valor atípico, 481, 483

condição de variáveis quantitativas, 479
considerações éticas, 496
correlação e, 238, 489
em computadores, 251–252, 499–500
erro padrão da inclinação, 483–484
erro padrão para valores previstos, 490–493
estudo de pequenos casos, 501
extrapolação, 517–519
Galton na, 240
inferências para, 477–512
influência, 521
linear. *Ver* Regressão linear
múltipla. *Ver* Regressão múltipla
passo a passo, 600–603
pontos influentes na, 521–522
população e amostra, 478–479
problemas potenciais, 495–496
simples, 550n, 562
suposição da igualdade de variâncias, 479–480, 483
suposição de independência, 480, 482
suposição de população normal, 480–483
suposições e condições, 479–483
teste de hipóteses para correlação, 489
Regressão linear, 233–262. *Ver também* Regressão, regressão múltipla
  considerações éticas, 249
  correlação e a linha, 236–239
  em computadores, 251–252
  estudo de pequenos casos, 253
  exemplo tamanho/preço de casas, 245PE–247PE
  extrapolação, 517–519
  influência na, 521
  modelo linear, 235–236
  pontos influentes na, 521–522
  problemas potenciais, 248
  R^2 e, 242–245
  racionalidade da, 245
  regressão para a média, 239–241
  resíduos na, 235, 241–243
  suposições e condições, 241–242
  variação nos resíduos, 242–245
Regressão múltipla, 549–627
  ajustando para diferentes inclinações, 592–596
  casos influentes, 597–600
  coeficientes, 552–554
  colinearidade, 607–610
  condição da mesma dispersão, 556
  condição de aleatoriedade, 555–556
  condição de aproximadamente normal, 556–557
  considerações éticas, 572, 613
  construindo modelos, 600–603

definição, 551
diagnósticos, 595–601
estudos de minicasos, 576, 617–618
exemplo da montanha-russa, 587–591
exemplo do tempo no mercado, 567PE–570PE
exemplos de preços de residências, 558PE–561PE, 603PE–607PE
funcionalidade, 551–553
influência na, 595–598
itens de menu do Burger King, 592–596
medida de gordura corporal, 554
modelo logístico, 565–567
no computador, 574–575, 616–617
problemas potenciais, 570–571, 613
R^2 ajustado, 563–565
resíduos e, 597–598
suposição da igualdade de variâncias, 556
suposição de independência, 555–556
suposição de linearidade, 555
suposição de normalidade, 556–557
suposições e condições, 554–557
termos quadráticos, 610–612
testando coeficientes, 561–563
variáveis auxiliares, 590–592
variáveis indicadoras, 590–592, 594–596
variáveis respostas na, 563, 565
Regressão para a média, 239–241
Regressão passo a passo, 600–603
Regressão por melhores subconjuntos, 601–602
Regressão simples, 550n, 562
Reinterpretando dados. *Ver* Transformando dados
Replicação, 743
Resíduos padronizados para o qui-quadrado, 449
Resíduos(s), **513–548**
autocorrelação, 524–527
componente irregular em séries temporais, 652–653
condição de linearidade, 526–529
considerações éticas, 534–535
definição, 235, 514
desvio padrão dos, 242–243, 483
diagrama normal de probabilidade dos, 483
diagramas de dispersão de, 482–483, 524–527
escada de poderes, 531–533
estudos de minicasos, 537–538
extrapolação e previsão, 517–519
grupos em, 514–517
mínimos quadrados, 514–515

modelos lineares e, 235, 241–243
na transformação de dados, 528–532
negativo, 235–236
observações extraordinárias, 517–519
padronizados, 449
para testes qui-quadrado, 447–449
pontos influentes em, 521–522
positivo, 235–236
problemas potenciais, 533–534
regressão múltipla e, 597–598
studentizados, 597–598
trabalhando com valores resumos, 522–525
variação nos, 242–245
Respondentes, 53
Respostas, 742
Resultados
de ações, 717
de espaços amostrais, 128
de fenômenos aleatórios, 127, 132
definição, 127, 717
Resultados falso negativos. *Ver* Erro do tipo II
Resultados falso positivos. *Ver* Erro do tipo I
Resumo dos cinco números
definindo, 161
diagramas de caixa e bigodes e, 161–162
Retorno à razão do risco (RRR), 723–724
Roper, Elmo, 67–68
RSPT Inc., 61

S

SAC Capital, 441–442
Sagan, Carl, 332
SAT (*Scholastic Aptitude Tests*), 267–269
Satterthwaite, F. E., 386n
Seleção aleatória, 70–71
Sensibilidade na tomada de decisões, 724
Séries temporais, **629–675**
componentes de, 631–634
considerações éticas, 660–662
definição, 58–59, 524–525, 631
desazonalizada, 632
escolhendo o método de previsão, 658
estacionário, 172
estudos de minicasos, 664–665
exemplo de comparação de métodos, 644PE–647PE, 655PE–657PE
interpretando modelos, 659
médias móveis ponderadas, 637
método de médias móveis simples, 635–637, 658
métodos de suavização, 634–635
modelagem, 633–634

modelo aditivo, 650–651
modelo multiplicativo, 651–652
modelo SES, 638
modelos autorregressivos, 640–644, 658
modelos com base na regressão múltipla, 648–650
no computador, 662–663
passeios aleatórios, 644
prevendo com modelos com base na regressão, 653–655, 658
problemas potenciais, 659
resumindo erros de previsão, 639–640
suavização exponencial, 638, 658
Significância estatística
no testes de hipóteses, 329
significância prática vs., 330
Simulação(ões)
de modelos de distribuição amostral, 265
de tomadas de decisão, 724–725
distribuição amostral da média, 277–279
Soma dos Quadrados da Regressão (SQR), 563–564
Soma dos Quadrados dos Resíduos (SQE), 244, 563–564, 752
Soma dos quadrados total (SQT), 563–564
SPLOM. *Ver* Matriz de dispersão
Subestimar, 235, 652
Sujeitos em experimentos, 53, 742. *Ver também* Participantes
Suplemento DDXL. *Ver* Pacote para a planilha Excel
Suposição de independência
para a ANOVA, 753
para comparar médias, 387–389
para dados pareados, 418
para intervalos de confiança, 301
para modelos de distribuições amostrais, 275, 281
para modelos t de Student, 357
para regressão, 480, 482
para regressão múltipla, 555–556
para testes de aderência, 443–444
para testes de homogeneidade, 451–452
para testes qui-quadrado, 443, 451–452
Suposição de linearidade
para a regressão, 479–480, 482
para a regressão linear, 241–242
para a regressão múltipla, 555
Suposição de população normal
para a regressão, 480–483
para ANOVA, 754–756
para comparar médias, 388–389
para dados pareados, 418
para o modelo t de Student, 357–359

Suposição de variâncias iguais
  na ANOVA, 753–754, 758
  na regressão, 479–480, 483
  na regressão múltipla, 556
  no teste-t combinado, 394–396
Suposição do tamanho amostral
  para intervalos de confiança, 302
  para modelos de distribuição amostral, 275, 281
  para testes de aderência, 444
  para testes de homogeneidade, 451–452
  para testes qui-quadrado, 444, 451–452
Suposições
  da igualdade de variâncias, 394–396, 479–480, 483, 556, 753–754, 758
  de grupos independentes, 389–390
  de independência, 275, 281, 301, 357, 388–390, 418, 443–444, 451–452, 480, 482, 555–556, 753
  de linearidade, 241–242, 479–480, 482, 555
  de normalidade, 556–557
  de população normal, 357–359, 389–390, 418, 480–483, 754–756
  definição, 241
  modelos de distribuição amostral, 275, 276PE–277PE, 281
  modelos t de Student, 357–359
  para a regressão, 479–483
  para a regressão linear, 241–242
  para ANOVA, 753–756
  para dados pareados, 417–418
  para intervalos de confiança, 301–302
  para médias, 387–389
  para o tamanho da amostra, 275, 281, 302, 444, 451–452
  para regressão múltipla, 554–557
  para testes de aderência, 443–444
  para testes de hipóteses, 357–359
  para testes de homogeneidade, 451–452
  para testes de independência, 456
  para testes qui-quadrado, 443–444, 456

T

Tabela de compensação, 717–718
Tabelas
  ANOVA, 751
  células de, 100–101, 443–444
  contingência, 99–105, 136, 138–139, 451–452
  dados, 53–54
  de frequência relativa, 96–97
  frequências, 95–97
  resultados, 717–718

Tabelas de correlação, 211
Tabelas de frequências
  definição, 95–97
  relativas, 96–97
Taleb, Nassim Nicholas, 129
Tamanho amostral
  calculando manualmente, 366–367
  efeito do, 273
  escolhendo, 305–307
  lei do retorno decrescente, 282
  para levantamentos, 70–73
Tamanho do efeito, 337–338
Tentativas
  de Bernoulli, 689–694
  definição, 127, 688–689
  e o teste de hipóteses, 322–323
  independentes, 128
  lei dos grandes números, 128
  resultados de, 127
Teorema Central do Limite (TCL)
  definição, 279–280, 355
  média e, 279–282
  modelo normal e, 277–280
  modelos de distribuição amostral, 277–281, 355
Teorema Pitagórico da Estatística, 685–686
Termo interação, 593–595
Terremotos, 685
Teste de hipóteses bilateral, 326
Teste de homogeneidade (qui-quadrado)
  condição da frequência esperada da célula, 451–452
  condição de aleatoriedade, 451–452
  condição de dados de contagem, 451
  condição do tamanho amostral, 451–452
  definição, 451
  e a determinação dos valores esperados, 451–452
  exemplo dos cosméticos, 449–451
  suposição de independência, 451–452
  suposições e condições, 451–452
Teste de independência (qui-quadrado)
  definição, 456
  suposições e condições, 456–459
Teste de Tukey, 399–400
Teste piloto, 81
Teste-F
  definição, 562
  na ANOVA, 753–757
  para a regressão simples, 562
Testes de aderência
  condição da frequência esperada da célula, 444
  condição de aleatoriedade, 444
  condição de dados de contagem, 443

hipóteses e condições, 443–444
  suposição de independência, 443
  suposição do tamanho da amostra, 444
Testes de hipóteses, 319–351, 353–382
  como um júri, 322–323
  considerações éticas, 340, 369
  desvio padrão e, 322, 332
  e o erro do Tipo I, 335–336
  e o erro do Tipo II, 335–336
  estudo de pequenos casos, 345, 373–374
  exemplo da vantagem de jogar em casa, 327PE–329PE
  intervalos de confiança e, 332–333, 392–393
  justificação do, 325–326
  modelos de regressão múltipla, 561–563
  modelos t de Student e, 355–359
  níveis alfa em, 329–331
  níveis de significância em, 329–331
  no computador, 343–344
  para médias, 353–382
  poder do, 336–339
  problemas potenciais, 339–340, 368–369
  promoção de cartões de crédito, 333PE–335PE
  sobre proporções, 319–351
  tamanho do efeito e, 337–338
  valores críticos em, 331
  valores-P em, 323–324, 326–327
Testes qui-quadrado, **441–474**
  atitudes no exemplo da aparência, 451PE–453PE
  causação e, 459
  comparando proporções, 454–455
  condição de aleatoriedade, 444, 451–452
  condição de dados de contagem, 443, 451
  condição sobre a frequência esperada de células, 444, 451–452
  considerações éticas, 460
  de aderência, 443–444
  de homogeneidade, 449–454
  de independência, 456–459
  estudo de pequenos casos, 464
  exemplo da aparência pessoal, 457PE–458PE
  exemplo do mercado de ações, 445PE–447PE
  no computador, 461–463
  problemas potenciais, 460
  resíduos, 447–449
  suposição de independência, 443, 451–452

870 Índice

suposição sobre o tamanho da amostra, 444, 451–452

suposições e condições, 443–444

tabelas de contingência e, 456

Testes-*t*

combinado, 394–396, 398–400

duas amostras para a média, 387

para a inclinação da regressão, 485

para o coeficiente de correlação, 489

uma amostra para a média, 363

Teste-*t* combinado, 394–396, 398–400

Teste-*t* para a média de uma amostra, 363

Teste-*t* pareado

definição, 418–419

no computador, 427–428

Teste-*z* de uma proporção, 325

Tiffany & Co., 664–665

Tomada de decisão, **715–738**

árvores de possibilidades, 726–729

avaliando a sensibilidade da, 724

complexa, 730

considerações éticas, 731–732

escolhas alternativas, 716–717

estimando variação, 722–724

estudo de pequenos casos, 732–735

executando simulações, 724–725

exemplos dos serviços de seguros, 725PE–726PE

maximizando ganhos, 718–719

minimizando perdas, 718–719

probabilidade condicional na, 721, 726–730

problemas potenciais, 730

regra de Bayes na, 728–730

valor esperado com a informação amostral, 720–722

valor esperado da informação perfeita, 720

valor esperado de uma ação, 719–720

Transformando dados

em computadores, 536–538

em mais simétricos, 528–530

escada de poder, 531–533

estudos de minicasos, 537–538

objetivos do, 528–532

para distribuições assimétricas, 172–173, 529–530

para séries temporais, 648–651

resíduos em, 528–532

Tratamento(s), 742

Truman, Harry, 67

Tukey, John W., 162, 298, 399–400n

U

Unidades

experimental, 53, 742

para variáveis quantitativas, 55–56

Unidades experimentais

definidas, 53, 742

participantes, 53

V

Valor esperado

com a informação amostral, 720–722

com a informação perfeita (VEIP), 720

de uma ação, 719–720

de variáveis aleatórias, 680–682, 685–688

definição, 682, 719

para a estatística qui-quadrado, 451–452

Valor(es) crítico(s)

definição, 300–301, 331

do modelo normal, 300–301

na regra 68-95-99,7, 331n

nos intervalos de confiança, 300–301, 331

nos testes de hipóteses, 331

Valores atípicos (*Outliers*)

como o palhaço Bozo, 522

condição de valor atípico, 208, 238, 241–242

correlação e, 522

definição, 157, 202

distante, 162

em diagramas de dispersão, 202

em distribuições, 157

identificação de, 166–167

Valores padronizados, 169–170

Valores previstos

definindo, 235

erros padrão para, 490–493

intervalos de confiança para, 490

Valores-P

como probabilidades condicionais, 326

definindo, 323

no testes de hipóteses, 323–327, 329–330

Variabilidade amostral, 74–75, 273

Variação, 45–50

coeficiente de, 723

estatísticas e, 45–46

estimando, para ações, 722–724

Variância

adicionando para somas e diferenças, 385–386

de variáveis aleatórias, 682, 685–688

definição, 159–160, 682

estacionária na, 633

Regra da adição para. *Ver* Teorema Pitagórico da Estatística

Variáveis

abreviações ocultas para, 55–56

aleatória. *Ver* Variáveis aleatórias

atribuído valores em diagramas de dispersão, 202–204

auxiliares, 590–592

categórico, 55–57, 96–97, 443, 456

defasada, 641

definição, 54

demográficas, 788

dependentes, 203–204

exógenas, 652

explanatórias, 203–204

identificadoras, 57–59

independentes, 104–105, 128, 203–204

indicadoras, 590–592, 594–596, 599–600

nominais, 58–59

ocultas, 213–214, 216, 749–750

ordinais, 58–59

previsoras, 203–204

qualitativas, 55–56n

quantitativas, 55–56, 201, 203–204

resposta de, 203–204, 563, 565, 742

resumo dos cinco números, 161

termo interação, 593–595

variável x, 203–204

variável y, 203–204

Variáveis aleatórias, **679–714**

binomial, 690, 701–703

considerações éticas, 706–708

contínua, 680, 695–704

definição, 680

desvio padrão de, 682–684

discreta, 680

estudo de pequenos casos, 706–709

exemplo do doador universal de sangue, 692PE–693PE

exemplo do inventário computacional, 683PE–684PE

médias e, 681–682

modelo de probabilidade de, 681, 687–694

mudando por constantes, 685

Poisson, 693–694

problemas potenciais, 705

regra da adição para valores esperados, 685

Variáveis indicadoras
definição, 591
funcionalidade, 590–592
para casos influentes, 599–600
para múltiplas categorias, 594–596
para termos sazonais em séries temporais, 650
Variáveis ocultas
causação e, 213–214

definição, 216
vs. confundimento, 749–750
Variáveis qualitativas, 55–56n. *Ver também* Dados categóricos
Variáveis quantitativas
associação linear entre, 208
definição, 55–56
diagramas de dispersão para, 201, 203–204
unidades para, 55–56
Variável resposta
definindo, 203–204, 742
em experimentos, 742
na regressão múltipla, 563, 565
Veteranos Paraplégicos Americanos, 786–787
Viés(es)
definição, 69
em amostras, 69
em levantamentos válidos, 80–81

em planos amostrais, 82
erros amostrais vs., 74–75
não cobertura, 83
não resposta, 79
problemas potenciais, 84
respostas, 83
respostas voluntárias, 82

W

Welch, B. L., 386n
Whole Foods Market, 629–630, 648–649, 659
Wilson, E. B., 304n

Z

Zabriskie, Dave, 528–529
Zillow.com, 549–551, 558PE–561PE

IMPRESSÃO:

Santa Maria - RS - Fone/Fax: (55) 3220.4500
www.pallotti.com.br

regra da adição para variâncias de, 685–686
teorema Pitagórico da estatística, 686
valor esperado de, 680–682
variância de, 682, 685–688
Variáveis categóricas
definição, 55–57
diagramas de barras, 96–99
distribuição de, 96–97
qui-quadrado e, 443, 456
Variáveis indicadoras
definição, 591
funcionalidade, 590–592
para casos influentes, 599–600
para múltiplas categorias, 594–596
para termos sazonais em séries temporais, 650
Variáveis ocultas
causação e, 213–214

definição, 216
vs. confundimento, 749–750
Variávcis qualitativas, 55–56n. *Ver também* Dados categóricos
Variáveis quantitativas
associação linear entre, 208
definição, 55–56
diagramas de dispersão para, 201, 203–204
unidades para, 55–56
Variável resposta
definindo, 203–204, 742
em experimentos, 742
na regressão múltipla, 563, 565
Veteranos Paraplégicos Americanos, 786–787
Viés(es)
definição, 69
em amostras, 69
em levantamentos válidos, 80–81

em planos amostrais, 82
erros amostrais vs., 74–75
não cobertura, 83
não resposta, 79
problemas potenciais, 84
respostas, 83
respostas voluntárias, 82

W

Welch, B. L., 386n
Whole Foods Market, 629–630, 648–649, 659
Wilson, E. B., 304n

Z

Zabriskie, Dave, 528–529
Zillow.com, 549–551, 558PE–561PE

IMPRESSÃO:

Santa Maria - RS - Fone/Fax: (55) 3220.4500
www.pallotti.com.br